建筑工程施工技术标准

1

中国建筑第八工程局 编

中国建筑工业出版社

图书在版编目（CIP）数据

建筑工程施工技术标准.1/中国建筑第八工程局编.
北京：中国建筑工业出版社，2005
ISBN 7-112-07235-2

Ⅰ.建… Ⅱ.中… Ⅲ.建筑工程-工程施工-标准
Ⅳ.TU711

中国版本图书馆 CIP 数据核字（2005）第 013246 号

责任编辑：郦锁林
责任设计：崔兰萍
责任校对：李志瑛　刘　梅　刘玉英

建筑工程施工技术标准
1
中国建筑第八工程局　编

*

中国建筑工业出版社出版、发行（北京西郊百万庄）
新　华　书　店　经　销
北京市密东印刷有限公司印刷

*

开本：787×1092 毫米　1/16　印张：54　字数：1340 千字
2005 年 3 月第一版　2005 年 3 月第一次印刷
印数：1—5000 册　定价：100.00 元
ISBN 7-112-07235-2
TU·6463（13189）

版权所有　翻印必究
如有印装质量问题，可寄本社退换
（邮政编码 100037）

本社网址：http://www.china-abp.com.cn
网上书店：http://www.china-building.com.cn

《建筑工程施工技术标准》编委会

总策划：梁新向

主　任：肖绪文

副主任：王玉岭　杨春沛

编　委：焦安亮　戴耀军　程建军　刘继锋　谢刚奎
　　　　杨京吉　刘桂新　郑春华　陈迎昌　朱庆涛
　　　　梁　涛　戈祥林　万利民　张国旗

总主编：肖绪文

策　划：王玉岭

编　辑：苗冬梅　赵　俭　刘　涛

序

随着经济全球化进程的加快，技术标准已成为世界各国促进贸易、发展本国产业、规范市场秩序、推动技术创新的重要手段，在社会发展中发挥着愈来愈重要的作用。国际上有一种流行说法，叫"三流企业卖苦力，二流企业卖产品，一流企业卖技术，超一流企业卖标准"，可见，标准化建设在企业中的地位和作用是何其重要。

面对我国加入WTO后的新形势，企业必须尽快培育和打造出具有企业特色的核心竞争力，而企业技术标准化既是核心竞争力的重要体现，又是塑造企业核心竞争力的有效途径。企业作为独立的经济实体和社会经济活动中最活跃的细胞，既是技术标准的推动者、主导者，又是技术标准的参与者、实施者。根据国家实施标准化的战略，作为企业我们按照"以市场为主导，以企业为主体"的发展模式，适时建立自己的技术标准体系，使企业行为有法可依，促进企业运营的标准化、规范化、科学化，实现可持续发展，并以此为契机逐步形成企业在技术、管理、产品、品牌等多方面的竞争优势。这是我们启动企业技术标准化工作的出发点和落脚点。

中国建筑第八工程局（以下简称中建八局）作为我国建筑业的大型企业，一直重视标准化建设工作并取得实效。经过多年的努力和艰辛的工作，我们走出了一条"企业发展科研，科研充实标准，标准支撑企业"的发展之路，造就和培育了一支较高水平的科技研发力量。在国家新一轮规范体系正式颁布实施之际，我们抓住机遇，启动企业技术标准的编制工作，形成了建筑施工行业的这套企业技术标准，期望能在未来的市场竞争中，规范企业的经营生产行为，指导企业的理性发展。

本系列技术标准是我局技术人员辛勤劳动和智慧的结晶，也是中建八局职工实践的总结。我们将本系列标准作为中建八局对国家和地方行业主管部门的谢礼，作为我们向我国建筑业同行的学习媒介，希望通过它的出版，为进一步促进和推动中国建筑企业技术标准建设的快速稳步发展尽绵薄之力。

本系列标准在编制过程中，得到了下列专家的热情帮助和指导：叶可明、徐正忠、桂业琨、叶林标、徐有邻、侯兆欣、侯忠良、张昌叙、王允恭、熊杰民、哈成德、张耀良、钱大治、宋波、陈凤旺、孙述璞、赵志缙等，在此一并表示深切的感谢。

中国建筑第八工程局局长　梁新向

前 言

为应对我国加入 WTO 组织和国家关于标准化建设体制改革的新形势，根据《中国建筑第八工程局十五科技发展规划》的要求，于 2002 年初启动了《建筑工程施工技术标准》的编制工作。

《建筑工程施工技术标准》编制工作是一项工作量大、涉及面广的系统工程，为此，我们首先从房屋建筑工程分部分项施工技术标准着手，逐步形成覆盖全企业生产经营全部领域的系列标准。在标准编制中，在结构上与中国建筑工程总公司施工工艺标准靠近，在内容上尽量宽泛和具体，以强化可实施性，同时体现集团企业标准的一致性。另外考虑到企业技术标准的实施与管理紧密相关，我们将部分质量、安全、环境的管理内容融入其中，意在使管理与技术协同进步。此外，施工组织设计、技术交底等是我局多年坚持较好的制度，本标准将其列入并作为内控的标准之一加以规范，目的在于进一步提升和培育我局在这方面的优势。再者，建筑施工临时设施往往是安全事故的多发区段，我们组织人员对国家现行标准、法规及部分地方规程进行收集整合，进而形成脚手架、塔吊、井架物料提升机、室外电梯等安装与拆除及使用的工艺技术标准，其目的是进一步规范项目人员的操作行为，同时解决我局施工面广、施工人员查阅资料难的矛盾。本套系列标准具有以下五个特点：

全面性：本标准内容全面，包括施工工艺、施工技术、施工管理的内容，凡国家验收规范中有的分部、分项工程，标准中均有相应的施工工艺与之对应。一个分项有多种施工工艺和材料的，尽量将各种工艺均纳入本标准，以适应我局在全国各地施工的要求。

先进性：淘汰落后的施工工艺，如菱苦土地面工艺等；引进较成熟和先进的施工工艺，如：复合木地板、旋挖桩、多支盘桩、泵压成桩施工工艺等，还将我局多年来创优质工程中的成熟做法纳入其中。

可操作性：一是只要严格按照本标准施工就能够满足国家验收标准的有关规定要求，不会出现质量问题；二是工艺流程严格按施工工序编写，施工要点既简明扼要又突出技术和质量控制环节，可在编制施工组织设计、施工技术交底时直接引用。

资料性：针对我局施工项目分散，查找资料困难的特点，本标准将施工准备、常用材料、常用工具、施工现场条件、工地验收检验取样、施工工艺、安全环保管理和技术内容列入，还纳入现行国家质量验收标准和验收表格，涵盖了从施工准备到验收的全过程，相当于一套施工手册。

知识性：在编写中，对新工艺、新材料、新机具尽量进行了较全面的介绍，可作为初、中级技术人员的一套完整的学习培训教材。

本系列标准分一、二、三、四册，由 17 个单项标准构成。其中第一册是与主体结构相关的分部分项工程；第二册是涉及室内装饰装修及屋面工程施工方面的内容；第三册主要是设备安装和智能工程施工；第四册主要包括钢结构工程、电梯工程及施工设施和技术管理的内容。

目前，围绕房屋建筑施工领域的企业标准编制工作已初步完成。然而，持续改进和提高的工作是没有尽头的。另外，标准贯彻实施的任务更是繁重，我们将以百尺竿头、不懈上攀的精神，在较短时间内将企业标准覆盖企业全领域的目标，并尽快建立我局以企业标准化建设为核心的科技工作体系，推进我局的持续发展。

由于时间紧迫，工作量大，加之水平有限，肯定存在不少错误，恳请业内专家学者提出批评意见。

中国建筑第八工程局总工程师　肖绪文

总目录

1

建筑地基与基础工程施工技术标准 …………………………… 1—1—1
砌体工程施工技术标准 …………………………………………… 1—2—1
混凝土结构工程施工技术标准 …………………………………… 1—3—1
地下防水工程施工技术标准 ……………………………………… 1—4—1

2

屋面工程施工技术标准 …………………………………………… 2—1—1
建筑地面工程施工技术标准 ……………………………………… 2—2—1
建筑装饰装修工程施工技术标准 ………………………………… 2—3—1

3

建筑给水排水及采暖工程施工技术标准 ………………………… 3—1—1
通风与空调工程施工技术标准 …………………………………… 3—2—1
建筑电气工程施工技术标准 ……………………………………… 3—3—1
智能建筑工程施工技术标准 ……………………………………… 3—4—1

4

钢结构工程施工技术标准 ………………………………………… 4—1—1
电梯工程施工技术标准 …………………………………………… 4—2—1
施工组织设计编制标准 …………………………………………… 4—3—1
施工技术交底编制与管理标准 …………………………………… 4—4—1
建筑施工脚手架安全技术标准 …………………………………… 4—5—1
施工现场常用垂直运输设备技术标准 …………………………… 4—6—1

目 录

建筑地基基础工程施工技术标准 …… 1-1-1	
编制说明 …………………………………… 1-1-2	
1 总则 ……………………………………… 1-1-3	
2 术语 ……………………………………… 1-1-4	
3 基本规定 ………………………………… 1-1-7	
4 地基 ……………………………………… 1-1-10	
4.1 一般规定 ……………………………… 1-1-10	
4.2 灰土地基 ……………………………… 1-1-10	
4.3 砂和砂石地基 ………………………… 1-1-15	
4.4 土工合成材料地基 …………………… 1-1-19	
4.5 粉煤灰地基 …………………………… 1-1-25	
4.6 强夯地基 ……………………………… 1-1-28	
4.7 注浆地基 ……………………………… 1-1-34	
4.8 预压地基 ……………………………… 1-1-41	
4.9 振冲地基 ……………………………… 1-1-54	
4.10 高压喷射注浆地基 …………………… 1-1-59	
4.11 水泥土搅拌桩地基 …………………… 1-1-64	
4.12 土和灰土挤密桩复合地基 …………… 1-1-70	
4.13 水泥粉煤灰碎石桩复合地基 ………… 1-1-73	
4.14 夯实水泥土桩复合地基 ……………… 1-1-79	
4.15 砂桩地基 ……………………………… 1-1-83	
5 桩基础 …………………………………… 1-1-87	
5.1 一般规定 ……………………………… 1-1-87	
5.2 静力压桩 ……………………………… 1-1-88	
5.3 先张法预应力管桩 …………………… 1-1-98	
5.4 混凝土预制桩 ………………………… 1-1-104	
5.5 钢桩 …………………………………… 1-1-119	
5.6 混凝土灌注桩 ………………………… 1-1-128	
6 土方工程 ………………………………… 1-1-165	
6.1 一般规定 ……………………………… 1-1-165	
6.2 土方开挖 ……………………………… 1-1-166	
6.3 土方回填 ……………………………… 1-1-180	
7 基坑工程 ………………………………… 1-1-186	
7.1 一般规定 ……………………………… 1-1-186	
7.2 排桩墙支护工程 ……………………… 1-1-187	
7.3 水泥土桩墙支护工程 ………………… 1-1-198	
7.4 锚杆及土钉墙支护 …………………… 1-1-203	
7.5 钢支撑及混凝土支撑系统 …………… 1-1-216	
7.6 地下连续墙 …………………………… 1-1-220	
7.7 沉井与沉箱 …………………………… 1-1-233	
7.8 降水与排水 …………………………… 1-1-249	
8 分部（子分部）工程质量验收 ………… 1-1-259	
附录A 地基与基础施工勘察要点 ………… 1-1-262	
A.1 一般规定 ……………………………… 1-1-262	
A.2 天然地基基础基槽检验要点 ………… 1-1-262	
A.3 深基础施工勘察要点 ………………… 1-1-263	
A.4 地基处理工程施工勘察要点 ………… 1-1-263	
A.5 施工勘察报告 ………………………… 1-1-263	
附录B 建筑物沉降观测 …………………… 1-1-264	
附录C 建筑生石灰及生石灰粉 …………… 1-1-270	
C.1 建筑生石灰 …………………………… 1-1-270	
C.2 建筑生石灰粉 ………………………… 1-1-271	
附录D 密度试验 …………………………… 1-1-273	
D.1 环刀法 ………………………………… 1-1-273	
D.2 蜡封法 ………………………………… 1-1-274	
D.3 灌水法 ………………………………… 1-1-275	
D.4 灌砂法 ………………………………… 1-1-276	
附录E 击实试验 …………………………… 1-1-279	
附录F 锚杆试验 …………………………… 1-1-283	
F.1 一般规定 ……………………………… 1-1-283	
F.2 基本试验 ……………………………… 1-1-283	
F.3 验收试验 ……………………………… 1-1-284	
F.4 蠕变试验 ……………………………… 1-1-284	

| 附录 G 基坑涌水量计算 ……………… 1-1-286
| 本标准用词说明 …………………… 1-1-290
| **砌体工程施工技术标准** …………… 1-2-1
| 编制说明 …………………………… 1-2-2
| 1 总则 ……………………………… 1-2-3
| 2 术语 ……………………………… 1-2-4
| 3 基本规定 ………………………… 1-2-6
| 4 砌筑砂浆 ………………………… 1-2-9
| 4.1 原材料要求 ………………… 1-2-9
| 4.2 砂浆的配合比 ……………… 1-2-10
| 4.3 砂浆的拌制及使用 ………… 1-2-11
| 4.4 试块抽样及强度评定 ……… 1-2-11
| 5 砖砌体工程 ……………………… 1-2-13
| 5.1 一般规定 …………………… 1-2-13
| 5.2 施工准备 …………………… 1-2-13
| 5.3 材料质量控制 ……………… 1-2-14
| 5.4 施工工艺 …………………… 1-2-15
| 5.5 成品保护 …………………… 1-2-21
| 5.6 安全、环保措施 …………… 1-2-21
| 5.7 质量标准 …………………… 1-2-22
| 5.8 质量验收 …………………… 1-2-24
| 6 混凝土小型空心砌块砌体工程 …… 1-2-26
| 6.1 一般规定 …………………… 1-2-26
| 6.2 施工准备 …………………… 1-2-26
| 6.3 材料与质量控制 …………… 1-2-27
| 6.4 施工操作工艺 ……………… 1-2-29
| 6.5 成品保护 …………………… 1-2-32
| 6.6 安全、环保措施 …………… 1-2-32
| 6.7 质量标准 …………………… 1-2-32
| 6.8 质量验收 …………………… 1-2-33
| 7 石砌体工程 ……………………… 1-2-35
| 7.1 一般规定 …………………… 1-2-35
| 7.2 施工准备 …………………… 1-2-35
| 7.3 材料与质量控制 …………… 1-2-36
| 7.4 施工操作工艺 ……………… 1-2-37
| 7.5 成品保护 …………………… 1-2-42
| 7.6 安全、环保措施 …………… 1-2-42
| 7.7 质量标准 …………………… 1-2-42
| 7.8 质量验收 …………………… 1-2-43
| 8 配筋砌体工程 …………………… 1-2-46
| 8.1 一般规定 …………………… 1-2-46
| 8.2 施工准备 …………………… 1-2-46
| 8.3 材料与质量控制 …………… 1-2-47
| 8.4 施工工艺 …………………… 1-2-47
| 8.5 成品保护 …………………… 1-2-53
| 8.6 安全、环保措施 …………… 1-2-53
| 8.7 质量标准 …………………… 1-2-54
| 8.8 质量验收 …………………… 1-2-55
| 9 填充墙砌体工程 ………………… 1-2-57
| 9.1 一般规定 …………………… 1-2-57
| 9.2 施工准备 …………………… 1-2-57
| 9.3 材料与质量控制 …………… 1-2-58
| 9.4 施工操作工艺 ……………… 1-2-59
| 9.5 成品保护 …………………… 1-2-62
| 9.6 安全、环保措施 …………… 1-2-62
| 9.7 质量标准 …………………… 1-2-62
| 9.8 质量验收 …………………… 1-2-63
| 10 冬期施工 ………………………… 1-2-65
| 10.1 一般规定 ………………… 1-2-65
| 10.2 施工准备 ………………… 1-2-65
| 10.3 材料与质量控制 ………… 1-2-66
| 10.4 施工方法 ………………… 1-2-67
| 10.5 成品保护 ………………… 1-2-69
| 10.6 安全、环保措施 ………… 1-2-69
| 11 雨期施工 ………………………… 1-2-70
| 12 子分部工程验收 ………………… 1-2-71
| 附录 A 烧结普通砖技术要求和产品标志、包装、运输 …… 1-2-74
| A.1 分类 ………………………… 1-2-74
| A.2 技术要求 …………………… 1-2-74
| A.3 标志、包装、运输 ………… 1-2-76
| 附录 B 烧结多孔砖技术要求和产品标志、包装、运输 …… 1-2-78
| B.1 分类 ………………………… 1-2-78
| B.2 技术要求 …………………… 1-2-78
| B.3 标志、包装、运输 ………… 1-2-80
| 附录 C 蒸压灰砂砖技术要求和产品标志、包装、运输 …… 1-2-81
| C.1 分类 ………………………… 1-2-81
| C.2 技术要求 …………………… 1-2-81
| C.3 产品合格证、堆放和运输 … 1-2-82
| 附录 D 粉煤灰砖技术要求和产品标志、包装、运输 ……… 1-2-84
| D.1 产品分类 …………………… 1-2-84

  D.2 技术要求 …………………… 1-2-84
  D.3 产品包装、贮存和运输 …… 1-2-85
附录E 普通混凝土小型空心砌块技术要求和产品标志、包装、运输 ………………………… 1-2-86
  E.1 砌块各部位名称 …………… 1-2-86
  E.2 等级和标记 ………………… 1-2-86
  E.3 技术要求 …………………… 1-2-87
  E.4 产品合格证、堆放和运输 … 1-2-88
附录F 轻集料混凝土小型空心砌块技术要求和产品标志、包装、运输 ………………… 1-2-89
  F.1 分类、等级与标记 ………… 1-2-89
  F.2 技术要求 …………………… 1-2-89
  F.3 产品合格证、堆放和运输 … 1-2-91
附录G 烧结空心砖和空心砌块技术要求和产品标志、包装、运输 ………………………… 1-2-93
  G.1 产品分类 …………………… 1-2-93
  G.2 技术要求 …………………… 1-2-94
  G.3 标志、包装、运输和贮存 … 1-2-97
附录H 蒸压灰砂空心砖技术要求和产品标志、包装、运输 ……………………………… 1-2-98
  H.1 分类 ………………………… 1-2-98
  H.2 技术要求 …………………… 1-2-98
  H.3 产品合格证、贮存和运输 … 1-2-100
附录J 蒸压加气混凝土砌块技术要求和产品标志、包装、运输 ………………………… 1-2-101
  J.1 分类 ………………………… 1-2-101
  J.2 技术要求 …………………… 1-2-101
  J.3 产品质量说明书、堆放和运输 ……………………………… 1-2-103
附录K 粉煤灰小型空心砌块技术要求和产品标志、包装、运输 ………………………… 1-2-104
  K.1 分类、等级与标记 ………… 1-2-104
  K.2 技术要求 …………………… 1-2-104
  K.3 产品合格证、堆放和运输 … 1-2-106
附录L 砂浆搅拌后温度计算及搅拌、运输和砌筑过程中的热量损失计算 …………………… 1-2-107
  L.1 砂浆搅拌后温度计算 ……… 1-2-107
  L.2 砂浆搅拌、运输和砌筑过程中的热量损失计算 ……………… 1-2-107
条文说明 …………………………………… 1-2-108
1 总则 …………………………………… 1-2-108
3 基本规定 ……………………………… 1-2-108
4 砌筑砂浆 ……………………………… 1-2-111
5 砖砌体工程 …………………………… 1-2-113
6 混凝土小型空心砌块砌体工程 …………………………………… 1-2-117
7 石砌体工程 …………………………… 1-2-117
8 配筋砌体工程 ………………………… 1-2-118
9 填充墙砌体工程 ……………………… 1-2-118
10 冬期施工 …………………………… 1-2-119
11 子分部工程验收 …………………… 1-2-119
本标准用词说明 …………………………… 1-2-123
混凝土结构工程施工技术标准 ……… 1-3-1
编制说明 …………………………………… 1-3-2
1 总则 …………………………………… 1-3-3
2 术语 …………………………………… 1-3-4
3 基本规定 ……………………………… 1-3-5
4 模板分项工程 ………………………… 1-3-7
  4.1 一般规定 …………………… 1-3-7
  4.2 模板设计 …………………… 1-3-7
  4.3 模板安装 …………………… 1-3-9
  4.4 模板拆除 …………………… 1-3-37
5 钢筋分项工程 ………………………… 1-3-43
  5.1 一般规定 …………………… 1-3-43
  5.2 原材料 ……………………… 1-3-44
  5.3 钢筋加工 …………………… 1-3-46
  5.4 钢筋连接 …………………… 1-3-51
  5.5 钢筋安装 …………………… 1-3-80
6 预应力分项工程 ……………………… 1-3-88
  6.1 一般规定 …………………… 1-3-88
  6.2 原材料 ……………………… 1-3-88
  6.3 制作与安装 ………………… 1-3-95
  6.4 张拉与放张 ………………… 1-3-113
  6.5 灌浆与封锚 ………………… 1-3-122
7 混凝土分项工程 ……………………… 1-3-125
  7.1 一般规定 …………………… 1-3-125

7.2	原材料、预拌混凝土 ……	1-3-126	B.7	钢筋机械连接接头性能指标、
7.3	普通混凝土配合比设计 ……	1-3-133		形式及工艺检验要求 …… 1-3-227
7.4	混凝土施工 ……………	1-3-142	B.8	纵向受力钢筋的混凝土保护层
8	现浇混凝土结构分项工程 ……	1-3-164		厚度 ……………………… 1-3-229
8.1	一般规定 ………………	1-3-164	B.9	纵向受力钢筋的受拉锚固
8.2	外观质量 ………………	1-3-164		长度 ……………………… 1-3-230
8.3	尺寸偏差 ………………	1-3-171	附录C	预应力混凝土材料性能指
8.4	质量标准 ………………	1-3-173		标等要求 ……………… 1-3-232
8.5	质量验收 ………………	1-3-174	C.1	预应力混凝土用钢丝的主要技
9	装配式结构分项工程 ……	1-3-177		术参数 …………………… 1-3-232
9.1	一般规定 ………………	1-3-177	C.2	预应力混凝土用钢绞线的主
9.2	构件制作 ………………	1-3-177		要技术参数 ……………… 1-3-234
9.3	结构性能检验 …………	1-3-183	C.3	预应力混凝土用热处理钢筋
9.4	装配式结构施工 ………	1-3-186		的主要技术参数 ………… 1-3-237
10	混凝土结构子分部工程 ……	1-3-196	C.4	无粘结预应力筋的涂包质量
10.1	结构实体检验 …………	1-3-196		要求 ……………………… 1-3-239
10.2	混凝土结构子分部工程		C.5	预应力筋常用锚具的型号、规
	验收 ………………………	1-3-196		格及适用范围 …………… 1-3-239
11	冬期施工 …………………	1-3-199	C.6	先张法夹具 ……………… 1-3-252
11.1	一般规定 ………………	1-3-199	C.7	连接器 …………………… 1-3-255
11.2	钢筋工程 ………………	1-3-200	C.8	预应力锚具、夹具和连接器的
11.3	混凝土工程 ……………	1-3-201		性能要求 ………………… 1-3-257
11.4	混凝土质量控制及检查 …	1-3-208	C.9	预应力筋张拉伸长值 …… 1-3-258
本标准用词说明 …………………		1-3-210	附录D	常用水泥、混凝土外加剂
附录A	模板设计计算资料 ……	1-3-211		技术指标 ……………… 1-3-259
A.1	模板材料及其性能 ……	1-3-211	D.1	常用水泥技术指标 ……… 1-3-259
A.2	计算模板及其支架时的荷		D.2	混凝土外加剂及掺外加剂混
	载标准值 …………………	1-3-214		凝土性能指标 …………… 1-3-261
A.3	计算模板及其支架时的荷		附录E	建筑用砂和建筑用卵石、
	载分项系数与调整系数 ……	1-3-216		碎石技术要求及验收 …… 1-3-267
A.4	模板设计计算公式 ……	1-3-217	E.1	分类与规格 ……………… 1-3-267
A.5	组合钢模板成品质量 …	1-3-221	E.2	《建筑用砂》GB/T 14684 技
附录B	钢筋的性能指标等要求 …	1-3-222		术要求及验收 …………… 1-3-267
B.1	钢筋化学、物理性能指标 ……	1-3-222	E.3	《建筑用卵石、碎石》GB/T 14685
B.2	钢筋的抗拉强度设计值及			技术要求及验收 ………… 1-3-270
	抗压强度设计值 …………	1-3-223	附录F	混凝土裂缝处理方法 …… 1-3-273
B.3	钢筋弹性模量 …………	1-3-224	F.1	表面修补法 ……………… 1-3-273
B.4	钢筋的公称截面积、计算截		F.2	内部修补法 ……………… 1-3-275
	面面积及理论重量 ………	1-3-224	附录G	预制构件结构性能检验
B.5	钢筋下料长度计算要求 ……	1-3-225		方法 …………………… 1-3-277
B.6	纵向受力钢筋的最小搭接		附录H	结构实体检验用同条件养
	长度 ………………………	1-3-227		护试件强度及钢筋保护层

	厚度检验 …………… 1-3-280		4.4	涂料防水层 …………… 1-4-45
H.1	结构实体检验用同条件养护		4.5	塑料板防水层 ………… 1-4-56
	试件强度检验………… 1-3-280		4.6	金属板防水层 ………… 1-4-62
H.2	结构实体钢筋保护层厚度		4.7	细部构造 ……………… 1-4-67
	检验………………… 1-3-280	5	特殊施工法防水工程 ……… 1-4-85
附录J	混凝土热工计算 …………… 1-3-282		5.1	锚喷支护 ……………… 1-4-85
J.1	混凝土拌合物的搅拌、运输、浇		5.2	地下连续墙 …………… 1-4-95
	筑温度计算………… 1-3-282		5.3	复合式衬砌 …………… 1-4-99
J.2	混凝土蓄热养护过程中的温		5.4	盾构法隧道 …………… 1-4-107
	度计算……………… 1-3-285	6	排水工程 …………………… 1-4-116
J.3	大体积混凝土温度及应力		6.1	渗排水、盲沟排水 …… 1-4-116
	计算………………… 1-3-286		6.2	隧道、坑道排水 ……… 1-4-120
本标准用词说明 ………………………… 1-3-290		7	注浆工程 …………………… 1-4-126
地下防水工程施工技术标准 ………… 1-4-1			7.1	预注浆、后注浆 ……… 1-4-126
编制说明 ………………………………… 1-4-2			7.2	衬砌裂缝注浆 ………… 1-4-132
1 总则 …………………………………… 1-4-3		8	子分部工程验收 …………… 1-4-138
2 术语 …………………………………… 1-4-4		附录A	现行建筑防水工程材料标
3 基本规定 ……………………………… 1-4-6			准和现场抽样复验 ……… 1-4-140
4 地下建筑防水工程 …………………… 1-4-9		附录B	地下防水工程渗漏水调查
4.1	防水混凝土 …………… 1-4-9			与量测方法 ……………… 1-4-142
4.2	水泥砂浆防水层 ……… 1-4-16	本标准用词说明 ………………………… 1-4-145
4.3	卷材防水层 …………… 1-4-36			

建筑地基基础工程施工技术标准

Technical standard for construction of building foundation engineering

ZJQ08—SGJB 202—2005

编 制 说 明

本标准是根据中建八局《关于〈施工技术标准〉编制工作安排的通知》（局科字[2002] 348号）文的要求，由中建八局会同中国土木工程公司和中建八局机械化施工公司共同编制。

在编写过程中，编写组认真学习和研究了国家《建筑工程施工质量验收统一标准》GB 50300—2001、《建筑地基基础工程施工质量验收规范》GB 50202—2002、《建筑地基处理技术规范》JGJ 79—2002、《建筑桩基技术规范》JGJ 94—94、《建筑边坡工程技术规范》GB 50330—2002、《建筑基坑支护技术规程》JGJ 120—99等标准，结合本企业建筑地基基础工程的施工经验进行编制，并组织本企业内、外专家经专项审查后定稿。

为方便配套使用，本标准在章节编排上与《建筑地基基础工程施工质量验收规范》GB 50202—2002保持对应关系。主要是：总则、术语、基本规定、地基、桩基础、土方工程、基坑工程、分部（子分部）工程验收等共八章。其主要内容包括技术和质量管理、施工工艺和操作要点、质量标准和验收三大部分。

本标准中有关国家规范中的强制性条文以黑体字列出，必须严格执行。

为了持续提高本标准的水平，请各单位在执行本标准过程中，注意总结经验，积累资料，随时将有关意见和建议反馈给中建八局技术质量部（通讯地址：上海市浦东新区源深路269号，邮政编码：200135），以供修订时参考。

本标准主要编写和审核人员：

主　　　编：王玉岭

主要参编人员：赵　俭　周洪涛　都吉坤　罗德元　郑春华　陈迎昌　霍化鹏　李式仁
　　　　　　　赵亚军　陈怀师

审 核 专 家：肖绪文　卜一德　刘发洸

1 总　　则

1.0.1 为了加强施工技术管理，规范建筑地基基础工程的施工工艺，在符合设计要求、满足使用功能和国家相关标准（规范、规程等）的条件下，达到技术先进、经济合理，保证工程质量、环境保护和安全施工，制定本标准。

1.0.2 本标准适用于工业与民用建筑的地基基础工程的施工及质量验收。

1.0.3 本标准依据现行国家标准《建筑地基基础工程施工质量验收规范》GB 50202—2002、《建筑工程施工质量验收统一标准》GB 50300—2001 等的要求进行编制，并与其配套使用。

1.0.4 建筑地基基础工程施工中采用的工程技术文件、承包合同文件对施工质量的要求不得低于现行国家标准《建筑地基基础工程施工质量验收规范》GB 50202—2002 和本标准的规定。

1.0.5 建筑地基基础工程的施工应根据设计图纸的要求进行，所用的材料应按照设计要求选用，并应符合现行材料标准的规定。施工工艺应按本标准执行。凡本标准无规定的新材料、新工艺应根据产品说明书或工艺说明书的有关技术要求（必要时通过试验），制定操作工艺标准，并经法人层次总工程师审批后方可使用。

1.0.6 建筑地基基础工程的施工除应执行本标准的规定外，尚应执行国家、行业、地方现行有关标准、规范的规定，当有关标准规范换版时应按新版标准、规范执行。

2 术 语

2.0.1 地基 subgrade, foundation soils
为支承基础的土体或岩体。

2.0.2 基础 foundation
将结构所承受的各种作用传递到地基上的结构组成部分。

2.0.3 地基处理 ground treatment
为提高地基承载力，改善其变形性质或渗透性质而采取的人工处理地基的方法。

2.0.4 复合地基 composite subgrade, composite foundation
部分土体被增强或被置换形成增强体，由增强体和周围地基土共同承担荷载的地基。

2.0.5 土工合成材料地基 geosynthetics foundation
在土工合成材料上填以土（砂石料）构成建筑物的地基，土工合成材料可以是单层，也可以是多层。一般为浅层地基。

2.0.6 重锤夯实地基 heavy tamping foundation
利用重锤自由下落时的冲击能来夯实浅层填土地基，使表面形成一层较为均匀的硬层来承受上部荷载。

2.0.7 强夯地基 dynamic consolidation foundation
工艺与重锤夯实地基类同，但锤重与落距要远大于重锤夯实地基。

2.0.8 注浆地基 grouting foundation
将配置好的化学浆液或水泥浆液，通过导管注入土体孔隙中，与土体结合，发生化学反应，从而提高土体强度，减小其压缩性和渗透性。

2.0.9 预压地基 preloading foundation
在原状土上加载，使土中水排出，以实现土的预先固结，减少建筑物地基后期沉降和提高地基承载力。按加载方法不同，分为堆载预压、真空预压、降水预压三种不同方法的预压地基。

2.0.10 高压喷射注浆地基 jet grouting foundation
利用钻机把带有喷嘴的注浆管钻至土层的预定位置或先钻孔后将注浆管放至预定位置，以高压使浆液或水从喷嘴中射出，边旋转边喷射浆液，使土体与浆液搅拌混合形成固结体。施工采用单独喷出水泥浆的工艺，称为单管法；施工采用同时喷出高压空气与水泥浆的工艺，称为二管法；施工采用同时喷出高压水、高压空气及水泥浆的工艺，称为三管法。

2.0.11 水泥土搅拌桩地基 soil-cement mixed pile foundation
利用水泥作为固化剂，通过搅拌机械将其与地基土强制搅拌，硬化后构成的地基。

2.0.12 土与灰土挤密桩地基 soil-lime compacted column
在原土中成孔后分层填以素土或灰土，并夯实，使填土压密，同时挤密周围土体，构成坚实的地基。

2.0.13 水泥粉煤灰、碎石桩 cement flyash gravel pile

用长螺旋钻机钻孔或沉管桩机成孔后，将水泥、粉煤灰及碎石混合搅拌后，泵压或经下料斗投入孔内，构成密实的桩体。

2.0.14 锚杆静压桩 pressed pile by anchor rod

利用锚杆将桩分节压入土中的沉桩工艺。锚杆可用垂直土锚或临时在混凝土底板、承台中的地锚。

2.0.15 桩基础 pile foundation

由基桩和连接于桩顶的承台共同组成。若桩身全部埋于土中，承台底面与土体接触，则称为低承台桩基；若桩身上部露出地面而承台底位于地面以上，则称为高承台桩基。建筑桩基通常为低承台桩基础。

2.0.16 单桩基础 sigle-pile foundation

采用一根桩（通常为大直径桩）以承受和传递上部结构（通常为柱）荷载的独立基础。

2.0.17 群桩基础 group pile foundation

由 2 根以上基桩组成的桩基础。

2.0.18 基桩 foundation pile

群桩基础中的单桩。

2.0.19 复合桩基 composite pile foundation

由桩和承台底地基土共同承担荷载的桩基。

2.0.20 复合基桩 composite foundation pile

包含承台底土阻力的基桩。

2.0.21 单桩竖向极限承载力 vertical ultimate bearing capacity of single pile

单桩在竖向荷载作用下到达破坏状态前或出现不适于继续承载的变形时所对应的最大荷载。它取决于土对桩的支承阻力和桩身材料强度，一般由土对桩的支承阻力控制，对于端承桩、超长桩和桩身质量有缺陷的桩，可能由桩身材料强度控制。

2.0.22 群桩效应 affection of pile group (group pile reduction factor)

群桩基础受竖向荷载后，由于承台、桩、土的相互作用使其桩侧阻力、桩端阻力、沉降等性状发生变化而与单桩明显不同，承载力往往不等于各单桩承载力之和，称其为群桩效应。群桩效应受土性、桩距、桩数、桩的长径比、桩长与承台宽度比、成桩方法等多因素影响而变化。

2.0.23 负摩阻力 nagative frictional resistance (nagative frictional force)

桩身周围土由于自重固结、自重湿陷、地面附加荷载等原因而产生大于桩身的沉降时，土对桩侧表面所产生的向下摩阻力。在桩身某一深度处的桩土位移量相等，该处称为中性点。中性点是正、负摩阻力的分界点。

2.0.24 建筑边坡 building slope

在建（构）筑物场地或其周边，由于建（构）筑物和市政工程开挖或填筑施工所形成的人工边坡和对建（构）筑物安全或稳定有影响的自然边坡。

2.0.25 建筑基坑　builing foundation pit

为进行建筑物（包括构筑物）基础与地下室的施工所开挖的地面以下空间。

2.0.26 基坑侧壁　side of foundation pit

构成建筑基坑围体的某一侧面。

2.0.27 基坑周边环境　surroundings around foundation pit

基坑开挖影响范围内包括既有建（构）筑物、道路、地下设施、地下管线、岩土体及地下水体等的统称。

2.0.28 基坑支护　retaining and protecting for foundation excavation

为保证地下结构施工及基坑周边环境的安全，对基坑侧壁及周边环境采用的支挡、加固与保护措施。

2.0.29 排桩　piles in row

以某种桩型按队列式布置组成的基坑支护结构。

2.0.30 地下连续墙　diaphragm

用机械施工方法成槽浇灌钢筋混凝土形成的地下墙体。

2.0.31 水泥土墙　cement-soil wall

由水泥土桩相互搭接形成的格栅状、壁状等形式的重力式结构。

2.0.32 土钉墙　soil nailing

采用土钉加固的基坑侧壁土体与护面等组成的支护结构。

2.0.33 土层锚杆　soil anchor

由设置于钻孔内、端部伸入稳定土层中的钢筋或钢绞线与孔内注浆体组成的受拉杆体。

2.0.34 支撑体系　bracing system

由钢或钢筋混凝土构件组成的用以支撑基坑侧壁的结构体系。

2.0.35 冠梁　top beam

设置在支护结构顶部的钢筋混凝土连梁。

2.0.36 腰梁　middle beam

设置在支护结构顶部以下传递支护结构与锚杆或内支撑支点力的钢筋混凝土梁或钢梁。

2.0.37 嵌固深度　embedded depth

桩墙支护结构在基坑开挖底面以下的埋置深度。

2.0.38 地下水控制　groundwater controlling

为保证支护结构施工、基坑挖土、地下室施工及基坑周边环境安全而采取的排水、降水、截水或回灌措施。

2.0.39 截水帷幕　curtain for cutting off water

用于阻截或减少基坑侧壁及基坑底地下水流入基坑而采取的连续止水体。

3 基本规定

3.0.1 承担地基基础工程施工的单位（含专业分包单位）必须具备相应的专业资质，并应建立完善的质量管理体系和质量检验制度。

3.0.2 从事地基基础工程检测及见证试验的单位，必须具备省级以上（含省、自治区、直辖市）建设行政主管部门颁发的资质证书和计量行政主管部门颁发的计量认证合格证书。

3.0.3 地基基础工程施工前，必须具备完备的地质勘察资料及工程附近管线、建筑物、构筑物和其他公共设施的构造情况。必要时，应作施工勘察和调查，以确保工程质量及邻近建筑的安全。施工勘察要点详见附录 A。

3.0.4 在邻近原有建筑物或构筑物进行地基基础工程施工时，应符合下列规定：

 1 施工前，必须了解邻近原有建筑物或构筑物的原有结构及基础等详细情况；

 2 地基与基础工程施工，如影响邻近建筑物或构筑物的使用安全时，应会同有关单位采取有效措施处理。

3.0.5 地基基础工程，必须在完成各项准备工作及所需施工机械设备和管线安装妥善，并经试运转正常后，方可施工。

3.0.6 地基基础施工前，必须做好下列技术准备工作：

 1 图纸会审；

 2 编制施工组织设计（或施工方案）和技术交底；

 3 定位轴线、标高控制点的复测；

 4 必要的试验工作等。

3.0.7 地基基础工程施工中，对轴线定位点及水准基点应妥善保护，并应经常复测。

3.0.8 地基基础分部工程可根据工程具体情况按表 3.0.8 划分为若干个子分部工程，并按子分部工程划分各自的分项工程。

表 3.0.8 地基基础工程子分部、分项工程划分

分部工程	子分部工程	分项工程
地基与基础	无支护土方	土方开挖、土方回填
	有支护土方	排桩，降水，排水，地下连续墙，锚杆，土钉墙，水泥土桩，沉井与沉箱，钢及混凝土支撑
	地基及基础处理	灰土地基，砂和砂石地基，碎砖三合土地基，土工合成材料地基，粉煤灰地基，重锤夯实地基，强夯地基，振冲地基，砂桩地基，预压地基，高压喷射注浆地基，土和灰土挤密桩地基，注浆地基，水泥粉煤灰碎石桩地基，夯实水泥土桩地基
	桩基	锚杆静压桩及静力压桩，预应力离心管桩，钢筋混凝土预制桩，钢桩，混凝土灌注桩（成孔、钢筋笼、清孔、水下混凝土灌注）

续表 3.0.8

分部工程	子分部工程	分项工程
地基与基础	地下防水	防水混凝土,水泥砂浆防水层,卷材防水层,涂料防水层,金属板防水层,细部构造,喷锚支护,复合式衬砌,地下连续墙,盾构法隧道;渗排水、盲沟排水,隧道、坑道排水;预注浆、后注浆,衬砌裂缝注浆
	混凝土基础	模板、钢筋、混凝土,后浇带混凝土,混凝土结构缝处理
	砌体基础	砖砌体,混凝土砌块砌体,配筋砌体,石砌体
	劲钢(管)混凝土	劲钢(管)焊接,劲钢(管)与钢筋的连接,混凝土
	钢结构	焊接钢结构,栓接钢结构,钢结构制作,钢结构安装,钢结构涂装

3.0.9 地基基础工程的分项工程可根据施工质量及控制和专业验收需要按(地下室)楼层、施工段、变形缝、后浇带等划分成若干个检验批进行验收。

3.0.10 地基基础工程的子分部工程、分项工程、检验批划分应在施工组织设计或施工方案中予以明确,经监理(或建设单位项目负责人)批准后执行。

3.0.11 地基基础工程施工,应按照检验批、分项工程、(分部)子分部工程进行验收,上道工序验收合格后,方可进行下道工序的施工。

3.0.12 检验批合格质量应符合下列规定:
 1 主控项目和一般项目的质量经抽样检验合格。
 2 具有完整的施工依据、质量检查记录。

3.0.13 分项工程的质量验收合格应符合下列规定:
 1 分项工程所含的检验批均应符合合格质量的规定。
 2 分项工程所含的检验批的质量验收记录应完整。

3.0.14 分部(子分部)工程质量验收合格应符合下列规定:
 1 分部(子分部)工程所含的分项工程的质量均应验收合格。
 2 质量控制资料应完整。
 3 分部工程有关安全及功能的检验和抽样检测应符合有关规定。
 4 观感质量验收应符合要求。

3.0.15 地基基础工程的质量验收应按下列程序进行组织:
 1 检验批及分项工程应由监理工程师(建设单位项目技术负责人)组织施工单位项目专业质量(技术)负责人等进行验收。
 2 分部工程应由总监理工程师(建设单位项目负责人)组织施工单位项目负责人和技术、质量负责人等进行验收;勘察、设计单位工程项目负责人和施工单位技术、质量部门负责人也应参加验收。

3.0.16 地基基础工程施工过程中出现异常情况时,应停止施工,由监理或建设单位组织勘察、设计、施工等有关单位共同分析情况,解决问题,消除质量隐患,并应形成文件资料后,方可继续进行。

3.0.17 地基基础工程施工中,如发现有文物、古迹遗址或化石等,应立即报请有关部门处理后,方可继续施工。

3.0.18 地基基础工程在冬期施工时应符合下列规定:

1 现场道路和施工地点的冰雪必须清除；
2 影响施工的冻土应挖除并采取防冻措施；
3 冻结的材料不得使用；
4 混凝土、砌体、钢结构、防水等子分部、分项工程的冬期施工必须符合相关标准的规定。

3.0.19 需要进行沉降观测的建筑物或构筑物，其沉降观测点布置和要点应按设计要求执行，当设计无要求时宜按附录B执行。

3.0.20 地基基础工程施工时，对安全、劳动保护、防水、防火、爆破作业和环境保护等方面，应按有关规定执行。

4 地 基

4.1 一般规定

4.1.1 建筑物地基的施工应具备下述资料：
1 岩土工程勘察资料。
2 临近建筑物和地下设施类型、分布及结构质量情况。
3 工程设计图纸、设计要求及需达到的标准，检验手段。

4.1.2 施工技术人员应掌握所承担工程的地基处理目的、加固原理、技术要求和质量标准等。施工中应有专人负责质量控制和监测，并做好施工记录。当出现异常情况时，必须及时会同有关部门妥善解决。施工过程中应进行质量监理。施工结束后必须按国家有关规定进行工程质量检验和验收。

4.1.3 砂、石子、水泥、钢材、石灰、粉煤灰等原材料的质量、检验项目、批量和检验方法，应符合国家现行有关标准的规定。

4.1.4 地基施工结束，宜在一个间歇期后，进行质量验收，间歇期由设计确定。

4.1.5 地基加固工程，应在正式施工前进行试验段施工，验证设定的施工参数及加固效果。为验证加固效果所进行的载荷试验，其施加载荷应不低于设计载荷的2倍。

4.1.6 对灰土地基、砂和砂石地基、土工合成材料地基、粉煤灰地基、强夯地基、注浆地基、预压地基，其竣工后的结果（地基强度或承载力）必须达到设计要求的标准。检验数量，每单位工程不应少于3点，1000m^2以上工程，每100m^2至少应有1点，3000m^2以上工程，每300m^2至少应有1点。每一独立基础下至少应有1点，基槽每20延米应有1点。

4.1.7 对水泥土搅拌桩复合地基、高压喷射注浆桩复合地基、砂桩地基、振冲桩复合地基、土和灰土挤密桩复合地基、水泥粉煤灰碎石桩复合地基及夯实水泥土桩复合地基，其承载力检验，数量为总数的0.5%～1%，但不应少于3处。有单桩强度检验要求时，数量为总数的0.5%～1%，但不应少于3根。

4.1.8 除本标准第4.1.6条、第4.1.7条指定的主控项目外，其他主控项目及一般项目可随意抽查，但复合地基中的水泥土搅拌桩、高压喷射注浆桩、土和灰土挤密桩、水泥粉煤灰碎石桩及夯实水泥土桩至少应抽查20%。

4.2 灰土地基

4.2.1 特点和适用范围

灰土地基是用一定比例的石灰与土，充分拌合，在最优含水量情况下，分层回填夯实或压实的一种软弱土层换填处理方法。灰土地基具有一定的强度、水稳定性和抗渗性，施工工艺简单，费用较低，是一种应用广泛、经济、实用的地基加固和处理方法。适用于加固深度1～4m厚的软弱土、湿陷性黄土、杂填土等，还可用作结构的辅助防渗层。

4.2.2 施工准备

4.2.2.1 技术准备

1 施工前，应根据工程特点、填料种类、设计要求的压实系数、施工条件，进行必要的压实试验，确定填料含水量控制范围、铺土厚度、夯实或碾压遍数等参数。根据现场条件确定施工方法。

2 编制施工方案和技术交底，并向施工人员进行技术、质量、安全、环保、文明施工交底。

4.2.2.2 主要材料

土料；熟化石灰或生石灰粉。

4.2.2.3 主要机具

蛙式打夯机、机动翻斗车、筛子（孔径6～10mm和16～20mm两种）、标准斗、靠尺、铁耙、铁锹、水桶、喷壶、手推胶轮车、推土机、压路机等。

4.2.2.4 作业条件

1 基槽（坑）铺灰前应先进行钎探，局部有软弱土层或古墓（井）、洞穴等，已按设计要求进行处理，并办理完隐蔽验收手续和地基验槽记录。

2 基础外侧回填灰土前，已对基础或地下室防水层、保护层进行检查并办理了隐蔽验收手续。

3 基础砌筑砂浆或现浇混凝土已达到规定的强度。

4 当有地下水时，已采取排水或降低地下水位的措施，使水位低于灰土底面500mm以下。

5 房心和管沟铺夯灰土前，已先完成上下水管道的安装，并办理完隐蔽验收手续；相邻房间不能同时回填时，墙间已采取加固措施。

6 已在基坑（槽）、管沟的边坡上钉好水平木桩；在室内或散水的边墙上弹上水平线，或在地坪上钉好标准水平木桩。

4.2.3 材料质量控制

1 土料：宜采用就地挖出的黏性土料或塑性指数大于4的粉土，土内不得含有有机杂物，地表耕植土不宜采用。土料使用前应过筛，其粒径不得大于15mm。土施工时的含水量应控制在最优含水量的±2%范围内。冬期施工不得采用冻土或夹有冻土块的土料。

2 熟化石灰：熟化石灰应采用生石灰块（块灰的含量不少于70%），在使用前3～4d用清水予以熟化，充分消解后成粉末状，并加以过筛。其最大粒径不得大于5mm，并不得夹有未熟化的生石灰块及其他杂质。生石灰质量应符合国家现行行业标准《建筑生石灰》JC/T 479—92的规定（附录C）。

3 采用生石灰粉代替熟化石灰时，在使用前按体积比预先与黏土拌合洒水堆放8h后方可铺设。生石灰粉质量应符合国家现行行业标准《建筑生石灰粉》JC/T 480—92的规定（附录C）。生石灰粉进场时应有生产厂家的产品质量证明书。

4.2.4 施工工艺

4.2.4.1 工艺流程

基土清理→弹线、设标志→灰土拌合→分层摊铺→夯压密实→找平验收

4.2.4.2 施工要点

1 基土清理

铺设灰土前先检验基土土质,清除松散土并打两遍底夯,要求平整干净。如有积水、淤泥,应清除或晾干;如局部有软弱土层或古墓(井)、洞穴等,应按设计要求进行处理,并办理隐蔽验收手续和地基验槽记录。

2 弹线、设标志

做好测量放线,在基坑(槽)、管沟的边坡上钉好水平木桩;在室内或散水的边墙上弹上水平线;或在地坪上钉好标准水平木桩。作为控制摊铺灰土厚度的标准。

3 灰土拌合

(1) 灰土的配合比应符合设计要求,一般为2:8或3:7(石灰:土,体积比)。

(2) 灰土拌合,多采用人工翻拌,通过标准斗计量,控制配合比。拌和时采取土料、石灰边掺合边用铁锹翻拌,一般翻拌不少于三遍。灰土拌合料应拌合均匀,颜色一致,并保持一定的湿度,最优含水量为14%~18%。现场以手握成团,两指轻捏即碎为宜。如土料水分过大或不足时,应晾干或洒水湿润。

4 分层摊铺与夯实

(1) 灰土每层(一步)摊铺厚度可按照不同的施工方法按表4.2.4选用。每层灰土的夯打遍数,应根据设计要求的干密度由现场夯(压)试验确定。

表4.2.4 灰土最大虚铺厚度

序号	夯实机具种类	重量(t)	虚铺厚度(mm)	备注
1	石夯、木夯	0.04~0.08	200~250	人力送夯,落距400~500mm,一夯压半夯
2	轻型夯实机械	0.12~0.4	200~250	蛙式打夯机、柴油打夯机等
3	压路机	6~10	200~300	双轮静作用或振动压路机

(2) 灰土分段施工时,不得在墙角、柱基及承重窗间墙下接缝。上下两层灰土的接缝距离不得小于500mm。接缝处应切成直槎,并夯压密实。当灰土地基标高不同时,应做成阶梯形,每阶宽不小于500mm。对基础和地下室外围作辅助防渗层的灰土,应将水位以下结构全部包围,并处理好接缝。

(3) 灰土应随铺填随夯压密实,铺填完的灰土不得隔日夯压;夯实后的灰土,3d内不得受水浸泡,在地下水位以下的基坑(槽)内施工时,应采取降、排水措施。

5 雨期施工

雨期施工灰土应连续进行,尽快完成,施工中应有防雨和排水措施。刚夯打完毕或尚未夯实的灰土,如遭受雨淋浸泡,应将积水及松软灰土除去并补填夯实;受浸湿的灰土,应晾干后再夯打密实。

6 冬期施工

冬期施工灰土必须在基层不冻的状态下进行,土料不得含有冻块,并应覆盖保温;已熟化的石灰应在次日用完,以充分利用石灰熟化时的热量。当日拌合的灰土,应当日铺完夯实,夯完的灰土表面应用塑料薄膜和草袋覆盖保温。

7 质量控制要点

(1) 施工前应检查灰土的土料、石灰或水泥（当水泥替代灰土中的石灰时）等材料及配合比是否符合设计要求，灰土搅拌是否均匀。

(2) 施工过程中应检查分层铺设的厚度、分段施工时上下两层的搭接长度、夯实时的加水量、夯压遍数。

(3) 灰土地基每层夯（压）密实后，应检查压实系数。压实系数 λ_c 为土在施工时实际达到的干密度 ρ_d（现场干密度试验方法见附录 D）与室内采用击实试验（击实试验方法见附录 E）得到的最大干密度 $\rho_{d\,max}$ 之比，即：

$$\lambda_c = \frac{\rho_d}{\rho_{d\,max}} \tag{4.2.4}$$

灰土应逐层用环刀取样测出其干密度，按式（4.2.4）计算压实系数应符合设计要求。取样检验灰土干密度的检验数量见本标准第 4.1.6 条，并要绘制每层的取样点位置图。

施工结束后，应按设计要求和规定的方法检验灰土地基的承载力。

8 找平验收

灰土最上一层完成后，应拉线或用靠尺检查标高和平整度，超高处用铁锹铲平，低洼处应及时补打灰土。

4.2.5 成品保护措施

1 灰土地基打完后，应及时进行基础施工与基坑（槽）回填，或作临时覆盖，防止日晒雨淋。

2 基坑（槽）四周作好挡、排水设施，防止受雨水浸泡。

3 冬期应采取保温措施，防止受冻。

4.2.6 安全、环保措施

1 灰土铺设、熟化石灰和石灰过筛，操作人员应戴口罩、风镜、手套、套袖等劳动保护用品。

2 施工机械用电必须采用一机一闸一保护。

3 夯填灰土前，应先检查打夯机电线绝缘是否完好，接地线、开关是否符合要求；使用打夯机应由两人操作，其中一人负责移动打夯机胶皮电线。

4 打夯机操作人员，必须戴绝缘手套和穿绝缘鞋，防止漏电伤人。两台打夯机在同一作业面夯实时，前后距离不得小于 5m，夯打时严禁夯打电线，以防触电。

5 土料运输应加以覆盖，防止遗洒；场内存放的土料应采取洒水、覆盖等措施，防止扬尘。

6 注意对机械的噪声控制：白天不应超过 85dB；夜间不应超过 55dB。

4.2.7 质量标准

灰土地基的质量验收标准应符合表 4.2.7 的规定。

表 4.2.7 灰土地基质量检验标准

项	序	检查项目	允许偏差或允许值		检查方法
			单位	数值	
主控项目	1	地基承载力		设计要求	按规定的方法
	2	配合比		设计要求	按拌合时的体积比
	3	压实系数		设计要求	现场实测

续表 4.2.7

项	序	检查项目	允许偏差或允许值		检查方法
			单位	数值	
一般项目	1	石灰粒径	mm	≤5	筛分法
	2	土料有机质含量	%	≤5	试验室焙烧法
	3	土颗粒粒径	mm	≤15	筛分法
	4	含水量(与要求的最优含水量比较)	%	±2	烘干法
	5	分层厚度偏差(与设计要求比较)	mm	±50	水准仪

4.2.8 质量验收

4.2.8.1 检验批的划分应符合本标准第3.0.9条、第3.0.10条的规定。

4.2.8.2 检验批的验收组织应符合本标准第3.0.15条的规定。

4.2.8.3 质量验收记录

1 上道工序的隐蔽验收记录（含地基验槽记录）；
2 土料、石灰的试验报告或产品质量证明书；
3 每层灰土的干密度试验报告和取样点位图；
4 检验批的验收记录按表4.2.8.3"灰土地基工程检验批质量验收记录表"填写。

表 4.2.8.3 灰土地基工程检验批质量验收记录表

GB 50202—2002

单位(子单位)工程名称					
分部(子分部)工程名称				验收部位	
施工单位				项目经理	
分包单位				分包项目经理	
施工执行标准名称及编号					
施工质量验收规范的规定				施工单位检查评定记录	监理(建设)单位验收记录
主控项目	1	地基承载力	设计要求		
	2	配合比	设计要求		
	3	压实系数	设计要求		
一般项目	1	石灰粒径(mm)	≤5		
	2	土料有机质含量(%)	≤5		
	3	土颗粒粒径(mm)	≤15		
	4	含水量(与要求的最优含水量)(%)	±2		
	5	分层厚度偏差(与设计要求比)(mm)	±50		
	专业工长(施工员)			施工班组长	
施工单位检查评定结果	项目专业质量检查员： 年 月 日				
监理(建设)单位验收结论	专业监理工程师(建设单位项目专业技术负责人)： 年 月 日				

4.3 砂和砂石地基

4.3.1 特点和适用范围

砂和砂石地基采用砂或砂砾石（碎石）混合物，经分层夯（压）实，作为地基的持力层，提高基础下部地基强度，并通过垫层的压力扩散作用，降低地基的压力，减少变形量。同时，垫层可起排水作用，地基土中孔隙水可通过垫层快速地排出，能加速下部土层的沉降和固结。

砂和砂石地基应用范围广泛，具有不用水泥、石材，可防止地下水因毛细作用上升而使地基不受冻结的影响，能在施工期间完成沉陷，用机械或人工都可使地基密实，施工工艺简单、可缩短工期、降低造价等特点。适用于处理3.0m以内的软弱土层和透水性强的黏性土地基，包括淤泥、淤泥质土，不宜用于加固湿陷性黄土地基及渗透系数小的黏性土地基。

4.3.2 施工准备

4.3.2.1 技术准备

1 根据设计要求选用砂或砂石材料，经试验检验材料的颗粒级配、有机质含量、含泥量等，确定混合材料的配合比。
2 根据施工条件和现场条件选用适合的施工方法。
3 其他技术准备工作按本标准第3.0.6条规定执行。

4.3.2.2 主要材料

按计划用量准备砂或砂石料。

4.3.2.3 主要机具

压路机、推土机、蛙式打夯机、平板式振捣器、插入式振捣器、钢叉、机动翻斗车、铁锹、铁耙、量斗、水桶、喷壶、手推胶轮车、2m靠尺等。

4.3.2.4 作业条件

1 砂或砂石材料已按设计要求的种类和需用量进场并经验收符合要求；
2 主要夯（压）实机械已进场并试运转，能够满足施工需要；
3 混合材料的配合比已经试验确定；
4 基槽（坑）已经建设、监理、设计、勘察、施工等单位共同检查，并形成了验槽记录；
5 已按施工方案向施工班组进行了交底。

4.3.3 材料质量控制要点

1 砂：宜采用中砂或粗砂，要求颗粒级配良好、质地坚硬；当采用粉细砂或石粉（粒径小于0.075mm的部分不超过总重的9%）时，应掺入不少于总重30%、粒径20~50mm的碎石或卵石，但要分布均匀；砂中有机质含量不超过5%，含泥量应小于5%，兼作排水垫层时，含泥量不得超过3%。
2 砂石：宜采用天然级配的砂砾石（或卵石、碎石）混合物，最大粒径不宜大于50mm，不得含有植物残体、垃圾等杂物，含泥量不大于5%。

4.3.4 施工工艺

4.3.4.1 工艺流程

基层处理→抄平放线、设标桩→（采用人工级配的砂砾石时）混合料拌合均匀→分层铺设→分层夯（压、振）实→检查验收。

4.3.4.2 施工要点

1 基层处理：砂或砂石地基铺设前，应将基底表面浮土、淤泥、杂物清除干净，槽侧壁按设计要求留出坡度。铺设前应经验槽，并做好验槽记录。

2 当基底表面标高不同时，不同标高的交接处应挖成阶梯形，阶梯的宽高比宜为2:1，每阶的高度不宜大于500mm，并应按先深后浅的顺序施工。

3 抄平放线、设标桩：在基槽（坑）内按5m×5m网格设置标桩（钢筋或木桩），控制每层砂或砂石的铺设厚度。

砂和砂石地基每层铺设厚度、砂石最优含水量控制及施工机具、方法的选用参见表4.3.4。振（夯、压）要做到交叉重叠1/3，防止漏振、漏压。夯实、碾压遍数、振实时间应通过试验确定。用细砂作垫层材料时，不宜用振捣法或水撼法，以免产生液化现象。

表4.3.4 砂和砂石地基每层铺设厚度及施工最优含水量

捣实方法	每层铺设厚度（mm）	施工时最优含水量(%)	施工要点	备注
平振法	200～250	15～20	1. 用平板式振捣器往复振捣，往复次数以简易测定密实度合格为准 2. 振捣器移动时，每行应搭接1/3	不宜用于细砂或含泥量较大的砂所铺筑的地基
插振法	振捣器插入深度	饱和	1. 用插入式振捣器插振 2. 插入间距可根据机械振幅大小决定 3. 不得插至下卧黏性土层中 4. 插入振捣完毕，所留孔洞应用砂填实	不宜用于细砂或含泥量较大的砂所铺筑的地基；湿陷性黄土、膨胀土基层不得使用此法
水撼法	250	饱和	1. 注水高度略超过铺设高度 2. 用钢叉摇撼捣实，插入点间距100mm左右 3. 有控制地注水和排水 4. 钢叉分四齿，齿的间距80mm，长300mm，木柄长90mm	湿陷性黄土、膨胀土和细砂基层不得使用此法
夯实法	150～200	8～12	1. 用木夯式机械夯 2. 木夯重40kg，落距400～500mm 3. 一夯压半夯，全面夯实	适用于砂石地基
碾压法	150～300	8～12	6～10t压路机往复碾压，碾压遍数以达到设计要求的密实度为准，一般不少于4遍	适用于大面积砂石地基，不宜用于地下水位以下的砂地基

4 采用人工级配砂砾石，应先将砂和砾石按配合比过斗计量，拌合均匀，再分层铺设。

5 砂或砂石地基铺设时，严禁扰动下卧层及侧壁的软弱土层，防止被践踏、受冻或受浸泡，降低其强度。如下卧层表面有厚度较小的淤泥或淤泥质土层，当挖除困难时，经设计同意可采取挤淤处理方法：即先在软弱土面上堆填块石、片石等，然后将其压入以置换和挤出软弱土，最后再铺筑砂或砂石地基。

6 砂或砂石地基应分层铺设，分层夯（压）实，分层做密实度试验。每层密实度试验合格（符合设计要求）后再铺筑下一层砂或砂石。

7 当地下水位较高或在饱和的软弱基层上铺设砂或砂石地基时，应加强基层内及外侧四周的排水工作，防止引起砂或砂石地基中砂的流失和基坑边坡的破坏；宜采取人工降低地下水位措施，使地下水位降低至基坑底500mm以下。

8 当采用插振法施工时，以振捣棒作用部分的1.25倍为间距（一般为400～500mm）插入振捣，依次振实，以不再冒气泡为准。应采取措施控制注水和排水。每层接头处应重复振捣，插入式振捣棒振完后所留孔洞应用砂填实；在振捣第一层时，不得将振捣棒插入下卧土层或基槽（坑）边坡内，以避免使软土混入砂或砂石地基而降低地基强度。

9 质量控制要点：

（1）砂、石等原材料质量、配合比应符合设计要求，砂、石应搅拌均匀。

（2）施工过程中必须检查分层厚度、分段施工时搭接部分的压实情况、加水量、压实遍数、压实系数。

（3）施工结束后，应检验砂石地基的承载力。

4.3.5 成品保护措施

1 施工过程中应采取措施保护基槽（坑）边坡土体的稳定，防止坍塌而使泥土混入砂或砂石地基中，影响换填地基的强度；

2 砂或砂石地基铺设或捣实过程中应保护测量放线基准点和标桩；

3 铺筑完成的砂或砂石地基在进行下道工序施工前应防止人踩车压，并做好挡水和排水措施，防止雨水浸泡；应在验收合格后及时进行下道工序的施工。

4.3.6 安全、环保措施

1 施工机械用电必须采用一机一闸一保护。

2 采用机械夯实法施工时，应先检查打夯机电线绝缘是否完好，接地线、开关是否符合要求；使用打夯机应由两人操作，其中一人负责移动打夯机胶皮电线。打夯机操作人员，必须戴绝缘手套和穿绝缘鞋，防止漏电伤人。两台打夯机在同一作业面夯实时，前后距离不得小于5m。夯打时，严禁夯打电线，以防触电。

3 采用振捣法施工时，应先检查振捣器接线绝缘是否良好，平板振捣器应采用绝缘拉绳；振捣器操作人员，应戴绝缘手套、穿绝缘鞋。

4 场内存放的砂石料应采取洒水、覆盖等措施，防止扬尘。

5 注意对机械的噪声控制：白天不应超过85dB；夜间不应超过55dB。

6 砂石料运输应加以覆盖，防止遗洒。

7 防止机械漏油污染土地。

4.3.7 质量标准

砂及砂石地基的质量验收标准应符合表4.3.7的规定。

表 4.3.7 砂及砂石地基质量检验标准

项	序	检查项目	允许偏差或允许值		检查方法
			单位	数值	
主控项目	1	地基承载力	设计要求		按规定的方法
	2	配合比	设计要求		检查拌和时的体积比或重量比
	3	压实系数	设计要求		现场实测
一般项目	1	砂石料有机质含量	%	≤5	焙烧法
	2	砂石料含泥量	%	≤5	水洗法
	3	石料粒径	mm	≤100	筛分法
	4	含水量（与最优含水量比较）	%	±2	烘干法
	5	分层厚度（与设计要求比较）	mm	±50	水准仪

4.3.8 质量验收

4.3.8.1 检验批的划分应符合本标准第 3.0.9 条、第 3.0.10 条的规定。

4.3.8.2 检验批的验收组织应符合本标准第 3.0.15 条的规定。

4.3.8.3 质量验收记录：

1 基槽（坑）的隐蔽验收记录（含地基验槽记录）；
2 砂、石料的试验报告（颗粒级配和含泥量）；
3 每层夯（压）密实后的干密度试验报告和取样点位图；
4 检验批的验收记录按表 4.3.8.3"砂和砂石地基检验批质量验收记录表"填写。

表 4.3.8.3 砂和砂石地基检验批质量验收记录表
GB 50202—2002

单位(子单位)工程名称					
分部(子分部)工程名称				验收部位	
施工单位				项目经理	
分包单位				分包项目经理	
施工执行标准名称及编号					
		施工质量验收规范的规定		施工单位检查评定记录	监理(建设)单位验收记录
主控项目	1	地基承载力	设计要求		
	2	配合比	设计要求		
	3	压实系数	设计要求		
一般项目	1	砂石料有机质含量(%)	≤5		
	2	砂石料含泥量(%)	≤5		
	3	石料粒径(mm)	≤100		
	4	含水量（与最优含水量比较）(%)	±2		
	5	分层厚度（与设计要求比较）(mm)	±50		
施工单位检查评定结果	专业工长(施工员)		施工班组长		
	项目专业质量检查员：		年 月 日		
监理(建设)单位验收结论	专业监理工程师(建设单位项目专业技术负责人)：		年 月 日		

4.4 土工合成材料地基

4.4.1 特点和适用范围

土工合成材料地基又称土工织物地基或土工聚合物地基，是在软弱土体中或边坡上埋设土工织物作为加筋材料，使软弱土体形成弹性复合土体，起到排水、反滤、隔离、加固和补强等方面的作用。

土工合成材料适用于加固软弱地基，以加速土体固结，使之形成复合地基，可提高土体强度，显著地减少沉降，提高地基的稳定性；用于公路、铁路路基作加强层，防止路基翻浆、下沉；用于堤岸边坡，可使结构坡角加大，又能充分压实；作挡土墙后的加固，可代替砂井。此外，还可用于河道和海港岸坡的防冲；水库、渠道的防渗以及土石坝、灰坝、尾矿坝与闸基的反滤层和排水层，可取代级配良好的砂石反滤层，达到节约投资、缩短工期、保证安全使用的目的。

4.4.2 施工准备

4.4.2.1 技术准备

1 认真阅读设计文件，准确理解设计意图和采用土工合成材料在地基加固中的作用。
2 详细查阅地质勘察报告，掌握原基土层的工程特性、土质及地下水情况。
3 对拟使用的回填土、石做检验，确保符合设计要求。
4 根据设计要求和土工合成材料特性及现场施工条件，编制施工方案和技术交底。
5 对操作班组进行施工技术交底。

4.4.2.2 主要材料

1 根据设计要求及施工现场情况，制定土工合成材料的采购计划，并按计划组织材料进场；
2 选择回填土、砂石的来源地，并按计划组织进场；
3 根据施工方案将土工合成材料提前裁剪，拼接成适合的幅片；
4 准备好土工合成材料的存放地点，避免土工合成材料进场后受阳光直接照晒。

4.4.2.3 主要机具

1 土工合成材料拼接机具；
2 回填土、石料运输机具；
3 回填层夯实、碾压机具；
4 水准仪、钢尺等。

4.4.2.4 作业条件

1 土工合成材料验收合格；
2 回填土、石料试验合格；
3 向工人的技术交底已经完成；
4 土工合成材料铺设前的基层处理符合设计要求，并通过验收。

4.4.3 材料质量控制要点

4.4.3.1 土工合成材料

1 土工合成材料的分类和特点

土工合成材料系采用聚酯纤维（涤纶）、聚丙纤维（腈纶）和聚丙烯纤维（丙纶）等高分子化合物（聚合物）经加工后合成。分为织造型和非织造型两种类型：织造型又分为机织（含编织）和针织两种；目前常用非织造型即无纺织成的，系将聚合物原料投入经过熔融挤压喷出纺丝，直接平铺成网，然后用粘合剂粘合（胶粘型）、热压粘合（热粘型）、针刺结合（针刺型）等方法将网连接成布。土工织物产品因制造方法和用途不同，宽度和重量的规格变化较大，用于岩土工程的宽度由 2～18m；重量大于或等于 $0.1kg/m^2$；开孔尺寸（等效孔径）为 0.05～0.5mm，导水性不论垂直向或水平向，其渗透系数 $k \geqslant 10^{-2}$ cm/s（相当于中、细砂的渗透系数）；抗拉强度为 10～30kN/m（高强度的达 30～100 kN/m）。

土工合成材料的特点是：质地柔软，重量轻，整体连续性好；抗拉强度高，没有显著的方向性，各向强度基本一致；弹性、耐磨、耐腐蚀性、耐久性和抗微生物侵蚀性好，不易霉烂和虫蛀；具有毛细作用，内部具有大小不等的网眼，有较好的渗透性和良好的疏导作用，水可竖向、横向排出；材料为工厂制品，质量容易保证；施工方便，造价较低等。

2 土工合成材料的性能

（1）土工合成材料的性能指标包括其本身特性指标及其与土相互作用指标。后者需模拟实际工作条件由试验确定（该指标主要用于设计时参考）。

（2）土工合成材料自身特性指标包括下列内容：

1）产品形态指标：材质、幅度、每卷长度、包装等；

2）物理性能指标：单位面积（长度）、质量、厚度、有效孔径（或开孔尺寸）等；

3）力学性能指标：拉伸强度、撕裂强度、握持强度、顶破强度、胀破强度、材料与土相互作用的摩擦强度等；

4）水力学：透水率、导水率、梯度比等；

5）耐久性能：抗老化、化学稳定性、生物稳定性等。

3 土工合成材料进场检验

土工合成材料进场时，应检查产品标签、生产厂家、产品批号、生产日期、有效期限等，并取样送检，其性能指标应满足设计要求。

土工合成材料的抽样检验可根据设计要求和使用功能，按表 4.4.3 进行试验项目选择。

表 4.4.3 土工合成材料试验项目选择表

试验项目	使用目的		试验项目	使用目的	
	加筋	排水		加筋	排水
单位面积质量	√	√	顶破	√	√
厚度	○	√	刺破	√	○
孔径	√	○	淤堵	○	√
渗透系数	○	√	直接剪切摩擦	√	
拉伸	√	√			

注：1 √为必做项，○为选做项或不做项；
　　2 土工合成材料主要性能的试验方法标准可参照《土工合成材料试验规程》SL/T 235—1999 执行。

4.4.3.2　土及砂石料

1　黏性土：有机质含量不大于5%，含水量控制在最优含水量的±2%为宜。

2　砂石料：有机质含量不大于5%。

4.4.4　施工工艺

4.4.4.1　工艺流程

基层处理→土工合成材料铺放→检查→回填料铺设夯（压）实→检查验收

4.4.4.2　施工要点

1　基层处理

（1）铺放土工合成材料的基层应平整，局部高差不大于50mm。铺设土工合成材料前应清除树根、草根及硬物，避免损伤破坏土工合成材料；表面凹凸不平的可铺一层砂找平层。找平层应当作路基铺设，表面应有4%～5%的坡度，以利排水。

（2）对于不宜直接铺放土工合成材料的基层应先设置砂垫层，砂垫层厚度不宜小于300mm，宜用中粗砂，含泥量不大于5%。

2　土工合成材料铺放

（1）首先应检查材料有无损伤破坏；

（2）土工合成材料须按其主要受力方向从一端向另一端铺放；

（3）铺放时松紧度应适度，防止绷拉过紧或有皱折，且紧贴下基层。要及时加以压固，以免被风吹起；

（4）土工合成材料铺放时，两端须有富余量。富余量每端不少于1000mm，且应按设计要求加以固定；

（5）相邻土工合成材料的连接，对土工格栅可采用密贴排放或重叠搭接，用聚合材料绳或棒或特种连接件连接。对土工织物及土工膜可采用搭接或缝接；

（6）当加筋垫层采用多层土工材料时，上下层土工材料的接缝应交替错开，错开距离不小于500mm；

（7）土工织物、土工膜的连接可采用搭接法、缝合法、胶结法。连接处强度不得低于设计要求的强度。

1）搭接法：

搭接长度300～1000mm，视建筑荷载、铺设地形、基层特性、铺放条件而定。一般情况下采用300～500mm，荷载大、地形倾斜、基层极软，不小于500mm；水下铺放不小于1000mm。当土工织物、土工膜上铺有砂垫层时不宜采用搭接法。

2）缝合法：

采用尼龙或涤纶线将土工织物或土工膜双道缝合，两道缝线间距1.0～2.5mm，缝合形式如图4.4.4.2所示。

3）胶结法：

采用热粘结或胶粘结。粘结时搭接宽度不宜小于100mm。

（8）在土工合成材料铺放时，不得有大面积的损伤破坏。对小的裂缝或孔洞，应在其上缝补新材。新材面积不小于破坏面积的4倍，边长不小于1000mm。

3　回填

（1）土工合成材料垫层地基，无论是使用单层还是多层土工合成加筋材料，作为加筋

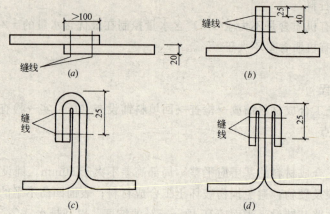

图 4.4.4.2　缝合接缝形式
(a) 平接；(b) 对接；(c) J 字接；(d) 蝶形接

垫层结构的回填料，材料种类、层间高度、碾压密实度等都应由设计确定。

(2) 回填料为中、粗、砾砂或细粒碎石类时，在距土工合成材料（主要指土工织物或土工膜）80mm 范围内，最大粒径应小于 60mm。当采用黏性土时，填料应能满足设计要求的压实度并不含有对土工合成材料有腐蚀作用的成分。

(3) 当使用块石做土工合成材料保护层时，块石抛放高度应小于 300mm，且土工合成材料上应铺放厚度不小于 50mm 的砂层。

(4) 对于黏性土，含水量应控制在最佳含水量的±2%之内，密实度不少于最大密实度的 95%。

(5) 回填土应分层进行，每层填土的厚度应随填土的深度及所选压实机械轻重确定。一般为 100～300mm，但布上第一层填土厚度不少于 150mm。

(6) 填土顺序对不同的地基可按不同的顺序进行：

1) 极软地基采用后卸式运土车，先从土工合成材料两端侧卸土，形成戗台，然后对称往两戗台间填土。施工平面应始终呈"凹"形（凹口朝前进方向）；

2) 一般地基采用从中心向外侧对称进行，平面上呈"凸"形（突口朝前进方向）。

(7) 回填时应根据设计要求及地基沉降情况，控制回填速度。

(8) 土工合成材料上第一层填土，填土机械设备只能沿垂直于土工合成材料的铺放方向运行。应用轻型机械（压力小于 55kPa）摊料或碾压。填土高度大于 600mm 后方可使用重型机械。

(9) 为防止土工织物在施工中产生顶破、穿刺、擦伤和撕破等，一般宜在土工织物下面设置砾石或碎石垫层，在其上面设置砂卵石保护层，其中碎石能承受压应力，土工织物承受拉应力，充分发挥织物的约束作用和抗拉效应，铺设方法同砂、石垫层。

(10) 土工合成材料铺设时，一次铺设不宜过长，以免下雨渗水难以处理。土工合成材料铺好后应随即铺设上面的砂石材料或土料，避免长时间曝晒和暴露，使材料老化。

4　质量控制要点

(1) 施工前应对土工合成材料的物理性能（单位面积的质量、厚度、密度）、强度、延伸率以及土、砂石料等做试验。土工合成材料以 100m² 为一批，每批应抽查 5%。

（2）施工过程中应检查清基、回填料铺设厚度及平整度、土工合成材料的铺设方向、接缝搭接长度或缝接状况、土工合成材料与结构的连接状况等。

（3）施工结束后，应按设计要求进行承载力检验。

4.4.5 成品保护措施

1 铺放土工合成材料，现场施工人员禁止穿硬底或带钉的鞋；

2 土工合成材料铺放后，宜在48h内覆盖，避免阳光曝晒；

3 严禁机械直接在土工合成材料表面行走；

4 用黏土做回填时，应采取排水措施。雨雪天要加以遮盖。

4.4.6 安全、环保措施

1 土工合成材料存放点和施工现场禁止烟火；

2 土工格栅冬季易变硬，施工人员应防止割、碰损伤；

3 土工合成废料要及时回收集中处理，以免影响环境。

4.4.7 质量标准

土工合成材料地基质量检验标准应符合表4.4.7的规定。

表4.4.7 土工合成材料地基质量检验标准

项	序	检查项目	允许偏差或允许值		检查方法
			单位	数值	
主控项目	1	土工合成材料强度	%	≤5	置于夹具上做拉伸试验（结果与设计标准相比）
	2	土工合成材料延伸率	%	≤3	置于夹具上做拉伸试验（结果与设计标准相比）
	3	地基承载力	设计要求		按规定方法
一般项目	1	土工合成材料搭接长度	mm	≥300	用钢尺量
	2	土石料有机质含量	%	≤5	焙烧法
	3	层面平整度	mm	≤20	用2m靠尺
	4	每层铺设厚度	mm	±25	水准仪

4.4.8 质量验收

4.4.8.1 检验批的划分应符合本标准第3.0.9条、第3.0.10条的规定。

4.4.8.2 检验批的验收组织应符合本标准第3.0.15条的规定。

4.4.8.3 质量验收记录：

1 土工合成材料产品出厂合格证；

2 土工合成材料性能（按设计要求项目）实验报告；

3 土工合成材料接头抽样试验报告；

4 土工合成材料地基工程隐蔽检查资料；

5 土工合成材料地基承载力检验报告；

6 检验批验收记录按表4.4.8.3"土工合成材料地基工程检验批质量验收记录表"填写。

表 4.4.8.3　土工合成材料地基工程检验批质量验收记录表

GB 50202—2002

单位(子单位)工程名称					
分部(子分部)工程名称				验收部位	
施工单位				项目经理	
分包单位				分包项目经理	
施工执行标准名称及编号					
		施工质量验收规范的规定		施工单位检查评定记录	监理(建设)单位验收记录
主控项目	1	土工合成材料强度(%)	≤5		
	2	土工合成材料延伸率(%)	≤3		
	3	地基承载力	设计要求		
一般项目	1	土工合成材料搭接长度(mm)	≥300		
	2	土石料有机质含量(%)	≤5		
	3	层面平整度(mm)	≤20		
	4	每层铺设厚度(mm)	±25		
	专业工长(施工员)			施工班组长	
施工单位检查评定结果	项目专业质量检查员：　　　　　　年　月　日				
监理(建设)单位验收结论	专业监理工程师(建设单位项目专业技术负责人)：　　　　　　年　月　日				

4.5 粉煤灰地基

4.5.1 特点和适用范围

粉煤灰地基是利用火力发电厂的工业废料——粉煤灰，作为处理软弱土层的换填材料，经夯（压）实后形成的地基。它具有承载力和变形模量较大，可利用工业废料，施工方便、快速，质量易于控制，经济效果显著等优点。可用于作各种软弱土层换填地基的处理，以及大面积地坪的垫层等。

4.5.2 施工准备

4.5.2.1 技术准备

1 对粉煤灰粒径、氧化铝及二氧化硅含量、烧失量、最优含水量进行取样试验。
2 根据工程具体情况确定夯压实所采用的施工方法，编制施工方案。
3 编制技术交底。

4.5.2.2 主要材料

按试验结果选用合格的粉煤灰，并按计划组织进场。

4.5.2.3 主要机具

打夯机、推土机、压路机、平板振动器等。

4.5.2.4 作业条件

4.5.3 材料质量控制要点

粉煤灰宜选用一般电厂Ⅲ级以上原状灰，含 SiO_2、Al_2O_3、Fe_2O_3 总量较高，颗粒粒径宜为 0.001～2.0mm，烧失量宜低于 12%，含 SO_3 宜小于 0.4%，以免对地下金属管道产生腐蚀作用。粉煤灰中严禁混入植物、生活垃圾及其他有机杂质。其含水量应控制在最优含水量的±2%范围内。一般粉煤灰的化学成分见表 4.5.3。

表 4.5.3 粉煤灰的化学成分（%）

项目 编号	SiO_2	Al_2O_3	Fe_2O_3	CaO	MgO	K_2O	SO_3	Na_2O	烧失量
1	51.1	27.6	7.9	2.9	1.0	1.2	0.4	0.4	7.1
2	51.4	30.9	7.4	2.8	0.7	0.7	0.4	0.3	4.9
3	52.3	30.9	8.0	2.7	1.1	0.7	0.2	0.3	3.5

注：1 编号1为国内百多个电厂粉煤灰化学成分的平均值；
　　2 编号2为上海地区粉煤灰化学成分平均值；
　　3 编号3为宝钢电厂粉煤灰化学成分。

4.5.4 施工工艺

4.5.4.1 工艺流程

基层处理→粉煤灰分层铺设、分层夯（压）密实→分层进行密实度检验→检查验收

4.5.4.2 施工要点

1 基层处理：粉煤灰地基铺设前，应清除地基土上垃圾，排除表面积水，平整后用 8t 压路机预压两遍，或用打夯机夯击 2～3 遍，使基土密实。
2 分层铺设、分层夯（压）密实：分层铺设厚度用机械夯实时为 200～300mm，夯

完后厚度为150～200mm；用压路机压实时，每层铺设厚度为300～400mm，压实后为250mm左右；对小面积基坑（槽），可用人工摊铺，用平板振动器或蛙式打夯机进行振（夯）实，每次振（夯）板应重叠1/2～1/3，往复振（夯），由两侧或四周向中间进行，振（夯）遍数由现场试验达到设计要求的压实系数为准。大面积换填地基，应采用推土机摊铺，选用推土机预压两遍，然后用压路机（8t）碾压，压轮重叠1/2～1/3，往复碾压，一般碾压4～6遍。

3 粉煤灰铺设含水量应控制在最优含水量范围内，如含水量过大时，需摊铺晾干后再碾压。粉煤灰铺设后，应于当天压完；如压实时含水量过小，呈现松散状态，则应洒水湿润再压实。

4 在夯（压）实时，如出现"橡皮土"现象，应暂停压实，可采取将地基开槽、翻松、晾晒或换灰等办法处理。

5 每层铺完夯（压）后，取样检测密实度合格后，应及时铺筑上一层或及时浇筑其上混凝土垫层。

6 冬期施工，最低气温不得低于0℃，以免粉煤灰含水冻胀。

7 质量控制要点：

（1）施工前应检查粉煤灰材料，并对基槽清底状况、地质条件予以检验。

（2）施工过程中应检查铺筑厚度、碾压遍数、施工含水量控制、搭接区碾压程度、压实系数等。

（3）施工结束后，应按设计要求的方法检验地基的承载力。一般可采用平板载荷试验或十字板剪切试验，检验数量，每单位工程不少于3点，1000m^2以上的工程，每100m^2至少应有1点；3000m^2以上的工程，每300m^2至少应有1点。

4.5.5 成品保护措施

1 铺筑完的粉煤灰地基，严禁车辆在其上行驶；

2 全部粉煤灰地基铺筑完成并经验收合格后，应及时浇筑其上混凝土垫层，防止日晒雨淋而破坏。

4.5.6 安全、环保措施

1 使用打夯机或振动器夯（振）实时的安全措施见本标准第4.3.6条第1～3款。

2 粉煤灰运输应覆盖，装卸或在场内存放时应洒水湿润或覆盖，以防遗洒或起尘污染环境。

3 铺筑完的粉煤灰地基应禁止车辆碾压或长时间曝晒，以防干燥、松散、起尘，污染环境。

4.5.7 质量标准

粉煤灰地基质量检验标准应符合表4.5.7的规定。

表4.5.7 粉煤灰地基质量检验标准

项	序	检查项目	允许偏差或允许值		检查方法
			单位	数值	
主控项目	1	压实系数	设计要求		现场实测
	2	地基承载力	设计要求		按规定方法

续表 4.5.7

项	序	检查项目	允许偏差或允许值		检查方法
			单位	数值	
一般项目	1	粉煤灰粒径	mm	0.001~2.000	过筛
	2	氧化铝及二氧化硅含量	%	≥70	试验室化学分析
	3	烧失量	%	≤12	试验室烧结法
	4	每层铺筑厚度	mm	±50	水准仪
	5	含水量(与最优含水量比较)	%	±2	取样后试验室确定

4.5.8 质量验收

4.5.8.1 检验批的划分应符合本标准第3.0.9条、第3.0.10条的规定。

4.5.8.2 检验批的验收组织应符合本标准第3.0.15条的规定。

4.5.8.3 质量验收记录：

1 粉煤灰试验报告；

2 分层夯(压)密实度检验报告和检测取样点位图；

3 粉煤灰地基承载力检验报告；

4 检验批验收记录，按表4.5.8.3"粉煤灰地基工程检验批质量验收记录表"填写。

表 4.5.8.3 粉煤灰地基工程检验批质量验收记录表
GB 50202—2002

单位(子单位)工程名称						
分部(子分部)工程名称					验收部位	
施工单位					项目经理	
分包单位					分包项目经理	
施工执行标准名称及编号						
施工质量验收规范的规定				施工单位检查评定记录	监理(建设)单位验收记录	
主控项目	1	压实系数	设计要求			
	2	地基承载力	设计要求			
一般项目	1	粉煤灰粒径(mm)	0.001~2.000			
	2	氧化铝及二氧化硅含量(%)	≥70			
	3	烧失量(%)	≤12			
	4	每层铺筑厚度(mm)	±50			
	5	含水量(与最优含水量比较)(%)	±2			
施工单位检查评定结果	专业工长(施工员)			施工班组长		
	项目专业质量检查员：			年 月 日		
监理(建设)单位验收结论	专业监理工程师(建设单位项目专业技术负责人)：			年 月 日		

4.6 强夯地基

4.6.1 特点和适用范围

强夯地基是采用起重机械（起重机或起重机配三角架、龙门架）将大吨位（一般8～30t）夯锤起吊到6～30m高度后，自由落下，给地基土以强大的冲击能量的夯击，使土中出现冲击波和很大的冲击应力，迫使土层孔隙压缩，土体局部液化，在夯击点周围产生裂隙，形成良好的排水通道，孔隙水和气体逸出，使土体重新排列，经时效压密达到固结，从而提高地基承载力，降低其压缩性的一种有效的地基加固方法处理的地基。

强夯法加固地基的特点是：使用工地常用简单设备；施工工艺简单；适用土质范围广；加固效果显著，可取得较高的承载力，一般地基强度可提高2～5倍；变形沉降量小，压缩性可降低2～10倍，加固影响深度可达6～10m；土粒结合紧密，有较高的结构强度；工效高，施工速度快（一套设备每月可加固5000～10000m² 地基）；节省加固材料；施工费用低，节省投资；耗用劳动力少和现场施工文明等。

适用于加固碎石土、砂土、低饱和度粉土、黏性土、湿陷性黄土、高填土、杂填土以及"围海造地"地基、工业废渣、垃圾地基等的处理；也可用于防止粉土及粉砂的液化，消除或降低大孔土的湿陷性等级；对于高饱和度淤泥、软黏土、泥炭、沼泽土，如采取一定的技术措施也可采用。

4.6.2 施工准备

4.6.2.1 技术准备

1 熟悉施工图纸，理解设计意图，掌握各项参数，现场实地考察，定位放线。

2 选择试验区作强夯试验，确定或验证设计强夯参数：

（1）锤重与落距：锤重 M（t）与落距 h（m）是影响夯击能和加固深度的重要因素，它直接决定每一击的夯击能量。锤重一般不宜小于8t，常用的有10、12、17、18、25t；落距一般不小于6m，多采用8、10、12、13、15、17、18、20、25m几种。锤重与落距的选用应根据设计要求的夯击能量和机械设备性能确定，并应经设计、建设单位或监理认可。

（2）单位夯击能：锤重 M 与落距 h 的乘积称为夯击能（$E=M \cdot h$）。强夯的单位夯击能（指单位面积上所加的总夯击能），应根据地基土类别、结构类型、载荷大小和要求处理的深度等综合考虑，并通过现场试夯确定。在一般情况下，对粗颗粒土可取1000～3000kN·m/m²；细颗粒土可取1500～4000kNm/m²。夯击能过小，加固效果差；夯击能过大，不仅浪费能源，相应也增加费用。而且，对饱和黏性土还会破坏土体，形成橡皮土，降低强度。一般单击夯击能以不超过3000kN·m较为经济。

（3）夯击点布置及间距：夯击点布置应根据基础的形式和加固要求由设计确定。对大面积地基，一般采用等边三角形、等腰三角形或正方形（图4.6.2.1）；对条形基础，夯点可成行布置；对独立基础，可按柱网设置采取单点或成组布置，在基础下面必须布置夯点。

夯击点间距取决于基础布置、加固土层厚度和土质条件。通常夯击点间距取夯锤直径的3倍，一般第一遍夯击点间距为5～9m，以便夯击能向深部传递，以后各遍夯击点间距

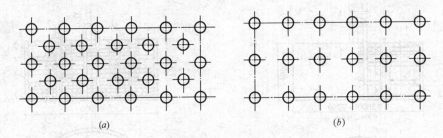

图 4.6.2.1 夯点布置
(a) 梅花形布置；(b) 方形布置

可与第一遍相同，也可适当减小。对处理深度较深或单击夯击能较大的工程，第一遍夯击点间距宜适当加大。加固土层厚、土质差、透水性弱、含水量高的黏性土，夯点间距宜大；加固土层薄、透水性强、含水量低的砂质土，间距宜减小。

(4) 单点的夯击数与夯击遍数：单点的夯击数是指单个夯点一次连续夯击次数。夯击遍数指以一定的连续击数，对整个场地的一批点，完成一个夯击过程叫一遍，单点的夯击遍数加满夯的夯击遍数即整个场地的夯击遍数。单点夯击数应按现场试夯得到的夯击次数和夯沉量关系曲线确定，且应同时满足以下条件：

1) 最后两击的平均夯沉量不大于 50mm。当单击夯击能量较大时，不大于 100mm；
2) 夯坑周围地面不应发生过大的隆起；
3) 不因夯坑过深而发生起锤困难。每夯击点之夯击数一般为 3～10 击。

夯击遍数应根据地基土的性质确定，一般情况下，可采用 2～3 遍，最后再以低能量（为前几遍能量的 1/4～1/5，锤击数为 2～4 击）满夯一遍，以加固前几遍之间的松土和被振松的表土层。

为达到减少夯击遍数的目的，应根据地基土的性质适当加大每遍的夯击能，亦即增加每夯点的夯击次数或适当缩小夯点间距，以便在减少夯击遍数的情况下以获得相同的夯击效果。

(5) 两遍间隔时间：两遍夯击之间应有一定的时间间隔，以利于土中超静孔隙水压力的消散，待地基土稳定后再夯下一遍，一般两遍之间间隔 1～4 周。对渗透性较差的黏性土不少于 3～4 周；若无地下水或地下水在－5m 以下，或为含水量较低的碎石类土，或透水性强的砂性土，可采取只隔 1～2d，或在前一遍夯完后，将土推平，随即进行连续夯击，而不需要间歇。

3 编制施工方案和技术交底。

4.6.2.2 材料准备

根据现场情况准备一定量的中（粗）砂或砂砾石、碎石和土料。

4.6.2.3 主要机具

1 夯锤：用钢板作外壳，内部焊接钢筋骨架后浇筑 C30 混凝土（图 4.6.2.3-1），或用钢板做成装配式夯锤（图 4.6.2.3-2）。夯锤底面有圆形和方形两种，圆形不易旋转，定位方便，稳定性好，采用较多；锤底面积宜按土的性质和锤重确定，锤底静压力值可取 25～40kPa；对于粗颗粒土（砂质土和碎石类土）选用较大值，一般锤底面积为 3～4m²；对于细颗粒土（黏性土或淤泥质土）宜取较小值，锤底面积不宜小于 6m²。一般 10t 夯锤

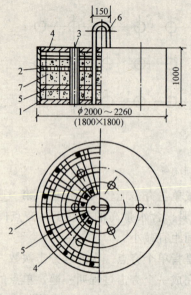

图 4.6.2.3-1 混凝土夯锤
（圆柱形重 12t；方形重 8t）
1—30mm 厚钢板底板；2—18mm 厚钢板外壳；
3—6×φ159mm 钢管；4—水平钢筋网片，
φ16@200mm；5—钢筋骨架，φ14@400mm；
6—φ50mm 吊环；7—C30 混凝土

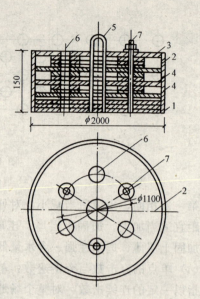

图 4.6.2.3-2 装配式钢夯锤
（可组合成 6、8、10、12t）
1—50mm 厚钢板底盘；2—15mm 厚钢板外壳；
3—30mm 厚钢板顶板；4—中间块（50mm 厚
钢板）；5—φ50mm 吊环；6—φ200mm 排
气孔；7—M48mm 螺栓

底面积用 $4.5m^2$，15t 夯锤用 $6m^2$ 较适宜。锤重一般有 8、10、12、16、25t。夯锤中宜设 1~4 个直径 250~300mm 上下贯通的排气孔，以利空气迅速排出，减小起锤时锤底与土面间形成真空产生的强吸附力和夯锤下落时的空气阻力，以保证夯击能的有效作用。

2 起重设备：由于履带式起重机重心低，稳定性好，移动方便，大多采用履带式起重机（带摩擦离合器），常用起重能力为 15、20、25、30、50t，应满足起重量和提升高度的要求。

3 脱钩装置：采用履带式起重机作强夯起重设备，常用的脱钩装置一般是自制的自动脱钩器。脱钩器由吊环、耳板、销环、吊钩等组成（图 4.6.2.3-3），由钢板焊接制成。要求有足够的强度、使用灵活、脱钩快速、安全可靠。

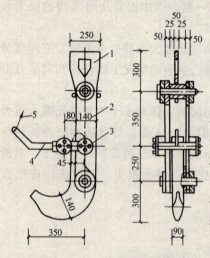

图 4.6.2.3-3 强夯自动脱钩器
1—吊环；2—耳板；3—销环
轴辊；4—销柄；5—拉绳

4 锚系设备：当用起重机起吊夯锤时，为防止在夯锤突然脱钩时发生起重臂后倾和减小臂杆振动，一般应用一台 T_1-100 型推土机设在起重机的前方作地锚，在起重机臂杆的顶部与推土机之间用两根钢丝绳锚系，钢丝绳与地面的夹角不大于 30°。推土机还可用于夯完后的表土推平、压实等辅助工作。

5 经纬仪、水准仪等。

4.6.2.4 作业条件

1　施工技术参数已确定，已对操作人员进行了技术交底；
2　现场道路已修筑完毕，机械设备已进场并经试夯后满足施工要求；
3　施工场地已平整，并作好排水沟；
4　距建（构）筑物、地下管线较近时，做好隔振或其他措施；
5　夯击点位已标出。

4.6.3　施工工艺

4.6.3.1　工艺流程

清理、平整场地→标出第一遍夯点位置、测量场地高程→起重机就位、夯锤对准夯点位置→测量夯前锤顶高程→将夯锤吊到预定高度脱钩自由下落进行夯击，测量锤顶高程→往复夯击，按规定的夯击次数及控制标准完成一个夯点的夯击→重复以上工序，完成第一遍全部夯点的夯击→用推土机将夯坑填平，测量场地高程→在规定的间隔时间后，按上述程序逐次完成全部夯击遍数→用低能量满夯，将场地表层松土夯实，并测量夯后的场地高程

4.6.3.2　施工要点

1　做好强夯地基的地质勘察，对不均匀土层适当增多钻孔和原位测试工作，掌握土质情况，作为制定强夯方案和对比夯前、夯后加固效果之用。必要时进行现场试验性强夯，确定强夯施工的各项参数。

2　强夯前应平整场地，周围作好排水沟，按夯点布置测量放线确定夯位。地下水位较高时，应在表面铺 0.5～2.0m 厚中（粗）砂或砂砾石、碎石垫层，以防设备下陷和便于消散强夯产生的孔隙水压力，或采取降低地下水位后再强夯。

3　强夯应分段进行，顺序从边缘夯向中央；对厂房柱基亦可一排一排地夯，起重机直线行驶，从一边向另一边进行。每夯完一遍，用推土机整平场地，放线定位即可进行下一遍夯击。强夯法的顺序是：先深后浅，即先加固深层土，再加固中层土，最后加固表层土。最后一遍夯完后，再以低能量满夯一遍，如有条件以采用小夯锤夯击为佳。

4　回填土应控制含水量在最优含水量范围内，如低于最优含水量，可钻孔灌水或洒水浸渗。

5　夯击时应按试验和设计确定的强夯参数进行，落锤应保持平稳，夯位应准确，夯击坑内积水应及时排除。坑底上含水量过大时，可铺砂石后再进行夯击。在每遍夯击之后，要用新土或周围的土将夯坑填平，再进行下一遍夯击。

6　对于高饱和度的粉土、黏性土和新饱和填土，进行强夯时，很难控制最后两击的平均夯沉量在规定的范围内，可采取：

（1）适当将夯击能量降低；
（2）将夯沉量差适当加大；
（3）填土采取将原土上的淤泥清除，挖纵横盲沟，以排除土内的水分，同时在原土上铺 500mm 的砂石混合料，以保证强夯时土内的水分排除，在夯坑内回填块石、碎石或矿渣等粗颗粒材料，进行强夯置换等措施。通过强夯将坑底软土向四周挤出，使在夯点下形成块（碎）石墩，并与四周软土构成复合地基，一般可取得明显的加固效果。

7　雨期填土区强夯，应在场地四周设排水沟、截洪沟，防止雨水流入场内；填土应

使中间稍高；土料含水率应符合要求；认真分层回填，分层推平、碾压，并使表面保持1‰~2‰的排水坡度；当班填土当班推平压实；雨后抓紧排除积水，推掉表面稀泥和软土，再碾压；夯后夯坑立即推平、压实，使高于四周。

8 冬期施工应清除地表的冻土层再强夯，夯击次数要适当增加，如有硬壳层，要适当增加夯次或提高夯击动能。

9 做好施工过程中的监测和记录工作，包括检查夯锤重和落距，对夯点放线进行复核，检查夯坑位置，按要求检查每个夯点的夯击次数和每击的夯沉量等，并对各项差数参数及施工情况进行详细记录，作为质量控制的根据。

10 质量控制要点
（1）施工前应检查夯锤重量、尺寸，落距控制手段，排水设施及被夯地基的土质；
（2）施工中应检查落距、夯击遍数、夯点位置、夯击范围；
（3）施工结束后，检查被夯地基的强度并进行承载力检验。

4.6.4 成品保护措施

1 强夯前查明强夯范围内的地下构筑物和各种地下管线的位置及标高，并采取必要的防护措施，以免因强夯施工而造成损坏。
2 做好现场测量控制桩、控制网以及现场夯击位置布点的保护工作。
3 做好现场排水设施的保护工作。
4 强夯后，基坑应及时修整，浇筑混凝土垫层封闭，防止雨水浸泡强夯后的地基。

4.6.5 安全、环保措施

1 机械设备操作人员要有操作证，严禁无证上岗。
2 吊机起重臂活动范围内严禁站人，非工作人员严禁进入强夯区域。
3 夯机驾驶室前应安装安全防护网，测量仪器应架设在距夯机30m外地方，夯锤下落位置与施工人员的距离在20m外为安全距离。
4 汽车吊行走时，应铺放4m×2m×0.02m钢板。
5 施工时，应随时观察机械的工作状态，发现问题及时予以解决。
6 施工应按顺序有系统的进行，保持现场文明施工、安全施工。
7 施工垃圾、生活垃圾应定期清理，以免污染环境。

4.6.6 质量标准

强夯地基质量检验标准应符合表4.6.6的规定。

表4.6.6 强夯地基质量检验标准

项	序	检查项目	允许偏差或允许值		检查方法
			单位	数值	
主控项目	1	地基强度	设计要求		按规定方法
	2	地基承载力	设计要求		按规定方法
一般项目	1	夯锤落距	mm	±300	钢索设标志
	2	锤重	kg	±100	称重
	3	夯击遍数及顺序	设计要求		计数法
	4	夯点间距	mm	±500	用钢尺量
	5	夯击范围（超出基础范围距离）	设计要求		用钢尺量
	6	前后两遍间歇时间	设计要求		

4.6.7 质量验收

4.6.7.1 检验批的划分应符合本标准第3.0.9条、第3.0.10条的规定。

4.6.7.2 检验批的验收组织应符合本标准第3.0.15条的规定。

4.6.7.3 质量验收记录：

1 地质勘察报告或原位测试报告；
2 强夯施工记录（包括落距、夯击遍数、夯点位置、夯击范围等）；
3 强夯地基承载力检验报告；
4 检验批验收记录按表4.6.7.3"强夯地基工程检验批质量验收记录表"填写。

表4.6.7.3 强夯地基工程检验批质量验收记录表
GB 50202—2002

单位(子单位)工程名称					验收部位	
分部(子分部)工程名称						
施工单位					项目经理	
分包单位					分包项目经理	
施工执行标准名称及编号						
		施工质量验收规范的规定		施工单位检查评定记录		监理(建设)单位验收记录
主控项目	1	地基强度		设计要求		
	2	地基承载力		设计要求		
一般项目	1	夯锤落距(mm)		±300		
	2	锤重(kg)		±100		
	3	夯击遍数及顺序		设计要求		
	4	夯点间距(mm)		±500		
	5	夯击范围(超出基础范围距离)		设计要求		
	6	前后两遍间歇时间		设计要求		
施工单位检查评定结果	专业工长(施工员)			施工班组长		
	项目专业质量检查员： 年 月 日					
监理(建设)单位验收结论	专业监理工程师(建设单位项目专业技术负责人)： 年 月 日					

4.7 注浆地基

4.7.1 特点和适用范围

注浆地基是将水泥浆、黏土浆或化学浆液,通过压浆泵、注浆管均匀地注入土体中,以填充、渗透和挤密等方式,驱走岩石裂隙中或土颗粒间的水分和气体,并填充其位置,硬化后将岩土胶结成整体,形成强度大、压缩性低、抗渗性高和稳定性良好的新的岩土体,从而使地基得到加固,可防止或减少渗透和不均匀沉降。常用的有水泥注浆地基和硅化注浆地基。

水泥注浆地基的特点是:能与岩土体结合形成强度高、渗透性小的结石体;取材容易,配方简单,易于操作;环境污染小,价格便宜等。适用于软黏土、粉土、新近沉积黏性土、砂土等提高地基强度的加固和渗透系数大于 10^{-2} cm/s 的土层的止水加固以及已建工程的局部松软地基的加固。

硅化注浆根据浆液注入的方式分为压力硅化、电动硅化和加气硅化三类。压力硅化根据溶液的不同,又可分为压力双液硅化、压力单液硅化和压力混合液硅化三种。其特点是:设备工艺简单,使用机动灵活,技术易于掌握,加固效果好,可提高地基强度,消除土的湿陷性,降低压缩性。各种硅化加固方法的适用范围,可根据加固土的种类、渗透系数参见表 4.7.1 确定。硅化加固法多用于局部加固新建或已建的建(构)筑物基础、稳定边坡以及作防水帷幕等。但硅化加固不宜用于经沥青、油脂和石油化合物所浸透和地下水 pH 值大于 9.0 的土。

表 4.7.1 各种硅化加固法的适用范围及化学溶液的浓度

硅化加固方法	土的种类	土的渗透系数(m/d)	溶液的密度($t=18$℃)	
			水玻璃(模数 2.5~3.3)	氯化钙
压力双液硅化	砂类土和黏性土	0.1~10 10~20 20~80	1.35~1.38 1.38~1.41 1.41~1.44	1.26~1.28
压力单液硅化	湿陷性黄土	0.1~2	1.13~1.25	—
压力混合液硅化	粗砂、细砂	—	水玻璃与铝酸钠 按体积比1:1混合	—
电动双液硅化	各类土	≤0.1	1.13~1.21	1.07~1.11
加气硅化	砂土、湿陷性黄土、一般黏性土	0.1~2	1.09~1.21	—

注:压力混合液硅化所用水玻璃模数为 2.4~2.8,波美度 40°;水玻璃铝酸钠浆液温度为 13~15℃,凝结时间为 13~15s,浆液初期黏度为 $4×10^{-3}$ Pa·s。

4.7.2 施工准备
4.7.2.1 技术准备

1 施工前应掌握有关技术文件,并应通过现场注浆试验,以确定注浆施工技术参数、检测要求等。

  2 浆液组成材料的性能应符合设计要求，为确保注浆加固地基的效果，施工前应进行室内浆液配比试验，以确定浆液配方。
  3 编制施工方案（包括检测方案）和技术交底。

4.7.2.2 主要材料
  1 水泥注浆地基材料：水泥、水、氯化钙、细砂、粉煤灰、黏土浆等。
  2 硅化注浆地基材料：水玻璃、氯化钙溶液、铝酸钠溶液、二氧化碳、水泥、水、细砂等。

4.7.2.3 主要机具
  1 水泥注浆机具
  （1）钻孔机。
  （2）压浆泵：泥浆泵或砂浆泵。常用的有 BW-250/50 型、TBW-200/40 型、TBW-250/40 型、NSB-100/30 型泥浆泵或 100/15（C-232）型砂浆泵等。
  （3）配套机具有搅拌机、灌浆管、阀门、压力表等。
  2 硅化注浆机具
  振动打拔管机（振动钻或三角架穿心锤）、注浆花管、压力胶管、$\phi 42mm$ 连接钢管、齿轮泵或手摇泵、压力表、磅秤、浆液搅拌机、贮液罐、三角架、倒链等。

4.7.2.4 作业条件
  1 根据现场情况及施工方案放出钻孔孔位。
  2 施工所用材料机具已进场，满足施工需要。
  3 对操作人员进行了技术、安全和文明施工的交底。

4.7.3 材料质量控制
  1 水泥：用强度等级 32.5 级或 42.5 级的普通硅酸盐水泥；在特殊条件下亦可使用矿渣水泥、火山灰质水泥或抗硫酸盐水泥，要求新鲜无结块。
  2 水：用一般饮用水，但不应采用含硫酸盐大于 0.1% 或氯化钠大于 0.5% 以及含过量糖、悬浮物质、碱类的水。
  3 水玻璃：模数宜为 2.5～3.3，不溶于水的杂质含量不得超过 2%，颜色为透明或稍带混浊。
  4 氯化钙溶液：pH 值不得小于 5.5～6.0，每 1L 溶液中杂质不得超过 60g，悬浮颗粒不得超过 1%。
  5 铝酸钠：含铝量为 180g/L，苛化系数 2.4～2.5。
  6 二氧化碳：采用工业用二氧化碳（压缩瓶装）。

4.7.4 施工工艺
4.7.4.1 工艺流程
  1 水泥注浆地基工艺流程：
  钻孔→下注浆管、套管→填砂→拔套管→封口→边注浆边拔注浆管→封孔
  2 硅化注浆地基工艺流程：
  打入（或钻孔沉入）注浆管→（钻孔沉管时，管子四周孔隙用土填塞夯实）→打入（或先钻孔 2～3m 再打入）电极→分层灌注浆液（采用电动硅化时，在灌注溶液的同时通入直流电；采用加气硅化时，在灌浆前加气）→（加气硅化时，灌浆后再加一次气）→拔

出灌浆管和电极→孔洞填实

4.7.4.2 施工要点

1 水泥注浆地基施工要点

（1）地基注浆加固前，应通过试验确定灌浆段长度、灌浆孔距、灌浆压力等有关技术参数；灌浆段长度根据土的裂隙、松散情况、渗透性以及灌浆设备能力等条件选定。在一般地质条件下，段长多控制在 5～6m；在土质严重松散、裂隙发育、渗透性强的情况下，宜为 2～4m；灌浆孔距一般不宜大于 2.0m，单孔加固的直径范围可按 1～2m 考虑；孔深视土层加固深度而定；灌浆压力是指灌浆段所受的全压力，即孔口处压力表上指示的压力，所用压力大小视钻孔深度、土的渗透性以及水泥浆的稠度等而定，一般为 0.3～0.6MPa。

（2）灌浆一般用净水泥浆，水灰比变化范围为 0.6～2.0，常用水灰比从 8:1～1:1；要求快凝时，可采用快硬水泥或在水中掺入水泥用量 1%～2% 的氯化钙；如要求缓凝时，可掺加水泥用量 0.1%～0.5% 的木质素磺酸钙；亦可掺加其他外加剂以调节水泥浆性能。在裂隙或孔隙较大、可灌性好的地层，可在浆液中掺入适量细砂或粉煤灰，比例为 1:0.5～1:3，以节约水泥，更好地充填空隙，并可减少收缩。对不以提高固结强度为主的松散土层，亦可在水泥浆中掺加细粉质黏土配成水泥黏土浆，灰泥比为 1:3～8（水泥:土，体积比），可以提高浆液的稳定性，防止沉淀和析水，使填充更加密实。

（3）灌浆施工方法是先在加固地基中按规定位置用钻机或手钻钻孔到要求的深度，孔径一般为 55～100mm，并探测地质情况，然后在孔内插入直径 38～50mm 的注浆射管。管底部 1.0～1.5m 管壁上钻有注浆孔，在射管之外设有套管，在射管与套管之间用砂填塞。地基表面空隙用 1:3 水泥砂浆或黏土、麻丝填塞，而后拔出套管，用压浆泵将水泥浆压入射管而透入土层孔隙中，水泥浆应连续一次压入，不得中断。灌浆先从稀浆开始，逐渐加浓。灌浆次序一般把射管一次沉入整个深度后，自下而上分段连续进行，分段拔管直至孔口为止。灌浆孔宜分组间隔灌浆，第 1 组孔灌浆结束后，再灌第 2 组、第 3 组。

（4）灌浆完成后，拔出灌浆管，留下的孔用 1:2 水泥砂浆或细砂砾石填塞密实；亦可用原浆压浆堵孔。

（5）注浆充填率应根据加固土要求达到的强度指标、加固深度、注浆流量、土体的孔隙率和渗透系数等因素确定。饱和软黏土的一次注浆充填率不宜大于 0.15～0.17。

（6）注浆加固土的强度具有较大的离散性，加固土的质量检验宜采用静力触探法，检测点数应满足有关规范要求。检测结果的分析方法可采用面积积分平均法。

2 硅化注浆地基施工要点

（1）施工前，应先在现场进行灌浆试验，确定各项技术参数。

（2）灌注溶液的钢管可采用内径为 20～50mm、壁厚大于 5mm 的无缝钢管。它由管尖、有孔管、无孔接长管及管头等组成。管尖作成 25°～30° 圆锥体，尾部带有丝扣与有孔管连接；有孔管长一般为 0.4～1.0m，每米长度内有 60～80 个直径为 1～3mm 向外扩大成喇叭形的孔眼，分 4 排交错排列；无孔接长管一般长 1.5～2.0m，两端有丝扣。电极采用直径不小于 ϕ22mm 的钢筋或 ϕ33mm 钢管。通过不加固土层的注浆管和电极表面，须涂沥青绝缘，以防电流的损耗和作防腐。灌浆管网系统包括输送溶液和输送压缩空气的软管、泵、软管与注浆管的连接部分、阀等。其规格应能适应灌注溶液所采用的压力。泵或空气压缩设备应能以 0.2～0.6MPa 的压力，向每个灌浆管供应 1～5L/min 的溶液压入土中，灌浆管的平面布置和土的每层加固厚度如图4.7.4.2。灌浆管间距 1.73R，各行间距为 1.5R（R 为一根灌浆管的加固半径，其数值见表4.7.4.2-1）；电极沿每行注浆管设置，间距与灌浆管相同。土的加固可分层进行，砂类土每一加固层的厚度为灌浆管有孔部分的长度加 0.5R，湿陷性黄土及黏土类土按试验确定。

(3) 灌浆管的设置，借打入法或钻孔法（振动打拔管机、振动钻或三角架穿心锤）沉入土中，保持垂直和距离正确，管子四周孔隙用土填塞夯实。电极可用打入法或先钻孔 2~3m 深再打入。

(4) 硅化加固的土层以上应保留 1m 厚的不加固土层，以防溶液上冒，必要时须夯填素土或打灰土层。

(5) 灌注溶液的压力一般在 0.2~0.4MPa（始）和 0.8~1.0MPa（终）范围内，采用电动硅化法时，不超过 0.3MPa（表压）。

(6) 土的加固程序，一般自上而下进行，如土的渗透系数随深度而增大时，则应自下而上进行。如相邻土层的土质不同时，渗透系数较大的土层应先进行加固。灌注溶液次序，根据地下水的流速而定，当地下水流速在 1m/d 时，向每个加固层自上而下的灌注水玻璃，然后再自下而上的灌注氯化钙溶液，每层厚 0.6~1.0m；当地下水流速为 1~3m/d 时，轮流将水玻璃和氯化钙溶液均匀地注入每个加固层中；当地下水流速大于 3m/d 时，应同时将水玻璃和氯化钙溶液注入，以减低地下水流速，然后再轮流将两种溶液注入每个加固层。采用双液硅化法灌注，先由单数排的灌浆管压入，然后从双数排的灌浆管压入；采用单液硅化法时，溶液应逐排灌注。灌注水玻璃与氯化钙溶液的间隔时间不得超过表 4.7.4.2-2 规定。溶液灌注速度宜按表 4.7.4.2-3 的范围进行。

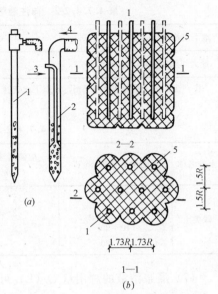

图 4.7.4.2 压力硅化注浆管排列及构造
(a) 灌浆管构造；(b) 灌浆的排列与分层加固
1—单液灌浆管；2—双液灌浆管；3—第一种溶液；4—第二种溶液；5—硅化加固区

表 4.7.4.2-1 土的压力硅化加固半径

项 次	土的类别	加固方法	土的渗透系数(m/d)	土的加固半径(m)
1	砂土	压力双液硅化法	2~10	0.3~0.4
			10~20	0.4~0.6
			20~50	0.6~0.8
			50~80	0.8~1.0
2	粉砂	压力单液硅化法	0.3~0.5	0.3~0.4
			0.5~1.0	0.4~0.6
			1.0~2.0	0.6~0.8
			2.0~5.0	0.8~1.0
3	湿陷性黄土	压力单液硅化法	0.1~0.3	0.3~0.4
			0.3~0.5	0.4~0.6
			0.5~1.0	0.6~0.9
			1.0~2.0	0.9~1.0

表 4.7.4.2-2　向注液管中灌注水玻璃和氯化钙溶液的间隔时间

地下水流速(m/d)	0.0	0.5	1.0	1.5	3.0
最大间隔时间(h)	24	6	4	2	1

注：当加固土的厚度大于5m，且地下水流速小于1m/d，为避免超过上述间隔时间，可将加固的整体沿竖向分成几段进行。

表 4.7.4.2-3　土的渗透系数和灌注速度

土的名称	土的渗透系数(m/d)	溶液灌注速度(L/min)	土的名称	土的渗透系数(m/d)	溶液灌注速度(L/min)
砂类土	<1	1~2	湿陷性黄土	0.1~0.5	2~3
	1~5	2~5		0.5~2.0	3~5
	10~20	2~3			
	20~80	3~5			

(7) 灌浆溶液的总用量 Q (L) 可按下式确定：

$$Q = K \cdot V \cdot n \cdot 1000 \qquad (4.7.4.2)$$

式中　V——硅化土的体积（m³）；

　　　n——土的孔隙率；

　　　K——经验系数：对淤泥、黏性土、细砂，$K=0.3\sim0.5$；中砂、粗砂，$K=0.5\sim0.7$；砾砂，$K=0.7\sim1.0$；湿陷性黄土，$K=0.5\sim0.8$。

采用双液硅化时，两种溶液用量应相等。

(8) 电动硅化系在灌注溶液的时候，同时通入直流电，电压梯度采用0.50~0.75V/cm。电源可由直流发电机或直流电焊机供给。灌注溶液与通电工作要连续进行，通电时间最长不超过36h。为了提高加固的均匀性，可采取每隔一定时间后，变换电极改变电流方向的办法。加固地区的地表水，应注意疏干。

(9) 加气硅化工艺与压力单液硅化法基本相同，只在灌浆前先通过灌浆管加气，然后灌浆，再加一次气，即告完成。

(10) 土的硅化完毕，用桩架或三角架借倒链或绞磨将管子和电极拔出，遗留孔洞用1∶5水泥砂浆或黏土填实。

3　质量控制要点

(1) 施工前应掌握有关技术文件（注浆点位置、浆液配比、注浆施工技术参数、检测要求等）。浆液组成材料的性能应符合设计要求，注浆设备应确保正常运转。

(2) 施工中应经常抽查浆液的配比及主要性能指标，注浆的顺序、注浆过程中的压力控制等。

(3) 施工结束后，应检查注浆体强度、承载力等。检查孔数为总量的2%~5%，不合格率大于或等于20%时应进行二次注浆。检验应在注浆后15d（砂土、黄土）或60d（黏性土）进行。

4.7.5　成品保护措施

1　水泥注浆在注浆后15d（砂土、黄土）或60d（黏性土）、硅化注浆7d内不得在已注浆的地基上行车或施工，防止扰动已加固的地基。

2 对已有建（构）筑物基础或设备基础进行加固后，应进行沉降观测，直到沉降稳定，观测时间不应少于半年。

4.7.6 安全、环保措施

1 配制化学溶液应按规定配带防护手套和眼镜，防止腐蚀伤害。
2 施工中应采取防止污染水源的措施。

4.7.7 质量标准

注浆地基的质量检验标准应符合表4.7.7的规定。

表4.7.7 注浆地基质量检验标准

项目	序	检查项目		允许偏差或允许值		检查方法
				单位	数值	
主控项目	1	原材料检验	水泥		设计要求	查产品合格证书或抽样送检
			注浆用砂：粒径	mm	<2.5	试验室试验
			细度模数		<2.0	
			含泥量及	%	<3	
			有机物含量			
			注浆用黏土：塑性指数		>14	试验室试验
			黏粒含量	%	>25	
			含砂量	%	<5	
			有机物含量	%	<3	
			粉煤灰：细度	不粗于同时使用的水泥		试验室试验
			烧失量	%	<3	
			水玻璃：模数		2.5~3.3	抽样送检
			其他化学浆液		设计要求	查产品合格证书或抽样送检
	2	注浆体强度			设计要求	取样检验
	3	地基承载力			设计要求	按规定方法
一般项目	1	各种注浆材料称量误差		%	<3	抽查
	2	注浆孔位		mm	±20	用钢尺量
	3	注浆孔深		mm	±100	量测注浆管长度
	4	注浆压力（与设计参数比）		%	±10	检查压力表读数

4.7.8 质量验收

4.7.8.1 检验批的划分应符合本标准第3.0.9条、第3.0.10条的规定。

4.7.8.2 检验批的验收组织应符合本标准第3.0.15条的规定。

4.7.8.3 质量验收记录：

1 地质勘察报告或原位测试报告；
2 注浆施工记录；
3 注浆地基浆体强度、地基承载力检验报告；
4 检验批验收记录按表4.7.8.3"注浆地基检验批质量验收记录表"填写。

表 4.7.8.3 注浆地基检验批质量验收记录表
GB 50202—2002

单位(子单位)工程名称						
分部(子分部)工程名称					验收部位	
施工单位					项目经理	
分包单位					分包项目经理	
施工执行标准名称及编号						
		施工质量验收规范的规定			施工单位检查评定记录	监理(建设)单位验收记录
主控项目	1	原材料检验	水泥	设计要求		
			注浆用砂： 粒径(mm) 细度模数 含泥量及有机物含量(%)	<2.5 <2.0 <3		
			注浆用黏土：塑性指数 黏粒含量(%) 含砂量(%) 有机物含量(%)	>14 >25 <5 <3		
			粉煤灰：细度 烧失量(%)	不粗于同时使用的水泥；<3		
			水玻璃：模数	2.5～3.3		
			其他化学浆液	设计要求		
	2	注浆体强度		设计要求		
	3	地基承载力		设计要求		
一般项目	1	各种注浆材料称量误差(%)		<3		
	2	注浆孔位(mm)		±20		
	3	注浆孔深(mm)		±100		
	4	注浆压力(与设计参数比)(%)		±10		
		专业工长(施工员)			施工班组长	
施工单位检查评定结果		项目专业质量检查员：　　　　　　　　　年　月　日				
监理(建设)单位验收结论		专业监理工程师(建设单位项目专业技术负责人)：　　　年　月　日				

4.8 预压地基

4.8.1 特点及适用范围

预压地基包括砂井堆载预压地基、袋装砂井堆载预压地基、塑料排水带堆载预压地基和真空预压地基。

1 砂井堆载预压地基

砂井堆载预压地基系在软弱地基中用钢管打孔,灌砂设置砂井作为竖向排水通道,并在砂井顶部设置砂垫层作为水平排水通道,在砂垫层上部压载以增加土中附加应力,使土体中孔隙水较快地通过砂井和砂垫层排出,从而加速土体固结,使地基得到加固。

(1)加固机理

一般软黏土的结构呈蜂窝状或絮状,在固体颗粒周围充满水,当受到应力作用时,土体中孔隙水慢慢排出,孔隙体积变小而发生体积压缩,常称之为固结。由于黏土的孔隙率很细小,这一过程是非常缓慢的。一般黏土的渗透系数很小,为 $10^{-7} \sim 10^{-9}$ cm/s,而砂的渗透系数介于 $10^{-2} \sim 10^{-3}$ cm/s,两者相差很大。故此,当地基黏土层厚度很大时,仅采用堆载预压而不改变黏土层的排水边界条件,黏土层固结将十分缓慢,地基土的强度增长过慢而不能快速堆载,使预压时间很长。当在地基内设置砂井等竖向排水体系,则可缩短排水距离,有效地加速土的固结。图 4.8.1-1 为典型的砂井地基剖面。

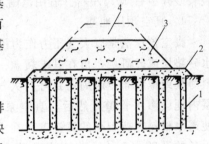

图 4.8.1-1 典型砂井地基剖面
1—砂井;2—砂垫层;3—永久性填土;4—临时超载填土

(2)特点及适用范围

砂井堆载预压的特点是:可加速饱和软黏土的排水固结,使沉降尽快完成和稳定(下沉速度可加快 2.0~2.5 倍),同时可大大提高地基的抗剪强度和承载力,防止基土滑动破坏;施工机具和方法简单,就地取材,不用三材,可缩短施工期限,降低造价。适用于透水性低的饱和软弱黏性土的地基加固;用于机场跑道、油罐、冷藏库、水池、水工结构、道路、路堤、堤坝、码头、岸坡等工程地基处理。对于泥炭等有机沉积地基则不适用。

2 袋装砂井堆载预压地基

袋装砂井堆载预压地基,是在普通砂井堆载预压基础上改良和发展的一种新方法。普通砂井的施工,存在着以下普遍性问题:(1)砂井成孔方法易使井周围土扰动,使透水性减弱(即涂抹作用),或使砂井中混入较多泥砂,或难使孔壁直立;(2)砂井不连续或缩颈、断井、错位现象很难完全避免;(3)所用成孔设备相对笨重,不便于在很软弱地基上进行大面积施工;(4)砂井采用大截面完全为施工的需要,而从排水要求出发并不需要,造成材料大量浪费;(5)造价相对比较高。而采用袋装砂井则基本解决了大直径砂井堆载预压存在的问题,使砂井的设计和施工更趋合理和科学化,是一种比较理想的竖向排水体系。

袋装砂井堆载预压地基的特点是：能保证砂井的连续性，不易混入泥砂，或使透水性减弱；打设砂井设备实现了轻型化，比较适应于在软弱地基土上施工；采用小截面砂井，用砂量大为减少；施工速度快，每班能完成70根以上；工程造价降低，每$1m^2$地基的袋装砂井费用仅为普通砂井的50%左右。适用范围同砂井堆载预压地基。

3 塑料排水带堆载预压地基

塑料排水带堆载预压地基，是将带状塑料排水带用插板机将其插入软弱土层中，组成垂直和水平排水体系，然后在地基表面堆载预压（或真空预压），土中孔隙水沿塑料带的沟槽上升溢出地面，从而加速了软弱地基的沉降过程，使地基得到压密加固（图4.8.1-2）。

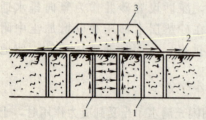

图4.8.1-2 塑料排水带堆载预压法
1—塑料排水带；2—土工织物；3—堆载

塑料排水带堆载预压地基的特点是：（1）板单孔过水面积大，排水畅通；（2）质量轻，强度高，耐久性好，其排水沟槽截面不易因受土压力作用而压缩变形；（3）用机械埋设，效率高、运输省、管理简单，特别用于大面积超软弱地基土上进行机械化施工，可缩短地基加固周期；（4）加固效果与袋装砂井相同，承载力可提高70%～100%，经100d，固结度可达到80%；加固费用比袋装砂井节省10%左右。适用范围与砂井堆载预压、袋装砂井堆载预压相同。

4 真空预压地基

真空预压法是以大气压力作为预压载荷，它是先在需加固的软土地基表面铺设一层透水砂垫层或砂砾层，再在其上覆盖一层不透气的塑料薄膜或橡胶布，四周密封好与大气隔绝，在砂垫层内埋设渗水管道，然后与真空泵连通进行抽气，使透水材料保持较高的真空度，在土的孔隙水中产生负的孔隙水压力，将土中孔隙水和空气逐渐吸出，从而使土体固结（图4.8.1-3）。对于渗透系数小的软黏土，为加速孔隙水的排出，也可在加固部位设置砂井、袋装砂井或塑料板等竖向排水系统。

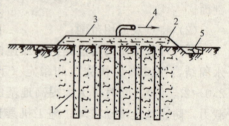

图4.8.1-3 真空预压地基
1—砂井；2—砂垫层；3—薄膜；
4—抽水、气；5—黏土

（1）加固机理

真空预压在抽气前，薄膜内外均承受一个大气压（P_a）的作用，抽气后薄膜内气压逐渐下降，薄膜内外形成一个压力差（称为真空度），首先使砂垫层，其次是砂井中的气压降至P_v，使薄膜紧贴砂垫层，由于土体与砂垫层和砂井间的压差，从而发生渗流，使孔隙水沿着砂井或塑料排水带上升而流入砂垫层内，被排出塑料薄膜外；地下水在上升的同时，形成塑料带附近的真空负压，使土内的孔隙水压形成压差，促使土中的孔隙水压力不断下降，有效应力不断增加，从而使土体固结，土体和砂井间的压差，开始时为P_a-P_v，随着抽气时间的增长，压差逐渐变小，最终趋向于零，此时渗流停止，土体固结完成。故真空预压过程，实质为利用大气压差作预压荷载（当膜内外真空度达到600mmHg，相当于堆载5m高的砂卵石），使土体逐渐排水固结的过程。

同时，真空预压使地下水位降低，相当于增加一个附加应力，抽气前地下水离地面高 h_1，抽气后地下水位降至 h_2，在此高差范围内的土体从浮重度变为湿重度，使土骨架相应增加了水高 h_1-h_2 的固结压力作用，使土体产生固结。此外，在饱和土体孔隙中含有少量的封闭气泡，在真空压力下封闭气泡被排出，因而使土的渗透性加大，固结过程加速。

（2）特点及适用范围

1) 不需要大量堆载，可省去加载和卸载工序，节省大量原材料、能源和运输能力，缩短预压时间；

2) 真空法所产生的负压使地基土的孔隙水加速排出，可缩短固结时间；同时由于孔隙水排出，渗流速度的增大，地下水位降低，由渗流力和降低水位引起的附加应力也随之增大，提高了加固效果；且负压可通过管路送到任何场地，适应性强；

3) 孔隙渗流水的流向及渗流力引起的附加应力均指向被加固土体，土体在加固过程中的侧向变形很小，真空预压可一次加足，地基不会发生剪切破坏而引起地基失稳，可有效缩短总的排水固结时间；

4) 适用于超软黏性土以及边坡、码头、岸边等地基稳定性要求较高的工程地基加固，土愈软，加固效果愈明显；

5) 所用设备和施工工艺比较简单，无需大量的大型设备，便于大面积使用；

6) 无噪声、无振动、无污染，可作到文明施工；

7) 技术经济效果显著。根据国内在天津新港区的大面积实践，当真空度达到 600mmHg，经 60d 抽气，不少井区土的固结度都达到 80% 以上，地面沉降达 570mm，同时能耗降低 1/3，工期缩短 2/3，比一般堆载预压降低造价 1/3；

8) 真空预压法适用于饱和均质黏性土及含薄层砂夹层的黏性土，特别适于新淤填土、超软土地基的加固。但不适用于在加固范围内有足够的水源补给的透水土层，以及无法堆载的倾斜地面和施工场地狭窄的工程进行地基处理。

4.8.2 施工准备

4.8.2.1 技术准备

1 熟悉施工图纸，理解设计意图，掌握土层各项参数。

2 根据施工图要求和现场实际情况，编制施工组织设计或施工方案及技术交底。

3 现场测量放线，确定砂井位置。

4.8.2.2 主要材料

中粗砂、装砂袋、塑料排水带、聚氯乙烯塑料薄膜、滤水管等。

4.8.2.3 主要机具

1 砂井施工主要机具有：振动沉管桩机、锤击沉管桩机或静压沉桩机等，另配外径为井直径、下端装有自由脱落的混凝土桩靴或带活瓣式桩靴的桩管。配套机具有吊斗、机动翻斗车或手推车等。

2 袋装砂井施工主要机具有：EHZ-8 型袋装砂井打设机，一次能打设两根砂井，其技术性能见表 4.8.2.3-1；亦可采用各种导管式的振动打设机械，有履带臂架式、步履臂架式、轨道门架式、吊机导架式等打设机械，其技术性能如表 4.8.2.3-2；所配钢管的内径宜略大于砂井直径，以减小施工过程对地基的扰动。

表 4.8.2.3-1 EHZ-8型袋装砂井打设机主要技术性能

项次	项目	性能
1	起重机型号	W501
2	直接接地压力(kPa)	94
3	间接接地压力(kPa)	30
4	振动锤激振力(kN)	86
5	激振频率(r/min)	960
6	外形尺寸(cm)	长640×宽285×高1850
7	每次打设根数(根)	2
8	最大打设深度(m)	12.0
9	打设砂井间距(cm)	120,140,160,180,200
10	成孔直径(cm)	12.5
11	置入砂袋直径(cm)	7.0
12	施工效率(根/台班)	66～80
13	适用土质	淤泥、粉质黏土、黏土、砂土、回填土

注：需铺设500mm厚砂垫层。

表 4.8.2.3-2 各种常用打设机械性能表

打设机械型号	行进方式	打设动力	整机重(t)	接地面积(m²)	接地压力(kN/m²)	打设深度(m)	打设效率(m/台班)
SSD20型	宽履带	振动锤	34.5	35.0	10	20	1500
IJB-16	步履	振动锤	15.0	3.0	50	10～15	1000
	门架轨道	振动锤	18.0	8.0	23	10～15	1000
	履带吊机	振动锤	—		>100	12	1000

3　塑料排水带施工主要设备为插带机，基本上可与袋装砂井打设机械共用，只需将圆形导管改为矩形导管。插带机构造如图4.8.2.3所示，每次可同时插设塑料排水带两根，其技术性能见表4.8.2.3-3所示。

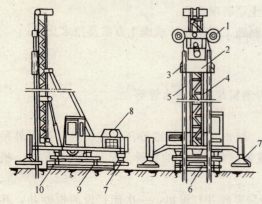

图4.8.2.3 IJB-16型步履式插带机
1—塑料带及其卷盘；2—振动锤；3—卡盘；4—导架；
5—套杆；6—履靴；7—液压支腿；8—动力设备；
9—转盘；10—回转轮

4　真空预压主要设备为真空泵，一般宜用射流真空泵，它由射流箱及离心泵所组成。射流箱规格为$\phi48mm$，效率应大于96kPa，离心泵型号为3BA-9、$\phi50mm$，每个加固区宜设两台泵为宜（每台射流真空泵的控制面积为1000m²）。配套设备有集水罐、真空滤水管、真空管、止回阀、阀门、真空表、聚氯乙烯塑料薄膜等。滤水管采用钢管或塑料管材，滤水孔一般采用$\phi8～\phi10$，间距5cm，梅花形布置，管上缠绕3mm钢丝，间距5cm，外包尼龙窗纱布一层，最外面再包一层渗透性好的编织布或土工纤维或棕皮即成。

表 4.8.2.3-3 插带机性能

类型	IJB-16型	类型	IJB-16型
工作方式	液压步履式行走,电力液压驱动振动下沉	液压卡夹紧力(kN)	160
外形尺寸(mm)	7600×5300×15000	插板深度(m)	10
总重量(t)	15	插设间距(m)	1.3、1.6
接地压力(kPa)	50	插入速度(m/min)	11
振动锤功率(kW)	30	拔出速度(m/min)	8
激振力(kN)	80、160	效率(根/h)	18 左右
频率(次/min)	670		

4.8.2.4 作业条件

1 场地已平整,对设备运行的松软场地进行了预压处理。周围已挖好排水沟。

2 现场供水、供电线路已铺设,道路已修筑,小型临时设施已设置。材料已运进场,质量符合要求,并按平面布置图堆放。

3 砂井轴线控制桩及水准基点已经测设,井孔位置已经放线并定好桩位。

4 机具设备已运到现场,并经维修、保养、就位、试运转正常。

5 已进行成孔和灌砂试验,确定有关施工工艺参数(分层填料厚度、夯击次数、夯实后的干密度、成井次序),并对砂井排水进行了测试,其加载次数、固结速度、时间、承载力等符合设计要求。

4.8.3 材料质量控制

1 砂:采用中砂或粗砂,垫层可用中细砂或砾砂,含泥量不大于3%,一般不宜使用细砂。

2 堆载材料:一般以散料为主,如采用施工场地附近的土、砂、石子、砖、石块等。

3 装砂袋:应具有良好的透水、透气性,一定的耐腐蚀、抗老化性能,装砂不易漏失,并有足够的抗拉强度,能承受袋内装砂自重和弯曲所产生的拉力。一般多采用聚丙烯编织布或玻璃丝纤维布、黄麻片、再生布等,其技术性能见表 4.8.3-1。

表 4.8.3-1 砂袋材料技术性能

砂袋材料	渗透性(cm/s)	抗拉试验			弯曲180°试验		
		标距(cm)	伸长率(%)	抗拉强度(kPa)	弯心直径(cm)	伸长率(%)	破坏情况
聚丙烯编织袋	$>1×10^{-2}$	20	25.0	1700	7.5	23	完整
玻璃丝纤维布	—	20	3.1	940	7.5	—	未到180°折断
黄麻片	$>1×10^{-2}$	20	5.5	1920	7.5	4	完整
再生白布	—	20	15.5	450	7.5	10	完整

4 塑料排水带:塑料排水带由芯带和滤膜组成。芯带是由聚丙烯和聚乙烯塑料加工而成两面有间隔沟槽的带体,土层中的固结渗流水通过滤膜渗入到沟槽内,并通过沟槽从排水垫层中排出。根据塑料排水带的结构,要求滤网膜渗透性好,与黏土接触后,其渗透系数不低于中粗砂,排水沟槽输水畅通,不因受土压力作用而减小。

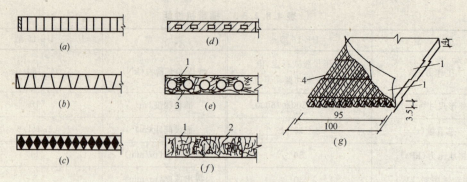

图 4.8.3 塑料排水带结构形式、构造
(a) Ⅱ型塑料带；(b) 梯形槽塑料带；(c) △形槽塑料带；(d) 硬透水膜塑料带；
(e) 无纺布螺栓孔排水带；(f) 无纺布柔性排水带；(g) 结构构造
1—滤膜；2—无纺布；3—螺栓排水孔；4—芯板

塑料排水带的结构由所用材料不同，结构形式也各异，主要有如图 4.8.3 所示几种。

带芯材料：沟槽型排水带，如图 4.8.3 (a)、(b)、(c)。多采用聚丙烯或聚乙烯塑料带芯，聚氯乙烯制作的质较软，延伸率大，在土压作用下易变形，使过水截面减小。多孔型带芯如图 4.8.3 (d)、(e)、(f)，一般用耐腐蚀的涤纶丝无纺布。

滤膜材料：一般用耐腐蚀的涤纶衬布，涤纶布不低于 60 号，含胶量不小于 35%，既保证涤纶布泡水后的强度满足要求，又有较好的透水性。

排水带的厚度应符合表 4.8.3-2 要求，排水带的性能应符合表 4.8.3-3 要求，国内常用塑料排水带的类型及性能见表 4.8.3-4。

表 4.8.3-2　不同型号塑料排水带的厚度

型　号	A	B	C	D
厚度(mm)	>3.5	>4.0	>4.5	>6

表 4.8.3-3　塑料排水带性能

项　目		单位	A 型	B 型	C 型	条　件
纵向通水量		cm³/s	≥15	≥25	≥40	侧压力
滤膜渗透系数		cm/s	≥5×10⁻⁴	≥5×10⁻⁴	≥5×10⁻⁴	试件在水中浸泡 24h
滤膜等效孔径		μm	<75	<75	<75	以 D_{98} 计，D 为孔径
复合体抗拉强度(干态)		kN/10cm	≥1.0	≥1.3	≥1.5	延伸率 10% 时
滤膜抗拉强度	干态	N/cm	≥15	≥25	≥30	延伸率 15% 时试件在水中浸泡 24h
	湿态	N/cm	≥10	≥20	≥25	
滤膜重度		N/m²		0.8		

注：A 型排水带适用于插入深度小于 15m；B 型排水带适用于插入深度小于 25m；C 型排水带适用于插入深度小于 35m。

表 4.8.3-4 国内常用塑料排水带性能

项目		类型	TJ-1	SPB-1	Mebra	日本大林式	Alidrain
截面尺寸（mm）			100×4	100×4	100×3.5	100×1.6	100×7
材料	带芯		聚乙烯、聚丙烯	聚氯乙烯	聚乙烯	聚乙烯	聚乙烯或聚丙烯
	滤膜		纯涤纶	混合涤纶	合成纤维质	—	—
纵向沟槽数			38	38	38	10	无固定通道
沟槽面积（mm²）			152	152	207	112	180
带芯	抗拉强度（N/cm）		210	170	—	270	—
	180°弯曲		不脆不断	不脆不断	—	—	—
滤膜	抗拉强度（N/cm）	干	>30	经42,纬27.2	107	—	—
		饱和	25~30	经22.7,纬14.5	—	—	57
	耐破度（N/cm）	饱和	87.7	52.5	—	—	54.9
		干	71.7	51.0	—	—	—
渗透系数（cm/s）			1×10⁻²	4.2×10⁻⁴	—	1.2×10⁻²	3×10⁻⁴

塑料排水带的排水性能主要取决于截面周长，而很少受其截面积的影响。塑料排水设计时，把塑料排水带换算成相当直径的砂井，根据两种排水体与周围土接触面积相等的原理，换算直径 D_p，可按下式计算：

$$D_p = \alpha \frac{2(b+\delta)}{\pi} \quad (4.8.3)$$

式中 D_p——塑料排水带宽度（mm）；

δ——塑料排水带厚度（mm）；

α——换算系数，考虑到塑料排水带截面并非圆形，其渗透系数和砂井也有所不同而采取的换算系数，取 $\alpha=0.75\sim1.0$。

5 聚氯乙烯塑料薄膜，厚度 0.08~1.0mm。

6 滤水管采用钢管或 UPVC 塑料管材，应能承受足够的压力而不变形。

4.8.4 施工工艺

4.8.4.1 工艺流程

1 砂井堆载预压工艺流程：

确定施工顺序→放线定出井位→桩机就位→打入（或振动沉入）桩管→灌砂→边拔管边振动或低锤击管直到桩顶→铺设砂垫层→堆载预压

2 袋装砂井预压工艺流程：

确定施工顺序→放线定出井位→桩机就位→整理桩尖（活瓣桩尖或预制混凝土桩尖）→沉入导管→将砂袋放入导管→往管内灌水（减少砂袋与管壁的摩擦力）→拔管→铺设砂垫层→堆载预压

3 塑料排水带堆载预压工艺流程：

放线定位→将塑料排水带通过导管从管下端穿出→将塑料排水带与桩尖连接、贴紧管

下端并对准桩位→打设桩管插入塑料排水带→拔管→剪断塑料排水带→铺设砂垫层→堆载预压

4 真空预压工艺流程：

地质勘察→排水体设计→排水砂垫层施工→打设竖向排水体→埋设观测设备→埋设真空分布管→铺设密封膜→真空泵安装、管路连接→抽真空、观测→效果检验

4.8.4.2 砂井堆载预压地基施工要点

1 砂井的施工顺序，应从外围或两侧向中间进行，如砂井的间距较大，亦可逐排进行。打砂井后地基表层会产生松动隆起，应进行压实。

2 砂井成孔是先用打桩机将井管沉入地基中预定的深度后，即吊起桩锤，在井管内灌入砂料，然后再利用桩架上的卷扬机吊振动锤，边振边将桩管徐徐拔出；或用桩锤，边锤击边拔管，每拔升300~500mm，再复打拔管，以捣实挤密形成砂柱，如此往复，使拔管与冲击交替重复进行，直到砂充填井孔内，井管拔出。拔管速度控制在1~1.5m/min，使砂子借助重力留在井孔中形成密实的砂井，亦可二次打入井管灌砂，形成扩大砂井。

3 当桩管内进水时，可先在井管内装入2~3斗砂将活瓣压住，堵塞缝隙。

4 当采用锤击沉桩管时，管内砂子亦可用吊锤击实，或用空气压缩机向管内通气（气压为0.4~0.5MPa）压实。

5 灌砂时，砂中的含水量应加以控制，对饱和水的土层，砂可采用饱和状态；对非饱和土层和杂填土，或能形成直立孔的土层，含水量可采用7%~9%。

6 砂井灌砂应自上而下保持连续，要求不出现缩颈，且不扰动砂井周围土的结构。对灌砂量未达到设计要求的砂井，应在原位将桩管打入，灌砂复打一次。

7 预压法处理地基必须在地基表面铺设与排水竖井相连通的砂垫层，砂垫层的厚度应按设计要求，一般不小于500mm。砂垫层宜用中粗砂，含泥量不宜大于3%，砂料中可混有少量粒径小于50mm的砾石。砂垫层的干密度应大于1.5g/cm³，其渗透系数宜大于1×10^{-2}cm/s。

8 在预压区边缘应设置排水沟，在预压区内宜设置与砂垫层相连的排水盲沟。

9 地基预压前应设置垂直沉降观测点、水平位移观测桩、测斜仪以及孔隙水压力计，其设置数量、位置及测试方法，应符合设计要求。

10 堆载方法，大面积可采用自卸汽车与推土机联合作业。对超软土地基的堆载预压，第一级荷载宜用轻型机械或人工作业。预压荷载一般取等于或大于设计荷载。为加速压缩过程和减少上部建（构）筑物的沉降，可采用比建（构）筑物重量大10%~20%的超载进行预压。

11 堆载预压过程中，作用于地基上的荷载不得超过地基的极限荷载，以免地基失稳破坏。应根据土质情况采取加荷方式，如需施加大荷载时，加载应分期分级进行，加强观测。对地基垂直沉降、水平位移和孔隙水压力等，应逐日观测并做好记录。注意控制每级加载重量的大小和加载速率，使之与地基的强度增长相适应，待地基在前一级荷载作用下达到一定固结度后，再施加下一级荷载。特别是在加载后期，更须严格控制加载速率，防止因整体或局部加载量过大、过快而使地基发生剪切破坏。一般堆载控制指标是：地基最大下沉量不宜超过10mm/d；水平位移不宜大于4mm/d；孔隙

水压力不超过预压荷载所产生应力的50%~60%。通常情况下，加载在60kPa以前，加荷速度可不限制。

12 预压时间应根据建筑物的要求以及固结情况确定，一般达到如下条件即可卸荷：
(1) 地面总沉降量达到预压荷载下计算最终沉降量的80%以上；
(2) 理论计算的地基总固结度达到80%以上；
(3) 地基沉降速度已降到0.5~1.0mm/d。

13 质量控制要点：
(1) 施工前应检查施工监测措施及沉降、孔隙水压力等原始数据。
(2) 砂井数量、排列尺寸、形式、孔径、深度，应符合设计要求或施工规范的规定。
(3) 砂井的灌砂密实度应符合设计要求，灌砂量不得少于计算量的95%。
(4) 施工期间应进行现场测试，包括：
1) 边桩水平位移观测：主要用于判断地基的稳定性，决定安全的加荷速率，要求边桩位移速率应控制在3~5mm/d；
2) 地面沉降观测：主要控制地面沉降速度，要求最大沉降速率不宜超过10mm/d；
3) 孔隙水压力观测：用计算土体固结度、强度及强度增长分析地基的稳定，从而控制堆载速率，防止堆载过多、过快而导致地基破坏；
4) 采用标准贯入检验砂井井体的强度；采用轻便触探检验井间土层的固结效果。
(5) 施工结束后，应检查地基土的十字板剪切强度、标贯或静压力触探值及要求达到的其他物理力学性能，重要建筑物地基应作承载力检验。
(6) 砂井堆载预压地基的质量验收标准应符合表4.8.7的规定。

4.8.4.3 袋装砂井预压地基施工要点

1 袋装砂井的打设顺序同砂井。

2 用袋装砂井打设机或各种导管式打设机将管沉入地下预定位置，然后向井管内放入预先装好砂料的圆柱形砂袋，往管内灌水（减少砂袋与管壁的摩擦力），最后拔起井管，将砂袋充填在孔中形成砂井；亦可先将井管沉入土中放入袋子（下部装少量砂或吊重），然后依靠振动锤的振动灌满砂，最后拔出套管，在地下形成砂井。专用EHZ-8型袋装砂井打设机一次能打设两根砂井。所用钢管内径宜略大于砂井直径，以减少施工过程中对地基的扰动。

3 砂垫层及堆载的施工同砂井堆载预压地基（见本标准第4.8.4.2条）。

4 袋装砂井定位要准确，砂井要有较好的垂直度，以确保排水距离与理论计算一致。

5 袋中装砂宜用风干砂，不宜采用湿砂，以免干燥后体积减小，造成袋装砂井缩短与排水垫层不搭接等质量事故；灌入砂袋的砂，应捣固密实，袋口应扎紧，砂袋放入导管口应装设滚轮，下放砂袋要仔细，防止砂袋破损漏砂。

6 施工中应经常检查桩尖与导管口的密封情况，避免管内进泥过多，造成井阻，影响加固深度。

7 确定袋装砂井施工长度时，应考虑袋内砂体积减小，袋装砂井在井内的弯曲、超深及伸入水平排水垫层内的长度等因素，防止砂井全沉入孔内，造成顶部与排水垫层不连接，影响排水效果。

8 质量控制要点同砂井堆载预压地基。

4.8.4.4 塑料排水带堆载预压地基施工要点

1 打设塑料排水带的导管有圆形和矩形两种,其管靴也各异,一般采用桩尖与导管分离设置。桩尖主要作用是防止打设塑料带时淤泥进入管内,并对塑料带起锚固作用,避免拔出。桩尖常用形式有圆形、倒梯形和倒梯楔形三种,如图4.8.4.4所示。

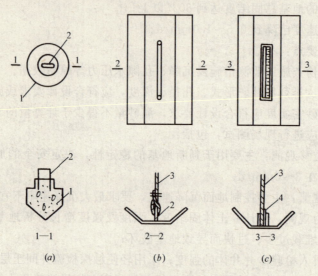

图 4.8.4.4 塑料排水带用桩尖形式
(a) 混凝土圆形桩尖;(b) 倒梯形桩尖;(c) 楔形固定桩尖
1—混凝土桩尖;2—塑料带固定架;3—塑料带;4—塑料楔

2 塑料排水带打设时,插带机就位后,通过振动锤驱动套管对准插孔位下沉,排水带从套管内穿过与端头的锚靴相连,套管顶住锚靴将排水带插到设计的入土深度,拔起套管后,锚靴连同排水带一起留在土中,然后剪断连续的排水带,即完成一个排水孔插带操作,插带机即可移位至下一个排水孔继续施打。

3 塑料带滤水膜在转盘和打设过程中应避免损坏,防止淤泥进入带芯堵塞输水孔,影响塑料带的排水效果。

4 塑料带与桩尖锚碇要牢固,防止拔管时脱离,将塑料带带出,带出长度不应大于500mm。打设时严格控制间距和深度,如塑料带拔起超过2m以上,应进行补打。

5 桩尖平端与导管下端要连接紧密,防止错缝,以免在打设过程中淤泥进入导管,增加对塑料带的阻力,或将塑料带拔出。

6 塑料带需接长时,为减小带与导管的阻力,应采用在滤水膜内平搭接的连接方法。搭接长度应在20mm以上,以保证输水畅通和有足够的搭接强度。

7 砂垫层及堆载的施工同砂井堆载预压地基(见本标准第4.8.4.2条)。

8 质量控制要点:

(1)施工前应检查施工监测措施、沉降、孔隙水压力等原始数据、排水措施、塑料排水带等位置。塑料排水带必须符合表4.8.2-3的质量要求。

(2)堆载施工应检查堆载高度、沉降速度。

(3)施工结束后,应检查地基土的十字板剪切强度、标贯或静力触探值及要求达到的其他物理力学性能,重要建筑物应作承载力检验。

（4）塑料排水带堆载预压地基和排水带质量检验标准应符合表 4.8.7 的规定。

4.8.4.5 真空预压地基施工要点

1 真空预压法竖向排水系统设置同砂井（或袋装砂井、塑料排水带）堆载预压法。应先整平场地，设置排水通道，在软基表面铺设砂垫层或在土层中再加设砂井（或埋设袋装砂井、塑料排水带），再设置抽真空装置及膜内外管道（图 4.8.4.5-1）。

2 砂垫层中水平分布滤管的埋设，一般宜采用条形或鱼刺形（图 4.8.4.5-2），铺设距离要适当，使真空度分布均匀，管上部应覆盖 100～200mm 厚的砂层。

3 砂垫层上密封薄膜，一般采用 2～3 层聚氯乙烯薄膜，应按先后顺序同时铺设，并在加固区四周，在离基坑线外缘 2m 开挖深 0.8～0.9m 的沟槽，将薄膜的周边放入沟槽内，用黏土或粉质黏土回填压实，要求气密性好，密封不漏气，或采用板桩覆水封闭（图 4.8.4.5-3），而以膜上全面覆水较好，既密封好又减缓薄膜的老化。

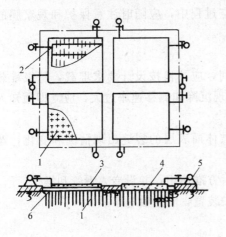

图 4.8.4.5-1 真空预压工艺与设备
1—袋装砂井；2—膜下管道；3—封闭膜；
4—砂垫层；5—真空装置；6—回填沟槽

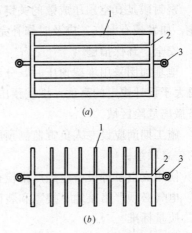

图 4.8.4.5-2 真空分布管排列示意图
(a) 条形排列；(b) 鱼刺形排列
1—真空压力分布管；2—集水管；3—出膜口

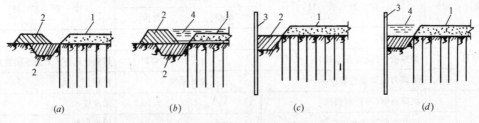

图 4.8.4.5-3 薄膜周边密封方法
(a) 挖沟折铺；(b) 板桩密封；(c) 围墙内面覆水密封；(d) 板桩墙加沟内覆水
1—密封膜；2—填土压实；3—钢板桩；4—覆水

4 当面积较大，宜分区预压，区与区间隔距离以 2～6m 为佳。

5 做好真空度、地面沉降量、深层沉降、水平位移、孔隙水压力和地下水位的现场测试工作，掌握变化情况，作为检验和评价预压效果的依据。并随时分析，如发现异常，应及时采取措施，以免影响最终加固效果。

6 真空预压结束后，应清除砂槽和腐殖土层，避免在地基内形成水平渗水暗道。

7 质量控制要点:
(1) 施工前应检查施工监测措施、沉降、孔隙水压力等原始数据,检查排水设施、砂井(包括袋装砂井)或塑料排水带等位置及真空分布管的距离等。
(2) 施工中,应检查密封膜的密封性能、真空表读数等。泵及膜内真空度应达到96kPa 和 73kPa 以上的技术要求。
(3) 施工结束后,应检查地基土的十字板剪切强度、标贯或静力触探值及要求达到的其他物理力学性能,重要建筑物地基应进行承载力检验。
(4) 真空预压地基的质量标准应符合表4.8.7的规定。

4.8.5 成品保护措施

1 竖向排水系统(包括砂井、袋装砂井、塑料排水带)施工完成后,在施工砂垫层和堆载施工时,应注意保护竖向排水体不受破坏,以免影响排水效果。

2 密封膜是真空预压成败的关键,在抽真空过程中,应随时注意保护和观察膜的密封性能,如发现有漏气,应及时修补完好。

4.8.6 安全、环保措施

1 地基加固采用堆载预压时,分级堆载期间,应严格按设计要求堆载,每级堆载高度不得大于设计规定的高度;堆载预压期间如发现沉降和侧移速率过大,应立即通知人员和设备撤离危险区域。

2 施工期间应设专人负责监测预压地基和坡体面表层的裂缝出现情况和变化,建立完善的信息联络。

3 使用真空泵等设备应经严格检查,合格后方准使用,并设专人看管和操作。

4 电气必须严格接地、接零和装设漏电保护装置,防止触电事故。

4.8.7 质量标准

预压地基和塑料排水带质量检验标准应符合表4.8.7的规定。

表 4.8.7 预压地基和塑料排水带质量检验标准

项目	序	检查项目	允许偏差或允许值 单位	允许偏差或允许值 数值	检查方法
主控项目	1	预压载荷	%	≤2	水准仪
	2	固结度(与设计要求比)	%	≤2	根据设计要求采用不同的方法
	3	承载力或其他性能指标	设计要求		按规定方法
一般项目	1	沉降速率(与控制值比)	%	±10	水准仪
	2	砂井或塑料排水带位置	mm	±100	用钢尺量
	3	砂井或塑料排水带插入深度	mm	±200	插入时用经纬仪检查
	4	插入塑料排水带时回带长度	mm	≤500	用钢尺量
	5	塑料排水带或砂井高出砂垫层距离	mm	≥200	用钢尺量
	6	插入塑料排水带的回带根数	%	<5	目测

注:如真空预压,主控项目中预压载荷的检查为真空度降低值<2%。

4.8.8 质量验收

4.8.8.1 检验批的划分应符合本标准第3.0.9条、第3.0.10条的规定。

4.8.8.2 检验批的验收组织应符合本标准第 3.0.15 条的规定。
4.8.8.3 质量验收记录：
 1 地质勘察报告或原位测试报告；
 2 原材料出厂合格证或检测报告；
 3 排水系统的施工记录（包括：砂井、袋装砂井、塑料排水带等施工记录）；
 4 施工监测记录（包括：沉降、孔隙水压力、真空预压的真空度、堆载高度、沉降速率等记录）；
 5 地基土的十字板剪切强度；标贯或静力触探值及设计要求达到的其他物理力学性能检验报告；或地基承载力检验报告；
 6 检验批验收记录按表 4.8.8.3 "预压地基工程检验批质量验收记录表"填写。

表 4.8.8.3 预压地基工程检验批质量验收记录表
GB 50202—2004

单位(子单位)工程名称					验收部位	
分部(子分部)工程名称						
施工单位					项目经理	
分包单位					分包项目经理	
施工执行标准名称及编号						
		施工质量验收规范的规定			施工单位检查评定记录	监理(建设)单位验收记录
主控项目	1	预压载荷(%)		≤2		
	2	固结度(与设计要求比)(%)		≤2		
	3	承载力或其他性能指标		设计要求		
一般项目	1	沉降速率(与控制值比)(%)		±10		
	2	砂井或塑料排水带位置(mm)		±100		
	3	砂井或塑料排水带插入深度(mm)		±200		
	4	插入塑料排水带时的回带长度(mm)		≤500		
	5	塑料排水带或砂井高出砂垫层距离(mm)		≥200		
	6	插入塑料排水带的回带根数(%)		<5		
		专业工长(施工员)			施工班组长	
施工单位检查评定结果						
		项目专业质量检查员：		年 月 日		
监理(建设)单位验收结论						
		专业监理工程师(建设单位项目专业技术负责人)：			年 月 日	

4.9 振冲地基

4.9.1 特点和适用范围
4.9.1.1 特点

振冲地基,是以起重机吊起振冲器,启动潜水电机带动偏心块,使振动器产生高频振动,同时启动水泵,通过喷嘴喷射高压水流,在边振边冲的共同作用下,将振动器沉到土中的预定深度,经清孔后,从地面向孔内逐段填入碎石,或不加填料,使土体在振动作用下被挤密实,达到要求的密实度后即可提升振动器,如此重复填料和振密,直至地面,在地基中形成一个大直径的密实桩体与原地基构成的复合地基。

用振冲法加固地基,又分为振冲置换法和振冲密实法两种:振冲置换法是在地基土中借振冲器成孔,振密填料置换,制造一群以碎石、砂砾等散粒材料组成的桩体,与原地基一起构成复合地基;振冲密实法是利用振动和压力水使砂层液化,砂颗粒相互挤密,重新排列,孔隙减少,从而提高砂层的承载力和抗液化能力。

振冲法加固地基的特点是:技术可靠,机具设备简单,操作技术易于掌握,施工简便,可节约三材,因地制宜,就地取材,采用碎石、卵石、砂或矿渣等作填料;加固速度快,节约投资;碎石桩具有良好的透水性,可加速地基固结,使地基承载力提高;振冲过程中的预振效应,可使砂土地基增加抗液化能力。

4.9.1.2 适用范围

1 振冲置换法适于处理不排水、抗剪强度小于 20kPa 的黏性土、粉土、饱和黄土和人工填土等地基。

2 振冲密实法适用于处理砂土和粉土等地基,不加填料的振冲密实法仅适用于处理黏土粒含量小于 10% 的粗砂、中砂地基。

振冲法不适于地下水位较高、土质松散易塌方和含有大块石等障碍物的土层中使用。应用振冲法加固地基的深度一般为 14m,最大可达 18m,置换率一般在 10%~30%,每米桩的填料量为 $0.3\sim0.7m^3$,直径为 0.7~1.2m。

4.9.2 施工准备
4.9.2.1 技术准备

1 学习设计文件和地质资料,理解设计意图和土层变化情况。

2 测量放线,确定桩位。

3 施工前先进行振冲试验,以确定成孔合适的水压、水量、成孔速度及填料方法,达到土体密实时的密实电流、填料量和留振时间(称为施工工艺的三要素)。

4 根据设计要求和土层情况以及振冲试验结果编制施工方案和施工技术交底。

4.9.2.2 材料准备

1 按设计要求及材料供应情况选用填料:碎石、卵石、

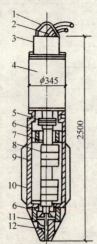

图 4.9.2.3 振冲器构造
1—吊具;2—水管;3—电缆;
4—电机;5—联轴器;6—轴;
7—轴承;8—偏心块;9—壳体;
10—翅片;11—头部;12—水管

角砾、圆砾、矿渣或砾砂、粗砂、中砂等。

2 按材料需用计划组织材料进场。

4.9.2.3 主要机具

1 振冲器起吊设备：可采用履带式起重机（8～10t）、轮胎式起重机、汽车吊或轨道式自行塔架等。

2 振冲器：振冲器构造如图4.9.2.3。

常用振冲器型号及技术性能见表4.9.2.3。

表4.9.2.3 常用振冲器型号及技术性能表

型号	ZCQ-13	ZCQ-30	ZCQ-55	BL-75
电动机功率(kW)	13	30	55	75
转速(r/min)	1450	1450	1450	1450
额定电流(A)	25.5	60	100	150
不平衡重量(kg)	29.0	66.0	104.0	
振动力(kN)	35	90	200	160
振幅(mm)	4.2	4.2	5.0	7.0
振冲器外径(mm)	274	351	450	426
长度(mm)	2000	2150	2500	3000
总重量(t)	0.78	0.94	1.6	2.05

3 控制设备：控制电流操作台、150A电流表、500V电压表等。

4 其他：包括供水管、加料用吊斗或翻斗车、手推车等。

4.9.2.4 作业条件

1 施工技术参数已确定，已对操作人员进行了技术交底；

2 现场道路已修筑完毕，机械设备已进场并经试用后满足施工要求；

3 施工场地已平整，桩位已确定。

4.9.3 材料质量控制

卵、碎石等粗骨料粒径以20～50mm较适宜，最大粒径不宜大于80mm，含泥量不宜大于5%，不得含有杂质、土块和已风化的石子。

4.9.4 施工工艺

4.9.4.1 工艺流程

1 振冲置换法：定桩位→成孔→清孔→填料→振实→（重复填料、振实，直至桩顶）

2 振冲挤密法：定桩位→成孔→边振边上提→振密（直至桩顶）

4.9.4.2 施工要点

1 构造要求

(1) 振冲置换法：

1) 处理范围：应大于基底面积，对于一般地基，在基础外缘宜扩大1～2排桩；对可液化地基，在基础外缘应扩大2～4排桩。

2) 桩位布置：对大面积满堂处理，宜用等边三角形布置；对独立或条形基础，宜用正方形、矩形或等腰三角形布置。

　　3) 桩的间距：应根据荷载大小和原土的抗剪强度确定，一般取 1.5～2.5m，对荷载大或原土强度低、或桩末端达到相对硬层的短桩宜取小值，反之宜取大的间距。

　　4) 桩长的确定：当相对硬层的埋藏深度不大时，应按相对硬层埋藏深度确定；当相对硬层的埋藏深度较大时，应按建筑物地基变形允许值确定。桩长不宜短于 4m，在可液化的地基中，桩长应按要求的抗震处理深度确定。桩顶应铺设一层 200～500mm 厚的碎石垫层。

　　5) 桩的直径：可按每根桩所用的填料计算，一般为 0.8～1.2m。

　　(2) 振冲密实法：

　　1) 处理范围：应大于建筑物基础范围，在建筑物基础外缘每边放宽不得小于 5m；

　　2) 振冲深度：当可液化土层不厚时，应穿透整个可液化土层；当可液化土层较厚时，应按要求的抗震处理深度确定；

　　3) 每一振点所需的填料量：随地基土要求达到的密实程度和振点间距而定，应通过现场试验确定。

　　2　振冲成孔方法可根据桩的布置间距和土层情况按表 4.9.4.2 选择。

表 4.9.4.2　振冲成孔方法选择表

成孔方法	步　　骤	优　缺　点
排孔法	由一端开始，依次逐步造孔到另一端结束	易于施工，且不易漏掉孔位。但当孔位较密时，后打的桩易发生倾斜和位移
跳打法	同一排孔采取隔一孔跳打	先后成孔影响小，易保证桩的垂直度。但要防止漏掉孔位，并应注意桩位准确
围幕法	先成外围 2～3 排孔，然后成内排孔，采用隔一圈或依次向中心成孔	能减少振冲能量的扩散，振密效果好，可节约桩数 10%～15%，大面积施工常采用此法。但施工时应注意防止漏掉孔位和保证其位置准确

　　3　振冲置换法成孔水泵水压可用 400～600kPa（对于较硬土层应取上限，对于软土取下限），水量可用 200～400L/min，使振冲器徐徐沉入土中，直至达到设计处理深度以上 0.3～0.5m。如土层中夹有硬层时，应适当进行扩孔，即在硬层中将振冲器往复上下多次，使孔径扩大，以便于填料。在黏性土层中成孔，泥浆水太稠，使填料下降速度减慢，因此在成孔后，应停留 1～2min 清孔，以便回水将稠泥浆带出地面，以降低孔内泥浆密度。填料每次不宜过多，每次填入数量，约为能在孔内堆积 0.8m 高为宜，然后用振冲器振密后再继续加料。在强度很低的软弱土层中，应采用"先造壁，后制桩"的施工方法。即在振冲开孔到达第一层软弱土层时，加些填料进行初步挤振，将填料挤到孔周围软弱土层中以加固孔壁，接着再以同样的方法处理以下第二、第三层软弱层，直至加固深度，然后再自下而上填料制桩。

　　4　振冲挤密法水压、水量控制同振冲置换法，下沉速率控制在 1～2m/min，待达到设计要求的处理深度后，将水压和水量降至孔口有一定量回水，但无大量细颗粒带出的程度，将填料堆于孔口护筒周围，采取自下而上地分段振动加密，每段长 0.5～1.0m，填料在振冲器振动下依靠自重沿护筒周壁下沉至孔底，在电流升高到规定控制值后，将振冲器上提 0.3～0.5m；重复上一步骤直至完成全孔处理。

5 填料和振动方法，一般采取成孔后，将振冲器上提少许，从孔口下填料，填料顺孔壁下落，边填边振，直至该段振实，然后将振冲器提升0.5m，再从孔口往下填料，逐段施工。

6 振冲挤密法施工操作，关键是控制水量大小和留振时间。水量的大小是保证地基中砂土充分饱和，受到振动能够产生液化。足够的留振时间（30～60s）是使地基中的砂土完全液化，在停振后土颗粒便重新排列，使孔隙比减小，密实度提高。振密程度一般以电流超过原空振时电流25～30A时，表示该深度处的桩体已挤密。对粉细砂应加填料，其功能是填充在振冲器上提后留下的孔洞。此外，填料作为传力介质，在振冲器的水平振动下，通过连续加填料将砂层进一步挤压加密。对中、粗砂，当振冲器上提后孔壁极易坍落能自行填满下面的孔洞，因而可以不加填料就地振密。如干砂厚度大，地下水位低，则应采取措施大量补水，以使砂处于或接近饱和状态时，方可施工。

7 加固区的振冲桩施工完毕，在振冲最上1m左右时，由于覆土压力小，桩的密实度难以保证，应予以挖除，另作垫层，或另用振动碾压机进行碾压密实。

8 质量控制要点：

（1）施工前，应检查振冲器的性能及电流表、电压表的准确度及填料的性能。

（2）施工中，应检查密实电流、供水压力、供水量、填料量、孔底留振时间、振冲点位置、振冲器施工参数等（施工参数由振冲试验或设计确定）。

（3）施工结束后，应在有代表性的地段做地基强度（标准贯入、静力触探）或地基承载力（单桩静载荷或复合地基静载）检验。检验的时间除砂土地基外，应间隔一定时间方可进行，对黏性土地基，间隔时间，为3～4周；对粉土地基，为2～3周。

4.9.5 成品保护措施

1 施工中应保护测量标志桩和桩位标志不被扰动。

2 振冲施工结束后，应做好的地基表面排水，防止雨水浸泡加固后的地基。地基检验合格后，应尽快进行下道工序的施工。

4.9.6 安全、环保措施

1 起重机操作和指挥人员必须经培训后持证上岗。

2 应经常检查振冲器电缆的完好和绝缘情况，防止漏电。

3 施工现场应做好排水沟，将孔口回水有组织的排入指定地点，防止泥水漫流污染环境。

4.9.7 质量标准

振冲地基质量检验标准应符合表4.9.7的规定。

表4.9.7 振冲地基质量检验标准

项	序	检查项目	允许偏差或允许值		检查方法
			单位	数值	
主控项目	1	填料粒径		设计要求	抽样检查
	2	密实电流（黏性土）	A	50～55	电流表读数
		密实电流（砂性土或粉土）（以上为功率30kW振冲器）	A	40～50	
		密实电流（其他类型振冲器）	A_0	1.5～2.0	电流表读数，A_0为空振电流
	3	地基承载力		设计要求	按规定方法

续表 4.9.7

项	序	检查项目	允许偏差或允许值		检查方法
			单位	数值	
一般项目	1	填料含泥量	%	<5	抽样检查
	2	振冲器喷水中心与孔径中心偏差	mm	≤50	用钢尺量
	3	成孔中心与设计孔位中心偏差	mm	≤100	用钢尺量
	4	桩体直径	mm	<50	用钢尺量
	5	孔深	mm	±200	量钻杆或重锤测

4.9.8 质量验收

4.9.8.1 检验批的划分应符合本标准 3.0.9、3.0.10 条的规定。

4.9.8.2 检验批的验收组织应符合本标准 3.0.15 条的规定。

4.9.8.3 质量验收记录：

1 地质勘察报告；

2 振冲施工记录（包括密实电流、填料量和留振时间等）；

3 振冲地基承载力检验报告；

4 检验批验收记录按表 4.9.8.3"振冲地基工程检验批质量验收记录表"填写。

表 4.9.8.3 振冲地基工程检验批质量验收记录表
GB 50202—2002

单位(子单位)工程名称					
分部(子分部)工程名称				验收部位	
施工单位				项目经理	
分包单位				分包项目经理	
施工执行标准名称及编号					
		施工质量验收规范的规定		施工单位检查评定记录	监理(建设)单位验收记录
主控项目	1	填料粒径	设计要求		
	2	密实电流(黏性土)(A)	50～55		
		密实电流(砂性土或粉土)(A)	40～50		
		(以上为功率 30kW 振冲器)			
		密实电流(其他类型振冲器)(A_0)	1.5～2.0		
	3	地基承载力	设计要求		
一般项目	1	填料含泥量(%)	<5		
	2	振冲器喷水中心与孔径中心偏差(mm)	≤50		
	3	成孔中心与设计孔位中心偏差(mm)	≤100		
	4	桩体直径(mm)	<50		
	5	孔深(mm)	±200		
施工单位检查评定结果	专业工长(施工员)			施工班组长	
	项目专业质量检查员： 年 月 日				
监理(建设)单位验收结论	专业监理工程师(建设单位项目专业技术负责人)： 年 月 日				

4.10 高压喷射注浆地基

4.10.1 特点和适用范围

高压喷射注浆地基，是利用钻机把带有特殊喷嘴的注浆钻进至土层中预定位置后，用高压脉冲泵，将水泥浆液通过钻杆下端的喷射装置，向四周以高速、水平喷入土体，借助流体的冲击力切削土层，使喷流射程内土体遭受破坏，与此同时钻杆一面以一定的速度（20r/min）旋转，一面低速（15～30cm/min）徐徐提升，使土体与水泥浆充分搅拌混合，胶结硬化后即在地基中形成直径比较均匀，具有一定强度（0.5～8.0MPa）的圆柱体（称为旋喷桩），从而使地基得到加固。

高压喷射旋喷法根据使用机具的不同可分为：单管法、二重管法和三重管法三种。

成桩形式又可分为旋喷注浆、定喷注浆和摆喷注浆三种类别，其加固形状分别为柱状、壁状和块状等。

高压喷射注浆具有以下特点：提高地基的抗剪强度，改善土体的变形性质，使在上部结构荷载作用下，不产生破坏和较大的沉降；能利用小直径钻孔旋喷成比孔大8～10倍的大直径固结体；可通过调节喷嘴的旋喷速度、提升速度、喷射压力和喷浆量，喷成各种形状的桩体；可制成垂直桩、斜桩或连续墙，并获得需要的强度；可用于已有建（构）筑物地基加固而不扰动附近土体，施工噪声低、振动小；可用于任何软弱土层，可控制加固范围；设备较简单、轻便，机械化程度高，材料来源广；施工简便，操作容易，速度快，效率高，用途广泛，成本低。

适用于淤泥、淤泥质土、黏性土、粉土、砂土、湿陷性黄土、人工填土及碎石类土等的地基加固；可用于既有建筑和新建筑的地基处理、深基坑侧壁挡土或挡水，基坑底部加固防止管涌与隆起，坝的加固与防水帷幕等工程。但对含有较多大粒块石、坚硬黏性土、大量植物根基或含过多有机质的土以及地下水流过大、喷射浆液无法在注浆管周围凝聚的情况下，不宜采用。

4.10.2 施工准备

4.10.2.1 技术准备

1 学习工程设计图纸和岩土工程勘察资料，了解设计加固要求和须达到的标准及检测手段。

2 掌握临近建筑物和地下设施类型、分布及结构质量情况。

3 根据设计文件及相关规范编制施工组织设计。

4.10.2.2 主要材料

1 高压喷射施工所用材料包括水泥、外加剂和水。

2 外加剂包括速凝剂、早强剂（如氯化钙、水玻璃、三乙醇胺等）、扩散剂（NNO、三乙醇胺、亚硝酸钠、硅酸钠等）、填充剂（粉煤灰、矿渣等）、抗冻剂（如沸石粉、NNO、三乙醇胺和亚硝酸钠）、抗渗剂（水玻璃）。

4.10.2.3 主要机具

高压喷射注浆主要机具包括：钻机，高压泥浆泵，高压清水泵，空压机，浆液搅拌机，真空泵与超声波传感器。机具设备的主要型号及性能见表4.10.2.3。

表 4.10.2.3　高压喷射注浆需用的设备

设备名称	型号举例	主要性能	所用注浆管			
			单管	二重管	三重管	多重管
钻机	XJ-100,SH30	慢速提升、旋转,可调节提升、旋转速度,可预先成孔	√	√	√	√
高压泥浆泵	SNC-H300,Y-2 液压泵	泵量 80～230L/min 泵压 20～30MPa	√	√		
高压清水泵	3XB,3W-6B 3W-7B	泵量 80～250L/min 泵压 20～40MPa			√	√
泥浆泵	BW-150,BW-200,BW-250	泵量 90～150L/min 泵压 2～7MPa			√	√
空压机	YV-3/8 LGY20-10/7	风量 3～10m³/min 风压 0.7～0.8MPa		√	√	
浆液搅拌机		容量 0.8～2m³	√	√	√	√
真空与超声波传感器						√

4.10.2.4　作业条件

1　场地应具备"三通一平"条件，旋喷钻机行走范围内场地必须平整，无地表障碍物。

2　按有关要求铺设各种管线（施工电线，输浆、输水、输气管），开挖储浆池及排浆沟（槽）。

3　测量放线，并设置桩位标志。

4　机具设备已配齐、进场，并进行维修、安装就位，进行试运转。

5　进行现场试桩，已确定成桩施工的各项施工参数和工艺。

4.10.3　材料质量控制要点

1　无特殊要求时宜采用普通硅酸盐水泥，水泥强度等级不得低于 32.5 级，必须为合格产品，具有出厂合格证明，并应按要求抽样送检，合格后方可使用。

2　搅拌水泥浆所用的水须符合《混凝土搅拌用水标准》JGJ 63—89 的规定。

3　外加剂的使用必须按照设计要求，使用量必须按试验资料或已有工程经验确定。外加剂必须为合格产品，并应按要求送试验室检验，合格后方可使用。

4.10.4　施工工艺

4.10.4.1　工艺流程

场地平整→机具就位→贯入注浆管、试喷射→喷射注浆→拔管及冲洗等

4.10.4.2　施工要点

1　施工前：先进行场地平整，挖好排浆沟，做好钻机定位。要求钻机安放保持水平，钻杆保持垂直，其倾斜度不得大于 1.5%。

2　成孔：成孔宜根据地质条件及钻机功能确定成孔工艺。在标准贯入 N 值小于 40 的土层中进行单管和二重管喷射作业时，可采用振动钻机直接将注浆管插入射水成孔；三重管法可采用地质钻机或振动打桩机预先成孔，成孔直径一般为 150～200mm；孔壁易坍塌时，应下套管。

3　插管：将注浆管（单管法）、同轴双通道二重注浆管（二重管法）、同轴三重注浆管（三重管法）插入钻孔预定深度。在插入注浆管前，先检查高压水与空气喷射情况，各部位密封圈是否封闭，连接接头是否密封良好。

4 喷射作业：喷射作业前应检查喷嘴是否堵塞，输浆（水）、输气管是否存在泄漏等现象，无异常情况后，开始按设计要求进行喷射作业。

（1）喷嘴直径、提升速度、旋喷速度、喷射压力、排量等参数应根据现场试验确定，亦可参考表 4.10.4.2 选用后再根据现场试验进行调整。

表 4.10.4.2 高压喷射施工主要参数

项 目			单管法	二重管法	三重管法
参数	喷嘴孔径(mm)		φ2~3	φ2~3	φ2~3
	喷嘴个数(个)		2	1~2	2
	旋转速度(r/min)		20	10	5~15
	提升速度(mm/min)		200~250	100	50~150
机具性能	高压泵	压力(MPa)	20~40	20~40	20~40
		流量(L/min)	60~120	60~120	60~120
	空压机	压力(MPa)	—	0.7	0.7
		流量(L/min)	—	1~3	1~3
	泥浆泵	压力(MPa)			3~5
		流量(L/min)			100~150
浆液配比	水：水泥：陶土：碱=(1~1.5)：1：0.03：0.0009				

（2）单管法和二重管法是在注浆管插入设计深度后边提升边进行喷射注浆，依靠高压水泥浆液（二重管法是压缩空气和浆液复合射流）作为喷射流，切割土体成桩。

（3）三重管法是喷射高压水流、压缩空气和高压水泥浆三种介质。开始时，先送高压水，再送水泥浆和压缩空气，在一般情况下，压缩空气可晚送 30s。在桩底部边旋转边喷射 1min 后再进行边旋转、边提升、边喷射。

（4）喷射时，用仪表控制压力、流量和风量。当分别达到预定的数值时，再逐渐提升注浆管。

（5）施工过程中应随时检查各压力表所示压力是否正常，出现异常情况或发生故障时，应停止提升和旋喷，以防止桩体中断，同时立即进行检查，排除故障；如发现有浆液喷射不足，影响桩体的设计直径时，应查明原因，采取措施，对直径不足部分进行复喷处理后再继续施工。

（6）桩的喷浆量 Q（L/根）可按下式进行计算

$$Q = H/v \cdot q(1+\beta) \tag{4.10.4.2}$$

式中 H——旋喷长度（m）；

v——旋喷管提升速度（m/min）；

q——泵的排量（L/min）；

β——浆液损失系数，一般取 0.1~0.2。

旋喷过程中，冒浆量应控制在 10%~25% 之间。对需要扩大加固范围或提高强度的工程，可采取复喷措施，即先喷一遍清水，再喷一遍或两遍水泥浆。

5 完成喷射作业后，拔出注浆管。立即使用清水清洗注浆泵及注浆管道，防止凝固堵塞。连续注浆时，可在最后一次进行清洗。

6 注浆体初凝下沉后，应立即采用水泥浆液进行回灌，回灌高度应高出设计标高。

7 质量控制要点：

（1）钻机就位后，应进行水平和垂直度校正，钻杆与桩位一致，偏差应在 10mm 以内，以保证桩的垂直度和桩位正确。

（2）在旋喷过程中往往有一定数量的土粒随着一部分浆液沿注浆管壁冒出地面，如冒浆量小于注浆量的 20%，可视为正常现象，超过者或出现不冒浆，应查明原因，采取相应的措施。通常冒浆量过大是有效喷射范围与注浆量不适应所致，可采取提高喷射压力，适当缩小喷嘴孔径，加快提升速度等措施，以减小冒浆量；不冒浆大多是地层中有较大孔隙所致，可采取在浆液中掺加适量的速凝剂，缩短固结时间或增大注浆量，填满孔隙，再继续正常施工。

（3）在插管旋喷过程中，要防止喷嘴被泥砂堵塞，水、气、浆压力和流量必须符合设计值，一旦堵塞，要拔管清洗干净，再重新插管和旋喷。插管时，应采取边射水边插，水压力控制在 1MPa，高压水嘴要用塑料布包裹，以防泥土进入管内。

（4）钻杆的旋转和提升应连续进行，不得中断；拆卸钻杆要保持钻杆伸入下节 100mm 以上的搭接长度，以免桩体脱节。为提高桩的承载力，在桩底部 1m 范围内应适当增加旋喷时间。如为端承桩应深入持力层 2m 为宜。

（5）高压喷射注浆可根据工程要求和当地经验采用开挖检查、取芯（常规取芯或软取芯）、标准贯入试验、载荷试验或围井注水试验等方法进行检验，并结合工程测试、观测资料及实际效果综合评价加固效果。

（6）检验点应布置在下列部位：

1）有代表性的桩位；

2）施工中出现异常情况的部位；

3）地基情况复杂，可能对高压喷射注浆质量产生影响的部位。

（7）检验点的数量为施工孔数的 1%，并不应少于 3 点。

（8）质量检验宜在高压喷射注浆结束 28d 后进行。

（9）竖向承载旋喷桩地基竣工验收时，承载力检验应采用复合地基载荷试验和单桩载荷试验。

（10）载荷试验必须在桩身强度满足试验条件时，并宜在成桩 28d 后进行，检验数量为桩总数的 0.5%～1%，且每项单体工程不应少于 3 点。

4.10.5 成品保护措施

1 相邻桩施工间距宜大于 4m，相邻两桩间距小于桩直径时，施工间隔时间应不小于 48h，以防破坏已施工的相邻桩。

2 高压喷射注浆体施工完成后，未达到养护龄期 28d 时不得投入使用。

4.10.6 安全、环保措施

1 当采用高压喷射注浆加固既有建筑地基时，应采取速凝浆液或大间距隔孔旋喷和冒浆回灌等措施，以防旋喷过程中地基产生附加变形和地基与基础之间脱空现象，影响被加固建筑及邻近建筑的安全。同时，应对被加固建筑和周围邻近建筑物进行沉降观测。

2 施工过程中应对冒浆进行妥善处理，不得在场地内随意排放。可采用泥浆泵将浆液抽至沉淀池中，对浆液中的水与固体颗粒进行沉淀分离，将沉淀的固体运至指定排放地点。

4.10.7 质量标准

高压喷射注浆地基质量检验标准应符合表 4.10.7 的规定。

表 4.10.7 高压喷射注浆地基质量检验标准

项	序	检查项目	允许偏差或允许值		检查方法
			单位	数值	
主控项目	1	水泥及外掺剂质量	符合出厂要求		查产品合格证书或抽样送检
	2	水泥用量	设计要求		查看流量表及水泥浆水灰比
	3	桩体强度或完整性检验	设计要求		按规定方法
	4	地基承载力	设计要求		按规定方法
一般项目	1	钻孔位置	mm	≤50	用钢尺量
	2	钻孔垂直度	%	≤1.5	经纬仪测钻杆或实测
	3	孔深	mm	±200	用钢尺量
	4	注浆压力	按设定参数指标		查看压力表
	5	桩体搭接	mm	>200	用钢尺量
	6	桩体直径	mm	≤50	开挖后用钢尺量
	7	桩身中心允许偏差		≤0.2D	开挖后桩顶下 500mm 处用钢尺量，D 为桩径

4.10.8 质量验收

4.10.8.1 检验批的划分应符合本标准第 3.0.9 条、第 3.0.10 条的规定。

4.10.8.2 检验批的验收组织应符合本标准第 3.0.15 条的规定。

4.10.8.3 质量验收记录：

1 地质勘察报告或原位测试报告；

2 高压喷射注浆施工记录；

3 高压喷射注浆地基桩体强度、地基承载力检验报告；

4 检验批验收记录按表 4.10.8.3 "高压喷射注浆地基工程检验批质量验收记录表" 填写。

表 4.10.8.3 高压喷射注浆地基工程检验批质量验收记录表

GB 50202—2002

单位(子单位)工程名称				验收部位	
分部(子分部)工程名称				项目经理	
施工单位					
分包单位				分包项目经理	
施工执行标准名称及编号					
施工质量验收规范的规定			施工单位检查评定记录		监理(建设)单位验收记录
主控项目	1	水泥及外掺剂质量	符合出厂要求		
	2	水泥用量	设计要求		
	3	桩体强度或完整性检验	设计要求		
	4	地基承载力	设计要求		
一般项目	1	钻孔位置(mm)	≤50		
	2	钻孔垂直度(%)	≤1.5		
	3	孔深(mm)	±200		
	4	注浆压力	按设定参数指标		
	5	桩体搭接(mm)	>200		
	6	桩体直径(mm)	≤50		
	7	桩身中心允许偏差(mm)	≤0.2D		
施工单位检查评定结果	专业工长(施工员)			施工班组长	
	项目专业质量检查员：			年 月 日	
监理(建设)单位验收结论	专业监理工程师(建设单位项目专业技术负责人)：			年 月 日	

注：D 为桩径。

4.11 水泥土搅拌桩地基

4.11.1 特点和适用范围

水泥土搅拌桩（又称深层搅拌桩）地基是利用水泥作为固化剂，通过深层搅拌机在地基深部，就地将软土和固化剂（浆体或粉体）强制拌合，利用固化剂和软土发生物理、化学反应，使其凝结成具有整体性、水稳性好和较高强度的水泥加固体，与天然地基一起形成复合地基。

1 水泥土搅拌桩的特点是：在地基加固过程中无扰动、无噪声，对环境无污染；对土无侧向挤压，对邻近建筑物影响很小；可按建筑物要求作成柱状、壁状、格栅状和块状等加固形状；可有效地提高地基强度（当水泥掺量为 8% 和 10% 时，加固体强度分别为 0.24MPa 和 0.65MPa，而天然软土地基强度仅 0.006MPa）；同时施工期短，造价低，效益显著。

2 适用范围：水泥土搅拌桩适用于加固较深较厚的淤泥、淤泥质土、粉土和含水量较高且地基承载力不大于 120kPa 的黏性土地基，对超软土效果更为显著。多用于墙下条形基础、大面积堆料厂房或地块的地基；在深基坑开挖时用于坑壁及边坡支护、坑底抗隆起加固或作止水帷幕墙等。

4.11.2 施工准备
4.11.2.1 技术准备

1 设计：

（1）固化剂宜选用强度等级为 32.5 级及以上的普通硅酸盐水泥。水泥掺量除块状加固时可用被加固湿土质量的 7%～12%，其余宜为 12%～20%。湿法的水泥浆水灰比可选用 0.45～0.55。外加剂可根据工程需要和土质条件选具有早强、缓凝、减水以及节省水泥等作用的材料，但应避免污染环境。

（2）水泥土搅拌桩的设计，主要是确定搅拌桩的置换率和长度。竖向承载搅拌桩的长度应根据上部结构对承载力和变形的要求确定，并宜穿透软弱土层到达承载力相对较高的土层；为提高抗滑稳定性而设置的搅拌桩，其桩长应超过危险滑弧以下 2m。

湿法的加固深度不宜大于 20m，干法不宜大于 15m。水泥土搅拌桩的桩径不应小于 500mm。

（3）竖向承载水泥土搅拌桩复合地基的承载力特征值应通过现场单桩或多桩复合地基荷载试验确定。

（4）单桩竖向承载力特征值应通过现场荷载试验确定。初步设计时可按式（4.11.2.1-1）估算。并应同时满足式（4.11.2.1-2）的要求，应使由桩身材料强度确定的单桩承载力大于（或等于）由桩周土和桩端土的抗力所提供的单桩承载力：

$$R_a = u_p \sum_{i=1}^{n} q_{si} l_i + a q_p A_p \quad (4.11.2.1\text{-}1)$$

$$R_a = \eta f_{cu} A_p \quad (4.11.2.1\text{-}2)$$

式中 f_{cu}——与搅拌桩桩身水泥土配比相同的室内加固土试块（边长为 70.7mm 的立方体，也可采用边长为 50mm 的立方体）在标准养护条件下 90d 龄期的立方体抗压强度平均值（kPa）；

η——桩身强度折减系数，干法可取 0.20～0.30；湿法可取 0.25～0.33；

u_p——桩的周长（m）；

q_{si}——桩周第 i 层土的侧阻力特征值。对淤泥可取 4～7kPa；对淤泥质土可取 6～12kPa；对软塑状态的黏性土可取 10～15kPa；对可塑状态的黏性土可以取 12～18kPa；

l_i——桩长范围内第 i 层土的厚度（m）；

q_p——桩端地基土未经修正的承载力特征值（kPa），可按现行国家标准《建筑地基基础设计规范》GB 50007—2002 的有关规定确定；

a——桩端天然地基土的承载力折减系数，可取 0.4～0.6，承载力高时取低值。

（5）竖向承载搅拌桩复合地基应在基础和桩之间设置褥垫层。褥垫层厚度可取 200～300mm。其材料可选用中砂、粗砂、级配砂石等，最大粒径不宜大于 20mm。

（6）竖向承载搅拌复合地基中的桩长超过 10m 时，可采用变掺量设计。在全桩水泥掺量不变的前提下，桩身上部 1/3 桩长范围内可适当增加水泥掺量及搅拌次数；桩身下部 1/3 桩长范围内可适当减少水泥掺量。

（7）竖向承载搅拌桩的平面布置可根据上部结构特点及对地基承载力和变形的要求，采用柱状、壁状、格栅状或块状等加固形式。桩可只在基础平面范围内布置，独立基础下的桩数不宜少于 3 根。柱状加固可采用正方形、等边三角形等布桩形式。

（8）当搅拌桩处理范围以下存在软弱下卧层时，应按现行国家标准《建筑地基基础设计规范》GB 50007—2002 的有关规定进行下卧层承载力验算。

（9）竖向承载搅拌桩复合地基的变形包括搅拌桩复合土层的平均压缩变形 s_1 与桩端下未加固土层的压缩变形 s_2：

搅拌桩复合土层的压缩变形 s_1 可按式（4.11.2.1-3）、式（4.11.2.1-4）计算：

$$s_1 = \frac{(p_z + p_{zl})l}{2E_{sp}} \tag{4.11.2.1-3}$$

$$E_{sp} = mE_p + (1-m)E_s \tag{4.11.2.1-4}$$

式中 p_z——搅拌桩复合土层顶面的附加压力值（kPa）；

p_{zl}——搅拌桩复合土层底面的附加压力值（kPa）；

E_{sp}——搅拌桩复合土层的压缩模量（kPa）；

E_p——搅拌桩的压缩模量，可取 (100～120) f_{cu}（kPa）。对桩较短或桩身强度较低者可取低值，反之可取高值；

E_s——桩间土的压缩模量（kPa）。

桩端以下未加固土层的压缩变形 s_2 可按现行国家标准《建筑地基基础设计规范》GB 50007—2002 的有关规定进行计算。

2 深层搅拌机定位时，必须经过技术复核确保定位准确，必要时请监理人员进行轴线定位验收。

3 施工前应标定搅拌机械的灰浆输送量、灰浆输送管到达搅拌机喷浆口的时间和起吊设备提升速度等施工工艺参数，并根据设计通过试验确定搅拌桩材料的配合比。

4 编制施工方案和技术交底。

4.11.2.2 材料准备

1 水泥：强度等级为32.5级的普通硅酸盐水泥，要求无结块。
2 砂子：用中砂或粗砂，含泥量小于5%。
3 外加剂：塑化剂采用木质素磺酸钙，促凝剂采用硫酸钠、石膏、氯化钙、三乙醇胺等，应有产品出厂合格证，掺量通过试验确定。

4.11.2.3 主要机具

深层搅拌机，起重机，灰浆搅拌机，灰浆泵，冷却泵，机动翻斗车，导向架，集料斗，磅秤，提速测定仪，电气控制柜，铁锹，手推车等。常用深层搅拌机主要性能见表4.11.2.3。

表 4.11.2.3 常用深层搅拌机技术性能

性能 \ 型号	SJB-1	SJB30	SJB40	GPP-5
电机功率(kW)	2×30	2×30	2×40	
额定电流(A)		2×60	2×75	
搅拌轴转数(r/min)	46	43	43	28、50、92
额定扭矩(N·m)		2×6400	2×8500	
搅拌轴数量(根)	2	2	2	
搅拌头距离(mm)		515	515	
搅拌头直径(mm)	700~800	700	700	500
一次处理面积(m²)	0.71~0.88	0.71	0.71	
加固深度(m)	12	10~12	15~18	12.5
外形尺寸(主机)(mm)		950×482×1617	950×482×1737	4140×2230×15490
总重量(主机)(t)	4.5	2.25	2.45	
最大送粉量(kg/min)				100
储料量(kg)				200
给料方式(叶轮压送式)				
送料管直径(mm)				50
最大送粉压力(MPa)				0.5

4.11.2.4 作业条件

1 施工场地应先整平，清除桩位处地上、地下一切障碍物，场地低洼处用黏性土料回填夯实，不得用杂填土回填。
2 设备开机前应经检修、调试，检查桩机运行和输料管畅通情况。
3 开工前应检查水泥及外加剂的质量、桩位、搅拌机工作性能及各种计量设备完好程度（主要是水泥浆流量计和其他计量装置）。

4.11.3 材料质量控制

1 施工所用水泥，必须经强度试验和安定性试验合格后才能使用。
2 所用砂子必须严格控制含泥量。
3 外加剂：塑化剂采用木质素磺酸钙，促凝剂采用硫酸钠、石膏、氯化钙、三乙醇胺等，应有产品出厂合格证，掺量通过试验确定。

4.11.4 施工工艺

4.11.4.1 工艺流程

地上（下）障碍物清除→深层搅拌机定位、调平→预搅下沉至设计加固深度→配制水泥浆（粉）→边喷浆（粉）边搅拌提升至预定的停浆（灰）面→重复搅拌下沉至设计加固深度→根据设计要求，喷浆（粉）或仅搅拌提升至预定的停浆（灰）面→关闭搅拌机、清洗→移至下一根桩

4.11.4.2 施工要点

1 施工时，先将深层搅拌机用钢丝绳吊挂在起重机上，用输浆胶管将储料罐砂浆泵与深层搅拌机接通，开通电动机，搅拌机叶片相向而转，借设备自重，以0.38~0.75m/min的速度沉至要求的加固深度；再以0.3~0.5m/min的均匀速度提起搅拌机，与此同时开动砂浆泵，将砂浆从深层搅拌机中心管不断压入土中，由搅拌叶片将水泥浆与深层处的软土搅拌，边搅拌边喷浆直到提至地面，即完成一次搅拌过程。用同法再一次重复搅拌下沉和重复搅拌喷浆上升，即完成一根柱状加固体，外形呈8字形（轮廓尺寸：纵向最大为1.3m，横向最大为0.8m），一根接一根搭接，相搭接宽度宜大于100mm，以增强其整体性，即成壁状加固，几个壁状加固体连成一片，即成块状。

2 搅拌桩的桩身垂直偏差不得超过1.5%，桩位的偏差不得大于50mm，成桩直径和桩长不得小于设计值。当桩身强度及尺寸达不到设计要求时，可采用复喷的方法。搅拌次数以一次喷浆、一次搅拌或二次喷浆、三次搅拌为宜，且最后一次提升搅拌宜采用慢速提升。

3 水泥土搅拌桩施工工艺由于湿法（喷浆）和干法（喷粉，又称粉喷桩）的施工设备不同而略有差异。

(1) 湿法作业：

1) 所使用的水泥都应过筛，制备好的浆液不得离析，泵送必须连续。拌制水泥浆液的罐数、水泥和外加剂用量以及泵送浆液的时间等应有专人记录；喷浆量及搅拌深度必须采用经国家计量部门认证的监测仪器进行自动记录。

2) 施工时，设计停浆面一般应高出基础底面标高0.5m。在基坑开挖时，应将高出的部分挖去。

3) 施工时，因故停喷浆，宜将搅拌机下沉至停浆点以下0.5m，待恢复供浆时，再喷浆提升。若停机时间超过3h，应清洗管路。

4) 壁状加固时，桩与桩的搭接时间不应大于24h，如间歇时间过长，应采取钻孔留出榫头或局部补桩、加桩等措施。

5) 搅拌机喷浆提升的速度和次数必须符合施工工艺的要求，并应有专人记录。

6) 当水泥浆液到达出浆口后应喷浆搅拌30s，在水泥浆与桩端土充分搅拌后，再开始提升搅拌头。

7) 搅拌机预搅下沉时不宜冲水，当遇到硬土层下沉太慢时，方可适量冲水，但应考虑冲水对桩身强度的影响。

8) 每天加固完毕，应用水清洗贮料罐、砂浆泵、深层搅拌机及相应管道，以备再用。

(2) 干法作业：

1) 喷粉施工前应仔细检查搅拌机械、供粉泵、送气（粉）管路、接头和阀门的密封性、可靠性。送气（粉）管路的长度不宜大于60m。

2) 水泥土搅拌法（干法）喷粉施工机械必须配置经国家计量部门确认的具有能瞬时检测并记录出粉量的粉体计量装置及搅拌深度自动记录仪。

3）搅拌头每旋转一周，其提升高度不得超过16mm。

4）搅拌头的直径应定期复核检查，其磨耗量不得大于10mm。

5）当搅拌头到达设计桩底以上1.5m时，应即开启喷粉机提前进行喷粉作业。当搅拌头提升至地面下500mm时，喷粉机应停止喷粉。

6）成桩过程中因故停止喷粉，应将搅拌头下沉至停灰面以下1m处，待恢复喷粉时再喷粉搅拌提升。

7）在地基土天然含水量小于30%土层中喷粉成桩时，应采用地面注水搅拌工艺。

4 质量控制要点：

（1）施工前应检查水泥及外加剂的质量、桩位、搅拌机工作性能及各种计量设备（主要是水泥浆流量计及其他计量装置）完好程度。

（2）施工中，应检查机头提升速度、水泥浆或水泥注入量、搅拌桩的长度及标高。

（3）施工结束后，应检查桩体强度、桩体直径及地基承载力。

（4）进行强度检验时，对承重水泥土搅拌桩应取90d后的试件；对支护水泥土搅拌桩应取28d后的试件。

4.11.5 成品保护措施

1 搅拌桩施工完毕，应养护14d以上才可开挖。基坑基底标高以上300mm，应采用人工开挖。

2 桩头挖出后，应禁止机械在其上行走，防止桩头被破坏，并应尽快进行下道工序的施工。

4.11.6 安全、环保措施

1 施工机械、电气设备、仪表仪器等在确认完好后方准使用，并由专人负责使用。

2 深层搅拌机的入土切削和提升搅拌，当负荷太大及电机工作电流超过预定值时，应减慢升降速度或补给清水，一旦发生卡钻或停钻现象，应切断电源，将搅拌机强制提起之后，才能启动电机。

3 施工场地内一切电源、电路的安装和拆除，应由持证电工专管，电器必须严格接地接零和设置漏电保护器，现场电线、电缆必须按规定架空，严禁拖地和乱拉、乱搭。

4 所有机器操作人员必须持证上岗。

5 施工场地必须做到无积水，深层搅拌机行进时必须顺畅。

6 水泥堆放必须有防雨、防潮措施，砂子要有专用堆场，防止污染。

4.11.7 质量标准

水泥土搅拌桩地基质量检验标准应符合表4.11.7的规定。

表4.11.7 水泥土搅拌桩地基质量检验标准

项	序	检查项目	允许偏差或允许值		检查方法
			单位	数值	
主控项目	1	水泥及外掺剂质量	设计要求		查产品合格证书或抽样送检
	2	水泥用量	参数指标		查看流量计
	3	桩体强度	设计要求		按规定方法
	4	地基承载力	设计要求		按规定方法

续表 4.11.7

项	序	检查项目	允许偏差或允许值		检查方法
			单位	数值	
一般项目	1	机头提升速度	m/min	≤0.5	量机头上升距离及时间
	2	桩底标高	mm	±200	测机头深度
	3	桩顶标高	mm	+100 −50	水准仪(最上部500mm不计入)
	4	桩位偏差	mm	<50	用钢尺量
	5	桩径		≤0.04D	用钢尺量,D为桩径
	6	垂直度	%	≤1.5	经纬仪
	7	搭接	mm	>200	用钢尺量

4.11.8 质量验收

4.11.8.1 检验批的划分应符合本标准第3.0.9条、第3.0.10条的规定。

4.11.8.2 检验批的验收组织应符合本标准第3.0.15条的规定。

4.11.8.3 质量验收记录：

1 地质勘察报告；

2 水泥、外加剂出厂合格证和复试报告；

3 施工记录（包括提升速度、复搅次数、喷浆、粉量等）；

4 桩体强度检验报告；

5 地基承载力检验报告；

6 检验批验收记录，按表4.11.8.3"水泥土搅拌桩地基工程检验批质量验收记录表"填写。

表 4.11.8.3 水泥土搅拌桩地基工程检验批质量验收记录表

GB 50202—2002

单位(子单位)工程名称						
分部(子分部)工程名称				验收部位		
施工单位				项目经理		
分包单位				分包项目经理		
施工执行标准名称及编号						
施工质量验收规范的规定					施工单位检查评定记录	监理(建设)单位验收记录
主控项目	1	水泥及外掺剂质量		设计要求		
	2	水泥用量		参数指标		
	3	桩体强度		设计要求		
	4	地基承载力		设计要求		
一般项目	1	机头提升速度(m/min)		≤0.5		
	2	桩底标高(mm)		±200		
	3	桩顶标高(mm)		−100,−50		
	4	桩位偏差(mm)		<50		
	5	桩径		≤0.04D		
	6	垂直度(%)		≤1.5		
	7	搭接(mm)		>200		
施工单位检查评定结果	专业工长(施工员)			施工班组长		
	项目专业质量检查员：			年 月 日		
监理(建设)单位验收结论	专业监理工程师(建设单位项目专业技术负责人)：			年 月 日		

4.12 土和灰土挤密桩复合地基

4.12.1 特点和适用范围

土和灰土挤密桩是利用锤击将钢管打入土中侧向挤密成孔，然后将钢管拔出，在桩孔中分层回填素土或2∶8或3∶7灰土夯实而成，与桩间土共同工作，组成复合地基。

1 土和灰土挤密桩地基与其他地基处理方法比较，具有以下特点：土和灰土挤密桩成桩时为横向挤密，可同样达到所要求加密处理后的最大干密度指标，可消除地基土的湿陷性，提高承载力，降低压缩性；与换土垫层相比，不需大量开挖回填，可节省土方开挖和回填土方工程量，工期可缩短50%以上；处理深度大，可达12～15m；可就地取材，应用廉价材料，降低工程造价2/3；机具简单，施工方便，工效高。

2 适用于加固地下水位以上、天然含泥量12%～25%、厚度5～15m的新填土、杂填土、湿陷性黄土以及含水率较大的软弱地基。

3 灰土强度高，桩身强度大于周围地基土，可以分担较大部分荷载，使桩间土承受的应力减小，而在深度2～4m以下时则与土桩地基相似。因此，在干燥地区地下水位较低、土的天然含泥量较小的情况下可采用土桩地基；一般情况下，为了消除地基湿陷性或提高地基的水稳性、降低压缩性，宜优先选用灰土桩。

4.12.2 施工准备

4.12.2.1 技术准备

1 学习施工图纸和地质勘察报告，理解设计意图和土层的特性。

2 施工前在现场进行成孔、夯填工艺和挤密效果试验，以确定分层填料厚度、夯击次数和夯实后干密度。

3 按设计和现场试验情况制定施工方案，编写施工技术交底。

4.12.2.2 材料准备

按设计要求准备土料和石灰。

4.12.2.3 主要机具

1 成孔设备：一般采用柴油打桩机（0.6t或1.2t）或自制锤击式打桩机，亦可采用冲击钻机或洛阳铲成孔。

2 夯实机具：常用夯实机具有偏心轮夹杆式夯实机或卷扬机提升式夯实机。夯锤用铸钢制成，重量一般选用100～300kg，其竖向投影面积的静压力不小于20kPa。夯锤最大部分的直径应较桩孔直径小50～100mm，以便土料顺利通过夯锤四周。夯锤形状下端应为抛物线形锥体或尖锥形锥体，上段成弧形。

4.12.2.4 作业条件

1 挤密桩施工一般先将基坑挖至基底设计标高以上，预留200～300mm土层，然后在坑内施工。

2 土及石灰的质量经检验符合设计要求。

3 桩孔位置已放线确定，并经检查验收。

4.12.3 材料质量控制

见本标准第4.2.3条的规定。

4.12.4 施工工艺
4.12.4.1 工艺流程
挖基（槽）坑→桩位放线→检查验收→成孔设备就位→成孔→成孔设备移至下一桩位→夯实机就位→填料拌和→分层下填料→分层夯实

4.12.4.2 施工要点

1 桩的成孔方法可根据现场和机具条件选用沉管（振动、锤击）法、爆扩法、冲击法或洛阳铲成孔法等。沉管法是用打桩机将与桩孔同直径的钢管打入土中，使土向孔周围挤密，然后缓缓拔管成孔。桩管顶设桩帽，下端做成约为60°锥形，桩尖可以上下活动，以利空气排出，可减少拔管时的阻力，避免坍孔。成孔后应及时拔出桩管，以免拔管困难。成孔施工时，地基土宜接近最优含水量，当含水量较低（低于12%）时，宜加水增湿至最优含水量。本法简单易行，孔壁光滑平整，挤密效果好，应用最广。但处理的深度受到限制，一般不超过8m。爆扩法是用钢钎打入土中形成直径20～40mm孔或用洛阳铲挖成60～80mm的孔，然后在孔中装入条形炸药卷和2～3个雷管，爆扩成直径200～450mm的孔。本法工艺简单，但孔径不易控制。冲击法是使用冲击钻机钻孔，将0.6～3.2t重锥形锤提升0.5～2m高后落下，反复冲击成孔，用泥浆护壁，直径可达500～600mm，深度可达15m以上，适于处理湿陷性较大的土层。

2 桩的施工顺序是先外排后里排，同排内应间隔1～2孔跳打；对大型工程可采取分段施工，以免因振动挤压造成相邻孔缩孔或坍孔。成孔后应清底夯实、夯平，夯实次数不少于8击，并立即分层下填料分层夯实。

3 每层填料厚度为250～400mm，以量斗计量下料，用夯实机夯实时一般落锤高度不小于2m，每层夯实不少于10锤。当工程量不大时，亦可采用人工夯实。人工夯实采用重25kg带长柄的混凝土锤，填料厚度适当减小。桩顶应高出设计标高150mm，挖土时将高出部分铲除。

4 质量控制要点：
（1）施工前，应对土及灰土的质量、桩孔放线位置等做检查。
（2）施工中，应对桩孔直径、桩孔深度、夯击次数、填料的含水量等做检查。
（3）施工结束后，应检验成桩的质量及地基承载力。

4.12.5 成品保护措施
1 施工中，应保护测量标志桩和桩位标志不被扰动。
2 桩成孔后，应立即进行填料夯实施工，防止坍孔。
3 施工完的桩顶禁止机械在其上行走，防止破坏桩顶。
4 挖除预留土层时，应用人工从一端向另一端退挖，用手推车运土，以保护桩头不被碾压破坏。

4.12.6 安全、环保措施
1 熟化石灰和石灰过筛、灰土拌合，操作人员应戴口罩、风镜、手套、套袖等劳动保护用品。
2 土料运输应加以覆盖，防止遗洒；场内存放的土料应采取洒水、覆盖等措施，防止扬尘。

4.12.7 质量标准
土和灰土挤密桩地基质量检验标准应符合表4.12.7的规定。

表 4.12.7 土和灰土挤密桩桩地基质量检验标准

项	序	检查项目	允许偏差或允许值		检查方法
			单位	数值	
主控项目	1	桩体及桩间土干密度		设计要求	现场取样检查
	2	桩长	mm	+500	测桩管长度或垂球测孔深
	3	地基承载力		设计要求	按规定方法
	4	桩径	mm	-20	用钢尺量
一般项目	1	土料有机质含量	%	≤5	试验室焙烧法
	2	石灰粒径	mm	≤5	筛分法
	3	桩位偏差		满堂布桩≤0.40D 条基布桩 0.25D	用钢尺量，D 为桩径
	4	垂直度	%	≤1.5	用经纬仪测桩管
	5	桩径	mm	-20	用钢尺量

注：桩径允许偏差负值是指个别断面。

4.12.8 质量验收

4.12.8.1 检验批的划分应符合本标准第 3.0.9 条、第 3.0.10 条的规定。

4.12.8.2 检验批的验收组织应符合本标准第 3.0.15 条的规定。

4.12.8.3 质量验收记录：

1 地质勘察报告；

2 土及生石灰试验报告；

3 施工记录（包括桩孔直径、桩孔深度、夯击次数、填料的含水量等）；

4 桩体和桩间土的干密度试验报告；

5 地基承载力检验报告；

6 检验批验收记录按表 4.12.8.3 "土和灰土挤密桩复合地基检验批质量验收记录表"填写。

表 4.12.8.3 土和灰土挤密桩复合地基检验批质量验收记录表
GB 50202—2002

单位(子单位)工程名称					
分部(子分部)工程名称				验收部位	
施工单位				项目经理	
分包单位				分包项目经理	
施工执行标准名称及编号					
		施工质量验收规范的规定		施工单位检查评定记录	监理(建设)单位验收记录
主控项目	1	桩体及桩间土干密度	设计要求		
	2	桩长(mm)	+500		
	3	地基承载力	设计要求		
	4	桩径(mm)	-20		
一般项目	1	土料有机质含量(%)	≤5		
	2	石灰粒径(mm)	≤5		
	3	桩位偏差	满堂布桩≤0.40D 条基布桩≤0.25D		
	4	垂直度(%)	≤1.5		
	5	桩径(mm)	-20		
施工单位检查评定结果		专业工长(施工员)		施工班组长	
		项目专业质量检查员：		年 月 日	
监理(建设)单位验收结论		专业监理工程师(建设单位项目专业技术负责人)：		年 月 日	

4.13 水泥粉煤灰碎石桩复合地基

4.13.1 特点和适用范围

1 水泥粉煤灰碎石桩简称CFG桩,是近年发展起来的处理软弱地基的一种新方法。它是在碎石桩的基础上掺入适量石屑、粉煤灰和少量水泥,加水拌和后制成具有一定强度的桩体。其骨料仍为碎石,用掺入石屑来改善颗粒级配;掺入粉煤灰来改善混合料的和易性,并利用其活性减少水泥用量;掺入少量水泥使其具有一定的粘结强度。CFG桩实际上是一种低强度的混凝土桩,可充分利用桩间土的承载力,共同作用,并可传递荷载到深层地基中去,具有较好的技术和经济性能。其特点是:可使承载力在较大范围内调整;有较高的承载力,承载力提高的幅度在250%～300%,对软土地基承载力提高更大;沉降量小,变形稳定快,如将桩落在较硬的土层上,可较严格地控制地基沉降量(在10mm以内);工艺性好,由于大量使用粉煤灰,桩体材料具有良好的流动性与和易性,灌筑方便,易于控制施工质量;可节约大量水泥、钢材,利用工业废料,消耗大量粉煤灰,降低工程费用,可节省投资。

2 CFG桩适用于多层和高层建筑地基,如砂土、粉土、松散填土、粉质黏土、黏土、淤泥质黏土等的处理。

4.13.2 施工准备

4.13.2.1 技术准备

1 根据设计要求,经试验确定混合料配合比。

一般可参考以下数据进行试配:水泥、粉煤灰、碎石混合料的配合比相当于抗压强度为C1.2～C7的低强度等级的混凝土,密度大于2000kg/m³。最佳石屑掺量(石屑量与碎石和石屑总重之比)约为25%左右;水灰比(水与水泥用量之比)$\frac{W}{C}$为1.01～1.47;粉煤灰与水泥重量之比$\frac{F}{C}$为1.02～1.65。

2 试成孔应不小于2个,以复核地质资料以及设备、工艺是否适宜,核定选用的技术参数。

3 编制施工方案和技术交底。

4.13.2.2 材料准备

1 碎石:粒径20～50mm,松散密度1390kg/m³,杂质含量小于5%。

2 石屑:粒径2.5～10mm,松散密度1470kg/m³,杂质含量小于5%。

3 粉煤灰:用符合Ⅲ级及以上标准的粉煤灰。

4 水泥:用强度等级32.5级的普通硅酸盐水泥,新鲜无结块。

5 褥垫层材料宜用中砂、粗砂、碎石或级配砂石等,最大粒径不宜大于30mm。不宜选用卵石,卵石咬合力差,施工扰动容易使褥垫层厚度不均匀;亦可采用灰土垫层作褥垫层。

4.13.2.3 主要机具

1 CFG桩成孔、灌筑可采用振动沉管打桩机架,配振动沉拔桩锤,长螺旋钻机或泥浆护壁钻机。

（1）振动沉拔桩锤规格与技术性能见表 4.13.2.3-1。

表 4.13.2.3-1　振动沉拔桩锤规格与技术性能

型号	电机功率 kW	偏心力矩 (N·m)	偏心轴速 (r/min)	激振力 (kN)	空载振幅 (mm)＞	容许拔桩力 (kN)＜	锤全高 (mm)≤	桩锤振动质量 (kN)≤	导向中心距 (mm)
DZ-11	11	36～122	600～1500	49～92	3	0.60	1400	18.00	330
DZ-15	15	50～166	600～1500	67～125	3	0.60	1600	22.00	330
DZ-22	22	73～275	500～1500	76～184	3	0.80	1800	26.00	330
DZ-30	30	100～375	500～1500	104～251	3	0.80	2000	30.00	330
DZ-37	37	123～462	500～1500	129～310	4	1.00	2200	34.00	330
DZ-40	40	133～500	500～1500	139～335	4	1.00	2300	36.00	330
DZ-45	45	150～562	500～1500	157～378	4	1.20	2400	30.00	330
DZ-56	56	183～687	500～1500	192～461	4	1.60	2600	44.00	330
DZ-60	60	200～750	500～1500	209～503	4	1.60	2700	50.00	330
DZ-75	75	250～937	500～1500	262～553	5	2.40	3000	60.00	330
DZ-90	90	500～2400	400～1100	429～747	5	2.40	3400	70.00	330
DZ-120	120	700～2800	400～1100	501～828	8	3.00	3800	90.00	600
DZ-150	150	1000～3600	400～1100	644～947	8	3.00	4200	110.00	600
DZF40Y	40	0～3180		14.5/25.6	13.5	1.00	3100	34.0	
DZF30Y	30	0～2398		12.9/23	11.3/8.5	1.20	1812	34.0	
DZC26	26		频率 11.77	冲击力 53				29.4	
DZC60	60		频率 11.77	冲击力 119				43.8	
DZC74	74		频率 11.77	冲击力 119				46.8	

（2）长螺旋钻机性能见表 4.13.2.3-2。

表 4.13.2.3-2　常用长螺旋钻孔机的主要技术参数

型号	电机功率 (kW)	钻孔直径 (mm)	钻杆扭距 (kN·m)	钻孔深度 (m)	钻进速度 (m/min)	钻杆转速 (r/min)	桩架形式
BQZ400	22	300～400	1.47	8～10.5	1.5～2	140	步履式
KLB600	40	300～600	3.30	12.0	1.0～1.5	88	步履式
ZKL400B	30	300～400	2.67	12.0		98	步履式
LZ600	30	300～600	3.60	13.0	1.0	70～110	履带吊 W1001
ZKL650Q	40	350～600	6.71	10.0		39、64、99	汽车式
ZKL400	30	400	3.7、4.85	12～18	1.0	63、81、116	履带吊 W1001
ZKL600	55	600	12.07	12～18	1.0	39、54、71	履带吊 W1001
ZKL800	55	800	14.55	12～18	1.0	21、27、39	履带吊 W1001
KW-40	40	350～450	1.53	7～18	1.0～1.2	81	
LKZ400	22	400	1.47	8～10.5	1.0	140	轨道式
GZL400	15	400	1.47	12.0	1.0	88	

(3) 泥浆护壁所采用的钻机见本标准 5.6.6 条。

2 配备混凝土搅拌机、上料及计量设施。如采用泥浆护壁成孔还应配备水泵、泥浆泵等配套设备。

4.13.2.4 作业条件

1 施工前应具备下列资料和条件：
(1) 建筑物场地工程地质报告和必要的水文资料；
(2) CFG 桩布桩图，并应注明桩位编号，以及设计说明和施工说明；
(3) 建筑场地邻近的高压电缆、电线、地下管线、地下构筑物及障碍物等调查资料；
(4) 建筑物场地的水准控制点和建筑物位置控制坐标等资料。

2 具备"三通一平"条件。

3 已确定施工机具和配套设施，并已按计划进场。

4 已按施工平面图放好桩位，并经监理、业主复核。

5 施打顺序及桩机行走路线已确定。

4.13.3 材料质量控制

1 水泥进场应有出厂合格证和复试报告。

2 其他材料应经试验，符合设计要求。

3 如用灰土作褥垫层时，其土料和石灰的质量应符合本标准第 4.2.3 条的规定。

4.13.4 施工工艺

4.13.4.1 工艺流程

1 振动沉管灌注成桩，适用于粉土、黏性土及素填土地基。其工艺流程如下：

桩机就位→沉管至设计标高→停振下料→振动捣实后拔管→留振 10s→振动拔管、复打

2 长螺旋钻孔压灌成桩适用于地下水位以上的黏性土、粉土、素填土、中等密实以上的砂土以及对噪声或泥浆污染要求严格的场地。长螺旋钻孔、管内泵压灌注成桩工艺流程如下：

桩机就位→钻孔至设计标高→将混凝土泵管接至钻杆中心管→边提钻边压送混合料

3 泥浆护壁成孔、水下灌注成桩工艺同泥浆护壁钻孔灌注桩，见本标准第 5.6.6 条。

4.13.4.2 施工要点

1 振动沉管灌注成桩

(1) 桩机就位须平整、稳固，沉管与地面保持垂直，如采用混凝土桩尖，需埋入地面以下 300mm。

(2) 混合料配制：按经试配符合设计要求的配合比进行配料，用混凝土搅拌机加水搅拌，搅拌时间不少于 2min，加水量由混合料坍落度控制，一般坍落度为 30～50mm。

(3) 在沉管过程中用料斗在管顶投料口向桩管内投料，待沉管至设计标高后须尽快投料，以保证成桩标高、密实度要求。

(4) 当混合料加至与钢管投料口齐平后，沉管在原地留振 10s 左右，即可边振边拔管，每提升 1.5～2.0m，留振 20s。桩管拔出地面确认成桩质量符合设计要求后，用粒状材料或黏土封顶。

（5）沉管灌注成桩施工拔管速度应按匀速控制，拔管速度应控制在1.2～1.5m/min左右，如遇淤泥土或淤泥质土，拔管速度可适当放慢。

2 长螺旋钻孔压灌成桩

（1）桩机就位，调整沉管与地面垂直，垂直度偏差不大于1.5%。

（2）控制钻孔或沉管入土深度，确保桩长偏差在±100mm范围内。

（3）钻至设计标高后，停钻开始泵送混合料，当钻杆芯管内充满混合料后，边送料边开始提钻，提钻速率宜掌握在2～3m/min，应保持孔内混合料高出钻头0.5m。

（4）管内泵压混合料成桩施工，应准确掌握提拔钻杆时间，混合料泵送量应与拔管速度相配合，遇到饱和砂土或饱和粉土层，不得停泵待料，严禁先提钻后泵料。

（5）成桩过程应连续进行，尽量避免因待料而中断成桩，因特殊原因中断成桩，应避开饱和砂土、粉土层。

（6）搅拌好的混合料通过溜槽注入到泵车储料斗时，需经一定尺寸的过滤栅，避免大粒径或片状石料进入储料斗，造成堵管现象。

（7）为防止堵管，应及时清理混合料输送管。应及时检查输送管的接头是否牢靠，密封圈是否破坏，钻头阀门及排气阀门是否堵塞。

（8）长螺旋钻孔、管内泵压混合料成桩施工的坍落度宜为160～200mm。

3 施工时，桩顶标高应高出设计标高，高出长度应根据桩距、布桩形式、现场地质条件和施打顺序等综合确定，一般不应小于0.5m。

4 成桩过程中，抽样做混合料试块，每台机械每台班应做一组（3块）试块（边长150mm立方体），标准养护，测定其立方体28d抗压强度。

5 冬期施工时混合料入孔温度不得低于5℃，对桩头和桩间土应采取保温措施。

6 褥垫层厚度宜为150～300mm，由设计确定。施工时虚铺厚度（h）：$h=\Delta H/\lambda$（其中λ为夯填度），一般取0.87～0.90。虚铺完成后宜采用静力压实法至设计厚度；当基础底面下桩间土的含水量较小时，也可采用动力夯实法。对较干的砂石材料，虚铺后可适当洒水再进行碾压或夯实。

7 质量控制要点：

（1）水泥、粉煤灰、砂及碎石等原材料应符合设计要求。

（2）施工中应检查桩身混合料的配合比、坍落度和提拔钻杆速度（或提拔套管速度）、成孔深度、混合料灌入量等。

（3）施工结束后，应对桩顶标高、桩位、桩体质量、地基承载力以及褥垫层的质量做检查。

4.13.5 成品保护措施

1 施工中应保护测量标志桩和桩位标志不被扰动。

2 桩体应经成桩7d达到一定强度后，方可进行基槽开挖。如桩顶距离地面在1.5m以内，宜用人工开挖；如大于1.5m，下部700mm亦宜用人工开挖，以避免损坏桩头；清土和截桩时，不得造成桩顶标高以下桩身断裂和扰动桩间土。

3 挖至设计标高后，应剔除多余的桩头，剔除桩头时应采取如下措施：找出桩顶标高，在其上50～100mm处同一水平面按同一角度对称放置2个或4个钢钎，用大锤同时击打，将桩头截断。桩头截断后，再用钢钎、手锤等工具沿桩周向桩心逐渐剔除多余的桩头,剔凿平整直至设计桩顶标高。

4 保护土层和桩头清除至设计标高后,应尽快进行褥垫层的施工,以防桩间土被扰动。

5 冬期施工时,保护土层和桩头清除至设计标高后,立即对桩间土和CFG桩采用草帘、草袋等保温材料进行覆盖,防止桩间土冻涨而造成桩体拉断,同时防止桩间土受冻后复合地基承载力降低。

4.13.6 安全、环保措施

1 机械设备操作人员(或驾驶员)必须经过专业培训,熟悉机械操作性能,经专业管理部门考核取得操作证或驾驶证后上机(车)操作。

2 机械设备操作人员和指挥人员严格遵守安全操作技术规程,工作时集中精力,谨慎工作,不擅离职守,严禁酒后驾驶。

3 机械设备发生故障后及时检修,决不带故障运行,不违规操作,杜绝机械和车辆事故。

4 施工现场的一切电源、电路的安装和拆除必须由持证电工操作;电器必须严格接地、接零和使用漏电保护器。各孔用电必须分闸,严禁一闸多用。孔上电缆必须架空2.0m以上,严禁拖地和埋压土中,电缆、电线必须有防磨损、防潮、防断等保护措施。照明应采用安全矿灯或12V以下的安全灯。并遵守《施工现场临时用电安全技术规范》JGJ46的规定。

5 易于引起粉尘的细料或松散料运输时用帆布、盖套等遮盖物覆盖。

6 施工废水、生活污水不直接排入农田、耕地、灌溉渠和水库,不准排入饮用水源。

7 驶出施工现场的车辆应进行清理,避免携带泥土。

4.13.7 质量标准

水泥粉煤灰碎石桩复合地基的质量检验标准应符合表4.13.7的规定。

表4.13.7 水泥粉煤灰碎石桩复合地基质量检验标准

项	序	检查项目	允许偏差或允许值		检查方法
			单位	数值	
主控项目	1	原材料	设计要求		查产品合格证书或抽样送检
	2	桩径	mm	-20	用钢尺量或计算填料量
	3	桩身强度	设计要求		查28d试块强度
	4	地基承载力	设计要求		按规定方法
一般项目	1	桩身完整性	按桩基检测技术规范		按桩基检测技术规范
	2	桩位偏差	满堂布桩≤0.40D 条基布桩≤0.25D		用钢尺量,D为桩径
	3	桩垂直度	%	≤1.5	用经纬仪测桩管
	4	桩长	mm	+100	测桩管长度或垂球测孔深
	5	褥垫层夯填度	≤0.9		用钢尺量

注:1 夯填度指夯实后的褥垫层厚度与虚体厚度的比值;
   2 桩径允许偏差负值是指个别断面。

4.13.8 质量验收

4.13.8.1 检验批的划分应符合本标准第3.0.9条、第3.0.10条的规定。

4.13.8.2 检验批的验收组织应符合本标准第3.0.15条的规定。

4.13.8.3 质量验收记录：

1 地质勘察报告；

2 原材料合格证和试验报告；

3 混合料配合比通知单；

4 施工记录（包括混合料的配合比、坍落度和提拔钻杆速度（或提拔套管速度）、成孔深度、混合料灌入量等）；

5 混合料试块强度试验报告；

6 地基承载力检验报告；

7 检验批验收记录按表4.13.8.3"水泥粉煤灰碎石桩复合地基工程检验批质量验收记录表"填写。

表4.13.8.3 水泥粉煤灰碎石桩复合地基工程检验批质量验收记录表
GB 50202—2002

单位(子单位)工程名称					验收部位	
分部(子分部)工程名称						
施工单位					项目经理	
分包单位					分包项目经理	
施工执行标准名称及编号						
		施工质量验收规范的规定		施工单位检查评定记录		监理(建设)单位验收记录
主控项目	1	原材料	设计要求			
	2	桩径(mm)	-20			
	3	桩身强度	设计要求			
	4	地基承载力	设计要求			
一般项目	1	桩身完整性	按桩基检测技术规范			
	2	桩位偏差	满堂布桩≤0.40D 条基布桩≤0.25D			
	3	桩垂直度(%)	≤1.5			
	4	桩长(mm)	$+100$			
	5	褥垫层夯填度	≤0.9			
施工单位检查评定结果	专业工长(施工员)			施工班组长		
	项目专业质量检查员： 年 月 日					
监理(建设)单位验收结论	专业监理工程师(建设单位项目专业技术负责人)： 年 月 日					

4.14 夯实水泥土桩复合地基

4.14.1 特点和适用范围

夯实水泥土复合地基是用洛阳铲或螺旋钻机成孔，在孔中分层填入水泥和土混合料，经夯实成桩，与桩间土共同组成复合地基。

夯实水泥土复合地基，具有提高地基承载力（50%～100%），降低压缩性；材料易于解决；施工机具设备、工艺简单，施工方便，工效高，地基处理费用低等优点。适用于处理地下水位以上的粉土、素填土、杂填土、黏性土等地基。处理深度不宜超过10m。

4.14.2 施工准备

4.14.2.1 技术准备

1 学习设计文件和地质勘察报告，掌握土层的厚度和组成、土的含水量、有机质含量和地下水的腐蚀性等。

2 根据设计要求，针对现场地基土的性质，选择合适的水泥品种，进行配合比试验。

3 编制施工组织设计（或施工方案），对施工人员进行技术交底。

4 施工前，应在现场进行成孔、夯填工艺和挤密效果试验，以确定分层填料厚度、夯击次数和夯实后桩体干密度要求。

4.14.2.2 材料准备

1 根据设计要求和试验选择水泥。

2 土料。

3 褥垫层材料。

4.14.2.3 主要机具

1 成孔机具：应按设计要求选用成孔机具，挤土成孔可选用沉管、冲击方法；非挤土成孔可选用洛阳铲或螺旋钻机；

2 夯实机具：偏心轮夹杆式夯实机，夯锤重量不小于60kg，锤径（当采用桩径330mm时）不大于270mm，落距不小于700mm。

4.14.2.4 作业条件

1 建筑场地地面上所有障碍物和地下管线、电缆、旧基础等均已全部拆除或搬迁。

2 施工场地已进行平整，对影响机械运行的软弱场地已进行处理，周围已做好有效的排水措施。

3 材料已按计划进场，并经验收符合要求。

4 所用机械设备和工具已进场，并经调试运转正常。

5 已按施工组织设计要求，对现场施工人员进行了技术、安全和文明施工的交底。

4.14.3 材料质量控制要点

1 水泥宜选用强度等级32.5级以上的普通硅酸盐水泥，要求新鲜无结块。

2 土料应用不含垃圾杂物。有机质含量不大于5%的基坑中挖出的黏性土，不得含有冻土或膨胀土，使用时应过10～20mm筛。

3 褥垫层材料应级配良好，不含植物残体、垃圾等杂物。

4.14.4 施工工艺

4.14.4.1 工艺流程

场地平整→测量放线→基坑开挖→布置桩位→第一批桩梅花形成孔→水泥、土料拌和→填料并夯实→剩余桩成孔→水泥、土料拌合→填料并夯实→养护→检测→铺设褥垫层

4.14.4.2 施工要点

1 按设计要求和施工顺序定位放线，严格布置桩孔，并记录布桩的根数，以防止遗漏。

2 采用人工洛阳铲成孔，成孔深度不宜大于6m。用洛阳铲和螺旋钻机成孔时，按梅花形布置进行并及时成桩，以避免大面积成孔后再成桩，造成由于夯机自重和夯锤的冲击，或地表水灌入孔内而形成塌孔。

3 回填拌合料配合比应用量斗计量准确，比例一般为1∶7（水泥∶土，体积比）。混合料含水量应满足土料的最优含水量（w_{op}），其允许偏差值不得大于±2%。水泥与土料应拌合均匀，含水量现场控制以手握成团，落地开花为宜。

4 向孔内回填拌合料前，先夯实孔底，采用二夯一填的连续成桩工艺。每根桩要求一气呵成，不得中断，防止出现松填或漏填现象。填料的压实系数 λ_c 不应小于0.93，每层填料厚度不大于试验确定的厚度，夯击次数不少于经试验确定的数值。

5 施工过程中，应有专人监测成孔及回填夯实的质量，并作好记录。如发现地基土质与勘察资料不符时，应查明情况，采取有效处理措施。

6 褥垫层材料可采用中砂、粗砂或碎石，采用碎石时粒径不宜大于20mm。垫层厚度一般为100～300mm。褥垫层施工应在水泥土桩经检测合格后进行，铺设时应压（夯）密实，夯填度不得大于0.9。采用的施工方法应严禁使基底土层扰动。

7 质量控制要点：

（1）水泥及夯实用土料的质量应符合设计要求。

（2）施工中应检查孔位、孔深、孔径、水泥和土的配比、混合料含水量等。对成桩质量，在施工过程中应及时抽样检验，抽样数量不应少于总桩数的2%。

对一般工程，可检查桩的干密度和施工记录。干密度的检验方法可在24h内采用取土样测定或采用轻型动力触探击数 N_{10} 与现场试验确定的干密度进行对比，以判断桩身质量。

（3）施工结束后，应对桩体质量及复合地基承载力做检验，褥垫层应检查其夯填度。

（4）夯实水泥土桩地基竣工验收时，承载力检验应采用单桩复合地基载荷试验。对重要或大型工程，尚应进行多桩复合地基载荷试验。

（5）夯实水泥土桩地基检验数量应为总桩数的0.5%～1%，且每个单体工程不应少于3点。

4.14.5 成品保护措施

1 成孔过程中应合理安排施工顺序，保证成孔后能够尽快地夯填成桩，防止桩孔暴露时间过长而造成塌孔破坏。

2 夯填成桩的高度应大于桩顶标高200～300mm，以保护桩顶质量。垫层施工时再将多余的桩体用人工凿除，桩顶面应水平。

3 雨期或冬期施工时，应采取防雨、防冻措施，防止土料和水泥受雨水淋湿或

冻结。

4.14.6 安全、环保措施

1 施工机械用电必须采用一机一闸一保护。

2 土料运输应加以覆盖,防止遗洒;场内存放的土料应采取洒水、覆盖等措施,防止扬尘。

3 水泥土搅和时,应采取遮挡措施,防止扬尘。

4.14.7 质量标准

夯实水泥土桩的质量检验标准应符合表4.14.7的规定。

表4.14.7 夯实水泥土桩复合地基质量检验标准

项	序	检查项目	允许偏差或允许值		检查方法
			单位	数值	
主控项目	1	桩径	mm	−20	用钢尺量
	2	桩长	mm	+500	测桩孔深度
	3	桩体干密度	设计要求		现场取样检查
	4	地基承载力	设计要求		按规定的方法
一般项目	1	土料有机质含量	%	≤5	焙烧法
	2	含水量(与最优含水量比)	%	±2	烘干法
	3	土料粒径	mm	≤20	筛分法
	4	水泥质量	设计要求		查产品质量合格证书或抽样送检
	5	桩位偏差	满堂布桩≤0.4D 条基布桩≤0.25D		用钢尺量,D为桩径
	6	桩孔垂直度	%	≤1.5	用经纬仪测桩管
	7	褥垫层夯填度		≤0.9	用钢尺量

注:1 夯填度指夯实后的褥垫层厚度与虚体厚度的比值;
   2 桩径允许偏差负值是指个别断面。

4.14.8 质量验收

4.14.8.1 检验批的划分应符合本标准第3.0.9条、第3.0.10条的规定。

4.14.8.2 检验批的验收组织应符合本标准第3.0.15条的规定。

4.14.8.3 质量验收记录:

1 地质勘察报告;

2 原材料合格证和试验报告;

3 混合料配合比通知单;

4 施工记录(包括孔位、孔深、孔径、水泥和土的配比、混合料含水量等);

5 地基承载力检验报告;

6 检验批验收记录按表4.14.8.3"夯实水泥土桩复合地基工程检验批质量验收记录表"填写。

表4.14.8.3 夯实水泥土桩复合地基工程检验批质量验收记录表

GB 50202—2002

单位(子单位)工程名称					
分部(子分部)工程名称				验收部位	
施工单位				项目经理	
分包单位				分包项目经理	
施工执行标准名称及编号					
		施工质量验收规范的规定		施工单位检查评定记录	监理(建设)单位验收记录
主控项目	1	桩径(mm)	-20		
	2	桩长(mm)	+500		
	3	桩体干密度	设计要求		
	4	地基承载力	设计要求		
一般项目	1	土料有机质含量(%)	≤5		
	2	含水量(与最优含水量比)(%)	±2		
	3	土料粒径(mm)	≤20		
	4	水泥质量	设计要求		
	5	桩位偏差	满堂布桩≤0.40D 条基布桩≤0.25D		
	6	桩孔垂直度(%)	≤1.5		
	7	褥垫层夯填度	≤0.9		

施工单位检查评定结果	专业工长(施工员)		施工班组长	
	项目专业质量检查员： 年 月 日			
监理(建设)单位验收结论	专业监理工程师(建设单位项目专业技术负责人)： 年 月 日			

4.15 砂桩地基

4.15.1 特点及适用范围

砂桩系在地基土中打入桩管，然后边拔管边灌入砂子，在地基中形成密实砂柱体。用以挤密周围的软弱或松散土层，并与其共同组成复合地基，以提高地基强度和减少地基变形。特点是：使用常规机械，操作工艺简单，场地干净，可节省水泥、钢材，可就地取材，加速进度，降低工程费用。适用于挤密松散砂土、素填土和杂填土等地基。对建在饱和黏性土地基上主要不以变形控制的工程，也可采用砂桩作置换处理。

4.15.2 施工准备

4.15.2.1 技术准备

1 学习设计文件和地质勘察报告，掌握土层的厚度和组成、土的含水量等。

2 施工前应在现场进行成桩工艺和成桩挤密效果试验，当成桩质量不能满足设计要求时，应在调整设计与施工有关的参数后，重新进行试验或改变设计。

3 编制施工组织设计（或施工方案），对施工人员进行技术交底。

4.15.2.2 材料准备

1 成桩材料：天然级配中砂或粗砂。

2 垫层材料：砂或砂砾石（碎石）。

4.15.2.3 主要机具

1 机械设备：振动（或锤击）沉管打桩机（或汽锤、落锤、柴油打桩机）、履带（或轮胎）式起重机、机动翻斗车等。

2 主要工具：桩管（带活瓣桩尖）、装砂的料斗、铁锹、手推车等。

4.15.2.4 作业条件

1 建筑场地地面上所有障碍物和地下管线、电缆、旧基础等均已全部拆除或搬迁。

2 施工场地已进行平整，对影响机械运行的软弱场地已进行处理，周围已做好有效的排水措施。

3 材料已按计划进场，并经验收符合要求。

4 所用机械设备和工具已进场，并经调试运转正常。

5 已进行成孔、夯填工艺和挤密效果试验，确定有关施工工艺参数（填砂量、提升速度、挤密次数和时间、电机工作电流等），并对试桩进行了测试，承载力和挤密效果符合设计要求。

6 已按施工组织设计要求，对现场施工人员进行了技术、安全和文明施工的交底。

4.15.3 材料质量控制要点

1 砂：用中砂或粗砂，含泥量不大于3%，有机质含量不大于5%。

2 垫层材料：砂或砂砾石（碎石），要求级配良好，不含植物残体、垃圾等杂物。

4.15.4 施工工艺

4.15.4.1 工艺流程

1 振动成桩法：放线定桩位→桩机就位→振动沉管至设计深度→灌砂→边振动边拔管→成桩

2 锤击成桩法：放线定桩位→桩机就位→锤击沉管至设计深度→灌砂→缓慢拔管→低锤击管或将桩管压下再拔→成桩

4.15.4.2 施工要点

1 打砂桩地基表面会产生松动或隆起，砂桩施工标高应比基础底面高1～2m，以便在开挖基坑时消除表层松土。如基坑底仍不够密实，可再辅以人工夯实或机械碾压。

2 砂桩的施工顺序，对砂土地基宜从外围或两侧向中间进行；对黏性土地基宜从中间向外围或隔排施工；以挤密为主的砂桩同一排应间隔进行；在既有建（构）筑物邻近施工时，应背离建（构）筑物方向进行。

3 砂桩成桩工艺有振动成桩法（简称振动法）和锤击成桩法（简称锤击法）两种。振动法系用振动沉桩机在桩位处将带活瓣桩尖的与砂桩同直径的钢管沉到设计深度，从进料口往桩管内灌砂后，边振动边缓慢拔出桩管，或在振动拔管的过程中，每拔0.5m高停拔，振动20～30s；或将桩管压下然后再拔，以便将落入桩孔内的砂压实成桩，并可使桩径扩大。振动力以30～70kN为宜，不应太大，以防过分扰动土体。拔管速度控制在1～1.5m/min范围内。打直径500～700mm砂桩通常采用大吨位KM2-1200A型振动桩机施工。本法适用于松散土和软黏土。

锤击法是将带有活瓣桩靴或混凝土桩尖的桩管，在桩位处用锤击沉桩机打入土中，往桩管内灌砂后缓慢拔出，或在拔出过程中低锤击管，或将桩管压下然后再拔，砂从桩管内挤入桩孔内成桩并使其密实，由于桩管对土的冲击作用，使桩周围土得到挤密，并使桩径向外扩展。本法适用于软弱黏性土。

4 施工前应进行成桩挤密试验，桩数宜为7～9根，振动法应根据沉管和挤密情况，确定填砂量、提升速度、每次提升高度、挤压次数和时间、电机工作电流等，作为控制质量标准，以保证挤密均匀和桩身的连续性。

5 灌砂时，含水量应加以控制，对饱和土层，砂可采用饱和状态；对非饱和土或杂填土，或能形成直立的桩孔壁的土层，含水量可采用7%～9%。

6 砂桩应控制填砂量，砂桩孔内的填砂量可按公式（4.15.4.1）计算：

$$S = \frac{A_p l d_s}{1+e}(1+0.01w) \qquad (4.15.4.1)$$

式中 S——填砂量（以重量计）；

A_p——砂桩的截面积；

l——桩长；

d_s——砂料的相对密度；

e——地基挤密后要求达到的孔隙比；

w——砂料的含水量（%）。

砂桩的灌砂量通常按桩孔的体积和砂在中密状态时的干密度计算（一般取2倍桩管入土体积）。砂桩实际灌砂量（不包括水重）不得少于设计值的95%。如发现砂量不够或砂桩中断等情况，可在原位复行灌砂。

7 对灌砂量不足的砂桩可采用全复打灌砂；对有缩颈的桩，可采用局部复打灌砂，其复打深度必须过缩颈处1m以上。复打时，管壁上的泥土应清除干净，前后两次沉管的轴线应一致。

8 质量控制要点：

(1) 施工前应检查砂料的含泥量及有机质含量、样桩的位置等。

(2) 施工中应检查每根砂桩的桩位、灌砂量、标高、垂直度等；对沉管法，尚应检查套管往复挤压振动次数与时间、套管升降幅度和速度、每次填砂量等。

(3) 施工结束后，应检查被加固地基的强度或承载力。

施工结束后的质量检验应间隔一定时间方可进行：对饱和黏性土地基应待孔隙水压力消散后进行，间隔时间不宜少于28d；对粉土、砂土和杂填土地基，不宜少于7d。

(4) 砂桩的施工质量检验可采用单桩载荷试验，对桩体可采用动力触探试验检测，对桩间土可采用标准贯入、静力触探、动力触探或其他原位测试等方法进行检测。桩间土质量的检测位置应在等边三角形或正方形的中心。检测数量不应少于桩孔总数的2%。

(5) 砂桩地基竣工验收时，承载力检验应采用复合地基载荷试验。复合地基载荷试验数量不应少于总桩数的0.5%，且每个单体工程不应少于3点。

4.15.5 成品保护措施

1 基础工程的施工宜在砂桩施工完成一个月以后进行。

2 深基础周围的砂桩，宜在深基础施工完成后进行施工。如砂桩施工在前，开挖深基坑时，应对周围地基采取可靠的保护措施。

4.15.6 安全、环保措施

1 在施工全过程中，严格执行打桩机械的安全操作规程，防止机械及人身安全事故的发生。

2 施工时，机械作业要控制噪声对周围居民的影响。

4.15.7 质量标准

砂桩地基的质量检验标准应符合表4.15.7的规定。

表4.15.7 砂桩地基的质量检验标准

项	序	检查项目	允许偏差或允许值		检查方法
			单位	数值	
主控项目	1	灌砂量	%	≥95	实际用砂量与计算体积比
	2	地基强度		设计要求	按规定方法
	3	地基承载力		设计要求	按规定方法
一般项目	1	砂料的含泥量	%	≤3	试验室测定
	2	砂料的有机质含量	%	≤5	焙烧法
	3	桩位	mm	≤50	用钢尺量
	4	砂桩标高	mm	±150	水准仪
	5	垂直度	%	≤1.5	经纬仪检查桩管垂直度

4.15.8 质量验收

4.15.8.1 检验批的划分应符合本标准第3.0.9条、第3.0.10条的规定。

4.15.8.2 检验批的验收组织应符合本标准第3.0.15条的规定。

4.15.8.3 质量验收记录：

1 地质勘察报告；

2 原材料合格证和试验报告；
3 施工记录（包括孔位、标高、孔径、灌砂量等）；
4 地基承载力检验报告；
5 检验批验收记录按表 4.15.8.3"砂桩地基工程检验批质量验收记录表"填写。

表 4.15.8.3 砂桩地基工程检验批质量验收记录表

GB 50202—2002

单位(子单位)工程名称					
分部(子分部)工程名称				验收部位	
施工单位				项目经理	
分包单位				分包项目经理	
施工执行标准名称及编号					
施工质量验收规范的规定				施工单位检查评定记录	监理(建设)单位验收记录
主控项目	1	灌砂量(%)	≥95		
	2	地基强度	设计要求		
	3	地基承载力	设计要求		
一般项目	1	砂料的含泥量(%)	≤3		
	2	砂料的有机质含量(%)	≤5		
	3	桩位(mm)	≤50		
	4	砂桩标高(mm)	±150		
	5	垂直度(%)	≤1.5		
施工单位检查评定结果	专业工长(施工员)			施工班组长	
	项目专业质量检查员： 年 月 日				
监理(建设)单位验收结论	专业监理工程师(建设单位项目专业技术负责人)： 年 月 日				

5 桩 基 础

5.1 一 般 规 定

5.1.1 桩位的放样允许偏差如下:
1 群桩:20mm;
2 单排桩:10mm。

5.1.2 桩基工程的桩位验收,除设计规定外,应按下述要求进行:
1 当桩顶设计标高与施工场地标高相同时,或桩基施工结束后,有可能对桩位进行检查时,桩基工程的验收应在施工结束后进行。
2 当桩顶设计标高低于施工场地标高,送桩后无法对桩位进行检查时,对打入桩可在每根桩桩顶沉至场地标高时,进行中间验收;待全部桩施工结束,承台或底板开挖至设计标高后,再做最终验收;对灌注桩可对护筒做中间验收。

5.1.3 打(压)入桩(预制混凝土方桩、先张法预应力管桩、钢桩)的桩位偏差,必须符合表5.1.3的规定。斜桩倾斜度的偏差不得大于倾斜角正切值的15%(倾斜角系桩的纵向中心线与铅垂线间夹角)。

表 5.1.3 预制桩(钢桩)的桩位允许偏差 (mm)

项	项 目	允 许 偏 差
1	盖有基础梁的桩 (1)垂直基础梁的中性线 (2)沿基础梁的中心线	$100+0.01H$ $150+0.01H$
2	桩数为1~3根桩基中的桩	100
3	桩数为4~16根桩基中的桩	1/2桩径或边长
4	桩数大于16根桩基中的桩: (1)最外边的桩 (2)中间桩	1/3桩径或边长 1/2桩径或边长
注:H 为施工现场地面标高与桩顶设计标高的距离。		

5.1.4 灌注桩的桩位偏差必须符合表5.1.4的规定,桩顶标高至少比设计标高高出0.5m,桩底清孔质量按不同的成桩工艺有不同的要求,应按本章的各节要求执行。每浇注50m³必须有1组试件,小于50m³的桩,每桩必须有1组试件。

表 5.1.4 灌注桩的平面位置和垂直度的允许偏差

序号	成孔方法		桩径允许偏差 (mm)	垂直度允许偏差 (%)	桩位允许偏差	
					1~3根桩、单排桩基垂直于中心线方向和群桩基础的边桩	条形桩沿中心线方向和群桩基础的中间桩
1	泥浆护壁钻孔桩	$D \leqslant 1000mm$	±50	<1	$D/6$,且不大于100	$D/4$,且不大于150
		$D > 1000mm$	±50		$100+0.01H$	$150+0.01H$

续表 5.1.4

序号	成孔方法		桩径允许偏差(mm)	垂直度允许偏差(%)	桩位允许偏差	
					1～3根桩、单排桩垂直于中心线方向和群桩基础的边桩	条形桩基沿中心线方向和群桩基础的中间桩
2	套管成孔灌注桩	$D \leqslant 500mm$	-20	<1	70	150
		$D > 500mm$			100	150
3	干成孔灌注桩		-20	<1	70	150
4	人工挖孔桩	混凝土护壁	+50	<0.5	50	150
		钢套管护壁	+50	<1	100	200

注：1 桩径允许偏差的负值是指个别断面；
    2 采用复打、反插法施工的桩，其桩径允许偏差不受上表限制；
    3 H 为施工现场地面标高与桩顶设计标高的距离，D 为设计桩径。

5.1.5 工程桩应进行承载力检验。对于地基基础设计等级为甲级或地质条件复杂、成桩质量可靠性低的灌注桩，应采用静载荷试验的方法进行检验，检验桩数不应少于总数的1%，且不应少于3根，当桩总数少于50根时，不应少于2根。

5.1.6 桩身质量应进行检验。对设计等级为甲级或地质条件复杂、成桩质量可靠性低的灌注桩，抽检数量不应少于总数的30%，且不应少于20根；其他桩基工程的抽检数量不应少于总数的20%，且不应少于10根；对混凝土预制桩及地下水位以上且终孔后经过核验的灌注桩，检验数量不应少于总桩数的10%，且不得少于10根。每个柱子承台下不得少于1根。

5.1.7 对砂、石子、钢材、水泥等原材料的质量、检验项目、批量和检验方法，应符合国家现行标准和《混凝土结构工程施工技术标准》ZJQ08—SGJB 204—2005 的规定。

5.1.8 除本标准第5.1.5条、第5.1.6条规定的主控项目外，其他可按20%抽查，但混凝土灌注桩应全部检查。

5.2 静力压桩

（静力压桩包括机械静力压桩、锚杆静压桩及其他各种非冲击力沉桩。）

5.2.1 机械静力压桩

5.2.1.1 特点和适用范围

机械静力压桩是采用静力压桩机将预制钢筋混凝土桩分节压入地基土层中成桩。本法采用液压操作，自动化程度高，行走方便，运转灵活，桩位定点精确，可提高桩基工程质量；施工无噪声、无振动、无污染；沉桩采用全液压夹持桩身向下施加压力，可避免打碎桩头，混凝土强度等级可降低1～2级，配筋比锤击法省钢筋40%左右；施工速度快，压桩速度每分钟可达2m，比锤击法可缩短工期1/3。本工艺适用于软土、填土、一般黏性土层中，以及居民稠密和危房附近环境保护要求严格的地区进行施工。

5.2.1.2 施工准备

1 技术准备

（1）熟悉施工图纸和地质勘察报告，掌握土层变化情况。

(2) 根据桩的断面大小和土层变化情况以及现场周围环境，确定使用的压桩机械和沉桩需采取的特殊措施。

(3) 编制施工组织设计（或施工方案）和技术交底。

2 材料准备

(1) 钢筋混凝土预制桩，常用断面规格为 300mm×300mm、350mm×350mm、400mm×400mm，常用节长为 7m、9m、12m。可根据设计要求桩长按不同的节长进行搭配。

(2) 硫磺胶泥。

3 主要机具

(1) 压桩机械

1) 机械式静力压桩机：这种压桩机系用桩架、卷扬机、加压钢丝绳、滑轮组和活动压梁等部件组成，施压部分在桩顶端面，施加静压力约为 600~2000kN，设备高大笨重，行走不便，压桩速度较慢，但装配费用较低，现已很少使用。

2) 液压式静力压桩机：这种压桩机由压拔机构、行走机构及起吊装置等组成，采用液压操作，自动化程度高，结构紧凑，行走方便快速，施压部分不在桩顶面，而在桩身侧面。它是当前国内较广泛使用的一种新型压桩机械。国内常用的有 YZY 系列和 ZYJ 系列，其型号和主要技术参数见表 5.2.1.2-1~表 5.2.1.2-3。

表 5.2.1.2-1 YZY 系列液压静力压桩机主要技术参数

参数		型号	200	280	400	500	600	650
最大压入力		kN	2000	2800	4000	5000	6000	6500
边桩距离		m	3.9	3.5	3.5	4.5	4.2	4.2
接地压强(长船/短船)		MPa	0.08/0.09	0.094/0.120	0.097/0.125	0.090/0.137	0.100/0.136	0.108/0.147
适用桩截面	方桩 最小	cm	35×35	35×35	35×35	40×40	35×35	35×35
	方桩 最大	cm	50×50	50×50	50×50	60×60	50×50	50×50
	圆桩最大直径	cm	50	50	60	60	60	50
配电功率		kW	96	112	112	132	132	132
工作吊机	起重力矩	kN·m	460	460	480	720	720	720
	用桩长度	m	13	13	13	13	13	13
整机重量	自重	t	80	90	130	150	158	165
	配重	t	130	210	290	350	462	505
拖运尺寸(宽×高)		m×m	3.38×4.2	3.38×4.30	3.39×4.40	3.38×4.40	3.38×4.40	3.38×4.40

注：YZY 系列液压静力压桩机由武汉市建筑工程机械厂生产。

表 5.2.1.2-2 ZYJ 系列（一）液压静力压桩机主要技术参数

名称	单位	ZYJ180-Ⅱ	ZYJ120	ZYJ150	ZYJ200
压桩力	kN	800	1200	1500	2000
压方桩规格	mm	300×300	350×350	400×400	450×450
压圆桩规格	mm	φ250,φ300	φ250,φ300,φ350	φ300,φ350,φ400	φ450
压桩最大行程	mm	800	1200	1200	1200

续表 5.2.1.2-2

名　　称	单　　位	ZYJ180-Ⅱ	ZYJ120	ZYJ150	ZYJ200
压桩速度	mm/min	0.9(满载)	0.9(满载)	1.5(满载)	1.5(满载)
边桩距	m	2.5	3	3	3
接地比(大船/小船)	t/m²	7.2/6.8	9.2/8.8	10.3/10.5	10.5/11.2
横向步履行程	mm	500	600	600	600
行程速度	mm/min	1.5	2.8	2.5	2.1
纵向步履行程	mm	1500	1500	2000	2000
行程速度	mm/min	1.5	2.2	2.5	2.5
工作吊机起重力矩	kN·m	限吊1.5t	360	460	460
电机总功率	kW	42	56	92	96
外形尺寸(长×宽×高)	m	8×5.2×10.2	10.2×5.1×6.2	10.8×5.7×6.4	10.8×5.7×6.5
整机自重+配重	t	25.5+55	52+70	58+95	70+130
压桩方式		顶压式	夹桩式	夹桩式	夹桩式

注:ZYJ系列(一)液压静力压桩机由江阴市基础工程设备厂生产。

表 5.2.1.2-3　ZYJ系列（二）液压静力压桩机主要技术参数

参数	型号	ZYJ240	ZYJ320	ZYJ380	ZYJ420	ZYJ500	ZYJ600	ZYJ680
额定压力(kN)		2400	3200	3800	4200	5000	6000	6800
压桩速度(m/min)	高速	2.76	2.76	2.3	2.8	2.2	1.8	1.8
	低速	0.9	1.0	0.9	0.95	0.75	0.65	0.6
一次压桩行程		2.0	2.0	2.0	2.0	2.0	1.8	1.8
适用方桩(mm)	最小	□300	□350	□350	□400	□400	□400	□400
	最大	□500	□500	□500	□550	□550	□600	□600
最大圆桩(mm)		φ500	φ500	φ500	φ550	φ550	φ600	φ600
边桩距离(mm)		600	600	600	650	650	680	680
角桩距离(mm)		920	935	935	1000	1000	1100	1100
起吊重量(t)		12	12	12	12	12	12	12
变幅力矩(kN·m)		600	600	600	600	600	600	600
功率(kW)	压桩	44	60	60	74	74	74	74
	起重	30	37	37	37	37	37	37
主要尺寸(mm)	工作长	11000	12000	12000	13000	13000	13800	13800
	工作宽	6630	6900	6950	7100	7200	7600	7700
	运输高	2920	2940	2940	2940	2940	3020	3020
总重量(t)		245	325	383	425	500	602	680

注:ZYJ系列(二)液压静力压桩机由长沙三和工程机械制造有限公司生产。

　　静力压桩机的选择应综合考虑桩的截面、长度、穿越土层和桩端持力层的特性、单桩极限承载力及布桩密度等因素,表5.2.1.2-4可供选择时参考。

表 5.2.1.2-4　静力压桩机选择参考表

压桩机型号 项目		160～180	240～280	300～360	400～460	500～600
最大压桩力(kN)		1600～1800	2400～2800	3000～3600	4000～4600	5000～6000
适用桩径 (mm)	最小	300	300	350	400	400
	最大	400	450	500	550	600
单桩极限承载力(kN)		1200～2000	1700～3000	2100～3800	2800～4600	3500～5500
桩端持力层		中密-密实砂层，硬塑-坚硬黏性土，残积土层	密实砂层，坚硬黏性土层，全风化岩层	密实砂层，坚硬黏性土层，全风化岩层	密实砂层，坚硬黏性土层，全风化岩层	密实砂层，坚硬黏性土层，全风化岩层，强风化岩层
桩端持力层标准值(N)		20～25	20～35	30～40	30～50	30～55
穿透中密或密实砂层厚度(m)		约2	2～3	3～4	5～6	5～8

(2) 主要工具：钢丝绳吊索、卡环、撬杠、砂锅、铁盘、长柄勺、浇灌壶、扁铲、台称、温度计等。

4　作业条件

(1) 应具有工程地质资料、桩基施工平面图、桩基施工组织设计（或施工方案），对施工人员进行了技术、安全和文明施工的交底。

(2) 已排除桩基范围内的高空、地面和地下障碍物。场地已平整压实，能保证压桩机械在场内正常运行。雨期施工，已做好排水措施。

(3) 桩基的轴线桩和水准基点桩已设置完毕，并经过复查办理了签证手续。每根桩的桩位已经测定，用小木桩或短钢筋打好定位桩，并用白灰做出标志。

(4) 已选择和确定桩机设备的进出路线和压桩顺序。

(5) 检查压桩机械设备及起重工具，铺设水、电管线，进行设备架立组装。在桩架上设置标尺或在桩侧面画上标尺，以便观测桩身入土深度。

(6) 检查桩的质量，将需用的桩按平面布置图堆放在压桩机附近，不合格的桩另行堆放。

(7) 施工前先试压桩，试桩数量不少于2根，以确定压桩技术参数，校验压桩设备性能和施工工艺及技术措施是否符合要求。

5.2.1.3　材料质量控制要点

1　钢筋混凝土预制桩

(1) 桩的规格、型号、质量必须符合设计要求和规范及标准图的规定，并有出厂合格证明；强度达到100%，并有混凝土强度试验报告；无断裂等情况。

(2) 桩的表面应平整、密实，制作允许偏差应符合表5.2.1.3-1的规定。

2　硫磺胶泥

硫磺胶泥配合比应通过试验确定，其物理力学性能应符合表5.2.1.3-2的规定。其参考配合比见表5.2.1.3-3。

表 5.2.1.3-1　预制桩制作允许偏差（mm）

桩　型	项　目	允许偏差(mm)
钢筋混凝土实心桩	1. 横截面边长	±5
	2. 桩顶对角线之差	10
	3. 保护层厚度	±5
	4. 桩身弯曲矢高	不大于1‰桩长且不大于20
	5. 桩尖中心线	10
	6. 桩顶平面对桩中心线的倾斜	≤3
	7. 锚筋预留孔深	0～+20
	8. 浆锚预留孔位置	5
	9. 浆锚预留孔径	±5
	10. 锚筋孔的垂直度	≤1%
钢筋混凝土管桩	1. 直径	±5
	2. 管壁厚度	−5
	3. 抽心圆孔中心线对桩中心线	5
	4. 桩尖中心线	10
	5. 下节或上节桩的法兰对中心线的倾斜	2
	6. 中节桩两个法兰对桩中心线倾斜之和	3

表 5.2.1.3-2　硫磺胶泥的主要物理力学性能指标

项次	项目	物理力学性能指标
1	物理性能	1. 热变性：60℃以内强度无明显变化；120℃变液态；140～145℃密度最大且易性最好；170℃开始沸腾；超过180℃开始焦化 2. 重度：2.28～2.32g/cm³ 3. 吸水率：0.12～0.24% 4. 弹性模量：5×10^5 kPa 5. 耐酸性：常温下能耐盐酸、硫酸、磷酸、40%以下的硝酸、25%以下铬酸、中等浓度乳酸和醋酸
2	力学性能	1. 抗拉强度：4×10^3 kPa 2. 抗压强度：4×10^4 kPa 3. 握裹强度：与螺纹钢筋为1.1×10^4 kPa；与螺纹孔混凝土为4×10^3 kPa 4. 疲劳强度：对照混凝土的试验方法，当疲劳应力比值 P 为0.38时，疲劳修正系数 $r>0.8$

表 5.2.1.3-3　硫磺胶泥的参考配合比（重量比）

材料名称	硫磺	水泥	石墨粉	粉砂	石英砂	聚硫胶	聚硫甲胶
配合比1	44	11		40		1	—
配合比2	60	—	5		34.3	—	0.7

5.2.1.4　施工工艺

1　工艺流程

测量放线定桩位→桩机就位→吊桩插桩→桩身对中调直→静压沉桩→接桩→再静力压桩→终止压桩→切割桩头

2　施工要点

(1) 压桩机安装必须按有关程序和说明书进行。压桩机的配重应平稳配置于平台上。压桩机就位时应对准桩位，启动平台支腿油缸，校正平台处于水平状态。

(2) 启动门架支腿油缸，使门架微倾15°，以便吊插预制桩。起吊预制桩时，先拴好吊装用的钢丝绳及索具，然后应用索具捆绑桩上部约500mm处，起吊预制桩，使桩尖垂直对准桩位中心，缓缓插入土中，回复门架，在桩顶扣好桩帽，卸去索具，桩帽与桩顶之间应有相适应的衬垫，一般采用硬木板，其厚度为100mm左右。

(3) 当桩尖插入桩位后，微微启动压桩油缸，待桩入土至50cm时，再次校正桩的垂直度和平台的水平度，使桩的纵横双向垂直偏差不超过0.5%。然后再启动压桩油缸，把桩徐徐压下，控制施压速度不超过2m/min。

（4）压桩的顺序：当建筑物面积较大，桩数较多时，可将基桩分为数段，压桩在各段范围内分别进行。对多桩台，应由中央向两边或从中心向外施压。在粉质黏土及黏土地基施工，应避免沿单一方向进行，以免向一边挤压，地基挤密程度不匀。

（5）桩长度不够时，可采用浆锚法接桩。方法是：起吊上节桩，矫直外露锚固钢筋，对准下节桩放下，使上节桩的外露锚筋全部插入下节桩的预留孔中，目测上下两节桩确保其垂直和接触面吻合，然后稍微提升上节桩，使上下节桩保持200～250mm的间隙，在下节桩四侧箍上特制的夹箍，及时将熔融的硫磺胶泥注入预留孔内，直到溢出孔外至桩顶整个平面，送下上节桩使两端面贴合，等硫磺胶泥自然冷却5～10min后，拆除夹箍继续压桩。接桩一般在距离地面高1m左右进行。

（6）压桩应连续进行，帮硫磺胶泥接桩间歇不宜过长（正常气温下为10～18min）；接桩面应保持干净，浇筑时间不应超过2min；上下桩中心线应对齐，偏差不大于10mm；节点矢高不得大于0.1％桩长。

（7）当压桩力已达到两倍设计荷载或桩端已到达持力层时，应随即进行稳压。当桩长小于15m或黏性土为持力层时，宜取略大于2倍设计荷载作为最后稳压力，并稳压不少于5次，每次1min；当桩长大于15m或密实砂土为持力层时，宜取2倍设计荷载作为最后稳压力，并稳压不小少3次，每次1min。测定其最后各次稳压时的贯入度。

（8）压桩施工时，应由专人或开启自动记录设备做好施工记录，开始压桩时应记录桩每沉下1m时的油压表压力值，当下沉至设计标高或两倍于设计荷载时，应记录最后三次稳压时的贯入度。

（9）质量控制要点：

1）施工前，应对成品桩做外观及强度检验，接桩用成品硫磺胶泥应有产品合格证书，或送有关部门进行检验，硫磺胶泥半成品应每100kg做一组试件（3件），压桩用压力表规格及质量也应进行检查。

2）压桩过程中，应检查压力、桩垂直度、接桩间歇时间、桩的连接质量及压入深度。对承受反力的结构应加强观测。

3）接桩施工时，应对连接部位上的杂质、油污、水分等清理干净，上下节桩应在同一轴线上，使用硫磺胶泥严格按操作规程进行，保证配合比、熬制时间、施工温度符合要求，以防接桩处出现松脱开裂。

4）施工结束后，应做桩的承载力及桩体质量检验。

5.2.1.5 成品保护措施

1 混凝土预制桩达到设计强度的70％方可起吊，达到100％才能运输。桩起吊时应采取相应的措施，保持平稳，保护桩身质量。

2 水平运输时，应做到桩身平稳放置，无大的振动，严禁在场地上以直接拖拉桩体方式代替装车运输。

3 桩的堆存场地应平整、坚实，垫木与吊点应保持在同一横断面平面上，且各层垫木应上下对齐，叠放层数不宜超过四层。

4 妥善保护桩基的轴线桩和水平基点桩，不得受到碰撞和扰动而造成位移。

5 在软土地基中沉桩完毕，基坑开挖应制定合理的开挖顺序和采取一定的技术措施，防止桩倾斜或位移。

6 在剔除高出设计标高的桩顶混凝土时，应自上而下进行，不横向剔凿，以免桩受水平力冲击而受到破坏或松动。

5.2.1.6 安全、环保措施

1 机械司机在施工操作时，听从指挥信号，不得随意离开岗位，应经常注意机械的运转情况，发现异常，应立即检查处理。

2 桩在起吊和搬运时，吊点应符合设计要求，如设计无规定时，当桩长在16m以内时，可用一个吊点起吊，吊点位置应设在距桩端0.29桩长处。

3 硫磺胶泥的原料及制品在运输、贮存和使用时应注意防火。熬制胶泥时，操作人员应穿戴防护用品，熬制场地应通风良好，人应在上风位置操作，严禁水溅入锅内。胶泥浇注后，上节桩应缓慢放下，防止胶泥飞溅伤人。

4 其他措施见本标准第5.3.6条。

5.2.2 锚杆静力压桩

5.2.2.1 特点和适用范围

锚杆静力压桩是利用建（构）筑物的自重，先在老基础上开凿（或新基础上预留）出压桩孔和锚杆孔，然后埋设锚杆，借锚杆反力，通过反力架，用液压压桩机将钢筋混凝土预制短桩逐段压入基础中开凿或预留的桩孔内，当压桩力 P_p 达到1.5倍设计承载力和满足设计桩长时，便可认为满足设计要求，再将桩与基础连接在一起，卸去液压压桩机后，该桩便能立即承受上部荷载，从而达到地基加固的目的。锚杆静力压桩的特点是：对于加固已沉裂、倾斜的建（构）筑物，可以迅速得到稳定；可在不停产、不搬迁的情况下进行基础托换加固；对于新建工程可与上部建筑同步施工，不占绝对工期；加固过程无噪声、无振动、无环境污染，侧身挤压力小；在压桩的过程中可直接测得压桩力和桩的入土深度，可保证桩基质量；施工机具设备结构简单、轻便、移动灵活，操作技术易于掌握，可自行制造，可在狭小空间场地应用；锚杆静力压桩受力明确、简便，单桩承载力高，加固效果显著；不用大型机具，施工快速（新建工程每台班可压桩60～80m，已建工程每台班可压桩30～40m），节省加固费用，做到现场文明施工。适用于工业与民用建筑中黏性土、淤泥质土、人工填土、黄土等地基的加固，建筑物加层，已沉裂、倾斜建（构）筑物的纠偏以及老厂技术改造柱基、设备基础的托换等工程。

5.2.2.2 施工准备

1 技术准备

（1）熟悉施工图纸和地质勘察报告，掌握土层变化情况。如用于既有建筑地基的加固时，应掌握既有建筑的结构和基础情况及现场施工条件。

（2）编制施工组织设计（或施工方案）和技术交底，并向参加施工人员进行详细的技术和安全文明施工交底。

2 材料准备

（1）钢筋混凝土预制桩截面为方形，桩的截面尺寸通常为180～300mm，桩每段长一般为1.0～3.0m；

（2）硫磺胶泥。

3 主要机具

(1) YJ-150型液压压桩机

由反力架、活动横梁、油压千斤顶、高压油泵、电动葫芦等部件组成，压桩力为500kN，亦可自行制造（见图5.2.2.2）。

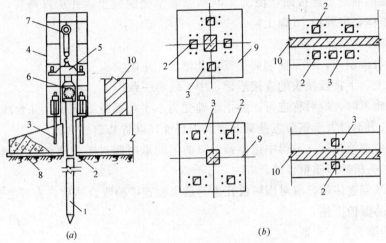

图 5.2.2.2 锚杆静压法沉桩装置
(a) 静压桩装置；(b) 压桩孔与锚杆孔位置
1—桩；2—压桩孔；3—锚杆；4—钢结构及反力架；5—活动横梁；
6—千斤顶；7—电动葫芦；8—基础；9—柱基；10—砖墙

(2) 配套机具有：电焊机、切割机、空气压缩机、风钻、风镐、配制环氧树脂胶泥（砂浆）及熬制硫磺胶泥（砂浆）用的器具等。

4 作业条件

同本标准第5.2.1.2条第4款。

5.2.2.3 材料质量控制要点

同本标准第5.2.1.3条。

5.2.2.4 施工工艺

1 工艺流程

清理基础顶面→凿压桩孔和锚杆孔→埋设锚杆螺栓→安装反力架→吊桩段就位、进行压桩施工→接桩→压到设计深度和要求的压桩力→封桩、将桩与基础连接→拆除压桩机械。

2 施工要点

(1) 开凿压桩孔可采用风镐或钻机成孔，压桩孔凿成上小下大截头锥形体，以利于基础承受冲剪；凿锚杆孔可采用风钻或钻机成孔，孔径为φ42mm，深度为10~12倍锚杆直径，并清理干净，使其干燥。

(2) 埋设锚杆应与基础配筋扎在一起，可采用环氧树脂胶泥（砂浆）粘结，环氧树脂胶泥（砂浆）可加热（40℃左右）或冷作业，硫磺砂浆要求热作业，填灌密实，使混凝土与混凝土粘结在一起，采取自然养护16h以上。

(3) 反力架安装应牢固，不能松动，并保持垂直；桩吊入压桩机孔后，亦要保持垂直。压桩时，要使千斤顶与桩段轴线保持垂直，并在一条直线上，不得偏压。

(4) 每沉完一节桩，吊装上一段桩，桩间用硫磺胶泥连接。接桩前应检查插筋长度和插筋孔深度，接桩时应围好套箍，填塞缝隙，倒入硫磺胶泥，再将上节桩慢慢放下，接缝处要求浆液饱满，待硫磺胶泥冷却结硬后，才可开始压桩。

（5）封桩必须认真进行，应砍去外露桩头，清除桩孔内的泥水杂物，清洗孔壁，焊好交叉钢筋，湿润混凝土连接面，浇筑C30微膨胀早强混凝土，并加以捣实，使桩与桩基承台结合成整体，湿养护7d以上。

（6）质量控制要点：

1) 预制桩段制作，要保证端面平整，几何尺寸正确。

2) 保证上、下桩段接头的连接质量，中心线要一致。

3) 压桩施工时，应对称进行，防止基础受力不平衡而导致倾斜；几台压桩机同时作业时，总压桩力不得大于该节点基础上建筑物自重，以防基础被抬起。

4) 压桩应连续进行，不得中途停顿，以防因间歇时间过长使压桩力骤增，造成桩压不下去或把桩头压碎等质量事故。

5) 桩与基础连接前，应对压桩桩孔进行认真检查，验收合格后，方可浇筑混凝土。

5.2.2.5 成品保护措施

见本标准第5.2.1.5条。

5.2.2.6 安全、环保措施

同本标准第5.2.1.6条。

5.2.3 质量标准

机械静力压桩、锚杆静压桩质量检验标准应符合表5.2.3的规定。

表5.2.3 静力压桩质量检验标准

项	序	检查项目		允许偏差或允许值		检查方法
				单位	数值	
主控项目	1	桩体质量检验		按基桩检测技术规范		按基桩检测技术规范
	2	桩位偏差		见本标准表5.1.3		用钢尺量
	3	承载力		按基桩检测技术规范		按基桩检测技术规范
一般项目	1	成品桩质量：外观		表面平整，颜色均匀，掉角深度<10mm，蜂窝面积小于总面积的0.5%		直观
		外形尺寸		见本标准表5.4.7		见本标准表5.4.7
		强度		满足设计要求		查产品合格证书或钻芯试压
	2	硫磺胶泥质量（半成品）		设计要求		查产品合格证书或抽样送检
	3	接桩	电焊接桩：焊缝质量	见本标准表5.5.7		见本标准表5.5.7
			电焊结束后的停歇时间	min	>1.0	秒表测定
			硫磺胶泥接桩：胶泥浇注时间	min	<2	秒表测定
			浇注后停歇时间	min	>7	秒表测定
	4	电焊条质量		设计要求		查产品合格证书
	5	压桩压力（设计有要求时）		%	±5	查压力表读数
	6	接桩时上下节平面偏差		mm	<10	用钢尺量
		接桩时节点弯曲矢高			<1/1000l	用钢尺量，l为两节桩长
	7	桩顶标高		mm	±50	水准仪

5.2.4 质量验收

5.2.4.1 检验批的划分应符合本标准第3.0.9条、第3.0.10条的规定。

5.2.4.2 检验批的验收组织应符合本标准第3.0.15条的规定。

5.2.4.3 质量验收记录：

1 预制桩出厂合格证和进场检查记录；
2 硫磺胶泥、电焊条等原材料合格证和试验报告；
3 静力压桩施工记录（包括压桩速度、每下沉1m油压表压力值、接桩记录、最后三次稳压时的贯入度等）；
4 检验批验收记录按表5.2.4.3"静力压桩工程检验批质量验收记录表"填写。

表 5.2.4.3 静力压桩工程检验批质量验收记录表
GB 50202—2002

单位(子单位)工程名称						
分部(子分部)工程名称				验收部位		
施工单位				项目经理		
分包单位				分包项目经理		
施工执行标准名称及编号						
		施工质量验收规范的规定			施工单位检查评定记录	监理(建设)单位验收记录
主控项目	1	桩体质量检验	按基桩检测技术规范			
	2	桩位偏差	见本标准表5.1.3			
	3	承载力	按基桩检测技术规范			
一般项目	1	成品桩质量：外观	表面平整，颜色均匀，掉角深度<10mm，蜂窝面积小于总面积0.5%			
		外形尺寸	见本标准表5.4.7			
		强度	满足设计要求			
	2	硫磺胶泥质量(半成品)	设计要求			
	3	接桩：电焊接桩：焊缝质量电焊结束后停歇时间	见本标准表5.5.7			
			min	>1.0		
		硫磺胶泥接桩：胶泥浇注时间	min	<2		
		浇注后停歇时间	min	>7		
	4	电焊条质量	设计要求			
	5	压桩压力(设计有要求时)	%	±5		
	6	接桩时上下节平面偏差接桩节点弯曲矢高	mm	<10 <1/1000l		
	7	桩顶标高	mm	±50		
		专业工长(施工员)		施工班组长		
施工单位检查评定结果	项目专业质量检查员：				年 月 日	
监理(建设)单位验收结论	专业监理工程师(建设单位项目专业技术负责人)：				年 月 日	

注：l为桩长。

5.3 先张法预应力管桩

5.3.1 特点和适用范围

先张法预应力管桩，简称管桩，系采用先张法预应力工艺和离心成型法，制成的一种空心圆柱体细长混凝土预制构件。主要由圆筒形桩身、端头板和钢套箍等组成。

管桩按桩身混凝土强度等级分为预应力管桩（代号 PC）和预应力高强混凝土管桩（代号 PHC），前者强度等级不低于 C60，后者不低于 C80。PC 桩一般采用常压蒸汽养护，脱模后移入水池再泡水养护，一般 28d 才能使用。PHC 桩，一般在成型脱模后，送入高压釜经 10 个大气压、180℃左右高温高压蒸汽养护，从成型到使用的最短时间为 3~4d。

管桩规格按外径分为 300、400、500、550、600、800、1000mm 等，壁厚为 60~130mm。每节长一般不超过 15m，常用节长为 8~12m，有时也生产长达 25~30m 的管桩。

预应力管桩具有单桩承载力高，桩端承载力可比原状土提高 80%~100%；设计选用范围广，单桩承载力可从 600kN 到 4500kN，既适用于多层建筑，也可用于 50 层以下的高层建筑；桩运输吊装方便，接桩快速；桩长度不受施工机械的限制，可任意接长；桩身耐打，穿透力强，抗裂性好，可穿透 5~6m 厚的密实砂夹层；造价低廉，其单位承载力价格仅为钢桩的 1/3~2/3，并节省钢材。但也存在施工机械设备投资大，打桩时振动、噪声和挤土量大等问题。

适用于黏性土、粉土、砂土、碎石类土层以及持力层为强风化岩层、密实的砂层（或卵石层）等土层应用。

5.3.2 施工准备

5.3.2.1 技术准备

同本标准第 5.2.2.2 条第 1 款。

5.3.2.2 材料准备

1 预应力管桩，按设计的规格选用。

2 采用电焊接桩时按计划准备电焊条；法兰盘接桩时准备螺栓（螺母）。

5.3.2.3 主要机具

1 采用机械静力压桩时，压桩机见"5.2.1 机械静力压桩"。

2 锤击打桩机。

目前国内主要采用锤击法，多采用爆发力强、锤击能量大、工效高的筒式柴油锤沉桩，其型号选用可参考表 5.3.2.3。

表 5.3.2.3 选择筒式柴油打桩锤参考表

柴油锤型号	25型	32型~36型	40型~50型	60型~62型	70型~72型	80型
适用管桩规格	$\phi 300~\phi 400$	$\phi 300~\phi 400$	$\phi 400~\phi 500$	$\phi 500~\phi 600$	$\phi 550~\phi 600$	$\phi 600~\phi 800$

5.3.2.4 作业条件

1 应具有工程地质资料、桩基施工平面图、桩基施工组织设计（或施工方案），对施工人员进行了技术、安全和文明施工的交底。

2 已排除桩基范围内的高空、地面和地下障碍物。场地已平整压实，能保证压桩机械在场内正常运行。雨期施工，已做好排水措施。

3 打桩场地附近建（构）筑物有防振要求时，已采取防振措施。

4 桩基的轴线桩和水准基点桩已设置完毕，并经过复查办理了签证手续。每根桩的桩位已经测定，用小木桩或短钢筋打好定位桩，并用白灰做出标志。

5 已选择和确定桩机设备的进出路线和压桩顺序。

6 检查打桩机械设备及起重工具，铺设水、电管线，进行设备架立组装。在桩架上设置标尺或在桩侧面画上标尺，以便能观测桩身入土深度。

7 检查桩的质量，将需用的桩按平面布置图堆放在打桩机附近，不合格的桩另行堆放。

8 已准备好桩基工程沉桩记录和隐蔽工程验收记录表格，并安排好记录和质量控制监督人员等。

5.3.3 材料质量控制要点

桩的材料质量控制要点见本标准表 5.2.1.3-1。

5.3.4 施工工艺

5.3.4.1 工艺流程

测量放线定桩位→桩机就位→底桩就位、对中和调直→锤击沉桩→接桩→再锤击沉桩→再接桩→打至持力层→收锤

5.3.4.2 施工要点

1 管桩施工顺序，应根据桩的密集程度与周围建（构）筑物的关系合理确定。一般当桩较密集且距周围建（构）筑物较远，施工场地较开阔时，宜从中间向四周对称施打；若桩较密集、场地狭长、两端距建（构）筑物较远时，宜从中间向两端对称施打；若桩较密集且一侧靠近建（构）筑物时，宜从毗邻建筑物一侧开始向另一方向施打；若建（构）筑物外围设有支护桩，宜先打设工程桩，再打设外围支护桩。另外，根据入土深度，宜先打设深桩，后打设浅桩；根据管桩规格，宜先大后小，先长后短；根据高层建筑塔楼（高层）与裙房（低层）的关系，宜先高后低。

2 桩锤选择。管桩施打应合理选择桩锤，桩锤选用一般应满足以下要求：

(1) 能保证桩的承载力满足设计要求；

(2) 能顺利或基本顺利地将桩下沉到设计深度；

(3) 打桩的破碎率能控制在1%左右，最多不超过3%；

(4) 满足设计要求的最后贯入度，最好为20～40mm/10击，每根桩的总锤击数宜在1500击以内，最多不超过2000～2500击。

桩锤可参考表 5.3.2.3 选用。

3 打桩前应通过轴线控制点，逐个定出桩位，打设钢筋标桩，并用白灰在标桩附近地面上画上一个圆心与标桩重合、直径与管桩相等的圆圈，以方便插桩对中，保持桩位正确。

4 底桩就位前，应在桩身上划出单位长度标记，以便观察桩的入土深度及记录每米沉桩击数。吊桩就位一般用单点吊将管桩吊直，使桩尖插在白灰圈内，桩头部插入锤下面

的桩帽套内就位，并对中和调直，使桩身、桩帽和桩锤三者的中心线重合，保持桩身垂直，其垂直度偏差不大于0.5%。桩垂直度观测包括打桩架导杆的垂直度，可用两台经纬仪在离打桩架15m以外成正交方向进行观测，也可在正交方向上设置两根吊砣垂线进行观测校正。

5 锤击沉桩宜采取低锤轻击或重锤低打，以有效降低锤击应力，同时特别注意保持底桩垂直，在锤击沉桩的全过程中都应使桩锤、桩帽和桩身的中心线重合，防止桩受到偏心锤打，以免桩受弯受扭。

6 桩的接头过去多采用法兰盘螺栓连接，刚度较差。现今都在桩端头埋设端头板，四周用一圈坡口进行电焊连接。当底桩桩头（顶）露出地面0.5~1.0m时，即应暂停锤击，进行管桩接长。方法是先将接头上的泥土、铁锈用钢丝刷刷净，再在底桩桩头上扣上一个特制的接桩夹具（导向箍），将待接的上节桩吊入夹具内就位，调直后，先用电焊在剖口圆周上均匀对称点焊4~6点，待上、下节桩固定后卸去夹具，再正式由两名焊工对称、分层、连续的施焊，一般焊接层数不小于2层，焊缝应饱满连续，待焊缝自然冷却8~10min，始可继续锤击沉桩。

7 在较厚的黏土、粉质黏土层中施打多节管桩，每根桩宜连续施打，一次完成，以避免间歇时间过长，造成再次打入困难，而需增加许多锤击数，甚至打不下去而将桩头打坏。

8 当桩尖（靴）被打入设计持力层一定深度，符合设计确定的停锤条件时，即可收锤停打，终止锤击的控制条件，称为收锤标准。收锤标准通常以达到的桩端持力层、最后贯入度或最后1m沉桩桩锤击数为主要控制指标。桩端持力层作为定性控制；最后贯入度或最后1m沉桩锤击作为定量控制，均通过试桩或设计确定。一般停止锤击的控制原则是：桩端（指桩的全截面）位于一般土层时，以控制桩端设计标高为主贯入度可作参考；桩端达到坚硬、硬塑的黏性土、中密以上粉土、砂土、碎石类土、风化岩时，以贯入度控制为主，桩端标高可作参考。当贯入度已达到，桩端标高未达到时，应继续锤击3阵，按每阵10击的贯入度不大于设计规定的数值加以确认，必要时施工控制贯入度应通过试验与有关单位会商确定。

9 为将管桩打到设计标高，需要采用送桩器，送桩器用钢板制作，长4~6m。设计送桩器的原则是：打入阻力不能太大，容易拔出，能将冲击力有效地传到桩上，并能重复使用。

10 质量控制要点

（1）施工前，应检查进入现场的成品桩及接桩用电焊条等产品质量。

（2）防止桩顶打碎的控制要点：加强桩制作质量控制，保证桩头混凝土密实性和强度达到设计要求；桩运输、堆放、吊装中防止碰撞损坏桩头；合理选用桩锤，不使过重或过轻；桩帽宜做成圆筒形，套桩头用的筒体深度宜为350~450mm，内径应比桩径大4~6mm，不使空隙过大；遇孤石可采用小直径钻孔再插管桩的方法施打；合理确定贯入度或总锤击数，不使过小或过多；在厚黏土层中停歇时间不应超过24h。

（3）防止桩顶偏位的控制要点：测量放线应经复测后使用；插桩应认真对中；打桩应按规定的顺序进行；避免打桩期间同时开挖基坑；施工前用洛阳铲（如地质复

杂、孤石较多时可采用超前钻探）探明地下孤石、障碍物，较浅的挖除，深的用钻机钻透或爆碎；接桩应吊线找直，垂直偏差应控制在0.5%以内；偏位过大，应拔出，移位再打；偏位不大，可用木架顶正，再慢锤打入；障碍物不深，可挖去回填后再打。

（4）防止桩身倾斜超过规范规定的控制要点：打桩机导杆弯曲应纠正；打桩场地应整平夯压密实；插桩应吊线锤检查，桩帽、桩身和桩尖必须在一条垂线上方可施打；桩身弯曲度应不大于1%，过大的不宜使用；开始沉桩，应临时固定牢固，并轻锤慢击；施打时，应使桩锤、桩帽、桩身在同一直线上，防止受力偏心；桩垫、锤垫应找平，桩帽与桩周围的间隙应为2～3mm；其他控制同桩顶偏位的控制。

（5）桩身断裂的控制要点：在砂土层中沉桩，桩端应设桩靴，避免采用开口管桩；遇孤石和岩石避免硬打；接桩要保持上、下节桩在同一直线上，焊接焊缝应饱满，填塞钢板应紧密；焊后自然冷却8～10min，始可施打；管桩制作严格控制漏浆、管壁厚度和桩身强度；打桩时要设合适的桩垫，厚度不宜小于120mm；桩身制作预应力值必须符合设计要求；沉桩桩身自由段长细比不宜超过40；桩在堆放、吊装和搬运过程中避免碰撞产生裂缝或断裂，沉桩前要认真检查，已严重裂缝或断裂的桩避免使用。

（6）沉桩达不到设计的控制要求（未达到设计标高或最后贯入度及锤击数控制要求）的控制要点：详细核对地质勘探资料，必要时应作补充勘探；合理选择持力层或标高，使符合地质实际情况；探明地下障碍物和硬夹层，并清除或钻透或爆碎；选用桩锤不能太小，旧桩锤性能不稳定，应检修合格方可使用；桩头被打碎，桩身被打断应停止施打，处理后再打；打桩应注意顺序，减少向一侧挤密；打桩应连续进行，必须间歇时，间歇时间不宜超过24h。

（7）施工过程中，应检查桩的贯入度情况、桩顶完整状况、电焊接桩质量、桩体垂直度、电焊后的停歇时间。重要工程应对电焊接头做10%的焊缝探伤检查。

（8）施工结束后，应做承载力检验及桩体质量检验。

5.3.5 成品保护措施

同本标准第5.2.1.5条。

5.3.6 安全、环保措施

1 打桩前，应对邻近施工范围内的原有建筑物、地下管线等进行检查，对有影响的工程，应采取有效地加固防护措施或隔振措施，施工时加强观测，以确保施工安全。

2 打桩机行走道路必须平整、坚实，必要时宜铺设道渣，经压路机碾压密实。场地四周应挖排水沟以利排水，保证移动桩机时的安全。

3 打桩前应全面检查机械各个部件及润滑情况，钢丝绳是否完好，发现问题应及时解决；检查后，要进行试运转，严禁带病作业。打桩机械设备应由专人操作，并经常检查机架部分有无脱焊和螺栓松动，注意机械的运转情况，加强机械的维护保养，以保证机械正常使用。

4 打桩机架安设应铺垫平稳、牢固。吊桩就位时，起吊要慢，并拉住溜绳，防止桩头冲击桩架，撞坏桩身。吊立后要加强检查，发现不安全情况，及时处理。

5 在打桩过程中遇有地坪隆起或下陷时，应随时对机架及路轨调平或垫平。

6 现场操作人员要戴安全帽，高空作业佩带安全带，高空检修桩机，不得向下乱丢物件。

7 机械司机在打桩操作时，要精力集中，服从指挥信号，并应经常注意机械运转情况，发现异常情况，立即检查处理，以防止机械倾斜、倾倒，或桩锤不工作，突然下落事故发生。

8 打桩时，桩头垫料严禁用手拨正，不得在桩锤未打到桩顶就起锤或过早刹车，以免损坏桩机设备。

9 夜间施工，必须有足够的照明设施；雷雨天、大风、大雾天，应停止打桩作业。

10 合理安排打桩作业时间，以免影响周围邻近居民的休息。

5.3.7 质量标准

先张法预应力管桩的质量检验应符合表5.3.7的规定。

表5.3.7 先张法预应力管桩质量检验标准

项	序	检查项目		允许偏差或允许值		检查方法
				单位	数值	
主控项目	1	桩体质量检验			按基桩检测技术规范	按基桩检测技术规范
	2	桩位偏差			见本标准表5.1.3	用钢尺量
	3	承载力			按基桩检测技术规范	按基桩检测技术规范
一般项目	1	成品桩质量	外观		无蜂窝、露筋、裂缝、色感均匀、桩顶处无空隙	直观
			桩径	mm	±5	用钢尺量
			管壁厚度	mm	±5	用钢尺量
			桩尖中心线	mm	<2	用钢尺量
			顶面平整度	mm	10	用水平尺量
			桩体弯曲		<1/1000l	用钢尺量，l为桩长
	2	接桩：焊缝质量			见本标准表5.5.7	见本标准表5.5.7
		电焊结束后停歇时间 上下节平面偏差 节点弯曲矢高		min mm	>1.0 <10 <1/1000l	秒表测定 用钢尺量 用钢尺量，l为两节桩长
	3	停锤标准			设计要求	现场实测或查沉桩记录
	4	桩顶标高		mm	±50	水准仪

5.3.8 质量验收

5.3.8.1 检验批的划分应符合本标准第3.0.9条、第3.0.10条的规定。

5.3.8.2 检验批的验收组织应符合本标准第3.0.15条的规定。

5.3.8.3 质量验收记录：

1 成品管桩出厂合格证和进场检查记录；

2 电焊条等原材料合格证和试验报告；

3 打桩施工记录（包括每下沉1m锤击数、接桩记录、最后三阵每阵10击的贯人度等）；

4 检验批验收记录按表5.3.8.3"预应力管桩工程检验批质量验收记录表"填写。

表 5.3.8.3 预应力管桩工程检验批质量验收记录表
GB 50202—2002

单位(子单位)工程名称					
分部(子分部)工程名称				验收部位	
施工单位				项目经理	
分包单位				分包项目经理	
施工执行标准名称及编号					

		施工质量验收规范的规定		施工单位检查评定记录	监理(建设)单位验收记录
主控项目	1	桩体质量检验	设计要求		
	2	桩位偏差	本标准表5.1.3		
	3	承载力	设计要求		
一般项目	1	成品桩质量 外观	无蜂窝、露筋、裂缝、色感均匀、桩顶处无孔隙		
		桩径(mm)	±5		
		管壁厚度(mm)	±5		
		桩尖中心线(mm)	<2		
		顶面平整度(mm)	10		
		桩体弯曲	<1/1000l		
	2	接桩:焊缝质量	本标准表5.5.7		
		电焊结束后停歇时间(min)	≥1.0		
		上下节平面偏差(min)	<10		
		节点弯曲矢高	<1/1000l		
	3	停锤标准	设计要求		
	4	桩顶标高(mm)	±50		

	专业工长(施工员)	施工班组长	
施工单位检查评定结果			
	项目专业质量检查员:		年 月 日
监理(建设)单位验收结论			
	专业监理工程师(建设单位项目专业技术负责人):		年 月 日

注:l为桩长。

5.4 混凝土预制桩

5.4.1 特点和适用范围

1 本节主要指钢筋混凝土预制方桩采用打入法沉桩施工。

2 特点：钢筋混凝土预制方桩是预制桩中使用较为广泛的一种桩型，具有制作方便、质量可靠、材料强度高、耐腐蚀性能好、承载力高、价格较低等优点；但也有沉桩有明显的挤土影响，贯穿厚砂层或硬土层困难，桩截面和沉桩深度有限，采用打入法沉桩施工噪声较大等缺点。

3 适用范围：适用于一般黏性土、粉土、砂土、湿陷性黄土，淤泥、淤泥质土及填土，中间夹砂层或砾石层不厚或较软弱的土层；地下水位高的地区和对噪声、挤土影响无严格限制的地区，持力层变化不大且埋深不深的地区。

5.4.2 施工准备

5.4.2.1 技术准备

1 熟悉施工图纸和地质勘察报告，了解施工现场（包括超过入土深度一定范围内）土层情况的分布情况、成因年代以及各层土的物理力学指标（包括静力触探和标准贯入的击数值）。

2 查明施工现场的地形、地貌、气候及其他自然条件，了解地下水的水位、水质及其变化情况等。

3 了解施工现场区域内人为或自然地质现象，如地震、岩溶、矿穴、古塘、暗浜以及地下构筑物、障碍物等。

4 了解邻近建筑物、构筑物的位置、距离、结构和目前使用情况等；了解沉桩区域附近的地下管线（煤气管、上下水管、电缆线）等的距离、埋置深度、使用年限、管径大小、结构情况等。

5 编制施工组织设计（或施工方案）。

(1) 钢筋混凝土预制桩制作的施工组织设计（或施工方案），一般应包括以下内容：

1）工程概况：

a 工程名称、地点、设计要求制桩的数量、规格及混凝土强度等级；

b 绘制标有施工现场及附近道路、建筑物、水源、电源（包括供电容量）等尺寸、规格的总平面图。

2）施工现场三通一平（道路、水、电和场地平整）的具体要求及实施办法。

3）制桩场地表面整平加固及铺筑制桩地坪混凝土。

4）制桩现场的施工总平面布置图：

a 制桩场地平面位置及尺寸；

b 钢筋笼制作场地平面位置及尺寸；

c 模板制作及堆放场地的平面位置及尺寸；

d 混凝土搅拌系统的平面位置及尺寸；

e 混凝土水平运输的工具及路线；

f 浇筑桩身混凝土作业流水施工方法；

g 现场道路及排水布置等。

5) 制桩模板的结构图（包括脱模剂或隔离剂的涂刷要求）。
6) 桩身钢筋笼的配料大样、数量及绑扎成型的结构尺寸。
7) 混凝土配合比、坍落度、浇筑方法和振捣要求。
8) 桩身混凝土的养护措施。
9) 材料、设备计划。
10) 劳动力计划。
11) 施工进度计划。
12) 保证质量与安全、文明施工的技术措施。

(2) 钢筋混凝土预制桩打桩施工组织设计（或施工方案），一般应包括以下内容：
1) 工程概况：
a 工程名称、地点、上部结构简介及设计单桩承载力要求；
b 标有施工现场附近道路、建筑物、地下管线等位置情况的总平面图。
2) 施工现场工程水文地质资料：
a 钻孔资料柱状图；
b 土的物理力学性能及其指标。
3) 桩基总平面布置图：
a 桩的间距与位置尺寸；
b 桩顶标高的设计要求；
c 沉桩控制标准。
4) 桩结构设计图（包括多节桩的连接方法与要求）。
5) 桩位的测量放线及定位控制方法。
6) 桩的吊运方法：
a 桩身吊点的位置；
b 运桩方法与设备。
7) 沉桩方法与沉桩机械设备的选定。
8) 沉桩施工顺序及流水施工组织。
9) 减小对周围邻近建（构）筑物或地下管线影响的防护技术措施。
10) 劳动力计划。
11) 设备与材料计划。
12) 总进度计划。
13) 保证质量与安全、文明施工的技术措施。

5.4.2.2 材料准备

1 现场制桩的主要材料有：水泥、石子、砂子、水、外加剂和钢筋、钢板、电焊条等。

2 打桩施工主要材料为：钢筋混凝土预制桩、角钢、电焊条等。

5.4.2.3 主要机具

1 现场制桩机具有：混凝土搅拌机、机动翻斗车、钢筋切断机、钢筋弯曲机、钢筋调直机（或卷扬机）、钢筋对焊机、电焊机、泵称、汽车吊或履带吊、振动器、铁锹、抹子、手推车等。

2 打桩机械

(1) 桩锤

1) 桩锤的种类与适用条件：

桩锤的种类很多，供建筑桩基施工用的桩锤有：落锤、单动汽锤、双动汽锤、柴油打桩锤、液压打桩锤、振动沉桩锤等。不同类型的桩锤中还有其系列化各种规格。为了保证打入桩的沉桩质量，桩锤的合理选用是很重要的。不同类型的桩锤的工作原理、使用条件和适用范围见表5.4.2.3-1。

表 5.4.2.3-1 桩锤的种类与适用范围

序号	桩锤种类	工作原理	适用条件及特点
1	落锤	是以人力或机械方法将桩锤提升，然后令其自由下落，利用锤自重夯击桩顶，使桩沉入土中	1. 可根据预制桩的材质、规格及土质情况，选择重量相宜的落锤，打入各种品种的预制桩 2. 一般用电动或机动卷扬机将锤提升，设备简单 3. 提吊落锤的钢丝绳操作大 4. 桩顶易损坏 5. 沉桩效率相对较低（每分钟约6～20次） 6. 节省能源 7. 落距可自由调节
2	单动汽锤	利用蒸汽或压缩空气的压力将锤体上举，然后令其排汽，利用锤自重夯击桩顶，使桩沉入土中	1. 宜于打各种类型预制桩，最适于套管法打灌筑混凝土桩 2. 落距在其额定范围内可自由调节，桩头和设备不易损坏 3. 每次夯击需专人控制排气闸 4. 必须具备汽源，烧锅炉时，不仅煤耗大，还将污染空气 5. 可用于各种土壤条件
3	双动汽锤	利用蒸汽或压缩空气的压力将锤体上举，自动使锤下冲，夯击桩顶。除自重外，增加一定的夯击能	1. 宜于打各种类型预制桩，可用于打斜桩、拔桩、吊锤打桩，使用压缩空气时，可用于水下打桩 2. 落距基本不变，不需人为控制 3. 每分钟锤击次数多，冲击力大，工作效率高，但设备笨重、移动困难 4. 必须具备汽源，烧锅炉时，不仅煤耗大，还将污染空气 5. 可用于拔桩
4	柴油打桩锤	利用柴油燃爆推起活塞柱，自动落下时实现夯击作用，使桩沉入土中	1. 能打各种类型预制桩，最适于打钢板桩 2. 通常配以专用机架，机架轻、移动便利 3. 沉桩效率高，燃料消耗少 4. 不宜在过硬或过软的土中打桩 5. 工作时落距能随入土快慢而自行调整，桩入土愈慢，锤的落距愈大 6. 工作时有油烟排放污染
5	振动沉桩锤	电力驱动偏心，引起激振，通过刚性连接的夹钳或桩帽，传到桩顶，克服桩与周围土层间的摩擦力，并使底部土体松动，使桩沉入土中	1. 最宜于打钢板桩、钢管桩及长度18m以内的沉管灌注桩 2. 宜用于砂土、塑性黏土、松软砂黏土、黄土和软土，不宜用于砾石、卵石夹砂和紧密黏土中 3. 软土地基中沉桩效率高 4. 施工操作方便安全，起动与停机方便 5. 在卷扬机的配合下，能拔钢板桩和钢管桩 6. 起动时，瞬时电流大，须有足够的电源和电器设备
6	液压打桩锤	液压推动被密闭在锤壳体内的锤芯活塞柱，令其往返工作，实现夯击作用中	1. 宜于各种类型的预制桩 2. 打桩噪声小（距打桩的30m处为75dB），比柴油锤小20dB），无污染，最适于城市环保要求高的地区作业 3. 能源消耗最小

2) 桩锤的的选择计算方法：

a 按桩锤冲击能选择：

$$E \geqslant 25P \tag{5.4.2.3-1}$$

式中 E——锤的一次冲击动能（kN·m）；

P——单桩的设计荷载（kN）。

b 按桩重量复核：

$$K = (M+C)/E \tag{5.4.2.3-2}$$

式中 K——适用系数；

双动汽锤、柴油打桩锤 $K \leqslant 5.0$

单动汽锤　　　　　　 $K \leqslant 3.5$

落锤　　　　　　　　 $K \leqslant 2.0$

M——锤重（t）；

C——桩重（包括送桩、桩帽与桩垫）（t）；

E——锤的一次冲击动能（kN·m）。

3) 按经验选择桩锤：

a 采用锤击沉桩时，为防止桩受冲击时产生过大的应力，导致桩顶破碎，应本着重锤低击的原则选锤。

通常可按表5.4.2.3-2选用锤重。但需要说明的是，柴油锤在工作时，很难控制做到重锤低击。

b 锤重的选择应根据工程地质条件、桩的类别结构、抗压强度、密集程度以及施工条件进行，可参考表5.4.2.3-3选用。

表 5.4.2.3-2 锤重与桩重比值表（锤重/桩重）

锤类别 \ 桩类别	钢筋混凝土桩	钢板桩
落　　锤	0.35~1.50	1.0~2.0
单动汽锤	0.45~1.40	0.7~2.0
双动汽锤	0.60~1.80	1.5~2.5
柴油锤	1.0~1.5	2.0~2.5

注：1 锤重系指锤体总重；
　　2 桩重系指除桩自重外还应包括桩帽重量；
　　3 桩长度一般不超过20m；
　　4 土质较软时，建议采用下限值，土质较坚硬时，建议采用上限值。

表 5.4.2.3-3 柴 油 锤

锤　型		柴油锤(t)					
		2.0	2.5	3.5	4.5	6.0	7.2
锤的动力性能		2.0	2.5	3.5	4.5	6.0	7.2
	冲击部分重(t)	4.5	6.5	7.2	9.6	15.0	18.0
	冲击力(kN)	2000	2000~2500	2500~4000	4000~5000	5000~7000	7000~10000
	常用冲程(m)	1.8~2.3					

续表 5.4.2.3-3

锤 型		柴油锤(t)					
		2.0	2.5	3.5	4.5	6.0	7.2
适用桩规格	预制方桩边长、预应力管桩直径（cm）	25～35	35～40	40～45	45～50	50～55	55～60
	钢管桩直径 ϕ(cm)	40	40	40	60	90	90～100
持力层	粘性土、粉土 一般进入深度(m)	1～2	1.5～2.5	2～3	2.5～3.5	3～4	3～5
	静力触探 P_s 平均值(N/mm²)	3	4	5	>5	>5	>5
	砂土 一般进入深度(m)	0.5～1.5	0.5～1.5	1～2	1.5～2.5	2～3	2.5～3.5
	标准贯入击数(N)(未修正)	15～25	20～30	30～40	40～45	45～50	50
锤的常用控制贯入度(cm/10击)		—	2～3	—	3～5	4～8	—
设计单桩极限承载力(kN)		400～1200	800～1600	2500～4000	3000～5000	5000～7000	7000～10000

注：1 本表仅供选锤用。
   2 本表适用于20～40m长预制钢筋混凝土桩及40～60m长钢管桩，且桩尖进入硬土层有一定深度。

　　c 锤的选择还应与桩身材料的抗压强度有关，作用在桩顶上的最大锤击压应力应满足下述要求：
　　a 小于钢管桩材料抗压屈服强度的80%；
　　b 小于钢筋混凝土预制桩抗压强度的70%；
　　c 小于预应力钢筋混凝土抗压强度的75%。
　4）常用桩锤的技术性能：
　　a 柴油锤。

柴油锤又分为导杆式和筒式两类，其中以筒式柴油锤使用较多，它是一种气缸活塞上下往复运动冲击的柴油锤，其特点是柴油在喷射时不雾化，只有被活塞冲击才雾化，其结构合理，有较大的锤击力，工作效率高，还能打斜桩。国产常用导杆式和筒式柴油锤的技术性能见表5.4.2.3-4和表5.4.2.3-5。此外，我国还从国外引进一批筒式柴油锤，以日本和德国生产的为主，如表5.4.2.3-6。

表 5.4.2.3-4　国产导杆式柴油锤技术性能

项 目		桩锤型号		
		D_1-600	D_1-1200	D_1-1800
锤击部分重量(kg)		600	1200	1800
锤击部分最大行程(mm)		1870	1800	2100
锤击次数(次/min)		50～70	55～60	45～50
最大锤击能量(kN·m)		11.2	21.6	37.8
气缸直径(mm)		200	250	290
耗油量(L/h)		3.1	5.5	6.9
燃油箱容量(L)		11	11.5	22
桩的最大长度(m)		8	9	12
桩的最大直径(mm)		300	350	400
卷扬机	起重量(t)	1.5	1.5	3.0
	电机型号	JZ21-6	JZ21-6	JZ22-6
	电机功率(kW)	5	5	7.5
	电机转速(r/min)	915	915	920
外形尺寸(长×宽×高)(m)		4.34×3.90×11.4	5.4×4.2×12.45	7.5×5.6×17.5
全机总重(t)		6.7	7.5	13.9

表 5.4.2.3-5　国产筒式柴油锤技术性能

性能指标	单位	D2-18 D18	D2-32 D32	D2-40 D40	D2-50 D50	D2-72 D72	DN-25	BDH-15	BDH-20	BDH-25	BDH-35A	BDH-45	BDH-60/72
冲击能量	kN/m	46	80	100	125	180	62.5	37.5	50.5	62.5	87.5	112.5	180/216
冲击次数	次/min	40～60											38～53
冲击体重力	kN	18	32	40	50	72	25	15	20	26	35	45	60/72
冲程	m	2.5	2.5	2.5	2.5	2.5	2.5	—	—	—	—	—	—
燃油耗量	L/h	13	21	24	28	43	18.5	6.8～7.9	9.0～10.8	9～14	12～16	19.4～22.7	25～37
锤总重量	t	4.2	7.2	9.3	10.5	18.0	5.65	—	—	—	—	—	—
锤总高度	m	3.947	4.87	4.87	5.28	5.905							
极限贯入度	mm/次	0.5	0.5	0.5	0.5	0.5							

表 5.4.2.3-6　国外筒式柴油锤技术性能

生产厂	型号	冷却方式	外形尺寸(mm) 长	宽	深	总质量(kg)	冲击部分重量(kg)	容许斜打角(°)	打击频率次(min)	冲击能量(kN·m)	燃油耗量(L/h)	润滑油耗量(L/h)	最大爆发力(kN)
德国德尔马克公司	D8-22	风冷	4700	410	590	2050	800	26.6	38～52	23.9～12.8	4	1	505
	D16-32		4730	485	665	3350	1600	26.6	36～52	53.5～25.6	5.5	1	686
	D25-32/33		5260	640	715	5510	2500	18.4	37～52	79.0～40.0	8	1	1304
	D30-32/33		5260	640	715	6010	3000	18.4	37～52	9408～48.0	10	1	1304
	D36-32/33		5285	785	848	8200	3600	18.4	37～53	113.7～55.5	11.5	2	1695
	D46-32/33		5285	785	848	9200	4600	18.4	37～53	145.3～70.9	16	2	1695
	D66-22		5910	800	970	12270	6200	26.6	35～50	219.0～107.1	20	3.2	1800
	D80-23		6200	890	1110	17105	8000	26.6	36～45	266.8～171.1	25	2.9	2600
	D100-13		6358	890	1110	20570	10000	11.3	36～45	333.5～213.9	30	2.9	2600
日本神户制钢所	K13	水冷	4145	616	720	2900	1300	20	40～60	37	3～8	1.0	680
	K25		4650	768	850	5200	2500	20	39～60	75	9～12	1.5	1080
	K35		4650	881	950	7500	3500	20	39～60	105	12～16	2.0	1500
	K45		4925	996	1090	10500	4500	20	39～60	135	17～21	2.5	1910
	KB45		5460	996	1090	11000	4500	45	35～60	135	17～21	3.5	1910
	KB60		5770	1135	1340	15000	6000	45	35～60	180	24～30	4.0	2460
	KB80		6100	1384	1480	20500	8000	30	35～60	240	32～40	6.0	2500
	K13A		4145	616	720	2900	1300	20	40～60	37	3～8	0.2～0.7	680
	K25A		4650	768	850	5200	2500	20	39～60	75	9～12	0.2～0.7	1080
	K35A		4650	881	950	7500	3500	20	39～60	105	12～16	0.3～1.0	1500
	K45A		4925	996	1090	10500	4500	20	39～60	135	17～21	0.4～1.0	1910
日本石川岛建机	IDH-12A	风冷	4180	470	730	2730	1250	20	40～60	31.2	8	0.8	
	IDH-J24		4251	670	914	5100	2300	20	40～60	60	14	1.5	
	IDH-J34		4412	790	1042	7700	3500	20	40～60	87.5	18	2.0	
	IDH-J43		4512	840	1156	10000	4300	20	40～60	110	26	3.0	
	IDH-25	水冷	4660	780	830	5800	2500	20	39～60	75	10～14	1.5	1100
	IDH-C25		5300	780	840	6100	2500	20	37～60	75	10～14	1.5	1100
	IDH-35		4710	880	980	8000	3500	20	39～60	105	14～20	1.8	1500
	IDH-C35		5400	880	970	8600	3500	20	39～60	105	14～20	1.8	1500
	IDH-45		4830	1000	1120	10800	4500	20	39～60	135	18～25	2.0	1900
	IDH-C45		5400	1000	1110	11400	4500	20	37～60	135	18～25	2.0	1900

注：1　表中，日本神户制钢所型号系列中带 A 者，石川岛建机型号系列中带 C 者均为减烟型柴油锤。
　　2　神户制钢所型号系列中 KB 型表示斜打型桩锤。
　　3　德国马克公司生产的 D30-32/33 型，在打 45°斜桩时，桩锤长度要加长 1m，总重量亦应相应增加。

b 汽锤。

汽锤是以饱和蒸汽为动力,使锤体上下运动冲击桩头进行沉桩。具有结构简单,动力大,工作可靠,能打各种桩等特点,但需配备锅炉,移动较麻烦,目前已很少使用。

汽锤有单作用、双作用两类,双作用汽锤的技术性能见表5.4.2.3-7。

表5.4.2.3-7 双作用汽锤的技术性能

性能指标	型 号					
	CCCM-703	C-35	C-32	CCCM-742A	BP-28	C-231
总锤重(kg)	2968	3767	4095	4450	6550	4450
冲击部分重量(kg)	680	614	655	1130	1450	1130
冲程(mm)	406	450	525	508	500	508
冲击能(N·m)	9060	10830	15880	18170	25000	18000
冲击次数(次/min)	123	135	125	105	120	105
需要压缩空气(m³/min)	12.74	12.75	17	17	30	17
锤的外形尺寸 (高) (mm)	2491	2375	2390	2689	3190	2765
(长)	560	650	632	660	650	660
(宽)	710	710	800	810	1003	810

c 振动锤。

振动锤有刚性振动锤、柔性振动锤和振动冲击锤三种,其中以刚性振动锤应用最多,效果最好。其常用技术性能见表5.4.2.3-8。

振动锤具有沉桩、拔桩两种作用,在桩基施工中应用较多,多与桩架配套作用,亦可不用桩架,起重机吊起即可工作,沉桩不伤桩头,无有害气体等优点。

表5.4.2.3-8 电动振动锤的技术性能

型号	电机功率(kW)	偏心力矩(N·m)	偏心轴转速(r/min)	激振力(kN)	空载振幅≥(mm)	容许拔桩力≤(kN)	桩锤全高≤(mm)	桩锤振动重力≤(kN)	导向中心距(mm)
DZ15	15	50~166	600~1500	67~125	3	0.60	1600	22.00	330
DZ30	30	100~375	500~1500	104~251	3	0.80	2000	30.00	330
DZ40	40	133~500	500~1500	139~335	4	1.00	2300	36.00	330
DZ60	60	200~750	500~1500	209~503	4	1.60	2700	50.00	330
DZ90	90	500~2400	400~1100	429~6975	5	2.40	3400	70.00	330
DZ120	120	400~2800	400~1100	501~828	8	3.00	3800	90.00	600
DZ150	150	1000~3600	400~1100	644~947	8		4200	110.00	600
DZF40Y	40	0~3180	—	14.5~25.6	13.5	1.00	3100	34.00	—

注:桩锤重不包括夹桩器和钢丝绳悬挂式隔振装置;桩锤重量不包括夹桩器和配重。

d 液压打桩锤。

液压打桩锤是在城市环境保护要求日益提高的情况下研制出的最新型的低噪声、无油烟、能耗省的打桩锤。液压打桩锤技术性能见表5.4.2.3-9。

表5.4.2.3-9 液压打桩锤技术性能

性能指标	单位	型 号					
		NH-20	NH-40	NH-70	NH-100	HNC-100	HH30
芯锤重量	t	2.0	4.0	7.0	10.0	10.0	30.0
锤总重	t	5.4	9.8	14.3	22.5	18.2	56.0

续表 5.4.2.3-9

性能指标		单位	型号					
			NH-20	NH-40	NH-70	NH-100	HNC-100	HH30
芯锤最大冲程（相当于自由落距）		m	1.60	1.52	1.28	1.44	1.20	1.2
锤击能		kN·m	32.0	60.8	89.6	144	120	342
锤击次数		次/min	28	28	25	20	18	27
锤高		m	4.28	5.50	5.61	5.95	7.48	6.02
适用桩径(mm)	钢筋混凝土预制桩		250～350	300～450	300～600	400～800	300～600	—
	钢管桩		—	$\phi300～600$	$\phi300～800$	$\phi400～1500$	$\phi400～1200$	—

(2) 桩架

桩架为打桩的专用起重和导向设备，其作用主要是起吊桩锤和桩或料斗、插桩、给桩导向，控制和调整沉桩位置及倾斜度，以行走和回转方式移动桩位。按行走方式的不同，桩架可分为滚动式、轨道式、履带式、步履式、悬挂式等。桩架的选用主要根据所选定的桩锤形式、质量和尺寸，桩的材料、材质、截面形式与尺寸、桩长和桩的连接方式、桩的种类、桩数、桩的布置方式，作业空间、打入位置，以及打桩的连续程度与工期要求等而定。

桩架主要由底盘、导杆、斜杆、滑轮组和动力设备等组成。桩架的高度可按桩长需要分节组装，每节长3～4m。桩架的高度一般等于桩长＋滑轮组高＋桩锤长度＋桩帽高度＋起锤移位高度（取1～2m）。桩架的设施种类很多，应用较多的为万能桩架、履带式桩架和步履式桩架，其常用型号及技术性能见表5.4.2.3-10～表5.4.2.3-13。

表 5.4.2.3-10 国产万能桩架轨道式打桩架

项目 \ 型号		J-40	ZJA	ZDJG40/4	D-12	DJG25	JZ-40
适应最大柴油锤型号		D25、K25、K35、K45 D25/32、	D_1-1800	D_2-40 D_2-35	D_2-25/32	D_2-25	D25	D40
适应最大振动沉拔桩锤型号		DZ_1-8000 VM4-10000		DZ-40A	DZ-40A		DZ60	DZ90
沉桩最大长度(m)		15	12	14	20	18	18	20
沉桩最大直径(mm)	预制桩	400×400	250×250	500×500	400×400			
	沉管灌注桩	$\phi273～325$		$\phi325$(桩管长21.7m)			$\phi400$
沉管时回转半径(m)		4.12	2.83	3.0				
沉桩时最大加压力(kN)		50		80			80	
最大拔桩力(kN)		300		250			250	
起重能力(kN)		30	30	92				
电动机功率(kW)		28	7.5	30				
导杆允许前倾最大角度(°)		5		5	5	5	5
导杆允许后倾最大角度(°)		5		5	18.5	18.5	5
上平台回转角度(°)		360	360	360			360
上平台回转速度(r/min)		0.4	0.38	0.34	0.3	0.3	0.34
桩架行走速度(m/min)		3.5	7.8	3.5	4.8	4.8	3
轮距(mm)		4000	3200	4000	4400	4400	4000
打桩架总重量(kg)		32000		47000	44500	33000	33000	33800
外形尺寸(长×宽×高)(m)		9.5×4.5×23.2	6.8×4.4×17.3				14×7.3×38.6

注：J-40、ZJA型由北京桩工机械厂生产；ZDJG40/4由连云港机械厂生产；D12由天津搅拌机厂生产；DJG25、JZ40型由建筑机械综合所生产。

表 5.4.2.3-11 悬挂式履带式桩架的技术性能

项目\型号		DJU18	DJU25	DJU40	DJU60	DJU100
适应最大柴油锤型号		D18	D25	D40	D60	D100
导杆长度(mm)		21	24	27	33 600	33 600
锤轨中心距(mm)		330	330	330	330/600	330/600
导杆倾斜范围	前倾(°)	5	5	5	5	5
	后倾(°)	18.5	18.5	18.5	—	—
导杆水平调整范围(mm)		200	200	200	200	200
桩架负荷能力(kN)		≥100	≥160	≥240	≥300	≥500
桩架行走速度(km/h)		≤0.5	≤0.5	≤0.5	≤0.5	≤0.5
上平台回转速度(r/min)		<1	<1	<1	<1	<1
履带运输时全宽(mm)		≤3300	≤3300	≤3300	≤3300	≤3300
履带工作时外扩后宽(mm)		—	—	3960	3960	3960
接地比压(MPa)		<0.098	<0.098	<0.120	<0.120	<0.120
发动机功率(kW)		60~75	97~120	134~179	134~179	134~179
桩架作业时总重(kg)		40000	50000	60000	80000	100000

表 5.4.2.3-12 步履式桩架主要技术性能

项目\型号		DJB12	DJB18	DJB25	DJB40	DJB60*	DJB100
适用最大柴油锤型号		12	18	25	40	60	100
导杆长度(m)		18	21	24	27	33 600	40 600
锤导轨中心距(mm)		330	330	330	330	330/600	330/600
导杆倾斜范围	前倾(°)	5	5	5	5	5	5
	后倾(°)	18.5	18.5	18.5	18.5	—	—
上平台回转角度(°)		≥120	≥120	≥120	≥360	≥360	≥360
桩架负荷能力(kN)		≥60	≥100	≥160	≥240	≥300	≥500
桩架行走速度(km/h)		≥0.5	≥0.5	≥0.5	≥0.5	≥0.5	≥0.5
上平台回转速度(r/min)		<1	<1	<1	<1	<1	<1
履板轨距(mm)		3000	3800	4400	4400	6000	6000
履板长度(mm)		6000	6000	8000	8000	10000	10000
接地比压(MPa)		<0.098	<0.098	<0.120	<0.120	<0.120	<0.120
桩架作业时总重(kg)		≤14000	≤24000	≤36000	≤48000	≤70000	≤120000

注:带*为建议值。

表 5.4.2.3-13 振动锤用 DJ 型打桩架技术性能

项 目	DJ20J 型	DJ25J 型	DJB25 型	DJB60 型
沉桩最大深度(m)	20	25	20	26
沉桩最大直径(mm)	400	500	500	600
最大加压力(kN)	100	160	—	—
最大拔桩力(kN)	200	300	250	350
配用振动锤最大功率(kW)	40	60	—	—
立柱允许前倾最大角度(°)	10	10	5	9

续表 5.4.2.3-13

项 目	DJ20J 型	DJ25J 型	DJB25 型	DJB60 型
立柱允许后倾最大角度(°)	5	5	5	3
主卷扬机最大牵引力(kN)	30	50	—	—
主卷扬机功率(kW)	11	17		
外形尺寸（长×宽×高）(m)	9.6×10×25	10×10×30	9.8×7.0×24.5	13.5×6.1×35
重量（不包括锤）(t)	17.5	20	30	60

注：DJ20J、DJ25J 型由浙江振中机械厂生产，DJB25、DJB60 型由甘肃兰州建筑通用机械总厂生产。

3 打桩时配套起重机械有履带式起重机或汽车式起重机，可根据场地条件及桩的重量、长度选用。

5.4.2.4 作业条件

1 现场制桩的作业条件：

(1) 施工现场三通一平（道路、水、电和场地平整）已按要求完成。

(2) 制桩场地表面已整平加固及铺筑制桩地坪混凝土，经养护达到强度要求并经验收合格。

(3) 钢筋笼制作场地、模板制作及堆放场地已平整夯实，并硬化。

(4) 混凝土搅拌设备已安装完毕，并经试运转能够满足要求。

(5) 混凝土水平运输道路、运桩道路已修筑，满足运输机械行走的要求。

(6) 场地周围的排水沟已按要求布设。

(7) 制桩模板已加工完成，运到制作场地。

(8) 各种材料已按要求进场，并经验收合格。

2 打预制桩作业条件同本标准第 5.3.2.4 条。

5.4.3 材料质量控制要点

1 钢筋、水泥、砂、石、外加剂等材料的一般质量控制要点见《混凝土结构工程施工技术标准》ZJQ 08-SGJB 204—2005 有关内容。

2 制桩材料有关特殊要求如下：

(1) 用作吊环的钢筋必须使用 HPB235，严禁使用冷加工的钢筋。

(2) 当地基土中地下水对混凝土有侵蚀性时，应按设计要求或有关规范规定，采用抗腐蚀的水泥和骨料，或掺加抗腐蚀外加剂。

5.4.4 施工工艺

5.4.4.1 现场制桩

1 现场制桩工艺流程

支设模板→绑扎钢筋骨架、安设吊环→浇筑混凝土→养护至设计强度的 30%拆模→支设间隔桩端头模板、涂刷隔离剂、绑扎钢筋骨架、安设吊环→浇筑间隔桩混凝土→同法间隔重叠制作第二层桩→养护至 70%强度起吊→达到 100%强度后运输、堆放

2 现场制桩施工要点

(1) 混凝土预制桩在现场制作应采用工具式木模板或钢模板，支在坚实平整的地坪上，模板应平整牢固，尺寸准确。用间隔法重叠生产，桩头部分使用钢模堵头板，桩尖使用特制的专用模板。桩头模板应与两侧模板垂直，桩尖模板应保证桩尖尺寸正确。桩与桩之间涂刷掺滑石粉的废机油或其他隔离效果好的隔离剂，邻桩与上层桩的混凝土应在邻桩

与下层混凝土达到设计强度的30%才能浇筑。重叠生产一般不宜超过四层。

（2）长桩应分节制作，单节长度应满足桩架的有效高度、制作场地条件、运输与装卸能力等方面的要求，并应避免在桩尖接近硬持力层或桩尖处于硬持力层中接桩。

（3）桩中的钢筋应严格保证位置的正确，桩尖应对准纵轴线，钢筋骨架主筋连接宜采用对焊或电弧焊，主筋接头配置在同一截面内的数量不得超过50%；相邻两根主筋接头截面的距离应大于主筋直径的35倍，且不小于500mm。桩顶1m范围内不应有接头。桩顶钢筋网的位置要准确，纵向钢筋顶部保护层不应过厚，钢筋网格的距离应正确，以防锤击时打碎桩头，同时桩顶面和接头端面应平整，桩顶平面与纵轴线倾斜不应大于2mm。

（4）混凝土强度等级应不低于C30，粗骨料用5～40mm碎石或卵石，用机械拌制混凝土，坍落度不大于60mm，混凝土浇筑应由桩顶向桩尖方向连续进行，不得中断，并应防止另一端的砂浆积聚过多，并用振捣器仔细捣实。接桩的接头处要平整，使上下桩能互相贴合对准。浇筑完毕应用塑料薄膜封闭或覆盖浇水养护不少于7d，用矿渣水泥不少于14d。如采用蒸汽养护，在蒸养后，尚应适当自然养护，30d后方可使用。

（5）当桩的混凝土达到设计强度的70%后即可起吊，吊点应系于吊环上。间隔重叠法生产的桩应从最上排桩的一侧开始起吊，起吊前应在桩与桩的接缝处，沿桩的长度方向用4～5根钢錾子（均匀分布）同时将相邻的桩錾松动后再起吊，严禁用吊车生拉硬拽。

（6）桩的场内运输：长桩可采用平板拖车、平台挂车、汽车后挂小炮车运输；短桩亦可采用载重汽车，或轻轨平板车运输。装卸时桩支承应紧靠设计吊环位置，叠放平稳并垫实，上下层桩的支承位置应对齐。运输时行车应平稳，并掌握好行驶速度，防止任何碰撞和冲击。严禁以直接拖拉桩体方式代替装车运输。

（7）桩的堆放场地应平整坚实，排水良好。桩应按规格、桩号分层叠放，支承点设在靠近吊点处，各层垫木应上下对齐，并支垫平稳，堆放层数不宜超过4层。运到打桩位置堆放，应布置在打桩架附设的起重钩工作半径范围内，并考虑起吊方向，避免转向。

5.4.4.2 打入式预制桩施工

1 工艺流程

场地平整→测量放线定桩位→桩机就位→第一节桩起吊就位→打第一节桩→第二节桩起吊就位→接桩→打桩至持力层或设计标高→停锤→转到下一桩位

2 施工要点

（1）根据地基土质情况，桩基平面布置，桩的尺寸、密集程度、深度，桩机移动方便和施工场地的实际情况确定打桩顺序。当基坑不大时，打桩应逐排打设或从中间开始分头向周边或两边进行；对于密集的群桩，应自中间向两个方向或向四周对称施打；当一侧毗邻建筑物时，由毗邻建筑物处向另一方向施打；当基坑较大时，应将基坑分段，而后在各段范围内分别进行。但打桩应避免自外向内，或从周边向中间进行，以避免中间土体被挤密，桩难以打入，或虽勉强打入，但使邻桩侧移或上冒。

对基础标高不一的桩，宜先深后浅，对不同规格的桩，宜先大后小，先长后短，可使土层挤密均匀，以防止位移或偏斜；在粉质黏土地区，应避免按一个方向进行，使土体向一边挤压，造成入土深度不一，土体挤密程度不均，导致不均匀沉降。若桩距大于或等于4倍的桩直径，打桩顺序可不考虑桩互相挤密的影响。

（2）打桩前，按设计要求进行桩定位放线，确定桩位，每根桩中心处钉一小木桩，并设置油漆标志；

（3）打桩机就位时，应垂直平稳地架设在打桩部位，桩锤应对准桩位，确保施打时不发生歪斜或移动。

（4）起吊预制桩一般利用桩架上吊索与卷扬机进行。起吊时，吊点必须正确，起吊速度应缓慢均匀。如桩架无起吊装置，则另配起重机送桩就位。桩插入土中位置应准确，垂直度偏差不得超过 0.5%。

（5）打桩时，应用导板夹具或桩箍将桩嵌固在桩架两导柱中，桩位置及垂直度校正后，始可将锤连同桩帽压在桩顶，桩帽与桩周边应有 5~10mm 间隙。桩锤与桩帽，桩帽与桩之间应加弹性衬垫，桩锤与桩帽接触表面须平整，桩锤、桩帽与桩身中心线要一致，以免沉桩产生偏移。

（6）开始打桩应起锤轻压并轻击数下，观测桩身、桩架、桩锤等垂直一致后，方可转入正常施打。开始落距应小，待入土达一定深度且桩身稳定后，方可将落距提高到规定的高度施打。

（7）接桩：混凝土预制长桩，由于受运输条件和桩架高度的限制，一般分成数节制作，分节打入，在打桩过程中进行接桩。常用的接桩方式有焊接、法兰连接及硫磺胶泥锚接几种。焊接和法兰连接接桩可用于各类土层；硫磺胶泥锚接适用于软土层。焊接接桩，钢板宜用低碳钢，焊条宜用 E43，焊接时应先将四角点焊固定，然后对称焊接，并确保焊缝质量和设计尺寸。法兰接桩，钢板和螺栓宜用低碳钢并坚固牢靠；硫磺胶泥锚接接桩，使用的硫磺胶泥配合比应通过试验确定，其物理力学性能应符合本标准第 5.2.1 条中表 5.2.1.3-2 的要求，其施工参考配合比见本标准 5.2.1 条中表 5.2.1.3-3。硫磺胶泥锚接方法是将熔化的硫磺胶泥注满锚筋孔内并溢出桩面，然后迅速将上段桩对准落下，胶泥冷硬后，即可继续施打，比前几种接头形式接桩简便快速。锚接时应注意以下几点：

1）锚筋应刷干净并调直；

2）锚筋孔内应有完好螺纹，无积水、杂物和油污；

3）接桩时，接点的平面和锚筋孔内应灌满胶泥，灌注时间不得超过 2min，灌注后的停歇时间应大于 7min；

4）胶泥试块每班不得少于 1 组。

（8）当桩顶标高较低，须送桩入土时，应用钢制送桩器放于桩头上，锤击送桩器将桩送入土中。

（9）当打桩的贯入度已达到要求，而桩的入土深度接近设计要求时，即可进行控制。一般要求最后二次 10 锤的平均贯入度不大于设计要求的数值，或以桩尖入土深度控制符合设计要求，最后填好打桩记录，即可移机到下一桩位。

（10）质量控制要点：

1）桩在现场预制时，应对原材料、钢筋骨架（检验标准见表 5.4.4.2）、混凝土强度进行检查；采用工厂生产的成品桩，桩进场后应进行外观尺寸检查。

2）施工中应对桩体垂直度、沉桩情况、桩顶完整状况、接桩质量进行检查。对电焊接桩，必须满焊，有空隙用小块钢板嵌填，保证焊缝长度和厚度，焊后检查焊缝外观有无气孔、夹渣、凹痕、裂痕等缺陷，重要工程应做 10% 的焊缝探伤检查。

3）施工结束后，应对承载力及桩体质量做检验。

4) 对总锤击数超过500击的锤击桩,应符合桩体强度及28d龄期的两项条件才能锤击。

5) 在饱和黏土中打桩,应控制沉桩速率,监测土体变形,防止因沉桩过快,土体应力来不及释放,造成桩基整体移位或将桩挤断。

表 5.4.4.2 预制桩钢筋骨架质量检验标准 (mm)

项	序	检查项目	允许偏差	检查方法
主控项目	1	主筋距桩顶距离	±5	用钢尺量
	2	多节桩锚固钢筋位置	5	用钢尺量
	3	多节桩预埋铁件	±3	用钢尺量
	4	主筋保护层厚度	±5	用钢尺量
一般项目	1	主筋间距	±5	用钢尺量
	2	桩尖中心线	10	用钢尺量
	3	箍筋间距	±20	用钢尺量
	4	桩顶钢筋网片	±10	用钢尺量
	5	多节桩锚固钢筋长度	±10	用钢尺量

5.4.5 成品保护措施
见本标准第 5.2.1.5 条。

5.4.6 安全、环保措施
见本标准第 5.3.6 条。

5.4.7 质量标准
钢筋混凝土预制桩的质量检验标准应符合表 5.4.7 的规定。

表 5.4.7 钢筋混凝土预制桩的质量检验标准

项	序	检查项目	允许偏差或允许值		检查方法
			单位	数值	
主控项目	1	桩体质量检验	按基桩检测技术规范		按基桩检测技术规范
	2	桩位偏差	见本标准表5.1.3		用钢尺量
	3	承载力	按基桩检测技术规范		按基桩检测技术规范
一般项目	1	砂、石、水泥、钢材等原材料(现场预制时)	符合设计要求		查出厂质保文件或抽样送检
	2	混凝土配合比及强度(现场预制时)	符合设计要求		检查称量及查试块记录
	3	成品桩外形	表面平整,颜色均匀,掉角深度<10mm,蜂窝面积小于总面积的0.5%		直观
	4	成品桩裂缝(收缩裂缝或起吊、装运、堆放引起的裂缝)	深度<20mm,宽度<0.25mm,横向裂缝不超过连长的一半		裂缝测定仪,该项在地下水有侵蚀地区及锤击数超过500击的长桩不适用
	5	成品桩尺寸:横截面连长 桩顶对角线差 桩尖中心线 桩身弯曲矢高 桩顶平整度	mm mm mm mm	±5 <10 <10 <1/1000l <2	用钢尺量 用钢尺量 用钢尺量 用钢尺量,l为桩长 用水平尺量
	6	电焊接桩:焊缝质量 电焊结束后停歇时间 上下节平面偏差 节点弯曲矢高	 min mm 	见本标准表5.5.7 >1.0 <10 <1/1000l	见本标准表5.5.7 秒表测定 用钢尺量 用钢尺量,l为两节桩长
	7	硫磺胶泥接桩:胶泥浇注时间 浇注后停歇时间	min min	<2 >7	秒表测定
	8	桩顶标高	mm	±50	水准仪
	9	停锤标准	设计要求		现场实测或查沉桩记录

5.4.8 质量验收

5.4.8.1 检验批的划分应符合本标准 3.0.9、3.0.10 条的规定。

5.4.8.2 检验批的验收组织应符合本标准 3.0.15 条的规定。

5.4.8.3 质量验收记录：

    1 预制桩出厂合格证和进场检查记录；

    2 电焊条等原材料合格证和试验报告；

    3 打桩施工记录（包括每下沉 1m 锤击数、接桩记录、最后三阵每阵 10 击的贯入度等）；

    4 检验批验收记录按表 5.4.8.3-1 "混凝土预制桩（钢筋骨架）工程检验批质量验收记录表（Ⅰ）"、表 5.4.8.3-2 "混凝土预制桩工程检验批质量验收记录表（Ⅱ）"填写。

表 5.4.8.3-1 混凝土预制桩（钢筋骨架）工程检验批质量验收记录表
GB 50202—2002
（Ⅰ）

单位(子单位)工程名称					
分部(子分部)工程名称				验收部位	
施工单位				项目经理	
分包单位				分包项目经理	
施工执行标准名称及编号					
	施工质量验收规范的规定			施工单位检查评定记录	监理(建设)单位验收记录
主控项目	1	主筋距桩顶距离(mm)	±5		
	2	多节桩锚固钢筋位置(mm)	5		
	3	多节桩预埋铁件(mm)	±3		
	4	主筋保护层厚度(mm)	±5		
一般项目	1	主筋间距(mm)	±5		
	2	桩尖中心线(mm)	10		
	3	箍筋间距(mm)	±20		
	4	桩顶钢筋网片(mm)	±10		
	5	多节桩锚固钢筋长度(mm)	±10		
施工单位检查评定结果	专业工长(施工员)			施工班组长	
	项目专业质量检查员： 年 月 日				
监理(建设)单位验收结论	专业监理工程师(建设单位项目专业技术负责人)： 年 月 日				

表 5.4.8.3-2 混凝土预制桩工程检验批质量验收记录表

GB 50202—2002

(Ⅱ)

单位(子单位)工程名称					验收部位	
分部(子分部)工程名称						
施工单位					项目经理	
分包单位					分包项目经理	
施工执行标准名称及编号						
		施工质量验收规范的规定			施工单位检查评定记录	监理(建设)单位验收记录
主控项目	1	桩体质量检验		设计要求		
	2	桩位偏差		本标准表 5.1.3		
	3	承载力		设计要求		
一般项目	1	砂、石、水泥、钢材等材料(现场预制时)		设计要求		
	2	混凝土配合比及强度(现场预制时)		设计要求		
	3	成品桩外形		表面平整,颜色均匀,掉角深度＜10mm,蜂窝面积不小于总面积 0.5%		
	4	成品桩裂缝(收缩裂缝或起吊、装运、堆放引起的裂缝)		深度＜20mm,宽度＜0.25mm,横向裂缝不超过边长的一半		
	5	成品桩尺寸: 横截面边长(mm) 桩顶对角线差(mm) 桩尖中心线(mm) 桩身弯曲矢高 桩顶平整度(mm)		±5 ＜10 ＜10 ＜1/1000L ＜2		
	6	电焊接桩:焊缝质量 电焊结束后停歇时间(min) 上下节平面偏差 节点弯曲矢高		本标准表 5.5.7 ＞1.0 ＜10 ＜1/1000L		
	7	硫磺胶泥接桩:胶泥浇注时间(min) 浇注停歇时间(min)		＜2 ＞7		
	8	桩顶标高(mm)		±50		
	9	停锤标准		设计要求		
施工单位检查评定结果		专业工长(施工员)			施工班组长	
		项目专业质量检查员:　　　　　年　月　日				
监理(建设)单位验收结论		专业监理工程师(建设单位项目专业技术负责人):　　　　　年　月　日				

5.5 钢 桩

5.5.1 特点和适用范围

钢桩由钢板和型钢制成,常见的有各种规格的钢管桩、工字型桩及H型桩等。钢桩桩身材料强度高,搬运和堆放方便且不易损坏,截桩和接桩容易,桩身表面积大而截面面积小,沉桩时穿透能力强而挤土影响小;但其造价昂贵、耐腐蚀性能较差。

适用于港口码头、水中高桩平台、桥梁、超高层建筑和特重型工业厂房等,特别适用于持力层起伏较大的地区和周围有建筑物及地下管线,且严格限制沉桩挤土影响的地区的建筑物。但不适于地下有腐蚀性液体或气体的地区。

5.5.2 施工准备

5.5.2.1 技术准备

1 组织有关单位进行桩基施工图会审,会审纪要连同施工图等作为施工依据。

2 编制施工组织设计或施工方案,并报有关部门和人员审查批准。

3 钢桩基础工程施工前,应具备下列文件和资料:

(1) 建筑场地的工程地质和水文地质资料;

(2) 钢桩基础工程的施工图和图纸会审纪要;

(3) 钢桩基础施工组织设计或施工方案;

(4) 建筑场地地下管线图和毗邻区域内的市政管线及建筑物的调查资料;

(5) 打桩设备(桩架和桩锤)的技术性能资料;

(6) 钢桩的出厂合格证及产品施工说明资料;

(7) 钢桩施工工艺的试验参考资料。

5.5.2.2 材料准备

1 钢桩的端部形式应根据桩所穿越的土层、桩端持力层性质、桩的尺寸、挤土效应等因素综合考虑确定。

(1) 钢管桩可采用下列桩端形式。

1) 敞口:带加强箍(带内隔板、不带内隔板),不带加强箍(带内隔板、不带内隔板)。

2) 闭口:平底、锥底两种形式。

桩端加强箍见图5.5.2.2-1;桩盖做法见图5.5.2.2-2。

(2) H型钢桩可采用下列桩端形式。

1) 带端板;

2) 不带端板:锥底;平底(带扩大翼、不带扩大翼);

3) H型钢桩的桩盖有角钢桩帽和钢板桩帽两种,角钢桩帽适用于承受较大弯矩的桩;钢板桩帽适用于承受垂直荷载的桩。桩帽做法见图5.5.2.2-3。

2 钢桩所用的防腐材料和防腐方法应根据钢桩所处环境按设计要求进行处理。

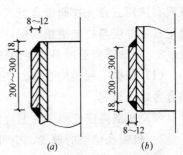

图5.5.2.2-1 桩顶端、下端的加强箍
(a)桩顶端加强箍;(b)桩下端加强箍

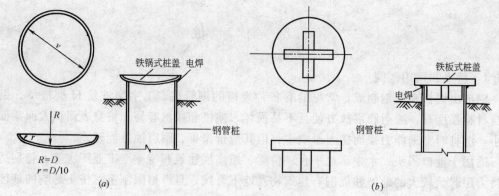

图 5.5.2.2-2 钢管桩桩盖示意图
(a) 锅式桩盖；(b) 铁板式桩盖

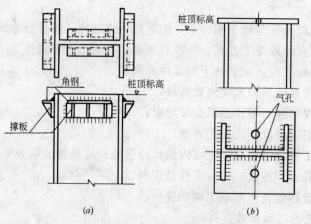

图 5.5.2.2-3 H型钢桩盖帽
(a) 角钢钢帽适用于承受较大弯矩的桩；(b) 钢板钢帽适用于承受垂直荷载的桩

3 钢桩防腐处理可采用外表面涂防护层、增加腐蚀余量及阴极保护，当钢管桩内壁同外界隔绝时，可不考虑内壁防腐。

4 当钢桩焊接接头因焊接将防腐层破坏时，焊接后应重新做防腐处理。

5 对于抗拔桩及高承台桩，其接头焊缝外露部分应作防腐处理。

5.5.2.3 主要机具

1 沉桩机械应根据地质条件、设计条件和周边环境条件等因素综合考虑后确定，打桩机宜选用三点支撑履带自行式柴油打桩机，打桩机的桩架必须具有足够的强度、刚度和稳定性，并应与打桩锤相匹配。

2 柴油锤宜选用筒式柴油锤，柴油锤的型号可按下列方法之一确定。

(1) 根据工程地质条件、桩的规格、入土深度、竖向承载力，并遵循重锤低击的原则综合考虑后确定。

(2) 根据高应变测试法配合测试的试打桩结果进行确定。

3 桩帽及垫层的设置，应符合下列规定：

(1) 桩帽应有足够的强度、刚度和耐打性。

(2) 钢管桩桩帽宜做成筒型，套入桩头用的筒体深度宜取 200～300mm，外径应比钢管桩内径小 20～30mm。

(3) 打桩时桩帽与桩头之间应设置弹性衬垫。衬垫可采用麻袋、硬纸板、胶合板等材料制作，衬垫厚度应均匀且经锤击压实后的厚度不宜小于 100mm，在打桩期间应经常检查，及时更换或补充。

(4) 桩帽与桩锤之间应用竖纹硬木或盘圆层叠的钢丝绳做锤垫，其厚度宜取 150～200mm。

4 送桩器及衬垫的设置应符合下列规定：

(1) 送桩器宜做成圆筒形，并应有足够的强度、刚度和耐打性。送桩器的长度应满足送桩深度的要求。

(2) 送桩器上下两端面应平整，且与送桩器中心线垂直。

(3) 送桩器与钢管桩应匹配，套筒式送桩器下端的套筒长度宜取 250～300mm，外径应比钢管桩内径小 20～30mm。

(4) 送桩作业时，送桩器与桩头之间应设置 1～2 层麻袋或硬纸板做衬垫。

5 施工现场尚应配备电焊机、气割工具、索具、撬棍、钢丝刷、送桩器等工具。还应配备经纬仪、长条水准尺、钢卷尺等测量工具。

5.5.2.4 作业条件

1 调查场地及毗邻区域内的地下及地上管线、可能受打桩影响的建筑物和构筑物，并提出相应的安全防护措施和环境保护措施。

2 处理场地内影响打桩的高空和地下障碍物。

3 回填、碾压和平整场地，场地的承压能力应满足打桩机行走和稳定的要求。

4 在不受打桩施工影响的地方设置轴线定位点和高程控制点。

5 准备桩基施工用的临时设施，如施工用水、用电、排水、照明、道路、临时办公及生活用房屋等应满足施工需要。

5.5.3 材料质量控制要点

1 钢桩工程所用的材料品种、规格和质量应符合设计要求，并应有出厂材质证明书。

2 钢桩的制作应符合设计要求，成品桩的质量应符合表 5.5.3 的规定。

表 5.5.3 成品钢桩质量检验标准

项	序	检 查 项 目		允许偏差或允许值		检查方法
				单位	数值	
主控项目	1	外径或断面尺寸	桩端部		±0.5%D	用钢尺量，D 为外径或边长
			桩身		±1D	
	2	矢高			≤1/1000l	用钢尺量，l 为桩长
一般项目	1	长度		mm	+10	用钢尺量
	2	端部平整度		mm	≤2	用水平尺量
	3	H 型钢桩的方正度 $h>300$		mm	$T+T'\leq8$	用钢尺量，h、T、T' 见图示
		$h<300$		mm	$T+T'\leq6$	
	4	端部平面与桩身中心线的倾斜值		mm	≤2	用水平尺量

3 钢桩的焊接接头应采用等强度连结，钢管桩应采用上下节桩对焊连接，H型钢桩接头可采用对焊或采用连接板贴角焊。

4 焊接使用的焊条、焊丝和焊剂应符合设计和现行有关规范的规定。

5.5.4 施工工艺

5.5.4.1 工艺流程

测量放线、定桩位→桩机就位→吊桩→插桩→沉第一节桩→吊第二节桩→电焊接桩→沉第二节桩→再吊桩、接桩→沉最后一节桩→送桩→停锤→转移桩机至下一桩位

5.5.4.2 施工要点

1 钢桩制作应符合下列规定：

(1) 钢桩制作应在工厂进行，所使用的材料应符合设计要求，并应有出厂合格证。

(2) 钢桩制作的场地应坚实平整，并应有挡风防雨措施。

(3) 钢桩的分段长度应符合下列规定：

1) 应满足桩架的有效高度和钢桩的运输吊装能力；

2) 应避免钢桩的桩端接近或处于持力层中接桩；

3) 桩的单节长度不宜大于15m。

(4) 成品钢桩的质量检验标准应符合表5.5.3的规定。

2 钢桩的吊运应符合下列规定：

(1) 钢桩出厂前应作出厂检查，其质量、规格应符合设计和订单的要求；

(2) 钢桩在吊运过程中应轻吊轻放，避免强烈碰撞；

(3) 钢桩运至施工现场时，应按本标准表5.5.3进行检查验收，严禁使用质量不合格及在吊运过程中损坏的钢桩。

3 钢桩的堆放应符合下列规定：

(1) 堆放场地应平整坚实。

(2) 钢桩应按不同规格、长度及施工流水顺序分别堆放。

(3) 当场地条件许可时，宜单层堆放；叠层堆放时，对钢管桩，外径800～1000mm时不超过3层，外径500～800mm时不超过4层，外径300～500mm时不超过5层；对H型钢桩最多6层。支点设置应合理，钢管桩的两侧应用木楔塞紧，防止滚动。

(4) 垫木宜选用耐压的长方木或枕木，不得用带有棱角的金属构件代替。

4 钢桩的施打应符合下列规定：

(1) 打桩前应完成以下准备工作：

1) 认真检查打桩机各部件的工作性能，以保证打桩机的正常运行；

2) 核对桩的规格、长度及送桩深度，以保证所打桩的类别准确无误；

3) 根据施工图绘制整个工程的桩位编号图；

4) 由专职测量人员测定并复核桩位，其偏差不得大于20mm；

5) 在桩身和送桩器上划出以米为单位的长度标记，并按从下至上的顺序标明桩的长度，以便观察桩的入土深度和记录每米沉桩锤击数。

(2) 打桩顺序应综合考虑下列原则后确定：

1) 根据桩的密集程度及周围建（构）筑物的关系。

a 若桩较密集且距周围建（构）筑物较远，施工场地较开阔时，宜从中间向四周进行；

b 若桩较密集，场地狭长，两端距建（构）筑物较远时，宜从中间向两端进行；

c 若桩较密集且一侧靠近建（构）筑物时，宜从建（构）筑物一侧向另一侧进行。

2）根据桩的入土深度，宜先长后短。

3）根据桩的规格，宜先大后小。

4）根据高层建筑塔楼与裙房的关系，宜先高后低。

(3) 打桩时应符合下列规定：

1）第一节桩起吊就位插入地面时的垂直度偏差不得大于 0.5%，用经纬仪或长条水平尺校正，必要时应拔出重新就位。

2）钢桩施打过程中，桩锤、桩帽和桩身的中心线应重合。当桩身倾斜度超过 0.8% 时，应找出原因并采取措施纠正；当桩端进入硬土层后，严禁用移动桩架的方法纠偏。

3）打桩时，应有专职记录员及时准确地填写钢桩施工记录表，并应交当班监理人员或建设单位代表签认。

(4) 打桩过程中遇下列情况之一时，应暂停打桩，并及时与设计、监理和建设单位现场代表等有关人员研究处理：

1）贯入度突变。

2）桩身突然倾斜、移位。

3）地面明显隆起、邻桩上浮或位移过大。

4）桩身不下沉。

(5) 钢管桩如锤击沉桩有困难，可在管内取土以助沉。

(6) H型钢桩断面刚度较小，锤重不宜大于 4.5t（柴油锤），且在锤击过程中桩架前应有约束装置，防止横向失稳，持力层较硬时，H型钢桩不宜送桩。

(7) 为避免或减小沉桩挤土效应和对临近建筑物、地下管线和已打桩的等的影响，施打大面积密集群桩时，可采取下列辅助措施。

1）预钻孔沉桩，孔径约比桩径小 50～100mm，深度视桩距和土的密实度、渗透性而定，深度宜为桩长的 1/3～1/2，施工时应随钻随打。

2）设置袋装砂井或塑料排水板，以消除部分超孔隙水压力，减小挤土现象。袋装砂井直径一般为 70～80mm，间距 1～1.5m，深度 10～12m；塑料排水板的深度和间距与袋装砂井相同。

3）设置隔离板桩或地下连续墙。

4）开挖地面防震沟可消除部分地面震动，可与其他措施结合使用，沟宽 0.5～0.8m，深度按土质情况以边坡能自立为准。

5）限制打桩速度和日打桩量。

6）合理确定打桩顺序。

7）沉桩过程中加强邻近建筑物、地下管线等的观测和监护。

8）对先打的桩按其可能出现的位移变形曲线提前预留位移变形量。

9）对后打的桩施打前，重新复核桩轴线和桩位，以确保桩位准确。

(8) 当打桩的震动和噪声受到周边环境条件限制时，可采用静力压桩，静力压桩适用于软弱土层，当存在厚度大于 3m 的中密以上砂夹层时，不宜采用静力压桩。若实采用静力压桩时，可采取预钻孔、水冲或管内取土等辅助措施。

5 焊接接桩的构造做法见图 5.5.4.2-1、图 5.5.4.2-2。

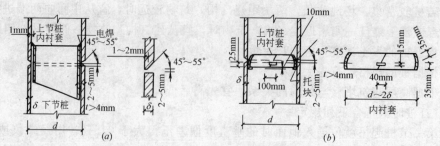

图 5.5.4.2-1 钢管桩接桩构造
(a) 接口详图;(b) 接桩构造

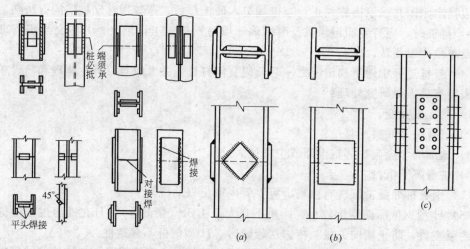

图 5.5.4.2-2 H型钢桩接桩构造
(a) 钢板连接;(b) 钢板连接;(c) 螺栓连接

6 焊接接桩应符合现行国家和行业标准的有关规定外,尚应符合下列要求:

(1) 端部的浮锈、油污等脏物必须清除,保持干燥,下节桩顶经锤击后的变形部分应割除。

(2) 焊接采用的焊丝(自动焊)或焊条应符合设计要求,使用前应烘干。

(3) 气温低于0℃或雨雪天,无可靠措施确保焊接质量时,不得焊接。

(4) 当桩需要接长时,其入土桩段的桩头宜高出地面0.5~1m。

(5) 接桩时,上下节桩段应校正垂直度,使上下节保持顺直,错位偏差不宜大于2mm,对口的间隙为2~3mm。

(6) 焊接应由两个焊工对称进行,焊接层数不得少于两层,内层焊渣清理干净后方可施焊外层,钢管桩各层焊缝的接头应错开,焊渣应清除,焊缝应连续饱满。

(7) 焊好的桩接头应自然冷却后方可继续沉桩,自然冷却的时间不得小于1min。

(8) 每个焊接接头除应按规定进行外观质量检查外,还应按设计要求进行探伤检查,当设计无要求时,探伤检查应按接头总数的5%做超声波或2%做X光拍片检查,在同一工程内,探伤检查不得少于3个接头。

(9) 接头焊好后应按本标准表5.5.7的有关规定进行检查验收。

7 送桩应符合下列规定:

(1) 当桩顶打至接近地面需要送桩时,应测出桩的垂直度并检查桩顶质量,合格后立即送桩。

(2) 送桩时，桩身与送桩器的中心线应重合。

(3) 应严格控制送桩深度，以标高控制为主的桩，桩顶标高允许偏差为±50mm。以贯入度控制为主的桩，按设计确定的停锤标准停锤。

8 停锤标准应按下列规定执行：

(1) 除设计明确规定以桩端标高控制的摩擦桩应保证设计桩长外，其他桩应按设计、监理、施工等单位共同确认的停锤标准收锤。

(2) 停锤标准应根据场地工程地质条件、单桩承载力设计值、桩的规格和长短、锤的大小和落距等应素综合考虑最后贯入度、桩端持力层的岩土类别以及桩端进入持力层的深度等指标由设计、监理、施工等单位共同研究确定。

5.5.5 成品保护措施

1 钢桩进入现场应单排平放，下面垫枕木，防止桩变形。

2 钢桩起吊时，应合理选择吊点，防止桩起吊过程中变形。

3 钢桩工程的基坑开挖，应符合下列规定：

基坑开挖应制定合理的基坑开挖方案，宜在打桩全部完成并相隔15d后进行，宜分层均匀开挖，桩周土体高差不宜大于2m。基坑开挖时，挖土机械不得碰撞桩头；截桩头时应用截桩器，不得用倒链硬拉；基坑开挖过程中应加强围护结构、边坡的监测。

5.5.6 安全、环保措施

见本标准第5.3.6条。

5.5.7 质量标准

1 施工前，应检查进入施工现场的成品钢桩，成品钢桩的质量标准应符合本标准表5.5.3的规定。

2 施工中，应检查钢桩的垂直度、沉入过程、电焊连接质量、电焊后的停歇时间、桩顶锤击后的完整状况。电焊质量除常规检查外，应做10%的焊缝探伤检查。

3 施工结束后，应做承载力检验。

4 钢桩施工质量检验标准应符合表5.5.7的规定。

表5.5.7 钢桩施工质量检验标准

项	序	检查项目	允许偏差或允许值		检查方法
			单位	数值	
主控项目	1	桩位偏差	见本标准表5.1.3		用钢尺量
	2	承载力	按基桩检测技术规范		按基桩检测技术规范
一般项目	1	电焊接桩焊缝： (1)上下节端部错口 钢管桩外径≥700mm 钢管桩外径<700mm (2)焊缝咬边深度 (3)焊缝加强层高度 (4)焊缝加强层宽度 (5)焊缝电焊质量外观 (6)焊缝探伤检验	mm mm mm mm mm	≤3 ≤2 ≤0.5 2 2 无气孔、无焊瘤、无裂缝 满足设计要求	用钢尺量 用钢尺量 焊缝检查仪 焊缝检查仪 焊缝检查仪 直观 按设计要求
	2	电焊结束后的停歇时间	min	>1	秒表测定
	3	节点弯曲矢高		<1/1000l	用钢尺量,用钢尺量l为两节桩长
	4	桩顶标高	mm	±50	水准仪
	5	停锤标准	设计要求		用钢尺量或沉桩记录

5.5.8 质量验收

5.5.8.1 检验批的划分应符合本标准第3.0.9条、第3.0.10条的规定。

5.5.8.2 检验批的验收组织应符合本标准第3.0.15条的规定。

5.5.8.3 质量验收记录：

1 钢桩出厂合格证。
2 电焊条的出厂合格证。
3 试打桩记录及标准。
4 钢桩的施工记录及汇总表。
5 钢桩接头焊缝试验记录和隐蔽验收记录。
6 桩位测量放线图，标高引测记录。
7 桩基设计图纸、图纸会审记录及设计变更通知书。
8 质量检验批验收记录按表5.5.8.3-1"钢桩（成品）工程检验批质量验收记录表（Ⅰ）"、表5.5.8.3-2"钢桩施工检验批质量验收记录表（Ⅱ）"填写。

表 5.5.8.3-1 钢桩（成品）工程检验批质量验收记录表
GB 50202—2002
（Ⅰ）

单位(子单位)工程名称					
分部(子分部)工程名称				验收部位	
施工单位				项目经理	
分包单位				分包项目经理	
施工执行标准名称及编号					
		施工质量验收规范的规定		施工单位检查评定记录	监理(建设)单位验收记录
主控项目	1	钢桩外径或断面尺寸：桩端	$\pm 0.5\%D$		
		桩身	$\pm 1D$		
	2	矢高	$\leqslant 1/1000 l$		
一般项目	1	长度(mm)	+10		
	2	端部平整度(mm)	$\leqslant 2$		
	3	H型钢桩的方正度 $h>300$(mm)	$T+T'\leqslant 8$		
		$h<300$(mm)	$T+T'\leqslant 6$		
	4	端部平面与桩中心线的倾斜值(mm)	$\leqslant 2$		
施工单位检查评定结果	专业工长(施工员)			施工班组长	
	项目专业质量检查员： 年 月 日				
监理(建设)单位验收结论	专业监理工程师(建设单位项目专业技术负责人)： 年 月 日				

注：D 为桩径或边长，l 为桩长。

表 5.5.8.3-2 钢桩施工检验批质量验收记录表
GB 50202—2002
(Ⅱ)

单位(子单位)工程名称					
分部(子分部)工程名称				验收部位	
施工单位				项目经理	
分包单位				分包项目经理	
施工执行标准名称及编号					
		施工质量验收规范的规定		施工单位检查评定记录	监理(建设)单位验收记录
主控项目	1	桩位偏差	本标准表5.1.3		
	2	承载力	设计要求		
一般项目	1	电焊接桩焊缝： (1)上下端部错口 　　(外径≥700mm)(mm) 　　(外径＜700mm)(mm) (2)焊缝咬边深度(mm) (3)焊缝加强层高度(mm) (4)焊缝加强层宽度(mm) (5)焊缝电焊质量外观 (6)焊缝探伤检验	 ≤3 ≤2 ≤0.5 2 2 无气孔,无焊瘤,无裂缝 满足设计要求		
	2	电焊结束后停歇时间(min)	＞1.0		
	3	节点弯曲矢高	＜1/1000l		
	4	桩顶标高(mm)	±50		
	5	停锤标准	设计要求		

	专业工长(施工员)		施工班组长	
施工单位检查评定结果				
	项目专业质量检查员：		年　月　日	
监理(建设)单位验收结论				
	专业监理工程师(建设单位项目专业技术负责人)：		年　月　日	

注：l为桩长。

5.6 混凝土灌注桩

混凝土灌注桩系指在施工现场利用成孔机械(或人工)成孔后,下钢筋笼,然后灌注混凝土的基桩。按成孔工艺的不同可分为挤土灌注桩和非挤土(部分挤土)灌注桩两大类。

5.6.1 施工准备

5.6.1.1 技术准备

1 学习和熟悉拟建场地岩土工程勘察报告,桩基工程施工图及图纸会审纪要。

2 了解主要施工机械及配套设备的技术性能。

3 了解邻近建筑物、构筑物的位置、距离、结构和目前使用情况等;了解成桩区域附近的地下管线(煤气管、上下水管、电缆线)等的距离、埋置深度、使用年限、管径大小、结构情况等。

4 编制施工组织设计(或施工方案)。

施工组织设计(或施工方案)应结合工程特点、场地地质条件等因素,有针对性地制定相应的施工各工序、各环节的质量控制标准及检验措施手段,主要应包括以下内容:

(1) 工程概况:

1) 工程名称、地点、上部结构简介及设计单桩承载力要求;

2) 标有施工现场附近道路、建筑物、地下管线等位置情况的总平面图;

3) 施工现场工程水文地质概况:

a 钻孔资料柱状图;

b 土的物理力学性能及其指标。

4) 桩基总平面布置图:

a 桩的间距与位置尺寸;

b 桩顶标高的设计要求;

c 沉桩控制标准。

5) 桩结构设计图(包括多节桩的连接方法与要求)。

(2) 施工平面布置图,包括:

1) 标明桩位、编号、施工顺序;

2) 水电线路和临时设施位置;

3) 采用泥浆护壁成孔时,应标明泥浆制备设施及其循环系统,包括泥浆池的位置、尺寸和深度要求。

(3) 确定成孔机械、配套设备的选定。

(4) 施工顺序及流水施工组织。

(5) 施工方法和措施,包括:

1) 施工工艺和方法要点;

2) 施工各工序、各环节的质量控制标准及相应的实施措施与质量检验方法与手段;

3) 泥浆的处理与排放措施;

4) 减小对周围邻近建(构)筑物或地下管线影响的防护技术措施;

5）安全、文明施工及季节性施工的实施措施与技术措施等。
（6）劳动力组织计划及现场管理人员组成名单。
（7）机械设备、备（配）件、工具与材料供应计划。
（8）施工进度计划。
5　编制施工技术交底，并在施工前向参加施工人员进行技术、安全文明施工交底。

5.6.1.2　材料准备

1　钢筋、水泥、砂、石、水等原材料经质量检验合格；

2　混凝土拌合所需原材料全部进场，并至少具备1个工作班用量的储备；

3　钢筋骨架加工所需原材料已全部进场，并具备成批加工能力，开钻前宜加工成型1个工作班用量的套数；

4　配置泥浆用的黏土或膨润土已进场，泥浆池和排浆槽已挖好。

5.6.1.3　作业条件

1　施工平台应坚实稳固，并具备机械、人员操作空间。

2　施工用水、用电接至施工场区，并满足机械及成孔要求。

3　混凝土搅拌站、混凝土运输、混凝土浇筑机械试运转完毕，钢筋进场检验合格，钢筋骨架安放设备满足要求。

4　测量控制网（高程、坐标点）已建立，桩位放线工作完成，并经复测验收合格。

5.6.2　材料质量控制要点

1　水泥：可采用火山灰水泥、粉煤灰水泥、普通硅酸盐水泥或硅酸盐水泥，使用矿渣水泥时应采取防离析措施。水泥强度等级不宜低于32.5MPa，水泥的初凝时间不宜早于2.5h。水泥性能必须符合现行国家有关标准的规定，水泥的进场验收应符合以下要求：

（1）出厂合格证，内容包括：水泥牌号、厂标、水泥品种、强度等级、出场日期、批号、合格证编号、抗压强度、抗折强度、安定性等试验指标；合格证应加盖厂家质量检查部门印章，转抄（复印）件应说明原件存放处、原件编号、转抄人，应加盖转抄单位印章（以红印为准，复印件无效）；合格证的备注栏由施工单位填写单位工程名称及使用部位。

（2）水泥进场取样方法应按《水泥取样方法》GB 12573进行，通常复试内容包括：安定性、凝结时间和胶砂强度3项。

（3）进场水泥有下列情况之一者，应进行复试，复试应由法定检测单位进行并应提出试验报告，合格后使用：

1）水泥出厂日期超出三个月（快硬性水泥超出一个月）；

2）水泥发生异常现象，如受潮结块等；

3）使用进口水泥者；

4）设计有特殊要求者。

2　粗骨料：宜优先选用卵石，如采用碎石宜适当增加混凝土配合比的含砂率。粗集料的最大粒径不应大于导管内径的1/6～1/8和钢筋最小净距的1/4，且不宜大于40mm，其性能及质量要求如下：

（1）颗粒级配一般采用连续级配5～31.5mm、单粒级配16～31.5mm或20～40mm，有条件时优先选用连续级配。

(2) 含泥量和泥块含量指标见表 5.6.2-1。

表 5.6.2-1　含泥量和泥块含量指标

混凝土强度等级	≥C30	<C30
含泥量,按重量计不大于(%)	1.0	2.0
泥块含量,按重量计不大于(%)	0.50	0.70

(3) 有害物质含量指标见表 5.6.2-2。

表 5.6.2-2　碎石和卵石中有害物质含量指标

项　目	质量标准
硫化物和硫酸盐含量折算为 SO_3,按重量计不大于(%)	1
卵石中有机物质含量(用比色法试验)	颜色不应深于标准色,如深于标准色,则应以混凝土进行强度对比试验,予以复核

(4) 针、片状颗粒的含量指标见表 5.6.2-3。

表 5.6.2-3　针、片状颗粒的含量指标

混凝土强度等级	≥C30	<C30
针、片状颗粒含量,按重量计不大于(%)	15	25

(5) 强度指标:采用压碎指标值见表 5.6.2-4。

表 5.6.2-4　碎石、卵石的压碎指标值

骨料品种	混凝土强度等级	压碎指标值(%)
沉积岩	C55~C40	≤10
	≤C35	≤16
变质岩或深成岩浆岩	C55~C40	≤12
	≤C35	≤20
岩浆岩	C55~C40	≤13
	≤C35	≤30
卵石	C55~C40	≤12
	≤C35	16

3　细骨料(砂):采用级配良好的中砂,细度模数为 3.4~2.3,其性能及质量要求如下:

(1) 砂的主要技术性能见表 5.6.2-5。

表 5.6.2-5　砂的主要性能

序　号	项　目		技术指标
1	粒径		≤5mm
2	表观密度		2.6~2.7g/cm³
3	堆积密度		1350~1650kg/m³
4	紧密密度		1600~1700kg/m³
5	空隙率	干燥松散	35%~45%
		颗粒级配	35%~37%

(2) 含泥量：砂的含泥量指砂中粒径小于0.080mm的颗粒含量；砂中泥的粒径大于1.25mm，经水洗并用手捏后变成小于0.630mm颗粒的，称为泥块。砂的含泥量、泥块含量见表5.6.2-6。

表5.6.2-6 砂中含泥量、泥块含量指标

混凝土强度等级	≥C30	<C30
含泥量，按重量计不大于(%)	3.0	5.0
泥块含量，按重量计不大于(%)	1.0	2.0

(3) 有害物含量见表5.6.2-7。

表5.6.2-7 砂中有害物含量

项　　目	质量指标
云母含量，按重量计不大于(%)	2
轻物质含量，按重量计不大于(%)	1
硫化物和硫酸盐含量折算为SO_3，按重量计不大于(%)	1
有机物质含量(用比色法试验)	颜色不应深于标准色，如深于标准色，则应配成砂浆进行强度对比试验，予以复核

4 水：搅拌混凝土宜采用饮用水。当采用其他来源的水时，水质必须符合国家现行标准的规定。一般情况下应符合以下规定：

(1) 水中不应含有影响水泥正常凝结与硬化的有害物质或油脂、糖类及游离酸类等。

(2) 污水、pH值小于5的酸性水及含硫酸盐量按SO_4^{2-}计超过水的质量0.27mg/cm^3的水不得使用。

(3) 不得用海水拌制混凝土。

(4) 供饮用的水，一般能满足上述条件，使用时可不经试验。

5 外加剂：采用水下混凝土灌注时，混凝土中一般掺加减水缓凝剂，用于延长混凝土的初凝时间，提高混凝土的和易性，外加剂的质量应符合国家现行标准的规定。

6 钢筋：钢筋进场时应检查产品合格证，出厂检验报告和进场复验报告。复验内容包括：拉力试验（屈服、抗拉强度和伸长率）、冷弯试验。具体要求如下：

(1) 出厂合格证应由钢厂质检部门提供或供销部门转抄，内容包括：生产厂家名称、炉罐号（或批号）、钢种、强度、级别、规格、重量及件数、生产日期、出厂批号；力学性能检验数据及结论；化学成分检验数据及结论；并有钢厂质量检验部门印章及标准编号。出厂合格证（或其转抄件、复印件）备注栏内应由施工单位写明单位工程名称及使用部位。

(2) 试验报告应有法定检测单位提供，内容包括：委托单位、工程名称、使用部位、钢筋级别、钢种、钢号、外形标志、出厂合格证编号、代表数量、送样日期、原始记录编号、报告编号、试验日期、试验项目及数据、结论。

(3) 钢筋进场后应进行外观检查，内容包括：直径、标牌、外形、长度、劈裂、弯曲、裂痕、锈蚀等项目，如发现有异常现象时（包括在加工过程中有脆断、焊接性能不良

或力学性能显著不正常时）应拒绝使用。

5.6.3 钢筋笼制作与安装

1 钢筋笼制作

（1）钢筋加工前，应对所采用的钢筋进行外观检查，钢筋表面必须洁净，无损伤、油渍、漆污和铁锈等，带有颗粒状或片状老锈的钢筋严禁使用。

（2）钢筋加工前，应先行调直，使钢筋无局部曲折。

（3）钢筋笼的制作应符合设计要求：

1) 主筋净距必须大于混凝土粗骨料粒径3倍以上；

2) 加劲箍宜设在主筋外侧，主筋一般不设弯钩，根据施工工艺要求所设弯钩不得向内圆伸露，以免妨碍导管工作；

3) 钢筋笼的内径比导管接头处外径大100mm以上。

（4）长桩笼宜分段制作，分段长度应根据吊装条件和总长度计算确定，应确保钢筋笼在运输、起吊时不变形；相邻两段钢筋笼的接头需按设计要求错开，设计无明确要求时，可按50%间隔错开，错开距离≥35d（d为主筋直径）。

（5）应在钢筋笼外侧设置控制保护层厚度的垫块，可采用与桩身混凝土等强度的混凝土垫块或用钢筋焊在竖向主筋上，其间距竖向为2m，横向圆周不得少于4处，并均匀布置。钢筋笼顶端应设置吊环。

（6）大口径钢筋笼制作完成后，应在内部加强箍上设置十字撑或三角撑，确保钢筋骨架在存放、移动、吊装过程中不变形。

（7）混凝土灌注桩钢筋笼质量检验标准应符合表5.6.9-1的规定。

2 钢筋笼安装

（1）钢筋笼入孔一般用吊车，对于小口径桩无吊车时可采用钻机钻架、灌注塔架等。起吊应按骨架长度的编号入孔。

（2）搬运和吊装时应防止变形；安放要对准孔位中心，扶稳、缓慢、顺直，避免碰撞孔壁，严禁墩笼、扭转。就位后应立即采用钢丝绳或钢筋固定，使其位置符合设计及规范要求，并保证在安放导管、清孔及灌注混凝土过程中不发生位移。

5.6.4 混凝土灌注

1 采用导管法灌注水下混凝土

（1）灌注水下混凝土时的混凝土拌和物供应能力，应满足桩孔在规定时间内灌注完毕，混凝土灌注时间不得长于首批混凝土初凝时间。

（2）混凝土运输宜选用混凝土泵或混凝土搅拌运输车。在运距小于200m时，可采用机动翻斗车或其他严密、不漏浆、不吸水、便于装卸的工具运输，需保证混凝土不离析，具有良好的和易性和流动性。

（3）灌注水下混凝土一般采用钢制导管回顶法施工，导管内径为200~250mm，视桩径大小而定，壁厚不小于3mm；直径制作偏差不应超过2mm；导管接口之间采用丝扣或法兰连接，连接时必须加垫密封圈或橡胶垫，并上紧丝扣或螺栓。导管使用前应进行水密承压和接头抗拉试验（试水压力一般为0.6~1.0MPa），确保导管口密封性。导管安放前应计算孔深和导管的总长度，第一节导管的长度一般为4~6m，标准节一般为2~3m，在上部可放置2~3根0.5~1.0m的短节，用于调节导管的总长度。导管安放时应保证导管在孔中的位置居中，防止碰撞钢筋骨架。

(4) 水下混凝土配制：

1) 水下混凝土必须具备良好的和易性，在运输和灌注过程中应无显著离析，泌水现象，灌注时应保持足够的流动性。配合比应通过试验，坍落度宜为 180～220mm。

2) 混凝土配合比的含砂率宜采用 0.4～0.5，并宜采用中砂；粗骨料的最大粒径应<40mm；水灰比宜采用 0.5～0.6；

3) 水泥用量不少于 360kg/m³，当掺有适宜数量的减少缓凝剂或粉煤灰时，可不小于 300kg。

4) 混凝土中应加入适宜数量的缓凝剂，使混凝土的初凝时间长于整根桩的灌注时间。

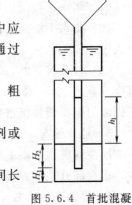

图 5.6.4 首批混凝土数量计算

(5) 首批灌注混凝土数量的要求：

首批灌注混凝土数量应能满足导管埋入混凝土中 0.8m 以上，见图 5.6.4。

所需混凝土数量可参考公式 (5.6.4) 计算：

$$V \geqslant \pi R^2 (H_1 + H_2) + \pi r^2 h_1 \tag{5.6.4}$$

式中 V——灌注首批混凝土所需数量（m³）；

R——桩孔半径（m）；

H_1——桩孔底至导管底端间距，一般为 0.3～0.5m；

H_2——导管初次埋置深度，不小于 0.8m；

R——导管半径（m）；

h_1——桩孔内混凝土达到埋置深度 H_2 时，导管内混凝土柱平衡导管外泥浆压力所需的高度（m）。混凝土灌注时，可在导管顶部放置混凝土漏斗，其容积大于首批灌注混凝土数量，确保导管埋入混凝土中的深度。

(6) 灌注水下混凝土的技术要求：

1) 混凝土开始灌注时，漏斗下的封水塞可采用预制混凝土塞、木塞或充气球胆。

2) 混凝土运至灌注地点时，应检查其均匀性和坍落度，如不符合要求应进行第二次拌合，二次拌合后仍不符合要求时不得使用。

3) 第二次清孔完毕，检查合格后应立即进行水下混凝土灌注，其时间间隔不宜大于 30min。

4) 首批混凝土灌注后，混凝土应连续灌注，严禁中途停止。

5) 在灌注过程中，应经常测探井孔内混凝土面的位置，及时地调整导管埋深，导管埋深宜控制在 2～6m。严禁导管提出混凝土面，应有专人测量导管埋深及管内外混凝土面的高差，填写水下混凝土灌注记录。

6) 在灌注过程中，应时刻注意观测孔内泥浆返出情况，倾听导管内混凝土下落声音，如有异常必须采取相应处理措施。

7) 在灌注过程中宜使导管在一定范围内上下窜动，防止混凝土凝固，增加灌注速度。

8) 为防止钢筋笼上浮，当灌注的混凝土顶面距钢筋笼底部 1m 左右时，应降低混凝土的灌注速度，当混凝土拌合物上升到骨架底口 4m 以上时，提升导管，使其底口高于钢筋笼底部 2m 以上，即可恢复正常灌注速度。

2 非水下混凝土灌注

(1) 非水下混凝土坍落度：有配筋时为80～100mm；无配筋时为60～80mm。

(2) 非水下混凝土灌注可采用串筒和溜槽下料，分层下料、分层振捣密实，分层厚度不大于1.5m。

(3) 桩孔较深时，距桩孔口6m以内用振捣器捣实；6m以下可适当加大混凝土的坍落度（宜为130～180mm），利用混凝土下落时的冲击和下沉力使之密实，但有钢筋的部位仍应用振捣器振捣密实。

3 桩顶标高

灌注的桩顶标高应比设计高出一定高度，一般为0.5～1.0m，以保证桩头混凝土强度，多余部分截桩前必须凿除，桩头应无松散层。

4 灌注充盈系数

在灌注将近结束时，应核对混凝土的灌入数量，混凝土灌注充盈系数不得小于1；一般土质为1.1，软土、松散土可达1.2～1.3。

5.6.5 常用的挤土（部分挤土）灌注桩

5.6.5.1 冲击成孔灌注桩

1 特点和适用范围

(1) 冲击成孔灌注桩的成孔原理是采用冲击式钻机或卷扬机带动一定重量的冲击钻头，使钻头提升到一定高度，然后突然释放钻头，利用冲击动能冲挤土层或破碎岩层形成桩孔，然后再用淘渣筒或其他方法将钻渣排出。成孔直径通常为600～1500mm，最大可达2500mm；钻孔深度一般为50m以内，个别可达100m。

(2) 其特点是：用冲击方式破碎岩土尤其是破碎有裂隙的坚硬岩土和大的卵石所消耗的功率小，破碎效果好，形成的孔壁较为坚硬；设备简单、操作方便，钻进参数易于掌握，设备移动方便；孔内泥浆仅作护壁及悬浮钻渣用，泥浆用量少。

(3) 适用于黄土、黏性土、粉质黏土和人工杂填土层中应用，特别适于含有孤石的砂砾石层、漂石层、坚硬土层、岩层中使用，在流砂层中亦能钻进。其缺点是：钻进效率低，随着深度的增加，掏渣和孔底清渣都较困难和费时；容易出现孔斜、卡钻、掉钻等事故，成孔不规则。

2 机具设备

主要设备为冲击钻机（国产冲击钻机性能见表5.6.5.1-1）或简易冲击钻机（国内常用的简易冲击钻机见表5.6.5.1-2）；所用钻具按形状分，常用的有十字钻头和三翼钻头两种（见图5.6.5.1-1）；

十字钻头专用于砾石和岩层，三翼钻头适用于土层。钻头和钻机用钢丝绳连接，钻头重1.0～1.6t，直径600～1500mm。掏渣筒用于掏取泥浆及孔底沉渣，一般用钢板制成，见图5.6.5.1-2。

3 施工工艺

(1) 工艺流程

场地平整→桩位放线、开挖泥浆池、泥浆沟→护筒埋设→钻机就位、孔位校正→冲击造孔，泥浆循环，清除废浆、钻渣→清孔换浆→终孔验收→下钢筋笼和钢导管→浇注水下混凝土→成桩养护。

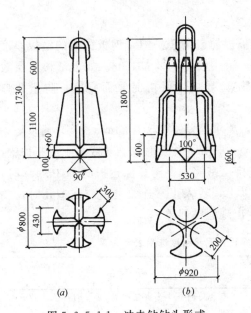

图 5.6.5.1-1 冲击钻钻头形式

(a) φ800mm 十字钻头；(b) φ920mm 三翼钻头

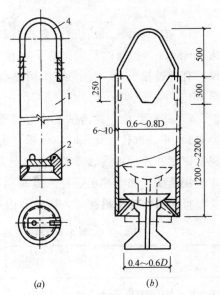

图 5.6.5.1-2 掏渣筒

(a) 平阀掏菠筒；(b) 碗形活门掏渣筒

1—筒体；2—平阀；3—切削管袖；4—提环

表 5.6.5.1-1　国产冲击钻机性能

性能指标		天津探机厂		张家口探机厂 GJD-1500	洛阳矿机厂			太原矿机厂		固安农机厂双丰收-250
		SPC-300H	GJC-40H		YKC-31	CZ-22	CZ-28	CZ-30	KCL-100	
钻孔最大直径(mm)		700	700	2000(土层) 1500(岩层)	1500	800	1000	1200	1000	600
钻孔最大深度(m)		80	80	50	120	150	150	180	150	180
冲击行程(mm)		500 650	500 650	100~ 1000	600~ 1000	350~ 1000		500~ 1000	350~ 1000	780~ 970
冲击频率(次/min)		20,50,72	20~72	0~30	29,30,31	40,45,50		40,45,50		38
冲击钻质量(kg)				2940		1500		2500	1500	
卷筒提升力 (kN)	冲击钻卷筒	30	30	39.2	55	20		30	20	27
	掏渣卷筒				25	13		20	13	
	滑车卷筒	20	20					30		
驱动动力功率(kW)		118	118	63	60	22	33	40	30	28
桅杆负荷能力(kN)		150	150					250	120	
桅杆工作时高度(m)		11	11					16	7.5	
钻机重量(kg)		15000		20500	6850		7600	13670	6100	2300

表 5.6.5.1-2　国内常用的简易冲击钻机

性能指标	型　号				
	YKC-30	YKC-20	飞跃-22	YKC-20-2	简易式
钻机卷筒提升力(kN)	30	15	20	12	35
冲击钻质量(kg)	2500	1000	1500	1000	2200
冲击行程(mm)	500~1000	4500~1000	500~1000	300~760	2000~3000
冲击频率(次/min)	40,45,50	40,45,50	40,45,50	56~68	5~10
钻机重量(kg)	11500	6300	8000		5000
行走方式	轮胎式	轮胎式	轮胎式	履带自行	走管移动

(2) 施工要点

1) 护筒埋设：成孔前应先在孔口设圆形钢板护筒或砌砖护圈，钢板护筒的钢板厚度为6～8mm，护筒内径应比钻头直径大200mm，深一般为1.2～1.5m。如上部松土层较厚，宜穿过松土层。护筒的作用是保护孔口、定位导向、保持泥浆面高度，防止孔口塌方。

2) 钻机就位：冲击钻就位应对准护筒中心，要求偏差不大于±20mm。

3) 冲击造孔：开孔时应低锤密击，锤高0.4～0.6m，并及时加石块或黏土泥浆护壁，泥浆密度和冲程可按表5.6.5.1-3选用，使孔壁挤压密实，直至孔深达护筒下3～4m时，才加快速度，加大冲程，将锤提高到1.5～2m以上，转入正常连续冲击。在造孔时，要及时将孔内残渣排出孔外，以免孔内残渣太多，出现埋钻现象。

表5.6.5.1-3 各类土层中的冲程和泥浆密度选用表

项 目	冲程(m)	泥浆密度 (t/m³)	备 注
在护筒中及在护筒脚下3m以内	0.9～1.1	1.1～1.3	土层不好时宜提高泥浆密度，必要时加入小片石和黏土块
黏土	1～2	清水	或稀泥浆，经常清理钻头上泥块
砂土	1～2	1.3～1.5	抛黏土块，局部勤掏渣，防塌孔
砂卵石	2～3	1.3～1.5	加大冲击能量，勤掏渣
风化岩	1～4	1.2～1.4	如岩层表面不平或倾斜，应抛入200～300mm厚块石使之略平，然后低锤快击使其成一紧密平台，再进行正常冲击，同时加大冲击能量，勤掏渣
塌孔回填重成孔	1	1.3～1.5	反复冲击，加黏土块及片石

4) 冲孔时应随时测定和控制泥浆的密度。如遇好的土层，亦可采取自成泥浆护壁，方法在孔内注满清水，通过上下冲击使成泥浆护壁。每冲击1～2m应排渣一次，并定时补浆，直至设计深度。排渣方法有泥浆循环法和抽渣筒法两种。前者是将输浆管插入孔底，泥浆在孔内向上流动，将残渣带出孔外。本法造孔工效高，护壁效果好，泥浆较易处理。但对孔深时，循环泥浆的压力和流量要求高，较难实施，故只适于在浅孔中应用。抽渣筒法是用一个下部带活门的钢筒，将其放到孔底，作上下来回活动，提升高度在2m左右，当抽渣筒向下活动时，活门打开，残渣进入筒内；向上运动时，活门关闭，可将孔内残渣抽出孔外。排渣时，必须及时向孔内补充泥浆，以防亏浆造成孔内坍塌。

5) 在钻进过程中，每1～2m要检查一次成孔的垂直度情况。如发现偏斜应立即停止钻进，采取措施进行纠偏。对于变层处和易于发生偏斜的部位，应采用低锤轻击、间断冲击的办法穿过，以保持孔形良好。

6) 在冲击钻进阶段，应注意始终保持孔内水位高过护筒底口0.5m以上，以免水位升降波动造成对护筒底口的冲刷，同时孔内水位高度应高地下水位1m以上。

7) 成孔后，应用测绳下挂0.5kg重铁砣测量检查孔深，核对无误后，进行清孔，可使用底部带活门的钢抽渣筒，反复掏渣，将孔底淤泥、沉渣清除干净。密度大的泥浆借助水泵用清水置换，使密度控制在1.15～1.25之间。

8) 清孔后立即放入钢筋笼，并固定在孔口钢护筒上，使其在浇筑混凝土过程中不向上浮起，也不下沉。钢筋笼下完并检查无误后，应立即浇筑混凝土，间隔时间不应超过4h，以防泥浆沉淀和塌孔。

5.6.5.2 振动沉管灌注桩

1 特点和适用范围

(1) 振动沉管灌注桩是采用振动沉管打桩机，将带有活瓣式桩尖或预制混凝土桩尖的钢管沉入土中，然后在管内下钢筋笼，边灌混凝土，边振动边拔出钢管而形成的灌注桩。

(2) 其特点是：能适应复杂地层；能用小桩管打出大直径桩（一般单打法的桩截面比桩管扩大30%；复打法可扩大80%；反插法可扩大50%左右）；对砂土，可减轻或消除地层的地震液化性能；有套管护壁，可防止塌孔、缩孔、断桩，桩质量可靠；对附近建筑物的振动影响以及噪声对环境的干扰都比常规打桩小；能沉能拔，施工速度快，效率高，造价低、工期短，设备简单、施工方便、操作简单；适应地质条件变化能力强。但由于振动会使土体结构受到扰动，会大大降低地基强度，因此，当为软黏土或淤泥及淤泥质土时，土体至少需稳定养护30d；砂层或硬土层需养护15d，才能恢复地基强度。

(3) 适用于一般黏性土、淤泥质土、淤泥、粉土、湿陷性黄土、松散至中密的砂土以及人工填土等土层。不宜用于 $N>12$ 的砂土，或 $N>15$ 的黏性土及碎石土。在厚度较大、含水量和灵敏度高的淤泥等软土中使用时，必须制定相应的保证质量的措施。在流塑、厚度大的淤泥层中不宜采用 $d\leqslant 340mm$ 的沉管灌注桩；在坚硬的砂土、碎石土及有硬加层的土层中，因易损坏桩尖，不宜采用。

2 机具设备

主要机具设备包括：DZ60或CZ90型振动锤、DJB25型步履式桩架、卷扬机、加压装置、桩管、带活瓣桩尖或钢筋混凝土预制桩尖等。桩管直径为220～370mm、长10～28m。常用振动沉桩锤的技术性能见表5.4.2.3-9。配套机具设备有：下料斗、1t机动翻斗车、混凝土搅拌机、钢筋加工机械、电焊机等。

3 施工工艺

(1) 工艺流程

测量定位、放桩位线→桩机就位→振动沉管→插入钢筋笼→灌注混凝土→边振动边拔桩管→成桩

(2) 施工要点

1) 桩机就位：将桩管对准桩位中心，使用活瓣桩尖时，桩尖活瓣合拢；使用预制混凝土桩尖，将混凝土桩尖的预留凸口插入桩管下端，放松卷扬机钢丝绳，利用振动锤及桩管自重，把桩尖压入土中。

2) 沉管：开动振动箱，桩管即在强迫振动下迅速沉入土中。沉管过程中，应经常探测管内有无水或泥浆，如发现水或泥浆较多，应拔出桩管，用砂回填桩孔后重新沉管；发现地下水和泥浆进入套管，一般在沉入前先灌入1m高左右的混凝土或砂浆，封住桩尖缝隙，然后再继续沉入。沉管时，为了适应不同土质条件，常采用加压方法调整土的自振频率，桩尖压力改变可利用卷扬机把桩架的部分重量传到桩管上加压，并根据桩管沉入速度，随时调整离合器，防止桩架抬起发生事故。

3) 插入钢筋笼：通常钢筋笼应在沉管到设计标高后从管内插入；如为短钢筋笼，则

在混凝土灌注至钢筋笼底标高时再从管内插入。

4) 灌注混凝土：用上料斗将混凝土灌入桩管内，混凝土一般应灌满桩管或略高于地面。

5) 拔桩管：开始拔管前，应先启动振动箱片刻，再开动卷扬机拔桩管。用活瓣桩尖时宜慢，用预制混凝土桩尖时可适当加快；在软弱土层中，宜控制在 0.6～0.8m/min 并用吊锤测得桩尖活瓣确已张开，混凝土已从桩管中流出以后，方可继续拔桩管，边振边拔，桩管内的混凝土被振实而留存土中成桩，拔管速度应控制在 1.2～1.5m/min。

6) 拔管方法根据承载力的不同要求，可分别采用以下方法：

a 单打法，即一次拔管。拔管时，先振动 5～10s，再开始拔桩管，应边振边拔，每提升 0.5m 停拔；振 5～10s 后再拔管 0.5m；再振 5～10s，如此反复进行直至地面。

b 复打法。在同一桩孔内进行再次单打，或根据需要进行局部复打。成桩后的桩身混凝土标高应不低于设计标高 500mm。全长复打桩的入土深度宜接近原桩长，局部复打应超过断桩或缩颈区 1m 以上。全长复打时，第一次浇筑混凝土应达到自然地面。复打施工必须在第一次浇筑的混凝土初凝之前完成，应随拔管随清除粘在管壁上和散落在地面上的泥土，同时前后再次沉管的轴线必须重合。

c 反插法。先振动再拔管，每提升 0.5～1.0m，再把桩管下沉 0.3～0.5m（且不宜大于活瓣桩尖长度的 2/3），在拔管过程中分段添加混凝土，使管内混凝土面始终不低于地表面，或高于地下水位 1.0～1.5m 以上，如此反复进行直至地面。反插次数按设计要求进行，并应严格控制拔管速度不得超过 0.5m/min。在桩尖的 1.5m 范围内，宜多次反插以扩大端部截面。在淤泥层中，清除混凝土缩颈，或混凝土浇筑量不足，以及设计有特殊要求时，宜用此法。但在坚硬土层中易损坏桩尖，不宜采用。

7) 在拔管过程中，桩管内的混凝土应至少保持 2m 高或不低于地表面，可用吊锤探测，不足时及时补灌，以防混凝土中断形成缩颈。每根桩的混凝土灌注量，应保证达到制成后桩的平均截面积与桩管端部截面积的比值不小于 1.1。

8) 当混凝土灌注至桩顶，混凝土在桩管内的高度应大于桩孔深度；当桩尖距地面 600～800mm 时停振，利用余振将桩管拔出。同时，混凝土浇筑高度应超过桩顶设计标高 0.5m，以使修整桩顶，凿去浮浆后，应确保桩顶设计标高及混凝土的质量。

9) 振动灌注桩的中心距不宜小于桩管外径的 4 倍，相邻桩施工时，其间隔时间不得超过水泥的初凝时间；超过时应待已完成的邻桩混凝土达到设计强度等级的 50% 后方可施工。桩距小于 3.5d（d 为桩直径）时，应跳打施工。

10) 遇地下水，在桩管尚未沉入地下水位时，即应在桩管内灌入 1.5m 高的封底混凝土，然后桩管再沉至要求的深度。

5.6.5.3 锤击沉管灌注桩

1 特点和适用范围

锤击沉管灌注桩系用锤击打桩机，将带活瓣桩尖或设置钢筋混凝土预制桩尖的钢管锤击沉入土中，然后边浇筑混凝土边用卷扬机拔桩管成桩。其特点是：可用小桩管打较大截面桩，承载力大；可避免塌孔、缩颈、断桩、移位、脱空等缺陷；可采用普通锤击打桩机施工，机具设备和操作简便，沉桩速度快。但桩机较笨重，劳动强度较大。适用于黏性土、淤泥、淤泥质土、稍密的砂土及杂填土层中使用，但不能用于密实的中粗砂、砂砾石、漂石层中使用。

2 机具设备

主要设备为一般锤击打桩机,由桩架、桩锤(如落锤,柴油锤、蒸汽锤等)、卷扬机、桩管等组成。桩管直径可达500mm,长8~15m,常用锤击式打桩机型号及技术性能见本标准第5.4.2.3条。

配套机具有下料斗、1t机动翻斗车、混凝土搅拌机等。

3 施工工艺

(1) 工艺流程

测量定位、放桩位线→桩机就位→沉入套管→下钢筋笼→开始浇筑混凝土→边锤击边拔管,并继续浇筑混凝土→成桩

(2) 施工要点

1) 桩机就位:桩机就位后吊起桩管,对准预先埋好的预制钢筋混凝土桩尖,放置麻(草)绳垫于桩管与桩尖连接处,以作缓冲层和防地下水进入,然后缓慢放入桩管,套入桩尖压入土中。

2) 沉管:上端扣上桩帽,先用低锤轻击,观察无偏移,才下沉施打,直至符合设计要求深度。如沉管过程中桩尖损坏,应及时拔出桩管,用土或砂填实后另安桩尖重新沉管。

3) 插入钢筋笼:通常钢筋笼应在沉管到设计标高后从管内插入,如为短钢筋笼,则在混凝土灌注至钢筋笼底标高时,再从管内插入。

4) 灌注混凝土:检查套管内无泥浆或水时,即可灌注混凝土,第一次混凝土应灌满桩管。

5) 拔管:拔管速度应均匀,对一般土可控制在不大于1m/min;淤泥、淤泥质土不大于0.8m/min;在软弱土层中的软硬土层交界处宜控制在0.3~0.8 m/min。采用倒打拔管的打击次数:单动汽锤不得少于50次/min;自由落锤轻击(小落锤轻击)不得少于40次/min;在管底未拔至桩顶设计标高之前,倒打和轻击不得中断。第一次拔管不宜过高,应控制在能容纳第二次需要灌入的混凝土数量为限,以后始终保持使管内混凝土量略高于地面。

6) 锤击沉管成桩宜按桩基施工顺序依次退打,桩中心距在4倍桩管外径以内或小于2m时均应跳打,中间空出的桩,须待邻桩混凝土达到设计强度等级的50%以后方可施打。

7) 当为扩大桩径,提高承载力或补救缺陷,可采用复打法。复打法和要求同振动沉管灌注桩,但以扩大一次为宜。当作补救措施时,常采用半复打法或局部复打法。

5.6.5.4 套管夯扩灌注桩

1 特点和适用范围

套管夯扩灌注桩又称夯扩桩,是在普通锤击沉管灌注桩的基础上加以改进发展起来的一种新桩型。由于其扩底作用,增大了桩端支撑面积,能够充分发挥桩端持力层的承载潜力,具有较好的技术经济指标,在国内许多地区得到了广泛地应用。特点是:在桩管内增加了一根与外桩管长度基本相同的内夯管,以代替钢筋混凝土预制桩尖,与外管同步打入设计深度,并作为传力杆将桩锤击力传至桩端夯扩成大头形,并且增大了地基的密度。同时,利用内管和桩锤的自重将外管内的现浇桩身混凝土压密成型,使水泥浆压入桩侧土体并挤密桩侧的土,使桩的承载力大幅度提高。夯扩桩施工设备简单,上马快,操作方便,可消除一般灌注桩易出现缩颈、裂缝、混凝土不密实、回淤等弊病,保证工程质量;而且

技术可靠，工艺合理，经济实用，单桩承载力可达1100kN，工程造价比一般混凝土灌注桩基降低30%～40%。适用于一般黏性土、淤泥、淤泥质土、黄土、硬黏性土；亦可用于有地下水的情况；可在20层以下的高层建筑基础中使用。

2　机具设备

沉管机械采用锤击式沉桩机或D16-32筒式柴油打桩机、静力压桩机，并配有2台2t慢速卷扬机，用于拔管。桩管由外管（套管）和内管（夯管）组成（见图5.6.5.4-1）。外管直径为325mm或377mm无缝钢管；内管直径为219mm，壁厚10mm，长度比外管短100mm，底端可采用闭口平底或闭口锥底。

3　施工工艺

（1）工艺流程

测放桩位→机架就位→将内外套管同步打入设计深度→拔出内夯管→在外桩管内灌第一批混凝土→将内夯管放回外桩管中压在混凝土面上→将外桩管拔起一定高度→用桩锤通过内夯管将外桩管中灌入的混凝土挤出外管→将内外管同时打至设计要求的深度完成第一次夯扩→重复以上程序进行二次夯扩→拔出内夯管→在外桩管内灌第二批混凝土→再插入内夯管紧压管内混凝土→边压边徐徐拔起外桩管→成桩（图5.6.5.4-2）

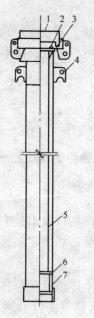

图5.6.5.4-1　夯扩灌注桩桩管构造
1—柴油打桩机桩帽；2—8M6×60螺栓；3—附加桩帽；4—套管吊耳；5—ϕ219夯管；6—ϕ290×10夯头；7—ϕ325×10套管

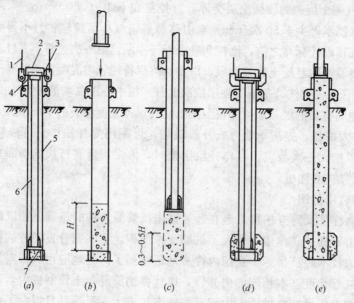

图5.6.5.4-2　夯扩桩工艺流程
(a) 内外管同步夯入土中；(b) 提升内夯管、除去防淤套管，浇筑第一批混凝土；(c) 插入内夯管，提升外管；(d) 夯扩；(e) 提升内夯管，浇筑第二批混凝土，施工内夯管加压，拔起外管
1—钢丝绳；2—原有桩帽；3—特制桩帽；4—防淤套管；5—外管；6—内夯管；7—干混凝土

(2) 施工要点

1) 机架就位,在桩位处垫一层150~200mm厚与灌注桩同强度等级的干硬性混凝土,放下桩管,紧压在混凝土面上,以防回淤。

2) 将外桩管和内套管套叠同步打入设计深度,拔出内夯管并在外桩管内灌第一批混凝土,高度为H,混凝土量一般为0.1~0.3m³。

3) 将内夯管放回外桩管中压在混凝土面上,并将外桩管拔起h高度($h<H$),一般为0.6~1.0m。

4) 用桩锤通过内夯管将外桩管中灌入的混凝土挤出外管,将内外管再同时打至设计要求的深度(h深处),迫使其内混凝土向下部和四周基土挤压,形成扩大的端部,完成一次夯扩。或根据设计要求,可重复以上施工步骤进行二次夯扩。

5) 拔出内夯管,在外管内灌第二批混凝土,一次浇筑桩身所需的高度,再插入内夯管紧压管内混凝土,边压边徐徐拔起外桩管,直至拔出地面。以上H、h等参数要通过试验确定,作为施工的控制依据。

6) 夯扩沉管灌注桩亦可用以下两种方法形成:

a 沉管由桩管和内击锤组成,沉管在振动力及机械自重作用下,到达设计位置后,灌入混凝土,用内击锤夯击管内混凝土使其形成扩大头。

b 采用单管,用振动加压将管沉到设计要求的深度,往管内灌一定高度的扩底混凝土后向上提管,此时桩尖活瓣张开,混凝土进入孔底,由于桩尖受自重和外侧阻力关闭,再将桩管加压振动复打,迫使扩底混凝土向下部和四周基土挤压,形成扩大头。

7) 如有地下水或渗水,沉管过程、外管封底可采用干硬性混凝土或无水混凝土,经夯实形成阻水、阻泥管塞,其高度一般为100mm。

8) 桩的长度较大或需配置钢筋笼时,桩身混凝土宜分段浇筑;拔管时,内夯管和桩锤应施压于外管的混凝土顶面,边压边拔。

9) 工程施工前,宜进行试成桩,应详细记录混凝土的分次灌入量、外管上拔高度、内管夯击次数、双管同步沉入深度,并检查外管的封底情况,有无进水、涌泥等,经核实后作为施工控制的依据。

10) 桩端扩大头进入持力层的深度不小于3m,当采用2.5t锤施工时,要保证每根桩的夯扩锤击数不少于50锤,当不能满足此锤击数时,须再投料一次,扩大头采用干硬性混凝土,坍落度应在10~30mm左右。

5.6.5.5 挤扩多分支承力盘与多支盘灌注桩

1 特点和适用范围

挤扩多分支承力盘与多支盘灌注桩,为一种新型变截面桩,是在普通灌注桩基础上,按承载力要求和工程地质条件的不同,在桩身不同部位设置分支和承力盘,或仅设置承力盘而成,见图5.6.5.5。

这种桩由主桩、分支、承力盘和在它周围被挤扩密实

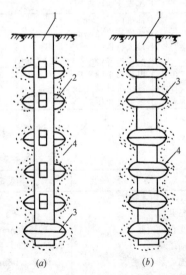

图5.6.5.5 挤扩多分支承力盘和多承力盘桩
(a) 挤扩多分支承力盘桩;
(b) 挤扩多承力盘桩
1—主桩;2—分支;3—承力盘;
4—压实(挤密)土料

的固结料组成，类似树根系，但施工工艺方法及受力性能又不同于一般树根桩和普通直线形混凝土灌注桩，而是一种介于摩擦桩和端承桩之间的变截面桩型。其特点是：单桩承载力高，其每 m^3 混凝土承载力 $P_k \geq 350kN$，为普通混凝土灌注桩的 2～3 倍；节约原材料，在同等承载力情况下，桩长仅为普通灌注桩的 1/2～1/3，可节省 30％ 左右材料；施工速度快，成本低，可缩短工期 30％，节省资金 25％；提高地基强度，适应性强，可在多种土层成桩，不受地下水限制；施工机械化程度高，低噪声，低振动，劳动强度低，工效高，操作维修方便。但施工需多一套专用分支成型机具设备，多一道挤扩工序。适用于一般多层和高层建筑作桩基，可在黏性土、粉土、细砂土、含少量姜结石的砂土及软土等多种土层应用，但不适合于在淤泥质土、中粗砂层、砾石层以及液化土层中挤扩分支和成盘。

2 主要机具

(1) 成孔设备：可采用干作业成孔设备，如长螺旋钻机等；但一般多采用泥浆护壁成孔钻机，如 KQ 型潜水钻机（见表 5.6.6-6）或 SY-120 型钻井机。

(2) 支盘成型器常用 YZJ 型系列液压扩支盘成型器技术性能见表 5.6.5.5-1。

表 5.6.5.5-1 YZJ 型系列液压挤扩支盘成型器主要技术性能

组件	项 目	YZJ-400/1100	YZJ-600/1500
主机	弓臂支出最大外径(mm)	1100	1500
	经臂宽度(mm)	200	280
	外形尺寸(外径×长度)(mm)	400×1660	580×2370
	重量(kg)	940	3200
接长管	最大管径(mm)	273	377
	最小管径(mm)	168	168
	伸出最大长度(mm)	24000	39000
	缩回最小长度(mm)	8530	9030
	重量(kg)	1320	2680
液压缸	油缸内径(mm)	280	360
	活塞杆直径(mm)	200	250
	最大行程(mm)	478	587
	外形尺寸(外径×长度)(mm)	340×1170	440×1470
液压站	电机功率(kW)	22	37
	液压泵排量(L/min)	25	63
	额定工作压力(N/mm^2)	25	25

(3) 多分支承力盘灌注桩需用机具设备见表 5.6.5.5-2。

表 5.6.5.5-2 多分支承力盘灌注桩需用机具设备

名 称	规 格 性 能	数 量	备 注
KQ 型潜水钻机	1250A,带钻架	1台	钻孔用
钻井机	SY-120 型	1台	钻孔用
支盘成型器	$\phi 570mm$,每节长 2m	1套	压分支盘用
油压箱	A、Y-HA20B 型,压力 31.5MPa	1台	分支盘加压用
离心泵	流量 $1.08m^3/h$,扬程 21m	2台	泥浆输送
轮胎吊	12kN	1台	吊分支盘
三木搭浇灌架	$\phi 100$ 钢管制,高 5m	1套	吊挂料斗导管
卷扬机	10 kN	1台	起落料斗导管
混凝土受料斗	钢制	1个	卸混凝土
混凝土导管	$\phi 200 \sim 300$,每节长 1.5m	1套	下混凝土
机动翻斗车	1t	2台	运送混凝土
混凝土搅拌机	J_1-400 型	1台	拌制混凝土

3 施工工艺

(1) 工艺流程

桩定位放线→挖桩坑、埋设钢板护筒→钻孔机就位→钻孔至设计→深度钻机移位至下一桩位钻孔→第一次清孔→将支盘成型器吊入已钻孔内→在设计位置压分支、承力盘→下钢筋笼→下导管→二次清孔→水下灌注混凝土→清理桩头→拆除导管、护筒

(2) 施工要点

1) 用钻机泥浆护壁成孔,对软黏土地基可采用自成泥浆护壁;对砂土地基宜采用红黏土泥浆护壁,泥浆密度为 $1.3t/m^3$。施工期间护筒内的泥浆面应高出地下水位 1.0m 以上,在受水位涨落影响时,泥浆面应高出最高水位 1.5m 以上,成孔工艺方法同一般潜水电钻和回转钻。

2) 当成孔达到要求深度后,将钻机移到下一桩位继续钻进。清孔后用吊车将支盘成型器吊起对准桩孔中心徐徐放入孔内,由上而下,按多支盘桩设计要求深度在分支或成盘位置,通过高压油泵加压使支盘成型器下端弓压或挤扩臂向外舒张成伞状,对局部孔壁的土体实施挤压形成分支,挤扩完毕后,收回挤扩臂,再转动一个角度重复以上动作,在同一个分支标高处,挤扩两次(转动90°)即形成十字分支,挤扩3次(每次转动60°)即成为多分支,挤扩8次(每次转动22.5°)即形成一个类似竹节状的承力盘,每完成一组对称分支,或一个承力盘,即可将支盘成型器自上而下地下落至下一组分支或成盘部位继续挤压分支或承力盘,一般每压一根三盘18分支桩约需 30～40min。

3) 挤压分支成盘时要控制油压,对一般黏性土应控制在6～7MPa,对密实粉土、砂土为15～17MPa,对坚硬密实砂土为20～25MPa。

4) 每一承力盘挤扩完成后,在不收回挤扩臂的情况下,应将成型器转动2周扫平渣土,以使扩盘均匀、对称。

5) 分支、承力盘完成后,将支盘成型器吊出,即可将稀泥浆注入孔内置换浓泥浆至密度为 $1.1～1.15t/m^3$ 为止。浇筑混凝土前孔底500mm以内的泥浆密度应小于 $1.25 t/m^3$,含砂率≤8%,黏度28s,沉渣厚度小于100mm。

6) 清孔后,应在0.5h内进行下道工序。吊入钢筋笼,用短钢管固定在孔口钢护筒上,下导管,安浇灌架,用起重机吊混凝土料斗进行水下混凝土浇筑,采用坍落度160～180mm,设钢管三木搭,利用卷扬机吊导管不断上下反插窜动使混凝土达到密实。特别是在浇灌至扩盘部位时,应集中多次冲捣上下窜动反插,使扩盘处混凝土密实。灌注方法与普通混凝土灌注桩导管法水中灌注混凝土相同。

7) 质量控制要点:

a 分支、盘位应选定较好的持力层。施工中如地质变化,持力层深度不能满足设计要求,为提高承载力,应根据具体情况适当加深0.5～1.5m,或在桩上增加2～4个分支或1～2个承力盘,以保证达到要求的承载力。

b 由于分支成盘,对土层要施加很大侧压力,当桩距小于3.5d(d为主桩直径)时,钻机应采取跳打法施工。

c 桩的分支未配钢筋,靠混凝土的剪力传递压力,因此该处的混凝土要保证密实,除控制混凝土配合比外,还应控制坍落度和用导管反插捣固密实。

d 每一支盘应通过孔口刻度按规定转角及次序认真挤扩,转动支盘成型器可用短钢管插入成型器上部连接管孔内旋转即可,每次要测量泥浆面下降值,机体上升值和油压值,以判断支盘成型效果。

e 挤扩盘过程中,随着盘体体积增大,应不断补充泥浆,尤其是在支盘成型器上提过程中。

5.6.6 常用的非挤土灌注桩

5.6.6.1 干作业螺旋钻成孔灌注桩

1 特点和适用范围

干作业螺旋钻成孔灌注桩根据成孔取土方法不同,可分为长螺旋钻成孔与短螺旋钻成孔两种。

长螺旋钻成孔方法是使用长螺旋钻孔机的螺旋钻头,在孔位切削土层,随钻头旋转被切削的土块钻屑沿着带有长螺旋叶片的钻杆上升,输送到出土器后自动排出孔外。短螺旋钻成孔方法与长螺旋方法不同之处是短螺旋成孔,其被切削的土块钻屑只能沿着数量不多的螺旋叶片(一般只在临近钻头2~3m)的钻杆上升,积聚在短螺旋叶片上,形成"土柱",然后靠提钻、反钻、甩土等将钻屑散落在孔周,一般每钻进0.5~1.0m既要提钻一次。国产长螺旋钻孔机、成孔直径为300~800mm,成孔深度不超过26m;国产短螺旋钻孔机,最大成孔直径可达1828mm,最大孔深可达70m。

其特点是:不需任何护壁措施,不产生挤土效应,桩侧土受机械扰动小,无泥浆污染;钻进速度快,成孔质量易于控制,造价低,设备简单、施工方便;

适用于地下水位以上的填土、黏性土、粉土、砂土与粒径不大的砂砾土。

2 主要机具

(1) 常用螺旋钻机技术性能见表5.6.6.1。

表5.6.6.1 螺旋钻孔机规格与技术性能

项 目	LZ型 长螺旋钻机	KL600型 螺旋钻机	BZ-1型 短螺旋钻机	ZKL400/600 钻孔机	BQZ型步履 式钻孔机	DZ型步履式 钻孔机
钻孔最大直径(mm)	300、600	400、500	300~800	400/600	400	1000~1500
钻孔最大深度(m)	15	15、15	8、11、8	12~16	8	30
钻杆长度(m)	—	18.3、18.8	—	22	9	—
钻头转速(r/min)	63~116	50	45	80	85	38.5
钻进速度(m/min)	1.0	—	3.1	—	1	0.2
电机功率(kW)	40	50、55	40	30~55	22	22
外形尺寸(m) (长×宽×高)	—	—	—	—	8×4×12.5	6×4.1×16

(2) 另配钢筋加工机械,混凝土搅拌、运输机械,混凝土灌注串筒或溜槽、振捣机具等。

3 施工工艺

(1) 工艺流程

放线定桩位→桩机就位→钻孔→清孔→检查成孔质量→下钢筋笼→灌注混凝土→成桩

(2) 施工要点

1) 钻孔机就位时应校正，要求保持平整、稳固，使在钻进过程中不发生倾斜或移动。在钻架上应有控制深度的标尺，以便在施工中进行观测、记录。

2) 钻孔时，先调直桩架挺杆，对正桩位，启动钻机钻 0.5～1.0m 深，检查一切正常后，再继续钻进，土块随螺旋叶片上升排出孔口，达到设计深度后停钻，提钻，检查成孔质量；即可移动钻机至下一桩位。

3) 钻进过程中，排出孔口的土应随时清除、运走，钻到预定深度后，应在原深处空转清土，然后停止回转，提钻杆，但不转动，孔底虚土厚度超过标准时，应分析原因，采取措施处理。

4) 钻进时如严重塌孔，孔内有大量的泥土时，需回填砂或黏土重新钻孔或往孔内倒少量土粉或石灰粉，将泥中的水分吸干后清出。如遇有含石块较多的土层，或含水量较大的软塑黏土层时，应注意避免钻杆晃动引起孔径扩大，致使孔壁附着扰动土和孔底增加回落土。

5) 清孔后应用测绳或手提灯测量和观察孔深及虚土厚度。虚土厚度等于钻深与孔深之差值，一般不应大于 100mm。

6) 钢筋笼应一次绑好，并绑好保护层砂浆垫块，对准孔位吊直扶稳或用导向钢筋，缓慢送入孔内，注意勿碰孔壁。下放到设计位置后立即固定。保护层应符合要求。钢筋笼过长时，可分 2 段吊放，采用电焊连接。

7) 钢筋笼定位后，应即灌注混凝土，以防塌孔，混凝土的坍落度一般为 80～100mm，灌注方法见第 5.6.4 条。

8) 质量控制要点：

a 钻孔时，应注意地层土质变化，遇有砂砾石、卵石或流塑淤泥、上层滞水，应立即采取措施处理，防止塌方。出现钻杆跳动、机架摇晃、钻不进尺等异常情况，应立即停车检查，查明原因、排除故障后再继续施工。

b 操作中，应及时清理虚土，必要时应二次施钻清理；钻孔完毕，孔口应用盖板盖好，防止往孔内掉土。

c 混凝土灌注应严格按操作工艺边灌混凝土边振捣；严禁把土和杂物与混凝土一起灌入桩孔内，以及防止出现缩颈、空洞、夹土等质量通病。

d 混凝土灌注到桩顶，应随时测量桩顶标高，以免过高，造成截桩；过低，不能保证桩头质量。

5.6.6.2 钻孔压浆灌注桩

1 特点和适用范围

(1) 钻孔压浆灌注桩系采用长臂螺旋钻机钻孔，在钻杆纵向设有一个从上到下的高压灌注水泥浆系统（压力 10～30MPa），钻孔深度达到设计深度后，开动压浆泵，使水泥浆从钻头底部喷出，借助水泥浆的压力，将钻杆慢慢提起，直至出地面后，移开钻杆，在孔内放置钢筋笼，再放入一根直通孔底的压力注浆管（钢管或塑料管），与高压管接通，同时向桩孔内投放粒径 20～40mm 的碎石或卵石直至桩顶，再向孔内浆管二次补浆，把带泥的浆挤压干净，至水泥浆液溢出孔口，不再下降，桩即告全部完成。桩径可达 300～1000mm，深 30m 左右。一般常用桩径为 400～600mm，桩长 10～20m，桩混凝土为无砂混凝土，强度等级为 C20 以上。

(2) 钻孔压浆桩的特点是：桩体致密，局部以膨胀扩径，单桩承载力高，沉降量小，比普通混凝土灌注桩的抗压、抗拔、抗水平荷载能力提高1倍以上；不用泥浆护壁，可避免水下灌注混凝土；采用高压灌浆工艺，对桩孔周围地层有明显的扩散渗透、挤密、加固和局部膨胀扩径等作用，不需清理孔底虚土，可有效地防止断桩、缩颈、桩端虚土等情况发生，质量可靠；由于钻孔后的土体和钻杆是被孔底的高压水泥浆置换顶出的，能在流砂、淤泥、砂卵石、塌孔和地下水的复杂地质条件下顺利成桩；施工无噪声、无振动、无排污，没有大量泥浆制配和处理带来的环境污染；施工速度快，比普通打预制桩工期缩短1～2倍，费用降低10％～15％。

（3）适用于一般黏性土、湿陷性黄土、淤泥质土、中细砂、砂卵石等地层，还可用于有地下水的流砂层。即可作工程基桩，又可作护壁桩和防水帷幕桩等。

2 主要机具

（1）成孔设备主要为LZ或KL型长螺旋钻机（性能见表5.6.6.1）。

（2）注浆泵：钻孔压浆桩所使用的注浆泵，因其工作介质是以水泥浆为主的浆液，通常浆液容重大于$16kN/m^3$、漏斗黏度大于35s，而且采用高压注浆工况，因此对注浆泵的吸程、泵量、泵压及功率储备都有严格的要求。可选用SNC-300水泥注浆泵，桩径、桩长较小时也可用WB-320泥浆泵替代。SNC-300水泥注浆泵性能如表5.6.6.2-1。

表5.6.6.2-1　SNC-300水泥注浆泵性能表

发动机变速档位	曲轴转速(r.p.m)	缸套直径ϕ100mm		缸套直径ϕ115mm	
		排量(L/min)	压力(MPa)	排量(L/min)	压力(MPa)
V	117	762	6.1	1040	4.47
II	26	154	30	220	20.1
动力：6135柴油机；额定功率：160马力；泵活塞行程：250mm；泵外型尺寸：2380×945×1895(mm)；泵重量：2.775t					
注：SNC-300水泥注浆泵安装在黄河JN-150车上，原为油田固井车。					

（3）螺旋钻杆常用规格有：ϕ300、ϕ400、ϕ500、ϕ600、ϕ800，每节定尺长度为4m或5m，常规连接方式有"六方插接"和"法兰盘螺栓连接"。

（4）高压注浆管：高压注浆管是钻孔压浆桩施工中连接注浆泵与螺旋钻杆、实现浆液高速输送和高压注浆的重要工具。本工艺使用的高压注浆管与液压传动机械的高压胶管通用，常用规格性能如表5.6.6.2-2。

表5.6.6.2-2　高压胶管规格性能表

公称内径(mm)	型号	外径(mm)	工作压力(MPa)	最低爆破压力(MPa)	最小弯曲半径(mm)
19	B19×2S-180	31.5	18	72	265
	B19×4S-345	35	34.5	138	310
22	B22×2S-170	34.5	17	68	280
	B22×4S-300	39	30	120	330
25	B25×2S-160	37.5	16	64	310
	B25×4S-275	41	27.5	110	350
32	B32×4S-210	50	21	84	420
	B32×6S-260	53.8	26	104	490

(5) 注水器：注水器是连接注浆管与动力头的高压动密封装置，是实现钻杆旋转的同时进行高压注浆的关键装置。

(6) 浆液制备装置：由电器控制柜、电动机、减速器、搅拌轴、搅拌叶片及搅浆桶组成，搅浆桶容积1.2~2.2m³，浆液制备装置配套数量和规格，视单桩混凝土体积及施工效率而定。每个机组通常配2套以上。

3 施工工艺

(1) 工艺流程

测量放线、定桩位→钻机就位→钻孔至设计深度→空钻清底→第一次注浆，提钻→放钢筋笼和注浆管→填放卵（碎）石→第二次注浆→成桩（图5.6.6.2）

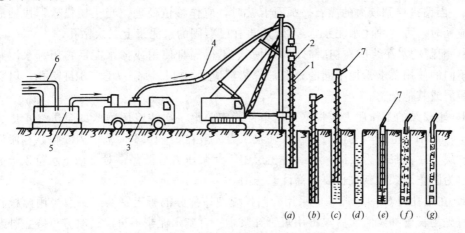

图5.6.6.2 钻孔压浆灌筑桩工艺流程

(a) 钻机就位；(b) 钻进；(c) 一次压浆；(d) 提出钻杆；(e) 下钢筋笼；(f) 下碎石；(g) 二次补浆

1—长螺旋钻机；2—导流器；3—高压泵车；4—高压输浆管；5—灰浆过滤池；6—接水泥浆搅拌桶；7—注浆管

(2) 施工要点

1) 钻机就位：按常规方法对准桩位钻进，随时注意并校正钻杆的垂直度；钻孔时，应随钻随清理钻进排出的土方；钻至设计深度后，空钻清底。

2) 第一次注浆，提钻：将高压胶管一端接在钻杆顶部的导流器预留管口处，另一端接在注浆泵上，将配制好的水泥浆由下而上在提钻同时在高压作用下喷入孔内。提钻压浆应缓慢进行，一般控制在0.5~1.0m/min，过快易塌孔或缩孔。当遇地下水时，应注浆至无塌孔危险位置以上0.5~1.0m处，然后提出钻杆，使钻孔形成水泥浆护壁孔。

3) 压浆采用纯水泥浆，用强度等级32.5级或42.5级的硅酸盐或普通硅酸盐水泥，水灰比为0.45~0.60。

4) 放钢筋笼和注浆管。成孔后，应立即吊入钢筋笼，将注浆管固定在钢筋笼上。注浆管下端应距孔底1m，当桩长超过13m时，应放2根注浆管，一长一短，长管下端距孔底1m，短管出口在1/2桩长处，桩径较大时可增加一组补浆管。

5) 填放卵（碎）石。卵（碎）石中10mm以下的含量宜控制在5%以内，含泥量小于1%。常用规格：16~31.5mm、20~40mm、31.5~63mm、10~20mm与16~31.5mm混合级配，20~40mm与31.5~63mm混合级配、最常用为20~40mm；桩径较粗、孔深较大又容易串孔时，宜用较大粒径的碎石，反之则宜选用较细粒径。骨料最大粒径不应大于钢筋最小净距的1/2。卵（碎）石通过孔口漏斗倒入孔内，用钢钎捣实。

6）第二次注浆（补浆）。利用固定在钢筋笼上的补浆管进行第二次注浆，此工序与第一次注浆间隔时间不得超过45min，第二次注浆一般要多次反复进行，最后一次补浆必须在水泥浆接近终凝时完成，注浆完成后立即拔管洗净备用。

7）质量控制要点：

a 钻孔压浆桩的施工顺序，应根据桩间距和土层渗透情况，按编号顺序采取跳跃式进行或根据凝固时间采取间隔进行，以防止桩孔间窜浆。当在软土层成孔，桩距小于$3.5d$（d为桩径）时，宜跳打成桩，以防高压使邻桩断裂，中间空出的桩须待邻桩混凝土达到设计强度等级的50%以后方可成桩。

b 当钻进遇到较大的漂石、孤石卡钻时，应作移位处理。当土质松软，拔钻后塌方不能成孔时，可先灌注水泥浆，经2h后再在已凝固的水泥浆上二次钻孔。

c 配制的水泥浆应在初凝时间内用完，不得隔日使用或掺水泥后再用。水泥浆液可根据不同的使用要求掺加不同的外加剂。浆液应通过$14×14～18×18$目筛孔，以免混入水泥袋屑或其他杂物。

d 注浆泵的工作压力应根据地质条件确定，第一次注浆压力（即泵送终止压力）一般在1～10MPa范围内变化，第二次补浆压力一般在2～10MPa范围内变化。在淤泥质土和流砂层中，注浆压力要高；在黏性土层中，注浆压力可低些；对于地下水位以上的黏性土层，为防止缩颈和断桩也要提高注浆压力。

e 在距孔口3～4m段，应采用专门措施使该部分混凝土密实。一般当用两根补浆管时，宜先用长管补浆两次后，再用短管补浆，一直到水泥浆不再渗透时方可终止补浆，取出补浆管。

5.6.6.3 人工挖孔（扩底）灌注桩

1 特点和适用范围

人工挖孔灌注桩的成孔方法是采用人工挖掘的方法成孔，浇筑混凝土成桩。

特点是：成孔机具简单，人工挖掘，便于检查孔壁和孔底，可以核实桩端持力层的土质情况；孔底虚土能清除彻底，施工质量便于保证；桩径和桩长可随地层及承载力的情况灵活调整；桩端可以人工扩大，能获得较高的承载力；人工挖孔桩的桩身直径一般为800～2000mm，最大直径可达3500mm，扩底直径一般为桩身直径的1.3～2.5倍，最大扩底可达8m；挖孔桩的孔深一般不宜超过30m，特别当桩长$L≤8m$时，要求桩身直径$d≥0.8m$；当$8m<L≤15m$，$d≥1.0m$；当$15m<L≤20m$，$d≥1.2m$；当$L>20m$时，桩身直径应适当加大。

适用于地下水位以上的填土、黏土、粉土、砂土、碎石土和风化岩层，也可在黄土、膨胀土和冻土中使用。特别适用于场地狭窄、邻近建筑物密集、桩数少、桩径大的桩基工程。

2 主要机具

(1) 一般需备有三木搭、卷扬机组或电动葫芦、手推车或翻斗车、镐、锹、手铲、钎、线坠、定滑轮组、导向滑轮组、混凝土搅拌机、吊桶、溜槽、导管、振捣棒、插钎、粗麻绳、钢丝绳、安全活动盖板、防水照明灯（低压36V、100W）、电焊机、通风及供氧设备、水泵、木榔铲、活动爬梯、安全帽、安全带等；

（2）灌注桩施工现场所有设备、设施、安全装置、工具配件及个人劳保用品必须经常检查，确保完好和使用安全。

3 施工工艺

（1）工艺流程

场地平整→放线、定桩位→挖第一节桩孔土方→绑扎钢筋、支模浇筑第一节混凝土护壁→在护壁上二次投测标高及桩位十字轴线→安装活动井盖、垂直运输架、起重电动葫芦或卷扬机或木辘轳、活底吊桶、排水、通风、照明设施等→第二节桩身挖土→清理桩孔壁、校核桩孔垂直度和直径→绑扎钢筋、拆上节模板，支第二节模板，浇筑第二节混凝土护壁→重复第二节挖土、绑扎钢筋、支模、浇筑混凝土护壁工序，循环作业直至设计深度→检查持力层后，进行扩底→清理虚土、排除积水、检查尺寸和持力层→吊放钢筋笼就位→浇筑桩身混凝土

（2）施工要点

1）放线定桩位及高程：在场地三通一平的基础上，依据建筑物测量控制网的资料和基础平面布置图，测定桩位轴线方格控制网和高程基准点。确定好桩位中心，以中心为圆心，以桩身半径加护壁厚度为半径画出上部（即第一步）的圆周。撒石灰线作为桩孔开挖尺寸线。桩位线定好之后，必须经有关部门进行复查，办好预检手续后开挖。

2）开挖第一节桩孔土方：开挖桩孔应从上到下逐层进行，先挖中间部分的土方，然后扩及周边，有效地控制开挖桩孔的截面尺寸。每节的高度应根据土质好坏、操作条件而定，一般以 0.9～1.2m 为宜。每挖完一节，必须根据桩孔口上的轴线吊直、修边、使孔壁圆弧保持上下顺直。

3）绑扎钢筋、支护壁模板：为防止桩孔壁坍方，确保安全施工，成孔应设置井圈，其种类有素混凝土和钢筋混凝土两种。以现浇钢筋混凝土井圈为好，配 $\phi6\sim\phi10$ 光圆钢筋，与土壁能紧密结合，稳定性和整体性能均佳，且受力均匀，可以优先选用。当桩孔直径不大，深度较浅而土质又好，地下水位较低的情况下，也可以采用喷射混凝土护壁。护壁的厚度和混凝土强度等级必须满足设计要求。护壁模板采用拆上节、支下节重复周转使用。模板之间用卡具、扣件连接固定，也可以在每节模板的上下端各设一道圆弧形的、用槽钢或角钢做成内钢圈作为内侧支撑，防止内模因受涨力而变形。不设水平支撑，以方便操作。第一节护壁以高出地坪 150～200mm 为宜，便于挡土、挡水。桩位轴线和高程均应标定在第一节护壁上口。

4）浇筑第一节护壁混凝土：桩孔护壁混凝土每挖完一节以后应立即浇筑混凝土。人工浇筑，人工捣实，坍落度控制在 100mm 以内，确保孔壁的稳定性。护壁混凝土应根据气候条件，浇灌后须经过 12～24h 后方可拆模。

5）检查桩位（中心）轴线及标高：每节桩孔护壁做好以后，必须将桩位十字轴线和标高测设在护壁的上口，然后用十字线对中，吊线坠向井底投设，以半径尺杆检查孔壁的垂直平整度。随之进行修整，井深必须以基准点为依据，逐根进行引测。保证桩孔轴线位置、标高、截面尺寸满足设计要求。

6）架设垂直运输架：第一节桩孔成孔以后，即着手在桩孔上口架设垂直运输支架。支架有：木搭、钢管吊架、木吊架或工字钢导轨支架几种形式。要求搭设稳定、牢固。

7）安装电动葫芦或卷扬机：在垂直运输架上安装滑轮组和电动葫芦或穿卷扬机的钢

丝绳，选择适当位置安装卷扬机。如果是试桩和小型桩孔，也可以用木吊架、木辘轳或人工直接借助粗麻绳作提升工具。地面运土用手推车或翻斗车。

8) 安装吊桶、照明、活动盖板、水泵和通风机。在安装滑轮组及吊桶时，注意使吊桶与桩孔中心位置重合，作为挖土时直观上控制桩位中心和护壁支模的中心线。井底照明必须用低压电源（36V、100W）、防水带罩的安全灯具。桩口上设围护栏。当桩孔深大于20m时，应向井下通风，加强空气对流。必要时输送氧气，防止有毒气体的危害。操作时，上下人员轮换作业，桩孔上人员密切注视观察桩孔下人员的情况，互相呼应，切实防止安全事故的发生。当地下水量不大时，随挖随将泥水用吊桶运出。地下渗水量较大时，吊桶已满足不了排水要求，先在桩孔底挖集水坑，用高扬程水泵沉入抽水，边降水边挖土，水泵的扬程、规格按抽水量确定。应日夜三班抽水，使水位保持稳定。地下水位较高时，应先采用统一降水的措施，再进行开挖。桩孔口安装水平推移的活动安全盖板，当桩孔内有人挖土时，应掩好安全盖板，防止杂物掉下砸伤人。无关人员不得靠近桩孔口边。吊运土时，再打开安全盖板。

9) 开挖吊运第二节桩孔土方（修边）：从第二节开始，利用提升设备运土，桩孔内人员应戴好安全帽，地面人员应拴好安全带。吊桶离开孔上方1.5m时，推动活动安全盖板，掩蔽孔口，防止卸土的土块、石块等杂物坠落孔内伤人。吊桶在小推车内卸土后，再打开活动盖板，下放吊桶装土。桩孔挖至规定的深度后，用支杆检查桩孔的直径及井壁圆弧度，修整孔壁，使上下垂直平顺。

10) 先拆除第一节支第二节护壁模板，绑钢筋，护壁模板采用拆上节支下节依次周转使用。如往下孔径缩小，应配备小块模板进行调整。模板上口留出高度为100mm的混凝土浇筑口，接口处应捣固密实。拆模后用混凝土或砌砖堵严，水泥砂浆抹平。混凝土强度达到1MPa后方可拆模。

11) 浇筑第二节护壁混凝土：混凝土用串桶运送，人工浇筑，人工插捣密实。混凝土可由试验室确定掺入早强剂，以加速混凝土的硬化。

12) 检查桩位中心轴线及标高：以桩孔口的定位线为依据，逐节校测。

13) 循环作业：逐层往下循环作业，将桩孔挖至设计深度，清除虚土，检查土质情况，桩底应支承在设计所规定的持力层上。

14) 开挖扩底部份：桩底可分为扩底和不扩底两种情况。挖扩底桩应先将扩底部位桩身的圆柱体挖好，再按扩底部位的尺寸、形状自上而下削土扩充成设计图纸的要求；如设计无明确要求，扩底直径一般为$1.5 \sim 3.0d$。扩底部位的变径尺寸为1:4。

15) 检查验收：成孔以后必须对桩身直径、扩头尺寸、孔底标高、桩位中线、井壁垂直度、虚土厚度进行全面测定。做好施工记录，办理隐蔽验收手续，并经监理工程师或建设单位项目负责人组织堪察、设计单位检查签字后方可进行封底施工。

16) 吊放钢筋笼：钢筋笼按设计要求配置，运输及吊装应防止扭转弯曲变形，根据规定加焊内固定筋。钢筋笼放入前应先绑好保护层砂浆垫块，保护层厚度按设计要求，一般为70mm（亦可在钢筋笼四周的主筋上每隔3~4m左右设一个$\phi 20$耳环，作为定位垫块）；吊放钢筋笼时，要对准孔位，吊直扶稳、缓慢下沉，避免碰撞孔壁。钢筋笼放到设计位置时，应立即固定。遇有两段钢筋笼连接时，应采用焊接（搭接焊或帮条焊），双面焊接，接头数按50%错开，以确保钢筋位置正确，保护层厚度符合要求。

17）浇筑桩身混凝土：桩身混凝土可使用粒径不大于 50mm 的石子，坍落度 80～100mm，机械搅拌。用溜槽加串桶向桩孔内浇筑混凝土。浇筑混凝土应连续进行，分层振捣密实。分层厚度以捣固的工具而定，但不宜大于 1.5m。小直径桩孔，人工下井振捣有困难时，可在混凝土中加入减水剂，使坍落度增至 13～18cm，6m 以下利用混凝土的大坍落度和下冲力使其密实；6m 以内分层振捣密实；桩孔深度超过 12m 时，宜采用混凝土导管浇筑。一般第一步宜浇筑到扩底部位的顶面，然后浇筑上部混凝土。水下浇灌应按水下浇灌混凝土的规定施工。

18）混凝土浇筑到桩顶时，应适当超过桩顶设计标高，以保证在剔除浮浆后，桩顶标高符合设计要求。桩顶上的钢筋插铁一定要保持设计尺寸，垂直插入，并有足够的保护层。

19）冬、雨期施工：

a　冬期当温度低于 0℃ 以下浇筑混凝土时，应采取加热保温措施。浇筑入模的温度应由冬施方案确定。在桩顶未达到设计强度 50% 以前不得受冻。当夏季气温高于 30℃ 时，应根据具体情况对混凝土采取缓凝措施。

b　雨天不能进行人工挖桩孔的工作。现场必须有排水的措施，严防地面雨水流入桩孔内，致使桩孔塌方。

5.6.6.4　正（反）循环泥浆护壁钻孔灌注桩

1　特点和适用范围

正（反）循环泥浆护壁钻孔灌注桩又称为回转钻成孔灌注桩。主要是指利用原土自然造浆或人工造浆浆液护壁，可通过循环泥浆将被钻头切削土体的土块钻屑挟带排出孔外的成孔施工方法。是国内最为常用和应用范围较广的成桩方法。

其特点是：可利用地质部门常规地质钻机，用于各种地质条件，各种大小孔径（300～2000mm）和深度（40～100m），护壁效果好，成孔质量可靠；施工无噪声、无振动、无挤压；机具设备简单，操作方便，费用较低。但成孔速度慢，效率低，用水量大，泥浆排放量大，污染环境，扩孔率较难控制。

适用于高层建筑和桥梁桩基施工，适于地下水位较高的软、硬土层，如淤泥、黏性土、砂土，软质岩等土层。

根据护壁泥浆循环方式的不同，分为正、反循环两种方式：

（1）正循环回转钻成孔方法是钻机回转装置带动钻杆和钻头回转切削破碎岩土，由泥浆泵输进钻杆内腔的泥浆，经钻头出浆口射出，带动钻渣沿孔壁上升，从孔口溢浆口溢出流入泥浆池，经沉淀返回循环池。通过循环泥浆，一方面协助钻头破碎岩土，将钻渣带出孔外，同时起护壁作用。

正循环回转钻成孔的特点是：钻机小、设备简单，设备故障相对较小；工艺技术成熟，操作简单便于掌握；泥浆上返速度较低，挟带土粒直径小，排渣能力差，岩土重复破碎现象严重；

适用于填土、淤泥、黏土、粉土、砂土等地层，对卵、砾石含量不大于 15%、粒径小于 10mm 的部分砂卵石、砂砾石层和软质基岩、较硬基岩中也可使用。正循环回转钻成孔直径一般不宜大于 1.0m，孔深度不宜超过 40m。

（2）反循环回转钻成孔方法是由钻机回转装置带动钻杆和钻头回转切削破碎岩土，选用泵吸、气举、喷射等措施抽吸循环护壁泥浆、挟带钻渣从钻杆内腔抽吸出孔外的成孔方法。

反循环回转钻成孔的特点是：振动小、噪声低，钻效高，排渣彻底，但泥浆需求量大；土层中有较高应力的水或地下水流时，施工困难；遇粒径较大（大于150mm）的碎、卵石及漂石钻进困难；遇较厚的松散土层，易出现塌孔现象；成孔桩径一般比设计桩径大10%～20%左右。反循环回转钻成孔直径一般为0.6～1.2m，最大成孔直径可达4m，成孔深度可达90m。

适用于填土、淤泥、黏土、粉土、砂土、砂砾等地层，当采用圆锥式钻头可进入软质岩，采用牙轮式钻头能进入硬质岩。特别适宜于砂性土层。

2 主要机具

（1）主要成孔设备为回转钻机，多用转盘式，常用型号及技术性能见表5.6.6.4-1。钻架多用龙门式（高度6～9m），钻头常用三翼或四翼式钻头、牙轮合金钻头或钢粒钻头。

表5.6.6.4-1 国产回转钻机主要性能

型号 参数		GPS-15	SPJT-300	SPC-500	QJ250	ZJ150-1	G-4	BRM-08	BRM-1
钻孔直径(mm)		800～1500	500	500～350	2500	1500	1000	1200	1250
钻孔深度(m)		50	300	600	100	70～100	50	40～60	40～60
转盘扭距(kN·m)		17.7	17.7		68.6	3、5、4.9、7.2、19.5	20	4.2～8.7	3.3～12.1
转盘转速(r/min)		13、23、42	40、70、128	正42、70、110、203 反51、84、132、243	12、8、21、41	22、59、86、120	10、40、80	15～41	9～52
钻孔方式		泵吸反循环	正反循环	正反循环	正反循环	正反循环		正反循环	正反循环
加压给进方式					自重	自重		配重	配重
驱动功率(kN)		30	40	75	95	55	20	22	22
重量(kg)		15000	11000	25000	13000	1000		6000	9200
外形尺寸(m)	长度	4.7	11.7	12.3	3.0				
	宽度	2.2	2.5	2.5	1.6				
	高度	8.3	3.7	3.7	2.7				
型号 参数		BRM-2	BRM-4	BRM-4A	GJD1500	红星400	SPC-300H	SPC-600	
钻孔直径(mm)		1500	3000	1500～3000	1500～2000	1500	500、700	500～1900	
钻孔深度(m)		40～60	40～100	40～80	50	50	200～300、80	400～600	
转盘扭距(kN·m)		7～28	15～80	15、20、30、40、55、80	39.2	40		15、24、39、64、11.5	
转盘转速(r/min)		5～34	6～35	6、9、13、17、25、35	6.3、14.4、30.6	12	52、78、123	25、45、74、120、191	
钻孔方式		正反循环	正反循环	气举反循环	正反循环、冲击	正反循环	正反循环、冲击	正循环	
加压给进方式		配重	配重	配重	自重				
驱动功率(kN)		28	75	75	63	40	118	75	
重量(kg)		13000	32000	61877	20500	7000	15000	23900	
外形尺寸(m)	长度			7.9	5.1	3.0	10.9	14.2	
	宽度			4.5	2.4	1.6	2.5	2.5	
	高度			13.3	6.38	2.7	3.6	3.6	

(2)配套机具有：卷扬机、泥浆泵、或离心式水泵、空气压缩机、混凝土搅拌机械、插入式振捣器、机动翻斗车、钢筋加工设备、混凝土灌注台架、下料斗、卸料槽、导管、预制混凝土塞、测量试验仪器等。

3 施工工艺

(1)工艺流程

测量放线、定桩位→埋设护筒→钻机就位→成孔→第一次清孔→桩孔检查→吊放钢筋笼→吊放导管→第二次清孔→灌注水下混凝土→成桩

(2)施工要点

1)护筒埋设：钻机就位前在桩位埋设6～8mm厚钢板护筒，内径比孔口大100～200mm，埋深在黏土中不宜小于1.0m，砂土中不宜小于1.5m。受水位涨落影响或水下施工的钻孔灌注桩，护筒应加高加深，必要时应打入不透水层；护筒上部宜开设1～2个溢流孔；护筒埋设应准确、稳定，护筒中心与桩位中心的偏差不得大于50mm；同时挖好泥浆池、排浆槽。

2)钻机就位：钻机就位前，应先平整场地，必要时铺设枕木并用水平尺校正，保证钻机平稳、牢固，对钻机导杆进行垂直度校正。

3)钻头选用：在黏土、砂性土中成孔时宜采用疏齿钻头，翼板的角度根据土层的软硬在30°～60°之间，刀头的数量根据土层的软硬布置，注意要互相错开，以保护刀架；在卵石及砾石层中成孔时，宜选用平底楔齿滚刀钻头；在较硬岩石中成孔时，宜选用平底球齿滚刀钻头。

4)泥浆制备：除能自行造浆的土层外，均应制备泥浆。泥浆制备应选用高塑性黏土或膨润土，拌制泥浆应根据工艺和穿越土层情况进行配合比设计。膨润土泥浆可按表5.6.6.4-2的性能指标制备。

表5.6.6.4-2 制备泥浆的性能指标

项次	项目	性能指标	检验方法
1	密度	1.1～1.15	泥浆密度计
2	黏度	10～25s	50000/70000漏斗法
3	含砂率	<6%	
4	胶体率	>95%	量杯法
5	失水量	<30mL/30min	失水量仪
6	泥皮厚度	1～3mm/30min	失水量仪
7	静切力	1min20～30mg/cm² 10min50～100mg/cm²	静切力计
8	稳定性	<0.03g/cm²	
9	pH值	7～9	pH试纸

5)成孔：回转钻机适用于各种口径、各种土层的钻孔桩，成孔时应注意控制钻进速度，采用减压钻进，保证成孔的垂直度，根据土层变化调整泥浆的相对密度和黏度。

a 在密实的黏土中和直径在1.0m以内的桩可采用正循环成孔，钻进时可采用清水钻进。

b 直径大于1.0m深度在50m以内的桩宜采用砂石泵反循环成孔;对于大直径深度在50m以上的桩宜采用气举反循环成孔。

c 对于土层倾斜角度较长,孔深大于50m的桩,在钻头、钻杆上应增加导向装置,保证成孔垂直度。

d 在淤泥、砂性土中钻进时,宜适当增加泥浆的相对密度;在卵石、砾石中钻进时应加大泥浆的相对密度,提高携渣能力;

e 在卵石、砾石及岩层中成孔时,应增加钻具的重量即增加配重。

6) 钻进时,应根据土层情况加压,开始应轻压力、慢转速,逐步转入正常。加压靠钻具自重调整吊绳进行,一般土层,不超过10kN;基岩中钻进,为15~25kN。

7) 钻机转速:对合金钢钻头为180r/min;钢粒钻头为100r/min。在松软土层中钻进,应根据泥浆补给情况控制钻进速度,在硬土层或岩层中的钻进速度,以钻机不发生跳动为准。

8) 第一次清孔:桩孔钻进至设计深度后,进行清孔。如泥浆中无大颗粒钻渣时可采用置换泥浆法清孔;如泥浆中含有较大颗粒的砂石,应采用反循环清孔;孔深50m以内的桩可采用泵吸反循环工艺(图5.6.6.4-1);孔深50m以上的桩应采用气举反循环工艺(图5.6.6.4-2),气举反循环清孔可将30mm左右的石块排出。直至孔内沉渣厚度和泥浆比重符合要求。

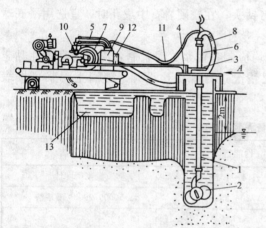 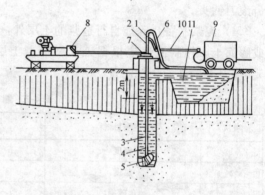

图5.6.6.4-1 泵吸反循环施工法
1—钻杆;2—钻头,3—旋转台盘;4—液压马达;5—液压泵;6—方型传动杆;7—砂石泵;8—吸渣软管;9—真空柜;10—真空泵;11—真空软管;12—冷却水槽;13—泥浆沉淀池

图5.6.6.4-2 气举循环施工法
1—气密式旋转接头;2—气密式传动杆;3—气密式钻杆;4—喷射嘴;5—钻头;6—压送软管;7—旋转台盘;8—液压泵;9—压气机;10—空气软管;11—水槽

9) 清孔后测量孔径和沉渣厚度,符合要求后,吊入钢筋笼和导管,在灌注混凝土前进行第二次清孔。当孔底500mm以内的泥浆相对密度小于1.20、含砂率≤8%、黏度≤28s(孔底沉渣厚度:端承桩≤50mm,摩擦端承、端承摩擦桩≤100mm,摩擦桩≤150mm),方可灌注混凝土。

5.6.6.5 潜水钻成孔灌注桩

1 特点和适用范围

潜水钻成孔灌注桩系利用潜水电钻中的密封电动机、变速机构，直接带动钻头在泥浆中旋转削土，同时用泥浆泵压送高压泥浆（或用水泵压送清水），使泥浆或水从钻头底端射出，与切碎的土颗粒混合，以正循环方式由孔底向孔口溢出，将泥渣排出，或用砂石泵或空气吸泥机用反循环方式排除泥渣，如此连续钻进，直至形成需要深度的桩孔，浇灌混凝土成桩。

特点是：潜水钻设备简单、体积小、重量轻、施工移动方便，适于城市狭小地块施工；钻进无噪声、动力装置潜在孔底、耗用动力小、钻孔效率高，孔壁不易坍塌；容易扩颈、充盈系数较大；动力装置在孔底，遇较硬土层容易斜孔，对非匀质的不良地层适应性较差。潜水钻成孔直径一般为450～3000mm，最大孔深可达80m。

适用于填土、淤泥、黏土、粉土、砂土等地层，也可在强风化岩层中使用，但不宜用于碎、卵石层。尤其适于在地下水位较高的土层中成孔。

2 主要机具

潜水钻孔机由潜水电钻、齿轮减速器、钻头、钻杆、密封装置绝缘橡皮电缆，加上配套机具设备，如机架、卷扬机、泥浆制配系统设备，砂石泵等组成。常用KQ系列潜水钻机的型号及技术性能见表5.6.6.5。

表5.6.6.5 KQ系列潜水钻机技术性能

性 能 指 标		钻 机 型 号					
		KQ-800	KQ-1250	KQ-1500	KQ-2000	KQ-2500	KQ-3000
钻孔直径(mm)		450～800	450～1250	800～1500	800～2000	1500～2500	2000～3000
钻孔深度(m)	潜水法	80	80	80	80	80	80
	旋挖法	35	35	35			
主轴转速(r/min)		200	45	38.5	21.3		
最大扭矩(kN·m)		1.90	4.60	6.87	13.72	36.00	72.00
钻进速度(m/min)		0.3～1	0.3～1	0.06～0.16	0.03～0.10		
潜水电机功率(kW)		22	22	37	44	74	111
潜水电机转速(r/min)		960	960	960	960		
钻头转速(r/min)		86	45	42		16	12
整机外形尺寸(mm)	长度	4306	5600	6850	7500		
	宽度	3260	3100	3200	4000		
	高度	7020	8742	10500	11000		
主机质量(kg)		550	700	1000	1900		
整机质量(kg)		7280	10460	15430	20180		

注：1 旋挖法指旋挖成孔灌注桩工法；
2 行走装置分为简易式、轨道式、步履式和车载式四种，可由用户选择。

3 施工工艺

（1）工艺流程

测量放线、定桩位→埋设护筒→钻机就位→成孔→第一次清孔→桩孔检查→吊放钢筋笼→吊放导管→第二次清孔→灌注水下混凝土→成桩

(2) 施工要点

1) 钻孔应采用泥浆护壁，泥浆密度在砂土和较厚的夹砂层中应控制在 $1.1\sim1.3t/m^3$；在穿过砂夹卵石层或容易塌孔的土层中应控制在 $1.3\sim1.5t/m^3$；在黏土和粉质黏土中成孔时，可注入清水，以原土造浆护壁，排渣时泥浆密度控制在 $1.1\sim1.2t/m^3$。泥浆可就地选择塑性指数 $I_p\geqslant17$ 的黏土调制，质量指标为黏度 $18\sim22s$，含砂率不大于 $4\%\sim8\%$，胶体率不小于 90%，施工过程中应经常测定泥浆密度，并定期测定黏度、含砂率和胶体率。

2) 钻孔前，孔口应埋设钢板护筒，用以固定桩位，防止孔口坍塌，护筒与孔壁间的缝隙用黏土填实，以防止漏水。护筒内径应比钻头直径大 200mm；埋入土中深度：在砂土中不宜 1.5m；黏土中不宜小于 1.0m。上口高出地面 $300\sim400$mm 或高出地下水位 1.5m 以上，使保持孔内泥浆面高出地下水位 1.0m 以上。

3) 将电钻吊入护筒内，应关好钻架底层的铁门。启动砂石泵，使电钻空转，待泥浆输入钻孔后，开始钻进。钻进中，应根据钻速进尺情况，及时放松电缆及进浆管，并使电缆、胶管和钻杆下放速度同步。

4) 启动、下钻及钻进时须有专人收、放电缆和进浆管，钻进时，电流值不得超过规定的数值，应设有过载保护装置，使能在钻进阻力过大时能自动切断电源，以免烧坏电机。

5) 钻进速度应根据土质情况、孔径、孔深和供水、供浆量的大小确定，在淤泥和淤泥质黏土中不宜大于 1m/min，在较硬的土层中以钻机无跳动、电机不超负荷为准。

6) 钻孔达设计深度后，应立即进行清孔放置钢筋笼，清孔可采用循环换浆法，即让钻头继续在原位旋转，继续注水，用清水换浆（系原土造浆），使泥浆密度控制在 $1.1t/m^3$ 左右；如孔壁土质较差时，则宜用泥浆循环清孔，使泥浆密度控制在 $1.15\sim1.20\ t/m^3$，清孔过程中，必须及时补给足够的泥浆，并保持浆面稳定；如孔壁土质较好不易塌孔时，则可用空气吸泥机清孔。

5.6.6.6 旋挖成孔灌注桩

1 特点和适用范围

旋挖成孔灌注桩是利用钻杆和钻头的旋转及重力使土屑进入钻斗，提升钻斗出土成孔，人工配制的泥浆在孔内仅起护壁的作用。成孔直径最大可达 2m，深度 60m。是最近几年从国外引进的新施工工艺。

其特点是：钻进速度快、定位准确、精度高、能自动显示并调整孔位偏差；泥浆仅用于护壁，不需大量泥浆用于循环，排污量小，对环境污染小；在黏土中钻进不需泥浆护壁；成孔直径比桩径大 $10\%\sim20\%$ 左右。

适用于填土、黏土、粉土、淤泥、砂土及含有部分卵石、碎石的地层。最适用于冻土层和软塑状态以上的黏性土及稍密状态以下的砂性土施工。在加入适量泥浆的情况下，对流塑状态的黏性土和松散的砂性土也可施工；采取加大加压油缸推力，有时甚至把常用钻头更换成岩芯钻，可对砂岩、石灰岩、泥岩直至坚硬岩石地层进行施工。

2 主要机具

(1) 旋挖钻机目前多用的是日本、意大利、德国产品，国内亦有生产。日本、意大利进口的部分旋挖钻机技术性能见表5.6.6.6-1。

表5.6.6.6-1 日本、德国、意大利进口旋挖钻机技术性能

性能指标			日本加藤		日本建机			德国Bauer(宝峨)钻机			意大利土力公司		
			15H	20HR	U106A	TH55	KH125	BG-20	BG-22	BG-25	RT3S	RTCS	R18
最大钻孔直径(mm)	一般土层		1000	1200	1300	1500	1700	最大钻孔直径2000	最大钻孔直径2000	最大钻孔直径2000	2200	1500	3000
	软弱土层					1700	2000						
	装上铰刀		1900	2000	1690	2000							
钻孔深度(m)	不用加深杆	2节	18.5					最大钻孔深度63.0	最大钻孔深度49.62	最大钻孔深度69.50			
		3节	24.0	27.0	27.0	30.0	33.0				32.0	32.0	
		4节									42.0	42.0	
	用加深杆	2节	38.5										
		3节	44.0	42.0	33.0	40.0	43.0						
		4节									78.0	78.0	62.0
钻斗扭矩(kN·m)	正转			19.0	30.0	41.0	40.0	191	180	245	210.0	105.0	185.0
	反转					51.0	50.0						
钻斗转速(r/min)	高速				30	26	60		38	31	51	70	
	低速					15	13				14	23	6
钻斗提升力(kN)						100	120	212	250	250	160	160	150
发动机功率(kW)			48	49	74	88	91	145		300	118	83	183
外形尺寸(m)	长度		7.55	7.57	7.07	7.30	8.70	6.541	6.722	8.373	13.50		13.80
	宽度		6.61	6.66	2.94	3.30	3.30	4.300	4.300	4.50			
	高度		14.60	14.70	18.62	15.50	20.70	22.821	20.712	25.94	25.50		23.00
整机质量(kg)			20000	22000	23400	35000	47200	72000	69500	95000			
底盘形式			履带式										

(2) 旋挖钻机根据不同的地层情况可选用不同的钻头:

1) 短螺旋钻头:它主要依靠螺旋叶片之间的空间,收集从孔底切削下来的土体。这种钻头常用于地下水位以上的黏性土地层和冻土层,如钻齿全部采用合金圆齿可用破岩作业,适用于干法钻进。

2) 单开门桶钻(又称挖泥钻头):这是一种常用的钻头,在钻头底部有二扇仅能向斗内方向打开的合叶门,当钻头钻进时,斗齿切削孔底土,经合叶门将土压入斗内,当每次进尺完成提升钻头时,斗内的土在重力作用下将两扇门关紧,阻止土掉入孔内。这种钻头一般适合黏性土、石灰岩和砂岩等的钻进。

3) 双开门桶钻(又称挖砂钻头):这种钻头与挖泥钻头基本一样,只是底部为双层底,两底可以相对回转一个角度,实现土口的打开与关闭。在钻进时,底部的进土口为开放状态,进尺结束后,钻头反向旋转一个角度,使进土口关闭,斗内的土完整取出。这种钻头常用于砂性地层的钻进,以及孔底的清孔和清渣工序等。

(3) 其他配套机具设备:混凝土搅拌、运输机械,钢筋加工机械,导管、料斗,运土(泥)车辆等。

3 施工工艺

(1) 工艺流程

场地平整→测量放线、定桩位→埋设护筒→钻机就位→护筒内灌稳定液(泥浆)→钻进→提钻、卸土→反复钻进、提钻、卸土作业→钻至设计深度→清孔→下钢筋笼、导管→二次清孔→灌注混凝土→拆除护筒

(2) 施工要点

1) 旋挖钻机整机质量大、高度大,对场地平整度和承载力均有较高的要求,因此对钻机开行路线应进行平整,软弱土层应进行加固处理,以确保钻机在行走和钻进过程中不发生倾斜和不均匀沉降。

2) 放桩位线:根据桩位平面图放出桩位中心位置并插标桩,用$\phi16\sim\phi25$的钢筋制作成定位环,直径比护筒直径大150~200mm,以桩位标桩为圆心,将定位环放在地面上,沿定位环撒白灰线,作为挖护筒坑的依据。

3) 埋设护筒:护筒的作用是固定桩位、导向、隔离地面水、保护孔口及提高孔内水位增加对孔壁的静压力以防坍塌。护筒用0.8~1.2mm厚钢板卷制而成,上部设有与钻机护筒驱动器连接的螺栓孔和销键;护筒长度一般为3~5m,可由厂家配套供应,亦可自行制做。

护筒坑一般采用钻机先钻至预定的深度(如护筒坑较深,为防止塌孔,可在坑内放清水或泥浆护壁),卸去钻头,将护筒上端与护筒驱动器连接,提升护筒驱动器,转动臂杆,将护筒下端对准孔位,借助钻机加压和旋转下护筒。护筒就位时,先用经纬仪从两个互相垂直的方向复测桩位和垂直度,然后开始加压下护筒。下护筒过程中,为克服护筒与孔壁间的摩阻力,可采用边旋转加压边在护筒周围浇水的方法。护筒上端应至少高出地面300mm;在水面施工时应高出水面1~2m;如孔内有承压水时,护筒的埋设深度应超过稳定后的承压水位2.0m以上。护筒埋设后,应再次检查其平面位置和垂直度是否符合设计要求。护筒周围应填入黏土0.5m以上后夯实,防止漏水坍塌。

4) 护筒埋设完毕后,在护筒内灌入护壁泥浆,然后下钻开始钻进。钻进过程中应始终保持孔内泥浆面高出地下水位以上不少于2m,以防止塌孔。

5) 钻进和提升钻斗的过程中,应始终使钻斗的底层铁门保持关闭状态,以防止钻斗内的土渣落到孔内而使护壁泥浆性质变坏或沉淀到孔底。

6) 钻斗在孔内的升降速度,应按孔径及土质情况控制,一般可参考表5.6.6.6-2控制。

7) 施工中动力头旋转速度应控制在5~15r/min,速度过高会对钻杆产生较大的冲

表5.6.6.6-2 钻斗升降速度

桩径(mm)	升降速度(m/s)	空钻斗升降速度(m/s)
700	0.973	1.210
1200	0.748	0.830
1300	0.628	0.830
1500	0.575	0.830

注:1 本表适用于砂土和黏性土互层的情况;
  2 在以砂土为主的土层中钻进时,其钻斗升降速度要比以黏性土为主的土层中钻进时慢;
  3 随深度的增加钻斗的升降速度应适当放慢。

击，速度过低则工作效率低。在一般情况下，采取低速旋转慢钻进方式进行施工。在遇到泥沙等易坍塌地层，应采用高速旋转慢钻进方式，使孔的护壁性能好，不易坍塌。

8）动力头内键与钻杆第一节键配合间隙应在1.5～2.5mm之间，如间隙过大，应及时修复或更换动力头内键。

9）加压油缸加压大小应根据施工地质情况和钻头种类不同而改变，任何情况下加压压力都应控制在200kN以内。

10）泥浆的作用主要是护壁，泥浆配合比一般可按每100kg水加入8kg膨润土配制，若地层中含有较多的黏性土，可以适当把膨润土的比例减到3～5kg。为增加泥浆的黏度和泥皮的硬度，可在泥浆中加入少量的羧甲基纤维素（CMC），其比例为1‰～1.5‰。此外，加入少量的硝基腐殖盐酸盐和木质素族分解剂（FCL），也可提高泥浆稳定值。泥浆密度一般控制在1.05～1.2。护壁泥浆的黏度可按表5.6.6.6-3控制。

表5.6.6.6-3 护壁泥浆的黏度参考值

土 质	必要黏度 s(500/500cc)
砂质淤泥	20～23
砂(N<10)	>45
砂(10≤N<20)	25～45
砂(N≥20)	23～45
混杂黏土的砂砾	25～35
砂砾	>45

注：1 以下情况，必要黏度的取值应大于表中值：1）砂层连续存在时；2）地层中地下水较多时；3）桩的直径较大时（桩径在1300mm以上）；
2 当砂中混杂有黏性土时，必要黏度的取值可小于表中数值。

11）在钻进过程中，应根据地质情况及时调换钻头。在岩层钻进时，应采用筒钻；在淤泥层、黏性土层，粉、细砂层和松动地层中采用挖砂钻；在坚硬的姜结石土层和砂卵石层钻进时，采用螺旋钻进。

12）钻进过程中，应及时补充制备好的泥浆，保证在钻进过程中和提钻后泥浆面高于护筒底部2.0m，并根据地层变化及时调整泥浆性能指标。一般在钻进5m或地层发生变化时捞取渣样，判明和记录地层情况，以便与地质剖面图核对。遇到与地质资料严重不符时，应留取样渣并拍照，同时通知监理工程师到现场核实确认。

13）当桩孔钻到设计的深度后（钻机自动显示），用挖砂钻（又称捞渣钻）进行第一次清孔、下钢筋笼、第二次清孔、灌注混凝土等工序，要求和方法同其他泥浆护壁灌注桩。

14）当混凝土灌注至桩顶后，在混凝土初凝之前拔除护筒。拔除护筒的方法是用钻机护筒驱动器与护筒上端连接（通过螺栓销孔），然后先缓慢（反正）旋转，护筒松动后，边旋转边缓慢提升，直至把护筒拔出地面，再旋转臂杆，吊离孔位，行车至下一孔位下护筒。

15）故障处理：

a 坍孔：当出现坍孔时，应首先将钻具提离孔底，并尽量将钻杆、钻头提出孔外。在处理前，应先弄清坍孔深度、位置、坍孔的地层、孔内泥浆指标等情况，针对具体情况进行处理。当坍孔位置在孔口上部砂层时，应迅速加长护筒并用黏土封闭，然后清除孔下部的坍塌物，增大孔内泥浆密度和黏度，继续钻进；当坍孔发生在孔下部砂层时，一般可加大泥浆密度和黏度进行处理。若调整泥浆指标不能排除事故，则应填入黏土，将坍塌部分全部填实，然后加大泥浆密度再重新开孔钻进。

　　b　卡钻：卡钻时不得强提，可将钢缆主索放松，将钻具下放后进行运转，待卡钻部位松动后，再轻轻上提。若因塌块、杂物坠落引起的其他卡钻，不得强提钻具，应设法使钻具向孔底移动，使钻头离开塌块或杂物，再慢慢提升钻具，解除事故。若因缩孔引起的卡钻，可使钻具边回转边缓慢提升。

　　c　弯孔或孔形不规则：处理此种情况一般用扩孔法和导正法。

　　a）扩孔法：采用大于原钻孔直径的钻头进行扩孔，在操作时应轻压慢放，进尺不得过快；

　　b）导正法：在钻孔不斜的孔段加导正装置，使纠斜钻具在保持正直的情况下钻进。

5.6.7　成品保护措施

　　1　钢筋笼制作、运输和安装过程中，应采取防止变形措施。放入桩孔时，应绑好保护层垫块或垫板。钢筋笼吊入桩孔时，应防止碰撞孔壁。

　　2　安装和移动钻机、运输钢筋笼以及浇灌混凝土时，均应注意保护好现场的轴线控制桩和水准基准点。

　　3　桩距小于 $3.5d$（d 为桩径）的挤土（或部分挤土）灌注桩应采取跳打法施工，以防对刚成孔或浇筑完的邻桩质量造成影响。

　　4　在开挖基础土方时，应注意保护好桩头，防止挖土机械碰撞桩头，造成断桩或倾斜；桩头预留的钢筋，应妥善保护，不得任意弯折或压断；

　　5　冬期施工时，桩顶混凝土未达到受冻临界强度前应采取适当的保温措施，以防止受冻。

5.6.8　安全、环保措施

　　1　在冲击成孔和各种工艺沉管灌注桩施工前，认真查清邻近建（构）筑物情况，采取有效的防震安全措施，以避免成孔施工时，震坏邻近建（构）筑物，造成裂缝、倾斜，甚至倒塌事故。

　　2　成孔机械操作时应安放平稳，防止成孔作业时突然倾倒，造成人员伤亡或机械设备损坏。

　　3　采用泥浆护壁成孔，应根据设备情况。地质条件和孔内情况变化，认真控制泥浆密度、孔内泥浆高度、护筒埋设深度、钻机垂直度、钻进和提钻速度等，以防塌孔，造成机具塌陷事故。

　　4　灌注桩成孔后，在未灌注混凝土之前，应用盖板封严，以免掉土或发生人身安全事故。

　　5　所有成孔设备，电路要架空设置，不得使用不防水的电线或绝缘层有损伤的电线；电闸箱和电动机应有接地装置，加盖防雨罩；电路接头应安全可靠，开关应有保险装置。

　　6　恶劣气候应停止成孔作业，休息或作业结束时，应切断电源总开关。

　　7　混凝土灌注时，装、拆导管人员必须戴安全帽，并注意防止扳手、螺丝掉入桩孔内；拆卸导管时，其上空不得进行其他作业，导管提升后继续浇灌混凝土前，必须检查其是否垫稳或挂牢。

8 钻孔压浆桩高压注浆时，浆液应过滤；高压泵应有安全装置，当超过允许泵压时，应能自动停止工作。

9 注浆人员应戴眼镜、手套等防护用品；注浆结束时，必须坚持泵压回零，才能拆卸管路和接头，以防浆液喷射伤人。

10 人工挖孔桩施工，在孔口应设水平移动式活动安全盖板。当土吊桶提升到离地面约1.8m，推活动安全盖板关闭孔口，手推车推到盖板上，卸土后，再打开盖板，下吊桶装土，以防土块、操作人员掉入孔内。采用电动葫芦提升吊桶，桩孔四周应设安全拦杆。

11 吊桶装土，不应太满，以免在提升时掉落伤人；同时每挖完一节，应清理桩孔顶部周围松动土方、石块，防止落下伤人。

12 人员上下可利用吊桶、吊篮，但要配备滑车、粗绳或悬挂软绳梯，供停电时人员上下应急使用。

13 在孔深10m以下作业，应在井下设100W防水带罩灯泡照明，并用36V安全电压，井内一切设备必须接零接地，绝缘良好。20m以下作业时，采取向井内通风，供给氧气，以防有害气体使人中毒。

14 井口作业人员应挂安全带，井下作业戴安全帽和绝缘手套，穿绝缘胶鞋；提土时井下设安全区，防掉土或石块伤人；在井内必须有可靠的上、下安全联系信号装置。

15 加强对孔壁土层涌水情况的观察，如发现流砂、大量涌水等异常情况，应及时采取处理措施。

16 井内抽水管线、通风管、电线等必须妥加整理，并临时固定在护壁上，以防吊桶或吊篮上下时挂住拉断或撞断。

17 有振动和噪声的施工机械作业应合理安排作业时间，防止噪声扰民。

18 现场泥浆应有组织地排放至泥浆池或沉淀池内，泥浆外运应使用封闭罐车，运到指定地点排放，以免造成环境污染。

5.6.9 质量标准

混凝土灌注桩的质量检验标准应符合表5.6.9-1、表5.6.9-2的规定。

表5.6.9-1 混凝土灌注桩钢筋笼质量检验标准（mm）

项	序	检查项目	允许偏差或允许值	检查方法
主控项目	1	主筋间距	±10	用钢尺量
	2	钢筋骨架长度	±100	用钢尺量
一般项目	1	钢筋材质检验	设计要求	抽样送检
	2	箍筋间距	±20	用钢尺量
	3	直径	±10	用钢尺量

表 5.6.9-2 混凝土灌注桩质量检验标准

项	序	检查项目	允许偏差或允许值 单位	允许偏差或允许值 数值	检查方法
主控项目	1	桩位	见本标准表5.1.3		基坑开挖前量护筒,开挖后量桩中心
	2	孔深	mm	+300	只深不浅,用重锤测,或测钻杆、套管长度,嵌岩桩应保进入设计要求的嵌岩深度
	3	桩体质量检验	按基桩检测技术规范。如钻芯取样,大直径嵌岩桩应钻至桩尖下500mm		按桩基检测技术规范
	4	混凝土强度	设计要求		试件报告或钻芯取样送检
	5	承载力	按桩基检测技术规范		按桩基检测技术规范
一般项目	1	垂直度	见本标准表5.1.4		测套管或钻杆,或用超声波探测
	2	桩径	见本标准表5.1.4		井径仪或超声波检测
	3	泥浆密度(黏土或砂性土中)	1.15~1.2		用密度计测,清孔后在距孔底500mm处取样
	4	泥浆面标高(高于地下水位)	m	0.5~1.0	目测
	5	沉渣厚度:端承桩 摩擦桩	mm	≤50 ≤150	用沉渣仪或重锤测量
	6	混凝土坍落度	mm	160~220	坍落度仪
	7	钢筋笼安装深度	mm	±100	用钢尺量
	8	混凝土充盈系数	>1		检查每根桩的实际灌注量
	9	桩顶标高	mm	+30,-50	水准仪,需扣除桩顶浮浆层及劣质桩体

5.6.10 质量控制要点

1 施工前应对水泥、砂、石子（如现场搅拌）、钢材等原材料进行检查,对施工组织设计中制定的施工顺序、监测手段（包括仪器、方法）也应检查。

2 施工中应对成孔、清渣、放置钢筋笼、灌注混凝土等进行全过程检查,人工挖孔桩尚应复验孔底持力层土（岩）性。嵌岩桩必须有桩端持力层的岩性报告。

3 施工结束后,应检查混凝土强度,并应做桩体质量及承载力检验。

5.6.11 质量验收

5.6.11.1 检验批的划分应符合本标准第3.0.9条、第3.0.10条的规定。

5.6.11.2 检验批的验收组织应符合本标准第3.0.15条的规定。

5.6.11.3 质量验收记录:

1 原材料合格证或试验报告;

2 混凝土配合比通知单;

3 混凝土强度试验报告;

4 钢筋笼质量检查记录;

5 成孔质量检查记录（包括孔深、垂直度、沉渣厚度等）;

6 人工挖孔桩孔底持力层检验记录;
7 桩体质量检验报告;
8 桩的承载力检验报告。

9 检验批质量验收记录按表5.6.11.3-1"混凝土灌筑桩（钢筋笼）工程检验批质量验收记录表（Ⅰ）"、表5.6.11.3-2"混凝土灌注桩（钢筋笼）工程检验批质量验收记录表（Ⅱ）"填写。

表5.6.11.3-1 混凝土灌注桩（钢筋笼）工程检验批质量验收记录表
GB 50202—2002
（Ⅰ）

单位(子单位)工程名称						
分部(子分部)工程名称					验收部位	
施工单位					项目经理	
分包单位					分包项目经理	
施工执行标准名称及编号						
		施工质量验收规范的规定		施工单位检查评定记录	监理(建设)单位验收记录	
主控项目	1	主筋间距(mm)	±10			
	2	长度(mm)	±100			
一般项目	1	钢筋材质检验	设计要求			
	2	箍筋间距(mm)	±20			
	3	直径(mm)	±10			
施工单位检查评定结果	专业工长(施工员) 施工班组长 项目专业质量检查员： 年 月 日					
监理(建设)单位验收结论	专业监理工程师(建设单位项目专业技术负责人)： 年 月 日					

表 5.6.11.3-2 混凝土灌注桩（钢筋笼）工程检验批质量验收记录表
GB 50202—2002
（Ⅱ）

单位(子单位)工程名称					
分部(子分部)工程名称				验收部位	
施工单位				项目经理	
分包单位				分包项目经理	
施工执行标准名称及编号					
		施工质量验收规范的规定		施工单位检查评定记录	监理(建设)单位验收记录
主控项目	1	桩位	第5.1.4条		
	2	孔深(mm)	+300		
	3	桩体质量检验	设计要求		
	4	混凝土强度	设计要求		
	5	承载力	设计要求		
一般项目	1	垂直度	第5.1.4条		
	2	桩径	第5.1.4条		
	3	泥浆密度(黏土或砂性土中)	1.15～1.20		
	4	泥浆面标高(高于地下水位)(m)	0.5～1.0		
	5	沉渣厚度：端承桩(mm) 摩擦桩(mm)	≤50 ≤150		
	6	混凝土坍落度：水下灌注(mm) 干施工(mm)	160～220 70～100		
	7	钢筋笼安装深度(mm)	±100		
	8	混凝土充盈系数	＞1		
	9	桩顶标高(mm)	+30，-50		
		专业工长(施工员)		施工班组长	
施工单位检查评定结果		项目专业质量检查员： 年 月 日			
监理(建设)单位验收结论		专业监理工程师(建设单位项目专业技术负责人)： 年 月 日			

6 土方工程

6.1 一般规定

6.1.1 土方工程施工前应进行挖、填方的平衡计算，综合考虑土方运距最短、运程合理和各个工程项目的合理施工程序等，做好土方平衡调配，减少重复挖运。

土方平衡调配应尽可能与城市规划和农田水利工程相结合，将余土一次性运到指定弃土场，做到文明施工。

6.1.2 基坑开挖工程包括无支护结构的放坡基坑开挖和有支护护坡结构的基坑开挖，以及与之相配合的地下水控制措施。

6.1.3 基坑开挖前，应根据工程结构型式、基坑深度、地质条件、气候条件、周围环境、施工方法、施工工期和地面荷载等有关资料，确定基坑开挖和地下水控制施工方案。

6.1.4 基坑开挖方案内容主要包括：支护结构的龄期、机械选择、基坑开挖时间、分层开挖深度及开挖顺序、坡道位置和车辆进出场道路、施工进度和劳动组织安排、降排水措施、监测方案、质量和安全措施、以及基坑开挖对周围建筑物需采取保护的措施等。

6.1.5 基坑边缘堆置土方和建筑材料，或沿挖方边缘移动运输工具和机械，一般应距基坑上部边缘不少于2m，弃土堆置高度不应超过1.5m，并且不能超过设计荷载值，在垂直的坑壁边，此安全距离还应加大。软土地区不宜在基坑边堆置弃土。

6.1.6 施工中机具设备停放的位置必须平稳，大、中型施工机具距坑边距离应根据设备重量、基坑支撑情况、土质情况等，经计算确定。

6.1.7 采用机械开挖土方时，需保持坑底及坑壁留150～300mm厚土层，由人工挖掘修整。同时，要设集水坑，及时排除坑底积水。

6.1.8 基坑周围地面应进行防水、排水处理，严防雨水等地面水浸入基坑周边土体。

6.1.9 当土方工程挖方较深时，施工单位应采取措施，防止基坑底部土的隆起并避免危害周边环境。

6.1.10 平整场地的表面坡度应符合设计要求，如设计无要求时，排水沟方向的坡度不应小于2‰。平整后的场地表面应逐点检查。检查点为每100～400m^2取1点，但不应少于10点；长度、宽度和边坡均为每20m取1点，每边不应少于1点。

6.1.11 土方工程施工，应经常测量和校核其平面位置、水平标高和边坡坡度。平面控制桩和水准控制点应采取可靠的保护措施，定期复测和检查。

6.1.12 土方开挖过程中，特别是冬期、雨期、汛期施工时，注意气候、降雨、地震、降温等预报，按施工方案的规定，采取必要的安全防护措施。

6.2 土方开挖

6.2.1 场地平整

场地平整是将需进行建筑范围内的自然地面，通过人工或机械挖填、平整、改造，成为设计所需要的平面，以利现场平面布置和文明施工。在工程总承包施工中，"三通一平工作"常常是由施工单位来实施，因此，场地平整也成为工程开工前的一项重要内容。

场地平整要考虑满足总体规划、生产施工工艺、交通运输和场地排水等要求，并尽量使土方挖填平衡，减少运土量和重复挖运。

6.2.1.1 施工准备

1 技术准备

（1）学习和审查图纸，核对平面尺寸和标高，图纸相互间有无错误或矛盾；掌握设计内容及各项技术要求，了解工程规模、特点、工程量和质量要求；审查地基处理和基础设计，进行图纸会审。

（2）熟悉土层地质、水文勘察资料，搞清地下构筑物、基础平面与周围地下设施管线的关系，图纸相互间有无错误和冲突。

（3）查勘施工现场，摸清工程场地情况，收集施工需要的各项资料，包括施工场地地形、地貌、地质水文、河流、气象、运输道路现状，邻近建筑物、地下基础、管线、防空洞、地面上施工范围内的障碍物和堆积物状况，供水、供电、通讯情况，防洪排水系统等等，以便为施工规划和准备提供可靠的资料和数据。

（4）研究制定现场场地平整、基坑开挖施工方案；绘制施工总平面布置图和场地平整或基坑开挖图，确定开挖路线、顺序、范围、场地标高或基底标高、边坡坡度、排水沟、集水井位置，场地平整的土方调配方案，多余土方或基槽土方的堆放地点、运距，提出需用的施工机具、劳动力、推广新技术计划等。

（5）根据施工方案编制技术交底，并向参加施工人员进行详细的技术和安全文明施工交底。

2 材料准备

做好临时设施用料和机械用油料计划、采购和进场组织工作，按施工平面图要求指定地点存放。

3 主要机具

推土机、铲运机、装载机、挖掘机、自卸汽车等。

常用土方机械的选择见表6.2.1.1。

表6.2.1.1 常用土方机械的选择

机械名称、特性	作业特点及辅助机械	适用范围
推土机 操作灵活，运转方便，需工作面小，可挖土、运土。易于转移，行驶速度快。应用广泛	1. 作业特点 （1）推平；（2）运距100m内的堆土（效率最高为60m）；（3）开挖浅基坑；（4）推送松散的硬土、岩石；（5）回填、压实；（6）配合铲运机助铲；（7）牵引；（8）下坡坡度最大35°，横坡最大为10°。几台同时作业，前后距离应大于8m 2. 辅助机械 土方挖后运出需配备装土、运土设备 推挖三～四类土，应用松土机预先翻松	1. 推一～四类土 2. 找平表面，场地平整 3. 短距离移挖作填，回填基坑（槽）、管沟并压实 4. 开挖深不大于1.5m的基坑（槽） 5. 堆筑高1.5m内的路基、堤坝 6. 拖羊足碾 7. 配合挖土机从事集中土方、清理场地、修路开道等

续表 6.2.1.1

机械名称、特性	作业特点及辅助机械	适 用 范 围
铲运机 操作简单灵活。不受地形限制,不需特设道路,准备工作简单,能独立工作。不需其他机械配合能完成铲土、运土、卸土、填筑、压实等工序。行驶速度快,易于转移;需用劳力少,动力少,生产效率高	1. 作业特点 (1)大面积整平;(2)开挖大型基坑、沟渠;(3)运距 800～1500m 内的挖运土(效率最高为 200～350m);(4)填筑路基、堤坝;(5)回填压实土方;(6)坡度控制在 20°以内 2. 辅助机械 开挖坚土时需用推土机助铲。开挖三、四类土宜先用松土机预先翻松 20～40cm;自行式铲运机用轮胎行驶。适合于长距离。但开挖亦须用助铲	1. 开挖含水率 27%以下的一～四类土 2. 大面积场地平整、压实 3. 运距 800m 内的挖运土方 4. 开挖大型基坑(槽)、管沟,填筑路基等。但不适于砾石层、冻土地带及沼泽地区使用
正铲挖掘机 装车轻便灵活,回转速度快,移位方便,能挖掘坚硬土层,易控制开挖尺寸。工作效率高	1. 作业特点 (1)开挖停机面以上土方;(2)工作面应在 1.5m 以上。(3)开挖高度超过挖土机挖掘高度时,可采取分层开挖;(4)装车外运 2. 辅助机械 土方外运应配备自卸汽车,工作面应有推土机配合平土、集中土方进行联合作业	1. 开挖含水量不大于 27%的一～四类土和经爆破后的岩石与冻土碎块 2. 大型场地整平土方 3. 工作面狭小且较深的大型管沟和基槽路堑 4. 独立基坑 5. 边坡开挖
反铲挖掘机 操作灵活,挖土、卸土均在地面作业,不用开运输道	1. 作业特点 (1)开挖地面以下深度不大的土方;(2)最大挖土深度 4～6m,经济合理深度为 1.5～3m;(3)可装车和两边甩土、堆放;(4)较大较深基坑可用多层接力挖土 2. 辅助机械 土方外运应配备自卸汽车,工作面应有推土机配合推到附近堆放	1. 开挖含水量大的一～三类的砂土或黏土 2. 管沟和基槽 3. 独立基坑 4. 边坡开挖
拉铲挖掘机 可挖深坑,挖掘半径及卸载半径大,操纵灵活性较差	1. 作业特点 (1)开挖停机面以下土方;(2)可装车和甩土;(3)开挖截面误差较大;(4)可将土甩在基坑(槽)两边较远处堆放 2. 辅助机械 土方外运需配备自卸汽车、推土机,创造施工条件	1. 挖掘一～三类土,开挖较深较大的基坑(槽)、管沟 2. 大量外借土方 3. 填筑路基、堤坝 4. 挖掘河床 5. 不排水挖取水中泥土
抓铲挖掘机 钢绳牵拉灵活性较差,工效不高,不能挖掘坚硬土;可以装在简易机械上工作,使用方便	1. 作业特点 (1)开挖直井或沉井土方;(2)可装车或甩土;(3)排水不良也能开挖;(4)吊杆倾斜角度应在 45°以上,距边坡应不小于 2m 2. 辅助机械 土方外运时,按运距配备自卸汽车	1. 土质比较松软,施工面较狭窄的深基坑、基槽 2. 水中挖取土,清理河床 3. 桥基、桩孔挖土 4. 装卸散装材料
装载机 操作灵活,回转移位方便、快速;可装卸土方和散料,行驶速度快	1. 作业特点 (1)开挖停机面以上土方;(2)轮胎式只能装松散土方,履带式可装较实土方;(3)松散材料装车;(4)吊运重物,用于铺设管道 2. 辅助机械 土方外运需配备自卸汽车,作业面需经常用推土机平整并推松土方	1. 外运多余土方; 2. 履带式改换铲斗时,可用于开挖 3. 装卸土方和散料 4. 松散土的表面剥离 5. 地面平整和场地清理等工作 6. 回填土 7. 拔除树根

4 作业条件

(1) 现场已作初步勘察，根据现场实际情况编制了场地平整施工方案。

(2) 现场原有居民或工厂已搬迁，建（构）筑物已拆除，影响场地平整的地上地下障碍物已清除。

(3) 施工机械和人员已落实。

(4) 必要的临时道路、临时设施已搭设。

6.2.1.2 施工工艺

1 工艺流程

现场勘察→清除地面障碍物→标定整平范围→设置水准基点→设置方格网，测量标高→计算土方挖填工程量→平整土方→场地碾压→验收

2 施工要点

(1) 现场勘察：当确定平整工程后，施工人员首先应到现场进行勘察，了解场地地形、地貌和周围环境。根据建筑总平面图及规划了解并确定现场平整场地的大致范围。

(2) 清除地面障碍物：平整前必须把场地平整范围内的障碍物如树木、电线、电杆、管道、房屋、坟墓等清理干净。场地原有高压线、电杆、塔架、地上和地下管道、电缆、坟墓、树木、沟渠以及旧有房屋、基础等进行拆除或进行搬迁、改建、改线；对附近原有建筑物、电杆、塔架等采取有效的防护和加固措施，可利用的建筑物应充分利用。在黄土地区或有古墓地区，应在工程基础部位，按设计要求位置，用洛阳铲进行详探，发现墓穴、土洞、地道、地窖、废井等，应对地基进行局部处理。

(3) 根据总图要求的标高，从水准基点引进基准标高作为确定土方量计算的基点。土方量的计算有方格网法和横截面法，可根据地形具体情况采用。现场抄平的程序和方法由确定的计算方法进行。通过抄平测量，可计算出该场地按设计要求平整需挖土和回填的土方量，再考虑基础开挖还有多少挖出（减去回填）的土方量，并进行挖填方的平衡计算，做好土方平衡调配，减少重复挖运，以节约运费。

(4) 大面积平整土方宜采用机械进行，如用推土机、铲运机推运平整土方；有大量挖方应用挖土机等进行。在平整过程中要交错用压路机压实。

(5) 平整场地的表面坡度应符合设计要求，如设计无要求时，一般应向排水沟方向作成不小于 0.2% 的坡度。

(6) 平整后的场地表面应逐点检查，检查点为每 $100\sim400m^2$ 取 1 点，但不少于 10 点；长度、宽度和边坡均为每 20m 取 1 点，每边不少于 1 点，其质量检验标准应符合表 6.2.5 的要求。

(7) 场地平整应经常测量和校核其平面位置、水平标高和边坡坡度是否符合设计要求。平面控制桩和水准控制点应采取可靠措施加以保护，定期复测和检查，土方不应堆在边坡边缘。

6.2.1.3 成品保护措施

1 引进现场的测量控制点（座标桩、水准基点）应严加保护，防止在场地平整过程中受破坏，并应定期进行复测校核，保证其正确性。

2 在场地平整过程中和平整完成后均应注意排水设施的保护，保持现场排水系统的畅通，以防止下雨后场地大面积积水或场地泥泞，影响施工作业。

3 场地道路应经常维修和加强维护，保持道路整洁和畅通。
6.2.1.4 安全、环保措施
　　1 机械操作人员应持证上岗，严禁无证人员动用机械设备。
　　2 机械施工应严格按照操作规程作业，严禁违章作业。
　　3 运输车辆进出场道路与铁路、公路交叉时，应设专人指挥或设置专用信号标志，以防发生交通安全事故。
　　4 如场地平整中需要爆破作业时，应采取可靠措施，保证临时设施、机械和人员的安全，防止发生机械损害和人身伤亡事故。
　　5 当场地作业区距居民小区较近时，应注意安排好作业时间，噪声大的机械夜间应停止作业，防止影响居民休息。夜间施工，要有足够的照明。
　　6 运输土方的车辆如需在场外行驶时，应加盖车辆或采取覆盖措施，以防遗洒污染道路和环境。

6.2.2 基槽（坑、管沟）人工挖土
6.2.2.1 施工准备
　　1 技术准备
　　（1）熟悉施工图纸和地质勘察报告，掌握基础部分标高和做法、土层和地下水位情况、确定挖土深度和坡度、人员组织和安排，编制挖土施工方案和技术交底。
　　（2）测量放线工作：根据给定的国家永久性坐标、水准点，按建筑物总平面和建筑红线要求，引测到现场。在建筑物周围，设置测量控制基线、轴线和水平基准点；做好轴线控制的测量和校核。轴线控制网应避开建筑物、构筑物、机械操作运输线路，并设保护标志；在建筑物四角设置龙门板，其它控制轴线设置龙门桩，龙门板和龙门桩一般距基槽（坑）1.5～2.0m，并放出基槽（坑）上口和下口的灰线。
　　（3）对参加施工人员进行详细的技术和安全文明施工交底。
　　2 材料准备
　　（1）如基槽（坑）需用明沟和集水井进行降排水时，应准备做集水井的材料；作简单支护时，需准备支护用材料。
　　（2）基槽（坑）需作局部处理或基底换填时，需准备好换填用材料。
　　（3）雨期施工应准备护坡用材料（如塑料布、钢丝网、水泥等）。
　　（4）冬期施工应准备基底保温覆盖材料。
　　（5）应准备好基础施工材料，以便验槽后可以立即进行基础工程的施工，防止过长时间的晾槽。
　　3 主要机具
　　（1）机械：机动翻斗车、水泵等。
　　（2）工具：铁锹、十字镐、大锤、钢钎、钢撬棍、手推车等。
　　4 作业条件
　　（1）现场三通一平已完成，地上地下障碍物已清除或地下障碍物已查明。
　　（2）基槽（坑）开挖的测量放线工作已完成，并经验收符合设计要求。
　　（3）开挖现场的地表水已排除，如采用人工降低地下水位时，水位已降至基底500mm以下。

(4) 土方堆放场地已落实，如需机械倒运土方时，土方的装载、运输、堆高或平整的机械设备已落实。

(5) 参加施工人员已进行了技术、安全和文明施工的交底。

6.2.2.2 施工工艺

1 工艺流程

测量放线→分层开挖→排降水→修坡→整平→验槽

2 施工要点

(1) 基槽（坑）和管沟开挖应按放线定出的开挖宽度，分段分层挖土。根据土质和地下水情况，采取在四侧或两侧直立或放坡开挖。

(2) 在天然湿度的地质土中开挖基槽（坑）和管沟，如无地下水，挖方边坡可做成直立壁，不加支撑，但挖方深度不得超过表6.2.2.2的规定，如超过表6.2.2.2规定的深度，但不超过5m时，应根据土质情况按表6.2.4的规定进行放坡开挖。基槽（坑）和管沟的宽度应稍大于基础的宽度，根据基础做法留出基础砌筑或支模板的操作面宽度，一般每侧为300～500mm。

表6.2.2.2 基槽（坑）和管沟不加支撑时的容许直立开挖深度

项次	土 的 种 类	容 许 深 度(m)
1	密实、中密的砂土和碎石类土（充填物为砂土）	1.00
2	硬塑、可塑的粉质黏土及粉土	1.25
3	硬硬、可塑的黏土和碎石类土（充填物为黏性土）	1.50
4	坚硬的黏土	2.00

(3) 当开挖基槽（坑）和管沟的土体含水量较大而不稳定，或基坑较深，或受周围场地限制需用较陡的边坡或直立开挖而土质较差时，应采取或局部采取临时性支撑加固。开挖宽度较大的基坑，当在局部地段无法放坡，或下部土方受到基坑尺寸限制不能放较大的坡度时，则应在下部坡脚采取加固措施。如采用短桩与横隔板支撑或砌砖、毛石或用编织袋装土或砂石堆砌临时矮挡土墙保护坡脚。当开挖深基坑时，须采取安全可靠的支护措施（见本标准第7章）。

(4) 挖土应自上而下水平分段分层进行，边挖边检查坑底宽度，不够时应及时修整，每1m左右修坡一次，至设计标高后再统一进行修坡并清底，检查坑底宽度和标高，要求坑底凹凸不超过20mm。如基槽（坑）基底标高不相同时，高低标高相接处应做成阶梯形，阶梯的高宽比不宜大于1∶2。

(5) 开挖条形浅基槽不放坡时，应沿灰线里面切出基槽的轮廓线。对普通软土，或自上而下分层开挖，每层深度为300～600mm，从开挖端向后倒退按踏步型挖掘；对黏土、坚硬黏土和碎石类土，先用镐刨松后，再向前挖掘，每层挖土厚度150～200mm，每层应清底和出土后再挖掘下一层。

(6) 基槽（坑）管沟放坡，应先按规定的坡度粗略开挖，再分层按坡度要求做出坡度线。当基槽（坑）管沟挖至距离坑底0.5m时，应沿基槽（坑）壁每隔2～3m打入一根小木桩，并抄上标高，以此作为清底的标高依据。

(7) 开挖较深基槽（坑）或管沟时，为了弃土方便，可根据土质特点将坡度全高做出

1～2个宽0.7～0.8m的台阶，作为倒土台。开挖时，可将下阶弃土倒至上阶土台后，再倒至坑上沿。

(8) 基槽（坑）或管沟开挖应尽量防止扰动地基土，当基坑挖好后不能及时进行下道工序施工时，应预留150～300mm的土不挖，待下道工序开始前再挖至设计标高。

(9) 在地下水位以下挖土且水量不大时，可采取明沟和集水井排水法随挖随排除地下水。其方法是在每层土开挖之前，先在基坑四周或两侧挖500mm深排水沟，每隔20～30m挖一口集水井，深度在1m以上，将土中或表面的水经排水沟排到集水井，然后用水泵抽出坑外。排水沟和集水井应随开挖面先行不断加深，始终保持比开挖面低300～500mm，以利开挖能顺利进行；当涌水量较大时应采取人工降低地下水位措施（方法见本标准第7章）。

(10) 在基槽（坑）边缘上侧堆土或堆放材料时，应与基坑边缘保持1m以上的距离，以保证基槽（坑）边坡的稳定。当土质较好时，堆土或材料应距基坑边缘0.8m以外，高度不宜超过1.5m，并应留出基础施工时进料的通道。

(11) 在邻近建筑物旁开挖基槽（坑）和管沟的土方，当开挖深度深于原有基础时，开挖应保持一定的坡度，以免影响邻近建筑物基础的稳定，一般应满足$h/l \leqslant 0.5 \sim 1$（h为超过原有基础的深度，l为离原有基础的距离）。如不能满足要求，应采取在坡脚设挡墙或支撑的加固措施。

(12) 开挖基槽（坑）和管沟时，不得超过基底标高，如个别地方超挖时，应取得设计单位的同意，用与基土相同的土料补填，并夯实至要求的密实度，或用灰土或砂砾石填补并夯实。在重要部位超挖时，可用低强度等级混凝土填补。

(13) 在基槽挖土过程中，应随时注意土质变化情况，如基底出现软弱土层、枯井、古墓，应与设计单位共同研究，采取加深、换填或其他加固地基方法进行处理。遇有文物，应做好保护，妥善处理后再继续施工。

(14) 雨期施工时，基槽（坑）应分段开挖，挖好一段验槽后，立即浇筑一段垫层，并在基槽（坑）两侧提前挖好排水沟，以防地面雨水流入基槽（坑）；同时应经常检查边坡和支护稳定情况，必要时适当放缓边坡坡度或设置支撑，以防止坑壁受水浸泡造成塌方。

(15) 冬期施工时，应采取措施（如表土覆盖保温材料，或将表土翻松），防止土层冻结，挖土要连续快速挖掘、清除，以免间歇使土冻结。基坑土方开挖完毕，应立即进行下道工序施工，如有停歇（1～2d），应覆盖草袋、草垫等简单保温材料；如停歇时间较长，应在基底预留一层松土层（200～300mm）不挖，并用保温材料覆盖，待下道工序施工时再清除到设计标高，以防基土受冻。

(16) 基槽（坑）挖完经钎探后，通知设计、勘察、监理、建设等单位共同验槽，检查基底土质是否符合设计要求；对不符合设计要求的松软土层、坟坑、孔洞等，应制定出处理方案，按方案认真进行处理，完全符合设计要求后，作出地基验槽记录和隐蔽工程记录，经参加验收的各方签证后，作为竣工资料和调整结算的依据。

6.2.2.3 成品保护措施

1 对测量控制定位桩、水准点应注意保护。挖土、运土机械行驶时，不得碰撞，并应定期复测检查其是否移位、下沉；平面位置、标高和边坡坡度是否符合设计要求。

2 基槽（坑）开挖设置的支撑或支护结构，在施工的全过程均应做好保护，不得随意损坏或拆除。

3 基槽（坑）、管沟的直立壁或边坡，在开挖后要防止扰动或被雨水冲刷，造成失稳。

4 基槽（坑）、管沟开挖后，如不能很快地浇筑垫层或安装管道，应采取保护措施，防止扰动或破坏基土。

5 基槽（坑）开挖过程中，如发现文物或古墓，应妥善保护，立即报有关文物部门处理；发现永久性标桩或地质、地震部门设置的长期观测点以及地下管网、电缆等，应加以保护，并报有关部门处理。

6 深基坑土方开挖和降低地下水位过程中，应定期对邻近建（构）筑物、道路、管线以及支护系统进行观察和测试，如发现变形，下沉等异常情况，应采取保护措施或应急处理措施。

6.2.2.4 安全、环保措施

1 人工基槽（坑）开挖时，两人操作间距应大于3m，不得对面用镐挖土；挖土面积较大时，每人工作面不应小于$6m^2$。挖土应由上而下、分层分段按顺序进行，严禁先挖坡脚或逆坡挖土，或采用底部掏空塌土方法挖土。

2 基坑开挖应严格按规定放坡，操作时应随时注意土壁的变动情况，如发现有裂缝或部分坍塌现象，应及时进行支撑或放坡，并注意支撑的稳固和土壁的变化。当采取不放坡开挖，应设置临时支护。冬期不设支撑的挖土作业，只许在土体冻结深度内进行。

3 深基坑上下应设阶梯或搭设靠梯，或开斜坡道，并采取防滑措施，禁止踩踏支撑上下。坑四周应设置安全拦杆。

4 人工吊运土方时，应检查起吊工具、绳索是否牢靠。吊斗下面不得站人，卸土堆应离开坑边一定距离，以防造成坑壁坍塌。

5 用手推车运土，应先平整好道路，并尽量采取单行道，以免来回碰撞；用平板车、翻斗车运土时，两车间距不得小于10m，装土和卸土时，两车间距不得小于1m。

6 机械距土坡安全距离：汽车不小于3m；起重机不小于4m；堆土高不超过1.5m。

7 采用降排水措施时，抽出的水应有组织地排放至指定位置，不得任其漫流而污染场地环境。

8 运输土方的车辆如需在场外行驶时，应用加盖车辆或采取覆盖措施，以防遗洒污染道路和环境。

6.2.3 基槽（坑）机械挖土

机械挖土是采用推土机、铲运机、装载机、挖掘机等设备开挖，配套自卸汽车等进行运输。具有操作机动灵活、运转方便、生产效率高、施工速度快等特点。适用于工业与民用建筑的机械开挖土石方工程，包括基槽（坑）、管沟以及路面基层等挖土工程。

6.2.3.1 施工准备

1 技术准备

（1）熟悉施工图纸和地质勘察报告，掌握基础部分标高和做法、土层和地下水位情况，确定挖土深度和坡度，人员组织和安排，编制挖土施工方案和技术交底。

（2）测量放线工作：根据给定的国家永久性坐标、水准点，按建筑物总平面和建筑红

线要求，引测到现场。在建筑物周围，设置测量控制基线、轴线和水平基准点；做好轴线控制的测量和校核。轴线控制网应避开建筑物、构筑物、机械操作运输线路，并设保护标志；在建筑物四角设置龙门板，其他控制轴线设置龙门桩，龙门板和龙门桩一般距基槽（坑）1.5~2.0m，并放出基槽（坑）上口和下口的灰线。

（3）有支护结构的深基坑土方开挖，应根据支护结构的特点和形式制定先支护后开挖、边开挖边支护或机械下坑底开挖还是在坑上搭栈桥开挖等的专门施工方案。

（4）对参加施工人员进行详细的技术和安全文明施工交底。

2 材料准备

（1）采用边开挖边支护（锚喷支护、锚杆支护、内支撑等）需准备支护用材料。

（2）雨期施工应准备护坡用材料（如塑料布、钢丝网、水泥等）。

（3）冬期施工应准备基底保温覆盖材料。

（4）应准备好基础施工材料，以便验槽后可以立即进行基础工程的施工，防止晾槽时间过长。

3 主要机具

（1）机械：推土机、铲运机、装载机、挖掘机、自卸汽车、水泵等。

（2）工具：吊土斗、铁锹、十字镐、大锤、钢钎、钢撬棍、手推车等。

4 作业条件

（1）现场三通一平已完成，地上地下障碍物已清除或地下障碍物已查明。

（2）基槽（坑）开挖的测量放线工作已完成，并经验收符合设计要求；基坑支护桩及帽梁已达到设计强度。

（3）开挖现场的地表水已排除，采用人工降低地下水位时，水位已降至基底标高500mm以下。

（4）土方堆放场地已落实，机械倒运土方时，土方的装载、运输、堆高或平整的机械设备已落实。

（5）参加施工人员已进行了技术、安全和文明施工的交底。

6.2.3.2 施工工艺

1 工艺流程

测量放线→分层开挖→降、排水→边坡修整或支护→基底整平→验槽

2 施工要点

（1）机械土方开挖应根据工程规模、土质情况、地下水位高低、施工设备条件、进度要求等合理选用挖土施工机械（见表6.2.1.1），以充分发挥机械效率，节省费用，加速工程进度。一般深度不大的大面积基坑开挖，宜采用推土机推土，配合装载机装车运土的方法；对长度和宽度均较大的大面积土方一次开挖，可用铲运机铲土；对面积较大且深的基坑，常采用液压反铲挖掘机开挖；挖高于挖掘面的土石方，常用液压正铲挖掘机开挖；在地下水位以下不排水挖土，可采用拉铲或抓铲挖掘，效率较高。

（2）机械挖土应绘制详细的土方开挖图，规定开挖路线、顺序、范围、底部各层标高、边坡坡度、排水沟、集水井位置及流向、弃土堆放位置等，避免混乱，造成超挖、乱挖，应尽可能地使机械多挖，减少机械超挖和人工挖土。

（3）各种挖土机械应采用其生产效率高的作业方法进行挖土：

1) 推土机开挖的基本作业是铲土、运土和卸土三个工作行程和空载回驶行程。铲土时应根据土质情况，尽量采用最大切土深度在最短距离（6～10m）内完成，以便缩短低速运行时间，然后直接推运到预定地点。一般采用下坡推土法（图6.2.3.2-1），借助于机械自重增加推力向下坡方向切土推运，推土坡度控制在15°以内；或用并列推土法（图6.2.3.2-2），几台推土机同时作业，减少漏失量；或用槽形推土法（图6.2.3.2-3），重复连续多次在一条作业线上切土、推土，利用逐渐形成的浅槽，在沟槽内进行推土，减少土从铲刀两侧散漏，以增加推土量。

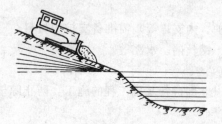

图6.2.3.2-1 下坡推土法

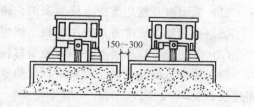

图6.2.3.2-2 并列推土法

2) 铲运机以铲土和运土作业为主。施工时的开行路线，应视挖土区的分布不同，合理安排铲土与卸土的相对位置，一般采取环形或8字形开行路线（图6.2.3.2-4）；铲土厚度通常在80～300mm之间。作业方法多采用下坡铲土（图6.2.3.2-5）、预留土埂的跨铲法（图6.2.3.2-6）；长距离挖运坚硬土时，多采用助铲法（图6.2.3.2-7），另用1台推土机配合3～4台铲运机顶推作业，或两台铲运机联合作业的双联铲运法等强制切土，以提高工效。

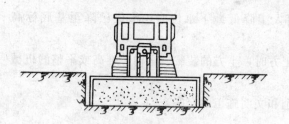

图6.2.3.2-3 槽形推土法

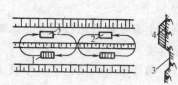

图6.2.3.2-4 "8"字形开行路线
1—铲土；2—卸土；3—取土坑；4—卸土区

图6.2.3.2-5 下坡铲土法

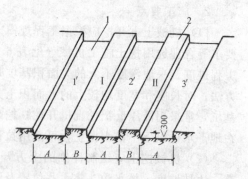

图6.2.3.2-6 跨铲法
（A）铲斗宽；（B）不大于拖拉机履带净距
1—沟槽；2—土埂

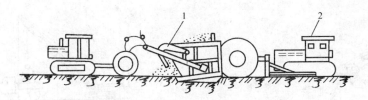

图 6.2.3.2-7 助铲法
1—铲运机铲土；2—推土机助铲

3) 正铲挖掘机作业方法多采用正向开挖和侧向开挖两种方式（图 6.2.3.2-8）。运土汽车布置于挖掘机的后面或侧面。开挖时的行进路线，当开挖宽度为 0.8～1.5R（R 为最大挖掘半径）时，挖掘机在工作面一侧直线进行开挖；当开挖宽度为 1.5～2.0R 时，挖掘机沿开挖中心线前进；开挖宽度为 2.0～2.5R 时，挖掘机做之字形移动；当开挖宽度为 2.5～3.5R 时，挖掘机沿工作面一侧做多次平行移动；开挖宽度大于 3.5R 时，挖掘机沿工作面侧向开挖。开挖工作面的台阶高度一般不宜超过 4m，同时要经常注意边坡的稳定。

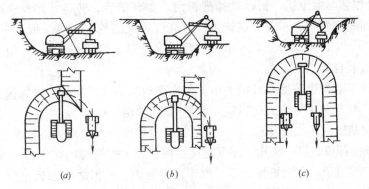

图 6.2.3.2-8 正铲挖掘机开挖方式
(a)、(b) 正向开挖，侧向装土；(c) 正向开挖，后方装土

4) 反铲挖掘机作业通常采用沟端开挖和沟侧开挖两种方法（图 6.2.3.2-9）。当开挖

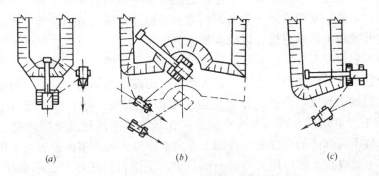

图 6.2.3.2-9 反铲沟端及沟侧开挖法
(a)、(b) 沟端开挖法；(c) 沟侧开挖法

深度超过最大挖深时，可采取分层开挖（图 6.2.3.2-10）。运土汽车布置于反铲的一侧，以减少回转角度，提高生产效率。对于较大面积的基坑开挖，反铲可做之字形移动。

5) 拉铲通常采用沟端开挖和沟侧开挖两种方法。当宽度较小，要求沟壁整齐，可采

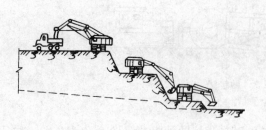
图 6.2.3.2-10 反铲多层接力开挖法

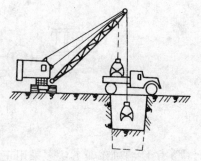
图 6.2.3.2-11 抓铲挖掘机挖土

用三角形挖土方法。

6) 抓铲挖掘机作业动臂角应在 45°以上。抓土应从四角开始，然后挖中间，分层抓土（图 6.2.3.2-11）。挖掘机距边沿的距离不得小于 2m。开挖沟槽时，沟底应留出 200～300mm 的土层暂不挖土，待铺管前用人工清理至设计标高。

7) 装载机作业与推土机、铲运机基槽相同，亦有铲装、转运、卸料、返回等四道操作工序。对大面积浅基坑，采取分层铲土；对高度不大的挖土，可采取上下轮换开挖法，先将土层下部 1m 以下铲 300～400mm，然后再铲土层上部 1m 厚的土，上下转换开挖。土方直接从后端装自卸汽车运走。

（4）自卸汽车数量应按挖掘机械大小、生产率和工期要求配备，应能保证挖掘或装载机械连续作业。汽车载重量宜为挖掘机斗容量的 5～8 倍。

（5）大面积基础群基坑底板标高不一，机械开挖次序一般采取先整片挖至一平均标高，然后再挖个别较深部位。当一次开挖深度超过挖掘机最大挖深时，宜分 2～3 层开挖，在一面修筑 10％～15％坡道，作为机械和运土汽车进出通道。挖出之土方运至弃土场堆放，最后将斜坡道挖掉，可能的情况下场内应留部分土作基坑回填之用，以减少土方二次倒运。

（6）基坑边角部位、桩的周围等机械开挖不到的部位，应用人工配合开挖和清底、清坡，将松土清至机械作业半径范围内，再用机械装车运走。

（7）挖土机、运土汽车进出基坑的运输道路，应尽量利用基础一侧或两侧相邻的基础以后需开挖部位，使它互相贯通作为车道，或利用提前挖除土方后的地下设施部位作为相邻的几个基坑开挖地下运输通道，以减少挖土量。

（8）对面积和深度都较大的基坑，通常采用分层挖土施工法。使用大型土方机械在坑下作业。如为软土地基或在雨期施工，进入基坑行走需铺垫钢板或铺路基箱垫道。

（9）对大型软土基坑，为减少分层挖运土方的复杂性，可采用"接力挖土法"（图 6.2.3.2-10），它是利用两台或三台挖土机分别在基坑的不同标高处同时挖土。一台在地表，两台在基坑不同标高的台阶上，边挖土边向上传递，到上层由地表挖土机装车，用自卸汽车运到弃土地点。上部可用大型挖土机，中、下层可用液压中、小型挖土机，挖土、装车均衡作业，机械开挖不到之处，再配以人工开挖修坡、找平。在基坑纵向两端设道路出入口，上部汽车开行单向行驶。用本法开挖基坑，可一次挖到设计标高，一次成型。一般两层挖土可挖深 10m，三层挖土可挖深 15m 左右，避免将载重汽车开进基坑装土、运土作业，工作条件好，效率高，降低成本。

（10）机械开挖应预留一层 200mm 厚土用人工清底找平，避免超挖和基底土遭受扰动。

（11）土方工程冬期施工应做好各项准备工作，做到连续施工。挖掘和松碎冻土层的机具和方法，应根据土质、冻结深度、机具性能和施工条件等确定。当冻土层厚度较小时，可采用推土机、铲运机或挖掘机直接开挖；当冻土层厚度较大时，可采用松土机、破冻土犁、重锤冲击或爆破松碎等方法。冬期开挖基坑，应在冻结前用保温材料覆盖或将表土翻松，深度不小于300mm。开挖时应防止基底土遭受冻结，如较长时间不能进行下一道工序时，应在基底标高以上预留适当厚度的松土或用其他保温材料覆盖。如遇开挖土方引起邻近建（构）筑物的地基暴露时，应采取保护措施。

6.2.3.3 成品保护措施

1 机械挖土作业应注意保护测量控制定位桩、轴线桩、水准基桩，防止被挖土和运土机械设备碰撞、行驶破坏。

2 基坑四周应设排水沟、集水井，场地应有一定坡度，以防雨水浸泡基坑和场地。

3 夜间施工应设足够的照明，防止地基、边坡超挖。

4 深基坑开挖的支护结构，在开挖全过程中应做好保护，不得随意拆除或损坏。

5 在斜坡地段挖土时，应遵循由上而下、分层开挖的顺序，以避免破坏坡脚，引起滑坡。

6 在软土或粉细砂地层开挖基槽（坑）和管沟时，应采用轻型或喷射井点降低地下水位至开挖基坑底以下0.5～1.0m，以防止土体滑动或出现流砂现象。

7 基槽（坑）和管沟开挖完成后，应尽快进行下一道工序施工，如不能及时进行施工，应预留一层200～300mm以上土层，在进行下一道工序前挖去，以避免基底遭受扰动，降低地基承载力。

6.2.3.4 安全、环保措施

1 开挖边坡土方，严禁切割坡脚，以防导致边坡失稳；当山坡坡度陡于1/5时，或在软土地段，不得在挖方上侧堆土。

2 机械行驶道路应平整、坚实，必要时，底部应铺设枕木、钢板或路基箱垫道，防止作业时下陷；在饱和软土地段开挖土方，应先降低地下水位，防止设备下陷或基土产生侧移。

3 机械挖土应分层进行，合理放坡，防止塌方、溜坡等造成机械倾翻、淹埋等事故。用推土机推土，铲刀不得超出坡沿，以防倾覆。陡坡地段推土需设专人指挥，严禁在陡坡上转弯。正车上坡和倒车下坡的上下坡度不得超过35°，横坡不得超过10°。推土机陷车时，应用钢丝绳缓缓拖出，不得用另一台推土机直接推出。

4 多台挖掘机在同一作业面机械开挖，挖掘机间距应大于10m；多台挖掘机在不同台阶同时开挖时，应验算边坡的稳定，上下台阶挖掘机前后应相距30m以上，挖掘机离下部边坡应有一定安全距离，以防造成翻车事故。

5 在有支撑的基坑中挖土时，必须防止碰撞支撑，在坑沟边使用机械挖土时，应计算支撑强度，危险地段应加强支撑。

6 机械施工区域禁止无关人员进入场地内。挖掘机工作回转半径范围内不得站人或进行其他作业。土石方爆破时，人员及机械设备应撤离危险区域。挖掘机、装载机卸土，应待整机停稳后进行，不得将铲斗从运输汽车驾驶室顶部越过；装土时任何人都不得停留在装土车上。

7 挖掘机操作和汽车装土行驶要听从指挥；所有车辆必须严格按规定的开行路线行驶，防止撞车。

8 挖掘机行走和自卸汽车卸土时，必须注意上空电线，不得在架空输电线路下工作；如在架空输电线路一侧工作时，垂直与水平距离分别不得小于2.5m与4～6m（10kV以下）。

9 夜间作业，机上及工作地点必须有充足的照明设施，在危险地段应设置明显的警示标志和护拦。

10 冬期、雨期施工，运输机械和行驶道路应采取防滑措施，以保证行车安全。

11 采用降排水措施时，抽出的水应有组织地排放至指定位置，不得任其漫流而污染场地环境。

12 运输土方的车辆如需在场外行驶时，应用加盖车辆或采取覆盖措施，以防遗洒污染道路和环境。

13 如在居民区附近施工时，噪声大的机械夜间应禁止施工，以免影响居民休息。

6.2.4 质量控制要点

1 土方开挖前应检查定位放线、排水和降低地下水位系统，合理安排土方运输车的行走路线及弃土场地。

2 施工过程中应检查平面位置、水平标高和边坡坡度、压实度、排水、降低地下水位系统，并随时观察周围的环境变化。

3 临时性挖方的边坡值应符合表6.2.4的规定。

表6.2.4 临时性挖方的边坡值

土 的 类 别		边坡值(高：宽)
砂土(不包括细砂、粉砂)		1：1.25～1：1.50
一 般 性 黏 土	硬	1：0.75～1：1.10
	硬塑	1：1.10～1：1.25
	软	1：1.50 或更缓
碎 石 类 土	充填坚硬、硬塑黏性土	1：0.50～1：1.10
	充填砂土	1：1.00～1：1.50

注：1 设计有要求时，应符合设计标准；
  2 如采用降水或其他加固措施，可不受本表限制，但应计算复核；
  3 开挖深度，对软土不应超过4m，对硬土不应超过8m。

6.2.5 质量标准

土方开挖工程的质量检验标准应符合表6.2.5的规定。

6.2.6 质量验收

6.2.6.1 检验批的划分应符合本标准第3.0.9条、第3.0.10条的规定。

6.2.6.2 检验批的验收组织应符合本标准第3.0.15条的规定。

6.2.6.3 质量验收记录：

1 地基验槽记录和隐蔽工程记录。

2 钎探记录等。

3 检验批质量验收记录按表6.2.6.3"土方开挖工程检验批质量验收记录表"填写。

表 6.2.5 土方开挖工程的质量检验标准 (mm)

项	序	项 目	允许偏差或允许值					检 验 方 法
			柱基基坑基槽	挖方场地平整		管沟	地(路)面基层	
				人工	机械			
主控项目	1	标高	−50	±30	±50	−50	−50	水准仪
	2	长度、宽度(由设计中心线向两边量)	+200 −50	+300 −100	+500 −150	+100	—	经纬仪,用钢尺量
	3	边坡	设计要求					观察或用坡度尺检查
一般项目	1	表面平整度	20	20	50	20	20	用2m靠尺和楔形塞尺检查
	2	基底土性	设计要求					观察或土样分析

注:地(路)面基层的偏差只适用于直接在挖、填方上做地(路)面的基层。

表 6.2.6.3 土方开挖工程检验批质量验收记录表
GB 50202—2002

单位(子单位)工程名称							
分部(子分部)工程名称						验收部位	
施工单位						项目经理	
分包单位						分包项目经理	
施工执行标准名称及编号							

施工质量验收规范的规定							施工单位检查评定记录	监理(建设)单位验收记录
项 目		允许偏差或允许值(mm)						
		柱基基坑基槽	挖方场地平整		管沟	地(路)面基层		
			人工	机械				
主控项目	1	标高	−50	±30	±50	−50	−50	
	2	长度、宽度(由设计中心线向两边量)	+200 −50	+300 −100	+500 −150	+100	—	
	3	边坡	设计要求					
一般项目	1	表面平整度	20	20	50	20	20	
	2	基底土性	设计要求					

施工单位检查评定结果	专业工长(施工员) 施工班组长 项目专业质量检查员: 年 月 日
监理(建设)单位验收结论	专业监理工程师(建设单位项目专业技术负责人): 年 月 日

6.3 土方回填

土方回填，系用人力或机械对场地、基槽（坑）和管沟进行分层回填夯实，以保证达到要求的密实度。本节适用于工业与民用建筑场地、基槽（坑）和管沟、室外散水等回填土工程。

6.3.1 施工准备

6.3.1.1 技术准备

1 施工前，应根据工程特点、填料土质、设计要求的压实系数、施工条件，进行必要的压实试验，确定填料含水量控制范围、铺土厚度、夯实或碾压遍数等参数。根据现场条件确定施工方法。

2 编制施工方案和技术交底，并向施工人员进行技术、质量、安全、环保、文明施工交底。

6.3.1.2 主要材料

1 土料：宜优先选用基槽（坑）中挖出的原土，并清除其中的有机杂质和粒径大于50mm的颗粒，含水量应符合设计要求。

2 石屑：不含有机杂质，最大粒径不大于50mm。

6.3.1.3 主要机具

1 人工回填主要机具有：铁锹、手推车、机动翻斗车、蛙式打夯机、木夯、筛子、喷壶等。

2 机械回填主要机具有：推土机、铲运机、汽车、压路机、羊足碾、平碾、平板振动器等。

6.3.1.4 作业条件

1 回填前，应清除基底上草皮、杂物、树根和淤泥，排除积水，并在四周设排水沟或截洪沟，防止地面水流入填方区或基槽（坑），浸泡地基，造成基土下陷。

2 施工完地面以下基础、构筑物、防水层、保护层、管道（经试水合格），填写好地面以下工程的隐蔽工程记录，并经质量检查验收、签证认可。混凝土或砌筑砂浆达到规定的强度。

3 大型土方回填，应根据工程规模、特点、填料种类、设计对压实系数的要求、施工机具设备条件等，通过试验确定土料含水量控制范围，每层铺土厚度和打夯或压实遍数等施工参数。

4 做好水平高程的测设，基槽（坑）或管沟、边坡上每隔3m打入一根水平木桩，室内和散水的边墙上，做好水平标记。

6.3.2 材料质量控制要点

1 土料最大颗粒粒径不大于50mm，含水量符合设计要求。

2 碎石类土、砂土和爆破石渣，其最大粒径不得超过每层铺设厚度的2/3，可用作场地表层以下填料。

3 基础肥槽、管沟、室内填土砖块、石块和粒径大于50mm的土料不宜用作回填料。

4 有机质含量不大于8%的土仅可用于无压实要求的填方。

5 淤泥和淤泥质土一般不能用作回填土料。

6.3.3 施工工艺
6.3.3.1 工艺流程
基层处理→分层摊铺→分层压（夯）密实→分层检查验收
6.3.3.2 施工要点

1 填土前应检验土料质量、含水量是否在控制范围内。土料含水量一般以手握成团、落地开花为适宜。当含水量过大，应采取翻松、晾干、风干、换土回填、掺入干土或其他吸水性材料等措施，防止出现橡皮土。如土料过干（或砂土、碎石类土）时，则应预先洒水湿润，增加压实遍数或使用较大功率的压实机械等措施。各种压实机具的压实影响深度与土的性质、含水量和压实遍数有关，回填土的最优含水量和最大干密度，应按设计要求经试验确定。其参考数值见表 6.3.3.2-1。

表 6.3.3.2-1 土的最优含水量和最大干密度参考表

项 次	土的种类	变 动 范 围	
		最优含水量(%)(重量比)	最大干密度(t/m³)
1	砂土	8～12	1.80～1.88
2	黏土	19～23	1.58～1.70
3	粉质黏土	12～15	1.85～1.95
4	粉土	16～22	1.61～1.80

注：1 表中土的最大干密度应以现场实际达到的数字为准；
   2 一般性的回填可不作此项测定。

2 基底处理：

（1）场地回填应先清除基底上的垃圾、草皮、树根，排除坑穴中积水、淤泥和杂物，并应采取措施防止地表滞水流入填方区，浸泡地基，造成基土下陷。

（2）当填方基底为耕植土或松土时，应将基底充分夯实或碾压密实。

（3）当填方位于水田、沟渠、池塘或含水量很大的松散地段，应根据具体情况采取排水疏干，或将淤泥全部挖除换土、抛填片石、填砂砾石、翻松、掺石灰等措施进行处理。

（4）当填土场地地面陡于1/5时，应先将斜坡挖成阶梯形，阶高0.2～0.3m，阶宽大于1m，然后分层填土，以利结合和防止滑动。

3 回填土应分层摊铺和夯压密实，每层铺土厚度和压实遍数应根据土质、压实系数和机具性能而定。一般铺土厚度应小于压实机械压实的作用深度，应能使土方压实而机械的功耗最少。通常应进行现场夯（压）实试验确定。常用夯（压）实工具机械每层铺土厚度和所需的夯（压）实遍数参考数值见表6.3.3.2-2。

表 6.3.3.2-2 填方每层铺土厚度和压实遍数

项 次	压实机具	每层铺土厚度(mm)	每层压实遍数(遍)
1	平碾(8～12t)	200～300	6～8
2	羊足碾(5～16t)	200～350	6～16
3	蛙式打夯机(200kg)	200～250	3～4
4	振动碾(8～15t)	60～130	6～8
5	振动压路机(2t,振动力98kN)	120～150	10
6	推土机	200～300	6～8
7	拖拉机	200～300	8～16
8	人工打夯	不大于200	3～4

4 填方应在边缘设一定坡度,以保持填方的稳定。填方的边坡坡度根据填方高度、土的种类和其重要性,在设计中加以规定,当无规定时,可按表6.3.3.2-3采用。

表 6.3.3.2-3 永久性填方的边坡坡度

项次	土的种类	填方高度(m)	边坡坡度
1	黏土类土、黄土、类黄土	6	1:1.50
2	粉质黏土、泥灰岩土	6~7	1:1.50
3	中砂和粗砂	10	1:1.50
4	黄土或类黄土	6~9	1:1.50
5	砾石和碎石土	10~12	1:1.50
6	易风化的岩土	12	1:1.50

注:1 当填方的高度超过本表规定的限值时,其边坡可做成折线形,填方下部的边坡应为1:1.75~1:2.00;
    2 凡永久性填方,土的种类未列入本表者,其边坡坡度不得大于$\varphi+45°/2$,φ为土的自然倾斜角;
    3 对使用时间较长的临时性填方(如使用时间超过一年的临时工程的填方)边坡坡度,当填高小于10m时可采用1:1.50;超过10m可作成折线形,上部采用1:1.50,下部采用1:1.75。

5 在地形起伏处填土,应做好接槎,修筑1:2阶梯形边坡,每台阶高可取500mm,宽1000mm。分段填筑时,每层接缝处应作成大于1:1.5的斜坡。接缝部位不得在基础、墙角、柱墩等重要部位。

6 人工回填打夯前应将填土初步整平,打夯要按一定方向进行,一夯压半夯,夯夯相接,行行相连,两遍纵横交叉,分层夯打。夯实基槽及地坪时,行夯路线应由四边开始,然后夯向中间。用蛙式打夯机等小型机具夯实时,打夯之前应对填土初步整平,打夯机依次夯打,均匀分开,不留间歇。基槽(坑)回填应在相对两侧或四周同时进行回填与夯实。回填高差不可相差太多,以免将墙挤歪。较长的管沟墙,应采取内部加支撑的措施。回填管沟时,应用人工先在管道周围填土夯实,并应从管道两边同时进行,待填至管顶0.5m以上,方可采用打夯机夯实。

7 采用推土机填土时,应由下而上分层铺填,不得采用大坡度推土,以推代压,居高临下,不分层次和一次推填的方法。推土机运土回填,可采取分堆集中,一次运送方法,以减少运土漏失量。填土程序宜采用纵向铺填顺序,从挖土区段至填土区段,以40~60m距离为宜,用推土机来回行驶进行碾压,履带应重叠一半。

8 采用铲运机大面积铺填土时,铺填土区段长度不宜小于20m,宽度不宜小于8m。铺土应分层进行,每次铺土厚度不大于300~500mm;每层铺土后,利用空车返回时将地表面刮平,填土程序一次横向或一次纵向分层卸土,以利行驶时初步压实。

9 大面积回填宜用机械碾压,在碾压之前宜先用轻型推土机推平,低速预压4~5遍,使表面平实,避免碾轮下陷;采用振动平碾压实爆破石渣或碎石类土,应先静压,而后振压。

10 碾压机械压实填方时,应控制行驶速度,一般平碾、振动碾不超过2km/h;羊足碾不超过3km/h;并要控制压实遍数。碾压机械与基础或管道应保持一定距离,防止将基础或管道压坏或使其移位。

11 用压路机进行填方压实,应采用"薄填、慢驶、多次"的方法。碾压方向应从两边逐渐压向中间，碾轮每次重叠宽度约150~250mm，边坡、边角边缘压实不到之处，应辅以人力夯或小型夯实机具夯实。碾压墙、柱、基础处填方，压路机与之距离不应小于0.5m。每碾压一层完后，应用人工或机械（推土机）将表面拉毛，以利结合。

12 用羊足碾碾压时，碾压方向应从填土区的两侧逐渐压向中心。每次碾压应有150~200mm的重叠，同时应随时清除粘于羊足之间的土料。为提高上部土层密实度，羊足碾压过后，宜再辅以拖式平碾或压路机压平。

13 用铲运机及运土工具进行压实，其移动均须均匀分布于填筑层的全面，逐次卸土碾压。

14 填土层如有地下水或滞水时，应在四周设置排水沟和集水井，将水位降低。已填好的土层如遭水浸泡，应把稀泥铲除后，方能进行上层回填；填土区应保持一定横坡，或中间稍高两边稍低，以利排水；当天填土应在当天压实。

15 雨期基槽（坑）或管沟回填，工作面不宜过大，应逐段、逐片地分期完成。从运土、铺填到压实各道工序应连续进行。雨前应压完已填土层，并形成一定坡度，以利排水。施工中应检查、疏通排水设施，防止地面水流入坑（槽）内，造成边坡塌方或使基土遭到破坏。现场道路应根据需要加铺防滑材料，保持运输道路畅通。

16 冬期填方，要清除基底上的冰雪和保温材料，排除积水，挖出冰块和淤泥。对室内基坑（槽）和管沟及室外管沟底至顶0.5m范围内的回填土，不得采用冻土块或受冻的黏土作土料。对一般沟槽部位的回填土，冻土块含量不得超过回填总量的15%，且冻土块的颗粒应小于150mm，并应均匀分布。填土宜连续进行，逐层压实，以免地基土或已填的土受冻。大面积土方回填时，要组织平行流水作业或采取其他有效的保温防冻措施，平均气温在−5℃以下时，填方每层铺土厚度应比常温施工时减少20%~25%，逐层夯压实；冬期填方高度应增加1.5%~3.0%的预留下陷量。

6.3.4 质量控制要点

1 土方回填前应清除基底的垃圾、树根等杂物，抽除坑穴积水、淤泥，验收基底标高。

2 在耕植土或松土上填方，应在基底压实后再进行。

3 对填方土料应按设计要求验收后方可填入。

4 填方施工过程中应检查排水措施，每层填筑厚度、含水量控制、压实程度。填筑厚度及压实遍数应根据土质、压实系数及所用机具确定。

6.3.5 成品保护措施

1 回填时，应注意保护定位标准桩、轴线桩、标准高程桩，防止碰撞损坏或下沉。

2 基础或管沟的混凝土，砂浆应达到一定强度，不致因填土受到损坏时，方可进行回填。

3 基槽（坑）回填应分层对称进行，防止一侧回填造成两侧压力不平衡，使基础变形或倾倒。

4 夜间作业，应合理安排施工顺序，设置足够照明，严禁汽车直接倒土入槽，防止铺填超厚和挤坏基础。

5 已完填土应将表面压实，做成一定坡向或做好排水设施，防止地面雨水流入基槽（坑）浸泡地基。

6.3.6 安全、环保措施

1 基槽(坑)和管沟在回填前,应检查坑(槽)、沟壁有无塌方迹象,下坑(槽)操作人员要戴安全帽。

2 在填土夯实过程中,要随时注意边坡土的变化,对坑(槽)、沟壁有松土掉落或塌方的危险时,应采取适当的支护措施。基坑(槽)边上不得堆放重物。

3 坑(槽)及室内回填,用车辆运土时,应对跳板、便桥进行检查,以保证交通道路畅通安全。车与车的前后距离不得小于5m。车辆上均应装设制动闸,用手推车运土回填,不得放手让车自动翻转卸土。

4 基坑(槽)回填土时,支撑(护)的拆除,应按回填顺序,从下而上逐步拆除,不得全部拆除后再回填,以免边坡失稳;更换支撑时必须先装新的,再拆除旧的。

5 非机电设备操作人员不准擅自动用机电设备。使用蛙式打夯机时,要两人操作,其中1人负责移动胶皮电线。操作打夯机人员,必须戴绝缘手套,以防触电。打夯时要精神集中,两机平行间距不得小于3m;在同一夯行路线上,前后距离不得小于10m。

6 压路机制动器必须保持良好,机械碾压运行中,碾压轮边距填方边缘应大于500mm,以防发生溜坡倾倒。停车时应将制动器制动住,并楔紧滚轮,禁止在坡道上停车。

7 如在居民区附近施工时,噪声大的机械夜间应禁止施工,以免影响居民休息。

6.3.7 质量标准

填方施工结束后,应检查标高、边坡坡度、压实程度等,检验标准应符合表6.3.7的规定。

表6.3.7 填土工程的质量检验标准 (mm)

项序		项目	允许偏差或允许值					检验方法
			柱基基坑基槽	场地平整		管沟	地(路)面基层	
				人工	机械			
主控项目	1	标高	−50	±30	±50	−50	−50	水准仪
	2	分层压实系数	设计要求					按规定方法
一般项目	1	回填土料	设计要求					取样检查或直观鉴别
	2	分层厚度及含水量	设计要求					水准仪及抽样检查
	3	表面平整度	20	20	30	20	20	用靠尺或水准仪

6.3.8 质量验收

6.3.8.1 检验批的划分应符合本标准第3.0.9条、第3.0.10条的规定。

6.3.8.2 检验批的验收组织应符合本标准第3.0.15条的规定。

6.3.8.3 质量验收记录

1 填土料的质量检查记录。

2 每层压(夯)检验报告和取样点位置图。

3 检验批质量验收记录按表6.3.8.3"土方回填工程检验批质量验收记录表"填写。

表6.3.8.3 土方回填工程检验批质量验收记录表
GB 50202—2002

单位(子单位)工程名称							
分部(子分部)工程名称					验收部位		
施工单位					项目经理		
分包单位					分包项目经理		
施工执行标准名称及编号							

		施工质量验收规范的规定					施工单位检查评定记录	监理(建设)单位验收记录
	检查项目	允许偏差或允许值(mm)						
		柱基基坑基槽	场地平整		管沟	地(路)面基础层		
			人工	机械				
主控项目	1 标高	−50	±30	±50	−50	−50		
	2 分层压实系数	设计要求						
一般项目	1 回填土料	设计要求						
	2 分层厚度及含水量	设计要求						
	3 表面平整度	20	20	30	20	20		

施工单位检查评定结果	专业工长(施工员) 施工班组长 项目专业质量检查员： 年 月 日
监理(建设)单位验收结论	 专业监理工程师(建设单位项目专业技术负责人)： 年 月 日

7 基坑工程

7.1 一般规定

7.1.1 在基坑（槽）或管沟工程等开挖施工中，当可能对邻近建（构）筑物、地下管线、永久性道路产生危害时，应对基坑（槽）、管沟进行支护后再开挖。

7.1.2 有支护基坑（槽）、管沟开挖前应做好下述工作：

  1 开挖前，应根据支护结构形式、挖深、地质条件、施工方法、周围环境、工期、气候和地面载荷等资料制定施工方案、环境保护措施、监测方案，经审批后方可施工。

  2 土方工程施工前，应对降水、排水措施进行设计，系统应经检查和试运转，一切正常时方可开始施工。

  3 有关支护结构的施工质量验收可按本标准第 4 章、第 5 章及本章第 7.2、7.3、7.4、7.6、7.7 节的规定执行，验收合格后方可进行土方开挖。

7.1.3 土方开挖的顺序、方法必须与设计工况相一致，并遵循"开槽支撑，先撑后挖，分层开挖，严禁超挖"的原则。

7.1.4 基坑（槽）、管沟的挖土应分层进行。在施工过程中基坑（槽）、管沟边堆置土方不应超过设计荷载，挖方时不应碰撞或损伤支护结构、降水设施。

7.1.5 基坑（槽）、管沟土方施工中应对支护结构、周围环境进行观察和监测，如出现异常情况应及时处理，待恢复正常后方可继续施工。基坑工程监测项目可按表 7.1.5 选择。

表 7.1.5 基坑监测项目表

监测项目 \ 基坑侧壁安全等级	一级	二级	三级
支护结构水平位移	应测	应测	应测
周围建筑物、地下管线变形	应测	应测	宜测
地下水位	应测	应测	宜测
桩、墙内力	应测	宜测	可测
锚杆拉力	应测	宜测	可测
支撑轴力	应测	宜测	可测
立柱变形	应测	宜测	可测
土体分层竖向位移	应测	宜测	可测
支护结构界面上侧向压力	应测	宜测	可测

  1 基坑开挖监控方案应包括监控目的、监测项目、监控报警值、监测方法及精度要求、监测点的布置、监测周期、工序管理和记录制度以及信息反馈系统等。

2 监测点的布置应满足监控要求，从基坑边缘以外 1~2 倍开挖深度范围内的需要保护物体均应作为监控对象。

3 位移观测基准点不应少于 2 点，且应设在影响范围以外。

4 监测项目在基坑开挖前应测得初始值，且不应少于 2 次。

5 基坑监测项目的监控报警值应按第 7.1.7 条规定执行。

6 各项监测的时间间隔可根据施工进程确定。当变形超过设计规定或表 7.1.7 的规定，或监测结果变化速率较大时，应加密观测次数。当有事故征兆时，应连续监测。

7 基坑开挖监测过程中，应根据设计要求提交阶段性监测结果报告。工程结束时应提交完整的监测报告，报告内容应包括：

（1）工程概况；

（2）监测项目和各测点的平面和立面布置图；

（3）采用的仪器设备和监测方法；

（4）监测数据处理方法和监测结果过程曲线；

（5）监测结果评价等。

7.1.6 基坑（槽）、管沟开挖至设计标高后，应对坑底进行保护，经验槽合格后，方可进行垫层施工。对特大型基坑，宜分区分块挖至设计标高，分区分块及时浇筑垫层。必要时，可加强垫层。

7.1.7 基坑（槽）、管沟土方工程验收必须确保支护结构安全和周围环境安全为前提。当设计有指标时，以设计要求为依据。如无设计指标时应按表 7.1.7 的规定执行。

表 7.1.7　基坑变形的监控值（cm）

基坑类别	围护结构墙顶位移监控值	围护结构墙体最大位移监控值	地面最大沉降监控值
一级基坑	3	5	3
二级基坑	6	8	6
三级基坑	8	10	10

注：1　符合下列情况之一，为一级基坑：
　　1）重要工程或支护结构做主体结构的一部分；
　　2）开挖深度大于 10m；
　　3）与临近建筑物，重要设施的距离在开挖深度以内的基坑；
　　4）基坑范围内有历史文物、近代优秀建筑、重要管线等需严加保护的基坑。
2　三级基坑为开挖深度小于 7m，且周围环境无特别要求时的基坑；
3　除一级和三级外的基坑属二级基坑；
4　当周围已有的设施有特殊要求时，尚应符合这些要求。

7.2　排桩墙支护工程

7.2.1　特点和适用范围

本节排桩墙支护结构系指钢筋混凝土预制桩、灌注桩，钢板桩、钢筋混凝土预制板桩等类型桩，以一定的排列方式组成的基坑支护结构。其排列形式有密式、疏式、锁扣式、双排式等；按受力特点又可分为悬臂式、拉锚式和内撑式。

钢筋混凝土预制桩（包括预制板桩）、钢板桩，为工厂生产的成品，具有施工速度快、施工工艺成熟、钢板桩可重复使用、经济效益好等优点；但在打设时噪声较大，深度也受到一定的限制。适用于地下水位较低或涌水量较小的黏性土、砂土和软土中深度不大的基坑作支护结构。

钢筋混凝土灌注桩，施工无噪声、无振动、无挤土，刚度大、抗弯能力强、变形较小，应用范围广，可作悬臂式、拉锚式和内撑式各种支护结构，可作成密排式（密式）和疏排式（疏式），又可采用相隔一定距离的双排桩与桩顶横梁组成空间结构用于较深基础的悬臂式支护结构。适用于各种深度、各种土质条件下作支护结构。

7.2.2 施工准备

7.2.2.1 技术准备

1 认真学习排桩墙的设计文件，掌握排桩墙的类型、构造；

2 研究施工区域的岩土工程勘察报告，了解土层的构造、变化和分布规律以及物理力学性能指标；地下水含水层和隔水层的层位、埋深和分布情况，以及各含水层（包括上层滞水、潜水、承压水）的补给条件和水力联系等。

3 查明影响范围内建（构）筑物的结构类型、层数、基础类型、埋深、基础荷载大小及上部结构现状。

4 查明基坑周边的各类地下设施，包括上、下水，电缆，煤气，污水，雨水，热力管线或管道的分布和性状。

5 编制施工组织设计（或施工方案）。

7.2.2.2 主要材料

1 水泥：宜使用硅酸盐水泥。水泥重量允许偏差±2%。

2 粗骨料：宜使用材质坚硬、级配良好、5～40mm的卵石或碎石，粗骨料重量允许偏差±3%。

3 细骨料：宜使用含泥量≤3%的中、粗砂。细骨料重量允许偏差±3%。

4 外加剂：可使用速凝、早强、减水剂、塑化剂。外加剂溶液允许偏差±2%。

5 外掺料：可酌情使用外掺料。

6 水：混凝土拌合用水应符合《混凝土拌合用水标准》JGJ 63 的有关规定。

7 钢材：主筋宜使用 HPB235、HRB335 等。箍筋宜使用 $\phi 6 \sim \phi 8$ 钢筋。型钢应满足有关标准要求。

8 预制混凝土方桩的规格、型号按设计要求选用。

9 预制钢筋混凝土板桩常用的截面形式有矩形和 T 形两种，见图 7.2.2.2。

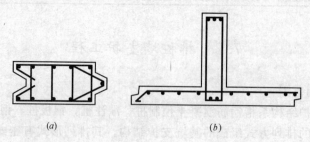

图 7.2.2.2 钢筋混凝土板桩的截面形式
(a) 矩形截面；(b) T 形截面

矩形截面板桩，形状简单，制作方便，打入容易，板桩之间的接缝易于处理。矩形截面板桩的厚度，根据钢筋混凝土抗裂和强度要求按计算确定，一般为150～450mm，宽度取决于打桩设备的能力及其龙口宽度，一般采用500～800mm；T形截面板桩由翼缘和肋组成。翼缘主要起挡土作用，翼缘板厚一般为100～150mm，宽度可达至1600mm。肋的作用是将板桩上的侧压力传至地基，厚度一般为200～300mm，其宽度一般为470～750mm。

10 钢板桩：国产钢板桩常用的有鞍钢和包钢生产的U形钢板桩，其规格、型号与技术参数见表7.2.2.2。

表7.2.2.2 国产拉森式（U形）钢板桩

型号	尺寸(mm)				截面积(cm^2)	重量(kg/m)		惯性矩		截面抵抗矩	
	b	h	t_1	t_2		单根	每米宽	单根(cm^4)	每米宽(cm^4/m)	单根(cm^3)	每米宽(cm^3/m)
鞍Ⅳ型	400	180	15.5	10.5	99.14	77.73	193.33	4.025	31.963	343	2043
鞍Ⅳ新型	400	180	15.5	10.5	98.70	76.94	192.58	3.970	31.950	336	2043
包Ⅳ型	500	185	16.0	10.0	115.13	98.80	181.60	5.955	45.655	424.8	2410

7.2.2.3 主要机具设备

1 钢筋混凝土灌注桩可根据设计要求的桩型选用冲击式钻机、冲抓锥成孔钻机、长螺旋钻机、回转式钻机、潜水钻机、振动沉管打桩机等打桩机械及其配套的其他机具设备。

2 预制钢筋混凝土桩（方桩、板桩）、钢板桩可根据设计的桩型及地质条件选用柴油打桩机、蒸汽打桩机、振动打拔桩机、静力压桩机等打桩机械及其配套的其他机具设备。

3 打桩机械见本标准第6章相应桩型的施工机械及配套机具。

7.2.2.4 作业条件

1 施工现场水电应满足施工要求；

2 施工道路通畅；

3 施工现场应具备临设搭设场地；

4 施工现场应具备作业施工空间；

5 施工现场应平整、泥浆排放地点已指定；

6 施工现场应具备满足施工要求的测量控制点。

7.2.3 材料质量控制要点

1 混凝土原材料的质量控制要点见本标准第5.6.2条。

2 钢板桩：新桩可按出厂标准检验，重复使用的钢板桩应符合表7.2.7-1的规定。

3 混凝土板桩应符合表7.2.7-2的规定。

7.2.4 施工工艺

7.2.4.1 钢筋混凝土排桩墙

1 预制钢筋混凝土排桩墙（方桩、板桩）采用锤击法或静力压桩法施工的工艺见本标准第5.2节、第5.4节。

2 钢筋混凝土灌注桩施工工艺根据设计的桩型和地质条件按本标准第5.6节相应工

艺选用。

3 钢筋混凝土灌注桩排桩墙施工顺序：

（1）排桩墙一般应采用间隔法组织施工。当一根桩施工完成后，桩机移至隔一桩位进行施工。

（2）疏式排桩墙宜采用由一侧向单一方向隔桩跳打的方式进行施工。

（3）密排式排桩墙宜采用由中间向两侧方向隔桩跳打的方式进行施工。

（4）双排式排桩墙采用先由前排桩位一侧向单一方向隔桩跳打，再由后排桩位中间向两侧方向隔桩跳打的方式进行施工。

（5）当施工区域周围有需保护的建筑物或地下设施时，施工顺序应自被保护对象一侧开始施工。逐步背离被保护对象。

4 冠梁施工

（1）破桩：桩施工时应按设计要求控制桩顶标高。待桩施工完成达到要求的强度后，按设计要求位置破桩。破桩后，桩中主筋长度应满足设计锚固要求。

（2）冠梁施工：排桩墙冠梁一般在土方开挖前施工。采用在土层中开挖土模或支设模板、绑扎钢筋、浇筑混凝土的方法进行。腰梁、围檩、内撑均应按设计要求与土方开挖配合施工。

5 锚杆施工

锚拉桩的锚杆一般应与土方开挖配合施工。

7.2.4.2 钢板桩

1 工艺流程

（1）单独打入法：

测量放线、定桩位→桩机就位→（从一角开始）插桩→逐块（或两块一组）打设→最后封闭合拢

（2）双层围檩法：

测量放线、定桩位→打设围檩桩→安装围檩梁→在围檩上划桩线→在围檩内逐块插桩直至封闭合拢→按阶梯形逐根打桩

（3）屏风法：

测量放线、定桩位→打设围檩桩→安装围檩梁→在围檩上划桩线→分组（10～20块）插入钢板桩→打入两端定位桩→按阶梯打入中间各根桩

2 施工要点

（1）钢板桩分无锚板桩和有锚板桩两类。无锚板桩用于较浅的基坑，依靠入土部分的土压力维持桩的稳定；有锚板桩是在上部用拉锚或支撑加以固定。

相邻钢板桩的结合形式，分互握式和握裹式两种锁口。互握式锁口间隙较大，其转角可达24°，可构成曲线的钢板排桩墙；握裹式锁口较紧密，转角只允许10°～15°。

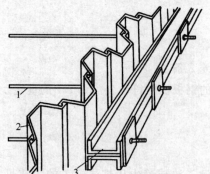

图 7.2.4.2-1 固定钢板桩的腰梁
1—拉杆；2—钢板桩；3—腰梁

（2）封闭式的钢板桩排桩墙，要求做到封面平直，便于安装腰梁和钢拉杆。腰梁一般用槽钢制作，见图 7.2.4.2-1；拉杆用圆钢制作，见图 7.2.4.2-2。

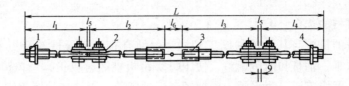

图 7.2.4.2-2　钢拉杆
1—螺母；2—环形节点板；3—拉杆；4—垫圈

其打设方法有以下几种：

1）单独打入法。这种方式是从板桩墙的一角开始，逐块（或两块为一组）打设，直至工程结束。其优点是：打入方式简便、迅速，不需要其他辅助支架。缺点是：这种打入方式易使板桩向一侧倾斜，且误差积累后不易纠正。因此，这种方式只适用于板桩墙要求不高、且板桩长度较小（如小于 10m）的情况。

2）双层围檩法。这种打入方式，是先在地面上沿板桩墙的两侧每隔一定距离打入围檩桩（工字钢），并于其上、下安装两层钢围檩（工字钢），然后根据钢围檩上的画线将钢板桩逐块全部插好，树起高大的板桩墙，待轴线准确无误且四角封闭合拢后，再按阶梯形将钢板桩一块块打入土中。

采用这种方式打设钢板桩的优点是：桩墙的平面尺寸准确，墙面的平直度和桩的垂直度都易保证，封闭合拢较好，工程质量能保证。其缺点是耗费的辅助材料多，不经济，且施工速度较慢。一般只用于桩墙质量要求很高的情况（图 7.2.4.2-3）。

3）屏风法。用单层围檩，然后以 10～20 块钢板桩为一组，根据围檩上的画线逐块插入土中，形成屏风墙（图 7.2.4.2-4），然后先将两端 1～2 块钢板桩打入，并严格控制其垂直度，用电焊固定在围檩上，作为定位钢板桩。其余钢板桩按 1/2 或 1/3 顺序高度呈阶梯状打设。如此逐组进行。

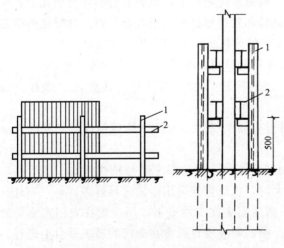

图 7.2.4.2-3　双层围檩
1—围檩桩；2—围檩

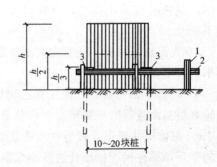

图 7.2.4.2-4　单层围檩
1—围檩桩；2—围檩；3—两端先打入的定位桩

这种打桩方式的优点是可以减少倾斜误差积累，防止过大的倾斜，而且易于实现封闭合拢，能保证板桩墙的施工质量。其缺点是插桩的自立高度较大，要注意插桩的稳定和施工安全。

（3）打桩机械的选择

钢板桩打设的机械与其他桩种施工相同。但结合打设钢板桩的特点（稳定、行走方便，导杆可作水平、垂直和前后调整，便于每块钢板桩随时校正），宜选用三支点导杆式履带打桩机。桩锤有落锤、蒸汽锤、柴油锤和振动锤等，以选柴油锤为宜。锤重一般以钢板桩重量的两倍为宜。桩锤的外形尺寸要适应桩的宽度，桩锤的直径不得大于桩组合打入块数的总宽度。

（4）打桩流水段的划分

打桩流水段的划分与桩的封闭合拢有关。流水段长度大，合拢点就少，相对积累误差大，轴线位移相应也大；流水段长度小，则合拢点多，积累误差小，但封闭合拢点增加。一般情况下，应采用后一种方法。另外，采取先边后角的打设方法，可保证墙面平整，不影响墙内围檩支撑的安装精度，对于打桩积累偏差可在转角处作轴线修正。

（5）施工前准备工作

1）钢板桩检验。钢板桩材质检验和外观检验，对焊接钢板桩，尚需进行焊接部位的检验。对用于基坑临时支护结构的钢板桩，主要进行外观检验，并对不符合形状要求的钢板桩进行矫正，以减少打桩过程中的困难。

外观检验包括表面缺陷、长度、宽度、高度、厚度、端头矩形比、平直度和锁口形状等项内容。检查中要注意：

a 对打入钢板桩有影响的焊接件应予以割除；

b 有割孔、断面缺损的应予以补强；

c 若钢板桩有严重锈蚀，应测量其实际断面厚度，以便决定在计算时是否需要折减。原则上要对全部钢板桩进行外观检查。

材质检验：对钢板桩母材的化学成分、机械性能进行全面试验，包括钢材的化学成分分析，构件的拉伸、弯曲试验。锁口强度试验和延伸率试验等项内容。每一种规格的钢板桩至少进行一个拉伸、弯曲试验。每25~50t的钢板桩应进行两个试件试验。

2）钢板桩的矫正。钢板桩为多次周转使用的材料，在使用过程中会发生板桩的变形、损伤。偏差超过表7.2.7-1中数值者，使用前应进行矫正与修补。其矫正与修补方法如下：

a 表面缺陷修补：通常先清洗缺陷附近表面的锈蚀和油污，然后用焊接修补的方法补平，再用砂轮磨平。

b 端部平面矫正：一般用氧乙炔切割部分桩端，使端部平面与轴线垂直。然后再用砂轮对切割面进行磨平修整。当修整量不大时，也可直接采用砂轮进行修理。

c 桩体挠曲矫正：腹板弯曲矫正时，两端固定在支承点上，用设置在龙门式顶梁架上的千斤顶顶在钢板桩凸处进行冷弯矫正；侧向弯曲矫正通常在专门的矫正平台上进行。

d 桩体扭曲矫正：这种矫正较复杂，可视扭曲情况采用上述c中的方法矫正。

e 桩体局部变形矫正：对局部变形处用氧乙炔热烘与千斤顶顶压、大锤敲击相结合的方法进行矫正。

f 锁口变形矫正：用标准钢板桩作为锁口整形胎具，采用慢速卷扬机牵拉调整处理，或采用氧乙炔热烘和大锤敲击胎具推进的方法进行调直处理。

(6) 围檩（导架）安装

为保证沉桩轴线位置的正确和桩的竖直，控制桩的打入精度，防止板桩的屈曲变形和提高桩的贯入能力，一般都需要设置一定刚度的、坚固的围檩，亦称"施工导架"。

围檩的形式，在平面上有单面和双面之分，在高度上有单层和双层之分。一般常用的是单层双面围檩。围檩桩的间距一般为2.5～3.5m，双面围檩之间的间距一般比板桩墙厚度大8～15mm。

围檩的位置不能与钢板桩相碰。围檩桩不能随着钢板桩的打设而下沉或变形。围檩梁的高度要适宜，要有利于控制钢板桩的施工高度和提高工效，要用经纬仪和水平仪控制围檩梁的位置和标高。

钢板桩打设允许误差：桩顶标高±100mm；板桩轴线偏差±100mm；板桩垂直度1‰。

(7) 钢板桩的打设

先用吊车将钢板桩吊至插桩点处进行插桩，插桩时锁口要对准，每插入一块即套上桩帽轻轻加以锤击。在打桩过程中，为保证钢板桩的垂直度，用两台经纬仪在互相垂直的两个方向加以控制。为防止锁口中心线平面位移，可在打桩进行方向的钢板桩锁口处设卡板，阻止板桩位移。同时在围檩上预先算出每块板块的位置，以便随时检查校正。

钢板桩分几次打入，如第1次由20m高打至15m，第2次则打至10m，第3次打至围檩梁高度，待围檩架拆除后第4次再打至设计标高。

打桩时，开始打设的第一、二块钢板桩的打入位置和方向要确保精度，它可以起样板导向作用，一般每打入1m应测量一次。

(8) 钢板桩的转角和封闭

钢板桩墙的设计长度有时不是钢板桩标准宽度的整倍数，或者板桩墙的轴线较复杂，钢板桩的制作和打设也有误差，这些都会给钢板桩墙的最终封闭合拢带来困难。钢板桩墙的转角和封闭合拢施工，可采用下述方法：

1）采用异形板桩：异形板桩的加工质量较难保证，而且打入和拔出也较困难，特别是用于封闭合拢的异形板桩，一般是在封闭合拢前根据需要进行加工，往往影响施工进度，所以应尽量避免采用异形板桩。

2）连接件法：此法是用特制的"ω"形和"δ"形连接件来调整钢板桩的根数和方向，实现板桩墙的封闭合拢。钢板桩打设时，预先测定实际板桩墙的有效宽度，并根据钢板桩和连接件的有效宽度确定板桩墙的合拢位置。

3）骑缝搭接法：利用选用的钢板桩或宽度较大的其他型号钢板桩作闭合板桩，打设于板桩墙闭合处。闭合板桩应打设于挡土的一侧。此法用于板桩墙要求较低的工程。

4）轴线调整法：此法是通过钢板桩墙闭合轴线设计长度和位置的调整实现封闭合拢。封闭合拢处最好选在短边的角部。轴线修正的具体作法如下（图7.2.4.2-5）：

a 沿长边方向打至离转角桩约尚有8块钢板桩时暂时停止，量出至转角桩的总长度和增加的长度；

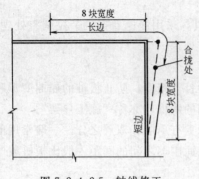

图 7.2.4.2-5 轴线修正

b 在短边方向也照上述办法进行;

c 根据长、短两边水平方向增加的长度和转角桩的尺寸,将短边方向的围檩梁与围檩桩分开,用千斤顶向外顶出,进行轴线外移,经核对无误后,再将围檩梁和围檩桩重新焊接固定;

d 在长边方向的围檩梁内插桩,继续打设,插打到转角桩后,再转过来接着沿短边方向插打两块钢板桩;

e 根据修正后的轴线沿短边方向继续向前插打,最后一块封闭合拢的钢板桩,设在短边方向从端部算起的第三块板桩的位置处。

(9) 打桩时问题的处理

1) 阻力过大不易贯入:原因主要有两方面,一是在坚实的砂层、砂砾层中沉桩,桩的阻力过大;二是钢板桩连接锁口锈蚀、变形,入土阻力大。对第一种情况,可伴以高压冲水或改以振动法沉桩,不要用锤硬打;对第二种情况,宜加以除锈、矫正,在锁口内涂油脂,以减少阻力。

2) 钢板桩向打设前进方向倾斜:在软土中打桩,由于锁口处的阻力大于板桩与土体间的阻力,使板桩易向前进方向倾斜。纠正方法是用卷扬机和钢丝绳将板桩反向拉住后再锤击,或用特制的楔形板桩进行纠正。

3) 打设时将相邻板桩带入:在软土中打设钢板桩,如遇到不明障碍物或板桩倾斜时,板桩阻力增大,会把相邻板桩带入。处理方法是:用屏风法打设;把相邻板桩焊在围梁上;在锁口处涂以黄油减少阻力。

(10) 钢板桩拔除

在进行基坑回填土时,要拔除钢板桩,以便修整后重复使用。拔除前要研究钢板桩拔除顺序、拔除时间及桩孔处理方法。

1) 钢板桩拔除阻力计算:

拔除阻力由下式计算:

$$F = F_e + F_s \tag{7.2.4.2-1}$$

式中 F_e——钢板桩与土的吸附力;

$$F_s = UL\tau \tag{7.2.4.2-2}$$

U——钢板桩周长;

L——钢板桩在不同土中的长度;

τ——钢板桩在不同土层中的静吸附力或动吸附力(用于静力拔桩和振动拔桩),见表 7.2.4.2-1;

F_s——钢板桩的断面阻力:

$$F_s = 1.2 E_a B H \mu \tag{7.2.4.2-3}$$

E_a——作用在钢板桩上的主动土压力强度;

B——钢板桩宽度;

H——钢板桩在土中的深度;

μ——钢板桩与土体之间的摩擦系数 (0.35~0.40)。

表 7.2.4.2-1 钢板桩在不同土质中的吸附力

土 质	静吸附力 τ_d(kN/m²)	动吸附力 τ_v(kN/m²)	动吸附力 τ_v(含水量很少时)(kN/m²)
粗砂砾	34.0	2.5	5.0
中砂(含水)	36.0	3.0	4.0
细砂(含水)	39.0	3.5	4.5
粉土(含水)	24.0	4.0	6.5
砂质粉土(含水)	29.0	3.5	5.5
黏质粉土(含水)	47.0	5.5	
粉质黏土	30.0	4.0	
黏 土	50.0	7.5	
硬黏土	75.0	13.0	
非常硬的黏土	130.0	25.0	

2) 钢板桩拔出方法：

钢板桩的拔出，从克服板桩的阻力着眼，根据所用拔桩机械，拔桩方法有静力拔桩、振动拔桩和冲击拔桩。

静力拔桩主要用卷扬机或液压千斤顶，但该法效率低，有时难以顺利拔出，较少应用。

振动拔桩是利用机械的振动激起钢板桩振动，以克服和削弱板桩拔出阻力，将板桩拔出。此法效率高，用大功率的振动拔桩机，可将多根板桩一起拔出。目前该法应用较多。

冲击拔桩是以高压空气、蒸汽为动力，利用打桩机给予钢板桩以向上的冲击力，同时利用卷扬机将板桩拔出。

振动拔桩法设备及工艺为：

a 与土质有关的振动拔桩参数：

a) 振动频率：在某一振动频率下，土与板桩间的阻力才会破坏，板桩容易拔出。该频率与土质有关：粗砂在频率 50Hz 时产生液化；坚硬黏土在 50Hz 下才出现松动现象。工程中为各类土分层构成，实用的振动频率为 8.3～25Hz。

b) 振幅：在频率为 16.7Hz 时，使砂土产生液化的最小振幅约为 3mm 以上，使黏性土、粉土减少其粘着力的最小振幅约为 4mm 以上。

c) 激振力：强制振动的激振力，亦必须达到一定的数值（kN），才能减弱土对板桩的阻力。

b 振动拔桩机的选用。振动拔桩机的型号很多，各有其适用范围，要选择得当，才能取得较好的效果。表 7.2.4.2-2 可供初选时参考。

表 7.2.4.2-2 振动拔桩机的适用范围

拔桩机功率(kW)	钢板桩型号和长度(m)	
	砂 质 土	黏 性 土
3.7～7.5	轻型 8	轻型 6
11～15	Ⅱ型 12	Ⅱ型 9
22～30	Ⅲ型 16	Ⅲ型 12
55～60	Ⅳ型 24	Ⅳ型 18
120～150	Ⅴ型 36	Ⅴ型 36

c 拔桩施工：钢板桩拔除的难易，取决于打入时顺利与否。在硬土、密实砂土中打入时困难，尤其是打入时咬口产生变形或垂直度很差，则拔桩时会遇到很大的阻力。如基

坑开挖时，支撑（拉锚）不及时，使板桩产生很大的变形，拔出亦困难。在软土地区，拔桩时由于产生空隙会引起土层扰动，会使基坑内已施工的结构或管线产生沉降，亦可能引起周围地面沉降而影响周围的建筑物、地下管线和道路的安全。为此在拔桩时要采取措施，对拔桩造成的孔隙及时回填，当控制地层位移有较高要求时，宜进行跟踪注浆。

钢板桩拔除，需注意下列事项：

a) 作业前详细了解土质及板桩打入情况、基坑开挖后板桩变形情况等，依此判断拔桩的难易程度；

b) 基坑内结构施工结束，要进行回填，尽量使板桩两侧土压平衡，有利于拔桩作业；

c) 拔桩设备有一定的重量，要验算其下的结构承载力。如压在土层上，由于地面荷载较大，需要时，设备下应放置路基箱或枕木；

d) 作业范围内的重要管线、高压电缆等要注意观察和保护；

e) 板桩拔出会形成孔隙，必须及时填充，否则会造成邻近建筑和设施的位移及地面沉降。宜用膨润土浆液填充，也可跟踪注入水泥浆；

如钢板桩拔不出，可采取下述措施：

a) 用振动锤等再复打一次，以克服与土的黏着力及咬口间的铁锈等产生的阻力；

b) 按与板桩打设顺序相反的次序拔桩；

c) 板桩承受土压一侧的土较密实，在其附近并列打入另一根板桩，可使原来的板桩顺利拔出；

d) 在板桩两侧开槽，放入膨润土浆液（或黏土浆），拔桩时可减少阻力。

7.2.5 成品保护措施

1 排桩墙施工过程中应注意保护周围道路、建筑物和地下管线的安全。

2 基坑开挖施工过程中对排桩墙及周围土体的变形、周围道路、建筑物以及地下水位情况进行监测。

3 基坑、地下工程在施工过程中不得碰撞和拆除排桩墙墙体及其支撑或拉锚体系。

7.2.6 安全、环保措施

1 预制桩排桩墙施工的安全环保措施见本标准第5.3.6条。

2 灌注桩排桩墙施工的安全环保措施见本标准第5.6.8条。

7.2.7 质量标准

1 灌注桩、预制桩的检验标准应符合本标准第5章的规定。

2 新的钢板桩可按出厂标准检验。

3 重复使用的钢板桩应符合表7.2.7-1的规定。

表 7.2.7-1 重复使用的钢板桩检验标准

序 号	检查项目	允许偏差或允许值		检查方法
		单 位	数 值	
1	桩垂直度	%	<1%	用钢尺量
2	桩身弯曲度	%	<2%	用钢尺量
3	齿槽平直光滑度	无电焊渣或毛刺		用1m长的桩段做通过试验
4	桩长度	不小于设计长度		用钢尺量

4 混凝土板桩应符合表7.2.7-2的规定。

表7.2.7-2 混凝土板桩制作标准

项	序	检查项目	允许偏差或允许值		检查方法
			单位	数值	
主控项目	1	桩长度	mm	+10 0	用钢尺量
	2	桩身弯曲度	%	<0.1l%	用钢尺量,l为桩长
一般项目	1	保护层厚度	mm	±5	用钢尺量
	2	横截面相对两面之差	mm	5	用钢尺量
	3	桩尖对桩轴线的位移	mm	10	用钢尺量
	4	桩厚度	mm	+10 0	用钢尺量
	5	凹凸槽尺寸	mm	±3	用钢尺量

7.2.8 质量验收

7.2.8.1 检验批的划分应符合本标准第3.0.9条、第3.0.10条的规定。

7.2.8.2 检验批的验收组织应符合本标准第3.0.15条的规定。

7.2.8.3 质量验收记录：

1 地质勘察报告；

2 原材料合格证和试验报告；

3 板桩墙施工记录；

4 板桩墙检验批验收记录，根据所采用的桩型按本标准第5章相关内容填写；

5 检验批验收记录按表7.2.8.3-1"排桩墙支护工程检验批质量验收记录表（重复使用钢板桩）（Ⅰ）"、和表7.2.8.3-2"排桩墙支护工程检验批质量验收记录表（混凝土板桩）（Ⅱ）"填写。

表7.2.8.3-1 排桩墙支护工程检验批质量验收记录表
（重复使用钢板桩）GB 50202—2002
（Ⅰ）

单位(子单位)工程名称						
分部(子分部)工程名称				验收部位		
施工单位				项目经理		
分包单位				分包项目经理		
施工执行标准名称及编号						
	施工质量验收规范的规定			施工单位检查评定记录	监理(建设)单位验收记录	
一般项目	1	桩垂直度	<1%			
	2	桩身弯曲度	<2%			
	3	齿槽平直度及光滑度	无电焊渣或毛刺			
	4	桩长度	不小于设计长度			
施工单位 检查评定结果	专业工长(施工员)			施工班组长		
	项目专业质量检查员：				年 月 日	
监理(建设)单位 验收结论	专业监理工程师(建设单位项目专业技术负责人)：				年 月 日	

表 7.2.8.3-2 排桩墙支护工程检验批质量验收记录表
（混凝土板桩）GB 50202—2002
（Ⅱ）

单位(子单位)工程名称				
分部(子分部)工程名称			验收部位	
施工单位			项目经理	
分包单位			分包项目经理	
施工执行标准名称及编号				
		施工质量验收规范的规定	施工单位检查评定记录	监理(建设)单位验收记录
主控项目	1	桩长度	+10 0mm		
	2	桩身弯曲度	<0.1%Lmm		
一般项目	1	保护层厚度	±5mm		
	2	模截面相对两面之差	5mm		
	3	桩尖对桩轴线的位移	10mm		
	4	桩厚度	+10 0mm		
	5	凹凸槽尺寸	±3mm		
施工单位 检查评定结果	专业工长(施工员)　　　　　　　　　　　　施工班组长 项目专业质量检查员：　　　　　　　　　　年　月　日			
监理(建设)单位 验收结论	专业监理工程师(建设单位项目专业技术负责人)：　　　　　年　月　日			

7.3 水泥土桩墙支护工程

7.3.1 特点和适用范围

水泥土桩墙支护结构是指由水泥土搅拌桩（包括加筋水泥土搅拌桩）、高压喷射注浆桩所构成的围护结构。

水泥土桩墙属重力式挡墙，利用其本身重量和刚度进行挡土，水泥土加固体的渗透系数不大于10^{-7}cm/s，能很好地止水防渗。其特点是：施工工艺简单；材料较容易取得，充分利用土体本身形成支护结构，造价较低；具有挡土、挡水双重功能；基坑内无须加支撑，便于机械化快速施工。缺点是厚度较大、位移较大，一般仅可用于深度 6m 以内且场地允许的情况下作支护结构。采用加筋水泥土桩墙，即在水泥土桩中插入大型 H 型钢（还可插入钢管、拉森钢板桩等），由 H 型钢承受土侧压力，而水泥土则具有良好的抗渗性能，能用于较深（一般≤10m）的基坑作支护结构。

7.3.2 施工准备

7.3.2.1 技术准备

见本标准第 7.2.2.1 条。

7.3.2.2 主要材料

1 水泥土搅拌桩墙主要材料见本标准第 4.11.2.2 条。

2 高压喷射注浆桩主要材料见本标准第 4.10.2.2 条。

3 加筋水泥土桩墙可用 H 型钢、工字钢、槽钢、钢管、拉森钢板桩等作加筋，应根据设计要求选用。

7.3.2.3 主要机具

1 深层搅拌水泥土桩机及配套机具设备见本标准第 4.11.2.3 条。

2 高压喷射注浆桩主要机具见本标准第 4.10.2.3 条。

3 加筋水泥土用搅拌机与一般水泥土搅拌机无大区别，主要是功率大，使成桩直径与长度更大，以适应大型型钢的插入。江阴振冲器厂研制的 SJBD60 型搅拌桩机，其桩直径可达 1m，钻进深度可达 28m，是我国适用于加筋水泥土桩法（SMW 工法）施工的较先进的一种机型。此外，SJBF45 型双钻头搅拌桩机也较过去的机型有改进，成桩直径 2φ760，深度可达 25m。部分适用于 SMW 工法的深层搅拌水泥土桩机见表 7.3.2.3。

表 7.3.2.3 适用于 SMW 工法的国产搅拌桩机

型号 项目	SJBF45	SJBD60	JJ 型
电机功率(kW)	2×45	2×30	2×60
搅拌轴转速(r/min)	40	35	35
额定扭矩(kN·m)	2×10	15	2×15
搅拌轴数	2	1	2
一次处理面积(m²)	0.85	0.5～0.78	0.90
搅拌头直径(mm)	2×760	800～1000	2×800
搅拌深度(m)	18～25	20～28	20～28

4 压桩（拔桩）机。由于水泥土结硬后与型钢粘结在一起，又由于型钢在基坑开挖后受侧土压力的作用往往有较大的变形，因此型钢的拔出阻力比压入时的阻力大好几倍。选用压桩（拔桩）机时应主要考虑应能满足拔出型钢的需要。一般采用液压压桩（拔桩）机。

7.3.2.4 作业条件

同本标准第 7.2.2.4 条。

7.3.3 材料质量控制要点

1 深层搅拌水泥土桩材料质量控制要点见本标准第 11.3.3 条。

2 高压喷射注浆桩主要材料质量控制要点见本标准第10.3.3条。
3 加筋水泥土桩墙所用的型钢或钢筋应符合相应材料的质量标准。

7.3.4 施工工艺

7.3.4.1 水泥土搅拌桩墙（加筋水泥土墙）

1 水泥土搅拌桩墙的施工工艺同本标准第4.11.4条中的"湿法"。

2 用于支护结构的水泥土墙或作为防水帷幕的搅拌水泥桩的平面布置，可视地质条件和基坑围护要求，结合施工设备条件，可以分别选用柱式、块式、壁式、格栅式、拱式等，在深度方向，可采取长短结合式（图7.3.4.1-1）。

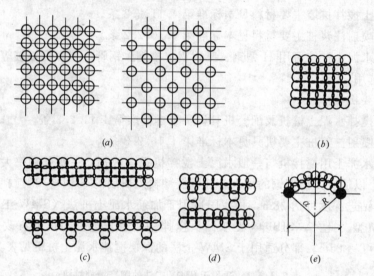

图7.3.4.1-1 搅拌桩的平面布置形式
（a）柱式，正方形排列或三角形排列；（b）块式；（c）壁式，带肋或不带肋；（d）格栅式；（e）拱式

3 常用格栅式水泥土墙和加筋水泥土墙的构造，如图7.3.4.1-2、图7.3.4.1-3为格栅式水泥土墙平面布置，图7.3.4.1-4为加筋水泥土墙构造。构造措施宜按下列规定：

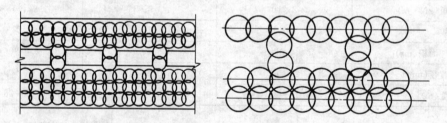

图7.3.4.1-2 深层搅拌水泥土墙格栅式支护图

（1）水泥土的置换率。对于淤泥不宜小于0.8，对于淤泥质土不宜小于0.7，对一般性黏土及砂土不宜小于0.6。

（2）格栅长宽比不宜大于2。

（3）水泥土桩与桩之间的搭接宽度，应根据挡土及截水要求确定，考虑截水作用时，桩的有效搭接宽度不宜小于150mm，当不考虑截水作用时，搭接宽度不宜小于100mm。

（4）当挡土桩墙的变形不能满足要求时，宜采用基坑内侧土体加固或水泥土墙插筋加混凝土面层及加大嵌固深度等措施。

（5）当设置插筋时，桩身插筋应在桩顶搅拌完成后及时进行，插筋材料、插入长度和露出长度等均应按设计要求确定。

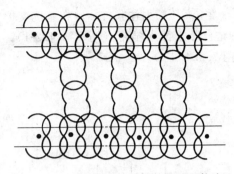

图 7.3.4.1-3　插筋水泥搅拌桩平面构造

4　深层搅拌水泥土桩墙属重力式挡土结构，且设计计算强度采用28d强度（地基处理采用90d强度），因此水泥掺量应比地基处理有所增加，并加入适量的早强剂。湿法深层搅拌桩墙水泥掺入量宜为被加固土密度的15%～18%；粉喷（干法）深层搅拌的水泥掺量宜为被加固土密度的13%～16%。

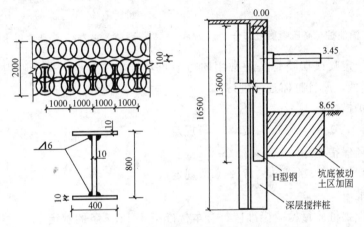

图 7.3.4.1-4　型钢与水泥土墙结合支护图

5　水泥土墙应采用切割搭接法施工，应在前桩水泥尚未固化时进行后序搭接桩的施工，搭接施工的间歇时间应不超过10～16h。施工开始和结束的头尾搭接处，应采取加强措施，消除搭接沟缝。

6　大型H型钢压入与拔出一般采用液压压桩（拔桩）机，H型钢的拔出阻力较大，比压入大好几倍，主要是由于水泥结硬后与型钢粘结力大大增加，另外型钢在基坑开挖后受侧土压力作用往往有较大的变形，使拔出受阻。水泥土与型钢粘结力可通过在型钢表面涂刷减摩剂解决，而型钢的变形，主要是在设计时应考虑型钢受力后的变形不能过大进行控制。

7　型钢压入时应先开挖导沟、设置围檩导向架。导沟的作用可使搅拌桩施工时的涌土不致冒出地面；导向围檩则是确保搅拌桩及型钢插入位置的准确。围檩导向架采用型钢制作，两侧围檩间距比插入型钢宽度增加20～30mm，导向桩间距4～6m，长度10m左右。围檩导向架施工时应确保轴线和标高的正确。

8　水泥土墙应在设计开挖龄期采用钻芯法检测墙身完整性，钻芯数量不宜少于总桩数的2%，且不应少于5根；并根据设计要求取样进行单轴抗压强度试验。

7.3.4.2　高压喷射注浆桩墙

1　高压喷射注浆桩墙的施工工艺同本标准第4.10.4条。

2 高压喷射注浆桩、墙在基坑支护中常用于作截水帷幕。常用做法一是与钻孔灌注桩结合形成截水帷幕（图7.3.4.2-1）；二是采用定喷或摆喷工艺形成壁状截水帷幕墙（图7.3.4.2-2）。

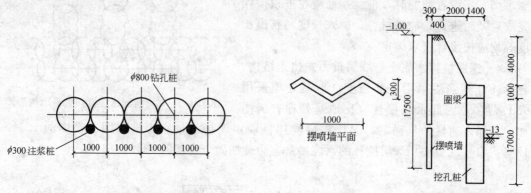

图7.3.4.2-1 灌注桩与高压喷射桩结合　　　图7.3.4.2-2 高压喷射水泥摆喷墙

3 采用高压定喷或摆喷是一种常用的防渗止水帷幕墙做法，由于喷射墙体薄而长，不但成本较旋喷低，而且整体连续性好。

7.3.5 成品保护措施

见本标准第4.10.5、4.11.5、7.2.5条规定。

7.3.6 安全、环保措施

见本标准第4.10.6、4.11.6、7.2.6条规定。

7.3.7 质量标准

1 水泥土搅拌桩质量检验标准应符合本标准第4.11.7条的规定。
2 高压喷射注浆桩质量检验标准应符合本标准第4.10.7条的规定。
3 加筋水泥土桩应符合表7.3.7的规定。

表7.3.7 加筋水泥土桩质量检验标准

序号	检查项目	允许偏差或偏差值 单位	允许偏差或偏差值 数值	检查方法
1	型钢长度	mm	±10	用钢尺量
2	型钢垂直度	%	<1	经纬仪
3	型钢插入标高	mm	±30	水准仪
4	型钢插入平面位置	mm	10	用钢尺量

7.3.8 质量验收

1 水泥土桩质量验收见本标准第4.11.8条的规定。
2 高压喷射注浆桩质量验收见本标准第4.10.8条的规定。
3 加筋水泥土桩除按本标准第4.11.8条规定对水泥土桩进行验收外，还应按表7.3.8"加筋水泥土桩墙支护工程检验批质量验收记录表"填写。

表 7.3.8　加筋水泥土桩墙支护工程检验批质量验收记录表
GB 50202—2002

单位(子单位)工程名称					
分部(子分部)工程名称				验收部位	
施工单位				项目经理	
分包单位				分包项目经理	
施工执行标准名称及编号					
施工质量验收规范的规定			施工单位检查评定记录	监理(建设)单位验收记录	
一般项目	1	型钢长度	±10mm		
	2	型钢垂直度	<1‰		
	3	型钢插入标高	±30mm		
	4	型钢插入平面位置	10mm		
施工单位检查评定结果	专业工长(施工员)			施工班组长	
	项目专业质量检查员：　　　　　　　　　　　　年　　月　　日				
监理(建设)单位验收结论	专业监理工程师(建设单位项目专业技术负责人)：　　　　　年　　月　　日				

7.4　锚杆及土钉墙支护

7.4.1　特点与适用范围

1　土层锚杆

用于支护结构的土层锚杆（亦称土锚），通常由锚头、锚头垫座、支护结构、防护套管、拉杆（拉索）、锚固体、锚底板（有时无）等组成（图7.4.1-1）。

土层锚杆根据潜在滑裂面，分为自由段（非锚固段）l_f 和锚固段 l_a（图7.4.1-2）。锚杆的自由段处于不稳定土层中，要使拉杆与土层脱离，一旦土层滑动，它可以自由伸缩，其作用是将锚头所承受的荷载传递到锚固段；锚固段处于稳定土层中，它通过与土层的紧密接触将锚杆所承受的荷载分布到土层中去，锚固段是承载力的主要来源。

其特点是：能与土体结合在一起承受很大的固结力，以保证结构的稳定；可用高强钢材，并可施加预应力，可有效地控制建筑物的变形量；施工所需钻孔孔径小，不用大型机械；代替钢支撑作侧壁支护，可大量节省钢材；为地下工程施工提供了开阔的工作面；经济效益显著，可节省大量劳动力，加快工程进度。

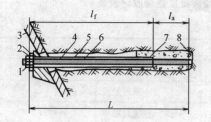 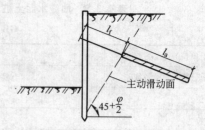

图 7.4.1-1 土锚构造

1—锚头；2—锚头垫座；3—围护墙；4—钻孔；5—防护套管；6—拉杆（拉索）；7—锚固体；8—锚底板

图 7.4.1-2 土锚的自由段与锚固段的划分

l_f—自由段（非锚固段）；l_a—锚固段

在深基坑开挖中，土层锚杆与地下连续墙、拉森钢板桩、H型钢板桩、预制混凝土板桩墙、钻孔灌注桩等支护结构联合使用，适用于各种土层和岩层中大型较深基坑中使用。但在塑性指数大于17的黏土层中使用时应做锚杆的蠕变试验。蠕变试验按附录F规定进行。

2 土钉墙

在基坑逐层开挖，逐层在边坡原位以较密排列（上下左右）钻孔后，放置钢筋或钢管并注浆，以强化土体，在土钉支护面层设置钢筋网，分层喷射混凝土，直到设计标高。这就是土钉支护，亦称土钉墙，喷锚支护。

基坑开挖至有限深度，用小型机械或洛阳铲钻成孔，孔内放钢筋，并注浆，在坡面安装钢筋网，喷射C20厚80～200mm的混凝土，继续开挖有限深度，钻孔放钢筋并注浆，喷射混凝土直到设计标高。如图7.4.1-3所示。

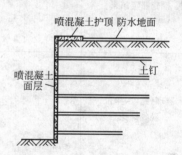

图 7.4.1-3 土钉墙支护

土钉与面层的连接，分螺栓连接和钢筋焊接连接见图7.4.1-4。

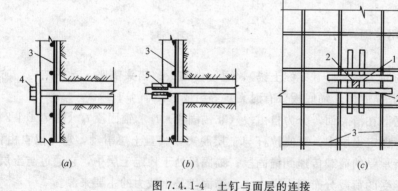

图 7.4.1-4 土钉与面层的连接

(a) 螺栓连接；(b)、(c) 钢筋连接

1—土钉；2—井字短钢筋；3—喷射钢筋混凝土；4—螺栓连接；5—焊接钢筋

基坑边坡可以为90°，也可以为80°左右，按需要设计；土钉的直径、长度须通过计算确定。土钉孔向下倾角宜在0°～20°。

土钉墙支护的特点是：将抗拉强度较低的土体与注浆钢筋结合组成复合体，通过土体变形使接触面产生结合力及摩擦力，促使钢筋受拉，发挥了共同作用，提高了土体的稳定和承载能力。对基坑开挖而言，因为土体已经得到加固强化，因此，可以说土钉支护本身也是一种主动制约机制。这种复合体还增强土体破坏的延性，有利于安全施工；土体复合墙体变位小，一般测试20mm；设备简单，土钉长度小，钻孔、注浆工艺简便；经济效益好，易于推广；与开挖土方配合好，实行流水作业，可缩短工期。

但因分段施工，易产生施工阶段的不稳定性，因此必须在施工开始就进行监测，便于发现问题以采取措施。

不适宜土钉墙支护的土层是：松散砂土、流塑和软塑黏性土以及有丰富地下水源且地下水位高的情况，都不宜单独采用土钉墙支护，特别是软土。在国外，不建议在软土区采用土钉墙支护。为此在软土区应当慎用土钉墙支护。地下水位较高的地区采取人工降水措施（将水位降到开挖面以下），可采用土钉墙支护，但开挖和地下结构施工期间应持续降水，以保证边坡的稳定。

3 土钉与土层锚杆主要的区别

(1) 土钉与土体结合成复合体，土钉强化加固了土体，在基坑开挖到设计深度时，本身起挡土结构作用，类似重力墙作用，在支护中它起主动制约作用。

锚杆是一端连接在挡土桩、墙上，另一端埋在土中，以锚固段与土体的摩擦力起抗拔作用，当桩、墙受水平力作用时，锚杆锚固段起抗拔作用以稳定结构，以位移为表现形式，在支护结构中，锚杆起被动制约作用。

(2) 从测试说明，土钉受力的全长上，从喷射混凝土开始，受的拉力是中间大两头小。

锚杆在自由段内，沿长度均匀受拉力，而在锚固段内，应力也是不均匀的，应力从锚固段开始沿长度增加，到锚固段长度的30%左右达到峰值后开始回落，直到锚固段尾端，逐步接近于零。

(3) 土钉（钢筋）一般用HPB235或HRB335钢筋，无须预应力，面层喷射混凝土，土钉长度应伸入滑裂面后稳定的土体内，其长度应通过计算，一般不超过基坑底深度。

锚杆在桩、墙连接处有受力支座，一般要加预加应力，受力筋有用螺纹钢筋、高强钢丝及钢绞线束，有各种应力级，长度、倾角较大，30°左右较好。长度应通过计算，在实际工程应用时，尚需做试验来作最后确定。

(4) 土钉是加固土体的，数量很多。锚杆是拉结挡土墙的，数量不能多，多则会产生群锚作用。

7.4.2 施工准备

7.4.2.1 技术准备

1 认真学习土层锚杆或土钉墙的设计文件，掌握设计做法、构造和要求；

2 研究施工区域的岩土工程勘察报告，了解土层的构造、变化和分布规律以及物理力学性能指标（天然容重、天然含水量、孔隙比、渗透系数、压缩模量、内聚力、内摩擦角等）；地下水含水层和隔水层的层位、埋深和分布情况，以及各含水层（包括上层滞水、潜水、承压水）的补给条件和水力联系等。

3 查明影响范围内建（构）筑物的结构类型、层数、基础类型、埋深、基础荷载大小及上部结构现状。

4 查明基坑周边的各类地下设施，包括上、下水，电缆，煤气，污水，雨水，热力管线或管道的分布和性状。

5 编制施工组织设计（或施工方案）。

7.4.2.2 主要材料

1 水泥：宜使用强度等级为32.5以上的普通硅酸盐水泥。

2 砂：灌浆宜用粒径小于2mm的中细砂；混凝土用砂与其他混凝土工程相同。

3 钢材：HPB235、HRB335、HRB400钢筋，或高强钢丝束、钢绞线等。

7.4.2.3 主要机具

1 土层锚杆钻孔机械，按工作原理分为旋转式钻孔机、冲击式钻孔机和旋转冲击式钻孔机三类。主要根据土质、钻孔深度和地下水情况进行选择。我国用于土层锚杆的钻机及技术性能见表7.4.2.3-1。

表7.4.2.3-1 土层锚杆钻机及技术性能

型号 技术性能	XU-300-2	XU-200-3	XJ-100-1	SH-30	XU-600
钻进深度(m)	300	600～1000	100	30	600
钻孔直径(mm)	110～75	150～75	110～75	142～110	150～75
钻杆直径(mm)	42	50；42	33.5；42	42	50
钻进倾角(°)	0～90	65～90	75～90		65～90
立轴转速(r/min)	118；226；308；585；73(反)；140(反)	165；280；470；386；655；1096；122(反)	142；285；570	16；40；100	150；280；470
给进方式	液压	液压	手把、蜗轮-蜗杆	杠杆人力加压	液压
给进速度(mm/min)	1720	2300			1420
给进压力(kN)	30(顶力50)	60(顶力80)			60(顶力80)
升降机形式	行星式	行星式	行星式	摩擦锥式	行星式
外形尺寸(mm) (长×宽×高)	2260×970×1490	2640×1150×1810	1790×810×1110	1780×1010×900	2640×1150×1810
钻机重量(kg)	900	2100	423	500	1550
动力机形式	2105柴油机	JQ2-72-42135G、2105柴油机	JQ2-51-4电动机 1105柴油机	JQ-51-2 26型汽油机	JQJ3-4电动机 4105柴油机
油泵形式	CB-32	YBC45/80			Ω1φ25
生产单位	重庆探矿机械厂	张家口探矿机械厂	北京探矿机械厂	无锡探矿机械厂	张家口探矿机械厂

2 灌浆机械：用2DN-15/40型、BW200-40/50型等型号灰浆泵，灰浆搅拌机等。

3 预应力张拉千斤顶：张拉设备用YC-60、YCQ-100、YCQ-200型穿心式千斤顶及配套油泵和主油压表等，千斤顶在使用前必须送当地技术监督部门或有资质的检测机构进行校验标定。

4 土钉墙施工机械

（1）成孔机械：主要有冲击钻机、螺旋钻机、回转钻机、洛阳铲等，在易坍孔时宜采用套管成孔或挤压成孔工艺。

(2) 注浆机械：宜选用小型、可移动、可靠性好的注浆泵，压力和输浆量应满足施工要求。工程中常用有 UBJ 系列挤压式灰浆泵和 BMY 系列锚杆注浆泵，其主要技术参数见表 7.4.2.3-2、表 7.4.2.3-3。

表 7.4.2.3-2 UBJ 系列挤压式灰浆泵主要技术参数

项 目	型 号			
	0.8	1.2	1.8	3
灰浆流量(m^3/h)	0.8	1.2	0.4、0.6、1.2、1.8	1、2、3
电源电压(V)	380	380	380	380
主电机功率(kW)	1.5	2.2	2.2/2.8	4
最高输送高度(m)	25	25	30	40
最大水平输送距离(m)	80	80	100	150
额定工作压力(MPa)	1	1.2	1.5	2.45
重量(kg)	175	185	300	350
外形尺寸(长×宽×高)(mm)	1220×662×960	1220×662×1035	1270×896×990	1370×620×800

表 7.4.2.3-3 BMY 系列锚杆注浆泵主要技术参数

项 目	型 号	
	0.6	18
灰浆流量(m^3/h)	0.6	1.8
电源电压(V)	127	220/380
主电机功率(kW)	1.2	2.2
最高输送高度(m)	15	20
最大水平输送距离(m)	40	60
额定工作压力(MPa)	1.0	1.5
整机重量(kg)	115	225
外形尺寸(长×宽×高)(mm)	640×320×640	900×540×740

(3) 钢筋机械、混凝土搅拌机械和喷射混凝土机械。混凝土喷射机可按表 7.4.2.3-4 选用；空压机应满足喷射机所需的工作风压和风量要求，可选用风量 $9m^3$/min 以上、压力大于 0.5MPa 的空压机。

表 7.4.2.3-4 混凝土喷射机主要技术参数

项 目	型 号						
	HPJ-Ⅰ	HPJ-Ⅱ	PZ-5B	PZ-7	PZ-10C	HPZ6	HPZ6T
生产能力(m^3/h)	5	5	5	7	1~10	6	2/4/6
输料管内径(mm)	50	50	50	65	75	50	50~75
粒料直径(mm)	20	20	20	20	25	<25	<30
输送距离(m)			潮喷200，湿喷50			20~50	20~40
耗气量(m^3/h)	7~8			7~9		5~7	10
电动机功率(kW)	喷射部分:5.5 搅拌部分:3	5.5	5.5	5.5	5.5	3	7.5
重量(kg)	1000	1000	700	750	750	920	800
外形尺寸(长×宽×高)(mm)	2200× 960×1560	2200× 780×1600	1300× 800×1200	1300× 800×1300		1332× 774×1110	1500× 1000×1600

7.4.2.4 作业条件

1 有齐全的技术文件和完整的施工组织设计或技术方案,并已进行技术交底。

2 进行场地平整,拆迁施工区域内的建(构)筑物和挖除工程部位地面以下3m内的障碍物,施工现场应有可使用的水源和电源。在施工区域内已设置临时设施,修建施工便道及排水沟,各种施工机具已运到现场,并安装维修,试运转正常。

3 已进行施工放线,锚杆孔位置、倾角已确定;各种备料和配合比及焊接强度经试验可满足设计要求。

4 当设计要求必须事先做锚杆施工工艺试验时,试验工作已完成并已证明各项技术指标符合设计要求。

7.4.3 材料质量控制要点

1 锚杆(土钉)

用作锚杆(土钉)的钢筋(HRB335级或HRB400级热轧螺纹钢筋)、钢管、角钢、钢丝束、钢绞线必须符合设计要求,并有出厂合格证和现场复试的试验报告。

2 钢材

用于喷射混凝土面层内的钢筋网片及连接结构的钢材必须符合设计要求,并有出厂合格证和现场复试的试验报告。

3 水泥浆锚固体

水泥用P.O 32.5、P.O 42.5普通硅酸盐水泥,并有出厂合格证;砂用粒径小于2mm的中细砂;水用自来水或可饮用水,水质不明时,应经化验,符合要求;所用的化学添加剂、速凝剂必须有出厂合格证。

7.4.4 施工工艺

7.4.4.1 土层锚杆

1 工艺流程

(1)干作业

施工准备→移机就位→校正孔位调整角度→钻孔→接螺旋钻杆,继续钻孔至预定深度→退螺旋钻杆→插放钢筋或钢绞线→插入注浆管→灌水泥浆→养护→上腰梁及锚头(如地下连续墙或桩顶圈梁则不需腰梁)→预应力张拉→锁紧螺栓或楔片→锚杆施工完继续挖土

(2)湿作业

施工准备→移机就位→校正孔位调整角度→打开水源→钻孔→反复提内钻杆冲洗→安内套管钻杆及外套管→继续钻进→反复提内钻杆冲洗至预定深度→反复提内钻杆冲洗至孔内出清水→停水→拔内钻杆(按节拔出)→插放钢绞线及注浆管→灌浆→用拔管机拔外套管(按节拔出),二次灌浆→养护→安装腰梁→安锚头锚具→预应力张拉→楔片锁紧→锚杆施工完继续挖土

2 施工要点

(1)现场准备工作

1)与挖土方作业配合,使挖方作业面低于锚杆头标高500～600mm,并平整好锚杆操作范围内的场地,以便钻孔机施工。

2)采用湿作业施工时,要挖好排水沟、沉淀池、集水坑,准备好潜水泵,使成孔时排出的泥水通过排水沟至沉淀池,再入集水坑用水泵抽出,同时准备好钻孔用水。

3）其他准备，包括电源、注浆机泵、注浆管、钢索、腰梁、预应力张拉设备等。

（2）钻孔

1）钻孔前按设计及土层定出孔位并做出标记。

2）锚杆水平方向孔距误差不大于50mm，垂直方向孔距误差不大于100mm。钻孔底部偏斜尺寸不大于长度的3％，可用钻孔测斜仪控制钻孔方向。

3）湿作业成孔，先启动水泵，注水钻进，并根据地质条件控制钻进速度，每节钻杆在接杆前，一定要反复冲洗外套管内的泥水，直至清水溢出。接外套管时要停止供水，把丝扣处泥砂清除干净，抹上少量黄油，要保证接后的套管与原有套管在同一轴线上。钻进过程中随时注意速度、压力及钻杆轴线平直。钻进离设计深度200mm时，用清水反复冲洗管中的泥砂，直至外套管内溢出清水，然后退出内钻杆，逐节拔出后，用塑料管测孔深并作好记录。

4）干作业成孔，要随时注意钻进速度，避免"别钻杆"，应把土充分倒出后再拔钻杆，以减少孔内虚土，方便拔钻杆。

（3）多股钢绞线锚索的制作

国内常用钢绞线锚索为7ϕ5及7ϕ4，其力学强度为：7ϕ5，$A=138mm^2$，标准强度$1470N/mm^2$，设计强度$1000N/mm^2$；7ϕ4，$A=88mm^2$，标准强度$1570N/mm^2$，设计强度$1070N/mm^2$。钢绞线的制作是通过分割器（隔离件）组成钢绞线索，分割器的距离为1.0～1.5m，一般钢绞线索由3、5、7、9根钢绞线组成。

（4）灌浆

1）灌浆材料用强度等级为32.5级以上的水泥，水灰比为0.4～0.45。如用砂浆则配合比为1∶1～1∶2，砂的粒径不大于2mm，砂浆仅用于一次注浆。

2）水泥浆或砂浆搅拌后，用0.1～1.2MPa的压力泵经耐高压塑料管将水泥浆注入钻孔内。

3）湿作业有外套管留在孔内的，注浆后用液压拔管器拔外套管。拔外套管时，要保证拔管器油缸与外套管同心，如不合适，应在液压缸前用方木垫平垫实，使液压缸卡住下一节套管，保证卡住后，再慢慢松开丝扣。

4）如需在锚固段采用压力灌浆，则在外套管口戴上灌浆帽（压紧器）进行压力灌浆，第一节压力从0.3～0.5MPa，以后逐渐加大压力到2～3MPa。

（5）预应力张拉

锚体养护一般达到水泥强度的70％值，可以进行预应力张拉。

1）为避免相邻锚杆张拉的应力损失，可采用"跳张法"，即隔1拉1的方法。

2）正式张拉前，应取设计拉力的10％～20％，对锚杆预张1～2次，使各部位接触，杆体与土体紧密，产生初剪。

3）正式张拉宜分级加载，每级加载后恒载3min记录伸长值，张拉到设计荷载（不超过轴力），恒载10min，再无变化可以锁定。

4）锁定预应力以设计轴拉力的75％为宜。

（6）腰梁加工及安装

1）腰梁的加工安装要保证异形支承板承压面在一条直线上，才能使梁受力均匀，护坡桩施工过程中，各桩偏差大，不可能在同一平面上，有时甚至偏差很大，必须在腰梁安装中予以调整。方法是：在现场测量桩的偏差，在现场加工异形支承板，进行调整，使腰梁承压面在同一平面上，对锚杆点也同样进行标高实测，找出最大偏差和平均值，在腰梁的两根工字钢间进行调整。

2）腰梁安装可采取直接安装和先组装成梁后整体吊装等两种方法。

直接安装法：把工字钢按设计要求放置在挡土桩上，用枕木垫平，然后焊缀板组成箱梁，其特点是安装方便省事。但后焊缀板不能通焊立缝，不易保证质量。

组装成梁后整体吊装：在现场基坑上面将梁分段组装焊接，再运到坑内整体吊装安装。采用此法须预先测量长度，要有吊运机具，安装时用人较多，但质量可靠。可以在基坑上面同时先行施工，与锚杆施工平行流水作业，缩短工期。

7.4.4.2 土钉墙

1 工艺流程

按设计要求开挖第一步土，并修正边坡→铺设钢筋网，喷射第一层薄混凝土→钻孔→插筋→注浆→土钉与面层锚固安装→喷射第二层混凝土→开挖第二层土方→按此循环直至基坡底

2 施工要点

（1）土钉墙支护必须遵循从上到下分步开挖，分步钻孔、设注浆钢筋的原则，即边开挖边支护。坡顶设挡土混凝土，坡底设排水装置。

（2）场地排水及降水

1）土钉支护应在排除地下水条件下施工。应采取适宜的降水措施，如地下水丰富或与江河水连通，降水措施无效时，宜采用隔水帷幕，止住地下水进入基坑。

2）基坑四周支护范围内的地表应加修整，构筑排水沟和水泥砂浆或混凝土地面，防止地表水向下渗透。靠近基坑坡顶宽2~4m的地面应适当垫高，里（沿边坡处）高外低，便于泾流远离坡边。

3）为排除积聚在基坑的渗水和雨水，应在坑底四周设置排水沟及集水坑。排水沟应离开边坡壁0.5~1.0m，排水沟及集水坑宜用砖砌并抹砂浆，防止渗漏，坑中水应及时抽出。

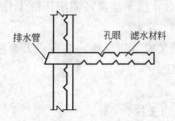

图 7.4.4.2-1 面层背部排水

4）一般情况下，应在支护面层背部插入长度为400~600mm，直径不小于40mm的水平排水管，其外端伸出面层，间距为1.5~2.0m，见图 7.4.4.2-1 所示。其目的是将喷射混凝土面层后面的积水有组织排出。

（3）开挖土方

1）土钉支护应按设计规定分层开挖，按作业顺序施工。在未完成上层作业面的土钉与喷射混凝土以前，不得进行下层土方的开挖。

2）当用机械进行土方作业时，不得超挖深度，边坡宜用小型机具或铲、锹进行切削清坡，以保证边坡平整，符合设计坡度要求。

3）基坑在水平方向的开挖也应分段进行，一般可取10~20m。同时，应尽量缩短边坡裸露时间，即开挖后在最短的时间内设置土钉、注浆及喷射混凝土。对于自稳能力差的土体，如高含水量的黏性土和无黏结力的砂土，应立即进行支护。

为防止基坑边坡的裸露土体发生坍陷，可采取下列措施：

a 对整修后的边壁喷上一层薄砂浆或混凝土，凝固后再钻孔，见图 7.4.4.2-2（a）。

b 在作业面上先构筑钢筋网喷混凝土面层，而后进行钻孔、设土钉。
　　c 在水平方向分小段间隔开挖，如图7.4.4.2-2（b）所示。
　　d 先将作业深度上的边壁作成壁柱式斜坡，待钻孔设置土钉后再清坡，如图7.4.4.2-2（c）所示。

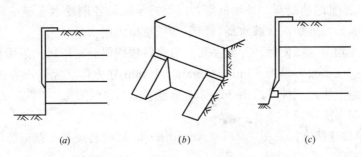

图7.4.4.2-2　预防坍塌土层的施工措施
(a) 先喷浆护壁后钻孔置钉；(b) 水平方向分小段间隔开挖；(c) 预留斜坡设置土钉后清坡

（4）成孔及设置土钉

1）土钉成孔直径宜为70～120mm，土钉宜用HRB335及HRB400钢筋，直径宜用16～32mm。

2）土钉成孔采用的机具应适合土层特点，满足成孔要求，在进钻和抽出过程不会引起塌孔。在易塌孔的土体中需采取措施，如套管成孔。

3）成孔前应按设计要求定出孔位做出标记和编号。成孔过程中做好记录，按编号逐一记载：土体特征、成孔质量、事故处理等，发现较大问题时，及时反馈、修改土钉设计参数。

4）孔位的允许偏差不大于100mm，钻孔倾斜度偏差不大于1°，孔深偏差不大于30mm。

5）成孔后要进行清孔检查，对孔中出现的局部渗水、塌孔或掉落松土应立即处理，成孔后应及时穿入土钉钢筋并注浆。

6）钢筋入孔前应先设置定位架，保证钢筋处于孔的中心部位，定位架形式同锚杆钢筋定位架。支架沿钢筋长向间距约为2～3m左右，支架应不妨碍注浆时浆体流动。支架材料可用金属或塑料。

（5）注浆

1）成孔内注浆可采用重力、低压（0.4～0.6N/mm²）或高压（1～2N/mm²）方法注浆。

对水平孔必须采用低压或高压方法注浆。压力注浆时，应在钻孔口部设置止浆塞，注满浆后保持压力3～5min。压力注浆尚需配备排气管，注浆前送入孔内。

对于下倾斜孔，可采用重力或低压注浆。注浆采用底部注浆方式。注浆导管底端先插入孔底，在注浆的同时将导管以匀速缓慢拔出，导管的出浆口应始终处在孔中浆体表面以下，保证孔中气体能全部逸出。重力注浆以满孔为止，但在初凝前须补浆1～2次。

2）二次注浆：为提高土钉抗拔力可采取二次注浆方法。即在首次注浆终凝后2～4h内，用高压（2～3N/mm²）向钻孔中第二次灌注水泥浆，注满后保持压力5～8min。二次注浆管的边壁带孔并与土钉孔同长，在首次注浆前与土钉钢筋同时放入孔内。

3) 向孔内注入浆体的充盈系数必须大于1。每次向孔内注浆时，宜预先计算浆体体积并根据注浆泵的冲程数，求出实际向孔内注浆体积，以确认注浆量超过孔的体积。

4) 注浆所用水泥砂浆的水灰比，宜在0.4~0.45之间。当用水泥净浆时宜为0.45~0.5，并宜加入适量的速凝剂、外加剂等，以促进早凝和控制泌水。施工时当浆体工作度不能满足要求时，可外加高效减水剂，但不准任意加大用水量。

浆体应搅拌均匀立即使用。开始注浆、中途停顿或作业完毕后，须用水冲洗管路。

注浆砂浆强度试块，采用70mm×70mm×70mm立方体，经标准养护后测定，每批至少3组（每组三块）试件，给出3d~28d强度。

(6) 土钉与面层连接

1) 较简单的连接方法见图7.4.1-4 (c)，用$\phi 25$短钢筋头与土钉钢筋焊接牢固后，进行面层喷射混凝土。

2) 采用端头螺丝、螺母及垫板接头，见图7.4.1-4 (a)。这种方法须先将端头螺丝杆件套丝，并与土钉钢筋对焊，喷射混凝土前将螺杆用塑料布包好，面层混凝土有一定强度后，套入垫板及螺母后，拧紧螺母，其优点可起预加应力作用。

(7) 喷射混凝土面层

1) 面层内的钢筋网片应牢固固定在土壁上，并符合保护层厚度要求，网片可以与土钉固定牢固，喷射混凝土时，网片不得晃动。

钢筋网片可以焊接或绑扎而成，网格允许误差10mm，网片铺设搭接长度不应小于300mm及25倍钢筋直径。

2) 喷射混凝土材料，水泥宜用强度等级为42.5，干净碎石、卵石，粒径不宜大于12mm，水泥与砂石重量比宜为1:4~1:4.5，砂率45%~55%，水灰比0.4~0.45，宜掺外加剂，并应满足设计强度要求。

3) 喷射作业前要对机械设备，风、水管路和电线进行检查及试运转，清理喷面，埋好控制喷射混凝土厚度的标志。

4) 喷射混凝土射距宜在0.8~1.5m，并从底部逐渐向上部喷射。射流方向应垂直指向喷射面，但在钢筋部位，应先填充钢筋后方，然后再喷钢筋前方，防止钢筋背后出现空隙。

5) 当面层厚超过100mm时，要分两次喷射。当进行下步喷射混凝土时，应仔细清除施工缝接合面上的浮浆层和松散碎屑，并喷水使之湿润。

6) 根据现场环境条件，进行喷射混凝土的养护，如浇水、织物覆盖浇水等养护方法，养护时间视温度、湿度而定，一般宜为7d。

7) 混凝土强度应用100mm×100mm×100mm立方体试块进行测定，将试模底面紧贴边壁侧向喷入混凝土，每批留3组试块。

8) 当采用干法作业时，空压机风量不宜小于$9m^3/min$，以防止堵管，喷头水压不应小于$0.15N/mm^2$，喷前应对操作手进行技术考核。

(8) 土钉现场试验

1) 试验要求：

a 土钉墙支护施工必须进行土钉的现场抗拔试验。一般应在专设的非工作土钉上进行抗拔试验直至破坏，用以确定破坏荷载及极限荷载。并据此估计土钉界面极限粘结强度。

b 每一典型土层中至少测试3个土钉，其孔径制作工艺等应与工作土钉完全相同，但试验土钉在距孔口处保留1m长非粘结段。

2）试验方法：

a 现场抗拔试验宜用穿心式液压千斤顶张拉，要求土钉、千斤顶、测力杆均在同一轴线上，千斤顶的反力支架可置于喷射混凝土面层并可垫钢板，加荷时用油压表大体控制加荷值，并由测力杆准确计量。土钉的拔出位移量用百分表量测，其精度不小于0.02mm，量程不少于50mm，百分表支架应远离混凝土面层着力点。

b 试验采用分级连续加载，首先施加少量初始荷载（不大于设计荷载的10%），使加载装置保持稳定。以后的每级荷载增量不超过设计荷载的20%。在每级荷载施加完毕后，应立即记下位移读数，并在保持荷载稳定不变的情况下，继续记录1、6、10min的位移读数。若同级荷载下10min与1min的位移增量小于1mm，即可施加下级荷载，否则应保持荷载不变继续测读15、30、60min时的位移，此时若60min与6min的位移增量小于2mm，可立即进行下级荷载，否则即认为达到极限荷载。

c 测试土钉的注浆体抗压强度，一般不低于$6N/mm^2$。

（9）试验结果评定

1）极限荷载下的总位移，必须大于测试土钉非粘结段土钉弹性伸长理论计算值的80%，否则测试数据无效。

2）根据试验得出的极限荷载，可算出界面粘结强度的实测值。试验平均值应大于设计计算所用标准值的1.25倍，否则应进行反馈修改设计。

3）当试验所加最大荷载经计算出的界面粘结强度，已经大于计算用的粘结强度的1.25倍时，可以不再进行破坏试验。

（10）土钉墙支护施工监测

1）施工监测内容：

a 土钉墙施工监测至少应包括下列内容：

a）支护位移的量测；

b）开裂状态（位置、裂宽）的观察及记录；

c）附近建筑物和重要管线设施的变形量测和裂缝观察并记录；

d）基坑渗漏水和基坑内外地下水位变化。

b 对支护位移的量测至少应有基坑边壁顶部的水平位移与垂直沉降。测点位置应选在变形最大或局部地质条件最为不利的地段。测点总数不宜小于3个，测点距离不宜大于30m。

在可能情况下，宜同时测定基坑边壁不同深度位置处的水平位移，以及地表离基坑边壁不同距离处的沉降，给出地表沉降曲线。

2）施工监测要求：

a 在支护阶段，每天监测不少于1~2次，在完成基坑开挖，变形趋于稳定的情况下，可适当减少监测次数。施工监测过程应持续至整个回填结束，支护退出工作为止。

b 应特别加强雨天和雨后监测。对各种可能危及土钉支护安全的水害来源，要进行仔细观察,如场地周围排水、上下水道、化粪池、贮水池等漏水以及土体变形造成的管道漏水和人工降水不良等情况的观察。

  c 在施工过程中,基坑顶部的侧向位移与当时所挖深度之比,如黏性土超过3‰~5‰,砂土超过3‰时,应加强观测,分析原因并及时对支护采取加固措施,必要时增加其他支护办法,以防止事故发生。

7.4.5 成品保护措施

  1 锚杆的非锚固段及锚头部分应及时作防腐处理。
  2 成孔后,及时安插锚杆,注浆,防止塌孔。
  3 锚杆施工应合理安排施工顺序,遵循分段开挖、分段支护的原则,不宜按一次挖就再行支护的方法施工。
  4 施工过程中,应注意保护定位控制桩、水准基点桩,防止碰撞产生位移。

7.4.6 安全、环保措施

  1 施工人员进入现场应戴安全帽,高空作业应挂安全带,操作人员应精神集中,遵守有关安全规程。
  2 各种设备应处于完好状态,机械设备的运转部位应有安全防护装置。
  3 锚杆钻机应安设安全可靠的反力装置,在有地下承压水地层中钻进时,孔口应安设可靠的防喷装置,以便突然发生漏水涌砂时能及时封住孔口。
  4 锚杆外端部的连接应牢靠,以防在张拉时发生脱扣现象。
  5 张拉设备应经检验可靠,并有防范措施,防止夹具飞出伤人。
  6 注浆管路应畅通,防止塞管、堵泵,造成爆管。
  7 电气设备应可靠接地、接零,并由持证人员安全操作。电缆、电线应架空设置。

7.4.7 质量标准

  1 施工中应对锚杆或土钉位置、钻孔直径、深度及角度,锚杆或土钉插入长度,注浆配比、压力及注浆量,喷锚墙面厚度及强度、锚杆或土钉应力等进行检查。
  2 每段支护体施工完后,应检查坡顶或坡面位移、坡顶沉降及周围环境变化,如有异常情况,应采取措施,恢复正常后,方可继续施工。
  3 锚杆及土钉墙支护工程质量检验应符合表7.4.7的规定。

表7.4.7 锚杆及土钉墙支护工程质量检验标准

项	序	检查项目	允许偏差或允许值		检查方法
			单位	数值	
主控项目	1	锚杆土钉长度	mm	±30	用钢尺量
	2	锚杆锁定力	设计要求		现场实测
一般项目	1	锚杆或土钉位置	mm	±100	用钢尺量
	2	钻孔倾斜度	°	±1	测钻机倾角
	3	浆体强度	设计要求		试样送检
	4	注浆量	大于理论计算浆量		检查计量数据
	5	土钉墙面厚度	mm	±10	用钢尺量
	6	墙体强度	设计要求		试样送检

7.4.8 质量验收

7.4.8.1 检验批的划分应符合本标准第3.0.9条、第3.0.10条的规定。

7.4.8.2 检验批的验收组织应符合本标准第3.0.15条的规定。

7.4.8.3 质量验收记录：

1 地质勘察报告。
2 原材料合格证和试验报告。
3 土方开挖记录。
4 钻孔记录（钻孔尺寸误差，孔壁质量等）。
5 注浆记录及浆体试块强度试验报告。
6 锚杆张拉记录。
7 喷射混凝土记录（面层厚度，混凝土试块强度试验报告）。
8 设计变更报告及重大问题处理记录。
9 土钉抗拔试验报告。
10 检验批验收记录按表7.4.8.3"锚杆及土钉墙支护工程检验批质量验收记录表"填写。

表7.4.8.3 锚杆及土钉墙支护工程检验批质量验收记录表
GB 50202—2002

单位(子单位)工程名称				验收部位	
分部(子分部)工程名称					
施工单位				项目经理	
分包单位				分包项目经理	
施工执行标准名称及编号					
		施工质量验收规范的规定		施工单位检查评定记录	监理(建设)单位验收记录
主控项目	1	锚杆土钉长度	±30mm		
	2	锚杆锁定力	设计要求		
一般项目	1	锚杆或土钉位置	±100mm		
	2	钻孔倾斜度	±1°		
	3	浆体强度	设计要求		
	4	注浆量	>1		
	5	土钉墙面厚度	±10mm		
	6	墙体强度	设计要求		
施工单位检查评定结果		专业工长(施工员)		施工班组长	
		项目专业质量检查员： 年 月 日			
监理(建设)单位验收结论		专业监理工程师(建设单位项目专业技术负责人)： 年 月 日			

7.5 钢支撑及混凝土支撑系统

7.5.1 特点和适用范围

对于排桩、板墙式支护结构，当基坑深度较大时，为使围护墙受力合理和受力后变形控制在一定范围内，需沿围护墙竖向增设支承点，以减小跨度。在坑内对围护结构加设支承称为内支撑。

内支撑受力合理、安全可靠、易于控制围护墙的变形，但内支撑的设置给基坑内挖土和地下室结构的支模和浇筑混凝土带来一些不便，需通过换撑加以解决。内支撑适用于软土地区较深基坑和建筑物密集、使用土层锚杆受限制的地区的深基坑。

支护结构的内支撑体系包括腰梁（围檩）、支撑和立柱。腰梁固定在围护墙上，将围护墙承受的侧压力传给支撑（纵、横两个方向）。支撑是受压构件，长度超过一定限度时稳定性不好，所以中间需加设立柱，立柱下端插入工程桩内，不在工程桩位置时需另设支撑桩。

内支撑按照材料分为钢支撑和混凝土支撑两类。

1 常用的钢支撑：又可分为钢管支撑和型钢支撑两种。钢支撑的优点是安装和拆除方便、速度快，能尽快发挥支撑的作用，减小时间效应，使围护墙因时间效应增加的变形减小；可以重复使用，便于专业化施工；可以施加预紧力，还可根据围护墙变形发展情况，多次调整预紧力值以限制围护墙变形的发展。其缺点是整体刚度相对较弱，支撑的间距相对较小；由于两个方向施加预紧力，使纵、横向支撑的连接处处于铰接状态。

2 混凝土支撑：是随着挖土的加深，根据设计规定的位置现场支模浇筑而成。其优点是形状多样化，可浇筑成直线、曲线构件，可根据基坑平面形状，浇筑成最优化的布置形式；整体刚度大，安全可靠，可使围护墙变形小，有利于保护周围环境；可方便地变化构件的截面和配筋，以适应其内力的变化。其缺点是支撑成型和发挥作用时间长，时间效应大，使围护墙因时间效应而产生的变形增大；属一次性的，不能重复利用；拆除相对困难。

7.5.2 施工准备

7.5.2.1 技术准备

1 施工前应熟悉支撑系统的图纸及各种计算工况，掌握开挖及支撑设置的方式、预顶力及周围环境保护的要求。

2 根据设计的支撑类型编制施工方案（如为重复使用的钢支撑还应提出改造方案）。

3 编制技术交底，向参加施工人员进行详细的技术和安全文明施工交底。

7.5.2.2 主要材料

1 钢支撑常用材料有：型钢（包括钢管）、钢板、焊条等。

2 混凝土支撑：水泥、砂、石子、钢筋、钢板、焊条、模板及支撑系统等材料。

3 所用材料按设计图纸要求提出详细的需用量计划，并按计划组织进场。

7.5.2.3 主要机具

1 安装钢支撑需用吊车、电焊机、氧乙炔切割机等。

2 混凝土支撑：混凝土搅拌机械、钢筋加工机械、采用木模板时的模板加工机械，混凝土浇筑、振捣机械，电焊机等。

7.5.2.4 作业条件

1 围护墙已按设计要求施工完毕，围护墙如为混凝土灌注桩或地下连续墙时，已达到设计强度。

2 需降低地下水位时，已按要求将地下水位降低至基坑底以下500~1000mm。

3 支撑系统所用材料和机具已按计划进场，满足施工需要。

7.5.3 材料质量控制要点

1 钢材的品种和规格必须符合设计要求，并有出厂合格证和试验报告。

2 电焊条有出厂合格证，规格、品种符合设计要求。

3 水泥、砂、石子经检验符合国家相应标准的要求，规格符合设计要求。

7.5.4 施工工艺

7.5.4.1 钢支撑

1 工艺流程

基础灌注桩施工时插入钢立柱→挖出支护桩头→截桩、整理桩头钢筋→支设冠梁模板→绑扎冠梁钢筋、埋设支撑埋件→浇筑冠梁混凝土→混凝土养护（拆模）→安装第一层钢支撑→开挖第一层土方→设置腰梁→安装第二层钢支撑→挖一层土、安装一层钢支撑→直至最下一层钢支撑安装完毕

2 施工要点

(1) 当基坑平面尺寸较大，支撑长度超过15m时需设立柱支承和水平支撑，防止支撑弯曲，缩短支撑的计算长度，防止支撑失稳破坏。因立柱在基坑开挖结束浇筑底板混凝土时不能拆除，为了方便底板钢筋通过，立柱通常采用格构式钢立柱。钢立柱不能直接支承于地基上，如基础为钢筋混凝土灌注桩时，可直接将钢立柱插入工程灌注桩内，插入长度一般不小于4倍的立柱边长。立柱位置如无工程桩时应增加立柱桩。立柱通常设于水平支撑的交叉部位，施工时立柱桩应准确定位，以防偏离支撑交叉部位。

(2) 采用钢筋混凝土灌注桩作围护墙时需设置冠梁，冠梁在围护墙桩施工完毕，达到70%的设计强度后，即可挖出桩头并截桩，整理好桩头钢筋，支设冠梁模板（土层较好时，亦可采用土模），绑扎冠梁钢筋，按支撑位置埋设预埋铁件，供焊接牛腿之用。冠梁的混凝土强度等级宜≥C30。

冠梁的作用是将围护墙承受的土压力和水压力等外荷载传递到支撑上，为受弯构件，另外增加围护桩墙的整体刚度。

(3) 冠梁的混凝土强度达到设计强度的70%时，即可安装钢支撑。先在冠梁和钢立柱上焊支撑托架（或牛腿），托架上表面必须在同一标高上，以保证支撑在同一水平面上。安装钢支撑需用吊车配合，先安装短向支撑，再安装长向支撑。在纵横支撑的相交处，先用卡具固定，调整平直后再按设计要求进行焊接固定。

(4) 钢支撑端头与冠梁必须顶紧，如有空隙可用C20细石混凝土填实，确保传力可靠。

(5) 为使支撑受力均匀和减少受力变形，在土方开挖前，宜先给支撑施加预应力。预应力的施加方法，可采用千斤顶在支撑与冠梁之间加压，在缝隙处塞进钢楔锚固，然后撤

除千斤顶。预应力可加到设计应力的 50%～70%。

(6) 开挖第一层土方后,设置腰梁。钢支撑用钢腰梁,多用 H 型钢或双拼槽钢作腰梁。腰梁采用钢牛腿或吊筋固定于围护墙上,腰梁与围护墙之间用以 C20 细石混凝土填实。

(7) 下层钢支撑安装方法同上述第一层钢支撑的安装。

(8) 钢支撑受力构件的长细比不宜大于 75,连系构件的长细比不宜大于 120。安装节点尽量设在纵、横向支撑的交汇处。纵、横向支撑的交汇点尽可能在同一标高上,这样支撑体系的平面刚度大,尽量少用重叠连接。

7.5.4.2 钢筋混凝土支撑

1 工艺流程

基础灌注桩施工时插入钢立柱→挖出支护桩及支柱头→支护桩截桩、整理桩头钢筋,支柱清理→支设冠梁、支撑模板→绑扎冠梁、支撑钢筋→浇筑混凝土→混凝土养护(拆模)→开挖第一层土方→支设腰梁、支撑模板→绑扎钢筋→浇筑混凝土→混凝土养护→开挖下一层土方→同上方法设置下一层腰梁及支撑→直至最后一层支撑

2 施工要点

(1) 混凝土支撑立柱亦采用钢立柱,做法和要求同钢支撑立柱。

(2) 第一层混凝土支撑与冠梁整体浇筑,在模板支设时应保证冠梁和支撑在同一水平面上,并保证每道支撑的平直。

(3) 第二道及以下各层支撑均与腰梁整体浇筑,腰梁与围护墙的接触处,在浇筑混凝土前应将泥土和松散的混凝土清理干净,保证腰梁混凝土与围护墙紧密接触。

(4) 为防止混凝土收缩,宜在混凝土中掺加微膨胀剂,以补偿收缩。

(5) 如采用静态爆破方法拆除混凝土支撑时,宜在支撑上预留装破碎剂的孔。孔的留设方法和大小应按设计要求确定。

7.5.4.3 支撑的拆除

1 拆除支撑时,为防止围护墙变形,一般采取逐层换撑、逐层拆除以及逐层回填土的方法。

2 支撑的拆除方法应在支撑设计时进行明确。

3 采用在地下室外墙上设置临时支撑的办法进行换撑时,应考虑支撑压力对地下室墙体结构的影响,需通过计算确定临时支撑的设置间距。

4 钢筋混凝土支撑,在制作时预留爆破孔洞,采用静态爆破的方法拆除支撑。

7.5.5 成品保护措施

1 支撑安装、拆除时,应尽量利用已安装的塔吊起吊。如另用吊车进行安装或拆除时,立吊车位置的支护结构应进行核算,以免引起局部超载,使支护结构遭到破坏。

2 在安装支撑系统过程中,防止安装下层支撑而碰撞上层支撑。

3 土方开挖应选择合适的挖土机械,在基坑上开挖采用抓斗施工时,抓斗起落应防止碰撞支撑系统;采用小型挖掘机下坑内挖土,应设置坡道,自一端开始挖土,支撑系统下部土方应采用人工掏挖;土方运输采用小型自卸汽车或机动翻斗车,以免碰撞支撑系统。

4 挖土过程中,支撑立柱周围附近土方应用人工挖掘,防止机械挖掘碰坏立柱。

7.5.6 安全、环保措施

1 内支撑安装、拆除和土方开挖应确保支撑系统和围护墙的安全，施工顺序和方法必须按施工方案执行，杜绝蛮干。
2 进入现场作业人员必须配戴安全帽，电焊作业人员必须穿戴防护服和防护眼镜。
3 土方开挖的安全环保措施见本标准第6.2.2.4条、第6.2.3.4条的规定。
4 施工过程中应严格控制开挖和支撑的程序及时间，对支撑的位置（包括立柱及立柱桩的位置）、每层开挖深度、预加顶力（如需要时）、钢围檩与围护体或支撑与围檩的密贴度应做周密检查。

7.5.7 质量标准

1 作为永久性结构的支撑系统尚应符合现行国家标准《混凝土结构工程施工质量验收规范》GB 50204—2002的要求。
2 钢或混凝土支撑系统工程质量检验标准应符合表7.5.7的规定。

表7.5.7 钢及混凝土支撑系统工程质量检验标准

项	序	检查项目	允许偏差或允许偏差值		检查方法
			单位	数量	
主控项目	1	支撑位置：标高 平面	mm mm	30 100	水准仪 用钢尺量
	2	预加顶力	kN	±50	油泵读数或传感器
一般项目	1	围檩标高	mm	30	水准仪
	2	立柱桩	参见本标准第5章		参见本标准第5章
	3	立柱位置：标高 平面	mm mm	30 50	水准仪 用钢尺量
	4	开挖超深（开槽放支撑不在此范围）	mm	<200	水准仪
	5	支撑安装时间	设计要求		用钟表估测

7.5.8 质量验收

7.5.8.1 检验批的划分应符合本标准第3.0.9条、第3.0.10条的规定。

7.5.8.2 检验批的验收组织应符合本标准第3.0.15条的规定。

7.5.8.3 质量验收记录：

1 支撑系统的设计资料和设计变更文件。
2 原材料出厂合格证或试验报告。
3 混凝土支撑的混凝土强度试验报告。
4 支撑系统的安装和土方开挖施工记录。
5 钢支撑施工加预应力记录等。
6 检验批验收记录按表7.5.8.3"钢或混凝土支撑工程检验批质量验收记录表"填写。

表 7.5.8.3　钢或混凝土支撑工程检验批质量验收记录表
GB 50202—2002

单位(子单位)工程名称					
分部(子分部)工程名称				验收部位	
施工单位				项目经理	
分包单位				分包项目经理	
施工执行标准名称及编号					
		施工质量验收规范的规定		施工单位检查评定记录	监理(建设)单位验收记录
主控项目	1	支撑位置：标高 平面	±30mm ±100mm		
	2	预加顶力	±50kN		
一般项目	1	围檩标高	±30mm		
	2	立柱桩	设计要求		
	3	立柱位置：标高 平面	±30mm ±50mm		
	4	开挖超深(开槽放支撑不在此范围)	＜200mm		
	5	支撑安装时间	设计要求		

施工单位 检查评定结果	专业工长(施工员)　　　　　　　　施工班组长 项目专业质量检查员：　　　　　年　月　日
监理(建设)单位 验收结论	 专业监理工程师(建设单位项目专业技术负责人)：　　　年　月　日

7.6 地下连续墙

7.6.1 特点和适用范围

地下连续墙是通过专用的挖(冲)槽设备，沿着地下建筑物或构筑物的周边，按预定的位置，开挖出或冲钻出具有一定宽度与深度的沟槽，用泥浆护壁，并在槽内设置具有一定刚度的钢筋笼，然后用导管浇灌水下混凝土，分段施工，用特殊方法接头，使之联成地下连续的钢筋混凝土墙体。

地下连续墙适用于深基坑开挖和地下建筑的临时性和永久性的挡土围护结构；地下水位以下的截水、防渗；还可作为承受上部建筑的永久性荷载兼有挡土墙和承重基础的作用。

7.6.2 施工准备

7.6.2.1 技术准备

1 学习和熟悉施工图纸及地质勘探报告，掌握土层和地下水状况资料，据此确定挖槽机械种类，槽段划分、地基加固和泥浆配备计划。

2 调查了解地下埋设物的资料，以确定各种地下管线及障碍物的处理方案。

3 了解施工场地及邻近结构物的调查资料，以确定施工场地布置、施工场地平整和施工防护措施。

4 编制施工组织设计，其内容包括：

(1) 地下连续墙的总平面布置；
(2) 总体、单元施工进度计划；
(3) 挖槽机械和配套设备；
(4) 单元槽段的尺寸、分段次序编号、节点的构造形式；
(5) 泥浆制作应用和循环系统的现场布置，弃土、沉淀方式；
(6) 成墙穿越不同地质状况对策；
(7) 排除障碍措施；
(8) 导墙的平面布置和截面结构设计；
(9) 钢筋笼分段尺寸、接头、制作、安装方法；
(10) 混凝土配制、搅拌、运输、浇筑方法；
(11) 施工场地内地面排水；
(12) 保证质量的技术措施；
(13) 质量检测；
(14) 安全技术措施等。

7.6.2.2 材料准备

钢筋、钢材、水泥、砂和碎石、膨润土（优质黏土）、CMC等附加剂。

7.6.2.3 机具准备

地下连续墙施工成槽及配套泥浆制配、处理、混凝土浇筑、槽段接头所需要主要机具设备见表7.6.2.3。

表7.6.2.3 地下连续墙施工成槽机具

种类	名称	性能指标	单位	数量	用途
多头钻成槽机	多头钻机	SF-60-80或组合多头钻机	台	1	挖槽用
	多头钻机架	钢组合件，带配套装置	件	1	吊多头钻机用
	卷扬机	3t或5t慢速	台	1	提升钻头用
	卷扬机	0.5t或1t	台	1	吊胶皮管、拆装钻机用
	电动机	4kW	台	2	钻机架走动力
	液压千斤顶	15t	台	4	机架就位、转向顶升用

续表 7.6.2.3

种类	名称	性能指标	单位	数量	用途
液压抓斗成槽机	挖掘装置	斗容量 0.48~1.68m³	套	1	挖槽用
	导架	31m	件	1	导杆抓斗支撑、导向用
	起重机	91t	台	1	吊导架、挖掘装置用
钻挖成槽机	潜水电钻	22kW	台	1	钻导孔用
	导板抓斗	60cm	台	1	挖槽及清除障碍物
	钻抓机架	钢组合件,带配套装置	台	1	吊钻机导板抓斗用
冲击成槽机	冲击式钻机	CZ30 型或 CZ22 型	台	1	冲击成槽用
	卷扬机	3t 或 5t	台	1	升降冲击锤用
泥浆制备及处理机具设备	旋流器机架	钢组合件	件	1	
	泥浆搅拌机	0.8m³×8kW	台	1	制备泥浆用
	软轴搅拌机	2.2kW	台	1	搅拌泥浆用
	振动筛	5.5kW	台	1	泥渣处理分类
	灰渣泵	4PH、40kW	台	2	与旋流器配套和吸泥用
	砂泵	50PS、22kW	台	1	供浆用
	泥浆泵	SLN-33、2kW	台	1	输送泥浆用
	真空泵	SZ-4、1.5kW	台	1	吸泥引水用
	孔压机	10m³/min、75kW	台	1	多头钻吸泥用
混凝土浇筑机具设备	混凝土浇筑架	钢组合件	台	1	
	卷扬机	1t 或 2t	台	1	提升混凝土漏斗及导管
	混凝土料斗	1m³	个	2	装运混凝土
	混凝土导管（带受料斗）	直径 200~300mm	套	1	浇筑水下混凝土
接头管及其顶升提拔设备	接头管	直径 580mm	套	2	混凝土接头用
	接头管顶升架	钢组合件	套	1	顶升接头管用
	油压千斤顶	50t 或 100t	台	2	与顶升架配套
	高压油泵	LYB-44、2.2kW	台	2	与油压千斤顶配套
	吊车	1004 型	台	1	吊放接头管和钢筋笼、混凝土浇筑、料斗

注：采用自成泥浆护壁工艺时,不需泥浆制备与处理机具设备,只需污水泵一台作排泥浆用。

7.6.2.4 作业条件

1 具备施工设备的运输条件和进退场条件。
2 具备施工用水电的供给条件。
3 具备钢筋加工和运输条件。
4 具备混凝土生产、运输和灌注条件。
5 具备泥浆配制、存贮和再生处理的条件。
6 具备弃土和废弃泥浆处理方法和位置。
7 具备对于噪声、振动和废泥浆污染等公害的防止措施。

7.6.3 材料质量控制要点

1 水：一般应为自来水或可饮用水,水质不明的水应经过化验,符合要求后,方可使用。

2 水泥、砂和碎石：应按设计要求或水下混凝土标准选用。

3 钢筋及钢材：应按设计要求选用。

4 膨润土或优质黏土：其基本性能应符合成槽护壁要求。

5 CMC等附加剂：应按护壁泥浆的性能要求选用。

7.6.4 施工工艺

7.6.4.1 工艺流程

测量放线→挖导沟→筑导墙→挖槽机构就位→输入泥浆→挖槽→清槽→刷接头→吊放接头管（或箱）→吊放钢筋笼→浇筑架就位、安装导管→浇筑水下混凝土→拔出接头管

7.6.4.2 施工要点

1 导墙施工

（1）导墙的作用是作为挖槽机的导向，容蓄泥浆及防止地表土的坍塌。

（2）导墙一般用钢筋混凝土浇筑而成，导墙断面一般为「形、」形或〔形（各种形式的导墙见图7.6.4.2），厚度一般为150～250mm，深度为1.5～2.0m，底部应坐落在原土

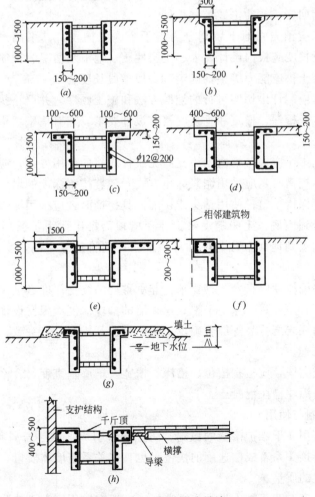

图7.6.4.2 各种形式导墙

层上，其顶面高出施工地面50～100mm，并应高出地下水位1.5m以上。两侧墙净距中心线与地下连续墙中心线重合。每个槽段内的导墙应设一个以上的溢浆孔。

（3）导墙宜建在密实的黏性土地基上，如遇特殊情况应妥善处理，导墙背后应使用黏性土分层回填并夯实，以防漏浆。

（4）现浇钢筋混凝土导墙拆模后，应立即在两片导墙间加支撑，其水平间距为2.0～2.5m，在导墙混凝土养护期间，严禁重型机械在附近行走、停置或作业。

（5）采用预制的导墙时，应确保连接部分的质量。

（6）导墙的施工允许偏差为：

1）两片导墙的中心线应与地下墙纵向轴线相重合，允许偏差应为±10mm。

2）导墙内壁面垂直度允许偏差为0.5％。

3）两导墙间间距应比地下墙设计厚度加宽30～50mm，其允许偏差为±10mm。

4）导墙顶面应平整。

2 槽段开挖

（1）应根据成槽地点的工程地质和水文地质条件、施工环境、设备能力、地下墙的结构尺寸及质量要求等选用挖槽机械。通常，对于软质地基，宜选用抓斗式挖槽机械；对于硬质地基，宜选用回转式或冲击式挖槽机械。

（2）挖槽前，应预先将地下墙划分为若干个施工槽段，其平面形状可为一字形、L形、T形等。槽段长度应根据设计要求、土层性质、地下水情况、钢筋笼的轻重大小、设备起吊能力、混凝土供应能力等条件确定，一般槽段长度为3～7m。

（3）挖槽前，应制订出切实可行的挖槽方法和施工顺序，并严格执行。挖槽时，应加强观测，确保槽位、槽深、槽宽和垂直度符合设计要求。遇有槽壁坍塌事故发生，应及时分析原因，妥善处理。

（4）挖槽过程中，应保持槽内始终充满泥浆，泥浆的使用方式，应根据挖槽方式的不同而定，使用抓斗挖槽时，应采用泥浆静止方式，随着挖槽深度的增大，不断向槽内补充新鲜泥浆，使槽壁保持稳定；使用钻头或切削刀具挖槽时，应采用泥浆循环方式，用泵把泥浆通过管道压送至槽底，土渣随泥浆上浮至槽顶面排出称为正循环；泥浆自然流入槽内，土渣被泵管抽吸到地面上称为反循环。反循环的排渣效率高，宜用于容积大的槽段开挖。

（5）槽段的终槽深度应符合下列要求：非承重墙的终槽深度必须保证设计深度，同一槽段内，槽底深度必须一致且保持平整；承重墙的槽段深度应根据设计入岩深度要求，参照地质剖面图及槽底岩屑样品等综合确定；同一槽段开挖深度宜一致；遇有特殊情况应会同设计单位研究处理。

（6）槽段开挖完毕，应检查槽位、槽深、槽宽及槽壁垂直度，合格后，应尽快清底换浆及安装钢筋笼、灌注槽段混凝土。

3 泥浆的配制与使用

（1）泥浆的作用在于维护槽壁的稳定、防止槽壁坍塌、悬浮岩屑和冷却、润滑钻头。泥浆质量的优劣直接关系着成槽速度的快慢，也直接关系着墙体质量、墙底与基岩接合质量以及墙段间接缝的质量。

（2）施工前，应对造浆黏土进行认真选择，一般应选用膨润土造浆，并在施工前进行造浆率和造浆性能试验。

（3）配制泥浆前，应根据地质条件、成槽方法和用途等进行泥浆配合比设计，试验合格后方可使用。其性能指标应符合表7.6.4.2的规定。新拌制的泥浆应存放24h或加分散剂，使膨润土充分水化后，方可使用。

表7.6.4.2 制配泥浆的性能指标

项 目	性 能 指 标	检 验 方 法
密度	1.1～1.3	泥浆密度计
黏度	18～25s	500/700mL野外黏度计
含砂量	<5%	含砂量仪
胶体率	>95%	试管法
失水量	<30mL/30min	失水量仪
泥皮厚度	1～3mm/30min	失水量仪
静切力	1min,2～3N/m²;10min,5～10N/m²	静切力仪
稳定性	<0.004 30g/mm³	密度计
pH值	7～9	pH试纸

（4）施工场地应设置足够施工使用的泥浆配制、循环和净化系统场地。泥浆池应加设防雨棚，施工场地应设集水井和排水沟，防止雨水和地表水污染泥浆，同时也防止泥浆污染场地，做到文明生产。

（5）不同施工阶段的泥浆性能指标的测定项目应按下列要求进行：

1）在鉴定黏土的造浆性能和确定泥浆配合比时，均应测定泥浆的黏度、密度、含砂量、稳定性、胶体率、静切力、失水量、泥皮厚度和pH值；

2）清槽后，测定槽底以上0.2～1.0m处泥浆的密度、含砂率和黏度。

（6）施工期间，槽内泥浆面必须高于地下水位1.0m以上，并且不低于导墙顶面0.5m。

（7）施工过程中，应经常测定和调节泥浆性能，使其适应不同地层的钻进要求。

1）对于覆盖层（即人工填土部分）泥浆黏度要适当大些，可达25～30s，甚至更大，失水量和泥皮厚度要小一些；

2）对于黏土层，泥浆黏度可小一些，浓度也可稀一些。当黏度过高时，可用分散剂和加水稀释，但应禁止直接向槽内加清水，而应将水加进池内，经充分搅拌后再用。

3）对于砂层，泥浆黏度应大些，浓度也可大些，失水量和泥皮厚度要小一些，在地下水特别丰富的地层中要采用高黏度高浓度泥浆。

4）对于渗透性极高的地层，泥浆可能漏失，可用高黏度泥浆，或在泥浆中添加堵漏材料，如锯末和其他纤维物质，也可以直接往槽内投黏土球，在制作黏土球时，可往土中加适量的Na—CMC。

（8）当泥浆受水泥污染时，黏度会急剧升高，可用Na_2CO_3和FCL（铁铬盐）进行稀释。如果泥浆过分凝胶化时，就要把泥浆废弃。

1）当泥浆受海水污染时，可用海水造浆，并加入CMC。

2) 当泥浆受其他盐类污染时,可用腐植酸钠或 FCL 来处理。

3) 当钻进页岩时,页岩会遇水膨胀剥落,要用 CMC 来降低失水量和泥皮厚度。

(9) 施工现场应有足够的泥浆储备量,以满足成槽、清槽的需要以及失浆时的应急需要。泥浆池的数量至少要放置 4 个,总容量应能满足 1~2d 成槽和清槽用浆量。

(10) 在清槽过程中应不断置换泥浆。清槽后,槽底以上 0.2~1.0m 处的泥浆比重应小于 1.2,含砂量不大于 8%,黏度不大于 28s。

(11) 泥浆应进行净化回收重复使用。泥浆净化回收可采用振动筛、旋流器、流槽、沉淀池或强制脱水等方法。

废弃泥浆和残渣,应按环境保护的有关规定处理。

4 清底换浆

(1) 在槽段开挖结束后,灌注槽段混凝土前,应进行槽段的清底换浆工作,以清除槽底沉渣,直至沉渣厚度符合设计要求为止。

(2) 清底换浆作业可在挖槽结束后立即进行,也可在灌注槽段混凝土之前进行,不管在什么时候进行清底换浆作业,均应在浇注槽段混凝土之前,测定槽内泥浆的指标及沉渣厚度,达到设计要求后,才允许灌注槽段混凝土。

(3) 清底换浆时,应注意保持槽内始终充满泥浆,以维持槽壁的稳定。

5 钢筋笼的制作与安放

(1) 地下墙的钢筋笼规格尺寸应考虑结构要求、单元槽段、接头型式、加工场地、现场起吊能力等因素分节制作而成,每节钢筋笼主筋的连接可用电焊接头、压接接头或套筒接头。

(2) 钢筋笼应具有必要的刚度,以确保在吊装和插入时不致于变形或破坏,如有必要,须加设斜撑和横撑补强。钢筋笼的吊点位置、起吊方式和固定方法应符合设计和施工要求。在吊放钢筋笼时,应对准槽段中心,并注意不要碰伤槽壁壁面,不能强行插入钢筋笼,以免钢筋笼变形或导致槽壁坍塌。

(3) 钢筋的净距应大于 3 倍粗骨料粒径,并应在现场制作成型和预留插放混凝土导管的位置。分节制作的钢筋笼,应在制作台上试装配,接头处纵向钢筋的预留搭接长度应符合设计要求。

(4) 为了确保混凝土保护层厚度,可用钢筋或钢板定位垫块或预制混凝土垫块焊接在钢筋笼上,设置垫块位置时,在每个槽段前后两个面应各设两块以上,其竖向间距约为 5m。

(5) 为了防止在灌注混凝土时钢筋笼上浮,应在导墙上埋设钢板,与钢筋笼焊接在一起作临时锚固。

6 施工接头

(1) 地下墙的接头施工质量直接关系到其受力性能和抗渗能力,应在结构设计和施工中予以高度重视。

(2) 施工接头应能承受混凝土的侧压力,倾斜度应不大于 0.4%,不致于妨碍下一槽段的开挖,且能有效的防止混凝土绕过接头管外流。

(3) 施工接头可用钢管、钢板、型钢、预制混凝土、化学纤维、气囊、橡胶等材料制成,其结构形式应便于施工。

(4) 单元槽段挖槽作业完毕，应使用清扫工具或高压射水清除粘附于接头表面上的沉渣或凝胶体，以保证混凝土的灌注质量，防止接头漏水。

(5) 使用接头管接头时，要把接头管打入到沟槽底部，完全插入槽底。接头管宜用起重机吊放就位。起拔接头管时，宜用起重机或起拔千斤顶。接头管的拔出，应根据混凝土的硬化速度，依次适时地拔动，待混凝土灌注完毕经2~3h后完全拔出。过早拔出接头管，会使混凝土坍塌或开裂；过晚拔出接头管，会使拔出困难或不能拔出。

7 水下混凝土灌注

(1) 地下连续墙的混凝土是在护壁泥浆下灌注，须按水下混凝土的方法配制和灌注。且应采用商品混凝土。

(2) 混凝土的配合比应通过试验确定，并应符合下列规定：

1) 满足设计要求和抗压强度等级、抗渗性能及弹性模量等指标，水灰比不应大于0.6。

2) 用导管法灌注的水下混凝土应有良好的和易性，坍落度宜为180~220mm，扩散度宜为340~380mm，每立方米混凝土中水泥用量不宜少于370kg，粗骨料最大粒径不应大于25mm，宜选用中、粗砂，混凝土拌和物中的含砂率不小于45%。

3) 水泥宜选用普通硅酸盐水泥或矿渣硅酸盐水泥，并可根据需要掺加外加剂，其品种和数量应通过试验确定。

(3) 导管的构造和使用应符合下列要求：

1) 导管壁厚不宜小于3mm，直径宜为200~250mm，直径制作偏差不得超过2mm。导管必须顺直、密封、装拆方便。导管总长度应大于槽深加槽孔上升高度。导管的分节长度应按工艺要求确定。两管之间可用法兰接头、穿绳接头或双螺纹方扣快速接头连接，底管长度不宜小于4m。

2) 导管使用前应试拼试压，试压压力一般为0.6~1.0MPa。

(4) 灌注混凝土的隔水栓宜用预制混凝土塞、钢板塞、泡沫塑料等材料制成。

(5) 为保证水下混凝土的灌注能顺利进行，灌注前应拟定灌注方案，内容包括槽孔纵剖面图、计划灌注量、混凝土供应能力、终灌高度、导管位置、导管组合方式、灌注方法及顺序、主要材料用量等。

(6) 灌注水下混凝土应遵守下列规定：

1) 开始灌注时，隔水栓吊放的位置应临近水面，导管底端到孔底的距离应以能顺利排出隔水栓为宜，一般为0.3~0.5m。

2) 开灌前储料斗内必须有足以将导管的底端一次性埋入水下混凝土中0.8m以上深度的混凝土储存量。

3) 混凝土灌注的上升速度不得小于2m/h，每个单元槽段的灌注时间不得超过下列规定：

  a 灌注量为10~20m³，≤3h；
  b 灌注量为20~30m³，≤4h；
  c 灌注量为30~40m³，≤5h；
  d 灌注量为>40m³，≤6h。

4) 随着混凝土的上升，要适时提升和拆卸导管，导管底端埋入混凝土面以下一般保持2~4m，不宜大于6m，并不得小于1m，严禁把导管底端提出混凝土面。

5）在水下混凝土灌注过程中，应有专人每30min测量一次导管埋深及管外混凝土面高度，每2h测量一次导管内混凝土面高度。混凝土应连续灌注不得中断，不得横移导管，提升导管时应避免碰挂钢筋笼。

（7）在一个槽段内同时使用两根导管灌注时，其间距不应大于3m，导管距槽段端头不宜大于1.5m，混凝土面应均匀上升，各导管处的混凝土表面的高差不宜大于0.3m，混凝土应在终凝前灌注完毕，终浇混凝土面高程应高于设计要求0.5m。

（8）灌注前应有严密的施工组织设计及辅助设施，一旦发生机具故障或停电以及导管堵塞、进水等事故时，应立即采取有效措施，并同时作好记录。

（9）灌注过程中槽段口宜设盖板，以免混凝土散落槽内污染泥浆；所置换出来的泥浆应送入沉淀池处理，不能让泥浆溢出地面。不能重复使用的泥浆应直接废弃处理。

（10）单元槽段接头不良造成接头处漏水：接头处漏水是由于灌注混凝土时接头处有泥渣存在，使混凝土无法充填接头处缝隙所致。为此，应在设计中采用合理的结构形式，在施工中注意清除接头处沉积物，使单元槽段之间的衔接紧密，才能防止接头处漏水的发生。

（11）墙体壁面不够平直：墙体壁面不平直往往是因挖槽机械选用不当，或因壁面部坍塌所致。为此，应注意选用合适的挖槽机械，采用合理的施工方法，配制合格的护壁泥浆，才能避免上述缺陷的发生。

（12）墙体混凝土质量欠佳：挖槽时，护壁泥浆质量不合格；清底时，清除沉渣及换浆不彻底；灌注混凝土时，导管布置不合理，导管埋入深度不够，混凝土的灌注不够连续等原因，均可导致墙体混凝土的质量缺陷。为此，应注意保证护壁泥浆的质量，彻底进行清底换浆，严格按规定灌注水下混凝土，以确保墙体混凝土的质量。

（13）槽底沉渣过厚：护壁泥浆不合格，或清底换浆不彻底，均可导致大量沉渣积聚于槽底，在灌注水下混凝土前，应测定沉渣厚度，符合设计要求后，才能灌注水下混凝土。

（14）施工准备时，应做好施工调查，挖槽开始之前，应清除一切地下障碍物。

（15）防止导墙破坏或变形：在挖槽过程中，导墙的强度及刚度不足、导墙的地基坍塌、导墙内侧没有支撑、作用在导墙上的荷载过大等原因都可导致导墙破坏或变形，应采用切实措施，防止这些事故的发生。

（16）防止槽壁坍塌：护壁泥浆不合格，漏浆或泥浆液面下降、地下水位上升、地下水流速大、挖槽穿过极软弱的粉砂层或松砂层、地面荷载过大或承受偏大土压力等因素，均可导致槽壁坍塌，应针对施工现场的条件，采取相应措施。

（17）防止挖槽机具卡在槽内：槽壁坍塌，挖槽机具停留在槽内太久，在黏土层中挖槽，挖槽方向偏差太大，挖槽中遇有地下障碍物等原因，都可造成挖槽机具卡在槽内的事故。为此，应在施工中加强观测，密切注意地质条件的变化，改善护壁泥浆的质量，以防止这类事故的发生。

8 质量控制要点

（1）地下墙施工前宜先试成槽，以检验泥浆的配比、成槽机的选型并可复核地质资料。

(2) 作为永久结构的地下连续墙，其抗渗质量标准可按现行国家标准《地下防水工程施工质量验收规范》GB 50208—2002执行。

(3) 地下墙槽段间的连接接头形式，应根据地下墙的使用要求选用，且应考虑施工单位的经验，无论选用何种接头，在浇注混凝土前，接头处必须刷洗干净，不留任何泥砂或污物。

(4) 地下墙与地下室结构顶板、楼板、底板及梁之间连接可预埋钢筋或接驳器（锥螺丝或直螺丝），对接驳器也应按原材料检验要求，抽样复验。数量每500套为一个检验批，每批应抽查3件，复验内容为外观、尺寸、抗拉强度等。

(5) 施工前，应检验进场的钢材、电焊条。已完工的导墙应检查其净空尺寸、墙面平整度与垂直度，检查泥浆用的仪器、泥浆循环系统应完好。地下连续墙应用商品混凝土。

(6) 施工中，应检查成槽的垂直度、槽底的淤积物厚度、泥浆密度、钢筋笼尺寸、浇注导管位置、混凝土上升速度、浇注面标高、地下墙连接面的清洗程度、商品混凝土的坍落度、锁口管或接头箱的拔出时间及速度等。

(7) 成槽结束后，应对成槽的宽度、深度及倾斜度进行检验，重要结构每段槽段都应检查，一般结构可抽查总槽段数的20%，每槽段应抽查1个段面。

(8) 永久性结构的地下墙在钢筋笼放入后，应做二次清孔，沉渣厚度应符合要求。

(9) 每50m地下墙，应做1组试件，每幅槽段不得少于1组，在强度满足设计要求后方可开挖土方。

(10) 作为永久性结构的地下连续墙，土方开挖后应进行逐段检查，钢筋混凝土底板也应符合现行国家标准《混凝土结构工程施工质量验收规范》GB 50204—2002的规定。

7.6.5 成品保护

1 施工过程中，应注意保护现场的轴线桩和高程桩。

2 在钢筋笼制作、运输和吊放过程中，应采取措施防止钢筋笼变形。

3 钢筋笼在吊放入槽时，不得碰伤槽壁。

4 钢筋笼入槽内之后，应在4h内灌注混凝土，在灌注过程中，应固定导管位置，并采取措施防止泥浆污染。

5 注意保护外露的主筋和预埋件不受损坏。

7.6.6 安全、环保措施

1 施工场地内一切电源、电路的安装和拆除，应由持证电工专管，电器必须严格接地接零和设置漏电保护器，现场电线、电缆必须按规定架空，严禁拖地和乱拉、乱搭。

2 所有机器操作人员必须持证上岗。

3 施工场地必须做到场地平整、无积水，挖好排浆沟。

4 水泥堆放必须有防雨、防潮措施，砂子要有专用堆场，不得污染。

5 施工机械、电气设备、仪表仪器等在确认完好后方准使用，并由专人负责使用。

7.6.7 质量标准

1 地下连续墙的钢筋笼检验标准应符合本标准表5.6.9-1的规定。

2 地下连续墙的质量检验标准应符合表7.6.7的规定。

表 7.6.7 地下连续墙质量检验标准

项	序	项 目		允许偏差或允许值		检 查 方 法
				单 位	数 值	
主控项目	1	墙体结构		设计要求		查试件记录或取芯试压
	2	垂直度：永久结构 临时结构			1/300 1/150	测声波测槽仪或成槽机上的监测系统
一般项目	1	导墙尺寸	宽度 墙面平整度 导墙平面位置	mm mm mm	$w+40$ <5 ±10	用钢尺量，w 为地下连续墙设计厚度 用钢尺量 用钢尺量
	2	沉渣厚度：永久结构 临时结构		mm mm	≤100 ≤200	重锤测或沉积物测定仪测
	3	槽深		mm	+100	重锤测
	4	混凝土坍落度		mm	180～220	坍落度测定仪
	5	钢筋笼尺寸		见本标准表 5.6.9-1		
	6	地下墙表面平整度	永久结构 临时结构 插入式结构	mm mm mm	<100 <150 <20	此为均匀黏土层，松散及易塌土层由设计决定
	7	永久结构时的预埋件位置	水平向 垂直向	mm mm	≤10 ≤20	用钢尺量 水准仪

7.6.8 质量验收

7.6.8.1 检验批的划分应符合本标准第 3.0.9 条、第 3.0.10 条的规定。

7.6.8.2 检验批的验收组织应符合本标准第 3.0.15 条的规定。

7.6.8.3 质量验收记录：

1 原材料质量合格证和试验报告。

2 施工过程记录：包括成槽垂直度、槽底的淤积物厚度、泥浆密度、钢筋笼尺寸、浇注导管位置、混凝土上升速度、浇注高度、地下墙连接面的清洗高度、商品混凝土的坍落度、锁口管或接头箱的拔出时间及速度等施工记录。

3 连续墙施工验收记录按表 7.6.8.3-1 "地下连续墙（钢筋笼）工程检验批质量验收记录表（Ⅰ）"、表 7.6.8.3-2 "地下连续墙工程检验批质量验收记录表（Ⅱ）"填写。

表7.6.8.3-1 地下连续墙（钢筋笼）工程检验批质量验收记录表
GB 50202—2002
（Ⅰ）

单位(子单位)工程名称					
分部(子分部)工程名称				验收部位	
施工单位				项目经理	
分包单位				分包项目经理	
施工执行标准名称及编号					
		施工质量验收规范的规定		施工单位检查评定记录	监理(建设)单位验收记录
主控项目	1	主筋间距(mm)	±10		
	2	长度(mm)	±100		
一般项目	1	钢筋材质检验	设计要求		
	2	箍筋间距(mm)	±20		
	3	直径(mm)	±10		
		专业工长(施工员)		施工班组长	
施工单位检查评定结果		项目专业质量检查员： 年 月 日			
监理(建设)单位验收结论		专业监理工程师(建设单位项目专业技术负责人)： 年 月 日			

1-1-231

表 7.6.8.3-2　地下连续墙工程检验批质量验收记录表
GB 50202—2002
（Ⅱ）

单位(子单位)工程名称						
分部(子分部)工程名称					验收部位	
施工单位					项目经理	
分包单位					分包项目经理	
施工执行标准名称及编号						
		施工质量验收规范的规定			施工单位检查评定记录	监理(建设)单位验收记录
主控项目	1	墙体强度		设计要求		
	2	垂直度:永久结构 　　　　临时结构		1/300 1/150		
一般项目	1	导墙尺寸	宽度 墙面平整度 导墙平面位置	$w+40$mm <5mm ±10mm		
	2	沉渣厚度:永久结构 　　　　　临时结构		≤100mm ≤200mm		
	3	槽深		+100mm		
	4	混凝土坍落度		180~220mm		
	5	钢筋笼尺寸		见验收表(Ⅰ)		
	6	地下墙 表面平整度	永久结构 临时结构 插入式结构	<100mm <150mm <20mm		
	7	永久结构时的 预埋件位置	水平向 垂直向	≤10mm ≤20mm		
施工单位 检查评定结果	专业工长(施工员)　　　　　　　　　施工班组长 项目专业质量检查员：　　　　　　　　年　月　日					
监理(建设)单位 验收结论	 专业监理工程师(建设单位项目专业技术负责人)：　　　年　月　日					

注：w 为地下连续墙设计厚度。

7.7 沉井与沉箱

7.7.1 特点和适用范围

7.7.1.1 沉井

1 沉井是在地面或基坑上，先制作开口钢筋混凝土筒身，待筒身达到一定强度后，在井内挖土使土面逐渐降低，沉井筒身靠自重克服与土壁之间的摩阻力，不断下沉、就位的一种深基础或地下工程施工工艺。

2 沉井一般为钢筋混凝土制作，其平面形状有：圆形、方形、矩形、多边形和多孔形等，沉井的剖面，有圆筒形、锥形、阶梯形等。为减少下沉摩阻力，井壁在刃脚外缘处常缩进20～30mm，有的沿高度设成台阶形，井壁表面常沿高度做成1/1000的坡度。

3 沉井的特点是：可在场地狭窄情况下施工较深（可达50余米，我国江阴长江公路大桥北锚碇基础采用的沉井长69m，宽51m，深58m）的地下工程，且对周围环境影响较小；可在地质、水文条件复杂地区施工；与大开挖相比，可减少挖、运和回填的土方量。其缺点是施工工序较多；技术要求高、质量控制难度较大。

4 沉井工艺一般适用于工业建筑的深坑（料坑、铁皮坑、翻斗机室等）、设备基础、水泵房、桥墩、顶管的工作竖井、深地下室、取水口等工程施工。

7.7.1.2 沉箱

1 沉箱又称气压沉箱，沉箱的外形和构造与沉井相同，下沉工艺也与沉井基本类似。只是在底节作成一个有顶盖的工作室，然后在顶盖板上装设井管及气闸，工人在工作室内挖土，使沉箱在自重作用下下沉。当工作室进入水下时，通过气闸和气管打入压缩空气，把工作室的水排出，工作室仍能照常施工作业。在不断挖土下沉的同时，箱顶也不断浇筑接高，直到沉至设计标高，然后，用混凝土封填工作室，并撤去气闸和井管。

2 沉箱的最大优点是：工作室内的水是由高压压缩空气自刃脚处排挤出，因此其下沉过程中能处理任何障碍物，并能直接鉴定和处理基底，基础质量可靠。但早期的沉箱是完全靠人在工作室内工作，工作室内始终保持高压对施工人员身体有影响，且工效低。因为在水中每加深10m，工作室内应需增加一个大气压力，才能将水排出。而人体一般仅能承受3.5个大气压力，也就是一般只能在深度不超过35m左右的水下进行工作。而在这样的工作条件下，工作时间将缩短到每天仅能工作2～4h左右，且工作人员进出闸后均需缓慢增压或减压，若增、减压不当极易得沉箱病。另外，沉箱施工作业需较多的复杂设备如气闸、压缩空气站等，造价

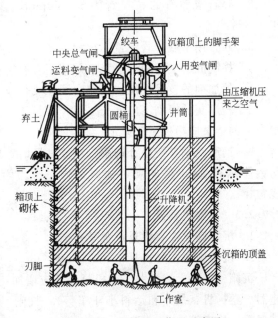

图 7.7.1 沉箱施工作业示意图

亦偏高，故近几十年来在国内已很少采用。但在国外，尤其是日本改用水力机械挖土、加强自动化控制和监测并尽量减少人工进入沉箱，因此仍在使用。沉箱作业示意见图7.7.1。

3 沉箱适用于深水基础需修建在透水性很大的土层中且含有难于处理的障碍物，或基底需要经过特殊处理，沉井无法下沉的情况下使用。

7.7.2 施工准备

7.7.2.1 技术准备

1 学习和掌握施工区域的岩土勘察报告，如原勘察报告不符合要求时，应在沉井（箱）施工处补做详细的地质勘察，钻孔设在井外，距外井壁距离宜为2m，需有一定数量和深度的钻孔，以提供土层变化、地下水位、地下障碍物及有无承压水等情况，对各土层要提供详细的物理力学指标，为制订施工方案提供可靠的技术依据。

2 学习和熟悉沉井（箱）的设计文件，掌握沉井（箱）的构造及特点。

3 了解施工区域内地下管线、设施、障碍物情况资料及相邻建筑基础资料。

4 编制施工组织设计或方案，要根据沉井（箱）的结构特点、水文地质条件、已有的施工设备和过去的施工经验，经过详细的技术、经济比较，编制出技术先进、经济合理、切实可行的施工方案。在方案中重点解决沉井（箱）制作、下沉、封底等技术措施及保证质量和安全的技术措施，对可能遇到的问题要有预案措施。

5 在施工区域内设置测量控制网和水准基点，用于定位放线、沉井（箱）制作和下沉的依据。如附近有建（构）筑物等，应设沉降观测点，以便施工沉井（箱）时定期进行沉降观测。

7.7.2.2 主要材料

1 水泥品种应按设计要求选用，其强度等级不应低于32.5级，不得使用过期或受潮结块水泥；

2 碎石或卵石的粒径宜为5~40mm，含泥量不得大于1.0%，泥块含量不得大于0.5%；

3 砂宜用中砂，含泥量不得大于3.0%，泥块含量不得大于1.0%；

4 拌制混凝土所用的水，应采用不含有害物质的洁净水；

5 外加剂的技术性能，应符合国家或行业标准一等品及以上的质量要求；

6 粉煤灰的级别不应低于二级，掺量不宜大于20%；硅粉掺量不应大于3%，其他掺合料的掺量应通过试验确定；

7 钢筋及钢材按设计选用，钢筋进场时，应按现行国家标准《钢筋混凝土用热轧带肋钢筋》GB 1499等的规定抽取试件，作力学性能检验，其质量必须符合有关标准的规定。

7.7.2.3 主要机具设备

1 沉井施工主要机具设备见表7.7.2.3-1、表7.7.2.3-2。

2 沉箱施工主要机具

沉箱施工除上述沉井施工机具外还应增加：空气压缩站、升降井筒（附有电动机、调速器、卷扬机、吊斗和运料小斗车等），气闸，箱顶管路（包括电缆管、水管、送风管、排气管、检查管）等。

表 7.7.2.3-1 沉井施工主要机具设备表

机具名称	规格、性能	单位	数量	用途
挖掘机	WY40型	台	1	基坑、沉井挖土
翻斗汽车	3.5t	台	6	运输土方、混凝土、工具、材料
混凝土搅拌机	j_1-400型	台	2	搅拌混凝土
灰浆搅拌机	HJ-200型	台	1	拌制砂浆、灰浆
推土机	T_1-100型	台	1	整平场地、集中土方、推送砂石
机动翻斗车	JS-1B型	台	6	运送混凝土及小型工具材料
振动器	HZ_6X-50型,插入式	台	10	振捣混凝土
振动器	HZ_2-5型,平板式	台	2	振捣混凝土
混凝土吊斗	1.2m³	台	4	吊运混凝土
履带式起重机	W_1-100型	台	2	吊运土方、混凝土、吊装构件
混凝土搅拌运输车	JC6Q型	台	6	搅拌运输混凝土
混凝土输送泵车	IPF-185B型	台	2	输送浇灌混凝土
水泵	4BA-6A型,105m³/h	台	4	基坑、沉井排水
水泵	3BA-9型,45m³/h	台	1	临时供水
潜水泵	QS32×25-4型 25m³/h	台	4	基坑、沉井排水
钢筋调直机	GJ_4-14/4型	台	1	钢筋调直
钢筋切断机	GJ_5-40-1型	台	1	钢筋切断
钢筋弯曲机	QJ_7-40型	台	1	钢筋成型
钢筋对焊机	UN_1-75型	台	1	钢筋对接
轮锯机	MJ104型,φ400mm	台	1	木材加工
平刨机	MB503A,300mm	台	1	模板加工
电焊机	BX1-330型	台	5	现场焊接
卷扬机	JJM-5型	台	1	吊运土方、辅助起重
卷扬机	JJM-3型	台	1	吊运土方、辅助超重
变压器	320KVA	台	1	变压用
蛙式打夯机	H-201型	台	1	回填土夯实

表 7.7.2.3-2 沉井施工水力机械挖土需用机械设备

名称	规格、型号	单位	数量	备注
水泵	8BA-12型,流量280m³/h,扬程29.1m,压力1.2MPa以上	台	1	
水泵	8BA-18型,流量285m³/h,扬程18m,压力1.25MPa以上	台	1	
水力冲泥机		台	6	2台备用
水力吸泥机		台	3	1台备用
进水管	φ150(硬管或软管)	m	16	
排泥管	φ150(硬管或软管) φ250	m m	280 280	
泥浆管	3PN型,流量108m³/h,扬程21m,带空气抽除器	台	3	1台备用

7.7.2.4 作业条件

1 有齐全的技术文件和完整的施工组织设计方案,并已进行技术交底;

2 进行场地整平至要求标高,按施工要求拆迁区域内的障碍物,如房屋、电线杆、树木及其他设施,清除地面下的埋设物,如地下管道、电缆线及基础、设备基础、人防设施等;

3 施工现场有可使用水源和电源,已设置临时设施,修建临时便道及排水沟,同时敷设输浆管、排泥管、挖好水沟，筑好围堤，搭设临时水泵房等，选定适当的弃土地段，设置沉淀池；

4 已进行施工放线，在原建筑物附近下沉的沉井（箱）应在原建筑物上设置沉降观测点，定期进行沉降观测；

5 各种施工机具已运到现场并安装、维修，试运转正常，现场电源及供气系统应设双回路或备用设备，防止突然性停电、停气造成沉箱事故；

6 对进入沉箱内工作人员进行体格检查，并在现场配备医务人员。

7.7.3 材料质量控制要点

1 沉井、沉箱用材料应符合设计要求。

2 钢筋混凝土用材料质量控制见本标准第5.6.2条。

7.7.4 施工工艺

7.7.4.1 沉井

1 工艺流程

场地平整→定位放线→开挖基坑（应用于地坑制作）→夯实基底→抄平放线验线→铺砂垫层、垫木或挖刃脚土模→安设刃脚铁件、绑钢筋→支刃脚、井身模板→浇筑混凝土、养护、拆模→布设降水井点或挖排水沟、集水井→抽出垫木或拆除砖垫座→沉井下沉→沉井封底→浇筑底板混凝土→施工内隔墙、梁、板、顶板及安装辅助设施

2 施工要点

（1）沉井制作

1）沉井的制作有一次制作和多节制作，地面制作及地坑制作等方案。如沉井高度不大时宜采用一次制作，可减少接高作业，加快施工进度；高度较大时可分节制作，但尽量减少分节节数。

2）分节高度的确定。当沉井高度不大时，应尽量采取一次制作下沉，以简化施工程序，缩短作业时间；如高度和重量都大，重心高，如地基处理不好，操作控制不严，在下沉前很容易产生倾斜，这时应采取分节制作，每节制作高度的确定，应保证地基及其自身稳定性，并有适当重量使其顺利下沉，一般每节高度以6~8m为宜。每节下沉时应计算下沉系数，保证顺利下沉。

3）基坑开挖

a 沉井制作有地表制作和地坑制作，一般采用地坑制作。一是由于地表土土质较松，地耐力较小，为防止地基不均匀下沉引起井身裂缝，地基处理较难，费用较高，一般深层土质较好；二是采用地坑制作做法减少了沉井下沉的高度，同时也减小了沉井的施工高度，给施工带来便利。

b 地坑开挖的深度根据地质报告、地下水位、开挖的土方量综合考虑，确定施工方便，经济合理的开挖深度。

c 根据基坑的大小来确定机械开挖或人工开挖，机械开挖时一般预留200mm厚土方，用人工清除，以免扰动地基土体。外围应留出2000~2500mm工作面，以便搭设脚手架及混凝土灌注施工，也便于沉井接节施工。如地下水位较高则还应设置排水沟及集水井，基坑上口设置挡水坝。

d 基坑开挖放坡系数，根据土体和类别以及考虑施工时间长短而定，对黏土、粉质

黏土放坡系数宜取0.33～0.75；对砂卵石放坡系数宜取0.5～0.75；对软质岩石放坡系数宜为0.1～0.35。

4）地基处理及刃脚的支设

a 根据地基的地耐力验算是否能承受沉井重量或分节的重量，如不能，应对地基进行处理，处理方法一般采用砂、砂砾、碎石、灰土垫层，用打夯机夯实或机械碾压等措施使其能够承受沉井重量或分节的重量。

b 刃脚的支设。刃脚的支设，可视沉井重量、施工荷载和地基承载力情况，采用垫架法、砖垫架法或土胎模法等，见图7.7.4.1。

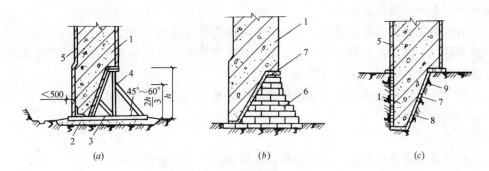

图7.7.4.1 沉井刃脚支设
(a) 垫架法；(b) 砖垫座法；(c) 土胎模法
1—刃脚；2—砂垫层；3—枕木；4—垫架；5—模板；6—砖垫座；7—水泥砂浆抹面；8—刷隔离层；9—土胎模

较大较重的沉井，在较软弱地基上制作，常采用垫架法，此法先在刃脚处整平地基并夯实，或再铺设砂垫层，然后在其上铺枕木或垫架，垫木常用16cm×22cm枕木（或15cm×15cm），根数由沉井第一节的重量和地基（或砂垫层）的承载力计算得出。枕木应对称铺设。

对重量较轻，土质较好，地基承载力能够满足要求，可采用砖垫座或土胎模。砖垫座采用MU7.5红砖（或MU30毛石）、M10的水泥砂浆，沿周长分成6～8段，中间留20mm空隙，以便拆除，砖垫座内壁用1:3水泥砂浆抹平并压光；土胎模按刃脚的形状成型后，内壁用水泥砂浆抹面。砖垫座、土胎模砂浆面应涂刷隔离剂，保证刃脚的光滑，以减少摩擦，便于下沉。

5）井壁制作

a 模板支设。井壁模板采用钢组合式定型模板或木定型模板组装而成，为便于钢筋绑扎，先支内模，待钢筋验收完毕后再封外模。

模板采用对拉螺栓紧固，由于一次浇筑混凝土较高，在支模前应对模板进行计算，避免胀模、爆模。对有防渗要求或地下水位较高时，在对拉螺栓中间设100(mm)×100(mm)×3(mm)钢板止水片，止水片与对拉螺栓必须满焊。为防止在浇捣混凝土时模板发生位移，保证模板整体稳定，应与内、外部的脚手架、基坑边坡连接牢固。模板拼缝要严密，避免漏浆形成蜂窝麻面，模板应涂刷脱模剂，使混凝土表面光滑，减小阻力便于下沉。

模板及其支架安装和拆除的顺序及安全措施应按施工技术方案执行。

b 钢筋绑扎。钢筋在支好沉井一面模板后即可进行，每节竖筋可一次绑到顶部，在顶部用几道环向钢筋固定，水平筋可分段绑扎。竖筋与上一节井壁连接处伸出的插筋采用焊接或搭接连接,接头错开,在35d并不小于500mm区域内或1.3倍的搭接长度区域内接头面积的百分比不能超过50%。为保证钢筋位置和保护层厚度正确,内外钢筋之间加设φ14支撑钢筋,每1.0m不少于1个,梅花形布置。在钢筋外侧垫置水泥砂浆保护层垫块或塑料卡。钢筋用挂线控制垂直度,用水平仪测量并控制水平度。

钢筋安装时受力钢筋的品种、级别、规格和数量必须符合设计要求。

c 混凝土的浇筑。根据沉井的大小来选择浇筑机械,浇筑前应在沉井四周边缘支设脚手架操作平台,便于混凝土运输及四周均匀的浇筑。应将沉井分层均匀浇筑,每层厚度300~500mm(1.25倍振动捧的长度),保持均衡下料,四壁和隔墙同时上升,以免造成地基不均匀下沉或使沉井倾斜。

每节混凝土应一次连续完成,待一下节混凝土强度达到70%方可浇筑上一节混凝土,地下水丰富,井壁有抗渗要求时,上下节井壁的接缝应设置凸形水平施工缝或止水带,接缝处凿毛并冲洗处理后,再继续浇筑下一节。

混凝土可采用自然养护,井筒侧模拆除后应悬挂草袋覆盖并浇水养护不小于14d。

(2)沉井下沉

1)下沉验算:

沉井下沉前应进行混凝土强度及外观质量检查。对各种形式的沉井在施工阶段应进行结构强度计算及下沉和抗浮验算。

沉井下沉时,第一节混凝土强度达到设计强度,其余各节应达到设计强度的70%。沉井下沉,其自重必须能克服井壁与土间的摩阻力和刃脚、隔墙、横梁下的反力,采取不排水下沉时尚需克服水的浮力。因此,为使沉井能顺利下沉,应进行分阶段下沉系数的计算,作为确定下沉施工方法和采取技术措施的依据。

下沉系数按下式计算:

$$k_0 = (G-B)/T_f \quad (7.7.4.1-1)$$

式中 G——井体自重;

B——下沉过程中地下水的浮力;

T_f——井壁总摩阻力;

k_0——下沉系数,宜为1.05~1.25,位于淤泥质土中的沉井取小值,位于其他土层中取大值。

井壁摩阻力可参考表7.7.4.1。

表7.7.4.1 井壁摩阻力

项 次	土 的 种 类	井壁摩阻力(kN/m²)
1	流塑状黏性土	10~15
2	软塑及可塑状黏性土	12~25
3	粉砂和粉性土	15~25
4	砂卵石	17.7~29.4
5	泥浆套	3~5

当下沉系数较大,或在软弱土层中下沉,沉井有可能发生突沉时,除在挖土时采取措施外,宜在沉井中加设或利用已有的隔墙或横梁等作为防止突沉的措施,并按下式验算下

沉稳定性：

$$k_0' = \frac{G-B}{T_f + R} \quad (7.7.4.1\text{-}2)$$

式中　R——沉井刃脚、隔墙和横梁下地基土的反力之和；

　　　k_0'——沉井下沉过程中的下沉稳定系数，取 0.8～0.9。

当下沉系数不能满足要求时，可在基坑中制作，减少下沉深度；或在井壁顶部堆放钢、铁、砂石等材料以增加附加荷重；或在井壁与土壁间注入触变泥浆，以减少下沉摩阻力等措施。

2）垫架拆除：大型沉井应待混凝土达到设计强度的100%方可拆除垫架（枕木、砖垫座），拆除时应分组、依次、对称、同步地进行。拆除次序是：圆形沉井先拆除一般垫架，后拆除定位垫架，矩形沉井先拆除内隔墙下垫架，再分组对称拆除外墙两短边下的垫架，然后拆除长边下一般垫架，最后同时拆除定位垫架。拆除时先将枕木底部的土挖去，利用绞磨或推土机的牵引将枕木抽出。每抽出一根枕木，刃脚下应立即用砂填实。拆除时应加强观测，注意沉井下沉是否均匀。隔墙下垫架拆除后的空穴部分用草袋装砂回填。

3）井壁孔洞的处理。沉井壁上有时有与地下通道、地沟、进水口、管道等连接的孔洞，为避免沉井下沉时地下水和泥土涌入，也为避免沉井各处重量不均，使重心偏移，易造成沉井下沉时倾斜，所以在下沉前必须进行处理。

对较大的孔洞，在沉井制作时在洞口预埋钢框、螺栓，用钢板、方木封闭，洞中填与孔洞混凝土重量相等的砂石或铁块配重。对进水窗则采取一次做好，内侧用钢板封闭。沉井封底后拆除封闭钢板、挡木等。

4）下沉方法选择。根据地下水和土质情况施工条件而异，沉井常用的有排水下沉和不排水下沉两种方法。当沉井所穿过的土层透水性较低，地下涌水量不大，不会因排水而产生流砂，或因排水造成井周地面过大沉降时，可采用排水挖土下沉法施工。排水下沉可以在干燥的条件下施工，挖土方便均匀，下沉容易控制均衡，土层中的孤石等障碍物易于发现和清除，下沉时一旦发生倾斜也容易纠正；当土层不稳定、涌水量很大时，在井内排水挖土很容易产生流砂，此时可采用水下挖土不排水下沉。采用不排水下沉井内水位应始终保持高出井外水位1～2m，井内出土，可视土质情况采用机械抓斗水下挖土或用高压水泵破土，再用吸泥机排出泥浆。但此方法需一定的冲土吸泥设备。

由于排水下沉易于控制，尽可能地采用排水下沉施工。

5）下沉施工：

a　排水下沉：

a）设明沟、集水井排水：在沉井（箱）内离刃脚2～3m挖一圈排水明沟，设3～4个集水井，深度比地下水深1～1.5m，沟和井底深度随沉井挖土而不断加深，在井内或井壁上设水泵，将地下水排出井外。为不影响井内挖土操作和避免经常搬动水泵，一般采取在井壁上预埋铁件，焊钢操作平台安设水泵，或设木吊架安放水泵，水泵下加草垫或橡皮垫，避免振动。水泵抽吸高度控制不大于5m。如果井内渗水量很少，则可直接在井内设高扬程潜水电泵将地下水排出井外。本法简单易行，费用很低，适于地质条件较好时使用。

b）井点降水、井点与明排水相结合的方法：在沉井外部周围设置轻型井点、喷射井点或深井井点以降低地下水位，使井内保持干燥挖土。如井内有部分潜水时，再辅以明沟和集水井用泵排水。本法适于地质条件较差，有流砂发生的情况下使用。采用此方法应编制详细的降水施工方案。

b 不排水下沉。不排水下沉方法有：用抓斗在水中取土；用水力冲射器冲刷土；用空气吸泥机吸泥或水中吸泥机吸水中泥土等方法。

水力挖土机械设备包括：高压水泵、水力冲泥机（又称水枪）、水力吸泥机以及进水和输泥管线等，根据沉井的面积选择机械设备。

c 挖土方法：

a）排水下沉挖土方法：

常用人工或风动工具，或在井内用小型反铲挖土机，在地面用抓斗挖土机分层开挖，挖土必须对称、均匀进行，使沉井均匀下沉，挖土方法随土层情况而定。

挖土应分层、均匀、对称地进行，使沉井能均匀竖直下沉。有底架、隔墙分格的沉井，各孔挖土面高差不宜超过1m。如下沉系数较大，一般先挖中间部分，沿沉井刃脚周围保留土堤，使沉井挤土下沉；如下沉系数较小，应事先根据情况分别采用泥浆润滑套、空气幕或其他减阻措施，使沉井连续下沉，避免长时间停歇。井孔中间宜保留适当高度的土体，不得将中间部分开挖过深。

沉井下沉过程中，如井壁外侧土体发生塌陷，应及时采取回填措施，以减少下沉时四周土体开裂、塌陷对周围环境的影响。

沉井下沉过程中，每8h至少测量2次。当下沉速度较快时，应加强监测，如发现偏斜、位移时，应及时纠正。

普通土层：从沉井中间开始逐渐向四周挖土，每层挖土厚度为0.4～0.5m，在刃脚处留1～1.5m土堤，然后沿沉井壁每2～3m一段，向刃脚方向逐层全面、对称、均匀的开挖土层，每次挖去50～100mm，当土层经不住刃脚的挤压而破裂，沉井便在自重作用下均匀破土下沉，当沉井下沉很少或不下沉时，可再从中间向下挖0.4～0.5m，并继续向四周均匀掏挖，使沉井平稳下沉。

砂夹卵石或硬土层：从沉井中间开始逐渐向四周挖土，当挖到刃脚，沉井仍不下沉或下沉不平稳，则须按平面布置分段的次序逐段对称地将刃脚下挖空，并挖出刃脚外壁约10cm，每段挖完用小卵石填塞夯实，待全部挖填后，再分层挖掉回填的小卵石，可使沉井均匀减少承压面而平衡下沉。

岩层、风化或软质岩层：可用风镐或风铲等从中间向四周开挖，在刃脚口打炮孔，进行松动爆破，炮孔深1.3m，以1m的间距梅花形交错排列，使炮孔伸出刃脚口外150～300mm，以便开挖宽度可超出刃脚口50～100mm，下沉时，按刃脚分段顺序，每次1m宽用小卵石进行回填，如此逐段进行，至全部回填后，再去除小卵石，使沉井平稳下沉。

b）不排水下沉挖土方法：

抓斗挖土：用吊车或卷扬机吊抓斗挖掘井底中央部分的土，使形成锅底，在砂或砾石类土中，一般当锅底比刃脚低1～1.5m时，沉井即可靠自重下沉，而将刃脚下土挤向中央锅底，再从井孔中继续抓土，沉井即可继续下沉。在黏质土或紧密土中，刃脚下不易向中央坍落，则应配以射水管冲土。沉井由多个井孔组成时，每个井孔宜配备一台抓斗。如用一台抓斗抓土时，应对称逐孔轮流进行，使其均匀下沉，各井孔内土面高差不宜大于0.5m。

水力机械冲土：是用高压水泵将高压水流通过进水管分别送进沉井内的高压水枪和水力吸泥机，利用高压水枪射出的高压水冲刷土层，使其形成一定稠度的泥浆汇流至集泥坑，然后用水力吸泥机（或空气吸泥机）将泥浆吸出，从排泥管排出井外。

水力冲土从中间开始，先在水力吸泥机水龙头下方冲1个直径2~5m的集泥坑，其深度应使吸泥管吸口下方有足够的容积，以便泥浆来源暂时中断时，其存量仍足以维持2~3min，同时吸泥龙头又可伸至浆面下0.5~0.75m，避免带入空气。然后用水枪成辐射形开拓通向集泥坑的土沟4~6条，沟坡度为8%~10%，最后向四周用"顺向挖土方法"拓宽开挖井底土体使成锅底形，用高压水柱切割井底土层与土体混合成为相应稠度的泥浆顺土沟流向集泥坑内，经水力机械排出井外，泥浆含量一般在10%~30%之间，浓度愈大则效率愈高。为不使集泥坑和排泥沟内的泥砂沉淀，应经常用水枪轮流冲射搅动，如此循环作业分层冲土使锅底达到一定深度。为了便于控制沉降偏斜，减少附近土体扰动破坏，必要时在刃脚部位可辅以适当人工作业，为了防止沉井突然下沉引起过大的偏斜和发生安全事故，减少井外土体扰动，在靠近四周刃脚1.0~1.5m应保留一土堤，最后对称分层冲挖，尽量保持沉井受力均匀，不得冲空刃脚下面的土层。

水力吸泥机冲土，适用于粉质黏土、粉土、粉细砂土，在淤泥或浮土或粉砂层中使用水力吸泥时，为防止涌泥，流砂现象，应保持井内水位高出井外水位1~2m。

d 沉井的辅助下沉方法。

沉井下沉完全靠自重克服侧面阻力，往往结构做的较厚以增加自重是不经济的，如采用辅助下沉方法，可将结构做的较薄以节省材料费用。常用的辅助下沉方法有以下几种：

a) 射水下沉法。是用预先安设在沉井外壁的水枪，借助高压水冲刷土层，使沉井下沉。射水所需水压，在砂土中，冲刷深度在8m以下时，需要0.4~0.6MPa；在砂砾石层中，冲刷深度在10~12m以下时，需要0.6~1.2MPa；在砂卵石层中，冲刷深度在10~12m时，则需要8~20MPa。冲刷管的出水口径为10~12mm，每一管的喷水量不得小于0.2m³/s，但本法不适用于在黏土中下沉。

b) 触变泥浆护壁下沉法。沉井外壁制成宽度为100~200mm的台阶作为泥浆槽。泥浆用泥浆泵、砂浆泵或气压罐通过预埋在井壁体内或设在井内的垂直压浆管压入，使外井壁泥浆槽内充满触变泥浆，其液面接近自然地面。为了防止漏浆，在刃脚台阶上宜钉一层2mm厚的橡胶皮，同时在挖土时注意不使刃脚底部脱空。在泥浆泵房内要储备一定数量的泥浆，以便下沉时不断补充泥浆。在沉井下沉到设计标高后，泥浆套应按设计要求进行处理，一般采用水泥浆或水泥砂浆或其他材料置换触变泥浆，即将置换浆料从泥浆套底部压入，使泥浆被压进的材料挤出，待置换浆料凝固后，沉井即可稳定。

触变泥浆以20%膨润土及5%石碱（碳酸钠）加水调制而成。采用本法可大大减少井壁的下沉阻力，同时还可起阻水作用，方便取土，并可维护沉井外围地基的稳定，保证其邻近建筑物的安全。

c) 空气幕下沉法。空气幕沉井亦称壁后压气沉井，其特点与触变泥浆护壁下沉法基槽相似，只是从预先埋设在井壁四周的管道中压入高压空气以代替泥浆。而高压空气由设在井壁上的喷气孔喷出，并沿井壁外表面上升溢出地面，从而在井壁周围形成一层松动的含有气体与水的液化土层，此含气土层围绕沉井如同幕帐一般，选用此空气幕减小土对沉井侧壁的摩阻力，而达到加快下沉速度之目的。

空气幕沉井与普通沉井相比在构造上增加了一套空气幕系统，主要由在井壁上预留的气龛、井壁中的预埋管、压风机、风包及地面管路组成。

气龛是包括在沉井外壁上预留的凹槽（宽×高×深，50mm×150mm×30mm）及里面的喷气孔。凹槽的作用是保护喷气孔不受土的直接磨损，便于气体的扩散，使喷出的高压气束经扩散空间较均匀地附壁上升，以形成气幕；尺寸较大的气龛，压气时凹槽内充满气体，像一个气囊，起着减小摩擦面积的作用。一个沉井往往需要几百个至几千个气龛，排列布置应根据设计确定。

井壁预埋管的布置有两种方式：一种是同时设环形管和竖管，环形管视沉井的大小及纠偏的需要而定，可按半周或1/4周设一根。喷气孔即钻在环形管上，由竖管连接引出井顶。压气时，气体沿竖管进入环形管，然后从各气龛喷出。还有一种方式是只设竖管，喷气孔即设在竖管上，此法的好处在于管路顺直，气压损耗少。下端可设贮砂筒，贮存由气龛渗进的砂子，防止喷气孔堵塞。但这种方式用料多，每灌注一节沉井接长管路的工作量大。

空气幕沉井侧面阻力的减少是有时间性的，即在压气时减少，停气时又恢复。因此在整个空气幕沉井下沉过程中，当吸泥消除正面阻力后，还必须及时辅以压气，才能收到良好的效果。

6）沉井下沉注意事项：

沉井下沉开始5m以内，要特别注意保持平面与垂直度的正确，以免继续下沉时，不易调整。为减少下沉的摩擦力和以后的清淤工作，最好在沉井的外壁采用随下沉随填砂的方法，以减轻下沉困难。

挖土应分层进行，防止锅底挖得太深，或刃脚挖土太快，突沉伤人。在挖土时，刃脚处、隔墙下不准有人操作或穿行，以避免刃脚处切土过多伤人。

在沉井开始下沉和将沉至设计标高时，周边开挖深度应小于30cm或更薄些，避免发生倾斜，在离设计标高20cm左右应停止取土，依自重下沉到设计标高。

挖土时，应注意创造自由面以提高效率；几台冲泥机在同一地点工作时，应密切配合协同动作；水力必须集中使用不要分散使用，特别应防止水锋交织，抵消力量；泥浆流运送时，要注意经常清除和冲洗沟槽底部淤泥，避免堵塞和泥浆外溢。

7）沉井封底。

分为湿封底和干封底两种，干封底施工设备和操作简单，质量易于控制，混凝土用量较少。沉井下沉至设计标高，经过观测在8h内累计下沉不大于10mm，沉井下沉已经稳定时，即可进行沉井封底。

a 干封底。方法是将新老混凝土接触面冲刷干净或打毛，对井底进行修整使之形成锅底形，由刃脚向中心挖放射形排水沟，填以卵石作成滤水暗沟，在中部设2~3个集水井，深1~2m，井间用盲沟相互连通，插入$\phi600$~$\phi800$四周带孔眼的钢管或混凝土管，外包两层尼龙窗纱，四周填以卵石，使井底的水流汇集在井中，用潜水泵排出，保持地下水位低于基底面以下 0.5m 以下。

封底一般铺一层 150～500mm 厚碎石或卵石层，再在其上浇筑一层厚约 0.5～1.5m 的混凝土垫层，在刃脚下切实填严，振捣密实，以保证沉井的最后稳定。达到 50% 设计强度后，在垫层上绑扎钢筋，两端伸入刃脚或凹槽内，浇筑上层底板混凝土。封底混凝土与老混凝土接触面应冲刷干净；浇筑应在整个沉井面积上分层、不间断地进行，由四周向中央推进，每层厚 300～500mm，并用振捣器振捣密实；当井内有隔墙时，应前后左右对称地逐孔浇筑。混凝土采用自然养护，养护期间应继续抽水。待底板混凝土强度达到设计强度的 70% 并经抗浮验算后，对集水井逐个停止抽水、逐个封堵。封堵方法是将集水井中水抽干，在套管内迅速用干硬性的高强混凝土进行堵塞并捣实，然后上法兰盘用螺栓拧紧或四周焊接封闭，上部用混凝土垫实抹平。

b 湿封底。井底向井中较大规模的涌水、涌砂、涌泥不可用干封底时，采用不排水封底（即在水下进行封底）。要求将井底浮泥清除干净，新老混凝土接触面用水冲刷干净，并抛毛石，铺碎石垫层。封底混凝土用导管法灌注，待水下封底混凝土达到所需要的强度后，即一般养护为 7～14d，方可从沉井中抽水，检查封底情况，如有漏水，进行修补，按排水封底施工上部钢筋混凝土底板。

7.7.4.2 沉箱

1 工艺流程

场地平整（在水中施工时先进行人工筑岛）→定位放线→夯实基底→抄平放线验线→铺砂垫层、垫木或挖刃脚土模→安设刃脚铁件→支刃脚、工作室模板→绑钢筋→支箱外模板→浇筑混凝土、养护、拆模→抽出垫木或拆砖垫座→安装升降井筒和气闸→挖土下沉→拆除气闸、接高沉箱→接高井筒、重装气闸→继续挖土下沉→循环接高沉箱和下沉直至下沉到设计标高→清基、工作室内填满混凝土→拆除气闸、井筒填充井孔内混凝土。

2 施工要点

(1) 沉箱的制作与沉井基本相同，只是其施工作业的工作室是由顶盖和刃脚围成的无底工作空间，其四周和顶面间应密封不漏气。其平面尺寸的拟定与沉井相同，视基础尺寸而定，工作室内的净高应满足安全及设备所需的高度。人工挖土时一般不低于 2.2m，用水力机械挖土时则不低于 2.5m。顶盖和刃脚都必须具有设计的强度、刚度和密闭性。

(2) 在沉箱顶盖和接高沉箱中，必须留出垂直孔道，以便在其中安装连通工作室与气闸的井管，使人、器材及室内弃土能由此上下通过，并经气闸出入大气中。升降井孔的断面形状多为长圆形或矩形，其长轴应与沉箱短边平行，以尽量减少顶盖在短边方向由于被切断而造成的强度损失。如为人工挖土沉箱，则升降井孔的数量按工作室的面积，大致以每 $100m^2$ 设一个为宜，而孔的位置应位于相应面积的重心上。

因升降井孔是为工作人员进出和上下搬运材料及土石之用，上接气闸下接工作室，为了便于随着沉箱下沉深度的加深而接长，井筒一般作成 2m 长的钢管节，管节之间采用法兰盘螺栓接头连接。接头不仅需要拆装方便，更重要的是不能漏气。

(3) 气闸及箱顶管路。气闸位于井筒的顶端，类型较多，但构造原理相同。一般由一个人用变气闸、两个运料变气闸和一个中央气室组成，还应附有电动机、调速器、卷扬机吊斗和运料小斗车等附件。人用变气闸和运料变气闸都有两个闸门，一个与大气相通，另一个与中央气室相通，而中央气室通过井筒与工作室相连通。气闸是沉箱施工作业的关键设备之一，它的作用是让人、器材和挖出的土进出工作室，而又不引起工作室内气压变化。另一作用是当人出入工作室时，调节气压变化的速度，慢慢地加压或减压，使人体不致引起任何损伤。

箱顶的管路，包括电缆管、水管、送风管、排气管、检查管等，它们是沉箱工作室所需动力、电话、照明、水、空气等输送通道。

(4) 沉箱人工挖土下沉方法。当箱内挖土不需要排水时，应尽量将安装气闸和用高压气排水施工的步骤推迟，以便加快施工速度和减少施工费用。直到水压力增加到必须施加高压空气时，才在气压下挖土。人工挖土下沉方法，与沉井挖土相类似，采取分段、分层开挖，锅底形挖土，自重破土方式。从中间开始向四周，在刃脚部位则沿刃脚方向全面、均匀、对称地进行，使均衡平稳下沉，刃脚下部土方边挖边清理，对各种土层具体挖土方法按沉井排水下沉法施工方法。

沉箱挖出的土体放在吊桶内吊出，在下沉时，宜每次将气压适当降低，促进沉箱下沉，但不得将气压减低到气压的一半以上，初次下沉每次不得超过30cm，以后每次不超过50cm。

如果挖的是砂，则可用"吹出法"，利用工作室中和外界压力之差来除去泥砂，只需在沉箱内装一根柔性蛇管到外面即可。

如遇到基岩，刃脚周边的沟道被挖至设计标高，并使空气压力始终等于或略大于沟槽底面处的静水压力，同时在四角及中部沿沉箱保留地段的全宽度设枕木支柱，使沉箱支在枕木支柱上。待刃脚下面等于沟槽深度的岩石全部挖掉后，遂将支柱取去，并且稍稍降低工作室内的空气压力，使沉箱分3～4次下沉，使降落到设计标高处。

人工挖土下沉方法使用工具设备简单，操作方便，费用较低，但需较多的劳动力，施工速度较慢，再者工人在高气压条件下作业，条件差，影响健康。采用人工挖土下沉施工，下沉深度不应超过30m。

(5) 沉箱底面以上应保留0.3～0.5m厚土层，采用其他机械或人工方法挖除，以保持土体的天然结构和承载力；每次下沉以后的高度应能保持工作室内的自由高度不小于1.6m。

(6) 在沉箱下沉过程中，接装井筒与拆装气闸的步骤与一个沉箱中共有几个气闸有关。如为独闸沉箱，在接长井筒与拆装气闸时，工作室内的人员必须全部撤离，并把井筒关闭。每接长井筒与拆装气闸一次，约需停工2～3d。因此，在大型沉箱中均设有2个以上的气闸，这样就可以轮流接长与交替施工作业，不停止沉箱的下沉工作。

(7) 清基、工作室内填满混凝土。这也是沉箱施工作业与沉井有区别处之一，混凝土先自刃脚四周处开始分层向中心填筑。当快接近顶盖时，混凝土的坍落度应逐渐降低，到接近顶盖时则用干硬性混凝土填筑捣实。最后用1:1的水泥砂浆从升降井孔内以不高于400kPa的压力压入工作室，同时把室内排气管打开，直至注浆管的水泥浆不再下降为止。当灌浆完毕后，井筒内的气压仍需维持不低于35～70kPa的压力，直至水泥初凝为止。

(8) 最后，拆除气闸、井筒，填充井孔内的混凝土。

7.7.4.3 质量控制要点

1 沉井是下沉结构，必须掌握确凿的地质资料，钻孔可按下述要求进行：

(1) 面积在200m²以下（包括200m²）的沉井（箱），应有一个钻孔（可布置在中心位置)。

(2) 面积在 200m² 以上的沉井（箱），在四角（圆形为相互垂直的两直径端点）应各布置一个钻孔。

(3) 特大沉井（箱）可根据具体情况增加钻孔。

(4) 钻孔底标高应深于沉井的终沉标高。

(5) 每座沉井（箱）应有一个钻孔提供土的各项物理力学指标、地下水位和地下水含量资料。

2 沉井（箱）的施工应由具有专业施工经验的单位承担。

3 沉井制作时，承垫木或砂垫层的采用，与沉井的结构情况、地质条件、制作高度等有关。无论采用何种形式，均应有沉井制作时的稳定计算及措施。

4 多次制作和下沉的沉井（箱），在每次制作接高时，应对下卧层作稳定复核计算，并确保沉井接高的稳定措施。

5 沉井采用排水封底，应确保终沉时，井内不发生管涌、涌土及沉井止沉稳定。如不能保证时，应采用水下封底。

6 沉井施工除应符合本规范规定外，尚应符合现行国家标准《混凝土结构工程质量验收规范》GB 50204—2002 及《地下防水工程质量验收规范》GB 50208—2002 的规定。

7 沉井（箱）在施工前应对钢筋、电焊条及焊接成形的钢筋半成品进行检验。如不用商品混凝土，则应对现场的水泥、骨料做检验。

8 混凝土浇注前，应对模板尺寸、预埋件位置、模板的密封性进行检验。拆摸后应检查浇注质量（外观及强度），符合要求后方可下沉。浮运沉井尚需做起浮可能性检查。下沉过程中应对下沉偏差做过程控制检查。下沉后的接高应对地基强度、沉井的稳定做检查。封底结束后，应对底板的结构（有无裂缝）及渗漏做检查。有关渗漏验收标准应符合现行国家标准《地下防水工程质量验收规范》GB 50208—2002 的规定。

9 沉井（箱）竣工后的验收应包括沉井（箱）的平面位置、终端标高、结构完整性、渗水等进行综合检查。

7.7.4.4 测量控制与观测

沉井（箱）位置标高的控制，是在沉井（箱）外部地面及井壁顶部四面，设置纵横十字中心控制线和固定的观测点及水准点与沉降观测点，以控制位置和标高。沉井（箱）垂直度的控制，是在井筒内壁按 4 或 8 等分标出垂直轴线，各吊线逐个对准下部标板来控制，并定时用两台经纬仪进行垂直偏差观测，挖土时，随时观测垂直度，当线锤离墨线达 50mm，或四面标高不一致时，即应纠正。沉井（箱）下沉的控制，系在井筒外壁周围弹水平线，或在井外壁上四侧用红铅油画出标尺，每 10mm 一格，用水准仪来观测沉降。沉井（箱）下沉中应加强位置、垂直度和标高（沉降值）的观测，每班至少测量两次（班中及每次下沉后检查一次），同时每层不小于一次，接近设计标高时，应加强观测，每 2h 一次，预防超沉，由专人负责并做好下沉施工记录，发现有倾斜、位移扭转，应及时通知值班队长，指挥操作人员随沉随纠正，使偏差控制在允许范围以内。

7.7.5 成品保护措施

1 沉井（箱）下沉前第一节应达到 100% 的设计强度，其上各节必须达到 70% 设计强度；

 2 施工过程中，妥善保护好场地轴线桩、水准点，加强复测，防止出现测量错误；

 3 加强沉井过程中的观测和资料分析，分区、依次、对称、同步地抽除垫架、垫木，发现倾斜及时纠正；

 4 沉至接近设计标高时，应加强测量观测、校核分析工作，下沉至距设计标高 0.1m 时，停止挖土和井内抽水，使其完全靠自重下沉至设计标高或接近设计标高；

 5 沉至设计标高经 2~3d 下沉已稳定，即可进行封底。

7.7.6 安全、环保措施

 1 严格执行国家颁布的有关安全生产制度和安全技术操作规程。认真进行安全技术教育和安全技术交底，对安全关键部位进行经常性的检查，及时排除不安全因素，以确保全过程安全施工。

 2 作好地质详勘，查清沉井范围内的地质、水位，采取有效措施，防止沉井（箱）下沉施工中出现异常情况，以保证顺利和安全下沉。

 3 作好沉井（箱）垫架拆除和土方开挖程序，控制均匀挖土和刃脚处破土速度，防止沉井发生突然下沉和严重倾斜现象，导致人身伤亡事故。

 4 作好沉井下沉排降水工作，并设置可靠电源，以保证沉井挖土过程中不出现大量涌水、涌泥或流砂现象发生，造成淹井事故。

 5 沉井（箱）口周围设安全杆，井下作业应戴安全帽，穿胶鞋，半水下作业穿防水衣裤。

 6 采用不排水下沉，井内操作人员应穿防水服、下井应设安全爬梯，并应有可靠应急措施。

 7 遵守用电安全操作规程，防止超负荷作业，电动工具、潜水泵等应装设漏电保护器，夜班作业，沉井内外应有足够照明，井内应采用 36V 低压电。

 8 沉箱内气压不应超过 0.35MPa（约合水深 35m），在特殊情况不得超过 0.4MPa。超过此值，则应改用人工降低地下水位，降低工作室内压力施工。

 9 沉箱内的工作人员应先经医生体格检查，凡患心脏病、肺结核、有酗酒嗜好以及其他经医生认为有妨碍沉箱作业的疾病患者，均不得在沉箱内工作。

 10 为保证工作人员的健康，应根据工作室内气压，控制在沉箱内工作时间。

 11 沉箱工作人员离开工作室，应经过升降管进入空气闸之后，先把从空气闸通到升降管的门关好，然后开放阀门，使气压慢慢降低，减压时必须充分，经相当长的时间，减压的速率不得大于 0.007MPa/min，可防止得"沉箱病"，以保障人身健康。一旦得此病应将工人即送入另备的空气闸，加到工作室气压或接近沉箱的气压，然后慢慢减压即可。

 12 高压水系统在施工前应进行试压，试压压力应为计算压力的 1.5 倍。吸泥系统施工前应试运转。施工时应经常检查、维修、妥当保养。

 13 沉箱内与水泵间应安设讯号装置，以便及时联系供水或停水。当发生紧急情况时，应迅速停泵。当停止输送高压水时，应立即关闭操纵水力冲泥机的阀门。水力冲泥机停止使用时，应对着安全方向。

 14 水力冲泥机工作时，应禁止站在水柱射程范围内，或用手接触喷嘴附近射出的水柱，不可以将水柱射向沉箱或岩层造成射水伤人；同时不要急剧地转动水力冲泥机；使用中的水力冲泥机要有人看管；不允许未关闭阀门而更换喷嘴，以免高压水柱射向人体，造成人身伤害。

15 冲挖土层的上面及附近，不论在冲挖时或冲挖后，均不得站人，防止土方坍塌伤人。冲土作业工人应备有适当的劳动保护用品。

16 输电线路应架设在安全地点，并绝缘可靠。操作人员应有良好的防护，因水有导电性，电压可能通过水柱至水力冲泥机再传至人体，造成触电事故。

17 易于引起粉尘的细料或松散料运输时用帆布等遮盖物覆盖；

18 施工废水、生活废水不得直接排入耕地、灌溉渠和水库；

19 食堂保持清洁，腐烂变质的食物及时处理，食堂工作人员应有健康证；

20 对驶出施工现场的车辆进行清理，设置汽车冲洗台及污水沉淀池；

21 安排工人每天进行现场卫生清洁。

7.7.7 质量标准

沉井（箱）的质量检验应符合表 7.7.7 的要求。

表 7.7.7 沉井（箱）的质量检验标准

项	序	检查项目		允许偏差或允许值	检查方法
			单位	数值	
主控项目	1	混凝土强度		满足设计要求（下沉前必须达到70%设计强度）	查试件记录或抽样送检
	2	封底前，沉井（箱）的下沉稳定	mm/8h	<10	水准仪
	3	封底结束后的位置： 刃脚平均标高（与设计标高比） 刃脚平面中心线位移 四角中任何两角的底面高差	mm	<100 <1%H <1%L	水准仪 经纬仪，H 为下沉总深度，$H<10m$ 时，控制在100mm之内 水准仪，L 为两角的距离，但不超过300mm，$L<10m$ 时，控制在100mm之内
一般项目	1	钢材、对接钢筋、水泥、骨料等原材料检查		符合设计要求	查出厂质保书或抽样送检
	2	结构体外观		无裂缝，无风窝，空洞，不露筋	直观
	3	平面尺寸：长与宽 曲线部分半径 两对角线差 预埋件	‰ ‰ ‰ mm	±0.5 ±0.5 1.0 20	用钢尺量，最大控制在100mm之内 用钢尺量，最大控制在50mm之内 用钢尺量 用钢尺量
	4	下沉过程中的偏差 高差	‰	1.5~2.0	水准仪，但最大不超过1m
		下沉过程中的偏差 平面轴线		<1.5%H	经纬仪，H 为下沉深度，最大应控制在300mm之内，此数值不包括高差引起的中线位移
	5	封底混凝土坍落度	cm	18~22	坍落度测定器

注：主控项目3的三项偏差可同时存在；下沉总深度，系指下沉前后刃脚之高差。

7.7.8 质量验收

7.7.8.1 检验批的划分应符合本标准第 3.0.9 条、第 3.0.10 条的规定。

7.7.8.2 检验批的验收组织应符合本标准第 3.0.15 条的规定。

7.7.8.3 质量验收记录：

1 水泥、钢材的出厂合格证以及见证取样复验报告；
2 砂、碎石检验报告；
3 钢筋焊接检验报告；
4 混凝土配合比通知单；
5 钢筋隐蔽工程验收记录；
6 混凝土试块强度等级、抗渗等级测试报告；
7 测量放线记录；
8 沉井与沉箱下沉施工记录；
9 质量验收记录按表7.7.8.3"沉井与沉箱工程检验批质量验收记录表"填写。

表7.7.8.3 沉井与沉箱工程检验批质量验收记录表
GB 50202—2002

单位(子单位)工程名称					
分部(子分部)工程名称				验收部位	
施工单位				项目经理	
分包单位				分包项目经理	
施工执行标准名称及编号					
		施工质量验收规范的规定		施工单位检查评定记录	监理(建设)单位验收记录
主控项目	1	混凝土强度	设计要求		
	2	封底前,沉井(箱)的下沉稳定	<10mm/8h		
	3	封底结束后的位置： 刃脚平均标高(与设计标高比) 刃脚平面中心线位移 四角中任何两角的底面高差	<100mm <1%H <1%L		
一般项目	1	钢材、对接钢筋、水泥、骨料等原材料检查	设计要求		
	2	结构体外观	无裂缝、无蜂窝、空洞、不露筋		
	3	平面尺寸：长与宽 曲线部位半径 两对角线差 预埋件	±0.5% ±0.5% 1.0% 20mm		
	4	下沉过程中的偏差 高差 平面轴线	1.5%~2.0% <1.5%H		
	5	封底混凝土坍落度	18~22cm		
施工单位检查评定结果		专业工长(施工员) 项目专业质量检查员： 年 月 日		施工班组长	
监理(建设)单位验收结论		专业监理工程师(建设单位项目专业技术负责人)： 年 月 日			

注：H为下沉深度，L为两角的距离。

7.8 降水与排水

7.8.1 降水与排水的作用与适用条件

1 降水与排水是配合基坑开挖的安全措施，施工前应有降水与排水设计。当在基坑外降水时，应有降水范围的估算（基坑涌水量计算方法见附录G），对重要建筑物或公共设施在降水过程中应监测。

2 降水又称人工降水，即采用人工降低地下水位的方法将基坑内或基坑内外的水位降低至开挖面以下。在地下水位较高的透水土层中进行基坑开挖施工时，由于基坑内外的水位差较大，较易产生流砂、管涌等渗透破坏现象，有时还会影响到边坡或坑壁的稳定。因此，除了配合围护结构设置止水帷幕外，往往还需要在开挖之前，采用人工降水方法，将基坑内或基坑内外的水位降低至开挖面以下。

3 降水作用：

（1）防止地下水因渗流而产生流砂、管涌等渗透破坏作用。

（2）消除或减少作用在边坡或坑壁围护结构上的静水压力与渗透力，提高边坡或坑壁围护结构的稳定性。

（3）避免水下作业，使基坑施工能在水位以上进行，为施工提供方便，也有利于提高施工质量。

4 降水类型和适用条件：

（1）对不同的土质应用不同的降水形式，表7.8.1为常用降水形式。

表7.8.1 降水类型及适用条件

降水类型	渗水系数(cm/s)	可能降低的水位深度(m)
轻型井点	$10^{-2} \sim 10^{-5}$	3～6
多级轻型井点		6～12
喷射井点	$10^{-3} \sim 10^{-6}$	8～20
电渗井点	$<10^{-6}$	宜配合其他形式降水使用
深井井管	$\geq 10^{-5}$	>10

（2）地下水位较高的砂石类或粉土类土层。对于弱透水性的黏性土层，可采取电渗井点、深井井点或降排结合的措施降低地下水位。

（3）周围环境容许地面有一定的沉降。

（4）止水帷幕密闭，坑内降水时坑外水位下降不大。

（5）采取有效措施，足以使邻近地面沉降控制在容许值以内。

（6）具有地区性的成熟经验，证明降水对周围环境不产生大的影响。

5 降水做法：

（1）轻型井点降水：系在基坑外围或一侧、两侧埋设井点管深入含水层内，井点管的上端通过连接弯管与集水总管再与真空泵和离心泵相连，启动抽水设备，地下水便在真空泵吸力的作用下，经滤水管进入井点管和集水总管，排出空气后，由离心水泵的排水管排出，使地下水位降低到基坑底以下。

（2）喷射井点降水：喷射井点降水是在井点管内部装设特制的喷射器，用高压水泵或空气压缩机通过井点管中的内管向喷射器输入高压水（喷水井点）或压缩空气（喷气井点），形成水气射流，将地下水经井点外管与内管之间的间隙抽出排走。

（3）管井井点降水：管井井点降水系沿基坑每隔一定距离设置一个管井，每个管井单独用一台水泵不断抽水降低地下水位。

（4）深井井点降水：深井井点降水是在深基坑的周围埋置深于基底的井管，使地下水通过设置在井管内潜水电泵将地下水抽出，使地下水位低于基坑底面。

（5）电渗井点降水：是在渗透系数很小的饱和黏性土或淤泥、淤泥质土层中，利用黏性土中的电渗现象和电泳特性，结合轻型井点或喷射井点作为阴极，用钢管或钢筋作阳极，埋设在井点管环圈内侧，当通电后，使黏性土空隙中的水流动加快，起到一定的疏干作用，从而使软土地基排水效率提高的一种降水方法。

7.8.2 施工准备

7.8.2.1 技术准备

1 降水方案编制

在降水工程施工前，应根据基坑开挖深度、基坑周围环境、地下管线分布、工程地质勘察报告和基坑壁、边坡支护设计等进行降水方案设计，并经审核和批准。

2 技术交底

降水施工作业前，应进行技术、质量和安全交底，交底要有记录，并有交底人和接受交底人签字。

7.8.2.2 主要材料

主要包括井点管、砂滤层（黄砂和小砾石）、滤网、黏土（用于井点管上口密封）和绝缘沥青（用于电渗井点）等。

7.8.2.3 主要机具

1 轻型井点降水系统主要设备

由井点管、连接管、集水总管及抽水设备等组成。

2 喷射井点降水系统主要设备

由喷射井点、高压水（气）泵和管路系统等组成。

3 管井井点降水系统主要设备

由滤水井管、吸水管和水泵等组成。

4 电渗井点降水系统主要设备

由作阴极用的井点管、作阳极用的钢筋或钢管和直流发电机或直流电焊机等组成。

5 深井井点降水系统主要设备

由井管、水泵等组成。

6 井点成孔设备

主要包括起重设备、冲管和冲击或旋转钻机等。

7.8.2.4 作业条件

1 建筑物的控制轴线、灰线尺寸和标高控制点已经复测。

2 井点位置的地下障碍物已清除。

3 基坑周围受影响的建筑物和构筑物的位移监测已准备就绪。
4 防止基坑周围受影响的建筑物和构筑物的措施已准备就绪。
5 水源、电源已准备。
6 排出的地下水应经沉淀处理后，方可排放到市政地下管道或河道。
7 所采用的设备已维修和保养，确保能正常使用。

7.8.3 材料质量控制要点

1 砂滤层

用于井点降水的黄砂和小砾石砂滤层，应洁净，其黄砂含泥量应小于2％，小砾石含泥量应小于1％。

2 滤网

（1）常用滤网类型有方织网、斜织网和平织网，其类型选择按表7.8.3。

表7.8.3 常用滤网类型

滤网类型	最适合的网眼孔径（mm）		说明
	在均一砂中	在非均一砂中	
方织网	$2.5\sim3.0 d_{cp}$	$3.0\sim4.0 d_{50}$	d_{cp}——平均粒径
斜织网	$1.25\sim1.5 d_{cp}$	$1.5\sim2.0 d_{50}$	d_{50}——相当于过筛量50％的粒径
平织网	$1.50\sim2.0 d_{cp}$	$2.0\sim2.5 d_{50}$	

（2）在细砂中适宜于采用平织网，中砂中宜用斜织网，粗砂、砾石中则用方格网。

（3）各种滤网均应采用耐水锈材料制成，如铜网、青铜网和尼龙丝布网等。

3 黏土：用于井点管上口密封的黏土应呈可塑状，且黏性要好。

4 沥青绝缘材料：用于电渗井点阳极上的绝缘沥青应呈液体状，也可用固体沥青将其熬成液体。

5 各种原材料进场应有产品合格证，对于砂滤层还应进行原材料复试，合格后，方可采用。

7.8.4 施工工艺

7.8.4.1 工艺流程

1 轻型井点、喷射井点

施工准备→井点管布置→井点管埋设→井点管使用→井点管拆除

2 管井井点

施工准备→井点管布置→井点管埋设→水泵设置→井点管使用→井点管拆除

3 深井井点

施工准备→做井口、安护筒→钻机就位、钻孔→回填井底砂垫层→吊放井管→回填管壁与井壁间砂滤层→安装抽水控制电器→试抽→正常降水使用→拆除

4 电渗井点

施工准备→阴极井点埋设施工准备→阳极埋设施工准备→接通电路→阳极通电→正常降水使用→拆除

7.8.4.2 施工要点

1 轻型井点降水

(1) 井点布置

轻型井点降水系统的布置,应根据基坑的平面形状与大小、土质、地下水位高低与流向、降水深度要求而定。

1) 平面布置。当基坑或沟槽宽度小于 6m,降水深度小于 5m 时,可用单排井点,井点管布置在地下水流上游一侧;当基坑或基槽的宽度大于 6m,或土质不良、渗透系数较大时,则宜采用双排线状井点,布置在基坑或基槽的两侧;当基坑或基槽的面积较大时,宜采用环状井点布置。

2) 高程布置。当地下降水深度小于 6m 时,应采用一级轻型井点布置;当降水深度大于 6m、一级轻型井点不能满足降水深度时,可采用明沟排水和井点降水相结合的方法,将总管安装在原有地下水位线以下,以增加降水深度,当采用明沟排水和一级井点相结合的方法不能满足要求时,则应采用二级轻型井点降水方法,即先挖去一级井点排干的土方,然后再在坑内布置第二排井点。

(2) 井点管埋设

1) 井点管埋设程序:

总管排放→井点管埋设→弯连管连接→抽水设备安装。

2) 井点管埋设。

井点管埋设一般采用水冲法,包括冲孔和埋管两个过程。

冲孔时,先用起重设备将直径 50~70mm 的冲管吊起,并插在井点位置上,然后开动高压水泵,将土冲松,冲孔时,冲管应垂直插入土中,并做上下左右摆动,以加剧土体松动,边冲边沉,冲孔直径应不小于 300mm,以保证井管四周有一定数量的砂滤层,冲孔深度应比滤管底深 500mm 左右,以防冲管拔出时,部分土颗粒沉于坑底而触及滤管底部。各层土冲孔所需水流压力详见表 7.8.4.2。

表 7.8.4.2 各层土冲孔所需水流压力

土 层 名 称	冲水压力(MPa)	土 层 名 称	冲水压力(MPa)
松散砂土	0.25~0.45	可塑的黏土	0.60~0.75
软塑状态的黏土、粉质黏土	0.25~0.50	砾石夹黏性土	0.85~0.90
密实的腐植土	0.5	硬塑状态的黏土、粉质黏土	0.75~1.25
密实的细砂	0.5	粗砂	0.80~1.15
松散的中砂	0.45~0.55	中等颗粒的砾石	1.0~1.25
黄土	0.60~0.65	硬黏土	1.25~1.50
密实的中砂	0.60~0.70	密实的粗砾	1.35~1.50

注:1 埋设井点冲孔水流压力,最可靠的数字是通过试冲,以上表列值供施工予估配备高压泵及必要时的空气压缩机性能之用;

2 根据国产轻型井点的最小间距 800mm,要求冲孔距离不宜过近,以防两孔冲通,轻型井点间距宜采用 800~1600mm。

井孔冲成后,立即拔出冲管,插入井点管,并在井点管和孔壁间迅速填灌砂滤层,以防孔壁坍塌,砂滤层的填灌质量是保证轻型井点顺利工作的关键,一般应采用洁净的粗砂,填灌要均匀,应填灌到滤管顶上 1~1.5m,以保证水流畅通,井点填砂后,井点管上口须用黏土封口,以防漏气。

(3) 井点管使用

井点管使用，应保证连续抽水，并准备双电源，正常出水规律为"先大后小，先浑后清"。如不上水，或水一直较浑，或出现清后又浑等情况，应立即检查纠正。真空度是判断井点系统良好与否的尺度，应经常观察，一般真空度应不低于 55.3～66.7kPa，如真空度不够，通常是因为管路漏气，应及时修好。井点管淤塞，可通过听管内水流声，手扶管壁感到振动，夏冬期时期手扶管子较热等简便方法进行检查。如井点管淤塞太多，严重影响降水效果时，应逐个用高压水反冲洗井点管或拔除重新埋设。

(4) 井点管拆除

地下建、构筑物竣工并进行回填土后，方可拆除井点系统，井点管拆除一般多借助于倒链、起重机等，所留孔洞用土或砂填塞，对地基有防渗要求时，地面以下 2m 应用黏土填实。

(5) 质量控制要点

1) 集水总管、滤管和泵的位置及标高应正确。

2) 井点系统各部件均应安装严密，防止漏气。

3) 冲孔孔径不应小于 300mm，深度应比滤管底深 500mm 以上，井点孔口到地面下 500～1000mm 范围内应用黏性土填实。

4) 隔膜泵底应平整稳固，出水的接管应平接，不得上弯，皮碗应安装准确，对称，使工作时受力平衡。

5) 降水过程中，应定时观测水流量、真空度和水位观测井内的水位。

2 喷射井点降水

(1) 喷射井点布置与埋设

1) 喷射井点布置与埋设方法与轻型井点基本相同。

2) 井管间距一般为 2～3m，冲孔直径为 400～600mm，深度应比滤管底深 1m 以上，为防止喷射器损坏，成孔宜采用套管法，加气及压缩空气排泥，当套管内含泥量经测定小于 5% 时，方可下井管，井点孔口地面以下 500～1000mm 深度范围内应采用黏土封口。

3) 下井管时水泵应先运转，每下好一根井管，立即与总管接通（不接回水管），并及时进行单根试抽排泥，并测定其真空度（地面测定不应小于 93.3%），待井管出水变清后停止。

4) 全部井管下沉完毕，再接通回水总管，经试抽使工作水循环进行后再正式工作。

5) 扬水装置（喷嘴、混合室、扩散室等）的尺寸、轴线等，应加工精确。

各套进水总管应用阀门隔开，各套回水管也应分开，为防止产生工作水反灌，在滤管下端应设逆止球阀。

(2) 喷射井点使用

1) 开泵时，压力要小些（小于 0.3MPa），以后再逐渐正常。

2) 抽水时，如发现井管周围有泛砂冒水现象，应立即关闭井点管进行检修。

3) 工作水应保持清洁，试抽两天后应更换清水，以防止工作水磨损喷嘴和水泵叶轮。

(3) 质量控制要点

1) 井点管组装前，应检验喷嘴混合室、支座环和滤网等，井点管应在地面做泵水试验和真空度测定，其测定真空度不宜小于 93.3kPa。

2) 准确控制进水总管和滤管位置和标高。

3) 高压水泵的出水管应装有压力表和调压回水管路,以控制水压力。

4) 为防止喷射器磨损,应用套管冲枪成孔,加水及压缩空气排泥,套管内含泥量应小于5%。

5) 冲孔直径不应小于400mm,深度应比滤管底深1m以上。

6) 工作水应保持清洁,全面试抽2d后,应用清水更换,防止水质浑浊。

7) 在降水过程中,应定时观测工作水压力、地下水流量、井点的真空度和水位观测井的水位。

8) 观测孔孔口标高应在抽水前测量一次,以后则定期观测,以计算实际降深。

3 管井井点降水

(1) 管井布置

1) 基坑总涌水量确定后,再验算单根井点极限涌水量,然后确定井的数量,采取沿基坑边每隔一定距离均匀设置管井,管井之间用集水总管连接。

2) 井管中心距地下构筑物边缘距离,应依据所用钻机的钻孔方法而定,当采用泥浆护壁套管法时,应不小于3m,当用泥浆护壁冲击式钻机成孔时,为500~1500mm。

3) 井管埋设深度和距离,应根据降水面积和深度及含水层的渗透系数而定,最大埋深可达10m,间距10~50m。

(2) 管井埋设

管井埋设可用泥浆护壁套管的钻孔方法成孔,也可用泥浆护壁冲击钻成孔,钻孔直径一般为500~600mm,当孔深到达预定深度后,应将孔内泥浆掏净,然后下入300~400mm由实管和花管组成的铸铁管或水泥砾石管,滤水井管置于孔中心,用圆木堵塞管口。为保证井的出水量,且防止粉细砂涌入井内,在井管周围应回填粒料作过滤层,其厚度不得小于100mm,井管上口地面下500mm内,应用黏土填充密实。

管井回填料后,如使用铸铁井管时,应在管内用活塞拉孔进行洗井或采用空压机洗井,如用其他材料的井管时,应用空压机洗井至水清为止。

(3) 水泵设置

水泵的设置标高应根据降水深度和估计水泵最大真空吸水高度而定,一般为5~7m,高度不够时,可设在基坑内。

(4) 管井井点使用

管井井点在使用过程中,应经常对电动机、传动机械、电流、电压等进行检查,并对管井内水位和流量进行观测和记录。

(5) 井管拔除

井管使用完毕后,滤水井管可拔除,拔除的方法是在井口周围挖深300mm,用钢丝绳将管口套紧,然后用人工拔杆借助倒链或绞磨将井管徐徐拔除,孔洞用砂粒填实,上部500mm用黏土填实。

(6) 质量控制要点

1) 管井井点成孔直径应比井管直径大200mm。

2) 井管与孔壁间应用5~15mm的砾石填充作过滤层,地面下500mm内应用黏土填充密实。

3) 井的中心距基坑（槽）边缘的距离，当采用泥浆护壁钻孔法成孔时，不小于3.0m；当用泥浆护壁冲击钻成孔时，为0.5～1.5m。

4) 应定时观测水位和流量。

4 深井井点降水

（1）深井管布置

深井井点总涌水量计算后，一般沿基坑周围每隔15～30m设置一个深井井点。

（2）深井管埋设

深井成孔方法可根据土质条件和孔深要求，采用冲击钻孔、回转钻孔、潜水电钻钻孔或水冲法成孔，用泥浆或自成泥浆护壁，孔口设置护筒，一侧设排泥浆和泥浆坑，孔径应比井管直径大300mm以上，钻孔深度根据抽水期内可能沉积的高度适当加深。

深井井管沉放前，应进行清孔，一般用压缩空气或用吊桶反复上下取出洗孔，井管安放力求垂直，井管过滤部分应放置在含水层适当范围内，井管与孔壁间填充砂滤料，粒径应大于滤孔的孔径，砂滤层填灌后，在水泵安放前，应按规定先清洗滤井，冲除沉渣。

深井内安放潜水电泵，可用绳吊入滤水层部位，潜水电机、电缆及接头应有可靠绝缘，并配备保护开关控制。设置深井泵时，应安放平稳牢固，转向严禁逆转，防止转动轴解体，安放完毕后应进行试抽，满足要求后再进入正常工作。

（3）深井井点使用

与管井井点的使用要求相同。

（4）深井井点拔除

与管井井点的拔除方法相同。

（5）质量控制要点

1) 深井井管直径一般为300mm，其内径一般宜大于水泵外径50mm。

2) 深井井点成孔直径应比深井管直径大300mm以上。

3) 深井孔口应设置护套。

4) 孔位附近不得大量抽水。

5) 设置泥浆坑，防止泥浆水漫流。

6) 孔位应取土，核定含水层的范围和土的颗粒组成设置。

7) 各管段及抽水设备的连接，必须紧密、牢固，严禁漏水。

8) 排水管的连接、埋深、坡度、排水口均应符合施工组织设计的规定。

9) 排水过程中，应定时观测水位下降情况和排水流量。

5 电渗井点降水

（1）电渗井点布置

电渗井点降水是利用井点管（轻型或喷射井点）本身作阴极，沿基坑外围布置，以钢管（$\phi 50 \sim \phi 70$）或钢筋（$\phi 25$以上）作阳极，垂直埋设在井内侧，阴阳极分别用电线等连接成通路，并对阳极施加强直流电流。

电渗井点管埋设采用套管冲枪成孔埋设，阳极埋设应垂直，严禁与相临阴极相碰，阳极入土深度应比井点管深500mm，外露地面以上约200～400mm。阴阳极间距一般为800～1500mm，当采用轻型井点时为800～1000mm，当采用喷射井点时为1200～

1500mm，并成平行交错排列，阴阳极数量应相等，必要时阳极数量可多于阴极。

为防止电流从土表面通过，通电前应将阴阳极间地面上的金属和其他导电物体处理干净，有条件时涂一层沥青绝缘，另外，在不需要通电流的范围内（如渗透系数较大的土层）的阳极表面涂两层沥青绝缘，以减少电耗。

（2）电渗井点使用

在电渗降水时，应采用间隙通电，即通电24h后停电2~3h，再通电作业，以节约电能和防止土体电阻加大。

（3）电渗井点拆除

在基坑土方回填不需要降水后，再拆除电渗井点。在拆除前，应先关闭电源，拆除直流发电机或直流电焊机，然后按轻型井点管或喷射井点管的拆除方法，拆除电渗井点。

（4）质量控制要点

1）用金属材料制成的阳极应考虑电蚀量。

2）阴阳极的数量应相等，阳极数量可多余阴极数量，阳极的深度应较阴极深约500mm，以露出地面200~400mm为宜。

3）阳极埋设应垂直，严禁与阴极相碰，阳极表面可涂绝缘沥青或涂料。

4）工作电流不宜大于60V，土中通电时的电流密度宜为$0.5~1.0A/m^2$。

5）降水期间隙通电时间，一般为工作通电24h后，应停电2~3h，再通电作业。

6）降水过程中，应定时观测电压、电流密度、耗电量和地下水位。

6 基坑降水回灌

（1）回灌井点埋设

1）回灌井点应埋设在降水区和临近受影响的建（构）筑物之间的土层中，其埋设方法与降水井点相同。

2）回灌井点滤管部位应从地下水位以上500mm处开始直到井管底部，也可采用与降水井点管相同的构造，但必须保证成孔与灌砂的质量。

3）回灌井点与降水井点之间应保持一定距离，其埋设深度应根据滤水层的深度来决定，以确保基坑施工安全和回灌效果。

4）在降灌水区域附近应设置一定数量的沉降观测点和水位观测井。

（2）回灌井点使用

1）回灌水宜采用清水，其水量应根据地下水位变化及时调节保持抽降平衡。

2）在降灌过程中，应根据所设置的沉降观测点和水位观测井进行沉降和水位观测，并作好记录。

（3）回灌井点拆除

当降水井点拆除后，方可进行回灌井点拆除，其拆除方法与其他降水井点相同。

7.8.5 成品保护措施

1 井点管口应有保护措施，防止杂物掉入井管内。

2 为防止滤网损坏，在井管放入前，应认真检查，以保证滤网完好。

7.8.6 安全、环保措施

1 施工场地内一切电源、电路的安装和拆除，应由持证电工专管，电器必须严格接地接零和设置漏电保护器。现场电线、电缆必须按规定架空，严禁拖地和乱拉、乱搭。

2 所有机器操作人员必须持证上岗。
3 施工场地必须做到场地平整、无积水，挖好排浆沟。
4 排出的地下水应经沉淀处理后方可排放到市政地下管道或河道。
5 施工机械、电气设备、仪表仪器等在确认完好后方准使用，并由专人负责使用。

7.8.7 质量标准

1 降水系统施工完后，应试运转，如发现井管失效，应采取措施使其恢复正常，如不可能恢复则应报废，另行设置新的井管。
2 降水系统运转过程中，应随时检查观测孔中的水位。
3 基坑内明排水应设置排水沟及集水井，排水沟纵坡宜控制在1‰～2‰。
4 降水施工的质量检验标准应符合表7.8.7的规定。

表7.8.7 降水施工质量检验标准

序	检查项目	允许偏差或允许值		检查方法
		单位	数值	
1	排水沟坡度	‰	1～2	目测：坑内不积水,沟内排水畅通
2	井管(点)垂直度	%	1	插管时目测
3	井管(点)间距(与设计相比)	%	≤150	用钢尺量
4	井管(点)插入深度(与设计相比)	mm	≤200	水准仪
5	过滤沙砾料填灌(与计算值相比)	mm	≤5	检查回填料用量
6	井点真空度：轻型井点 喷射井点	kPa kPa	＞60 ＞93	真空度表 真空度表
7	电渗井点阴阳距离：轻型井点 喷射井点	mm mm	80～100 120～150	用钢尺量 用钢尺量

7.8.8 质量验收

7.8.8.1 检验批的划分应符合本标准第3.0.9条、第3.0.10条的规定。

7.8.8.2 检验批的验收组织应符合本标准第3.0.15条的规定。

7.8.8.3 质量验收记录：

1 在降水过程中，应定人、定时做好表7.8.8.3-1所示的降水记录。

表7.8.8.3-1 降水记录

降、排水方法	轻型井点降水	喷射井点降水	管井井点降水	深井井点降水	电渗井点降水	回灌井点
记录内容	排水流量 真空度 地下水位	水流量 真空度 工作水压力 地下水位	排水流量 地下水位	排水流量 地下水位	电压、电流密度、耗电量 排水量 地下水位	地下水位
注：当降水基坑周围有受影响的建(构)筑物时,应对其进行位移监测和记录。						

2 降水质量验收记录按表7.8.8.3-2"降水与排水工程检验批质量验收记录表"填写。

表 7.8.8.3-2　降水与排水工程检验批质量验收记录表
GB 50202—2002

单位(子单位)工程名称				
分部(子分部)工程名称			验收部位	
施工单位			项目经理	
分包单位			分包项目经理	
施工执行标准名称及编号				

		施工质量验收规范的规定		施工单位检查评定记录	监理(建设)单位验收记录
一般项目	1	排水沟坡度	1‰～2‰		
	2	井管(点)垂直度	1%		
	3	井管(点)间距(与设计相比)	≤150%		
	4	井管(点)插入深度(与设计相比)	≤200mm		
	5	过滤砂砾料填灌(与计算值相比)	≤5mm		
	6	井点真空度：轻型井点 　　　　　　喷射井点	>60kPa >93kPa		
	7	电渗井点阴阳极距离：轻型井点 　　　　　　　　　　喷射井点	80～100mm 120～150mm		

施工单位 检查评定结果	专业工长(施工员)　　　　　　　　　　　　施工班组长 项目专业质量检查员：　　　　　　年　月　日
监理(建设)单位 验收结论	 专业监理工程师(建设单位项目专业技术负责人)：　　　　　年　月　日

8 分部（子分部）工程质量验收

8.0.1 建筑地基基础工程的分部（子分部）工程、分项工程可按表3.0.8划分。

8.0.2 表3.0.8中地下防水、混凝土基础、砌体基础、劲钢（管）混凝土和钢结构子分部工程的施工工艺及验收分别按照本企业标准《地下防水工程施工技术标准》ZJQ08-SGJB 208—2005、《混凝土结构工程施工技术标准》ZJQ08-SGJB 204—2005、《砌体工程施工技术标准》ZJQ08-SGJB 203—2005、《钢结构工程施工技术标准》ZJQ08-SGJB 205—2005的规定执行。

8.0.3 分项工程、分部（子分部）工程质量的验收，均应在施工单位自检合格的基础上进行。施工单位确认自检合格后提出工程验收申请，工程验收时，应提供下列文件和记录：

1 原材料的质量合格证和质量鉴定文件；
2 半成品如预制桩、钢桩、钢筋笼等产品合格证书；
3 施工记录及隐蔽工程验收文件；
4 检测试验及见证取样文件；
5 其他必须提供的文件或记录。

8.0.4 对隐蔽工程应进行中间验收。

8.0.5 分部（子分部）工程验收应由总监理工程师或建设单位项目负责人组织勘察、设计单位及施工单位的项目负责人、技术质量负责人，共同按设计要求和相应规范及本企业标准的有关规定进行。

8.0.6 验收工作应按下列规定进行：

1 分项工程的质量验收应分别按主控项目和一般项目验收；
2 隐蔽工程应在施工单位自检合格后，于隐蔽前通知有关人员检查验收，并形成中间验收文件；
3 分部（子分部）工程的验收，应在分项工程通过验收的基础上，对必要的部位进行见证检验。

8.0.7 主控项目必须符合验收标准规定，发现问题应立即处理直至符合要求，一般项目应有80％合格。混凝土试件强度评定不合格或对试件的代表性有怀疑时，应采用钻芯取样，检测结果符合设计要求可按合格验收。

8.0.8 分部（子分部）工程质量验收记录按表8.0.8填写。

8.0.9 地基基础工程分部（子分部）工程质量验收记录填表说明

8.0.9.1 表名及表头部分

1 表名：分部（子分部）工程的名称填写要具体，写在分部（子分部）工程的前边，并分别划掉分部或子分部。
2 表头部分的工程名称。填写工程全称，与检验批、分项工程、单位工程验收表的工程名称一致。

表 8.0.8 _____ 分部（子分部）工程质量验收记录

工程名称			结构类型		层数		
施工单位			技术部门负责人		质量部门负责人		
分包单位			分包单位负责人		分包技术负责人		
1		分项工程名称	检验批	施工单位检查评定	验 收 意 见		
2							
3							
4							
5							
6							
质量控制资料							
安全和功能检验（检测）报告							
观感质量验收							
验收单位	分包单位			项目经理		年 月 日	
	施工单位			项目经理		年 月 日	
	勘察单位			项目负责人		年 月 日	
	设计单位			项目负责人		年 月 日	
	监理（建设）单位		总监理工程师（建设单位项目负责人）：			年 月 日	

结构类型填写按设计文件提供的结构类型；层数应分别注明地下和地上的层数。

施工单位填写单位全称。与检验批、分项工程、单位工程验收表填写的名称一致。

技术部门负责人及质量部门负责人。地基基础分部或子分部应由施工单位的技术部门及质量部门负责人签字。

分包单位的填写。有分包单位时才填写，无分包就不填写。分包单位名称要写全称，与合同或图章上的名称一致。分包单位负责人及分包单位技术负责人，填写本项目的项目负责人及项目技术负责人。

8.0.9.2 验收内容填写（共 4 项内容）

1 分项工程

按分项工程和施工先后顺序将分项工程名称填上，在第二格内分别填写各分项工程实际的检验批数量，即分项工程验收表上的检验批数量，并将各分项工程评定表按顺序附在后面。

施工单位检查评定栏，填写施工单位自行检查评定结果。核查各分项工程是否都通过验收，有关有龄期要求的试件的合格评定是否达到要求；自检符合要求的可打"√"标注，否则打"×"标注。有"×"的项目不能交给监理单位或建设单位验收，应进行返修达到合格后再提交验收。监理单位或建设单位应由总监理工程师或建设单位项目专业技术负责人审查，在符合要求后，在验收意见栏内签注"同意验收"意见。

2 质量控制资料

按本标准第8.0.3条要求的工程验收文件和记录,逐项进行核查。能基本反映工程质量情况,达到保证使用功能要求,即可通过验收。全部项目都通过,即可在施工单位检查评定栏打"√"标注检查合格。并送监理单位或建设单位验收,监理单位总监理工程师组织审查,在符合要求后,在验收意见栏内签注"同意验收"意见。

3 安全和功能检验(检测)报告

地基基础工程有安全和功能的检查项目主要有:

(1) 桩基检测报告;

(2) 地基承载力检测报告;

(3) 地下室防水效果检查记录等。

检查检测报告和记录,核查每个检测项目的检测方法、程序是否符合有关标准的规定;检测结果是否达到规范要求。检测报告的审批程序、签字是否完整。在每个报告上标注"审查通过"标识。每个检测项目都通过审查,即可在施工单位检查评定栏内打"√"标注检查合格。由项目经理送监理单位或建设单位验收,监理单位总监理工程师或建设单位项目专业技术负责人组织审查,在符合要求后,在验收意见栏内签注"同意验收"意见。

4 观感质量

按照现行国家标准《建筑工程施工质量验收统一标准》GB 50300—2001附录表G.0.1-4要求,地基基础工程无观感质量的验收内容,但如有地下室且内墙面为清水混凝土时应进行观感质量检查。

8.0.9.3 验收单位签认

1 地基基础工程的分部、子分部工程,勘察单位、设计单位都应由项目负责人亲自签认。

2 施工总承包单位和分包单位必须由项目经理亲自签认。

3 监理单位作为验收方,由总监理工程师亲自签认。如果按规定不委托监理单位的工程,可由建设单位项目专业技术负责人亲自签认。

附录 A 地基与基础施工勘察要点

A.1 一般规定

A.1.1 所有建（构）筑物均应进行施工验槽。遇到下列情况之一时，应进行专门的施工勘察。

1 工程地质条件复杂，详勘阶段难以查清时；
2 开挖基槽发现土质、土层结构与勘察资料不符时；
3 施工中边坡失隐，需查明其原因，进行观察处理时；
4 施工中，地基土受扰动，需查明其性状及工程性质时；
5 为地基处理，需进一步提供勘察资料时；
6 建（构）筑物的特殊要求，或在施工时出现新的岩土工程地质问题时。

A.1.2 施工勘察应针对需要解决的岩土工程问题布置工作量，勘察方法可根据具体情况选用施工验槽、钻探取样和原位测试等。

A.2 天然地基基础基槽检验要点

A.2.1 基槽开挖后，应检验下列内容：

1 核对基坑的位置、平面尺寸、坑底标高；
2 核对基坑土质和地下水情况；
3 空穴、古墓、古井、防空掩体及地下埋设物的位置、深度、性状

A.2.2 在进行直接观察时，可用袖珍式贯入仪作为辅助手段。

A.2.3 遇到下列情况之一时，应在基坑底普遍进行轻型动力触探：

1 持力层明显不均匀；
2 浅部有软弱下卧层；
3 有浅埋的坑穴、古墓、古井等，直接观察难以发现时；
4 勘察报告或设计文件规定应进行轻型动力触探时。

A.2.4 采用轻型动力触探进行基槽检验时，检验深度及间距按表 A.2.4 执行：

表 A.2.4 轻型动力触探检验深度及间距表 (m)

排列方式	基槽宽度	检验深度	检验间距
中心一排	<0.8	1.2	1.0～1.5m 视地层复杂情况定
两排错开	0.8～2.0	1.5	
梅花型	>2.0	2.1	

A.2.5 遇下列情况之一时，可不进行轻型动力触探：
 1 基坑不深处有承压水层，触探可造成冒水涌砂时；
 2 持力层为砾石层或卵石层，且其厚度符合设计要求时。

A.2.6 基槽检验应填写验槽记录或检验报告。

A.3 深基础施工勘察要点

A.3.1 当预制打入桩、静力压桩或锤击沉管灌注桩的入土深度与勘察资料不符或对桩端下卧层有怀疑时，应核查桩端下主要受力层范围内的标准贯入击数和岩土工程性质。

A.3.2 在单柱桩的大直径桩施工中，如发现地层变化异常或怀疑持力层可能存在破碎带或溶洞等情况时，应对其分布、性质、程度进行核查，评价其对工程安全的影响程度。

A.3.3 人工挖孔混凝土灌注桩应逐孔进行持力层岩土性质的描述及鉴别，当发现与勘察资料不符时，应对异常之处进行施工勘察，重新评价，并提供处理的技术措施。

A.4 地基处理工程施工勘察要点

A.4.1 根据地基处理方案，对勘察资料中场地工程地质及水文地质条件进行核查和补充；对详勘阶段遗留问题或地基处理设计中的特殊要求进行有针对性的勘察，提供地基处理所需的岩土工程设计参数，评价现场施工条件及施工对环境的影响。

A.4.2 当地基处理施工中发生异常情况时，进行施工勘察，查明原因，为调整、变更设计方案提供岩土工程设计参数，并提供处理的技术措施。

A.5 施工勘察报告

施工勘察报告应包括下列主要内容：
 1 工程概况；
 2 目的和要求；
 3 原因分析；
 4 工程安全性评价；
 5 处理措施及建议。

附录 B 建筑物沉降观测

B.0.1 建筑物沉降观测应测定建筑物地基的沉降量、沉降差及沉降速度并计算基础倾斜、局部倾斜、相对弯曲构件倾斜。

B.0.2 沉降观测点的布置，应以能全面反映建筑物地基变形特征并结合地质情况及建筑结构特点确定。点位宜选在下列位置：

　　1 建筑物的四角、大转角处及沿外墙每 10～15m 处或每隔 2～3 根柱基上。

　　2 高低层建筑物、新旧建筑物、纵横墙等交接处的两侧。

　　3 建筑物裂缝和沉降缝的两侧、基础埋深相差悬殊处、人工地基与天然地基接壤处、不同结构的分界处及填挖方分界处。

　　4 宽度大于等于 15m 或小于 15m 而地质复杂以及膨胀土地区的建筑物，在承重内隔墙中部设内墙点，在室内地面中心及四周设地面点。

　　5 邻近堆置重物处、受振动有显著影响的部位及基础下的暗浜（沟）处。

　　6 框架结构建筑物的每个或部分柱基上或沿纵横墙轴线设点。

　　7 片筏基础、箱形基础底板或接近基础的结构部分之四角处及其中部位置。

　　8 重型设备基础和动力设备基础的四角、基础型式或埋深改变处以及地质条件变化处两侧。

　　9 电视塔、烟囱、水塔、油罐、炼油塔、高炉等高耸建筑物，沿四周边在与基础轴线相交的对称位置上布点，点数不少于 4 个。

B.0.3 沉降观测的标志，可根据不同的建筑结构类型和建筑材料，采用墙（柱）标志、基础标志和隐蔽式标志（用于宾馆等高级建筑物）等形式。各类标志的立尺部位应加工成半球形或有明显突出点，并涂上防腐剂。标志的埋设位置应避开如雨水管、窗台线、暖气片、电气开关等有碍设标与观测的障碍物，并应视立尺需要离开墙（柱）面和地面一定距离。隐蔽式沉降观测点标志的型式，应按图 B.0.3-1～图 B.0.3-3 的规格埋设。

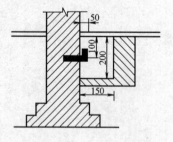

图 B.0.3-1 窨井式标志
（适用于建筑物内部埋设，单位：mm）

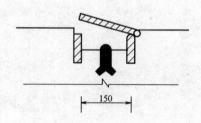

图 B.0.3-2 盒式标志
（适用于设备基础上埋设，单位：mm）

B.0.4 沉降观测点的施测精度，应按以下规定确定。未包括在水准线路上的观测点，应以所选定的测站高差中误差作为精度要求施测。

1 最终沉降量的观测中误差应按下列规定确定：

（1）绝对沉降（如沉降量、平均沉降量等）的观测中误差，对于高精度要求的工程可按地基条件，结合经验与分析具体确定；对于其他精度要求的工程，可按低、中、高压缩性地基土的类别分别选±0.5mm、±1.0mm、±2.5mm。

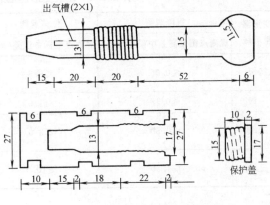

图 B.0.3-3 螺栓式标志
（适用于墙体上埋设，单位：mm）

（2）相对沉降（如沉降差、基础倾斜、局部倾斜等）、局部地基沉降（如基坑回弹、地基土分层沉降等）以及膨胀土地基变形等的观测中误差，均不应超过其变形允许值的1/20。

（3）建筑物整体性变形（如工程设施的整体垂直挠曲等）的观测中误差，不应超过允许垂直偏差的1/10。

（4）结构段变形（如平置构件挠度等）的观测中误差，不应超过变形允许值的1/6。

（5）对于科研项目变形量的观测中误差，可视所需提高观测精度的程度，将上列各项观测中误差乘以1/5～1/2系数后采用。

2 高程测量的精度等级，应以本条第1款确定的最终沉降量观测中误差按式（B.0.4-1）或式（B.0.4-2）估算单位权中误差 μ、求出观测点测站高差中误差后，根据以下原则确定。

$$\mu = \frac{m_s}{\sqrt{2Q_H}} \tag{B.0.4-1}$$

$$\mu = \frac{m_{\Delta s}}{\sqrt{2Q_h}} \tag{B.0.4-2}$$

式中 m_s——沉降量 s 的观测中误差（mm）；

$m_{\Delta s}$——沉降差 Δs 的观测中误差（mm）；

Q_H——网中最弱观测点高程 H 的权倒数；

Q_h——网中待求观测点间高差 h 的权倒数。

（1）当仅给定单一变形允许值时，应按所估算的观测点精度选择相应的精度等级；

（2）当给定多个同类型变形允许值时，应分别估算观测点精度，并应根据其中最高精度选择相应的精度等级；

（3）当估算出的观测点精度低于表B.0.4中三级精度的要求时，宜采用三级精度；

（4）对于未规定或难以规定变形允许值的观测项目，可根据设计、施工的原则要求，参考同类或类似项目的经验，对照表B.0.4的规定，选取适宜的精度等级。

表 B.0.4 建筑变形测量的等级及其精度要求

变形测量等级	沉降观测 观测点测站高差中误差(mm)	位移观测 观测点坐标中误差(mm)	适 用 范 围
特级	≤0.05	≤0.3	特高精度要求的特种精密工程和重要科研项目变形观测
一级	≤0.15	≤1.0	高精度要求的大型建筑物和科研项目变形观测
二级	≤0.50	≤3.0	中等精度要求的建筑物和科研项目变形观测；重要建筑物主体倾斜观测、场地滑坡观测
三级	≤1.50	≤10.0	低精度要求的建筑物变形观测；一般建筑物主体倾斜观测、场地滑坡观测

B.0.5 沉降观测的周期和观测时间，可按下列要求并结合具体情况确定。

1 建筑物施工阶段的观测，应随施工进度及时进行。一般建筑，可在基础完工后或地下室砌完后开始观测，大型、高层建筑，可在基础垫层或基础底部完成后开始观测。观测次数与间隔时间应视地基与加荷情况而定。民用建筑可每加高 1~5 层观测一次；工业建筑可按不同施工阶段（如回填基坑、安装柱子和屋架、砌筑墙体、设备安装等）分别进行观测。如建筑物均匀增高，应至少在增加荷载的 25%、50%、75% 和 100% 时各测一次。施工过程中如暂时停工，在停工时及重新开工时应各观测一次。停工期间，可每隔 2~3 个月观测一次。

2 建筑物使用阶段的观测次数，应视地基土类型和沉降速度大小而定。除有特殊要求者外，一般情况下，可在第一年观测 3~4 次，第二年观测 2~3 次，第三年后每年 1 次，直至稳定为止。观测期限一般不少于如下规定：砂土地基 2 年，膨胀土地基 3 年，黏土地基 5 年，软土地基 10 年。

3 在观测过程中，如有基础附近地面荷载突然增减、基础四周大量积水、长时间连续降雨等情况，均应及时增加观测次数。当建筑物突然发生大量沉降、不均匀沉降或严重裂缝时，应立即进行逐日或几天一次的连续观测。

4 沉降是否进入稳定阶段，应由沉降量与时间关系曲线判定。对重点观测和科研观测工程，若最后三个周期观测中每周期沉降量不大于 $2\sqrt{2}$ 倍测量中误差可认为已进入稳定阶段。一般观测工程，若沉降速度小于 0.01~0.04mm/d，可认为已进入稳定阶段，具体取值宜根据各地区地基土的压缩性确定。

B.0.6 沉降观测点的观测方法和技术要求，应符合下列要求：

B.0.6.1 各等级几何水准观测的技术要求，应符合下列要求：

1 对特级、一级沉降观测，应使用 DSZ205 或 DS05 型水准仪、因瓦合金标尺，按光学测微法观测；对二级沉降观测，应使用 DS1 或 DS05 型水准仪、钢瓦合金标尺，按光学测微法观测；对三级沉降观测，可使用 DS3 型仪器、区格式木质标尺，按中丝读数法观测，亦可使用 DS1、DS05 型仪器、因瓦合金标尺，按光学测微法观测。光学测微法和中丝读数法的每测站观测顺序和方法，应按现行国家水准测量规范的有关规定执行。

2 各等级观测中，每周期的观测线路数 r，可根据所选等级精度和使用的仪器类型，按下式估算并作调整后确定：

$$r=(m_d/m_0)^2 \tag{B.0.6.1}$$

式中 m_0——所选等级的测站高差中误差（mm）；

m_d——不同类型水准仪的单程观测每测站高差中误差估值（mm），可按下列经验公式计算：

DS05型 $m_d=0.025+0.0029d$

DS1型 $m_d=3.92\times 10^{-3}d$

DS3型 $m_d=\sqrt{0.40+0.34\times 10^{-4}d^2}$

其中，d——采用的最长视线长度（m）。

按式（B.0.6.1）估算的结果应作如下调整：

(1) 当 $r\leqslant 1$ 时，至少应采用单程观测；

(2) 当 $1<r\leqslant 2$ 时，应采用往返观测或单程双测站观测；

(3) 当 $2<r<4$ 时，应采用两次往返观测或正反向各按单程双测站观测；

(4) 当 $r\leqslant 1$ 时，各等级沉降观测的首次观测、控制网复测以及各周期中的工作基点稳定性检测，对特级、一级应进行往返观测，对二级、三级应进行单程双测站观测。从第二次观测开始，对特级宜按往返或单程双测站观测，对一二三级可按单程观测。但任一级的支线必须作往返或单程双测站观测。

3 各等级水准观测的视线长度、前后视距差、视线高度，应符合表B.0.6.1-1的规定。

表 B.0.6.1-1 水准观测的视线长度、前后视距差、视线高度（m）

等级	视线长度	前后视距差	前后视距累积差	视线高度
特级	≤10	≤0.3	≤0.5	≥0.5
一级	≤30	≤0.7	≤1.0	≥0.3
二级	≤50	≤2.0	≤3.0	≥0.2
三级	≤75	≤5.0	≤8.0	三丝能读数

4 各等级水准观测的限差应符合表B.0.6.1-2的规定。

表 B.0.6.1-2 水准观测的限差（mm）

等级		基辅分划（黑红面）读数之差	基辅分划（黑红面）所测高差之差	往返较差及附合或环线闭合差	单程双测站所测高差较差	检测已测测段高差之差
特级		0.15	0.2	$\leqslant 0.1\sqrt{n}$	$\leqslant 0.07\sqrt{n}$	$\leqslant 0.15\sqrt{n}$
一级		0.3	0.5	$\leqslant 0.3\sqrt{n}$	$\leqslant 0.2\sqrt{n}$	$\leqslant 0.45\sqrt{n}$
二级		0.5	0.7	$\leqslant 1.0\sqrt{n}$	$\leqslant 0.7\sqrt{n}$	$\leqslant 1.5\sqrt{n}$
三级	光学测微法	1.0	1.5	$\leqslant 3.0\sqrt{n}$	$\leqslant 2.0\sqrt{n}$	$\leqslant 4.5\sqrt{n}$
	中丝读数法	2.0	3.0			

注：表中 n 为测站数。

B.0.6.2 使用的水准仪、水准标尺，项目开始前应进行检验，项目进行中也应定期检验。检验后应符合下列要求。

1 i 角对用于特级水准观测的仪器不得大于 $10''$，对用于一二级水准观测的仪器不得大于15″，对用于三级水准观测的仪器不得大于20″。补偿式自动安平水准仪的补偿误差Δ_α绝对值不得大于0.2″。

2 水准标尺分划线的分米分划线误差和米分划间隔真长与名义长度之差，对线条式因瓦合金标尺不应大于0.1mm，对区格式木质标尺不应大于0.5mm。

B.0.6.3 变形测量的观测周期应符合下列要求：

1 对于单一层次布网，观测点与控制点应按变形观测周期进行观测；对于两个层次布网，观测点及联测的控制点应按变形周期进行观测，控制网部分可按复测周期进行观测。

2 变形观测周期应能系统反映所测变形的变化过程且不遗漏其变化时刻为原则，根据单位时间内变形量的大小及外界因素影响确定。当观测中发现变形异常时，应及时增加观测次数。

3 控制网复测周期应根据测量目的和点位的稳定情况确定，一般宜每半年复测一次。在建筑施工过程中应适当缩短观测时间间隔，点位稳定后可适当延长观测时间间隔。当复测成果或检测成果出现异常，或测区受到如地震、洪水、爆破等外界因素影响时，应及时进行复测。

4 变形测量的首次（即零周期）观测应适当增加观测量，以提高初始值的可靠性。

5 不同周期观测时，宜采用相同的观测网形和观测方法，并使用相同类型的测量仪器。对于特级和一级变形观测，还宜固定观测人员、选择最佳观测时段、在基槽相同的环境和条件下观测。

B.0.6.4 各周期水准观测作业应符合下列要求：

1 应在标尺分划线呈像清晰和稳定的条件下进行观测。不得在日出后或日出前约半小时、太阳中天前后、风力大于四级、气温突变时以及标尺分划线呈像跳动而难以照准时进行观测。晴天观测时，应用测伞为仪器遮蔽阳光。

2 作业中应经常对水准仪及水准尺的水准器和i角进行检查。当发现观测成果出现异常情况并认为与仪器有关时，应及时检验与校正。

3 每测段往测与返测的测站数均应为偶数，否则应加入标尺零点差改正。由往测转向返测时，两标尺应互换位置，并应重新整置仪器。在同一测站上观测时，不得两次调焦。转动仪器的倾斜螺旋和测微鼓时，其最后旋转方向，均应为旋进。

4 对各周期观测过程中发现的点位变动迹象、地质地貌异常、附近建筑物基础和墙体裂缝等情况，应做好记录，并画出草图。

5 对二级、三级观测点，除建筑物转角、交接点、分界点等主要变形特征点外，可允许使用间视法进行观测，但视线长度不得大于相应等级规定的长度。

6 观测时，仪器应避免安置在有空压机、搅拌机、卷扬机等振动影响的范围内，塔式起重机等施工机械附近也不宜设站。

7 每次观测应记载施工进度、增加荷载量、仓库进货吨位、建筑物倾斜裂缝等各种影响沉降变化和异常的情况。

B.0.7 每周期观测后，应及时对观测资料进行整理，计算观测点的沉降量、沉降差以及本周期平均沉降量和沉降速度。如需要可按下列公式计算变形特征值：

1 基础倾斜α：

$$\alpha = (s_i - s_j)/L \tag{B.0.7-1}$$

式中 s_i——基础倾斜方向端点 i 的沉降量（mm）；
s_j——基础倾斜方向端点 j 的沉降量（mm）；
L——基础两端点（i, j）间的距离（mm）。

2 基础局部倾斜 α 仍可按式（B.0.7-1）计算。此时取砌体承重结构纵墙 6~10m 内基础上两观测点（i, j）的沉降量为 s_i、s_j，两点（i, j）间的距离为 L。

3 基础相对弯曲 f_c：

$$f_c = [2s_k - (s_i + s_j)]/L \tag{B.0.7-2}$$

式中 s_k——基础中点 k 的沉降量（mm）；
L——i 与 j 点间的距离（mm）。

注：弯曲量以向上凸起为正，反之为负。

4 柱基间吊车轨道等构件的倾斜，仍按式（B.0.7-1）计算。

B.0.8 观测工作结束后，应提交下列成果：

1 沉降观测成果表；
2 沉降观测点位分布图及各周期沉降展开图；
3 $v-t-s$（沉降速度、时间、沉降量）曲线图；
4 $p-t-s$（荷载、时间、沉降量）曲线图（视需要提交）；
5 建筑物等沉降曲线图（图 B.0.8），如观测点数量较少可不提交；
6 沉降观测分析报告。

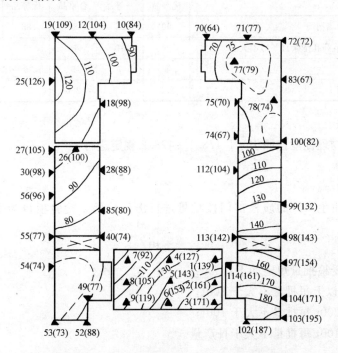

图 B.0.8 某院大楼等沉降曲线示例（单位：mm）
注：图中括号前数字为观测点编号，括号内数字为沉降量。

附录C 建筑生石灰及生石灰粉

C.1 建筑生石灰

C.1.1 分类与等级

1 分类

按化学成分钙质生石灰氧化镁含量小于等于5%；

镁质生石灰氧化镁含量大于5%。

2 等级

建筑生石灰分为优等品、一等品、合格品。

C.1.2 技术要求

建筑生石灰的技术指标应符合表C.1.2的规定。

表C.1.2 建筑生石灰技术指标

项目	钙质生石灰			镁质生石灰		
	优等品	一等品	合格品	优等品	一等品	合格品
CaO+MgO含量(%),不小于	90	85	80	85	80	75
未消化残渣含量(5mm筛孔筛余)(%),不大于	5	10	15	5	10	15
CO_2(%),不大于	5	7	9	6	8	10
产浆量(L/kg),不小于	2.8	2.3	2.0	2.8	2.3	2.0

C.1.3 试验方法

化学成分和物理性能按照JC/T 478.1~478.2规定进行。

C.1.4 检验规则

1 出厂检验

建筑生石灰由生产厂的质检部门按批量进行出厂检验。检验项目为表C.1.2的全部项目。

2 批量

建筑生石灰受检批量规定如下：

日产量200t以上每批量不大于200t；

日产量不足200t每批量不大于100t；

日产量不足100t每批量不大于日产量。

3 取样

建筑生石灰的取样按本条第2款规定的批量，从整批物料的不同部位选取。取样点不少于25个，每个点的取样量不少于2kg，缩分至4kg装入密封容器内。

4 判定

产品技术指标均达到表 C.1.2 技术要求中相应等级时判定为该等级，有一项指标低于合格品要求时，判为不合格品。

5 复验

用户对产品质量发生异议时，可以复验物理项目，按照本条第 3 款要求取样，送交质量监督部门进行复验。

C.1.5 贮存、运输和质量证明书

1 贮存

建筑生石灰应分类、分等，贮存在干燥的仓库内，不宜长期贮存。

2 运输

建筑生石灰不准与易燃、易爆和液体物品混装，运输时要采取防水措施。

3 质量证明书

每批产品出厂时，应向用户提供质量证明书。证明书上应注明厂名、产品名称、等级、试验结果、批量编号、出厂日期、标准编号和使用说明。

（摘自国家现行行业标准《建筑生石灰》JC/T 479—92）

C.2 建筑生石灰粉

C.2.1 分类与等级

1 分类

按化学成分，钙质生石灰粉氧化镁含量小于等于 5%；
镁质生石灰粉氧化镁含量大于 5%。

2 等级

建筑生石灰粉分为优等品、一等品、合格品。

C.2.2 技术要求

建筑生石灰粉的技术指标应符合表 C.2.2 的规定。

表 C.2.2 建筑生石灰粉技术指标

项目		钙质生石灰粉			镁质生石灰粉		
		优等品	一等品	合格品	优等品	一等品	合格品
$CaO+MgO$ 含量(%)，不小于		85	80	75	80	75	70
CO_2 含量(%)，不大于		7	9	11	8	10	12
细度	0.90mm 筛的筛余(%)，不大于	0.2	0.5	1.5	0.2	0.5	1.5
	0.125mm 筛的筛余(%)，不大于	7.0	12.0	18.0	7.0	12.0	18.0

C.2.3 试验方法

化学成分和物理性能按 JC/T 478.1～478.2 规定进行。

C.2.4 检验规则

1 出厂检验

建筑生石灰粉应由生产厂家的质量检验部门按批量进行出厂检验。检验项目为表C.2.2中的全部项目。

2 批量

建筑生石灰粉受检批量规定如下：

日产量200t以上每批量不大于200t；

日产量不足200t每批量不大于100t；

日产量不足100t每批量不大于日产量。

3 取样

(1) 散装生石灰粉：随机取样或使用自动取样器取样。

(2) 袋装生石灰粉：应从本批产品中随机抽取10袋，样品总量不少于3kg。

(3) 试样在采集过程中应贮存于密封容器中，在采样结束后立即用四分法将样品缩分至300g，装于磨口广口瓶中，密封后粘上标签注明：产品名称、批号、生产日期、班次、取样地点并由采样人签名，送交化验室。

4 判定

产品技术指标均达到表C.2.2技术要求相应等级时，判定为该等级，有一项指标低于合格品要求时，判为不合格。

5 复检

用户对产品质量发生异议时，可以复检物理指标。按照本条第3款要求取样，送交质量监督部门进行复检。

C.2.5 包装、标志、运输、贮存和质量证明书

1 包装、标志

建筑生石灰粉可使用符合GB 9774规定的牛皮纸袋、复合纸袋或符合SG 213规定的编织袋包装。袋上应标明：厂名、产品名称、商标、净重和批量编号。

2 包装重量及偏差

每袋净重分为40kg，50kg两种。

每袋重量偏差值不大于1kg。

3 贮存

建筑生石灰粉应分类、分等存放、贮存于干燥的仓库内。不宜长期存贮。

4 运输

不准与易燃、易爆及液体物品同时装运，运输时要采取防水措施。

5 质量证明书

每批产品出厂时应向用户提供质量证明书，注明：厂名、商标、产品名称、等级、试验结果、出厂日期、标准编号及使用说明。

(摘自国家现行行业标准《建筑生石灰粉》JC/T 480—92)

附录 D 密度试验

D.1 环刀法

D.1.1 本试验方法适用于细粒土。

D.1.2 本试验所用的主要仪器设备,应符合下列规定:

1 环刀:内径 61.8mm 和 79.8mm,高度 20mm。
2 天平:称量 500g,最小分度值 0.1g;称量 200g,最小分度值 0.01g。

D.1.3 环刀法测定密度,应按以下步骤进行。

应在环刀内壁涂一薄层凡士林,刃口向下放在土样上,将环刀垂直下压,并用切土刀沿环刀外侧切削土样,边压边削至土样高出环刀,根据试样的软硬采用钢丝锯或切土刀整平环刀两端土样,擦净环刀外壁,称环刀和土的总质量。

D.1.4 试样的湿密度,应按下式计算:

$$\rho_0 = \frac{m_0}{V} \tag{D.1.4}$$

式中 ρ_0——试样的湿密度 (g/cm³),准确到 0.01g/cm³。

D.1.5 试样的干密度,应按下式计算:

$$\rho_d = \frac{\rho_0}{1+0.01\omega_0} \tag{D.1.5}$$

D.1.6 本试验应进行两次平行测定,两次测定的差值不得大于 0.03g/cm³,取两次测值的平均值。

D.1.7 环刀法试验的记录格式见表 D.1.7。

表 D.1.7 密度试验记录(环刀法)

工程名称_____ 试验者_____
工程编号_____ 计算者_____
试验日期_____ 校核者_____

试样编号	环刀号	湿土质量 (g)	试样体积 (cm³)	湿密度 (g/cm³)	试样含水率 (%)	干密度 (g/cm³)	平均干密度 (g/cm³)

D.2 蜡 封 法

D.2.1 本试验方法适用于易破裂土和形状不规则的坚硬土。

D.2.2 本试验所用的主要仪器设备，应符合下列规定：

    1 蜡封设备：应附熔蜡加热器。

    2 天平：应符合第 D.1.2 条第 2 款的规定。

D.2.3 蜡封法试验，应按下列步骤进行：

    1 从原样土中，切取体积不小于 30cm³ 的代表性试样，清除表面浮土及尖锐棱角，系上细线，称试样质量，准确至 0.01g。

    2 持线将试样缓缓浸入刚过熔点的蜡液中，浸没后立即提出，检查试样周围的蜡膜，当有气泡时应用针刺破，再用蜡液补平，冷却后称蜡封试样质量。

    3 将蜡封试样挂在天平的一端，浸没于盛有纯水的烧杯中，称蜡封试样在纯水中的质量，并测定纯水的温度。

    4 取出试样，擦干蜡面上的水分，再称蜡封试样质量。当浸水后试样质量增加时，应另取试样重做试验。

D.2.4 试样的密度，应按下式计算：

$$\rho_0 = \frac{m_0}{\dfrac{m_n - m_{nw}}{\rho_{wT}} - \dfrac{m_n - m_0}{\rho_n}} \tag{D.2.4}$$

式中 m_n——蜡封试样质量（g）；

      m_{mw}——蜡封试样在纯水中的质量（g）；

      ρ_{wT}——纯水在 T℃时的密度（g/cm³）；

      ρ_0——蜡的密度（g/cm³）。

D.2.5 试样的干密度，应按式（D.1.5）计算。

D.2.6 本试验应进行两次平行测定，两次测定的差值不得大于 0.03g/cm³。取两次测值的平均值。

D.2.7 蜡封法试验的记录格式见表 D.2.7。

表 D.2.7 密度试验记录（蜡封法）

工程名称_____   试验者_____

工程编号_____   计算者_____

试验日期_____   校核者_____

试样编号	试样质量（g）	蜡封试样质量（g）	蜡封试样水中质量（g）	温度（℃）	纯水在T℃时的密度（g/cm³）	蜡封试样体积（cm³）	蜡体积（cm³）	试样体积（cm³）	湿密度（g/cm³）	含水率（%）	干密度（g/cm³）	平均干密度（g/cm³）
(1)	(2)	(3)		(4)	5=[(2)-(3)]/(4)	6=((2)-(1))/ρ_0	(7)=(5)-(6)	(8)=(1)/(7)	(9)	(10)=(8)/((1)+0.01(9))		

D.3 灌水法

D.3.1 本试验方法适用于现场测定粗粒土的密度。

D.3.2 本试验所用的主要仪器设备，应符合下列规定：

1 储水筒：直径应均匀，并附有刻度及出水管。
2 台秤：称量50kg，最小分度值10g。

D.3.3 灌水法试验，应按下列步骤进行：

1 根据试样最大粒径，确定试坑尺寸，见表 D.3.3。

表 D.3.3 试坑尺寸（mm）

试样最大粒径	坑 尺 寸	
	直 径	深 度
5(20)	150	200
40	200	250
60	250	300

2 将选定试验处的试坑地面整平，除去表面松散的土层。

3 按确定的试坑直径划出坑口轮廓线，在轮廓线内下挖至要求深度，边挖边将坑内的试样装入盛土容器内，称试样质量，准确到10g，并应测定试样的含水率。

4 试坑挖好后，放上相应尺寸的套环，用水准尺找平，将大于试坑容积的塑料薄膜袋平铺于坑内，翻过套环压住薄膜四周。

5 记录储水筒内初始水位高度，拧开储水筒出水管开关，将水缓慢注入塑料薄膜袋中。当袋内水面接近套环边缘时，将水流调小，直至袋内水面与套环边缘齐平时关闭出水管，持续3~5min，记录储水筒内水位高度。当袋内出现水面下降时，应另取塑料薄膜袋重做试验。

D.3.4 试坑的体积，应按下式计算：

$$V_p = (H_1 - H_2) \times A_w - V_0 \tag{D.3.4}$$

式中 V_p——试坑体积（cm³）；
 H_1——储水筒内初始水位高度（cm）；
 H_2——储水筒内注水终了时水位高度（cm）；
 A_w——储水筒断面积（cm²）；
 A_0——套环体积（cm³）。

D.3.5 试样的密度，应按下式计算：

$$\rho_0 = \frac{m_p}{V_p} \tag{D.3.5}$$

式中 m_p——取自试坑内的试样质量（g）。

D.3.6 灌水法试验的记录格式见表 D.3.6。

表 D.3.6　密度试验记录（灌水法）

工程名称＿＿＿＿＿　　　　试验者＿＿＿＿＿
工程编号＿＿＿＿＿　　　　计算者＿＿＿＿＿
试验日期＿＿＿＿＿　　　　校核者＿＿＿＿＿

试坑编号	储水筒水位(cm)		储水筒断面积(cm²)	试坑体积(cm³)	试样质量(g)	湿密度(g/cm³)	含水率(%)	干密度(g/cm³)	试样重度(kN/cm³)
	初始	终了							
	(1)	(2)	(3)	(4)=[(2)-(1)]×(3)	(5)	(6)=(5)/(4)	(7)	(8)=(6)/[(1)+0.01(7)]	(9)=9.81×(8)

D.4　灌砂法

D.4.1　本试验方法适用于现场测定粗粒土的密度。

D.4.2　本试验所用的主要仪器设备，应符合下列规定：

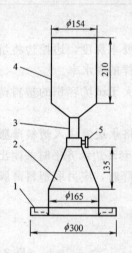

图 D.4.2　密度测定器
1—底盘；2—灌砂漏斗；
3—螺纹接头；4—容
砂瓶；5—阀门

　　1　密度测定器：由容砂瓶、灌砂漏斗和底盘组成（图D.4.2）。灌砂漏斗高135mm、直径165mm，尾部有孔径为13mm的圆柱形阀门；容砂瓶容积为4L，容砂瓶和灌砂漏斗之间用螺纹接头联接。底盘承托灌砂漏斗和容砂瓶。

　　2　天平：称量10kg，最小分度值5g；称量500g，最小分度值0.1g。

D.4.3　标准砂密度的测定，应按下列步骤进行：

　　1　标准砂应清洗洁净，粒径宜选用0.25～0.50mm，密度宜选用1.47～1.61g/cm³。

　　2　组装容砂瓶与灌砂漏斗，螺纹联接处应旋紧，称其质量。

　　3　将密度测定器竖立，灌砂漏斗口向上，关阀门，向灌砂漏斗中注满标准砂，打开阀门使灌砂漏斗内的标准砂漏入容砂瓶内，继续向漏斗内注砂漏入瓶内，当砂停止流动时迅速关闭阀门，倒掉漏斗内多余的砂，称容砂瓶、灌砂漏斗和标准砂的总质量，准确至5g。试验中，应避免振动。

　　4　倒出容砂瓶内的标准砂，通过漏斗向容砂瓶内注水至水面高出阀门，关阀门，倒掉漏斗中多余的水，称容砂瓶、漏斗和水的总质量，准确至5g，并测定水温，准确到0.5℃。重复测定3次，3次测值之间的差值不得大于3mL，取3次测值的平均值。

D.4.4　容砂瓶的容积，应按下式计算：

$$V_r = (m_{r2} - m_{r1})/\rho_{wr} \tag{D.4.4}$$

式中　V_r——容砂瓶的容积（mL）；

　　　m_{r2}——容砂瓶、漏斗和水的总质量（g）；

m_{r1}——容砂瓶和漏斗的质量（g）；
ρ_{wr}——不同水温时水的密度（g/cm³），查表 D.4.4。

表 D.4.4 水的密度

温度(℃)	水的密度(g/cm³)	温度(℃)	水的密度(g/cm³)	温度(℃)	水的密度(g/cm³)
4.0	1.0000	15.0	0.9991	26.0	0.9968
5.0	1.0000	16.0	0.9989	27.0	0.9965
6.0	0.9999	17.0	0.9988	28.0	0.9962
7.0	0.9999	18.0	0.9986	29.0	0.9959
8.0	0.9999	19.0	0.9984	30.0	0.9957
9.0	0.9998	20.0	0.9982	31.0	0.9953
10.0	0.9997	21.0	0.9980	32.0	0.9950
11.0	0.9996	22.0	0.9978	33.0	0.9947
12.0	0.9995	23.0	0.9975	34.0	0.9944
13.0	0.9994	24.0	0.9973	35.0	0.9940
14.0	0.9992	25.0	0.9970	36.0	0.9937

D.4.5 标准砂的密度，应按下式计算：

$$\rho_s = \frac{m_{rs} - m_{r1}}{V_r} \tag{D.4.5}$$

式中 ρ_s——标准砂的密度（g/cm³）；
m_{rs}——容砂瓶、漏斗和标准砂的总质量（g）。

D.4.6 灌砂法试验，应按下列步骤进行：
1 按本附录 D.3.3 条第 1~3 款的步骤挖好规定的试坑尺寸，并称试样质量。
2 向容砂瓶内注满砂，关阀门，称容砂瓶、漏斗和标准砂的总质量，准确至 10g。
3 将密度测定器倒置（容砂瓶向上）于挖好的坑口上，打开阀门，使砂注入试坑。在注砂过程中不应震动。当砂注满试坑时关闭阀门，称容砂瓶、漏斗和余砂的总质量，准确至 10g，并计算注满试坑所用的标准砂质量。

D.4.7 试样的密度，应按下式计算：

$$\rho_o = \frac{m_p}{\dfrac{m_s}{\rho_s}} \tag{D.4.7}$$

式中 m_s——注满试坑所用的标准砂质量（g）。

D.4.8 试样的干密度，应按下式计算，准确至 0.01g/cm³。

$$\rho_d = \frac{\dfrac{m_p}{1+0.01\omega_1}}{\dfrac{m_s}{\rho_s}} \tag{D.4.8}$$

D.4.9 灌砂法试验的记录格式见表 D.5.9。

表 D.5.9 密度试验记录（灌砂法）

工程名称_____ 　　　　　　试验者_____
工程编号_____ 　　　　　　计算者_____
试验日期_____ 　　　　　　校核者_____

试坑编号	量砂容器质量加原有量砂质量(g)	量砂容器质量加剩余量砂质量(g)	试坑用砂质量(g)	量砂密度(g/cm³)	试坑体积(cm³)	试样加容器质量(g)	容器质量(g)	试样质量(g)	试样密度(g/cm³)	试样含水率(%)	试样干密度(g/cm³)	试样重度(kN/cm³)
	(1)	(2)	(3)=(1)-(2)	(4)	(5)=(3)/(4)	(6)	(7)	(8)=(6)-(7)	(9)=(8)/(5)	(10)	(11)=(9)/[1+0.01×(10)]	(12)=9.81×(9)

附录 E 击实试验

E.0.1 本试验分轻型击实和重型击实。轻型击实试验适用于粒径小于 5mm 的黏性土，重型击实试验适用于粒径不大于 20mm 的土。采用三层击实时，最大粒径不大于 40mm。

E.0.2 轻型击实试验的单位体积击实功约 592.2kJ/m³，重型击实试验的单位体积击实功约 2684.9kJ/m³。

E.0.3 本试验所用的主要仪器设备（图 E.0.3-1、图 E.0.3-2）应符合下列规定：

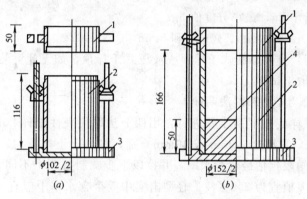

图 E.0.3-1 击实筒
(a)轻型击实筒；(b)重型击实筒
1—套筒；2—击实筒；3—底板；4—垫块

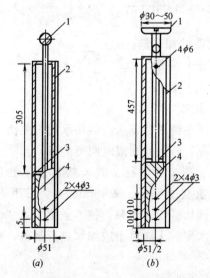

图 E.0.3-2 击锤与导筒
(a) 2.5kg 击锤；(b) 4.5kg 击锤
1—提手；2—导筒；3—硬橡皮垫；4—击锤

1 击实仪的击实筒和击锤尺寸应符合表 E.0.3 规定。

2 击实仪的击锤应配导筒，击锤与导筒间应有足够的间隙使锤能自由下落；电动操作的击锤必须有控制落距的跟踪装置和锤击点按一定角度（轻型 53.5°，重型 45°）均匀分布的装置（重型击实仪中心点每圈要加一击）。

表 E.0.3 击实仪主要部件规格表

试验方法	锤底直径(mm)	锤质量(mm)	落高(mm)	击实筒			护筒高度(mm)
				内径(mm)	筒高(mm)	容积(cm³)	
轻型	51	2.5	305	102	116	947.4	50
重型	51	4.5	457	152	116	2103.9	50

3 天平：称量 200g，最小分度值，0.01g。

4 台秤：称量 10kg，最小分度值 5g。

5 标准筛：孔径为 20mm、40mm 和 5mm。

6 试样推出器：宜用螺旋式千斤顶或液压式千斤顶，如无此类装置，亦可用刮刀和修土刀从击实筒中取出试样。

E.0.4 试样制备分为干法和湿法两种。

1 干法制备试样应按下列步骤进行：用四分法取代表性土样 20kg（重型为 50kg），风干碾碎，过 5mm（重型过 20mm 或 40mm）筛，将筛下土样拌匀，并测定土样的风干含水率。根据土的塑限预估最优含水率，并按以下步骤制备 5 个不同含水率的一组试样，相邻 2 个含水率的差值宜为 2%（注：轻型击实中 5 个含水率中应有 2 个大于塑限，2 个小于塑限，1 个接近塑限）。

（1）根据试验所需的土量与含水率，制备试样所需的加水量应按式（E.0.4）计算：

$$m_w = \frac{m_0}{1+0.01\omega_0} \times 0.01(\omega_1 - \omega_2) \quad (E.0.4)$$

式中 m_w——制备试样所需要的加水量（g）；

m_0——湿土（或风干土）质量（g）；

ω_0——湿土（或风干土）含水率（%）；

ω_1——制样要求的含水率（%）。

（2）称取过筛的风干土样平铺于搪瓷盘内，将水均匀喷洒于土样上，充分拌匀后装入盛土容器内盖紧，润湿一昼夜，砂土的润湿时间可酌减。

2 湿法制备试样应按下列步骤进行：取天然含水率的代表性土样 20kg（重型为 50kg），碾碎，过 5mm 筛（重型过 20mm 或 40mm），将筛下土样拌匀，并测定土样的天然含水率。根据土样的塑限预估最优含水率，按本条第 1 款"注"的原则选择至少 5 个含水率的土样，分别将天然含水率的土样风干或加水进行制备，应使制备好的土样水分均匀分布。

E.0.5 击实试验应按下列步骤进行：

1 将击实仪平稳置于刚性基础上，击实筒与底座联接好，安装好护筒，在击实筒内壁均匀涂一薄层润滑油。称取一定量试样，倒入击实筒内，分层击实，轻型击实试样为

2~5kg，分3层，每层25击；重型击实试样为4~10kg，分5层，每层56击，若分3层，每层94击。每层试样高度宜相等，两层交界处的土面应刨毛。击实完成时，超出击实筒顶的试样高度应小于6mm。

2 卸下护筒，用直刮刀修平击实筒顶部的试样，拆除底板，试样底部若超出筒外，也应修平，擦净筒外壁，称筒与试样的总质量，准确至1g，并计算试样的湿密度。

3 用推土器将试样从击实筒中推出，取2个代表性试样测定含水率，2个含水率的差值应不大于1%。

4 对不同含水率的试样依次击实。

E.0.6 试样的干密度应按E.0.6式计算：

$$\rho_d = \frac{\rho_0}{1+0.01\omega_i} \quad (E.0.6)$$

式中 ω_i——某点试样的含水率（%）。

E.0.7 干密度和含水率的关系曲线，应在直角坐标纸上绘制（如图E.0.7）。并应取曲线峰值点相应的纵坐标为击实试样的最大干密度，相应的横坐标为击实试样的最优含水率。当关系曲线不能绘出峰值点时，应进行补点，土样不宜重复使用。

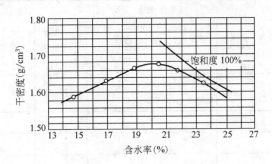

图 E.0.7 $\rho_d - \omega$ 关系曲线

E.0.8 气体体积等于零（即饱和度100%）的等值线应按式（E.0.8）计算，并应将计算值绘于本标准图E.0.7的关系曲线上。

$$\omega_{set} = \left(\frac{\rho_w}{\rho_d} - \frac{1}{G_s}\right) \times 100 \quad (E.0.8)$$

式中 ω_{set}——试样的饱和含水率（%）；
ρ_w——温度4℃时水的密度（g/cm³）；
ρ_d——试样的干密度（g/cm³）；
G_s——土颗粒密度。

E.0.9 轻型击实试验中，当试样中粒径大于5mm的土质量小于或等于试样总质量的30%时，应对最大干密度和最优含水率进行校正。

1 最大干密度应按式（E.0.9）校正：

$$\rho'_{dmax} = \frac{1}{\frac{1-P_5}{\rho_{dmax}} + \frac{P_5}{\rho_w \cdot G_{s2}}} \quad (E.0.9\text{-}1)$$

式中 ρ'_{dmax}——校正后试样的最大干密度（g/cm³）；
　　　P_5——粒径大于 5mm 土的质量百分数（%）；
　　　G_{s2}——粒径大于 5mm 土粒的饱和面干密度。

注：饱和面干密度指当土粒呈饱和面干状态时的土粒总质量与相当于土粒总体积的纯水 4℃时质量的比重。

2 最优含水率应按式（E.0.9-2）进行校正，计算至 0.1%。

$$\omega'_{opt} = \omega_{opt}(1 - P_5) + P_5 \cdot \omega_{ab} \tag{E.0.9-2}$$

式中 ω'_{opt}——校正后试样的最优含水率（%）；
　　　ω_{opt}——击实试样的最优含水率（%）；
　　　ω_{ab}——粒径大于 5mm 土粒的吸着含水率（%）。

E.0.10 击实试验记录表见表 E.0.10。

表 E.0.10 击实试验记录

工程名称_____　　试验者_____
工程编号_____　　计算者_____
试验日期_____　　校核者_____

试验序号	预估最优含水率____%					风干含水率____%			试验类别____	
	筒加试样质量(g)	筒质量(g)	试样质量(g)	筒体积(cm³)	湿密度(g/cm³)	干密度(g/cm³)	盒号	湿土质量(g)	干土质量(g)	含水率(%)	平均含水率(%)
	(1)	(2)	(3)=(1)-(2)	(4)	(5)=(3)/(4)	(6)=(5)/[(1)+0.01(10)]		(7)	(8)	(9)=[(7)/(8)-1]×100	(10)

附录 F 锚杆试验

F.1 一般规定

F.1.1 锚杆锚固段浆体强度达到 15MPa 或达到设计强度等级的 75% 时可进行锚杆试验。

F.1.2 加载装置（千斤顶、油泵）的额定压力必须大于试验压力，且试验前应进行标定。

F.1.3 加荷反力装置的承载力和刚度应满足最大试验荷载要求。

F.1.4 计量仪表（测力计、位移计等）应满足测试要求的精度。

F.1.5 基本试验和蠕变试验锚杆数量应取锚杆总数的 5%，且不得少于 3 根。

F.2 基本试验

F.2.1 基本试验最大的试验荷载不宜超过锚杆杆体承载力标准值的 0.9 倍。

F.2.2 锚杆基本试验应采用循环加、卸荷载法，加荷等级与锚头位移测读间隔时间按表 F.2.2 确定。

表 F.2.2 锚杆基本试验循环加、卸荷等级与位移观测间隔时间

循环数 \ 加荷标准	(加荷量/预估破坏荷载)(%)							
第一循环	10	—	—	30	—	—	—	10
第二循环	10	30	—	50	—	—	30	10
第三循环	10	30	50	70	—	50	30	10
第四循环	10	30	50	70	80	70	50	30	10
第五循环	10	30	50	80	90	80	50	30	10
第六循环	10	30	50	90	100	90	50	30	10
观测时间(min)	5	5	5	10	5	5	5	5

注：1 在每级加荷等级观测时间内，测读锚头位移不应少于 3 次；
    2 在每级加荷等级观测时间内，锚头位移小于 0.1mm 时，可加下一级荷载，否则应延长观测时间，直至锚头位移增量在 2h 内小于 2.0mm 时，方可施加下一级荷载。

F.2.3 锚杆破坏标准

1 后一级荷载产生的锚头位移增量达到或超过前一级荷载产生位移增量的 2 倍时；
2 锚头位移不稳定；
3 锚杆杆体拉断。

F.2.4 试验结果宜按循环荷载与对应的锚头位移读数列表整理,并绘制锚杆荷载—位移($Q-s$)曲线,锚杆—荷载弹性位移($Q-s_e$)曲线和锚杆—荷载塑性位移($Q-s_p$)曲线。

F.2.5 锚杆弹性变形不应小于自由段长度变形计算值的80%,且不应大于自由段长度与1/2锚固长度之和的弹性变形计算值。

F.2.6 锚杆极限承载力取破坏荷载的前一级荷载,在最大试验荷载下未达到第F.2.3条规定的破坏标准时,锚杆极限承载力取最大荷载。

F.3 验收试验

F.3.1 最大试验荷载应取锚杆轴向受拉承载力设计值N_u。

F.3.2 锚杆验收试验加荷等级及锚头位移测读间隔时间应符合下列规定:
 1 初始荷载宜取锚杆轴向拉力设计值的0.1倍;
 2 加荷等级与观测时间宜按表F.3.2规定进行。

表F.3.2 验收试验锚杆加荷等级及观测时间

加荷等级	$0.1N_u$	$0.2N_u$	$0.4N_u$	$0.6N_u$	$0.8N_u$	$1.0N_u$
观测时间(min)	5	5	5	10	10	15

 3 每级加荷等级观测时间内,测读锚头位移不应少于3次;
 4 达到最大试验荷载后观测15min,卸荷至$0.1N_u$并测读锚头位移。

F.3.3 试验结果宜按每级荷载对应的锚头位移列表整理,并绘制锚杆荷载—位移($Q-s$)曲线。

F.3.4 锚杆验收标准:
 1 在最大试验荷载作用下,锚头位移相对稳定;
 2 应符合第F.2.5条的规定。

F.4 蠕变试验

F.4.1 锚杆蠕变试验加荷等级与观测时间应满足表F.4.1的规定,在观测时间内荷载应保持恒定。

表F.4.1 锚杆蠕变试验加荷等级与观测时间

加荷等级	$0.4N_u$	$0.6N_u$	$0.8N_u$	$1.0N_u$
观测时间(min)	10	30	60	90

F.4.2 每级荷载时间间隔1、2、3、4、5、10、15、20、30、45、60、75、90min记录蠕变量。

F.4.3 试验结果宜按每级荷载在观测时间内不同时段的蠕变量列表整理,并绘制蠕变量—时间对数($s-\lg t$)曲线,蠕变系数可由式(F.4.3)计算:

$$K_c = \frac{s_2 - s_1}{\lg(t_2/t_1)} \tag{F.4.3}$$

式中 s_1——t_1 时所测得的蠕变量；

s_2——t_2 时所测得的蠕变量。

F.4.4 蠕变试验和验收标准为最后一级荷载作用下的蠕变系数 2.0mm。

附录 G 基坑涌水量计算

G.0.1 均质含水层潜水完整井基坑涌水量可按下列规定计算（图 G.0.1）：

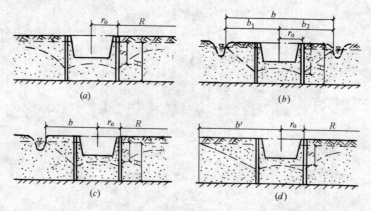

图 G.0.1 均质含水层潜水完整井基坑涌水量计算简图
(a) 基坑远离边界；(b) 岸边降水；(c) 基坑位于两地表水体间；(d) 基坑靠近隔水边界

1 当基坑远离边界时，涌水量可按式（G.0.1-1）计算：

$$Q = 1.366k \frac{(2H-S)S}{\lg\left(1+\dfrac{R}{r_0}\right)} \tag{G.0.1-1}$$

式中 Q——基坑涌水量；
   k——渗透系数；
   H——潜水含水层厚度；
   S——基坑水位降深；
   R——降水影响半径；
   r_0——基坑等效半径，按第 G.0.7 条规定计算。

2 岸边降水时涌水量可按式（G.0.1-2）计算：

$$Q = 1.366k \frac{(2H-S)S}{\lg\dfrac{2b}{r_0}} \qquad b<0.5R \tag{G.0.1-2}$$

3 当基坑位于两个地表水体之间或位于补给区与排泄区之间时，涌水量可按式（G.0.1-3）计算：

$$Q = 1.366k \frac{(2H-S)S}{\lg\left[\dfrac{2(b_1+b_2)}{\pi r_0}\cos\dfrac{\pi(b_1-b_2)}{2(b_1+b_2)}\right]} \tag{G.0.1-3}$$

4 当基坑靠近隔水边界，涌水量可按式（G.0.1-4）计算：

$$Q=1.366k\frac{(2H-S)S}{2\lg(R+r_0)-\lg r_0(2b+r_0)} \qquad b'<0.5R \qquad (G.0.1-4)$$

G.0.2 均质含水层潜水非完整井基坑涌水量可按下列规定计算（图G.0.2）：

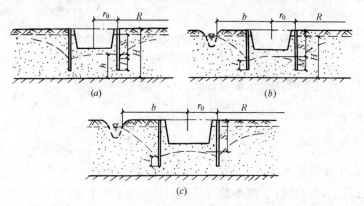

图 G.0.2 均质含水层潜水非完整井基坑涌水量计算简图
（a）基坑远离边界；（b）近河基坑含水层厚度不大；（c）近河基坑含水层厚度很大

1 基坑远离边界时，涌水量可按下式计算：

$$Q=1.366k\frac{H^2-h_m^2}{\lg\left(1+\frac{R}{r_0}\right)+\frac{h_m-l}{l}\lg\left(1+0.2\frac{h_m}{r_0}\right)} \qquad (G.0.2-1)$$

式中，$h_m=\dfrac{H+h}{2}$

2 近河基坑降水，含水层厚度不大时，涌水量可按式（G.0.2-2）计算：

$$Q=1.366kS\left[\frac{l+S}{\lg\frac{2b}{r_0}}+\frac{l}{\lg\frac{0.66l}{r_0}+0.25\frac{l}{M}\cdot\lg\frac{b^2}{M^2-0.14l^2}}\right]$$

$$b>\frac{M}{2} \qquad (G.0.2-2)$$

式中 M——由含水层底板到过滤器有效工作部分中点的长度。

3 近河基坑降水，含水层厚度很大时，涌水量可按式（G.0.2-3）、式（G.0.2-4）计算：

$$Q=1.366kS\left[\frac{l+S}{\lg\frac{2b}{r_0}}+\frac{l}{\lg\frac{0.66l}{r_0}-0.22\mathrm{arsh}\frac{0.44l}{b}}\right]$$

$$b>l \qquad (G.0.2-3)$$

$$Q=1.366kS\left[\frac{l+S}{\lg\frac{2b}{r_0}}+\frac{l}{\lg\frac{0.66l}{r_0}-0.11\frac{l}{b}}\right]$$

$$b<l \qquad (G.0.2-4)$$

G.0.3 均质含水层承压水完整井基坑涌水量可按下列规定计算（图 G.0.3）：

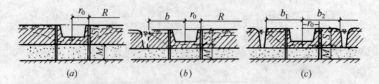

图 G.0.3 均质含水层承压水完整井基坑涌水量计算图
(a) 基坑远离边界；(b) 基坑于岸边；(c) 基坑与两地表水体间

1 当基坑远离边界时，涌水量可按式（G.0.3-1）计算：

$$Q = 2.73k \frac{MS}{\lg\left(1+\frac{R}{r_0}\right)} \quad (G.0.3\text{-}1)$$

式中 M——承压含水层厚度。

2 当基坑位于河岸边时，涌水量可按式（G.0.3-2）计算：

$$Q = 2.73k \frac{MS}{\lg\left(\frac{2b}{r_0}\right)}$$

$$b < 0.5R \quad (G.0.3\text{-}2)$$

3 当基坑位于两个地表水体之间或位于补给区与排泄区之间时，涌水量可按式（G.0.3-3）计算：

$$Q = 2.73k \frac{MS}{\lg\left[\frac{2(b_1+b_2)}{\pi r_0}\cos\frac{\pi(b_1-b_2)}{2(b_1+b_2)}\right]} \quad (G.0.3\text{-}3)$$

G.0.4 均质含水层承压水非完整井基坑涌水量可按式（G.0.4）计算（图 G.0.4）：

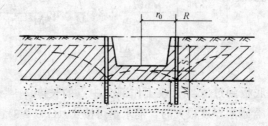

图 G.0.4 均质含水层承压水非完整井基坑涌水量计算图

$$Q = 2.72k \frac{MS}{\lg\left(1+\frac{R}{r_0}\right)+\frac{M-l}{l}\lg\left(1+0.2\frac{M}{r_0}\right)} \quad (G.0.4)$$

G.0.5 均质含水层承压—潜水非完整井基坑涌水量可按式（G.0.5）计算（图 G.0.5）：

$$Q = 1.366k \frac{(2H-M)M-h^2}{\lg\left(1+\frac{R}{r_0}\right)} \quad (G.0.5)$$

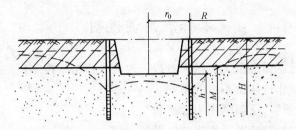

图 G.0.5 均质含水层承压—潜水非完整井基坑涌水量计算图

G.0.6 当基坑为圆形时，基坑等效半径应取为圆半径，当基坑为非圆形时，等效半径可按下列规定计算：

1 矩形基坑等效半径可按式（G.0.6-1）计算：

$$r_0 = 0.29(a+b) \tag{G.0.6-1}$$

式中 a、b——分别为基坑的长、短边长。

2 不规则块状基坑等效半径可按式（G.0.6-2）计算：

$$r_0 = \sqrt{\frac{A}{\pi}} \tag{G.0.6-2}$$

式中 A——基坑面积。

G.0.7 降水井影响半径宜通过试验或根据当地经验确定，当基坑侧壁安全等级为二三级时，可按下列经验公式计算：

1 潜水含水层

$$R = 2S\sqrt{kH} \tag{G.0.7-1}$$

式中 R——降水影响半径（m）；
S——基坑水位降深（m）；
k——渗透系数（m/d）；
H——含水层厚度（m）。

2 承压含水层

$$R = 10S\sqrt{k} \tag{G.0.7-2}$$

本标准用词说明

1 为便于在执行本标准条文时区别对待，对要求严格程度不同的用词，说明如下：

1）表示很严格，非这样做不可的用词：

正面词采用"必须"，反面词采用"严禁"。

2）表示严格，在正常情况下均应这样做的用词：

正面词采用"应"，反面词采用"不应"或"不得"。

3）表示允许稍有选择，在条件许可时，首先应这样做的用词：

正面词采用"宜"，反面词采用"不宜"。

表示有选择，在一定条件下可以这样做的用词，采用"可"。

2 本标准中指明应按其他有关标准、规范执行的写法为"应符合……要求或规定"或"应按……执行"。

砌体工程施工技术标准

Technical standard for construction of masonry engineering

ZJQ08—SGJB 203—2005

编 制 说 明

本标准是根据中建八局《关于〈施工技术标准〉编制工作安排的通知》（局科字〔2002〕348号）文件的要求，由中建八局会同中建八局天津公司、中建八局第一建筑公司和中建八局大连公司共同编制。

在编写过程中，编写组认真学习和研究了国家《建筑工程施工质量验收统一标准》GB 50300—2001、《砌体工程施工质量验收规范》GB 50203—2002，并参照《混凝土结构施工质量验收规范》GB 50204—2002、《建筑地基基础工程施工质量验收规范》GB 50202—2002等有关资料，结合本企业砌体工程的施工经验进行编制，并组织本企业内、外专家审查后定稿。

为方便配套使用，本标准在章节编排上与《砌体工程施工质量验收规范》GB 50203—2002保持对应关系。主要是：总则、术语、基本规定、砌筑砂浆、砖砌体工程、混凝土小型空心砌块砌体工程、石砌体工程、配筋砌体工程、填充墙砌体工程、冬期施工和子分部工程验收等十一章。其内容包括技术和质量管理、施工工艺和操作要点、质量标准和验收三大部分。

本标准中引用国家规范中的强制性条文以黑体字列出，必须严格执行。

为了持续提高本标准的水平，请各单位在执行本标准过程中，注意总结经验，积累资料，随时将有关意见和建议反馈给中建八局技术质量部（通讯地址：上海市浦东新区源深路269号，邮政编码：200135），以供修订时参考。

本标准主要编写和审核人员：

主　　编：王玉岭

副 主 编：赵　俭　郑春华

主要参编人：肖景钟　王志伟　崔爱珍　亓立刚　宁文忠　曹洪骏　刘新民

审 核 专 家：肖绪文　王　森

1 总 则

1.0.1 为了贯彻国家颁布的《建筑工程施工质量验收统一标准》GB 50300—2001 和《砌体工程施工质量验收规范》GB 50203—2002，加强我局建筑工程施工技术管理，规范砌体工程的施工工艺，在符合设计要求、满足使用功能和国家相关标准（规范、规程）的条件下，达到技术先进、经济合理，保证工程质量、环境保护和安全施工，制定本标准。

1.0.2 本标准适用于本企业承建工程的砖、石、混凝土小型空心砌块、蒸压加气混凝土砌块等砌体的施工及验收，不适用于铁路、公路和水工建筑等砌石工程。

1.0.3 砌体工程的施工应根据设计图纸的要求进行，所用的材料，应按照设计要求选用，并应符合现行材料标准的规定。凡本标准无规定的材料，应根据产品说明书的有关技术要求（必要时通过试验），制定操作工艺标准，并经法人层次总工程师审批后方可使用。

1.0.4 本标准依据国家标准《砌体工程施工质量验收规范》GB 50203—2002、《建筑工程施工质量验收统一标准》GB 50300—2001 等国家标准的施工质量验收要求进行编制。在砌体工程施工中除执行本标准外，尚应符合现行国家、行业及地方有关标准（规范）的相应规定。当国家、行业及地方有关标准（规范）换版时，应按新版标准执行。

2 术 语

2.0.1 施工质量控制等级 control grade of construction quality
按质量控制和质量保证若干要素对施工技术水平所作的分级。

2.0.2 型式检验 type inspection
确认产品或过程应用结果适用性所进行的检验。

2.0.3 通缝 continuous seam
砌体中,上下皮块材搭接长度小于规定数值的竖向灰缝。

2.0.4 假缝 supposititious seam
为掩盖砌体竖向灰缝内在质量缺陷,砌筑砌体时仅在表面作灰缝处理的灰缝。

2.0.5 烧结普通砖 fired common brick
以黏土、页岩、煤矸石或粉煤灰为主要原料,经过焙烧而成的实心或孔洞率不大于规定值且外形尺寸符合规定的砖。分烧结黏土砖、烧结页岩砖、烧结煤矸石砖、烧结粉煤灰砖。

2.0.6 烧结多孔砖 fired perforated brick
以黏土、页岩、煤矸石或粉煤灰为主要原料,经焙烧而成、孔洞率不小于25%,孔的尺寸小而数量多,主要用于承重部位的砖,简称多孔砖。目前多孔砖分为P型砖和M型砖。

2.0.7 P型多孔砖 P-type perforated brick
外形尺寸为240mm×115mm×90mm的砖。简称P型砖。

2.0.8 M型模数多孔砖 M-type modular perforated brick
外形尺寸为190mm×190mm×90mm的砖,简称M型砖。

2.0.9 配砖 auxiliary brick
砌筑时与主规格砖配合使用的砖,如半砖、七分头、M型砖的系列配砖等。

2.0.10 蒸压灰砂砖 autoclaved sand-lime brick
以石灰和砂为主要原料,经坯料制备、压制成型、蒸压养护而成的实心砖。简称灰砂砖。

2.0.11 蒸压粉煤灰砖 autoclaved flyash-lime brick
以粉煤灰、石灰为主要原料,掺加适量石膏和集料,经坯料制备、压制成型、高压蒸汽养护而成的实心砖。简称粉煤灰砖。

2.0.12 混凝土小型空心砌块 concrete small hollow block
由普通混凝土或轻骨料混凝土制成,主规格尺寸为390mm×190mm×190mm、空心率在25%~50%的空心砌块。简称混凝土砌块或砌块。

2.0.13 轻骨料混凝土小型空心砌块 lightweight aggregate concrete small hollow block
以浮石、火山渣、煤渣、自然煤矸石、陶粒为粗骨料制作的混凝土小型空心砌块,简称轻骨料混凝土小砌块。

2.0.14 对孔砌筑 orifice aligned masonry

砌筑墙体时，上下层小砌块的孔洞对准。

2.0.15 错孔砌筑 orifice staggered masonry

砌筑墙体时，上下层小砌块的孔洞相互错位。

2.0.16 芯柱 core column

在砌体内部空腔中插入竖向钢筋并浇灌混凝土后形成的砌体内部的钢筋混凝土小柱。

2.0.17 配筋砌体 reinforced masonry

网状配筋砌体柱、水平配筋砌体墙、砖砌体和钢筋混凝土面层或钢筋砂浆面层组合砌体柱（墙）、砖砌体和钢筋混凝土构造柱组合墙以及配筋砌块砌体剪力墙的统称。

2.0.18 网状配筋砖砌体 wire-mesh reinforced brick masonry

网状配筋砖砌体有配筋砖柱、砖墙，即在烧结普通砖砌体的水平灰缝中配置钢筋网片。

2.0.19 配筋砌块砌体剪力墙 reinforced concrete masonry shear wall

由承受竖向和水平作用的配筋砌块砌体剪力墙和混凝土楼、屋盖所组成的房屋建筑。

2.0.20 面层和砖组合砌体 surface course and brick combined masonry

面层和砖组合砌体由烧结普通砖砌体和钢筋混凝土面层或钢筋砂浆面层组成，有组合砖柱、组合砖垛、组合砖墙。

2.0.21 原位检测 inspection at original space

采用标准的检验方法，在现场砌体中选样进行非破损或微破损检测，以判定砌筑砂浆和砌体实体强度的检测。

3 基本规定

3.0.1 砌筑工程所用的材料应有产品合格证书、产品性能检测报告。块材、水泥、钢筋、外加剂等尚应有材料主要性能的进场复验报告。严禁使用国家明令淘汰的材料。

3.0.2 在砌体工程施工前,应做好下列技术准备工作:

1 进行图纸会审,复核设计作法是否符合现行国家规范的要求。

2 当设计高于本标准时应按设计要求施工;当设计低于本标准且不易保证质量时,应与设计单位协商,尽量采用本标准的作法。

3 复核建筑物或构筑物的标高是否引自标准水准点或设计指定的水准点。

4 施工前,应编制施工方案和技术交底,必要时应先做样板,经业主(监理)或设计认可后再全面施工。

3.0.3 基础施工前,应在建筑物的主要轴线部位设置标志板。标志板上应标明基础、墙身的轴线位置及标高。

外形构造简单的建筑物,可用控制轴线的引桩代替标志板。

3.0.4 砌筑基础前,应校核放线尺寸,允许偏差应符合表3.0.4的规定。

表3.0.4 放线尺寸的允许偏差

长度L、宽度B(m)	允许偏差(mm)	长度L、宽度B(m)	允许偏差(mm)
L(或B)≤30	±5	60<L(或B)≤90	±15
30<L(或B)≤60	±10	L(或B)>90	±20

3.0.5 砌体施工,应设置皮数杆,并应根据设计要求、块材规格和灰缝厚度在皮数杆上标明皮数及竖向构造的变化部位。

3.0.6 砌筑顺序应符合下列规定:

1 基底标高不同时,应从低处砌起,并应由高处向低处搭砌。当设计无要求时,搭接长度不应小于基础扩大部分的高度。

2 砌体的转角处和交接处应同时砌筑。当不能同时砌筑时,应按规定留槎、接槎。

3.0.7 砌筑前,应将砌筑部位的砂浆和杂物等清除干净,并应浇水湿润。

3.0.8 砌完基础后,应及时双侧回填。回填土的施工应符合现行国家标准《建筑地基基础工程施工质量验收规范》GB 50202—2002和《建筑地基基础工程施工技术标准》ZJQ08 SGJB 202—2005的有关规定。单侧填土应在砌体达到侧向承载能力要求后进行。

3.0.9 基础墙的防潮层,当设计无具体要求,宜用1:2.5的水泥砂浆加适量的防水剂铺设,其厚度宜为20mm。

抗震设防地区建筑物,不应采用卷材作基础墙的水平防潮层。

3.0.10 基础墙的防冻层,应做地圈梁。设计有要求时,按设计要求设置地圈梁;设计无要求时，圈梁高度取200mm，设置4Φ12主筋，φ6@200箍筋，混凝土强度等级宜为C20。

3.0.11 在墙上留置临时施工洞口，其侧边离交接处墙面不应小于500mm，洞口净宽不应超过1m。

抗震设防烈度为9度的地区建筑物的临时施工洞口设置，应会同设计单位确定。

临时施工洞口应做好补砌。

3.0.12 不得在下列墙体或部位设置脚手眼：

1 120mm厚墙、料石清水墙和独立柱；

2 过梁上与过梁成60°角的三角形范围及过梁净跨度1/2的高度范围内；

3 宽度小于1m的窗间墙；

4 砌体门窗洞口两侧200mm（石砌体为300mm）和转角处450mm（石砌体为600mm）范围内；

5 梁或梁垫下及其左右500mm范围内；

6 设计不允许设置脚手眼的部位。

3.0.13 施工脚手眼补砌时，灰缝应填满砂浆，不得用干硬砂浆填塞。

3.0.14 砌体表面的平整度、垂直度、灰缝厚度及砂浆饱满度等应按现行国家标准《砌体工程施工质量验收规范》GB 50203—2002和《砌体工程施工技术标准》ZJQ08 SGJB 203—2005规定随时检查并校正。

砌体的表面平整度、垂直度校正必须在砂浆终凝前进行。

3.0.15 砌体工程工作段的分段设置，宜设在伸缩缝、沉降缝、防震缝、构造柱或门窗洞口处，相邻工作段的砌筑高度差不得超过一个楼层的高度，也不宜大于4m。

伸缩缝、沉降缝、防震缝中，不得夹有砂浆、块材碎渣和杂物等。

3.0.16 设计要求的洞口、管道、沟槽应于砌筑时正确留出或预埋，未经设计同意，不得打凿墙体和在墙体上开凿水平沟槽。宽度超过300mm洞口上部，应设置过梁。

注：砌体中的预埋件应作防腐处理。预埋木砖的木纹应与钉子垂直。

3.0.17 尚未施工楼板或屋面的墙或柱，当可能遇到大风时，其允许自由高度不得超过表3.0.17的规定。如超过表中限值时，必须采用临时支撑等有效措施。

表3.0.17 墙和柱的允许自由高度（m）

墙(柱) (mm)	砌体密度＞1600(kg/m³)			砌体密度1300～1600(kg/m³)		
	风载(kN/m²)			风载(kN/m²)		
	0.3(约7级风)	0.4(约8级风)	0.6(约9级风)	0.3(约7级风)	0.4(约8级风)	0.6(约9级风)
190	—	—	—	1.4	1.1	0.7
240	2.8	2.1	1.4	2.2	1.7	1.1
370	5.2	3.9	2.6	4.2	3.2	2.1
490	8.6	6.5	4.3	7.0	5.2	3.5
620	14.0	10.5	7.0	11.4	8.6	5.7

注：1 本表适用于施工处相对标高（H）在10m范围的情况。如10m＜H≤15m或15m＜H≤20m时，表中的允许自由高度应分别乘以0.9、0.8的系数；如H＞20m时，应通过抗倾覆验算确定其允许自由高度；

2 当所砌筑的墙有横墙或其他结构与其连接，而且间距小于表列限值的2倍时，砌筑高度可不受本表的限制。

3.0.18 搁置预制梁、板的砌体顶面应找平,安装时应座浆。当设计无具体要求时,应采用 1∶2.5 的水泥砂浆。

3.0.19 通气道、垃圾道等采用水泥制品时,接缝处外侧宜带有槽口,安装时除座浆外,尚应采用 1∶2 水泥砂浆将槽口填封密实。

3.0.20 砌体施工质量控制等级应分为三级,并应符合表 3.0.20 的规定。

表 3.0.20 砌体施工质量控制等级

项 目	施工质量控制等级		
	A	B	C
现场质量管理	制度健全,并严格执行;非施工方质量监督人员经常到现场,或现场设有常驻代表;施工方有在岗专业技术管理人员,人员齐全,并持证上岗	制度基本健全,并能执行;非施工方质量监督人员间断地到现场进行质量控制;施工方有在岗专业技术管理人员,并持证上岗	有制度;非施工方质量监督人员很少作现场质量控制;施工方有在岗专业技术管理人员
砂浆、混凝土强度	试块按规定制作,强度满足验收规定,离散性小	试块按规定制作,强度满足验收规定,离散性较小	试块强度满足验收规定,离散性大
砂浆拌合方式	机械拌合;配合比计量控制严格	机械拌合;配合比计量控制一般	机械或人工拌合;配合比计量控制较差
砌筑工人	中级工以上,其中高级工不少于 20%	高、中级工不少于 70%	初级工以上

3.0.21 砌筑完基础或每一楼层后,应校核砌体的轴线和标高,在允许偏差范围内,其偏差可在基础顶面或墙体顶面上校正。标高偏差宜通过调整上部灰缝厚度逐步校正。

3.0.22 设置在潮湿环境或有化学侵蚀性介质的环境中的砌体灰缝内的钢筋应采取防腐措施。

3.0.23 砌体施工时,楼面和屋面堆载不得超过楼板的允许荷载值。施工层进料口楼板下,宜采取临时加撑措施。

3.0.24 墙面勾缝前,应做好下列准备工作:
1 清除墙面粘结的砂浆、泥浆和杂物等,并洒水湿润。
2 开凿瞎缝,并对缺棱掉角的部位用与墙面相同颜色的砂浆修复齐整。
3 将脚手眼内清理干净并洒水湿润,并按第 3.0.13 条的要求堵眼。

3.0.25 墙面勾缝应采用加浆勾缝,并宜采用细砂拌制的 1∶1.5 水泥砂浆。石墙勾缝也可采用水泥混合砂浆或掺入麻刀、纸筋等的石灰浆或青灰浆。

注:内墙面也可采用原浆勾缝,但必须随砌随勾,并使灰缝光滑密实。

3.0.26 分项工程的验收应在检验批验收合格的基础上进行。检验批的确定可根据施工段划分。

3.0.27 砌体工程检验批验收时,其主控项目应全部符合本规范的规定;一般项目应有 80% 及以上的抽检处符合现行国家标准《砌体工程施工质量验收规范》GB 50203—2002 和本标准的规定,或偏差值在允许偏差范围以内。

4 砌筑砂浆

4.1 原材料要求

4.1.1 水泥宜采用普通硅酸盐水泥或矿渣硅酸盐水泥，并应有出场合格证或试验报告。砌筑砂浆用水泥的强度等级应根据设计要求进行选择。水泥砂浆采用的水泥，其强度等级不宜高于32.5级；水泥混合砂浆采用的水泥，其强度等级不宜高于42.5级。

4.1.2 水泥进场使用前，应分批对其强度、安定性进行复验。检验批应以同一生产厂家、同一编号为一批。

当在使用中对水泥质量有怀疑或水泥出厂超过三个月（快硬硅酸盐水泥超过一个月）时，应复查试验，并按其结果使用。

不同品种的水泥，不得混合使用。

水泥的取样方法、质量标准和保管要求等见《混凝土结构工程施工技术标准》ZJQ08 SGJB 204—2005第7章的有关规定。

4.1.3 砂浆用砂宜用中砂，其中毛石砌体宜用粗砂。砂浆用砂不得含有有害杂物，同时砂的含泥量应满足下列要求：

1 对水泥砂浆和强度等级不低于M5的水泥混合砂浆，不应超过5%；

2 对强度等级低于M5的水泥混合砂浆，不应超过10%；

3 人工砂、山砂及特细砂，应经试配能满足砌筑砂浆技术条件要求。

砂进场使用前，应分批进行检验。取样方法和保管要求见《混凝土结构工程施工技术标准》ZJQ08 SGJB 204—2005第7章的有关规定。

4.1.4 掺加料应符合下列规定：

1 生石灰熟化成石灰膏时，应用孔径不大于3mm×3mm的网过滤，熟化时间不得少于7d；磨细生石灰粉的熟化时间不得小于2d。沉淀池中贮存的石灰膏，应采取防止干燥、冻结和污染的措施。严禁使用脱水硬化的石灰膏。

2 采用黏土或粉质黏土制备黏土膏时，宜用搅拌机加水搅拌，通过孔径不大于3mm×3mm的网过筛。用比色法鉴定黏土中的有机物含量时应浅于标准色。

3 制作电石膏的电石渣应用孔径不大于3mm×3mm的网过滤，检验时应加热至70℃并保持20min，没有乙炔气味后，方可使用。

4 消石灰粉不得直接使用于砌筑砂浆中。

4.1.5 粉煤灰进场使用前，应检查出厂合格证，以连续供应的200t相同等级的粉煤灰为一批，不足200t者按一批论。粉煤灰的品质指标应符合表4.1.5的要求。

4.1.6 磨细生石灰的品质指标应符合表4.1.6的要求。

表 4.1.5 粉煤灰品质指标

序号	指标	级别		
		Ⅰ	Ⅱ	Ⅲ
1	细度(0.045mm方孔筛筛余)(%)不大于	12	20	45
2	需水量比(%)不大于	95	105	115
3	烧失量(%)不大于	5	8	15
4	含水量(%)不大于	1	1	不规定
5	三氧化硫(%)不大于	3	3	3

表 4.1.6 建筑生石灰粉品质指标

序号	指标		钙质生石灰粉			镁质生石灰粉		
			优等品	一等品	合格品	优等品	一等品	合格品
1	Ca+MgO含量(%)不小于		85	80	75	80	75	70
2	CO_2含量(%)不小于		7	9	11	8	10	12
3	细度	0.9mm筛的筛余(%)不大于	0.2	0.5	1.5	0.2	0.5	1.5
		0.125mm筛的筛余(%)不大于	7.0	12.0	18.0	7.0	12.0	18.0

4.1.7 拌制砂浆用水，水质应符合国家现行标准《混凝土拌合用水标准》JGJ 63 的规定。

4.1.8 凡在砂浆中掺入有机塑化剂、早强剂、缓凝剂、防冻剂等，应经检验和试配符合要求后，方可使用。有机塑化剂应有砌体强度的型式检验报告。

4.2 砂浆的配合比

4.2.1 砌筑砂浆的强度等级宜采用 M20、M15、M10、M7.5、M5、M2.5。

4.2.2 砌筑砂浆应通过试验确定配合比。当砌筑砂浆的组成材料有变更时，其配合比应重新确定。

4.2.3 水泥砂浆拌合物的密度不宜小于 1900kg/m³；水泥混合砂浆拌合物的密度不宜小于 1800kg/m³。

4.2.4 为使砂浆具有良好的保水性，应掺入无机或有机塑化剂，不应采取增加水泥用量的方法。

4.2.5 水泥砂浆中水泥用量不应小于 200kg/m³；水泥混合砂浆中水泥和掺加料总量宜为 300～350kg/m³。

4.2.6 砌筑砂浆的稠度应按表 4.2.6 的规定选用。

4.2.7 石灰膏、黏土膏和电石膏的用量，宜按稠度 120±5mm 计量。现场施工时当石灰膏稠度与试配时不一致时，可按表 4.2.7 换算。

4.2.8 砌筑砂浆的分层度不得大于 30mm。

表 4.2.6 砌筑砂浆的稠度

砌体种类	砂浆稠度(mm)	砌体种类	砂浆稠度(mm)
烧结普通砖砌体	70～90	烧结普通砖平拱式过梁空斗墙、筒拱	50～70
轻骨料混凝土小型空心砌块砌体	60～90	普通混凝土小型空心砌块砌体加气混凝土砌块砌体	
烧结多孔砖、空心砖砌体	60～80	石砌体	30～50

表 4.2.7 石灰膏不同稠度时的换算系数

石灰膏稠度(mm)	120	110	100	90	80	70	60	50	40	30
换算系数	1.00	0.99	0.97	0.95	0.93	0.92	0.90	0.88	0.87	0.86

4.2.9 砌筑砂浆稠度、分层度、试配抗压强度必须同时符合要求。

4.2.10 施工中当采用水泥砂浆代替水泥混合砂浆时,应重新确定砂浆强度等级。

4.3 砂浆的拌制及使用

4.3.1 砂浆现场拌制时,各组分材料应采用重量计量。

4.3.2 砌筑砂浆应采用机械搅拌,自投料完算起,搅拌时间应符合下列规定:

1 水泥砂浆和水泥混合砂浆不得少于 2min;
2 水泥粉煤灰砂浆和掺用外加剂的砂浆不得少于 3min;
3 掺用有机塑化剂的砂浆,应为 3～5min。

4.3.3 粉煤灰砂浆宜采用机械搅拌,以保证拌合物均匀。砂浆各组份的计量(按重量计)允许误差为:

水泥±2%;

粉煤灰、石灰膏和细骨料±5%。

4.3.4 搅拌粉煤灰砂浆时,宜先将粉煤灰、砂与水泥及部分拌合水先投入搅拌机,待基本均匀后再加水搅拌至所需稠度。总搅拌时间不得少于 2min。

4.3.5 砂浆拌成后和使用时,均应盛入贮灰器中。如砂浆出现泌水现象,应在砌筑前再次拌合。

4.3.6 砂浆应随拌随用,水泥砂浆和水泥混合砂浆应分别在 3h 和 4h 内使用完毕;当施工期间最高气温超过 30℃时,应分别在拌成后 2h 和 3h 内使用完毕。

注:对掺用缓凝剂的砂浆,其使用时间可根据具体情况延长。

4.4 试块抽样及强度评定

4.4.1 砌筑砂浆试块强度验收时其强度合格标准必须符合以下规定:

同一验收批砂浆试块抗压强度平均值必须高于或等于设计强度等级所对应的立方体抗压强度;同一验收批砂浆试块抗压强度的最小一组平均值必须高于或等于设计强度等级所对应的立方体抗压强度的 0.75 倍。

注：1 砌筑砂浆的验收批，同一类型、强度等级的砂浆试块应不少于3组。当同一验收批只有一组试块时，该组试块抗压强度的平均值必须大于或等于设计强度等级所对应的立方体抗压强度；

2 砂浆强度应以标准养护，龄期为28d的试块抗压试验结果为准。

抽检数量：每一检验批且不超过250m³砌体的各种类型及强度等级的砌筑砂浆，每台搅拌机应至少抽检一次。

检验方法：在砂浆搅拌机出料口随机取样制作砂浆试块（同盘砂浆只应制作一组试块），最后检查试块强度试验报告单。

4.4.2 施工中取样进行砂浆试验时，应在使用地点的砂浆槽、砂浆运送车或搅拌机出料口，至少从三个不同部位集取。砂浆试件制作后应在20±5℃温度环境下停置一昼夜（24±2h），当气温较低时，可适当延长时间，但不应超过两昼夜，然后对试件进行编号并拆模。试件拆模后，应在标准养护条件下，继续养护至28d，然后进行试压。

4.4.3 砂浆试件标准养护的条件是：

1 水泥混合砂浆应为温度20±3℃，相对湿度60%～80%；

2 水泥砂浆和微沫砂浆应为温度20±3℃，相对湿度90%以上；

3 养护期间，试件彼此间隔不少于10mm。

注：当无标准养护条件时，可采用自然养护。

1 水泥混合砂浆应在正常温度，相对湿度为60%～80%的条件下（如养护箱中或不通风的室内）养护；

2 水泥砂浆和微沫砂浆应在正温度并保持试块表面湿润的状态下（如湿砂堆中）养护；

3 养护期间必须作好温度记录。在有争议时，以标准养护条件为准。

4.4.4 当施工中或验收时出现下列情况，可采用现场检验方法对砂浆和砌体强度进行原位检测或取样检测，并判定其强度：

1 砂浆试块缺乏代表性或试块数量不足；

2 对砂浆试块的试验结果有怀疑或有争议；

3 砂浆试块的试验结果，不能满足设计要求。

5 砖砌体工程

5.1 一般规定

5.1.1 本章适用于烧结普通砖、烧结多孔砖、蒸压灰砂砖、粉煤灰砖等砌体工程。

5.1.2 用于清水墙、柱表面的砖，应边角整齐，色泽均匀。

5.1.3 有冻胀环境和条件的地区，地面以下或防潮层以下的砌体，不宜采用多孔砖。

5.1.4 砌筑前，应将砌筑部位清理干净，放出墙身中心线及边线，浇水湿润。砖应提前1~2d浇水湿润。

5.1.5 砌筑时，在砖墙的转角处及交接处立起皮数杆（皮数杆间距不超过15m，过长应在中间加立），在皮数杆之间拉准线，依准线逐皮砌筑，其中第一皮砖按墙身边线砌筑。

5.1.6 砌砖工程当采用铺浆法砌筑时，铺浆长度不得超过750mm；施工期间气温超过30℃时，铺浆长度不得超过500mm。

5.1.7 240mm厚承重墙的每层墙的最上一皮砖，砖砌体的阶台水平面上及挑出层，应整砖丁砌。

5.1.8 施工时，施砌的蒸压（养）砖的产品龄期不应小于28d。

5.1.9 竖向灰缝不得出现透明缝、瞎缝和假缝。

5.1.10 砖砌体施工临时间断处补砌时，必须将接搓处表面清理干净，浇水湿润，并填实砂浆，保持灰缝平直。

5.1.11 砖墙每天砌筑高度以不超过1.8m为宜。

5.2 施工准备

5.2.1 技术准备

见本标准第3.0.2条。

5.2.2 材料准备

烧结普通砖（或烧结多孔砖、蒸压灰砂砖、粉煤灰砖等）、水泥、中砂、石灰膏（或生石灰、磨细生石灰）或电石膏、黏土膏、外加剂、钢筋等。

5.2.3 主要机具

1 机械设备

应备有砂浆搅拌机、筛砂机和淋灰机等。

2 主要工具

（1）测量、放线、检验：应备有龙门板、皮数杆、水准仪、经纬仪、2m靠尺、楔形塞尺、托线板、线坠、百格网、钢卷尺、水平尺、小线、砂浆试模、磅秤等；

（2）施工操作：应备有大铲、刨锛、瓦刀、灰槽、泥桶、砖夹子、筛子、勾缝条、运砖车、灰浆车、翻斗车、砖笼、扫帚、钢筋卡子。

5.2.4 作业条件

5.2.4.1 基础砌筑

1 基槽或基础垫层均已完成，并验收，办理隐检手续。

2 已设置龙门板或龙门桩，标出建筑物的主要轴线，标出基础及墙身轴线和标高；并弹出基础轴线和边线，办完预检手续。

3 根据皮数杆最下面一层砖的标高，拉线检查基础垫层、表面标高是否合适，如第一层砖的水平灰缝大于20mm时，应用细石混凝土找平，不得用砂浆或在砂浆中掺细砖处理。

5.2.4.2 墙体砌筑

1 砌筑前，基础及防潮层应经验收合格，基础顶面弹好墙身轴线、墙边线、门窗洞口和柱子的位置线。

2 办完地基、基础工程隐检手续。

3 回填完基础两侧及房心土方，安装好暖气沟盖板。

4 砌筑部位（基础或楼板等）的灰渣、杂物清除干净，并浇水湿润。

5.2.4.3 在墙转角处、楼梯间及内外墙交接处，已立好皮数杆，并办好预检手续。

5.2.4.4 随砌随搭好的脚手架、垂直运输机具准备就绪。

5.3 材料质量控制

5.3.1 砌筑砂浆使用的原材料检验、抽样等要求和砌筑砂浆的性能要求及质量要求见本标准第4章的有关规定。

5.3.2 砌筑砖

1 砖的品种、强度等级应符合设计要求，并应规格一致。进场时，现场应对其外观质量和尺寸进行检查，同时检查其合格证或送试验室进行检验。

2 砖检验内容：包括外观质量、尺寸偏差和强度检验，蒸压灰砂砖还应进行颜色检验。各类砌筑砖技术要求见附录A～附录D。

3 抽样规则：每一生产厂家的砖到现场后，按烧结砖15万块、多孔砖5万块、灰砂砖及粉煤灰砖10万块各为一验收批，抽检数量为1组。

4 取样方法及数量

（1）外观质量检验的试样采用随机抽样法，在每一检验批的产品堆垛中抽取。蒸压灰砂砖、粉煤灰砖尺寸偏差检验的样品也用随机抽样法从堆场中抽取。

（2）其他检验项目的样品用随机抽样法从外观质量检验后的样品中抽取。蒸压灰砂砖、粉煤灰砖其他检验项目的样品用随机抽样法从外观质量和尺寸偏差检验后的样品中抽取。

（3）抽样数量按表5.3.2进行。

表 5.3.2 抽样数量

序号	检验项目	抽样数量,块			
		烧结普通砖	烧结多孔砖	蒸压灰砂砖	粉煤灰砖
1	外观质量	50(n1=n2=50)	50(n1=n2=50)	50(n1=n2=50)	100
2	尺寸偏差	20	20		
3	强度等级	10	10	10	10
4	颜色			36	

注:对于重要建筑物和地方有要求时:
1 宜增加抗冻性能(冻融)检验;
2 对烧结普通砖、烧结多孔砖宜增加"石灰爆裂"和"泛霜"检验。

5 保管要求:堆放场地应平整,产品应按品种、强度等级、质量等级分别整齐堆放,不得混杂。

5.3.3 其他材料

1 拉结筋:钢筋的级别、直径应符合设计要求。进场时,应对其规格、级别或品种进行检查,同时检查其出厂合格证,并按批量取样送试验室进行复验。检验批、检验内容、质量指标及保管要求等按《混凝土结构工程施工技术标准》ZJQ08 SGJB 204—2005 第 5 章的有关规定执行。

2 预埋件:应做好防腐处理。

5.4 施工工艺

5.4.1 砖基础施工

5.4.1.1 工艺流程

放线,立皮数杆→砖浇水湿润,垫层表面杂物清扫、湿润→确定组砌方法→排砖撂底(砂浆拌制)→砌筑→抹防潮层→质量验收

5.4.1.2 施工要点

1 立皮数杆:在垫层转角处、交接处及高低处立好基础皮数杆。基础皮数杆要进行抄平,使杆上所示底层室内地面线标高与设计的底层室内地面标高一致。

2 砖浇水湿润,基层表面清理、湿润:砖基础砌筑前,基础垫层表面应清扫干净,洒水湿润。砖提前 1~2d 浇水湿润,不得随浇随砌,对烧结普通砖、多孔砖含水率宜为 10%~15%;对灰砂砖、粉煤灰砖含水率宜为 8%~12%。现场检验砖含水率的简易方法采用断砖法,当砖截面四周融水深度为 15~20mm 时,视为符合要求的适宜含水率。

3 排砖撂底:基础大放脚的撂底尺寸及收退方法必须符合设计图纸规定,如一层一退,里外均应砌丁砖;如二层一退,第一层为条砖,第二层砌丁砖。

4 盘角、挂线:砌筑时,可依皮数杆先在转角及交接处砌几皮砖,再在其间拉准线砌中间部分,其中第一皮砖应以基础底宽线为准砌筑。基础墙挂线:240 墙单面挂线,370 以上墙双面挂线。

5 砂浆拌制:砂浆拌制应采用机械搅拌,投料顺序为:砂→水泥→掺合料→水。其他要求见本标准第 4.3 节的有关规定。

6 砌筑:大放脚部分一般采用一顺一丁砌筑形式。注意十字及丁字接头处的砖块搭接,在这些交接处,纵横基础要隔皮砌通。图 5.4.1.2-1 为二砖半底宽大放脚十字交接处

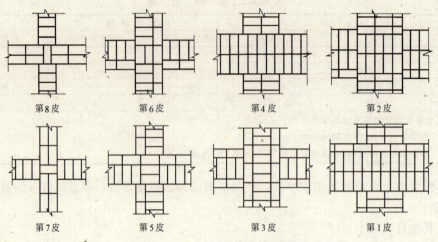

图 5.4.1.2-1 二砖半大放脚砌法

的分皮砌法。

大放脚转角处应在外角加砌七分头砖（3/4砖），以使竖缝上下错开。图5.4.1.2-2为二砖半底宽大放脚转角处分皮砌法。

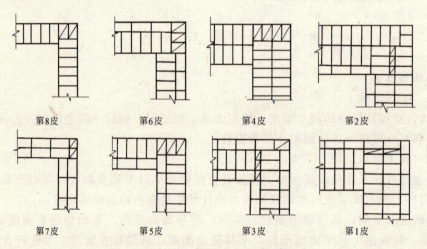

图 5.4.1.2-2 二砖半大放脚转角砌法

变形缝的墙角应按直角要求砌筑，先砌的墙要把舌头灰刮尽；后砌的墙可采用缩口灰，掉入缝内的杂物应随时清理。

暖气沟挑檐砖及上一层压砖，均应用丁砖砌筑，灰缝要严实，挑檐砖标高必须正确。

安装管沟和洞口过梁其型号、标高必须正确，底灰饱满；如坐灰超过20mm厚，用细石混凝土铺垫，两端搭墙长度应一致。

当采用铺浆法砌筑时，铺浆长度应符合本标准第5.1.6条的规定。

7 抹防潮层：将墙顶活动砖重新砌好，清扫干净，浇水湿润，随即抹防水砂浆。设计无规定时，一般厚度为15～20mm，防水粉掺量为水泥重量的3%～5%。

5.4.2 砖墙体施工

5.4.2.1 工艺流程

```
     验线                          砂浆拌制
      ↓                              ↓
放线→立皮数杆→基层表面清理、湿润→排砖与摆底→盘角、挂线→砌筑→质量验收
```

5.4.2.2 普通砖墙施工要点

1 放线、立皮数杆、基层表面清理、湿润、砂浆拌制：参见本标准第5.4.1.2条的相关内容。

2 组砌方法：砌体一般采用一顺一丁、梅花丁或三顺一丁砌法。

3 排砖摆底：一般外墙第一层砖摆底时，两山墙排丁砖，前后檐纵墙排条砖。根据弹好的门窗洞口位置线，认真核对窗间墙、垛尺寸及位置是否符合排砖模数，如不符合模数时，可在征得设计同意的条件下将门窗的位置左右移动，使之符合排砖的要求。若有破活，七分头或丁砖应排在窗口中间、附墙垛或其他不明显的部位。移动门窗口位置时，应注意暖卫立管安装及门窗开启时不受影响。另外，排砖还要考虑在门窗口上边的砖墙合拢时也不出现破活。

4 砂浆拌制：同本标准第5.4.1.2条。

5 盘角：砌砖前应先盘角，每次盘角不要超过五层。新盘的大角，及时进行吊、靠。如有偏差要及时修整。盘角时要仔细对照皮数杆的砖层和标高，控制好灰缝大小，使水平灰缝均匀一致。大角盘好后再复查一次，平整度和垂直度完全符合要求后，再挂线砌墙。

6 挂线：砌筑一砖半墙必须双面挂线，如果长墙几个人均使用一根通线，中间应设几个小支点，小线要拉紧，每层砖都要穿线看平，使水平缝均匀一致，平直通顺；砌一砖厚混水墙时宜采用外手挂线。

7 砌筑：

（1）砖墙的转角处，每皮砖的外角应加砌七分头砖。当采用一顺一丁砌筑形式时，七分头砖的顺面方向依次砌顺砖，丁面方向依次砌丁砖（图5.4.2.2-1）。

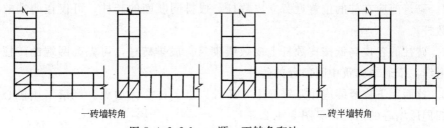

图 5.4.2.2-1 一顺一丁转角砌法

（2）砖墙的丁字交接处，横墙的端头隔皮加砌七分头砖，纵横隔皮砌通。当采用一顺

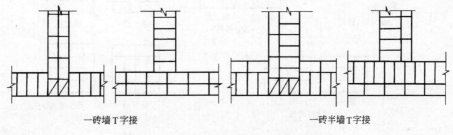

图 5.4.2.2-2 一顺一丁的丁字交接处砌法

一丁砌筑形式时，七分头砖丁面方向依次砌丁砖（图 5.4.2.2-2）。

（3）砖墙的十字交接处，应隔皮纵横墙砌通，交接处内角的竖缝应上下相互错开 1/4 砖长（图 5.4.2.2-3）。

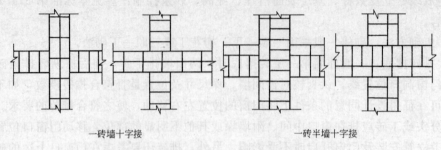

图 5.4.2.2-3　一顺一丁的十字交接处砌法

（4）宽度小于 1m 的窗间墙，应选用整砖砌筑，半砖和破损的砖应分散使用在受力较小的砖墙，小于 1/4 砖块体积的碎砖不能使用。

（5）当采用铺浆法砌筑时，铺浆长度应符合本标准第 5.1.6 条的规定。

8　留槎：外墙转角处应同时砌筑，隔墙与承重墙不能同时砌筑又留成斜槎时，可于承重墙中引出凸槎，并在承重墙的水平灰缝中预埋拉接筋，其构造见本标准第 5.7.1.4 条直槎的要求，但每道墙不得少于 2 根。

9　门窗洞口侧面木砖预埋时应小头在外，大头在内，木砖要提前做好防腐处理。木砖数量按洞口高度决定。洞口高在 1.2m 以内时，每边放 2 块；洞口高 1.2~2m，每边放 3 块；洞口高 2~3m，每边放 4 块；预埋木砖的部位上下一般距洞口上边或下边各四皮砖，中间均匀分布。

5.4.2.3　普通砖柱与砖垛施工要点

1　砌筑前应在柱的位置近旁立皮数杆。成排同断面的砖柱，可仅在两端的砖柱近旁立皮数杆。

2　砖柱的各皮高低按皮数杆上皮数线砌筑。成排砖柱，可先砌两端的砖柱，然后逐皮拉通线，依通线砌筑中间部分的砖柱。

3　柱面上下皮竖缝应相互错开 1/4 砖长以上。柱心无通缝。严禁采用包心砌法，即先砌四周后填心的砌法，见图 5.4.2.3-1。

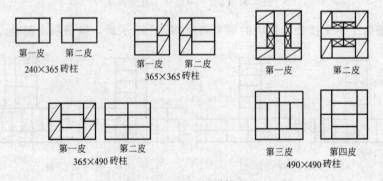

图 5.4.2.3-1　矩形柱砌法

4 砖垛砌筑时，墙与垛应同时砌筑，不能先砌墙后砌垛或先砌垛后砌墙，其他砌筑要点与砖墙、砖柱相同。图 5.4.2.3-2 所示为一砖墙附有不同尺寸砖垛的分皮砌法。

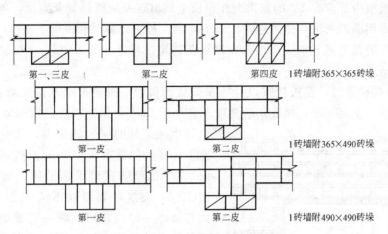

图 5.4.2.3-2 一砖墙附砖垛分皮砌法

5 砖垛应隔皮与砖墙搭砌，搭砌长度应不小于 1/4 砖长，砖垛外表面上下皮垂直灰缝应相互错开 1/2 砖长。

5.4.2.4 多孔砖墙施工要点

1 砌筑时应试摆。多孔砖的孔洞应垂直于受压面。

2 砌多孔砖宜采用"三一"砌筑法，竖缝宜采用刮浆法。

3 多孔砖墙的转角处和交接处应同时砌筑，不能同时砌筑又必须留置的临时间断处应砌成斜槎。对于代号 M 多孔砖，斜槎长度应不小于斜槎高度；对于代号 P 多孔砖，斜槎长度应不小于斜槎高度的 2/3（图 5.4.2.4）。

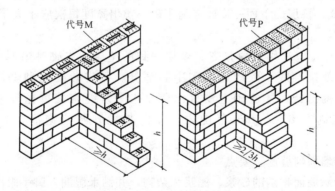

图 5.4.2.4 多孔砖斜砌

4 门窗洞口的预埋木砖、铁件等应采用与多孔砖截面一致的规格。

5 多孔砖墙中不够整块多孔砖的部位，应用烧结普通砖来补砌，不得将砍过的多孔砖填补。

6 方形多孔砖墙的转角处，应加砌配砖（半砖），配砖位于砖墙外角。

7 其他操作要点同第 5.4.2.2 条"普通砖墙施工要点"。

5.4.2.5 砖拱、过梁、檐口施工要点

1 砖平拱应用不低于MU7.5的砖与不低于M5的砂浆砌筑。砌筑时，在拱脚两边的墙端砌成斜面，斜面的斜度为1/4～1/5，拱脚下面应伸入墙内不小于20mm。在拱底处支设模板，模板中部应有1%的起拱。在模板上划出砖及灰缝位置及宽度，务必使砖的块数为单数。采用满刀灰法，从两边对称向中间砌，每块砖要对准模板上划线，正中一块应挤紧。竖向灰缝是上宽下窄成楔形，在拱底灰缝宽度应不小于5mm；在拱顶灰缝宽度应不大于15mm。

2 砖弧拱砌筑时，模板应按设计要求做成圆弧形。砌筑时应从两边对称向中间砌。灰缝成放射状，上宽下窄，拱底灰缝宽度不宜小于5mm，拱顶灰缝宽度不宜大于25mm。也可用加工好的楔形砖来砌，此时灰缝宽度应上下一样，控制在8～10mm。

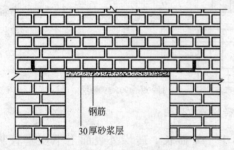

图 5.4.2.5 钢筋砖过梁

3 钢筋砖过梁采用的砖的强度应不低于MU7.5，砌筑砂浆强度不低于M2.5，砌筑形式与墙体一样，宜用一顺一丁或梅花丁。钢筋配置按设计而定，埋钢筋的砂浆层厚度不宜小于30mm，钢筋两端弯成直角钩，伸入墙内长度不小于240mm（图 5.4.2.5）。

钢筋砖过梁砌筑时，先在洞口顶支设模板，模板中部应有1%的起拱。在模板上铺设1:3水泥砂浆层，厚30mm。将钢筋逐根埋入砂浆层中，钢筋弯钩要向上，两头伸入墙内长度应一致。然后与墙体一起平砌砖层。钢筋上的第一皮砖应丁砌。钢筋弯钩应置于竖缝内。

4 过梁底模板，应待砂浆强度达到设计强度50%以上，方可拆除。

5 砖挑檐可用普通砖、灰砂砖、粉煤灰砖及免烧砖等砌筑，多孔砖及空心砖不得砌挑檐。砖的规格宜采用240mm×115mm×53mm。砂浆强度等级应不低于M5。

无论哪种形式，挑层的下面一皮砖应为丁砌，挑出宽度每次应不大于60mm，总的挑出宽度应小于墙厚。

砖挑檐砌筑时，应选用边角整齐、规格一致的整砖。先砌挑檐两头，然后在挑檐外侧每一层底角处拉准线，依线逐层砌中间部分。每皮砖要先砌里侧后砌外侧，上皮砖要压住下皮挑出砖，才能砌上皮挑出砖。水平灰缝宜使挑檐外侧稍厚，里侧稍薄。灰缝宽度控制在8～10mm范围内。竖向灰缝砂浆应饱满，灰缝宽度控制在10mm左右。

5.4.2.6 清水砖墙面勾缝施工要点

1 勾缝前清除墙面粘结的砂浆、泥浆和杂物，并洒水湿润。脚手眼内也应清理干净，洒水湿润，并用与原墙相同的砖补砌严密。

2 墙面勾缝应采用加浆勾缝，宜用细砂拌制的1:1.5水泥砂浆。砖内墙也可采用原浆勾缝，但必须随砌随勾缝，并使灰缝光滑密实。

3 砖墙勾缝宜采用凹缝或平缝，凹缝深度一般为4～5mm。

4 墙面勾缝应横平竖直、深浅一致、搭接平整并压实抹光，不得有丢缝、开裂和粘结不牢等现象。

5 勾缝完毕，应清扫墙面。

5.5 成品保护

5.5.1 砌筑过程中或砌筑完毕后，未经有关质量管理人员复查之前，对轴线桩、水平桩或龙门板应注意保护，不得碰撞或拆除。

5.5.2 基础墙回填土，应两侧同时进行，暖气沟墙未填土的一侧应加支撑，防止回填时挤歪挤裂。回填土应分层夯实，不允许向槽内灌水取代夯实。回填土运输时，先将墙顶保护好，不得在墙上推车，损坏墙顶和碰撞墙体。

5.5.3 墙体拉结筋、抗震构造柱钢筋、大模板混凝土墙体钢筋及各种预埋件，暖、卫、电气管线及套管等，均应注意保护，不得任意拆改、弯折或损坏。

5.5.4 砂浆稠度应适宜，砌筑过程中要及时清理，防止砂浆溅脏墙面。

5.5.5 尚未安装楼板或屋面板的墙和柱，当可能遇到大风时，应采取临时支撑等措施，以保证施工中墙体的稳定性。

5.5.6 在吊放平台脚手架或安装模板时，应防止碰撞已砌好的墙体。

5.5.7 在进料口周围，应用塑料布或木板等遮盖，以保持墙面清洁。

5.6 安全、环保措施

5.6.1 安全措施

1 在操作之前必须检查操作环境是否符合安全要求，道路是否畅通，机具是否完好牢固，安全设施和防护用品是否齐全，经检查符合要求后方可施工。

2 基础砌筑时，应经常注意和检查基坑土质变化情况，有无崩裂和塌陷现象。当深基坑装设挡板支顶时，操作人员应设梯子上下，不应攀爬支顶和踩踏砌体上下。

3 基坑边堆放材料距离坑边不得少于1m。尚应按土质的坚实程度确定。当发现土壤出现水平或垂直裂缝时，应立即将材料搬离并进行基坑装顶加固处理。

4 深基坑支顶的拆除，应随砌筑的高度，自上而下将支顶逐层拆除，并每拆一层，随即回填一层泥土，防止该层基土发生变化。当在坑内工作时，操作人员必须带好安全帽。操作地段上面要有明显标志，警示基坑内有人操作。

5 墙身砌体高度超过地坪1.2m以上时，应搭设脚手架。在一层以上或高度超过4m时，采用里脚手架必须支搭安全网，采用外脚手架应设护身栏杆和挡脚板后方可砌筑。

6 严禁使用砖及砌块做脚手架的支撑；脚手架搭设后应经检查方可使用，施工用的脚手板不得少于两块，其端头必须伸出架的支承横杆约200mm，但也不许伸过太长做成探头板；砌筑时不准随意拆改和移动脚手架，楼层屋盖上的盖板或防护栏杆不得随意挪动拆除。

7 脚手架站脚的高度，应低于已砌砖的高度；每块脚手板上的操作人员不得超过两人；堆放砖块不得超过单行3皮；采用砖笼吊砖时，砖在架子上或楼板上要均匀分布，不应集中堆放；灰桶、灰斗应放置有序，使架子上保持畅通。

8 在楼层（特别是预制板面）施工时，堆放机具、砖块等物品不得超过使用荷载。如超过荷载时，必须经过验算采取有效加固措施后，方可进行堆放及施工。

9 不得站在墙顶上做划线、吊线、清扫墙面等工作；上下脚手架应走斜道，严禁踏上窗台出入。

10 在架子上砍砖时，操作人员应面向里把碎砖打在脚手板上，严禁把砖头打向架外；挂线用的坠砖，应绑扎牢固，以免坠落伤人。禁止用手向上抛砖运送，人工传递时，应稳递稳接，两人位置避免在同一垂直线上作业。

11 用于垂直运输的吊笼、滑车、绳索、刹车等，必须满足负荷要求，牢固无损；吊运时不得超载，并需经常检查，发现问题及时修理。

12 起吊砖笼和砂浆料斗时，砖和砂浆不能装的过满。吊臂工作范围内不得有人停留。

13 砖运输车辆两车前后距离平道上不小于2m，坡道上不小于10m；装砖时要先取高处后取低处，防止垛倒砸人。

14 已砌好的山墙，应临时用联系杆（如檩条等）放置各跨山墙上，使其联系稳定，或采取其他有效的加固措施。

15 冬期施工时，脚手板上如有冰霜、积雪，应先清除后才能上架子进行操作。

16 在同一垂直面内上下交叉作业时，必须设置安全隔板，下方操作人员应戴好安全帽。

17 砌砖使用的工具、材料应放在稳妥的地方，工作完毕应将脚手板和砖墙上的碎砖、灰浆等清扫干净，防止掉落伤人。

18 砂浆搅拌机运转时，严禁将锹、耙等工具伸入罐内，必须进罐扒砂浆时，要停机进行。工作完毕，应将拌筒清洗干净。搅拌机应有专用开关箱，并应装有漏电保护器，停机时应拉断电闸，下班时电闸箱应上锁。

19 采用手推车运输砂浆时，不得争先抢道，装车不应过满；卸车时应有挡车措施，不得用力过猛或撒把，以防车把伤人。

20 使用井架提升砂浆时，应设置制动安全装置，升降应有明确信号，操作人员未离开提升台时，不得发升降信号。

5.6.2 环保措施

1 砖堆放及停放搅拌机的地面必须夯实，用混凝土硬化，并做好排水措施。

2 现场拌制砂浆时，应采取措施防止水泥、砂子扬尘污染环境。

3 施工中的噪声排放，昼间＜70dB，夜间＜55dB。施工现场烟尘排放浓度＜400mg/m^3。夜间照明不影响周围社区。

4 施工垃圾分类处理，尽量回收利用。

5.7 质量标准

5.7.1 主控项目

5.7.1.1 砖和砂浆的强度等级必须符合设计要求。

抽检数量：每一生产厂家的砖到现场后，按烧结砖15万块、多孔砖5万块、灰砂砖及粉煤灰砖10万块、烧结空心砖和空心砌块3万块各为一验收批，抽检数量为1组。砂浆试块的抽检数量执行本标准第4.4.1条的有关规定。

检验方法：查砖和砂浆试块试验报告。

5.7.1.2 砌体水平灰缝的砂浆饱满度不得小于80%。

抽检数量：每检验批抽查不应少于5处。

检验方法：用百格网检查砖底面与砂浆的粘结痕迹面积。每处检测3块砖，取其平均值。

5.7.1.3 砖砌体的转角处和交接处应同时砌筑，严禁无可靠措施的内外墙分砌施工。对不能同时砌筑而又必须留置的临时间断处应砌成斜槎，斜槎水平投影长度不应小于高度的2/3。

抽检数量：每检验批抽20%接槎，且不应少于5处。

检验方法：观察检查。

5.7.1.4 非抗震设防及抗震设防烈度为6度、7度地区的临时间断处，当不能留斜槎时，除转角处外，可留直槎，但直槎必须做成凸槎。留直槎处应加设拉结钢筋，拉结钢筋的数量为每120mm墙厚放置1φ6拉结钢筋（120mm厚墙放置2φ6拉结钢筋），间距沿墙高不应超过500mm；埋入长度从留槎处算起，非抗震设防区每边均不应小于500mm，抗震设防烈度6度、7度的地区，不应小于1000mm；末端应有90°弯钩（图5.7.1.4）。

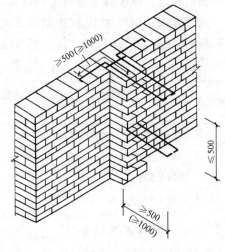

图 5.7.1.4

抽检数量：每检验批抽20%接槎，且不应少于5处。

检验方法：观察和尺量检查。

合格标准：留槎正确，拉结钢筋设置数量、直径正确，竖向间距偏差不超过100mm，留置长度基本符合规定。

5.7.1.5 砖砌体的位置及垂直度允许偏差应符合表5.7.1.5的规定。

表 5.7.1.5 砖砌体的位置及垂直度允许偏差

项次	项目		允许偏差(mm)	检验方法
1	轴线位置偏移		10	用经纬仪和尺检查或其他测量仪器检查
2	垂直度	每层	5	用2m托线板检查
		全高 ≤10m	10	用经纬仪、吊线和尺检查,或用其他测量仪器检查
		全高 >10m	20	

抽检数量：轴线查全部承重墙、柱；外墙垂直度全高查阳角，不应少于4处，每层每20m查一处；内墙按有代表性的自然间抽10%，但不应少于3间，每间不应少于2处，柱不少于5根。

5.7.2 一般项目

5.7.2.1 砖砌体组砌方法应正确，上、下错缝，内外搭砌，砖柱不得采用包心砌法。

抽检数量：外墙每20m抽查一处，每处3～5m，且不应少于3处；内墙按有代表性的自然间抽10%，且不应少于3间。

检验方法：观察检查。

合格标准：除符合本条要求外，清水墙、窗间墙无通缝；混水墙中长度大于或等于300mm的通缝每间不超过3处，且不得位于同一面墙体上。

5.7.2.2 砖砌体的灰缝应横平竖直，厚薄均匀。水平灰缝厚度宜为10mm，但不应小于8mm，也不应大于12mm。

抽检数量：每步脚手架施工的砌体，每20m抽查1处。

检验方法：用尺量10皮砖砌体高度折算。

5.7.2.3 砖砌体的一般尺寸允许偏差应符合表5.7.2.3的规定。

表5.7.2.3 砖砌体一般尺寸允许偏差

项次	项目		允许偏差(mm)	检验方法	抽检数量
1	基础顶面和墙砌体顶面标高		±15	用水准仪和尺检查	不应少于5处
2	表面平整度	清水墙、柱	5	用2m靠尺和楔形塞尺检查	有代表性自然间10%，但不应少于3间，每间不应少于2处
		混水墙、柱	8		
3	门窗洞口高、宽（后塞口）		±5	用尺检查	检验批洞口的10%，且不应少于5处
4	外墙上下窗口偏移		20	以底层窗口为准，用经纬仪或吊线检查	检验批的10%，且不应少于5处
5	水平灰缝平直度	清水墙	7	拉10m线和尺检查	有代表性自然间10%，但不应少于3间，每间不应少于2处
		混水墙	10		
6	清水墙游丁走缝		20	吊线和尺检查，以每层第一皮砖为准	有代表性自然间10%，但不应少于3间，每间不应少于2处

5.8 质量验收

5.8.1 检验批的划分按本标准第3.0.26条规定执行，在施工组织设计（或方案）中事先确定。抽样数量按本标准第5.7节的有关规定执行。

5.8.2 验收时应检验各种原材料试验报告以及砂浆强度试验报告。

5.8.3 检验批合格质量应符合下列规定：
  1 主控项目和一般项目的质量经抽样检验合格。
  2 具有完整的施工操作依据、质量检查记录。

5.8.4 检验批质量验收记录当地方政府主管部门无统一规定时，宜采用表5.8.4"砖砌体工程检验批质量验收记录表"。

表 5.8.4 砖砌体工程检验批质量验收记录表
GB 50203－2002

单位(子单位)工程名称					验收部位	
分部(子分部)工程名称						
施工单位					项目经理	
分包单位					分包项目经理	
施工执行标准名称及编号						

		施工质量验收规范的规定		施工单位检查评定记录	监理(建设)单位验收记录
主控项目	1	砖强度等级	设计要求 MU		
	2	砂浆强度等级	设计要求 M		
	3	斜槎留置	砖砌体的转角处和交接处应同时砌筑，严禁无可靠措施的内外墙分砌施工。对不能同时砌筑而又必须留置的临时间断处应砌成斜槎，斜槎水平投影长度不应小于高度的 2/3		
	4	直槎拉接筋及接槎处理	符合规范 GB 50203—2002 第 5.2.4 条规定		
	5	水平灰缝砂浆饱满度	≥80%		
	6	轴线位移	10mm		
	7	垂直度(每层)	5mm		
一般项目	1	组砌方法	砖砌体组砌方法应正确，上、下错缝，内外搭砌，砖柱不得采用包心砌法		
	2	水平灰缝厚度 10mm	灰缝厚度宜为 10mm，但不应小于 8mm，也不应大于 12mm		
	3	基础顶面、墙砌体顶面标高	±15mm 以内		
	4	表面平整度	清水 5mm 混水 8mm		
	5	门窗洞口高宽度(后塞口)	±5mm 以内		
	6	外墙上下窗口偏移	20mm		
	7	水平灰缝平直度	清水 7mm 混水 10mm		
	8	清水墙游丁走缝	20mm		

施工单位检查评定结果	专业工长(施工员)		施工班组长	
	项目专业质量检查员：			年 月 日

监理(建设)单位验收结论	专业监理工程师(建设单位项目专业技术负责人)：	年 月 日

6 混凝土小型空心砌块砌体工程

6.1 一般规定

6.1.1 本章适用于普通混凝土小型空心砌块和轻骨料混凝土小型空心砌块(以下简称小砌块)工程的施工及质量验收。

6.1.2 施工时所用的小砌块的产品龄期不应小于28d。

6.1.3 砌筑小砌块时,应清除表面污物和芯柱用小砌块孔洞底部的毛边,剔除外观质量不合格的小砌块。

6.1.4 施工时所用的砂浆,宜选用专用的小砌块砌筑砂浆。

6.1.5 底层室内地面以下或防潮层以下的砌体,应采用强度等级不低于C20的混凝土灌实小砌块的孔洞。

6.1.6 小砌块砌筑时,在天气干燥炎热的情况下,可提前洒水湿润小砌块;对轻骨料混凝土小砌块,可提前浇水湿润。小砌块表面有浮水时,不得施工。

6.1.7 承重墙体严禁使用断裂小砌块或壁肋中有竖向凹形裂缝的小砌块。

6.1.8 小砌块墙体应对孔错缝搭砌,搭接长度不应小于90mm。墙体的个别部位不能满足上述要求时,应在灰缝中设置拉结钢筋或钢筋网片,但竖向通缝仍不能超过两皮小砌块。

6.1.9 小砌块应底面朝上反砌于墙上。

6.1.10 浇灌芯柱的混凝土,宜选用专用的小砌块灌孔混凝土,当采用普通混凝土时,其坍落度不应小于90mm。

6.1.11 浇灌芯柱混凝土,应遵守下列规定:
1 清除孔洞内的砂浆等杂物,并用水冲洗;
2 砌筑砂浆强度大于1MPa时,方可浇灌芯柱混凝土;
3 在浇灌芯柱混凝土前应先注入适量与芯柱混凝土相同的去石水泥砂浆,再浇灌混凝土。

6.1.12 需要移动砌体中的小砌块或小砌块被撞动时,应重新铺砌。

6.1.13 承重墙体不得采用小砌块与黏土砖等其他块体材料混合砌筑。

6.1.14 常温条件下,小砌块墙体的日砌筑高度,宜控制在1.5m或一步脚手架高度内。

6.2 施工准备

6.2.1 技术准备

1　绘制小砌块排列图、选定小砌块吊装路线、吊装次序和组砌方法。
　　2　其他事项见本标准第3.0.2条。
6.2.2　材料准备
　　普通混凝土小型空心砌块（或轻骨料混凝土小型空心砌块等）、水泥、中砂、石子、石灰膏（或生石灰、磨细生石灰）或电石膏、黏土膏、外加剂、钢筋等。
6.2.3　主要机具
　　1　机械设备
　　应备有砂浆搅拌机、筛砂机、淋灰机、塔式起重机或其他吊装机械、卷扬机或其他提升机械等。
　　2　主要工具
　　（1）测量、放线、检验：参见本标准第5.2.3条相关条款。
　　（2）施工操作：瓦刀、小撬棍、木锤、砌块夹具、小推车等。
6.2.4　作业条件
　　1　对进场的小砌块型号、规格、数量、质量和堆放位置、次序等已经进行检查、验收，能满足施工要求。
　　2　所需机具设备已准备就绪，并已安装就位。
　　3　小砌块基层已经清扫干净，并在基层上弹出纵横墙轴线、边线、门窗洞口位置线及其他尺寸线。
　　4　在房屋四角或楼梯间转角等处设立皮数杆，并办好预检手续。
　　5　上道工序已经验收合格，并办理交接手续。
　　6　砌筑砂浆和灌孔洞用混凝土根据设计要求，经试验确定配合比。

6.3　材料与质量控制

6.3.1　砌筑砂浆使用的原材料检验、抽样等要求和砌筑砂浆的性能要求及质量要求见本标准第4章的有关规定。
6.3.2　小砌块
　　1　进场时，现场应对其外观质量、龄期和规格尺寸进行检查，同时检查其合格证并取样送试验室检验。
　　2　检验内容：包括外观质量和尺寸偏差、强度检验、吸水率及相对含水率；轻骨料混凝土空心砌块还应做密度检验；用于清水墙的普通混凝土小型砌块还应进行抗渗性检验。小砌块技术要求见附录E、附录F。
　　3　抽样规则：每一生产厂家的小砌块到现场后，每1万块为一验收批，至少抽检1组，用于多层以上建筑基础和底层的小砌块抽检数量不少于2组。
　　4　取样方法及数量：
　　（1）尺寸偏差和外观质量检验的试样采用随机抽样法，在每一检验批的产品堆垛中抽取。
　　（2）其他检验项目的样品用随机抽样法从外观质量和尺寸偏差检验后的样品中抽取。

(3) 抽样数量按表 6.3.2 进行。

表 6.3.2 抽 样 数 量

序 号	检 验 项 目	抽样数量（块）	
		普通混凝土小型砌块	轻骨料混凝土空心砌块
1	外观质量和尺寸偏差	32	32
2	强度等级	5	5
3	吸水率及相对含水率	3	3
4	表观密度		3
5	抗渗性	3	

5 保管要求：按照设计选用的规格组织混凝土小砌块进场，运到现场的小砌块，应分规格分等级堆放，堆垛上应设标志，堆放现场必须平整，并做好排水。小砌块堆放时，注意堆放高度不宜超过 1.6m，堆垛之间应保持适当的通道。

6.3.3 其他材料

1 拉结筋：钢筋的级别、直径应符合设计要求。进场时，应对其规格、级别或品种进行检查，同时检查其出厂合格证，并按批量取样送试验室进行复验。检验批、检验内容及技术要求等按《混凝土结构工程施工技术标准》ZJQ08 SGJB 204—2005 第 5 章的有关规定执行。

2 灌注砌块孔洞用混凝土：

(1) 水泥：

1) 应采用硅酸盐水泥、普通硅酸盐水泥或矿渣硅酸盐水泥。

2) 水泥进场时必须有质量证明书，并应按批量检验其强度和安定性，合格后方可使用。

3) 水泥质量指标、批量、取样数量等要求见《混凝土结构工程施工技术标准》ZJQ08 SGJB 204—2005 的有关规定。

(2) 石子：

石子的最大粒径不大于 16mm，其质量指标、批量、取样数量等要求见《混凝土结构工程施工技术标准》ZJQ08 SGJB 204—2005 的有关规定。

(3) 砂子：

砂宜采用中砂，其质量指标、批量、取样数量等要求见《混凝土结构工程施工技术标准》ZJQ08 SGJB 204—2005 的有关规定。

(4) 掺合料：

1) 粉煤灰应符合《用于水泥和混凝土中的粉煤灰》GB/T 1596 的规定。进场的粉煤灰应具有质量证明书，其掺量应通过试验确定。

2) 采用其他品种掺合料时，必须符合有关标准的规定，并应在使用前进行试验验证。

(5) 外加剂：

外加剂包括减水剂、早强剂、促凝剂、缓凝剂、膨胀剂等，外加剂的应用应符合《混凝土外加剂应用技术规范》GB 50119—2003 以及有关标准的规定。

3 预埋件：应做好防腐处理。

6.4 施工操作工艺

6.4.1 小砌块施工

6.4.1.1 工艺流程

　　　　　验线　　　　　　　　　　　　　　　　　　砂浆搅拌
　　　　　　↓　　　　　　　　　　　　　　　　　　　　↓
放线→立皮数杆→基层表面清理、湿润→排列砌块→拉线→砌筑→预留洞→质量验收

6.4.1.2 施工要点

1 定位放线：砌筑前应在基础面或楼面上定出各层的轴线位置和标高，并用1:2水泥砂浆或C15细石混凝土找平。

2 立皮数杆、拉线：在房屋四角或楼梯间转角处设立皮数杆，皮数杆间距不得超过15m。根据砌块高度和灰缝厚度计算皮数杆和排数，皮数杆上应画出各皮小砌块的高度及灰缝厚度。在皮数杆上相对小砌块上边线之间拉准线，小砌块依准线砌筑。

3 拌制砂浆：砂浆拌制宜采用机械搅拌，搅拌加料顺序和时间：先加砂、掺合料和水泥干拌1min，再加水湿拌，总的搅拌时间不得少于4min。若加外加剂，则在湿拌1min后加入。其他要求见本标准第4.3节的有关规定。

4 砌筑：

（1）砌筑一般采用"披灰挤浆"，先用瓦刀在砌块底面的周肋上满披灰浆，铺灰长度不得超过800mm，再在待砌的砌块端头满披头灰，然后双手搬运砌块，进行挤浆砌筑。

（2）上下皮砌块应按本标准第6.1.8条规定对孔错缝搭砌，不能满足要求时，灰缝中设置2根直径6mm的HPB235级钢筋；采用钢筋网片时，可采用直径4mm的钢筋焊接而成。拉结钢筋或钢筋网片每端均应超过该垂直灰缝，其长度不得小于300mm（图6.4.1.2-1）。

（3）砌筑应尽量采用主规格砌块（T字交接处和十字交接处等部位除外），用反砌法砌筑，从转角或定位处开始向一侧进行，内外墙同时砌筑，纵横墙交错搭接。外墙转角处

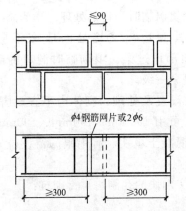

图 6.4.1.2-1 混凝土空心砌块墙灰缝中
设置拉结钢筋或网片

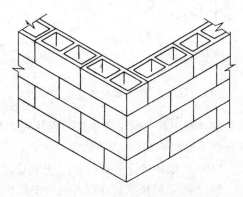

图 6.4.1.2-2 空心砌块墙转角砌法
（为表示小砌块孔洞情况，图中将孔洞朝上
绘制，砌筑时孔洞应朝下，以下图同）

应使小砌块隔皮露端面,见图6.4.1.2-2。

(4)空心砌块墙的T字交接处,应隔皮使横墙砌块端面露头。当该处无芯柱时,应在纵墙上交接处砌两块一孔半的辅助规格砌块,隔皮砌在横墙露头砌块下,其半孔应位于中间(图6.4.1.2-3)。当该处有芯柱时,应在纵墙上交接处砌一块三孔大规格砌块,砌块的中间孔正对横墙露头砌块靠外的孔洞(图6.4.1.2-4)。

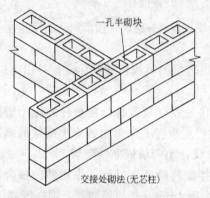
图6.4.1.2-3 混凝土空心砌块墙T字

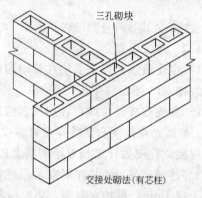
图6.4.1.2-4 混凝土空心砌块墙T字

(5)所有露端面用水泥砂浆抹平。

(6)空心砌块墙的十字交接处,当该处无芯柱时,在交接处应砌一孔半砌块,隔皮相互垂直相交,其半孔应在中间。当该处有芯柱时,在交接处应砌三孔砌块,隔皮相互垂直相交,中间孔相互对正。

(7)空心砌块墙临时间断处的处理应符合本标准第6.7.1.3条的规定。如留斜槎有困难,除外墙转角处及抗震设防地区,墙体临时间断处不应留直槎外,临时间断可从墙面伸出200mm砌成直槎,并沿墙每隔三皮砖(600mm)在水平灰缝设2根直径6mm的拉接筋或钢筋网片;拉结筋埋入长度,从留槎处算起,每边均不应小于600mm,钢筋外露部分不得任意弯折(图6.4.1.2-5)。

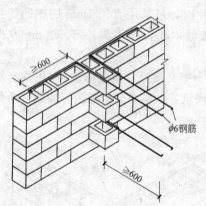
图6.4.1.2-5 空心砌块墙直槎

(8)空心砌块墙临时洞口的处理:作为施工通道的临时洞口,其侧边离交接处的墙面不应小于600mm,并在顶部设过梁。填砌临时洞口的砌筑砂浆强度等级宜提高一级。

(9)脚手眼设置及处理:砌体内不宜设脚手眼,如必须设置时,可用190mm×190mm×190mm小砌块侧砌,利用其孔洞作脚手眼,砌体完工后用C15混凝土填实。脚手眼的留设位置同时应符合本标准第3.0.12条的规定。

(10)在墙体的下列部位,应先用C20混凝土灌实砌块的孔洞,再行砌筑:

1)无圈梁的楼板支承面下的一皮砌块;

2)没有设置混凝土垫块的屋架、梁等构件支承面下,灌实高度不应小于600mm,长度不应小于600mm的砌体;

3）挑梁支撑面下，距墙中心线每边不应小于300mm，高度不应小于600mm的砌体。

6.4.2 芯柱施工

1 工艺流程

放线→立皮数杆→基层表面清理、湿润→排列砌块→拉线→砌筑小砌块，同时绑扎构造钢筋→浇灌芯柱混凝土→质量验收

（验线在"立皮数杆"前；砂浆搅拌在"砌筑小砌块"前）

2 施工要点

（1）芯柱设置要点：

1）在外墙转角、楼梯间四角的纵横墙交接处的三个孔洞，宜设置素混凝土芯柱；

2）五层及五层以上的房屋，应在上述部位设置钢筋混凝土芯柱。

（2）芯柱构造要求：

1）芯柱截面不宜小于120mm×120mm，宜用不低于C20的细石混凝土浇灌；

2）钢筋混凝土芯柱每孔内插竖筋不应小于1ϕ10，底部应伸入室内地面下500mm或与基础梁锚固，顶部与屋盖圈梁锚固；

3）在钢筋混凝土芯柱处，沿墙高每隔600mm应设ϕ4钢筋网片拉结，每边伸入墙体不小于600mm（图6.4.2-1）。

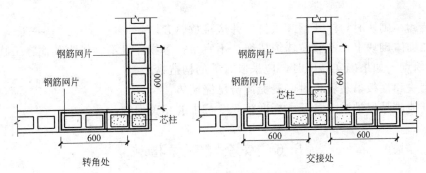

图6.4.2-1 芯柱拉结钢筋网片设置

4）芯柱应沿房屋的全高贯通，并与各层圈梁整体现浇，可采用图6.4.2-2所示的做法。芯柱竖向插筋应贯通墙身且与圈梁连接，插筋不应小于1ϕ12。芯柱应伸入室外地下500mm或锚入浅于500mm基础圈梁内。芯柱混凝土应贯通楼板，当采用装配式钢筋混凝土楼板时，可采用图6.4.2-3的方式实施贯通措施。

（3）芯柱部位宜采用不封底的通孔小砌块，当采用半封底小砌块时，砌筑前必须打掉孔洞毛边。

（4）在楼地面砌筑第一皮小砌块时，在芯柱部位，应用开口砌块（或U型砌块）砌出操作孔，在操作孔侧面宜用预留连通孔，必须清除芯柱孔洞内的杂物及削掉孔内凸出的砂浆，用水冲洗干净，校正钢筋位置并绑扎或焊接固定后，方可浇灌混凝土。

（5）芯柱钢筋应与基础或基础梁中的预埋钢筋连接，上下楼层的钢筋可在楼板面上搭接，搭接长度不应小于40d。

（6）砌完一个楼层高度后，应连续浇灌芯柱混凝土。每浇灌400～500mm高度捣实一次，或边浇灌边捣实。浇灌混凝土前，先注入适量水泥浆；严禁灌满一个楼层后再捣实，

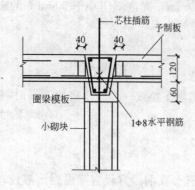
图 6.4.2-2 芯柱贯穿预制楼板的构造

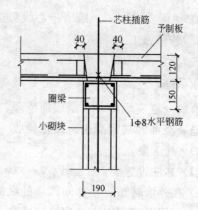
图 6.4.2-3 芯柱贯穿楼板措施

宜采用机械捣实；混凝土坍落度不应小于 50mm。

（7）芯柱与圈梁应整体现浇，如采用槽型小砌块作圈梁模壳时，其底部必须留出芯柱通过的孔洞。

（8）楼板在芯柱部位应留缺口，保证芯柱贯通。

6.5 成品保护

6.5.1 装卸小砌块时，严禁倾卸丢掷，并应堆放整齐。

6.5.2 在砌体砌块上，不宜拉锚缆风绳，不宜吊挂重物，也不宜作为其他施工临时设施、支撑的支承点，如果确实需要时，应采取有效的构造措施。

6.5.3 砌块和楼板吊装就位时，避免冲击已完墙体。

6.5.4 其他成品保护措施参见本标准第 5.5 节中的相关内容。

6.6 安全、环保措施

6.6.1 吊装砌块夹具应经试验检查，应安全、灵活、可靠，方可使用。

6.6.2 砌块在楼面卸下堆放时，严禁倾卸及撞击楼板。在楼板上堆放砌块时，宜分散堆放，不得超过楼板的设计允许承载能力。

6.6.3 已经就位的砌块，必须立即进行竖缝灌浆；对稳定性较差的窗间墙、独立柱和挑出墙面较多的部位，应加临时稳定支撑，以保证其稳定性。

6.6.4 在台风季节，应及时进行圈梁施工，加盖楼盖，或采取其他稳定措施。雨天施工应有防雨措施，不得使用湿砌块。雨后施工，应复核墙体的垂直度，是否有不均匀沉降，是否产生了裂缝。

6.6.5 其他安全及环保措施参见本标准第 5.6 节中的相关内容。

6.7 质量标准

6.7.1 主控项目

6.7.1.1 小砌块和砂浆的强度等级必须符合设计要求。

抽检数量：每一生产厂家，每 1 万块小砌块至少应抽检一组。用于多层以上建筑基础和底层的小砌块抽检数量不应少于 2 组。砂浆试块的抽检数量执行本标准第 4.4.1 条的有关规定。

检验方法：查小砌块和砂浆试块试验报告。

6.7.1.2 砌体水平灰缝的砂浆饱满度，应按净面积计算不得低于 90%；竖向灰缝饱满度不得小于 80%，竖缝凹槽部位应用砌筑砂浆填实；不得出现瞎缝、透明缝。

抽检数量：每检验批不应少于 3 处。

检验方法：用专用百格网检测小砌块与砂浆粘结痕迹，每处检测 3 块小砌块，取其平均值。

6.7.1.3 墙体转角处和纵横墙交接处应同时砌筑。临时间断处应砌成斜槎，斜槎水平投影长度不应小于高度的 2/3。

抽检数量：每检验批抽 20% 接搓，且不应少于 5 处。

检验方法：观察检查。

6.7.1.4 砌体的轴线偏移和垂直度偏差应符合表 6.7.1.4 的规定。

表 6.7.1.4　砌体的位置及垂直度允许偏差

项次	项 目			允许偏差(mm)	检 验 方 法
1	轴线位置偏移			10	用经纬仪和尺检查或其他测量仪器检查
2	垂直度	每层		5	用 2m 托线板检查
		全高	≤10m	10	用经纬仪、吊线和尺检查，或用其他测量仪器检查
			>10m	20	

6.7.2　一般项目

6.7.2.1 墙体的水平灰缝厚度和竖向灰缝宽度宜为 10mm，但不应大于 12mm，也不应小于 8mm。

抽检数量：每层楼的检测点不应少于 3 处。

抽检方法：用尺量 5 皮小砌块的高度和 2m 砌体长度折算。

6.7.2.2 小砌块墙体的一般尺寸允许偏差应符合表 6.7.2.2 的规定。

表 6.7.2.2　砌体一般尺寸允许偏差

项次	项 目		允许偏差(mm)	检 验 方 法	抽 检 数 量
1	基础顶面和墙砌体顶面标高		±15	用水准仪和尺检查	不应少于 5 处
2	表面平整度	清水墙、柱	5	用 2m 靠尺和楔形塞尺检查	有代表性自然间 10%，但不应少于 3 间，每间不应少于 2 处
		混水墙、柱	8		
3	门窗洞口高、宽(后塞口)		±5	用尺检查	检验批洞口的 10%，且不应少于 5 处
4	外墙上下窗口偏移		20	以底层窗口为准，用经纬仪或吊线检查	检验批的 10%，且不应少于 5 处
5	水平灰缝平直度	清水墙	7	拉 10m 线和尺检查	有代表性自然间 10%，但不应少于 3 间，每间不应少于 2 处
		混水墙	10		

6.8　质量验收

6.8.1 检验批的划分按本标准 3.0.26 条规定执行，在施工组织设计（或方案）中事先确定。抽样数量按本标准第6.7节的有关规定执行。

6.8.2 验收时,应检验各种原材料试验报告以及砂浆强度试验报告。

6.8.3 检验批合格质量应符合下列规定:

  1 主控项目和一般项目的质量经抽样检验合格。

  2 具有完整的施工操作依据、质量检查记录。

6.8.4 检验批质量验收记录,当地方政府主管部门无统一规定时,宜采用表6.8.4"混凝土小型空心砌块砌体工程检验批质量验收记录表"。

表6.8.4 混凝土小型空心砌块砌体工程检验批质量验收记录表
GB 50203—2002

单位(子单位)工程名称					验收部位	
分部(子分部)工程名称						
施工单位					项目经理	
分包单位					分包项目经理	
施工执行标准名称及编号						
		施工质量验收规范的规定		施工单位检查评定记录		监理(建设)单位验收记录
主控项目	1	小砌块强度等级	设计要求 MU			
	2	砂浆强度等级	设计要求 M			
	3	砌筑留槎	墙体转角处和纵横墙交接处应同时砌筑。临时间断处应砌成斜槎,斜槎水平投影长度不应小于高度的2/3			
	4	水平灰缝砂浆饱满度	≥90%			
	5	竖向灰缝砂浆饱满度	≥80%			
	6	轴线位移	≤10mm			
	7	垂直度(每层)	≤5mm			
一般项目	1	灰缝厚度宽度	8～12mm			
	2	基础、墙砌体顶面标高	±15mm 以内			
	3	表面平整度	清水 5mm 混水 8mm			
	4	门窗洞口	±5mm 以内			
	5	外墙偏移	20mm			
	6	水平灰缝平直度	清水 7mm 混水 10mm			
施工单位检查评定结果	专业工长(施工员)			施工班组长		
	项目专业质量检查员: 年 月 日					
监理(建设)单位验收结论	专业监理工程师(建设单位项目专业技术负责人): 年 月 日					

7 石砌体工程

7.1 一般规定

7.1.1 本章适用于毛石和料石砌体工程的施工及质量验收。

7.1.2 石砌体采用的石材应质地坚实，无风化剥落和裂纹。用于清水墙、柱表面的石材，尚应色泽均匀。

7.1.3 石材表面的泥垢、水锈等杂质，砌筑前应清除干净。

7.1.4 石砌体的灰缝厚度：毛料石和粗料石砌体不宜大于20mm；细料石砌体不宜大于5mm。

7.1.5 砂浆初凝后，如移动已砌筑的石块，应将原砂浆清理干净，重新铺浆砌筑。

7.1.6 砌筑毛石基础的第一皮石块应座浆，并将大面向下；砌筑料石基础的第一皮石块应用丁砌层座浆砌筑。

7.1.7 毛石砌体的第一皮及转角处、交接处和洞口处，应用较大的平毛石砌筑。每个楼层（包括基础）砌体的最上一皮，宜选用较大的毛石砌筑。

7.1.8 砌筑毛石挡土墙应符合下列规定：

1 每砌3~4皮为一个分层高度，每个分层高度应找平一次；

2 外露面的灰缝厚度不得大于40mm，两个分层高度间分层处的错缝不得小于80mm。

7.1.9 料石挡土墙，当中间部分用毛石砌时，丁砌料石伸入毛石部分的长度不应小于200mm。

7.1.10 挡土墙的泄水孔当设计无规定时，施工应符合下列规定：

1 泄水孔应均匀设置，在每米高度上间隔2m左右设置一个泄水孔；

2 泄水孔与土体间铺设长宽各为300mm、厚200mm的卵石或碎石作疏水层。

7.1.11 挡土墙内侧回填土必须分层夯填，分层松土厚度应为300mm。墙顶上面应有适当坡度使流水流向挡土墙外侧面。

7.1.12 石砌体每天砌筑高度不宜超过1.2m。

7.2 施工准备

7.2.1 技术准备

见本标准第3.0.2条。

7.2.2 材料准备

毛石（或料石）、水泥、中砂（或粗砂）、石灰膏（或生石灰、磨细生石灰）或电石膏、黏土膏、外加剂、钢筋等。

7.2.3　主要机具

1　机械设备

参见本标准第5.2.2条。

2　主要工具

（1）测量、放线、检验：应备有龙门板、皮数杆、水准仪、经纬仪、2m靠尺、楔形塞尺、线坠、钢卷尺、水平尺、角尺、小线、砂浆试模、磅秤等；

（2）施工操作：应备有大铲、瓦刀、手锤、大锤、灰槽、泥桶、筛子、勾缝条、手推胶轮车、灰浆车、翻斗车、扫帚、钢筋卡子。

7.2.4　作业条件

1　根据图纸要求，做好测量放线工作，设置水准基点桩和立好皮数杆。有坡度要求的砌体，立好坡度门架。

2　毛石应按需要的数量堆放于砌筑部位附近；料石应按规格和数量在砌筑前组织人员集中加工，按不同规格分类堆放、堆码，以备使用。

3　所需机具设备已准备就绪，并已安装就位。

4　基槽或基础垫层均已完成，并验收，办理隐检手续。

5　基础清扫后，在基层上弹出纵横墙轴线、边线、门窗洞口位置线及其他尺寸线，并复核其标高。

6　墙体石体砌筑前，应办理完地基基础工程隐检手续，回填完基础两侧及房心土方，安装好暖气盖板。

7　砌筑砂浆应根据设计要求，经试验确定配合比。

7.3　材料与质量控制

7.3.1　砌筑砂浆使用的原材料要求见本标准第4.1节的有关规定。

7.3.2　毛石、料石进场时，现场应对其外观质量、品种规格和颜色进行检查，并应符合本标准第7.1.2条的规定，同时检查产品质量证明书。

7.3.3　石材的质量、性能应符合下列要求：

1　毛石应呈块状，中部厚度不宜大于150mm，其尺寸高宽一般在200～300mm，长在300～400mm之间为宜，毛石的抗压强度等级不低于MU20。石材表面洁净，无水锈、泥垢等杂质。

2　料石应按设计要求加工，如设计无要求时，可按其加工平整度分为细料石、半细料石、粗料石和毛料石四种。料石各面的加工要求，应符合表7.3.3-1的规定。

3　各种砌筑用料石的宽度、厚度均不宜小于200mm，长度不宜大于厚度的4倍。料石加工的允许偏差应符合表7.3.3-2的规定。

7.3.4　其他材料

1　拉结筋：钢筋进场时，应对其规格、级别或品种进行检查，同时检查其出厂合格证，并按批量取样送试验室进行复验。检验批、检验内容及技术要求等按《混凝土结构工程施工技术标准》ZJQ08 SGJB 204—2005 第 5 章的有关规定执行。

表 7.3.3-1 料石各面的加工要求

料石种类	外露面及相接周边的表面凹入深度(mm)	叠砌面和接砌面的表面凹入深度(mm)
细石料	≯2	≯10
半细石料	≯10	≯15
粗料石	≯20	≯20
毛料石	稍加修整	≯25

注：1 相接周边的表面系指叠砌面、接砌面与外露面相接处 20~30mm 范围内的部分；
　　2 如设计对外露面有特殊要求，应按设计要求加工。

表 7.3.3-2 料石加工的允许偏差

料石种类	允许偏差(mm)	
	宽度、厚度	长度
细石料、半细石料	±3	±5
粗料石	±5	±7
毛料石	±10	±15

2 预埋件：应做好防腐处理。

7.4 施工操作工艺

7.4.1 基础施工
7.4.1.1 工艺流程

设置标志板、皮数杆、放线→垫层清理、湿润→试排、摆底 → 砌筑→检查、验收

（石料↓　砂浆拌制↑）

7.4.1.2 施工要点

1 毛石基础

（1）立皮数杆：在垫层转角处、交接处及高低处立好基础皮数杆。基础皮数杆要进行抄平，使杆上所示底层室内地面标高与设计的底层室内地面标高一致。

（2）基层表面清理、湿润：毛石基础砌筑前，基础垫层表面应清扫干净，洒水湿润。

（3）砌筑前，应对弹好的线进行复查，位置、尺寸应符合设计要求，根据现场石料的规格、尺寸、颜色进行试排，摆底并确定组砌方法。

（4）试排、摆底：砌毛石基础应双面拉准线。第一皮按所放的基础边线砌筑，以上各皮按准线砌筑。

（5）砂浆拌制：砂浆拌制宜采用机械搅拌，投料顺序为：砂→水泥→掺合料→水。其他要求见本标准第 4.3 节的有关规定。

（6）砌筑：

1) 毛石基础宜分皮卧砌，各皮石块间应利用毛石自然形状经敲打修整，使能与先砌

毛石基础基本吻合、搭砌紧密；毛石应上下错缝，内外搭砌，不得采用先砌外面石块后中间填心的砌筑方法，石块间较大的空隙应先填塞砂浆后用碎石嵌实，不得采用先塞碎石后塞砂浆或干填碎石的方法。

2) 毛石基础的每皮毛石内每隔2m左右设置一块拉结石。拉结石宽度：如基础宽度等于或小于400mm，拉结石宽度应与基础宽度相等；如基础宽度大于400mm，可用两块拉结石内外搭接，搭接长度不应小于150mm，且其中一块长度不应小于基础宽度的2/3。

3) 阶梯形毛石基础，上阶的石块应至少压砌下阶石块的1/2，相邻阶梯毛石应相互错缝搭接。毛石基础最上一皮，宜选用较大的平毛石砌筑。转角处、交接处和洞口处也应选用平毛石砌筑。

4) 有高低台的毛石基础，应从低处砌起，并由高台向低台搭接，搭接长度不小于基础高度。

5) 毛石基础转角处和交接处应同时砌筑，如不能同时砌又必须留槎时，应留成斜槎，斜槎长度应不小于斜槎高度，斜槎面上毛石不应找平，继续砌时应将斜槎面清理干净，浇水湿润。

2 料石基础

(1) 立皮数杆、垫层清理、湿润、试排、摆底、砂浆拌制：见本标准第7.4.1.2条"毛石基础"的相关条款。

(2) 砌筑：

1) 料石基础砌筑形式有丁顺叠砌和丁顺组砌。丁顺叠砌是一皮顺石与一皮丁石相隔砌筑，上下皮竖缝相互错开1/2石宽；丁顺组砌是同皮内1～3块顺石与一块丁石相隔砌筑，丁石中距不大于2m，上皮丁石坐中于下皮顺石，上下皮竖缝相互错开至少1/2石宽（图7.4.1.2）。

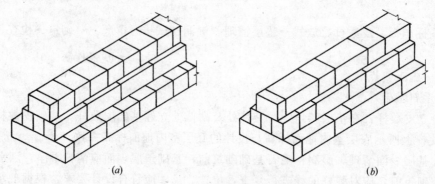

图7.4.1.2 料石基础砌筑形式
(a) 丁顺叠砌；(b) 丁顺组砌

2) 阶梯形料石基础，上阶料石应至少压砌下阶料石的1/3。

3) 砌筑时，砂浆铺设厚度应略高于规定灰缝厚度，一般高出厚度为6～8mm。

4) 其他砌筑要点同第7.4.1.2条"毛石基础"。

7.4.2 墙体施工

7.4.2.1 工艺流程

```
                        石料
                         ↓
立皮数杆、放线→基层清理→试排、摆底 → 砌筑→检查、验收
                         ↑
                       砂浆拌制
```

7.4.2.2 施工要点

1 毛石墙

(1) 立皮数杆、基层清理、湿润、试排、摆底、砂浆拌制：砌毛石墙应双面拉准线。第一皮按墙边线砌筑，以上各皮按准线砌筑。其他内容见本标准7.4.1.2条"毛石基础"的相关条款。

(2) 砌筑：

1) 毛石墙应分皮卧砌，各皮石块间应利用自然形状，经敲打修整使能与先砌石块基本吻合、搭砌紧密，上下错缝，内外搭砌，不得采用外面侧立石块，中间填心的砌筑方法，中间不得有铲口石（尖石倾斜向外的石块）、斧刃石（下尖上宽的三角形石块）和过桥石（仅在两端搭砌的石块）。

2) 毛石墙必须设置拉结石，拉结石应均匀分布，相互错开，一般每0.7m²墙面至少设置一块，且同皮内的中距不大于2m。拉结石长度：墙厚等于或小于400mm，应与墙厚度相等；墙厚大于400mm，可用两块拉结石内外搭接，搭接长度不应小于150mm，且其中一块长度不应小于墙厚的2/3。

3) 在毛石墙和普通砖的组合墙中，毛石与砖应同时砌筑，并每隔5～6皮砖用2～3皮丁砖与毛石拉结砌合，砌合长度应不小于120mm，两种材料间的空隙应用砂浆填满（图7.4.2.2-1）。

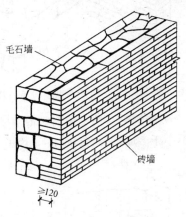

图7.4.2.2-1 毛石墙和普通砖组合墙

4) 毛石墙与砖墙相接的转角处应同时砌筑。砖墙与毛石墙在转角处相接，可从砖墙每隔4～6皮砖高度砌出不小于120mm长的阳槎与毛石墙相接（图7.4.2.2-2）。亦可从毛石墙每隔4～6皮砖高度砌出不小于120mm长的阳槎与砖墙相接（图7.4.2.2-3）。阳

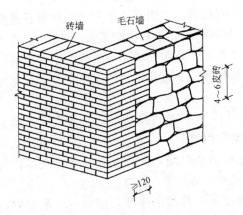

图7.4.2.2-2 砖墙砌出阳槎与毛石墙相接

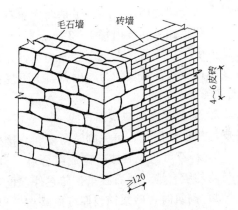

图7.4.2.2-3 毛石墙砌出阳槎与砖墙相接

槎均应深入相接墙体的长度方向。

5) 毛石墙与砖墙交接处应同时砌筑。砖纵墙与毛石横墙交接处,应自砖墙每隔4~6皮砖高度引出不小于120mm长的阳槎与毛石墙相接(图7.4.2.2-4)。毛石纵墙与砖横墙交接处,应自毛石墙每隔4~6皮砖高度引出不小于120mm长的阳槎与砖墙相接(图7.4.2.2-5)。

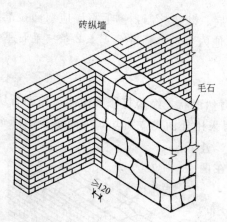 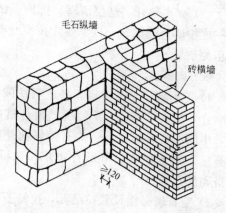

图7.4.2.2-4 交接处砖纵墙与毛石横墙相接　　图7.4.2.2-5 交接处毛石墙与砖横墙相接

6) 砌筑毛石挡土墙时,除符合上述砌筑要点外,尚应注意以下几点:毛石的中部厚度不小于200mm;每砌3~4皮毛石为一个分层高度,每个分层高度应找平一次;外露的灰缝宽度不得大于40mm,上下皮毛石的竖向灰缝应相互错开80mm以上(图7.4.2.2-6)。

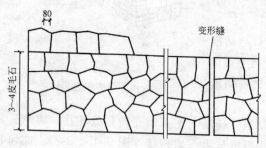

图7.4.2.2-6 毛石挡土墙立面

2 料石墙

(1) 立皮数杆、基层清理、湿润、试排、摆底、砂浆拌制:见本标准第7.4.2.2条"毛石墙"的相关条款。

(2) 砌筑:

1) 料石墙砌筑形式有二顺一丁、丁顺组砌和全顺叠砌。二顺一丁是两皮顺石与一皮丁石相间,宜用于墙厚等于两块料石宽度时;丁顺组砌是同皮内每1~3块顺石与一块丁石相隔砌筑,丁石中距不大于2m,上皮丁石坐中于下皮顺石,上下皮竖缝相互错开至少1/2石宽,宜用于墙厚等于或大于两块料石宽度时;全顺是每皮均为顺砌石,上下皮错缝相互错开1/2石长,宜用于墙厚等于石宽时(图7.4.2.2-7)。

2) 砌料石墙面应双面挂线(除全顺砌筑形式外),第一皮可按所放墙边线砌筑,以上各皮均按准线砌筑,可先砌转角处和交接处,后砌中间部分。

3) 料石可与毛石或砖砌成组合墙。料石与毛石的组合墙,料石在外,毛石在里;料石与砖的组合墙,料石在里,砖在外,也可料石在外,砖在里。

4) 砌筑时,砂浆铺设厚度应略高于规定灰缝厚度,其高出厚度:细料石、半细料石宜为3~5mm,粗料石、毛料石宜为6~8mm。

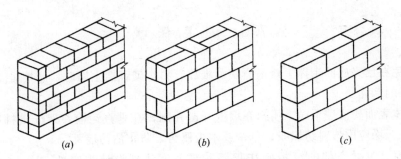

图 7.4.2.2-7 料石墙砌筑形式
(a) 二顺一丁；(b) 丁顺组砌；(c) 全顺叠砌

5）在料石和毛石或砖的组合墙中，料石和毛石或砖应同时砌起，并每隔2～3皮料石用丁砌石与毛石或砖拉结砌合，丁砌料石的长度宜与组合墙厚度相同。

6）料石墙的转角处及交接处应同时砌筑，如不能同时砌筑，应留置斜槎。

7）料石清水墙中不得留脚手眼。

3　料石柱

(1) 料石柱有整石柱和组砌柱两种。整石柱每一皮料石是整块的，只有水平灰缝无竖向灰缝；组砌柱每皮由几块料石组砌，上下皮竖缝相互错开（图7.4.2.2-8）。

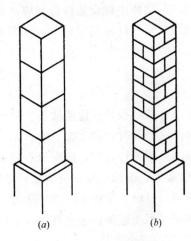

图 7.4.2.2-8　料石柱
(a) 整石柱；(b) 组砌柱

(2) 料石柱砌筑前，应在柱座面上弹出柱身边线，在柱座侧面弹出柱身中心。

(3) 砌整石柱时，应将石块的叠砌面清理干净。先在柱座面上抹一层水泥砂浆，厚约10mm，再将石块对准中心线砌上，以后各皮石块砌筑应先铺好砂浆，对准中心线，将石块砌上。石块如有竖向偏移，可用铜片或铝片在灰缝边缘内垫平。

(4) 砌组砌柱时，应按规定的组砌形式逐皮砌筑，上下皮竖缝相互错开，无通天缝，不得使用垫片。

(5) 砌筑料石柱，应随时用线坠检查整个柱身的垂直度，如有偏斜应拆除重砌，不得用敲击方法去纠正。

4　石墙面勾缝

(1) 石墙面勾缝前，拆除墙面或柱面上临时装设的缆风绳、挂钩等物。清除墙面或柱面上粘结的砂浆、泥浆、杂物和污渍等。

(2) 剔缝：将灰缝刮深10～20mm，不整齐处加以修整。用水喷洒墙面或柱面，使其湿润，随后进行勾缝。

(3) 勾缝砂浆宜用1∶1.5水泥砂浆。

(4) 勾缝线条应顺石缝进行，且均匀一致，深浅及厚度相同，压实抹光，搭接平整。阳角勾缝要两面方正，阴角勾缝不能上下直通。勾缝不得有丢缝、开裂或粘结不牢的现象。

(5) 勾缝完毕，应清扫墙面或柱面，早期应洒水养护。

7.5 成品保护

7.5.1 避免在已完成的砌体上修凿石块和堆放石料;砌筑挡土墙时,严禁居高临下抛石,冲击已砌好的墙体。

7.5.2 墙体表面要清理干净,不得在墙上开凿孔洞;在垂直运输井架进出料口周围及细料石墙、柱、垛应用塑料纺织布、草帘或木板遮盖,防止沾污墙面。

7.5.3 门窗、过梁底部的模板应在灰缝砂浆强度达到设计规定的70%以上时,方可拆除。

7.5.4 在夏季高温和冬期低温下施工时,应用草袋或草垫适当覆盖墙体,避免砂浆中水分蒸发过快或受冻破坏。

7.5.5 石砌体砌筑完成后,未经有关人员的检查验收,轴线桩、水准桩、皮数杆应加以保护,不得碰坏拆除。

7.5.6 砌体中埋设的构造筋应注意保护,不得随意踩踏弯折。

7.5.7 料石柱砌筑完后,应立即加以围护,严禁碰撞。

7.6 安全、环保措施

7.6.1 搬运石块应检查搬运工具及绳索是否牢固,抬石应用双绳。

7.6.2 砌筑时,脚手架上堆石不可过多,应随砌随运。

7.6.3 用锤打石时,应先检查铁锤有无破裂,锤柄是否牢固。打锤要按照石纹走向落锤,锤口要平,落锤要准,同时要看清附近情况有无危险,然后落锤,以免伤人。

7.6.4 石块不得往下抛掷。运石上下时,脚手板要钉装牢固,并钉防滑条及扶手栏杆。

7.6.5 不准勉强在超过胸部以上的墙体上进行砌筑,以免将墙体碰撞倒塌或上石时失手掉下造成安全事故。

7.6.6 其他安全及环保措施参见本标准第5.6节中的相关内容。

7.7 质量标准

7.7.1 主控项目

7.7.1.1 石材及砂浆强度等级必须符合设计要求。

抽检数量:同一产地的石材至少应抽检一组。砂浆试块的抽检数量执行本标准第4.4.1条的有关规定。

检验方法:料石检查产品质量证明书,石材、砂浆检查试块试验报告。

7.7.1.2 砂浆饱满度不应小于80%。

抽检数量:每步架抽查不应少于1处。

检验方法:观察检查。

7.7.1.3 石砌体的轴线位置及垂直度允许偏差应符合表7.7.1.3的规定。

抽检数量:外墙,按楼层(或4m高以内)每20m抽查1处,每处3延长米,但不应

表 7.7.1.3 石砌体的轴线位置及垂直度允许偏差

项次	项目		允许偏差(mm)						检验方法
			毛石砌体		料石砌体				
			基础	墙	毛料石		粗料石	细料石	
					基础	墙	基础	墙	墙、柱	
1	轴线位置		20	15	20	15	15	10	10	用经纬仪和尺检查，或用其他测量仪器检查
2	墙面垂直度	每层	—	20	—	20	—	10	7	用经纬仪、吊线和尺检查或用其他测量仪器检查
		全高	—	30	—	30	—	25	20	

少于 3 处；内墙，按有代表性的自然间抽查 10%，但不应少于 3 间，每间不应少于 2 处，柱子不应少于 5 根。

7.7.2 一般项目

7.7.2.1 石砌体的一般尺寸允许偏差应符合表 7.7.2.1 的规定。

表 7.7.2.1 石砌体的一般尺寸允许偏差

项次	项目		允许偏差(mm)						检验方法
			毛石砌体		料石砌体				
			基础	墙	毛料石		粗料石	细料石	
					基础	墙	基础	墙	墙、柱	
1	基础和墙砌体顶面标高		±25	±15	±25	±15	±15	±15	±10	用水准仪和尺检查
2	砌体厚度		+30	+20 −10	+30	+20 −10	+15	+10 −5	+10 −5	用尺检查
3	表面平整度	清水墙、柱	—	20	—	20	—	10	5	细料石用 2m 靠尺和楔形塞尺检查，其他两直尺垂直于灰缝拉 2m 线检查
		混水墙、柱	—	20	—	20	—	15	—	
4	清水墙水平灰缝平直度		—	—	—	—	—	10	5	拉 10m 线和尺检查

抽检数量：外墙，按楼层（4m 高以内）每 20m 抽查 1 处，每处 3 延长米，但不应少于 3 处；内墙，按有代表性的自然间抽查 10%，但不应少于 3 间，每间不应少于 2 处，柱子不应少于 5 根。

7.7.2.2 石砌体的组砌形式应符合下列规定：
1 内外搭砌，上下错缝，拉结石、丁砌石交错设置；
2 毛石墙拉结石每 0.7m² 墙面不应少于 1 块。

检查数量：外墙，按楼层（或 4m 高以内）每 20m 抽查 1 处，每处 3 延长米，但不应少于 3 处；内墙，按有代表性的自然间抽查 10%，但不应少于 3 间。

检验方法：观察检查。

7.8 质量验收

7.8.1 检验批的划分按本标准第 3.0.26 条规定执行，在施工组织设计（或方案）中事先确定。抽样数量按本标准第 7.7 节的有关规定执行。

7.8.2 验收时应检验各种原材料试验报告以及砂浆强度试验报告。

7.8.3 检验批合格质量应符合下列规定：

　　1 主控项目和一般项目的质量经抽样检验合格。

　　2 具有完整的施工操作依据、质量检查记录。

7.8.4 检验批质量验收记录当地方政府主管部门无统一规定时，宜采用表 7.8.4-1 "毛石砌体工程检验批质量验收记录表（一）"和表 7.8.4-2 "料石砌体工程检验批质量验收记录表（二）"。

表 7.8.4-1　毛石砌体工程检验批质量验收记录表（一）

GB 50203—2002

单位(子单位)工程名称					
分部(子分部)工程名称				验收部位	
施工单位				项目经理	
分包单位				分包项目经理	
施工执行标准名称及编号					
施工质量验收规范的规定			施工单位检查评定记录		监理(建设)单位验收记录
主控项目	1	石材强度等级	设计要求 MU		
	2	砂浆强度等级	设计要求 M		
	3	砂浆饱满度	≥80%		
	4	轴线位移　基础	20mm		
		墙	15mm		
	5	墙面垂直度(每层)	20mm		
一般项目	1	顶面标高　基础	±25mm		
		墙	±15mm		
	2	砌体厚度　基础	+30mm		
		墙	+20mm，−10mm		
	3	表面平整度(清水、混水)	20mm		
	4	组砌形式	内外搭砌，上下错缝，拉结石、丁砌石交错设置；毛石墙拉结石每 0.7m² 墙面不应少于 1 块		
施工单位检查评定结果	专业工长(施工员)			施工班组长	
	项目专业质量检查员：　　　　　　　　　　　　　　　　　　年　月　日				
监理(建设)单位验收结论	专业监理工程师(建设单位项目专业技术负责人)：　　　　　　年　月　日				

表 7.8.4-2 料石砌体工程检验批质量验收记录表（二）
GB 50203—2002

单位(子单位)工程名称					
分部(子分部)工程名称				验收部位	
施工单位				项目经理	
分包单位				分包项目经理	
施工执行标准名称及编号					

		施工质量验收规范的规定		施工单位检查评定记录	监理(建设)单位验收记录
主控项目	1	石材强度等级	设计要求 MU		
	2	砂浆强度等级	设计要求 M		
	3	砂浆饱满度	≥80%		
	4	轴线位移	毛料石基础 20mm		
			毛料石墙、粗料石基础 15mm		
			粗、细料石墙、细料石柱 10mm		
	5	墙面垂直度（每层）	毛料石砌体 20mm		
			粗料石砌体 10mm		
			细料石砌体 7mm		
一般项目	1	顶面标高	毛料石基础 ±25mm		
			毛料石墙、粗料石砌体 ±15mm		
			细料石墙、柱 ±10 mm		
	2	砌体厚度	毛料石基础 +30mm		
			毛料石墙 +20mm，−10mm		
			粗料石基础 +15mm		
			粗料石墙、细料石墙柱 +10mm，−5mm		
	3	表面平整度	毛料石墙 20mm(清水、混水)		
			粗料石墙 10mm(清水) / 15mm(混水)		
			细料石墙、柱 5mm(清水)		
	4	灰缝平直度	粗料石墙 10 mm		
			细料石墙、柱 5mm		
	5	组砌形式	内外搭砌，上下错缝，拉结石、丁砌石交错设置；毛石墙拉结石每 0.7m² 墙面不应少于 1 块		

施工单位检查评定结果	专业工长(施工员)		施工班组长	
	项目专业质量检查员：			年 月 日

监理(建设)单位验收结论	专业监理工程师(建设单位项目专业技术负责人)：	年 月 日

8 配筋砌体工程

8.1 一般规定

8.1.1 配筋砌体工程除应满足本章要求外,尚应符合本标准第5、6章的规定。

8.1.2 构造柱浇灌混凝土前,必须将砌体留槎部位和模板浇水湿润,将模板内的落地灰、砖渣和其他杂物清理干净,并在结合面处注入适量与构造柱混凝土相同的去石水泥砂浆。振捣时,应避免触碰墙体,严禁通过墙体传震。

8.1.3 设置在砌体水平灰缝中钢筋的锚固长度不宜小于$50d$,且其水平或垂直弯折段的长度不宜小于$20d$和150mm;钢筋的搭接长度不应小于$55d$。

8.1.4 配筋砌块砌体剪力墙,应采用专用的小砌块砌筑砂浆和专用的小砌块灌孔混凝土。

8.2 施工准备

8.2.1 技术准备

1 熟悉施工图纸,明了构造柱、圈梁、节点处钢筋构造及各部位做法;根据工程进度要求,确定圈梁钢筋的合理分段与搭接位置的安装次序,并进行细致的技术交底。

2 根据现场使用材料,由试验室提出满足设计要求的混凝土配合比。

3 其他技术准备见本标准第3.0.2条。

8.2.2 材料准备

参见本标准第5、第6章"材料准备"。

8.2.3 主要机具

1 机械设备

应备有钢筋除锈机、钢筋调直机、钢筋切断机、钢筋对焊机、钢筋弯曲成型机、插入式振动器、机动翻斗车、塔吊(或其他垂直运输机械)等,砌体用机械设备同本标准第5.2.3条。

2 主要工具

(1)测量、放线、检验:见本标准第5.2.3条;

(2)施工操作:应备有串桶、溜槽、混凝土吊斗、铁锹、抹子、大小平锹等,砌体用施工工具同本标准第5.2.3条和第6.2.3条。

8.2.4 作业条件

8.2.4.1 砌体工程

同本标准第 5.2.4 条和第 6.2.4 条。

8.2.4.2 钢筋工程

1 进场钢筋已按照设计图纸和配料单仔细核对，钢筋的型号、尺寸、数量、钢号、焊接质量，均符合要求。

2 钢筋按施工平面布置图要求，按绑扎次序，不同型号、规格，整齐堆放在规定位置。

3 圈梁模板部分已支设完毕，并在模板上已弹好水平标高线。

8.2.4.3 混凝土工程

1 各种机具设备经检修、维护保养、试运转，处于良好状态；电源可满足施工要求。

2 采用商品混凝土时，供应商已经联系落实，签署了供货合同。

3 模板已经支设完毕，标高、尺寸及稳定性符合要求；模板与所在砖墙及板缝已堵严，并办完预检手续。搭设好必要的浇筑脚手架。

4 钢筋已绑扎完成，并经检查办完隐检手续。

5 模板内杂物及垃圾已清理干净。

6 砖墙和模板浇水湿润，钢模板刷隔离剂。

8.3 材料与质量控制

8.3.1 砌筑砂浆使用的原材料要求见本标准第 4.1 节的有关规定。

8.3.2 砖、砌块等砌体材料要求见本标准第 5.3 节或第 6.3 节。

8.3.3 混凝土用原材料进厂检验要求及其对各原材料的技术要求按《混凝土结构工程施工技术标准》ZJQ08 SGJB 204—2005 第 7 章的有关规定执行，构造柱石子粒径不宜大于 20mm。

8.3.4 钢筋进场时，应对其规格、级别或品种进行检查，同时检查其出厂合格证，并按批量取样送试验室进行复验。检验批、检验内容及技术要求等按本局《混凝土结构工程施工技术标准》ZJQ08 SGJB 204—2003 第 5 章的有关规定执行。

8.3.5 预埋件：应做好防腐处理。

8.4 施 工 工 艺

8.4.1 网状配筋砖砌体

8.4.1.1 工艺流程

　　　　　　　　　　　　　　　　　　　钢筋网片制作↴

放线、立皮数杆→基层表面清理、湿润→砂浆拌制→砖砌体施工同时钢筋网片设置→砌体外表面勾缝

8.4.1.2 施工要点

1 放线、立皮数杆、基层表面清理和砂浆拌制：见本标准第 5.4.1.2 条的相关要求。

2 钢筋网片制作：钢筋网应按设计规定制作成型。

3 钢筋网片有方格网和连弯网两种形式。方格网是将纵、横方向的钢筋点焊成钢筋网，网格为方形，钢筋直径宜采用3～4mm。连弯网是将钢筋连弯成格栅形，分有纵向连弯网和横向连弯网，钢筋直径不应大于8mm。钢筋网中钢筋的间距，不应大于120mm，并不应小于30mm。钢筋网的间距，不应大于4皮砖，并不应大于400mm。当采用连弯网时，网的钢筋方向应相互垂直，沿砖柱高度交错设置，钢筋网的间距是指同一方向网的间距（图8.4.1.2）。

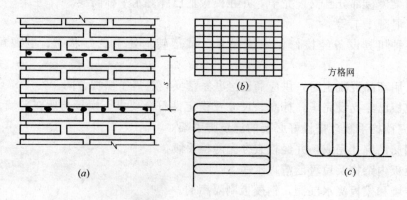

图8.4.1.2 网状配筋砖柱
(a) 配筋示意；(b) 方格网；(c) 连弯网

4 砖墙、砖柱砌筑：砖墙、砖柱的砌筑要点见本标准第5.4.2.2条的有关要求。所用烧结普通砖强度等级不应低于MU10，砂浆强度等级不应低于M7.5。

5 钢筋网设置：在配置钢筋网的水平灰缝中，应先铺一半厚的砂浆层，放入钢筋网后再铺一半厚砂浆层，使钢筋网居于砂浆层厚度中间，并保证配有钢筋网的水平灰缝应上下至少各有2mm的砂浆层。钢筋网四周应有砂浆保护层，钢筋网边缘的钢筋的砂浆保护层应不小于15mm。

6 墙面勾缝：网状配筋砖砌体外表面宜用1：1水泥砂浆勾缝或进行抹灰。

8.4.2 面层和砖组合砌体

8.4.2.1 工艺流程

放线、立皮数杆→基层表面清理、湿润→砂浆拌制→砖砌体施工，同时在水平灰缝中设置箍筋和拉结筋→绑扎纵向钢筋→支模→混凝土或砂浆面层浇筑→拆模并进行面层养护

8.4.2.2 施工要点

1 放线、立皮数杆、基层表面清理、湿润、砂浆拌制：见本标准第5.4.1.2的相关要求。

2 砌筑砖砌体：砖砌体砌筑要点见本标准第5.4.2.2条的有关要求。所用烧结普通砖强度等级不应低于MU10，砂浆强度等级不应低于M7.5。

3 钢筋设置：受力钢筋宜采用HPB235级钢筋，对于混凝土面层，亦可采用HRB335级钢筋。受力钢筋的直径不应小于8mm，钢筋的净间距不应小于30mm。受力钢筋保护层厚度，不应小于表8.4.2.2中的规定。受力钢筋距砖砌体表面的距离不应小

表 8.4.2.2 受力钢筋保护层厚度（mm）

类 别 \ 环境条件	室内正常环境	露天或室内潮湿环境
墙	15	25
柱	25	35

注：当面层为水泥砂浆时，对于柱，保护层厚度可减小5mm。

于 5mm。

钢筋设置应在砌筑同时，按照箍筋或拉结筋的竖向间距，在砌体的水平灰缝内放置箍筋或拉结钢筋。

4　钢筋绑扎：将纵向受力钢筋与箍筋绑牢，在组合砖墙中，将纵向受力钢筋与拉结钢筋绑牢，将水平分布钢筋与纵向受力钢筋绑牢。

5　支设模板：在面层部分的外围，分段支设模板，每段支模高度宜在500mm以内。

6　混凝土或砂浆准备：面层混凝土强度等级一般采用C15或C20。面层水泥砂浆强度等级不得低于M7.5，砂浆面层的厚度宜为30～45mm。

7　混凝土或砂浆浇筑：面层施工前，应清除面层底部杂物，浇水湿润模板及砖砌体面。分层浇灌混凝土或砂浆，并用振捣棒捣实。

面层和砖组合砌体组成见图 8.4.2.2。

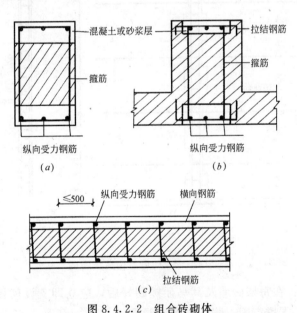

图 8.4.2.2　组合砖砌体
(a) 组合砖柱；(b) 组合砖壁柱；(c) 组合砖墙

8　拆模和面层养护：面层混凝土或砂浆的强度达到设计强度的30%以上，方可拆除模板。模板拆除后，应及时对有缺陷的部位进行修整，并浇水养护。

8.4.3　构造柱和砖组合砌体

8.4.3.1　工艺流程

放线、立皮数杆→基层表面清理、湿润→砂浆拌制→砌砖墙→构造柱钢筋绑扎→构造柱支模板→浇筑构造柱混凝土→拆模并养护

8.4.3.2 施工要点

1 放线、立皮数杆、基层表面清理、湿润、砂浆拌制：见本标准第5.4.1.2条的相关要求。

2 构造柱钢筋绑扎：钢筋一般采用HPB235级钢筋，竖向钢筋绑扎前必须做除锈、调直处理。钢筋末端应作弯钩。底层构造柱的竖向受力钢筋与基础圈梁（或混凝土底脚）的锚固长度不应小于35倍竖向钢筋直径，并保证钢筋位置正确。

构造柱的竖向受力钢筋需接长时，可采用绑扎接头，其搭接长度一般为35倍钢筋直径，在绑扎接头区段内的箍筋间距不应大于200mm。

构造柱应沿整个建筑物高度对正贯通，严禁层与层之间构造柱相互错位。

3 砌筑砖砌体：砖砌体砌筑要点见本标准第5.4.2.2条的有关要求。烧结普通砖墙所用砖的强度等级不应低于MU10，砌筑砂浆的强度等级不应低于M5。砖墙与构造柱的连接处应砌成马牙槎，砌马牙槎应先退后进，以保证构造柱脚为大断面。每一个马牙槎的高度不宜超过300mm，并应沿墙高每隔500mm设置2φ6拉结钢筋，拉结钢筋每边伸入墙内不宜小于600mm（图8.4.3.2）。

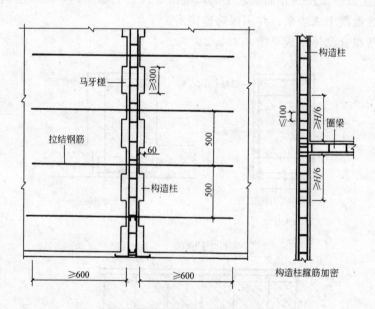

图8.4.3.2 砖墙与构造柱连接

4 构造柱支模：在每层砖墙及其马牙槎砌好后，应立即支设模板，模板必须与所在墙的两侧严密贴紧，支撑牢固，防止模板缝漏浆。

在逐层安装模板之前，必须根据构造柱轴线校正竖向钢筋位置和垂直度。箍筋间距应准确，并分别与构造柱的竖筋和圈梁的纵筋相垂直，绑扎牢靠。构造柱钢筋的混凝土保护层厚度一般为20mm，并不得小于15mm。

支模时还应注意在构造柱的底部（圈梁面上）应留出2皮砖高的孔洞，以便清理模板内的杂物，清除后封闭。

5　混凝土浇筑：在构造柱浇筑混凝土前，必须将马牙槎部位和模板浇水湿润（钢模板面不浇水，刷隔离剂），并将模板内的砂浆残块、砖渣等杂物清理干净。并在接合面处注入适量与构造柱混凝土相同的去石水泥砂浆。

浇筑构造柱的混凝土，其坍落度一般以 50～70mm 为宜，以保证浇筑密实，亦可根据施工条件、气温高低，在保证浇捣密实情况下加以调整。混凝土应随伴随用，拌合好的混凝土应在 1.5h 内浇灌完。

构造柱的混凝土浇筑可以分段进行，每段高度不宜大于 2m。在施工条件较好，并能确保浇捣密实时，也可每一楼层一次浇筑。

浇捣构造柱混凝土时，宜用插入式振动器，分层捣实。振捣棒随振随拔，每次振捣层的厚度不得超过振捣棒有效长度的 1.25 倍，一般为 200mm 左右。振捣棒应避免直接触碰钢筋和砖墙，严禁通过砖墙传振，以免砖墙鼓肚和灰缝开裂。

新老混凝土接槎处，须先用水冲洗、湿润，铺 10～20mm 厚的水泥砂浆（用原混凝土配合比去掉石子），方可继续浇筑混凝土。

在砌完一层墙后和浇筑该层构造柱混凝土前，应及时对已砌好的独立墙体加稳定支撑，必须在该层构造柱混凝土浇捣完毕后，才能进行上一层的施工。

8.4.4　配筋砌块砌体
8.4.4.1　工艺流程
放线、立皮数杆→基层表面清理、湿润→砂浆拌制→砌块砌体砌筑→砌筑，同时按设计要求设置、绑扎钢筋→砌块芯柱孔洞灌注混凝土

8.4.4.2　施工要点
1　放线、立皮数杆、基层表面清理、湿润、砂浆拌制：见本标准第 6.4.1.2 条的相关要求。

2　配筋砌体剪力墙构造配筋要点：

（1）应在墙的转角、端部和孔洞的两侧配置竖向连续的钢筋，钢筋直径不宜小于 12mm。

（2）应在洞口的底部和顶部设置不小于 2φ10 的水平钢筋，其伸入墙内的长度不宜小于 35d 和 400mm（d 为钢筋直径）。

（3）应在楼（屋）盖的所有纵横墙处设置现浇钢筋混凝土圈梁，圈梁的宽度和高度宜等于墙厚和砌块高，圈梁主筋不应少于 4φ10，圈梁的混凝土强度等级不宜低于同层混凝土砌块强度等级的 2 倍，或该层灌孔混凝土强度等级，并不应低于 C20。

（4）剪力墙其他部位的竖向和水平钢筋的间距不应大于墙长、墙高之半，也不应大于 1200mm。对局部灌孔的砌块砌体，竖向钢筋的间距不应大于 600mm。

（5）剪力墙沿竖向和水平方向的构造配筋率均不宜小于 0.07%。

3　配筋砌块柱构造配筋要点：

（1）配筋砌块柱截面边长不宜小于 400mm，柱高度与柱截面短边之比不宜大于 30。

（2）柱的纵向钢筋的直径不宜小于 12mm，数量不少于 4 根，全部纵向钢筋的配筋率不宜小于 0.2%（图 8.4.4.2）。

（3）箍筋应根据纵向钢筋配筋率设置：当纵向受力钢筋的配筋率大于 0.25% 时，且柱承受的轴向力大于受压承载力设计值的 25% 时，柱应设箍筋；当配筋率小于等于

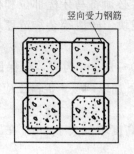 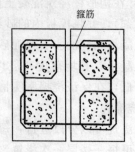

图 8.4.4.2 配筋砌块柱配筋

0.25%时，或柱承受的轴向力小于受压承载力设计值的25%时，柱中可不设箍筋。

箍筋直径不宜小于6mm，箍筋的间距不应大于16倍的纵向钢筋直径、48倍箍筋直径及柱截面短边尺寸中较小者。

箍筋应做成封闭状，端部应有弯钩，设置在水平灰缝或灌孔混凝土中。

4 配筋砌块砌体施工前，应按设计要求，将所配置钢筋加工成型，堆置于配筋部位的近旁。

5 砌块的砌筑要点见本标准第6.4节的有关要求。

6 砌块的砌筑应与钢筋设置相互配合。

7 钢筋设置：

（1）钢筋的接头：钢筋直径大于22mm时宜采用机械连接接头，其他直径的钢筋可采用搭接接头，并应符合下列要求：

1) 钢筋的接头位置宜设置在受力较小处；

2) 受拉钢筋的搭接接头长度不应小于$1.1L_a$，受压钢筋的搭接接头长度不应小于$0.7L_a$（L_a为钢筋锚固长度），但不应小于300mm；

3) 当相邻接头钢筋的间距不大于75mm时，其搭接长度应为$1.2L_a$。当钢筋间的接头错开$20d$时，搭接长度可不增加。

（2）水平受力钢筋（网片）的锚固和搭接长度

1) 在凹槽砌块混凝土带中钢筋的锚固长度不宜小于$30d$，且其水平或垂直弯折段的长度不宜小于$15d$和200mm；钢筋的搭接长度不宜小于$35d$。

2) 在砌体水平灰缝中，钢筋的锚固长度不宜小于$50d$，且其水平或垂直弯折段的长度不宜小于$20d$和150mm；钢筋的搭接长度不宜小于$55d$。

3) 在隔皮或错缝搭接的灰缝中为$50d+2h$（d为灰缝受力钢筋直径，h为水平灰缝的间距）。

（3）钢筋的最小保护层厚度

1) 灰缝中钢筋外露砂浆保护层不宜小于15mm；

2) 位于砌块孔槽中的钢筋保护层，在室内正常环境不宜小于20mm；在室外或潮湿环境中不宜小于30mm；

3) 对安全等级为一级或设计使用年限大于50年的配筋砌体，钢筋保护层厚度应比上述规定至少增加5mm。

（4）钢筋的弯钩：钢筋骨架中的受力光面钢筋，应在钢筋末端作弯钩，弯钩应为

180°。在焊接骨架、焊接网以及受压构件中，可不作弯钩；绑扎骨架中的受力变形钢筋，在钢筋的末端可不作弯钩。

（5）钢筋的间距

1）两平行钢筋间的净距不应小于25mm；

2）柱和壁柱中的竖向钢筋的净距不宜小于40mm（包括接头处钢筋间的净距）。

8.5 成品保护

8.5.1 钢筋在堆放过程中，要保持钢筋表面洁净，不允许有油渍、泥土或其他杂物污染钢筋；贮存期不宜过久，以防钢筋锈蚀。钢筋网及构造柱、圈梁钢筋如采用预制钢筋骨架时，应在现场指定地点垫平堆放。

8.5.2 在砖墙上支设圈梁模板时，防止碰动最上一皮砖。模板支设应保证钢筋不受扰动。

8.5.3 避免踩踏、碰动已绑扎好的钢筋；绑扎构造柱和圈梁钢筋时，不得将砖墙和梁底砖碰松动。

8.5.4 浇筑混凝土时，防止漏浆掉灰污染清水墙面。

8.5.5 当浇筑构造柱混凝土时，振捣棒应避免直接碰触砖墙，并不得碰动钢筋、埋件，防止位移。

8.5.6 散落在楼板上的混凝土应及时清理干净。

8.5.7 其他成品保护措施参见本标准第5.5节和第6.5节中的相关内容。

8.6 安全、环保措施

8.6.1 钢筋加工机械的操作人员，应经过一定的机械操作技术培训，掌握机械性能和操作规程后，才能上岗。

8.6.2 钢筋加工机械设备的电器设备，应有良好的绝缘并接地，每台机械必须一机一闸，并设漏电保护开关。钢筋加工机械使用前应先空运转试车正常后，方能开始使用。

8.6.3 钢筋冷拉时，冷拉场地两端不准站人，不得在正在冷拉的钢筋上行走，操作人员进入安全位置后，方可进行冷拉。

8.6.4 使用钢筋弯曲机时，操作人员应站在钢筋活动端的反方向，弯曲400mm的短钢筋时，要有防止钢筋弹出的措施。

8.6.5 搬运钢筋时，要注意前后方向有无碰撞危险或被钩挂料物，特别要避免碰挂周围和上下方向的电线。

8.6.6 混凝土搅拌开始前，应对搅拌机及配套机械进行无负荷试运转，检查运转正常，运输道路畅通，然后始可开机工作。

8.6.7 搅拌机运转时，严禁将锹、耙等工具伸入罐内，必须进罐扒混凝土时，要停机进行。工作完毕，应将拌筒清洗干净。搅拌机应有专用开关箱，并应装有漏电保护器，停机时应拉断电闸，下班时电闸箱应上锁。

8.6.8 采用手推车运输混凝土时，不得争先抢道，装车不应过满；卸车时应有挡车措施，不得用力过猛或撒把，以防车把伤人。

8.6.9 使用井架提升混凝土时，应设置制动安全装置，升降应有明确信号，操作人员未离开提升台时，不得发升降信号。

8.6.10 其他安全、环保措施参见本标准第5.6节、第6.6节的相关条款。

8.7 质量标准

8.7.1 主控项目

8.7.1.1 钢筋的品种、规格和数量必须符合设计要求。

　　检验方法：检查钢筋的合格证书、钢筋性能试验报告、隐蔽工程记录。

8.7.1.2 构造柱、芯柱、组合砌体构件、配筋砌块砌体剪力墙构件的混凝土或砂浆的强度等级应符合设计要求。

　　抽检数量：各类构件每一检验批砌体至少应做一组试块。

　　检验方法：检查混凝土或砂浆试块试验报告。

8.7.1.3 构造柱与墙体的连接处应砌成马牙槎，马牙槎应先退后进，预留的拉结钢筋应位置正确，施工中不得任意弯折。

　　抽检数量：每检验批抽20%构造柱，且不少于3处。

　　检验方法：观察检查。

　　合格标准：钢筋竖向移位不应超过100mm，每一马牙槎沿高度方向尺寸不应超过300mm。钢筋竖向位移和马牙槎尺寸偏差每一构造柱不应超过2处。

8.7.1.4 构造柱位置及垂直度的允许偏差应符合表8.7.1.4的规定。

表8.7.1.4 构造柱尺寸允许偏差

项次	项目		允许偏差(mm)	抽检方法
1	柱中心线位置		10	用经纬仪和尺检查或用其他测量仪器检查
2	柱层间错位		8	用经纬仪和尺检查或用其他测量仪器检查
3	柱垂直度	每层	10	用2m托线板检查
		全高 ≤10m	15	用经纬仪、吊线和尺检查,或用其他测量仪器检查
		全高 >10m	20	

　　抽检数量：每检验批抽10%，且不应少于5处。

8.7.1.5 对配筋混凝土小型空心砌块砌体，芯柱混凝土应在装配式楼盖处贯通，不得削弱芯柱截面尺寸。

　　抽检数量：每检验批抽10%，且不应少于5处。

　　检验方法：观察检查。

8.7.2 一般项目

8.7.2.1 设置在砌体水平灰缝内的钢筋，应居中置于灰缝中。水平灰缝厚度应大于钢筋直径4mm以上。砌体外露面砂浆保护层的厚度不应小于15mm。

抽检数量：每检验批抽检3个构件，每个构件检查3处。

检验方法：观察检查，辅以钢尺检测。

8.7.2.2 设置在砌体灰缝内的钢筋的防腐保护应符合本标准第3.0.22条的规定。

抽检数量：每检验批抽10%的钢筋。

检验方法：观察检查。

合格标准：防腐涂料无漏刷（喷浸），无起皮脱落现象。

8.7.2.3 网状配筋砌体中，钢筋网及放置间距应符合设计规定。

抽检数量：每检验批抽10%，且不应少于5处。

检验方法：钢筋规格检查钢筋网成品，钢筋网放置间距局部剔缝观察，或用探针刺入灰缝内检查，或用钢筋位置测定仪测定。

合格标准：钢筋网沿砌体高度位置超过设计规定一皮砖厚不得多于一处。

8.7.2.4 组合砖砌体构件，竖向受力钢筋保护层应符合设计要求，距砖砌体表面距离不应小于5mm；拉结筋两端应设弯钩，拉结筋及箍筋的位置应正确。

抽检数量：每检验批抽检10%，且不应少于5处。

检验方法：支模前观察与尺量检查。

合格标准：钢筋保护层符合设计要求；拉结筋位置及弯钩设置80%以上符合要求，箍筋间距超过规定者，每件不得多于2处，且每处不得超过一皮砖。

8.7.2.5 配筋砌块砌体剪力墙中，采用搭接接头的受力钢筋搭接长度不应小于$35d$，且不应小于300mm。

抽检数量：每检验批每类构件抽20%（墙、柱、连梁），且不应少于3件。

检验方法：尺量检查。

8.8 质 量 验 收

8.8.1 检验批的划分按本标准第3.0.26条规定执行，在施工组织设计（或方案）中事先确定。抽样数量按本标准第8.7节的有关规定执行。

8.8.2 验收时应检验各种原材料试验报告以及砂浆强度、混凝土强度试验报告。

8.8.3 检验批合格质量应符合下列规定：

 1 主控项目和一般项目的质量经抽样检验合格。

 2 具有完整的施工操作依据、质量检查记录。

8.8.4 检验批质量验收记录当地方政府主管部门无统一规定时，宜采用表8.8.4"配筋砌体工程检验批质量验收记录表"。

8.8.5 配筋砌体工程检验批质量验收记录，除采用表8.8.4"配筋砌体工程检验批质量验收记录表"外，尚应配合采用表5.8.4"砖砌体工程检验批质量验收记录表"或表6.8.4"混凝土小型空心砌块砌体工程检验批质量验收记录表"。

表8.8.4 配筋砌体工程检验批质量验收记录表
GB 50203—2002

单位(子单位)工程名称					
分部(子分部)工程名称				验收部位	
施工单位				项目经理	
分包单位				分包项目经理	
施工执行标准名称及编号					

		施工质量验收规范的规定		施工单位检查评定记录	监理(建设)单位验收记录
主控项目	1	钢筋品种规格数量	设计要求		
	2	混凝土强度等级	设计要求		
	3	马牙槎拉结筋	构造柱与墙体的连接处应砌成马牙槎,马牙槎应先退后进,预留的拉结钢筋应位置正确,施工中不得任意弯折		
	4	芯柱	贯通截面不削弱		
	5	柱中心线位置	≤10mm		
	6	柱层间错位	≤8mm		
	7	柱垂直度(每层)	≤10mm		
一般项目	1	水平灰缝钢筋	钢筋应居中置于灰缝中。水平灰缝厚度应大于钢筋直径4mm以上。砌体外露面砂浆保护层的厚度不应小于15mm		
	2	钢筋防腐	设置在潮湿环境或有化学侵蚀介质环境中的砌体灰缝内的钢筋应有防腐保护措施		
	3	网状配筋及位置	钢筋网沿砌体高度位置超过设计规定一皮砖厚不得多于一处		
	4	组合砌体拉结筋	竖向受力钢筋保护层应符合设计要求,距砖砌体表面距离不应小于5mm;拉结筋两端应设弯钩,拉结筋及箍筋的位置应正确		
	5	砌块砌体钢筋搭接	采用搭接接头的受力钢筋搭接长度不应小于35d,且不应小于300mm		

施工单位检查评定结果	专业工长(施工员)		施工班组长		
	项目专业质量检查员:			年 月 日	
监理(建设)单位验收结论	专业监理工程师(建设单位项目专业技术负责人):			年 月 日	

9 填充墙砌体工程

9.1 一般规定

9.1.1 本章适用于房屋建筑采用空心砖、蒸压加气混凝土砌块、轻骨料混凝土小型空心砌块等砌筑填充墙砌体的施工。

9.1.2 蒸压加气混凝土砌块、轻骨料混凝土小型空心砌块砌筑时,其产品龄期应超过28d。

9.1.3 填充墙砌体砌筑前块材应提前2d浇水湿润。蒸压加气混凝土砌块砌筑时,应向砌筑面适量浇水。

9.1.4 用轻骨料混凝土小型空心砌块或蒸压加气混凝土砌块砌筑墙体时,墙底部应砌烧结普通砖或多孔砖,或普通混凝土小型空心砌块,或现浇混凝土坎台等,其高度不宜小于200mm。门窗洞口两侧应使用实心砖砌筑。

9.1.5 空心砖和砌块砌到接近上层梁、板底部时,应用普通黏土砖斜砌挤紧,砖的倾斜度约为60°左右,砂浆应饱满密实。

9.1.6 填充墙与承重墙或柱交接处,应按设计要求设置拉结筋,设计无要求时,应沿墙高每隔500mm,设置2ϕ6钢筋与承重墙或柱拉结,每边伸入柱或墙不得少于500mm。

9.1.7 框架预埋筋应调直,端部弯钩为90°,砌入墙内并将拉结筋弯钩压入竖向灰缝内。

9.2 施工准备

9.2.1 技术准备

1 砌块砌筑前,应根据建筑物的平面、立面图绘制砌块排列图。
2 其他技术准备要求见本标准第3.0.2条。

9.2.2 材料准备

空心砖(或蒸压加气混凝土砌块、轻骨料混凝土小型空心砌块等)、水泥、中砂、石灰膏(或生石灰、磨细生石灰)或电石膏、黏土膏、外加剂、钢筋等。

9.2.3 主要机具

1 机械设备

应备有砂浆搅拌机、筛砂机、淋灰机、塔式起重机或其他吊装机械、卷扬机或其他提升机械等。

2 主要工具

(1)测量、放线、检验:参见本标准第5.2.3条相关条款。
(2)施工操作:加气混凝土砌块专用工具有铺灰铲、锯、钻、镂、平直架等。空心砖砌筑时还应备有无齿锯、开槽机（或凿子）。其他参见本标准第6.2.3条相关条款。

9.2.4 作业条件

1 填充墙施工前，承重结构已施工完毕，并经过隐蔽验收。
2 轴线、墙身线、门窗洞口线等已弹出并经过技术核验。
3 填充墙拉结钢筋已按要求预埋，并经过隐蔽验收。
4 砌筑砂浆根据设计要求，由试验室通过试验确定配合比。
5 对进场的小砌块型号、规格、数量、质量和堆放位置、次序等已经进行检查、验收，能满足施工要求。
6 所需机具设备已准备就绪，并已安装就位。

9.3 材料与质量控制

9.3.1 砌筑砂浆使用的原材料检验、抽样等要求和砌筑砂浆的性能要求及质量要求见本标准第4章的有关规定。

9.3.2 空心砖、砌块

1 填充墙用的空心砖、蒸压加气混凝土砌块、轻骨料混凝土小型空心砌块等品种、规格、强度等级必须符合设计要求，规格一致。进场时，现场应对其外观质量和尺寸进行检查，同时检查其合格证书、产品性能检测报告。

2 空心砖和砌块检验内容：包括外观质量、尺寸偏差、强度检验，密度、抗冻性检验；轻骨料混凝土小型空心砌块、蒸压加气混凝土砌块、烧结空心砖和空心砌块应做密度检验；此外，轻骨料混凝土小型空心砌块应做吸水率及相对含水率检验；粉煤灰小型空心砌块还应做碳化系数检验。各类砌筑砖技术要求见附录F～附录J。

3 抽样规则：每一生产厂家的砖到现场后，按烧结空心砖和空心砌块3万块，蒸压灰砂空心砖10万块，轻骨料混凝土小型空心砌块、蒸压加气混凝土砌块和粉煤灰小型空心砌块1万块各为一验收批。

4 取样数量
（1）尺寸偏差和外观质量检验的试样采用随机抽样法，在每一检验批的产品堆垛中抽取。
（2）其他检验项目的样品用随机抽样法从尺寸偏差和外观质量检验后合格的样品中抽取。
（3）抽样数量按表9.3.2执行。

表9.3.2 抽样数量

序号	检验项目	抽样数量（块）				
		轻骨料混凝土小型空心砌块	蒸压加气混凝土砌块	蒸压灰砂空心砖	粉煤灰小型空心砌块	烧结空心砖和空心砌块
1	外观质量、尺寸偏差	32	50	50	32	100
2	强度等级	5	9	10	5	10
3	表观密度	3	9			10
4	吸水率及相对含水率	5				
5	碳化系数				7	

5 保管要求：按照设计选用的规格组织空心砖、砌块进场，运到现场的空心砖、砌块，应分规格分等级堆放，堆垛上应设标志，堆放现场必须平整，并做好排水。小砌块堆放时，注意堆放高度不宜超过1.6m，堆垛之间应保持适当的通道。蒸气加压混凝土砌块、粉煤灰小型空心砌块堆放时要有防雨措施。

9.3.3 其他材料

1 拉结筋：钢筋的级别、直径应符合设计要求。进场时，应对其规格、级别或品种进行检查，同时检查其出厂合格证，并按批量取样送试验室进行复验。检验批、检验内容及技术要求等按《混凝土结构工程施工技术标准》ZJQ08 SGJB 204—2005第5章的有关规定执行。

2 预埋件：应做好防腐处理。

9.4 施工操作工艺

9.4.1 工艺流程

放线→立皮数杆→排列空心砖和砌块→拉线→砌筑→勾缝→质量验收
↑
砂浆拌制

9.4.2 施工要点

9.4.2.1 空心砖墙施工要点

1 放线：空心砖墙砌筑前，应在楼面上定出轴线位置，在柱上标出标高线。

2 立皮数杆：在各转角处设立皮数杆，皮数杆间距不得超过15m。皮数杆上应注明门窗洞口、木砖、拉结筋、圈梁、过梁的尺寸标高。皮数杆应垂直、牢固、标高一致。

3 排列空心砖：第一皮砌筑时应试摆，应尽量采用主规格空心砖。按墙段实量尺寸和空心砖规格尺寸进行排列摆块，不足整块的可锯截成需要尺寸，但不得小于空心砖长度的1/3。

4 拉线：在皮数杆上相对空心砖上边线之间拉准线，空心砖以准线砌筑。

5 砂浆拌制：砂浆拌制宜采用机械搅拌，搅拌加料顺序和时间：先加砂、掺合料和水泥干拌1min，再加水湿拌。总的搅拌时间不得少于4min。若加外加剂，则在湿拌1min后加入。其他要求见本标准第4.3节的有关规定。

6 砌筑：

（1）砌空心砖宜采用刮浆法。竖缝应先批砂浆后再砌筑。当孔洞呈垂直方向时，水平铺砂浆，应用套板盖住孔洞，以免砂浆掉入孔洞内。

（2）空心砖墙应采用全顺侧砌，上下皮竖缝相互错开1/2砖长（图9.4.2.1）。

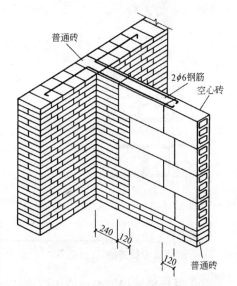

图9.4.2.1 空心砖墙与普通砖墙交接

（3）空心砖墙中不够整砖部分，宜用无齿锯加工制作非整砖块，不得用砍凿方法将砖打断。补砌时应使灰缝砂浆饱满。

(4) 空心砖与普通砖墙交接处,应以普通砖墙引出不小于240mm长与空心砖墙相接,并与隔2皮空心砖高在交接处的水平灰缝中设置2φ6钢筋作为拉结筋,拉结钢筋在空心砖墙中的长度不小于空心砖长加240mm(图9.4.2.1)。

(5) 空心砖墙的转角处,应用烧结普通砖砌筑,砌筑长度角边不小于240mm。

(6) 空心砖墙砌筑不得留斜槎或直槎,中途停歇时,应将墙顶砌平。在转角处、交接处,空心砖与普通砖应同时砌筑。

(7) 管线槽留置时,可采用弹线定位后用开槽机开槽,不得采用斩砖预留槽的方法。

7 勾缝:在砌筑过程中,应采用"原浆随砌随收缝法",先勾水平缝,后勾竖向缝。灰缝与空心砖面要平整密实,不得出现丢缝、瞎缝、开裂和粘结不牢等现象,以避免墙面渗水和开裂,以利于墙面粉刷和装饰。

9.4.2.2 轻骨料混凝土小型空心砌块砖墙施工要点

见本标准第6章相关内容。

9.4.2.3 蒸压加气混凝土砌块墙施工要点

1 蒸压加气混凝土砌块砌体施工放线、立皮数杆、排列砌块、拉线、砂浆拌制及勾缝见本标准第9.4.2.1条的相关规定。

2 砌筑:

(1) 蒸压加气混凝土砌块的砌筑面上应适量洒水。

(2) 蒸压加气混凝土砌块上下皮砌块的竖向灰缝应相互错开,相互错开长度宜为300mm,并不小于150mm。如不能满足要求,应在水平灰缝设置2φ6的拉结钢筋或φ4钢筋网片,拉结钢筋或钢筋网片的长度应不小于700mm(图9.4.2.3-1)。

(3) 蒸压加气混凝土砌块墙的转角处,应使纵横墙的砌块相互搭接,隔皮砌块露端面。蒸压加气混凝土砌块墙的T字交接处,应使横墙砌块隔皮露端面,并坐中于纵墙砌块(图9.4.2.3-2)。

图9.4.2.3-1 加气混凝土砌块墙中拉结筋

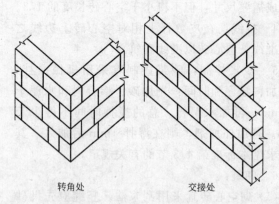

图9.4.2.3-2 加气混凝土砌块的转角处、交接处砌法

(4) 每一楼层内的砌块墙体应连续砌完,不留接槎。如必须留槎时,应留成斜槎,或在门窗洞口侧边间断。

(5) 蒸压加气混凝土砌块墙的转角处、与结构柱交接处,均应沿墙高或柱高1m左右，在水平灰缝中放置拉结钢筋，拉结钢筋为2φ6，钢筋应预先埋置在结构柱内，伸入墙内时不少于700mm。

（6）蒸压加气混凝土砌块外墙的窗口下一皮砌块下的水平灰缝应设置拉结钢筋，拉结钢筋为3φ6，钢筋伸过窗口侧边应不小于500mm（图9.4.2.3-3）。

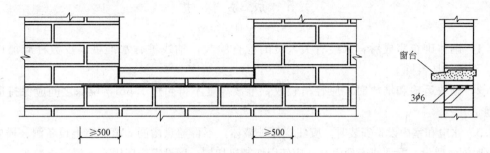

图9.4.2.3-3 砌块墙窗口下配筋

（7）蒸压加气混凝土砌块墙上不得留设脚手眼。

（8）蒸压加气混凝土砌块墙如无切实有效措施，不得用于下列部位：

1）建筑物室内地面标高以下部位；

2）长期浸水或经常受干湿交替部位；

3）受化学环境侵蚀（如强酸、强碱）或高浓度二氧化碳等环境；

4）砌块表面经常处于80℃以上的高温环境。

9.4.2.4 粉煤灰小型空心砌块墙施工要点

1 粉煤灰小型空心砌块砌体施工放线、立皮数杆、排列砌块、拉线、砂浆拌制及勾缝见本标准第9.4.2.1条的相关规定。

2 砌筑：

（1）粉煤灰砌块的砌筑方法可采用"铺灰灌浆法"。先在墙顶上摊铺砂浆，然后将砌块按砌筑位置摆放到砂浆层上，并与前一块砌块靠拢，留出不大于20mm的空隙。待砌完一皮砌块后，在空隙两旁装上夹板或塞上泡沫塑料条，在砌块的灌浆槽内灌砂浆，直至灌满。等到砂浆开始硬化不流淌时，即可卸掉夹板或取出泡沫塑料条（图9.4.2.4-1）。

（2）粉煤灰砌块上下皮的垂直灰缝应相互错开，错开长度应不小于砌块长度的1/3。

（3）粉煤灰砌块墙的转角处，应使纵横墙砌块相互搭接，隔皮砌块露端面，所露端面应锯平灌浆槽。粉煤灰砌块墙的T字交接处，应使横墙砌块隔皮露端面，并坐中于纵墙

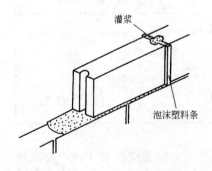

图9.4.2.4-1 粉煤灰砌块砌体

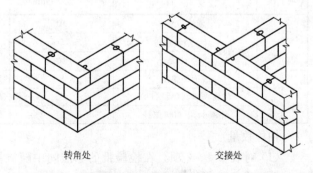

图9.4.2.4-2 粉煤灰砌块墙转角处、交接处的砌法

砌块,所露端面应锯平灌浆槽(图9.4.2.4-2)。

(4)砌筑粉煤灰砌块外墙时,不得留脚手眼。每一楼层内的砌块墙应连续砌完,尽量不留接槎。如必须留槎时应留成斜槎,或在门窗洞口侧边间断。

9.5 成品保护

9.5.1 砌体砌筑完成后,未经有关人员的检查验收,轴线桩、水准桩、皮数杆应加以保护,不得碰坏拆除。

9.5.2 砌块运输和堆放时,应轻吊轻放,堆放高度不得超过1.6m,堆垛之间应保持适当的通道。

9.5.3 水电和室内设备安装时,应注意保护墙体,不得随意凿洞。填充墙上设备洞、槽应在砌筑时同时留设,漏埋或未预留时,应使用切割机切槽,埋设完毕后用C15混凝土灌实。

9.5.4 不得使用砌块做脚手架的支撑,拆除脚手架时,应注意保护墙体及门窗口角。

9.5.5 墙体拉结筋、抗震构造柱钢筋、暖、卫、电气管线及套管等,均应注意保护,不得任意拆改、弯折或损坏。

9.5.6 砂浆稠度应适宜,砌筑过程中要及时清理,防止砂浆溅脏墙面。

9.6 安全、环保措施

参见本标准第5.6节、第6.6节和第8.6节的相关内容。

9.7 质量标准

9.7.1 主控项目

9.7.1.1 砖、砌块和砌筑砂浆的强度等级应符合设计要求。

检验方法:检查砖或砌块的产品合格证书、产品性能检测报告和砂浆试块试验报告。

9.7.2 一般项目

9.7.2.1 填充墙砌体一般尺寸的允许偏差应符合表9.7.2.1的规定。

表 9.7.2.1 填充墙砌体一般尺寸允许偏差

项次	项目		允许偏差(mm)	检验方法
1	轴线位移		10	用尺检查
	垂直度	小于或等于3m	5	用2m托线板或吊线、尺检查
		大于3m	10	
2	表面平整度		8	用2m靠尺或楔形塞尺检查
3	门窗洞口高(后塞口)		±5	用尺检查
4	外墙上、下窗口偏移		20	用经纬仪或吊线检查

抽检数量:

(1)对表中1、2项,在检验批的标准间中随机抽查10%,但不应少于3间;大面积房间和楼道按两个轴线或每10延长米按一标准间计数,每间检验不应少于3处。

（2）对表中 3、4 项，在检验批中抽检 10%，且不应少于 5 处。

9.7.2.2 蒸压加气混凝土砌块砌体和轻骨料混凝土小型空心砌块砌体不应与其他块材混砌。

抽检数量：在检验批中抽检 20%，且不应少于 5 处。

检验方法：外观检查。

9.7.2.3 填充墙砌体的砂浆饱满度及检验方法应符合表 9.7.2.3 的规定。

表 9.7.2.3 填充墙砌体的砂浆饱满度及检验方法

砌 体 分 类	灰 缝	饱和度及要求	检 验 方 法
空心砖砌体	水平	≥80%	采用百格网检查块材底面砂浆的粘结痕迹面积
	垂直	填满砂浆，不得有透明缝、暗缝、假缝	
加气混凝土砌块和轻骨料混凝土小砌块砌体	水平	≥80%	
	垂直	≥80%	

抽检数量：每步架子不少于 3 处，且每处不应少于 3 块。

9.7.2.4 填充墙砌体留置的拉结钢筋或网片的位置应与块体皮数相符合。拉结钢筋或网片应置于灰缝中，埋置长度应符合设计要求，竖向位置偏差不应超过一皮高度。

抽检数量：在检验批中抽检 20%，且不应少于 5 处。

检验方法：观察和用尺量检查。

9.7.2.5 填充墙砌筑时，应错缝搭砌，蒸压加气混凝土砌块搭砌长度不应小于砌块长度的 1/3；轻骨料混凝土小型空心砌块搭砌长度不应小于 90mm；竖向通缝不应大于 2 皮。

抽检数量：在检验批的标准间中抽查 10%，且不应少于 3 间。

检查方法：观察和用尺检查。

9.7.2.6 填充墙砌体的灰缝厚度和宽度应正确。空心砖、轻骨料混凝土小型空心砌块的砌体灰缝应为 8~12mm。蒸压加气混凝土砌块砌体的水平灰缝厚度及竖向灰缝宽度分别宜为 15mm 和 20mm。

抽检数量：在检验批的标准间中抽查 10%，且不应少于 3 间。

检查方法：用尺量 5 皮空心砖或小砌块的高度和 2m 砌体长度折算。

9.7.2.7 填充墙砌至接近梁、板底时，应留一定空隙，待填充墙砌筑完并应至少间隔 7d 后，再将其补砌挤紧。

抽检数量：每验收批抽 10% 填充墙片（每两柱间的填充墙为一墙片），且不应少于 3 片墙。

检验方法：观察检查。

9.8 质量验收

9.8.1 检验批的划分按本标准第 3.0.26 条规定执行，在施工组织设计（或方案）中事先确定。抽样数量按本标准第 9.7 节的有关规定执行。

9.8.2 验收时，应检验各种原材料试验报告以及砂浆强度试验报告。

9.8.3 检验批合格质量应符合下列规定：

1 主控项目和一般项目的质量经抽样检验合格。

2 具有完整的施工操作依据、质量检查记录。

9.8.4 检验批质量验收记录当地方政府主管部门无统一规定时,宜采用表9.8.4"填充墙砌体工程检验批质量验收记录表"。

表 9.8.4 填充墙砌体工程检验批质量验收记录表
GB 50203—2002

单位(子单位)工程名称					
分部(子分部)工程名称				验收部位	
施工单位				项目经理	
分包单位				分包项目经理	
施工执行标准名称及编号					
		施工质量验收规范的规定		施工单位检查评定记录	监理(建设)单位验收记录
主控项目	1	块材强度等级	设计要求		
	2	砂浆强度等级	设计要求		
一般项目	1	无混砌现象	蒸压加气混凝土砌块砌体和轻骨料混凝土小型空心砌块砌体不应与其他块材混砌		
	2	拉结钢筋网片位置	填充墙砌体留置的拉结钢筋或网片的位置应与块体皮数相符合。拉结钢筋或网片应置于灰缝中,埋置长度应符合设计要求,竖向位置偏差不应超过一皮高度		
	3	错缝搭砌	填充墙砌筑时应错缝搭砌,蒸压加气混凝土砌块搭砌长度不应小于砌块长度的1/3;轻骨料混凝土小型空心砌块搭砌长度不应小于90mm;竖向通缝不应大于2皮		
	4	灰缝厚度、宽度	填充墙砌体的灰缝厚度和宽度应正确。空心砖、轻骨料混凝土小型空心砌块的砌体灰缝应为8~12mm。蒸压加气混凝土砌块砌体的水平灰缝厚度及竖向灰缝宽度分别宜为15mm和20mm		
	5	梁底砌法	填充墙砌至接近梁、板底时,应留一定空隙,待填充墙砌筑完应至少间隔7d后,再将其补砌挤紧		
	6	水平灰缝砂浆饱满度	≥80%		
	7	轴线位移	≤10mm		
	8	垂直度	≤3m ≤5mm		
			>3m ≤10mm		
	9	表面平整度	≤8mm		
	10	门窗洞口高宽度(后塞口)	±5mm		
	11	外墙上、下窗口偏移	≤20mm		
施工单位检查评定结果	专业工长(施工员)		施工班组长		
	项目专业质量检查员:			年 月 日	
监理(建设)单位验收结论	专业监理工程师(建设单位项目专业技术负责人):			年 月 日	

10 冬期施工

10.1 一般规定

10.1.1 本章适用于工业与民用建筑的砌体工程冬期施工操作。

10.1.2 当室外日平均气温连续5d稳定低于5℃时，砌体工程应采取冬期施工措施。

注：1 气温根据当地气象资料确定；
　　2 冬期施工期限以外，当日最低气温低于0℃时，也应按本章的规定执行。

10.1.3 冬期施工的砌体工程质量验收除应符合本章要求外，尚应符合本标准前面各章的要求及国家现行标准《砌体工程施工质量验收规范》GB 50203—2002 的规定。

10.1.4 砌体工程冬期施工应有完整的冬期施工方案。

10.1.5 冬期施工的砖砌体，应按"三一"砌筑法施工，灰缝不应大于10mm。

10.1.6 冬期施工砂浆试块的留置，除应按常温规定要求外，尚应增留不少于1组与砌体同条件养护的试块，测试检验28d强度。

10.1.7 基土无冻胀性时，基础可在冻结的地基上砌筑；基土有冻胀性时，应在未冻的地基上砌筑。在施工期间和回填土前，均应防止地基遭受冻结。

10.1.8 冬期施工中，每日砌筑后，应及时在砌体表面进行保护性覆盖，砌体表面不得留有砂浆。在继续砌筑前，应扫净砌体表面。

10.1.9 混凝土小型空心砌块不得采用冻结法施工。加气混凝土砌块承重墙体及围护外墙不宜在冬期施工。

10.1.10 当日最低气温高于或等于-15℃时，采用抗冻砂浆的强度等级应按常温施工提高一级；气温低于-15℃时，不得进行砌块的组砌。

10.1.11 冬期砌筑工程应进行质量控制，在施工日记中除应按常规要求记录外，尚应记录室外空气温度、暖棚温度、外加剂掺量以及其他有关情况。

10.2 施工准备

10.2.1 技术准备

1 在入冬前应组织专人编制冬期施工方案。编制的原则是：确保工程质量；经济合理，使增加的费用为最少；所需的热源和材料有可靠的来源，并尽量减少能源消耗；确实缩短工期。

2 进入冬期施工前，对掺外加剂人员、测温保温人员、锅炉司炉工和火炉管理人员，应专门组织技术业务培训，学习本工作范围内的有关知识，明确职责，经考试合格后，方准上岗工作。

3 做好冬期施工砂浆及掺外加剂的试配试验工作，提出施工配合比。

10.2.2 材料准备

根据实物工程量提前组织有关外加剂和保温材料进场，并配备施工用的测温工具。

10.2.3 主要机具

根据现场条件配备加热用的锅炉、电暖器及其他热源。

10.2.4 作业条件

砌体工程的冬期施工，有外加剂法、冻结法和暖棚法等。由于掺外加剂砂浆在负温条件下强度可以持续增长，砌体不会发生沉降变形，施工工艺简单，因此，砖石工程的冬期施工，应以外加剂法为主。对保温、绝缘、装饰等方面有特殊要求的工程，可采用冻结法或其他施工方法。

10.3 材料与质量控制

10.3.1 普通砖、空心砖、灰砂砖、混凝土小型空心砌块、加气混凝土砌块和石材在砌筑前，应清除表面污物、冰雪等，不得使用遭水浸和受冻后的砖或砌块。

10.3.2 砂浆宜优先采用普通硅酸盐水泥拌制。冬期砌筑不得使用无水泥拌制的砂浆。

10.3.3 石灰膏、电石膏等应防止受冻，如遭冻结，应经融化后使用；

10.3.4 拌制砂浆用砂，不得含有冰块和大于10mm的冻结块；

10.3.5 普通砖、多孔砖和空心砖在气温高于0℃条件下砌筑时，应浇水湿润。在气温低于、等于0℃条件下砌筑时，可不浇水，但必须增大砂浆稠度。抗震设防烈度为9度的建筑物，普通砖、多孔砖和空心砖无法浇水湿润时，如无特殊措施，不得砌筑。

10.3.6 拌合砂浆宜采用两步投料法。水的温度不得超过80℃，砂的温度不得超过40℃。

1 水的加热方法：当有供气条件时，可将蒸汽直接通入水箱，也可用铁桶等烧水；

2 砂子可用蒸汽排管、火坑加热，也可将汽管插入砂内直接送汽。直接通汽需注意砂的含水率的变化。采用蒸汽排管或火坑加热时，可在砂上浇些温水（加水量不超过5%），以免冷热不均，也可加快加热速度。砂不得在钢板上灼炒。

3 水、砂的温度应经常检查，每1小时不少于一次。温度计停留在砂内的时间不应少于3min，在水内停留的时间不应少于1min。

10.3.7 冬期砌筑砂浆的稠度增加，可通过增加石灰膏或黏土膏的办法来解决。具体要求如表10.3.7。

表10.3.7 冬期砌筑砂浆的稠度

砌 体 种 类	稠 度(mm)
砖砌体	8～13
人工砌的毛石砌体	4～6
振动的毛石砌体	2～3

10.3.8 砂浆使用温度应符合下列规定。

1 采用掺外加剂法时，不应低于+5℃；

2 采用氯盐砂浆法时，不应低于+5℃；

3 采用暖棚法时,不应低于+5℃;

4 采用冻结法时,当室外空气温度分别为0～-10℃、-11～-25℃、-25℃以下时,砂浆使用最低温度分别为10℃、15℃、20℃。

10.3.9 冬期搅拌砂浆的时间应适当延长,一般比常温时增加0.5～1倍。

10.3.10 当采用掺盐砂浆法施工时,宜将砂浆强度等级按常温施工的强度等级提高一级。

10.3.11 采取以下措施减少砂浆在搅拌、运输、存放过程中的热量损失:

1 砂浆的搅拌应在采暖的房间或保温棚内进行,环境温度不可低于5℃;冬期施工砂浆要随拌随运(直接倾入运输车内),不可积存和二次倒运。

2 在安排冬期施工方案时,应把缩短运距作为搅拌站设置的重要因素之一考虑。当用手推车输送砂浆时,车体应加保温装置。

3 冬期砂浆应储存在保温灰槽中,砂浆应随拌随用。砂浆的储存时间,对于普通砂浆和掺外加剂砂浆分别不宜超过15min和20min。

4 保温槽和运输车应及时清理,每日下班后用热水清洗,以免冻结。

5 砂浆搅拌后温度计算以及在搅拌、运输和砌筑过程中的热量损失计算参见附录L。

10.4 施工方法

10.4.1 外加剂法

1 冬期砌筑采用外加剂法时,可使用氯盐或亚硝酸钠等盐类外加剂拌制砂浆。氯盐应以氯化钠为主。当气温低于-15℃时,也可与氯化钙复合使用。氯盐掺量应按表10.4.1选用。

表10.4.1 氯盐外加剂掺量(占用水重量%)

氯盐及砌体材料种类		日最低气温(℃)			
		≥-10	-11～-15	-16～-20	-21～-25
氯化钠(单盐)	砖、砌块	3	5	7	—
	砌石	4	7	10	—
(复盐)	氯化钠	—	—	5	7
	氯化钙	—	—	2	3

注:掺盐量以无水盐计。

2 砌筑时砂浆温度不应低于5℃。当设计无要求,且最低气温等于或低于-15℃时,砌筑承重砌体砂浆强度等级应按常温施工提高1级。

3 在氯盐砂浆中掺加微沫剂时,应先加氯盐溶液后加微沫剂溶液。

4 外加剂溶液应设专人配制,并应先配制成规定浓度溶液置于专用容器中,然后再按规定加入搅拌机中拌制成所需砂浆。

5 采用氯盐砂浆时,砌体中配置的钢筋及钢预埋件,应预先做好防腐处理。

6 氯盐砂浆砌体施工时,每日砌筑高度不宜超过1.2m,墙体留置的洞口,距交接墙处不应小于500mm。

7 掺用氯盐的砂浆砌体不得在下列情况下采用:

(1) 对装饰工程有特殊要求的建筑物；
(2) 使用湿度大于80%的建筑物；
(3) 配筋砌体；
(4) 配筋、钢埋件无可靠的防腐处理措施的砌体；
(5) 接近高压电线的建筑物（如变电所、发电站）；
(6) 经常处于地下水位变化范围内，以及在地下未设防水层的结构。

10.4.2 暖棚法

1 暖棚法适用于地下工程、基础工程以及量小又急需砌筑使用的砌体结构。

2 采用暖棚法施工时，砖石和砂浆在砌筑时的温度不应低于5℃，而距离所砌的结构底面0.5m处的棚内温度也不应低于5℃。

3 砌体在暖棚内的养护时间，根据暖棚内的温度，应按表10.4.2确定。

表10.4.2 暖棚法砌体的养护时间

暖棚内温度(℃)	5	10	15	20
养护时间(d)	≥6	≥5	≥4	≥3

10.4.3 冻结法

1 采用冻结法施工的砌体，在解冻期内应制定观测加固措施，并应保证对强度、稳定和均匀沉降的要求。在验算解冻期的砌体强度和稳定时，可按砂浆强度为零进行计算。

2 当设计无要求，且日最低气温高于-25℃时，砌筑承重砌体砂浆强度等级应较常温施工提高一级；当日最低气温等于或低于-25℃时，应提高二级。砂浆强度等级不得低于M2.5，重要结构其等级不得低于M5。

3 采用冻结法砌筑时，砂浆使用最低温度应符合表10.4.3规定。

表10.4.3 冻结法砌筑时砂浆最低温度（℃）

室外空气温度	砂浆最低温度
0～-10	10
-11～-25	15
低于-25	20

4 采用冻结法施工，当设计无规定时，宜采取下列构造措施：

(1) 在楼板水平面位置墙的拐角、交接和交叉处应配置拉结筋，并按墙厚计算，每120mm配1φ6，其伸入相邻墙内的长度不得小于1m。在拉结筋末端应设置弯钩。

(2) 每一层楼的砌体砌筑完毕后，应及时吊装（或浇筑）梁、板，并应采取适当的锚固措施。

(3) 采用冻结法砌筑的墙，与已经沉降的墙体交接处，应留沉降缝。

5 为保证砌体在解冻期间的稳定性和均匀沉降，施工操作时应遵守下列规定：

(1) 施工应按水平分段进行，工作段宜划在变形缝处。每日的砌筑高度及临时间断处的高度差，均不得大于1.2m。

(2) 对未安装楼板或屋面板的墙体，特别是山墙，应及时采取临时加固措施，以保证墙体稳定。

（3）跨度大于0.7m的过梁，应采用预制构件。跨度较大的梁、悬挑结构，在砌体解冻前应在下面设临时支撑，当砌体强度达到设计值的80%时，方可拆除临时支撑。

（4）在门窗框上部应留出缝隙，其宽度在砖砌体中不应小于5mm，在料石砌体中不应小于3mm。

（5）留置在砌体中的洞口和沟槽等，宜在解冻前填砌完毕。

（6）砌筑完的砌体在解冻前，应清除房屋中剩余的建筑材料等临时荷载。

6 下列砖石砌体，不得采用冻结法施工：

（1）毛石砌体；

（2）砖薄壳、双曲砖拱、筒式拱及承受侧压力的砌体；

（3）在解冻期间可能受到振动或其他动力荷载的砌体；

（4）在解冻时，砌体不允许产生沉降的结构。

10.5 成品保护

10.5.1 冬期施工时对砌筑完成砌体进行适当覆盖、围挡，防止受冻破坏。

10.5.2 严禁碰撞已砌墙体，避免造成砂浆强度破坏，影响后期强度。

10.5.3 冬期大风时对砌筑墙体进行临时支撑，保证墙体的稳定性。

10.5.4 其他成品保护要求参照常温条件下成保护要求。

10.6 安全、环保措施

10.6.1 冬施前对全体施工人进行技术安全教育及冬施技术交底。

10.6.2 保温材料选用环保、阻燃材料，严禁采用国家明令禁用材料。

10.6.3 所用防冻剂等外加剂不得降低结构强度，并应满足国家相关环保要求。

10.6.4 对采暖设施做好防火、防电防护措施。

10.6.5 对砌筑用脚手架使用前进行检查，并应有防滑措施，如有雨雪必须及时清理，防止结冰。

10.6.6 施工人员要有必要的保温防护措施。

10.6.7 其他安全环保要求参照常温条件下要求。

11 雨期施工

11.0.1 组织专人编制雨期施工方案，购置防雨材料及设备。

11.0.2 试验人员要及时检测砂子含水率的变化，及时调整砂浆、混凝土配合比，保证砂浆、混凝土的强度。

11.0.3 堆放砌块的场地，应有防雨和排水措施。

11.0.4 砌筑工程应分段施工，工作面不宜过大，以便防护。

11.0.5 不得用过湿的砌块，以免砌筑时砂浆流失，使砌块滑移和墙体干缩后造成裂缝。

11.0.6 下雨时，砌筑砂浆应减小稠度，并加以覆盖。受雨水冲刷过的新砌砌体应翻砌最上面两皮砖。大雨时，停止砌砖。

11.0.7 每日的砌筑高度不宜过高，以保证墙体的稳定。一般而言，每日砌筑高度不超过1.2m。

11.0.8 每班收工时，砌体的立缝应填满砂浆，顶面不宜铺砂浆，应平铺一层干砖，或用纺织袋布盖好，防止雨水冲刷砂浆而影响墙体质量。

11.0.9 雨后继续砌筑时，必须复核已完砌体的垂直度、平整度和标高。

12 子分部工程验收

12.0.1 砌体工程应对下列隐蔽工程进行验收:
 1 基础砌体;
 2 防潮层;
 3 沉降缝、伸缩缝;
 4 预埋拉结钢筋、网片及其节点焊接;
 5 混凝土小型空心砌块芯柱部位(钢筋混凝土芯柱及混凝土芯柱);
 6 圈梁、过梁及构造柱;
 7 梁和屋架支承处的垫块;
 8 其他隐蔽工程。

12.0.2 砌体工程验收前,应提供下列文件和记录:
 1 施工执行的技术标准;
 2 原材料的合格证书、产品性能检测报告;
 3 混凝土及砂浆配合比通知单;
 4 混凝土及砂浆试件抗压强度试验报告单;
 5 施工记录;
 6 各检验批的主控项目、一般项目验收记录;
 7 施工质量控制资料;
 8 隐蔽工程验收记录;
 9 冬期施工记录;
 10 重大技术问题的处理或修改设计的技术文件;
 11 其他必须提供的资料。

12.0.3 砌体子分部工程质量验收,应检查下列安全和功能项目:
 1 建筑物垂直度、标高、全高应进行测量并记录,测试结果应符合现行国家标准《砌体工程施工质量验收规范》GB 50203—2002和本标准的有关规定;
 2 建筑物应根据设计要求或有关规范规定定期进行沉降观测,并做测量记录;
 3 节能或保温砌体材料应有证明资料,并应提供有关测试记录。

12.0.4 砌体子分部工程验收时,应对砌体工程的观感质量作出总体评价。

12.0.5 砌体子分部工程的验收在其所含各分项工程验收的基础上进行,分项工程施工质量检验应全部合格。分项工程质量验收合格应符合下列规定:
 1 分项工程所含的检验批均应符合合格质量的规定。
 2 分项工程所含的检验批的质量验收记录应完整。

分项工程质量应由监理工程师(建设单位项目技术负责人)组织项目专业技术负责人

等进行验收,并按表12.0.5记录。

表12.0.5 _____分项工程质量验收记录

单位(子单位)工程名称			结构类型	
分部(子分部)工程名称			检验批数	
施工单位		项目经理	项目技术负责人	
分包单位		分包单位负责人	分包项目经理	
序号	检验批部位、区段	施工单位检查评定结果	监理(建设)单位验收结论	
1				
2				
3				
4				
5				
检查结论	项目专业技术负责人: 年 月 日	验收结论	监理工程师: (建设单位项目专业技术负责人) 年 月 日	

12.0.6 砌体子分部工程验收前,施工单位应将自行检查评定合格的表填写好,由项目经理交监理单位或建设单位验收。总监理工程师组织施工单位和设计单位项目负责人进行验收,并按表12.0.6进行记录。

表12.0.6 砌体子分部工程验收记录

工程名称			结构类型		层数	
施工单位			技术部门负责人		质量技术负责人	
分包单位			分包单位负责人		分包单位负责人	
序号	分项工程名称		检验批数	施工单位检查评定	验收意见	
1						
2						
3						
4						
5						
质量控制资料						
安全和功能检验(检测)报告						
观感质量验收						
验收单位	分包单位				项目经理 年 月 日	
	施工单位				项目经理 年 月 日	
	设计单位				项目负责人 年 月 日	
	监理(建设)单位	总监理工程师: (建设单位项目专业负责人)			年 月 日	

12.0.7 当砌体工程质量不符合要求时，应按现行国家标准《建筑工程施工质量统一验收标准》GB 50300—2001 规定执行。

12.0.8 对有裂缝的砌体应按下列情况进行验收：

1 对有可能影响结构安全性的砌体裂缝，应由具有资质的检测单位检测鉴定，须返修或加固处理的，待返修或加固处理满足使用要求后进行二次验收。

2 对不影响结构安全性的砌体裂缝，应予以验收，对明显影响使用功能和观感质量的裂缝，应进行处理。

附录 A 烧结普通砖技术要求和产品标志、包装、运输

A.1 分 类

A.1.1 分类

按主要原料分为黏土砖（N）、页岩砖（Y）、煤矸石砖（M）和粉煤灰砖（F）。

A.1.2 质量等级

1 根据抗压强度分为 MU30、MU25、MU20、MU15、MU10 五个强度等级。

2 强度和抗风化性能合格的砖，根据尺寸偏差、外观质量、泛霜和石灰爆裂分为优等品（A）、一等品（B）、合格品（C）三个质量等级。

优等品适用于清水墙和墙体装饰，一等品、合格品可用于混水墙。中等泛霜的砖不能用于潮湿部位。

A.1.3 规格

砖的外形为直角六面体，其公称尺寸为：长 240mm、宽 115mm、高 53mm。配砖常用规格：175mm×115mm×53mm，其他规格由供需双方协商确定。

A.1.4 产品标记

砖的产品标记按产品名称、规格、品种、强度等级、质量等级和标准编号顺序编写。

标记示例：规格 240mm×115mm×53mm，强度等级 MU15，一等品的黏土砖，其标记为：

烧结普通砖 N MU15 B GB/T 5101

A.2 技术要求

A.2.1 尺寸偏差

尺寸允许偏差应符合表 A.2.1 规定。

表 A.2.1 烧结普通砖尺寸允许偏差（mm）

公称尺寸	优等品		一等品		合格品	
	样本平均偏差	样本极差≤	样本平均偏差	样本极差≤	样本平均偏差	样本极差≤
240	±2.0	8	±2.5	8	±3.0	8
115	±1.5	6	±2.0	6	±2.5	7
53	±1.5	4	±1.6	5	±2.0	6

A.2.2 外观质量

砖的外观质量应符合表 A.2.2 规定。

表 A.2.2 烧结普通砖外观质量（mm）

项 目		优等品	一等品	合格品
两条面高度差	不大于	2	3	5
弯曲	不大于	2	3	5
杂质凸出高度	不大于	2	3	5
缺棱掉角的三个破坏尺寸	不得同时大于	15	20	30
裂纹长度 a. 大面上宽度方向及其延伸至条面的长度 b. 大面上长度方向及其延伸至顶面的长度或条顶面上水平裂纹的长度	不大于	70 100	70 100	110 150
完整面不得少于		一条面和一顶面	一条面和一顶面	—
颜色		基本一致	—	—
欠火砖、酥砖和螺旋纹砖		不允许	不允许	不允许

注：1 为装饰面施加的色差、凹凸纹、拉毛、压花等不算作缺陷；
  2 凡有下列缺陷之一者，不得称为完整面：
  1）缺损在条面或顶面上造成的破坏面尺寸同时大于 10mm×10mm；
  2）条面或顶面上裂纹宽度大于 1mm，其长度超过 30mm；
  3）压陷、粘底、焦花在条面上或顶面上的凹陷或凸出超过 2mm，区域尺寸同时大于 10mm×10mm。

A.2.3 强度

强度应符合表 A.2.3 规定。

表 A.2.3 烧结普通砖强度等级（MPa）

强度等级	抗压强度平均值 $\bar{f} \geq$	变异系数 $\delta \leq 0.21$ 强度标准值 $f_k \geq$	变异系数 $\delta > 0.21$ 强度标准值 $f_{min} \geq$
MU30	30.0	22.0	25.0
MU25	25.0	18.0	22.0
MU20	20.0	14.0	16.0
MU15	15.0	10.0	12.0
MU10	10.0	6.5	7.5

A.2.4 抗风化性能

1 风化区的划分见表 A.2.4-1。各地另有规定时，可按当地规定执行。

表 A.2.4-1 风化区划分

严重风化区		非严重风化区	
1. 黑龙江省	12. 北京市	1. 山东省	12. 台湾省
2. 吉林省	13. 天津市	2. 河南省	13. 广东省
3. 辽宁省		3. 安徽省	14. 广西壮族自治区
4. 内蒙古自治区		4. 江苏省	15. 海南省
5. 新疆维吾尔自治区		5. 湖北省	16. 云南省
6. 宁夏回族自治区		6. 江西省	17. 西藏自治区
7. 甘肃省		7. 浙江省	18. 上海市
8. 青海省		8. 四川省	19. 重庆市
9. 陕西省		9. 贵州省	20. 香港地区
10. 山西省		10. 湖南省	21. 澳门地区
11. 河北省		11. 福建省	

2 严重风化区中的1、2、3、4、5地区的砖必须进行冻融试验,其他地区的砖的抗风化性能符合表A.2.4-2规定时可不做冻融试验,否则,必须进行冻融试验。

表 A.2.4-2 抗风化性能表

	严重风化区				非严重风化区			
	5h非煮吸水率,% ≤		饱和系数≤		5h非煮吸水率,% ≤		饱和系数≤	
	平均值	单块最大值	平均值	单块最大值	平均值	单块最大值	平均值	单块最大值
黏土砖	21	23	0.85	0.87	23	25	0.88	0.90
粉煤灰砖	23	25			30	32		
页岩砖	16	18	0.74	0.77	18	20	0.78	0.80
煤矸石砖	19	21			21	23		

注:粉煤灰掺入量(体积比)小于30%时,抗风化性能指标按黏土砖规定。

3 冻融试验后,每块砖样不允许出现裂纹、分层、掉皮、缺棱、掉角等冻坏现象;质量损失不得大于2%。

A.2.5 泛霜

每块砖样应符合下列规定:

优等品:无泛霜;

一等品:不允许出现中等泛霜;

合格品:不允许出现严重泛霜。

A.2.6 石灰爆裂

优等品:

不允许出现最大破坏尺寸大于2mm的爆裂区域。

一等品:

(1) 最大破坏尺寸大于2mm,且小于等于10mm的爆裂区域,每组砖样不得多于15处。

(2) 不允许出现最大破坏尺寸大于10mm的爆裂区域。

合格品:

(1) 最大破坏尺寸大于2mm,且小于等于15mm的爆裂区域,每组砖样不得多于15处。其中大于10mm的不得多于7处。

(2) 不允许出现最大破坏尺寸大于15mm的爆裂区域。

A.3 标志、包装、运输

A.3.1 标志

产品出厂时,必须提供产品质量合格证。产品质量合格证主要内容包括:生产厂名、产品标记、批量及编号、证书编号、本批产品实测技术性能和生产日期等,并由检验员和承检单位签章。

A.3.2 包装

根据用户需求按品种、强度、质量等级、颜色分别包装，包装应牢固，保证运输时不会摇晃碰坏。

A.3.3 运输

产品装卸时要轻拿轻放，避免碰撞摔打。

（引用标准 GB/T 5101—1998）

附录 B 烧结多孔砖技术要求和产品标志、包装、运输

B.1 分 类

B.1.1 分类

按主要原料砖分为黏土砖（N）、页岩砖（Y）、煤矸石砖（M）和粉煤灰砖（F）。

B.1.2 规格

砖的外形为直角六面体，其长度、宽度、高度尺寸应符合下列要求：

294、240、190、180（mm）；

175、140、115、90（mm）。

其他规格尺寸由供需双方协商确定。

B.1.3 孔洞尺寸

砖的孔洞尺寸应符合表 B.1.3 的规定。

表 B.1.3 烧结多孔砖孔洞尺寸（mm）

圆孔直径	非圆孔内切圆直径	手抓孔
≤22	≤15	(30～40)×(75～85)

B.1.4 质量等级

1 根据抗压强度分为 MU30、MU25、MU20、MU15、MU10 五个强度等级。

2 强度和抗风化性能合格的砖，根据尺寸偏差、外观质量、孔型及孔洞排列、泛霜和石灰爆裂分为优等品（A）、一等品（B）、合格品（C）三个质量等级。

B.1.5 产品标记

砖的产品标记按产品名称、规格、品种、强度等级、质量等级和标准编号顺序编写。

标记示例：规格 290mm×140mm×90mm，强度等级 MU25、优等品的黏土砖，其标记为：

烧结多孔砖 N 290×140×90 25A GB 13544

B.2 技术要求

B.2.1 尺寸偏差

尺寸允许偏差应符合表 B.2.1 规定。

表 B.2.1 烧结多孔砖尺寸允许偏差（mm）

公称尺寸	优等品		一等品		合格品	
	样本平均偏差	样本极差≤	样本平均偏差	样本极差≤	样本平均偏差	样本极差≤
290、240	±2.0	6	±2.5	7	±3.0	8
190、180、175、140、115	±1.5	5	±2.0	6	±2.5	7
90	±1.5	4	±1.7	5	±2.0	6

B.2.2 外观质量

砖的外观质量应符合表 B.2.2 规定。

表 B.2.2 烧结多孔砖外观质量（mm）

项 目		优等品	一等品	合格品
1. 颜色（一条面和一顶面）		一致	基本一致	—
2. 完整面	不得少于	一条面和一顶面	一条面和一顶面	—
3. 缺棱掉角的三个破坏尺寸	不得同时大于	15	20	30
4. 裂纹长度	不大于			
a. 大面上深入孔壁 15mm 以上宽度方向及其延伸到条面的长度		60	80	100
b. 大面上深入孔壁 15mm 以上长度方向及其延伸到顶面的长度		60	100	120
c. 条顶面上水平裂纹		80	100	120
5. 杂质在砖面上造成的凸出高度	不大于	3	4	5
6. 欠火砖、酥砖和螺旋纹砖		不允许	不允许	不允许

注：1 为装饰而施加的色差、凹凸纹、拉毛、压花等不算作缺陷。
    2 凡有下列缺陷之一者，不得称为完整面：
    1）缺损在条面或顶面上造成的破坏面尺寸同时大于 20mm×30mm；
    2）条面或顶面上裂纹宽度大于 1mm，其长度超过 70mm；
    3）压陷、粘底、焦花在条面上或顶面上的凹陷或凸出超过 2mm，区域尺寸同时大于 20mm×30mm。

B.2.3 强度等级

砖强度应符合表 B.2.3 规定。

表 B.2.3 烧结多孔砖强度等级（MPa）

强度等级	抗压强度平均值 $\bar{f}\geq$	变异系数 $\delta\leq 0.21$ 强度标准值 $f_k\geq$	变异系数 $\delta>0.21$ 强度标准值 $f_{min}\geq$
MU30	30.0	22.0	25.0
MU25	25.0	18.0	22.0
MU20	20.0	14.0	16.0
MU15	15.0	10.0	12.0
MU10	10.0	6.5	7.5

B.2.4 孔型孔洞率及孔洞排列

孔型孔洞率及孔洞排列应符合表 B.2.4 的规定。

B.2.5 泛霜

优等品：无泛霜；

表 B.2.4 烧结多孔砖孔性孔洞率及空洞排列

产品等级	孔型	孔洞率(%)≥	空洞排列
优等品	矩形条孔或矩形孔	25	交错排列,有序
一等品	矩形条孔或矩形孔		交错排列,有序
合格品	矩形孔或其他孔型		—

注:1 所有孔宽 b 应相等,孔长 L≤50mm;
　　2 空洞排列上下、左右应对称,分布均匀,手抓孔的长度方向尺寸必须平行于砖的条面;
　　3 矩形孔的孔长 L、孔宽 b 满足式 L≥$3b$ 时,为矩形条孔。

一等品:不允许出现中等泛霜;
合格品:不允许出现严重泛霜。

B.2.6　石灰爆裂

优等品:不允许出现最大破坏尺寸大于 2mm 的爆裂区域。
一等品:
(1) 最大破坏尺寸大于 2mm,且小于等于 10mm 的爆裂区域,每组砖样不得多于 15 处。
(2) 不允许出现最大破坏尺寸大于 10mm 的爆裂区域。
合格品:
(1) 最大破坏尺寸大于 2mm,且小于等于 15mm 的爆裂区域,每组砖样不得多于 15 处。其中大于 10mm 的不得多于 7 处。
(2) 不允许出现最大破坏尺寸大于 15mm 的爆裂区域。

B.2.7　抗风化性能

同附录 A 第 A.2.4 条"抗风化性能"。

B.3　标志、包装、运输

B.3.1　标志

产品出厂时,必须提供产品质量合格证。产品质量合格证主要内容包括:生产厂名、产品标记、批量及编号、证书编号、本批产品实测技术性能和生产日期等,并由检验员和单位签章。

B.3.2　包装

根据用户需求按品种、强度、质量等级、颜色分别包装,包装应牢固,保证运输时不会摇晃碰坏。

B.3.3　运输

产品装卸时要轻拿轻放,避免碰撞摔打。

(引用标准 GB 13544—2000)

附录 C 蒸压灰砂砖技术要求和产品标志、包装、运输

C.1 分类

C.1.1 分类

根据灰砂砖的颜色分为：彩色的（Co）、本色的（N）。

C.1.2 规格

砖的外形为直角六面体。

砖的公称尺寸：长度 240mm，宽度 115mm，高度 53mm。生产其他规格尺寸产品，由用户与生产厂家协商确定。

C.1.3 等级

1 强度级别

根据抗压强度和抗折强度分为 MU25、MU20、MU15、MU10 四级。

2 质量等级

根据尺寸偏差和外观质量、强度及抗冻性分为：优等品（A）、一等品（B）、合格品（C）三个质量等级。

C.1.4 产品标记

灰砂砖的产品标记采用产品名称（LSB）、颜色、强度级别、产品等级和标准编号的顺序进行。示例如下：

强度级别为 MU20，优等品的彩色灰砂砖：

LSB Co 20A GB 11945

C.1.5 用途

1 MU25、MU20、MU15 的砖可用于基础及其他建筑；MU10 的砖仅可用于防潮层以上的建筑。

2 灰砂砖不得用于长期受热 200℃ 以上、受急冷急热和有酸性介质侵蚀的建筑部位。

C.2 技术要求

C.2.1 尺寸偏差和外观

蒸压灰砂砖尺寸允许偏差和外观质量应符合表 C.2.1 规定。

C.2.2 颜色

颜色应基本一致，无明显色差，但对本色灰砂砖不作规定。

表C.2.1 蒸压灰砂砖尺寸允许偏差和外观质量

项目			指标		
			优等品	一等品	合格品
尺寸允许偏差(mm)	长度	L	±2.0	±2.0	±3.0
	宽度	B	±2.0		
	高度	H	±1.0		
缺棱掉角	个数,不多于(个)		1	1	2
	最大尺寸不得大于		10	15	20
	最小尺寸不得大于		5	10	10
对应高度差不得大于			1	2	3
裂纹长度	条数,不多于(条)		1	1	2
	大面上宽度方向及其延伸到条面的长度不得大于		20	50	70
	大面上长度方向及其延伸到顶面上的长度或条、顶面水平裂纹的长度不得大于		30	70	100

C.2.3 抗压强度和抗折强度

蒸压灰砂砖抗压强度和抗折强度应符合表C.2.3规定。

表C.2.3 蒸压灰砂砖强度等级 (MPa)

强度级别	抗压强度		抗折强度	
	平均值不少于	单块值不小于	平均值不少于	单块值不小于
MU25	25.0	20.0	5.0	4.0
MU20	20.0	16.0	4.0	3.2
MU15	15.0	12.0	3.3	2.6
MU10	10.0	8.0	2.5	2.0

注:优等品的强度级别不得小于MU15。

C.2.4 抗冻性

蒸压灰砂砖抗冻性应符合表C.2.4规定。

表C.2.4 抗冻性指标

强度级别	冻后抗压强度平均值不小于(MPa)	单块砖的干质量损失不大于(%)
MU25	20.0	2.0
MU20	16.0	2.0
MU15	12.0	2.0
MU10	8.0	2.0

注:优等品的强度级别不得小于MU15。

C.3 产品合格证、堆放和运输

C.3.1 出厂产品应有产品合格证。产品合格证包括:生产厂名、商标、产品标记、本批产品测定结果和生产日期。

C.3.2 灰砂砖应存放三天以后出厂，产品贮存、堆放应做到场地平整、分级分等、整齐稳妥。

C.3.3 产品运输、装卸时，严禁摔、掷，翻斗自翻卸货。

（引用标准 GB 11945—1999）

附录 D 粉煤灰砖技术要求和产品标志、包装、运输

D.1 产品分类

D.1.1 类别

砖的颜色分为本色（N）和彩色（Co）。

D.1.2 规格

砖的外形为直角六面体。

砖的公称尺寸：长 240mm，宽 115mm，高 53mm。

D.1.3 等级

1 强度等级分为 MU30、MU25、MU20、MU15、MU10 五级。

2 质量等级根据尺寸偏差、外观质量、强度等级、干燥收缩分为：优等品（A）、一等品（B）、合格品（C）。

D.1.4 产品标记

粉煤灰砖按产品名称（FB）、颜色、强度级别、质量等级、标准编号顺序编写。

示例：强度等级为 20 级，优等品的彩色粉煤灰砖标记为：

FB Co 20 A JC 239—2001

D.2 技术要求

D.2.1 尺寸偏差和外观

尺寸偏差和外观应符合表 D.2.1 规定。

表 D.2.1 粉煤灰砖尺寸允许偏差和外观（mm）

项 目		指 标		
		优等品	一等品	合格品
尺寸允许偏差	长度	±2	±3	±4
	宽度	±2		±4
	高度	±1	±2	±3
缺棱掉角的最小破坏尺寸≤		10	15	20
对应高度差≤		1	2	3
完整面不少于		二条面和一顶面或二顶面和一条面	一条面和一顶面	一条面和一顶面
裂纹长度≤ a）大面上宽度方向的裂纹（包括延伸到条面上的长度） b）其他裂纹		30 50	50 70	70 100
层裂		不允许		
注：在条面或顶面上破坏面的两个尺寸同时大于 10mm 和 20mm 者为非完整面。				

D.2.2 色差
色差应不显著。

D.2.3 强度等级
强度等级应符合表 D.2.3 的规定，优等品的强度等级应不低于 MU 15 级。

表 D.2.3 粉煤灰砖强度等级（MPa）

强度级别	抗压强度		抗折强度	
	10块平均值不少于	单块值不小于	10块平均值不少于	单块值不小于
MU30	30.0	24.0	6.2	5.0
MU25	25.0	20.0	5.0	4.0
MU20	20.0	16.0	4.0	3.2
MU15	15.0	12.0	3.3	2.6
MU10	10.0	8.0	2.5	2.0

D.2.4 抗冻性
抗冻性应符合表 D.2.4 的规定。

表 D.2.4 粉煤灰砖抗冻性指标

强度级别	抗压强度(MPa)平均值不小于	砖的干质量损失(%)单块值不大于
MU30	24.0	2.0
MU25	20.0	2.0
MU20	16.0	2.0
MU15	12.0	2.0
MU10	8.0	2.0

D.2.5 干燥收缩
粉煤灰砖干燥收缩值应符合下列要求：

优等品应不大于 0.6mm/m；一等品应不大于 0.75mm/m；合格品应不大于 0.8mm/m。

D.3 产品包装、贮存和运输

D.3.1 包装
粉煤灰砖应妥善包装，复合环保有关要求。

D.3.2 贮存
粉煤灰砖应存放三天以后出厂。产品贮存、堆放应做到场地平整、分级分等、整齐稳妥。

D.3.3 运输
产品运输、装卸时，严禁摔、掷、翻斗自翻卸货。

(引用标准 JC 239—2001)

附录 E 普通混凝土小型空心砌块技术要求和产品标志、包装、运输

E.1 砌块各部位名称

砌块各部位名称见图 E.1。

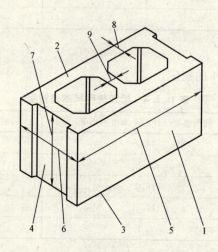

图 E.1 砌块各部位的名称
1—条面；2—坐浆面（肋厚较小的面）；3—铺浆面（肋厚较大的面）；
4—顶面；5—长度；6—宽度；7—高度；8—壁；9—肋

E.2 等级和标记

E.2.1 等级

1 按其尺寸偏差、外观质量分为：优等品（A）、一等品（B）、合格品（C）。
2 按其强度等级分为：MU3.5、MU5.0、MU7.5、MU10.0、MU15.0、MU20.0。

E.2.2 标记

1 按产品名称（代号 NHB）、强度等级、外观质量等级和标准编号的顺序进行标记。
2 标记示例：
强度等级为 MU7.5，外观质量为优等品（A）的砌块，其标记为：
NHB MU7.5 A GB 8239。

E.3 技术要求

E.3.1 规格

1 规格尺寸,主规格尺寸为390mm×190mm×190mm,其他规格尺寸可由供需双方协商。
2 最小外壁厚应不小于30mm,最小肋厚应不小于25mm。
3 空心率应不小于25%。
4 尺寸允许偏差应符合表E.3.1规定。

表E.3.1 普通混凝土小型砌块尺寸允许偏差(mm)

项 目		优等品	一等品	合格品
长度	L	±2.0	±3.0	±3.0
宽度	B	±2.0	±3.0	±3.0
高度	H	±1.0	±3.0	+3 −4

E.3.2 外观质量

外观质量应符合表E.3.2规定。

表E.3.2 普通混凝土小型砌块外观质量

项 目			优等品(A)	一等品(B)	合格品(C)
弯曲(mm)		不大于	2	2	3
掉角缺棱	个数(个)	不多于	0	2	2
	三个方向投影尺寸的最小值(mm)	不大于	0	20	30
裂纹延伸的投影尺寸累计(mm)		不大于	0	20	30

E.3.3 强度等级

强度等级应符合表E.3.3规定。

表E.3.3 普通混凝土小型砌块强度等级(MPa)

强度级别	砌块抗压强度		强度级别	砌块抗压强度	
	平均值不少于	单块最小值不小于		平均值不少于	单块最小值不小于
MU3.5	3.5	2.8	MU10.0	10.0	8.0
MU5.0	5.0	4.0	MU15.0	15.0	12.0
MU7.5	7.5	6.0	MU20.0	20.0	16.0

E.3.4 相对含水率

普通混凝土小型空心砌块相对含水率应符合表E.3.4规定。

表E.3.4 普通混凝土小型砌块相对含水率(%)

使用地区	潮湿	中等	干燥
相对含水率不大于	45	40	35

注:潮湿——系指年平均相对湿度大于75%的地区;
中等——系指年平均相对湿度为50%~75%的地区;
干燥——系指年平均相对湿度小于50%的地区。

E.3.5 抗渗性

用于清水墙的普通混凝土小型砌块，其抗渗性应满足表 E.3.5 的规定。

表 E.3.5 普通混凝土小型砌块抗渗性（mm）

项 目 名 称	指 标
水面下降高度	三块中任一块不大于 10

E.3.6 抗冻性

抗冻性应符合表 E.3.6 规定。

表 E.3.6 普通混凝土小型砌块抗冻性

使用环境条件		抗冻等级	指 标
非采暖地区		不规定	—
采暖地区	一般环境	F15	强度损失≤25%
	干湿交替环境	F25	质量损失≤5%

注：1 非采暖地区指最冷月份平均气温高于 -5℃的地区；
   2 采暖地区指最冷月份平均气温低于或等于 -5℃的地区。

E.4 产品合格证、堆放和运输

E.4.1 砌块出厂时，生产厂应提供产品质量合格证，其内容包括：厂名和商标，批量编号和砌块数量（块），产品标记和检验结果，合格证编号，检验部门和检验人员签章。

E.4.2 砌块应按规格、等级分批分别堆放，不得混杂。

E.4.3 砌块堆放运输及砌筑时应有防雨措施。

E.4.4 砌块装卸时，严禁碰撞、扔摔；应轻码轻放，不许翻斗自翻倾卸。

（引用标准 GB 8239—1997）

附录F 轻集料混凝土小型空心砌块技术要求和产品标志、包装、运输

F.1 分类、等级与标记

F.1.1 分类

按砌孔的排数分为五类：实心（0）、单排孔（1）、双排孔（2）、三排孔（3）和四排孔（4）。

F.1.2 等级

1 按砌块密度等级分为：500、600、700、800、900、1000、1200、1400八个等级；

注：实心砌块的密度等级不应大于800。

2 按砌块强度等级分为：1.5、2.5、3.5、5.0、7.5、10.0 六个等级；

3 按砌块尺寸允许偏差和外观质量分为：一等品（B）、合格品（C）两个等级。

F.1.3 标记

1 产品标记

轻集料混凝土小型空心砌块（LHB）按产品名称、类别、密度等级、强度等级、质量等级和标准编号的顺序进行标记。

2 标记示例

密度等级为600级、强度等级为1.5级、质量等级为一等品的轻集料混凝土三排孔小砌块。其标记为：

LHB（3）6001.5B GB/T 15229

F.2 技术要求

F.2.1 规格

1 规格尺寸

主规格尺寸为390mm×190mm×190mm，其他规格尺寸可由供需双方协商。

2 尺寸允许偏差应符合表F.2.1规定。

F.2.2 外观质量

外观质量应符合表F.2.2规定。

F.2.3 密度等级

密度等级应符合表F.2.3要求。其规定值最大允许偏差为100kg/m³。

表 F.2.1　轻集料混凝土小型空心砌块规格尺寸允许偏差 (mm)

项目名称	一等品	合格品	项目名称	一等品	合格品
长度	±2	±3	高度	±2	±3
宽度	±2	±3			

注：1　承重砌块最小外壁厚不应小于30mm，肋厚不应小于25mm；
　　2　保温砌块最小外壁厚和肋厚不应小于20mm。

表 F.2.2　轻集料混凝土小型空心砌块外观质量

项　　目			一等品	合格品
掉角缺棱	个数，个	不多于	0	2
	三个方向投影尺寸的最小值，mm	不大于	0	30
裂纹延伸的投影尺寸累计，mm		不大于	0	30

表 F.2.3　轻集料混凝土小型空心砌块密度等级 (kg/m^3)

密度等级	砌块干燥表观密度的范围	密度等级	砌块干燥表观密度的范围
500	≤500	900	810～900
600	510～600	1000	910～1000
700	610～700	1200	1010～1200
800	710～800	1400	1210～1400

F.2.4　强度等级

强度等级符合表F.2.4要求者为优等品或一等品；密度等级范围不满足要求者为合格品。

表 F.2.4　轻集料混凝土小型空心砌块强度等级 (MPa)

强度级别	砌块抗压强度		密度等级范围
	平均值不少于	单块最小值不小于	
1.5	≥1.5	1.2	≤600
2.5	≥2.5	2.0	≤800
3.5	≥3.5	2.8	≤1200
5.0	≥5.0	4.0	≤1200
7.5	≥7.5	6.0	≤1400
10.0	≥10.0	8.0	≤1400

F.2.5　吸水率、相对含水率和干缩率

1　吸水率不应大于22%。
2　干缩率和相对含水率应符合表F.2.5的要求。

表 F.2.5 轻集料混凝土小型空心砌块干缩率相对含水率（%）

干缩率(%)	相 对 含 水 率		
	潮 湿	中 等	干 燥
<0.03	45	40	35
0.03～0.045	40	35	30
>0.045～0.065	35	30	25

注：1 相对含水率即砌块出厂含水率与吸水率之比：

$$w = \frac{w_1}{w_2} \times 100$$

　　式中　w——砌块的相对含水率%；

　　　　　w_1——砌块出厂时的含水率%；

　　　　　w_2——砌块的含水率%。

　　2 使用地区的湿度条件：

　　　潮湿——系指年平均相对湿度大于75%的地区；

　　　中等——系指年平均相对湿度为50%～75%的地区；

　　　干燥——系指年平均相对湿度小于50%的地区。

F.2.6 碳化系数和软化系数

加入粉煤灰等火山灰质掺合料的小砌块，其碳化系数不应小于0.8，软化系数不应小于0.75。

F.2.7 抗冻性

抗冻性应符合表F.2.7的规定。

表 F.2.7 轻集料混凝土小型空心砌块抗冻性

使用条件	抗冻标号		
非采暖地区	F15		
采暖地区：			
相对湿度≤60%	F25	≤5	≤25
相对湿度>60%	F35		
水位变化、干湿循环或粉煤灰掺量≥取代水泥量50%时	≥F50		

注：1 非采暖地区指最冷月份平均气温高于-5℃的地区；采暖地区指最冷月份平均气温低于或等于-5℃的地区。
　　2 抗冻性合格的砌块的外观质量也应符合F.2.2的要求。

F.2.8 放射性

轻集料混凝土小型空心砌块放射性检验应符合国家标准GB 9196的规定。

F.3 产品合格证、堆放和运输

F.3.1 产品合格证

砌块出厂时，生产厂应提供产品质量合格证，其内容包括：厂名和商标，合格证编号及出厂日期，产品标记，性能检验结果，批量编号和砌块数量（块），检验部门和检验人员签字盖章。

F.3.2 产品堆放和运输

1 砌块应按密度等级和强度等级、质量等级分批堆放,不得混杂。
2 砌块装卸时,严禁碰撞、扔摔;应轻码轻放,不许翻斗自翻倾卸。
3 砌块堆放和运输时应有防雨、防潮和排水措施。

(引用标准 GB/T 15229—2002)

附录G 烧结空心砖和空心砌块技术要求和产品标志、包装、运输

G.1 产品分类

G.1.1 类别

按主要原料分为黏土砖和砌块（N）、页岩砖和砌块（Y）、煤矸石砖和砌块（M）、粉煤灰砖和砌块（F）。

G.1.2 规格

1 砖和砌块的外形为直角六面体，如图G.1.2所示。

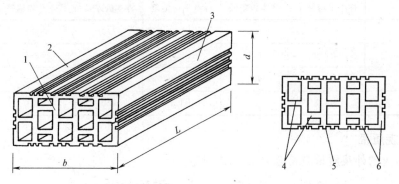

图 G.1.2

1—顶面；2—大面；3—条面；4—肋；5—凹线槽；6—外壁；
L—长度；b—宽度；d—高度

2 砖和砌块的外形为直角六面体，其长度、宽度、高度尺寸应符合下列要求（单位：mm）：390，290，240，190，180（175），140，115，90。

注：其他规格尺寸由供需双方协商确定。

G.1.3 等级

1 抗压强度分为：MU10.0、MU7.5、MU5.0、MU3.5、MU2.5。

2 体积密度分级为800级、900级、1000级、1100级。

3 强度、密度、抗风化性能和放射性物质合格的砖和砌块，根据尺寸偏差、外观质量、孔洞排列及其结构、泛霜、石灰爆裂、吸水率分为优等品（A）、一等品（B）、合格品（C）三个质量等级。

G.1.4 产品标记

砖和砌块的标记按产品名称、类别、规格、密度等级、强度等级、质量等级和标准编号顺序编写。

例1：

规格尺寸 290mm×190mm×90mm，密度等级800级、强度等级MU7.5、优等品的页岩空心砖，其标记为：烧结空心砖 Y（290×190×90）800 MU7.5A GB 13545

例2：

规格尺寸 290mm×290mm×190mm，密度1000级、强度等级MU3.5、一等品的黏土空心砌块，其标记为：烧结空心砌块 N（290×290×190）1000 MU3.5 B GB 13545

G.2 技 术 要 求

G.2.1 尺寸偏差

尺寸允许偏差应符合表G.2.1规定。

表 G.2.1 烧结空心砖和空心砌块尺寸允许偏差（mm）

尺 寸	优 等 品		一 等 品		合 格 品	
	样本平均偏差	样本极差≤	样本平均偏差	样本极差≤	样本平均偏差	样本极差≤
>200	±2.5	6.0	±3.0	7.0	±3.5	8.0
>200～300	±2.0	5.0	±2.5	6.0	±3.0	7.0
100～200	±1.5	4.0	±2.0	5.0	±2.5	6.0
<100	±1.5	3.0	±1.7	4.0	±2.0	5.0

G.2.2 外观质量

砖和砌块的外观质量应符合表G.2.2规定。

表 G.2.2 烧结空心砖和空心砌块外观质量（mm）

项 目		优等品	一等品	合格品
1. 弯曲	≤	3	4	5
2. 缺棱掉角的三个破坏尺寸不得	同时>	15	30	40
3. 垂直度差	≤	3	4	5
4. 未贯穿裂纹长度	≤			
a. 大面上宽度方向及其延伸至条面的长度		不允许	100	120
b. 大面上长度方向或条面上水平方向的长度		不允许	120	140
5. 贯穿裂纹长度	≤			
a. 大面上宽度方向及其延伸至条面的长度		不允许	40	60
b. 壁、肋沿长度方向、宽度方向及其水平方向的长度		不允许	40	60
6. 肋、壁内残缺长度	≤	不允许	40	60
7. 完整面	不少于	一条面和一大面	一条面或一大面	—

注：凡有下列缺陷之一者，不能称为完整面：
  1　缺损在大面、条面上造成的破坏面尺寸同时大于20mm×30mm。
  2　大面、条面上裂纹宽度大于1mm，其长度超过70mm。
  3　压陷、粘底、焦花在大面、条面上的凹陷或凸出超过2mm，区域尺寸同时大于20mm×30mm。

G.2.3 强度

强度应符合表 G.2.3 规定。

表 G.2.3 烧结空心砖和空心砌块强度等级（MPa）

强度等级	抗压强度(MPa)			密度等级范围（kg/m³）
	抗压强度平均值	变异系数 δ≤0.21 强度标准值≥	变异系数 δ>0.21 单块最小抗压强度值	
MU10.0	10.0	7.0	8.0	≤1100
MU7.5	7.5	5.0	5.8	≤1100
MU5.0	5.0	3.5	4.0	≤1100
MU3.5	3.5	2.5	2.8	≤1100
MU2.5	2.5	1.6	1.8	≤800

G.2.4 密度

密度级别应符合表 G.2.4 规定。

表 G.2.4 烧结空心砖和空心砌块密度级别（kg/m³）

密度级别	5块密度平均值	密度级别	5块密度平均值
800	≤800	1000	901～1000
900	801～900	1100	1001～1100

G.2.5 孔洞排列及其结构

孔洞率和孔洞排数应符合表 G.2.5 规定。

表 G.2.5 烧结空心砖和空心砌块孔洞排列及其结构

等级	孔洞排列	孔洞排数(排)		孔洞率%
		宽度方向	高度方向	
优等品	有序交错排列	$b≥200mm≥7$ $b<200mm≥5$	≥2	≥40
一等品	有序排列	$b≥200mm≥5$ $b<200mm≥4$	≥2	≥40
合格品	有序排列	≥3	—	≥40

注：b 为宽度的尺寸。

G.2.6 泛霜

每块砖和砌块应符合下列规定：

优等品：无泛霜。

一等品：不允许出现中等泛霜。

合格品：不允许出现严重泛霜。

G.2.7 石灰爆裂

每组砖和砌块应符合下列规定：

优等品：不允许出现最大破坏尺寸大于 2mm 的爆裂区域。

一等品：
1 最大破坏尺寸大于 2mm 且小于等于 10mm 的爆裂区域，每组砖和砌块不得多于 15 处；
2 不允许出现最大破坏尺寸大于 10mm 的爆裂区域。
合格品：
1 最大破坏尺寸大于 2mm 且小于等于 15mm 的爆裂区域，每组砖和砌块不得多于 15 处。其中大于 10mm 的不得多于 7 处；
2 不允许出现最大破坏尺寸大于 15mm 的爆裂区域。

G.2.8 吸水率

每组砖和砌块的吸水率平均值应符合表 G.2.8 规定

表 G.2.8 烧结空心砖和空心砌块吸水率

等 级	吸水率≤	
	黏土砖和砌块、页岩砖和砌块、煤矸石砖和砌块	粉煤灰砖和砌块*
优等品	16.0	20.0
一等品	18.0	22.0
合格品	20.0	24.0

* 粉煤灰掺入量（体积比）小于 30% 时，按黏土砖和砌块规定判定。

G.2.9 抗风化性能

1 风化区的划分见表 A.2.4-1。

表 G.2.9 抗风化性能

分 类	饱和系数≤			
	严重风化区		非严重风化区	
	平均值	单块最大值	平均值	单块最大值
黏土砖和砌块	0.85	0.87	0.88	0.90
粉煤灰砖和砌块				
页岩砖和砌块	0.74	0.77	0.78	0.80
煤矸石砖和砌块				

2 严重风化区中的 1、2、3、4、5 地区的砖和砌块必须进行冻融试验，其他地区砖和砌块的抗风化性能符合表 G.2.9 时可不做冻融试验，否则必须进行冻融试验。

3 冻融试验后，每块砖和砌块不允许出现分层、掉皮、缺棱掉角等冻坏现象；冻后裂纹长度不大于表 G.2.2 中 4、5 项合格品的规定。

G.2.10 欠火砖、酥砖

产品中不允许有欠火砖、酥砖。

G.2.11 放射性物质

原材料中掺入煤矸石、粉煤灰及其他工业废渣的砖和砌块，应进行放射性物质检测，放射性物质应符合 GB 6566 的规定。

G.3 标志、包装、运输和贮存

G.3.1 标志

产品出厂时，必须提供产品质量合格证。产品质量合格证主要内容包括：生产厂名、产品标记、批量及编号、证书编号、本批产品实测技术性能和生产日期等，并由检验员和单位签章。

G.3.2 包装

根据用户需要按类别、强度等级、质量等级、颜色分别包装，包装应牢固，保证运输时不会摇晃碰坏。

G.3.3 运输

产品装卸时要轻拿轻放，避免碰撞摔打。

G.3.4 贮存

产品应按类别、强度等级、密度等级、质量等级分别整齐堆放，不得混杂。

（引用标准 GB 13545—2003）

附录 H 蒸压灰砂空心砖技术要求和产品标志、包装、运输

H.1 分 类

H.1.1 产品规格

1 蒸压灰砂空心砖规格及公称尺寸见表 H.1.1。

表 H.1.1 蒸压灰砂空心砖规格及公称尺寸

规 格 代 号	公称尺寸(mm)		
	长	宽	高
NF	240	115	53
1.5NF	240	115	90
2NF	240	115	115
3NF	240	115	175

注：对于不符合表内尺寸的砖，不得用规格代号来表示，而用长×宽×高的尺寸来表示。

2 孔洞采用圆形或其他孔形。孔洞应垂直于大面。

H.1.2 产品等级

1 根据抗压强度将强度等级分为 25、20、15、10、7.5 五个等级。

2 根据强度级别、尺寸偏差和外观质量将产品分为优等品（A）、一等品（B）、合格品（C）三个等级。

H.1.3 产品标记

蒸压灰砂砖的产品标记按产品（LBCB）品种、规格代号、强度级别、产品等级、标准编号的顺序组成。

品种规格为 2NF，强度级别为 15 级，优等品的蒸压灰砂空心砖标记示例如下：
LBCB 2NF 15A JC/T 637

H.2 技术要求

H.2.1 尺寸偏差、外观质量和孔洞率

尺寸允许偏差、外观质量和孔洞率应符合表 H.2.1 规定。

H.2.2 抗压强度

抗压强度应符合表 H.2.2 的规定。优等品的强度级别应不低于 15 级，一等品的强度级别应不低于 10 级。

表 H.2.1 蒸压灰砂空心砖尺寸允许偏差、外观质量和孔洞率

序号	项目		指标		
			优等品	一等品	合格品
1	尺寸允许偏差 长度(mm)	≤	±2		
	宽度(mm)	≤	±1	±2	±3
	高度(mm)	≤	±1		
2	对应高度差(mm)	≤	±1	±2	±3
3	孔洞率(%)	≥	15		
4	外壁厚度(mm)	≥	10		
5	肋厚度(mm)	≥	7		
6	缺棱掉角最小尺寸(mm)	≤	15	20	25
7	完整面	≤	一条面和一顶面	一条面或一顶面	一条面或一顶面
8	裂纹的长度(mm)	≤			
	a. 条面上高度方向及其延伸到大面的长度		30	50	70
	b. 条面上长度方向及其延伸到顶面的水平裂纹长度		50	70	100

注：凡有下列缺陷之一者，均为非完整面：
1 缺棱尺寸或掉角的最小尺寸大于 8mm；
2 灰球、黏土团、草根等杂物造成破坏面尺寸大于 10mm×20mm；
3 有气泡、麻面、龟裂等缺陷造成的凹陷与凸起分别超过 2mm。

表 H.2.2 蒸压灰砂空心砖强度等级 (MPa)

强度级别	抗压强度		强度级别	抗压强度	
	五块平均强度≥	单块值≥		五块平均强度≥	单块值≥
25	25.0	20.0	10	10.0	8.0
20	20.0	16.0	7.5	7.5	6.0
15	15.0	12.0			

H.2.3 抗冻性

抗冻性应符合表 H.2.3 的规定。

表 H.2.3 蒸压灰砂空心砖抗冻性能表

强度级别	冻后抗压强度(MPa)平均值≥	单块砖的干质量损失(%)≤
25	20.0	2.0
20	16.0	
15	12.0	
10	8.0	
7.5	6.0	

H.3 产品合格证、贮存和运输

H.3.1 出厂产品应有产品合格证。合格证包括：生产厂名、商标、产品标记、本批产品实测技术性能指标和生产日期。

H.3.2 贮存：蒸压灰砂空心砖应存放 3d 以后出厂。产品贮存应做到：场地平整、分级、分等、整齐稳妥。

H.3.3 运输：产品运输、装卸时，严禁摔、掷、翻斗自翻卸货。

（引用标准 JC/T 637—1996）

附录 J 蒸压加气混凝土砌块技术要求和产品标志、包装、运输

J.1 分　类

J.1.1 规格

1　蒸压加气混凝土砌块规格尺寸见表 J.1.1。

表 J.1.1　蒸压加气混凝土砌块规格尺寸（mm）

砌块公称尺寸			砌块制作尺寸		
长度 L	宽度 B	高度 H	长度 L_1	宽度 B_1	高度 H_1
600	100 125 150 200 250 300	200 250 	$L-10$	B	$H-10$
	120 180 240	300			

2　购货单位需要其他规格时，可与生产厂协商确定。

J.1.2　砌块按抗压强度和体积密度分级。

强度级别有：A1.0，A2.0，A2.5，A3.5，A5.0，A7.5，A10 七个级别。

体积密度级别有：B03，B04，B05，B06，B07，B08 六个级别。

J.1.3　砌块按尺寸偏差与外观质量、体积密度和抗压强度分为：优等品（A）、一等品（B）、合格品（C）三个等级。

J.1.4　砌块产品标记

1　按产品名称（代号 ACB）、强度级别、体积密度级别、规格尺寸、产品等级和标准编号的顺序进行标记。

2　标记示例：

强度级别为 A3.5、体积密度级别为 B05、优等品、规格尺寸为 600mm×200mm×250mm 的蒸压加气混凝土砌块，其标记为：

ACB　A3.5　B05　600×200×250A　GB 11968

J.2　技术要求

J.2.1　尺寸偏差、外观质量

尺寸允许偏差、外观质量应符合表 J.2.1 的规定。

表 J.2.1 蒸压加气混凝土砌块尺寸允许偏差、外观质量

项　　目			优等品	一等品	合格品
尺寸允许偏差(mm)	长度	L_1	±3	±4	±5
	宽度	B_1	±2	±3	+3 / -4
	高度	H_1	±2	±3	+3 / -4
缺棱掉角	个数,不多于(个)		0	1	2
	最大尺寸不得大于(mm)		0	70	70
	最小尺寸不得大于(mm)		0	30	30
平面弯曲不得大于(mm)			0	3	5
裂纹	条数,不多于(条)		0	1	2
	任一面上的裂纹长度不得大于裂纹方向尺寸的		0	1/3	1/2
	贯穿一棱二面的裂纹长度不得大于裂纹所在面的裂纹方向尺寸总和的		0	1/3	1/3
爆裂、粘模和损坏深度不得大于(mm)			10	20	30
表层疏松、层裂			不允许		
表面油污			不允许		

J.2.2 抗压强度

砌块的抗压强度应符合表 J.2.2 的规定。

表 J.2.2 蒸压加气混凝土砌块抗压强度 (MPa)

强度级别	立方体抗压强度		强度级别	立方体抗压强度	
	平均值不小于	单块最小值不小于		平均值不小于	单块最小值不小于
A1.0	1.0	0.8	A5.0	5.0	4.0
A2.0	2.0	1.6	A7.5	7.5	6.0
A2.5	2.5	2.0	A10.0	10.0	8.0
A3.5	3.5	2.8			

J.2.3 强度级别

砌块的强度级别应符合表 J.2.3 的规定。

J.2.4 干体积密度

砌块的干体积密度应符合表 J.2.4 的规定。

表 J.2.3 蒸压加气混凝土砌块强度级别

体积密度级别		B03	B04	B05	B06	B07	B08
强度级别	优等品(A)			A3.5	A5.0	A7.5	A10.0
	一等品(B)	A1.0	A2.0	A5.0	A5.0	A7.5	A10.0
	合格品(C)			A2.5	A3.5	A5.0	A7.5

表 J.2.4 蒸压加气混凝土砌块的干体积密度（kg/m³）

体积密度	级别	B03	B04	B05	B06	B07	B08
	优等品(A)≤	300	400	500	600	700	800
	一等品(B)≤	330	430	530	630	730	830
	合格品(C)≤	350	450	550	650	750	850

J.2.5 干燥收缩、抗冻性和导热系数（干态）

砌块的干燥收缩、抗冻性和导热系数（干态）应符合表 J.2.5 的规定。

表 J.2.5 蒸压加气混凝土砌块的干燥收缩、抗冻性和导热系数

体积密度级别			B03	B04	B05	B06	B07	B08
干燥收缩值	标准法≤	mm/m			0.50			
	快速法≤				0.80			
抗冻性	质量损失(%)	≤			5.0			
	冻后强度(MPa)	≥	0.8	1.6	2.0	2.8	4.0	6.0
导热系数(干态)(W/m·K)		≤	0.10	0.12	0.14	0.16	—	—

注：1 规定采用标准法、快速法测定砌块干燥收缩值，若测定结果发生矛盾不能判定时，则以标准法测定的结果为准；
2 用于墙体的砌块，允许不测导热系数。

J.2.6 掺用工业废渣为原料时，所含放射性物质，应符合 GB 9196。

J.3 产品质量说明书、堆放和运输

J.3.1 出厂产品应有产品质量说明书。说明书应包括：生产厂名、商标、产品标记、本批产品主要技术性能和生产日期。

J.3.2 砌块应存放 5d 以上方可出厂。砌块贮存堆放应做到：场地平整，同品种、同规格、同等级做好标记，整齐稳妥，宜有防雨措施。

J.3.3 产品运输时，宜成垛绑扎或有其他包装。绝热用产品必须捆扎加塑料薄膜封包。运输装卸时，宜用专用机具，严禁摔、掷、翻斗车自翻卸货。

（引用标准 GB/T 11968—1997）

附录 K 粉煤灰小型空心砌块技术要求和产品标志、包装、运输

K.1 分类、等级与标记

K.1.1 分类

按孔的排数分为：单排孔（1）、双排孔（2）、三排孔（3）和四排孔（4）四类。

K.1.2 等级

1 按强度等级分为：MU2.5、MU3.5、MU5.0、MU7.5、MU10.0、MU15.0 六个等级；

2 按尺寸允许偏差、外观质量、碳化系数分为：优等品（A）、一等品（B）、合格品（C）三个等级。

K.1.3 标志

1 产品标志

粉煤灰小型空心砌块（FB）按产品名称、分类、强度等级、质量等级和本标准编号的顺序进行标志。

2 标志示例

强度等级为 7.5 级、质量等级为优等品的粉煤灰双排孔小型空心砌块，其标志为：
FB2　7.5 A　JC 862

K.2 技术要求

K.2.1 规格

1 规格尺寸

主规格尺寸为 390mm×190mm×190mm，其他规格尺寸可由供需双方协商。

2 尺寸允许偏差应符合表 K.2.1 规定。

表 K.2.1 粉煤灰小型空心砌块尺寸允许偏差（mm）

项　目		优等品	一等品	合格品
长度	L	±2.0	±3.0	±3.0
宽度	B	±2.0	±3.0	±3.0
高度	H	±2.0	±3.0	+3 −4

注：最小外壁不应小于 25mm，肋厚不应小于 20mm。

K.2.2 外观质量

外观质量应符合表 K.2.2 规定。

表 K.2.2 粉煤灰小型空心砌块外观质量

项目			指标		
			优等品	一等品	合格品
掉角缺棱	个数(个)	≤	0	2	2
	三个方向投影尺寸的最小值(mm)	≤	0	20	30
裂纹延伸的投影尺寸累计(mm)		≤	0	20	30
弯曲(mm)		≤	2	3	4

K.2.3 强度等级

强度等级符合表 K.2.3 的规定。

表 K.2.3 粉煤灰小型空心砌块强度等级 (MPa)

强度级别	砌块抗压强度		强度级别	砌块抗压强度	
	平均值≥	最小值≥		平均值≥	最小值≥
2.5	2.5	2.0	7.5	7.5	6.0
3.5	3.5	2.8	10.0	10.0	8.0
5.0	5.0	4.0	15.0	15.0	12.0

K.2.4 碳化系数

优等品应不小于 0.80，一等品应不小于 0.75，合格品应不小于 0.70。

K.2.5 干燥收缩率

干燥收缩率不应大于 0.060%。

K.2.6 抗冻性

抗冻性应符合表 K.2.6 的要求。

表 K.2.6 粉煤灰小型空心砌块抗冻性

使用环境条件		抗冻等级	指标
非采暖地区		不规定	—
采暖地区	一般环境	F15	强度损失≤25%
	干湿交替环境	F25	质量损失≤5%

注：1 非采暖地区指最冷月份平均气温高于-5℃的地区；
　　2 采暖地区指最冷月份平均气温低于或等于-5℃的地区。

K.2.7 软化系数

软化系数不应小于 0.75。

K.2.8 放射性

应符合国家标准 GB 9196 的规定。

K.3 产品合格证、堆放和运输

K.3.1 砌块出厂时,生产厂家应提供产品质量合格证,其内容包括:厂名和商标,实行准用制的地区应注明准用证号;合格证编号及出厂日期;产品标志;性能检验结果;批量编号和砌块数量(块);检验部门和检验人员签字盖章。

K.3.2 砌块应按强度等级、质量等级分别堆放,不得混杂。

K.3.3 砌块堆放、运输及砌筑时要有防雨措施。

K.3.4 砌块装卸时,严禁碰撞、扔摔;应轻码轻放,不许翻斗自翻倾卸。

(引用标准 JC 862—2000)

附录 L 砂浆搅拌后温度计算及搅拌、运输和砌筑过程中的热量损失计算

L.1 砂浆搅拌后温度计算

砂浆搅拌后的温度计算可按下式计算：

$$T_p=[0.9(m_{ce}T_{ce}+0.5m_1T_1+m_{sa}T_{sa})+4.2T_w(m_w-0.5m_1-\omega_{sa}m_{sa})]\div[4.2(m_w+0.5m_1)+0.9(m_{ce}+0.5m_1+m_{sa})]$$

式中 T_p——砂浆在搅拌后的温度（℃）；

m_w、m_{ce}、m_1、m_{sa}——水、水泥、石灰膏、砂的用量（kg）；

T_w、T_{ce}、T_1、T_{sa}——水、水泥、石灰膏、砂的温度（℃）；

ω_{sa}——砂的含水率。

L.2 砂浆搅拌、运输和砌筑过程中的热量损失计算

砂浆在搅拌、运输和砌筑过程中的损失，可按表 L.2-1 和表 L.2-2 所列的数据进行估算。

表 L.2-1 砂浆搅拌时之热量损失表（℃）

搅拌机搅拌时之温度	10	15	20	25	30	35	40
搅拌时之热损失（设周围温度+5℃）	2.0	2.5	3.0	3.5	4.0	4.5	5.0

注：1 对于掺氯盐的砂浆，搅拌温度不宜超过35℃；
    2 当周围环境温度高于或低于+5℃时，应将此数减或增于搅拌温度中再查表。如环境温度为0℃，原定搅拌时温度为20℃，损失应改为3.5℃。

表 L.2-2 砂浆运输和砌筑时热量损失表（℃）

温 度 差	10	15	20	25	30	35	40	45	50	55
一次运输之损失	—	—	0.60	0.75	0.90	1.00	1.25	1.50	1.75	2.00
砌筑时损失	1.5	2.0	2.5	3.0	3.5	4.0	4.5	5.0	5.5	6.0

注：1 运输损失系数按保温车体考虑；砌筑时损失系按"三一"砌砖法考虑；
    2 温度差系指当时大气温度与砂浆温度的差值。

条文说明

1 总则

1.0.4 为了保证砌体工程的施工质量,必须全面执行国家现行有关标准,编制时参考以下标准:

1 《砌体结构设计规范》GB 50003—2001;
2 《建筑结构荷载规范》GB 50009—2001;
3 《建筑抗震设计规范》GB 50011—2001;
4 《建筑地基基础工程施工质量验收规范》GB 50202—2002;
5 《混凝土结构工程施工质量验收规范》GB 50204—2002;
6 《设置钢筋混凝土构造柱多层砖房抗震技术规程》JGJ/T 13—94;
7 《多孔砖砌体结构技术规范》JGJ 137—2001;
8 《混凝土小型空心砌块建筑技术规程》JGJ/T 14—95;
9 《建筑工程冬期施工规程》JGJ 104—97;
10 《砌筑砂浆配合比设计规程》JGJ 98—2000;
11 《砌体工程现场检测技术标准》GB/T 50315—2000;
12 《建筑砂浆基本性能试验方法》JGJ 70—90;
13 《粉煤灰在混凝土和砂浆中应用技术规程》JGJ 28—86;
14 《混凝土外加剂应用技术规范》GB 50119—2003;
15 《烧结普通砖》GB/T 5101—1998;
16 《烧结多孔砖》GB 13544—2000;
17 《蒸压灰砂砖》GB 11945—1999;
18 《粉煤灰砖》JC 239—2001;
19 《烧结空心砖和空心砌块》GB 13545—2003;
20 《普通混凝土小型空心砌块》GB 8239—1997;
21 《轻集料混凝土小型空心砌块》GB 15229—2002;
22 《蒸压加气混凝土砌块》GB/T 11968—1997;
23 《建筑生石灰》JC/T 479—1992;
24 《建筑生石灰粉》JC/ 1480
25 《混凝土拌合用水》JGJ 63—89;
26 《混凝土小型空心砌块砌筑砂浆》JC 860—2000;
27 《混凝土小型空心砌块灌孔混凝土》JC 861—2000;
28 《蒸压灰砂空心砖》JC/T 637—1996;
29 《粉煤灰小型空心砌体》JC 862—2000。

3 基本规定

3.0.1 材料的产品合格证书和产品性能检测报告是工程质量评定中必备的质量保证资料之一,因此特提出了要求。此外,对砌体质量有显著影响的块材、水泥、钢筋、外加剂等主要材料应进行性能的复试,合格后方可使用。

3.0.3、3.0.4 基础砌筑放线是确定建筑平面的基础工作,砌筑基础前校核放线尺寸、控制放线精度,在建筑施工中具有重要意义。校核用钢尺应根据本局《监视和测量装置控制程序》中计量器具的有关管理规定,定期送检,并正确维护、保管和使用,以确保准确度。

3.0.5 实践证明,使用皮数杆对保证砌体灰缝一致,避免砌体发生错缝、错皮的作用较大。

3.0.6 基础高低台的合理搭接,对保证基础砌体的整体性至关重要。从受力角度考虑,基础扩大部分的高度与荷载、地耐力等有关。故本条规定,对有高低台的基础,应从低处砌起,在设计无要求时,也对高低台的搭接长度做了规定。

砌体的转角处和交接处同时砌筑可以保证墙体的整体性,从而大大提高砌体结构的抗震性能。

3.0.8 基础砌完后,为防止基础浸水,保护基础砌体并方便后续工序施工,本条强调应及时回填,并应遵守《建筑地基基础工程施工质量验收规范》GB 50202—2002 的有关规定。砌体工程未达到承载力而单侧填土,则容易造成砌体过大的侧向位移变形,甚至倒塌,也影响砌体强度的正常发展。

3.0.9 对于防潮层,在设计无具体要求时,各地做法不一致。本条推荐采用 1∶2.5 水泥砂浆加适量防水剂的做法,这样,施工时容易压实抹光,但考虑各地防水剂品种不一,纯度和浓度也各异,所以对防水剂的掺量不作规定。

防潮层的位置,应根据建筑物的具体情况而定,故不作统一规定(一般设置在室内地坪下一皮砖处)。

采用卷材作基础的水平防潮层,往往在该处形成上、下砌体间的分隔现象,对抗震不利。因此,规定抗震设防地区的建筑物,不应采用此作法。

3.0.11 在墙上留置临时洞口,限于施工条件,有时确实难免,但洞口位置不当或洞口过大,虽经补砌,也必然削弱墙体的整体性。为此,本条对在墙上留置临时施工洞口作了具体的规定。

3.0.12 经补砌的脚手眼,对砌体的整体性或多或少会带来不利影响。因此,对一些受力不太有利的砌体部分留置脚手眼做了相应规定。

3.0.13 脚手眼的补砌,不仅涉及到砌体结构的整体性,而且还会影响建筑物的使用功能,故施工时应予注意。

3.0.14 本条强调对砌体表面的平整度、垂直度、灰缝厚度以及砂浆饱满度等应由有关施工人员,根据岗位责任制随砌随检查,并及时进行纠正。对这四"度"的检查要贯彻自检和专职检相结合的原则,特别要强调改正和处理的及时性,否则易造成返工和影响砌体质量。平整度和垂直度的校正应尽量在砂浆初凝前进行,以免采取撬击等方法矫正时造成砌体粘结不良甚至脱开,影响砌体质量或造成返工。

3.0.15 为了给留置斜槎创造有利条件(指操作和运输方便),并有利于保证墙体的稳定性和组织流水施工,故规定砌体临时间断处的高度差,不得超过一个楼层的高度。

3.0.16 建筑工程施工中,常存在各工种之间配合不好的问题。例如水电安装中应在砌体上开的洞口、埋设的管道等往往在砌好的砌体上打凿,对砌体的破坏较大。因此本条在洞口、管道、沟槽设置上作了相应的规定。

3.0.17 施工处标高可按下式计算：

$$H = H_0 + h/2$$

式中 H——施工处的标高（m）；

H_0——起始计算自由高度处的标高（m）；

h——表3.0.17内相应的允许自由高度值（m）。

对于设置钢筋混凝土圈梁的墙或柱，其砌筑高度在未达圈梁位置时，h应从地面（或楼面）算起；超过圈梁时，h则可从最近的一道圈梁处算起，但此时圈梁混凝土抗压强度应达到$5N/mm^2$以上。

3.0.18 预制梁、板与砌体顶面接触不紧密不仅对梁、板、砌体受力不利，而且还对房顶抹灰和地面施工带来不利影响。目前施工中，搁置预制梁、板时，往往忽略了在砌体顶面找平和坐浆，致使梁、板与砌体受力不均匀；安装的预制板不平整和不平稳，而出现板缝处的裂纹，加大找平层的厚度。对此，必须加以纠正。

3.0.20 由于砌体的施工存在较大量的人工操作过程，所以，砌体结构的质量也在很大程度上取决于人的因素。施工过程中对砌体结构质量的影响直接表现在砌体的强度上。在采用以概率理论为基础的极限状态设计方法中，材料的强度设计值系由材料标准值除以材料性能分项系数确定，而材料性能分项系数与材料质量和施工水平相关。在国际标准中，施工水平按质量监督人员、砂浆强度试验及搅拌、砌筑工人技术熟练程度等情况分为三级，材料性能分项系数也相应取为不同的三个数值。

关于砂浆和混凝土的施工质量，可分为"优良"、"一般"和"差"三个等级，强度离散性分别对应为"离散性小"、"离散性较小"和"离散性大"，其划分情况参见附表3.0.20-1、附表3.0.20-2。

附表3.0.20-1 砌筑砂浆质量水平

强度标准差 σ(MPa) 质量水平 \ 强度等级	M2.5	M5	M7.5	M10	M15	M20
优良	0.5	1.0	1.50	2.00	3.00	4.00
一般	0.62	1.25	1.88	2.50	3.75	5.00
差	0.75	1.50	2.25	3.00	4.50	6.00

附表3.0.20-2 混凝土质量水平

评定指标	强度等级 / 生产单位	优良		一般		差	
		<C20	≥C20	<C20	≥C20	<C20	≥C20
强度标准差 (MPa)	预拌混凝土厂	≤3.0	≤3.5	≤4.0	≤5.0	>4.0	>5.0
	集中搅拌混凝土的施工现场	≤3.5	≤4.0	≤4.5	≤5.5	>4.5	>5.5
强度等于或大于混凝土强度等级值的百分率(%)	预拌混凝土厂、集中搅拌混凝土的施工现场	≥95		>85		≤85	

3.0.23 在楼面上砌筑施工时，常发现以下几种超载现象：一是集中卸料造成超载；二是抢进度或遇停电时，提前集中备料造成超载；三是采用井架或门架上料时，吊篮停置位置偏高，接料平台倾斜有坎，运料车出吊篮后对进料口房间楼面产生较大的冲击荷载。这些超载现象常使楼板板底产生裂缝，严重者会导致安全事故。因此，为防止上述质量和安全事故发生，做了本条规定。

3.0.25 为使清水墙面的勾缝作到美观、牢固，规定"应采用加浆勾缝"，并建议勾缝采用细砂拌制。根据实践经验，1:1.5 的水泥砂浆和易性较好，也便于压实抹光。

考虑到建筑物内墙面大多做抹灰，不做抹灰的则一般质量要求不高，故允许内墙面也可采用原浆勾缝，但必须随砌随勾，并使灰缝光滑密实，不允许省略勾缝这道工序。

3.0.26 分项工程可由一个或若干检验批组成，检验批可根据施工质量及质量控制和专业验收需要按楼层、施工段、变形缝等进行划分。一般情况下，尽可能按楼层（段）划分，以便于质量控制和验收，完成一层，验收一层，及时发现问题，及时返修。

3.0.27 在《建筑工程施工质量验收统一标准》GB 50300—2001 中，在制定检验批抽样方案时，对生产方和使用方风险概率提出了明确的规定。新的规范结合砌体工程的实际情况，对主控项目即对建筑工程的质量起决定性作用的检验项目，应全部符合合格标准的规定，严于上述标准；而对一般项目即对建筑工程的质量，特别是涉及安全性方面的施工质量不起决定性作用的检验项目，允许有 20% 以内的抽查处超出验收条文合格标准的规定，较之原《建筑安装工程质量检验评定统一标准》GBJ 300—88 中合格质量标准应有 70% 及其以上的实测值在允许偏差范围内的规定严，比优良质量标准 90% 的规定宽，这是比较合适的，体现了对一般项目既从严要求又不苛求的原则。

4 砌筑砂浆

4.1 原材料要求

4.1.2 水泥的强度及安定性是判定水泥是否合格的两项技术要求，因此在水泥使用前应进行复检。

由于各种水泥成分不一，当不同水泥混合使用后往往会发生材性变化或强度降低现象，引起工程质量问题，故规定不同品种的水泥，不得混合使用。

4.1.3 砂中含泥量过大，不但会增加砌筑砂浆的水泥用量，还可能使砂浆的收缩值增大，耐久性降低，影响砌体质量。对于水泥砂浆，事实上已成为水泥黏土砂浆，但又与一般使用黏土膏配制的水泥黏土砂浆在其性质上有一定差异，难以满足某些条件下的使用要求。M5 以上的水泥混合砂浆，如砂子含泥量过大，有可能导致塑化剂掺量过多，造成砂浆强度降低，因而对砂子中的含泥量做了相应规定。

对人工砂、山砂及特细砂，由于其中的含泥量一般较大，如按上述规定执行，则一些地区施工用砂要外地运进，不仅影响施工，又增加工程成本，故规定经试配能满足砌筑砂浆技术条件时，含泥量可适当放宽。

4.1.4 脱水硬化的石灰膏和消石灰粉不能起塑化作用又影响砂浆强度，故不应使用。

为使黏土或粉质黏土制备的黏土膏达到所需细度，从而起到塑化作用，因此规定要用搅拌机搅拌，且过筛，而黏土中有机物含量过高会降低砂浆质量，因此用比色板鉴定合格后方可使用。

4.1.7 考虑到目前水源污染比较普遍,当水中含有有害物质时,将会影响水泥的正常凝结,并可能对钢筋产生锈蚀作用。因此,本条对拌制砂浆用水做出了规定。

4.1.8 目前,在砂浆中掺用的有机塑化剂、早强剂、缓凝剂、防冻剂等产品很多,但同种产品的性能存在差异,为保证施工质量,应对这些外加剂进行检验和试配符合要求后再使用。对有机塑化剂,尚应有针对砌体强度的型式检验,根据其结果确定砌体强度。例如,对微沫剂替代石灰膏制作水泥混合砂浆,砌体抗压强度较同强度等级的混合砂浆砌筑的砌体的抗压强度降低10%;而砌体的抗剪强度无不良影响。

4.2 砂浆的配合比

4.2.2 砌筑砂浆通过试配确定配合比,是使施工中砂浆达到设计强度等级和减少砂浆强度离散性大的重要保证。

4.2.7 砂浆中掺入石灰膏等无机塑化剂,有利于改善砂浆和易性,提高砌筑质量,但掺量过多,则砂浆强度明显降低。鉴于无机塑化剂的稠度与掺量直接有关,即稠度愈小,掺量愈大。行业标准《砌筑砂浆配合比设计规程》JGJ 98—2000规定,石灰膏、黏土膏和电石膏试配时的稠度,一般应为120±5mm,对施工现场应用广泛的石灰膏不同稠度规定了换算系数。

4.2.8 砂浆的分层度指标,是评判砂浆施工时保水性能是否良好的主要指标。砂浆的粘结强度较抗压强度更为重要,根据试验结果,凡保水性能优良的砂浆,粘结强度一般较好,因此,分层度定为砌筑砂浆的必检项目。

4.2.9 这里仅指砂浆配合比设计时,必检项目是三项,现场验收砂浆按评定规范执行。

4.2.10 《砌体结构设计规范》GB 50003—2001中第3.2.3条规定,当砌体用水泥砂浆砌筑时,砌体抗压强度值应对第3.2.1条各表中的数值乘以0.9的调整系数;砌体轴心抗拉、弯曲抗拉、抗剪强度设计值应对第3.2.2条表3.2.2中数值乘以0.8的调整系数。

4.3 砂浆的拌制及使用

4.3.1 砂浆材料配合比不准确,是砂浆达不到设计强度等级和砂浆强度离散性大的主要原因。按体积计量,水泥因操作方法不同其密度变化范围为980~1200kg/m³;砂因含水量不同其密度变化幅度可达20%以上。

4.3.2 为了降低劳动强度和克服人工拌制砂浆不易搅拌均匀的缺点,规定砂浆应采用机械搅拌。同时,为使物料充分拌合,保证砂浆拌合质量,对不同砂浆品种分别规定了搅拌时间的要求。

4.3.5 为了避免砂浆漏浆和失水过快,故要求砂浆拌合后和使用过程中都存在贮灰器内。当砂浆存放时间较长,或者经长距离运输后,都可能会产生分层泌水现象,这样将使操作不便,且不容易保证灰缝砂浆的饱满度,另外还会影响砂浆的粘结力。故规定砂浆出现泌水现象时,应重新进行二次拌合,才能使用。二次拌合可人工拌合,拌合时应使砂浆稠度符合施工要求。

4.4 试块抽样及强度评定

4.4.1 《砌体结构设计规范》GB 50003—2001对砂浆强度等级是按试块的抗压强度平均值定义的,并在此基础上考虑砂浆抗压强度降低25%的条件下确定砌体强度。并且《建筑工程质量检验评定标准》GBJ 301将此评定条件已应用多年,实践证明,满足结构可靠性的要求。

4.4.3、4.4.4 《建筑砂浆基本性能试验方法》对砂浆试块制作和养护要求进行了规定，现场的制作和养护应符合其要求。

4.4.5 鉴于《砌体工程现场检测技术标准》GB/T 50315—2000 已发布并实施，本条指出了对砂浆和砌体强度进行原位检测或取样检测的规定。现场检测应委托具有资质的单位进行检测。

5 砖砌体工程

5.1 一般规定

5.1.3 地面以下或防潮层以下的砌体，常处于潮湿的环境中，有的处于水位以下，在冻胀作用下，对多孔砖砌体的耐久性能影响较大，故在有受冻环境和条件的地区不宜在地面以下或防潮层以下采用多孔砖。

5.1.4 砖砌筑前浇水是砖砌体施工工艺的一个部分，砖的湿润程度对砌体的施工质量影响较大。对比试验证明，适宜的含水率不仅可以提高砖与砂浆之间的粘结力，提高砌体的抗剪强度，也可以使砂浆强度保持正常增长，提高砌体的抗压强度。同时，适宜的含水率还可以使砂浆在操作面上保持一定的摊铺流动性能，便于施工操作，有利于保证砂浆的饱满度。这些对确保砌体施工质量和力学性能都是十分有利的。

5.1.6 砖砌体砌筑宜随铺砂浆随砌筑。采用铺浆法砌筑时，铺浆长度对砌体的抗剪强度影响明显，陕西省建筑科学研究设计院的试验表明，在气温15℃时，铺浆后立即砌砖和铺浆后3min再砌砖，砌体的抗剪强度相差30%。施工气温高时，影响程度更大。

5.1.8 灰砂砖、粉煤灰砖出釜后早期收缩值大，如果这时用于墙体上，将很容易出现明显的收缩裂缝。因而要求出釜后停放时间不应小于28d，使其早期收缩值在此期间内完成大部分，这是预防墙体早期开裂的一个重要技术措施。

5.1.9 竖向灰缝砂浆的饱满度一般对砌体的抗压强度影响不大，但是对砌体的抗剪强度影响明显。根据四川省建筑科学研究院、南京新宁砖瓦厂等单位的试验结果得到：当竖缝砂浆很不饱满甚至完全无砂浆时，其砌体的抗剪强度将降低40%～50%。此外，透明缝、瞎缝和假缝对房屋的使用功能也会产生不良影响。因此，对砌体施工时的竖向灰缝的质量要求作出了相应的规定。

5.4 施工工艺

5.4.2.4 多孔砖的孔洞垂直于受压面，能使砌体有较大的有效受压面积，有利于砂浆结合层进入上下砖块的孔洞中产生"销键"作用，提高砌体的抗剪强度和砌体的整体性。

5.4.2.5 过梁底部模板是砌筑过程中的承重结构，只有砂浆达到一定强度后，过梁部位砌体方能承受荷载作用，才能拆除底模。砂浆强度一般以实际强度为准。

5.7 质量标准

5.7.1.2 水平灰缝砂浆饱满度不小于80%的规定沿用已久，根据四川省建筑科学研究院试验结果，当水泥混合砂浆水平灰缝饱满度达到73.6%时，则可满足设计规范所规定的砌体抗压强度值。有特殊要求的砌体，指设计中对砂浆饱满度提出明确要求的砌体。

5.7.1.3、5.7.1.4 砖砌体转角处和交接处的砌筑和接槎质量，是保证砖砌体结构整体性能和抗震性能的关键之一，唐山等地区震害教训充分证明了这一点。根据陕西省建筑科学研究设计院对交接处同时砌筑和不同留槎形式接槎部位连接性能的试验分析，证明同时砌筑的连接性能最佳；留踏步槎（斜槎）的次之；留直槎并按规定加拉结钢筋的再次之；仅留直槎不加设拉结钢筋的最差。上述不同砌筑和留槎形式连接性能之比为1.00：0.93：0.85：0.72。

对抗震设防烈度为6度、7度地区的临时间断处，允许留直槎并按规定加设拉结钢筋，这主要是从实际出发，在保证施工质量的前提下，留直槎加设拉结钢筋时，其连接性能较留斜槎时降低有限，对抗震设计烈度不高的地区允许采用留直槎加设拉结钢筋是可行的。

多孔砖砌体根据砖规格尺寸，留置斜槎的长高比一般为1：2。

5.7.2.1 本条是从确保砌体结构整体性和有利于结构承载出发，对组砌方法提出的基本要求，施工中应予满足。"通缝"指上下二皮砖搭接长度小于25mm的部位。

5.7.2.2 灰缝横平竖直，厚薄均匀，既是对砌体表面美观的要求，尤其是清水墙，又有利于砌体均匀传力。此外，试验表明，灰缝厚度还影响砌体的抗压强度。例如对普通砖砌体而言，与标准水平灰缝厚度10mm相比较，12mm水平灰缝厚度砌体的抗压强度降低5%，8mm水平灰缝厚度砌体的抗压强度提高6%。对多孔砖砌体，其变化幅度还要大些。因此规定，水平灰缝的厚度不应小于8mm，也不应大于12mm，这也是一直沿用的数据。

5.8 质量验收

5.8.4 检验批质量验收记录填写应规范、准确，本表格编制及填表说明如下：

1 表的名称及编号

检验批由监理工程师或建设单位项目技术负责人组织项目专业质量检查员等进行验收，表的名称应在制定专用表格时就印好，前边印上分项工程的名称。表的名称下边注上质量验收规范的编号。检验批的编号按全部施工质量验收规范系列的分部工程、子分部工程统一为8位数的数码编号，写在表的右上角，前6位数均印在表上，后留两个□，检查验收时填写检验批的顺序号。其编号规则为：

前边两个数字是分部工程的代码，01～09，地基与基础为01，主体结构为02。第3、4位数为子分部工程的代码，砌体工程子分部在地基与基础分部中的代码为07，在主体分部中的代码为03。第5、6位数字是分项工程的代码。第7、8位数字是各分项工程检验批验收的顺序号。

2 表头部分的填写

（1）检验批表编号的填写，在2个方框内填写检验批序号。如为第8个检验批则填写为 $\boxed{0}\boxed{8}$ 。

（2）单位（子单位）工程名称，按合同文件上的单位工程名称填写，子单位工程标出该部分的位置。分部（子分部）工程名称，按验收规范划定的子分部名称填写为"主体分部"。验收部位是指一个分项工程中的验收的那个检验批的抽样范围，要标注清楚，如二层①～⑩轴线砖砌体。

施工单位、分包单位，填写施工单位的全称，与合同上公章名称相一致。项目经理填写合同中指定的项目负责人。这些人员由填表人填写，不要本人签字，只是标明他是项目负责人。

（3）施工执行标准名称及编号

填表时只要将本企业的技术标准名称及编号填写上，如："《砌体工程施工技术标准》ZJQ 08—SGJB 203—2005"，并要在施工现场有这项标准，工人在执行这项标准。

3 质量验收规范的规定栏

在制表时，本标准就已填写好验收规范中主控项目、一般项目的全部内容，对计数检验的项目，将数据直接写出来。

4 主控项目、一般项目施工单位检查评定记录

填写方法分以下几种情况，判定验收不验收均按施工质量验收规定进行判定。

（1）对定量项目直接填写检查的数据；

（2）对定性项目，当符合规范规定时，采用打"√"的方法标注；当不符合规范规定时，采用打"×"的方法标注。

（3）有混凝土、砂浆强度等级的检验批，按规定制取试件后，可填写试件编号，待试件试验报告出来后，对检验批进行判定，并在分项工程验收时进一步进行强度评定及验收。

（4）对既有定性又有定量的项目，各个子项目质量均符合规范规定时，采用打"√"来标注；否则采用打"×"来标注。无此项内容的打"／"来标注。

（5）对一般项目合格点有要求的项目，应是其中带有数据的定量项目；定性项目必须基本达到。定量项目其中每个项目都必须有80%以上检测点的实测数值达到规范规定。

"施工单位检查评定记录"栏的填写，有数据的项目，将实际测量的数值填入格内，超企业标准的数字，而没有超过国家验收规范的用"○"将其圈住；对超过国家验收规范的用"△"圈住。

5 监理（建设）单位验收记录

通常监理人员应进行平行、旁站或巡回的方法进行监理，在施工过程中，对施工质量进行察看和测量，并参加施工单位的重要项目的检测。对新开工程或首件产品进行全面检查，以了解质量水平和控制措施的有效性及执行情况，在整个过程中，随时可以测量等。在检验批验收时，对主控项目、一般项目应逐项进行验收。对符合验收规范规定的项目，填写"合格"或"符合要求"，对不符合验收规范规定的项目，暂不填写，待处理后再验收，但应做标记。

6 施工单位检查评定结果

施工单位自行检查评定合格后，应注明"主控项目全部合格，一般项目满足规范规定要求"。

专业工长（施工员）和施工班组长栏目由本人签字，以示承担责任。专业质量检查员代表企业逐项检查评定合格，将表填写清楚并写明结果，签字后，交监理工程师或建设单位项目专业技术负责人验收。

7 监理（建设）单位验收结论

主控项目、一般项目验收合格，砂浆试件强度待试验报告出来后判定，其余项目已全部验收合格。注明"同意验收"。专业监理工程师（建设单位的专业技术负责人）签字。

填写范本见附表5.8.4"砖砌体工程检验批质量收验记录"。

附表 5.8.4 砖砌体工程检验批质量验收记录表
GB 50203—2002

020301 |0|1|

单位(子单位)工程名称	××泰达市民文化广场		验收部位	一层墙
分部(子分部)工程名称	主体分部			
施工单位	中国建筑第八工程局天津公司		项目经理	
分包单位			分包项目经理	
施工执行标准名称及编号	《砌体工程施工技术标准》ZJQ08—SGJB 203—2005			

		施工质量验收规范的规定		施工单位检查评定记录	监理(建设)单位验收记录
主控项目	1	砖强度等级	设计要求 MU10	2月份试验报告 MU10	符合要求
	2	砂浆强度等级	设计要求 M10	试块编号 6月10日 4-06	
	3	斜槎留置	砖砌体的转角处和交接处应同时砌筑,严禁无可靠措施的内外墙分砌施工。对不能同时砌筑而又必须留置的临时间断处应砌成斜槎,斜槎水平投影长度不应小于高度的2/3	/	
	4	直槎拉接筋及接槎处理	符合规范规定	√	
	5	水平灰缝砂浆饱满度	≥80%	90、96、97、90、95、96	
	6	轴线位移	10mm	20处平均 4mm,最大 7mm	
	7	垂直度(每层)	5mm	3处平均 3.8mm,最大 5mm	
一般项目	1	组砌方法	砖砌体组砌方法应正确,上、下错缝,内外搭砌,砖柱不得采用包心砌法	√	符合要求
	2	水平灰缝厚度 10mm	灰缝厚度宜为10mm,但不应小于 8mm,也不应大于12mm	√	符合要求
	3	基础顶面、墙砌体顶面标高	±15mm 以内	6 5 7 3 7 9	
	4	表面平整度	清水 5mm 混水 8mm√	4 6 3 3	
	5	门窗洞口高宽度(后塞口)	±5mm 以内	2 2 ⑤ 4 2 1 2 ⑤ 4	
	6	外墙上下窗口偏移	20mm	11 8 6 10	
	7	水平灰缝平直度	清水 7mm 混水 10mm√	5 ⑫ 8 7	
	8	清水墙游丁走缝	20mm		

施工单位检查评定结果	专业工长(施工员) (签名) 施工班组长 (签名)
	主控项目全部合格,一般项目满足规范规定要求。
	项目专业质量检查员: (签名) 200×年××月××日

监理(建设)单位验收结论	同意验收
	专业监理工程师: (建设单位项目专业技术负责人)(签名) 200×年××月××日

6 混凝土小型空心砌块砌体工程

6.1 一般规定

6.1.2 小砌块龄期达到28d之前，自身收缩速度较快，其后收缩速度减慢，且强度趋于稳定。为有效控制砌体收缩裂缝和保证砌体强度，规定砌体施工时所用的小砌块，龄期不应小于28d。

6.1.4 专用的小砌块砌筑砂浆是指符合国家现行标准《混凝土小型空心砌块砌筑砂浆》JC 860—2000 砌筑砂浆，该砂浆可提高小砌块与砂浆间的粘结力，且施工性能好。

6.1.5 填实室内地面以下或防潮层以下砌体小砌块的孔洞，属于构造措施。主要目的是提高砌体的耐久性，预防或延缓冻害，以及减轻地下水中有害物质对砌体的侵蚀。

6.1.6 普通混凝土小砌块具有饱和吸水率低和吸水速度迟缓的特点，一般情况下砌墙时可不浇水。轻骨料混凝土小砌块的吸水率较大，有些品种的轻骨料小砌块的饱和含水率可达15%左右，对这类小砌块宜提前浇水湿润。控制小砌块含水率的目的，一是避免砌筑时产生砂浆流淌；二是保证砂浆不至失水过快。在此前提下，施工单位可自行控制小砌块的含水率，并应与砌筑砂浆稠度相适应。

6.1.8、6.1.9 确保小砌块砌体的砌筑质量，可简单归纳为六个字：对孔、错缝、反砌。所谓对孔，即上皮小砌块的孔洞对准下皮小砌块的孔洞，上、下皮小砌块的壁、肋可较好传递竖向荷载，保证砌体的整体性及强度。所谓错缝，即上、下皮小砌块错开砌筑（搭砌），以增强砌体的整体性，这属于砌筑工艺的基本要求。所谓反砌，即小砌块生产时的底面朝上砌筑于墙体上，易于铺放砂浆和保证水平灰缝砂浆的饱满度，这也是确定砌体强度指标的试件的基本砌法。

6.1.10 小砌块孔洞的设计尺寸为120mm×120mm，由于产品生产误差和施工误差，墙体上的孔洞截面还要小些，因此，芯柱用混凝土的坍落度应尽量大一点，避免出现"卡颈"和振捣不密实。本条要求的坍落度90mm是最低控制指标。专用的小砌块灌孔混凝土坍落度不小于180mm，拌合物不离析、不泌水、施工性能好，故宜采用。专用的小砌块灌孔混凝土是指符合国家现行标准《混凝土小型空心砌块灌孔混凝土》JC 861—2000 的混凝土。

6.1.11 振捣芯柱时的震动力和施工过程中难以避免的冲撞，都可能对墙体的整体性带来不利影响，为此规定了砌筑砂浆强度高于1MPa时方可浇灌芯柱混凝土。对于素混凝土芯柱，可在砌筑砌块的同时浇灌芯柱混凝土，此时混凝土振捣十分方便且震动力很小。

6.7 质量标准

6.7.1.2 小砌块砌体施工时对砂浆饱满度的要求，严于砖砌体的规定。究其原因，一是由于小砌块壁较薄肋较窄，应提出更高的要求；二是砂浆饱满度对砌体强度及墙体整体性影响较大，其中抗剪强度较低又是小砌块砌体的一个弱点；三是考虑了建筑物使用功能（如防渗漏）的需要。

7 石砌体工程

7.1 一般规定

7.1.4 砂浆初凝后，如果再移动已砌筑的石块，砂浆的内部及砂浆与石块的粘结面的粘结力会被破坏，使砌体产生内伤，降低砌体强度及整体性。因此应将原砂浆清理干净，重新铺浆砌筑。

7.1.6 砌体中一些容易受到影响的重要受力部位用较大的平毛石砌筑，是为了加强该部位砌体的拉结强度和整体性。同时，为使砌体传力均匀及搁置的楼板（或屋面板）平稳牢固，要求在每个楼层（包括基础）砌体的顶面，选用较大的毛石砌筑。

7.1.9 从挡土墙的整体性和稳定性考虑，对料石挡土墙，当设计未作具体要求时，从经济出发，中间部分可填砌毛石，但应使丁砌料石伸入毛石部分的长度不小于200mm。

7.1.10 为了防止地面水渗入而造成挡土墙基础沉陷或墙体受水压作用倒塌，因此要求挡土墙设置泄水孔。同时给出了泄水孔的疏水层尺寸要求。

7.1.11 挡土墙内侧的回填土的质量是保证挡土墙可靠性的重要因素之一，应控制其质量，并在顶面应有适当坡度使流水流向挡土墙外侧面，以保证挡土墙内土含水量和墙的侧向土压力无明显变化，从而确保挡土墙的安全性。

8 配筋砌体工程

8.1.1 本标准配筋砌体工程包括：网状配筋砖砌体、面层和砖组合砌体、构造柱和砖组合砌体以及配筋砌块砌体四种形式。

网状配筋砖砌体有配筋砖柱、砖墙，即在烧结普通砖砌体的水平灰缝中配置钢筋网片。

面层和砖组合砌体由烧结普通砖砌体和钢筋混凝土面层或钢筋砂浆面层组成，有组合砖柱、组合砖垛、组合砖墙。

构造柱和砖组合砌体仅有组合砖墙，由钢筋混凝土构造柱、烧结普通砖墙以及拉结钢筋等组成。

配筋砌块砌体有配筋砌块砌体剪力墙、配筋砌块柱，由空心砌块砌体墙、柱、楼（屋）盖钢筋混凝土圈梁、钢筋混凝土芯柱等组成。

8.1.2 本条这些施工规定，是为了保证混凝土的强度和两次浇捣时结合面的密实和整体性。

8.1.3 配置在砌体水平灰缝中的受力钢筋，其握裹力较混凝土中的钢筋要差一些，因此在保证足够的砂浆保护层的条件下，其锚固长度和搭接长度要加大。

8.7.1.3 构造柱是房屋抗震设防的重要构造措施。为保证构造柱与墙体可靠的连接，使构造柱能充分发挥其作用而提出了施工要求。外露的拉结筋有时会妨碍施工，必要时进行弯折是可以的，但不允许随意弯折。在弯折和平直复位时，应仔细操作，避免使埋入部分的钢筋产生松动。

8.7.1.5 芯柱与预制楼盖相交处，应使芯柱上下连续，否则芯柱的抗震作用将受到不利影响，但又必须保证楼板的支承长度。两者虽有矛盾，但从设计和施工两方面采取灵活的处置措施是可以满足上述规定的。

8.7.2.1 砌体水平灰缝中钢筋居中放置有两个目的：一是对钢筋有较好的保护；二是使砂浆层能与块体较好地粘结。要避免钢筋偏上或偏下而与块体直接接触的情况出现，因此规定水平灰缝厚度应大于钢筋直径4mm以上，但灰缝过厚又会降低砌体的强度，因此，施工中应予注意。

8.3.4 组合砖砌体中，为了保证钢筋的握裹力和耐久性，钢筋保护层厚度距砌体表面的距离应符合设计规定；拉结筋及箍筋为充分发挥其作用，也做了相应的规定。

9 填充墙砌体工程

9.1 一般规定

9.1.2 加气混凝土砌块、轻骨料混凝土小砌块为水泥胶凝增强的块材，以28d强度为标准设计强度，且龄期达到 28d 之前，自身收缩较快。为有效控制砌体收缩裂缝和保证砌体强度，对砌筑时的龄期进行了规定。

9.1.4 块材砌筑前浇水湿润是为了使其与砌筑砂浆有较好的粘结。根据空心砖、轻骨料混凝土小砌块的吸水、失水特性，合适的含水率分别为：空心砖宜为 10%～15%；轻骨料混凝土小砌块宜为 5%～8%。加气混凝土砌块出釜时的含水率约为 35% 左右，以后砌块逐渐干燥，施工时的含水率宜控制在小于 15%（对粉煤灰加气混凝土砌块宜小于 20%）。加气混凝土砌块砌筑时在砌筑面适量浇水是为了保证砌筑砂浆的强度及砌体的整体性。

9.7 质量标准

9.7.2.2 加气混凝土砌块砌体和轻骨料混凝土小砌块砌体的干缩较大，为防止或控制砌体干缩裂缝的产生，做出"不应混砌"的规定。但对于因构造需要的墙底部、墙顶部、局部门、窗洞口处，可酌情采用其他块材补砌。

9.7.2.6 加气混凝土砌块尺寸比空心砖、轻骨料混凝土小砌块大，故对其砌体水平灰缝厚度和竖向灰缝宽度的规定稍大一些。灰缝过厚和过宽，不仅浪费砌筑砂浆，而且砌体灰缝的收缩也将加大，不利砌体裂缝的控制。

10 冬期施工

10.1 一般规定

10.1.7 实践证明，在冻胀基土上砌筑基础，待基土解冻时会因不均匀沉降造成基础和上部结构破坏；施工期间和回填土前如地基受冻，会因地基冻胀造成砌体胀裂或因地基解冻，造成砌体损坏。

10.2 材料要求

10.2.5 普通砖、多孔砖和空心砖的湿润程度对砌体强度的影响较大，特别对抗剪强度的影响更为明显，故规定在气温高于 0℃ 条件下砌筑时，仍应对砖进行浇水湿润。但气温低于、等于 0℃ 条件下砌筑时，不宜对砖浇水，这是因为水在材料表面有可能立即结成冰薄膜，反而会降低和砂浆的粘结强度，同时也给施工操作带来诸多不便。此时，可不浇水但必须适当增大砂浆的稠度。

抗震设防烈度为 9 度的地区虽为少数，但尚有冬期施工，因此需对砖浇水湿润，即"无法浇水湿润时，如无特殊措施，不得砌筑"。

10.2.6 这是为了避免砂浆拌合时因砂和水过热造成水泥假凝现象。

10.2.10 增加本条是为了和砌体设计规范相统一。若掺盐砂浆的强度等级按常温施工的强度等级高一级时，砌体强度及稳定性可不验算。

10.4 暖棚法

10.4.3 砌体暖棚法施工，近似于常温下施工与养护，为有利于砌体强度的增长，暖棚内尚应保持一定的温度。表中给出的最少养护期是根据砂浆等级和养护温度与强度增长之间的关系确定的。砂浆强度达到设计强度的 30%，即达到了砂浆允许受冻临界强度值，再拆除暖棚时，遇到负温度也不会引起强度损失。表中数值是最少养护期限，并限于未掺盐的砂浆，如果施工要求强度有较快增长，可以延长养护时间或提高棚内养护温度以满足施工进度要求。

11 子分部工程验收

11.0.5 分项工程质量的验收是在检验批验收的基础上进行的，是一个统计过程。检验批

没有时,也有一些直接的验收内容,所以在验收分项工程时应注意:

1 核对检验批的部位、区段是否全部覆盖分项工程的范围,有没有缺漏的部位没有验收到。

2 一些在检验批中无法检验的项目,在分项工程中直接验收。如砖砌体工程中的全高垂直度、砂浆强度的评定等。

3 检验批验收记录的内容及签字人是否正确、齐全。

4 表的填写:表名填上所验收分项工程的名称,表头及检验批部位、区段,填写要求同本标准条文说明5.8.4条的有关规定。施工单位检查评定结果,由施工单位项目专业质量检查员填写,由施工单位的项目专业技术负责人检查后给出评价并签字,交监理单位或建设单位验收。

监理单位的专业工程师(或建设单位的专业负责人)应逐项审查,同意项填写"合格"或"符合要求",不同意项暂不填写,待处理后再验收,但应做标记。注明验收和不验收的意见,如同意验收并签字确认,不同意验收请指出存在问题,明确处理意见和完成时间。填写范本见附表11.0.5。

附表11.0.5 砖砌体分项工程质量验收记录表

单位(子单位)工程名称		××泰达市民文化广场		结构类型	框架14层
分部(子分部)工程名称		主体分部		检验批数	14
施工单位		中国建筑第八工程局天津公司	项目经理	项目技术负责人	
分包单位			分包单位负责人	分包项目经理	
序号	检验批部位、区段		施工单位检查评定结果	监理(建设)单位验收结论	
1	一层墙①——		√	合 格	
2	二层墙①——		√	合 格	
3	三层墙①——		√	合 格	
4	四层墙①——		√	合 格	
5	五层墙①——		√	合 格	
6	六层墙①——		√	合 格	
7	七层墙①——		√	合 格	
8	八层墙①——		√	合 格	
9	九层墙①——		√	合 格	
10	十层墙①——		√	合 格	
11	十一层墙①——		√	合 格	
12	十二层墙①——		√	合 格	
13	十三层墙①——		√	合 格	
14	十四层墙①——		√	合 格	
	说明:1. 全高垂直度:检查10点分别为7,9,14,7,10,8,6,8,7,6。平均为8.2,最大值为14。 2. 砂浆试块抗压强度依次为11.8、11.9、12.1、12.0、13.1、11.6、12.1、11.7、11.8、12.2、11.9、13.2、11.4、12.7,平均12.1MPa>10MPa,最小值11.6 MPa>7.5MPa				
检查结论	合格 项目专业技术负责人:(签字) 200×年××月××日		验收结论	同意验收 监理工程师: (签字) (建设单位项目专业技术负责人) 200×年××月××日	

11.0.6 砌体子分部工程验收记录填表说明

    1   表名及表头部分

（1）表名：子分部工程的名称填写要具体，写在子分部工程的前边。

（2）表头部分的工程名称填写工程全称，与检验批、分项工程、单位工程验收表的工程名称一致。

    结构类型填写按设计文件提供的结构类型。层数应分别注明地下和地上的层数。

    施工单位填写单位全称，与检验批、分项工程、单位工程验收表填写的名称一致。

    技术部门负责人及质量部门负责人由施工单位的技术部门及质量部门负责人签字。

    分包单位的填写，有分包单位时才填，没有时就不填写。分包单位名称要写全称，与合同或图章上的名称一致。分包单位负责人及分包单位技术负责人，填写分包单位在本项目的项目负责人及项目技术负责人。

    2   验收内容填写（共有四项内容）

（1）分项工程

    按分项工程第一个检验批施工先后顺序，将分项工程名称填写上，在第二格栏内分别填写各分项工程实际的检验批数量，即分项工程验收表上的检验批数量，并将各分项工程评定表按顺序附在后面。

    施工单位的检查评定栏，填写施工单位自行检查评定结果。核查各分项工程是否都通过验收，有关有龄期要求试件的合格评定是否达到要求；有全高垂直度或总的标高的检验项目的应进行检查验收。自检符合要求的可打"√"标注，否则打"×"标注。有"×"的项目不能交给监理单位或建设单位验收，应进行返修达到合格后再提交验收。监理单位或建设单位应由总监理工程师或建设单位项目专业技术负责人组织审查，在符合要求后，在验收意见栏内签注"同意验收"意见。

（2）质量控制资料

    按本章11.0.2条要求的质量控制资料，逐项进行核查。能基本反映工程质量情况，达到保证结构安全和使用功能要求，即可通过验收。全部项目都通过，即可在施工单位检查评定栏打"√"标注检查合格。并送监理单位或建设单位验收，监理单位总监理工程师组织审查，在符合要求后，在验收意见栏内签注"同意验收"意见。

（3）安全和功能检验（检测）报告

    按本章11.0.3条要求检查每个施工试验记录和检测报告，核查每个检测项目的检测方法、程序是否符合有关标准的规定；检测结果是否达到规范要求。检测报告的审批程序签字是否完整。在每个报告上标注"审查通过"标识。每个检测项目都通过审查，即可在施工单位检查评定栏内打"√"标注检查合格。由项目经理送监理单位或建设单位验收，监理单位总监理工程师或建设单位项目专业负责人组织审查，在符合要求后，在验收意见栏内签注"同意验收"意见。

（4）观感质量验收

    由施工单位项目经理组织进行现场检查，要求有代表性的房间和部位都要检查。经检查合格，将施工单位填写的内容填写好，由项目经理签字后交监理单位或建设单位验收。由监理单位总监理工程师或建设单位项目专业负责人组织验收，在听取参加检查人员意见的基础上，以总监理工程师或建设单位项目专业负责人为主导共同确定质量评价：好、一般或差。由施工单位的项目经理和总监理工程师或建设单位专业负责人共同签认。如观感质量评定为"差"的项目，能修理的尽量修理，如果确难修理时，只要不影响结构安全和使用功能的，可采用协商解决的方法进行验收，并在验收表上注明，然后将验收评价结论填写在子分部工程观感质量验收意见栏内。

  3 验收单位签字认可

  砌体工程子分部验收，按表11.0.6所列参与工程建设责任单位的有关人员应亲自签名。

  设计单位，由项目负责人亲自签认；

  施工单位总承包单位必须签认，由项目经理亲自签认，有分包单位的分包单位也必须签认其分包的部分工程，由分包项目经理亲自签认；

  监理单位作为验收方，由总监理工程师亲自签认。如果按规定不委托监理单位的工程，可由建设单位项目专业负责人亲自签认验收；

11.0.7 现行国家标准《建筑工程施工质量统一验收标准》GB 50300—2001中第5.0.6条规定，当建筑工程质量不合要求时，应按下列规定进行处理：

  1 经返工重做或更换器具、设备的检验批，应重新进行验收；

  2 经有资质的检测单位检测鉴定能够达到设计要求的检验批，应予以验收；

  3 经有资质的检测单位检测鉴定达不到设计要求，但经原设计单位核算认可能够满足结构安全和使用功能的验收批，可予以验收；

  4 经返修或加固处理的分项、分部工程，虽然改变外形尺寸但仍能满足安全使用要求，可按处理技术方案和协商文件进行二次验收；

  5 通过返修或加固处理仍不能满足安全使用要求的，应不予验收。

本标准用词说明

1 为便于在执行本标准条文时区别对待,对要求严格程度不同的用词,说明如下:

1)表示很严格,非这样做不可的用词:

正面词采用"必须",反面词采用"严禁"。

2)表示严格,在正常情况下均应这样做的用词:

正面词采用"应",反面词采用"不应"或"不得"。

3)表示允许稍有选择,在条件许可时,首先应这样做的用词:

正面词采用"宜",反面词采用"不宜"。

表示有选择,在一定条件下可以这样做的用词,采用"可"。

2 本标准中指明应按其他有关标准、规范执行的写法为"应符合……要求或规定"或"应按……执行"。

混凝土结构工程施工技术标准

Technical standard for construction of concrete structures engineering

ZJQ08—SGJB 204—2005

编 制 说 明

本标准是根据中建八局《关于〈施工技术标准〉编制工作安排的通知》（局科字[2002] 348号）文件要求，由中建八局会同中建八局第一建筑公司、中建八局第二建筑公司、山东建泽混凝土有限公司、中建八局青岛公司共同编制。

在编写过程中，编写组认真学习和研究了国家《建筑工程施工质量验收统一标准》GB 50300—2001、《混凝土结构工程施工质量验收规范》GB 50204—2002，还参照了《木结构设计规范》GB 50005—2003、《钢结构设计规范》GB 50017—2003、《钢筋机械连接通用技术规程》JGJ 107—2003、《高强混凝土结构技术规程》CECS 104：99、《低合金高强度结构钢》GB/T 1591—94、《混凝土强度检验评定标准》GBJ 107—87等二十余个技术规范和文献资料，结合本企业混凝土工程的施工经验进行编制，并组织本企业内、外专家经专项审查后定稿。

为方便配套使用，本标准在章节编排上与《混凝土结构工程施工质量验收规范》GB 50204—2002保持对应关系。主要是：总则、术语、基本规定、模板分项工程，钢筋分项工程，预应力分项工程，混凝土分项工程，现浇混凝土结构分项工程，装配式结构分项工程，混凝土结构子分部工程，冬期施工等十一章，其主要内容包括技术和质量管理、施工工艺和操作要点、质量标准和验收三大部分。

本标准中有关国家规范中的强制性条文以黑体字列出，必须严格执行。

为了持续提高本标准的水平，请各单位在执行本标准过程中，注意总结经验，积累资料，随时将有关意见和建议反馈给中建八局技术质量部（通讯地址：上海市浦东新区源深路269号，邮政编码：200135），以供修订时参考。

本标准主要编写和审核人员：

主　　编：王玉岭

副 主 编：焦安亮　高克送

主要参编人：王桂玲　杨　春　秦加舜　薛永斌　杨　勇　张世科　左京力
　　　　　　丁明涛　崔冬青　李迎军　林　峰　赵　玮　赵　俭　周洪涛

审 核 专 家：肖绪文　卜一德　刘发洸　马荣华　戴耀军

1 总　则

1.0.1 为了加强企业建筑工程施工技术管理，规范建筑混凝土结构工程的施工工艺，保证工程质量，制定本标准。

1.0.2 本标准适用于混凝土结构工程的施工及质量验收，不适用于特种混凝土结构的施工及质量验收。

1.0.3 混凝土结构工程的承包合同和工程技术文件对施工质量的要求不得低于现行国家标准《混凝土结构工程施工质量验收规范》GB 50204—2002 和本标准的规定。

1.0.4 本标准依据现行国家标准《混凝土结构工程施工质量验收规范》GB 50204—2002、《建筑工程施工质量验收统一标准》GB 50300—2001、《混凝土结构设计规范》GB 50010—2002 等规范、标准编制。当上述规范标准换版时，应按新版规范规定执行。

1.0.5 在混凝土结构工程施工中，除应执行本标准外，尚应符合现行国家、行业及地方有关标准、规范的相关规定。

1.0.6 混凝土结构工程的施工应根据设计图纸的要求进行，所用的材料，应按照设计要求选用，并应符合现行国家、行业有关材料标准的规定。新型材料的使用，应根据产品说明书的有关技术要求（宜通过试验）制定施工工艺，并经法人层次总工程师审批后方可使用。

2 术 语

2.0.1 混凝土结构 concrete structure

以混凝土为主制成的结构，包括素混凝土结构、钢筋混凝土结构和预应力混凝土结构等。

2.0.2 现浇结构 cast-in-situ concrete structure

系现浇混凝土结构的简称，是在现场支模并整体浇筑而成的混凝土结构。

2.0.3 装配式结构 prefabricated concrete structure

系装配式混凝土结构的简称，是以预制构件为主要受力构件，经装配、连接而成的混凝土结构。

（装配整体式混凝土结构：由预制混凝土构件或部件通过钢筋、连接件或施加预应力加以连接并现场浇筑混凝土而形成整体的结构。）

2.0.4 缺陷 defect

建筑工程施工质量中不符合规定要求的检验项或检验点，按其程度可分为严重缺陷和一般缺陷。

2.0.5 严重缺陷 serious defect

对结构构件的受力性能或安装使用性能有决定性影响的缺陷。

2.0.6 一般缺陷 common defect

对结构构件的受力性能或安装使用性能无决定性影响的缺陷。

2.0.7 施工缝 construction joint

在混凝土浇筑过程中，因设计要求或施工需要分段浇筑而在先、后浇筑的混凝土之间所形成的接缝。

2.0.8 结构性能检验 inspection of structural performance

针对结构构件的承载力、挠度、裂缝控制性能等各项指标所进行的检验。

3 基本规定

3.0.1 混凝土结构施工应按本标准执行，现场质量管理应符合本企业《质量管理体系》文件、施工质量控制和质量检验制度的要求，并应对施工全过程实行质量控制。

3.0.2 混凝土结构施工项目应有施工组织设计和施工技术方案，并经审查批准。施工组织设计或施工方案的审核、审批应按照本企业《文件控制程序》的有关规定执行。

3.0.3 混凝土结构工程施工时的安全防护、环境保护必须符合国家和地方有关法律、法规和本企业《职业安全和健康管理体系》、《环境管理体系》文件的规定。

3.0.4 混凝土结构子分部工程可根据结构的施工方法分为两类：现浇混凝土结构子分部工程和装配式混凝土结构子分部工程；根据结构的分类，还可以分为钢筋混凝土结构子分部工程和预应力混凝土结构子分部工程等。

混凝土结构子分部工程可划分为模板、钢筋、预应力、混凝土、现浇结构和装配式结构等分项工程。

3.0.5 各分项工程可根据与施工方式相一致且便于控制施工质量的原则，按工作班、楼层、结构缝或施工段划分为若干检验批。

3.0.6 混凝土结构子分部工程的质量验收，应在钢筋、预应力、混凝土、现浇结构或装配式结构等相关分项工程验收合格的基础上，进行质量控制资料检查及观感质量验收，并应对涉及结构安全的材料、试件、施工工艺和结构的重要部位进行见证检测或结构实体检验。

3.0.7 分项工程的质量验收应在所含检验批验收合格的基础上，进行质量验收记录检查。

3.0.8 检验批的质量验收应包括如下内容：

3.0.8.1 实物检查，按下列方式进行：

1 对原材料、构配件和器具等产品的进场复验，应按进场的批次和产品的抽样检验方案执行；

2 对混凝土强度、预制构件、结构性能等，应按国家现行有关标准和本标准规定的抽样检验方案执行；

3 对采用计数检验的项目，应按抽查总点数的合格点率进行检查。

3.0.8.2 资料检查，包括原材料、构配件和器具等的产品合格证（中文质量合格证明文件、规格、型号及性能检测报告等）及进场复验报告、施工过程中重要工序的自检和交接检验记录、抽样检验报告、见证检测报告、隐蔽工程验收记录等。

3.0.9 检验批合格质量应符合下列规定：

1 主控项目的质量经抽样检验合格。

2 一般项目的质量经抽样检验合格；当采用计数检验时，除有专门要求外，一般项目的合格点率应达到80%及以上，且不得有严重缺陷。

3 具有完整的施工操作依据和质量验收记录。

对验收合格的检验批，宜做出合格标志。

3.0.10 检验批、分项工程、混凝土结构子分部工程的质量验收：

1 检验批的质量验收记录应由施工项目专业质量检查员填写，监理工程师（建设单位项目专业技术负责人）组织项目专业质量检查员等进行验收。

施工单位自行检查评定的质量记录也可使用各检验批质量验收记录表格进行记录。

2 各分项工程质量应由监理工程师（建设单位项目专业技术负责人）组织项目专业技术负责人等进行验收。

分项工程的质量验收在检验批验收合格的基础上进行。一般情况下，两者具有相同或相近的性质，只是批量大小可能存在差异，因此，分项工程质量验收记录是各检验批质量记录的汇总。

3 混凝土结构子分部工程质量应由总监理工程师（建设单位项目专业技术负责人）组织施工项目经理和有关勘察、设计单位项目负责人进行验收。

由于模板在子分部工程验收时已不在结构中，且结构实体外观质量、尺寸偏差等项目的检验反映了模板工程的质量，因此，模板分项工程可不参与混凝土结构子分部工程质量的验收。

4 模板分项工程

4.1 一般规定

4.1.1 模板及其支架应根据工程结构形式、荷载大小、地基土类别、施工设备和材料供应等条件进行设计。模板及其支架应具有足够的承载能力、刚度和稳定性,能可靠地承受新浇筑混凝土的自重、侧压力以及施工荷载。

4.1.2 模板及其支架应能够保证工程结构和构件各部分形状尺寸和相互位置的正确;构造简单,装拆方便,便于钢筋的绑扎安装和混凝土的浇筑、养护等要求;模板接缝不应漏浆。

4.1.3 组合钢模板、大模板等的设计制作尚应符合现行国家标准《组合钢模板技术规范》GB 50214—2001、《大模板多层住宅结构设计与施工规程》JGJ 20—84 的相应规定。

4.1.4 在浇筑混凝土之前,应对模板工程进行验收。

模板安装和浇筑混凝土时,应对模板及其支架进行观察和维护,发生异常情况时,应按施工技术方案及时进行处理。

4.1.5 模板及其支架拆除的顺序及安全措施应按施工技术方案执行。

4.1.6 模板及其支架应定期维修。钢模板及钢支架应防止锈蚀。

4.1.7 模板与混凝土的接触面应涂隔离剂。不宜采用油质类等影响结构或者妨碍装饰工程施工的隔离剂。严禁隔离剂污染钢筋与混凝土接槎处。

4.2 模板设计

4.2.1 模板设计的内容及主要原则:

1 模板设计的内容,主要包括选型、选材、配板、荷载计算、结构设计和绘制模板施工图等。各项设计的内容和详尽程度,可根据工程的具体情况和施工条件确定。

2 设计的主要原则:实用、安全、经济。

4.2.2 模板工程施工前应根据结构施工图、施工现场条件,编制模板工程施工设计,列入工程施工组织设计。

1 绘制配板设计图、连接件和支承系统布置图、细部结构和异型模板详图及特殊部位的详图;

2 根据结构构造形式和施工条件确定模板荷载,对模板和支承系统做力学验算;

3 编制模板与配件的规格、品种与数量明细表;

4 制定技术及安全措施,包括:模板结构安装及拆卸的程序,特殊部位、预埋件及预留孔洞的处理方法,必要的加热、保温或隔热措施,安全环保措施等;

5 制定模板及配件的周转使用方式与计划；
6 编写模板工程施工说明书。

4.2.3 钢模板及其支架的设计应符合现行国家标准《钢结构设计规范》GB 50017—2003的规定，其截面塑性发展系数取 1.0；其荷载设计值可以乘以系数 0.85 予以折减。采用冷弯薄壁型钢应符合现行国家标准《冷弯薄壁型钢结构技术规范》GB 50018—2002 的规定，其荷载设计值不应折减。

木模板及其支架的设计应符合现行国家标准《木结构设计规范》GB 50005—2003 的规定。

其他材料的模板及其支架的设计应符合有关的专门规定。

4.2.4 模板及其支架的设计应考虑下列各项荷载：
1 模板结构自重；
2 新浇筑混凝土自重；
3 钢筋自重；
4 施工人员及施工设备荷载；
5 振捣混凝土时产生的荷载；
6 新浇筑混凝土对模板侧面的压力；
7 倾倒混凝土时产生的荷载。

参与模板及其支架荷载效应组合的各项荷载应符合表 4.2.4 的规定，荷载标准值及分项系数应按本标准附录第 A.2、A.3 节采用。

表 4.2.4 参与模板及其支架荷载效应组合的各项荷载

模板类别	参与组合的荷载项	
	计算承载能力	验算刚度
平板和薄壳的模板及支架	1,2,3,4	1,2,3
梁和拱模板的底板及支架	1,2,3,5	1,2,3
梁、拱、柱(边长≤300mm)、墙(厚≤100mm)的侧面模板	5,6	6
大体积结构、柱(边长>300mm)、墙(厚>100mm)的侧面模板	6,7	6

4.2.5 当验算模板及其支架的刚度时，最大变形值不得超过下列允许值：
1 对结构表面外露（不做装饰）的模板，为模板构件计算跨度的 1/400；
2 对结构表面隐蔽（做装饰）的模板，为模板构件计算跨度的 1/250；
3 支架的压缩变形值或弹性挠度，为相应的结构计算跨度的 1/1000。

当梁板跨度≥4m 时，模板应按设计要求起拱；如设计无要求，起拱高度宜为全长跨度的 1‰～3‰，钢模板宜取小值（1‰～2‰）。

4 根据《组合钢模板技术规范》GB 50214—2001 规定：
(1) 模板结构允许挠度按表 4.2.5 执行。

表 4.2.5 模板结构允许挠度

名称	允许挠度(mm)	名称	允许挠度(mm)
钢模板的面板	1.5	柱箍	$B/500$
单块钢模板	1.5	桁架	$L/1000$
钢棱	$L/500$	支撑系统累计	4.0

注：L 为计算跨度，B 为柱宽。

（2）当验算模板及其支架在自重和风荷载作用下的抗倾覆的稳定性时，其抗倾覆系数不应小于1.15。风荷载应根据现行国家标准《建筑结构荷载规范》GB 50009—2001的有关规定取用。

5 根据国家现行行业标准《钢框胶合板模板技术规程》JGJ 96—95的规定：
（1）模板面板各跨的挠度计算值不宜大于板面相应跨度的1/300，且不宜大于1mm；
（2）钢楞各跨的挠度计算值不宜大于钢楞相应跨度的1/1000，且不宜大于1mm。

4.2.6 支架的立柱或桁架应保持稳定，并用撑拉杆件固定。

4.2.7 模板设计计算：
1 模板设计计算常用材料的强度设计值与弹性模量可按本标准附录A.1节采用；
2 模板设计计算公式可按模板结构构件的实际受力状态在本标准附录A.4节中选用。

4.3 模 板 安 装

4.3.1 施工准备

4.3.1.1 技术准备
1 根据结构施工图、施工现场条件编制模板工程施工组织设计或施工方案。
2 根据模板工程施工组织设计或施工方案确定的模板种类，绘制模板加工图和各部位模板安装图。
3 编制模板工程施工技术交底，并在施工前向参加施工的班组进行交底。

4.3.1.2 材料准备
1 木料，竹、木胶合板
（1）木料：模板用木板的厚度一般为30mm，方材常用规格一般有50mm×100mm、100mm×100mm等。
（2）竹、木胶合板：一般采用覆塑竹胶板或覆塑木胶合板，常用规格为1220mm×2440mm，厚度有12、15、18mm三种。

2 组合钢模板
根据工程需要的规格，准备组合钢模板、连接件及支撑件。

3 模壳
根据工程结构形式、荷载大小等条件及工程需要的规格，准备模壳。

4 大模板
根据工程结构形式、荷载大小、施工设备和材料供应等条件确定模板平面布置、几何形状、尺寸，进行大模板的加工制作。

5 压型钢板模板。

6 模板隔离剂。

7 支撑系统。门式、扣件式、碗扣式钢管脚手架，各种定型桁架、支柱等。

8 其他：托具、卡具、螺栓、拉杆、柱箍、12~16号钢丝、圆钉（钉长应为木板厚度的1.5~2.5倍）等。

4.3.1.3 主要机具
1 机械设备

塔吊、汽车吊等垂直运输机械；手电钻、砂轮切割机、圆锯机、平刨、压刨以及电焊设备等。

2　主要工具

手锯、钉锤、铁水平尺、钢尺、扳手、钢丝刷、油刷、铁桶、撬杠、起钉器、经纬仪、水平仪、塔尺等。

4.3.1.4　作业条件

1　地面已整平夯实，垫层混凝土或混凝土结构的强度已达到规定值，足够承载模板重量。

2　模板、连接件及支承工具已经备齐。

3　已根据图纸要求放好轴线和模板边线，定好水平控制标高。柱、墙模板底边水泥砂浆找平层已抹好，校正柱子模板的地锚已预埋。

4　墙、柱钢筋绑扎完毕，水电管及预埋件已安装，钢筋保护层垫块已绑好，并办完隐蔽工程验收手续。

5　各施工缝接槎处混凝土已处理并清理干净。注意，墙柱施工缝剔凿时要严格按墙柱外边线剔凿，不得超出外边线。

6　模板采取预拼装时，应事先做好模板预拼装的准备，如平整夯实预拼装场地或支设操作平台等。

7　作业需要的脚手架已搭设完毕。

8　已根据模板方案、图纸要求和工艺标准向班组进行了安全、技术交底。

4.3.2　材料质量控制

4.3.2.1　木料、竹（木）胶合板

1　木料：不得采用有脆性、严重扭曲和受潮后容易变形的木材。所用木材应选用质地坚硬、无腐朽的松木和杉木，不宜低于三等材，含水率低于25%。

2　竹（木）胶合板：要求边角整齐、表面光滑、防水、耐磨、耐酸碱，不得有脱胶空鼓。其质量应符合《混凝土模板用胶合板》GB/T 17656—1999、《胶合板胶合强度的测定》GB/T 9846.12—88的规定。不得选用使用尿醛树脂胶作为胶合材料的胶合板。

4.3.2.2　组合钢模板

1　组合式钢模板俗称小钢模，标准规格：厚度（包括肋高）为55mm，宽度有100、150、200、250、300mm五种，长度有450、600、900、1200、1500mm五种。另外还有阴角模板、阳角模板、连接角模、U形卡、L形插销等配件。

2　组合钢模板成品的质量标准应符合附录表A.5-1、表A.5-2的规定。

4.3.2.3　模壳

1　模壳的构造形式有两种：M形模壳（方形模壳），用于双向密肋楼板；T形模壳（长形模壳），用于单向密肋楼板。按材质不同分为塑料模壳和玻璃钢模壳等种类：

（1）塑料模壳由于受注塑机容量的限制，一般加工成1/4模壳，再用螺栓将4块组装成整体；

（2）玻璃钢模壳是以中碱方格玻璃丝布作为增强材料，以不饱和聚酯树脂作粘结材料，经手糊成型。特点：自重轻（如1.2m×1.2m玻璃钢模壳单个自重27～28kg）；刚度、强度、韧性比塑料模壳好，周转次数可达80～100次，不需用型钢加固；可采用气动拆模,速度快,效果好。

模壳常用的规格（mm）：肋距：900×900、1100×1100、1200×1200、1500×1500、1200×900；肋高：300、350、400、500。

2 模壳质量要求

(1) 塑料模壳

外观质量：表面光滑平整，不得有气泡、空鼓，由4块拼装的模壳，其拼缝应横平竖直；模壳的底边与顶部应平整，不得翘曲变形。

力学性能：见表4.3.2.3-1。

表4.3.2.3-1 塑料模壳的力学性能

序号	项目	性能指标(N/mm^2)	序号	项目	性能指标(N/mm^2)
1	拉伸强度	40	3	弯曲强度	38.7
2	抗压强度	46	4	弯曲弹性模量	$1.8×10^3$

加工规格尺寸的允许偏差见表4.3.2.3-2。

表4.3.2.3-2 规格尺寸的允许偏差

项次	项目	允许偏差(mm)	项次	项目	允许偏差(mm)
1	外形尺寸	−2	4	侧向变形	−2
2	外表面平整度	2	5	底边高度尺寸	−2
3	垂直变形	4			

(2) 玻璃钢模壳

外观质量：

1) 表面光滑平整，不得有气泡、空鼓、裂纹、分层、皱纹、纤维外露及掉角等现象；
2) 气动拆模用的气嘴固定牢固，四周密实，不得有漏气现象，且气孔畅通；
3) 模壳4个底边的底部应平整，不得凹凸不平，以防止在使用中发生翘曲变形；
4) 模壳内部应平整光滑，不得有飞刺。

力学性能：见表4.3.2.3-3。

表4.3.2.3-3 玻璃钢模壳的力学性能

序号	项目	性能指标(N/mm^2)	序号	项目	性能指标(N/mm^2)
1	拉伸强度	$1.68×10^2$	4	弯曲模量	$1.74×10^2$
2	拉伸强度模量	$1.19×10^4$	5	弯曲弹性模量	$1.02×10^4$
3	冲剪	$9.96×10^4$			

加工规格尺寸的允许偏差同表4.3.2.3-2。

4.3.2.4 大模板

1 大模板的构造

大模板是指采用定型化设计和工业化加工制作而成的工具式大型模板。用于现浇钢筋混凝土墙体施工，通常是以一面现浇混凝土墙体为一块模板。大模板一般由面板、骨架、支撑系统、操作平台及附件组成。

2 大模板成品质量要求

模板骨架、支撑架、操作平台、上口卡具等采用 Q235 型钢，调整螺栓、穿墙螺栓采用 45 号优质碳素钢加工，吊环采用未经冷拉的 HPB235 钢筋加工。大模板制作允许偏差见表 4.3.2.4。

表 4.3.2.4 大模板制作允许偏差

项次	项　目	允许偏差(mm)	检查方法
1	板面平整	3	2m靠尺、塞尺检查
2	模板高度	+3 −5	钢尺检查
3	模板宽度	+0 −1	钢尺检查
4	对角线长	±5	对角拉线用直尺检查
5	模板边平直	3	拉线用直尺检查
6	模板翘曲	$L/1000$（L：模板对角线长）	放在平台上，对角拉线用直尺检查
7	孔眼位置	±2	钢尺检查

4.3.2.5 压型钢板

一般采用 0.75～1.6mm 厚（不包括镀锌和饰面层）的 Q235 薄钢板冷轧制成，常用的压型钢板。规格尺寸见表 4.3.2.5。

表 4.3.2.5 常用的压型钢板规格尺寸

型号	截面简图	板厚(mm)	单位重量	
			(kg/m)	(kg/m²)
M型 270×50		1.2	3.8	14.0
		1.6	5.06	18.7
N型 640×51		0.9	6.71	10.5
		0.7	4.75	7.4
V型 620×110		0.75	6.3	10.2
		1	8.3	13.4
V型 670×43		0.8	7.2	10.7
V型 600×60		1.2	8.77	14.6
		1.6	11.6	19.3

续表 4.3.2.5

型号	截面简图	板厚(mm)	单位重量 (kg/m)	单位重量 (kg/m²)
U型 600×75		1.2	9.88	16.5
		1.6	13.0	21.7
U型 690×75		1.2	10.8	15.7
		1.6	14.2	20.6
W型 300×120		1.6	9.39	31.3
		2.3	13.5	45.1
		3.2	18.8	62.7

4.3.2.6 模板隔离剂

不宜选用对结构或装修有影响的隔离剂。

4.3.3 施工工艺

4.3.3.1 基础模板

常见的基础形式有：柱下独立基础（包括独立承台、阶梯形独立基础、预制柱下杯形基础等），筏式基础（包括有梁式和无梁式），条形基础（包括梁式承台等）。

1 工艺流程

抄平、放线（弹线）→模板加工或预拼装→模板安装（杯口芯模安装）→校正加固

2 施工要点

（1）抄平、放线：将控制模板标高的水平控制点引测至基坑（槽）壁上，或已安装好的柱或墙的竖向钢筋上；在混凝土垫层上弹出轴线和基础外边线。

（2）筏式基础。如有外包卷材防水层时，应采用砖模。砖模砌筑高度一般比基础与外墙水平施工缝高300mm，将防水卷材内贴于砖模上。砖模宜采用≥M5水泥砂浆砌筑；砖模厚度：当高度<1000mm时，可采用120墙，外侧设240砖垛，间距≤4m；高度≥1000mm时，采用240墙，外侧设370砖垛，间距≤4m。在浇筑混凝土时，砖模外侧应加临时支撑或回填夯实。

（3）当基础模板采用竹（木）胶合板模板或木模板时，应先根据基础尺寸下料加工成形，木模板内侧应刨光。

（4）采用组合式钢模板时，应先做配板设计，备齐所需规格的模板及配件、卡具，然后进行预拼装或就地组装。龙骨和支撑系统可采用ϕ48×3.5脚手架钢管，龙骨必须采用双钢管和3形卡固定。

（5）阶梯形独立基础：根据图纸尺寸制作每一阶梯模板，由下逐层向上安装。先安装底层阶梯模板，用斜撑和水平撑加固，核对模板墨线及标高，绑扎钢筋及保护层垫块。再

进行上一阶模板安装，上阶模板可采用轿杠架设在两端支架上，如基础较大时可在基础上方设横杆，将上阶模用吊杆吊在上方横杆上，重新核对各部位标高尺寸，并用斜撑、水平支撑以及拉杆加以固定、撑牢，最后检查拉杆是否稳固，校核基础模板几何尺寸及轴线位置。

(6) 杯形独立基础：与阶梯形独立基础相似，只是在杯口位置要装设杯芯模，杯口上大下小略有斜度，轿杠钉于上口两侧。

杯芯模有整体式和装配式两种。整体式杯芯模是用木板和木档根据杯口尺寸钉成一个整体，为了便于脱模，可在芯模的上口设吊环。装配式芯模是由四个角模组成，每侧中间设楔形模板，拆模时先抽去楔形模板，即可脱模。

杯芯模的上口尺寸要比柱脚大100～150mm，下口尺寸要比柱脚大40～60mm，杯芯模的高度（轿杠底到下口）应比柱子插入基础杯口中的深度大20～30mm，以便安装柱子时校正柱列轴线及调整柱底标高。杯芯模一般不装底板，这样浇筑杯口底处混凝土比较方便，也易于振捣密实。芯模安装完成后要全面校核基础模板的轴线位置、尺寸和标高。

(7) 条形基础模板：条形基础模板一般由侧模、斜撑、平撑组成。侧板和端头板制成后，应先在基槽底弹出基础边线和中心线，再把侧板和端头板对准边线和中心线垂直竖立，校正调平无误后，用斜撑和平撑钉牢。如基础较长，可先立基础两端的两块侧板，校正后再在侧板上口拉通线，依照通线再立中间的侧板。当侧板高度大于基础台阶高度时，可在侧板内侧按台阶高度弹准线，并每隔2m左右在准线上钉圆钉，作为混凝土浇筑高度的标志。为防止在浇筑混凝土时模板变形，保证基础宽度的准确，在侧板上口每隔一定距离钉上搭头木。

(8) 施工注意事项：模板支撑于土壁时，必须将松土清除修平，并加设垫板；为了保证基础宽度，防止两侧模板位移，宜在两侧模板间相隔一定距离加设临时木条支撑，浇筑混凝土时拆除。

4.3.3.2 柱模板

混凝土柱的常见断面有矩形、圆形和附壁柱三种。模板可采用木模板、竹（木）胶合板模板、组合式钢模板和可调式定型钢模板，圆形柱可采用定型加工的钢模板等。

1 工艺流程

弹线→找平、定位→加工或预拼装柱模→安装柱模（柱箍）→安装拉杆或斜撑→校正垂直度→检查验收

2 施工要点

(1) 当矩形柱采用木板或竹（木）胶合板作柱模板时，应预先加工成型。木模板内侧应刨光（刨光后的厚度为25mm），木模板宜采用竖向拼接，拼条采用50mm×50mm方木，间距300mm，木板接头应设置在拼条处；竹（木）胶合板宜用无齿锯下料，侧面应刨直、刨光，以保证柱四角拼缝严密。竖向龙骨可采用50mm×100mm或100mm×100mm方木，当采用12mm厚竹（木）胶合板作柱模板时，龙骨间距不大于300mm。柱上梁的宽度小于柱宽时，在柱模上口按梁的宽度开缺口，并加设挡口木，以便与梁模板连接牢固、严密。

(2) 矩形柱采用组合式钢模板时，应根据柱截面尺寸做配板设计，柱四角可采用阳角模板，亦可采用连接角模。当柱上梁的宽度小于柱宽时，应用适合模数的阴角模板与梁模

板连接（包括梁底模和侧模）；当没有适合模数的阴角模板时，应加工定做柱头模板，以保证梁柱接头规矩方正。

（3）圆柱钢模板，可采用1/2（柱断面较大时亦可采用1/4）圆柱模组拼，高度1200~1500mm为一节。采用$\delta=4mm$钢板作面板；竖肋用-50×5扁钢，间距250~300mm；横肋用-80×6钢板，间距300mm；模板拼缝处采用-80×6钢板或角钢，每隔50mm打拼接螺栓孔。柱头模板，面板和横竖肋均可采用$\delta=4mm$钢板制作。

（4）附壁柱可采用与墙体相同的模板，阴角处用阴角模板与墙体模板连接成整体。

（5）安装柱模板时，应先在基础面（或楼面）上弹出柱轴线及边线，按照边线位置钉好压脚定位板再安装柱模板，校正好垂直度及柱顶对角线后，在柱模之间用水平撑、剪刀撑等互相拉结固定。

（6）柱箍：应根据柱模尺寸、侧压力的大小等因素进行设计选择（有木箍、钢箍、钢木箍等）。柱截面较大（边长大于700mm）时应在柱中设置对拉螺栓，对拉螺栓的直径、间距由计算确定。

（7）柱模板安装时应留置清扫口，浇筑混凝土前将柱模内清理干净，封闭清扫口，办理检查验收手续。

（8）柱组合式钢模板支设可采用单块就位组拼和预组拼两种方法，其中预组拼又可分为分片组拼和整体组拼。采用预组拼方法，可以加快施工速度，提高模板的安装质量，但必须具备相适应的吊装设备和有较大的拼装场地。

1）单块就位组拼：先将柱子第一节四面模板就位用连接角模组拼好，角模宜高出平模，校正调整好对角线，并用柱箍固定。然后以第一节模板上高出的角模连接件为基准，用同样方法组拼第二节模板，直到柱全高。各节组拼时，其水平接头和竖向接头要用U形卡正反交替连接，在安装到一定高度时，要进行支撑或拉结，以防倾倒。并用支撑或拉杆上的调节螺栓校正模板的垂直度。

2）单片预组拼：即将柱子模板事先预组拼成每侧一块单片模板，经检查其对角线、板边平直度和外形尺寸合格后，吊装就位并作临时支撑，随即进行第二片模板吊装就位，用连接角模和U形卡与第一片模板组合成L形，同时做好支撑。如此再完成第三、四片的模板吊装就位、组拼。模板就位组拼后，随即检查其位置、垂直度、对角线偏差，符合要求后，立即自下而上地安装柱箍。全面检查合格后与相邻柱群或四周支架拉结固定。

3）整体预组拼：即将柱子模板（一层或半层）事先组拼成型（包括柱箍），然后再吊装就位的安装方法。在吊装前，先检查已经整体预组拼的模板上、下口对角线的偏差以及连接件、柱箍等的牢固程度，检查钢筋是否有碍柱模的安装，并用钢丝将柱顶钢筋先绑扎在一起，以利柱模从顶部套入。待整体预组拼模板吊装就位后，立即用四根支撑或缆风绳与柱顶四角拉结，并校正中心线和垂直度，全面合格后，再群体固定。

4）柱模安装完以后，经检查并纠正位置偏差和垂直度及对角线长度后，补齐四角的U形卡，再由下而上按模板设计的规定补齐柱箍。

柱箍可用型钢（角钢、槽钢）或钢管制成，柱箍间距根据柱模尺寸、侧压力大小、组合钢模板强度、刚度，由计算和配板设计确定。对于截面较大的柱子应按设计增加对拉螺栓。当用钢管、扣件作为柱箍时，应计算扣件的摩擦承载力是否满足柱箍所需要的拉力要求。支设时扣件应拧紧。

(9) 柱模的固定一般采取设拉杆（或斜撑）或用钢管井字支架固定。拉杆每边设两根，固定于事先预埋在梁或板内的钢筋环上（钢筋环与柱距离宜为 3/4 柱高），用花篮螺栓或可调螺杆调节校正模板的垂直度，拉杆或斜撑与地面夹角宜为 45°。

(10) 柱模板安装注意事项：

1) 柱模安装完毕与邻柱群体固定前，要复查柱模板垂直度、位置、对角线偏差以及支撑、连接件稳定情况，合格后再固定。柱高在 4m 以上时，一般应四面支撑，柱高超过 6m 时，不宜单根柱支撑，宜几根柱同时支撑连成构架。

2) 对高度大的柱，宜在适当部位留浇灌和振捣口，以便于操作。

4.3.3.3 梁模板

1 工艺流程

抄平、弹线（轴线、水平线）→支撑架搭设→支柱头模板→铺梁底模板→拉线找平（起拱）→绑扎梁筋→封侧模

2 施工要点

(1) 支撑架搭设

1) 梁下支撑架可采用扣件式钢管脚手架、碗扣式钢管脚手架、门式钢管脚手架或定型可调钢支撑搭设。

2) 采用扣件式钢管脚手架作模板支撑架时，立杆间距应经计算确定。立杆接长宜采用对接（使用对接扣件），高度调整宜采用可调底座或可调顶托，可调底座或可调顶托插入钢管的最小长度应大于 150mm；当立杆采用搭接接长时，其搭接长度不得小于 1000mm，在搭接范围内连接扣件（旋转扣件）不得小于 3 个，且搭接部位必须设一道水平拉杆。

支撑架的构架必须按确保整体稳定的要求设置整体性拉结杆件，立杆全高范围内应至少有两道双向水平拉结杆；底水平杆（扫地杆）宜贴近楼地面（小于 300mm）；水平杆的步距（上下水平杆间距）不宜大于 1500mm；梁模板支架宜与楼板模板支架综合布置，相互连接、形成整体；模板支架四边与中间每隔四排支架立杆应设置一道纵向剪刀撑，由底至顶连续设置；高于 4m 的模板支架，其两端与中间每隔 4m 立杆从顶层开始向下每隔 2 步设置一道水平剪刀撑；剪刀撑的构造应符合下列规定：

每道剪刀撑宽度不应小于 4 跨，且不应小于 6m，纵向剪刀撑斜杆与地面的倾角宜在 45°～60°之间，水平剪刀撑与水平杆的倾角宜为 45°。

剪刀撑斜杆的接长宜采用搭接，搭接长度不应小于 1m，应采用不少于 2 个旋转扣件固定，端部扣件盖板的边缘至杆端距离不应小于 100mm。剪刀撑斜杆应用旋转扣件固定在与之相交的横向水平杆的伸出端或立杆上，旋转扣件中心线至主节点的距离不宜大于 150mm。

3) 采用门式钢管脚手架搭设模板支架时，其搭设要求应符合现行国家标准《建筑施工门式钢管脚手架安全技术规范》JGJ 128—2000 的规定，大于 5kN 的集中荷载的作用点应避开门架横梁的中部 1/3 架宽范围，或采用加设斜撑、双榀门架重叠交错布置等可靠措施。

4) 采用碗扣式钢管脚手架搭设支架。碗扣式钢管脚手架由于其承载力大、拼拆快速省力等优点，用于现浇混凝土模板的支撑架表现出了巨大的优越性。碗扣式钢管脚手架立

杆长度有：1200、1800、2400、3000mm四种规格，上端碗扣距立杆顶350mm，下端碗扣距立杆底250mm，中间每隔600mm设有一套碗扣接头；横杆有300、600、900、1200、1500、1800、2400mm七种规格；另有斜杆、底座、顶托等配件。

用碗扣式钢管脚手架系列构件可以搭设不同组架密度、不同组架高度、以承受不同荷载的支撑架。当所需要的立杆间距与标准横杆长度（或现有横杆长度）不符时，可使用同样长度的横杆组成不同立杆密度的支撑架，其方法是，当用长横杆搭设较小立杆间距的支撑架时，采用两组或多组组架交叉叠合布置，横杆错层连接；当用短横杆搭设较大立杆间距支撑架时，采用两组或多组组架分别设置，增大中间间距的办法实现。

梁模板支架宜与楼板模板支架共同布置，对于支撑面积较大的支撑架，一般不需把所有立杆都连成整体搭设，可分成若干个支撑架，每个支撑架的高宽比控制在3∶1以内即可，但至少有两跨（三根立杆）连成整体。对于重载支撑架或支撑高度大于10m的支撑架，则需把所有立杆都连成整体，并根据具体情况适当加设斜撑或扩大底部架。

支撑架的横杆步距视承载力大小而定，一般取1200～1800mm，步距越小承载力越大。当支撑架按构造要求设置，高宽比小于3∶1时，可不验算支撑架的整体稳定，每根立杆的承载力取决于横杆步距。不同单元框架组成的支撑架，每根立杆的允许支承荷载参见表4.3.3.3。框架单元以长 a（立杆纵距）×宽 b（立杆横距）×高 h（横杆步距）表示。使用表中所给数值，应将所有立杆都连在一起形成整体架（即边缘立杆除外，每根立杆同4根横杆相连）。

表4.3.3.3 不同组架单元支承荷载值

序号	框架单元（长×宽×高）(mm)	单立杆允许荷载(kN)	序号	框架单元（长×宽×高）(mm)	单立杆允许荷载(kN)
1	900×900×1200	37.0	11	900×900×1800	30.9
2	900×1200×1200	27.8	12	900×1200×1800	23.1
3	900×1500×1200	22.2	13	900×1500×1800	18.5
4	900×1800×1200	18.5	14	900×1800×1800	15.4
5	1200×900×1200	20.8	15	1200×1200×1800	17.4
6	1200×1200×1200	16.7	16	1200×1500×1800	13.9
7	1200×1500×1200	13.9	17	1200×1800×1800	11.6
8	1200×1800×1200	13.3	18	1500×1500×1800	11.1
9	1500×1800×1200	11.1	19	1500×1800×1800	9.30
10	1800×1800×1200	9.3	20	1800×1800×1800	7.70

5）当采用定型可调钢支撑时，其允许承载力可根据厂家说明书初步确定，再结合现场条件适当降低后复核验算其强度、稳定性、插销抗剪强度和插销处钢管壁局部承压强度。

6）底层支架应支承在平整坚实的地面上，并在底部加木垫板或混凝土垫块，确保支架在混凝土浇筑过程中不会发生下沉。

（2）梁底模铺设：按设计标高拉线调整支架立柱标高，然后安装梁底模板。当梁的跨度大于等于4m时，应按设计要求起拱。如设计无要求时，跨中起拱高度为梁跨度的1‰～3‰。主次梁交接时，先主梁起拱，后次梁起拱。

（3）梁侧模板：根据墨线安装梁侧模板、压脚板、斜撑等。梁侧模板制作高度应根据梁高及楼板模板碰帮或压帮（图4.3.3.3）确定。

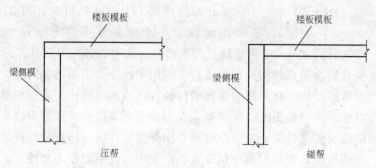

图 4.3.3.3

当梁高超过 700mm 时,应设置对拉螺栓紧固。

(4) 当采用组合式钢模板作梁模板时,可采用单块就位组拼和单片、整体预组拼成大块再用吊车吊装三种方法。

1) 单块就位组拼:复核梁底标高,校正轴线位置无误后,搭设和调平梁模支架(包括安装水平拉杆和剪刀撑),固定钢楞或梁卡具,再在横楞上铺放梁底板,拉线找直,并用钩头螺栓与钢楞固定,拼接角模,然后绑扎钢筋,安装并固定两侧模板(有对拉螺栓时插入对拉螺栓,并套上套管),按设计要求起拱。安装钢楞,拧紧对拉螺栓,调整梁口平直,复核检查梁模尺寸。安装框架梁模板时,应加设支撑,或与相邻梁模板连接;安装有楼板梁模板时,在梁侧模上连接好阴角模,与楼板模板拼接。

2) 单片预组拼:检查预组拼的梁底模和两侧模板的尺寸、对角线、平整度及钢楞连接以后,先把梁底模吊装就位并与支架固定,再分别吊装两侧模板,与底模拼接后设斜撑固定,然后按设计要求起拱。

3) 整体预拼:当采用支架支模时,在整体梁模板吊装就位并校正后,进行模板底部与支架的固定,侧面用斜撑固定;当采用桁架支模时,可将梁卡具、梁底桁架全部先固定在梁模上。安装就位时,梁模两端准确安放在立柱上。

(5) 圈梁模板支设一般采用扁担支模法:在圈梁底面下一皮砖中,沿墙身每隔 0.9~1.2m 留 60mm×120mm 洞口,穿 100mm×50mm 木底楞作扁担,在其上紧靠砖墙两侧支侧模,用夹木和斜撑支牢,侧板上口设撑木和拉杆固定。

(6) 梁模板安装注意事项:

1) 梁口与柱头模板的连接特别重要,一般可采用角模拼接,当角模尺寸不符合要求时,宜专门设计配板,不得用方木、木条镶拼。

底层梁模支架下的土地面,应夯实平整,并按要求设置垫木,要求排水通畅。多层支设时,应使上下层支柱在一条垂直线上,支柱下亦须垫通长脚手板。

2) 单片预组拼和整体组拼的梁模板,在吊装就位拉结支撑稳固后,方可脱钩。五级以上大风时,应停止吊装。

3) 采用扣件钢管脚手作支架时,扣件要拧紧,要抽查扣件的扭力矩,横杆的步距要按设计要求设置。采用桁架支模时,要按事先设计的要求设置,桁架的上下弦要设水平连接,拼接桁架的螺栓要拧紧,数量要满足要求。

4.3.3.4 墙模板

1 工艺流程

找平、定位→组装墙模→安装龙骨、穿墙螺栓→安装拉杆或斜撑→校正垂直度→墙模预检

2 施工要点

(1) 竹（木）胶合板模板

1) 墙模板安装前，应先在基础或地面上弹出墙的中线及边线，按位置线安装门窗洞口模板，下木砖或预埋件，根据边线先立一侧模板，待钢筋绑扎完毕后，再立另一侧模板。面板板与板之间的拼缝宜用双面胶条密封。

2) 模板安装：墙模板面板宜预先与内龙骨（50mm×100mm方木）钉成大块模板，内龙骨可横向布置，也可竖向布置；外龙骨可用木方（或 $\phi48×3.5$ 钢管）与内龙骨垂直设置，用"3"形卡及穿墙螺栓固定。内、外龙骨间距应经过计算确定，当采用12mm厚胶合板时，内龙骨间距不宜大于300mm。墙体外侧模板（如外墙、电梯井、楼梯间等部位）下口宜包住下层混凝土100～200mm，以保证接槎平整、防止错台。

3) 为了保证墙体的厚度正确，在两侧模板之间应设撑头。撑头可在墙体钢筋上焊接定位钢筋，也可用对拉螺栓代替（见图4.3.3.4）。

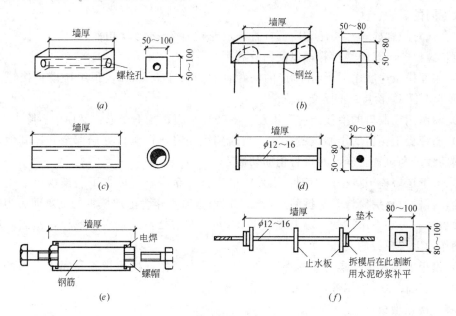

图 4.3.3.4 撑头

(a) 有穿墙螺栓孔混凝土撑头（也可制作成三角形）；(b) 预埋钢丝混凝土撑头；
(c) 钢管、塑料管撑头；(d) 钢板撑头；(e) 螺栓撑头；(f) 止水板撑头

为了防止浇筑混凝土时胀模，应用对拉螺栓固定两侧模板。对拉螺栓宜用 $\phi12$～$\phi25$mm HPB235钢筋制作，其纵横向间距，一个方向同外龙骨间距，另一个方向根据计算确定。

(2) 组合钢模板

1) 采用组合式钢模板作墙模板，应根据墙面尺寸进行模板组拼设计，模板一般采用竖向组拼，组拼时应尽量采用较大规格的模板。模板内外龙骨宜采用 $\phi48×3.5$mm双钢管，3形卡和钩头螺栓固定。龙骨间距根据计算确定，但最大间距不宜大于750mm。

2）墙模板安装可采用单块就位组拼和预组拼成大块再用吊车安装两种：

a 单块就位组拼：在墙体钢筋绑扎、墙内预留、预埋安装完毕并经隐蔽验收后，从墙体两侧同时自一端开始，向另一端拼装第一层钢模板。当完成第一层模板后，可安装内龙骨，内龙骨与模板肋用钩头螺栓紧固。当钢楞长度不够需要接长时，接头处要增加同样数量的钢楞。然后再逐层组拼其上各层模板。模板自下而上全部组拼完成后，安装外龙骨。外龙骨用3形卡和穿墙螺栓对接固定。然后用斜撑校正墙体模板垂直度，并加固固定。

b 预组拼模板安装：应边就位、边校正，并随即安装各种连接件、支撑件或加设临时支撑。必须待模板支撑稳固后，才能脱钩。当墙面较大，模板需分几块预拼安装时，模板之间应按设计要求增加纵横附加钢楞。当设计无规定时，连接处的钢楞数量和位置应与预组拼模板上的钢楞数量和位置等同。附加钢楞的位置在接缝处两边，与预组拼模板上钢楞的搭接长度，一般为预组拼模板全长（宽）的15％～20％。

(3) 墙模板安装注意事项

1) 穿墙螺栓规格和间距应按模板设计的规定边安装边校正，并随时注意使两侧穿孔的模板对称放置，以使穿墙螺栓与墙模保持垂直。穿墙螺栓的设置，应根据不同的穿墙螺栓采取不同的做法：

组合式对拉螺栓——要注意内部杆拧入尼龙帽有7～8个丝扣；

通长螺栓——套硬塑料管，以便回收利用。

2) 相邻模板边肋用U形卡连接的间距，不得大于300mm，预组拼模板接缝处宜满装U形卡，且U形卡要正反交替安装。

3) 预留门窗洞口的模板，应有锥度，安装要牢固，既不变形，又便于拆除。

4) 墙模板上预留的小型设备孔洞，当遇到钢筋时，在洞口处局部绕开，其他位置应保证钢筋数量和位置正确，不得将钢筋切断。

5) 上下层墙模板接槎的处理：当采用单块就位组拼时，可在下层模板上端设一道穿墙螺栓，拆模时该层模板暂不拆除，在支上层模板时，作为上层模板的支承面。当采取预组拼模板时，可在下层混凝土墙上端往下200mm左右处，设置水平螺栓，紧固一道通长的角钢作为上层模板的支托。

6) 模板安装校正完毕，应检查扣件、螺栓是否紧固，模板拼缝及底边是否严密，门洞边的模板支撑是否牢靠等，并办理预检手续。

4.3.3.5 楼板模板

1 工艺流程：

支架搭设→龙骨铺设、加固→楼板模板安装→楼板模板预检

2 施工要点

(1) 楼板模板支架搭设：楼板模板支架搭设要点同本标准第4.3.3.3条中的梁模板支架搭设，一般应与梁模板支架统一布置。为加快模板周转，模板下立杆可部分采用"早拆柱头"，使模板拆除时，带有"早拆柱头"的立杆仍保持不动，继续支撑混凝土，从而减小新浇混凝土的支撑跨度，使拆模时间大大提前。使用碗扣式脚手架作支撑架配备"早拆柱头"，一般配置2.5～3层楼立杆、1.5～2层横杆、1～1.5层模板，即能满足三层周转的需要。"早拆柱头"应根据楼板跨度设置，跨度4m以内，可在跨中设一排；6m以内设两排；8m以内设三排，即可将新浇混凝土的支撑跨度减小至2m以内，从而使新浇混凝

土要求的拆模强度从100%或75%减小到50%。

(2) 模板安装

1) 采用竹(木)胶合板作楼板模板,一般采用整张铺设、局部小块拼补的方法,模板接缝应设置在龙骨上。大龙骨常采用方木或φ48×3.5双钢管,其跨度取决于支架立杆间距;小龙骨一般采用50mm×100mm方木(立放),其间距300~400mm为宜(当采用12mm厚胶合板时宜取300mm),其跨度由大龙骨间距决定。大小龙骨跨度均需根据楼板厚度和所采用的施工方法,经计算确定。

2) 采用组合式钢模板作楼板模板时,大龙骨可采用φ48×3.5双钢管、冷轧轻型卷边槽钢、轻型可调桁架等,其跨度经计算确定;小龙骨可采用φ48×3.5双钢管或方木,其间距不大于600mm,即保证每一块模板长度内有两根龙骨,小龙骨的跨度(即大龙骨间距)由计算确定。应尽量采用大规格模板,以减少模板拼缝。模板拼缝处应用U形卡连接,模板端头缝设于龙骨跨中时,应增设L形插销。

模板铺设:模板采用单块就位组拼,宜以每个节间从四周先用阴角模板与墙、梁模板连接,然后向中央铺设,不合模数时用木板嵌补,应放在每开间的中间部位。相邻两板边肋应按设计要求用U形卡连接,也可以用钩头螺栓与钢龙骨连接。

楼板模板安装时,先拉通线调节支架的高度,将大龙骨找平,架设小龙骨,铺设模板。楼面模板铺完后,应认真检查支架是否牢固,并将模板清扫干净。

3) 模板的接缝应严密不漏浆,当不能满足拼缝要求时,应用橡皮条、海绵条嵌缝,以免漏浆。

(3) 采用桁架作支撑结构时,一般应预先支好梁、墙模板,然后将桁架按模板设计要求支设在梁侧模通长的型钢或方木上,调平固定后再铺设模板,见图4.3.3.5-1。

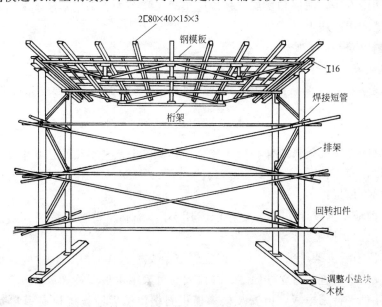

图4.3.3.5-1 桁架支设楼板模板示意图

(4) 当墙体或梁、柱已先行施工,板下有空间作业时,可采用吊挂支模(图4.3.3.5-2),以节约支撑材料。

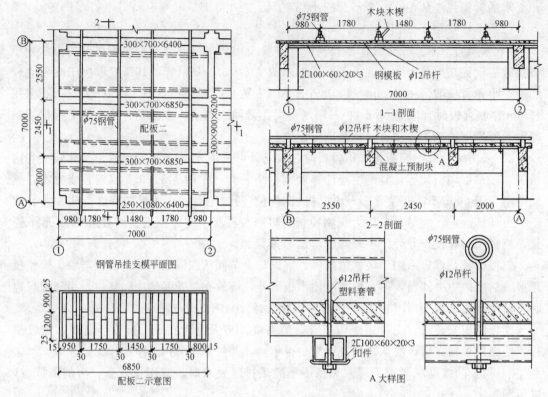

图 4.3.3.5-2 楼板模板吊挂支模示例

(5) 注意事项：

底层地面应夯实，底层和楼层立柱均应垫通长脚手板。采用多层支架时，上下层立柱应在同一条竖向中心线上。

4.3.3.6 楼梯模板

1 工艺流程

弹控制线→支架搭设→铺底模（含外帮板）→钢筋绑扎→楼梯踏步模板→模板检查验收

2 施工要点

(1) 常见的楼梯有板式楼梯和梁式楼梯，其支模工艺基本相同，其中休息平台模板的支设方法与楼板模板相同。

(2) 楼梯段模板：

1) 施工前应根据设计图纸放大样或通过计算，配制出楼梯外帮板（或梁式楼梯的斜梁侧模板）、反三角模板、踏步侧模板等。

2) 楼梯段模板支架可采用方木、钢管或定型支柱等作立柱。立柱应与地面垂直，斜向撑杆与梯段基本垂直并与立柱固定。梯段底模可采用木板、竹（木）胶合板或组合钢模板。先安装休息平台梁模板，再安装楼梯模板斜楞，然后铺设楼梯底模和安装外侧帮模板，绑扎钢筋后再安装反三角模板和踏步立板。楼梯踏步亦可采用定型钢模板整体支拆。

4.3.3.7 密肋楼板模壳

1 工艺流程

抄平放线→立支柱、安装水平拉杆→框架梁支模→在梁侧模板上分出模壳位置线→安装支托角钢（或桁架梁）→排放模壳→堵气孔→刷脱模剂→用胶带堵缝

2 施工要点

(1) 支撑系统安装：

1) 钢支柱的基底应平整坚固，柱底垫通长垫木，楔子楔紧，并用钉子固定；

2) 支柱的平面布置应设在模壳的四角点支撑上，对于大规格的模壳，主龙骨支柱可适当加密；

3) 按照设计标高调整支柱高度。支柱高度超过3.5m时，每隔2m设置纵横水平拉杆一道；当采用碗扣架时应每隔1.2m设置水平拉杆一道，以增加支柱稳定性并可作为操作架子；

4) 用螺栓将龙骨托座（或柱头板）安装在支柱顶板上；

5) 龙骨放置在托座上，找平调直后安装∟50×5角钢（或将桁架梁两端之舌头挂于柱头板上）。安装龙骨或桁架梁时应拉通线控制，以保证间距准确；

6) 模壳的施工荷载宜控制在$25\sim30N/mm^2$。

(2) 模壳安装：

1) 模壳排列原则：在一个柱网内，由中间向两边排列。边肋不能使用模壳时，用木模板嵌补；

2) 安装主龙骨时要拉通线，间距要准确，做到横平竖直。根据已分好的模壳线，将模壳依次排放在主龙骨两侧角钢上（或桁架梁的翼缘上）；

3) 相邻模壳之间接缝处用胶带将缝隙粘贴封严，防止漏浆。采用气动拆模时，气嘴应先封闭，用约50mm×50mm的胶布粘贴（作为预检项目检查），浇筑混凝土时应设专人看管；

4) 模壳安装好以后应再涂刷一遍脱模剂。

4.3.3.8 压型钢板模板

1 压型钢板模板为永久性模板，是采用镀锌或经防腐处理的薄钢板，经冷轧成具有梯波型截面的槽型钢板，多用于钢结构工程的楼板模板，也用于混凝土结构或型钢组合结构的楼板模板。压型钢板模板按其结构功能分为组合式和非组合式两种：组合式即起到模板的作用又作为现浇楼板底面的受拉钢筋，不但在施工阶段承受施工荷载和现浇层自重，在使用阶段还承受使用荷载；非组合式只作为模板功能，只承受施工荷载和现浇层自重，不承受使用阶段荷载。

2 工艺流程

抄平放线→压型钢板模板按轴线、房间位置吊装就位在钢梁或支承龙骨上→拆捆、人工铺设→校正→板端与钢梁点焊固定或与支承龙骨钉牢→支设模板临时支撑（用于混凝土梁)→模板纵向搭接点焊连接→焊接栓钉→清理模板表面→检查验收

3 施工要点

(1) 压型钢板模板施工前应做好以下准备工作：

1) 核对压型钢板模板的型号、规格和数量是否符合设计要求，检查是否有变形、翘曲、压扁、裂痕和锈蚀等缺陷，否则需经处理后方可使用。

2) 绘制压型钢板平面布置图，并按照平面布置图在钢梁或其他支承结构上标注出安装位置和模板型号。

3）与梁、柱交接处及预留孔洞处的异型模板，应事先放出大样，按大样进行切割。

4）做好压型钢板模板的封端工作。

5）按轴线或房间所需的压型钢板模板和安装顺序配套码垛堆放，以便于吊装。

6）准备好临时支撑工具。直接支承压型钢板模板的龙骨宜采用木龙骨。

7）对组合式压型钢板模板，在安装前应制定栓钉施焊工艺。

（2）压型钢板模板安装：

1）压型钢板模板在等截面钢梁上铺设时，应从一端向另一端铺设；在变截面钢梁上铺设时，应由梁中间向两端铺设。

2）铺设时相邻跨模板端头的槽口应对齐贯通。

3）模板应随铺设、随校正、随点焊或与木龙骨钉牢（混凝土结构），以防止松动、滑脱。

4）模板与钢梁的搭接支承长度不得少于50mm，焊点直径当设计无要求时，一般为12mm，焊点间距一般为200～300mm。

5）连续板支座处两模板板端搭接长度均不少于50mm，先点焊成整体，再与钢梁进行栓钉焊接锚固。如为非组合式，先在搭接处将模板钻$\phi 8$孔，间距200～300mm，再从孔中与钢梁满焊固定。

6）压型钢板模板底部应按模板在施工阶段变形量控制要求，设置临时支撑和木龙骨。木龙骨应垂直于模板跨度方向设置，模板搭接处和混凝土结构梁的端部均应设置木龙骨，端部不允许有悬臂现象。

7）楼板周边的封沿板与钢梁可采用点焊连接，焊点直径为10～12mm，焊点间距为200～300mm。并在封沿板上口加焊$\phi 6$钢筋拉结，间距亦为200～300mm，以增强封沿板的侧向刚度。

8）组合式模板与钢梁栓钉焊接时，栓钉的规格、型号和焊接位置，应按设计要求确定。但穿透模板焊接在钢梁上的栓钉，直径不得大于19mm，焊后栓钉高度应为板波高加30mm。焊前应先弹出栓钉位置线，并将模板和钢梁焊点处的表面，用砂轮打磨处理，清除油污、锈蚀和镀锌层。施焊前，应进行焊接试验，即按预定的参数焊在试件钢板上两个栓钉，冷却后做弯曲45°和敲击试验，检查是否出现裂缝和损坏。如其中有一个出现裂缝和损坏，应重新调整焊接工艺，重新做试验，直到检验合格后方可正式施焊。

（3）安装注意事项：

1）需开洞的模板，必须采取相应支撑加固措施后方可切割开洞。开洞后，洞口四周应采取防护措施。

2）安装施工用照明、动力设备的电线，应采用绝缘导线，并用绝缘支撑使电线与压型钢板模板隔离开。要经常检查线路，防止电线损坏漏电。照明行灯电压一般不得超过36V，潮湿环境不得超过12V。

3）遇雨、雪、霜、雾及六级以上大风，应停止高空作业。复工前应清除积水或积雪。

4）安装中途停歇时，应对已拆捆未安装的模板，与结构做临时固定，不得单摆浮搁。每个层段，必须待模板全部铺设连接牢固并经检查后，方可进行下道工序施工。

5）上、下层连续施工时，支撑系统应设置在同一垂直线上。

6) 已安装好的压型钢板模板，如设计无规定时，施工荷载一般不得超过2.5kN/m²，更不得对模板施加冲击荷载。

7) 吊装模板的吊具，应采取扁担式平衡吊具，吊索与模板应呈90°夹角。

4.3.3.9 全钢大模板

1 工艺流程

内外墙全现浇工程的施工，由于现浇外墙要求其混凝土强度达到7.5N/m²以上方能挂三角挂架，因此施工流水段的划分和施工周期的安排，必须满足这一要求。外墙如采用装饰混凝土时，其工艺流程必须保证外墙面光洁平整，图案、花纹清晰，线条棱角整齐。内外墙为同一品种的混凝土时，应同时进行内外墙体的施工，支设示意图见图4.3.3.9-1。其工艺流程如下：

外墙安装三角挂架、平台板及防护设施→抄平放线→安装内墙门、窗洞模板→安装内墙模板→安装外墙门、窗洞模板→安装外墙模板→调整固定

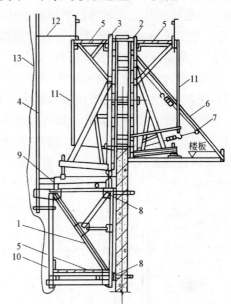

图4.3.3.9-1 大模板支设示意图

1—三角挂架；2—外墙内侧大模板；3—外墙外侧大模板；4—护身栏；5—操作平台；6—防侧移撑杆；7—防侧移位花篮螺栓；8—L形螺栓挂钩；9—模板支承滑道；10—下层吊笼吊杆；11—上人爬梯；12—临时拉结；13—安全网

2 施工要点

（1）轴线和标高引测：

1) 轴线测设。每栋建筑物的各个大角和流水段分段处，均应设置标准轴线控制桩，据此用经纬仪引测各层控制轴线。然后拉通尺放出其他墙体轴线、墙体的边线、大模板安装位置线和门洞口位置线等。采用筒模时，还应放出十字控制线。

2) 水平标高测设。每栋建筑物设标准水平控制桩1~2个，并将水平标高引测到建筑物的首层墙上，作为水平控制线。各楼层的标高均以此线为基准，用钢尺逐层引测。每个楼层设两条水平线，一条离地面500mm高，供立口和装修工程用；另一条距楼板下皮100mm，用以控制墙体找平层和楼板模板安装的高度。另外，在墙体钢筋上应弹出水平线，据此抹出砂浆找平层，以控制外墙板和大模板安装的水平度。为控制楼层标高，在确定外墙板找平层、混凝土内墙上口标高以及模板标高、砖墙顶部标高时，应预先进行抄平，并设明显标志。轴线和标高引测，均应由质量检查人员或施工员负责验线。

（2）大模板安装前的准备工作：

1) 大模板运到现场后，要清点数量，核对型号，清除表面锈蚀和焊渣，板面缝隙要用环氧腻子嵌缝，模板背面要刷好防锈漆，并用醒目字体注明模板编号，以便安装时对号入座。大模板的三角挂架、平台、护身栏以及工具箱，必须齐全。

2) 进行模板的组装和试装。混凝土结构施工前，必须对大模板的自稳角进行调试，检查地脚螺栓是否灵便。如采用筒形大模板，应事先将大模板组装好，检查支撑杆和铰链是否灵活，调试运转自如后方可使用。

在正式安装大模板之前,应先根据模板的编号进行试验性安装就位,以检查模板的各部尺寸是否合适,模板的接缝是否严密,发现问题及时修理,待解决后才能正式安装。

3) 安装模板前必须做好抄平放线工作,并在大模板下部抹好找平层砂浆,依据放线位置进行大模板的安装就位。也可以在墙体根部用专用模具先浇筑 50~100mm 的混凝土导墙,然后依据导墙位置安装模板。

(3) 内墙大模板的安装:

1) 安装大模板时应按模板编号顺序吊装就位。采用整体式大模板施工时,应先安装墙体一侧的模板,靠吊垂直后,放入穿墙螺栓和塑料套管,然后安装另一侧的模板,经靠吊垂直后,旋紧穿墙螺栓,大模板的垂直度用支腿上的地脚螺栓调节。如采用拼装式大模板,必须认真检查各个连接螺栓是否拧紧,保证模板的整体性,防止发生变形。

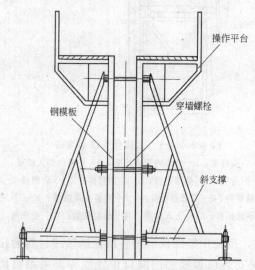

图 4.3.3.9-2 内墙大模板构造简图

2) 内墙大模板安装注意事项:

模板合模前,应检查墙体钢筋、水电管线、预埋件、门窗洞口模板和窗墙螺栓套管是否遗漏,位置是否准确,安装是否牢固,并清除模板内的杂物。

模板安装完毕后,应仔细检查扣件、螺栓是否紧固,模板拼缝是否严密,墙厚是否准确,角模与墙板拉接是否紧固。经检查合格后,方准浇筑混凝土。内墙大模板构造见图 4.3.3.9-2。

(4) 外墙大模板的安装:

1) 外墙外模板支承装置:

外墙外侧大模板在有阳台的部位,支设在阳台上,但要注意调整好水平标高。在没有阳台的部位,应搭设支模平台架,将大模板搭设在支模平台架上。支模平台架由三角挂架、平台板、安全护身栏和安全网组成。

每开间外墙由两榀三角桁架组成一个操作平台,支承外墙外模板。每榀桁架上部用 $\phi 38mm$ 直角弯头螺栓做成大挂钩,下部用 $\phi 16$ 螺栓做成小挂钩,通过墙上预留孔将桁架附着在外墙上。两榀桁架间用钢管拉接,组成操作平台,结构施工时作支承架用,装修时可改为吊篮,因此外支承架设有两层施工平台、安全护身栏杆和安全网。支承架利用塔吊逐层转移安装。

2) 外墙大模板的安装:

安装全现浇结构的悬挂外墙模板时,不得碰撞里模,以防止模板变位。外模的支承架应在下层外墙混凝土强度不低于 $7.5N/mm^2$ 时,方可支设。

安装大模板之前,必须先安装好三角挂架和平台板。利用外墙上的穿墙螺栓孔,插入连接螺栓,在墙内侧放好垫板,旋紧螺母。然后将三角挂架勾挂在螺栓上,再安装平台板。也可将平台板与三角挂架预先连接为一体,进行整体安装和拆除。当螺栓在门窗洞口上侧穿过时,要防止碰坏已浇筑的混凝土。外墙大模板支撑系统见图 4.3.3.9-3。

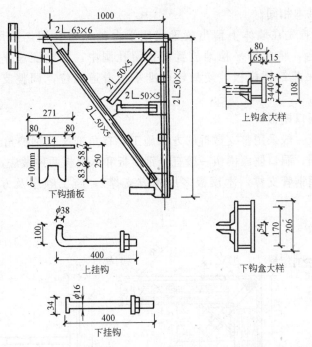

图 4.3.3.9-3　外墙大模板支撑系统

放好模板的位置线：若采用装饰混凝土时，应把下层外墙竖向装饰线条的中线，引至外侧模板的下口，作为安装该层竖向衬模的基准线，以保证上、下楼层线条的顺直。在外侧墙面上距层高 100mm 处弹出楼层的水平标高线，作为模板和阳台底板施工的依据。防止因阳台底板施工不平而造成外侧大模板高低不平，出现装饰混凝土线条和门窗洞口错位等现象。

外墙大模板上的门窗洞口必须安装牢固，垂直方正。

外侧大模板之间的墙缝模板条必须与大模板缝隙严密，连接紧固，防止松动错位。常用接缝构造见图 4.3.3.9-4。

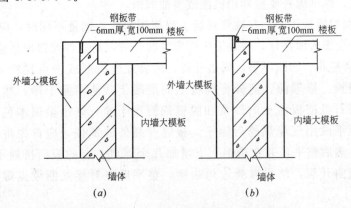

图 4.3.3.9-4　外墙大模板楼层接缝节点做法
(a) 楼层墙体接缝节点（做法一）；(b) 楼层墙体接缝节点（做法二）

(5) 筒体模板安装

1) 筒体模板从角模的形式上分一般有铰接式筒体模板和角模式筒体模板两种。两种模板的施工顺序基本相同。

2）施工时，首先在墙体上留出放置底座平台的预留孔洞，并用同标号砂浆找平，然后吊起支模平台，将爬脚平稳地放置在预留孔洞中，调整底座平台，用楔子把平台四周固定牢靠；吊起筒体模板，使滑轮对准平台滑道就位，调整支撑到位并加固，支模完毕。

(6) 门窗、洞口模板

门窗洞口模板一般采用整支散拆的方法施工，在角部配置钢护角，以保证洞口方正。按照所用材质不同，洞口侧面模板一般有全钢模板和木模板两种做法，仅内部支撑的做法不同（钢模板可用钢管支撑，木模板多用木方支撑），施工顺序及方法基本一致。见图4.3.3.9-5。

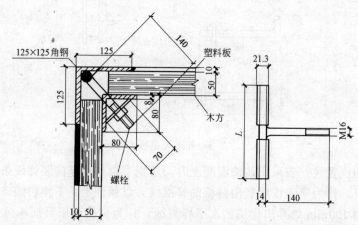

图 4.3.3.9-5 门窗洞口模板角部节点

(7) 大模板维护

1）每次拆模后，必须及时清除钢板表面的混凝土残渣和水泥浆，涂刷隔离剂。模板零件应妥善保存，宜设置专用零件箱，附设在模板背面，拆下的零件集中存放于箱内，可随模板一起吊运。螺母螺杆要经常用机油或黄油润滑。

2）一个工程的模板用毕，在转移到新工程使用前或者搁置不用时，应进行一次彻底的清理。零件应全部入库保存，残缺丢失件要及时补齐，易损件要留出足够的备件。

3）发现板面翘曲、凹凸不平、周边开焊、地脚螺丝折断或护身栏杆弯折等情况时，要及时修理或更换。修理前，应先将模板上的混凝土残渣清除干净，然后将模板板面向上放平，用磨石机把板面上的砂浆和脱模剂打磨干净，露出金属本色。板面凸出部分可用千斤顶压平或用气焊烘烤后砸平。板缝开裂外鼓部位，应首先将缝中沾上的混凝土清除干净，然后整平，并在槽钢上下增加几个焊点。有的板面拼缝不在槽钢肋上，常向前后两面翘曲开裂，整平时要边烤边砸，整平后在对接处断续点焊，然后用砂轮磨平焊缝。

边部翘曲时，用槽钢和千斤顶或校正器校正（图4.3.3.9-6），边部开口部位则用电焊断续焊牢。模板角部由于施工撞、砸，多向后弯，且造成骨龙变形，可先用气焊烘烤，边烤边砸，恢复原状。

模板平放的修理项目完成后，再将模板立起，修整穿墙螺孔处板面的凹凸。如板面凸

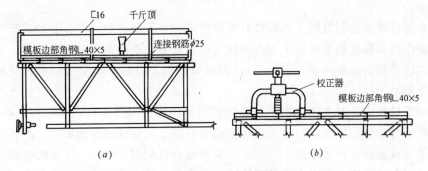

图 4.3.3.9-6 模板边部校直
(a) 千斤顶校直；(b) 校正器校直

出，先用气焊烘烤，然后用锤砸平；如板面凹进，则在板面与纵向龙骨之间放上丝杠，拧紧螺母，把板面顶回原来位置。整平后，在螺孔两侧焊上两条角钢或扁钢，以加强螺孔处的板面刚度（见图 4.3.3.9-7）。如原模板的横肋间距过大，可适当增加加劲肋，以增强板面的刚度。

对损坏严重的模板（如横肋的弯曲、钢板面过于凹凸不平等），需进行大修。

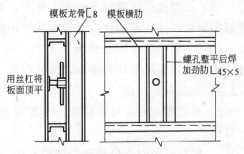

图 4.3.3.9-7 螺孔整平示意图

4.3.3.10 现场预制构件模板

1　现场生产的预制构件分为大型构件和小型构件。大型构件有：预制柱、预制梁、薄腹梁、预制梯形屋架等；小型构件有：檩条、过梁、沟盖板、洗池等。现场大型预制构件模板，底模常采用土胎模，侧模采用木模板（板面包铁皮）；小型构件常采用木模板在混凝土地坪上生产或钢模板翻转模板。

2　工艺流程

场地平整夯实→抹胎模→养护
　　　　　　　　　　　　　　→刷隔离剂→支模→模板检查验收
放样→模板配制

3　施工要点

（1）大型构件的底模场地必须平整夯实，可用砂石或石屑加适量粘土回填后夯打密实，四周做排水沟。

（2）大型构件采用叠层生产时，高度一般不宜超过四层。在抹砂浆底模前，应在底模下沿构件轴线方向每 600～800mm 横放一根 50mm×100mm 或 100mm×100mm 方木，以扩大地面承载面积和固定侧模斜撑使用。

（3）场地平整夯实后，抹 20mm 厚 1：3 水泥砂浆底模或用细石混凝土 30～50mm 厚随打随抹光作底模。底模表面应仔细找平和压光，初凝后按构件尺寸放线，沿线切除多余的砂浆或细石混凝土。在上面边沿压靠尺，将底模侧面抹直抹光，保证支侧面模板时能够紧贴无缝隙。工字形柱、薄腹梁采用侧卧生产时，底芯模可采用四周砌 120 砖墙，中间用黏性土充填，木夯夯实，表面拍平，然后用水泥砂浆按要求的形状抹成芯模。

（4）水泥砂浆或细石混凝土底模抹好终凝后应充分保湿养护，防止开裂或起砂。

（5）制作侧面模板的木料应采用自然风干的红松或白松经两面刨光后使用，模板拼缝应严密。周转使用的模板内侧宜钉0.5mm厚镀锌钢板，以防止木模板吸水后变形，影响周转使用效果。

（6）侧面模板支设时先将模板下口紧贴底胎模，然后用挡木钉在预埋的下部方木上，以固定模板下口位置；模板上口采用搭头木或卡具固定，保证构件断面尺寸准确。模板两侧加固斜撑与地面的夹角可采用45°～60°，如模板高度超过700mm时可在中部加对拉螺栓或另加一层斜撑加固。侧卧生产的薄腹梁、工字型柱的上芯模应用压木与侧面模板固定牢固，以防止浇筑混凝土时上浮。

（7）模板隔离剂应在支模前涂刷，以防污染钢筋。

（8）小型构件在混凝土地坪上生产，混凝土地坪应平整光洁，无裂缝或起砂等缺陷。模板配制要求同大型构件，支模前应涂刷隔离剂。

（9）小型构件采用翻转模板生产，应加工定型钢模板，模板支架构造应便于人工翻转，模板内要有一定的斜度，以便于脱模。

4.3.4 成品保护措施

1 模板搬运时应轻拿轻放，不准碰撞柱、墙、梁、板等混凝土，以防模板变形和损坏结构。

2 模板安装时不得随意在结构上开洞；穿墙螺栓通过模板时，应尽量避免在模板上钻孔；在砖墙上支圈梁模板时，防止剔凿梁底砖墙，以免造成松动；不得用重物冲击已安装好的模板及支撑。

3 与混凝土接触的模板表面应认真涂刷脱模剂，不得漏涂，涂刷后如被雨淋，应补刷脱模剂。

4 模板支好后，应保持模内清洁，防止掉入砖头、砂浆、木屑等杂物。

5 搭设脚手架时，严禁与模板及支柱连接在一起。

6 不准在吊模、桁架、水平拉杆上搭设跳板，以保证模板牢固稳定不变形。浇筑混凝土时，在芯模四周要均匀下料及振捣。

7 不得在模板平台上行车和堆放大量材料和重物。

8 大模板施工混凝土浇筑速度小于2m/h，在混凝土强度达到7.5MPa之前，不得提升平台到上一层。

模板提升时应保持水平、四点起吊，平台上严禁载人载物，起吊时，注意与墙体保持距离，以免碰坏墙体，损坏模板。

筒体混凝土初凝后即可提升筒模，防止停留时间过长造成拆模困难。

铰接式筒体模板需防止折页处漏浆影响其转动，故支模前应先用胶带粘贴于折页处，以保护折页角模。

9 已安装好的压型钢板模板，如设计无规定时，施工荷载一般不得超过2.5kN/m²，更不得对模板施加冲击荷载。吊装压型钢板的吊具，应采用扁担式平衡吊具，吊索与模板应呈90°夹角。

10 在模板上进行钢筋、铁件等焊接工作时，必须用石棉板或薄钢板隔离。

4.3.5 安全、环保措施
4.3.5.1 安全措施

1 安装模板操作人员应戴安全帽，高空作业应挂好安全带。

2 模板安装应按顺序进行，模板及支撑系统在未固定前，严禁利用拉杆上下人。

3 模板安装应在牢固的脚手架上进行，如中途停歇，应将就位的支柱、模板联结稳固，不得架空搁置，以防掉下伤人。

4 对高楼层的无梁楼盖模板，为防止模板及其支架在风载荷作用下倾倒，应从构造上采取措施，与已浇筑完混凝土的下层楼盖固定，或设侧向支点或缆风绳固定，模板及其支架的抗倾倒系数不应小于1.15。六级以上大风天，不得安装模板。

5 在钢模板上架设的电线和使用的电动工具，应采用36V的低压电源。

6 登高作业时，模板连接件必须放在箱盒或工具袋中，严禁放在模板或脚手板上，扳手等各类工具必须系挂在身上或置放于工具袋内，不得掉落。在脚手架或操作台上堆放模板时，应按规定码放平稳，防止脱落并不得超载。

7 钢模板用于高层建筑施工时，应有防雷击措施。

8 安装模板，必须有稳固的登高工具或脚手架，高度超过3.5m时，必须搭设脚手架。安装梁模板及梁、柱接头模板的支撑架或操作平台必须支搭牢固。模板的预留孔洞、电梯井口等处，应加设防护网，防止人员和物体坠落。

9 地面以下支模，应先检查土壁的稳固情况，遇有裂缝或土方险情时，应先排除险情，方准进行作业。基槽上口1m以内，不得堆放模板、支撑件等。

10 安装墙、柱模板时，应随时支撑固定。在模板的紧固件、连接件、支承件未安装完毕前，不得站立在模板上操作。

11 安装模壳时，垂直运送模壳、配件等上下应配合接应，禁止抛掷，同时应注意防火。

12 墙、柱模板的支撑必须牢固，确保整体稳定。高度在4m以上的柱模，应四面设支撑或缆绳。当柱模超过6m时，宜群体或成列同时支模，并及时设置柱间支撑，形成整体的构架体系。水平拉杆避免钉在脚手架或脚手板等不稳定的部件上，以防松动、失稳。

13 浇筑混凝土时，应设专人看护模板，如发现模板倾斜、位移、局部鼓胀时，应及时采取紧固措施，方可继续施工。

14 大模板安装安全措施：

（1）大模板存放时应满足自稳角要求，并应采取板面对板面的存放方法。长期存放模板，要将模板联成整体。

（2）大模板存放在施工楼层上，必须有可靠的防倾倒措施，不得沿外墙周边放置，要垂直于外墙存放。

（3）没有支撑或自稳角不足的大模板，要存放在专用的堆放架上，或者平卧堆放。不得靠在其他模板或构件上，严防下脚滑移倾倒。

（4）模板起吊前，应将吊车的位置调整适当，做到稳起稳落，就位准确，禁止用人力搬动模板。严防模板大幅度摆动或碰倒其他模板；检查吊装用绳索、卡具及每块模板上的吊环是否完整有效，并应先拆除一切临时支撑，经检查无误后方可起吊。

(5) 筒模可用拖车整体运输，也可拆成平模用拖车水平叠放运输。平模叠放时，垫木必须上下对齐，绑扎牢固。用拖车运输，车上严禁坐人。

(6) 安装外墙外侧模板时，必须待支腿安放牢固，位置调整准确后，方可摘钩。外侧模安装后，要立即穿好销杆，紧固螺栓。安装外侧模板的操作人员必须挂好安全带。

(7) 大模板安装时，指挥和挂钩人员，必须站在安全可靠的地方方可操作，严禁人员随大模板起吊。

(8) 大模板必须有操作平台、上下梯道、走桥和防护栏杆等附属设施。如有损坏，应及时修理。

(9) 模板安装就位后，要采取防止触电的保护措施，要设专人将大模板串联起来，并同避雷网接通，防止漏电伤人。

(10) 大模板和预制构件的存放场地必须平整坚实，不得存放在松土和凹凸不平的地方。雨期施工不得积水。在雨天或冻土融化期，存放处应在支点处垫木板或方木，防止地面下陷，模板和构件倾倒。堆放模板处严禁坐人或逗留。

(11) 当风力为5级时，仅允许吊装1～2层模板和构件。风力超过5级，应停止吊装。

(12) 大模板安装就位后，为便于浇捣混凝土，两道墙模板平台间应搭设临时走道，严禁在外墙板上行走。

4.3.5.2 环保措施

1 模板安装时，应注意控制噪声污染。

2 木模板加工过程中使用电锯、电刨，应在室内作业，注意控制噪音。在居民稠密区夜间施工应遵守当地规定，防止噪声扰民。

3 加工木模板产生的锯末、碎木要严格按照固体废弃物处理程序处理，避免污染环境。

4 涂刷隔离剂时要防止撒漏，以免污染环境。

4.3.6 质量标准

Ⅰ 主控项目

4.3.6.1 安装现浇结构的上层模板及其支架时，下层楼板具有承受上层荷载的承载能力，或加设支架；上、下层支架的立柱应对准，并铺设垫板。

检查数量：全数检查。

检验方法：对照模板设计文件和施工方案观察。

4.3.6.2 在涂刷模板隔离剂时，不得沾污钢筋和混凝土接槎处。

检查数量：全数检查。

检验方法：观察。

Ⅱ 一般项目

4.3.6.3 模板安装应满足下列要求：

1 模板的接缝不应漏浆；在浇筑混凝土前，木模板应浇水湿润，但模板内不应有积水。

2 模板与混凝土的接触面应清理干净并涂刷隔离剂，但不得采用影响结构性能或妨碍装饰工程施工的隔离剂。

3 浇筑混凝土前,模板内的杂物应清理干净。

4 对清水混凝土工程及装饰混凝土工程,应使用能达到设计效果的模板。

检查数量:全数检查。

检验方法:观察。

4.3.6.4 用作模板的地坪、胎模等应平整光洁,不得产生影响构件质量的下沉、裂缝、起砂或起鼓。

检查数量:全数检查。

检验方法:观察。

4.3.6.5 对跨度不小于4m的现浇钢筋混凝土梁、板,其模板应按设计要求起拱;当设计无具体要求时,起拱高度宜为跨度的1‰~3‰。

检查数量:在同一检验批内,对梁,应抽查构件数量的10%,且不少于3件;对板,应按有代表性的自然间抽查10%,且不少于3间;对大空间结构,板可按纵、横轴线划分检查面,抽查10%,且不少于3面。

检验方法:水准仪或拉线、钢尺检查。

4.3.6.6 固定在模板上的预埋件、预留孔和预留洞均不得遗漏,且应安装牢固,其偏差应符合表4.3.6.6的规定。

表4.3.6.6 预埋件和预留孔洞的允许偏差

项 目		允许偏差(mm)
预埋钢板中心线位置		3
预埋管、预留孔中心线位置		3
插筋	中心线位置	5
	外露长度	+10,0
预埋螺栓	中心线位置	2
	外露长度	+10,0
预留洞	中心线位置	10
	尺寸	+10,0

注:检查中心线位置时,应沿纵、横两个方向量测,并取其中的较大值。

检查数量:在同一检验批内,对梁、柱和独立基础,应抽查构件数量的10%,且不少于3件;对墙和板,应按有代表性的自然间抽查10%,且不少于3间;对大空间结构,墙可按相邻轴线间5m左右划分检查面,板可按纵横轴线划分检查面,抽查10%,且均不少于3面。

检验方法:钢尺检查。

4.3.6.7 现浇结构模板安装的偏差应符合表4.3.6.7的规定。

检查数量:在同一检验批内,对梁、柱和独立基础,应抽查构件数量的10%,且不少于3件;对墙和板,应按有代表性的自然间抽查10%,且不少于3间;对大空间结构,墙可按相邻轴线间5m左右划分检查面,板可按纵横轴线划分检查面,抽查10%,且均不少于3面。

4.3.6.8 预制构件模板安装的偏差应符合表4.3.6.8的规定。

表 4.3.6.7　现浇结构模板安装的允许偏差及检验方法

项　目		允许偏差(mm)	检验方法
轴线位置		5	钢尺检查
底模上表面标高		±5	水准仪或拉线、钢尺检查
截面内部尺寸	基础	±10	钢尺检查
	柱、墙、梁	+4,-5	钢尺检查
层高垂直度	不大于5m	6	经纬仪或吊线、钢尺检查
	大于5m	8	经纬仪或吊线、钢尺检查
相邻两板表面高低差		2	钢尺检查
表面平整度		5	2m靠尺和塞尺检查

注：检查轴线位置时，应沿纵、横两个方向量测，并取其中的较大值。

表 4.3.6.8　预制构件模板安装的允许偏差及检验方法

项　目		允许偏差(mm)	检　验　方　法
长度	板、梁	±5	钢尺量两角边，取其中较大值
	薄腹梁、桁架	±10	
	柱	0,-10	
	墙板	0,-5	
宽度	板、墙板	0,-5	钢尺量一端及中部，取其中较大值
	梁、薄腹梁、桁、柱	+2,-5	
高(厚)度	板	+2,-3	钢尺量一端及中部，取其中较大值
	墙板	0,-5	
	梁、薄腹梁、桁架、柱	+2,-5	
侧向弯曲	梁、板、柱	$L/1000$ 且≤15	拉线、钢尺量最大弯曲处
	墙板、薄腹梁、桁梁	$L/1500$ 且≤15	
板的表面平整度		3	2m靠尺和塞尺检查
相邻两板表面高低差		1	钢尺检查
对角线差	板	7	钢尺量两个对角线
	墙板	5	
翘曲	板、墙板	$L/1500$	调平尺在两端量测
设计起拱	薄腹梁、桁架、梁	±3	拉线、钢尺量跨中

注：L 为构件长度(mm)。

检查数量：首次使用及大修后的模板应全数检查，使用中的模板应定期检查。

4.3.7　质量验收

1　模板验收检验批的划分按本标准第3.0.5条执行。

2　验收组织和程序按本标准第3.0.10条规定执行。

3　模板安装工程检验批质量验收记录按表4.3.7-1"模板安装工程检验批质量验收记录表"和表4.3.7-2"预制构件模板工程检验批质量验收记录表"填写。

表 4.3.7-1 模板安装工程检验批质量验收记录表
GB 50204—2002

单位(子单位)工程名称						
分部(子分部)工程名称				验收部位		
施工单位				项目经理		
施工执行标准名称及编号						
		施工质量验收规范的规定			施工单位检查评定记录	监理(建设单位)验收记录
主控项目	1	模板支撑、立柱位置和垫板		第4.3.6.1		
	2	避免隔离剂沾污		第4.3.6.2		
一般项目	1	模板安装的一般要求		第4.3.6.3		
	2	用作模板地坪、胎模质量		第4.3.6.4		
	3	模板起拱高度		第4.3.6.5		
	4	预埋件、预留孔允许偏差	预埋钢板中心线位置(mm)	3		
			预埋管、预留孔中心线位置(mm)	3		
			插筋 中心线位置(mm)	5		
			插筋 外露长度(mm)	+10,0		
			预埋螺栓 中心线位置(mm)	2		
			预埋螺栓 外露长度(mm)	+10,0		
			预留洞 中心线位置(mm)	10		
			预留洞 尺寸(mm)	+10,0		
	5	模板安装允许偏差	轴线位置(mm)	5		
			底模上表面标高(mm)	±5		
			截面内部尺寸(mm) 基础	±10		
			截面内部尺寸(mm) 柱、墙、梁	+4,-5		
			层高垂直度(mm) 不大于5m	6		
			层高垂直度(mm) 大于5m	8		
			相邻两板表面高低差(mm)	2		
			表面平整度(mm)	5		

施工单位检查评定结果	专业工长(施工员)	施工班组长	
	项目专业质量检查员：		年 月 日

监理(建设)单位验收结论	
	专业监理工程师(建设单位项目专业技术负责人)：　　年 月 日

注：表中"规范规定"引用条款编号为本标准编号，内容为等同采用《混凝土结构工程施工质量验收规范》GB 50204—2002相应条款内容(本标准下同)。

表 4.3.7-2 预制构件模板工程检验批质量验收记录表
GB 50204—2002

单位(子单位)工程名称					
分部(子分部)工程名称				验收部位	
施工单位				项目经理	
施工执行标准名称及编号					

		施工质量验收规范的规定			施工单位检查评定记录	监理(建设单位)验收记录
主控项目	1	避免隔离剂沾污		第 4.3.6.2		
一般项目	1	模板安装的一般要求		第 4.3.6.3		
	2	用作模板地坪、胎模质量		第 4.3.6.4		
	3	模板起拱高度		第 4.3.6.5		
	4	预埋件、预留孔允许偏差	预埋钢板中心线位置(mm)	3		
			预埋管、预留孔中心线位置(mm)	3		
			插筋 中心线位置(mm)	5		
			插筋 外露长度(mm)	+10,0		
			预埋螺栓 中心线位置(mm)	2		
			预埋螺栓 外露长度(mm)	+10,0		
			预留洞 中心线位置(mm)	10		
			预留洞 尺寸(mm)	+10,0		
	5	预制构件模板允许偏差	长度(mm) 板、梁	±5		
			长度(mm) 薄腹梁、桁梁	±10		
			长度(mm) 柱	0,−10		
			长度(mm) 墙板	0,−5		
			宽度(mm) 板、墙板	0,−5		
			宽度(mm) 梁、薄腹梁、桁架、柱	+2,−5		
			高(厚)度(mm) 板	+2,−3		
			高(厚)度(mm) 墙板	0,−5		
			高(厚)度(mm) 梁、薄腹梁、桁架、柱	+2,−5		
			侧向弯曲(mm) 梁、板、柱	$L/1000$ 且≤15		
			侧向弯曲(mm) 墙板、薄腹梁、桁架	$L/1500$ 且≤15		
			板的表面平整度(mm)	3		
			相邻两板表面高低差(mm)	1		
			对角线差(mm) 板	7		
			对角线差(mm) 墙板	5		
			翘曲 板、墙板	$L/1000$		
			设计起拱(mm) 薄腹梁、桁架、梁	±3		

施工单位检查评定结果	专业工长(施工员)		施工班组长	
	项目专业质量检查员:			年 月 日

监理(建设)单位验收结论	
	专业监理工程师(建设单位项目专业技术负责人): 年 月 日

注:L 为构件长度(mm)。

4.4 模板拆除

4.4.1 施工准备
4.4.1.1 技术准备
　　1 经复核混凝土强度已经达到拆模要求。
　　2 编制模板拆除方案。
　　3 向操作人员交底。
4.4.1.2 主要机具
　　模板拆除机具准备：塔吊、气泵、大锤、撬杠、起钉器、扳手、绳索等。
4.4.2 施工工艺
4.4.2.1 施工程序
　　拆模程序一般是：先支的后拆，后支的先拆；先拆非承重部位，后拆承重部位；肋形楼盖应先拆柱、墙模板，再拆楼板底模、梁侧模板，最后拆梁底模板。
4.4.2.2 施工要点
　　1 柱、墙、梁、板模板的拆除必须待混凝土达到设计或规范要求的脱模强度。柱模板应在混凝土强度能保证其表面及棱角不因拆模而受损坏时，方可拆除；墙模板必须待混凝土强度达到1.2MPa以上时，方可拆除；板与梁模板的拆模强度应符合设计要求，当设计无具体要求时，应符合本标准表4.4.5.1的规定。
　　2 竹、木胶合模板拆除
　　(1) 梁和圈梁侧模板应在保证混凝土表面及棱角不因拆模而受损伤时方可拆除；如圈梁在拆模后接着砌筑砖墙时，则圈梁混凝土应达到设计强度等级的25%方可拆除。
　　(2) 多层楼板支柱的拆除：当上层楼盖正在浇筑混凝土时，下层楼板的模板和支柱不得拆除；再下一层楼板的模板和支柱应视新浇混凝土楼层荷载和本楼层混凝土强度通过计算确定。
　　3 组合钢模板的拆除
　　(1) 柱模板拆除，先拆柱斜拉杆或斜支撑，再拆柱箍和对拉螺栓，接着拆连接模板的U形卡或L形插销，然后用撬杠轻轻撬动模板，使模板与混凝土脱离，即可将模板运走。
　　(2) 墙模板拆除，先拆斜拉杆或斜支撑，再拆除穿墙螺栓及纵横钢楞，接着将U形卡或L形插销等附件拆下，然后用撬杠轻轻撬动模板，使模板脱离开墙面，即可将模板吊运走。
　　(3) 楼板、梁模板拆除：
　　1) 先拆梁侧帮模，再拆除楼板、底模板；楼板底模板拆除应先拆支柱水平拉杆或剪刀撑，再拆U形卡，然后拆楼板模板支柱，每根大钢楞留1~2根支柱暂不拆。
　　2) 操作人员站在已拆除模板的空档，再拆除余下的支柱，使钢楞自由落下。
　　3) 用钩子将模板钩下，或用撬杠轻轻撬动模板，使模板脱离，待该段模板全部脱模后，运出集中堆放。
　　4) 楼层较高，采用双层排架支模时，先拆除上层排架，使钢楞和模板落在底层排架上，上层钢模板全部运出后，再拆下层排架。

5）梁底模板拆除，有穿墙螺栓者，先拆掉穿墙螺栓和梁托架，再拆除梁底模。拆除跨度较大的梁下支柱时，应先从跨中开始，分别向两端拆除。

6）拆下的模板应及时清理粘结物，修理并涂刷隔离剂，分类整齐堆放备用；拆下的连接件及配件应及时收集，集中统一管理。

4　模壳拆除

对于支柱跨度间距≤2m时，混凝土强度达到设计强度的50%时，可拆除模壳；支柱跨度＞2m、≤8m时，混凝土强度达到设计强度的75%时，可拆除模壳和主龙骨；支柱跨度＞8m时，混凝土强度达设计强度的100%时，方可拆除支柱。

(1) 拆除工艺流程

拆除销钉及角钢（或敲击柱头板支持楔，使桁架梁下落）→拆除模壳→拆除龙骨（或拆除桁架梁）→拆除水平拉杆→拆支柱

(2) 一般拆除方法

1）拆模时先敲下销钉，拆除角钢（或敲击柱头板的支撑楔，拆下桁架梁）。

2）用撬杠轻轻撬动，拆下模壳，传运至楼地面，清理干净，涂刷脱模剂，再运至堆放地点放好。然后拆除支柱及拉杆。

(3) 气动拆模工艺

玻璃钢模壳采用气动拆模工艺时，其施工操作要点：

1）将耐压胶管安装在气泵上，胶管的另一端安上气枪；

2）气枪嘴对准模壳进气孔，开动气泵（空气压力0.4～0.6MPa），压缩空气进入模壳与混凝土的接触面，促使模壳脱开；

3）取下模壳，运至楼地面。如果模壳边与龙骨接触处有少许漏浆，用撬杠轻轻撬动即可取下模壳。

(4) 模壳拆除注意事项

1）拆模时禁止硬砸硬撬，防止损坏模壳及损伤混凝土楼板。

2）已拆下的模壳应通过架子人工传递，禁止自高处往下扔。

3）拆下的模壳，应及时清理干净，整齐排放。

5　全钢大模板的拆除

当墙体混凝土达到1N/mm² 时，可以拆除大模板，但在冬期施工时应视冬施方法和强度增长情况决定拆模时间。拆模的顺序是：先拆墙体大模板，后拆角模和门窗洞口模板。

(1) 内墙单片大模板的拆除

1）放松穿墙螺栓以及角模与墙体模板间的钩头螺栓；

2）拆除穿墙螺栓与钩头螺栓等，放入工具箱内；

3）松动地脚螺栓，使大模板与混凝土墙面逐渐脱离。脱模困难时，可在模板底部用撬棍撬动，不得在上口撬动、晃动和用大锤砸模板。

(2) 角模的拆除

角模的两侧都是混凝土墙面，吸附力较大，如果施工中模板封闭不严，或者角模位移，被混凝土握裹，拆模更加困难。可先将模板外的混凝土剔除，然后用撬棍从下部撬动，将角模脱出，千万不可因拆模困难用大锤砸，把模板碰弯或变形，使以后的支模、拆模更加困难。

(3) 门窗洞模板的拆除

先将洞口内的支撑件拆除,然后将四角的固定螺栓拆除,再拆除边框模板,最后拆除四角的角模。

(4) 外墙大模板的拆除

1) 拆除顺序:拆除室内的连接固定装置→拆除穿墙螺栓→拆除外侧相邻大模板之间的连接件→拆除门窗洞口模板与大模板的连接件→用撬棍向外侧拨动大模板,使其平移脱离墙面→松动大模板的地脚螺栓,使模板外倾并吊出→拆除内侧大模板→拆除门窗洞口模板→清理模板→刷脱模剂

2) 装饰混凝土的模板在拆除时,必须先平行向外移动,待衬模脱离墙面后,再松动地脚螺栓,将模板吊出。要防止衬模拉坏装饰图案或衬模脱落。

3) 拆除门窗洞口模板时,要先拆窗台模板,加设临时支撑后,再拆除两侧模板及角模。上口底模要待混凝土强度达到规定强度后才能拆除。

4) 脱模后,若发现装饰图案或线条有破损,应及时用同一品种的水泥拌制砂浆进行修补。修补的图案造型力求与原图案一致。

(5) 筒体模板拆模

先拆除加固件,用塔吊起吊模板立柱上部吊钩(角模式筒体模板需松动旋转手柄),使筒体模板收缩,脱离墙体约50mm,然后将模板吊放在平整场地,清理保养全部滑轮、筒体模板待用(铰接式筒体模板应给折页角模加油润滑待用)。用与墙体等强度的砂浆将预留洞找平,待墙体强度大于7.5MPa后取出爬脚四周的木楔,提升支模平台,使四个爬脚平稳放入上部预留洞中,调整后用木楔固定,拆模提升完毕。

(6) 预制构件模板拆除

拆除时的混凝土强度,应符合设计要求;当设计无具体要求时,应符合下列规定:

1) 侧模,在混凝土强度能保证构件不变形、棱角完整时,方可拆除。

2) 芯模或预留孔洞的内模,在混凝土强度能保证构件和孔洞表面不发生坍陷和裂缝后方可拆除。

3) 底模,当构件跨度不大于4m时,在混凝土强度达到设计强度的50%以上时方可拆除;当构件跨度大于4m时,必须达到设计强度的75%以上时方可拆除。

(7) 预应力混凝土结构构件模板的拆除

除应符合本标准表4.4.5.1的规定外,还应符合本标准第4.4.5.2条的规定。

4.4.3 成品保护措施

1 拆模板吊运时,应轻起轻放,不准碰撞柱、墙、梁、板等混凝土,以防模板变形和损坏结构。

2 拆除模板时,要轻轻撬动,使模板脱离混凝土表面,禁止狠砸硬撬,防止破坏模板和混凝土。拆下的模板,不得抛掷。

3 拆除下的模板应及时清理干净,涂刷脱模剂,暂时不用时应遮荫覆盖,防止暴晒。

4 钢模板在使用过程中应加强管理,按规格分类堆放,及时涂刷防锈剂。

4.4.4 安全、环保措施

4.4.4.1 安全措施

1 现浇混凝土模板拆除

(1) 高空拆除模板时，除操作人员外，下面不得站人，操作人员应戴安全带。作业区周围及出入口处，应设专人负责安全巡视。拆除作业区应有警示标志，严禁无关人员入内。

(2) 在支架上拆模时应搭设脚手板，拆模间歇时，应将拆下的部件和模板运走。

(3) 拆楼层外边梁和圈梁模板时，应有防高空坠落、防止模板向外翻倒的措施。

(4) 拆除时如发现混凝土有影响结构质量、安全问题时，应暂停拆除，经处理后，方可继续拆模。

(5) 拆下的支撑、木档，要随即拔掉上面的钉子，并堆放整齐，防止"朝天钉"伤人。

(6) 六级以上大风天，不得进行模板拆除作业。

(7) 拆除模板，必须有稳固的登高工具或脚手架，高度超过 3.5m 时，必须搭设脚手架。

(8) 拆除模壳时，垂直运送模壳、配件等上下应配合接应，禁止自高处向下抛掷，同时应注意防火。

(9) 拆除承重模板时，为避免突然整块塌落，必要时应先设立临时支撑，然后进行拆卸。正在施工浇筑的楼板，其下一层楼板的支撑不得拆除。

2 大模板拆除

(1) 大模板存放时应满足自稳角要求，并应采取板面对板面的存放方法。长期存放模板，要将模板联成整体。

(2) 大模板存放在施工楼层上，必须有可靠的防倾倒措施，不得沿外墙周边放置，应垂直于外墙存放。

(3) 没有支撑或自稳角不足的大模板，要存放在专用的堆放架上，或者平卧堆放。不得靠在其他模板或构件上，防止滑移倾倒。

(4) 模板起吊前，应检查吊装用绳索、卡具及每块模板上的吊环是否完整有效，并应先拆除一切临时支撑，经检查无误后方可起吊。起吊时，应将吊钩位置调整适当，做到垂直起落、稳起稳落、准确就位，禁止用人力推、拽模板就位。严防模板大幅度摆动或碰撞其他模板。

(5) 大模板拆除时，指挥、拆除和挂钩人员，必须站在安全可靠的地方方可操作，严禁人员随大模板起吊。

(6) 拆模起吊前，应复查穿墙螺杆是否拆完，在确无遗漏且模板与墙体完全脱离后方准起吊。拆除外墙模板时，应先挂好吊钩，绷紧吊索，再行拆除螺栓。吊钩应垂直于模板，不得斜吊，以防碰撞相邻模板和墙体。摘钩时手不离钩，待吊钩吊起超过头部方可松手，超过障碍物以上的允许高度，才能行车或转臂。

(7) 大模板拆除后，在清扫和涂刷隔离剂时，模板要临时固定。板面相对停放的模板之间，留出 500~600mm 宽人行通道，模板上方要用拉杆固定。

(8) 大模板和预制构件的存放场地必须平整坚实，不得存放在松土和凹凸不平的地方。雨期施工不得积水。在雨天或冻土融化期，存放支点处应垫木板或方木，防止地面下沉，模板和构件倾倒。存放模板处严禁坐人或逗留。

(9) 当风力超过五级，应停止大模板拆除作业。

4.4.4.2 环保措施

1 模板拆除时应注意降低噪声。

2 模板拆除后的垃圾应及时清理,并严格按照固体废弃物处理程序处理,避免污染环境。

4.4.5 质量标准

Ⅰ 主控项目

4.4.5.1 底模及其支架拆除时的混凝土强度应符合设计要求;当设计无具体要求时,混凝土强度应符合表 4.4.5.1 的规定。

表 4.4.5.1 底模拆除时的混凝土强度要求

构件类型	构件跨度(m)	达到设计的混凝土立方体抗压强度标准值的百分率(%)
板	≤2	≥50
	>2,≤8	≥75
	>8	≥100
梁、拱、壳	≤8	≥75
	>8	≥100
悬臂结构	—	≥100

检查数量:全数检查。

检验方法:检查同条件养护试件强度试验报告。

4.4.5.2 对后张法预应力混凝土结构构件,侧模宜在预应力张拉前拆除;底模支架的拆除应按施工技术方案执行,当无具体要求时,不应在结构构件建立预应力前拆除。

检查数量:全数检查。

检验方法:观察。

4.4.5.3 后浇带模板的拆除和支顶应按施工技术方案执行。

检查数量:全数检查。

检验方法:观察。

Ⅱ 一般项目

4.4.5.4 侧模拆除时的混凝土强度应能保证其表面及棱角不受损伤。

检查数量:全数检查。

检验方法:观察。

4.4.5.5 模板拆除时,不应对楼层形成冲击荷载。拆除的模板和支架宜分散堆放并及时清运。

检查数量:全数检查。

检验方法:观察。

4.4.6 质量验收

1 验收检验批的划分按本标准第 3.0.5 条执行;

2 验收组织和程序按本标准第 3.0.10 条规定执行;

3 承重模板拆除前应检查同条件养护混凝土试块的强度试验报告;

4 模板拆除工程检验批质量验收记录按表 4.4.6 "模板拆除工程检验批质量验收记录表"填写。

表 4.4.6 模板拆除工程检验批质量验收记录表
GB 50204—2002

单位(子单位)工程名称			
分部(子分部)工程名称		验收部位	
施工单位		项目经理	
施工执行标准名称及编号			

		施工质量验收规范的规定		施工单位检查评定记录	监理(建设)单位验收记录
主控项目	1	底模及其支架拆除时的混凝土强度	第 4.4.5.1		
	2	后张法预应力构件侧模和底模的拆除时间	第 4.4.5.2		
	3	后浇带拆模和支顶	第 4.4.5.3		
一般项目	1	避免拆模损伤	第 4.4.5.4		
	2	模板拆除、堆放和清运	第 4.4.5.5		

施工单位 检查评定结果	专业工长(施工员)		施工班组长	
	项目专业质量检查员： 　　　　　　　　　　　年　月　日			
监理(建设)单位 验收结论				
	专业监理工程师(建设单位项目专业技术负责人)：　　　年　月　日			

5 钢筋分项工程

5.1 一般规定

5.1.1 混凝土结构所采用的热轧钢筋、钢铰线、钢丝和热处理钢筋等的质量，应符合现行国家标准的规定。

5.1.2 钢筋混凝土结构的钢筋，应按下列规定选用：

1 普通钢筋宜采用 HRB400 级和 HRB335 级钢筋，也可采用 HPB235 级和 RRB400 级钢筋；

2 预应力钢筋宜采用预应力钢绞线、钢丝，也可采用热处理钢筋。

5.1.3 钢筋在运输和储存时，不得损坏标志，并应按规格和批次分别堆放整齐，避免锈蚀或油污。

5.1.4 当钢筋的品种、级别或规格需作变更时，应办理设计变更文件。

5.1.4.1 代换原则：

1 当材料供应不能满足设计要求的钢筋品种和规格时，才允许进行钢筋代换。

2 代换前，必须充分了解设计意图、构件特征和代换钢筋性能，严格遵守国家现行设计规范和施工质量验收规范及有关技术规定。

3 代换后，仍能满足各类极限状态的有关计算要求及必要的配筋构造规定（如受力钢筋和箍筋的最小直筋、间距、锚固长度、配筋百分率以及混凝土保护层厚度等）；在一般情况下，代换钢筋还必须满足截面对称的要求。

4 对抗裂要求高的构件（如吊车梁、薄腹梁、屋架下弦等），不宜用 HPB235 光圆钢筋代换 HRB335、HRB400 变形钢筋，以免降低抗裂度。

5 梁内纵向受力钢筋与弯起钢筋应分别进行代换，以保证正截面与斜截面强度。

6 偏心受压构件或偏心受拉构件（如框架柱、承受吊车荷载的柱、屋架上弦等）钢筋代换时，应按受力状态和构造要求分别代换。

7 吊车梁等承受反复荷载作用的构件，应在钢筋代换后进行疲劳验算。

8 当构件受裂缝宽度控制时，代换后应进行裂缝宽度验算。如代换后裂缝宽度有一定增大（但不超过允许的最大裂缝宽度，被认为代换有效），还应对构件作挠度验算。

9 同一截面内配置不同种类和直径的钢筋代换时，每根钢筋拉力差不宜过大（同品种钢筋直径差一般不大于 5mm），以免构件受力不匀。

10 进行钢筋代换的效果，除应考虑代换后仍能满足结构各项技术性能要求之外，同时还要保证用料的经济性和加工操作的要求。

11 对有抗震要求的框架，不宜以强度等级较高的钢筋代替原设计中的钢筋；当必须代换时，应按钢筋受拉承载力设计值相等的原则进行代换，并应满足正常使用极限状态和抗震构造措施的要求。

12 受力预埋件的钢筋应采用未经冷拉的HPB235、HRB335、HRB400级钢筋；预制构件的吊环应采用未经冷拉的HPB235级钢筋制作，严禁以其他钢筋代换。

5.1.4.2 代换方法：

1 等强度代换：当构件受强度控制时，钢筋应按钢筋受拉承载力设计值相等的原则进行代换；

2 等面积代换：当构件按最小配筋率配筋时，钢筋可按面积相等原则进行代换。

等强代换的计算式如下：

$$n_2 \geqslant \frac{n_1 d_1^2 f_{y1}}{d_2^2 f_{y2}} \tag{5.1.4.2-1}$$

式中 n_2——代换钢筋根数；

n_1——原设计钢筋根数；

d_2——代换钢筋直径；

d_1——原设计钢筋直径；

f_{y2}——代换钢筋抗拉强度设计值（见附录B.2）；

f_{y1}——原设计钢筋抗拉强度设计值。

上式有两种特例：

（1）设计强度相同、直径不同的钢筋代换：

$$n_2 \geqslant n_1 \frac{d_1^2}{d_2^2} \tag{5.1.4.2-2}$$

（2）直径相同、强度设计值不同的钢筋代换：

$$n_2 \geqslant n_1 \frac{f_{y1}}{f_{y2}} \tag{5.1.4.2-3}$$

5.1.5 在浇筑混凝土前应进行钢筋隐蔽工程验收，其内容包括：

1 纵向受力钢筋的品种、规格、数量、位置等；

2 钢筋的连接方式、接头位置、接头数量、接头面积百分率等；

3 箍筋、横向钢筋的品种、数量、规格、间距等；

4 预埋件的规格、数量、位置等。

5.1.6 钢筋焊接及机械连接操作人员必须持证上岗。

5.2 原 材 料

5.2.1 常用钢筋的品种和性能

1 钢筋品种

（1）混凝土结构用普通钢筋按生产工艺分为两大类：热轧钢筋（包括余热处理钢筋）和冷加工钢筋（冷轧带肋钢筋、冷轧扭钢筋和冷拔螺旋钢筋）。冷拉钢筋与冷拔低碳钢丝已逐渐淘汰。

（2）钢筋按强度等级分为：HPB235级（即屈服点为235N/mm²），HRB335级（即屈服点为335N/mm²），HRB400、RRB400级（即屈服点为400N/mm²）和HRB500级

(即屈服点为 500N/mm², 《混凝土结构设计规范》GB 50010—2002 尚未列入) 等。

(3) 热轧钢筋按轧制外形分为光圆钢筋和带肋钢筋两种。

1) 热轧带肋钢筋应符合现行国家标准《钢筋混凝土用热轧带肋钢筋》GB 1499—1998 的规定，其化学成分及力学性能见附录表 B.1.1-1、B.1.1-2。

2) 热轧光圆钢筋应符合现行国家标准《钢筋混凝土用热轧光圆钢筋》GB 13013—1991 的规定，其化学成分及力学性能见附录表 B.1.2。

3) 余热处理钢筋是经热轧后立即穿水，进行表面控制冷却，然后利用芯部余热自身完成回火处理所得的成品钢筋。余热处理钢筋应符合现行国家标准《钢筋混凝土用余热处理钢筋》GB 13014—1991 的规定，其化学成分及力学性能见附录表 B.1.3。

(4) 钢筋按化学成分分为：碳素钢钢筋和普通低合金钢筋。碳素钢钢筋按含碳量多少，又可分为低碳钢钢筋（含碳量低于 0.25%）、中碳钢钢筋（含碳量 0.25%～0.7%）和高碳钢钢筋（含碳量大于 0.7%）。普通低合金钢筋是在低碳钢和中碳钢的成分中加入少量合金元素，获得强度高和综合性能好的钢种，如 20MnSi、20MnTi、45SiMnV 等。

5.2.2 钢筋进场质量检验

1 钢筋进场时，表面或每捆（盘）钢筋均应有标志，并应按炉罐（批）号及直径（d）分批检验。检验内容包括查对标志、外观检查，并按现行国家标准的规定抽取试样做力学性能试验，其质量必须符合有关标准的规定后方可使用。

2 外观检查。钢筋进场时，应从每批中抽取 5% 进行外观质量检查。

检查内容：直径、标牌、外形、长度、裂纹、结疤、折叠、锈蚀等项目。

(1) 钢筋表面不得有裂纹、结疤和折叠。钢筋表面允许有凸块，但不得超过横肋的高度，钢筋表面上其他缺陷的深度和高度不得大于所在部位尺寸的允许偏差。

(2) 钢筋可按实际重量或公称重量交货。当钢筋按实际重量交货时，应随机抽取 10 根（6m 长）钢筋称重，如重量偏差大于允许偏差，则应与供应商或生产厂家交涉。

(3) 如发现有异常现象时（包括在加工过程中有脆断、焊接性能不良或力学性能显著不正常时），不得使用。

3 力学性能试验。必试项目：拉伸试验（屈服点、抗拉强度、伸长率）和冷弯试验，均应符合现行国家标准的规定。有下列情况时，还应增加相应检验项目：

(1) 有附加保证条件的混凝土结构中的钢筋；

(2) 对高质量的热轧带肋钢筋应有反向弯曲检查项目。

4 进场的钢筋有下列情况之一者，必须按现行国家标准的规定对该批钢筋进行化学成分检验和其他专项检验：

(1) 在加工过程中，发现机械性能有明显异常现象；

(2) 虽有出厂力学性能指标，但外观质量缺陷严重；

(3) 进口钢筋须经力学性能、化学分析和焊接试验检验。

5.2.3 钢筋进场抽样检验数量

1 热轧带肋钢筋：每批应由同一牌号、同一炉罐号、同一规格的钢筋组成，每批重量不大于 60t。允许由同一牌号、同一冶炼方法、同一浇注方法的不同炉罐号组成混合批，但各炉罐号含碳量之差不大于 0.02%，含锰量之差不大于 0.15%；

2 热轧光圆钢筋：每批应由同一牌号、同一炉罐号、同一规格、同一交货状态的钢筋组成，每批重量不大于60t。公称容量不大于30t的冶炼炉冶炼的钢和连铸坯轧成的钢筋，允许由同一牌号、同一冶炼方法、同一浇注方法的不同炉罐号组成混合批，但每批中不应多于6个炉罐号，各炉罐号含碳量之差不大于0.02%，含锰量之差不大于0.15%；

3 余热处理钢筋：同热轧光圆钢筋。

5.2.4 质量标准

Ⅰ 主控项目

5.2.4.1 钢筋进场时，应按现行国家标准《钢筋混凝土用热轧带肋钢筋》GB 1499等的规定抽取试件作力学性能检验，其质量必须符合有关标准的规定。

检查数量：按进场的批次和产品的抽样检验方案确定。

检验方法：检查产品合格证、出厂检验报告和进场复验报告。

5.2.4.2 对有抗震设防要求的框架结构，其纵向受力钢筋的强度应满足设计要求；当设计无具体要求时，对一、二级抗震等级，检验所得的强度实测值应符合下列规定：

1 钢筋的抗拉强度实测值与屈服强度实测值的比值不应小于1.25。

2 钢筋的屈服强度实测值与强度标准值的比值不应大于1.3。

检查数量：按进场的批次和产品的抽样检验方案确定。

检验方法：检查进场复验报告。

5.2.4.3 当发现钢筋脆断、焊接性能不良或力学性能显著不正常等现象时，应对该批钢筋进行化学成分检验或其他专项检验。

检验方法：检查化学成分等专项检验报告。

Ⅱ 一般项目

5.2.4.4 钢筋应平直、无损伤，表面不得有裂纹、油污、颗粒状或片状老锈。

检查数量：进场时和使用前全数检查。

检验方法：观察。

5.2.5 质量验收

1 验收检验批的划分按本标准3.0.5条执行。
2 验收组织和程序按本标准3.0.10条规定执行。
3 验收时提供以下技术资料：
（1）钢筋产品合格证、出厂检验报告；
（2）钢筋进场复验报告；
（3）特殊要求时的化学成分专项检验报告；
（4）钢筋设计变更文件。
4 质量检验批验收记录按表5.3.6"钢筋加工检验批质量验收记录表"填写。

5.3 钢筋加工

5.3.1 施工准备

1 技术准备

(1) 钢筋品种、级别或规格如有变更,需办理设计变更文件;

(2) 了解混凝土保护层厚度、钢筋弯曲、弯钩等规定,计算钢筋下料长度和根数,填写钢筋配料单,标明钢筋尺寸,注明各弯曲的位置和尺寸。

配料计算时,要考虑钢筋的形状和尺寸在满足设计要求的条件下有利于加工安装;同时配料还要考虑施工需要的附加钢筋。钢筋下料长度计算要求见附录B.5。

2 主要机具

钢筋调直机或卷扬机拉直设备、钢筋切断机、钢筋弯曲机、钢筋除锈机、钢筋对焊机等。

3 作业条件

(1) 钢筋进场并按批号进行检验,各项指标符合现行国家标准要求;

(2) 钢筋配料单审核签字完毕;

(3) 按现场平面图设置钢筋加工场,场地平整,运输道路畅通。钢筋加工场按要求搭设防护棚;

(4) 加工场电源满足加工机械施工要求,线路架设符合规定;

(5) 加工机械检查完好;

(6) 对工人进行钢筋加工及安全技术交底。

5.3.2 施工工艺

5.3.2.1 工艺流程

钢筋配料→(除锈)下料→弯曲成型→挂牌存放

5.3.2.2 施工要点

1 除锈:钢筋的表面应洁净。油渍、漆污和用锤敲击时能剥落的浮皮、铁锈等应在使用前清除干净。在焊接前,焊点处的水锈应清除干净。钢筋的除锈可采用机械除锈和手工除锈两种方法:

(1) 机械除锈可采用钢筋除锈机或钢筋冷拉、调直过程除锈;

(2) 手工除锈可采用钢丝刷、砂盘、喷砂和酸洗除锈。

在除锈过程中发现钢筋表面的氧化层脱落现象严重并已损伤钢筋截面,或在除锈后钢筋表面有严重的麻坑、斑点削弱钢筋截面时,不宜使用或经试验降级使用。

2 调直:钢筋应平直,无局部曲折。对于盘条钢筋在使用前应调直,调直可采用调直机和卷扬机冷拉调直钢筋两种方法。

(1) 当采用钢筋调直机时,要根据钢筋的直径选用调直模和传送压辊,要正确掌握调直模的偏移量和压辊的压紧程度。

调直模的偏移量根据其磨耗程度及钢筋品种通过试验确定;调直筒两端的调直模一定要在调直前后导孔的轴心线上。

压辊的槽宽一般在钢筋穿入压辊之后,在上下压辊间宜有3mm之内的空隙。

(2) 当采用冷拉方法调直盘圆钢筋时,可采用控制冷拉率方法,HPB235级钢筋的冷拉率不宜大于4%。

钢筋伸长值 Δl 按下式计算:

$$\Delta l = r \cdot L \qquad (5.3.2.2)$$

式中 r ——钢筋的冷拉率(%);

L——钢筋冷拉前的长度（mm）。

1）冷拉后钢筋的实际伸长值应扣除弹性回缩值，一般为0.2%～0.5%。冷拉多根连接的钢筋，冷拉率可按总长计，但冷拉后每根钢筋的冷拉率应符合要求。

2）钢筋应先拉直，然后量其长度再行冷拉。

3）钢筋冷拉速度不宜过快，一般直径6～12mm盘圆钢筋控制在6～8m/min，待拉到规定的冷拉率后，须稍停2～3min，然后再放松，以免弹性回缩值过大。

4）在负温下冷拉调直时，环境温度不应低于-20℃。

3 切断：在切断过程中，如发现钢筋有劈裂、缩头或严重的弯头等必须切除。

（1）将同规格钢筋根据不同长度长短搭配，统筹排料；一般应先断长料，后断短料，减少短头，以减少损耗；

（2）断料应避免用短尺量长料，以防止在量料中产生累计误差。宜在工作台上标出尺寸刻度并设置控制断料尺寸用的挡板。

4 弯曲成型：钢筋成型形状要正确，平面上不应有翘曲不平现象；弯曲点处不能有裂缝。

（1）钢筋弯曲前，对形状复杂的钢筋应将各弯曲点位置划出。划线是要根据不同的弯曲角度扣除弯曲调整值，其扣法是从相邻两段长度中各扣一半；划线宜从钢筋中线开始向两边进行；

（2）钢筋在弯曲机上成形时，心轴直径应满足要求，成形轴宜加偏心轴套以适应不同直径的钢筋弯曲需要。弯曲细钢筋时，为了使弯弧一侧的钢筋保持平直，挡铁轴宜做成可变挡架或固定挡架。

5.3.3 成品保护

1 加工成型的钢筋或骨架应分别按结构部位、钢筋编号和规格等，挂牌标识、整齐堆放，并保持钢筋表面洁净，防止被油渍、泥土或其他杂物污染或压弯变形。

2 预制成型的钢筋运到现场指定地点分构件规格垫平堆放，并避免淋雨。

5.3.4 安全、环保措施

1 安全措施

（1）钢筋加工机械的操作人员，应经机械操作技术培训，掌握机械性能和操作规程后，才能上岗。

（2）钢筋加工机械的电气设备，应有良好的绝缘并接地，每台机械必须实行"一机一闸"制，并设漏电保护开关，开关箱应设在机械设备附近。机械转动的外露部分必须设有安全防护罩，停止工作时应断开电源。室外作业应设置机棚。

（3）加工机械的安装应坚实稳固，保持水平位置。固定式机械应有可靠的基础，移动式机械作业时应楔紧行走轮。

（4）钢筋加工机械使用前，应先空转试车正常后，方能开始使用。

（5）使用钢筋弯曲机时，操作人员应站在钢筋活动端的反方向，弯曲长度小于400mm的短钢筋时，注意防止钢筋弹出伤人。

（6）粗钢筋切断时，冲切力大，应在切断机口两侧机座上安装两个角钢挡杆，以防钢筋摆动。

（7）冷拉场地应在两端地锚外侧设置警戒区，并应安装防护栏及警告标志。无关人员不得在此停留。操作人员在作业时必须离开钢筋2m以外。

（8）在现场施工的照明电线不准直接挂在钢筋上。夜间施工的照明设施，应装设在危险区外，灯泡应加防护罩，导线严禁采用裸线。

（9）钢筋加工作业后，应清理场地，切断电源，锁好开关箱，并做好机械润滑工作。

2 环保措施

（1）钢筋加工机械应设防护罩，加工场地根据现场情况设置防护棚，防止噪声污染。

（2）夜间采用闪光对焊或电弧焊接长钢筋时，应采取遮光措施，防止光污染。

5.3.5 质量标准

Ⅰ 主控项目

5.3.5.1 受力钢筋的弯钩和弯折应符合下列规定：

1 HPB235级钢筋末端应作180°弯钩，其弯弧内直径不应小于钢筋直径的2.5倍，弯钩的弯后平直部分长度不应小于钢筋直径的3倍；

2 当设计要求钢筋末端需作135°弯钩时，HRB335级、HRB400级钢筋的弯弧内直径不应小于钢筋直径的4倍，弯钩的弯后平直部分长度应符合设计要求；

3 钢筋作不大于90°的弯折时，弯折处的弯弧内直径不应小于钢筋直径的5倍。

检查数量：按每工作班同一类型钢筋、同一加工设备抽查不应少于3件。

检验方法：钢尺检查。

5.3.5.2 除焊接封闭环式箍筋外，箍筋的末端应作弯钩，弯钩形式应符合设计要求；当设计无具体要求时，应符合下列规定：

1 箍筋弯钩的弯弧内直径除应满足5.3.5.1第1条的规定外，尚应不小于受力钢筋直径；

2 箍筋弯钩的弯折角度：对一般结构，不应小于90°；对有抗震等要求的结构，应为135°；

3 箍筋弯后平直部分长度：对一般结构，不宜小于箍筋直径的5倍；对有抗震等要求的结构，不应小于箍筋直径的10倍。

检查数量：按每工作班同一类型钢筋、同一加工设备抽查不应少于3件。

检验方法：钢尺检查。

Ⅱ 一般项目

5.3.5.3 钢筋调直宜采用机械方法，也可采用冷拉方法。当采用冷拉方法调直钢筋时，HPB235级钢筋的冷拉率不宜大于4％，HRB335级、HRB400级和RRB400级钢筋的冷拉率不宜大于1％。

检查数量：按每工作班同一类型钢筋、同一加工设备抽查不应少于3件。

检验方法：观察，钢尺检查。

5.3.5.4 钢筋加工的形状、尺寸应符合设计要求，其偏差应符合表5.3.5.4的规定。

表5.3.5.4 钢筋加工的允许偏差

项　　目	允许偏差(mm)
受力钢筋顺长度方向全长的净尺寸	±10
弯起钢筋的弯折位置	±20
箍筋内净尺寸	±5

检查数量：按每工作班同一类型钢筋、同一加工设备抽查不应少于3件。
检验方法：钢尺检查。

5.3.6 质量验收

1 验收检验批的划分按本标准第3.0.5条执行；
2 验收组织和程序按本标准第3.0.10条规定执行；
3 验收时提供如下技术资料：
（1）钢筋原材料质量记录表；
（2）钢筋冷拉调直记录；
（3）钢筋配料单。
4 检验批质量验收记录按表5.3.6"钢筋加工检验批质量验收记录表"填写。

表5.3.6 钢筋加工检验批质量验收记录表
GB 50204—2002

单位(子单位)工程名称					
分部(子分部)工程名称				验收部位	
施工单位		专业工长		项目经理	
分包单位		分包项目经理		施工班组长	
施工执行标准名称及编号					
施工质量验收规范的规定				施工单位检查评定记录	监理(建设)单位验收记录
主控项目	1	力学性能检验	第5.2.4.1		
	2	抗震用钢筋强度实测值	第5.2.4.2		
	3	化学成分等专项检验	第5.2.4.3		
	4	受力钢筋的弯钩和弯折	第5.3.5.1		
	5	箍筋的弯钩形式	第5.3.5.2		
一般项目	1	外观质量	第5.2.4.4		
	2	钢筋调直	第5.3.5.3		
	3 钢筋的加工形状和尺寸	受力钢筋顺长度方向全长的净尺寸(mm)	±10		
		弯起钢筋的弯折位置(mm)	±20		
		箍筋内净尺寸(mm)	±5		
施工单位检查评定结果	专业工长(施工员)		施工班组长		
	项目专业质量检查员：			年 月 日	
监理(建设)单位验收结论	专业监理工程师(建设单位项目专业技术负责人)：			年 月 日	

1-3-50

5.4 钢筋连接

5.4.1 施工准备
5.4.1.1 技术准备

1 熟悉设计图纸,充分理解设计意图,如工程实际需要变更钢筋连接方式,需征得设计同意,办理设计变更手续。

2 确定钢筋的连接方式。钢筋连接可分为绑扎搭接、机械连接或焊接等。机械连接可采用径向冷挤压、镦粗直螺纹和剥肋直螺纹;热轧钢筋的对接焊接,可采用闪光对焊、电弧焊、电渣压力焊;钢筋骨架和钢筋网片的交叉焊接宜采用电阻点焊;钢筋与钢板的T形连接宜采用埋弧压力焊或电弧焊。钢筋焊接及机械连接方式适用范围见表5.4.1.1-1。

表 5.4.1.1-1 钢筋连接方式适用范围

连接方式			适用范围		注
			钢筋牌号	钢筋直径(mm)	
电渣压力焊			HPB235级、HRB335级	14~40	主要用于柱、墙等现浇混凝土结构中竖向或斜向(倾斜度在4:1范围内)受力钢筋的连接;不得用于梁、板等构件中水平钢筋的连接
闪光对焊			HPB235级、HRB335级、HRB400级	10~40	钢筋的对接应优先采用闪光对焊
电弧焊	帮条焊	双面焊	HPB235级、HRB335级、HRB400级	10~40	钢筋帮条焊宜采用双面焊,不能进行双面焊时,也可采用单面焊
		单面焊	HPB235级、HRB335级、HRB400级	10~40	
	搭接焊	双面焊	HPB235级、HRB335级、HRB400级	10~40	钢筋搭接焊宜采用双面焊。不能进行双面焊时,也可采用单面焊
		单面焊	HPB235级、HRB335级、HRB400级	10~40	
	坡口焊	平焊	HPB235级、HRB335级、HRB400级	18~40	主要用于装配式框架结构梁、柱的安装
		立焊	HPB235级、HRB335级、HRB400级	18~40	
	钢筋与钢板搭接焊		HPB235级、HRB335级	8~40	用于预埋件等的焊接
预埋件电弧焊	角焊		HPB235级、HRB335级	6~25	用于预埋件的焊接
	穿孔塞焊		HPB235级、HRB335级	20~25	
机械连接	径向挤压连接		HRB335级、HRB400级、RRB400级	16~40	可连接同径和异径钢筋
	镦粗直螺纹		HRB335级、HRB400级		可连接同径和异径钢筋
	剥肋滚压直螺纹		HRB335级、HRB400级		可连接同径或异径钢筋。适用于要求充分发挥钢筋强度或对接头延性要求高的各类混凝土结构。性能应符合Ⅰ级接头性能要求

3 钢筋连接方式的选用应符合设计要求,当设计无规定时,应符合表5.4.1.1-2的规定。

4 当受力钢筋连接绑扎搭接、焊接或机械连接时,明确同一连接区段内,纵向受力钢筋的接头面积百分率应符合设计要求。

5 钢筋的绑扎搭接长度应符合设计要求,纵向受力钢筋的最小搭接长度见本标准附录B.6规定。

表 5.4.1.1-2　受力钢筋连接接头设置规定

序号	项目	要求
1	连接接头设置原则	受力钢筋的连接接头宜设置在受力较小处,在同一根钢筋上宜少设接头; 钢筋的接头宜采用机械连接接头,也可采用焊接接头和绑扎的搭接接头; 钢筋的机械连接接头应符合《钢筋机械连接通用技术规程》JGJ 107—2003、《带肋钢筋套筒挤压连接技术规程》JGJ 108—96、《镦粗直螺纹钢筋接头》JG/T 3057—1999; 钢筋焊接连接接头应符合《钢筋焊接及验收规程》JGJ 18—2003 的规定
2	不得采用绑扎搭接接头	轴心受拉及小偏心受拉杆件(如桁架和拱的拉杆)的纵向受力钢筋不得采用绑扎搭接接头; 双面配置受力钢筋的焊接骨架不得采用绑扎搭接接头; 需进行疲劳验算的构件,其纵向受力钢筋不得采用搭接接头; 当受拉钢筋直径大于 22mm 及受压钢筋的直径大于 32mm 时,不宜采用绑扎搭接接头
3	可采用搭接连接的接头	偏心受压构件中的受拉钢筋; 受弯构件、偏心受压构件、大偏心受拉构件和轴心受压构件中的受压钢筋; 单面配置受力钢筋的焊接骨架在受力方向的连接接头
4	宜采用机械连接的接头	直径大于 22mm 的受拉钢筋和直径大于 32mm 的受压钢筋宜采用机械连接。应根据钢筋在构件中的受力情况选用不同等级的机械连接接头; 机械连接接头连接件的混凝土保护层厚度宜满足受力钢筋最小保护层厚度的要求,连接件之间的横向净距不宜小于 25mm
5	需进行疲劳验算的构件	需进行疲劳验算的构件,其纵向受拉钢筋不宜采用焊接接头,且不得在钢筋上焊有任何附件(端部锚固除外); 当钢筋长度不够时,直接承受吊车荷载的钢筋混凝土屋面梁及屋架下弦的纵向受力筋必须采用焊接接头。此时,尚应符合下列规定: 1)必须采用闪光接触对焊,并去掉接头的毛刺及卷边; 2)在同一连接区段内有焊接接头的受拉钢筋截面面积占受拉钢筋总截面面积的百分率不应大于 25%; 3)在进行疲劳验算时,应按有关规定,对焊接接头的疲劳应力幅限值进行折减

5.4.1.2　主要材料

1　焊接材料

(1)焊条:电弧焊所采用的焊条,其性能应符合现行国家标准《碳钢焊条》GB/T 5117—95 或《低合金钢焊条》GB/T 5118—95 的规定,其型号应根据设计确定;若设计无规定时,可按表 5.4.1.2-1 选用。焊条应有合格证。

表 5.4.1.2-1　钢筋电弧焊使用的焊条牌号

钢筋牌号	搭接焊、帮条焊	坡口焊、熔槽帮条焊、预埋件穿孔塞焊	钢筋与钢板搭接焊、预埋件 T 型角焊
HPB235	E4303	E4303	E4303
HRB335	E4303	E5003	E4303
HRB400	E5003	E5503	—
RRB400	E5003	E5003	—

当采用低氢型碱性焊条时,应按使用说明书的要求烘焙,且宜放入保温筒内保温使用。焊条质量应符合以下要求:

1)药皮应无裂缝、气孔、凹凸不平等缺陷,并不得有肉眼看得出的偏心度;
2)焊接过程中,电弧应燃烧稳定,药皮熔化均匀,无成块脱落现象;
3)焊条必须根据焊条说明书的要求烘干后才能使用。

(2)焊剂:焊剂应有合格证,电渣压力焊所用的焊剂可采用 HJ431 焊剂。焊剂应存放在干燥的库房中,当受潮时,在使用前应经 250~300℃烘焙 2h。

(3) 凡施焊的各种钢筋、钢板均应有材质证明书或试验报告单。钢板和型钢宜采用低碳钢或低合金钢,预埋件的钢材不得有裂缝、锈蚀、斑痕、变形,其性能应符合现行国家标准《碳素结构钢》GB 700 或《低合金高强度结构钢》GB/T 1591—94 的规定。

2 机械连接接头套筒:连接套筒进场时必须有产品合格证;套筒的几何尺寸应满足产品设计图纸要求,与机械连接工艺技术配套选用,套筒表面不得有裂缝、折叠、结疤等缺陷。套筒应有保护盖,有明显的规格标记;并应分类包装存放,不得混淆。

(1) 径向挤压钢套筒(管):

1) 钢套筒的材料宜选用强度适中、延性好的优质钢材,其实测力学性能应符合下列要求:屈服强度 $\sigma_s = 225 \sim 350 \text{N/mm}^2$,抗拉强度 $\sigma_b = 375 \sim 500 \text{N/mm}^2$,延伸率 $\delta_5 \geqslant 20\%$,硬度 HRB=60~80 或 HB=102~133。钢套筒的屈服承载力和抗拉承载力的标准值不应小于被连接钢筋的屈服承载力和抗拉承载力标准值的 1.10 倍。

2) 套筒的尺寸偏差应符合表 5.4.1.2-2 的要求。

表 5.4.1.2-2 套筒的尺寸偏差(mm)

套筒外径 D	外径允许偏差	壁厚(t)允许偏差	长度允许偏差
≤50	±0.5	+0.12t −0.10t	±2
>50	±0.01D	+0.12t −0.10t	±2

3) 钢套筒的规格和尺寸参见表 5.4.1.2-3。

表 5.4.1.2-3 钢套筒的规格和尺寸

钢套筒型号	钢套筒尺寸(mm)			压接标志道数
	外径	壁厚	长度	
G40	70	12	240	8×2
G36	63	11	216	7×2
G32	56	10	192	6×2
G28	50	8	168	5×2
G25	45	7.5	150	4×2
G22	40	6.5	132	3×2
G20	36	6	120	3×2

(2) 镦粗直螺纹接头的连接套筒:

1) 材质要求:对 HRB335 级钢筋,采用 45 号优质碳素钢;对 HRB400 级钢筋,采用 45 号经调质处理,或用性能不低于 HRB400 钢筋性能的其他钢材。

2) 规格型号及尺寸:

a 同径连接套筒,分右旋和左右旋两种(图 5.4.1.2),其尺寸见表 5.4.1.2-4 和表 5.4.1.2-5。

表 5.4.1.2-4 同径右旋连接套筒

型号与标记	$Md \times t$	D(mm)	L(mm)	型号与标记	$Md \times t$	D(mm)	L(mm)
A20S-G	24×2.5	36	50	A32S-G	36×3	52	72
A22S-G	26×2.5	40	55	A36S-G	40×3	58	80
A25S-G	29×2.5	43	60	A40S-G	44×3	65	90
A28S-G	32×3	46	65				

注:$Md \times t$ 为套筒螺纹尺寸;D 为套筒外径;L 为套筒长度。

表 5.4.1.2-5　同径左右旋连接套筒

型号与标记	$Md \times t$	D(mm)	L(mm)	l(mm)	b(mm)
A20SLR-G	24×2.5	38	56	24	8
A22SLR-G	26×2.5	42	60	26	8
A25SLR-G	29×2.5	45	66	29	8
A28SLR-G	32×3	48	72	31	10
A32SLR-G	36×3	54	80	35	10
A36SLR-G	40×3	60	86	38	10
A40SLR-G	44×3	67	96	43	10

图 5.4.1.2　同径连接套筒
(a) 右旋；(b) 左右旋

b　异径连接套筒见表 5.4.1.2-6。

表 5.4.1.2-6　异径连接套筒

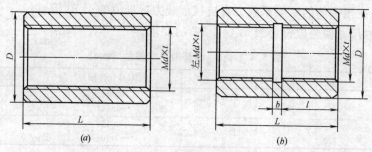

简　图	型号与标记	$Md_1 \times t$	$Md_2 \times t$	b	D	l	L
	AS20-22	M26×2.5	M24×2.5	5	φ42	26	57
	AS22-25	M29×2.5	M26×2.5	5	φ45	29	63
	AS25-28	M32×3	M29×2.5	5	φ48	31	67
	AS28-32	M36×3	M32×3	6	φ54	35	76
	AS32-36	M40×3	M36×3	6	φ60	38	82
	AS36-40	M44×3	M40×3	6	φ67	43	92

c　可调节连接套筒见表 5.4.1.2-7。

表 5.4.1.2-7　可调节连接套筒

简　图	型号和规格	钢筋规格 φ(mm)	D_0(mm)	L_0(mm)	L(mm)	L_1(mm)	L_2(mm)
	DSJ-22	22	40	73	52	35	35
	DSJ-25	25	45	79	52	40	40
	DSJ-28	28	48	87	60	45	45
	DSJ-32	32	55	89	60	50	50
	DSJ-36	36	64	97	66	55	55
	DSJ-40	40	68	121	84	60	60

（3）滚压直螺纹套筒

滚压直螺纹接头用连接套筒，采用优质碳素钢。连接套筒的类型有：标准型、正反丝型、变径型、可调节连接套筒等，与镦粗直螺纹套筒类型基本相同。滚压直螺纹套筒的规格尺寸应符合表 5.4.1.2-8～表 5.4.1.2-10 的规定。

表 5.4.1.2-8　标准型套筒几何尺寸（mm）

规格	螺纹直径	套筒外径	套筒长度	规格	螺纹直径	套筒外径	套筒长度
16	M16.5×2	25	45	28	M29×3	44	80
18	M19×2.5	29	55	32	M33×3	49	90
20	M21×2.5	31	60	36	M37×3.5	54	98
22	M23×2.5	33	65	40	M41×3.5	59	105
25	M26×3	39	70				

表 5.4.1.2-9　常用变径型套筒几何尺寸（mm）

套筒规格	外径	小端螺纹	大端螺纹	套筒长度	套筒规格	外径	小端螺纹	大端螺纹	套筒长度
16～18	29	M16.5×2	M19×2.5	50	25～28	44	M26×3	M29×3	75
16～20	31	M16.5×2	M21×2.5	53	25～32	49	M26×3	M33×3	80
18～20	31	M19×2.5	M21×2.5	58	28～32	49	M29×3	M33×3	85
18～22	33	M19×2.5	M23×2.5	60	28～36	54	M29×3	M37×3.5	89
20～22	33	M21×2.5	M23×2.5	63	32～36	54	M33×3	M37×3.5	94
20～25	39	M21×2.5	M26×3	65	32～40	59	M33×3	M41×3.5	98
22～25	39	M23×2.5	M26×3	68	36～40	59	M37×3.5	M41×3.5	102
22～28	44	M23×2.5	M29×3	73					

表 5.4.1.2-10　可调型套筒几何尺寸（mm）

规格	螺纹直径	套筒总长	旋出后长度	增加长度	规格	螺纹直径	套筒总长	旋出后长度	增加长度
16	M16.5×2	118	141	96	28	M29×3	199	239	159
18	M19×2.5	141	169	114	32	M33×3	222	267	117
20	M21×2.5	153	183	123	36	M37×3.5	244	293	195
22	M23×2.5	166	199	134	40	M41×3.5	261	314	209
25	M26×3	179	214	144					

5.4.1.3　主要机具

1　电渣压力焊设备

电渣压力焊设备包括：焊接电源、控制箱、焊接机头（夹具）、焊剂盒等。

（1）焊接电源：竖向电渣压力焊的电源，可采用一般的 BX_3-500 型或 BX_2-1000 型交流弧焊机，也可采用专用电源 JSD-600 型、JSD-1000 型（性能见表 5.4.1.3-1）。一台焊接电源可供数个焊接机头交替使用。

（2）焊接机头：焊接机头有杠杆单柱式、丝杆传动双柱式等。LDZ 型为杠杆单柱式焊接机头，由单导柱、夹具、手柄、监控仪表、操作把等组成，下夹具固定在钢筋上，上夹具利用手动杠杆可沿单柱上、下滑动，以控制上钢筋的运动和位置；MH 型机头为丝杆传动双柱式，由伞形齿轮箱、手柄、升降丝杆、夹具、夹紧装置、双导柱等组成，上夹

表5.4.1.3-1 竖向电渣压力焊电源性能

项 目	单 位	JSD-600	JSD-1000
电源电压	V	380	380
相数	相	1	1
输入容量	kVA	45	76
空载电压	V	80	78
负载持续率	%	60/35	60/35
初级电流	A	116	196
次级电流	A	600/750	1000/1200
次级电压	V	22～45	22～45
焊接钢筋直径	mm	14～32	22～40

具在双导柱上滑动,利用丝杆螺母的自锁特性使上钢筋容易定位,夹具定位精度高,卡住钢筋后无需调整对中度,宜优先选用。

(3) 焊剂盒:焊剂盒呈圆形,由两个半圆形铁皮组成,内径为80～100mm,与所焊钢筋的直径相适应。

2 闪光对焊机具设备

常用对焊机有 UN_1-75、UN_1-100、UN_2-150、UN_{17}-150-1 等型号,根据钢筋直径和需用功率选用,常用对焊机技术性能见表5.4.1.3-2。

表5.4.1.3-2 常用对焊机技术性能

项次	项 目		单位	焊机型号			
				UN_1-75	UN_1-100	UN_2-150	UN_{17}-150-1
1	额定容量		kVA	75	100	150	150
2	初级电压		V	220/380	380	380	380
3	次级电压调整范围		V	3.52～7.94	4.5～7.6	4.05～8.1	3.8～7.6
4	次级电压调整级数			8	8	15	15
5	额定持续率		%	20	20	20	50
6	钳口夹紧力		kN	20	40	100	160
7	最大顶锻力		kN	30	40	65	80
8	钳口最大距离		mm	80	80	100	90
9	动钳口最大行程		mm	30	50	27	80
10	动钳口最大烧化行程		mm				20
11	焊件最大预热压缩量		mm			10	
12	连续闪光焊时钢筋最大直径		mm	12～16	16～20	20～25	20～25
13	预热闪光焊时钢筋最大直径		mm	32～36	40	40	40
14	生产率		次/h	75	20～30	80	120
15	冷却水消耗量		L/h	200	200	200	500
16	压缩空气	压力	N/mm			5.5	6
		消耗量	m³/h			15	5
17	焊机重量		kg	445	465	2500	1900
18	外形尺寸	长	mm	1520	1800	2140	2300
		宽	mm	550	550	1360	1100
		高	mm	1080	1150	1380	1820

3 电弧焊机具设备

主要有弧焊机、焊接电缆、电焊钳等。弧焊机可分为交流弧焊机和直流弧焊机两类。交流弧焊机（焊接变压器）具有结构简单、价格低廉、保养和维护方便等优点，常用的型号有 BX_3-120-1、BX_3-300-2、BX_3-500-2 和 BX_2-1000 等（见表5.4.1.3-3）；直流弧焊机（焊接发电机）焊接电流稳定、焊接质量高等优点，常用的型号有 AX_1-165、AX_4-300-1、AX-320、AX_5-500、AX_3-500 等。

表5.4.1.3-3 常用交流弧焊机的技术性能

项　目		BX_3-120-1	BX_3-300-2	BX_3-500-2	BX_2-1000
额定焊接电流(A)		120	300	500	1000
初级电压(V)		220/380	380	380	220/380
初级空载电压(V)		70～75	70～78	70～75	69～78
额定工作电压(V)		25	32	40	42
额定初级电流(A)		41/23.5	61.9	101.4	340/196
焊接电流调节范围(A)		20～160	40～400	60～600	400～1200
额定持续率(%)		60	60	60	60
额定输入功率(kVA)		9	23.4	38.6	76
各持续率时功率	100%(kVA)	7	18.5	30.5	—
	额定持续率(kVA)	9	23.4	38.6	76
各持续率时焊接电流	100%(A)	93	232	388	775
	额定持续率(A)	120	300	500	1000
功率因数(cosφ)		—	—	—	0.62
效率(%)		80	82.5	87	90
外形尺寸(长×宽×高)(mm)		485×470×680	730×540×900	730×540×900	744×950×1220
重量(kg)		100	183	225	560

4 冷挤压机械连接设备

主要有钢筋挤压设备（超高压电动油泵、挤压连接钳、超高压油管）、挤压机、悬挂平衡器（手动葫芦）、吊挂小车、划标志用工具以及检查压痕卡板等。YJ型挤压设备的型号与参数见表5.4.1.3-4。

表5.4.1.3-4 钢筋挤压设备的主要技术参数

设备型号		YJH-25	YJH-32	YJH-40	YJ650Ⅲ	YJ800Ⅲ
压接钳	额定压力(MPa)	80	80	80	53	52
	额定挤压力(kN)	760	760	900	650	800
	外形尺寸(mm)	φ150×433	φ150×480	φ170×530	φ155×370	φ170×450
	重量(kg)	28	33	41	32	48
	适用钢筋(mm)	20～25	25～32	32～40	20～28	32～40
超高压泵站	电机	380V,50Hz,1.5KW			380V,50Hz,1.5kW	
	高压泵	80MPa,0.8L/min			80MPa,0.8L/min	
	低压泵	2.0MPa,4.0～6.0L/min			—	
	外形尺寸(mm)	790×540×785(长×宽×高)			390×525(高)	
	重量(kg)	96	油箱容积(L)	20	40,油箱12	
	超高压胶管	100MPa,内径6.0mm,长度3.0m(5.0m)				

5 镦粗直螺纹机具设备

(1) 钢筋液压冷镦机，是钢筋端头镦粗的专用设备。型号有：HJC200型，适用于 $\phi 18\sim 40$ 的钢筋端头镦粗；HJC250型，适用于 $\phi 20\sim 40$ 的钢筋端头镦粗；另外还有：GZD40、CDJ-50型等。

(2) 钢筋直螺纹套丝机，是将已镦粗或未镦粗的钢筋端头切削成直螺纹的专用设备。型号有：GZL-40、HZS-40、GTS-50型等。

(3) 扭力扳手、量规（通规、止规）等。

6 滚压直螺纹连接设备

滚压直螺纹根据螺纹成型方式不同可分为三种：直接滚压直螺纹、挤压肋滚压直螺纹、剥肋滚压直螺纹。

(1) 主要机械有：钢筋滚丝机（型号：GZL-32、GYZL-40、GSJ-40、HGS40等）；钢筋端头专用挤压机；钢筋剥肋滚丝机等。

(2) 主要工具有：卡尺、量规、通端环规、止端环规、管钳、力矩扳手等。

5.4.1.4 作业条件

1 钢筋的级别、直径必须符合设计要求，凡施焊的各种钢筋、钢板均应有材质证明书或试验报告单。焊条、焊剂应有合格证及复试报告单。进口钢筋还应有化学复试单，其化学成分应满足焊接要求，可焊性试验要满足施工要求。

2 熟悉图纸，已进行技术交底。

3 制定安全技术和防护措施，对施工人员进行安全交底。

4 焊工和机械连接工人必须持有有效的考试合格证，持证上岗。

5 现场电源满足机械施工要求，线路架设符合规定。

6 钢筋连接机械检查完好，设备符合施工要求。

7 在工程开工或每批钢筋正式焊接和机械连接前，应进行现场条件下的焊接性能试验。合格后，方可正式生产。试件数量与要求，应与质量检查和验收时相同。

5.4.2 施工工艺

5.4.2.1 电渣压力焊

1 工艺流程

钢筋端头制备→安装焊接夹具和钢筋→安放铁丝球（也可省去）→安放焊剂罐、填装焊剂→试焊、作试件→确定焊接参数→施焊→回收焊剂→卸下夹具→质量检查

工艺过程：引弧→电弧→电渣→顶压

2 操作要点

(1) 焊机容量选择：电渣压力焊可采用交流或直流焊接电源，焊机容量应根据所焊钢筋直径选定。钢筋电渣压力焊宜采用次级空载电压较高（TSV以上）的交流或直流焊接电源。一般32mm直径及以下的钢筋焊接时，可采用容量为600A的焊接电源；32mm直径及以上的钢筋焊接时，应采用容量为1000A的焊接电源。当焊机容量较小时，也可以采用较小容量的同型号、同性能的两台焊机并联使用。

(2) 确定焊接参数：钢筋焊接前，应根据钢筋牌号、直径、接头型式和焊接位置，选择适宜的焊接参数。电渣压力焊焊接参数包括焊接电流、电压和通电时间，见表5.4.2.1-1的规定。不同直径钢筋焊接时，应按较小直径钢筋选择参数，焊接通电时间可延长。

表 5.4.2.1-1　电渣压力焊焊接参数

钢筋直径(mm)	焊接电流(A)	焊接电压(V)		焊接通电时间(s)	
		电弧过程 $u_{2.1}$	电渣过程 $u_{2.2}$	电弧过程 t_1	电渣过程 t_2
14	200～220	35～45	22～27	12	3
16	200～250			14	4
18	250～300			15	5
20	300～350			17	5
22	350～400			18	6
25	400～450			21	6
28	500～550			24	6
32	600～650			27	7
36	700～750			30	8
40	850～900			33	9

(3) 钢筋焊接施工之前，应清除钢筋或钢板焊接部位和与电极接触的钢筋表面上的锈斑、油污、杂物等；钢筋端部有弯折、扭曲时，应予以矫直或切除。

(4) 焊接夹具应有足够的刚度，在最大允许荷载下应移动灵活，操作方便。钢筋夹具的上下钳口应夹紧于上、下钢筋上；钢筋一经夹紧，不得晃动。

(5) 焊剂筒的直径与所焊钢筋直径相适应，以防在焊接过程中烧坏。电压表、时间显示器应配备齐全，以便操作者准备掌握各项焊接参数；检查电源电压，当电源电压降大于5%，则不宜进行焊接。

(6) 施焊：

1) 引弧过程：引弧宜采用钢丝圈或焊条头引弧法，亦可采用直接引弧法。

2) 电弧过程：引燃电弧后，靠电弧的高温作用，将钢筋端头的凸出部分不断烧化，同时将接头周围的焊剂充分熔化，形成渣池。

3) 电渣过程：渣池形成一定的深度后，将上钢筋缓缓插入渣池中，此时电弧熄灭，进入电渣过程。由于电流直接通过渣池，产生大量的电阻热，使渣池温度升到接近2000℃，将钢筋端头迅速而均匀地熔化。

4) 顶压过程：当钢筋端头达到全截面熔化时，迅速将上钢筋向下顶压，将熔化的金属、熔渣及氧化物等杂质全部挤出结合面，同时切断电源，施焊过程结束。

(7) 接头焊毕，应停歇 20～30s 后，方可回收焊剂和卸下夹具，并敲去渣壳，四周焊包应均匀，凸出钢筋表面的高度应大于或等于 4mm。

3　焊接缺陷及消除措施

在焊接生产中焊工应进行自检，当发现偏心、弯折、结合不良、烧伤、夹渣等焊接缺陷时，宜按表 5.4.2.1-2 查找原因和采取措施，及时清除。

4　接头质量检验

钢筋焊接接头或焊接制品应分批进行质量检查与验收。质量检查应包括外观检查和力学性能检验。力学性能试验应在外观检查合格后随机抽取试样进行试验。检验要求见表 5.4.2.1-3。

表 5.4.2.1-2　电渣压力焊接头焊接缺陷及消除措施

焊接缺陷	措　　施	焊接缺陷	措　　施
轴线偏移	1. 矫直钢筋端部 2. 正确安装夹具和钢筋 3. 避免过大的顶压力 4. 及时修理或更换夹具	焊包不匀	1. 钢筋端面力求平整 2. 填装焊剂尽量均匀 3. 延长焊接时间,适当增加熔化量
弯折	1. 矫直钢筋端部 2. 注意安装和扶持上钢筋 3. 避免焊后过快卸夹具 4. 修理或更换夹具	气孔	1. 按规定要求烘焙焊剂 2. 清除钢筋焊接部位的铁锈 3. 确保接缝在焊剂中合适埋入深度
咬边	1. 减小焊接电流 2. 缩短焊接时间 3. 注意上钳口起点和止点,确保上钢筋顶压到位	烧伤	1. 钢筋导电部位除净铁锈 2. 尽量夹紧钢筋
未焊合	1. 增大焊接电流 2. 避免焊接时间过短 3. 检修夹具,确保上钢筋下送自如	焊包下淌	1. 彻底封堵焊剂筒的漏孔 2. 避免焊后过快回收焊剂

表 5.4.2.1-3　电渣压力焊接接头的质量检验要求

检查项目		要　　求
验收批数量		1. 在一般构筑物中,每 300 个同牌号钢筋接头作为一批; 2. 在房屋结构中,应在不堵塞超过二楼层中 300 个同牌号钢筋接头作为一批,不足 300 个时,仍应作为一批
外观检查	检查数量	应逐个进行外观检查
	质量标准	1. 四周焊包应均匀,凸出钢筋表面的高度不应小于 4mm; 2. 钢筋与电极接触处,应无烧伤缺陷; 3. 接头处钢筋轴线的偏移不得超过钢筋直径的 0.1 倍,且不得大于 2mm; 4. 接头处的弯折角不得大于 3。
力学性能	取样数量	从每批接头中随机切取 3 个试样进行拉伸试验(试样长度尺寸:$l \geqslant ls+2l1=8d+2\times(100\sim200)mm$)
	性能试验	1. 3 个试样抗拉强度均不得小于该级别钢筋规定的抗拉强度;RRB400 钢筋接头试件抗拉强度均不得小于 $570N/mm^2$; 2. 至少有 2 个试件断于焊缝之外,并应呈延性断裂: 当达到上述 2 项要求时,应评定该接头为抗拉强度合格; 当试验结果有 2 个试件抗拉强度小于钢筋规定的抗拉强度,或 3 个试件均在焊缝或热影响区发生脆性断裂时,则一次判定该接头为不合格品; 当试验结果有 1 个试件的抗拉强度小于规定值,或 2 个试件在焊缝或热影响区发生脆性断裂,其抗拉强度小于钢筋规定抗拉强度的 1.10 倍,应进行复验; 复验时,应再切取 6 个试件。复验结果,如仍有 1 个试件的强度小于规定值,或有 3 个试件断于焊缝或热影响区,呈脆性断裂,其抗拉强度小于钢筋规定抗拉强度的 1.10 倍,应判定该批接头为不合格品; 注:当接头试件虽断于焊缝或热影响区,呈脆性断裂,但其抗拉强度大于钢筋规定抗拉强度的 1.10 倍时,可按断于焊缝或热影响区之外,呈延性断裂同等对待

5.4.2.2　闪光对焊

1　工艺流程

检查设备→选择焊接工艺及参数→试焊,作模拟试件→送试→确定焊接参数→工艺焊接→质量检查工艺焊接过程：

(1) 连续闪光焊：连续闪光→顶锻连续闪光和顶锻

(2) 预热闪光焊：预热→连续闪光→顶锻

(3) 闪光-预热-闪光焊：一次闪光→预热→二次闪光→顶锻

2 操作要点

(1) 钢筋焊接前，应根据钢筋牌号、直径等选择适宜的闪光对焊工艺方法；当钢筋直径较小，钢筋牌号较低，在连续闪光焊钢筋最大钢筋直径表5.4.2.2-1的规定范围内，可采用"连续闪光焊"；当超过表5.4.2.2-1中规定，且钢筋端面较平整，宜采用"预热闪光焊"；当钢筋端面不平整，应采用"闪光-预热-闪光焊"；钢筋直径较粗时，宜采用"预热闪光焊"与"闪光-预热-闪光焊"工艺。

(2) 连续闪光焊所能焊接的钢筋上限直径，应根据焊机容量、钢筋牌号等具体情况而定，并应符合表5.4.2.2-1的规定。

表 5.4.2.2-1 连续闪光焊焊接的最大钢筋直径（mm）

焊机容量(kV·A)	钢筋牌号	钢筋直径(mm)
160 (150)	HPB235	20
	HRB335	22
	HRB400	20
	RRB400	20
100	HPB235	20
	HRB335	18
	HRB400	16
	RRB400	16
80 (75)	HPB235	16
	HRB335	14
	HRB400	12
	RRB400	12
40	HPB235	10
	Q235	
	HRB335	
	HRB400	
	RRB400	

(3) 闪光对焊时，应选择合适的调伸长度、烧化留量、顶锻留量以及变压器级数等焊接参数。连续闪光焊时的留量应包括烧化留量、有电顶锻留量和无电顶锻留量（图5.4.2.2a）；闪光-预热-闪光焊时的留量应包括一次烧化留量、预热留量、二次烧化留量、有电顶锻留量和无电顶锻留量（图5.4.2.2b）。

(4) 常用 HPB235、HRB335、HRB400 级钢筋连续闪光对焊参数见表5.4.2.2-2和表5.4.2.2-3。可根据钢筋牌号、直径、焊机特性、气温高低、实际电压以及所选焊接工艺等进行选择，在试焊后修正。

(5) 对焊前，应清除钢筋与电极表面的锈皮和污泥，使电极接触良好，以避免出现"打火"现象。

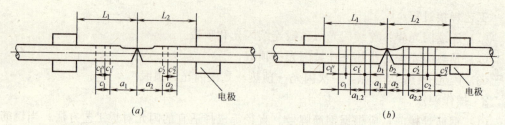

图 5.4.2.2 闪光对焊各项留量图解

(a) 连续闪光焊：L_1、L_2—调伸长度；a_1+a_2—烧化留量；C_1+C_2—顶锻留量；$C_1'+C_2'$—有电顶锻留量；$C_1''+C_2''$—无电顶锻留量；(b) 闪光-预热-闪光焊：L_1、L_2—调伸长度；$a_{1.1}+a_{2.1}$—一次烧化留量；$a_{1.2}+a_{2.2}$—二次烧化留量；b_1+b_2—预热留量；$C_1'+C_2'$—有电顶锻留量；$C_1''+C_2''$—无电顶锻留量

表 5.4.2.2-2 HPB235 级钢筋连续闪光对焊参数

钢筋直径(mm)	调伸长度(mm)	闪光留量(mm)	顶锻留量(mm)		总留量(mm)	变压器级数(UN1-75)
			有电	无电		
10	1.25	8	1.5	3	12.5	Ⅲ
12	1.0	8	1.5	3	12.5	Ⅲ
14	1.0	10	1.5	3	14.5	Ⅲ
16	1.0	10	2.0	3	15	Ⅳ
18	0.75	10	2.0	3	15	Ⅳ

注：1 d 为钢筋直径；
2 HRB335、HRB400 级钢筋连续闪光焊参数也可参考该表，但调伸长度宜为 $1.25\sim1.5d$；
3 采用其他型号对焊机时，变压器级次通过试验后确定。

表 5.4.2.2-3 HRB335、HRB400 级钢筋预热闪光对焊参数

钢筋级别	钢筋直径 d (mm)	调伸长度(mm)	闪光及预热留量(mm)			顶锻留量(mm)		总留量(mm)	变压器级次(UN1-75)
			一次闪光	预热	二次闪光	有电	无电		
HRB335	20	$1.5d$	2+	2	6	1.5	3.5	15+	Ⅴ
	22	$1.5d$	3+	2	6	1.5	3.5	16+	Ⅴ
	25	$1.25d$	3+	4	6	2.0	4.0	19+	Ⅴ
	28	$1.25d$	3+	5	7	2.0	4.0	21+	Ⅵ
	32	$1.0d$	3+	6	8	2.5	4.5	24+	Ⅵ
	36	$1.0d$	3+	7	8	3.0	5.0	26+	Ⅶ
HRB400	12	$2.5d$	5～8	1～2	12	1.5	3.0	—	Ⅷ
	16	$2.0d$	3+e	1	8	1.5	3.0	16.5+e	Ⅵ、Ⅶ
	20	$1.75d$	3+e	2	8	1.5	3.0	18.0+e	Ⅴ、Ⅵ
	25	$1.5d$	3+e	3	9	2.0	3.5	20.5+e	Ⅴ、Ⅵ
	28	$1.25d$	3+e	3	9	2.0	4.0	21.0+e	Ⅴ、Ⅵ

注：1 e 为钢筋端部不平时，两钢筋端部凸出部分长度；
2 HPB235 级钢筋预热闪光焊参数也可参考此表的预热闪光参数，但调伸长度宜为 $0.75d$；
3 调伸长度的选择应随着钢筋牌号的提高和钢筋直径的加大而增长。当焊接 HRB400 级钢筋时，调伸长度宜在 40～60mm 内选用；
4 RRB400 级钢筋闪光对焊时，与热轧钢筋比较，应减小调伸长度，提高焊接变压器级数，缩短加热时间，快速顶锻，形成快热快冷条件，使热影响区长度控制在钢筋直径的 0.6 倍范围之内；
5 HRB500 级钢筋焊接时，应采用预热闪光焊或闪光-预热-闪光焊工艺。当接头拉伸试验结果发生脆性断裂，或弯曲试验不能达到规定要求时，尚应在焊机上进行焊后热处理；
6 烧化留量的选择应根据焊接工艺方法确定。当连续闪光焊接时，烧化过程较长。烧化留量应等于两根钢筋在断料时切断机刀口严重压伤部分（包括端面的不平整度），再加 8mm；闪光-预热-闪光焊时，应区分一次烧化留量和二次烧化留量。一次烧化留量等于两根钢筋在断料时切断机刀口严重压伤部分，不应小于 10mm；预热闪光焊时的烧化留量不应小于 10mm；
7 需要预热时，宜采用电阻预热法。预热留量应为 1～2mm，预热次数应为 1～4 次；每次预热时间应为 1.5～2s，间歇时间应为 3～4s；
8 顶锻留量应为 4～10mm，并应随钢筋直径的增大和钢筋牌号的提高而增加（其中，有电顶锻留量约占 1/3）。

(6) 焊接时，如调换焊工或更换钢筋牌号和直径，应按规定制作对焊试件（不少于2个）做冷弯试验，合格后才能按既定参数成批对焊，否则要调整参数，经试验合格后才能进行操作。焊接参数应由操作人员根据钢种特性、气温高低、实际电压、焊机性能等具体情况进行修正。

(7) 不同直径的钢筋对焊时，其直径之比不宜大于1.5；同时除应按大直径钢筋选择焊接参数外，并应减小大直径钢筋的调伸长度，或利用短料先将大直径钢筋预热，以使两者在焊接过程中加热均匀，保证焊接质量。

(8) 一般闪光速度开始时近于零，而后约1mm/s，终止时约1.5～2mm/s；顶锻速度开始的0.1s应将钢筋压缩2～3mm，而后断电并以6mm/s的速度继续顶锻至结束；顶锻压力应足以将全部的熔化金属从接头内挤出。

(9) 采用UN2-150型对焊机（电动机凸轮传动）或UN17-15-1型对焊机（气-液压传动）进行大直径钢筋焊接时，宜首先采取锯割或气割方式对钢筋端面进行平整处理；然后，采取预热闪光焊工艺，并应符合下列要求：

1) 闪光过程应强烈、稳定；
2) 顶锻凸块应垫高；
3) 应准确调整并严格控制各过程的起点和止点。

(10) 对于冷拉钢筋的对焊连接，钢筋要在冷拉之前对焊，使焊接接头质量和冷却钢筋不因焊接而降低强度。

(11) 对焊完毕不应过早松开夹具；焊接接头尚处在高温时避免抛掷，同时不得往高温接头上浇水，较长钢筋对接时应安放在台架上操作。

(12) 闪光对焊可在负温条件下进行；但当环境温度低于－20℃时，不宜进行施焊。雨天、雪天不宜在现场进行施焊；必须施焊时，应采取有效遮蔽措施。焊后未冷却的接头不得碰到冰雪。在现场进行闪光对焊时，当风速超过7.9m/s时，应采取挡风措施。在环境温度低于－5℃的条件下进行闪光对焊时，宜采用预热闪光焊或闪光-预热-闪光焊工艺，焊接参数的选择，与常温焊接相比，可采取下列措施，进行调整：

1) 增加调伸长度；
2) 采用较低焊接变压器级数；
3) 增加预热次数和间歇时间。

(13) 对焊机的参数选择，包括功率和二次电压应与对焊钢筋相适应，电极冷却水的温度，不得超过40℃，机身应保持接地良好。

(14) 在闪光对焊施工中，当出现异常现象或焊接缺陷时，宜按表5.4.2.2-4查找原因和采取措施，及时消除。

表 5.4.2.2-4 闪光对焊异常现象、焊接缺陷及消除措施

异常现象焊接缺陷	措 施
烧化过分剧烈并产生强烈的爆炸声	1. 降低变压器级数 2. 减慢烧化速度
闪光不稳定	1. 清除电极底部和表面的氧化物 2. 提高变压器级数 3. 加快烧化速度

续表 5.4.2.2-4

异常现象焊接缺陷	措　　施
接头中有氧化膜、未焊透或夹渣	1. 增加预热程度 2. 加快临近顶锻时的烧化程度 3. 确保带电顶锻过程 4. 加快顶锻速度 5. 增大顶锻压力
接头中有缩孔	1. 降低变压器级数 2. 避免烧化过程过分强烈 3. 适当增大顶锻留量及顶锻压力
焊缝金属过烧	1. 减小预热程度 2. 加快烧化速度，缩短焊接时间 3. 避免过多带电顶锻
接头区域裂纹	1. 检验钢筋的碳、硫、磷含量；若不符合规定时应更换钢筋 2. 采取低频预热方法，增加预热程度
钢筋表面微熔及烧伤	1. 消除钢筋被夹紧部位的铁锈和油污 2. 消除电极内表面的氧化物 3. 改进电极槽口形状，增大接触面积 4. 夹紧钢筋
接头弯折或轴线偏移	1. 正确调整电极位置 2. 修整电极钳口或更换已变形的电极 3. 切除或矫直钢筋的弯头

3 接头质量检验要求

(1) 对钢筋焊接接头或焊接制品分批进行质量检查与验收，要求见表 5.4.2.2-5。

表 5.4.2.2-5　闪光对焊接头的质量检验要求

	验收批数量	在同一台班内，由同一焊工完成的 300 个同牌号、同直径钢筋焊接接头应作为一批。当同一台班内焊接的接头数量较少，可在一周之内累计计算；累计仍不足 300 个接头，应按一批计算
外观检查	检查数量	从每批中抽查 10%，且不得少于 10 个
	质量标准	1. 接头处不得有横向裂纹； 2. 与电极接触处的钢筋表面，不得有明显烧伤； 3. 接头处的弯折角不得大于 3°； 4. 接头处的轴线偏移，不得大于钢筋直径的 0.1 倍，且不得大于 2mm
性能试验	取样数量	1. 从每批接头中随机切取 6 个试件，其中 3 个做拉伸试验，3 个做弯曲试验； 2. 焊接等长的预应力钢筋（包括螺丝端杆与钢筋）时，可按施工时间等条件制作模拟试件； 3. 螺丝端杆接头只可做拉伸试验； 4. 封闭环式箍筋闪光对焊接头，以 600 个同牌号、同规格的接头作为一批，只做拉伸试验
	拉伸试验	同表 5.4.2.1-3
	弯曲试验	1. 焊缝应处于弯曲中心点，弯心直径和弯曲角应符合表 5.4.2.2-6 的规定，当弯至 90°，2 个或 3 个试件外侧（含焊缝和热影响区）未发生破裂，应评定该批接头弯曲试验合格； 当 3 个试件均发生破裂，则一次判定该批接头为不合格品； 当有 2 个试件发生破裂，应进行复验。 2. 复验时，应再切取 6 个试件。复验结果，如仍有 3 个试件发生破裂，应判定该批接头为不合格品 注：当试件外侧横向裂纹宽度达到 0.5mm 时，应认定已经破裂

(2) 进行弯曲试验时，应将受压面的金属毛刺和镦粗凸起部分消除，且与钢筋的外表齐平。弯曲试验可在万能试验机、手动或电动液压弯曲试验器上进行，焊缝应处于弯曲中心点，弯心直径和弯曲角度应符合表 5.4.2.2-6 的规定。

表 5.4.2.2-6　闪光对焊接头弯曲试验指标

钢筋牌号	弯心直径	弯曲角(°)	钢筋牌号	弯心直径	弯曲角(°)
HPB235	2d	90	HRB400、RRB400	5d	90
HRB335	4d	90	HRB500	7d	90

注：1　d 为钢筋直径(mm)；
　　2　直径大于25mm的钢筋对焊接头，弯曲试验时弯心直径应增加1倍钢筋直径。

5.4.2.3　电弧焊

1　工艺流程

检查设备→选择焊接参数→试焊作模拟试件→送试→确定焊接参数→施焊→质量检验

（1）钢筋电弧焊包括帮条焊、搭接焊、坡口焊、熔槽帮条焊等接头型式。应根据钢筋牌号、直径、接头型式和焊接位置，选择焊条、焊接工艺和焊接参数；

（2）焊条和焊接电流选择见表5.4.2.3-1。

表 5.4.2.3-1　焊条直径和焊接电流

	搭接焊、帮条焊				坡口焊		
焊接位置	钢筋直径(mm)	焊条直径(mm)	焊接电流(A)	焊接位置	钢筋直径(mm)	焊条直径(mm)	焊接电流(A)
平焊	10～12	3.2	90～130	平焊	16～20	3.2	140～170
	14～22	4	130～180		22～25	4	170～190
	25～32	5	180～230		28～32	5	190～220
	36～40	5	190～240		36～40	5	200～230
立焊	10～12	3.2	80～110	立焊	16～20	3.2	120～150
	14～22	4	110～150		22～25	4	150～180
	25～32	4	120～170		28～32	4	180～200
	36～40	5	170～220		36～40	5	190～210

2　操作要点

（1）帮条焊

1）钢筋帮条焊：帮条焊宜采用双面焊（图5.4.2.3-1a），当不能进行双面焊时，方可采用单面焊（图5.4.2.3-1b）。

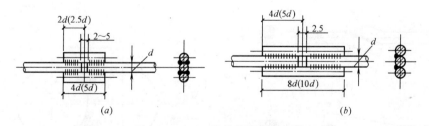

图 5.4.2.3-1　钢筋帮条焊接头
(a) 双面焊；(b) 单面焊
d—钢筋直径

2）帮条宜采用与主筋同牌号、同直径的钢筋制作，其帮条长度 l 见表5.4.2.3-2。如帮条牌号与主筋相同时，帮条的直径可以比主筋直径小一个规格；如帮条直径与主筋相同时，帮条牌号可与主筋相同或低一个牌号。

表 5.4.2.3-2 钢筋帮条长度

钢筋牌号	焊缝形式	帮条长度 l	钢筋牌号	焊缝形式	帮条长度 l
HPB235	单面焊	$\geqslant 8d$	HRB335、HRB400、RRB400	单面焊	$\geqslant 10d$
	双面焊	$\geqslant 4d$		双面焊	$\geqslant 5d$

注：d 为主筋直径(mm)。

3) 钢筋帮条焊时，钢筋的装配和焊接应符合下列要求：

a 帮条焊时，两主筋端面的间隙应为 2～5mm；

b 帮条焊时，帮条与主筋之间应用四点定位焊牢固，定位焊缝与帮条端部的距离大于或等于 20mm。

4) 焊接时，引弧应在垫板、帮条或形成焊缝的部位进行，不得烧伤主筋。在端头收弧前应填满弧坑，并应使主焊缝与定位焊缝的始端和终端熔合。

5) 焊接地线与钢筋应接触紧密。

6) 焊接过程中应及时清渣，焊缝表面应光滑，焊缝余高应平缓过渡，弧坑应填满。

7) 帮条焊接头的焊缝厚度 h 不应小于主筋直径的 0.3 倍，焊缝宽度 b 不应小于主筋直径的 0.8 倍（图 5.4.2.3-3）。

(2) 钢筋搭接焊

1) 搭接焊宜采用双面焊（图 5.4.2.3-2a），当不能进行双面焊时，方可采用单面焊（图 5.4.2.3-2b）。

2) 焊接时，搭接长度 l 应与帮条长度要求相同。

3) 焊接时，用两点固定，定位焊缝与搭接端部的距离应大于或等于 20mm。引弧应在搭接钢筋的一端开始，收弧应在搭接钢筋端头上，弧坑应填满。第一层焊缝应有足够的熔深，主焊缝与定位焊缝，特别是在定位焊缝的始端与终端，应熔合良好。

4) 搭接焊时，焊接端钢筋应预弯，并应使两钢筋的轴线在一直线上。

5) 钢筋搭接焊接头的焊缝厚度 h 不应小于主筋直径的 0.3 倍；焊缝宽度 b 不应小于主筋直径的 0.8 倍，见图 5.4.2.3-3。焊接时，应在搭接焊形成焊缝中引弧；在端头收弧前应填满弧坑，并应使主焊缝与定位焊缝的始端和终端熔合。

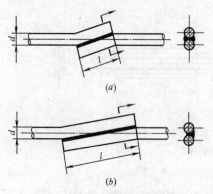

图 5.4.2.3-2 钢筋搭接焊接头
(a) 双面焊；(b) 单面焊
d—钢筋直径；l—搭接长度

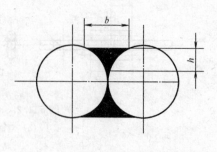

图 5.4.2.3-3 焊缝尺寸示意图
b—焊缝宽度；h—焊缝厚度

(3) 预埋件T形接头电弧焊

1) 预埋件T形接头电弧焊的接头形式分角焊和穿孔塞焊两种（图5.4.2.3-4），锚固钢筋直径在6～25mm以内，可采用角焊；锚固钢筋直径为20～32mm时，宜采用穿孔塞焊。

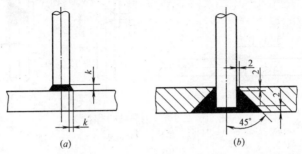

图5.4.2.3-4　预埋件T形接头
(a) 角焊；(b) 穿孔塞焊
k—焊脚

2) 装配和焊接时，应符合下列要求：

a 钢板厚度δ不宜小于钢筋直径的0.6倍，且不应小于6mm；

b 钢筋应采用HPB235、HRB335级；受力锚固钢筋直径不宜小于8mm，构造锚固钢筋直径不宜小于6mm；

c 采用HPB235钢筋时，角焊缝焊脚（k）不小于钢筋直径的0.5倍；采用HRB335、HRB400钢筋时，焊缝焊脚（k）不小于钢筋直径的0.6倍。

d 采用穿孔塞焊时，钢板的孔洞应做成喇叭口，其内口直径应比钢筋直径（d）大4mm，倾斜角度为45°，钢筋缩进2mm。

3) 施焊中，不得使钢筋咬边和烧伤。

(4) 钢筋与钢板搭接焊

钢筋与钢板搭接焊时，焊接接头（图5.4.2.3-5）应符合下列要求：

1) HPB235级钢筋的搭接长度（l）不得小于4倍钢筋直径。HRB335和HRB400钢筋的搭接长度（l）不得小于5倍钢筋直径；

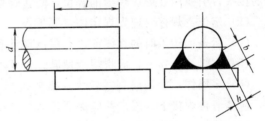

图5.4.2.3-5　钢筋与钢板搭接接头
d—钢筋直径；l—搭接长度；b—焊缝宽度；h—焊缝厚度

2) 焊缝宽度b不得小于钢筋直径的0.6倍，焊缝厚度h不得小于钢筋直径的0.35倍。

(5) 坡口焊：坡口焊的准备工作和焊接工艺应符合下列要求：

1) 坡口面应平顺，切口边缘不得有裂缝、钝边、缺棱。

2) 坡口平焊时，V形坡口角度宜为55°～65°。坡口立焊时，坡口角度宜为40°～55°，其中，下钢筋宜为0°～10°，上钢筋宜为35°～45°（图5.4.2.3-6）。

3) 钢垫板厚度宜为4～6mm，长度宜为40～60mm。坡口平焊时，垫板宽度应为钢筋直径加10mm；立焊时，垫板宽度宜等于钢筋直径。

4) 钢筋根部间隙，坡口平焊时宜为4～6mm；立焊时，宜为3～5mm。其最大间隔均不宜超过10mm。

5) 焊缝根部、坡口端面以及钢筋与钢板之间均应熔合。焊接过程中应经常清渣。钢

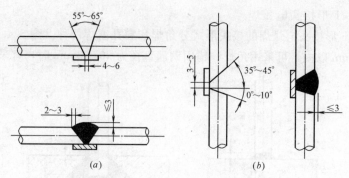

图 5.4.2.3-6 钢筋坡口焊接头
(a) 平焊；(b) 立焊

筋与钢垫板之间，应加焊 2~3 层侧面焊缝。

6）宜采用两个接头轮流进行施焊。

7）焊缝的宽度应大于 V 形坡口的边缘 2~3mm，焊缝余高不得大于 3mm，并宜平缓过渡至钢筋表面。

8）当发现接头中有弧坑、气孔及咬边等缺陷时，应立即补焊。HRB400 级钢筋接头冷却后补焊时，应采用氧乙炔焰预热。

3 施焊中应注意的事项

（1）焊接时，焊接地线与钢筋应接触紧密；焊接过程中应及时清渣，焊缝表面应光滑，焊缝余高应平缓过渡，弧坑应填满。

（2）引弧：带有垫板或帮条的接头，引弧应在钢板或帮条上进行。无钢筋垫板或无帮条的接头，引弧应在形成焊缝的部位，防止烧伤主筋。

（3）定位：焊接时应先焊定位点再施焊。

（4）运条：运条时的直线前进、横向摆动和送进焊条三个动作要协调平稳。

（5）收弧：收弧时，应将熔池填满，注意不要在工作表面造成电弧擦伤。

（6）多层焊：如钢筋直径较大，需要进行多层施焊时，应分层间断施焊，每焊一层后，应清渣再焊接下一层。并应保证焊缝的高度和长度。

（7）熔合：焊接过程中应有足够的熔深。主焊缝与定位焊缝应结合良好，避免气孔、夹渣和烧伤缺陷，并防止产生裂缝。

（8）平焊：平焊时要注意熔渣和铁水混合不清的现象，防止熔渣流到铁水前面。熔池也应控制成椭圆形，一般采用右焊法，焊条与工作表面成 70°角。

（9）立焊：立焊时，铁水与熔渣易分离。要防止熔池温度过高，铁水下坠形成焊瘤，操作时焊条与垂直面形成 60°~80°角。使电弧略向上，吹向熔池中心。焊第一道时，应压住电弧向上运条，同时作较小的横向摆动，其余各层用半圆形横向摆动加挑弧法向上焊接。

（10）横焊：焊条倾斜 70°~80°，防止铁水受自重作用坠到下坡口上。运条到上坡口处不作运弧停顿，迅速带向下坡口根部作微小横拉稳弧动作，依次均速进行焊接。

（11）仰焊：仰焊时宜用小电流短弧焊接，熔池宜薄，且应确保与母材熔合良好。第一层焊缝用短电弧作前后推拉动作，焊条与焊接方向成 80°~90°角。其余各层焊条横摆，并在坡口侧略停顿稳弧，保证两侧熔合。

4 在装配式框架结构的安装中，钢筋焊接应符合下列要求：

(1) 应选择合理的焊接顺序,对于柱间节点,可对称焊接,以减少结构的变形;

(2) 柱间节点,采用坡口焊时,当主筋根数为14根及以下,钢筋从混凝土表面伸出长度不应小于250mm;当主筋为14根以上时,钢筋的伸出长度不应小于350mm(采用搭接焊时其伸出长度宜增加);

(3) 两钢筋轴线偏移时,宜采用冷弯矫正,但不得用锤敲打。当冷弯矫正有困难时,可采用氧乙炔焰加热后矫正,加热温度不得超过850℃,避免烧伤钢筋。

5 电弧焊接接头的质量检验要求,见表5.4.2.3-3;电弧焊接头尺寸偏差及缺陷允许值,见表5.4.2.3-4。

表5.4.2.3-3 电弧焊接接头的质量检验要求

验收批		1. 在现浇混凝土结构中,应以300个同牌号钢筋、同型式接头为一批;在房屋结构中,应在不超过二楼层中300个同牌号钢筋、同型式接头作为一批。每批随机抽取3个接头,做拉伸试验; 2. 在装配式结构中,可按生产条件制作模拟试件,每批3个切头,做拉伸试验; 3. 钢筋与钢板电弧搭接焊接头可只进行外观检查。 注:在同一批中若有几种不同直径的钢筋焊接接头,应在最大直径钢筋接头中切取3个试件
外观检查	检查数量	在接头清渣后逐个检查
	质量标准	1. 焊接表面平整,不得有的凹陷或焊瘤; 2. 焊接接头区域内不得有肉眼可见裂纹; 3. 咬边深度、气孔、夹渣等缺陷允许值及接头尺寸的允许偏差,应符合表5.4.2-13的规定; 4. 坡口焊接头的焊缝余高不得大于3mm; 5. 外观检查不合格的接头,经修整或补强后可提交二次验收
力学性能	取样数量	1. 在一般构件筑中,应从成品中每批随机切取3个接头进行抗拉试验; 2. 对于装配式结构中,可按生产条件制作模拟试件
	拉伸试验	同表5.4.2.1-3

表5.4.2.3-4 钢筋电弧焊接头尺寸偏差及缺陷允许值(mm)

项 目		单位	接 头 型 式		
			帮条焊	搭接焊、钢筋与钢板搭接焊	坡口焊、熔槽帮条焊
帮条沿接头中心线的纵向偏移		mm	0.3d	—	—
接头处弯折角		°	3	3	3
接头处钢筋轴线的偏移		mm	0.1d	0.1d	0.1d
焊缝厚度		mm	+0.05d 0	+0.05d 0	—
焊缝宽度		mm	+0.1d 0	+0.1d 0	—
焊缝长度		mm	−0.3d	−0.3d	—
横向咬边深度		mm	0.5	0.5	0.5
在长2d焊缝表面上的气孔及夹渣	数量	个	2	2	—
	面积	mm²	6	6	—
在全部焊缝表面上的气孔及夹渣	数量	个	—	—	2
	面积	mm²	—	—	6

注:1 d为钢筋直径;
2 负温下,咬边深度不大于0.2mm。

5.4.2.4 径向挤压连接

带肋钢筋径向挤压连接头见图5.4.2.4。

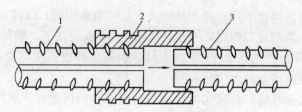

图 5.4.2.4 套筒挤压连接
1—已挤压的钢筋；2—钢套筒；3—未挤压的钢筋

挤压接头按静力单向拉伸性能以及高应力和大变形条件下反复拉压性能划分为Ⅰ、Ⅱ两个性能等级。Ⅰ级、Ⅱ级挤压接头的性能及应用范围应符合现行行业标准的规定，性能指标等要求见本标准附录B.7的规定。

1 工艺流程

（1）钢筋半接头连接工艺：

装好高压油管和钢筋配用限位器、套管压模→插入钢筋顶到限位器上扶正、挤压→退回柱塞、取下压模和半套管接头

（2）连接钢筋挤压工艺：

半套管插入结构待连接的钢筋上→放置与钢筋配用的压模和垫块、挤压→退回柱塞及导向板，装上垫块、挤压→退回柱塞再加垫块、挤压→退回柱塞、取下垫块、压模，卸下挤压机

2 操作要点

（1）施工前在选择合适材质和规格的钢套筒以及压接设备、压模后，接头性能主要取决于挤压变形量这一关键的工艺参数。挤压变形量包括压痕最小直径和压痕总宽度。参数选择见表5.4.2.4-1、表5.4.2.4-2。

表 5.4.2.4-1 不同规格钢筋连接时的参数选择

连接钢筋规格	钢套筒型号	压模型号	压痕最小直径允许范围(mm)	压痕最小总宽度(mm)
φ40～φ36	G40	φ40端 M40	60～63	≥80
		φ36端 M36	57～60	≥80
φ36～φ32	G36	φ36端 M36	54～57	≥70
		φ32端 M32	51～54	≥70
φ32～φ28	G32	φ32端 M32	48～51	≥60
		φ28端 M28	45～48	≥60
φ28～φ25	G28	φ28端 M28	41～44	≥55
		φ25端 M25	38～41	≥55
φ25～φ22	G25	φ25端 M25	37～39	≥50
		φ22端 M22	35～37	≥50
φ25～φ20	G25	φ25端 M25	37～39	≥50
		φ20端 M20	33～35	≥50
φ22～φ20	G22	φ22端 M22	32～34	≥45
		φ20端 M20	31～33	≥45
φ22～φ18	G22	φ22端 M22	32～34	≥45
		φ18端 M18	29～31	≥45
φ20～φ18	G20	φ20端 M20	29～31	≥45
		φ18端 M18	28～30	≥45

表 5.4.2.4-2 同规格钢筋连接时的参数选择

连接钢筋规格	钢套筒型号	压模型号	压痕最小直径允许范围(mm)	压痕最小总宽度(mm)
$\phi40\sim\phi40$	G40	M40	60～63	≥80
$\phi36\sim\phi36$	G36	M36	54～57	≥70
$\phi32\sim\phi32$	G32	M32	48～51	≥60
$\phi28\sim\phi28$	G28	M28	41～44	≥55
$\phi25\sim\phi25$	G25	M25	37～39	≥50
$\phi22\sim\phi22$	G22	M22	32～34	≥45
$\phi20\sim\phi20$	G20	M20	29～31	≥45
$\phi18\sim\phi18$	G18	M18	27～29	≥40

(2) 挤压前应做好如下工作：

1) 钢筋端部要平直，如有弯折，必须予以矫直；钢筋的连接端和套管内壁严禁有油污、铁锈、泥砂混入，套管接头外边不得有油脂。连接带肋钢筋不得砸平花纹。

2) 钢套筒的几何尺寸及钢筋接头位置必须符合设计要求，套筒表面不得有裂缝、折叠、结疤等缺陷，以免影响压接质量。钢筋与套筒应进行试套，如钢筋有马蹄、弯折或纵肋尺寸过大者，应预先矫正或用砂轮打磨，对不同直径钢筋的套筒不得串用。

3) 钢筋端部应划出明显定位标记与检查标记，定位标记与钢筋端头的距离为钢套筒长度的一半，检查标记与定位标记的距离一般为20mm。确保在挤压时和挤压后可按定位标记检查钢筋伸入套筒内的长度。

4) 检查挤压设备情况，并进行试压，符合要求后方可作业。

(3) 挤压作业时应注意：

1) 应按挤压标记检查钢筋插入套筒内深度，钢筋端头离套筒长度中点不宜超过10mm；

2) 挤压时挤压机与钢筋轴线应保持垂直；

3) 压接钳施压顺序由钢套筒中部顺次向端部进行；

4) 钢筋挤压连接宜先在地面上挤压一端套筒，在施工作业区插入待接钢筋后再挤压另一端套筒；

5) 柱子钢筋接头要高出混凝土面1m，以利钢筋挤压连接有一定的操作空间。

表 5.4.2.4-3 钢筋径向冷挤压接头质量检验要求

检查项目		要　求
验收批		同一施工条件下采用同一批材料的同等级、同型式、同规格接头，以500个为一个验收批进行检验与验收，不足500个也作为一个验收批
外观检验	检查数量	每一验收批中应随机抽取10%的挤压接头作外观质量检验
	质量标准	1. 挤压后套筒长度应为原套筒长度的1.10～1.15倍；或压痕处套筒的外径波动范围为原套筒外径的0.80～0.90倍； 挤压接头的压痕道数应符合形式检验确定的道数； 接头处弯折不得大于3°； 挤压后的套筒不得有肉眼可见裂缝。 2. 如外观质量不合格数少于抽检数的10%，则该批挤压接头外观质量评为合格。当不合格数超过抽检数的10%时，应对该批挤压接头逐个进行复检，对外观不合格的挤压接头采取补救措施；不能补救的挤压接头应做标记。 3. 在外观不合格的接头中抽取6个试件做抗拉强度试验，若有1个试件的抗拉强度低于规定值，则该批外观不合格的挤压接头，应会同设计单位商定处理，并记录存档
力学性能	取样数量	对接头的每一验收批，必须在工程结构中随机抽3个试件做单向拉伸试验
	单向拉伸试验	1. 当3个试件检验结果均符合本标准附录B、表B.8中的强度要求时，该验收批评为合格。 2. 如有1个试件的强度不符合要求，应再取6个试件进行复检。复检中如仍有1个试件检验结果不符合要求，则该验收批为不合格

3 接头质量检验

接头质量检验要求见表5.4.2.4-3。在现场连续检验10个验收批,其全部单向拉伸试件一次抽样均合格时,验收批接头数量可扩大一倍。

5.4.2.5 镦粗直螺纹套筒连接

钢筋镦粗直螺纹套筒连接是先将钢筋端头镦粗,再切削成直螺纹,然后用带直螺纹的套筒将钢筋两端拧紧的钢筋连接方法。

1 工艺流程

镦粗直螺纹接头:钢筋下料→钢筋镦粗→螺纹加工→钢筋连接→质量检查

2 操作要点

(1) 钢筋下料:钢筋下料时,应采用砂轮切割机,切口的端面应与轴线垂直,不得有马蹄形或挠曲。

(2) 端头镦粗:钢筋下料后,在液压冷镦机上将钢筋端头镦粗。不同规格钢筋冷镦后的尺寸见表5.4.2.5-1。根据钢筋直径、冷镦机性能及镦粗后的外形效果,通过试验确定适当的镦粗压力。操作中要保证镦粗头与钢筋轴线倾斜不得大于3°,不得出现与钢筋轴线相垂直的横向裂缝。发现外观质量不符合要求时,应及时割除,重新镦粗。

表 5.4.2.5-1 镦粗头外形尺寸 (mm)

钢筋规格 ϕ(mm)	22	25	28	32	36	40
镦粗直径 ϕ(mm)	26	29	32	36	40	44
镦粗部分长度(mm)	30	33	35	40	44	50

(3) 螺纹加工:钢筋冷镦后,经检查符合要求,在钢筋套丝机上切削加工螺纹。钢筋端头螺纹应与连接套筒的型号匹配。钢筋螺纹加工质量:牙形饱满,无断牙、秃牙等缺陷。

(4) 钢筋螺纹加工后,随即用配套的量规逐根检测。合格后再由专职质检员按一个工作班10%的比例抽样校验。如发现有不合格的螺纹,应逐个检查,并切除所有不合格的螺纹,重新镦粗和加工螺纹。

(5) 现场连接:

1) 对连接钢筋可自由转动的,先将套筒预先部分或全部拧入一个被连接钢筋的端头螺纹上,而后转动另一根被连接钢筋或反拧套筒到预定位置,最后用扳手转动连接钢筋,使其相互对顶锁定连接套筒。

2) 对于钢筋完全不能转动的部位,如弯折钢筋或施工缝、后浇带等部位,可将锁定螺母和连接套筒预先拧入加长的螺纹内,再反拧入另一根钢筋端头螺纹上,最后用锁定螺母锁定连接套筒;或配套应用带有正反螺纹的套筒,以便从一个方向上能松开或拧紧两根钢筋。

3) 直螺纹钢筋连接时,应采用扭力扳手按表5.4.2.5-2规定的力矩把钢筋接头拧紧。

表 5.4.2.5-2 直螺纹钢筋连接接头拧紧力矩值

钢筋直径(mm)	16~18	20~22	25	28	32	36~40
拧紧力矩(N·m)	100	200	250	280	320	350

3 镦粗直螺纹连接注意要点

(1) 镦粗头的基圆直径应大于丝头螺纹外径,长度应大于1.2倍套筒长度,过渡段坡度应≤1:3;

(2) 镦粗头不得有与钢筋轴线相垂直的横向表面裂纹;

(3) 不合格的镦粗头,应切去后重新镦粗。不得对镦粗头进行二次镦粗;

(4) 如选用热镦工艺镦粗钢筋,则应在室内进行钢筋镦头加工。

4 接头质量检验

(1) 套筒出厂检验:

1) 以500个为一个检验批,每批按10%抽检;

2) 镦粗直螺纹接头套筒检验结果应符合表5.4.2.5-3的技术要求;

表 5.4.2.5-3 镦粗直螺纹连接套筒的质量检验要求

序号	检验项目	量具名称	检验要求
1	外观质量	目测	无裂纹或其他肉眼可见缺陷
2	外形尺寸	游标卡尺或专用量具	长度及外径尺寸符合设计要求
3	螺纹小径	光面塞规	通端量规应能通过螺纹的小径,而止端量规不应通过螺纹小径
4	螺纹的中径及大径	通端螺纹塞规	能顺利旋入连接套筒两端并达到旋合长度
		止端螺纹塞规	塞规不能通过套筒内螺纹,但允许从套筒两端部分旋合,旋入量不应超过3P(P为螺距)

3) 抽检合格率应大于等于95%;当抽检合格率小于95%时,应另取双倍数量重做检验,当加倍抽检后的合格率大于95%时,应判该批合格;若仍小于95%时,则该批应逐个检验,合格后方可使用。

(2) 丝头现场加工检验:

1) 加工工人应逐个目测检查丝头的加工质量,每加工10个丝头应用环规(剥肋滚压直螺纹接头丝头用通、止规)检查一次,并剔除不合格丝头。

2) 自检合格的丝头,应由质检员随机抽样进行检验,以一个工作班内生产的丝头作为一个验收批,随机抽10%丝头,且不得少于10个;当合格率小于95%时,应加倍抽检,复检中合格率仍小于95%时,则对全部丝头逐个进行检验,并切去不合格丝头,查明原因后重新加工,合格后方可使用。

3) 镦粗直螺纹接头丝头质量检验方法及要求见表5.4.2.5-4。

表 5.4.2.5-4 镦粗直螺纹接头钢筋丝头的质量检验要求

序号	检验项目	量器名称	合格条件
1	外观质量	目测	牙顶饱满,牙顶宽超过1.6mm,秃牙部分累计不超过一个螺纹周长
2	外形尺寸	卡尺或专用量具	丝头长度应满足设计要求,标准型接头的丝头长度公差为+1P
3	螺纹大径	光面轴用量规	通端量规应能通过螺纹的大径,而止端量规不应通过螺纹大径
4	螺纹中径及小径	通端螺纹环规	能顺利地旋入螺纹并达到旋合长度
		止端螺纹环规	允许环规与端部螺纹部分旋合,旋合量应不超过3P

注:P为螺距。

(3) 施工现场质量检验要求:

1) 机械连接接头的现场检验按验收批进行,现场检验应进行外观质量检查和单向拉伸试验。力学性能及施工要求见表5.4.2.5-5，接头拧紧力矩值见表5.4.2.5-2。

2）对接头有特殊要求的结构，应按设计图纸中另行注明相应的检验项目。钢筋接头应根据接头的性能等级和应用场合，对静力单向拉伸性能、高应力反复拉压、大变形反复拉压、抗疲劳、耐低温等各项性能确定相应的检验项目。

3）对现场连续检验10个验收批，其全部单向拉伸试件一次抽样均合格时，验收批接头数量可扩大一倍。

表 5.4.2.5-5 钢筋机械连接接头的质量检验要求

检查项目		标准要求
验收批		同一施工条件下采用同一批材料的同等级、同型式、同规格接头，以500个为一个验收批进行检验与验收，不足500个也作为一个验收批
力学性能	取样数量	对接头的每一验收批，必须在工程结构中随机抽3个试件做单向拉伸试验
	单向拉伸试验	1. 当3个试件检验结果均符合附录表B.8中的强度要求时，该验收批评为合格； 2. 如有1个试件的强度不符合要求，应再取6个试件进行复检。复检中如仍有1个试件检验结果不符合要求，则该验收批评为不合格
外观检验	镦粗直螺纹接头 检查数量	1. 梁、柱构件按接头数的15%，且每个构件的接头抽检数不得少于一个接头； 2. 基础、墙、板构件，每100接头为一验收批，不足100个也作为一个验收批，每批抽检3个接头
	质量标准	1. 抽检的3个接头应全部合格，如有一个接头不合格，则该验收批应逐个检查并拧紧； 2. 用力矩扳手按下表检查接头拧紧力矩值抽检接头的施工质量

5.4.2.6 滚压直螺纹套筒连接

1 钢筋滚压直螺纹套筒连接是利用金属材料塑性变形后冷作硬化增强金属强度的特性，使接头母材等强的连接方法。根据滚压直螺纹成型方式，又可分为直接滚压螺纹、挤压肋滚压螺纹、剥肋滚压螺纹三种类型。

（1）直接滚压螺纹：螺纹加工简单，设备投入少，但螺纹精度差，由于钢筋粗细不均，导致螺纹直径出现差异，接头质量受一定的影响。

（2）挤压肋滚压螺纹：采用专用挤压机先将钢筋端头的横肋和纵肋进行预压平处理，然后再滚压螺纹。其目的是减轻钢筋对成型螺纹的影响。此法对螺纹精度有一定的提高，但仍不能从根本上解决钢筋直径差异对螺纹精度的影响。

（3）剥肋滚压螺纹：采用剥肋滚丝机，先将钢筋端头的横肋和纵肋进行剥切处理后，使钢筋滚丝前的直径达到同一尺寸，然后进行螺纹滚压成型。此法螺纹精度高，接头质量稳定，施工速度快，价格适中，具有较大的发展前景。

2 施工工艺

（1）工艺流程：

钢筋下料→（钢筋端头挤压或剥肋）→滚压螺纹加工→接头单体试件试验→钢筋连接→质量检查

（2）操作要点：

1）钢筋下料：同镦粗直螺纹。

2）钢筋端头加工（直接滚压螺纹无此工序）：钢筋端头挤压采用专用挤压机，挤压力根据钢筋直径和挤压机的性能确定，挤压部分的长度为套筒长度的$1/2+2P$（P为螺距）。

3）滚压螺纹加工：将待加工的钢筋夹持在夹钳上，开动滚丝机或剥肋滚丝机，扳动给进装置，使动力头向前移动，开始滚丝或剥肋滚丝，待滚压到调整位置后，设备自动停机并反转,将钢筋退出滚压装置,扳动给进装置将动力头复位停机,螺纹即加工完成。

4)剥肋滚丝头加工尺寸应符合表5.4.2.6-1的规定,丝头加工长度为标准型套筒长度的1/2,其公差为+2P(P为螺距);直接滚压螺纹和挤压滚压螺纹的加工尺寸按相应标准执行。

表 5.4.2.6-1 剥肋滚丝头加工尺寸（mm）

钢筋规格	剥肋直径	螺纹尺寸	丝头长度	完整丝扣圈数
16	15.1±0.2	M16.5×2	22.5	≥8
18	16.9±0.2	M19×2.5	27.5	≥7
20	18.8±0.2	M21×2.5	30	≥8
22	20.8±0.2	M23×2.5	32.5	≥9
25	23.7±0.2	M26×3	35	≥9
28	26.6±0.2	M29×3	40	≥10
32	30.5±0.2	M33×3	45	≥11
36	34.5±0.2	M37×3.5	49	≥9
40	38.1±0.2	M41×3.5	52.5	≥10

5)现场连接施工:

a 连接钢筋时,钢筋规格和套筒规格必须一致,钢筋和套筒的丝扣应干净、完好无损。

b 采用预埋接头时,连接套筒的位置、规格和数量应符合设计要求。带连接套筒的钢筋应固定牢,连接套筒的外露端应有保护盖。

c 直螺纹接头的连接应使用管钳和力矩扳手进行;连接时,将待安装的钢筋端部的塑料保护帽拧下来露出丝口,并将丝口上的水泥浆等污物清理干净。将两个钢筋丝头在套筒中间位置相互顶紧,接头拧紧力矩符合规定,力矩扳手的精度为±5%。

d 检查连接丝头定位标色并用管钳旋合顶紧,外露丝扣牙数满足规定,并在套筒上做出拧紧标记,以便检查。

e 连接水平钢筋时,必须将钢筋托平。

f 钢筋接头处的混凝土保护层厚度应满足受力钢筋保护层最小厚度的要求,且不得小于15mm。

g 钢筋的弯折点与接头套筒端部距离不宜小于200mm,且带长套丝接应设置在弯起钢筋平直段上。

3 接头质量检验

(1)工程中采用滚压直螺纹接头时,技术提供单位应提交有效的型式检验报告。

(2)套筒出厂检验:

1)以500个为一个检验批,每批按10%抽检。

2)剥肋滚压直螺纹连接套筒的质量应符合表5.4.2.6-2的技术要求,否则为不合格。

表 5.4.2.6-2 剥肋滚压直螺纹连接套筒的质量检验要求

序号	检验项目	量具名称	检 验 要 求
1	外观质量	目测	表面无裂纹和影响接头质量的其他缺陷
2	外形尺寸	卡尺或专用量具	长度及外径尺寸符合设计要求
3	螺纹尺寸	通端螺纹塞规	能顺利旋入连接套筒两端并达到旋合长度
		止端螺纹塞规	塞规允许从套筒两端部分旋合,旋入量不应超过3P(P为螺距)

3) 抽检合格率大于等于95%，该批合格；当抽检合格率小于95%时，应另取双倍数量重做检验，当加倍抽检后的合格率大于95%时，应判该批合格，若仍小于95%时，则该批应逐个检验，合格后方可使用。

(3) 丝头现场加工检验：

1) 加工工人应逐个目测检查丝头的加工质量，每加工10个丝头应用环规（剥肋滚压直螺纹接头丝头用通、止规）检查一次，并剔除不合格丝头。

2) 自检合格的丝头，应由质检员随机抽样进行检验，以一个工作班内生产的丝头作为一个验收批，随机抽10%丝头，且不得少于10个；当合格率小于95%时，应加双倍抽检，复检中合格率仍小于95%时，则对全部丝头逐个进行检验，并切去不合格丝头，查明原因后重新加工，合格后方可使用。

3) 滚压直螺纹接头丝头质量检验的方法及要求见表5.4.2.6-3。

表5.4.2.6-3 剥肋滚压直螺纹接头钢筋丝头的质量检验要求

序号	检验项目	量器名称	合格条件
1	螺纹牙型	目测、卡尺	牙型完整，螺纹大径低于中径的不完整丝扣，累计长度不得超过两个螺纹周长
2	丝头长度	卡尺或专用量具	丝头加工长度为标准型套筒长度的1/2，其公差为+2P（P为螺距）
4	螺纹直径	通端螺纹环规	能顺利旋入螺纹
		止端螺纹环规	允许环规与端部螺纹部分旋合，旋入量不应超过3P（P为螺距）

(4) 施工现场质量检验要求：

1) 机械连接接头的现场检验按验收批进行，现场检验应进行外观质量检查和单向拉伸试验。力学性能及施工要求见表5.4.2.6-4；接头拧紧力矩值见表5.4.2.5-2。

表5.4.2.6-4 钢筋机械连接接头的质量检验要求

检查项目		标准要求
验收批		同一施工条件下采用同一批材料的同等级、同型式、同规格接头，以500个为一个验收批进行检验与验收，不足500个也作为一个验收批
力学性能	取样数量	对接头的每一验收批，必须在工程结构中随机抽3个试件做单向拉伸试验
	单向拉伸试验	1. 当3个试件检验结果均符合附录表B.8中的强度要求时，该验收批评为合格； 2. 如有1个试件的强度不符合要求，应再取6个试件进行复检。复检中如仍有1个试件检验结果不符合要求，则该验收批为不合格
剥肋等强直螺纹	抽检数量	1. 梁、柱构件按接头数的15%，且每个构件的接头抽检数不得少于一个接头； 2. 基础、墙、板构件，每100接头为一验收批，不足100个也作为一个验收批，每批抽检3个接头
	质量标准	1. 抽检的3个接头应全部合格，如有一个接头不合格，则该验收批应逐个检查并拧紧； 2. 用力矩扳手按下表检查接头拧紧力矩值抽检接头的施工质量

2) 对接头有特殊要求的结构，应在设计图纸中另行注明相应的检验项目。钢筋接头应根据接头的性能等级和应用场合，对静力单向拉伸性能、高应力反复拉压、大变形反复拉压、抗疲劳、耐低温等各项性能确定相应的检验项目。

3) 在现场连续检验10个验收批，其全部单向拉伸试件一次抽样均合格时，验收批接头数量可扩大一倍。

5.4.3 成品保护

1 焊接

（1）检查电源、焊机及工具。焊接地线应与钢筋接触良好，防止因起弧而烧伤钢筋。

（2）焊接后，焊接区应防止骤冷，以免发生脆裂。当气温较低时，接头部位应适当用保温材料覆盖。

（3）钢筋焊接半成品按规格、型号分类堆放整齐，堆放场所应有遮盖，防止雨淋而锈蚀。

（4）运输装卸焊接半成品时，不能随意抛掷，以避免钢筋变形。

2 机械连接

（1）注意对连接套和已套丝钢筋丝扣的保护，不得损坏丝扣，丝扣上不得粘有水泥浆等污物。

（2）地面半接头连接的钢筋半成品要用垫木垫好，分规格码放整齐。

（3）套筒在运输和储存过程中，有明显的规格标记，并应分类包装存放，不得混淆和锈蚀。

5.4.4 安全、环保措施

1 安全措施

（1）操作人员必须进行专业培训，持证上岗。

（2）作业场地应有安全防护措施，加强焊工的劳动保护，防止发生烧伤、触电、火灾、爆炸以及烧坏机器等事故。焊接火花飞溅的区域内，要设置薄钢板或水泥石棉挡板防护装置，在焊机与操作人员之间，可在焊机上装置活动罩，防止火花射灼操作人员。

（3）高压油管不得打死弯，操作人员应避开高压胶管反弹方向，以免伤人。液压系统中严禁混入杂质，在装卸超高压软管时，其接头要保管好，不能带有灰尘砂土杂物。操作人员应戴安全帽和手套，高处作业应戴安全带。

（4）焊机应经常维护保养和定期检修，确保正常使用。

（5）对从事钢筋焊接施工的班组及有关人员应经常进行安全生产教育，执行现行国家标准《焊接与切割安全》GB 9448—1999中有关规定，加强劳动保护，防止发生烧伤、触电、火灾以及烧坏焊接设备等事故。

（6）钢筋机械加工机械操作前应检查机床的紧固件、运动部件、滑动面、润滑油、电源及安全保护装置是否可靠，应作行程试运转3次，0℃以下的气温时空载负荷3min。

（7）加工操作完毕停机，应切断电源。

（8）在高空连接作业时，要搭设临时脚手平台操作，不得蹬踩接头。

2 环保措施

（1）对于敲去的渣壳应及时清理干净；对于未用尽的焊剂应尽量回收，以免造成浪费。

（2）钢筋连接机械应设防护罩，防止噪声污染环境。

5.4.5 质量标准

Ⅰ 主控项目

5.4.5.1 纵向受力钢筋的连接方式应符合设计要求。

检查数量：全数检查。

检验方法：观察。

5.4.5.2 在施工现场，应按现行国家标准《钢筋机械连接通用技术规程》JGJ 107—2003、《钢筋焊接及验收规程》JGJ 18—2003 的规定抽取钢筋机械连接接头、焊接接头试件作力学性能检验，其质量应符合有关规程的规定。

检查数量：按有关规程确定。

检验方法：检查产品合格证、接头力学性能试验报告。

Ⅱ 一般项目

5.4.5.3 钢筋的接头宜设置在受力较小处。同一纵向受力钢筋不宜设置两个或两个以上接头。接头末端至钢筋弯起点的距离不应小于钢筋直径的 10 倍。

检查数量：全数检查。

检验方法：观察，钢尺检查。

5.4.5.4 在施工现场，应按现行国家标准《钢筋机械连接通用技术规程》JGJ 107—2003、《钢筋焊接及验收规程》JGJ 18—2003 的规定对钢筋机械连接接头、焊接接头的外观进行检查，其质量应符合有关规程的规定。

检查数量：全数检查。

检验方法：观察。

5.4.5.5 当受力钢筋采用机械连接接头或焊接接头时，设置在同一构件内的接头宜相互错开。

纵向受力钢筋机械连接接头及焊接接头连接区段的长度为 $35d$（d 为纵向受力钢筋的较大直径）且不小于 500mm，凡接头中点位于该连接区段长度内的接头均属于同一连接区段。同一连接区段内，纵向受力钢筋机械连接及焊接的接头面积百分率为该区段内有接头的纵向受力钢筋截面面积与全部纵向受力钢筋截面面积的比值。

同一连接区段内，纵向受力钢筋的接头面积百分率应符合设计要求；当设计无具体要求时，应符合下列规定：

1 在受拉区不宜大于 50%；

2 接头不宜设置在有抗震设防要求的框架梁端、柱端的箍筋加密区；当无法避开时，对等强度高质量机械连接接头，不应大于 50%；

3 直接承受动力荷载的结构构件中，不宜采用焊接接头；当采用机械连接接头时，不应大于 50%。

检查数量：在同一检验批内，对梁、柱和独立基础，应抽查构件数量的 10%，且不少于 3 件；对墙和板，应按有代表性的自然间抽查 10%，且不少于 3 间；对大空间结构，墙可按相邻轴线间高度 5m 左右划分检查面，板可按纵横轴线划分检查面，抽查 10%，且均不少于 3 面。

检验方法：观察，钢尺检查。

5.4.5.6 同一构件中相邻纵向受力钢筋的绑扎搭接接头宜相互错开。绑扎搭接接头中钢筋的横向净距不应小于钢筋直径，且不应小于 25mm。

钢筋绑扎搭接接头连接区段的长度为 $1.3l_l$（l_l 为搭接长度），凡搭接接头中点位于该连接区段长度内的搭接接头均属于同一连接区段。同一连接区段内，纵向钢筋搭接接头面积百分率为该区段内有搭接接头的纵向受力钢筋截面面积与全部纵向受力钢筋截面面积的比值（图5.4.5.6）。

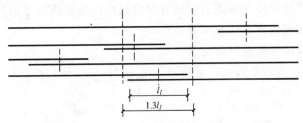

图5.4.5.6 同一连接区段内的纵向受拉钢筋绑扎搭接接头
注：图中所示同一连接区段内的搭接接头钢筋为两根，当各钢筋直径相同时，搭接接头面积百分率为50%。

同一连接区段内，纵向受拉钢筋搭接接头面积百分率应符合设计要求；当设计无具体要求时，应符合下列规定：

1 对梁类、板类及墙类构件，不宜大于25%；
2 对柱类构件，不宜大于50%；
3 当工程中确有必要增大接头面积百分率时，对梁类构件，不应大于50%；对其他构件，可根据实际情况放宽。

纵向受力钢筋绑扎搭接接头的最小搭接长度应符合附录B.6的规定。

检查数量：在同一检验批内，对梁、柱和独立基础，应抽查构件数量的10%，且不少于3件；对墙和板，应按有代表性的自然间抽查10%，且不少于3间；对大空间结构，墙可按相邻轴线间高度5m左右划分检查面，板可按纵、横轴线划分检查面，抽查10%，且均不少于3面。

检验方法：观察，钢尺检查。

5.4.5.7 在梁、柱类构件的纵向受力钢筋搭接长度范围内，应按设计要求配置箍筋。当设计无具体要求时，应符合下列规定：

1 箍筋直径不应小于搭接钢筋较大直径的0.25倍；
2 受拉搭接区段的箍筋间距不应大于搭接钢筋较小直径的5倍，且不应大于100mm；
3 受压搭接区段的箍筋间距不应大于搭接钢筋较小直径的10倍，且不应大于200mm；
4 当柱中纵向受力钢筋直径大于25mm时，应在搭接接头两个端面外100mm范围内各设置两个箍筋，其间距宜为50mm。

检查数量：在同一检验批内，对梁、柱和独立基础，应抽查构件数量的10%，且不少于3件；对墙和板，应按有代表性的自然间抽查10%，且不少于3间；对大空间结构，墙可按相邻轴线间高度5m左右划分检查面，板可按纵、横轴线划分检查面，抽查10%，且均不少于3面。

检验方法：钢尺检查。

5.4.6 质量验收

1 验收检验批的划分按本标准第3.0.5条执行；
2 验收组织和程序按本标准第3.0.10条规定执行；

3 验收时提供以下技术资料：
(1) 验收批连接件产品合格证（滚压直螺纹接头还应提供有效的形式检验报告）；
(2) 验收批钢筋接头力学性能试验报告；
(3) 钢筋加工检验批质量验收记录。

4 钢筋连接检验批质量验收记录按表5.5.6"钢筋安装工程检验批质量验收记录表"填写。

5.5 钢筋安装

5.5.1 施工准备

5.5.1.1 技术准备

熟悉施工图纸，做好技术交底。

1 明确混凝土保护层厚度，核实结构中梁与梁、梁与板、梁与柱的钢筋穿插排列设计节点详图，钢筋穿插排列及混混土保护层厚度应符合设计和规范要求。

纵向受力的普通钢筋及预应力钢筋，其混凝土保护层厚度要求见本标准附录B.8规定。

2 钢筋混凝土结构中纵向钢筋的锚固长度及钢筋构造要求应符合设计要求，钢筋的锚固长度要求见本标准附录B.9规定。

5.5.1.2 材料要求

1 钢丝可采用20～22号钢丝（火烧丝）或镀锌钢丝。钢丝切断长度要满足使用要求。

钢筋绑扎用的钢丝，可采用20～22号钢丝，其中22号钢丝只用于绑扎直径12mm以下的钢筋。钢丝长度可参考表5.5.1.2的数值采用。

表5.5.1.2 钢筋绑扎钢丝长度参考表（mm）

钢筋直径(mm)	6～8	10～12	14～16	18～20	22	25	28	32
6～8	150	170	190	220	250	270	290	320
10～12		190	220	250	270	290	310	340
14～16			250	270	290	310	330	360
18～20				290	310	330	350	380
22					330	350	370	400

2 混凝土保护层垫块：有水泥砂浆垫块或塑料卡两种：
(1) 水泥砂浆垫块的厚度，应等于保护层厚度。垫块的平面尺寸：当保护层厚度等于或小于20mm时，为30mm×30mm；大于20mm时，为50mm×50mm。当竖向使用垫块时，可在垫块中埋入20号钢丝。
(2) 塑料卡的形状有两种：塑料垫块和塑料卡环。塑料垫块用于水平构件（如梁、板下保护层）；塑料卡环用于竖向构件和侧面保护层（如柱、墙、梁侧面）。

5.5.1.3 主要机具

钢筋钩子、撬棍、扳手、钢丝刷子、粉笔、尺子等。

5.5.1.4 作业条件

1 钢筋绑扎前,应检查有无锈蚀,除锈之后再运至绑扎部位。
2 熟悉图纸,按设计要求检查已加工好的钢筋规格、形状、数量是否正确。
3 做好抄平放线工作,弹好水平标高线,柱、墙外皮尺寸线。
4 根据弹好的外皮尺寸线,检查下层预留搭接钢筋的位置、数量、长度,如不符合要求时,应进行处理。绑扎前先整理调直下层伸出的搭接筋,并将锈蚀、水泥砂浆等污垢清除干净。
5 根据标高检查下层伸出搭接筋处的混凝土表面标高(柱顶、墙顶)是否符合图纸要求,如有松散不实之处,要剔除并清理干净。
6 模板安装完并办理预检,将模板内杂物清理干净。
7 按要求搭好脚手架,并通过检查验收。
8 根据设计图纸及工艺标准要求,向班组进行技术交底。绑扎形式复杂的结构部位时,应先确定逐根钢筋穿插就位的顺序,并充分考虑支模和绑扎钢筋的先后次序,以减少绑扎困难。

5.5.2 施工工艺
5.5.2.1 工艺流程

1 柱钢筋安装:套柱箍筋→搭接绑扎竖向受力筋→画箍筋间距线→绑箍筋
2 墙钢筋安装:立2～4根竖筋→画水平筋间距→绑定位横筋→绑其余横、竖筋
3 梁钢筋安装:
(1)模内绑扎:画主次梁箍筋间距→放主梁次梁箍筋→穿主梁底层纵筋及弯起筋→穿次梁底层纵筋并与箍筋固定→穿主梁上层纵向架立筋→按箍筋间距绑扎→穿次梁上层纵向钢筋→按箍筋间距绑扎
(2)模外绑扎(先在梁模板上口绑扎成型后再入模内):画箍筋间距→在主次梁模板上口铺横杆数根→在横杆上面放箍筋→穿主梁下层纵筋→穿次梁下层钢筋→穿主梁上层钢筋→按箍筋间距绑扎→穿次梁上层纵筋→按箍筋间距绑扎→抽出横杆落骨架于模板内
4 板钢筋安装:清理模板→模板上画线→绑板下受力筋→绑负弯矩钢筋
5 楼梯钢筋安装:划位置线→绑主筋→绑分布筋→绑踏步筋

5.5.2.2 施工要点

1 基础钢筋施工
(1)钢筋网的绑扎。四周两行钢筋交叉点应每点扎牢,中间部分交叉点可相隔交错扎牢,但必须保证受力钢筋不位移。双向主筋的钢筋网,则须将全部钢筋相交点扎牢。绑扎时应注意相邻绑扎点的铁丝扣要成八字形,以免网片歪斜变形。
(2)基础底板采用双层钢筋网时,在上层钢筋网下面应设置钢筋支撑架(马凳)或混凝土撑脚,一般每隔1m梅花形放置,以保证钢筋位置准确。其钢筋支撑架直径选用:当板厚h小于300mm时,为8～12mm;当板厚$h=300～500$mm时,为12～18mm;当板厚$h>500$mm时,宜采用通长支架。
(3)钢筋的弯钩应朝上,不要倒向一边;但双层钢筋网的上层钢筋弯钩应朝下。
(4)独立柱基础为双向弯曲,其底面短边的钢筋应放在长边钢筋的上面。

(5) 现浇柱与基础连接用的插筋,其箍筋应比柱的箍筋缩小一个柱筋直径,插筋位置一定要固定牢靠,以免造成柱轴线偏移。

(6) 对大型设备基础钢筋安装应注意:

1) 大型设备基础钢筋量大,型号多,宜在钢筋加工场集中制作,运到现场安装。加工前应仔细核对材料配验单,按编号配料,分类加工制作,并将加工好的成品编号,在钢筋上挂牌标示,避免发生混淆错乱。

2) 钢筋运输一般用汽车或大板车、双轮杠杆车运到现场,按安装顺序、编号分类整齐堆放;先绑扎的放在上面,后绑扎的放在下面,由专人管理,使之有条不紊,确保施工正常进行。

3) 钢筋安装必须制定安装程序、安装方法及与前后工序的交叉配合,特别是与安装模板、固定架及地脚螺栓、预埋管线等工序之间的配合关系,绘出平面及立面安装图,按程序进行施工,以免造成钢筋安装困难,各工种互相干扰,影响安装顺利地进行。

4) 钢筋绑扎完后,应对钢筋进行一次全面、细致的总检查,发现错漏或间距不符,安装绑扎不牢,应及时修整;基坑内积水、污泥、垃圾及沾在钢筋上的泥土,应清除干净。在混凝土浇筑全过程中,应由专人负责钢筋的修理。

2 柱钢筋施工

(1) 柱钢筋的绑扎,应在模板安装前进行。

(2) 套柱箍筋:按图纸要求间距,计算好每根柱箍筋数量,先将箍筋套在下层伸出的搭接筋上,然后立柱子钢筋(包括采用机械连接或电渣压力焊连接施工),当采用绑扎搭接连接时,在搭接长度内,绑扣不少于3个,绑扣要向柱中心。如果柱子主筋采用光圆钢筋搭接时,角部弯钩应与模板成45°,中间钢筋的弯钩应与模板成90°。

(3) 搭接绑扎竖向受力筋:柱子主筋立起之后,绑扎接头的搭接长度应符合设计要求和规定。框架梁、牛腿及柱帽等钢筋,应放在柱的纵向钢筋内侧。

(4) 画箍筋间距线:在立好的柱子竖向钢筋上,按图纸要求用粉笔画箍筋间距线。

(5) 柱箍筋绑扎:

1) 按已画好的箍筋位置线,将已套好的箍筋往上移动,由上往下绑扎,宜采用缠扣绑扎,见图5.5.2.2-1。

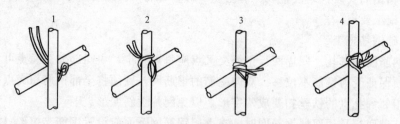

图5.5.2.2-1 缠扣绑扎示意图

2) 箍筋的接头(弯钩叠合处)应交错布置在四角纵向钢筋上;箍筋转角与纵向钢筋交叉点均应扎牢(箍筋平直部分与纵向钢筋交叉点可间隔扎牢),绑扎箍筋时,绑扣相互间应成八字形。箍筋与主筋要垂直。

3) 箍筋的弯钩叠合处应沿柱子竖筋交错布置,并绑扎牢固。

4）如箍筋采用90°搭接，搭接处应焊接，焊缝长度单面焊缝不小于5d。

5）柱上下两端箍筋应加密，加密区长度及加密区内箍筋间距应符合设计图纸要求。如设计要求箍筋设拉筋时，拉筋应钩住箍筋。

6）下层柱的钢筋露出楼面部分，宜用工具式柱箍将其收进一个柱筋直径，以便上层柱的钢筋搭接。当柱截面有变化时，其下层柱钢筋的露出部分，必须在绑扎梁的钢筋之前，先行收缩准确。

3 墙钢筋施工

(1) 墙钢筋的绑扎，也应在模板安装前进行。

(2) 立2～4根竖筋：将竖筋与下层伸出的搭接筋绑扎，在竖筋上画好水平筋分档标志，在下部及齐胸处绑两根横筋定位，并在横筋上画好竖筋分档标志，接着绑其余竖筋，最后再绑横筋。横筋在竖筋里面或外面应符合设计要求。钢筋的弯钩应朝向混凝土内。

(3) 竖筋与伸出搭接筋的搭接处需绑3根水平筋，其搭接长度及位置均应符合设计要求。

(4) 剪力墙筋应逐点绑扎，双排钢筋之间应绑拉筋或支撑筋，可用直径6～10mm的钢筋制成，其纵横间距不大于600mm，钢筋外皮绑扎垫块或用塑料卡。

(5) 剪力墙与框架柱连接处，剪力墙的水平横筋应锚固到框架柱内，其锚固长度要符合设计要求。如先浇筑柱混凝土后绑剪力墙筋时，柱内要预留连接筋或柱内预埋铁件，待柱拆模绑墙筋时作为连接用。其预留长度应符合设计或规范的规定。

(6) 剪力墙水平筋在两端头、转角、十字节点、联梁等部位的锚固长度以及洞口周围加固筋等，均应符合设计抗震要求。

(7) 合模后对伸出的竖向钢筋应进行修整，宜在搭接处绑一道横筋定位，浇筑混凝土时应有专人看管，浇筑后再次调整以保证钢筋位置的准确。

(8) 墙（包括水塔壁、烟囱筒身、池壁等）的垂直钢筋每段长度不宜超过4m（钢筋直径≤12mm）或6m（直径＞12mm），以便于绑扎和防止变形。

4 梁钢筋施工

(1) 在梁侧模板上画出箍筋间距，摆放箍筋。

(2) 先穿主梁的下部纵向受力钢筋及弯起钢筋，将箍筋按已画好的间距逐个分开；穿次梁的下部纵向受力钢筋及弯起钢筋，并套好箍筋；放主次梁的架立筋；隔一定间距将架立筋与箍筋绑扎牢固；调整箍筋间距使间距符合设计要求，绑架立筋，再绑主筋，主次梁同时配合进行。

(3) 框架梁上部纵向钢筋应贯穿中间节点，梁下部纵向钢筋伸入中间节点，锚固长度及伸过中心线的长度要符合设计要求。框架梁纵向钢筋在端节点内的锚固长度也要符合设计要求。

(4) 绑梁上部纵向筋的箍筋，宜用套扣法绑扎，见图5.5.2.2-2。箍筋的接头（弯钩叠合处）应交错布置在两根架立钢筋上，其余同柱。

(5) 箍筋在叠合处的弯钩，在梁中应交错绑扎，箍筋弯钩为135°，平直部分长度为10d，如做成封闭箍时，单面焊缝长度为5d。

(6) 梁端第一个箍筋应设置在距离柱节点边缘50mm处。梁端与柱交接处箍筋应加

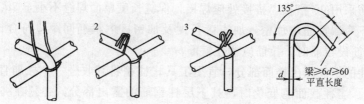

图 5.5.2.2-2 套扣绑扎示意图

密,其间距与加密区长度均要符合设计要求。

(7) 板、次梁与主梁交叉处,板的钢筋在上,次梁的钢筋居中,主梁的钢筋在下;当有圈梁或垫梁时,主梁的钢筋在上。在主、次梁受力筋下均应垫垫块(或塑料卡),保证保护层的厚度。纵向受力钢筋采用双层排列时,两排钢筋之间应垫以直径≥25mm 的短钢筋,以保持其设计距离。梁筋的搭接长度末端与钢筋弯折处的距离,不得小于钢筋直径的 10 倍。

(8) 框架节点处钢筋穿插十分稠密时,应特别注意梁顶面主筋间的净距要有 30mm,以利浇筑混凝土。梁板钢筋绑扎时应防止水电管线将钢筋抬起或压下。

(9) 梁钢筋的绑扎与模板安装之间的配合关系:梁的高度较小时,梁的钢筋架空在梁顶上绑扎,然后再落位;梁的高度较大(≥1.2m)时,梁的钢筋宜在梁底模上绑扎,其两侧模或一侧模后装。

5 板钢筋安装

(1) 板钢筋安装前,清理模板上面的杂物,并按主筋、分布筋间距在模板上弹出位置线。按弹好的线,先摆放受力主筋、后放分布筋。预埋件、电线管、预留孔等及时配合安装。在现浇板中有板带梁时,应先绑板带梁钢筋,再摆放板钢筋。

(2) 绑扎板筋时一般用顺扣(图 5.5.2.2-3)或八字扣,除外围两根筋的相交点应全部绑扎外,其余各点可交错绑扎(双向板相交点须全部绑扎)。如板为双层钢筋,两层筋之间须加钢筋马凳,以确保上部钢筋的位置。负弯矩钢筋每个相交点均要绑扎。

图 5.5.2.2-3 顺扣绑扎示意图

(3) 板钢筋的下面垫好砂浆垫块,一般间距 1.5m。垫块的厚度等于保护层厚度,并满足设计要求;钢筋搭接长度与搭接位置的要求符合规定。

6 楼梯钢筋安装

(1) 在楼梯底板上画主筋和分布筋的位置线,根据设计图纸中主筋、分布筋的方向,先绑扎主筋后绑扎分布筋,每个交点均应绑扎。如有楼梯梁时,先绑梁后绑板筋。板筋要锚固到梁内。底板筋绑完,待踏步模板吊绑支好后,再绑扎踏步钢筋。主筋接头数量和位置均要符合施工规范的规定。

(2) 板的钢筋网绑扎应注意板上部的负筋,要防止被踩下;特别是雨篷、挑檐、阳台等悬臂板,要严格控制负筋位置,以免拆模后断裂。

7 钢筋安装中其他注意事项

（1）构造柱伸出钢筋发生位移时，如移位在40mm及40mm以内，弯曲坡度不超过1∶6，可用冷弯或热弯（氧乙炔火焰加热）处理，使上下钢筋对齐；如移位大于40mm，应用加垫筋或垫板焊接处理。

（2）钢筋骨架绑扎时应注意绑扎方法，宜用部分反十字扣和套扣绑扎，不得全用一面顺扣，以防钢筋变形。

（3）阳台下圈梁为"L"形箍筋，吊阳台时应注意保护，如碰坏，应将阳台吊起，修整钢筋后，再将阳台吊装就位，以免将阳台圈梁钢筋压扁变形。

（4）板缝钢筋放置，对较宽板缝宜在钢筋下垫水泥砂浆垫块，窄板缝要把钢筋用钢丝吊在楼板上，以防板缝钢筋外露。

5.5.3 成品保护

1 柱子钢筋绑扎后，不准踩踏。

2 楼板的弯起钢筋、负弯矩钢筋绑好后，不准在上面踩踏行走。浇筑混凝土时派钢筋工专门负责修理，保证负弯矩筋位置的正确性。

3 绑扎钢筋时禁止碰动预埋件及洞口模板。

4 钢模板内面涂隔离剂时不得污染钢筋。

5 安装电线管、暖卫管线或其他设施时，不得任意切断和移动钢筋。

6 在运输和安装钢筋时，应轻装轻卸，不得随意抛掷和碰撞，防止钢筋变形。

7 构造柱、圈梁及板缝钢筋如采用预制钢筋骨架时，应在现场指定地点垫平堆放。往楼板上临时吊放钢筋时，应清理好存放地点，垫平放置，以免变形。

5.5.4 安全、环保措施

1 安全措施

（1）搬运钢筋时，要注意前后方向有无碰撞危险或被钩挂料物，特别要避免碰挂周围和上下方向的电线。

（2）空装悬空结构钢筋时，必须站在脚手架上操作，不得站在模板上或支撑上安装。

（3）现场施工的照明电线及混凝土振动器线路不准直接挂在钢筋上，如确实需要，应在钢筋上架设横担木，把电线挂在横担木上，如采用行灯时，电压不得超过36V。

（4）起吊或安装钢筋时，要和附近高压线路或电源保持一定的安全距离；雷雨时不准在钢筋上操作和站人。

（5）在高空安装钢筋必须扳弯粗钢筋时，应选好位置站稳，系好安全带，防止摔下。

（6）高空操作应挂好安全带，现场操作人员均应戴安全帽。

2 环保措施

（1）钢筋机械应设防护罩，防止噪声污染环境。

（2）夜间施工用低角度灯光照明，防止光污染。

（3）严禁敲打钢筋，防止扰民。

5.5.5 质量标准

Ⅰ 主控项目

5.5.5.1 钢筋安装时，受力钢筋的品种、级别、规格和数量必须符合设计要求。

检查数量：全数检查。

检验方法：观察，钢尺检查。

Ⅱ 一般项目

5.5.5.2 钢筋安装位置的偏差应符合表 5.5.5.2 的规定。

检查数量：在同一检验批内，对梁、柱和独立基础，应抽查构件数量的 10%，且不少于 3 件；对墙和板，应按有代表性的自然间抽查 10%，且不少于 3 间；对大空间结构，墙可按相邻轴线间高度 5m 左右划分检查面，板可按纵、横轴线划分检查面，抽查 10%，且均不少于 3 面。

表 5.5.5.2 钢筋安装位置的允许偏差和检验方法

项 目		允许偏差(mm)	检 验 方 法
绑扎钢筋网	长、宽	±10	钢尺检查
	网眼尺寸	±20	钢尺量连续三档，取最大值
绑扎钢筋骨架	长	±10	钢尺检查
	宽、高	±5	钢尺检查
受力钢筋	间距	±10	钢尺量两端，中间各一点，取最大值
	排距	±5	
受力钢筋 保护层厚度	基础	±10	钢尺检查
	柱、梁	±5	钢尺检查
	板、墙、壳	±3	钢尺检查
绑扎箍筋、横向钢筋间距		±20	钢尺量连续三档，取最大值
钢筋弯起点位置		20	钢尺检查
预埋件	中心线位置	5	钢尺检查
	水平高差	+3,0	钢尺和塞尺检查

注：1 检查预埋件中心线位置时，应沿纵、横两个方向量测，并取其中的较大值；
 2 表中梁类、板类构件上部纵向受力钢筋保护层厚度的合格点率应达到 90% 及以上，且不得有超过表中数值 1.5 倍的尺寸偏差。

5.5.6 质量验收

1 验收检验批的划分按本标准第 3.0.5 条执行；
2 验收组织和程序按本标准第 3.0.10 条规定执行；
3 验收时提供以下技术资料：
(1) 钢筋加工检验批质量验收记录；
(2) 钢筋机械连接现场检查记录：
 1) 接头试件型式检验试验报告；
 2) 施工现场的单向拉伸试验；
 3) 外观检查记录（施工现场挤压接头、直螺纹丝头）。
4 质量检验批验收记录按表 5.5.6 "钢筋安装工程检验批质量验收记录表" 填写。

表 5.5.6 钢筋安装工程检验批质量验收记录表
GB 50204—2002

单位(子单位)工程名称						
分部(子分部)工程名称					验收部位	
施工单位			专业工长		项目经理	
分包单位			分包项目经理		施工班组长	
施工执行标准名称及编号						

		施工质量验收规范的规定			施工单位检查评定记录	监理(建设)单位验收记录
主控项目	1	纵向受力钢筋的连接方式		第5.4.5.1		
	2	机械连接和焊接接头的力学性能		第5.4.5.2		
	3	受力钢筋的品种、级别、规格和数量		第5.5.5.1		
一般项目	1	接头位置和数量		第5.4.5.3		
	2	机械连接、焊接的外观质量		第5.4.5.4		
	3	机械连接、焊接的接头面积百分率		第5.4.5.5		
	4	绑扎搭接接头面积百分率和搭接长度		第5.4.5.6		
	5	搭接长度范围内的箍筋		第5.4.5.7		
	6 钢筋的安装允许偏差	绑扎钢筋网	长、宽(mm)	±10		
			网眼尺寸(mm)	±20		
		绑扎钢筋骨架	长(mm)	±10		
			宽、高(mm)	±5		
		受力钢筋	间距(mm)	±10		
			排距(mm)	±5		
			保护层厚度(mm) 基础	±10		
			柱、梁	±5		
			板、墙、壳	±3		
		绑扎箍筋、横向钢筋间距(mm)		±20		
		钢筋弯起点位置(mm)		20		
		预埋件	中心线位置(mm)	5		
			水平高差(mm)	+3,0		

	专业工长(施工员)		施工班组长	
施工单位检查评定结果				
	项目专业质量检查员:		年 月 日	
监理(建设)单位验收结论				
	专业监理工程师(建设单位项目专业技术负责人):		年 月 日	

6 预应力分项工程

6.1 一般规定

6.1.1 后张法预应力工程的施工应由具有相应资质等级的预应力专业施工单位承担。

6.1.2 施加预应力用的机具设备及仪表，应由专人使用和管理，定期维护和标定（校验）。

张拉设备应配套标定，以确定张拉力与压力表读数的关系曲线，并配套使用。标定期限不宜超过半年。当发生下列情况之一时，应对张拉设备重新标定：

1 千斤顶经过拆卸修理；
2 千斤顶久置后重新使用；
3 压力表受过碰撞或出现失灵现象；
4 更换压力表；
5 张拉中预应力筋发生多根破断事故或张拉伸长值误差较大。

注：1 张拉设备标定时，千斤顶活塞的运行方向应与实际张拉工作状态一致；
  2 标定张拉设备用的试验机或测力计精度，不得低于±2%。压力表的精度不宜低于1.5级，最大量程不宜小于设备额定张拉力的1.3倍。

6.1.3 在浇筑混凝土之前，应进行预应力隐蔽工程验收，其内容包括：

1 预应力筋的品种、规格、数量、位置等；
2 预应力筋锚具和连接器的品种、规格、数量、位置等；
3 预留孔道的规格、数量、位置、形状及灌浆孔、排气兼泌水管等；
4 锚固区局部加强构造等。

6.2 原材料

6.2.1 常用材料及技术性能

6.2.1.1 预应力筋

预应力筋常用的品种有钢丝、钢绞线、热处理钢筋等。

1 预应力钢丝

预应力钢丝根据深加工要求不同，可分为冷拉钢丝和消除应力钢丝两类。消除应力钢丝按应力松弛性能不同，又可分为普通松弛钢丝和低松弛钢丝。

预应力钢丝按表面形状不同，可分为光圆钢丝、刻痕钢丝和螺旋肋钢丝。

（1）冷拉钢丝：冷拉钢丝是经冷拔后直接用于预应力混凝土的钢丝。其盘径基本等于拔丝机卷筒的直径，开盘后钢丝呈螺旋状，没有良好的伸长值。这种钢丝存在残余应力，屈强比低，伸长率小，仅用于铁路轨枕、压力水管和电杆等。

(2) 普通松弛型消除应力钢丝：普通松弛型消除应力钢丝是冷拔后经高速旋转的矫直辊筒矫直，并经回火（350~400℃）处理的钢丝。其盘径不小于1.5m。钢丝矫直回火后，可消除钢丝冷拔中产生的残余应力，提高钢丝的比例极限、屈强比和弹性模量，并改善塑性，同时获得良好的伸直性，施工方便。

(3) 低松弛型消除应力钢丝：低松弛型消除应力钢丝是冷拔后在张力状态下经中频回火处理的钢丝。钢丝的张力为抗拉强度的30%~50%。钢丝在热张力状态下产生微小变形（约0.9%~1.3%），从而使钢丝在恒应力下抵抗位错转移的能力大为提高，达到稳定化目的。经稳定化处理的钢丝，弹性极限和屈服强度提高，应力松弛率大大降低。

(4) 刻痕钢丝：刻痕钢丝是用冷轧或冷拔方法使钢丝表面产生周期变化的凹痕或凸纹的钢丝。钢丝表面凹痕或凸纹可增加与混凝土的握裹力。这种钢丝可用于先张法预应力混凝土构件。

(5) 螺旋肋钢丝：螺旋肋钢丝是通过专用拔丝模冷拔方法使钢丝表面沿长度方向上产生规则间隔的肋条的钢丝，钢丝表面螺旋肋可增加与混凝土的握裹力。这种钢丝可用于先张法预应力混凝土构件。

预应力钢丝的主要技术性能应符合本标准附录C.1的规定。

2 预应力钢绞线

预应力钢绞线是由多根冷拉钢丝在绞线机上成螺旋形绞合，并经消除应力回火处理而成的。

预应力钢绞线按捻制结构不同可分为1×2钢绞线、1×3钢绞线、1×7钢绞线等。1×7钢绞线是由6根外层钢丝围绕着1根中心钢丝（直径加大2.5%）绞成，1×2钢绞线、1×3钢绞线仅用于先张法预应力混凝土构件。钢绞线根据深加工要求不同又可分为：标准型钢绞线、刻痕钢绞线和模拔钢绞线。

(1) 标准型钢绞线：标准型钢绞线即消除应力（低松弛）钢绞线。在预应力钢绞线新标准中，取消了普通松弛钢绞线。低松弛钢绞线的力学性能优异、质量稳定、价格适中，是我国土木建筑工程中用量最大的一种预应力筋。

(2) 刻痕钢绞线：刻痕钢绞线是由刻痕钢丝捻制成的钢绞线，可增加与混凝土的握裹力。其力学性能与低松弛钢绞线相同。

(3) 模拔钢绞线：模拔钢绞线是在捻制成型后，再经模拔处理制成。这种钢绞线内的钢丝在模拔时被压扁，各根钢丝成为面接触，使钢绞线的密度提高约18%。在相同截面面积时，该钢绞线的外径较小，可减小孔道直径；在相同直径的孔道内，可使钢绞线的数量增加，而且其与锚具的接触面较大，易于锚固。

预应力钢绞线的主要技术性能应符合本标准附录C.2的规定。

3 预应力用热处理钢筋

预应力用热处理钢筋是由普通热轧中碳低合金钢筋经淬火和回火的调质热处理或轧后控制冷却方法制成。按其螺纹外形，可分为带纵肋和无纵肋两种。这种钢筋的强度高、松弛值低、粘结性好，大盘供货，无需焊接与调直，但易出现匀质性差。主要用于铁路轨枕，也有用于先张法预应力混凝土楼板等。

预应力用热处理钢筋的主要技术性能应符合本标准附录C.3的规定。

4 无粘结预应力钢绞线及防腐润滑涂料、护套材料

无粘结预应力钢绞线是用防腐润滑油脂涂敷在钢绞线上,并外包塑料护套制成。主要用于后张预应力混凝土结构中的无粘结预应力筋,也可用于暴露或腐蚀环境中的体外索、拉索等。无粘结钢绞线应符合国家现行行业标准《无粘结预应力钢绞线》JG 3006—2003的规定。

无粘结预应力钢绞线中使用的钢绞线为1×7结构,直径有9.5、12.7、15.2、15.7mm等。其质量应符合现行国家标准《预应力混凝土用钢绞线》GB/T 5224—2003。

无粘结预应力筋的防腐润滑油脂应具有良好的化学稳定性,对周围材料无侵蚀作用;不透水、不吸湿;抗腐蚀性能好,摩阻力小;在规定温度范围内高温不流淌低温不变脆,并有一定韧性。其质量应符合行业标准JG 3007的要求。护套材料应符合国家标准《高密度聚乙烯树脂》GB 11116—1989的规定,见本标准附录C.4条。

6.2.1.2 预应力筋常用锚具

预应力筋常用的锚具有:镦头锚具、冷铸镦头锚具、钢质锥形锚具、JM型锚具、单孔夹片锚具、多孔夹片锚固体系等。

预应力筋常用锚具的型号、规格、使用方法见本标准附录C.5条。

6.2.1.3 预应力筋常用的夹具

预应力筋常用的夹具有:单根镦头夹具、圆套筒三片式夹具、方套筒二片式夹具、锥销夹具。

预应力筋常用夹具的型号、规格、使用方法见本标准附录C.6条。

6.2.1.4 预应力筋常用的连接器

预应力筋常用的连接器有:钢丝束连接器、单根钢绞线连接器(锚头连接器、接长连接器)、多根钢绞线连接器、精轧螺纹钢筋连接器。

预应力筋常用连接器的型号、规格、使用方法见本标准附录C.7条。

6.2.1.5 无粘结预应力筋锚具组装件的锚固性能

无粘结预应力筋锚具组装件的锚固性能,应符合本标准附录C.8的规定。

6.2.1.6 孔道成型材料

后张法有粘结预应力筋孔道成型材料常用的有胶管、薄壁钢管、镀锌钢管和金属螺旋管(波纹管)等。后张预应力混凝土孔道成形材料应具有一定刚度和密闭性,在铺设及浇筑混凝土过程中不应变形,其咬口及连接处不应漏浆。成型后的管道应能有效地传递灰浆和周围混凝土的粘结力。

6.2.1.7 灌浆材料

1 灌浆用的水泥应按设计要求选用,当设计无要求时,应采用普通硅酸盐水泥,强度等级不得低于32.5MPa。

2 用流淌法测定流动度时,先将流淌器(见图6.2.1.7)放在玻璃板上,再把拌好的水泥浆装入流淌器内,抹平后双手迅速将其垂

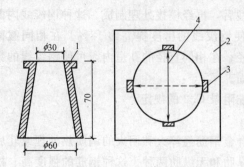

图6.2.1.7 流动度测定
1—测定器;2—玻璃;3—手柄;4—测量直径

直提起，在水泥浆自然流淌30s后，量垂直两个方向流淌后的直径长度，连续做三次，取其平均值即为流动度。

3 为改善水泥浆性能，可掺减水剂和膨胀剂（可使水泥浆获得2%～3%的膨胀率），其掺量应经试验确定。

4 水泥浆中不得掺入氯化物等对预应力筋有腐蚀作用的物质。

6.2.2 材料的进场验收及运输保管

6.2.2.1 预应力钢丝验收

1 外观检查

预应力钢丝的外观质量，应逐盘检查。钢丝表面不得有油污、氧化铁皮、裂纹或机械损伤，但表面允许有浮锈和回火色。镀锌钢丝的锌层应光滑均匀，无裂纹。钢丝直径检查，按10%盘选取，但不得少于6盘。

2 力学性能试验

钢丝的力学性能，应抽样试验。每验收批应由同一牌号、同一规格、同一生产工艺制成的钢丝组成，重量不大于60t。

钢丝外观检查合格后，从同一批中任意选取10%（不少于6盘）钢丝，每盘在任意位置截取两根试件，一根做拉伸试验（抗拉强度和伸长率），一根做反复弯曲试验。如果有某一项试验结果不符合《预应力混凝土用钢丝》GB/T 5223—2002（见附录表C.1.2-1～表C.1.2-3）的要求，则该盘钢丝为不合格品；并从同一批未经试验的钢丝盘中再取双倍数量的试件进行复试，如仍有一项试验结果不合格，则该批钢丝判为不合格品，或逐盘检验取用合格品。

对设计文件有指定要求的疲劳性能、可镦性等，应再进行抽样试验。

6.2.2.2 钢绞线验收

1 外观检查

钢绞线的外观质量，应逐盘检查。钢绞线的捻距应均匀，切断后不松散，其表面不得带有油污、锈斑或机械损伤，但允许有浮锈和回火色。镀锌或环氧涂层钢绞线、无粘结钢绞线等涂层表面应均匀、光滑、无裂纹、无明显折皱。

无粘结预应力筋的油脂重量与护套厚度，应按60t为一批，抽取3个试件进行检验。其测试结果应符合行业标准《无粘结预应力钢绞线》JG 3006的规定。

2 力学性能试验

钢绞线的力学性能，应抽样检验。每验收批应由同一牌号、同一规格、同一生产工艺制度的钢绞线组成，重量不大于60t。

钢绞线外观检查合格后，从同一批中任意选取3盘钢绞线，每盘在任意位置截取一根试件进行拉伸试验。如有某一项试验结果不符合《预应力混凝土用钢绞线》GB/T 5224—2003（见附录C.2）的要求，则不合格盘报废。再从未试验过的钢绞线中取双倍数量的试件进行复验。如仍有一项不合格，则该批钢绞线判为不合格品。

对设计文件有指定要求的疲劳性能、偏斜拉伸性能等，应再进行抽样检验。

6.2.2.3 锚具、夹具和连接器验收

锚固多根预应力筋的锚具以不超过1000套为一个验收批；锚固单根预应力筋的锚具或夹具，每个验收批可以扩大为2000套。连接器的每个验收批不宜超过500套。

1 外观检查

从每批中抽10%的锚具且至少不少于10套,检查其外观质量和外形尺寸。其表面应无污染物、锈蚀、机械损伤和裂纹。如果有一套表面有裂纹则本批应逐套检查,合格者方可进入后续检验组批。

2 硬度检验

对硬度有严格要求的锚具零件,应进行硬度检验。从每批中抽取5%的样品且不少于5套,按产品设计规定的表面位置和硬度范围(该表面位置和硬度范围是品质保证条件,由供货方在供货合同中注明)做硬度试验。如有一个零件不合格,则应另取双倍数量的零件重做检验;如仍有一件不合格,则应对本批产品逐个检验,合格者方可进入后续检验组批。

3 静载锚固性能试验

在通过外观检查和硬度检验的锚具中抽取6套样品,与符合试验要求的预应力筋组装成3个预应力筋——锚具组装件,由国家或省级质量技术监督部门授权的专业质量检测机构进行静载锚固性能试验。试验结果应单独评定,每个组装件试件都必须符合本标准附录C.8的规定。如有一个试件不符合要求,则应取双倍数量的锚具重做试验;如仍有一个试件不符合要求,则该批锚具为不合格品。

说明:
1 对于锚具用量不多的工程,如由供货方提供有效试验合格证明文件,经工程负责单位审议认可并正式备案,可不必进行静载验收试验;
2 用于主要承受动荷载的锚具,可按设计确定的疲劳应力幅度进行疲劳荷载试验。

6.2.2.4 预应力筋的运输与保管

预应力筋由于其强度高、塑性差,在无应力状态下对腐蚀作用比普通钢筋敏感。预应力筋在运输和储存过程中如遭受雨淋、湿气或腐蚀介质的侵蚀,易发生锈蚀,不仅降低质量,而且将出现腐蚀坑,有时甚至会造成钢材脆断。

预应力筋在运输和储存时,应满足下列要求:

1 成盘卷的预应力筋,宜在出厂前加防潮纸、麻布等材料包装。
2 装卸无轴包装的钢绞线、钢丝时,宜采用C形钩或三根吊索,也可采用叉车。每次吊运一件,避免碰撞而损害钢绞线。
3 在室外存放时,不得直接堆放在地面上,必须采取垫枕木并用苫布覆盖等有效措施,防止雨露和各种腐蚀性气体、介质的影响。
4 长期存放应设置仓库,仓库应干燥、防潮、通风良好、无腐蚀气体和介质。
5 如储存时间过长,宜用乳化防锈剂喷涂预应力筋表面。

6.2.3 质量标准

Ⅰ 主控项目

6.2.3.1 预应力筋进场时,应按现行国家标准《预应力混凝土用钢绞线》GB/T 5224等的规定抽取试件作力学性能检验,其质量必须符合有关标准的规定。

检查数量:按进场的批次和产品的抽样检验方案确定。

检验方法:检查产品合格证、出厂检验报告和进场复验报告。

6.2.3.2 无粘结预应力筋的涂包质量应符合无粘结预应力钢绞线标准的规定。

检查数量：每60t为一批，每批抽取一组试件。

检验方法：观察，检查产品合格证、出厂检验报告和进场复验报告。

注：当有工程经验，并经观察认为质量有保证时，可不作油脂用量和护套厚度的进场复验。

6.2.3.3 预应力筋用锚具、夹具和连接器应按设计要求采用，其性能应符合现行国家标准《预应力筋用锚具、夹具和连接器》GB/T 14370—2000等的规定。

检查数量：按进场批次和产品的抽样检验方案确定。

检验方法：检查产品合格证、出厂检验报告和进场复验报告。

注：对锚具用量较少的一般工程，如供货方提供有效的试验报告，可不做静载锚固性能试验。

6.2.3.4 孔道灌浆用水泥应采用普通硅酸盐水泥，其质量应符合本标准第7.2.1条的规定。孔道灌浆用外加剂的质量应符合本标准第7.2.4条的规定。

检查数量：按进场批次和产品的抽样检验方案确定。

检验方法：检查产品合格证、出厂检验报告和进场复验报告。

注：对孔道灌浆用水泥和外加剂用量较少的一般工程，当有可靠依据时，可不作材料性能的进场复验。

Ⅱ 一般项目

6.2.3.5 预应力筋使用前应进行外观检查，其质量应符合下列要求：

1 有粘结筋展开后应平顺、不得有弯折，表面不应有裂纹、小刺、机械损伤、氧化铁皮和油污等；

2 无粘结预应力筋护套应光滑、无裂缝，无明显折皱。

检查数量：全数检查。

检验方法：观察。

注：无粘结预应力筋护套轻微破损者应外包防水塑料胶带修补，严重破损者不得使用。

6.2.3.6 预应力筋用锚具、夹具和连接器使用前应进行外观检查，其表面应无污物、锈蚀、机械损伤和裂纹。

检查数量：全数检查。

检验方法：观察。

6.2.3.7 预应力混凝土用金属螺旋管的尺寸和性能应符合现行国家标准《预应力混凝土用金属螺旋管》JG/T 3013的规定。

检查数量：按进场批次和产品抽样检验方案确定。

检验方法：检查产品合格证、出厂检验报告和进场复验报告。

注：对金属螺纹管用量较少的一般工程，当有可靠依据时，可不作径向刚度、抗渗漏性能的进场复验。

6.2.3.8 预应力混凝土用金属螺旋管在使用前应进行外观检查，其内外表面应清洁，无锈蚀，不应有油污、孔洞和不规则的折皱，咬口不应有开裂或脱扣。

检查数量：全数检查。

检验方法：观察。

6.2.4 质量验收

1 验收检验批的划分按本标准第3.0.5条执行；

2 验收组织和程序按本标准第3.0.10条规定执行；

3 验收时提供以下技术资料：
1）预应力筋、锚具等产品合格证、出厂检验报告；
2）预应力筋、锚具等进场复验报告；
3）特殊要求时的化学成分专项检验报告。
4 质量检验批验收记录按表 6.2.4 "预应力原材料检验批质量验收记录表" 填写。

表 6.2.4　预应力原材料检验批质量验收记录表

GB 50204—2002

单位(子单位)工程名称						
分部(子分部)工程名称					验收部位	
施工单位			专业工长		项目经理	
分包单位			分包项目经理		施工班组长	
施工执行标准名称及编号						
施工质量验收规范的规定					施工单位检查评定记录	监理(建设)单位验收记录
主控项目	1	预应力筋力学性能检验		第 6.2.3.1		
	2	无粘结预应力筋的涂包质量		第 6.2.3.2		
	3	锚具、夹具和连接器的性能		第 6.2.3.3		
	4	孔道灌浆用水泥和外加剂		第 6.2.3.4		
一般项目	1	预应力筋外观质量		第 6.2.3.5		
	2	锚具、夹具和连接器的外观质量		第 6.2.3.6		
	3	金属螺旋管的尺寸和性能		第 6.2.3.7		
	4	金属螺旋管的外观质量		第 6.2.3.8		
		专业工长(施工员)			施工班组长	
施工单位检查评定结果		项目专业质量检查员：			年　月　日	
监理(建设)单位验收结论		专业监理工程师(建设单位项目专业技术负责人)：			年　月　日	

1-3-94

6.3 制作与安装

6.3.1 施工准备
6.3.1.1 技术准备
1 学习设计图纸，充分领会设计意图，做好图纸会审。
2 确定预应力筋、锚具、连接器、张拉等设备的型号、规格，并提出需用量计划。
3 确定成孔方法。
4 计算预应力筋的下料长度。
5 计算预应力筋的矢高，并对预应力筋进行编号，确定铺筋顺序。
6 编制施工技术方案并报审。

6.3.1.2 材料准备
预应力筋、锚具、夹具和连接器、孔道成型材料等。

6.3.1.3 主要机具
台座（有墩式、槽式、换埋式和拼装式等几种），选用时根据构件种类、张拉吨位和施工条件确定；台面以及液压冷镦机、电热镦粗机、便携式钢筋切断机、切筋器、压花机、夹具、锚具、连接器、液压拉伸机（由拉杆式或穿心式千斤顶、电动高压油泵、外接油管组成）、穿束机、卷扬机、滑轮、压力表、弹簧测力计等。

6.3.1.4 作业条件
1 预应力筋的制作场地已平整，无积水。
2 预应力筋、锚具、夹具和连接器已进场，并检验合格。
3 设备已进场，并调试正常。

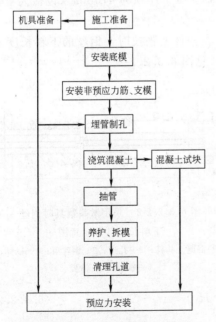

图 6.3.2.1-1 后张法有粘结预应力
筋制作、安装工艺流程

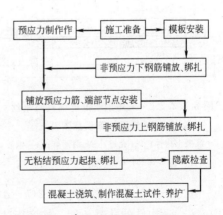

图 6.3.2.1-2 无粘结预应力筋的制作
与安装工艺流程

4 对预应力筋的制作与安装工艺已进行技术交底。

6.3.2 施工工艺

6.3.2.1 工艺流程

1 后张法有粘结预应力筋制作与安装的施工工艺流程如图6.3.2.1-1。
2 无粘结预应力筋制作与安装的施工工艺流程如图6.3.2.1-2。
3 先张法预应力筋制作与安装的施工工艺流程如图6.3.2.1-3。

清理台座 → 预应力筋制作 → 支底模或涂隔离剂 → 安放钢筋骨架及预应力筋

图6.3.2.1-3 先张法预应力筋制作与安装工艺流程

6.3.2.2 施工要点

1 预应力筋的制作

（1）预应力筋的下料长度计算

预应力筋的下料长度计算时应考虑下列因素：结构的孔道长度、曲率、锚夹具厚度、千斤顶长度、镦头的预留量、张拉伸长值、台座长度等。

1) 钢丝束的下料长度计算方法：

a 采用钢质锥形锚具，以锥锚式千斤顶在构件上张拉时，钢丝的下料长度 L 按图6.3.2.2-1所示计算：

$$两端张拉 \quad L=l+2(l_1+l_2+80) \quad (6.3.2.2-1)$$
$$一端张拉 \quad L=l+2(l_1+80)+l_2 \quad (6.3.2.2-2)$$

式中 l——构件的孔道长度；

l_1——锚环厚度；

l_2——千斤顶分丝头至卡盘外端距离，对YZ85型千斤顶为470mm（包括大缸伸出40mm）。

b 采用镦头锚具，以拉杆式或穿心式千斤顶在构件上张拉时，钢丝的下料长度 L 计算，应考虑钢丝束张拉锚固后螺母位于锚杯中部，见图6.3.2.2-2。

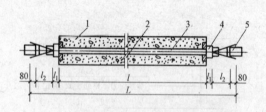

图6.3.2.2-1 采用钢质锥形锚具时钢丝下料长度计算示意图

1—混凝土构件；2—孔道；3—钢丝束；4—钢质锥形锚具；5—锥锚式千斤顶

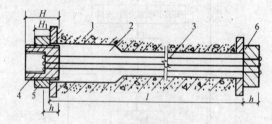

图6.3.2.2-2 采用镦头锚具时钢丝下料长度计算示意图

1—混凝土构件；2—孔道；3—钢丝束；4—锚杯；5—螺母；6—锚板

$$L=l+2(h+\delta)-K(H-H_1)-\Delta L-C \quad (6.3.2.2-3)$$

式中 l——构件的孔道长度，按实际丈量；

h——锚杯底部厚度或锚板厚度；

δ——钢丝镦头留量,对$\phi^s 5$取10mm;

K——系数,一端张拉时取0.5,两端张拉时取1.0;

H——锚杯高度;

H_1——螺母高度;

ΔL——钢丝束张拉伸长值;

C——张拉时构件混凝土的弹性压缩值。

2)钢绞线的下料长度计算方法:

采用夹片锚具(JM、XM、QM与OVM型等),以穿心式千斤顶在构件上张拉时,钢绞线束的下料长度L,按图6.3.2.2-3计算。

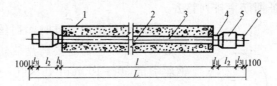

图6.3.2.2-3 钢绞线下料长度计算示意图
1—混凝土构件;2—孔道;3—钢绞线;4—夹片式
工作锚;5—穿心式千斤顶;6—夹片式工具锚

a 两端张拉:

$$L=l+2(l_1+l_2+l_3+100) \quad (6.3.2.2\text{-}4)$$

b 一端张拉:

$$L=l+2(l_1+100)+l_2+l_3 \quad (6.3.2.2\text{-}5)$$

式中 l——构件的孔道长度;

l_1——夹片式工作锚厚度;

l_2——穿心式千斤顶长度;

l_3——夹片式工具锚厚度。

(2)预应力筋的下料、镦粗、编束方法

1)钢丝下料与编束。

a 消除应力钢丝放开后可直接下料。钢丝下料时如发现钢丝表面有电接头或机械损伤,应随时剔除。

b 冷拔钢丝的下料,对长线台座法,成盘放线铺设后用钢丝钳切割;对机组流水法,在钢筋调直机上等长下料,其相对差值不大于2mm。

c 热处理钢筋、刻痕钢丝与钢绞线下料,应采用砂轮切割机(手提式、移动式),不得采用电弧切割。对需要镦头的刻痕钢丝,其切割面应与母材垂直。钢绞线切割后,其端头应不松散。

d 采用镦头锚具时,钢丝的等长要求较严。钢丝下料可用钢管限位法或用牵引索在拉紧状态下进行。钢管限位法下料

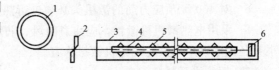

图6.3.2.2-4 钢管限位法下料
1—钢丝;2—切断器刀口;3—木板;4—ϕ10黑铁管;
5—铁定;6—角铁限位器

见图6.3.2.2-4钢管固定在木板上，钢管内径比钢丝直径大3～5mm，钢丝穿过钢管至另一端角铁限位器时，用DL10型冷镦器的切断装置切断。限位器与切断器切口间的距离，即为钢丝的下料长度。

e 为保证钢丝束两端钢丝的排列顺序一致，穿束与张拉时不致紊乱，每束钢丝都必须进行编束。

采用镦头锚具时，根据钢丝分圈布置的特点，首先将内圈和外圈钢丝分别用铁丝顺序编扎，然后将内圈钢丝放在外圈钢丝内扎牢。为了简化钢丝编束，钢丝的一端可直接穿入锚杯，另一端距端部约200mm处编束，钢丝束的中间部分可每隔1～2m左右用梳子板和20号钢丝将钢丝先编成排，然后每隔2m左右放一只弹簧圈或短钢管作衬件，最后将预应力筋围成圆束，以保证钢筋束排列整齐。

采用钢质锥形锚具时，钢丝编束可分为空心束和实心束两种，但都需要圆盘梳丝板理顺钢丝，并在距钢丝端部50～100mm处编扎一道，使张拉分丝时不致紊乱。采用空心束时，每隔1.5m放一个弹簧衬圈。

2) 碳素钢丝镦头。

钢丝镦粗的头型，通常有蘑菇型和平台型两种，见图6.3.2.2-5。前者受锚板的硬度影响大，如锚板较软，镦头易陷入锚孔而断于镦头处；后者由于有平台，受力性能较好。

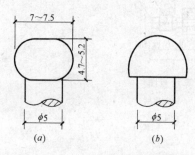

图6.3.2.2-5 碳素钢丝冷镦头型
(a) 蘑菇型；(b) 平台型

a 冷镦头的头型尺寸应符合表6.3.2.2-1的要求，不得小于规定值，头型圆整、不偏歪、颈部母材不受损伤。

表6.3.2.2-1 镦头压力与头型尺寸

钢丝直径	镦头压力 (N/mm²)	头型尺寸(mm)	
		直径	高度
φᴾ5	32～36	7～7.5	4.7～5.2
φᴾ7	40～43	10～11	6.7～7.3

b 纵向不贯通的钢丝镦头裂缝是允许的，已延伸至母材或将镦头分为两半或水平裂缝是不允许的；因镦头夹片造成的钢丝显著刻痕也是不允许的。

c 预应力钢筋成批镦粗前，应先作六个镦头试件做外观检查和拉力试验，合格后方能正式镦粗。

d 同一构件中设置数根镦头预应力筋时，其预应力筋长度必须一致，以免在张拉时由于拉力不均匀而发生意外。

e 对400级预应力筋的镦粗头必须进行热处理，以免镦头脆断。

f 采用电热镦粗机镦粗，应注意防风、防雨，避免骤冷，冬期施工应采取保温措施。小直径钢筋以采用液压冷镦机镦粗为宜。

3) 钢绞线下料与编束。

a 钢绞线的盘重大、盘卷小、弹力大，为了防止在下料过程中钢绞线紊乱并弹出伤人，事先应制作一个简易的铁笼。下料时，将钢绞线盘卷装在铁笼内，从盘卷中央逐步抽出，较为安全。

　　b 现场宜采用砂轮切割机切割，具有操作方便、效率高、切口规则、无毛头等优点。不得采用电弧焊切割。

　　c 钢绞线的编束用 20 号钢丝绑扎，间距 1～1.5m。编束时，应先将钢绞线理顺，并尽量使各根钢绞线松紧一致。如单根穿入孔道，则不编束。

　（3）无粘结预应力筋的制作要求

　1）单根无粘结预应力筋的制作，涂料层的涂敷和外包层的制作应一次完成，涂料层防腐油脂应完全填充预应力筋与外包层之间的环形空间，外包层宜采用挤塑成型工艺，并由专业化工厂生产。

　2）挤塑成型后的无粘结预应力筋应按工程所需的长度和锚固形式下料、组装。

　3）无粘结预应力筋下料长度，应综合考虑其曲率、锚固端保护层厚度、张拉伸长值及混凝土压缩变形等因素，并应根据不同的张拉方法和锚固形式预留张拉长度。

　2 后张法有粘结预应力筋孔道的留设

　（1）后张法有粘结预应力的孔道预留应符合下列规定：

　1）对预制构件，孔道之间的水平净间距不宜小于 50mm；孔道至构件边缘的净间距不宜小于 30mm，且不宜小于孔道直径的一半；

　2）在框架梁中，预留孔道在竖直方向的净间距不应小于孔道外径，水平方向的净间距不应小于 1.5 倍孔道外径；从孔壁算起的混凝土保护层厚度，梁底不宜小于 50mm，梁侧不宜小于 40mm；

　3）预留孔道的内径应比预应力钢丝束或钢绞线束外径及需穿过孔道的连接器外径大 10～15mm；

　4）凡制作时需要预先起拱的构件，预留孔道宜随构件同时起拱；

　5）对孔道成型的基本要求是：孔道的尺寸与位置应正确，孔道应平顺，接头不漏浆，端部预埋钢板应垂直于孔道中心线等；

　6）预留孔道的位置及孔径必须符合设计要求，其孔道位置偏差不得大于 3mm。

　（2）后张法有粘结预应力筋的孔道成型方法：

　1）钢管抽芯法：

　a 钢管表面必须光滑平直，无锈蚀、局部凹陷和疤等凸起物，其长度不宜超过 15m，两端部应伸出构件 500mm 左右，并设置两个相互垂直的 $\phi16$ 圆孔，以备插入钢筋棒，转动钢管。钢管预埋前应除锈、刷油，钢管在构件中用钢筋井字架（图 6.3.2.2-6）固定位置，井字架每隔 1.0m 一个，与钢筋骨架扎牢。对大于 15m 以上的构件，可用钢管对接，接头端必须平整，管端的连接处外边，用长 300mm 的 0.5mm 厚铁皮套管套上（图 6.3.2.2-7）。套管宜与井字架焊接固定，套管内表面要与钢管外表面紧密贴合，以防漏浆堵塞孔道或转管时转动套管，导致拔管时带出套管，造成构件裂缝。

　b 抽管前每隔 10～15min 应转管一次。如发现表面混凝土产生裂纹，用铁抹子压实抹平。

　c 抽管时间与水泥的品种、气温、养护条件、有无外加剂和混凝土强度有关。抽管宜在混凝土初凝之后，终凝以前进行，以用手指按压混凝土表面不显指纹时为宜。抽管过早，会造成坍孔事故；太晚，混凝土与钢管粘结牢固，抽管困难，甚至抽不出来。在一般

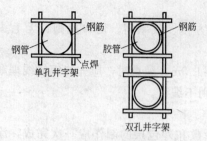

图 6.3.2.2-6 固定钢管或胶管位置用的井字架

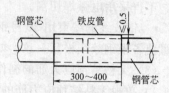

图 6.3.2.2-7 铁皮套管

情况下,下列数值可供参考:

环境温度>30℃时,混凝土浇筑后 3h;

30～20℃时,3～5h;

20～10℃时,5～8h;

<10℃时,8～12h。

d 抽管宜先上后下地进行。抽管方法可用手摇绞车或慢动电动卷扬机;如用人力抽拔,每组 4～6 人。如系接驳管,可分两组在两端同时抽拔。在抽管端设置可调整高度的转向滑轮架,使管道方向与施拔方向同在一直线上,保护管道口的完整。抽管时必须速度均匀、边抽边转,并与孔道保持在一直线上。抽管后,应及时检查孔道情况,并做好孔道清理工作,防止以后穿筋困难。

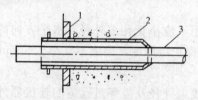

图 6.3.2.2-8 张拉端的扩大孔用钢管抽芯成型
1—预埋钢板;2—端部扩大孔的钢管;3—中间孔的钢管

e 采用钢丝束镦头锚具时,张拉端的扩大孔也可用钢管抽芯成型(图 6.3.2.2-8)。

留孔时应注意,端部扩大孔应与中间孔道同心。抽管时先抽中间钢管,后抽扩孔钢管,以免碰坏扩孔部分并保持孔道清洁和尺寸准确。

2) 胶管抽芯法:

a 留孔用胶管采用 5～7 层帆布夹层、壁厚 6～7mm 的普通橡皮管,可用于直线、曲线或折线孔道。使用前,把胶管一头密封,勿使漏水漏气。密封的方法是将胶管一端外表面削去 1～3 层胶皮及帆布,然后将外表面带有粗丝扣的钢管(钢管一端用铁板密封焊牢)插入胶管端头孔内,再用 20 号钢丝在胶管外表面密缠牢固,钢丝头用锡焊牢,见图 6.3.2.2-9)。

b 胶管另一端接上阀门,其接法与密封端基本相同(图 6.3.2.2-10)。

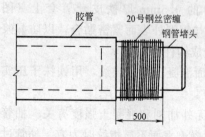

图 6.3.2.2-9 胶管封端

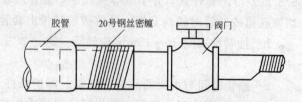

图 6.3.2.2-10 胶管与阀门连接

短构件留孔，可用一根胶管对弯后穿入两个平行孔道。长构件留孔，必要时可将两根胶管用铁皮套管接长使用，套管长度以400～500mm为宜，内径应比胶管外径大2～3mm。固定胶管位置用的钢筋井字架，宜每隔500mm放置一个，并与钢筋骨架扎牢。然后充水（或充气）加压到$0.6～0.8N/mm^2$。此时胶皮管直径可增大约3mm。浇捣混凝土时，振动棒不应碰胶管，并应经常检查水压表的压力是否正常，如有变化必须补压。

c 抽管前，先放水（气）降压，待胶管断面缩小与混凝土自行脱离即可抽管。抽管时间比抽钢管略迟。抽管顺序一般为先上后下，先曲后直。

3）预埋管法：

预埋管法可采用薄钢管、镀锌钢管与金属螺旋管（波纹管）等。金属螺旋管可做成各种形状的预应力筋孔道。镀锌钢管仅用于施工周期长的超高竖向孔道或有特殊要求的部位。

4）用金属螺旋管留孔：

a 螺旋管的连接，采用大一号同型螺旋管。接头管的长度为200～300mm，其两端用密封胶带或塑料热缩管封裹，见图6.3.2.2-11。

b 螺旋管的安装，应事先按设计图中预应力筋的曲线坐标在侧模或箍筋上定出曲线位置。螺旋管的固定（图6.3.2.2-12），应采用钢筋支托，间距为500mm。钢筋支托应焊在箍筋上，箍筋底部应垫实。螺旋管固定后，必须用铁丝扎牢，以防浇筑混凝土时螺旋管上浮而引起严重的质量事故。

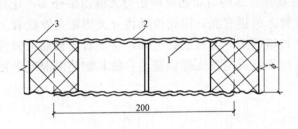

图6.3.2.2-11 螺旋管的连接
1—螺旋管；2—接头管；3—密封胶带

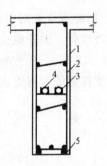

图6.3.2.2-12 螺旋管的固定
1—梁侧模；2—箍筋；3—钢筋支托；
4—螺旋管；5—垫块

c 螺旋管安装就位过程中，应尽量避免反复弯曲，以防管壁开裂。同时，还应防止电焊火花烧伤管壁。

d 螺旋管安装后，应检查其位置、曲线形状是否符合设计要求，螺旋管的固定是否牢靠，接头是否完好，管壁有无破损等。如有破损，应及时用粘胶带修补。

（3）灌浆孔、排气孔及泌水管的预留

1）混凝土浇筑前，应按图纸规定留置灌浆孔、排气孔、泌水管等，如图纸无规定，按施工需要留置。

2）灌浆孔道一般按12m间距留设。12m长的构件一般在梁中部留设，灌浆孔的大小形状应与灌浆嘴相吻合。排气孔一般留设在构件的两端。灌浆孔与排气孔也可设置在锚具或铸铁喇叭口处。对立式制作的梁，当曲线孔道的高差大于500mm时，应在孔道的每个峰顶处设置泌水管,泌水管伸出梁面的高度一般不小于500mm。泌水管也可兼作灌浆管用。排气孔直径一般为8~10mm,应高于灌浆孔,宜设在上方。

3) 灌浆孔的做法。对一般预制构件,可采用木塞留孔。若为喇叭口,可用锥形木塞顶住预留孔道的钢管或胶管(也可用铁皮三通套管留设),并应固定,严防混凝土振捣时脱开,见图6.3.2.2-13。

对现浇预应力结构金属螺旋管留孔,有两种方法:

a 在螺旋管上开口,用带嘴的塑料弧形压板与海绵垫片覆盖并用铁丝扎牢,再接增强塑料管(外径20mm,内径16mm),见图6.3.2.2-14。

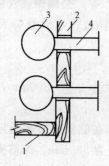 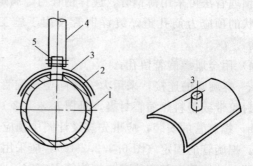

图6.3.2.2-13 用木塞留灌浆孔　　　　图6.3.2.2-14 螺旋管上留灌浆孔
1—底模;2—侧模;3—抽芯管;4—φ20木塞　　1—螺旋管;2—海绵垫;3—塑料弧板;4—塑料管;5—钢丝扎紧

b 用蛇皮软管制作排气管。将蛇皮软管底部均匀切割成两条分叉或四条分叉,让分叉紧贴波纹管,并让蛇皮软管对准波纹管上的排气孔,用胶带纸将分叉固定在波纹管上(图6.3.2.2-15)。蛇皮软管的另一端要封堵严实。浇筑混凝土前,在梁筋或板筋上竖直焊接一支撑钢筋,将蛇皮软管用铁丝或胶带纸固定在支撑钢筋上,使其能超出混凝土面100mm以上。

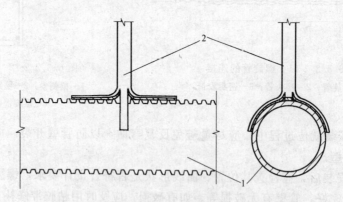

图6.3.2.2-15 用蛇皮软管制作排气管示意图
1—波纹管;2—蛇皮软管

蛇皮软管内径不小于16mm,壁厚不小于1.5mm。分叉长度要求:当切割成两条分叉时不小于$0.8D$(D为波纹管直径),且不小于70mm;当切割成四条分叉时不小于$0.7D$,且不小于60mm。

(4) 孔道检查

1) 制作钢质梭形通孔器，大小各一只，如图6.3.2.2-16；大的比预留孔道直径小 5mm；小的比预留孔道直径小 15mm；长约 100～120mm，两端均用软钢丝牵引。

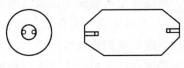

图 6.3.2.2-16　钢质梭形通孔器

2) 用先小后大方法试通。
3) 如只通小通孔器，可用变形钢筋来回拖动，以能通过大通孔器为准。
4) 如小通孔器也通不过，应查明原因及位置，采取下列措施：

a　用带钩钢筋将堵塞物带出；

b　用清孔器（锅炉的洗管专用工具，与插入式振动器相似，但软轴较长，振动棒改为螺旋钻嘴）清理孔道；

c　经技术主管同意，在堵塞位置开洞清理。

3　预埋件的安装

预埋件的安装应符合下列要求：

（1）在设置预埋件时，应注意两端预埋钢板及芯管位置的准确性，钢板面与孔道端部的中轴线必须垂直。

（2）当分块预制时，各块的孔道、连接板的位置，浇筑前要复核，浇筑中要保证不位移。

4　块体拼装

后张法构件如分段制作，则在张拉前应进行拼装。块体的拼装，应符合下列要求：

（1）混凝土强度应符合设计要求，如设计无要求时，不应低于设计强度等级的 75%；拼装前必须用钢制或木制且有足够刚度和稳定性的拼装架支设在坚固的地基上，并有排水措施。

（2）每个块体至少设置两个支撑，在块体上下部位从两侧顶紧，防止构件倾斜和施加应力时产生侧向弯曲。构件两端及每个拼接处应用垫木（或混凝土垫块）垫实。垫木用水准仪抄平，并注意构件的起拱要求，弹出中线。

（3）拼装时，按块体顺序编号组合。块体的纵轴线应对准，其直线偏差不得大于 3mm，立缝宽度偏差不得超过＋10mm 或－5mm，最小宽度不得小于 10mm。

（4）块体起吊前，应在构件上弹出纵向中心线，起吊时将块体中心线对准垫木中心线，于构件两端用经纬仪找正，使全部块体的预留孔吻合。

（5）为防止竖缝的灰浆进入预留孔道，在拼接面孔道端部插入外径略小于孔道内径、长为 100～150mm 的铁皮管，铁皮管中间用钢丝绑一圈，再用锡焊牢，防止滑移。钢丝两边缠绕麻丝或胶布，拼装时用麻丝填塞缝隙。块体灌缝应密实，张拉前将受压区立缝灌实。承受预拉力的连接板应在张拉前焊接好。

（6）灌缝的细石混凝土或砂浆的强度，应符合设计要求；灌缝应密实；承受预拉的立缝，宜在预应力筋张拉后灌缝。

（7）承受预拉的连接板应在张拉前焊牢，承受预压的连接板，宜在预应力筋张拉后焊接。

5　后张法有粘结预应力筋的安装

（1）预应力筋的穿束时机

根据穿束与混凝土浇筑之间的先后关系，可分为先穿束和后穿束两种。

1）先穿束法。先穿束法即在浇筑混凝土之前穿束。此法穿束省力；但穿束占用工期，束的自重引起的波纹管摆动会增大摩擦损失，束端保护不当易生锈。按穿束与预埋螺旋管之间的配合，又可分为以下三种情况：

　　a　先穿束后装管：即将预应力筋先穿入钢筋骨架内，然后将螺旋管逐节从两端套入并连接；

　　b　先装管后穿束：即将螺旋管先安装就位，然后将预应力筋穿入；

　　c　二者组装后放入：即在梁外侧的脚手架上将预应力筋与套管组装后，从钢筋骨架顶部放入就位，箍筋应先做成开口箍，再封闭。

2）后穿束法。后穿束法即在浇筑混凝土之后穿束。此法可在混凝土养护期内进行，不占工期，便于用通孔器或高压水通孔，穿束后即行张拉，易于防锈，但穿束较为费力。

（2）穿束方法

钢丝束应整束穿；钢绞线宜优先采用整束穿，也可用单根穿。穿束工作可由人工、卷扬机和穿束机进行。

1）人工穿束。人工穿束可利用起重设备将预应力筋吊起，工人站在脚手架上逐步穿入孔内。束的前端应扎紧并裹胶布，以便顺利通过孔道。对多波曲线束，宜采用特制的牵引头，工人在前头牵引，后头推送，用对讲机保持前后二端同时用力。对长度≤50m的二跨曲线束，宜用人工穿束。

2）用卷扬机穿束。用卷扬机穿束，主要用于超长束、特重束、多波曲线束等整束穿的情况。卷扬机宜采用慢速（每分钟约10m），电动机功率为1.5～2.0kW。束的前端应装有穿束网套或特制的牵引头。

穿束网套可用细钢丝绳编织。网套上端通过挤压方式装有吊环，使用时将钢绞线穿入网套中（到底），前端用铁丝扎死，顶紧不脱落即可。

3）用穿束机穿束。用穿束机穿束适用于大型桥梁与构筑物单根穿钢绞线的情况。穿束机有两种类型：一是由油泵驱动链板夹持钢绞线传送，见图6.3.2.2-17。速度可任意调节，穿束可进可退，使用方便。二是由电动机经减速箱减速后由两对滚轮夹持钢绞线传送。进退由电动机正反转控制。穿束时，钢绞线前头应套上一个子弹头形的壳帽。

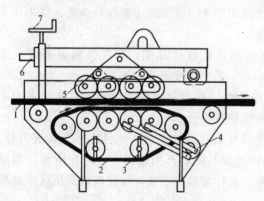

图6.3.2.2-17　穿束机的构造简图
1—钢绞线；2—链板；3—链板扳手；4—油泵；
5—压紧轮；6—拉臂；7—扳手

（3）后张法有粘结预应力筋穿入时应注意下列事项：

1）穿筋前，应检查预应力筋（或束）的规格、总长是否符合要求。

2）穿筋时，预应力筋或钢丝束应按顺序编号，并套上穿束器。先把预应力筋或穿束器的引线由一端穿入孔道，在另一端穿出，然后逐渐将预应力筋或钢丝束拉到另一端。

3）钢筋穿好后将束号在构件上注明，以便核对。

6 无粘结预应力筋的铺放

（1）无粘结预应力筋应按设计图纸的规定进行铺放。铺放时应符合下列要求：

1）铺放前应通过计算确定其水平和垂直位置。

2）无粘结预应力筋在非预应力筋底筋绑完后开始铺放。铺放时其位置应准确，线形宜保持顺直，其端部轴线应与锚杯轴线重合，并垂直于承压板，以利张拉时锚杯能顺利拉出板端。各种管线不得影响无粘结预应力筋的线形。

3）无粘结筋绑扎前应检查预应力筋塑料护套有无损坏和线形是否顺直。其绑扎允许采用与普通钢筋相同的方法，其垂直高度宜采用支撑钢筋（马凳筋）控制，亦可与其他钢筋绑扎。支撑钢筋应符合下列要求：

a 对于2～4根无粘结预应力筋组成的集束预应力筋，支撑钢筋的直径不宜小于10mm，间距不宜大于1.0m；

b 对于5根或更多无粘结预应力筋组成的集束预应力筋，其直径不宜小于12mm，间距不宜大于1.2m；

c 用于支撑平板中单根无粘结预应力筋，间距不宜大于2.0m。

4）双向曲线配置时，应注意筋的铺放顺序。

5）当集束配置多根无粘结预应力筋时，应保持平行走向，防止相互扭绞。

（2）在板内无粘结预应力筋绕过开洞处的铺放位置应符合下列规定：

1）无粘结预应力筋距洞口不宜小于150mm；

2）水平偏移的曲率半径不小于6.5m；

3）洞口边应配置构造钢筋加强。

7 先张法预应力筋的铺设

（1）长线台座台面（或胎模）在铺放钢丝前应涂隔离剂。隔离剂不应沾污钢丝，以免影响钢丝与混凝土的粘结。如果预应力筋遭受污染，应使用适当的溶剂加以清洗干净。在生产过程中，应防止雨水冲刷台面上的隔离剂。

（2）预应力钢丝宜用牵引车铺设。如果钢丝需要接长，可借助于钢丝拼接器用20～22号钢丝密排绑扎（图6.3.2.2-18）。绑扎长度：对冷拔低碳钢丝不得小于$40d$；对冷拔低合金钢丝不得小于$50d$；对刻痕钢丝不得小于$80d$。钢丝搭接长度应比绑扎长度大$10d$（d为钢丝直径）。

（3）预应力钢筋铺设时，钢筋之间的连接或钢筋与螺杆的连接，可采用套筒双拼式连接器（图6.3.2.2-19）。

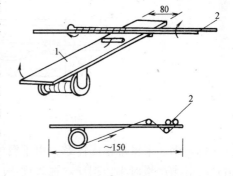

图6.3.2.2-18 钢丝拼接器
1—拼接器；2—钢丝

8 后张法有粘结预应力筋锚具及张拉设备安装

（1）钢绞线固定端锚具组装

1）挤压锚具组装。挤压设备采用YJ45型挤压机，由液压千斤顶、机架和挤压模组成，见图6.3.2.2-20。操作时应注意下列事项：

a 挤压模内腔要保持清洁，每次挤压后都要清理一次，并涂抹石墨油膏；

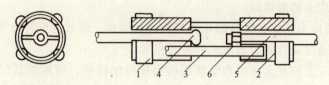

图 6.3.2.2-19 双拼式套筒连接器
1—钢圈；2—半圆形套筒；3—连接钢筋；4—钢丝；5—螺杆；6—螺母

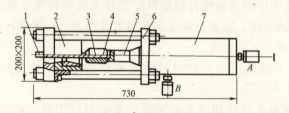

图 6.3.2.2-20 YJ45 型挤压机
1—钢绞线；2—挤压模；3—硬钢丝螺旋圈；4—挤压套；5—活塞杆；6—机架；7—千斤顶
A—进油嘴；B—回油嘴

  b 使用硬钢丝螺旋圈时，各圈钢丝应并拢，其一端应与钢绞线平齐，否则锚固不牢；
  c 挤压套装在钢绞线端头挤压时，钢绞线、挤压模与活塞杆应在同一中心线上，以免挤压套被卡住；
  d 挤压时压力表读数宜为 40～45MPa，个别达到 50MPa 时应不停顿挤过；
  e 挤压模磨损后，锚固头直径不宜超差 0.3mm。
  2）压花锚具成型。压花设备采用压花机，由液压千斤顶、机架和夹具组成，见图 6.3.2.2-21。压花机的最大推力为 350kN，行程为 70mm。

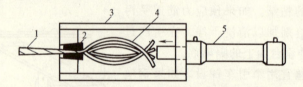

图 6.3.2.2-21 压花机的工作原理
1—钢绞线；2—夹具；3—机架；4—散花头；5—千斤顶

  (2) 钢丝束锥形锚固体系：由于钢丝沿锚环周边排列且紧靠孔壁，因此安装钢质锥形锚具时必须严格对中，钢丝在锚环周边应分布均匀。
  (3) 钢丝束镦头锚固体系：由于穿束关系，其中一端锚具要后装并进行镦头。配套的工具式拉杆与连接套筒应事先准备好；此外，还应检查千斤顶的撑脚是否适用。
  (4) 钢绞线束夹片锚固体系：安装锚具时应注意工作锚环或锚板对中，夹片均匀打紧并外露一致；千斤顶上的工具锚孔位与构件端部工作锚的孔位排列要一致，以防钢绞线在千斤顶穿心孔内打叉。
  (5) 安装张拉设备时，对直线预应力筋，应使张拉力的作用线与孔道中心线重合；对曲线预应力筋，应使张拉力的作用线与孔道中心线末端的切线重合。
  9 无粘结预应力筋锚具的选用

无粘结预应力筋锚具应根据无粘结预应力筋的品种、张拉吨位以及工程使用情况选定。对常用直径为15、12mm的单根钢绞线和7φ5钢丝束无粘结预应力筋的锚具可按表6.3.2.2-2选用。

表6.3.2.2-2 常用单根无粘结预应力筋锚具选用表

无粘结预应力筋品种	张 拉 端	固 定 端
$d=15.0(7φ5)$ 或 $d=12.0(7φ4)$	夹片锚具	挤压锚具、焊板夹片锚具、压花锚具
7φ5钢丝束	镦头锚具、夹片锚具	镦头锚板

注：1 焊板夹片锚具系将夹片锚具的锚环同承压板焊在一起；
2 压花锚具宜用于梁中，并应附加螺旋筋或网片等端部构造措施；镦头锚具也可以用于锚固多于7φ5的钢丝束。

10 无粘结预应力筋的张拉端、固定端做法
(1) 无粘结预应力筋夹片锚具系统的张拉端可采用下列做法：
1) 当锚具凸出混凝土表面时，其构造由锚环、夹片、承压板、螺旋筋组成（图6.3.2.2-22）；
2) 当锚具凹进混凝土表面时，其构造由锚环、夹片、承压板、塑料塞、螺旋筋、钩螺丝和螺母组成（图6.3.2.2-23）；

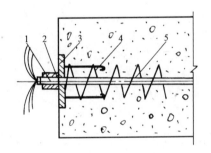

图6.3.2.2-22 夹片锚具凸出混凝土表面
1—夹片；2—锚环；3—承压板；4—螺旋筋；
5—无粘结预应力筋

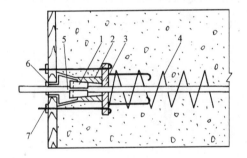

图6.3.2.2-23 夹片锚具凹进混凝土表面
1—夹片；2—锚环；3—承压板；4—螺旋筋；5—无粘结预应力筋；6—塑料塞；7—钩螺丝和螺母

(2) 夹片锚具系统的固定端必须埋设在板或梁的混凝土，可采用下列做法：
1) 挤压锚具的构造由挤压锚具、承压板和螺旋筋组成（图6.3.2.2-24）。挤压锚具应将套筒等组装在钢绞线端部经专用设备挤压而成；

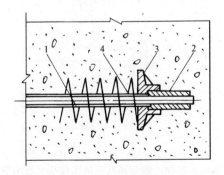

图6.3.2.2-24 挤压锚具
1—预应力筋；2—挤压锚具；3—承压板；4—螺旋筋

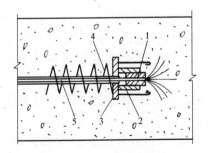

图6.3.2.2-25 锚板夹片锚具
1—夹片；2—锚具；3—承压板；4—螺旋筋；5—预应力筋

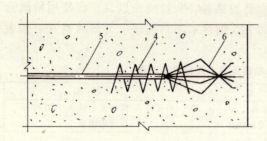

图 6.3.2.2-26 压花锚具
1—夹片；2—锚环；3—承压板；4—螺旋筋；
5—无粘结预应力筋；6—压花锚

2) 锚板夹片锚具的构造由夹片锚具、锚板与螺旋筋组成（图 6.3.2.2-25）。该锚具应预先用开口式双缸千斤顶以预应力筋张拉力的 0.75 倍预紧力将夹片锚具组装在预应力筋的端部；

3) 压花锚具的构造由压花端及螺旋筋组成（图 6.3.2.2-26）。压花端应由压花机直接将钢绞线的端部制作而成。

(3) 夹片锚具系统应符合下列规定：

1) 本锚具主要用于锚固自钢绞线制成的无粘结预应力筋，当用于锚固 7ϕ5 组成的钢丝束，必须采用斜开缝的夹片；

2) 预应力筋在张拉端的内缩量，不应大于 5mm；

3) 单根无粘结预应力筋在构件端面上的水平和竖向排列最小间距可取 60mm。

(4) 镦头锚具系统的张拉端和固定端可采用下列做法：

1) 张拉端的构造由锚杯、螺母、承压板、塑料保护套和螺旋筋组成（图 6.3.2.2-27a）；

2) 固定端的构造由镦头锚板和螺旋筋组成（图 6.3.2.2-27b）。

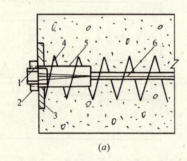
(a)

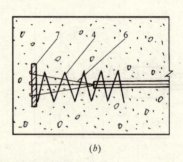
(b)

图 6.3.2.2-27 张拉端和固定端
(a) 张拉端；(b) 固定端

1—锚杯；2—螺母；3—承压板；4—螺旋筋；5—塑料保护套；6—无粘结预应力筋；7—镦头锚板

3) 镦头锚具系统应符合下列规定：

a 预应力筋在张拉端产生的内缩量不应大于 1.0mm；

b 钢丝束的使用长度不宜大于 25m；

c 单根无粘结预应力筋在构件端面上的水平和竖向排列最小间距可取 80mm。

11 无粘结预应力筋锚具及张拉设备安装

张拉端和固定端的安装，应符合下列规定：

(1) 镦头锚具系统张拉端的安装。先将塑料保护套插入承压板孔内，通过计算确定锚杯的预埋位置，并用定位螺杆将其固定在

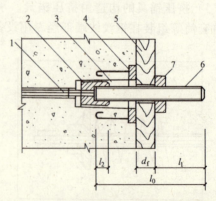

图 6.3.2.2-28 镦头锚具系统张拉端安装示意
1—无粘结预应力钢丝束；2—镦头锚杯；3—塑料保护套；4—承压板；5—模板；6—定位螺杆；7—螺母

端部模板上。定位螺杆拧入锚杯内必须顶紧各钢丝镦头,并应根据定位螺杆露在模板外的尺寸确定锚杯预埋位置(图6.3.2.2-28)。

外露定位螺杆尺寸按下列公式计算:

$$l_1 = l_0 - l_2 - (\Delta l_p^c - h_t) - d_f \qquad (6.3.2.2\text{-}6)$$

式中 l_1 ——定位螺杆外露在模板外的尺寸(mm);

l_0 ——定位螺杆长度(mm);

l_2 ——定位螺杆拧入锚杯内的长度(mm);

Δl_p^c ——无粘结预应力筋计算伸长值(mm);

h_t ——张拉后,锚杯拧套锚具螺母所需长度(mm);

d_f ——模板厚度(mm)。

(2)镦头锚具系统固定端的安装。按设计要求的位置将固定端锚板绑扎牢固。钢丝镦头必须与锚板贴紧,严禁锚板相互重叠放置。

(3)夹片锚具系统张拉端的安装。无粘结预应力筋的外露长度应根据张拉机具所需的长度确定,无粘结预应力曲线筋或折线筋末端的切线应与承压板相垂直,曲线段的起始点至张拉锚固点应有不小于300mm的直线段。

(4)在安装带有穴模或其他预先埋入混凝土中的张拉端锚具时,各部件之间不应有缝隙。

(5)夹片锚具系统固定端的安装。将组装好的固定端按设计要求的位置绑扎牢固。

(6)张拉端和固定端必须按设计要求配置螺旋筋,螺旋筋应紧靠承压板或锚杯,并固定可靠。

6.3.3 成品保护

1 预应力筋的制作场地应平整、无积水,避免污染或损坏预应力筋。

2 预应力筋应按不同规格分类成捆、成盘挂牌堆放整齐。露天堆放时,需覆盖雨布,下面应加垫木。

3 预应力筋在储存、运输和安装过程中,应采取防止锈蚀及损坏措施。供现场张拉使用的锚夹具,需涂油包封在室内存放,严防锈蚀。

4 无粘结预应力筋的包装、运输、保管还应符合下列要求:

(1)在不同规格、品种的无粘结预应力筋上,均应有易于区别的标记;

(2)带有镦头锚具的无粘结预应力筋,应采取有效措施防止锚具及塑料保护套磨损或沾染灰砂;

(3)无粘结预应力筋应成盘或顺直运输。成盘运输时,盘径不宜小于2m,每盘长度不宜超过200m。长途运输时,必须采取有效的包装措施;

(4)装卸吊装时,应保持在成盘或顺直状态下起吊、搬运,不得摔砸踩踏,严禁钢丝绳或其他坚硬吊具与无粘结预应力筋的外包层直接接触;

(5)无粘结筋在运输中,应轻装轻卸,严禁摔掷及锋利物品损坏预应力筋表面及配件。吊具用钢丝绳需套胶管,避免装卸时破坏无粘结筋塑料套管,若有损坏可用水密性胶带进行缠绕修补,胶带搭接宽度不应小于胶带宽度的1/2,缠绕长度应超过破损长度,严重破损的应予以报废。

5 预应力筋安装后,要避免踏踩,以免变形和位移。

6.3.4 安全、环保措施

1 预应力筋放盘应采取有效措施,防止钢绞线弹出伤人。

在下料场地放盘时,可用钢管搭设支架(盘架),用竖立钢管挡在成盘的钢绞线四周,并在其前方1m处固定一钢管,让钢绞线从钢管中穿出。

下料后的钢绞线运至楼面放盘铺放时,应分别派人握紧两端,多人协作共同放盘。

2 使用圆盘锯切割钢绞线时,应站在砂轮两侧,同时不要使用有裂纹的砂轮,防止砂轮碎裂飞出伤人。

6.3.5 质量标准

Ⅰ 主控项目

6.3.5.1 预应力筋安装时,其品种、级别、规格、数量必须符合设计要求。

检查数量:全数检查。

检验方法:观察,钢尺检查。

6.3.5.2 先张法预应力施工时应选用非油质类模板隔离剂,并应避免沾污预应力筋。

检查数量:全数检查。

检验方法:观察。

6.3.5.3 施工过程中应避免电火花损伤预应力筋;受损伤的预应力筋应予以更换。

检查数量:全数检查。

检验方法:观察。

Ⅱ 一般项目

6.3.5.4 预应力筋下料应符合下列要求:

1 预应力筋应采用砂轮锯或切断机切断,不得采用电弧切割;

2 当钢丝束两端采用镦头锚具时,同一束中各根钢丝长度的极差不应大于钢丝长度的1/5000,且不应大于5mm。当成组张拉长度不大于10m的钢丝时,同组钢丝长度的极差不得大于2mm。

检查数量:每工作班抽查预应力筋总数的3%,且不少于3束。

检验方法:观察,钢尺检查。

6.3.5.5 预应力筋端部锚具的制作质量应符合下列要求:

1 挤压锚具制作时压力表油压应符合操作说明书的规定,挤压后预应力筋外端应露出挤压套筒1~5mm;

2 钢绞线压花锚成形时,表面应清洁、无油污,梨形头尺寸和直线段长度应符合设计要求;

3 钢丝镦头的强度不得低于钢丝强度标准值的98%。

检查数量:对挤压锚,每工作班抽查5%,且不应少于5件;对压花锚,每工作班抽查3件;对钢丝镦头强度,每批钢丝检查6个镦头试件。

检验方法:观察,钢尺检查,检查镦头强度试验报告。

6.3.5.6 后张法有粘结预应力筋预留孔道的规格、数量、位置和形状除应符合设计要求外,尚应符合下列规定:

1 预留孔道的定位应牢固,浇筑混凝土时不应出现移位和变形;

  2 孔道应平顺，端部的预埋锚垫板应垂直于孔道中心线；
  3 成孔用管道应密封良好，接头应严密且不得漏浆；
  4 灌浆孔的间距：对预埋金属螺旋管不宜大于30m；对抽芯成形孔道不宜大于12m；
  5 在曲线孔道的曲线波峰部位应设置排气兼泌水管，必要时可在最低点设置排水孔；
  6 灌浆孔及泌水管的孔径应能保证浆液畅通。
  检查数量：全数检查。
  检验方法：观察，钢尺检查。

6.3.5.7 预应力筋束形控制点的竖向位置偏差应符合表6.3.5.7的规定。

表6.3.5.7 束形控制点的竖向位置允许偏差

截面高(厚)度(mm)	$h \leqslant 300$	$300 < h \leqslant 1500$	$h > 1500$
允许偏差(mm)	±5	±10	±15

  检查数量：在同一检验批内，抽查各类型构件中预应力筋总数的5%，且对各类型构件均不少于5束，每束不应少于5处。
  检验方法：钢尺检查。
  注：束形控制点的竖向位置偏差合格点率应达到90%及以上，且不得有超过表中数值1.5倍的尺寸偏差。

6.3.5.8 无粘结预应力筋的铺设除应符合本标准6.3.5.7的规定外，尚应符合下列要求：
  1 无粘结预应力筋的定位应牢固，浇筑混凝土时不应出现移位和变形；
  2 端部的预埋锚垫板应垂直于预应力筋；
  3 内埋式固定端垫板不应重叠，锚具与垫板应贴紧；
  4 无粘结预应力筋成束布置时应能保证混凝土密实并能裹住预应力筋；
  5 无粘结预应力筋的护套应完整，局部破损处应采用防水胶带缠绕紧密。
  检查数量：全数检查。
  检验方法：观察。

6.3.5.9 浇筑混凝土前穿入孔道的后张法有粘结预应力筋，宜采取防止锈蚀的措施。
  检查数量：全数检查。
  检验方法：观察。

6.3.6 质量验收
  1 验收检验批的划分按本标准第3.0.5条执行；
  2 验收组织和程序按本标准第3.0.10条规定执行；
  3 质量验收时应提供以下资料：
（1）预应力筋、锚具等产品合格证、出厂检验报告；
（2）预应力筋、锚具等进场复验报告。
  4 质量检验批验收记录按表6.3.6"预应力制作与安装检验批质量验收记录表"填写。

表6.3.6 预应力制作与安装检验批质量验收记录表
GB 50204—2002

单位(子单位)工程名称					
分部(子分部)工程名称				验收部位	
施工单位		专业工长		项目经理	
分包单位		分包项目经理		施工班组长	
施工执行标准名称及编号					

		施工质量验收规范的规定		施工单位检查评定记录	监理(建设)单位验收记录
主控项目	1	预应力筋品种、级别、规格和数量	第6.3.5.1		
	2	避免隔离剂沾污	第6.3.5.2		
	3	避免电火花损伤	第6.3.5.3		
一般项目	1	预应力筋切断方法和钢丝下料极差	第6.3.5.4		
	2	锚具制作质量	第6.3.5.5		
	3	预留孔道质量	第6.3.5.6		
	4	预应力筋束形控制	第6.3.5.7		
	5	无粘结预应力筋铺设	第6.3.5.8		
	6	预应力筋防锈措施	第6.3.5.9		

施工单位检查评定结果	专业工长(施工员) 施工班组长 项目专业质量检查员： 年 月 日
监理(建设)单位验收结论	 专业监理工程师(建设单位项目专业技术负责人)： 年 月 日

6.4 张拉与放张

6.4.1 施工准备
6.4.1.1 技术准备
1 根据张拉时的气温，确定液压用油和设备，并提出需用量计划。
2 对压力表与千斤顶进行配套校验标定。
3 确定张拉顺序、张拉值、伸长值。张拉伸长值的计算方法见附录C.9。
4 检验混凝土强度是否达到设计要求。
5 对预应力筋的加工、配置进行检查，其质量符合规范要求。
6 编制预应力筋张拉或放张的作业指导书。

6.4.1.2 材料准备
按需用量计划组织液压油的进场。

6.4.1.3 机具准备
1 千斤顶

常用千斤顶有：

(1) 穿心式液压千斤顶：YC型（YC20D、YC60、YC120）、YCD型、YCQ型、YCW型。

(2) 拉杆式千斤顶：YL60以及带拉杆的YC型、YCD型、YCQ型等穿心式千斤顶，用于张拉带镦头式锚具的钢丝束。

(3) 前卡式千斤顶：YCN18、YCN25、YC20D、YCQ20型等，用于集团束在梁端部分散布置为单根预应力筋时的张拉。

(4) 开口式双缸千斤顶，主要用于单根超常钢绞线分段张拉。

2 电动油泵

常用的电动高压油泵：ZB4-50型、ZB1-630型、ZB10/320-4/800型、ZB618型、ZB0.8-500型、ZB0.6-630型。

3 BJX-25液压紧楔机（用于顶紧夹片式锚具固定端）。

6.4.1.4 作业条件
1 预应力筋张拉或放张时混凝土强度应达到设计要求。
2 预应力筋加工、配置已完成。
3 张拉设备已经配套检定。
4 张拉顺序、张拉值、伸长值已确定。
5 施加预应力时块体拼装构件立缝处混凝土或砂浆强度如设计无要求时，不应低于块体混凝土强度等级的40%，且不得低于$15N/mm^2$。
6 如后张法构件为了搬运等需要，提前施加一部分预应力，使梁体建立较低的预压应力，以承受自重荷载，则混凝土的立方体强度不应低于设计强度等级的60%。
7 已对预应力筋的张拉或放张工作进行技术交底。并应将预应力筋的张拉值与相应的压力表指针读数、预应力筋计算伸长值写在牌上，挂在明显位置处，以便操作时观察掌握。

8 构件端部预埋钢板与锚具接触处的焊渣、毛刺、混凝土残渣等已清除干净。

6.4.2 施工工艺
6.4.2.1 预应力筋张拉方式

预应力筋张拉方式应在设计图中明确，如设计无要求时，应根据预应力混凝土结构特点、预应力筋形状与长度，以及施工方法选择预应力筋张拉方式：

1 一端张拉方式

张拉设备放置在预应力筋一端的张拉方式。适用于长度≤30m的直线预应力筋与锚固损失影响长度 $L_f \geqslant L/2$（L——预应力筋长度）的曲线预应力筋；如设计人员根据计算资料或实际条件认为可以放宽以上限制的话，也可采用一端张拉，但张拉端宜分别设置构件的两端。

2 两端张拉方式

张拉设备放置在预应力筋两端的张拉方式。适用于长度＞30m的直线预应力筋与锚固损失影响长度 $L_f < L/2$ 的曲线预应力筋。当张拉设备不足或由于张拉顺序安排关系，也可先在一端张拉完成后，再移至另端张拉，补足张拉力后锚固。

3 分批张拉方式

对配有多束预应力筋的构件或结构分批进行张拉的方式。由于后批预应力筋张拉所产生的混凝土弹性压缩对先批张拉的预应力筋造成预应力损失，所以先批张拉的预应力筋张拉力应加上该弹性压缩损失值或将弹性压缩损失平均值统一增加到每根预应力筋的张拉力内。

4 分段张拉方式

在多跨连续梁板分段施工时，通长的预应力筋需要逐段进行张拉的方式。对大跨度多跨连续梁，在第一段混凝土浇筑与预应力筋张拉锚固后，第二段预应力筋利用锚头连接器接长，以形成通长的预应力筋。

5 分阶段张拉方式

在后张传力梁等结构中，为了平衡各阶段的荷载，采取分阶段逐步施加预应力的方式。所加荷载不仅是外载（如楼层重量），也包括由内部体积变化（如弹性缩短、收缩与徐变）产生的荷载。梁的跨中处下部与上部纤维应力应控制在容许范围内。这种张拉方式具有应力、挠度与反拱容易控制、材料省等优点。

6 补偿张拉方式

在早期预应力损失基本完成后，再进行张拉的方式。采用这种补偿张拉，可克服弹性压缩损失，减少钢材应力松弛损失，混凝土收缩徐变损失等，以达到预期的预应力效果。

6.4.2.2 预应力筋张拉顺序

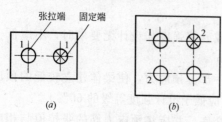

图 6.4.2.2-1 屋架下弦杆预应力筋张拉顺序
(a) 两束；(b) 四束
图中1、2为预应力筋分批张拉顺序

预应力筋的张拉顺序，应使混凝土不产生超应力、构件不扭转与侧弯、结构不变位等；因此，对称张拉是一项重要原则。同时，还应考虑到尽量减少张拉设备的移动次数。

1 图6.4.2.2-1示出预应力混凝土屋架下弦杆钢丝束的张拉顺序。钢丝束的长度不大于30m，采用一端张拉方式。图6.4.2.2-1(a)预应力筋为二束，用二台千斤顶分别设置在构件两端，对称张拉，一次完成。图6.4.2.2-1(b)预应力筋为四束，需要分两批张拉，用二台千斤顶分别张拉对角线上的二束，然后张拉另二束。由于分批张拉引起的预应力损失，统一增加到张拉力内。

2 图6.4.2.2-2示出双跨预应力混凝土框架梁钢绞线束的张拉顺序。钢绞线束为双跨曲线筋，长度达40m，采用两端张拉方式。图中四束钢绞线分为两批张拉，二台千斤顶分别设置在梁的两端，按左右对称各张拉一束，待二批四束均进行一端张拉后，再分批在另端补张拉。这种张拉顺序，还可减少先批张拉预应力筋的弹性压缩损失。

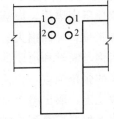

图6.4.2.2-2 框架梁预应力筋的张拉顺序
图中1、2为预应力筋分批张拉顺序

3 平卧重叠构件张拉

后张法预应力混凝土屋架等构件一般在施工现场平卧重叠制作，重叠层数为3～4层。其张拉顺序宜先上后下逐层进行。为了减少上下层之间因摩擦引起的预应力损失，可逐层加大张拉力。不同隔离层的平卧重叠构件逐层增加的张拉力百分数宜按表6.4.2.2。

表6.4.2.2 平卧重叠浇筑构件逐层增加的张拉力百分数

预应力筋类别	隔离剂类别	逐层增加的张拉力百分数			
		顶层	第二层	第三层	底层
高强钢丝束	Ⅰ	0	1.0	2.0	3.0
	Ⅱ	0	1.5	3.0	4.0
	Ⅲ	0	2.0	3.5	5.0

注：第一类隔离剂：塑料薄膜、油纸；
第二类隔离剂：废机油滑石粉、纸筋灰、石灰水废机油、柴油石蜡；
第三类隔离剂：废机油、石灰水、石灰水滑石粉。

4 无粘结筋张拉顺序应按设计要求进行，如设计无特殊要求时，可依次张拉。

6.4.2.3 张拉操作程序

预应力筋的张拉程序，主要根据构建类型、张拉锚固体系、松弛损失等因素确定。

采用低松弛钢丝和钢绞线时，张拉操作程序为：

$$0 \xrightarrow{} 10\%\sigma_{con} \xrightarrow{\text{量伸长值}} 100\%\sigma_{con} \text{锚固}$$

采用普通松弛预应力筋时，按下列超张拉程序进行操作：

对墩头锚具等可卸载锚具 $0 \xrightarrow{} 10\%\sigma_{con} \xrightarrow{\text{量伸长值}} 105\%\sigma_{con} \xrightarrow{\text{持荷2min}} 100\%\sigma_{con}$ 锚固

对夹片锚具等不可卸载锚具 $0 \xrightarrow{} 10\%\sigma_{con} \xrightarrow{\text{量伸长值}} 103\%\sigma_{con}$

式中 σ_{con}——预应力筋的张拉控制应力。

6.4.2.4 预应力筋张拉

1 预应力钢丝束采用双作用千斤顶张拉、锥形锚具锚固时，应按下列要求操作：

（1）预拉：将钢丝拉出一小段长度后，检查每根钢丝是否达到长度一致。如有不一致时，应退下楔块进行调整，然后再用力打紧楔块。

（2）张拉及顶压：预拉调整以后方可按规定张拉程序张拉。张拉完毕，测出钢丝伸长值，若与规定符合，就可进行顶压锚塞。顶压锚塞时必须关闭大缸油路，给小缸进油，使小缸活塞顶紧锚塞。

(3) 校核：将千斤顶装入未张拉的一端进行张拉，张拉到控制应力后，顶紧锚塞。当两端都张拉顶压完毕后，应测量钢丝滑入锚具中的内缩量是否符合要求，如果大于规定数值，必须再张拉，补回损失。

(4) 当钢丝断丝和滑脱的数量，超过规范规定的要求时，必须重新张拉，这时应把钢丝拉到原来的张拉吨位，拉松锚塞，用一根钢钎插入垫板槽口内，卡住锚塞，然后大缸回油，锚塞被拉出，取出整个锚楦。分别检查锚环是否被抽成凹槽，锚塞的细齿是否被抽平，若有这类情况，要调换锚具，重新张拉，如果锚环、锚塞仍然完好无损，则只要在顶压时加大压力顶紧锚塞。

2 对曲线预应力筋和长度大于24m的直线预应力筋，应在两端同时张拉，两台设备张拉速度应保持一致。两端张拉同一根（束）预应力筋时，为了减少预应力损失，宜先在一端张拉后锚固，另一端补足张拉力后进行锚固。当筋长超过50m时，宜采取分段张拉和锚固。

3 镦头锚具张拉时，应符合下列要求：

(1) 张拉前，清理承压板面，并检查承压板后混凝土质量；

(2) 张拉杆拧入锚杯内的长度不应小于锚具设计规定值，承力架应垂直地支承在构件端部的承压板板面上；

(3) 当张拉力达到设计要求，由于锚杯埋放定位误差致使锚杯外露长度过长或过短时，应采取增设螺母或接长锚杯进行锚固的措施。

4 夹片锚具张拉时，应符合下列要求：

(1) 张拉前应清理承压板面，检查承压板后面的混凝土质量；

(2) 锚固采用液压顶压器顶压时，千斤顶应在保持张拉力的情况下进行顶压，顶压压力应符合设计规定值。

注：为减少锚具变形和预应力筋内缩造成的预应力损失，可进行二次补拉并加垫片，二次补拉的张拉力为控制张拉力。

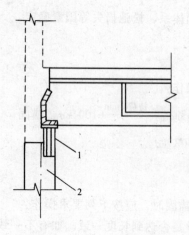

图6.4.2.4-1 滑动—铰接式钢支座
1—铰接式钢支座；2—柱子

5 为了避免大跨度现浇梁施加预应力过程中产生柱顶附加弯距及柱支座约束的影响，梁端支座可采用滑动—铰接式钢支座，见图6.4.2.4-1，待预应力施加后，支座再与梁端埋件焊接，并补浇混凝土。

6 先张法预应力钢丝张拉：

(1) 单根钢丝张拉。

冷拔钢丝可采用10kN电动螺杆张拉机或电动卷扬张拉机单根张拉，弹簧测力计测力，锥销式夹具锚固（图6.4.2.4-2）。

刻痕钢丝可采用20～30kN电动卷扬张拉机单根张拉，优质锥销式夹具锚固。

(2) 成组钢丝张拉。

在预制厂以机组流水法或传送带法生产预应力多孔

板时，还可在钢模上用镦头梳筋板夹具成批张拉（图 6.4.2.4-3）。钢丝两端镦粗，一端卡在固定梳筋板上，另一端卡在张拉端的活动梳筋板上。用张拉钩（图 6.4.2.4-4）钩住活动梳筋板，再通过连接套筒将张拉钩和拉杆式千斤顶连接，即可张拉。在长线台座上生产刻痕钢丝配筋的预应力薄板时，成组钢丝张拉用的镦头梳筋板夹具见图 6.4.2.4-5。

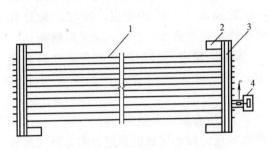

图 6.4.2.4-2 用电动卷扬机张拉单根钢丝
1—冷拔低碳钢丝；2—台镦；3—钢横梁；
4—电动卷扬张拉机

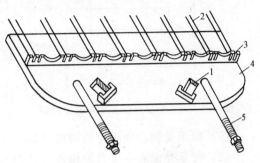

图 6.4.2.4-3 镦头梳筋板夹具
1—张拉钩槽口；2—钢丝；3—钢丝镦头；
4—活动梳筋板；5—锚固螺杆

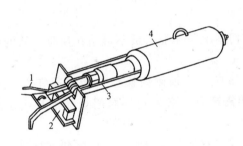

图 6.4.2.4-4 张拉钩
1—张拉钩；2—承力架；3—连接套筒；4—拉杆式千斤顶

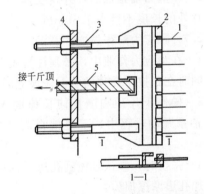

图 6.4.2.4-5 刻痕钢丝用的镦头梳筋板夹具
1—带镦头的钢丝；2—梳子板；3—固定螺杆；
4—U形垫板；5—张拉连接杆

6.4.2.5 张拉伸长值校核

1 预应力筋张拉伸长值的量测，应在建立初应力之后进行。其实际伸长值 ΔL 应等于：

$$\Delta l = \Delta l_1 + \Delta l_2 - A - B - C \quad (6.4.2.5)$$

式中 Δl_1——从初应力至最大张拉力之间的实测伸长值；
Δl_2——初应力以下的推算伸长值；
A——张拉过程中锚具楔紧引起的预应力筋内缩值；
B——千斤顶体内预应力筋的张拉伸长值；
C——施加应力时，后张法混凝土构件的弹性压缩值（其值微小时可略去不计）。

2 关于推算伸长值，初应力以下的推算伸长值 Δl_2，可根据弹性范围内张拉力与伸长值成正比的关系，用计算法或图解法确定。

当采用图解法时，图 6.4.2.5 以伸长值为横坐标，张拉力为纵坐标，将各级张拉力的

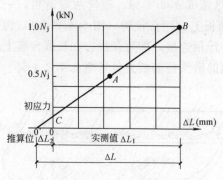

图 6.4.2.5 预应力筋实际伸长值图解

实测伸长值标在图上，绘成张拉力与伸长值关系线CAB，然后延长此线与横坐标交于0'点，则00'段即为推算伸长值。

6.4.2.6 预应力筋的放张

1 预应力筋张拉完毕放松时，应缓慢徐徐放松，以免油表、千斤顶受损，同时应做好标记，观察锚具有无活动，否则，应采取措施。

2 先张法预应力筋的放张顺序，应符合设计要求；当设计无专门要求时，应符合下列规定：

（1）对承受轴心预压力的构件（如压杆、桩等），所有预应力筋应同时放张；

（2）对承受偏心预压力的构件，应先同时放张预压力较小区域的预应力筋，再同时放张预压力较大区域的预应力筋；

（3）当不能按上述规定放张时，应分阶段、对称、相互交错地放张；

3 预应力筋锚固后，外露长度一般不宜小于15mm，无粘结预应力筋切断后露出锚具夹片外的长度不得小于30mm。

6.4.2.7 预应力筋张拉应注意的事项

1 在预应力作业中，必须注意安全。在任何情况下作业人员不得站在预应力筋的两端，同时在张拉千斤顶的后面应设立防护装置。

2 操作千斤顶和测量伸长值的人员，应站在千斤顶侧面操作，严格遵守操作规程。油泵开动过程中，不得擅自离开岗位。如需离开，必须把油阀门全部松开或切断电路。

3 张拉时，应认真做到孔道、锚环与千斤顶三对中，以便张拉工作顺利进行，并不致增加孔道摩擦损失。

4 采用锥锚式千斤顶张拉钢丝束时，先使千斤顶张拉缸进油，至压力表略有起动时暂停，检查每根钢丝的松紧并进行调整，然后再打紧楔块。

5 钢丝束镦头锚固体系在张拉过程中应随时拧上螺母，以保证安全。

6 工具锚的夹片，应注意保持清洁和良好的润滑状态。新的工具锚夹片第一次使用前，应在夹片背面涂上润滑脂，以后每使用5～10次，应将工具锚上的挡板连同夹片一同卸下，向锚板的锥形孔中重新涂上一层润滑剂，以防夹片在退楔时卡住。润滑剂可采用石墨、二硫化铝、石蜡或专用退锚灵等。

7 多根钢绞线束夹片锚固体系如遇到个别钢绞线滑移，可更换夹片，用小型千斤顶单根张拉。

8 在张拉过程中，如张拉机具发生油压表指针不回零、千斤顶严重漏油、张拉预应力筋连续断裂或实测预应力筋的伸长值与计算值相差过大等情况，应重新校验。

9 每根构件张拉完毕后，应应检查端部和其他部位是否有裂缝，并填写张拉记录表。

10 无粘结预应力筋梁板严禁随意打洞，防止碰伤无粘结预应力筋保护层。对于吊顶、通风、消防、设备等后续需在梁板上连接固定的工程，在混凝土浇筑前，宜在梁板中安放预埋件。为了防止打洞，破坏预应力筋的保护层，宜在无粘结预应力筋铺放后浇筑混凝土前做好预应力筋铺放位置标记。

6.4.3 成品保护

预应力筋张拉锚固后，及时地进行灌浆或封端，确保封闭严密，防止水气侵入而使锚具及预应力筋锈蚀。

6.4.4 安全、环保措施

1 张拉区应有明显标志，非工作人员禁止进入张拉区。

2 在任何情况下作业人员严禁站在预应力筋的两端，只能在张拉端两侧工作，同时在张拉千斤顶的后面应设立防护装置。

3 当两端对称张拉时，必须在专人统一指挥下同时进行，确保构件均衡受力。

4 油泵开动过程中，不得擅自离开岗位。如需离开，必须把油阀门全部松开或切断电路。

5 钢丝束镦头锚固体系在张拉过程中应随时拧上螺母，锚固时如遇钢丝束偏长或偏短，应增加螺母或用连接器解决。

6 张拉用的机具、工具应妥善存放，禁止乱抛乱扔，防止高空坠物伤人。

7 测量伸长值时，禁止用手抚摸千斤顶缸体。

8 在临时平台上作业时，平台应设安全护栏。

9 高压油管不准出现扭转或死弯，如发现有这种情况，应立即卸除油压进行处理。

10 张拉设备润滑情况良好；电源应装设漏电开关，不超负荷用电。

6.4.5 质量标准

Ⅰ 主控项目

6.4.5.1 预应力筋张拉或放张时，混凝土强度应符合设计要求；当设计无具体要求时，不应低于设计的混凝土立方体抗压强度标准值的75%。

检查数量：全数检查。

检验方法：检查同条件养护试件试验报告。

6.4.5.2 预应力筋的张拉力、张拉或放张顺序及张拉工艺应符合设计及施工技术方案的要求，并应符合下列规定：

1 当施工需要超张拉时，最大张拉应力不应大于现行国家标准《混凝土结构设计规范》GB 50010—2002 的规定；

2 张拉工艺应能保证同一束中各根预应力筋的应力均匀一致；

3 后张法施工时，当预应力筋是逐根或逐束张拉时，应保证各阶段不出现对结构不利的应力状态；同时宜考虑后批张拉预应力筋所产生的结构构件的弹性压缩对先批张拉预应力筋的影响，确定张拉力；

4 先张法预应力筋放张时，宜缓慢放松锚固装置，使各根预应力筋同是缓慢放松；

5 当采用应力控制方法张拉时，应校核预应力筋的伸长值。实际伸长值与设计计算理论伸长值的相对允许偏差为±6%。

检查数量：全数检查。

检验方法：检查张拉记录。

6.4.5.3 预应力筋张拉锚固后实际建立的预应力值与工程设计规定检验值的相对允许偏差为±5%。

检查数量：对先张法施工，每工作班抽查预应力筋总数的1%，且不少于3根；对后张法施工，在同一检验批内，抽查预应力筋总数的3%，且不少于5束。

检验方法：对先张法施工，检查预应力筋应力检验记录；对后张法施工，检查见证张拉记录。

6.4.5.4 张拉过程中应避免预应力筋断裂或滑脱；当发生断裂或滑脱时，必须符合下列规定：

1 对后张法预应力结构构件，断裂或滑脱的数量严禁超过同一截面预应力筋总根数的3%，且每束钢丝不得超过一根；对多跨双向连续板，其同一截面应按每跨计算；

2 对先张法预应力构件，在浇筑混凝土前发生断裂或滑脱的预应力筋必须予以更换。

检查数量：全数检查。

检验方法：观察，检查张拉记录。

Ⅱ 一般项目

6.4.5.5 锚固阶段张拉端预应力筋的内缩量应符合设计要求；当设计无具体要求时，应符合表6.4.5.5的规定。

检查数量：每工作班抽查预应力筋总数的3%，且不少于3束。

检验方法：钢尺检查。

表6.4.5.5 张拉端预应力筋的内缩量限值

锚具类别		内缩量限值(mm)
支承式锚具（镦头锚具）等	螺帽缝隙	1
	每块后加垫板的缝隙	1
锥塞式锚具		5
夹片式锚具	有顶压	5
	无顶压	6~8

6.4.5.6 先张法预应力筋张拉后与设计位置的偏差不得大于5mm，且不得大于构件截面短边边长的4%。

检查数量：每工作班抽查预应力筋总数的3%，且不少于3束。

检验方法：钢尺检查。

6.4.6 质量验收

1 验收检验批的划分按本标准第3.0.5条执行；

2 验收组织和程序按本标准第3.0.10条规定执行；

3 验收时应提供以下资料：

（1）张拉设备的配套校验记录；

（2）混凝土强度试验报告；

（3）预应力张拉施工方案等。

4 检验批验收记录按表6.4.6"预应力张拉、放张、灌浆及封锚检验批质量验收记录表"填写。

表 6.4.6 预应力张拉、放张、灌浆及封锚检验批质量验收记录表
GB 50204—2002

单位(子单位)工程名称						
分部(子分部)工程名称					验收部位	
施工单位			专业工长		项目经理	
分包单位			分包项目经理		施工班组长	
施工执行标准名称及编号						

		施工质量验收规范的规定		施工单位检查评定记录	监理(建设)单位验收记录
主控项目	1	张拉或放张时的混凝土强度	第 6.4.5.1		
	2	张拉力、张拉或放张顺序及张拉工艺	第 6.4.5.2		
	3	实际预应力值控制	第 6.4.5.3		
	4	预应力筋断裂或滑脱	第 6.4.5.4		
	5	孔道灌浆的一般要求	第 6.5.5.1		
	6	锚具的封闭保护	第 6.5.5.2		
一般项目	1	锚固阶段张拉端预应力筋的内缩值	第 6.4.5.5		
	2	先张法预应力筋张拉后位置	第 6.4.5.6		
	3	外露预应力筋的切断方法和外露长度	第 6.5.5.3		
	4	灌浆用水泥浆的水灰比和泌水率	第 6.5.5.4		
	5	灌浆用水泥浆的抗压强度	第 6.5.5.5		

	专业工长(施工员)		施工班组长	
施工单位检查评定结果				
	项目专业质量检查员：			年　月　日
监理(建设)单位验收结论				
	专业监理工程师(建设单位项目专业技术负责人)：			年　月　日

6.5 灌浆与封锚

6.5.1 施工准备

6.5.1.1 技术准备

1 确定灌浆顺序；
2 提出灌浆用材料及设备需用量计划；
3 确定水泥浆（水泥砂浆）或封锚用混凝土的配合比；
4 编制灌浆作业指导书。

6.5.1.2 材料准备

灌浆封锚常用材料有：水泥、砂、减水剂、膨胀剂及防腐油脂等。

6.5.1.3 主要机具

灌浆设备包括：砂浆搅拌机、灌浆泵、贮浆桶、过滤器、橡胶管和喷浆嘴等。常用电动灌浆泵技术性能见表6.5.1.3。

表6.5.1.3 电动灌浆泵技术性能

项 目	单位	UB3型	C-263型	C-251型	UBJ1.8型	UBJ3型	UBL3型
输送量	m³/h	3	3	1	1.8	3	3
垂直输送距离	m	40	30	20	30	30	90
水平输送距离	m	150	150	100	100	120	400
最大工作压力	MPa	1.5	1.5	1.0	1.5	2.0	2.5
电动机功率	kW	4.0	2.2	1.3	2.2/2.8	2.2/4	3.0
输浆管内径	mm	51	50	38	38	50	50
外形尺寸（长×宽×高）	mm	1033×474×940	1240×445×760	1240×445×760	1270×896×990	1570×814×832	1413×240×408
整机重量	kg	250	180	180	300	400	200
型式		隔膜式活塞泵	无隔膜式活塞泵		挤压泵		螺旋泵

6.5.1.4 作业条件

1 预应力筋张拉已完成，并检验；
2 灌浆与封锚工作已作技术交底和水泥浆或混凝土已做配合比试验。

6.5.2 施工工艺

6.5.2.1 工艺流程

施工准备→孔道清洗→水泥浆搅拌→水泥浆过滤→一次灌浆→封堵→二次灌浆→封堵

6.5.2.2 施工要点

1 预应力筋张拉后，孔道应尽快灌浆。用连接器连接的多跨连续预应力筋的孔道灌浆，应张拉完一跨随即灌筑一跨，不应在各跨全部张拉完毕后一次连续灌浆。
2 灌浆前应对锚具夹片空隙和其他可能产生的漏浆处采用水泥浆或结构胶封堵。
3 灌浆顺序应先下后上。
4 对孔隙大的孔道，可采用砂浆灌浆。

5 搅拌好的水泥浆必须通过过滤器置于贮浆桶内,并不断搅拌,以防泌水沉淀。

6 灌浆应缓慢均匀地进行,不得中断,并应排气通顺;在孔道两端冒出浓浆并封闭排气孔后,应再继续加压至 0.5~0.7N/mm²,稍后封闭灌浆孔。不掺外加剂的水泥浆,可采用二次灌浆法。封闭顺序沿灌注方向依次封闭。

7 二次灌浆时间要掌握恰当,一般在水泥浆泌水基本完成,初凝尚未开始时进行(夏季约 30~45min,冬期约 1~2h)。

8 室外温度低于+5℃时,孔道灌浆应采取抗冻保温措施,防止浆体冻涨使混凝土沿孔道产生裂纹。抗冻保温措施:采用早强型普通硅酸盐水泥,掺入一定量的防冻剂;水泥浆用温水拌和;灌浆后将构件保温,宜采用木模,待水泥浆强度上升后,再拆除模板。灌浆时水泥浆的温度宜为 10~25℃。

9 灌浆泵使用应注意下列事项:

(1) 使用前应检查球阀是否损坏或存有干灰浆等;
(2) 起动时应进行清水试车,检查各管道接头和泵体盘根是否漏水;
(3) 使用时应先开动灌浆泵,然后再放灰浆;
(4) 使用时应随时搅拌灰斗内灰浆,防止沉淀。

6.5.2.3 封锚施工

1 锚具的封闭保护应符合设计要求。预应力筋的外露锚具必须有严格的密封保护,应采取防止锚具受机械损伤或遭受腐蚀的有效措施。

2 无粘结预应力筋张拉完毕后,对镦头锚具,应先用油枪通过锚杯注油孔向连接套管内注入足量防腐油脂(以油脂从另一注油孔溢出为止),然后用防腐油脂将锚杯内充填密实,并用塑料或金属帽盖严(图 6.5.2.3a),再在锚具及承压板表面涂以防水涂料;对夹片锚具,可先切除外露无粘结预应力筋多余长度,然后在锚具及承压板表面涂以防水涂料(图 6.5.2.3b)。

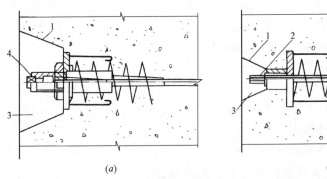 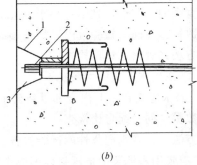

(a) (b)

图 6.5.2.3 锚具的保护

(a) 镦头锚具的保护;(b) 夹片锚具的保护

1—涂粘结剂;2—涂防水涂料;3—后浇混凝土;4—塑料或金属帽

3 按上述规定进行处理后的无粘结预应力筋锚固区,应后浇膨胀混凝土或低收缩防水砂浆或环氧砂浆密封。在浇筑砂浆前,宜在槽口内壁涂以环氧树脂类粘结剂。锚固区也可用后浇的外包钢筋混凝土圈梁进行封闭。

对不能使用混凝土或砂浆包裹层的部位,应对无粘结预应力筋的锚具全部涂以与无粘结预应力筋涂料层相同的防腐油脂,并用具有可靠防腐和防火性能的保护套将锚具全部密闭。

6.5.3 成品保护措施

封锚混凝土应采取措施保证其正常硬化,防止损坏。

6.5.4 安全、环保措施

1 灌浆嘴必须接上阀门(图6.5.4),以保安全和节省灰浆。橡胶管宜用带5~7层帆布夹层的厚胶管。灌浆时要避免漏浆污染环境。

2 灌浆人员应穿防护服、戴防护眼镜和手套。

3 灌浆完成后,泵和管道应清理干净,不得留有余灰。

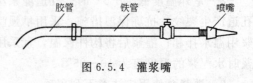

图6.5.4 灌浆嘴

6.5.5 质量标准

Ⅰ 主控项目

6.5.5.1 后张法有粘结预应力筋张拉后应尽早进行孔道灌浆,孔道内水泥浆应饱满、密实。

检查数量:全数检查。

检验方法:观察,检查灌浆记录。

6.5.5.2 锚具的封闭保护应符合设计要求;当设计无具体要求时,应符合下列规定:

1 应采取防止锚具腐蚀和遭受机械损伤的有效措施;

2 凸出式锚固端锚具的保护层厚度不应小于50mm;

3 外露预应力筋的保护层厚度:处于正常环境时,不应小于20mm;处于易受腐蚀的环境时,不应小于50mm。

检查数量:在同一检验批内,抽查预应力筋总数的5%,且不少于5处。

检验方法:观察,钢尺检查。

Ⅱ 一般项目

6.5.5.3 后张法预应力筋锚固后的外露部分宜采用机械方法切割,其外露长度不宜小于预应力筋直径的1.5倍,且不宜小于30mm。

检查数量:在同一检验批内,抽查预应力筋总数的3%,且不少于5束。

检验方法:观察,钢尺检查。

6.5.5.4 灌浆用水泥浆的水灰比不应大于0.45,搅拌后3h泌水率不宜大于2%,且不应大于3%。泌水应能在24h内全部重新被水泥浆吸收。

检查数量:同一配合比检查一次。

检验方法:检查水泥浆性能试验报告。

6.5.5.5 灌浆用水泥浆的抗压强度不应小于$30N/mm^2$。

检查数量:每工作班留置一组边长为70.7mm的立方体试件。

检验方法:检查水泥浆试件强度试验报告。

注:1 一组试件由6个试件组成,试件应标准养护28d;

2 抗压强度为一组试件的平均值,当一组试件中抗压强度最大值或最小值与平均值相差超过20%时,应取中间4个试件强度的平均值。

6.5.6 质量验收

按本标准第6.4.6条规定执行。

7 混凝土分项工程

7.1 一般规定

7.1.1 混凝土结构施工现场质量管理应有健全的质量管理体系、施工质量控制和质量检验制度。混凝土结构施工项目应有施工组织设计或施工技术方案［其中大体积混凝土施工方案要含降低水化热速度、测温方案的内容、冬雨期施工方案（冬施方案含热工计算书）、特种混凝施工方案等］，并经过审查批准。同时在施工前应进行详细的技术交底。

7.1.2 结构构件的混凝土强度应按现行国家标准《混凝土强度检验评定标准》GBJ 107—87 的规定，分批进行检验评定。当混凝土中掺用矿物掺合料时，确定混凝土强度时的龄期可按现行国家标准《粉煤灰混凝土应用技术规范》GBJ 146—90 等的规定取值。

7.1.3 检查混凝土质量应进行抗压强度试验。对有抗渗要求的混凝土，尚应进行抗渗性等试验。检验评定结构构件的混凝土强度应采用标准试件的混凝土强度，混凝土试件的尺寸及强度的尺寸换算系数应按表 7.1.3 取用；其标准成型方法、标准养护条件及强度试验方法应符合普通混凝土力学性能试验方法标准的规定。

表 7.1.3 混凝土试件的尺寸及强度的尺寸换算系数

骨料最大粒径(mm)	试件尺寸(mm)	强度的尺寸换算系数
≤31.5	100×100×100	0.95
≤40	150×150×150	1.00
≤63	200×200×200	1.05

注：对强度等级为 C60 及以上的混凝土试件，其强度的尺寸换算系数可通过试验确定。

7.1.4 确定结构构件的拆模、出池、出厂、吊装、张拉、放张及施工期间临时负荷时的混凝土强度，应采用与结构构件同条件养护的标准尺寸试件的混凝土强度。试件强度试验的方法应符合规定。

1 试件应采用钢模制作；

2 对采用蒸汽法养护的混凝土结构构件，其标准试件应先随同结构构件同条件蒸汽养护，再转入标准条件下养护共 28d；

3 用于检查结构构件混凝土质量的试件，应在混凝土的浇筑地点随机取样制作。结构混凝土的强度等级必须符合设计要求。每组三个试件应在同盘混凝土中取样制作，并按下列规定确定该组试件的混凝土强度代表值：

（1）取三个试件强度的平均值；

（2）当三个试件强度中的最大值或最小值之一与中间值之差超过中间值的 15% 时，取中间值；

（3）当三个试件强度中的最大值和最小值与中间值之差均超过中间值的15％时，该组试件不应作为强度评定的依据。

4 混凝土强度应分批进行验收。同一验收批的混凝土应由强度等级相同、生产工艺和配合比基本相同的混凝土组成，对现浇混凝土结构构件，尚应按单位工程的验收项目划分验收批。

7.1.5 当混凝土试件评定不合格时，可采用非破损或局部破损的检测方法，按国家现行有关标准的规定对结构构件中的混凝土强度进行推定，作为处理的依据。

7.1.6 混凝土的冬期施工应符合现行国家标准《建筑工程冬期施工规范》JGJ 104—97和施工技术方案的规定。

7.1.7 在已浇筑的混凝土强度未达到 $1.2N/mm^2$ 以前，不得在其上踩踏或安装模板及支架。

7.1.8 对影响混凝土结构性能的缺陷，必须会同设计等有关单位研究处理。

7.1.9 配置混凝土所用的原材料的性能指标必须符合现行国家有关标准的规定。

7.1.10 混凝土的强度等级、和易性、配合比等技术性能必须满足施工设计要求。其所用外加剂应符合环保要求。

7.1.11 混凝土工程施工前应对需进行隐蔽验收的项目组织验收，隐蔽验收各项记录和图示必须有监理单位（建设单位）、施工单位签字、盖章，并有结论性意见。

7.1.12 混凝土工程施工前应对钢筋工程、模板工程、各种预留预埋等进行技术复核，并填写技术复核记录。复核合格后进入下道工序。记录签字手续符合要求。

7.2 原材料、预拌混凝土

配制混凝土的原材料主要包括砂、石、水泥、水、外加剂及各种掺合料，原材料的质量是混凝土质量控制的重要组成部分。预拌混凝土拌合物作为混凝土工程施工过程中采购的半成品材料，应按现行国家标准《预拌混凝土》GB/T 14902—2003 要求进行质量把关。

以下原材料性能主要适用于普通混凝土，特种混凝土所用原材料见本标准"7.3 混凝土配合比设计"中的相关内容。

7.2.1 水泥

1 常用水泥为硅酸盐水泥、普通硅酸盐水泥（简称普通水泥）、矿渣硅酸盐水泥（简称矿渣水泥）和复合硅酸盐水泥（简称复合水泥）。配置混凝土所用的水泥必须符合《硅酸盐水泥、普通硅酸盐水泥》GB 175—1999、《矿渣硅酸盐水泥、火山灰质硅酸盐水泥及粉煤灰硅酸盐水泥》GB 1344—1999 和《复合硅酸盐水泥》GB 12958—1999 的标准要求，见本标准附录D.1条。当采用其他品种水泥时，应符合相应的标准要求。

2 水泥进场进行收料时，首先验证随货同行单，并逐车取样进行目测检查。目测检查的主要内容包括：水泥外观和细度。如果凭经验难以判断，可与标准样进行对比。如发现异常，应拒绝验收。工程所用水泥必须有出厂合格证，合格证中必须有3d、28d强度，各种技术性能指标符合要求，并应注明品种、强度等级及出厂时间。

3 以连续供应的散装不超过500t、袋装不超过200t的同一生产厂生产的相同品种、相同等级的水泥为一个验收批进行复试，水泥按国家标准《水泥取样方法》GB 12573—90取样。取样应有代表性，可连续取，亦可从20个以上不同部位取等量样品，总量至少12kg。每一验收批应有水泥出厂检验报告。如发现水泥质量不稳定，应增加复试频率。水泥复试项目包括：水泥胶砂强度和安定性，如合同有规定或需要时，增做其他项目的检验。复试报告应有明确结论。检测不合格的水泥应有处理结论。

7.2.2 骨料

国家现行行业标准《普通混凝土用砂质量标准及检验方法》JGJ 52—92 和《普通混凝土用碎石或卵石质量标准及检验方法》JGJ 53—92，其主要质量要求见本标准附录 E.1 条。当采用现行国家标准《建筑用砂》GB/T 14684—2001 和《建筑用卵石、碎石》GB/T 14685—2001 进行检验和验收时，应满足国家标准的相应规定，其主要质量要求见本标准附录 E.2 条。

1 砂、石进场收料时，应逐车进行目测检查，验收标准如下：

（1）砂目测验收标准：

1）砂质洁净，无污染；

2）中砂、水捞砂；

3）泥团少，每车料卸料后的堆积表面可见泥团不超过6块；

4）无草根，草皮；

5）逐车检查，集中验收。

（2）石子目测验收标准：

1）粒级为 5～25mm 连续粒级或其他指定粒级；

2）每车卸料后可见风化石不多于10颗；

3）石粉少，表面无石粉堆积；

4）逐车检查，集中验收。

（3）砂、石分别按《普通混凝土用砂质量标准及检验方法》JGJ 52—92、《普通混凝土用碎石或卵石质量标准及检验方法》JGJ 53—92规定取样，用大型工具（如火车、货船、汽车）运输的按每400m³或600t为一检验批；用小型工具（如马车等）运输的按每200m³或300t为一检验批，不足亦按一批计。砂每验收批至少应进行颗粒级配、含泥量和泥块含量的检验；碎石每验收批至少应进行颗粒级配、含泥量、泥块含量及针、片状颗粒含量的检验，对碎石每月应至少检验一次压碎指标和堆积密度。对重要工程或特殊工程，应根据工程要求增加检验项目。对其他指标的合格性有怀疑时，应予检验。

（4）使用新产源的石子时，应按质量要求进行全面检验。

7.2.3 粉煤灰

1 混凝土中掺用粉煤灰，其品质指标应符合现行国家标准《粉煤灰混凝土应用技术规范》GBJ 146—90规定的等级指标。其品质指标见表7.2.3。

2 Ⅰ级粉煤灰适用于钢筋混凝土和跨度小于6m的预应力混凝土；Ⅱ级适用于钢筋混凝土和无筋混凝土；Ⅲ级粉煤灰主要用于无筋混凝土。

3 基于粉煤灰主要作为一种掺和料，且粉煤灰质量稳定进料量又大，规定以连续供应的200t同一厂家、同一级别的粉煤灰为一验收批进行复试，不足200t按一批计，但应符合当地质检部门规定。

表 7.2.3 粉煤灰质量指标的分级（%）

序号	指标		粉煤灰级别		
			Ⅰ	Ⅱ	Ⅲ
1	细度（45μm方孔筛筛余）	≤	12	20	45
2	需水量比	≤	95	105	115
3	烧失量	≤	5	8	15
4	三氧化硫含量	≤	3	3	3

注：代替细集料或用于改善混凝土和易性的粉煤灰不受此规定限制。

4 粉煤灰按《用于水泥和混凝土中的粉煤灰》GB 1596—91规定取样。每一验收批的粉煤灰试样，应测定细度和烧失量。对同一供灰单位每月测定一次需水量比，每季度应测定一次三氧化硫含量。

7.2.4 外加剂

7.2.4.1 常用混凝土外加剂有减水剂、早强剂、缓凝剂等，其技术要求性能指标见本标准附录 D.2.2～D.2.7 条。

7.2.4.2 混凝土外加剂进场检验取样方法和数量，见应符合表 7.2.4.2 的规定。

表 7.2.4.2 混凝土外加剂取样方法与数量

名称	验收批组成	每批取样数量	取样方法及数量
普通减水剂 高效减水剂 早强减水剂 缓凝高效减水剂 缓凝减水剂 引气减水剂 早强剂 缓凝剂 引气剂	生产厂应根据产量和生产设备条件，将产品分批编号，掺量大于1%（含1%）同品种的外加剂每一编号为100t，掺量小于1%的外加剂，每一编号为50t，不足100t或50t的也按一个批量计，同一编号的产品必须混合均匀	每一编号取样量不少于0.2t水泥所需用的外加剂量	试样分点样和混合样。点样是在一次生产的产品所得试样，混合样是三个或更多的点样等量均匀混合而取得的试样。每一编号取得的试样应充分混匀，分为两等份，一份按标准规定项目进行试验，另一份密封保存半年，以备有疑问时提交国家指定的检验机关进行复验或仲裁
混凝土泵送剂	生产厂应根据产量和生产设备条件，将产品分批编号，年产不小于500t，每一批号为50t，年产500t以下，每一批号为30t，不足50t或30t的也按一个批量计，同一批号的产品必须混合均匀	每一批号取样量不少于0.2t水泥所需用的外加剂量	试样分点样和混合样。点样是在一次生产的产品所得试样，混合样是三个或更多的点样等量均匀混合而取得的试样。每一批号取得的试样应充分混匀，分为两等份，一份进行出厂检验，另一份密封保存至有效期结束，以备有疑问时提交国家指定的检验机关进行复验或仲裁
混凝土防冻剂	同一品种的防冻剂，每50t为一批，不足50t也为一批	每批取样不少于0.15t水泥所需用的防冻剂量（以其最大掺量计）	每一批取得样品应充分拌匀，分为二等份，一等份样品按标准规定项目进行试验，另一份封存半年，以备有疑问时提交国家指定的检验机构进行复验用
混凝土膨胀剂	每200t为一批，不足200t时也作为一批计	每批抽样总数不小于10kg	抽样应有代表性，可以连续抽取，也可从20个以上的不同部位取等量样品，充分混合均匀后分为二等份，一份由生产厂按表D.2.5-1中的物理性能检验项目进行出厂检验，一份从产品出厂之日起密封保存三个月，供作仲裁检验时用

续表 7.2.4.2

名 称	验收批组成	每批取样数量	取样方法及数量
喷射混凝土用速凝剂	每20t为一批,不足20t也作为一批	每一批应于16个不同点取样,每个点取样250g,共取4000g	将试样充分混合均匀,分为二等份,其中一份用作试验,另一份密封保存半年,以备有疑问时,交国家规定的检验机构进行复验或仲裁
砂浆混凝土防水剂	生产厂应根据产量和生产设备条件,将产品分批编号,年产不小于500t,每一批号为50t,年产500t以下,每一批号为30t,每批不足50t或30t的也按一个批量计	每一批号取样量不少于0.2t水泥所需用的外加剂量	试样分点样和混合样。点样是在一次生产的产品所得试样,混合样是三个或更多的点样等量均匀混合而取得的试样。每一批号取得的试样应充分混匀,分为两等份,一份按表D.2.7-1规定的项目进行检验,另一份密封保存至有效期结束,以备有疑问时提交国家指定的检验机关进行复验或仲裁

7.2.4.3 外加剂进场检验项目

外加剂进入工地或混凝土搅拌站,应按表7.2.4.3检验项目进行检验,符合要求方可入库、使用。

表 7.2.4.3 外加剂进场检验项目

外加剂品种	检 验 项 目
普通减水剂、高效减水剂	pH值、密度(或细度)、混凝土减水率
引气剂、引气减水剂	pH值、密度(或细度)、含气量、引气减水剂应增测减水率
缓凝剂、缓凝减水剂、缓凝高效减水剂	pH值、密度(或细度)、混凝土凝结时间、缓凝减水剂、缓凝高效减水剂应增测减水率
早强剂、早强减水剂	密度(或细度)、1d,3d抗压强度、对钢筋的锈蚀作用
防冻剂	密度(或细度)、R_{-7}、R_{+28}抗压强度比、钢筋锈蚀试验
膨胀剂	限制膨胀率
泵送剂	pH值、密度(或细度)、塌落度增加值、塌落度损失
防水剂	pH值、密度(或细度)、钢筋锈蚀
速凝剂	密度(或细度)、凝结时间、1d抗压强度

7.2.4.4 外加剂应符合环保要求,满足现行国家标准《混凝土外加剂中释放氨的限量》GB 18588—2001 的规定,即混凝土外加剂中释放氨的量≤0.10%。

7.2.5 水

拌制混凝土用水:饮用水、地表水、地下水和混凝土搅拌站设备的洗刷水。生活饮用水,可拌制各种混凝土;地表水和地下水首次使用前,应按照国家现行行业标准《混凝土拌合用水标准》JGJ 63—89规定进行检验,合格后方准使用;为促进现场文明生产,混凝土搅拌站设备的洗刷水,可作为混凝土拌合水中的一部分,但要注意洗刷水所含水泥和外加剂品种对所拌合混凝土的影响,且最终拌合水中氯化物、硫酸盐、硫化物的含量应满足表7.2.5规定。

7.2.6 原材料的其他要求

1 为防止发生破坏碱骨料反应,当结构处于潮湿环境且骨料有碱活性时,每立方米混凝土拌合物(包括外加剂)的含碱总量($Na_2O+0.658K_2O$)不应大于3kg,超过时应采取抑制措施。

表 7.2.5 物质含量限值

项 目	预应力混凝土	钢筋混凝土	素混凝土
pH 值	>4	>4	>4
不溶物(mg/L)	<2000	<2000	<5000
可溶物(mg/L)	<2000	<5000	<10000
氯化物(以 Cl^- 计)(mg/L)	<500注	<1200	<3500
硫酸盐(以 SO_4^{2-} 计)(mg/L)	<600	<2700	<2700
硫化物(以 S^{2-} 计)(mg/L)	<100	—	—

注：使用钢丝或热处理钢筋的预应力混凝土中氯化物含量不得超过 350mg/L。

2 为防止钢筋锈蚀，钢筋混凝土中的氯盐含量（以氯离子重量计）不得大于水泥重量的 0.2%；当结构处于潮湿或有腐蚀性离子的环境时，氯盐含量应小于水泥用量的 0.1%；对于预应力混凝土，氯盐含量应小于水泥重量的 0.06%。

3 混凝土各种原材料的运输、储存、保管和发放，均应有严格的管理制度，防止误装、互混和变质。

7.2.7 预拌混凝土

7.2.7.1 质量要求

混凝土进入施工现场应按规定进行检验和试验。

1 强度：预拌混凝土的强度应符合《混凝土强度检验评定标准》GBJ 107—87 的规定并按规定留置试块。

2 坍落度：在交货地点测得的混凝土坍落度与合同规定的坍落度之差，不应超过表 7.2.7.1 的允许偏差：

表 7.2.7.1 坍落度允许偏差

规定的坍落度(mm)	允许偏差(mm)
≤40	±10
50～90	±20
≥100	±30

混凝土拌合物的质量，每车应目测检查；混凝土坍落度检验的试样，每 $100m^3$ 相同配合比的混凝土检验不得少于一次，当一个工作班相同配合比的混凝土不足 $100m^3$ 时，其取样检验也不得少于一次。

3 含气量：含气量与合同规定值之差不应超过 ±1.5%，取样检验频率应按合同规定执行。

4 混凝土拌合物的含碱总量和氯化物总含量应符合本标准第 7.2.6 条规定。

5 其他。当工程对混凝土有其他性能要求时，应在合同中进行规定，并应按有关标准规定进行试验。其结果应符合合同规定。

7.2.7.2 检验要求

当判断混凝土质量是否符合要求时，强度、坍落度应以交货检验结果为依据；氯化物总含量可以出厂检验结果为依据；其他检验项目应按合同规定执行。

1 检验项目

普通混凝土应检验混凝土强度和坍落度，有特殊要求的混凝土除检验强度和坍落度外，还应按合同规定检验其他项目；对有含气量检验要求的混凝土，应检验其含气量。

2 取样

（1）用于交货检验的混凝土试样应在交货地点取样。

（2）交货检验混凝土试样的采取和坍落度的检测应在混凝土运送到交货地点后20min内完成；强度试件的制作应在40min内完成。

（3）每个试样应随机从一盘或一运输车中抽取；混凝土试样应在卸料过程中从卸料量的1/4至3/4之间采取，拌合均匀后成型混凝土试件。

（4）每个试样量应满足混凝土质量检验项目所需用量的1.5倍，且不宜少于$0.02m^3$。

3 混凝土强度检验的试样，其取样频率和组批条件应按下列规定进行：

（1）用于交货检验的试样，每$100m^3$相同配合比的混凝土取样不得少于一次；一个工作班拌制的相同配合比的混凝土不足$100m^3$时，取样亦不得少于一次。

注：当在一个分部工程中连续供应相同配合比的混凝土量大于$1000m^3$时，其交货检验的试样，每$200m^3$混凝土取样不得少于一次。

（2）混凝土试样的组批条件，应符合《混凝土强度检验评定标准》GBJ 107—87的规定。

（3）混凝土拌合物的质量，每车应目测检查；混凝土坍落度检验的试样，每$100m^3$相同配合比的混凝土取样检验不得少于一次，当一个工作班相同配合比的混凝土不足$100m^3$时，其取样检验也不得少于一次。

（4）混凝土拌合物的含气量、氯化物总含量和特殊要求项目的取样检验频率应按合同规定执行。

4 合格判断

（1）强度的试验结果满足《混凝土强度检验评定标准》GBJ 107—87的规定为合格。

（2）坍落度和含气量的试验结果分别符合本标准表7.2.7.1和第7.2.7.1条第3款的规定为合格；若不符合要求，则应立即用试样余下部分进行核对试验，若第二次试验的结果符合上述规定时，仍为合格。

（3）氯化物总含量的试验结果符合本标准第7.2.6条规定为合格。

（4）对强度不合格的混凝土，应按《混凝土强度检验评定标准》GBJ 107—87的有关规定进行处理。

（5）对坍落度、含气量及氯化物总含量不符合本标准要求的混凝土，应拒收和退货。

7.2.8 质量标准

I 主控项目

7.2.8.1 水泥进场时，应对其品种、级别、包装或散装仓号、出厂日期等进行检查，并应对其强度、安定性及其他必要的性能指标进行复验，其质量必须符合现行国家标准《硅酸盐水泥、普通硅酸盐水泥》**GB 175**等的规定。

当在使用中对水泥质量有怀疑或水泥出厂超过三个月（快硬硅酸盐水泥超过一个月）时，应进行复验，并按复验结果使用。

钢筋混凝土结构、预应力混凝土结构中，严禁使用含氯化物的水泥。

检查数量：按同一生产厂家、同一等级、同一品种、同一批号且连续进场的水泥，袋装不超过200t为一批，散装不超过500t为一批，每批抽样不少于一次。

检验方法：检查产品合格证、出厂检验报告和进场复验报告。

7.2.8.2 混凝土中掺用外加剂的质量及应用技术应符合现行国家标准《混凝土外加剂》GB 8076、《混凝土外加剂应用技术规范》GB 50119等和有关环境保护的规定。

预应力混凝土结构中，严禁使用含氯化物的外加剂。钢筋混凝土结构中，当使用含氯化物的外加剂时，混凝土中氯化物的总含量应符合现行国家标准《混凝土质量控制标准》GB 50164的规定。

检查数量：按进场的批次和产品的抽样检验方案确定。

检验方法：检查产品合格证、出厂检验报告和进场复验报告。

7.2.8.3 混凝土中氯化物和碱的总含量应符合现行国家标准《混凝土结构设计规范》GB 50010—2002和设计的要求。

检验方法：检查原材料试验报告和氯化物、碱的总含量计算书。

Ⅱ 一般项目

7.2.8.4 混凝土中掺用矿物掺合料的质量应符合现行国家标准《用于水泥和混凝土中的粉煤灰》GB 1596—91等的规定。矿物掺合料的掺量应通过试验确定。

检查数量：按进场的批次和产品的抽样检验方案确定。

检验方法：检查出厂合格证和进场复验报告。

7.2.8.5 普通混凝土所用的粗、细骨料的质量应符合现行国家标准《普通混凝土用碎石或卵石质量标准及检验方法》JGJ 53—92、《普通混凝土用砂质量标准及检验方法》JGJ 52—92的规定。

检查数量：按进场的批次和产品的抽样检验方案确定。

检验方法：检查进场复验报告。

注：1 混凝土用的粗骨料，其最大颗粒粒径不得超过构件截面最小尺寸的1/4，且不得超过钢筋最小净间距的3/4；

2 对混凝土实心板，骨料的最大粒径不宜超过板厚的1/3，且不得超过40mm。

7.2.8.6 拌制混凝土宜采用饮用水；当采用其他水源时，水质应符合现行国家标准《混凝土拌合用水标准》JGJ 63—89的规定。

检查数量：同一水源检查不应少于一次。

检验方法：检查水质试验报告。

7.2.9 质量验收

1 验收检验批的划分按本标准第3.0.5条执行；

2 验收组织和程序按本标准第3.0.10条规定执行；

3 验收时应提供以下资料：

(1) 混凝土原材料、外加剂、掺合料出厂合格证或试验报告；

(2) 混凝土原材料、外加剂、掺合料的复试报告；

(3) 混凝土配合比通知单。

4 检验批质量验收记录按本标准表7.3.7"混凝土原材料及配合比设计检验批质量

验收记录表"填写。

7.3 普通混凝土配合比设计

7.3.1 一般要求

混凝土配合比应根据原材料性能及对混凝土的技术要求进行计算并经试验室试配，调整后确定，同时应满足如下要求：

1 满足混凝土结构设计的强度要求；
2 满足混凝土结构设计的耐久性要求；
3 满足施工条件的流动性要求；
4 节约水泥和降低成本，达到经济合理。

7.3.2 配合比设计的步骤

1 确定混凝土的配制强度
(1) 混凝土配制强度应按下式计算：

$$f_{cu,0} \geqslant f_{cu,k} + 1.645\sigma \tag{7.3.2-1}$$

式中 $f_{cu,0}$ ——混凝土配制强度（MPa）；
$f_{cu,k}$ ——混凝土立方体抗压强度标准值（MPa）；
σ ——混凝土强度标准差（MPa）。

混凝土强度标准差宜根据同类混凝土统计资料计算确定，计算时强度试件组数不应少于 25 组。

当混凝土强度为 C20 和 C25 级，其强度标准差计算值小于 2.5MPa 时，取 $\sigma = 2.5$MPa；当混凝土强度等于或大于 C30 级，其强度标准差计算值小于 3.0MPa 时，计算配制强度用标准差应取不小于 3.0MPa；当无近期统计的混凝土强度标准差时，σ 值可参照表 7.3.2-1 选取。

表 7.3.2-1 混凝土强度标准差

混凝土强度等级	<C30	C30～C40	>C40
σ(MPa)	3.0	4.0	6.0

注：在采用本表时，施工单位可根据实际情况，对 σ 值作适当调整。

(2) 遇到下列情况时，应提高混凝土配制强度：
1) 现场条件与试验室条件有显著差异时；
2) C30 及其以上强度等级的混凝土，采用非数理统计方法评定时。

2 计算出相应的水灰比

混凝土强度等级小于 C60 级时，混凝土水灰比宜按下式计算：

$$W/C = \frac{\alpha_a \cdot f_{ce}}{f_{cu,0} + \alpha_a \cdot \alpha_b \cdot f_{ce}} \tag{7.3.2-2}$$

式中 α_a、α_b ——回归系数，其值应根据工程所使用的水泥、骨料，通过试验由建立的水灰比与混凝土强度关系式确定。如不具备上述试验统计资料时，其取值可按以下采用：

采用碎石时，$\alpha_a=0.46$，$\alpha_b=0.07$；
采用卵石时，$\alpha_a=0.48$，$\alpha_b=0.33$；

f_{ce}——水泥28d抗压强度实测值（MPa）；无水泥实际强度数据时，式中的值可按下式确定；也可根据3d强度或快测强度推定28d强度关系式推定得出。

$$f_{ce}=\gamma_c \cdot f_{ce,g} \tag{7.3.2-3}$$

式中 $f_{ce,g}$——水泥强度等级值（MPa）；
γ_c——水泥强度等级值的富余系数，可按实际统计资料确定。

3 选取每立方米混凝土的用水量，并计算出每立方米混凝土的水泥用量

干硬性和塑性混凝土的用水量，当水灰比在0.40～0.80范围时，根据粗骨料的品种、粒径及施工要求的混凝土拌合物稠度，其用水量可按表7.3.2-2、表7.3.2-3选取；

水灰比小于0.40的混凝土以及采用特殊成形工艺的混凝土用水量应通过试验确定。

表7.3.2-2 干硬性混凝土的用水量（kg/m³）

拌合物稠度		卵石最大粒径			碎石最大粒径		
项目	指标	10	20	40	16	20	40
维勃稠度(s)	16～20	175	160	145	180	170	155
	11～15	180	165	150	185	175	160
	5～10	185	170	155	190	180	165

表7.3.2-3 塑性混凝土的用水量（kg/m³）

拌合物稠度		卵石最大粒径(mm)				碎石最大粒径(mm)			
项目	指标	10	20	31.5	40	16	20	31.5	40
坍落度(mm)	10～30	190	170	160	150	200	185	175	165
	35～50	200	180	170	160	210	195	185	175
	55～70	210	190	180	170	220	205	195	185
	75～90	215	195	185	175	230	215	205	195

注：1 本表用水量系采用中砂时的平均取值。采用细砂时，每立方米的混凝土用水量可增加5～10kg，采用粗砂时，则可减少5～10kg；
2 掺用各种外加剂或掺合料时，用水量应相应调整。

流动性和大流动性混凝土的用水量宜按下列步骤计算：

（1）以表7.3.2-3中坍落度为90mm的用水量为基础，按坍落度每增大20mm用水量增加5kg，计算出未掺外加剂时的混凝土的用水量；

（2）掺外加剂时的混凝土用水量可按下式计算：

$$m_{wa}=m_{w0}(1-\beta) \tag{7.3.2-4}$$

式中 m_{wa}——掺外加剂混凝土每立方米混凝土用水量（kg）；
m_{w0}——未掺外加剂混凝土每立方米混凝土用水量（kg）；
β——外加剂的减水率（%）。

参照表7.3.2-3选定每立方米混凝土的用水量（m_{w0}），并按下式计算出每立方米混凝土的水泥用量m_{c0}：

$$m_{c0}=\frac{m_{w0}}{W/C} \quad (7.3.2-5)$$

4 确定混凝土的砂率

混凝土的砂率可参考以往的历史资料确定；当无历史资料可参考时，混凝土砂率的确定应符合下列规定：

（1）坍落度为10～60mm的混凝土砂率，可根据粗骨料品种、粒径及水灰比按表7.3.2-4选取。

表7.3.2-4 混凝土的砂率（%）

水灰比(W/C)	卵石最大粒径(mm)			碎石最大粒径(mm)		
	10	20	40	16	20	40
0.40	26～32	25～31	24～30	30～35	29～34	27～32
0.50	30～35	29～34	28～33	33～38	32～37	30～35
0.60	33～38	32～37	31～36	36～41	35～40	33～38
0.70	36～41	35～40	34～39	39～44	38～43	36～41

注：1 本表数值系中砂的选用砂率，对细砂或粗砂，可相应地减少或增大砂率；
　　2 只用一个单粒级粗骨料配制混凝土时，砂率应适当增大；
　　3 对薄壁构件，砂率取偏大值；
　　4 本表中的砂率系指砂与骨料总量的重量比。

（2）坍落度大于60mm的混凝土砂率，可根据试验确定，也可在表7.3.2-4的基础上，按坍落度每增大20mm，砂率增大1%的幅度予以调整。

（3）坍落度小于10mm的混凝土，其砂率应经试验确定。

5 确定粗、细骨料的用量

粗骨料和细骨料的确定，应符合下列规定：

（1）当采用重量法时，应按下式计算：

$$m_{c0}+m_{g0}+m_{s0}+m_{w0}=m_{cp} \quad (7.3.2-6)$$

$$\beta_s=\frac{m_{s0}}{m_{g0}+m_{s0}}\times 100\% \quad (7.3.2-7)$$

式中　m_{c0}——每立方米混凝土的水泥用量（kg/m³）；
　　　m_{g0}——每立方米混凝土的粗骨料用量（kg/m³）；
　　　m_{s0}——每立方米混凝土的细骨料用量（kg/m³）；
　　　m_{w0}——每立方米混凝土的用水量（kg/m³）；
　　　β_s——砂率（%）；
　　　m_{cp}——每立方米混凝土拌合物的假定重量（kg/m³）；其值可取2350～2450kg/m³。

（2）当采用体积法时，应按下式计算：

$$\frac{m_{c0}}{\rho_c}+\frac{m_{g0}}{\rho_g}+\frac{m_{s0}}{\rho_s}+\frac{m_{w0}}{\rho_w}+0.01\alpha=1 \quad (7.3.2-8)$$

$$\beta_s = \frac{m_{s0}}{m_{g0}+m_{s0}} \times 100\% \tag{7.3.2-9}$$

式中　ρ_c——水泥密度（kg/m³），可取 2900～3100kg/m³；

　　　ρ_g——粗骨料的表观密度（kg/m³）；

　　　ρ_s——细骨料的表观密度（kg/m³）；

　　　ρ_w——水的密度（kg/m³），可取 1000kg/m³；

　　　α——混凝土的含气量百分数，在不使用引气型外加剂时，可取 $\alpha=1$。

7.3.3 混凝土配合比的试配、调整与确定

1 混凝土试配时应采用工程中实际使用的原材料。混凝土的搅拌方法，应与生产时使用的方法相同。

2 混凝土试配时，每盘混凝土的最小搅拌量应符合表 7.3.3 的规定。

表 7.3.3　混凝土试配用最小搅拌量

骨料最大粒径(mm)	拌合物数量(L)	骨料最大粒径(mm)	拌合物数量(L)
31.5 及以下	15	40	25

3 首先按计算的配合比进行试拌，以检查拌合物的性能。当试拌得出的拌和物的坍落度或维勃稠度不能满足要求，或黏聚性和保水性不好时，应在保证水灰比不变的条件下相应调整用水量或砂率，直到符合要求为止。然后提出供混凝土强度试验用的基准配合比。

4 混凝土强度试验时应至少采用三个不同的配合比，其中一个应是按以上计算得出的配合比为基准配合比，另外两个配合比的水灰比，宜较基准配合比分别增加或减少 0.05，其用水量与基准配合比相同，砂率可分别增加或减少 1%。

当不同水灰比的混凝土拌合物坍落度与要求值的差超过允许偏差时，可通过增、减用水量进行调整。

5 制作混凝土强度试件时，应检验混凝土的坍落度或维勃稠度、黏聚性、保水性及拌合物表观密度，并以此结果作为代表相应配合比的混凝土拌合物的性能。

6 混凝土强度试验时，每种配合比应至少制作一组（三块）试块，并应以标准养护到 28d 时试压。

需要时可同时制作几组试件，供快速检验或较早龄期试压，以便提前写出混凝土配合比供施工使用。但应以标准养护 28d 强度或按现行国家标准《粉煤灰混凝土应用技术规程》GBJ 146—90、现行行业标准《粉煤灰在混凝土和砂浆中应用技术规程》JGJ 28 等规定的龄期强度的检验结果为依据调整配合比。

7 配合比的调整与确定：

（1）由试验得出的各水灰比及其对应的混凝土强度关系，用作图法或计算法求出与混凝土配制强度（$f_{cu,0}$）相对应的灰水比，并应按下列原则确定每立方米混凝土的材料用量：

1）用水量（m_w）应在基准配合比中用水量的基础上，根据制作强度试件时测得的坍落度或维勃稠度，进行调整确定；

2）水泥用量（m_c）应以用水量乘以选定出的灰水比计算确定；

3) 粗骨料和细骨料用量（m_g 和 m_s）应在基准配合比的粗骨料和细骨料用量的基础上，按选定的灰水比进行调整确定。

(2) 当配合比经试配确定后，应进行校正。当混凝土表观密度实测值与计算值之差的绝对值不超过计算值的 2% 时，已确定的配合比不作校正；当二者之差超过 2% 时，应将配合比中每项材料用量均乘以校正系数 δ 值，即为确定的混凝土设计配合比。

(3) 应按下式计算混凝土的表观密度计算值：

$$\rho_{c,c} = m_c + m_g + m_s + m_w \tag{7.3.3-1}$$

(4) 应按下式计算混凝土比校正系数：

$$\delta = \frac{\rho_{c,t}}{\rho_{c,c}} \tag{7.3.3-2}$$

式中 $\rho_{c,t}$——混凝土表观密度实测值（kg/m^3）；
$\rho_{c,c}$——混凝土表观密度计算值（kg/m^3）。

7.3.4 施工配合比调整

1 在施工现场，取一定重量的有代表性的湿砂、湿石（石子干燥时可不测），测其含水率，则施工配合比中，每方混凝土的材料用量如下：

(1) 湿砂重为：理论配合比中的干砂重×(1+砂子含水率)；
(2) 湿石子重为：理论配合比中的干石子重×(1+石子含水率)；
(3) 水重为：理论配合比中的水重－干砂×砂含水率－干石重×石子含水率；
(4) 水泥、掺合料（粉煤灰、膨胀剂）、外加剂重量同于理论配合比中的重量。

2 结合现场混凝土搅拌机的容量，计算出每盘混凝土用材料用量，供施工时执行。

7.3.5 有特殊要求的混凝土配合比

7.3.5.1 抗渗混凝土

1 抗渗混凝土所用原材料应符合下列规定：

(1) 粗骨料宜采用连续级配，其最大粒径不宜大于 40mm，含泥量不得大于 1.0%，泥块含量不得大于 0.5%；
(2) 细骨料的含泥量不得大于 3.0%，泥块含量不得大于 1.0%；
(3) 外加剂宜采用防水剂、膨胀剂、引气剂、减水剂或引气减水剂；
(4) 抗渗混凝土宜掺用矿物掺合料。

2 抗渗混凝土配合比的计算方法和试配步骤除应遵守本标准 7.3.2、7.3.3 的规定外，尚应符合下列规定：

(1) 每方混凝土中的水泥和矿物掺合料总量不宜小于 320kg；
(2) 砂率宜为 35%～45%；
(3) 供试配用的最大水灰比应符合表 7.3.5.1 的规定：

表 7.3.5.1 抗渗混凝土最大水灰比

抗渗等级	最大水灰比	
	C20～C30 混凝土	C30 以上混凝土
P6	0.60	0.55
P8～P12	0.55	0.50
P12 以上	0.50	0.45

3 掺用引气剂的抗渗混凝土，其含气量宜控制在3%～5%。
4 进行抗渗混凝土配合比设计时，尚应增加抗渗性能试验；并应符合下列规定：
(1) 试配要求的抗渗水压值应比设计值提高0.2MPa。
(2) 试配时，宜采用水灰比最大的配合比作抗渗试验，其试验结果应符合下式要求：

$$P_t \geqslant \frac{P}{10} + 0.2 \qquad (7.3.5\text{-}1)$$

式中 P_t——6个试件中4个未出现渗水时的最大水压值（MPa）；
　　P——设计要求的抗渗等级值。
(3) 掺引气剂的混凝土还应进行含气量试验，试验结果应满足3%～5%的规定。

7.3.5.2 高强混凝土

1 配制高强混凝土所用原材料应符合下列规定：
(1) 应选用质量稳定、强度等级不低于42.5级的硅酸盐水泥或普通硅酸盐水泥；
(2) 对强度等级为C60级的混凝土，其粗骨料的最大粒径不应大于31.5mm；对强度等级高于C60级的混凝土，其粗骨料的最大粒径不应大于25mm；针片状颗粒含量不宜大于5.0%，含泥量不应大于0.5%，泥块含量不宜大于0.2%；其他质量指标应符合现行行业标准《普通混凝土用碎石或卵石质量标准及检验方法》JGJ 53—92的规定；
(3) 细骨料的细度模数宜大于2.6，含泥量不应大于2.0%，泥块含量不应大于0.5%。其他质量指标应符合现行行业标准《普通混凝土用砂质量标准及检验方法》JGJ 52—92的规定；
(4) 应掺用高效减水剂或缓凝高效减水剂；
(5) 应掺用活性较好的矿物掺合料，可选用粉煤灰、磨细矿渣、磨细天然沸石粉和硅粉等，且宜复合使用矿物掺合料。

1) 粉煤灰

一般应选用Ⅰ级灰。对强度等级较低的高强混凝土，通过试验也可选用Ⅱ级灰。粉煤灰的性能宜符合下表7.3.5.2的要求，应尽可能选用需水量比小且烧失量低的粉煤灰：

表7.3.5.2 粉煤灰的主要性能

混凝土强度等级	含水量	需水量比	烧失量	三氧化硫	细度（45μm方孔筛余）
C50～C60	≤1%	≤100%	≤3%	≤3%	≤15%
C70	≤1%	≤95%	≤2%	≤3%	≤12%
C80	≤1%	≤90%	≤1%	≤3%	≤10%

2) 磨细矿渣

比表面积宜大于4000cm²/g；
需水量比宜不大于105%；
烧失量宜不大于5%。

3) 磨细天然沸石粉

应选用斜发沸石或丝光沸石，不宜选用方沸石、十字沸石及菱沸石。磨细天然沸石粉应符合下列质量要求：

铵离子净交换量不小于110meq/100g（斜发沸石）或120meq/100g（丝光沸石）；

细度0.08mm方孔筛余不大于10%；

抗压强度比不大于90%。

4）硅粉

二氧化硅含量不小于85%；

比表面积（BET-N_2吸收法）不小于180000cm^2/g；

密度约2200kg/m^3；

平均粒径0.1～0.2μm。

2 高强混凝土配合比的计算方法和步骤除应按本标准第7.3.2条规定进行外，尚应符合下列规定：

（1）基准配合比中的水灰比，可根据现有试验资料选取。

（2）配制高强混凝土所用砂率及所采用的外加剂和矿物掺合料的品种、掺量，应通过试验确定。

（3）计算高强混凝土配合比时，其用水量可参照表7.3.2-2确定。

（4）高强混凝土的水泥用量不应大于550kg/m^3；水泥和矿物掺合料的总量不应大于600kg/m^3。

1）高强混凝土配合比的试配与确定的步骤应按本标准第7.3.3条的规定进行。当采用三个不同的配合比进行混凝土强度试验时，其中一个应为基准配合比，另外两个配合比的水灰比，宜较基准配合比分别增加和减少0.02～0.03。

2）高强混凝土设计配合比确定后，尚应用该配合比进行不少于6次的重复试验进行验证，其平均值不应低于配制强度。

3）应尽可能采用150mm的标准立方体留置混凝土试块，以减少尺寸偏差引起的强度差异。当混凝土强度等级≥C60时，采用非标准试件时，其尺寸换算系数应由试验确定。

7.3.5.3 泵送混凝土

1 泵送混凝土所采用的原材料应符合下列规定：

（1）应选用硅酸盐水泥、普通硅酸盐水泥、矿渣硅酸盐水泥和粉煤灰硅酸盐水泥，不宜采用火山灰质硅酸盐水泥。

（2）粗骨料宜采用连续级配，其针片状颗粒含量不宜大于10%，粗骨料的最大粒径与输送管径之比宜符合表7.3.5.3的规定。

表7.3.5.3 粗骨料的最大粒径与输送管径之比

石子品种	泵送高度(m)	粗骨料最大粒径与输送管径比
碎石	<50	≤1:3.0
	50～100	≤1:4.0
	>100	≤1:5.0
卵石	<50	≤1:2.5
	50～100	≤1:3.0
	>100	≤1:4.0

(3) 宜采用中砂，其通过0.315mm筛孔的颗粒含量不应少于15%；

(4) 应掺用泵送剂或减水剂，并宜掺用粉煤灰或其他活性矿物掺合料，其质量应符合国家现行有关标准的规定。

2 泵送混凝土试配时要求的坍落度值应按下式计算：

$$T_t = T_p + \Delta T \tag{7.3.5-2}$$

式中 T_t——试配时要求的坍落度值；

T_p——入泵时要求的坍落度值；

ΔT——试验测得在预计时间内的坍落度经时损失值。

3 配合比的计算和试配步骤除应按本标准第7.3.2条、第7.3.3条规定进行外，尚应符合下列规定：

(1) 用水量与水泥和矿物掺合料的总量之比不宜大于0.60；

(2) 水泥和矿物掺合料的总量不宜小于300kg/m³；

(3) 砂率宜为35%～45%；

(4) 掺用引气性外加剂时，其混凝土含气量不宜大于4%。

7.3.5.4 大体积混凝土

1 大体积混凝土所用的原材料应符合下列规定：

(1) 水泥应选用水化热低和凝结时间长的水泥，如低热矿渣硅酸盐水泥、中热硅酸盐水泥、矿渣硅酸盐水泥、粉煤灰硅酸盐水泥、火山灰质硅酸盐水泥等；当采用硅酸盐水泥或普通硅酸盐水泥时，应采取相应措施延缓水化热的释放；

(2) 粗骨料宜采用连续级配，细骨料宜采用中砂；

(3) 混凝土应掺用缓凝剂、减水剂和减少水泥水化热的掺合料。

2 在保证混凝土强度及坍落度要求的前提下，应提高掺合料及骨料的含量，以降低每方混凝土的水泥用量。

3 配合比的计算和试配步骤应按本标准第7.3.2条、第7.3.3条的规定进行，并宜在配合比确定后进行水化热的验算或测定。

7.3.6 质量标准

Ⅰ 主控项目

7.3.6.1 混凝土应按现行国家标准《普通混凝土配合比设计规程》JGJ 55—2000的有关规定，根据混凝土强度等级、耐久性和工作性等要求进行配合比设计。

对有特殊要求的混凝土，其配合比设计尚应符合国家现行有关标准的专门规定。

检验方法：检查配合比设计资料。

Ⅱ 一般项目

7.3.6.2 首次使用的混凝土配合比应进行开盘鉴定，其工作性应满足设计配合比的要求。开始生产时，应至少留置一组标准养护试件，作为验证配合比的依据。

检验方法：检查开盘鉴定资料和试件强度试验报告。

7.3.6.3 混凝土拌制前，应测定砂、石含水率并根据测试结果调整材料用量，提出施工配合比。

检查数量：每工作班检查一次。

检验方法：检查含水率测试结果和施工配合比通知单。

7.3.7 质量验收

混凝土原材料及配合比设计检验批质量验收记录见表 7.3.7 "混凝土原材料及配合比设计检验批质量验收记录表"。

表 7.3.7 混凝土原材料及配合比设计检验批质量验收记录表
GB 50204—2002

单位(子单位)工程名称				
分部(子分部)工程名称			验收部位	
施工单位			项目经理	
施工执行标准名称及编号				
		施工质量验收规范的规定	施工单位检查评定记录	监理(建设)单位验收记录
主控项目	1 水泥进场检验	第 7.2.8.1 条		
	2 外加剂质量及应用	第 7.2.8.2 条		
	3 混凝土中氯化物、碱的总含量控制	第 7.2.8.3 条		
	4 配合比设计	第 7.3.6.1 条		
一般项目	1 矿物掺合料质量及掺量	第 7.2.8.4 条		
	2 粗细骨料的质量	第 7.2.8.5 条		
	3 拌制混凝土用水	第 7.2.8.6 条		
	4 开盘鉴定	第 7.3.6.2 条		
	5 依砂石含水率调整配合比	第 7.3.6.3 条		
施工单位检查评定结果	专业工长(施工员)		施工班组长	
	项目专业质量检查员： 年 月 日			
监理(建设)单位验收结论	专业监理工程师(建设单位项目专业技术负责人)： 年 月 日			

7.4 混凝土施工

7.4.1 施工准备

1 技术准备

(1) 施工前进行图纸会审,并进行详细记录。在施工前,已编制详细的施工组织设计或施工方案并已审批。

(2) 对施工班组进行详细的技术交底,交底时根据工程实际并结合具体操作部位,阐明技术规范和标准的规定,明确对关键部位的质量要求、操作要点及注意事项,其中应包括:操作技术标准,施工工艺;原材料质量标准及验收规定;施工质量对工程进度的影响与关系,以及质量标准和工程验收的规定;安全及环保措施等。

(3) 现场搅拌混凝土应委托具有试验资质的试验室提供混凝土配合比,并根据现场材料的含水率调整混凝土施工配合比;使用预拌混凝土时,应向生产厂家提出所用混凝土的技术要求。

(4) 施工前,做好试块的留置计划和制作准备工作。

(5) 混凝土施工时,应有开盘鉴定和混凝土浇筑申请书。

2 材料准备

(1) 现场搅拌时,应根据设计要求和混凝土配合比试配所确定的原材料备料。

(2) 采用预拌混凝土时,应提出混凝土拌合物需求量计划。

3 主要机具设备准备

(1) 机械设备

混凝土搅拌、上料设备:混凝土搅拌机、拉铲、抓斗、皮带输送机、推土机、装载机、振动筛和水泵等。

运输设备:自卸翻斗车、机动翻斗车、手推车、提升机、卷扬机、塔式起重机或混凝土搅拌运输车、混凝土输送泵和布料机、客货两用电梯或龙门架(提升架)等。

混凝土振捣设备:插入式振动器或平板振动器。

(2) 主要工具

计量衡、水箱、胶皮管、串筒、溜槽、混凝土吊斗、贮料斗、大小平锹、铁板、铁锹、抹子、活扳手、电工常规工具、机械常规工具、对讲机等。

(3) 主要试验检测工具

混凝土坍落度筒、混凝土标准试模、靠尺、塞尺、水准仪、经纬仪、混凝土结构实体检验工具等。

4 作业条件

(1) 拟浇筑混凝土层、段的模板、钢筋、预埋件及管线等全部安装完毕,经验收符合设计要求,钢筋、预埋件及预留洞口已经作好隐蔽验收,标高、轴线、模板等已进行技术复核,并有完备的签字手续。

(2) 检查并清理模板内残留杂物,用水冲净。浇筑混凝土用的架子及马道已支撑完毕,并经检查合格。柱子模板的扫除口在清除杂物及积水后封闭完毕。

(3) 水泥、砂、石及外加剂等经检查符合有关标准要求,已下达混凝土施工配合比通知单。

（4）混凝土搅拌机、振捣器等机具经检查、维修和试运转。计量器具已定期校核。

（5）工长根据施工方案对操作班组已进行全面施工技术交底，混凝土浇筑申请书已被批准。

（6）电源、线路已经检查，做好夜间施工照明的准备。

（7）冬期施工的混凝土应做好测温准备工作。

7.4.2 施工工艺

7.4.2.1 工艺流程

混凝土搅拌→混凝土运输→混凝土浇筑→混凝土振捣→混凝土养护→混凝土表面缺陷的检查与修整

7.4.2.2 混凝土搅拌要点

1 混凝土搅拌可分为现场搅拌和场外预拌（预拌混凝土见本标准第 7.2 节）。现场混凝土搅拌所用机械一般为自落式和强制式两大类。混凝土搅拌机停放的场所应平坦坚硬，并有良好的排水条件。其场地要求还应符合建筑安全管理规定及国标 GB/T 24001—1996 idt ISO 14001—1996 和企业程序文件的有关规定（包括沉淀池、污水排放、扬尘、施工噪音控制等）。

2 搅拌要求：搅拌混凝土前使搅拌机加水空转数分钟，将积水倒净，使搅拌筒充分润湿。搅拌第一盘时考虑粘在搅拌机筒壁和叶片上的砂浆损失，石子用量应按配合比规定减半。每盘搅拌好的混凝土要卸净后再投入拌合料，搅拌下一盘混凝土，不得采取边出料边进料的方法进行搅拌。严格控制水灰比和坍落度，未经试验人员同意不得随意加减用水量。

3 配合比控制：混凝土搅拌前，应将施工用混凝土配合比进行挂牌明示，并对混凝土搅拌施工人员进行详细技术交底。

混凝土原材料每盘称量的偏差应符合表 7.4.2.2-1 的规定，并于每工作班对原材料的计量情况进行不少于一次的复称。

表 7.4.2.2-1 原材料每盘称量的允许偏差

材 料 名 称	允 许 偏 差	材 料 名 称	允 许 偏 差
水泥、掺合料	±2%	水、外加剂	±2%
粗、细骨料	±3%		

注：1 各种衡器应定期校验，每次使用前应进行零点校核，保持计量准确；
  2 当遇雨天或含水率有显著变化时，应增加含水率检测次数，并及时调整水和骨料的用量。

4 搅拌

（1）每台班开始前，对搅拌机及上料设备进行检查并试运转；对所用计量器具进行检查并校对施工配合比；对所用原材料的规格、品种、产地、牌号及质量进行检查，并与施工配合比进行核对；对砂、石的含水率进行检查，如有变化，及时通知试验人员调整用水量。一切检查符合要求后，方可开盘拌制混凝土。

（2）混凝土搅拌时的装料顺序是石子→水泥→砂。

在每次开始搅拌之后或开始按新的配合比拌制或原材料有变化时，应对开拌后的第二三罐混凝土拌合物做开盘鉴定：记录搅拌时间（从原材料全部投入搅拌机筒开始到混凝土拌合物开始卸出为止的时间）；观察拌合物的颜色是否一致，搅拌是否均匀；和易性和坍落度是否符合要求等。若经鉴定其工作性能符合要求，则继续搅拌；若不符合要求，则立即进行调整，直到符合要求为止。

（3）混凝土拌合物的搅拌时间，随搅拌机的类型及混凝土的组成材料不同而异，在生产中应根据混凝土拌合物要求的均匀性、所使用搅拌类型、混凝土的强度增长效果及生产效率多种因素，规定合适的搅拌时间，但混凝土搅拌最短时间应符合表7.4.2.2-2的规定：

表7.4.2.2-2 混凝土搅拌最短时间（s）

混凝土坍落度（mm）	搅拌机类型	搅拌机容积(L)		
		小于250	250~500	大于500
小于及等于30	自落式	90	120	150
	强制式	60	90	120
大于30	自落式	90	90	120
	强制式	60	60	90
注：掺有外加剂时，搅拌时间应适当延长。				

在拌合掺有掺合料（如粉煤灰等）的混凝土时，宜先以部分水、水泥及掺合料在机内拌合后，再加入砂、石及剩余水，并适当延长搅拌时间。

（4）使用外加剂时，应注意检查核对外加剂品名、生产厂家、牌号等。当采用粉状外加剂时，预先按每罐用量做成小包装；当用液体外加剂时，应经常检查外加剂的浓度，并应经常搅拌，使其浓度均匀一致，防止沉淀，使用带刻度的量筒添加。

7.4.2.3 混凝土运输施工要点

1 混凝土运输到浇筑地点，应符合混凝土浇筑时规定的坍落度。在混凝土运输中应控制混凝土运至浇筑地点后，不离析、不分层、组成成分不发生变化，并保证混凝土施工所需要的工作性能。运送混凝土的容器和管道，要不吸水、不漏浆，并保证卸料及输送通畅。容器和管道在冬、夏季都要有保温或隔热措施。

2 混凝土应以最少的转运次数和最短时间，从搅拌地点运到浇筑地点。采用搅拌车运输时，混凝土从搅拌机中卸出到浇筑完毕的延续时间不宜超过表7.4.2.3-1的规定。

表7.4.2.3-1 混凝土从搅拌机中卸出到浇筑完毕的延续时间（min）

混凝土强度等级	气温(℃)	
	不高于25℃	高于25℃
不高于C30	120	90
高于C30	90	60
注：对掺加外加剂或快硬水泥拌制的混凝土，其延续时间应按试验确定。		

3 当采用机动翻斗车运输时，场内道路应平坦，临时坡道和支架应牢固，接头须平顺，以减少混凝土在运输过程中因振荡、颠簸造成分层离析或遗撒。

4 混凝土泵送：

（1）泵送混凝土宜采用商品混凝土。不得采用人工拌制的混凝土进行泵送。泵送混凝土宜用混凝土搅拌运输车运送。

(2) 当混凝土泵送连续作业时,每台混凝土泵所需配备的混凝土搅拌运输车台数,可按下式计算:

$$N_1 = Q_1/60S_0 \times (60L_1/v_1 + T_1) \quad (7.4.2.3-1)$$

式中 N_1 ——混凝土搅拌运输车台数(台);
Q_1 ——每台混凝土泵的实际平均输出量(m³/h);
S_0 ——每台混凝土搅拌运输车容量(m³);
v_1 ——混凝土搅拌运输车平均行车速度(km/h);
L_1 ——混凝土搅拌运输车往返距离(km);
T_1 ——每台混凝土搅拌运输车总计停歇时间(min)。

(3) 混凝土泵的平均输出量,可根据混凝土泵的最大输出量、配管情况和作业效率,按下式计算:

$$Q_1 = Q_{max} \times \alpha_1 \times \eta \quad (7.4.2.3-2)$$

Q_1 ——每台混凝土泵的平均输出量(m³/h);
Q_{max} ——每台混凝土泵的实际平均最大输出量(m³/h);
α_1 ——配管条件系数,可取0.8~0.9;
η ——作业效率。根据混凝土搅拌运输车向混凝土泵供料的间断时间、拆装混凝土输送管和布料停歇等情况,可取0.5~0.7。

(4) 混凝土泵的最大水平输送距离可按下式计算:

$$L_{max} = P_{max}/\Delta pH \quad (7.4.2.3-3)$$

其中:
$$\Delta pH = 2/r_0 [K_1 + K_2(1 + t_2/t_1)v_2]\alpha_2 \quad (7.4.2.3-4)$$

$$K_1 = (3.00 - 0.1s_1) \cdot 10^2 \quad (7.4.2.3-5)$$

$$K_2 = (4.00 - 0.1s_1) \cdot 10^2 \quad (7.4.2.3-6)$$

式中 L_{max} ——混凝土泵的最大水平输送距离(m);
P_{max} ——混凝土泵的最大出口压力(Pa);
ΔpH ——混凝土在水平输送管内流动每米产生的压力损失(Pa/m);
r_0 ——混凝土输送管半径(m);
K_1 ——粘着系数(Pa);
K_2 ——速度系数(Pa/m/s);
s_1 ——混凝土坍落度(mm);
t_2/t_1 ——混凝土泵分配阀切换时间与活塞推压混凝土时间之比,一般取0.3;
v_2 ——混凝土在输送管内的平均流速(m/s);
α_2 ——径向压力与轴向压力之比,对普通混凝土取0.90。

(5) 混凝土泵送的换算压力损失,可按表7.4.2.3-2和表7.4.2.3-3换算:

表7.4.2.3-2 混凝土泵送的换算压力损失

管件名称	换算值	换算压力损失(MPa)	管件名称	换算值	换算压力损失(MPa)
水平管	每20m	0.10	90°弯管	每只	0.10
垂直管	每5m	0.10	管路截止阀	每个	0.80
45°弯管	每只	0.05	3~5m橡皮软管	每根	0.20

表 7.4.2.3-3　附属于泵体的换算压力损失

部 位 名 称	换 算 值	换算压力损失 MPa
Y形管 175～125mm	每只	0.05
分配阀	每个	0.08
混凝土泵启动内耗	每台	2.80

(6) 混凝土泵的台数，可根据混凝土浇筑的数量和混凝土泵单机的实际平均输出量和施工作业时间，按下式计算：

$$N_2 = Q/Q_1 T_0 \tag{7.4.2.3-7}$$

式中　N_2——混凝土泵数量（台）；

　　　Q——混凝土浇筑数量（m³）；

　　　Q_1——每台混凝土泵的平均输出量（m³/h）；

　　　T_0——混凝土泵送施工作业时间（h）。

重要工程的混凝土泵送施工，混凝土泵的所需台数，除根据计算确定外，宜有一定的备用台数。

(7) 混凝土泵的布置要求：

1) 混凝土泵车的布置应考虑下列条件：

a　混凝土泵设置处，应场地平整、坚实，道路畅通，供料方便，距离浇筑地点近，便于配管，具有重车行走条件。混凝土泵应尽可能靠近浇筑地点。在配制泵送混凝土布料设备时，应根据工程特点、施工工艺、布料要求等进行选择。布置布料设备应根据结构平面尺寸、配管情况等考虑，要求布料设备应能覆盖整个结构平面，并能均匀、迅速地进行布料。设备应牢固、稳定，且不影响其他工序的正常操作。布料设备不得碰撞或直接搁置在模板上。布料杆或布料机应设钢支架架空，不得直接支承在钢筋骨架上。

泵机必须放置在坚固平整的地面上。在安置混凝土泵时，应根据要求将其支腿完全伸出，并插好安全销。在场地软弱时，采取措施在支腿下垫枕木等，以防混凝土泵的移动或倾翻。混凝土泵与输送管连通后，应按所用混凝土泵使用说明书的规定进行全面检查，符合要求后方能开机进行空运转。

b　在使用布料杆或布料机作业时，能使浇筑部位尽可能地在布料杆的工作范围内，尽量少移动泵车即能完成浇筑。多台混凝土泵或泵车同时浇筑时，选定的位置要使其各自承担的浇筑量接近，最好能同时浇筑完毕，避免留置施工缝。

c　接近排水设施和供水、供电方便。在混凝土泵的作业范围内，不得有碍阻物、高压电线，同时要有防范高空坠物的设施。

d　当高层建筑或高耸构筑物采用接力泵泵送混凝土时，接力泵的设置位置应使上、下泵的输送能力相匹配。设置接力泵的楼面或其他结构部位应验算其结构所能承受的荷载，必要时应采取加固措施。

2) 混凝土输送管应根据粗骨料最大粒径、混凝土泵型号、混凝土输出量和输送距离，以及输送难易程度等进行选择。输送管应使用无龟裂、无凹凸损伤和无弯折的管段。输送管的接头应严密，有足够强度，并能快速装拆。常用混凝土输送管规格见表 7.4.2.3-4。混凝土输送管管径与粗骨料最大粒径的关系见表 7.4.2.3-5。

表 7.4.2.3-4 常用混凝土输送管规格

混凝土输送管种类		管径(mm)		
		100	125	150
焊接直管	外径	109.0	135.0	159.2
	内径	105.0	131.0	155.2
	壁厚	2.0	2.0	2.0
无缝直管	外径	114.3	139.8	165.2
	内径	105.3	130.8	155.2
	壁厚	4.5	4.5	5.0

表 7.4.2.3-5 混凝土输送管道与粗骨料最大粒径的关系

粗骨料最大粒径(mm)		输送管最小管径(mm)
卵 石	碎 石	
20	20	100
25	25	100
40	40	125

(8) 混凝土的泵送施工

1) 泵送前准备：混凝土泵的操作是一项专业技术工作。安全使用及操作，应严格执行使用说明书及其他有关规定。同时应根据使用说明书制订专门操作要点。操作人员必须经过专门培训后，方可上岗独立操作。

混凝土泵施工现场，应有统一指挥和调度，以保证顺利施工。

泵送施工时，应规定联络信号和配备通讯设备，可采用有线或无线通讯设备等进行混凝土泵、搅拌运输车和搅拌站与浇筑地点之间的通讯联络。

2) 泵送混凝土：混凝土泵启动后，应先泵送适量水（约10L）以湿润混凝土泵的料斗、活塞及输送管的内壁等直接与混凝土接触部位。经泵送水检查，确认混凝土泵和输送管路无异常后，先泵送砂浆（可采用与将泵送的混凝土同配合比的去石砂浆或1:2水泥砂浆）润滑管道，润滑用的砂浆应分散布料，不得集中浇筑在同一处。

开始泵送时，混凝土泵应处于慢速，匀速并随时可能反泵的状态。泵送的速度应先慢，后加速。同时，应观察混凝土泵的压力和各系统的工作情况，待各系统运转顺利，方可以正常速度进行泵送。混凝土泵送应连续进行。如必须中断时，其中断时不得超过搅拌至浇筑完毕所允许的延续时间。

泵送混凝土时，混凝土泵的活塞应尽可能保持在最大行程运转。一是提高混凝土泵的输出效率，二是有利于机械的保护。混凝土泵的水箱或活塞清洗室中应经常保持充满水。如输送管内吸入了空气，应立即进行反泵吸出混凝土，将其置于料斗中重新搅拌，排出空气后再泵送。

在混凝土泵送过程中，如果需要接长输送管长于3m时，仍应用水和水泥砂浆润滑管道内壁。混凝土泵送中，不得把拆下的输送管内的混凝土撒落在未浇筑的地方。

在泵送过程中，当混凝土泵出现压力升高且不稳定、油温升高、输送管有明显振动等现象而泵送困难时，不得强行泵送，应立即查明原因，采取措施排除。一般可先用木槌敲击输送弯管、锥形管等部位，并进行慢速泵送或反泵，防止堵塞。当输送管堵塞时，应采取下列措施排除：

  a 反复进行反泵和正泵，逐步吸出混凝土至料斗中，重新搅拌后再泵送。

  b 可用木槌敲击等方法，查明堵塞部位，可在管外敲击以击松管内混凝土，并重复进行反泵和正泵，排除堵塞。

  c 当上述两种方法均无效时，应在混凝土卸压后，拆除堵塞部位的输送管，排出混凝土堵塞物后，再接通管道。重新泵送前，应先排除管中空气，拧紧接头。

  在泵送混凝土过程中，若需要有计划中断泵送时，应预先考虑确定的中断浇筑部位，停止泵送；并且中断时间不要超过1h。同时应采取下列措施：

  a 混凝土泵车卸料清洗后重新泵送，采取措施或利用臂架将混凝土泵入料斗中，进行慢速间歇循环泵送；用配管输送混凝土时，可进行慢速间歇泵送。

  b 固定式混凝土泵，可利用混凝土搅拌车内的料，进行慢速间歇泵送；或利用料斗内的混凝土拌合物，进行间歇反泵和正泵。

  c 慢速间歇泵送时，应每隔4～5min进行四个行程的正、反泵。

  当向下输送时，应先把输送管上气阀打开，待输送管下段混凝土有了一定压力时，方可关闭气阀。

  当混凝土泵送即将结束时，应正确计算尚需用的混凝土数量，并应及时告知混凝土搅拌站，防止剩余过多的混凝土。

  泵送过程中被废弃的混凝土和泵送终止多余的混凝土，应按预先确定的处理方法和场所进行妥善处理。

  泵送完毕，应将混凝土泵和输送管清洗干净。在排除堵塞物，重新泵送或清洗混凝土泵时，布料设备的出口应朝向安全方向，以防堵塞物或废浆调整飞出伤人。

7.4.2.4 混凝土浇筑施工要点

  1 混凝土浇筑应根据工程对象、结构特点，结合现场具体条件制定混凝土浇筑施工方案。

  2 混凝土浇筑前，搅拌机、运输车、料斗、串筒、振动器等机具设备按需要准备充足，并考虑发生故障时的修理时间。重要工程，应有备用的搅拌机和振动器。特别是采用泵送混凝土，一定要有备用泵。所用的机具均应在浇筑前进行检查和试运转，同时配有专职技工，随时检修。浇筑前，必须核实一次浇筑完毕或浇筑至某施工缝前的工程材料，以免停工待料。

  3 在混凝土浇筑期间，应保证水、电照明不中断。为了防止施工中突然临时停电，事先应与供电部门联系，重要工程应在现场设备用发电机组，以防出现意外停电造成质量事故。

  4 加强气象预测预报的联系工作。在混凝土施工阶段应掌握天气的变化情况，特别在雷雨台风季节和寒流突然袭击之际，更应注意，以保证混凝土连续浇筑地顺利进行，确保混凝土质量。

  根据工程需要和季节施工特点，应准备好在浇筑过程中所必须的抽水设备和防雨、防署、防寒等物资。

5 混凝土应分层浇筑,每层浇筑厚度应根据混凝土的振捣方法而定,其厚度应符合表7.4.2.4-1的规定。

表7.4.2.4-1 混凝土浇筑层厚度(mm)

捣实混凝土的方法		浇筑层的厚度
插入式振捣		振捣器作用部分长度的1.25倍
表面振动		200
人工捣固	在基础、无筋混凝土或配筋稀疏的结构中	250
	在梁、墙板、柱结构中	200
	在配筋密列的结构中	150

6 混凝土浇筑时的坍落度,应符合表7.4.2.4-2的规定,如采用预拌及泵送混凝土时,其坍落度应根据工程实际需要确定。

表7.4.2.4-2 混凝土浇筑时的坍落度(mm)

项次	结 构 种 类	坍落度
1	基础或地面等的垫层、无配筋的厚大结构(挡土墙、基础或厚大的块体等)或配筋稀疏的结构	10～30
2	板、梁及大型及中型截面的柱子等	30～60
3	配筋密列的结构(薄壁、斗仓、筒仓、细柱等)	50～70
4	配筋特密的结构	70～90
注:1 本表系指采用机械振捣的混凝土坍落度,采用人工振捣时可适当增大混凝土坍落度; 　　2 需要配置大坍落度混凝土时加入混凝土外加剂; 　　3 曲面、斜面结构的混凝土,其坍落度应根据需要另行选用。		

7 浇筑混凝土应连续进行,如必须间歇时,其间歇时间宜缩短,并应在前层混凝土初凝之前,将次层混凝土浇筑完毕。混凝土运输、浇筑及间歇的全部时间不得超过表7.4.2.4-3的规定,当超过时应按要求设置施工缝。

表7.4.2.4-3 混凝土运输、浇筑和间歇的允许时间(min)

混凝土强度等级	气 温	
	≤25℃	>25℃
≤C30	210	180
>C30	180	150
注:当混凝土中掺加有促凝或缓凝型外加剂时,其允许时间应根据试验结果确定。		

8 混凝土浇筑应符合以下规定:
(1)在混凝土浇筑工序中,应控制混凝土的均匀性和密实性。混凝土拌合物运至浇筑地点后,应立即浇筑入模。在浇筑过程中,如发现混凝土拌合物的均匀性和稠度发生较大的变化,应立即进行处理。
(2)浇筑混凝土时,应注意防止混凝土的分层离析。混凝土由料斗、漏斗内卸出进行浇注时,其自由倾落高度一般不宜超过2m,在竖向结构中浇筑混凝土的高度不得超过3m,否则应采用串筒、斜槽、溜管等下料。
(3)浇筑竖向结构混凝土前,底部应先填以50～100mm厚与混凝土成分相同的水泥砂浆。

(4) 在浇筑混凝土时,应经常观察模板、支架、钢筋、预埋件和预留孔洞的情况,当发现有变形、移位时,应立即停止浇筑,并应在已浇筑的混凝土凝结前修整完好。

(5) 混凝土在浇筑及静置过程中,应采取措施防止产生裂缝。由于混凝土的沉降及干缩产生的非结构性的表面裂缝,应在混凝土终凝前予以修整。在浇筑与柱和墙连成整体的梁和板时,应在柱和墙浇筑完毕后停歇1~1.5h,使混凝土获得初步沉实后,再继续浇筑,以避免接缝处出现裂缝。

(6) 梁和板应同时浇筑混凝土。较大尺寸的梁(梁的高度大于1m)、拱和类似的结构,可独立浇筑混凝土。但施工缝的设置应符合有关规定。

9 施工缝的设置与处理。由于施工技术和施工组织上的原因,不能连续将结构整体浇筑完成,并且间歇的时间预计将超出表7.4.2-11规定的时间时,应在施工之前确定施工缝的留置位置。混凝土施工缝不应随意留置,其位置应按设计要求和施工技术方案事先确定,留置部位应便于施工。施工缝的处理应按技术方案执行。

(1) 施工缝的位置应设置在结构受剪力较小且便于施工的部位。留缝应符合下列规定:

1) 柱子宜留置在基础的顶面、梁或吊车梁牛腿的下面、吊车梁的上面、无梁楼板柱帽的下面;

2) 与板连成整体的大断面梁,留置在板底面以下20~30mm处。当板下有梁托时,施工缝留在梁托下部;

3) 单向板,留置在平行于板的短边的任何位置;楼梯的施工缝应留置在楼梯段1/3的部位;

4) 有主次梁的楼板,宜顺着次梁方向浇筑,施工缝应留置在次梁跨度的中间1/3范围内;

5) 墙,留置在门洞口过梁跨中1/3范围内,也可留在纵横墙的交接处;

6) 双向受力楼板、大体积混凝土结构、拱、穹拱、薄壳、蓄水池、斗仓、多层刚架以及其他结构复杂的工程,施工缝的位置应按设计要求留置;

7) 承受动力作用的设备基础,不应留施工缝;如必须留施工缝时,应征得设计单位同意,并按施工技术方案执行;

8) 设备基础的地脚螺栓范围内,留置施工缝时,还应符合下列要求:水平施工缝的留置,必须低于地脚螺栓底端,其与地脚螺栓底端距离应大于150mm(当地脚螺栓直径小于30mm时,水平施工缝可留在不小于地脚螺栓埋入混凝土部分总长度的3/4);标高不同的两个水平施工缝,其高低结合处应留置成台阶形,台阶的高宽比不得大于1.0。垂直施工缝离地脚螺栓中心线的距离不得小于250mm,且不得小于螺栓直径的5倍;垂直施工缝处应加钢筋,钢筋直径为12~16mm,长度为500~600mm,间距为500mm。在台阶式施工缝的垂直面上也应补设钢筋。

(2) 施工缝的浇筑与处理:

1) 在施工缝处继续浇筑混凝土时,已浇筑的混凝土的抗压强度必须达到1.2MPa以上,其所需龄期应符合表7.4.2.4-4。在施工缝施工时,应在已硬化的混凝土表面上,清除水泥薄膜和松动的石子以及软弱的混凝土层,同时还应加以凿毛,用水冲洗干净并充分湿润，一般不宜少于24h，残留在混凝土表面的积水应予清除，并在施工缝处铺一层水泥浆或与混凝土内成分相同的水泥砂浆。

表7.4.2.4-4 普通混凝土达到1.2MPa强度所需龄期参考表

外界温度	水泥品种及级别	混凝土强度等级	期限(h)	外界温度	水泥品种及级别	混凝土强度等级	期限(h)
1~5℃	普通42.5	C15	48	10~15℃	普通42.5	C15	24
		C20	44			C20	20
	矿渣32.5	C15	60		矿渣32.5	C15	32
		C20	50			C20	24
5~10℃	普通42.5	C15	32	15℃以上	普通42.5	C15	20以上
		C20	28			C20	20以上
	矿渣32.5	C15	40		矿渣32.5	C15	20
		C20	32			C20	20

2) 注意施工缝位置附近回弯钢筋时，要做到钢筋周围的混凝土不受松动和损坏。钢筋上的油污、水泥砂浆及浮锈等杂物也应清除。

3) 在浇筑前，水平施工缝宜先铺上10~15mm厚的水泥砂浆一层，其配合比与混凝土内的砂浆成分相同。

4) 从施工缝处开始继续浇筑时，要注意避免直接靠近缝边下料。机械振捣前，宜向施工缝处逐渐推进，并距800~1000mm处停止振捣，但应加强对施工缝接缝的捣实工作。

5) 承受动力作用的设备基础的施工缝处理，应遵守下列规定：标高不同的两个水平施工缝，其高低接合处应留成台阶形，台阶的高度比不得大于1.0。在水平施工缝上继续浇筑混凝土前，应对地脚螺栓进行一次观测校正；垂直施工缝处应加插钢筋，其直径为12~16mm，长度为500~600mm，间距为500mm，在台阶式施工缝的垂直面上亦应补插钢筋。

10 后浇带的设置。后浇带是为在现浇钢筋混凝土结构施工过程中，克服由于温度、收缩、沉降而可能产生的有害裂缝而设置的临时施工缝。该缝需要根据设计要求保留一段时间后再浇筑，将整个结构连成整体。

(1) 后浇带的保留时间应根据设计要求，当设计无要求时，温度、收缩后浇带一般至少保留28d以上。高层建筑与裙房间设置的沉降后浇带应在高层结构封顶后浇筑。

(2) 后浇带的宽度应考虑施工简便，避免应力集中。一般其宽度宜为700~1000mm。后浇带内的钢筋应保护完好。后浇带在浇筑混凝土前，必须将整个混凝土表面按照施工缝的要求进行处理，后浇带混凝土应采用不低于其两侧混凝土强度等级的补偿收缩混凝土，并保持至少14d的湿润养护。

(3) 后浇带可由宽2.0m左右的膨胀加强带代替。膨胀加强带施工时，应浇筑掺有膨胀剂的补偿收缩的混凝土，且缝间和其他地方同时浇筑。

11 泵送混凝土浇筑。泵送混凝土的浇筑应根据工程结构特点、平面形状和几何尺寸，混凝土和泵送设备能力、劳动力和管理能力，以及周围场地大小等条件，预先划分好混凝土浇筑区域。

(1) 泵送混凝土的浇筑顺序：

1) 当采用混凝土输送管输送混凝土时，应由远而近浇筑；

2) 在同一区域内的混凝土，应按先竖向结构后水平结构的顺序，分层连续浇筑；

3) 当不允许留施工缝时，区域之间、上下层之间的混凝土浇筑间歇时间，不得超过混凝土初凝时间；

4) 当下层混凝土初凝后，浇筑上层混凝土时，应先按留施工缝的规定进行处理。

(2) 泵送混凝土的布料方法：

1) 在浇筑竖向结构混凝土时，布料设备的出口离模板内侧面不应小于50mm，并且不得向模板内侧直冲布料，也不得直冲钢筋骨架；

2) 浇筑水平结构混凝土时，不得在同一处连续布料，应在2~3m范围内移动布料，且宜垂直于模板。

(3) 泵送混凝土浇筑的分层厚度，一般为300~500mm。当水平结构的混凝土浇筑厚度超过500mm时，可按1:6~1:8的坡度斜面分层浇筑，且上层混凝土应超前覆盖下层混凝土500mm以上。

(4) 振捣泵送混凝土时，振动棒插入的间距一般为400mm左右，振捣时间为15~30s，并宜在20~30min后对其进行二次复振。

(5) 对于有预留洞、预埋件和钢筋密集的部位，应预先制订相应的技术措施，确保顺利布料和振捣密实。在浇筑时应经常观察，当发现混凝土有不密实等现象时，应立即采取措施。

(6) 水平结构的混凝土表面，应适时用木抹子搓平搓毛两遍以上，以防止产生收缩裂缝。

12 基础混凝土浇筑：

(1) 基础浇筑前，应根据混凝土基础顶面的标高在两侧模板上弹出标高线。

在地基上浇筑混凝土垫层时，对地基应事先按设计标高和轴线等进行校正，并应清除淤泥和杂物；并应有排水和防水；对干燥的非黏性土，应洒水湿润，并防止产生积水。

(2) 浇筑条形基础应分段分层连续进行，一般不留施工缝。各段各层间应互相衔接，每段长2~3m，逐段逐层呈阶梯形推进。

(3) 浇筑台阶式基础，应按每一台阶高度内分层一次连续浇筑完成（预制柱的高杯口基础的高台部分应另行分层），不允许留设施工缝，每层先浇边角，后浇中间，摊铺均匀，振捣密实。每一台阶浇完，台阶部分表面应随即原浆抹平。浇筑台阶式柱基时，为防止垂直交角处可能出现吊脚（上层台阶与下口混凝土脱空）现象，在浇筑台阶式柱基时，采取如下措施：

1) 在第一级混凝土捣固下沉20~30mm后暂不填平，继续浇筑第二级，先用铁锹沿第二级模板底圈做成内外坡，然后再分层浇筑，外圈边坡的混凝土于第二级振捣过程中自动振实。待第二级混凝土浇筑后，再将第一级混凝土齐模板顶边拍实抹平。

2) 在第二级模板外先压以200mm×100mm的压角混凝土并加以振捣后，再继续浇筑第二级。待压角混凝土接近初凝时，将其铲平重新搅拌利用；如果条件许可，宜采用柱基流水作业方式，即顺序先浇一排杯基第一级混凝土，回转依次浇筑第二级。这样对已浇筑好的第一阶混凝土将有一个下沉的时间，在振捣二阶混凝土时必须保证不出现施工缝。

（4）为保证杯形基础杯口底标高的正确性，宜先将杯口底混凝土振实并稍停片刻，再浇筑振捣杯口模四周的混凝土，振动时间尽可能缩短。同时还应特别注意杯口模板的位置，应在两侧对称浇筑，以免杯口模挤向一侧或由于混凝土泛起而使芯模上升。

（5）锥式基础，应注意斜坡部位混凝土的捣固质量，在振捣器振捣完毕后，把斜坡表面拍平，使其符合设计要求。

（6）浇筑现浇柱基础应保证柱子插筋位置的准确，防止位移和倾斜。浇筑时，先满铺一层 50～100mm 厚的混凝土，并捣实，使柱子插筋下端与钢筋网片的位置基本固定，然后再继续对称浇筑，并避免碰撞钢筋。

（7）混凝土捣固一般采用插入式振动器，其移动间距不大于作用半径的 1.25 倍。

（8）在厚大无筋基础混凝土中，经设计同意，可填充部分大卵石或块石，但其数量一般不超过混凝土体积的 25%，并应均匀分布，间距不小于 100mm，最上层应有不小于 10mm 厚的混凝土覆盖层。

（9）混凝土浇筑过程中，应有专人负责注意观察模板、支撑、管道和预留孔洞有无移动情况，当发现变形位移时，应立即停止浇筑，并应在已浇筑的混凝土凝结前修整完好，才能继续浇筑。混凝土浇筑完后表面应用木抹子压实搓平，已浇筑完的混凝土，应在 12h 内覆盖并适当浇水养护，一般养护不少于 7d。

（10）设备基础浇筑：设备基础一般要求一次连续浇筑完成。一般应分层浇筑，并保证上下层之间不留施工缝，每层混凝土的厚度为 200～300mm。每层浇筑顺序应从低处开始，沿长边方向自一端向另一端浇筑，也可采取中间向两端或两端向中间浇筑的顺序。

浇筑过程中，对一些特殊部分要引起注意，以确保工程质量。1）地脚螺栓：地脚螺栓一般利用木方固定在模板上口，混凝土浇筑时要注意控制混凝土的上升速度，使两边均匀上升，不使模板上口位移，以免造成螺栓位置偏差。对于大直径地脚螺栓，在混凝土浇筑过程中，应用经纬仪随时观测，发现偏差及时纠正。地脚螺栓的丝扣部分应预先涂好黄油，用塑料布进行保护；2）预留栓孔：预留栓孔一般采用楔形木塞或模板留孔，由于一端固定，在混凝土浇筑时应注意保证其位置垂直正确。木塞宜涂以油脂以易于脱模。浇筑后，应在混凝土初凝时及时将木塞取出，否则将会造成难拔并可能损坏预留孔附近的混凝土；3）预埋管道：浇筑有预埋大型管道的混凝土时，常会出现蜂窝。为此，在浇筑混凝土时应注意粗骨料颗粒不宜太大，稠度应适宜，先振捣管道的底面和两侧混凝土，待有浆冒出时，再浇筑管面混凝土。

受动力作用的设备基础的上表面与设备基座底部之间，用混凝土（或砂浆）进行二次浇筑时，应遵守下列规定：

浇筑前应先清除地脚螺栓、设备底座部分及垫板等处的油污、浮锈等杂物，基础混凝土表面冲洗干净，保持湿润。浇筑混凝土（或砂浆），必须在设备安装调整合格后进行。其强度等级应按设计确定；如设计无规定时，可按原基础的混凝土强度等级提高一级，并不得低于 C15。混凝土的粗骨料粒径可根据缝隙厚度选用 5～15mm，当缝隙厚度小于 40mm 时，宜采用水泥砂浆。

二次浇筑混凝土的厚度超过 200mm 时，应加配钢筋，配筋方法由设计确定。

（11）地下室混凝土的浇筑：地下室混凝土浇筑一般采取分段进行，浇筑顺序为先底板，后墙壁、柱，最后顶部梁板。外墙水平施工缝应在底板面上部 300～500mm 范围内和无梁顶板下部 300～500mm 处，并做成企口型式，有严格防水要求，应在企口中部设钢板（或塑料）止水带，内墙与外墙之间可留垂直缝。大型地下室，长度超过 40m，为避免出现温度收缩裂缝，可按设计要求留后浇带或膨胀加强带，主筋按原设计不切断，经设计要求的预置时间后，再在预留的后浇带用高一强度等级的微膨胀混凝土灌筑密实（膨胀加强带在浇筑混凝土时先用高一级的膨胀混凝土浇筑），接着正常浇筑混凝土。施工中如有间歇，外墙的水平施工缝宜留凸缝；垂直施工缝（后浇缝、带）宜用凹缝；内墙的水平和垂直施工缝多采用平缝；内墙与外墙之间可留垂直缝。

地下室底板、墙和顶板浇筑完后，要加强覆盖，并浇水养护；冬期要保温，防止温差过大出现裂缝。地下室混凝土浇筑完毕应防止长期暴露，要抓紧基坑的回填，回填土要在相对的两侧或四周同时均匀进行，分层夯实。

13　竖向结构混凝土浇筑：

（1）柱、墙混凝土浇筑前底部应先填以 50～100mm 厚与混凝土配合比相同减半石水泥砂浆。

（2）混凝土自吊斗口下落的自由倾落高度不得超过 2m，浇筑高度如超过 2m 时必须采取措施，用串桶、溜管、振动溜管使混凝土下落，或在柱、墙体模板上留设浇捣孔等。浇筑混凝土时应分段分层连续进行，浇筑层高度应根据结构特点、钢筋疏密决定，一般为振捣器作用部分长度的 1.25 倍，最大不超过 500mm。

（3）使用插入式振捣器应快插慢拔，插点要均匀排列，逐点移动，顺序进行，不得遗漏，做到均匀振实。移动间距不大于振捣作用半径的 1.25 倍（一般为 300～400mm）。振捣上一层时应插入下层 50mm，以消除两层间的接缝。

（4）浇筑混凝土应连续进行，如必须间歇，其间歇时间应尽量缩短，并应在前层混凝土凝结之前，将次层混凝土浇筑完毕。间歇的最长时间应按所用水泥品种、气温及混凝土凝结条件确定，一般超过 2h 应按施工缝处理。混凝土运输、浇筑和间歇的全部时间不得超过表 7.4.2.4-3 的规定，当超过规定时间应留置施工缝。

（5）在浇筑混凝土时，应经常观察模板、钢筋、预留孔洞、预埋件和插筋等有无移动、变形或堵塞情况，发现问题应立即处理，并应在已浇筑的混凝土凝结前修正完好。

14　水平结构混凝土浇筑：

（1）梁、板应同时浇筑，浇筑方法应由一端开始用"赶浆法"，即先浇筑梁，根据梁高分层浇筑成阶梯形，当达到板底位置时再与板的混凝土一起浇筑，随着阶梯形不断延伸，梁板混凝土浇筑连续向前进行。浇筑混凝土时，应经常观察模板、钢筋、预留孔洞、预埋件和插筋等有无移动、变形或堵塞情况，发现问题应立即处理，并应在已浇筑的混凝土凝结前修正完好。

与板连成整体高度大于 1m 的梁，允许单独浇筑，其施工缝应留在板底以下 20～30mm 处。浇捣时，浇筑与振捣必须紧密配合，第一层下料慢些，梁底充分振实后再下二层料，用"赶浆法"保持水泥浆沿梁底包裹石子向前推进，每层均应振实后再下料，梁底及梁帮部位要注意振实，振捣时不得触动钢筋及预埋件。

（2）梁柱节点钢筋较密时，浇筑此处混凝土时宜用小粒径石子同强度等级的混凝土浇筑，并用小直径振捣棒振捣。

（3）浇筑板混凝土的虚铺厚度应略大于板厚，用平板振捣器垂直浇筑方向来回振捣，厚板可用插入式振捣器顺浇筑方向拖拉振捣，振捣完毕后用大杠刮平、长木抹子抹平。施工缝或有预埋件及插筋处用木抹子找平。浇筑板混凝土时不允许用振捣棒铺摊混凝土。

（4）当梁柱混凝土强度等级不同时，梁柱节点区高强度等级混凝土与梁的低强度等级混凝土交界面处理，应按设计要求执行。当设计无规定时，梁柱节点区混凝土强度等级应与柱相同，并应先浇筑梁柱节点区高强度等级混凝土，再浇筑梁的低强度等级混凝土，两种强度等级混凝土的交界面应设在梁上（图7.4.2.4），并在浇筑节点区高强度等级混凝土时，用钢丝网在临时间断处隔开，以防止高强度等级混凝土过多的流入梁内，并保证节点区混凝土能够振捣密实。梁的混凝土必须在节点区混凝土初凝前浇筑。

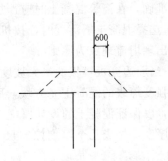

图 7.4.2.4 梁、柱不同强度等级混凝土交界面处理

注：图中交界面倾角为45°。

15 楼梯混凝土浇筑：

（1）楼梯段混凝土自下而上浇筑，先振实底板混凝土，达到踏步位置时再与踏步混凝土一起浇捣，不断连续向上推进，并随时用木抹子（或塑料抹子）将踏步上表面抹平。

（2）施工缝位置：楼梯混凝土宜连续浇筑完，多层楼梯的施工缝应留置在楼梯段1/3的部位。

16 拱壳混凝土浇筑：

（1）拱壳结构属于大跨度空间结构，其外形尺寸的准确与否对结构受力性能大有影响，在施工中不仅要保持准确的外形，同时对混凝土的均匀性、密实性、整体性及结构安全性能等要求较高。

（2）混凝土浇筑的程序要以拱壳结构的外形构造和施工特点为基础，着重注意施工荷载的均匀分布及混凝土的连续作业。一般要求对称进行施工。

（3）长条形拱：一般应沿其长度分段浇筑，各分段的接缝应与拱的纵向轴线垂直。浇筑混凝土时，为使模板保持设计形状，在每一区段中应自拱脚到拱顶对称地浇筑拱顶两侧部分，施工时应注意观察拱顶模板的变化，当有升起情况时，可在拱顶尚未被浇筑的模板上加砂袋等荷载。

（4）筒形薄壳：筒形薄壳结构，亦应对称连续浇筑混凝土至板和横隔板的上部。多跨连续筒形薄壳结构，可自中央跨开始或自两边向中央对称地逐跨进行浇筑施工混凝土。

（5）球形薄壳：球形薄壳结构，可自薄壳的周边向壳顶呈放射线状或螺旋状环绕壳体对称浇筑混凝土，施工缝应避免设置在下部结构的接合部分和四周的边梁附近，可按周边为等圆环形状设置。

(6) 扁壳结构：扁壳结构混凝土施工应以四面横隔交角处为起点，分别对称地向扁壳的中央和壳顶推进，到将壳体四周的三角形部分浇筑完毕，使上部壳体成圆球形时，再按球形壳的浇筑方法进行施工。施工缝应避免设置在下部结构的接合部分、四面横隔与壳板的接合部分和扁壳的四角处。

(7) 浇筑拱形结构的拉杆，如拉杆有拉紧装置，应先拉紧拉杆，并在拱架落下后，再行浇筑。

(8) 浇筑壳体结构应采取的措施：

浇筑壳体结构时，为了不减低周边壳体的抗弯能力和经济效果，施工时应保证其厚度一定要准确，在浇筑混凝土时应严加控制。控制其厚度可采取如下措施：

1) 选择混凝土坍落度时，按机械振捣条件进行试验，以保证混凝土浇筑时，在模板上不致出现坍流现象为原则。

2) 当周边壳板模板的最大坡度角大于 35°～40°时，要用双层模板，并做好和壳体同厚度同强度等级的混凝土立方块，固定在模板之间，沿着纵横方向，摆成 1～2m 间距的控制网，以保证混凝土的设计厚度。当坡度不大时可在一半或整个薄壳断面上根据混凝土的各点厚度，做成几个厚度控制尺。在浇筑时以尺的上缘为准进行找平。浇筑后取出并补平。

17 大体积混凝土：

(1) 在正常情况下，通过热工计算，混凝土水化热所产生的应力足以使该混凝土产生裂缝，这样的混凝土视为大体积混凝土，应采取大体积混凝土施工措施。大体积混凝土施工设计配合比时尽量利用混凝土 60d 或 90d 的后期强度，以满足减少水泥用量的要求。但必须征得设计单位的同意和满足施工荷载的要求。

(2) 施工要点：大体积混凝土施工前，应对混凝土中的温度场进行分析，并根据气温、使用的材料和现场条件进行热工计算，确定浇筑顺序、浇筑方法、保温或隔热养护措施和时间、测温方法，保温或隔热养护、测温人员的安排，以及出现异常情况的预案措施等，制定有针对性的施工方案。

1) 大体积混凝土的施工，一般宜在较低温条件下进行，即最高气温≤30℃时为宜。气温＞30℃时，应周密分析和计算温度（包括收缩）应力，并采取相应的降低温差和减少温度应力的措施。

2) 对于混凝土的施工过程的控制，可依据大体积混凝土内在质量控制系统所得到的实测曲线，对保温、养护措施进行适时的调整，混凝土内外的温差应小于 25℃。

3) 大体积混凝土的浇筑，应根据整体连续浇筑的要求，结合结构尺寸的大小、钢筋疏密、混凝土供应条件等具体情况，选用以下三种方法：全面分层法，即将整个结构浇筑层分为数层浇筑，当已浇筑的下层混凝土尚未凝结时，即开始浇筑第二层，如此逐层进行，直至浇筑完成。这种方法适用于结构平面尺寸不太大的工程。一般长方形底板宜从短边开始，沿长边推进浇筑，亦可从中间向两端或从两端向中间同时进行浇筑；分段（块）分层法适用于厚度较薄而面积或长度较大的工程。施工时从底层一端开始浇筑混凝土，进行到一定距离后浇筑第二层，如此依次向前浇筑其他各层；斜面分层法适用于结构的长度和厚度都较大的工程，振捣工作应从浇筑层的底层开始，逐渐上移，以保证分层混凝土之间的施工质量。

(3) 当基础底板厚度超过 1.3m 时，应采取分层浇筑。分层厚度宜为 500mm。对于大块底板，在平面上应分成若干块施工，以减少收缩和温度应力，有利于控制裂缝，一般分块最大尺寸宜为 30m 左右。为了减少大体积混凝土底板的内外约束，浇筑前宜在基层设置滑移层。为了减少分块间后浇缝处钢筋的连接约束，应将钢筋的连接设在后浇缝处。

(4) 混凝土的泌水和表面处理：

1) 混凝土泌水的处理：大体积混凝土施工，由于采用大流动性混凝土进行分层浇筑，上下层施工的间隔时间较长（一般为 1.5~3h），经过振捣后上涌的泌水和浮浆易顺着混凝土坡面流到坑底。当采用泵送混凝土施工时，混凝土泌水现象尤为严重，解决的办法是在混凝土垫层施工时，预先在横向上做出 20mm 的坡度；在结构四周侧模的底部开设排水孔，使泌水及时从孔中自然流出；少量来不及排除的泌水，随着混凝土的浇筑向前推进被赶至基坑顶端，由顶端模板下部的预留孔排至坑外。当混凝土大坡面的坡脚接近顶端模板时，应改变混凝土的浇筑方向，即从顶端往回浇筑，与原斜坡相交成一个集水坑，另外有意识地加强两侧模板外的混凝土浇筑强度，这样集水坑逐步在中间缩小成小水潭，然后用软轴泵及时将泌水排除。采用这种方法适用于排除最后阶段的水分。

2) 混凝土的表面处理：大体积混凝土（尤其采用泵送混凝土工艺），其表面水泥浆较厚，不仅会引起混凝土的表面收缩开裂，而且会影响混凝土的表面强度。因此，在混凝土浇筑结束后要认真进行表面处理。处理的基本方法是在混凝土浇筑 4~5h 左右，先初步按设计标高用长刮杠刮平，在初凝前用铁滚筒碾压数遍，再用木抹子压实进行二次收光处理。经 12~14h 后，覆盖一层塑料薄膜、二层草袋充分浇水湿润养护。

(5) 大体积混凝土养护：

1) 养护时间：大体积混凝土浇筑完毕后，应在 12h 内加以覆盖和浇水。普通硅酸盐水泥拌制的混凝土不得少于 14d；矿渣水泥、火山灰质水泥、大坝水泥、矿渣大坝水泥拌制的混凝土不得不于 21d。

2) 大体积混凝土养护方法，分降温法和保温法两种。降温法，即在混凝土浇筑成型后，用蓄水、洒水或喷水养护；保温法是在混凝土成型后，使用保温材料覆盖养护（如塑料薄膜、草袋等）及薄膜养生液养护，可视具体条件选用。

夏期施工时，一般可使用草袋覆盖、洒水、喷水养护或喷刷养生液养护。

冬期施工时，一般可使用塑料薄膜、草袋覆盖保温、保湿养护。

冬期施工时，由于环境气温较低，一般可利用保温材料以提高新浇筑的混凝土表面和四周温度，减少混凝土的内外温差。另外亦可使用薄膜养生液、塑料薄膜等封闭料，来封闭混凝土中多余拌合水，以实现混凝土的自养护。但应选用低温下成膜性能好的养生液。养生液要求涂刷均匀，最好能互相垂直地涂刷两道，或用农用喷雾器进行喷涂。

(6) 混凝土测温：为了掌握大体积混凝土的升温和降温的变化规律以及各种材料在各种条件下的温度影响，需要对混凝土进行温度监测控制。

1) 测温点的布置：必须具有代表性和可比性。沿浇筑的高度，应布置在底部、中部和表面，垂直测点间距一般为 500~800mm；平面则应布置在边缘与中间，平面测点间距一般为 2.5~5m。当使用热电偶温度计时，其插入深度可按实际需要和具体情况而定，一般应不小于热电偶外径的 6~10 倍，则测温点的布置，距边角和表面应大于 100mm。测温宜采用热电偶或半导体液晶温度计。

　　2) 测温制度：在混凝土温度上升阶段每2～4h测一次，温度下降阶段每8h测一次，同时应测大气温度。

　　3) 所有测温孔均应编号，进行混凝土内部不同深度和表面温度的测量。

　　4) 测温工作应由经过培训、责任心强的专人负责。测温记录，每天应报技术负责人查验并签字，作为对混凝土施工和质量的控制依据。

　　5) 在测温过程中，当发现混凝土内外温度差接近25℃时，应按预案措施及时增加保温层厚度或延缓拆除保温材料，以防止混凝土产生温差应力和裂缝。

　18　高强混凝土：

　　(1) 在高强混凝土施工前，工地技术负责人必须对混凝土的原材料及所配制混凝土的性能提出报告（含试验数据），待监理单位认可后方可施工。

　　(2) 对每天的第一车混凝土，应做空气含量、单位重量、坍落度与温度的量测，确定配料满足要求。如果对拌合物的配合比作了调整，则对调整后的第一车混凝土也应取样，第一车以后的试验应在随机的基础上进行。当目测检验发现混凝土前后不一致时，除非有额外的试验能说明其合格性，否则应予拒收。

　　(3) 施工技术负责人应检测并记录周围大气温度以及大型混凝土部件的表面与中心温度。对于重要工程，应同时抽取多组标准立方体试件，分别进行标准养护、密封下的同温养护（养护温度随结构构件内部实测温度变化）和密封下的标准温度（20±2℃）养护，以对实际结构中的混凝土强度作出正确评估。

　　(4) 混凝土自由倾落的高度不应大于3m。当拌合物水灰比偏低且外加掺合料后有较好黏聚性时，在不出现分层离析的条件下允许增加自由倾落高度，但不应大于6m。

　　(5) 浇筑高强混凝土必须采用振捣器捣实。一般情况下宜采用高频振捣器，且垂直点振，不得平拉。当混凝土拌合物的坍落度低于120mm时，应加密振点。

　　(6) 不同强度等级混凝土现浇构件相连接时，应遵守设计或《高强混凝土结构技术规程》CECS 104：99的规定。

7.4.2.5　混凝土养护

　1　混凝土浇筑完毕后，为保证已浇筑好的混凝土在规定龄期内达到设计要求的强度，并防止产生收缩，应按施工技术方案及时采取有效的养护措施。混凝土养护并应符合下列规定：

　　(1) 应在浇筑完毕后的12h以内对混凝土加以覆盖并保湿养护；高强混凝土浇筑完毕后，必须立即覆盖养护或立即喷洒或涂刷养护剂，以保持混凝土表面湿润。

　　(2) 混凝土浇水养护的时间：对采用硅酸盐水泥、普通硅酸盐水泥或矿渣硅酸盐水泥拌制的混凝土，不得少于7d；对掺用缓凝型外加剂或有抗渗要求的混凝土，不得少于14d；当采用其他品种水泥时，混凝土的养护应根据所采用水泥的技术性能确定。

　　(3) 浇水次数应能保持混凝土处于湿润状态；混凝土养护用水应与拌制用水相同。

　　(4) 采用塑料布覆盖养护的混凝土，其全部表面应覆盖严密，并应保持塑料布内有凝结水。

　　(5) 混凝土强度达到1.2N/mm² 前，不得在其上踩踏或安装模板及支架。

　2　常用的养护方法：

(1) 正温下施工几种常用的养护方法：

1）覆盖浇水养护：利用平均气温高于+5℃的自然条件，用适当的材料对混凝土表面加以覆盖并浇水，使混凝土在一定的时间内保持水泥水化作用所需要的适当温度和湿度条件。

2）薄膜布养护：在有条件的情况下，可采用不透水、气的薄膜布（如塑料薄膜布）养护。用薄膜布把混凝土表面敞露的部分全部严密地覆盖起来，保证混凝土在不失水的情况下得到充足的养护。但应保持薄膜布内有凝结水。

3）薄膜养生液养护：混凝土的表面不便浇水或使用塑料薄膜布养护时，可采用涂刷薄膜养生液，防止混凝土内部水分蒸发的方法进行养护。这种养护方法一般适用于表面积大的混凝土施工和缺水地区。

(2) 冬期施工常用的养护方法见本标准第9章。

7.4.3 成品保护

1 浇筑混凝土时，要保证钢筋和垫块的位置正确，防止踩踏楼板、楼梯弯起负筋、碰动插筋和预埋铁件，保证插筋、预埋铁件位置正确。

2 不得用重物冲击模板，不在梁或楼梯踏步模板吊帮上蹬踩，应搭设跳板，保护模板的牢固和严密。

3 已浇筑混凝土要加以保护，必须在混凝土强度达到不掉楞时方准进行拆模操作。

4 不得任意拆改大模板的连接件及螺栓，以保证大模板的外形尺寸准确。

5 混凝土浇筑、振捣至最后完工时，要保证留出钢筋的位置正确。

6 应保护好预留洞口、预埋件及水电预埋管、盒等。

7 混凝土浇筑完后，待其强度达到1.2MPa以上，方可在其上进行下一道工序施工和堆放少量物品。

8 冬期施工，在楼板上铺设保温材料覆盖时，要铺设脚手板，避免直接踩踏出现较深脚印或凹陷。

9 已浇筑楼板、楼梯踏步的上表面混凝土要加以保护，必须在混凝土强度达到1.2MPa以后，方准在面上进行操作及安装结构用的支架和模板。

10 基础中预留的暖卫、电气暗管，地脚螺栓及插筋，在浇筑混凝土过程中，不得碰撞，或使产生位移。

11 基础内应按设计要求预留孔洞或埋设螺栓和预埋铁件，不得以后凿洞埋设。

12 基础、地下室及大型设备基础浇筑完成后，应及时回填四周基坑土方，避免长期暴露出现干缩裂缝。

7.4.4 安全、环保措施

1 安全措施

(1) 混凝土浇筑应检查模板及其支撑的稳固等情况，施工中严密监视，发现问题应及时加固，施工中不得踩踏模板支撑。

(2) 混凝土搅拌开始前，应对搅拌机及配套机械进行无负荷试运转，检查运转正常，运输道路畅通，确认正常方可开机工作。固定式机械要有可靠的基础，移动式机械应在平坦坚硬的地坪上用方木或撑架架牢，并保持水平。

(3) 搅拌机运转时，严禁将锹、耙等工具伸入罐内，必须进罐扒混凝土时，要停机进行。工作完毕,应将拌筒清洗干净。搅拌机应有专用开关箱,并应装有漏电保护器,停机时应拉断电闸,下班时电闸箱应上锁。混凝土搅拌机的齿轮、皮带传动部分,均应装设防护罩。混凝土搅拌机作业中发现故障不能继续运转时,应立即切断电源,将搅拌筒内的混凝土清除干净,然后进行检修。作业后,应对搅拌机进行全面清洗,操作人员如需进入搅拌筒内清洗或检修时,必须切断电源,设专人在外监护,或卸下熔断器并锁好电闸箱,方可进入清洗或检修。

(4) 搅拌机上料斗提升后,斗下禁止人员通行。如必须在斗下清渣时,须将升降料斗用保险链条挂牢或用木杠架住,并停机,以免落下伤人。

(5) 采用手推车运输混凝土时,不得争先抢道,装车不应过满;卸车时应有挡车措施,不得用力过猛或撒把,以防车把伤人。

(6) 使用井架提升混凝土时,应设制动安全装置,升降应有明确信号,操作人员未离开提升台时,不得发升降信号。提升台内停放手推车要平稳,车把不得伸出台外,车轮前后应挡牢。

(7) 使用溜槽及串筒下料时,溜槽与串筒必须牢固地固定,人员不得直接站在溜槽帮上操作。

(8) 混凝土浇筑前,应对振动器进行试运转,振动器操作人员应穿胶靴、戴绝缘手套;振动器不能挂在钢筋上,湿手不能接触电源开关。

(9) 混凝土施工作业场地要有良好的排水条件,机械近旁应有水源,机棚内应有良好的通风,采光及防水、防冻,并不得积水。

(10) 混凝土输送泵严禁将垂直管道直接装接在泵的输出口上,应在垂直管架设的前端装接长度不小于 10m 的水平管。水平管近泵处应装止回阀。泵送设备的各部螺栓应紧固,管道接头应紧固密封,防护装置应齐全可靠。作业后,必须将料斗内和管道内的混凝土全部输出,然后对泵机、料斗、管道进行清洗,用压缩空气冲洗管道时,管道出口端前方 10m 内不得站人,并应用金属网篮等收集冲出的泡沫橡胶及砂石粒。严禁用压缩空气冲洗布料杆配管。

(11) 混凝土振动器作业前,检查电源线路应无破损漏电,漏电装置应灵活可靠,机具各部连接应紧固,旋转方向正确。作业移动时严禁用电源线拖拉振捣器。平板振捣器与平板应保持紧固,电源线必须固定在平板上,电源开关应装在把手上。操作人员必须穿戴绝缘胶鞋和绝缘手套。作业后,必须切断电源,做好清洗、保养工作,振捣器要放在干燥处,并有防雨措施。

(12) 混凝土浇筑时的悬空作业,必须遵守下列规定:

浇筑离地 2m 以上框架、过梁、雨篷和小平台时,应设操作平台,不得直接站在模板或支撑件上操作。浇筑拱形结构,应自两边拱脚对称地相同进行。浇筑储仓,下口应先行封闭,并搭设脚手架以防人员坠落。

2 环境保护措施

(1) 施工中应做好环境保护工作,应根据工程的实际情况识别评价所属工作范围内的环境因素,并建立重要环境因素清单,并将新出现的环境因素以"环境因素调查表"的形式反馈给工程项目负责人。

(2) 工程施工期间应建立"环境因素台账",并将新出现的环境因素及时填写在"环境因素台账"中，施工中做好控制。

（3）在施工中重点做好以下六方面的控制：向大气的排放；向水体的排放；废弃物的管理；对土地的污染；原材料与自然资源的使用；当地其他环境问题和社区性问题（如噪声、光污染等）。

（4）混凝土搅拌场地应设置集水坑和沉淀池，并化验污水的排放是否符合标准要求。

（5）混凝土泵、混凝土罐车噪声排放的控制；施工时应搭设简易棚将其围起来，并要求商品混凝土分包商加强对混凝土泵的维修保养，加强对其操作工人的培训和教育，保证混凝土泵、混凝土罐车平稳运行。

（6）混凝土施工时的废弃物应及时清运，保持工完场清。

（7）现场混凝土搅拌机停放的场所应平坦坚硬，并有良好的排水条件，其场地要求还应符合建筑安全管理规定及国标 GB/T 24001—1996 idt ISO 14001—1996 的有关规定（包括沉淀池、污水排放、扬尘、施工噪声控制等）。

7.4.5 质量标准

Ⅰ 主控项目

7.4.5.1 结构混凝土的强度等级必须符合设计要求。用于检查结构构件混凝土强度的试件，应在混凝土的浇筑地点随机抽取。取样与试件留置应符合下列规定：

1 每拌制 100 盘且不超过 $100m^3$ 的同配合比的混凝土，取样不得少于一次；
2 每工作班拌制的同一配合比的混凝土不足 100 盘时，取样不得少于一次；
3 当一次连续浇筑超过 $1000m^3$ 时，同一配合比的混凝土每 $200m^3$ 取样不得少于一次；
4 每一楼层、同一配合比的混凝土，取样不得少于一次；
5 每次取样应至少留置一组标准养护试件，同条件养护试件的留置组数应根据实际需要确定。

检验方法：检查施工记录及试件强度试验报告。

7.4.5.2 对有抗渗要求的混凝土结构，其混凝土试件应在浇筑地点随机取样。同一工程、同一配合比的混凝土，取样不应少于一次，留置组数可根据实际需要确定。

（防水混凝土连续浇筑混凝土量为 $500m^3$ 以下时，应留两组抗渗试块，每增加 250～$500m^3$ 应增留两组，一组在标准情况下养护，另一组在现场相同条件下养护，龄期不少于 28d，不多于 90d。）

检验方法：检查试件抗渗试验报告。

7.4.5.3 混凝土原材料每盘称量的偏差应符合表 7.4.5.3 的规定。

表 7.4.5.3 原材料每盘称量的允许偏差

材 料 名 称	允 许 偏 差
水泥、掺合料	±2%
粗、细骨料	±3%
水、外加剂	±2%

注：1 各种衡器应定期校验，每次使用前应进行零点校核，保持计量准确；
　　2 当遇雨天或含水率有显著变化时，应增加含水率检测次数，并及时调整水和骨料的用量。

检查数量：每工作班抽查不应少于一次。

检验方法：复称。

7.4.5.4 混凝土运输、浇筑及间歇的全部时间不应超过混凝土的初凝时间。同一施工段的混凝土应连续浇筑，并应在底层混凝土初凝之前将上一层混凝土浇筑完毕。

当底层混凝土初凝后浇筑上一层混凝土时，应按施工技术方案中对施工缝的要求进行处理。

检查数量：全数检查。

检验方法：观察，检查施工记录。

Ⅱ 一 般 项 目

7.4.5.5 施工缝的位置应在混凝土浇筑前按设计要求和施工技术方案确定。施工缝的处理应按施工技术方案执行。

检查数量：全数检查。

检验方法：观察，检查施工记录。

7.4.5.6 后浇带的留置位置应按设计要求和施工技术方案确定。后浇带混凝土浇筑应按施工技术方案进行。

检查数量：全数检查。

检验方法：观察，检查施工记录。

7.4.5.7 混凝土浇筑完毕后，应按施工技术方案及时采取有效的养护措施。并应符合下列规定：

1 应在浇筑完毕后的12h以内对混凝土加以覆盖并保湿养护；

2 混凝土浇水养护的时间：对采用硅酸盐水泥、普通硅酸盐水泥或矿渣硅酸盐水泥拌制的混凝土，不得少于7d；对掺用缓凝型外加剂或有抗渗要求的混凝土，不得少于14d；

3 浇水次数应能保持混凝土处于湿润状态；混凝土养护用水应与拌制用水相同；

4 采用塑料布覆盖养护的混凝土，其敞露的全部表面应覆盖严密，并应保持塑料布内有凝结水；

5 混凝土强度达到$1.2N/mm^2$前，不得在其上踩踏或安装模板及支架。

注：1 当日气温低于5℃时不得浇水；

2 当采用其他品种的水泥时，混凝土的养护时间应根据所采用水泥的技术性能确定；

3 混凝土表面不便浇水或使用塑料布时，宜涂刷养护剂；

4 对大体积混凝土的养护，应根据气候条件按施工技术方案采取控温措施。

检查数量：全数检查。

检验方法：观察，检查施工记录。

7.4.6 质量验收

1 验收检验批的划分按本标准第3.0.5条执行；

2 验收组织和程序按本标准第3.0.10条规定执行；

3 混凝土施工检验批质量验收记录见表7.4.6"混凝土施工检验批质量验收记录表"。

表 7.4.6 混凝土施工检验批质量验收记录表
GB 50204—2002

单位(子单位)工程名称				
分部(子分部)工程名称			验收部位	
施工单位			项目经理	
施工执行标准名称及编号				

		施工质量验收规范的规定		施工单位检查评定记录	监理(建设)单位验收记录
主控项目	1	混凝土强度等级及试件的取样和留置	第 7.4.5.1		
	2	混凝土抗渗及试件取样和留置	第 7.4.5.2		
	3	原材料每盘称量的偏差	第 7.4.5.3		
	4	运输、浇筑及间歇时间控制	第 7.4.5.4		
一般项目	1	施工缝的位置和处理	第 7.4.5.5		
	2	后浇带的位置和浇筑	第 7.4.5.6		
	3	混凝土养护	第 7.4.5.7		

	专业工长(施工员)		施工班组长	
施工单位检查评定结果				
	项目专业质量检查员:			年 月 日
监理(建设)单位验收结论				
	专业监理工程师(建设单位项目专业技术负责人):			年 月 日

8 现浇混凝土结构分项工程

8.1 一般规定

8.1.1 现浇结构的外观质量缺陷,应由监理(建设)单位、施工单位等各方根据其对结构性能和施工功能影响的严重程度,按表8.1.1确定。

表8.1.1 现浇结构外观质量缺陷

名 称	现 象	严 重 缺 陷	一 般 缺 陷
露筋	构件内钢筋未被混凝土包裹而外露	纵向受力钢筋有露筋	其他钢筋有少量露筋
蜂窝	混凝土表面缺少水泥砂浆而形成石子外露	构件主要受力部位有蜂窝	其他部位有少量蜂窝
孔洞	混凝土中孔穴深度和长度均超过保护层厚度	构件主要受力部位有孔洞	其他部位有少量孔洞
夹渣	混凝土中夹有杂物且深度超过保护层厚度	构件主要受力部位有夹渣	其他部位有少量夹渣
疏松	混凝土中局部不密实	构件主要受力部位有疏松	其他部位有少量疏松
裂缝	缝隙从混凝土表面延伸至混凝土内部	构件主要受力部位有影响结构性能或使用功能的裂缝	其他部位有少量不影响结构性能或使用功能的裂缝
连接部位缺陷	构件连接部位混凝土缺陷及连接钢筋、连接件松动	连接主要受力部位有影响结构性能或使用功能的裂缝	其他部位有少量不影响结构性能或使用功能的裂缝
外形缺陷	缺棱掉角、棱角不直、翘曲不平、飞边凸肋等	清水混凝土构件有影响使用功能或装饰效果的外形缺陷	其他混凝土构件有不影响使用功能的外形缺陷
外表缺陷	构件表面麻面、掉皮、起砂、沾污等	具有重要装饰效果的清水混凝土构件有外表缺陷	其他构件有不影响使用功能的外表缺陷

8.1.2 现浇结构拆模后,应由监理(建设)单位、施工单位对外观质量和尺寸偏差进行检查,作出记录,并应及时按施工技术方案对缺陷进行处理。

8.2 外观质量

8.2.1 外观质量检查确认

1 现浇结构拆模后,项目技术负责人应组织质量检查员、施工员、施工班组长对结构表面进行全面自检,如发现有外观质量缺陷,应认真记录缺陷情况和缺陷部位,严重缺陷应绘出草图。

2 根据缺陷对结构性能和使用功能影响的程度,初步确定缺陷的严重程度(即确定属于严重缺陷还是一般缺陷)。

(1) 严重缺陷一般是影响结构性能、使用功能和结构耐久性的缺陷，对清水混凝土影响装饰效果的缺陷。

(2) 一般缺陷通常不会影响结构性能、使用功能和结构耐久性，但有碍观瞻。

对一般缺陷还有一个从量变到质变的概念，对外观质量缺陷对结构性能和使用功能的影响程度，应由监理（建设）单位、施工单位等各方共同确定。在自检时对以下几种情况，可以根据量的大小进行初步确认：

1) 少量露筋：梁、柱非纵向受力钢筋的露筋长度一处不大于100mm，累计不大于200mm；基础、墙、板非纵向受力钢筋的露筋长度一处不大于200mm，累计不大于400mm，可确定为一般缺陷。

2) 少量蜂窝：梁、柱上的蜂窝面积一处不大于500cm^2，累计不大于1000cm^2；基础、墙、板上蜂窝面积一处不大于1000cm^2，累计不大于2000cm^2，可确定为一般缺陷。

3) 少量孔洞：梁、柱上的孔洞面积一处不大于10cm^2，累计不大于80cm^2；基础、墙、板上孔洞面积一处不大于100cm^2，累计不大于200cm^2，可确定为一般缺陷。

4) 少量夹渣：夹渣层的深度不大于50mm；梁、柱上的夹渣层长度一处不大于50mm，不多于2处；基础、墙、板上的夹渣层长度一处不大于200mm，不多于2处，可确定为一般缺陷。

5) 少量疏松：梁、柱上的疏松面积一处不大于500cm^2，累计不大于1000cm^2；基础、墙、板上的疏松面积一处不大于1000cm^2，累计不大于2000cm^2，可确定为一般缺陷。

上述几种缺陷中，数量上超过上述规定，亦应确定为严重缺陷。

(3) 将自检记录和初步确定的缺陷情况报监理（建设）单位确认后，由项目技术负责人组织有关人员制定缺陷的处理技术方案，报监理（建设）单位认可同意后，认真组织对缺陷进行处理。

8.2.2 缺陷处理

1 严重缺陷，由施工单位提出技术处理方案，并经监理（建设）单位认可后进行处理。

2 一般缺陷，由施工单位按技术处理方案进行处理。

3 常见缺陷的一般处理方法

(1) 蜂窝：系指混凝土表面无水泥浆，露出石子深度大于5mm，但小于保护层厚度的缺陷。

处理方法：先凿去蜂窝处薄弱松散的混凝土和突出的颗粒，用水洗刷干净后，用与原混凝土同成分的（或1：(2~2.5)，水泥：砂）水泥砂浆分层压实抹平。抹压砂浆前，表面应充分湿润（但无积水），并刷素水泥浆，一次抹压厚度不超过10mm。第一遍抹压应用力将砂浆挤入和填满石子空隙，砂浆不应太稀，以防止收缩裂缝。待第一遍砂浆凝固（表面仍潮湿但手按无印痕）后，进行第二遍抹压。最后的表面层抹压时，应注意压平压光，与完好混凝土的交界处应刮平压光。待表层砂浆凝固后，用麻袋片包裹或覆盖保温养护。养护时间同混凝土要求。

(2) 露筋：系指混凝土内主筋、分布筋和箍筋，没有被混凝土包裹而外露。

处理方法：对表面露筋，刷洗干净后，用1∶2或1∶2.5水泥砂浆压实抹平整，并认真养护；如露筋较深，应将薄弱混凝土和突出颗粒凿去，洗刷干净后，用比原来高一强度等级的细石混凝土填塞压实，并认真养护。

(3) 孔洞：系指混凝土结构内有空腔，局部没有混凝土的缺陷。

处理方法：应经过有关单位共同研究，制定修补或补强方案，经批准后方可处理。一般孔洞处理是将孔洞周围的松散混凝土凿除，用压力水冲洗，支设带托盒的模板，洒水充分湿润后，用比结构高一强度等级的半干硬性细石混凝土仔细分层浇筑，强力捣实，并养护。突出结构面的混凝土，须待达到50%强度后再凿去，表面用1∶2水泥砂浆抹光；对于面积大而深的孔洞，将孔洞周围的松散混凝土和软弱浆模凿除，用压力水冲洗后，在内部埋压浆管、排气管，填清洁的碎石（粒径10～20mm），表面抹砂浆或浇筑薄层混凝土，然后用水泥压力灌浆方法进行处理，使之密实。

(4) 夹渣：系指施工缝处混凝土结合不好，有缝隙或夹有杂物，造成结构整体性不良的缺陷。

处理方法：缝隙夹层不深时，可将松散的混凝土凿去，洗刷干净后，用1∶2或1∶2.5水泥砂浆填嵌密实；较深时，应清除松散部分和内部夹杂物，用压力水冲洗干净后支模，强力灌细石混凝土捣实，或将表面封闭后进行压浆处理。

(5) 疏松：系指混凝土结构由于漏振、离析、或漏浆造成混凝土局部无水泥浆，且深度超过蜂窝的缺陷

处理方法：凿除疏松的混凝土，按孔洞处理方法进行处理。

(6) 裂缝：是指混凝土结构由于收缩、温度、沉降、表面干缩、超载或承载能力不足等原因造成混凝土表面出现≥0.05mm以上的宏观裂缝。

处理方法：

1) 对裂缝进行宽度和深度观测，分析裂缝产生的原因及危害性；

2) 对于由于沉降、超载或承载能力不足引起的裂缝，应对裂缝发展进行观测。如裂缝继续开展，应立即查明原因，采取"结构加固或补强"措施。

3) 对于室内正常环境、年平均相对湿度小于60%地区的受弯构件，裂缝最大宽度小于0.4mm；室内正常环境、设计允许出现裂缝的构件，裂缝最大宽度小于0.3mm；室内潮湿环境，非严寒和非寒冷地区的露天环境、与无侵蚀性的水或土壤直接接触的环境，使用除冰盐的环境，严寒和寒冷地区冬期水位变动的环境，滨海室外环境，设计允许出现裂缝的构件，裂缝最大宽度小于0.2mm；设计允许出现裂缝的预应力钢筋混凝土构件，裂缝最大宽度小于0.2mm等。

属于上述情况之一的混凝土裂缝，经观察不再发展的，可不进行处理；属于上述情况之一的裂缝，但个别裂缝宽度超过了上述最大裂缝宽度值，经观察不再发展的，可采取"表面修补（封闭）法"处理。

4) 对于有渗漏水的裂缝，应采用"内部修补法"进行处理。

5) 混凝土裂缝的处理方法见本标准附录F。

8.2.3 缺陷预防措施

8.2.3.1 现浇混凝土结构的缺陷应坚持预防为主的方针，严格过程控制，施工前认真分析产生缺陷的原因，制订切实可行的预防措施，在施工中严格执行，施工后认真总结，不

断提高工程施工质量水平。

8.2.3.2　现浇混凝土结构的缺陷预防措施

1　露筋

（1）原因分析：

1）混凝土浇筑振捣时，钢筋保护层垫块移位或垫块太少甚至漏放，钢筋紧贴模板，致使拆模后露筋。

2）钢筋混凝土结构断面小，钢筋过密，如遇大石子卡在钢筋上，混凝土水泥浆不能充满钢筋周围，使钢筋密集处产露筋。

3）因配合比不当混凝土产生离析，浇捣部位缺浆或模板严重漏浆，造成露筋。

4）混凝土振捣时，振捣棒撞击钢筋，使钢筋移位，造成露筋。

5）混凝土保护层振捣不密实，或木模板湿润不够，混凝土表面失水过多，或拆模过早等，拆模时混凝土缺棱掉角，造成露筋。

（2）预防措施：

1）浇筑混凝土前，应检查钢筋位置和保护层厚度是否准确，发现问题及时修整。受力钢筋的混凝土保护层厚度应按设计要求执行，当设计图中没有注明时，可按本标准附录B.8规定执行。

2）为保证混凝土保护层的厚度，要注意固定好保护层垫块。水平结构构件钢筋的下方每隔1m左右，垫1块水泥砂浆垫块或塑料垫块；竖向构件和水平构件钢筋的侧面每隔1m左右绑扎1块水泥砂浆垫块，最好使用塑料钢筋保护层卡环；水平结构构件上部的钢筋，在浇筑混凝土时应采取可靠措施，防止人踩和重压，造成保护层过厚或钢筋局部翘起。受力钢筋保护层的允许偏差见本标准表5.5.5.2。

3）钢筋较密集时，应选合适的石子，石子的最大粒径不得超过结构截面最小尺寸的1/4，同时不得大于钢筋净距的3/4。结构截面较小部位或钢筋较密集处可用细石混凝土浇筑。

4）为防止钢筋移位，严禁振捣棒撞击钢筋。在钢筋密集处，可采用直径较小或带刀片的振捣棒进行振捣。保护层混凝土要振捣密实，振捣棒至模板的距离不应大于振捣器有效作用半径的1/2。

5）如采用木模板时，在浇筑混凝土前应将模板充分湿润。模板接缝处用海绵条堵好，防止漏浆。

6）混凝土的自由倾落高度超过2m（或在竖向结构中超过3m）时，应采用串筒或溜槽下料，防止混凝土离析。

7）拆模时间要根据试块试验结果正确掌握，防止过早拆模。

2　蜂窝

（1）原因分析：

1）混凝土砂、石、水泥材料计量不准确，或加水未计量，造成砂浆少石子多。

2）混凝土搅拌时间短，没有拌和均匀；混凝土和易性差，振捣不密实。

3）浇筑混凝土下料不当，使石子集中，振不出水泥浆，造成混凝土离析。

4）混凝土一次下料过多，没有分层浇筑，振捣不实或下料和振捣配合不好，下一层未振捣又下料，因漏振而造成蜂窝。

5）模板缝隙未堵好，或模板支设不牢固，振捣混凝土时模板移位，造成严重漏浆或烂根，形成蜂窝。

（2）预防措施：

1）现场搅拌混凝土时，严格按配合比进行计量，雨期施工应勤测砂石含水量，及时调整砂石用量或用水量。

2）混凝土应拌合均匀颜色一致，其最短搅拌时间应符合本标准表7.4.2.2-2的规定。

3）采用预拌混凝土时，应严格按照本标准第7.2.7条的规定进行验收。

4）混凝土下料时的自由倾落高度不得超过2m，超过时应采用串筒或溜槽下料。

5）在竖向结构中浇筑混凝土时，应采取以下措施：

a 支模前在模板下口抹80mm宽找平层，找平层嵌入柱、墙体不超过10mm，保证模板下口严密。开始浇筑混凝土时，底部先填50～100mm与混凝土成分相同的水泥砂浆。砂浆应用铁锹入模，不得用料斗或泵送直接灌入模内，防止局部堆积、厚薄不匀。

b 竖向结构混凝土应分段、分层浇筑。

分段高度不应大于3.0m，如超过时应采用串筒或溜槽下料，或在模板侧面开设不小于300mm高的浇筑口，装上斜溜槽下料和振捣。

混凝土浇筑时的分层厚度，应按本标准表7.4.2.4-1的规定执行。

6）振捣混凝土拌合物时，插入式振捣器移动间距不应大于其作用半径的1.5倍，对轻骨料混凝土则不应大于1倍；振捣器至模板的距离不应大于振捣器有效作用半径的1/2；为保证上下层混凝土结合良好，振捣棒应插入下层混凝土50mm；平板振动器搭接不小于平板部分的1/4。

3 孔洞

（1）原因分析：

1）在钢筋密集处或预留孔洞和埋件处，混凝土浇筑不畅通，不能充满模板而形成孔洞。

2）未按顺序振捣混凝土，产生漏振。

3）混凝土离析，砂浆分离，石子成堆，或严重跑浆，形成特大蜂窝。

4）混凝土工程的施工组织不好，未按施工顺序和施工工艺认真操作而造成孔洞。

5）不按规定下料，吊斗直接将混凝土卸入模板内，一次下料过多，下部因振捣器振动作用达不到，形成松散状态，以致出现特大蜂窝和孔洞。

（2）预防措施：

1）在钢筋密集处，如柱梁及主次梁交叉处浇筑混凝土时，可采用细石混凝土浇筑，使混凝土充满模板，并认真振捣密实。机械振捣有困难时，可采用人工配合振捣。

2）预留孔洞和埋件处两侧应同时下料，孔洞和埋件较大时，在下部模板的上口开设振捣口或出气孔，振捣时应待振捣口或出气孔处全部充满或充分冒浆为止；较大的预埋管下侧混凝土浇筑时，从管两侧同时下料，先浇管中心以下部分，然后两侧同时振捣，充分冒浆后再浇筑其上部混凝土。

3）混凝土振捣应采用正确的振捣方法，严防漏振。

插入式振捣器应采用垂直振捣方法，即振捣棒与混凝土表面垂直或斜向振捣，振捣棒与混凝土表面成一定角度，约40°～45°。

振捣器插点应均匀排列,可采用行列式或交错式(见图8.2.3.2)顺序移动,不应混用,以免漏振。每次移动距离不应大于振捣棒作用半径的1.5倍。一般振捣棒的作用半径为300～400mm。振捣器操作时应快插慢拔。

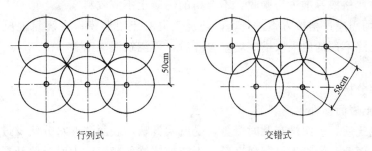

图8.2.3.2 插点排列

4 夹渣

(1) 原因分析:

1) 在浇筑混凝土前没有认真处理施工缝表面;浇筑时,捣实不够。

2) 浇筑大面积钢筋混凝土时,往往分层分段施工,在施工停歇期间常有木屑、锯末等杂物(在冬期可能有积雪、冰块)积存在混凝土表面,未认真检查清理,再次浇筑混凝土时混入混凝土内,在施工缝处造成杂物夹层。

3) 浇筑混凝土柱头时,因柱子施工缝停留时间较长,易掉进杂物,浇筑上层柱时,又未认真检查清理,以致施工缝处夹在杂物。

(2) 预防措施:

1) 在浇筑柱、梁、楼板、墙、斗仓及类似结构混凝土时,如间歇时间超过表8.2.3.2的规定,应按施工缝处理,应在混凝土抗压强度不小于12MPa时,才允许继续浇筑。

表8.2.3.2 混凝土的凝结时间 (min)

混凝土强度等级	气温(℃)	
	低于25	高于25
C30及以下	210	180
C30以上	180	150

2) 对混凝土进行二次振捣,可以提高接缝的强度和密实度。在大体积混凝土施工中,可以在先浇筑的混凝土终凝前(初凝前后),进行二次振捣,然后浇筑上层混凝土。二次振捣的合适时间应经过试验后确定。

3) 在已硬化的混凝土表面上继续浇筑混凝土前,应清除掉进的杂物和表面水泥薄膜和松动的石子或软弱混凝土层,并充分湿润和冲洗干净,残留在混凝土表面的水应予清除。

4) 在浇筑混凝土前,施工缝宜先铺或抹与混凝土相同成分的水泥砂浆或减石混凝土。

5 疏松

(1) 原因分析:

1) 由于一次浇筑层太厚,振捣不密实或漏振,造成混凝土疏松。

2) 混凝土搅拌不均匀,造成局部混凝土水泥或水泥浆少,混凝土强度不足。

3) 模板加固不牢或拼缝不严,混凝土严重漏浆,造成混凝土疏松。

(2) 预防措施:

1) 混凝土浇筑应严格按本标准第7.4.2条规定分层分段施工,混凝土振捣按本条

"孔洞"预防措施中的有关规定执行。

2) 混凝土现场搅拌应严格按本标准第7.4.2条相应要求，保证搅拌时间，在浇筑过程中如发现混凝土有离析和不均匀的应停止浇筑，将不符合要求的混凝土退回重新搅拌；商品混凝土应严格按标准进行验收，不合格的混凝土不应收料。

3) 模板加固应严格按方案进行，以防浇筑混凝土时跑模；在浇筑混凝土前应对模板进行检查，接缝不严的应采取措施堵塞缝隙后，再浇筑混凝土。

6 裂缝

(1) 原因分析：

1) 混凝土表面塑性收缩裂缝：

混凝土浇筑后，表面没有及时覆盖，受风吹日晒，表面游离水分蒸发过快，产生急剧的体积收缩，而此时混凝土早期强度低，不能抵抗这种变形应力而导致开裂；使用收缩率较大的水泥，水泥用量过多，或使用过量的粉细砂，或混凝土水灰比过大；模板、垫层过于干燥，吸水大等；

混凝土浇筑振捣后，粗骨料下沉，挤出水分和空气，表面呈现泌水，而形成竖向体积缩小沉落，这种沉落受到钢筋、预埋件、大的粗骨料局部阻碍或约束，造成沿钢筋上表面通长方向或箍筋上断续裂缝；

混凝土上表面砂浆层过厚，它比下层混凝土收缩性大，水分蒸发后，产生凝缩裂缝。

2) 温度裂缝：

表面温度裂缝：混凝土结构特别是大体积混凝土浇筑后，在硬化期间水泥放出大量水化热，内部温度不断上升，使混凝土表面和内部温差较大。当表面产生非均匀的降温时（如施工中过早拆除模板，冬期施工过早撤除保温，或寒流袭击温度突然骤降等），将导致混凝土表面急剧的温度变化而产生较大的降温收缩，表面混凝土受到内部混凝土和钢筋的约束，将产生很大的拉应力，而混凝土早期抗拉强度很低，因而出现裂缝。

贯穿性温度裂缝：当大体积混凝土基础、墙体浇筑在坚硬的地基下或厚大的老混凝土垫层上，没有采取隔离等放松约束的措施，如混凝土浇筑时温度很高，加上水泥水化热的温升很大，使混凝土的温度很高，当混凝土降温收缩，全部或部分地受到地基、混凝土垫层或其它外部结构的约束，将会在混凝土内部出现很大的拉应力，产生降温收缩裂缝。这类裂缝较深，有时是贯穿性的；较薄的板类构件或细长结构件，由于温度变化，也会产生贯穿性的温度和收缩裂缝。

(2) 预防措施：

1) 配制混凝土时，应严格控制水灰比和水泥用量，选择级配良好的石子，减小空隙率和砂率；在浇筑混凝土时，要捣固密实，以减少混凝土的收缩量，提高混凝土的抗裂性能。

2) 浇筑混凝土前，将基层和模板浇水湿透，避免吸收混凝土中的水分。

3) 混凝土浇筑后，对表面应及时覆盖和保湿养护。

4) 混凝土表面如砂浆层过厚，应与刮除，如表面出现泌水应排除后再压面。

5) 大体积混凝土应尽是选用低水化热的水泥和采用60d强度，掺加适量的外加剂和粉煤灰，以减少水泥用量、降低水化热量；选用级配良好的骨料，并严格控制砂、石子含泥量，降低水灰比，减少用水量，加强振捣，以提高混凝土的密实性和抗拉强度。

6）炎热天气施工大体积混凝土应采取措施降低原材料的温度，或用加冰的水进行拌制，以降低混凝土拌合物的入模温度；浇筑时，采用分层浇筑和二次振捣，以加快热量的散发和提高混凝土的密实度。

7）大体积混凝土基础浇筑在岩石地基或厚大的混凝土垫层上时，在岩石地基或垫层上铺设能滑动的隔离层，减少对混凝土的约束。较薄的板类构件或细长结构件应缩小伸缩缝的间距，适当延长拆模时间。

8）加强早期养护，提高混凝土的抗拉强度。混凝土浇筑后，应尽快用塑料薄膜和草袋覆盖养护；基坑内的大体积混凝土基础可采用蓄水进行养护，冬期施工应采取保湿保温养护，即先在混凝土表面铺一层塑料薄膜，然后用草袋（层数根据气温确定，一般不少于两层）覆盖养护。并做好测温工作，发现降温速度较快或内外温差接近25℃时，应增加保温层的覆盖厚度，以防止温差过大。

9）条件许可的大体积混凝土可采用内部预留管道，通循环水内部降温的方法，以降低混凝土的内外温差。

8.3 尺寸偏差

8.3.1 尺寸偏差检查确认

1 现浇结构拆模后，项目技术负责人应组织质量检查员、施工员、施工班组长对结构表面进行全面自检，如发现有影响设备在基础上的安装或使用的过大尺寸偏差，应认真记录偏差情况和部位，并绘出草图。

2 影响结构构件受力性能和使用功能过大尺寸偏差是指：

尺寸偏差超过本标准表8.4.2.2-1、表8.4.2.2-2规定，同时具有下述情况：

（1）基础、独立基础的轴线偏差，影响上部结构不能正常传力，或对基础形成过大的偏心荷载，对基础的安全造成隐患；

（2）墙（含剪力墙）、柱、梁的轴线偏差，影响其上部梁或板伸入支座的钢筋锚固长度，或上层墙、柱对下层墙、柱形成过大的偏心荷载，对结构安全造成隐患；或装修不能弥补（即装修后仍留下影响使用或严重影响美观）的偏差。

（3）垂直度过大偏差，造成竖向结构构件倾斜，影响上部结构传力或对倾斜构件本身造成过大偏心荷载，影响结构安全；或经装修不能弥补的偏差；

（4）标高过大偏差，影响使用功能；地面面层和吊顶装修不能弥补的偏差；影响电梯、扶梯等设备安装的偏差；

（5）结构构件的截面尺寸偏大，影响正常使用或美观；截面尺寸过小，影响结构安全。

（6）电梯井筒过小（长、宽）、井筒垂直度偏差过大，影响电梯安装和运行；

（7）预埋件、预埋螺栓、预埋管、预留洞中心线位置偏差，影响设备或管线的安装；

（8）设备基础的坐标位置、平面标高、平面外形尺寸、平面水平度、垂直度、预埋件（预埋地脚螺栓的标高、中心距、中心线位置、孔垂直度等）的偏差，影响设备安装。

3 超过本标准表8.4.2.2-1、表8.4.2.2-2的偏差是否属于过大偏差，应根据其对结构性能和使用功能的影响程度，由监理（建设）单位、施工单位等各方共同确定，对影响结构安全的问题应请设计单位进行核算。施工单位在自检的基础上，报监理（建设）单位确认。

8.3.2 过大偏差的处理

1 确定为影响结构性能的过大偏差，应组织有关专家和设计单位进行定量分析，如存在着结构隐患应采取加固补强或返工处理。

2 影响使用功能或设备、管线安装的过大偏差，应根据偏差的具体情况，采取部分结构改造、改变装饰、装修做法，改变设备、管线位置和尺寸等方法进行处理。处理后应能满足使用功能、不留隐患。

3 处理的程序是：施工单位组织有关人员提出技术处理方案，报经监理（建设）单位认可后进行处理。经处理的部位应重新检查验收。

8.3.3 过大尺寸偏差的预防措施

1 轴线位置和标高的偏差，应提高测量放线的精度

（1）在工程施工前，在建筑物相互垂直的两个主轴线方向，建立轴线控制网，控制轴线距离30～50m。中间轴线的丈量，始终以两侧控制轴线为依据，防止误差积累；每次丈量，从两端各量测至少一次，取其平均值作为中间轴线的位置。使用钢尺进行尺寸丈量，要始终使用同一把钢尺；钢尺应经过标准检定，使用时应进行尺长和温度修正。平面尺寸较大或平面形状复杂的工程，应采用激光测距仪或全站仪测距。高层建筑的轴线传递，应使用激光铅直仪（或天顶准直仪）内控法传递。

（2）施工前，在建筑物附近至少设置三个标准水准点，并使每个端点至少与其他一点能够通视，中间点至少能与相邻的两点通视，以便能够形成闭合复核线路。在施工期间应对标准水准点进行保护，防止碰撞、碾压和振动，并应定期进行复测检查。

建筑物标高的传递采用吊钢尺引测法，引测应始终使用同一把钢尺，并始终从首层同一标高点引测，以防止误差积累；高层建筑宜使用全站仪进行竖向测距。

（3）标高、轴线施测和施工放线完成后，应进行技术复核，填写技术复核单。

2 建筑物、电梯井及竖向结构构件的垂直度控制

每层模板支设后，建筑物的外大角应用经纬仪对相互垂直的两方向进行检查，电梯井和其他竖向构件应用吊线锤进行检查，发现问题及时修整加固；浇筑混凝土时应尽量做到对称下料，以防止模板受力不匀，出现倾斜；混凝土浇筑完毕后，在混凝土凝固前进行检查，如发现有跑模、变形或倾斜立即进行处理。

3 预埋件（包括预埋螺栓、预埋管、预留洞）的中心线位置及标准等的控制

（1）模板支设时应加强复核，保证其位置和标高的正确；

（2）采取可靠的固定措施，防止浇筑混凝土时移位或上浮或下沉；

（3）混凝土浇筑时应在两侧对称下料，振捣时严禁直接振动预埋件；

（4）施工过程中加强中间检查，发现移位应及时修正；

（5）施工后，在混凝土凝固前进行检查，发现问题及时进行处理。

8.4 质量标准

8.4.1 外观质量

Ⅰ 主控项目

8.4.1.1 现浇结构的外观质量不应有严重缺陷。

对已经出现的严重缺陷，应由施工单位提出技术处理方案，并经监理（建设）单位认可后进行处理。对经处理的部位，应重新检查验收。

检查数量：全数检查。

检验方法：观察，检查技术处理方案。

Ⅱ 一般项目

8.4.1.2 现浇结构的外观质量不宜有一般缺陷。

对已经出现的一般缺陷，应由施工单位按技术处理方案进行处理，并重新检查验收。

检查数量：全数检查。

检验方法：观察，检查技术处理方案。

8.4.2 尺寸偏差

Ⅰ 主控项目

8.4.2.1 现浇结构不应有影响结构性能和使用功能的尺寸偏差。混凝土设备基础不应有影响结构性能和设备安装的尺寸偏差。

对超过尺寸允许偏差且影响结构性能和安装、使用功能的部位，应由施工单位提出技术处理方案，并经监理（建设）单位认可后进行处理。对经处理的部位，应重新检查验收。

检查数量：全数检查。

检验方法：量测，检查技术处理方案。

Ⅱ 一般项目

8.4.2.2 现浇结构和混凝土设备基础拆模后的尺寸偏差应符合表 8.4.2.2-1 和表 8.4.2.2-2 的规定。

检查数量：按楼层、结构缝或施工段划分检验批。在同一检验批内，对梁、柱和独立基础，应抽查构件数量的 10%，且不少于 3 件；对墙和板，应按有代表性的自然间抽查 10%，且不少于 3 间；对大空间结构，墙可按相邻轴线间高度 5m 左右划分检查面，板可按纵、横轴线划分检查面，抽查 10%，且不少于 3 面；对电梯井，应全数检查。对设备基础，应全数检查。

表 8.4.2.2-1 现浇结构尺寸允许偏差和检验方法

项 目			允许偏差(mm)	检验方法
轴线位置		基础	15	钢尺检查
		独立基础	10	
		墙、柱、梁	8	
		剪力墙	5	
垂直度	层高	≤5m	8	用经纬仪或吊线、钢尺检查
		>5m	10	
	全 高(H)		$H/1000$ 且 ≤30	用经纬仪、钢尺检查

续表 8.4.2.2-1

项　目		允许偏差(mm)	检验方法
标高	层高	±10	水准仪或拉线、钢尺检查
	全高	±30	
截面尺寸		+8，-5	钢尺检查
电梯井	井筒长、宽对定位中心线	+25,0	钢尺检查
	井筒全高(H)垂直度	H/1000且≤30	经纬仪、钢尺检查
表面平整度		8	用2m靠尺和楔形塞尺检查
预埋设施中心线位置	预埋件	10	钢尺检查
	预埋螺栓	5	
	预埋管	5	
预留洞中心线位置		15	

注：检查轴线、中心线位置，应沿纵、横两个方向量测，并取其中的较大值。

表 8.4.2.2-2　混凝土设备基础尺寸允许偏差和检验方法

项　目		允许偏差(mm)	检验方法
坐标位置		20	钢尺检查
不同平面的坐标		0，-20	水准仪或拉线、钢尺检查
平面外形尺寸		±20	钢尺检查
凸台上平面外形尺寸		0，-20	钢尺检查
凹穴尺寸		+20,0	钢尺检查
平面水平度	每米	5	水平尺、塞尺检查
	全长	10	水准仪或拉线、钢尺检查
垂直度	每米	5	经纬仪或拉线、钢尺检查
	全高	10	
预埋地脚螺栓	标高(顶部)	+20,0	水准仪或拉线、钢尺检查
	中心距	±2	钢尺检查
预埋地脚螺栓孔	中心线位置	10	钢尺检查
	深度	+20,0	钢尺检查
	孔垂直度	10	吊线、钢尺检查
预埋活动地脚螺栓锚板	标高	+20,0	水准仪或拉线、钢尺检查
	中心线位置	5	钢尺检查
	带槽锚板平整度	5	钢尺、塞尺检查
	带螺栓孔锚板平整度	2	钢尺、塞尺检查

注：检查坐标、中心线位置时，应沿纵、横两个方向量测，并取其中的较大值。

8.5　质　量　验　收

8.5.1　验收检验批的划分按本标准第3.0.5条执行；

8.5.2　验收组织和程序按本标准第3.0.10条规定执行；

8.5.3　现浇结构外观及尺寸偏差检验批质量验收记录见表8.5.3"现浇结构外观尺寸偏差检验批质量验收记录表"。

8.5.4　混凝土设备基础外观及尺寸偏差检验批质量验收记录见表8.5.4"混凝土设备基础外观及尺寸偏差检验批质量验收记录表"。

表 8.5.3 现浇结构外观及尺寸偏差检验批质量验收记录表
GB 50204—2002

单位(子单位)工程名称					
分部(子分部)工程名称				验收部位	
施工单位			专业工长	项目经理	
施工执行标准名称及编号					

		施工质量验收规范的规定		施工单位检查评定记录	监理(建设)单位验收记录
主控项目	1	外观质量	第8.4.1.1		
	2	过大尺寸偏差处理及验收	第8.4.2.1		
一般项目	1	外观质量一般缺陷	第8.4.1.2		
	2	轴线位置(mm)	基础　　　　　15		
			独立基础　　　10		
			墙、柱、梁　　8		
			剪力墙　　　　5		
	3	垂直度(mm)	层高 ≤5m　　8		
			>5m　　10		
			全高(H)　H/1000且≤30		
	4	标高(mm)	层高　　±10		
			全高　　±30		
	5	截面尺寸	+8,-5		
	6	电梯井	井筒长、宽对定位中心线(mm)　+25,0		
			井筒全高(H)垂直度(mm)　H/1000且≤30		
	7	表面平整度(mm)	8		
	8	预埋设施中心线位置(mm)	预埋件　　10		
			预埋螺栓　5		
			预埋管　　5		
	9	预留孔洞中心线位置(mm)	15		

	专业工长(施工员)		施工班组长	
施工单位检查评定结果	项目专业质量检查员：			年　月　日
监理(建设)单位验收结论	专业监理工程师(建设单位项目专业技术负责人)：			年　月　日

表 8.5.4 混凝土设备基础外观及尺寸偏差检验批质量验收记录表
GB 50204—2002

单位(子单位)工程名称					
分部(子分部)工程名称				验收部位	
施工单位			专业工长	项目经理	
施工执行标准名称及编号					
		施工质量验收规范的规定		施工单位检查评定记录	监理(建设)单位验收记录
主控项目	1	外观质量	第 8.4.1.1		
	2	过大尺寸偏差处理及验收	第 8.4.2.1		
一般项目	1	外观质量一般缺陷	第 8.4.1.2		
	2	坐标位置(mm)	20		
	3	不同平面的标高(mm)	0,−20		
	4	平面外形尺寸(mm)	±20		
	5	凸台上平面外形尺寸(mm)	0,−20		
	6	凹穴尺寸(mm)	+20,0		
	7	平面水平度 每米(mm)	5		
		全长(mm)	10		
	8	垂直度 每米(mm)	5		
		全高(mm)	10		
	9	预埋地脚螺栓 标高(顶部)(mm)	+20,0		
		中心距(mm)	±2		
	10	预埋地脚螺栓孔 中心线位置(mm)	10		
		深度(mm)	+20,0		
		孔垂直度(mm)	10		
	11	预埋活动地脚螺栓锚板 标高(mm)	+20,0		
		中心线位置(mm)	5		
		带槽锚板平整度(mm)	5		
		带螺纹孔锚板平整度(mm)	2		
施工单位检查评定结果	专业工长(施工员) 施工班组长 项目专业质量检查员: 年 月 日				
监理(建设)单位验收结论	专业监理工程师(建设单位项目专业技术负责人): 年 月 日				

9 装配式结构分项工程

9.1 一般规定

9.1.1 预制构件应进行结构性能检验。结构性能检验不合格的预制构件不得用于混凝土结构。

9.1.2 叠合结构中预制构件的叠合面应符合设计要求,并应满足下列构造规定。

1 叠合梁除应符合普通梁的构造要求外,尚应符合下列规定:

(1) 预制梁的箍筋应全部伸入叠合层,且各肢伸入叠合层的直线段长度不宜小于 $10d$(d 为箍筋直径);

(2) 在承受静力荷载为主的叠合梁中,预制构件的叠合面可采用凹凸不小于 6mm 的自然粗糙面;

(3) 叠合层混凝土的厚度不宜小于 100mm,叠合层的混凝土强度等级不应低于 C20。

2 叠合板的预制板表面应做成凹凸不小于 4mm 的人工粗糙面。叠合层的混凝土强度等级不应低于 C20。承受较大荷载的叠合板,宜在预制板内设置伸入叠合层的构造钢筋。

9.1.3 装配式结构外观质量、尺寸偏差的验收及对缺陷的处理应按本标准第 8 章的相应规定执行。

9.2 构件制作

9.2.1 施工准备

1 技术准备

(1) 编制施工方案,报批后方可施工。

(2) 构件制作的模板准备。装配式混凝土结构构件的制作可采用台座、钢平模和成组立模等方法。

制作构件的场地应平整坚实,并有排水措施;台座表面应光滑平整,在 2m 长度上平整度的允许偏差为 3mm,在气温变化较大的地区应留有伸缩缝。

2 材料准备

(1) 模具材料:大量生产的定型构件所用钢模,木模加镶贴薄铁皮或木模加小角铁包边等,应保证构件平整光洁、线角分明。选用木材的材质不宜低于Ⅲ等材。

(2) 预制混凝土原材料:参见本标准第 5 章"钢筋分项工程"、第 6 章"预应力分项工程"和第 7 章"混凝土分项工程"的相关内容。

3 机具设备

(1) 主要机具设备包括木工机械、钢筋加工机械、起重机械、运输车辆等。

(2) 起重机械工作半径、起重能力工艺参数选择应满足使用要求;运输车满足构件尺寸、重量的装载要求;吊装用钢丝绳直径大小应根据使用性质、荷载大小选用,接头宜用插编法或绳结法连接，插编长度不小于20倍直径。吊索长度应按起吊角度不小于45°考虑。钢丝绳使用前必须抖直理顺，严禁扭结受力。

4 作业条件

（1）施工方案审批完毕，并向施工操作人员作技术交底。

（2）模具制作与安装场地应设在室内，制作较复杂和大型的构件模具时应设有足够的放大样场地。

（3）制作好的模具已进行复核验收，联结配件等已准备好。

（4）需用的机械已检查验收，性能及数量满足使用要求。吊装用的卡环、撬扛、铁扁担以及垫木等准备齐全。钩挂构件吊环进行起重的吊钩应完好无缺，无变形、裂纹现象。

（5）构件制作、堆放的场地应平整坚实，有排水措施；运输道路能满足行驶要求。

9.2.2 施工工艺

9.2.2.1 工艺流程

钢筋混凝土构件模具制作与安装→钢筋制作与安装→构件制作→构件的脱模。

9.2.2.2 操作要点

1 模具制作

（1）用作底模的地坪、胎模，应平整光洁坚实，水泥胎模的转角处应做成圆角。

（2）模具制作宜考虑负偏差，避免构件出现超长、超宽、超厚现象。

（3）用料应符合节约的原则。当采用木模板时，应避免大材小用，长材短用，且要符合下列要求：

1）凡遇木材大节、腐烂、虫蛀、暗伤的不能使用，或截去损伤部分。

2）木制的箱型侧模、胎模等应有足够的横肋支撑、底模也应有足够的小楞支托，间距不大于500mm。箱型侧模如采用活动卡具固定的，其间距不大于2m。厚而高大的构件（如吊车梁）模具应采用螺栓固定，以保证构件的成形尺寸。木材必须接驳时，在接驳部位应予加固，接驳点不得在易变形处。

3）端头横板应视构件的宽度采用适当厚度的板材，支撑横头板两边的木条必须装钉牢固或采用角钢加强。抽芯构件的端头横板应使用钢板。

（4）横板拼缝必须紧密，与混凝土接触的表面必须光洁。

（5）较长的构件、模具需分段拼接，制作分节脱模的模段应保证各支承点的承载能力。制作时依据拼装接合的需要，适当加长或缩短长度。制作后对每段模具进行编号，注明用途，以利安装。采用分节脱模的底模，每模段以2m长为宜，另制一段长约200～300mm的底模段，以方便拆除。

（6）使用吊芯模板如H形柱，工形屋面梁等，吊芯模板制作时要考虑在混凝土初凝时易于拆出抬走。

（7）平卧叠层生产构件时，其下层构件的混凝土强度须达到设计等级的30%以上（且>5MPa），下层构件的表面应作好隔离措施。叠层高度宜在1m以下，一般混凝土屋架不超过四层。

（8）构件预留孔洞所埋置的圆管等成孔模具，应在浇筑完混凝土接近初凝时，将圆管先转动数圈。抽芯时应能保证孔道上的混凝土不塌陷，不开裂；并应保证抽芯的拉力始终与孔道中心线重合，抽芯的速度应均匀一致。

（9）屋架底模的铺设应进行抄平，防止翘曲现象。大型屋面板的底模除考虑承受预应力所具有的足够刚度外,还须考虑当支承了3点后第4个角的变形。

(10) 涂刷隔离剂要薄而均匀,一般宜用薄膜、沥青纸进行隔离。

2 模具安装

(1) 现场预制构件模板安装见本标准第4.3.3.10条。

(2) 模具安装后应用直角工具检查构件模具端头的垂直度。如发现模具与钢筋差异太大,应及时检查找出原因。

(3) 为保证预埋件、预留孔、预留筋等留设准确,安装模具时应固定(如设卡板等),特别应注意吊车梁面的预留螺栓和螺栓孔的位置。如需要边浇捣混凝土边安装预埋件等,应事先在模具上标上明显的标志。

(4) H形柱、工形屋面梁等底模铺设的高度应考虑能将底模取出。

(5) 在工地现场预制的柱、梁、屋架等构件,在模具安装前,应根据现场构件的平面布置图平整场地、夯实,并考虑排水。铺地的底龙骨应全面与地基面接触,地基面宜先铺石粉一层。

场地和模具的重复利用:在安装前要铲净灰渣,地坪涂隔离剂(油)时要薄而均匀,不漏空。场地如有积水或雨水后应事先将水扫除,稍干后才可将隔离剂涂刷。若地面过湿或遇场地伸缩缝处,应铺设沥青纸或水泥袋纸作为隔层。如隔离剂涂刷后被雨水冲刷,必须按上述方法重新进行处理。

(6) 预制大型屋面板采用短线底模生产时,底模必须具有足够的刚度,使施加预应力和吊运过程中不会产生较大的挠度,免使屋面板产生变形。

3 构件制作

(1) 空心板或天沟类构件,应先用振动器将底板部分振实,然后再将芯管或胆模放上。空心构件要经常检查芯管的平直度,防止抽芯管时塌孔。

(2) 每个预制构件的混凝土必须一次连续浇筑完毕,不得留设施工缝。

(3) 构件的表面应用木抹子压抹,厚度不足之处应以同样材料填补。有防水要求的构件,其表面压抹应不小于三遍,最后一遍应待混凝土接近初凝时进行。压抹后,表面应平顺光滑,不露砂眼。

(4) 构件采用蒸汽养护应符合下列规定:

1) 升温速度:对薄壁构件(如多肋楼板、多孔楼板等),不得超过25℃/h;对其他构件不得超过20℃/h;对采用干硬性混凝土制作的构件,不得超过40℃/h;

2) 恒温加热阶段应保持90%～100%的相对湿度;最高温度不得大于95℃;

3) 对采用先张法施工的预应力混凝土构件,其最高允许温度应根据设计要求的允许温差(张拉钢筋时的温度与台座温度之差)经计算确定。对采用粗钢筋配筋的构件,当混凝土强度养护至7.5MPa以上时;对采用钢丝、钢绞线配筋的构件,当混凝土强度养护至10.0MPa以上时,可不受设计要求的温差限制,按一般构件的蒸汽养护规定进行;

4) 降温速度:不得超过10℃/h;

5) 构件出池后,其表面与外界的温差不得大于20℃。

注:1 采用硅酸盐水泥、普通硅酸盐水泥配制的混凝土构件,蒸养前宜先在常温下静停2～6h;
  2 采用模腔通蒸汽的成组立模方法制作的混凝土构件,出池后与外界的温差可不受限制。

4 模具拆除

(1) 构件起模叠堆时的混凝土强度必须满足设计要求。一般构件如设计没有特别说明时，不应低于设计的混凝土强度标准值的75%。

（2）拆模时应检查构件的几何形状，预埋件、预埋筋及预留孔等有否错漏偏差，以便及时处理，以保持构件良好的外观。

（3）拆除模具时应保证构件棱角完整，采用分段拆除底模的构件应待混凝土达到50%设计强度后方可进行，每拆一段要及时回顶，确保构件不变形。

（4）薄而高的构件（边肋高度在160mm以上）和比较重要的构件（如吊车梁、屋面梁等）应等混凝土终凝后才能拆模，以防止变形。如需要立即拆模的，制作时必须考虑在箱型侧模内加衬板与混凝土表面接触。衬板与侧模应加卡具夹稳，在翼缘部位应用底板顶托，以防下沉。拆除箱型侧模时要保证混凝土不变形。

（5）需要拆除的芯模和预留孔洞的内模（管），拆除时应保证构件和孔洞表面的混凝土不发生塌陷和开裂。

（6）构件应平稳起吊，轻吊轻放。操作时统一指挥，步伐协调，作业过程发出信号要清晰明朗。在场地、地模上预制的构件，应借助撬扛等工具协助起模，不得单纯用起重机硬吊。叠层生产的构件也应用大锤、钢凿、木模等工具协助将构件分离。撬扛不得在构件薄弱处着力，必要时用多支撬扛配合，边撬边垫木模，用力不要过猛，逐渐将构件松脱。

（7）构件的支承位置和方法应符合构件的受力情况。如设计无规定时，应根据计算决定。一般简支梁式构件支承在支座部位，但考虑钢丝绳的挂设方便，可适当将垫木自端头移入1/10~1/12的构件长度。预制桩的支承点应设在1/5的构件长度上。

（8）起模后的构件，如发现底部存在缺陷，必须及时修补好才能进行叠堆。

9.2.3 成品保护

1 在构件混凝土浇筑完毕后，应标注构件的型号和制作日期，对于上、下难以分辨的构件尚应注明"上"字，并均应标在统一的位置上。

2 构件按规格、型号堆放，不得混淆和乱放。

3 构件堆放场地应平整夯实，并做好排水措施。

4 构件堆放时应用垫木垫牢，垫木应紧贴吊环放置；叠放的构件上下层垫木应对齐。

9.2.4 安全、环保措施

1 严禁人员在起重臂和已吊起的重物下停留和行走。

2 挂吊构件时，必须保证吊钩、吊索钩稳，挂正方可进行起吊。发出信号应清晰明确。

3 构件应轻吊轻放，吊运过程应保持平稳。

4 构件堆放要保持其稳定。

5 所有机具设备应装置漏电开关，以确保用电安全。机械的使用应遵守有关的安全技术操作规程。

9.2.5 质量标准

Ⅰ 主控项目

9.2.5.1 预制构件应在明显部位标明生产单位、构件型号、生产日期和质量验收标志。构件上的预埋件、插筋和预留孔洞的规格、位置和数量应符合标准图或设计的要求。

检查数量：全数检查。

检验方法：观察。

9.2.5.2 预制构件的外观质量不应有严重缺陷。对已经出现的严重缺陷,应按技术处理方案进行处理,并重新检查验收。

检查数量:全数检查。

检验方法:观察,检查技术处理方案。

9.2.5.3 预制构件不应有影响结构性能和安装、使用功能的尺寸偏差。对超过尺寸允许偏差且影响结构性能和安装、使用功能的部位,应按技术处理方案进行处理,并重新检查验收。

检查数量:全数检查。

检验方法:量测,检查技术处理方案。

Ⅱ 一般项目

9.2.5.4 预制构件的外观质量不宜有一般缺陷。对已经出现的一般缺陷,应按技术处理方案进行处理,并重新检查验收。

检查数量:全数检查。

检验方法:观察,检查技术处理方案。

9.2.5.5 预制构件的尺寸偏差应符合表9.2.5.5的规定。

检查数量:同一工作班生产的同类型构件,抽查5%且不少于3件。

表9.2.5.5 预制构件尺寸的允许偏差及检验方法

项 目		允许偏差(mm)	检验方法
长度	板、梁	+10,−5	钢尺检查
	柱	+5,−10	
	墙板	±5	
	薄腹梁、桁架	+15,−10	
宽度、高(厚)度	板、梁、柱、墙板、薄腹梁、桁架	±5	钢尺量一端及中部,取其中较大值
侧向弯曲	梁、柱、板	$L/750$ 且 ≤ 20	拉线,钢尺量最大侧向弯曲处
	墙板、薄腹梁、桁架	$L/1000$ 且 ≤ 20	
预埋件	中心线位置	10	钢尺检查
	螺栓位置	5	
	螺栓外露长度	+10,−5	
预留孔	中心线位置	5	钢尺检查
预留洞	中心线位置	15	钢尺检查
主筋保护层厚度	板	+5,−3	钢尺或保护层厚度测定仪量测
	梁、柱、墙板、薄腹梁、桁架	+10,−5	
对角线差	板、墙板	10	钢尺量两个对角线
表面平整度	板、墙板、柱、梁	5	2m靠尺和塞尺检查
预应力构件预留孔道位置	梁、墙板、薄腹梁、桁架	3	钢尺检查
翘曲	板	$L/750$	调平尺在两端量测
	墙板	$L/1000$	

注:1 L 为构件长度(mm);
  2 检查中心线、螺栓和孔道位置时,应沿纵、横两个方向量测,并取其中的较大值;
  3 对形状复杂或有特殊要求的构件,其尺寸偏差应符合标准图或设计的要求。

9.2.6 质量验收

1 当现场预制构件时,预制构件模板安装工程的质量标准见本标准第4.3.6条的规定;检验批质量验收记录见本标准表4.3.7-2,模板拆除检验批质量验收记录见本标准模板工程表4.4.6。

2 预制构件检验批质量验收记录见表9.2.6"预制构件检验批质量验收记录表"。

表 9.2.6 预制构件检验批质量验收记录表
GB 50204—2002

单位(子单位)工程名称				
分部(子分部)工程名称			验收部位	
施工单位		专业工长	项目经理	
分包单位		分包项目经理	施工班组长	
施工执行标准名称及编号				

		施工质量验收规范的规定			施工单位检查评定记录	监理(建设)单位验收记录
主控项目	1	构件标志和预埋件等		第9.2.5.1		
	2	外观质量严重缺陷处理		第9.2.5.2		
	3	过大尺寸偏差处理		第9.2.5.3		
一般项目	1	外观质量一般缺陷处理		第9.2.5.4		
	2	长度(mm)	板、梁	+10,-5		
			柱	+5,-10		
			墙板	±5		
			薄腹梁、桁架	+15,-10		
	3	宽度、高(厚)度(mm)	板、梁、柱、墙板、薄腹梁、桁架	±5		
	4	侧向弯曲	梁、柱、板	L/750且≤20		
			墙板、薄腹梁、桁架	L/1000且≤20		
	5	预埋件	中心位置(mm)	10		
			螺栓位置(mm)	5		
			螺栓外露长度(mm)	+10,-5		
	6	预留孔	中心线位置(mm)	5		
	7	预留洞	中心线位置(mm)	15		
	8	主筋保护层厚度(mm)	板	+5,-3		
			梁、柱、墙板、薄腹梁、桁架	+10,-5		
	9	对角线差(mm)	板、墙板	10		
	10	表面平整度(mm)	板、墙板、柱、梁	5		
	11	预应力构件预埋孔道位置(mm)	梁、墙板、薄腹梁、桁架	3		
	12	翘曲(mm)	板	L/750		
			墙板	L/1000		

施工单位检查评定结果	专业工长(施工员)		施工班组长	
	项目专业质量检查员:			年 月 日
监理(建设)单位验收结论				
	专业监理工程师(建设单位项目专业技术负责人):			年 月 日

9.3 结构性能检验

9.3.1 检验内容、方法

预制构件应按标准图或设计要求的试验参数及检验指标进行结构性能检验。

1 检验内容

（1）钢筋混凝土构件和允许出现裂缝的预应力混凝土构件进行承载力、挠度和裂缝宽度检验；

（2）不允许出现裂缝的预应力混凝土构件进行承载力、挠度和抗裂检验；

（3）预应力混凝土构件中的非预应力杆件按钢筋混凝土构件的要求进行检验；

（4）对设计成熟、生产数量较少的大型构件，当采取下列加强材料和制作质量检验的措施时，可仅作挠度、抗裂或裂缝宽度检验；当采取下述措施并有可靠的实践经验时，可不作结构性能检验。

1）钢筋进场检验合格后，在使用前再对用作构件受力主筋的同批钢筋按不超过 5t 抽取一组试件，并经检验合格；对经逐盘检验的预应力钢丝，可不再抽样检查；

2）受力主筋焊接接头的力学性能，应按现行国家标准《钢筋焊接及验收规程》JGJ 18—2003 检验合格后，再抽取一组试件，并经检验合格；

3）混凝土按 5m³ 且不超过半个工作班生产的相同配合比的混凝土，留置一组试件，并经检验合格；

4）受力主筋焊接接头的外观质量、入模后的主筋保护层厚度、张拉预应力总值和构件的截面尺寸等，应逐件检验合格。

2 检验数量

（1）对成批生产的构件，应按同一工艺正常生产的不超过 1000 件且不超过 3 个月的同类型产品为一批。

（2）当连续检验 10 批且每批的结构性能检验结果均符合规范规定的要求时，对同一工艺正常生产的构件，可改为不超过 2000 件且不超过 3 个月的同类型产品为一批。

（3）在每批中应随机抽取一个构件作为试件进行检验。

注："同类型产品"是指同一钢种、同一混凝土强度等级、同一生产工艺和同一结构形式的构件。对同类型产品进行抽样检验时，试件宜从设计荷载最大、受力最不利或生产数量最多的构件中抽取。对同类型的其他产品，也应定期进行抽样检验。

3 检验方法

按本标准附录 G 规定的方法采用短期静力加载检验。

9.3.2 预制构件承载力检验

预制构件承载力应按下列规定进行检验：

1 当按现行国家标准《混凝土结构设计规范》GB 50010—2002 的规定进行检验时，应符合下列公式的要求：

$$\gamma_u^0 \geqslant \gamma_0 [\gamma_u] \tag{9.3.2-1}$$

式中 γ_u^0——构件的承载力检验系数实测值，即试件的荷载实测值与荷载设计值（均包括自重）的比值；

γ_0——结构重要性系数，按设计要求确定，当无专门要求时取1.0；

$[\gamma_u]$——构件的承载力检验系数允许值，按表9.3.2取用。

表9.3.2 构件的承载力检验系数允许值

受力情况	达到承载能力极限状态的检验标志		$[\gamma_u]$
轴心受拉、偏心受拉、受弯、大偏心受压	受拉主筋处的最大裂缝宽度达到1.5mm，或挠度达到跨度的1/50	热轧钢筋	1.20
		钢丝、钢绞线、热处理钢筋	1.35
	受压区混凝土破坏	热轧钢筋	1.30
		钢丝、钢绞线、热处理钢筋	1.45
	受拉主筋拉断		1.50
受弯构件的受剪	腹部斜裂缝达到1.5mm，或斜裂缝末端受压混凝土剪压破坏		1.40
	沿斜截面混凝土斜压破坏，受拉主筋在端部滑脱或其他锚固破坏		1.55
轴心受压、小偏心受压	混凝土受压破坏		1.50

注：热轧钢筋系指HPB235级、HRB335级、HRB400级和RRB400级钢筋。

2 当按构件实配钢筋进行承载力检验时，应符合下列公式的要求：

$$\gamma_u^0 \geqslant \gamma_0 \eta [\gamma_u] \tag{9.3.2-2}$$

式中 η——构件承载力检验修正系数，根据现行国家标准《混凝土结构设计规范》GB 50010—2002按实配钢筋的承载力计算确定。

承载力检验的荷载设计值是指承载能力极限状态下，根据构件设计控制截面上的内力设计值与构件检验的加载方式，经换算后确定的荷载值（包括自重）。

9.3.3 预制构件的挠度检验

1 当按现行国家标准《混凝土结构设计规范》GB 50010—2002规定的挠度允许值进行检验时，应符合下列公式的要求：

$$a_s^0 \leqslant [a_s] \tag{9.3.3-1}$$

$$[a_s] = \frac{M_k}{M_q(\theta-1)+M_k}[a_f] \tag{9.3.3-2}$$

式中 a_s^0——在荷载标准值下的构件挠度实测值；

$[a_s]$——挠度检验允许值；

$[a_f]$——受弯构件的挠度限值，按现行国家标准《混凝土结构设计规范》GB 50010—2002确定；

M_k——按荷载标准组合计算的弯矩值；

M_q——按荷载准永久组合计算的弯矩值；

θ——考虑荷载长期作用对挠度增大的影响系数，按现行国家标准《混凝土结构设计规范》GB 50010—2002确定。

2 当按构件实配钢筋进行挠度检验或仅检验构件的挠度、抗裂或裂缝宽度时，应符合下列公式的要求：

$$a_s^0 \leqslant 1.2 a_s^c \tag{9.3.3-3}$$

同时，还应符合公式（9.3.3-1）的要求。

式中 a_s^c——在荷载标准值下按实配钢筋确定的构件挠度计算值，按现行国家标准《混凝土结构设计规范》GB 50010—2002 确定。

正常使用极限状态检验的荷载标准值是指正常使用极限状态下，根据构件设计控制截面上的荷载标准组合效应与构件检验的加载方式，经换算后确定的荷载值。

注：直接承受重复荷载的混凝土受弯构件，当进行短期静力加荷试验时，a_s^c 值应按正常使用极限状态下静力荷载标准组合相应的刚度值确定。

9.3.4 预制构件的抗裂检验

预制构件的抗裂检验应符合下列公式的要求：

$$\gamma_{cr}^0 \geq [\gamma_{cr}] \quad (9.3.4\text{-}1)$$

$$[\gamma_{cr}] = 0.95 \frac{\sigma_{pc} + \gamma f_{tk}}{\sigma_{ck}} \quad (9.3.4\text{-}2)$$

式中 γ_{cr}^0 ——构件的抗裂检验系数实测值，即试件的开裂荷载实测值与荷载标准值（均包括自重）的比值；

$[\gamma_{cr}]$ ——构件的抗裂检验系数允许值；

σ_{pc} ——由预加力产生的构件抗拉边缘混凝土法向应力值，按现行国家标准《混凝土结构设计规范》GB 50010—2002 确定；

γ ——混凝土构件截面抵抗矩塑性影响系数，按现行国家标准《混凝土结构设计规范》GB 50010—2002 计算确定；

f_{tk} ——混凝土抗拉强度标准值；

σ_{ck} ——由荷载标准值产生的构件抗拉边缘混凝土法向应力值，按现行国家标准《混凝土结构设计规范》GB 50010—2002 确定。

9.3.5 预制构件的裂缝宽度检验

预制构件的裂缝宽度检验应符合下列公式的要求：

$$\omega_{s\,max}^0 \leq [\omega_{max}] \quad (9.3.5)$$

式中 $\omega_{s\,max}^0$ ——在荷载标准值下，受拉主筋处的最大裂缝宽度实测值（mm）；

$[\omega_{max}]$ ——构件检验的最大裂缝宽度允许值，按表 9.3.5 取用。

表 9.3.5 构件检验的最大裂缝宽度允许值（mm）

设计要求的最大裂缝宽度限值	0.2	0.3	0.4
$[\omega_{max}]$	0.15	0.20	0.25

9.3.6 预制构件结构性能的检验验收

预制构件结构性能的检验结果应按下列规定验收：

1 当试件结构性能的全部检验结果均符合第 9.3.2～9.3.5 条的检验要求时，该批构件的结构性能应通过验收。

2 当第一个试件的检验结果不能全部符合上述要求，但又能符合第二次检验的要求时，可再抽两个试件进行检验。第二次检验的指标，对承载力及抗裂检验系数的允许值应取第 9.3.2 条和第 9.3.4 条规定的允许值减 0.05；对挠度的允许值应取第 9.3.3 条规定允许值的 1.10 倍。当第二次抽取的两个试件的全部检验结果均符合第二次检验的要求时，该批构件的结构性能可通过验收。

3 当第二次抽取的第一个试件的全部检验结果均已符合第9.3.2~9.3.5条的要求时，该批构件的结构性能可通过验收。

9.4 装配式结构施工

9.4.1 施工准备

1 技术准备

（1）预制构件产品应符合质量要求，应有出厂合格证。不应有裂纹、翘曲等缺陷。国家实行产品许可证的构件，应按规定有产品许可证编号。

（2）熟悉图纸，了解叠合梁、板设计构造要求。

（3）预制构件连接接头必须有设计大样。当柱与柱、梁与柱、梁与梁之间的接头按刚性设计时，钢筋宜采用机械连接或焊接连接的装配整体式接头。当钢筋采用焊接接头时，还应注意焊接程序并选择合理的构造形式，以减少焊接应力的影响。在装配整体式节点处，柱的纵向钢筋应贯穿节点，梁的纵向钢筋应按现浇框架梁的规定在节点内锚固。

（4）装配式构件接头灌缝的设计交底。

1）考虑传递内力的装配式构件接头，其灌筑接缝的细石混凝土强度等级不宜低于C30，并应采取措施减少灌缝混凝土的收缩。梁与柱之间的接缝宽度不宜小于80mm。

2）单层房屋或高度不大于20m的多层房屋，其装配式楼盖的预制板、屋面板的板侧边宜做成双齿边或其他能够传递剪力的形式。板间的拼缝应采用不低于C20的细石混凝土灌筑，缝的上口宽度不宜小于30mm。对要求传递水平荷载的装配式楼盖、屋盖以及高度大于20m的多层房屋的装配式楼盖、屋盖，应采取提高其整体性的措施。

（5）明确构件安装时的混凝土强度，当设计无具体要求时，不应小于设计的混凝土强度标准值的75%；预应力混凝土构件孔道灌浆的强度，不应小于$15.0N/mm^2$。

2 材料准备

（1）钢筋混凝土柱、梁、屋架、屋面板等预制构件应有出厂合格证，构件上应有合格标志、同条件养护试块试验报告及构件性能检验报告。

（2）水泥：宜用高于P·O 42.5级的普通硅酸盐水泥。

（3）砂：中砂。

（4）石子：粒径10~20mm。

（5）垫块：铁楔。

（6）电焊条：必须按设计规定选用，其性能应符合焊接材质性能标准。

3 机具设备

吊装机械、电焊机械及有关配套设备等。

4 作业条件

（1）施工组织设计已审批，并进行了技术交底。

（2）结构安装前，要对建筑物纵横轴线、标高进行复核，检查无误后方可进行吊装。

（3）检查构件的型号、数量、规格、外形尺寸、预埋件位置和尺寸、吊环的规格和位置、混凝土强度等性能是否符合质量要求。

（4）吊装机械进场安装并经试运转合格后方能吊装和使用。

9.4.2 施工工艺

9.4.2.1 一般要求

1 构件安装前按设计图纸核对型号，并检查预制构件质量，有变形、断裂、损坏现象，不得使用。构件安装前，应在构件上标注中心线。支承结构的尺寸、标高、平面位置和承载能力均应符合设计要求；应用仪器校核支承结构和预埋件的标高及平面位置，并在支承结构上划出中心线和标高，根据需要尚应标出轴线位置，并做好记录。

2 构件运输时符合下列规定：

（1）构件支承的位置和方法、构件端部的挑出长度应根据其受力情况经计算确定，不得引起混凝土超应力或损伤构件；

（2）构件装运时应绑扎牢固，防止移动或倾倒；对构件边部或与链索接触处的混凝土，应采用衬垫加以保护；在运输细长构件时，行车应平稳，并可根据需要对构件设置临时水平支撑；

（3）构件装卸车时，应缓慢、平稳地进行。构件应逐件搬运，能进行多件搬运的，起吊时应加垫木或软物隔离，以防受到破坏。

3 构件堆放时符合下列规定：

（1）堆放构件的场地应平整坚实，并具有排水措施，堆放构件时应使构件与地面之间留有一定空隙。

（2）应根据构件的刚度及受力情况，确定构件平放或立放，并应保持其稳定：

1) 一般板、柱、桩类构件采用平放；

2) 梁类采用立放（即平卧浇制的梁要翻身后堆放）；

3) 构件的断面高宽比大于 2.5 时，堆放时下部应加支撑或有坚固的堆放架，上部应拉牢固定，以免倾倒。

（3）对于特殊和不规则形状的构件的堆放，应制订施工方案并严格执行。

（4）构件的最多堆放层数应按构件强度、地面耐压力、构件形状和重力等因素确定。一般可参见表 9.4.2.1 的规定：

表 9.4.2.1 预制混凝土构件的最多堆放层数

构件类别	最多堆放层数	构件类别	最多堆放层数
预应力大型屋面板(高 240mm)	10	民用高低天沟板	8
预应力槽型板、卡口板(高 300mm)	10	天窗侧板	8
槽型板(高 400mm)	6	预应力大楼板	9
空心板(高 240mm)	10	设备实心楼板	12
空心板(高 180mm)	12	隔墙实心板	12
空心板(高 120mm～130mm)	14	楼梯段	10
大型梁、T形梁	3	阳台板	10
大型桩	3	带坡屋面梁(立放)	1
桩	8	桁架(立放)	1
工业天沟板	6		

(5) 重叠堆放的构件，吊环应向上，标志应向外，面上有吊环的构件，两层构件之间的垫木应高于吊环。构件中有预留钢筋的，叠堆层不允许钢筋相互碰撞；其堆垛高度应根据构件与垫木的承载能力及堆垛的稳定性确定。各层垫木的位置应在一条垂直线上，最大偏差不应超过垫木横截面宽度的一半。构件支承点按结构要求以不起反作用为准，构件悬臂一般不应大于500mm。

(6) 重叠底层的垫木要有足够的支承刚度和支承面积，其上的堆垛高度应按构件强度、地面承载力、垫木强度以及堆垛的稳定性确定，叠堆高度一般不宜超过2m，应避免堆垛的下沉或局部沉陷。

(7) 叠堆应按构件型号分别堆放，构件型号应清楚易见，不同型号的构件不得混放在同一堆垛内。叠放后应平正、整齐、不歪斜，并应除净外突的水泥飞边。

(8) 采用靠放架立放的构件，必须对称靠放和吊运，其倾斜角度应保持大于80°，构件上部宜用木块隔开。靠放架一般宜用金属材料制作，使用前要认真检查和验收，靠放架的高度应为构件高度的2/3以上。

4 构件起吊应符合下列规定：

(1) 当设计无具体要求时，起吊点应根据计算确定。在起吊大型空间构件或薄壁构件前，应采取避免构件变形或损伤的临时加固措施；当起吊方法与设计要求不同时，应验算构件在起吊过程中所产生的内力能否符合要求；构件在起吊时，绳索与构件水平面所成夹角不宜小于45°，当小于45°，应经过验算或采用吊架起吊。

(2) 承受内力的接头和接缝，当其混凝土强度未达到设计要求时，不得吊装上一层结构构件；当设计无具体要求时，应在混凝土强度不小于$10.0N/mm^2$或具有足够的支承时，方可吊装上一层结构构件。

5 构件安装应符合下列规定：

(1) 构件安装就位后，应采取保证构件稳定性的临时固定措施。

(2) 安装就位的构件，必须经过校正后方准焊接或浇筑接头混凝土，根据需要焊后再进行一次复查。

(3) 结构构件应根据水准点和主轴线进行校正，并作好记录；吊车梁的校正，应在房屋结构校正和固定后进行。

(4) 构件接头的焊接，应符合本标准中钢筋焊接及验收的规定及有关钢结构工程技术标准，并经检查合格后，填写记录单。当混凝土在高温作用下易受损伤时，可采用间隔流水焊接或分层流水焊接的方法。

(5) 装配式结构中承受内力的接头和接缝，应采用混凝土浇筑，其强度等级宜比构件混凝土等级提高一级；对不承受内力的接头和拼缝，应采用混凝土或水泥砂浆浇筑，其强度等级不低于C15或M15。对接头或接缝的混凝土或砂浆宜采取快硬措施，在浇筑过程中，必须捣实，并应采取必要的养护措施。

(6) 已安装完毕的装配式结构，应在混凝土强度达到设计要求后，方可承受全部设计荷载。

9.4.2.2 预制柱安装

1 钢筋混凝土杯形基础准备工作：在杯口的顶面弹出十字中线，根据中线检查杯口尺寸，测出杯底的实际高度，量出柱底至牛腿面的实际长度，与设计长度比较，计算出杯底标高的调整值并在杯口做出标志；用水泥砂浆或细石混凝土将杯底抹平至标志处。

2 在构件上弹出安装中心线，作为构件安装对位、校核的依据。在柱身三面弹出几何中心线；在柱顶弹出截面中心线，在牛腿上弹出吊车梁安装中心线。

3 绑扎柱子时要在吊索与柱之间垫以柔性材料，避免起吊时吊索磨损构件表面。吊点符合设计要求，若吊点无要求时，必须进行起吊验算。

4 柱子起吊应慢速起升，起吊索绷紧离地 300mm 高时停止上升，检查无误后方可起吊。

5 柱子就位临时固定：柱子转动到位就缓缓降落插入杯口，至离杯口底 2~3mm 时，用八只楔块从柱的四边插入杯口，并用撬扛撬动柱脚，使柱子中心线对准杯口中心线，对准后略打紧楔块，放松吊钩，柱子沉至杯底，并复核无误后，两面对称打紧四周楔块，将柱子临时固定，起重机脱钩。

6 柱子垂直度校正：用两台经纬仪从柱子互相垂直的两个面检查柱的安装中线垂直度，其允许误差：当柱高≤5m 时，为 8mm；柱高>5m 时；为 10mm。

校正方法：当柱的垂直偏差较小，可用打紧或稍放松楔块的方法纠正。柱偏差较大：可用螺旋千斤顶平顶法、螺旋千斤顶斜顶法、撑杆法校正。

7 柱子固定：

（1）校正完毕，在柱脚与杯口空隙处灌筑细石混凝土；灌筑分两次进行，第一次灌筑到楔块底部，第二次在第一次灌筑混凝土强度达到 25% 设计强度时，拔去楔块，将杯口灌满混凝土。

（2）柱子中心线要准确，并使相对两面中心线在同一平面上。吊装前对杯口十字线及杯口尺寸要进行预检，防止柱子实际轴线偏离标准轴线。

（3）杯口与柱身之间空隙太大时，应增加楔块厚度，不得将几个楔块叠合使用，并且不准随意拆掉楔块。

（4）杯口与柱脚之间空隙灌筑混凝土时，不得碰动楔块，灌筑过程中，还应对柱子的垂直度进行观测，发现偏差及时纠正。

9.4.2.3 预制梁（屋架）安装

1 吊车梁安装

（1）为避免吊车梁呈波浪形，要作好预检工作，如杯口标高、牛腿标高、几何尺寸等。吊车梁应在两端及顶面弹出几何中心线。在安装过程中，吊车梁两端不平时，应用合适的铁楔找平。

（2）吊车梁的安装，必须在柱子杯口第二次灌筑混凝土强度达到 70% 以后进行。

（3）吊车梁绑扎、起吊、就位：吊车梁用两点对称绑扎，吊钩对准重心，起吊后保持水平。梁的两端设拉绳控制，避免悬空时碰撞柱子。就位时应缓慢落钩，将梁端安装中心线与牛腿顶面安装中心线对准。吊车梁就位时，用垫铁垫平即可脱钩。但当梁高与梁宽之比大于 4 时，除垫平外，还宜用钢丝将梁捆在柱上，以防倾倒。

（4）吊车梁校正：吊车梁可在屋盖结构吊装前或后校正。较重的吊车梁，由于脱钩后校正困难，宜随安装随校正，用经纬仪支在一端打通线校正。对于较轻的吊车梁，单排吊车梁安装完毕后，在两端轴线点上拉通长线逐根校正。校正内容有：标高、平面位置及垂直度。在安装轨道时，吊车梁面不宜批砂浆，其轨道应与埋件或预留螺栓焊接或连接，垂直度用挂线锤测量，若有误差可在梁底支垫铁片进行校正。吊车梁平面位置的校正可用通线法及平移轴线法（又称仪器放线法），检查两个吊车梁的跨距是否符合要求，若有误差拨正各吊车梁的中心线。

（5）吊车梁固定：吊车梁校正后，立即电焊最后固定，并在吊车梁与柱的空隙处灌筑细石混凝土。

2 屋架安装

（1）重叠制作的屋架，当粘结力较大时，可采用撬杠撬动或使用倒链、千斤顶使屋架脱离，防止扶直时出现裂缝。屋架在上弦顶面弹出几何中心线；从跨中向两端分别弹出天窗架、屋面板安装准线；端头弹出安装中心线；上下弦两侧弹出支撑连结件的安装位置线，弹出竖杆中心线。

（2）屋架的绑扎与翻身就位：屋架的绑扎点应选在上弦节点处，左右对称；吊点的数目位置应符合设计要求，吊索与水平线的夹角，翻身扶直时不宜小于60°，起吊时不宜小于45°，当不能满足要求时应采用钢制横吊梁（俗称铁扁担）和"滑轮串绳法"，以保证吊索与构件的夹角要求或降低吊钩高度或使各吊索受力均匀。翻身前，屋架上表面应用杉木杆加固，以增加屋架平面外的刚度（图9.4.2.3-1）。

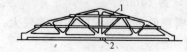

图9.4.2.3-1 设置中垫点翻屋架
1—加固木杆；2—下弦中节点垫点

重叠生产的屋架，翻身前，应在屋架两端用枕木搭设井字架，其高度与下一榀上平面相同，以便屋架扶直时平稳地搁置其上（图9.4.2.3-2）。翻身时，吊钩对准上弦中点，收紧吊钩，使屋架脱模，随之边收紧吊索边移动把杆，使屋架以下弦为轴缓慢转为直立状态。屋架扶直后，采用跨内吊装时，应按吊装顺序使屋架在跨内两侧斜向就位。就位的位置应能够使屋架安装时，吊车移动一次位置即可吊装一榀屋架（即吊车坐落在跨中心线上某一位置，吊钩能对准屋架中心，然后起钩吊离地面，然后通过提升、转臂即可将屋架安装到位）。屋架就位时为直立状态，两端支座处用方木垫牢，两侧加斜撑固定。

（3）屋架起吊对位：屋架两端绑设拉绳，先将屋架吊离地面约500mm，停歇瞬间，符合稳定要求后，然后转动把杆，将屋架吊至安装位置下方，使吊钩与屋架安装轴线中心重合（屋架轴线与安装轴线成一定夹角，见图9.4.2.3-3），起钩将屋架吊至超过柱顶300mm左右，用两端拉绳旋转屋架使其基本对准安装中心线，随之缓慢下落，在屋架刚接触柱顶时，即刹车对位，使屋架端头的中心线与柱顶中心线重合。

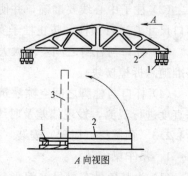

图9.4.2.3-2 重叠生产的屋架翻身
1—井字架；2—屋架；3—屋架立直

（4）屋架临时固定：对好线后即可做临时固定，屋架固定稳妥后，起重机才能脱钩。第一榀屋架安装就位后，用四根缆风绳从两边把屋架拉牢。若有抗风柱可与抗风柱连接固定。第二榀屋架用屋架校正器临时固定，每榀屋架至少用两个屋架校正器与前榀屋架连接临时固定（图9.4.2.3-4）。

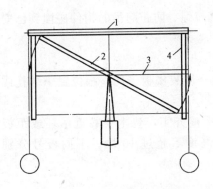
图 9.4.2.3-3 升钩时屋架对准跨度中心
1—已吊好的屋架；2—正吊装的屋架；
3—正吊装屋架的安装位置；4—吊车梁

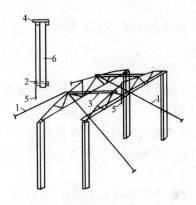
图 9.4.2.3-4 用屋架校正器临时固定和校正屋架
1—第一榀屋架上缆风；2—卡在屋架下弦的挂线卡子；3—校正器；
4—卡在屋架上弦的挂线卡子；5—线锤；6—屋架

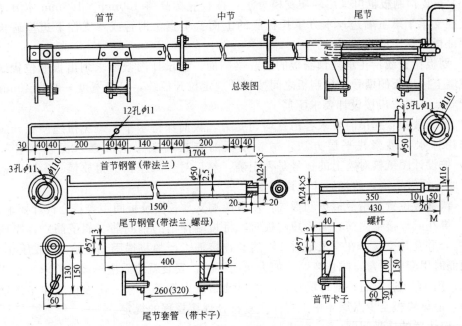
图 9.4.2.3-5 屋架校正器

(5) 屋架的校正、最后固定：可在屋架上弦安装三个卡尺（一个安装在屋架中央，两个安装在屋架两端）校正屋架垂直度。从屋架上弦几何中心线量出 300mm，在卡尺上作标志，在两端卡尺标志之间连一通线，从中央卡尺的标志向下挂垂球，检查三个卡尺是否在一垂面上，如偏差超出规定数值，转动屋架校正器纠正，校正无误后即用电焊焊牢，应对角施焊（屋架校正器见图 9.4.2.3-5）。

(6) 天窗架与屋面板组合一次安装，钢筋混凝土天窗架一般采用四点绑扎，校正和临时固定，可用缆风、木撑或临时固定器。

(7) 屋面板的安装应自两边檐口左右对称地逐块铺向屋脊，上弦焊牢，每块屋面板可焊三点，最后一块只能焊两点。屋面板安装时尽量调整板缝，防止板边吃线或发生位移。

(8) 起吊吊车梁、屋架等构件，要在构件两端设置拉绳、防止起吊的构件碰撞到已安装好的柱子。

9.4.2.4 预制板安装

1 工艺流程：抹找平层或硬架支模→画板位置线→吊装楼板→调整板位置→绑扎或焊接锚固筋

2 圆孔板进场后堆放在指定地点，堆放场地应平整夯实，垫木要靠近吊环或距板端300mm，垫木上下对齐，不得有一角脱空，堆放高度不超过10块。不同板号分别堆放。

3 抹找平层或硬架支模：

(1) 圆孔板安装之前先将墙顶或梁顶清扫干净，检查标高及轴线尺寸，按设计要求抹水泥砂浆找平层，厚度一般为15～20mm，配合比为1:3。

(2) 在现浇混凝土墙上安装预制板，一般墙体混凝土强度达4MPa以上，方准安装。

(3) 安装预制板也可采用硬架支模方法：按板底标高将100mm×100mm木方用钢管或木支柱支承于承重墙边，木方承托板底的上面要平直，钢管或木支柱下边垫通长脚手板，保证板底标高准确。

4 划板位置线：在承托预制板的墙或梁侧面，按设计图纸要求划出板缝位置线，宜在梁或墙上标出板的型号，预制板之间按设计规定拉开板缝，板缝宽度一般为40mm，缝宽大于60mm时，应按设计要求配筋。

5 吊装楼板：起吊时要求各吊点均匀受力，板面保持水平，避免扭翘使板开裂。如墙体采用抹水泥砂浆找平层方法，吊装楼板前先在墙或梁上洒素水泥浆（水灰比为0.45）。按设计图纸核对墙上的板号是否正确，然后对号入座，不得放错。安装时板端对准位置线，缓缓下降，放稳后才允许脱钩。

6 调整板位置。用撬棍拨动板端，使板两端支承长度及板间距离符合设计要求。

7 绑扎或焊接锚固筋。如为短向板时，将板端伸出的锚固筋（胡子筋）经整理后弯成45°弯，并互相交叉。在交叉处绑1φ6通长连接筋。严禁将锚固筋上弯90°或压在板下，弯锚固筋时用套管缓弯，防止弯断。如为长向板时，安装就位后应按设计要求将锚固筋进行焊接，用1φ12通长筋，把每块板板端伸出的预应力钢筋与另一块板板端伸出的钢筋隔根点焊，但每块板至少点焊4根。焊接质量符合焊接规程的规定。

8 应注意的质量问题：

(1) 防止安装不合格的楼板：安装楼板前不但要检查产品合格证，还应检查是否有裂纹或其他缺陷。防止就位后发现板不合格。

(2) 防止板端搭接在支座上的长度不够：板安装就位要准，使板两端搭接长度相等，安装就位后不得随意撬动板。

(3) 防止楼板瞎缝：安装前按设计图纸要求划出缝宽位置线；就位后不得随意撬动板。

(4) 防止楼板与支座处搭接不实：扣板前应检查墙体标高，抹好砂浆找平层，扣板时浇水泥素浆。

(5) 防止堵孔过浅和楼板锚固筋折断：板端的圆孔，由构件厂出厂前用50mm厚，M2.5砂浆块坐浆堵严。安装前应检查是否堵好，砂浆块距板端距离为60mm。对预应力短向圆孔板板端锚固筋（胡子筋），应当用套管理顺，不能弯成死弯，防止断裂。

9.4.3　成品保护

　　1　现场平卧生产的大型构件（包括柱、屋架、薄腹梁、天窗架、桁车梁等），在扶直时，必须采用旋转法（即以下弦或柱脚为轴，边起钩边转动把杆，在扶直为直立状态时在吊离地面），防止在扶直过程中，使构件拖拉发生碰撞和晃动破坏。

　　2　短向预应力圆孔板上只允许剔凿较小的孔洞，并不得连续伤两根肋，轻轻剔凿，不得损伤板的其他部分；当板上需剔较大的洞时，应请设计人员进行核算，采取加固措施。对于长向板也只允许剔较小孔洞，并不得伤肋及主筋，如有困难，应请设计人员进行核算，作相应的补强处理。

　　3　圆孔板锚固筋要妥善保护，不得反弯或折断。

　　4　铺完板后，如施工荷载超过设计活荷载，板底跨中应加一道支撑，保证施工安全及安装质量。

9.4.4　安全、环保措施

　　1　从事高处安装的工作人员，要经过体格检查；有心脏病、高血压患者，或高处作业禁忌症者不能高处作业；不准酒后作业。新工人要经过培训才能从事施工。

　　2　操作人员进入现场时，必须戴安全帽、手套，高处作业时，必须系好安全带，所用的工具，要用绳子扎好或放入工具包内。

　　3　电焊工在高处焊接时应系安全带、戴防护面罩、应穿胶鞋。

　　4　在高处安装构件时，用撬杠校正位置，必须防止撬杠滑脱而引起高处坠落。撬构件时，人要站稳。如果附近有脚手架或其他已安装好的构件时，最好一只手扶持脚手架或构件，另一只手操作。撬杠插进的深度要适宜。如果撬动的距离较大，则应一步一步地撬，不要急于求成。

　　5　登高用的梯子必须牢固，梯子与地面的角度一般以60°～70°为宜。

　　6　结构安装时，要统一号令、统一指挥。

　　7　吊钩卡环如有永久变形或裂纹时，不得使用。

　　8　履带式起重机负荷行走时，重物应在履带的正前方，并用绳索牵引构件，缓慢行驶，构件离地不得超过500mm。起重机在接近满荷时，不得同时进行两种操作。

　　9　起重机工作时，其起重臂、钢丝绳、重物等，严禁碰触高压架空电线，与架空电线要保持一定的安全距离。必要时对高压供电线路采取防护措施。

　　10　起吊构件时，升降吊钩要平稳，避免紧急掣动和冲击。

　　11　起重机停止工作时，起动装置要关上锁，吊钩须升高，防止摆动伤人；并不得悬挂物件。

9.4.5　质量标准

Ⅰ　主控项目

9.4.5.1　进入现场的预制构件，其外观质量、尺寸偏差及结构性能应符合标准图或设计的要求。

　　检查数量：按批检查。

　　检验方法：检查构件合格证。

9.4.5.2　预制构件与结构之间的连接应符合设计要求。

　　连接处钢筋或埋件采用焊接或机械连接时，接头质量应符合现行国家标准《钢筋焊接及验收规程》JGJ 18—2003、《钢筋机械连接通用技术规程》JGJ 107—2003 的要求。

　　检查数量：全数检查。

　　检验方法：观察，检查施工记录。

9.4.5.3 承受内力的接头和拼缝，当其混凝土强度未达到设计要求时，不得吊装上一层结构构件；当设计无具体要求时，应在混凝土强度不小于 $10N/mm^2$ 或具有足够的支承时，方可吊装上一层结构构件。

　　已安装完毕的装配式结构，应在混凝土强度到达设计要求后，方可承受全部设计荷载。

　　检查数量：全数检查。

　　检验方法：检查施工记录及试件强度试验报告。

Ⅱ 一般项目

9.4.5.4 预制构件码放和运输时的支承位置和方法应符合标准图或设计的要求。

　　检查数量：全数检查。

　　检验方法：观察检查。

9.4.5.5 预制构件吊装前，应按设计要求在构件和相应的支承结构上标志中心线、标高等控制尺寸，按标准图或设计文件校核预埋件及连接钢筋等，并作出标志。

　　检查数量：全数检查。

　　检验方法：观察，钢尺检查。

9.4.5.6 预制构件应按标准图或设计的要求吊装。起吊时绳索与构件水平面的夹角不宜小于 45°，否则应采用吊架或经验算确定。

　　检查数量：全数检查。

　　检验方法：观察。

9.4.5.7 预制构件安装就位后，应采取保证构件稳定的临时固定措施，并应根据水准点和轴线校正位置。

　　检查数量：全数检查。

　　检验方法：观察，钢尺检查。

9.4.5.8 装配式结构中的接头和拼缝应符合设计要求；当设计无具体要求时，应符合下列规定：

　　1 对承受内力的接头和拼缝应采用混凝土浇筑，其强度等级应比构件混凝土强度等级提高一级；

　　2 对不承受内力的接头和拼缝应采用混凝土或砂浆浇筑，其强度等级不应低于 C15 或 M15；

　　3 用于接头和拼缝的混凝土或砂浆，宜采取微膨胀措施和快硬措施，在浇筑过程中应振捣密实，并应采取必要的养护措施。

　　检查数量：全数检查。

　　检验方法：检查施工记录及试件强度试验报告。

9.4.6 质量验收

　　1 验收检验批的划分按本标准第 3.0.5 条执行；

　　2 验收组织和程序按本标准第 3.0.10 条规定执行；

　　3 装配式结构检验批质量验收记录见表 9.4.6"装配式结构检验批质量验收记录表"。

表 9.4.6 装配式结构检验批质量验收记录表

GB 50204—2002

单位(子单位)工程名称					
分部(子分部)工程名称				验收部位	
施工单位		专业工长		项目经理	
分包单位		分包项目经理		施工班组长	
施工执行标准名称及编号					
		施工质量验收规范的规定		施工单位检查评定记录	监理(建设)单位验收记录
主控项目	1	预制构件进场检查	第9.4.5.1		
	2	预制构件与结构之间的连接	第9.4.5.2		
	3	接头和拼缝的混凝土强度	第9.4.5.3		
一般项目	1	预制构件支承位置和方法	第9.4.5.4		
	2	安装控制标志	第9.4.5.5		
	3	预制构件吊装	第9.4.5.6		
	4	临时固定措施和位置校正	第9.4.5.7		
	5	接头和拼缝的质量要求	第9.4.5.8		
施工单位检查评定结果	专业工长(施工员)			施工班组长	
	项目专业质量检查员：				年 月 日
监理(建设)单位验收结论					
	专业监理工程师(建设单位项目专业技术负责人)：				年 月 日

1-3-195

10 混凝土结构子分部工程

10.1 结构实体检验

10.1.1 对涉及混凝土结构安全的重要部位应进行结构实体检验。结构实体检验应在监理工程师（建设单位项目专业技术负责人）见证下，由施工项目技术负责人组织实施。承担结构实体检验的试验室应具有相应的资质。

10.1.2 结构实体检验的内容应包括混凝土强度、钢筋保护层厚度以及工程合同约定的项目；必要时可检验其他项目。

10.1.3 对混凝土强度的检验，应以在混凝土浇筑地点制备并与结构实体同条件养护的试件强度为依据。混凝土强度检验用同条件养护试件的留置、养护和强度代表值应符合本标准附录 H.1 的规定。

对混凝土强度的检验，也可根据合同的约定，采用非破损或局部破损的检测方法，按国家现行有关标准的规定进行。

10.1.4 当同条件养护试件强度的检验结果符合现行国家标准《混凝土强度检验评定标准》GBJ 107—87 的有关规定时，混凝土强度应判为合格。

10.1.5 对钢筋保护层厚度的检验，抽样数量、检验方法、允许偏差和合格条件应符合本标准附录 G.0.2 的规定。

10.1.6 当未能取得同条件养护试件强度、同条件养护试件强度被判为不合格或钢筋保护层厚度不满足要求时，应委托具有相应资质等级的检测机构按国家有关标准的规定进行检测。

10.2 混凝土结构子分部工程验收

10.2.1 混凝土结构子分部工程施工质量验收时，应提供下列文件和记录：
1 设计变更文件；
2 原材料出厂合格证和进场复验报告；
3 钢筋接头的试验报告；
4 混凝土工程施工记录；
5 混凝土试件的性能试验报告；
6 装配式结构预制构件的合格证和安装验收记录；
7 预应力筋用锚具、连接器的合格证和进场复验报告；
8 预应力筋安装、张拉及灌浆记录；
9 隐蔽工程验收记录；
10 分项工程验收记录；

11 混凝土结构实体检验记录；

12 工程的重大质量问题的处理方案和验收记录；

13 其他必要的文件和记录。

10.2.2 混凝土结构子分部工程施工质量验收合格应符合下列规定：

1 有关分项工程施工质量验收合格；

2 应有完整的质量控制资料；

3 观感质量验收合格；

4 结构实体检验结果满足规范的要求。

10.2.3 当混凝土结构施工质量不符合要求时，应按下列规定进行处理：

1 经返工、返修或更换构件、部件的检验批，应重新进行验收；

2 经有资质的检测单位检测鉴定达到设计要求的检验批，应予以验收；

3 经有资质的检测单位检测鉴定达不到设计要求，但经原设计单位核算并确认仍可满足结构安全和使用功能的检验批，可予以验收；

4 经返修或加固处理能够满足结构安全使用要求的分项工程，可根据技术处理方案和协商文件进行验收。

10.2.4 混凝土结构工程子分部工程施工质量验收合格后，应将所有的验收文件存档备案。

10.2.5 质量记录

1 混凝土结构子分部工程结构实体混凝土强度验收记录见表10.2.5-1"混凝土结构子分部工程结构实体混凝土强度验收记录表"。

2 混凝土结构子分部工程结构实体钢筋保护层厚度验收记录见表10.2.5-2"混凝土结构子分部工程结构实体钢筋保护层厚度验收记录表"。

3 混凝土结构子分部工程验收记录见表10.2.5-3"混凝土结构子分部工程验收记录表"。

表10.2.5-1 混凝土结构子分部工程结构实体混凝土强度验收记录表

GB 50204—2002

工程名称		结构类型		强度等级数量	
施工单位		项目经理		项目技术负责人	
强度等级	试件强度代表值(MPa)			强度评定结果	监理(建设)单位验收结构
检查结论	项目专业技术负责人：　　　　年　月　日			验收结论	监理工程师： (建设单位项目专业技术负责人) 　　　　年　月　日

表10.2.5-2 混凝土结构子分部工程结构实体钢筋保护层厚度验收记录表

GB 50204—2002

工程名称			结构类型		检测钢筋数量		梁	
施工单位			项目经理		项目技术负责人		板	
构件类别		钢筋保护层厚度(mm)		合格点率		评定结果	监理(建设)单位验收结构	
		设计值		实测值				
梁	1							
	2							
	3							
	4							
	5							
板	1							
	2							
	3							
	4							
	5							
检查结论					验收结论	监理工程师: (建设单位项目专业技术负责人)		
	项目专业技术负责人: 年 月 日						年 月 日	

表10.2.5-3 混凝土结构子分部工程质量验收记录表

GB 50204—2002

工程名称			结构类型		层数	
施工单位			技术部门负责人		质量部位负责人	
分包单位			分包单位负责人		分包技术负责人	
序号	分项工程名称	检验批数	施工单位检查批定		验收意见	
1	钢筋分项工程					
2	预应力分项工程					
3	混凝土分项工程					
4	现浇结构分项工程					
5	装配式结构分项工程					
质量控制资料						
结构实体检验报告						
观感质量验收						
验收单位	分包单位		项目经理			年 月 日
	施工单位		项目经理			年 月 日
	勘察单位		项目负责人			年 月 日
	设计单位		项目负责人			年 月 日
	监理(建设)单位		总监理工程师(建设单位项目专业负责人):			年 月 日

11 冬期施工

11.1 一般规定

11.1.1 冬期施工的起止时间

根据当地多年气象资料统计,当室外日平均气温连续5d稳定低于5℃即进入冬期施工;当室外日平均气温连续5d高于5℃时即解除冬期施工。

11.1.2 钢筋混凝土工程进入冬期施工前,应复核施工图纸,对有不能适应冬期施工要求的问题应及时与设计单位研究解决。

11.1.3 冬期施工前应根据工程情况,现场条件编制冬期施工方案。

1 冬期施工方案的基本要求

(1) 确保工程质量。

(2) 必须做到安全生产和文明施工。冬期施工要连续进行。

(3) 制定冬期施工方案要因时因地因工程项目制宜,既要求技术上可靠,同时又要求经济上合理,减少能源消耗。

(4) 所需的热源和材料要有充足、可靠的来源。

(5) 力求施工方法简单可靠,施工速度快,达到缩短工期降低成本的目的。

(6) 凡是没有冬期施工方案,或者冬期施工准备工作未做好的工程项目,不得强行进行冬期施工。

2 冬期施工方案编制前的准备工作

(1) 进入冬期施工的工程,应进行全面调研,掌握必要的数据:冬施项目的面积、层数,工程特征,冬施部位,冬施工程量及技术要求等。

(2) 根据冬期施工技术要求,掌握各种资源的供应情况。

(3) 对于结构复杂、技术要求高的工程,要进行冬期施工技术可行性的综合分析(包括经济、能源、工程质量、工期诸方面)。

(4) 有针对性地对冬期施工方法进行评估、筛选、调研和进行专项必要的试验。

3 冬期施工方案的主要内容

(1) 冬期施工工程任务的概况(包括面积、层数,工程特征,冬施部位,冬施工程量及技术要求等)。

(2) 分项工程在不同的冬期施工阶段中的施工方法和技术措施及质量控制要点。

(3) 冬期施工现场准备工作实施计划。

(4) 冬期施工进度计划。

(5) 冬期施工人员的技术培训计划及劳动力计划。

(6) 主要材料、设备、机具和仪表等需用量。

(7) 安全生产和防火技术措施。

(8) 各项经济技术控制指标及节能措施等。

11.1.4 进入冬期施工的工程，除应按本标准执行外，尚应遵守国家现行有关标准、规范的规定。

11.2 钢筋工程

11.2.1 原材料

1 在负温条件下使用的钢筋，加工时应加强检验。钢筋在运输和加工过程中应防止撞击和刻痕。

2 在－20～－40℃条件下直接承受中、重级工作制吊车的构件，其主要受力钢筋严格按设计要求选用。

3 对在寒冷地区缺乏使用经验的特殊结构构造，或易使预应力钢筋产生刻痕或咬伤的锚夹具，应进行构造、构件和锚夹具的负温性能试验。

11.2.2 钢筋负温焊接

1 在工程开工或每批钢筋正式焊接之前，必须进行现场条件下的焊接性能试验。

2 雪天或施焊现场风速超过 5.4m/s（三级风）焊接时，应采取遮蔽措施，焊接后冷却的接头严禁碰到冰雪。

3 可采用闪光对焊、电弧焊等焊接方法。当环境温度低于－20℃时，不宜进行施焊。

4 热轧钢筋负温闪光对焊，宜采用预热闪光焊或闪光-预热-闪光焊工艺。钢筋端面比较平整时，宜采用预热闪光焊；端面不平整时，宜采用闪光-预热-闪光焊。

5 钢筋负温闪光对焊工艺应控制热影响区长度。热影响区长度随钢筋级别、直径的增加而适当的增加。对焊参数应根据当地气温按常温参数调整。

采用较低变压器级数，宜增加调伸长度、预热留量、预热次数、预热间歇时间和预热接触压力；并宜减慢烧化过程的中期速度。

6 当钢筋负温电弧焊时，可根据钢筋级别、直径、接头型式和焊接位置，选择焊条和焊接电流。焊接时应采取防止产生过热、烧伤、咬肉和裂纹等措施。在构造上应防止在接头处产生偏心受力状态。

7 钢筋负温帮条焊或搭接焊的焊接工艺应符合下列要求：

(1) 帮条与主筋之间应用四点定位焊固定，搭接焊时应用两点固定。定位焊缝与帮条或搭接端部的距离应等于或大于 20mm。

(2) 帮条焊的引弧应在帮条钢筋的一端开始，收弧应在帮条钢筋端头上，弧坑应填满。

(3) 焊接时，第一层焊缝应具有足够的熔深，主焊缝或定位焊缝应熔合良好。平焊时，第一层焊缝应先从中间引弧，再向两端运弧；立焊时，应先从中间向上方运弧，再从下端向中间运弧。在以后各层焊缝焊接时，应采用分层控温施焊。

(4) 帮条接头或搭接接头的焊缝厚度不应小于钢筋直径的 0.3 倍，焊缝宽度应不小于钢筋直径的 0.7 倍。

8 钢筋负温坡口焊的工艺应符合下列要求：

焊缝根部、坡口端面以及钢筋与钢垫板之间应熔合良好，焊接过程中经常除渣；焊接时，宜采用几个接头轮流施焊；加强焊缝的宽度应超过V形坡口边缘2～3mm，高度应超过V形坡口上下边缘2～3mm，并应平缓过渡至钢筋表面；加强焊缝的焊接，应分两层控温施焊。

9 HRB335、HRB400钢筋多层施焊时，焊后可采用回火焊道施焊，其回火焊道的长度应比前一层焊道在两端各缩短4～6mm。钢筋负温电弧焊回火焊道见图11.2.2。

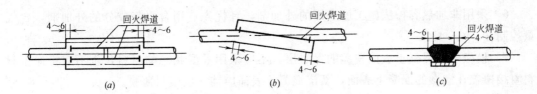

图11.2.2 钢筋负温电弧焊回火焊道
(a) 帮条焊；(b) 搭接焊；(c) 坡口焊

11.2.3 钢筋负温冷拉和冷弯

1 钢筋冷拉温度不宜低于－20℃。预应力钢筋张拉温度不宜低于－15℃。

2 钢筋负温冷拉方法可采用控制应力方法或控制冷拉率方法。用作预应力混凝土结构的预应力筋，宜采用控制应力的方法；不能分炉批的热轧钢筋冷拉，不宜采用控制冷拉率的方法。

3 在负温下采用控制冷拉率的方法冷拉钢筋时，其冷拉率的确定与常温相同。

4 在负温下冷拉后的钢筋，应逐根进行外观质量检查，其表面不得有裂纹和局部颈缩。

5 钢筋冷拉设备、仪表和液压工作系统油液应根据环境温度选用，并应在使用温度条件下进行配套校验。

6 当温度低于－20℃时，不得对低合金HRB335、HRB400级钢筋进行冷弯操作，以避免在钢筋弯点处发生强化，造成钢筋脆断。

11.3 混凝土工程

11.3.1 基本要求

1 普通混凝土采用硅酸盐水泥或普通硅酸盐水泥配制时，其受冻临界强度应为设计的混凝土强度标准值的30%；采用矿渣硅酸盐水泥配制的混凝土，其受冻临界强度应为设计的混凝土强度标准值的40%；但混凝土强度等级为C10及以下时，其受冻临界强度不得小于5.0N/mm²。

当施工需要提高混凝土强度等级时，其受冻临界强度应按提高后的强度等级确定。

2 掺用防冻剂的混凝土，当室外最低气温不低于－15℃时，其受冻临界强度不得小于4.0N/mm²；当室外最低气温不低于－30℃时，其受冻临界强度不得小于5.0N/mm²。

3 混凝土冬期施工应按本标准附录J的要求，进行混凝土热工计算。

4 混凝土冬期施工应优先选用硅酸盐水泥和普通硅酸盐水泥,水泥强度等级不低于32.5。最小水泥用量不应少于300kg/m³,水灰比不应大于0.6。使用矿渣硅酸盐水泥时,宜优先采用蒸汽养护。

注:1 大体积混凝土的最少水泥用量,应根据实际情况决定;
    2 强度等级不大于C10的混凝土,其最大水灰比和最少水泥用量可不受以上限制。

5 拌制混凝土所采用的骨料应清洁,不得含有冰、雪、冻块及其他冻裂物质。在掺用含钾、钠离子的防冻剂混凝土中,不得采用活性骨料或在骨料中混有这类物质的材料。

6 采用非加热养护法施工所选用的外加剂,宜优先选用含引气成分的外加剂,含气量控制在2%～4%。

7 模板外和混凝土表面覆盖的保温层,不应采用潮湿状态的材料,也不应将保温材料直接覆盖在潮湿的混凝土表面,新浇混凝土表面应铺一层塑料薄膜。

8 整体结构如为加热养护时,浇筑程序和施工缝位置设置应采取能防止加大温度应力的措施。当加热温度超过45℃时,应进行温度应力核算。

11.3.2 混凝土原材料的加热、搅拌和运输和浇筑

1 混凝土原材料加热应优先采用加热水的方法,当加热水不能满足时,再对骨料进行加热。水、骨料加热的最高温度应符合表11.3.2-1。

表11.3.2-1 拌合水及骨料加热最高温度（℃）

水泥品种及强度等级	拌合水	骨料
强度等级低于42.5的普通硅酸盐水泥、矿渣硅酸盐水泥	80	60
强度等级高于及等于42.5的硅酸盐水泥、普通硅酸盐水泥	60	40

当水、骨料达到规定温度仍不能满足热工计算要求时,可提高水温到100℃,但水泥不得与80℃以上的水直接接触。

2 水泥不得直接加热,使用前宜运入暖棚内存放。

3 水加热宜采用蒸汽加热、电加热或汽水加热交换罐等方法。加热水使用的水箱或水池应予保温,其容积应能使水达到规定的使用温度要求。

4 砂加热应在开盘前进行,并应掌握各处加热均匀。当采用保温加热料斗时,宜配备两个,交替加热使用。每个料斗容积可根据机械可装高度和侧壁斜度等要求进行设计,每一个斗的容量不宜小于3.5m³。

5 拌制掺用防冻剂的混凝土,当防冻剂为粉剂时,可按要求掺量直接撒在水泥上面和水泥同时投入;当防冻剂为液体时,应先配制成规定浓度的溶液,然后再根据使用要求,用规定浓度溶液再配制成施工溶液。各溶液应分别置于明显标志的容器内,不得混淆,每班使用的外加剂溶液应一次配成。

6 配制与加入防冻剂,应设专人负责并做好记录,应严格按剂量要求掺入。使用液体外加剂时应随时测定溶液温度,并根据温度变化用比重计测定溶液的浓度。当发现浓度有变化时,应加强搅拌直至浓度保持均匀为止。

7 搅拌混凝土时,骨料中不得带有冰、雪及冻团。为满足各组成材料间的热平衡,冬期拌制混凝土时间相对于下表规定的拌制时间可适当的延长。拌制混凝土的最短时间见

表11.3.2-2。

表 11.3.2-2 拌制混凝土的最短时间（s）

混凝土的坍落度（mm）	搅拌机机型	搅拌机容积(L)		
		<250	250～650	>650
≤30	自落式	135	180	225
	强制式	90	135	180
>30	自落式	185	135	180
	强制式	90	90	135
注：表中搅拌机容积为出料容积。				

8　冬期搅拌混凝土的合理投料顺序应与材料加热条件相适应。一般是先投入骨料和加热的水，待搅拌一定时间、水温降低到40℃左右时，再投入水泥继续搅拌到规定的时间，要绝对避免水泥假凝。

9　混凝土在运输、浇筑过程中的温度和覆盖的保温材料热工计算应按本标准附录J进行计算。当不符合要求时，应采取措施进行调整。

10　冬期不得在强冻胀性地基土上浇筑混凝土。在弱冻胀性地基土上浇筑混凝土时，基土不得遭冻。如果在非冻胀性土地基上浇筑混凝土时，混凝土在受冻前的抗压强度应符合11.3.1条第1款和第2款的规定。

11　混凝土在浇筑前，应清除模板和钢筋上的冰雪和污垢。运输和浇筑混凝土用的容器应有保温措施。

12　分层浇筑厚大的整体式结构混凝土时，已浇筑层的混凝土温度在未被上一层混凝土覆盖前不得低于2℃。采用加热养护时，养护前的温度不得低于2℃。

13　混凝土拌合物入模浇筑，必须经过振捣，使其内部密实，并能充分填满模板各个角落，制成符合设计要求的构件，木模板更适合混凝土的冬期施工。模板各棱角部位应注意做加强保温。

14　冬期振捣混凝土要采用机械振捣，振捣要迅速，浇筑前应做好必要的准备工作，如模板、钢筋和预埋件检查、清除冰雪冻块，浇筑时所用脚手架、马道的搭设和防滑措施检查、振捣机械和工具的准备等。混凝土浇筑前宜采用热风机清除冰雪和对钢筋、模板进行预热。

15　浇筑承受内力接头的混凝土（或砂浆），宜先将结合处的表面加热到正温。浇筑后的接头混凝土（或砂浆）在温度不超过45℃的条件下，应养护至设计要求强度，当设计无要求时，其强度不得低于设计强度的70%。

11.3.3　混凝土蓄热法和综合蓄热法养护

1　当室外最低温度不低于-15℃时，地面以下的工程，或表面系数M不大于$5m^{-1}$的结构，应优先采用蓄热法养护。对结构易受冻的部位，应采取加强保温措施。

2　当采用蓄热法不能满足要求时，可选用综合蓄热法养护。当围护层的总传热系数与结构表面系数的乘积KM在$50\sim200kJ/(m^3\cdot h\cdot K)$的范围时，应符合下列公式要求：

$$T_{m,a} > \frac{\ln\left(\frac{KM}{a}\right)}{b} \tag{11.3.3}$$

式中　$T_{m,a}$——冷却期间平均气温，且不低于-12℃；

M——结构表面系数（m^{-1}），$5 \leqslant M \leqslant 15$；
K——围护层的总传热系数（$kJ/m^2 \cdot h \cdot K$）；
a、b——系数，宜按表11.3.3选取。

表11.3.3 系数a、b值

水泥用量 (kg/m³)	水泥品种 系数	硫酸盐水泥		普通硅酸盐水泥		矿渣硅酸盐水泥	
		a	b	a	b	a	b
250		213	0.131	164	0.110	104	0.116
300		251	0.136	178	0.112	125	0.118
350		289	0.141	193	0.115	148	0.120
400		327	0.146	208	0.118	171	0.123
450		366	0.151	224	0.122	194	0.126
500		405	0.157	240	0.126	216	0.130
550		443	0.162	256	0.130	236	0.135

3 综合蓄热法施工应选用早强剂或早强型复合防冻剂，并应具有减水、引气作用。

4 混凝土浇筑后应在裸露混凝土表面采用塑料布等防水材料覆盖进行保温。对边、棱角部位的保温厚度应增大到面部位的2～3倍。混凝土在养护期间应防风防失水。

5 采用组合钢模板时，宜采用整装整拆方案。当混凝土强度达到$1N/mm^2$后，可使侧模板轻轻脱离混凝土后，再合上继续养护到拆模。

11.3.4 混凝土蒸汽养护法

1 混凝土蒸汽养护法的适用范围应符合表11.3.4-1规定。

表11.3.4-1 混凝土蒸汽养护法的适用范围

方法	简述	特点	适用范围
棚罩法	用帆布或其他罩子扣罩，内部蒸汽养护混凝土	设施灵活，施工简便，费用较小，单耗汽量大，温度不易均匀	预制梁、板、地下基础、沟道等
蒸汽套法	制作密封保温外套，分段送汽养护混凝土	温度能适当控制，加热效果取决于保温构造，设施复杂	现浇梁、板、框架结构，墙、柱等
热模法	模板外侧配置蒸汽管，加热模板养护	加热均匀、温度易控制，养护时间短，设备费用大	墙、柱及框架结构
内部蒸汽法	结构内部留孔道，通蒸汽加热养护	节省蒸汽，费用较低，入汽端易过热，需处理冷凝水	预制梁、柱、桁架、现浇梁、柱、框架单梁

2 蒸汽养护法使用低压饱和蒸汽，当工地有高压蒸汽时，应通过减压阀或过水装置后方可使用。

3 蒸汽养护的混凝土，采用普通混凝土硅酸盐水泥时最高养护温度不超过80℃，采用矿渣硅酸盐水泥时可提高到85℃。但采用内部通气法时，最高温度不超过60℃。

4 整体浇筑的结构，采用蒸汽加热养护时，升温和降温速度不得超过表11.3.4-2规定。

表11.3.4-2 蒸汽加热养护混凝土升温和降温速度

结构表面系数（m^{-1}）	升温速度（℃/h）	降温速度（℃/h）
≥6	15	10
<6	10	5

5 蒸汽养护应包括升温—恒温—降温三个阶段，各阶段加热延续时间可根据养护终了要求的强度确定。

6 整体结构采用蒸汽养护时，水泥用量不宜超过 350kg/m³，水灰比宜为 0.4～0.6，坍落度不宜大于 50mm。

7 采用蒸汽养护的混凝土，可掺入早强剂或无引气型减水剂，但不宜掺用引气剂或引气型减水剂，亦不应使用矾土水泥。

8 蒸汽养护混凝土时，应排除冷凝水，并防止渗入地基土中。当有蒸汽喷出口时，喷嘴与混凝土外露面的距离不得小于 300mm。

11.3.5 电加热法养护

1 电加热法养护混凝土的温度，应符合表 11.3.5-1 规定。

表 11.3.5-1 电加热法养护混凝土的温度（℃）

水泥强度等级	结构表面系数		
	<10	10～15	>15
32.5	70	50	45
42.5	40	40	35

注：采用红外线辐射加热时，其辐射表面温度可采用 70～90℃。

2 混凝土电极加热法养护的适用范围宜符合表 11.3.5-2 规定。

表 11.3.5-2 电极加热法养护混凝土的适用范围

分类		常用电极规格	设置方法	适用范围
内部电极	棒形电极	φ6～φ12 的钢筋短棒	混凝土浇筑后，将电极穿过模板或在混凝土表面插入混凝土体内	梁、柱，厚度大于 150mm 的板、墙及设备基础
	弦形电极	φ6～φ16 的钢筋长 2～2.5m	在浇筑混凝土前，将电极装入其位置与结构纵向平行的地方，电极两端弯成直角，由模板孔引出	含筋较少的墙、柱、梁，大型柱基础以及厚度大于 200mm 单侧配筋的板
表面电极		φ6 钢筋或厚 1～2mm，宽 30～60mm 的扁钢	电极固定在模板内侧，或装在混凝土的外表面	条形基础、墙及保护层大于 50mm 的大体积结构和地面等

3 混凝土采用电极加热法养护应符合下列要求：

（1）电路接好应经检查合格后方可合闸送电。当结构工程量较大，边浇筑边通电时，应将钢筋接地线。电热场应设安全围栏。

（2）棒形和弦形电极应固定牢固，并不得与钢筋直接接触。电极与钢筋之间的距离符合表 11.3.5-3 规定。

表 11.3.5-3 电极与钢筋之间的距离

工作电压(V)	最小距离(mm)	工作电压(V)	最小距离(mm)
65.0	50～70	106	120～150
87.0	80～100		

注：当钢筋密度大而不能保证钢筋与电极之间的上述距离时应采取绝缘措施。

（3）电极加热法应使用交流电，不得使用直流电。电极的形式、尺寸、数量及配置应能保证混凝土各部位加热均匀，且仅应加热到设计的混凝土强度标准值的 50%。在电极附近的辐射半径方向每隔 10mm 距离的温度差不得超过 1℃。

（4）电极加热应在混凝土浇筑后立即送电，送电前混凝土表面应保温覆盖。混凝土在加热养护过程中，其表面不应出现干燥脱水，并应随时向混凝土上表面洒水或洒盐水，洒水时应断电。

4 混凝土采用电热毯法养护应符合下列要求：

（1）电热毯宜由四层玻璃纤维布中间加以电阻丝制成。其几何尺寸应根据混凝土表面或模板外侧与龙骨组成的区格大小确定。电热毯的电压宜为60～80V，功率宜为75～100W/块。

（2）当布置电热毯时，在模板周边的各区格应连续布毯，中间区格可间隔布毯，并应与对面模板错开。电热毯外侧应设置耐热保温材料（如岩棉板等）。

（3）电热毯养护的通电持续时间应根据气温及养护温度确定，可采取分段、间断或连续通电养护工序。

5 混凝土采用工频涡流法养护应符合下列要求：

（1）工频涡流法养护的涡流管应采用钢管，其直径宜为12.5mm，壁厚δ宜为3mm。钢管内穿铝芯绝缘导线，其截面宜为25～35mm^2，技术参数宜符合表11.3.5-4规定。

表11.3.5-4 工频涡流管技术参数

项 次	取 值	项 次	取 值
饱和电压降值(V/m)	1.05	钢管极限功率(W/m)	195
饱和电流值(A)	200	涡流管间距(mm)	150～250

（2）各种构件涡流模板的配置应通过热工计算确定，也可以按下列规定配置：

1）柱：四面配置；

2）梁：当高宽比大于2.5时，侧模宜采用涡流模板，底模宜采用普通模板；当高宽比等于2.5时，侧模和底模皆宜采用涡流模板；

3）墙板：距墙板底部600mm范围内，应在两侧对成拼装涡流模板；600mm以上部位，应在两侧采用涡流和普通钢模交错拼装，并使涡流模板对应面为普通模板；

4）梁、柱节点：可将涡流钢管插入节点内，钢管总长度应根据混凝土量按6.0kW/m^{3}功率计算。节点外围应保温养护。

当采用工频涡流法养护时，各阶段送电功率应使预养与恒温阶段功率相同，升温阶段功率应大于预养阶段功率的2.2倍。预养、恒温阶段的变压器一次接线为Y形，升温阶段接线应为△形。

6 混凝土采用线圈感应加热养护应符合下列的要求：

（1）线圈感应加热法养护宜用于梁、柱结构，以及各种装配式钢筋混凝土结构的接头混凝土的加热养护，亦可用于密筋结构的钢筋和模板预热，及受冻钢筋混凝土结构构件的解冻。

（2）变压器宜选择50kVA和100kVA低压加热变压器，电压宜在36～110V间调整。当混凝土量较少时，也可采用交流电焊机。变压器的容量宜比计算结果增加20%～50%。

（3）感应线圈宜选用截面积为35mm^{2}铝质或铜质电缆，加热主电缆的截面面积可选用150mm^2。电流不宜超过400A。

（4）当缠绕感应线圈时，宜靠近钢模板。构件两端线圈导线的间距应比中间加密一倍，加密范围宜由端部开始向内至一个线圈直径的长度为止。端头应密缠五圈。

（5）最高电压值宜为80V，新电缆电压值可采用100V，但应使接头绝缘。养护期间电流不得中断,并防止混凝土受冻。

(6)通电后应采用钳形电流表和万能表随时检查电流,并应根据具体情况随时调整参数。

7 采用电热红外线加热器对混凝土进行辐射加热养护,宜用于薄壁钢筋混凝土结构和装配式钢筋混凝土结构接头处混凝土加热。加热温度应符合要求。

11.3.6 暖棚法施工

1 暖棚法施工适用于地下结构工程和混凝土量比较集中的结构中。

2 暖棚法施工应符合下列要求:

(1)当采用暖棚法施工时,棚内各测点温度不得低于5℃,并应设专人检测混凝土及棚内温度。暖棚内测温点应选择具有代表性位置进行布置,在离地面500mm高度处必须设点,每昼夜测温不应少于4次。

(2)养护期间应测量棚内湿度,混凝土不得有失水现象。当有失水现象时,应及时采取增湿措施或在混凝土表面洒水养护。

(3)暖棚的出入口应设专人管理,并应采取防止棚内温度下降或引起风口处混凝土受冻的措施。

(4)在混凝土养护期间应将烟或燃烧气体排至棚外,注意防火防毒。

11.3.7 负温养护法

1 负温养护法主要是在混凝土内掺加复合防冻剂,并采用原材料加热和浇筑后的混凝土表面做防护性的简单覆盖,使混凝土在负温养护期间硬化,并在规定的时间内达到一定的强度。

2 混凝土负温养护法适用于不易加热保温且对强度增长无特殊要求的结构工程。

3 采取负温养护法施工的混凝土,宜使用硅酸盐水泥或普通硅酸盐水泥,混凝土浇筑后的起始养护温度不应低于5℃,并应以浇筑后5d内预计日最低气温选用防冻剂。

4 混凝土浇筑后,裸露表面应采用塑料薄膜覆盖保护。

5 采用负温养护法应加强测温。当混凝土内部温度降到防冻外加剂规定的温度时,混凝土的抗压强度应符合本标准第11.3.1条第1、2款的规定。

6 负温养护法混凝土各龄期的强度可按表11.3.7使用。

表11.3.7 掺防冻剂混凝土在负温度下各龄期混凝土强度增长规律

防冻剂及组成	混凝土硬化平均温度(℃)	各龄期混凝土强度($f_{cu,k}$)(%)			
		7d	14d	28d	90d
$NaNO_2$(100%)	−5	30	50	70	90
	−10	20	35	55	70
	−15	10	25	35	50
NaCl(100%) $NaCl+CaCl_2$ 70%+30% 或40%+60%	−5	35	65	80	100
	−10	25	35	45	70
	−15	15	25	35	50
$NaCl+CaCl_2$ (50%+50%)	−5	40	60	80	100
	−10	25	40	50	80
	−15	20	35	45	70
	−20	15	30	40	60

续表 11.3.7

防冻剂及组成	混凝土硬化平均温度(℃)	各龄期混凝土强度($f_{cu,k}$)(%)			
		7d	14d	28d	90d
K_2CO_3(100%)	-5	50	65	75	100
	-10	30	50	70	90
	-15	25	40	65	80
	-20	25	40	55	70
	-25	20	30	50	60

11.4 混凝土质量控制及检查

11.4.1 冬期施工混凝土质量除应按本标准第7~10章进行控制外，还应符合以下规定：

1 检查外加剂质量及掺量。商品外加剂进入施工现场后应进行抽样检验，合格后方准使用。

2 检查水、骨料、外加剂溶液和混凝土出罐及浇筑时的温度。

3 检查混凝土从入模到拆除保温层或保温模板期间的温度。

11.4.2 冬期施工测温的项目与次数应符合表11.4.2的规定。

表 11.4.2 混凝土冬期施工测温的项目与次数

测温项目	测温次数
室外气温及环境温度	每昼夜不少于4次，此外还需测最高、最低气温
搅拌机棚温度	每一工作班不少于4次
水、水泥、砂、石及外加剂溶液温度	每一工作班不少于4次
混凝土出罐、浇筑、入模温度	每一工作班不少于4次

注：室外最高最低气温测量起、止日期为本地区冬期施工起始至终止日期。

11.4.3 混凝土养护期间温度测量应符合下列规定：

1 蓄热法或综合蓄热法养护从混凝土入模开始至混凝土达到受冻临界强度，或混凝土温度降到0℃或设计温度以前，应每隔6h测量一次。

2 掺防冻剂混凝土在强度未达到本标准第11.3.1条第1、2款规定之前应每隔2h测量一次，达到受冻临界强度以后每隔6h测量一次。

3 采用加热养护混凝土时，升温和降温阶段应每隔1h测量一次，恒温阶段每隔2h测量一次。

4 全部测温孔均应编号，并绘制布置图。测温孔应设在有代表性的结构部位和温度变化大易冷却的部位，孔深宜为100~150mm，也可为板厚或墙厚的1/2。

测温时，测温仪表应采取与外界气温隔离措施，并留置在测温孔内不少于3min。

11.4.4 检查混凝土质量除应按本标准第7章规定留置试块外，尚须做下列检查：

1 检查混凝土表面是否受冻、粘连、收缩裂缝，边角是否脱落，施工缝处有无受冻痕迹。

2 检查同条件养护试块的养护条件是否与施工现场结构养护条件相一致。

3 采用成熟度法检验混凝土强度时，应检查测温记录与计算公式要求是否相符，有无差错。

  4 采用电加热养护时，应检查供电变压器二次电压和二次电流强度，每一工作班不少于2次。

11.4.5 模板和保温层在混凝土达到要求强度并冷却到5℃后方可拆除。拆模时混凝土温度与环境温度差大于20℃时，拆模后的混凝土表面应及时覆盖，使其缓慢冷却。

本标准用词说明

1 为便于在执行本标准中相关内容时区别对待,对要求严格程度不同的用词说明如下:

1) 表示很严格,非这样做不可的用词:

正面词采用"必须";反面词采用"严禁"。

2) 表示严格,在正常情况下均应这样做的用词:

正面词采用"应";反面词采用"不应"或"不得"。

3) 表示允许稍有选择,在条件许可时,首先应这样做的用词:

正面词采用"宜";反面词采用"不宜"。

表示有选择,在一定条件下可以这样做的用词,采用"可"。

2 本标准中指定应按其他有关标准、规范执行时的写法为"应符合……要求或规定"或"应按……执行"。

附录 A 模板设计计算资料

A.1 模板材料及其性能

A.1.1 模板材料选用的原则

混凝土结构施工用的模板材料种类很多，较常用的是木材、钢材和竹胶板三种。为了保证所浇筑混凝土结构的施工质量（包括结构形状与尺寸正确，混凝土表面平整等）与施工安全，所选用的模板材料应具有下列特性：

1 材料应有足够的强度，以保证模板结构有足够的承载能力。
2 材料应有足够的弹性模量，以保证模板结构的刚度。在使用时，变形在允许范围内。
3 模板接触混凝土的表面，必须平整光滑。
4 尽量选用轻质材料，并且能够经受多次周转而不损坏。

A.1.2 木材

1 选材

木模板结构所用的木材，应按《木结构设计规范》GB 50005—2003 的规定选用，材质等级不得低于Ⅲ等材。设计时，应根据模板构件受力种类选用适当等级的木材。

常用树种木材的强度设计值和弹性模量按表 A.1.2 采用。

表 A.1.2 模板常用树种木材的强度设计值和弹性模量（N/mm²）

树 种	强度等级	抗弯 f_m	顺纹抗压与承压 f_c	顺纹抗拉 f_t	顺纹抗剪 f_v	横纹承压 $f_{c,90}$			弹性模量 E
						全表面	局部表面和齿面	拉力螺栓垫板	
东北落叶松	TC17	17	15	9.5	1.6	2.3	3.5	4.6	10000
铁杉、油杉	TC15	15	13	9	1.6	2.1	3.1	4.2	10000
鱼鳞云杉、西南云杉			12	9	1.5				
油杉、新疆落叶松、马尾松	TC13	13	12	8.5	1.5	1.9	2.9	3.8	10000
红皮云杉、丽江云杉、红杉、樟子松			10	8.0	1.4				9000
西北云杉、新疆云杉	TC11	11	10	7.5	1.4	1.8	2.7	3.6	9000
杉木、冷杉			10	7.0	1.2				

2 木材强度设计值和弹性模量的调整系数

根据《木结构设计规范》GB 50005—2003 的规定，模板木结构的木材强度设计值和弹性模量，应乘以下的调整系数：

（1）因为木模板结构一般为露天结构，强度设计值应乘以 0.9，弹性模量应乘以 0.85；

(2)因为模板结构为临时结构,按施工荷载考虑,其强度设计值应乘以1.2,弹性模量不予调整;

(3)当采用原木时,若验算部位未经切削,其顺纹抗压强度设计值和弹性模量可提高15%;

(4)因为木模板工程施工时,均应浇水湿润模板和养护混凝土,因此一般应按湿材考虑。各种木材的横纹承压强度设计值和弹性模量,以及落叶松木材的抗弯强度设计值宜降低10%。

A.1.3 钢材

1 选材

(1)模板结构一般宜采用Q235钢、Q345钢的普通型钢或冷弯薄壁型钢或管材,其质量应分别符合现行国家标准《碳素结构钢》GB/T700、《低合金高强度结构钢》GB/T1591的规定。

(2)当采用普通型钢时,其钢材强度设计值、弹性模量及焊缝强度设计值应按《钢结构设计规范》GB 50017—2003的规定采用;当采用冷弯薄壁型钢,其钢材强度设计值、弹性模量及焊缝强度设计值,应按《冷弯薄壁型钢结构技术规范》GB 50018—2002的规定采用。

2 钢材强度设计值与弹性模量

钢材(包括型钢、螺栓、焊缝)强度设计值与弹性模量,分别按表A.1.3-1~表A.1.3-5采用。

表A.1.3-1 普通型钢、钢管、钢板的强度设计值和弹性模量(N/mm²)

钢材		抗拉、抗压和抗弯 (f)	抗剪 (f_v)	端面承压(刨平顶紧) (f_{ce})	弹性模量 (E)
牌号	厚度或直径(mm)				
Q235钢	≤16	215	125	325	2.06×10⁵
	>16~40	205	120		
	>40~60	200	115		
	>60~100	190	110		
Q345	≤16	310	180	400	
	>16~35	295	170		
	>35~50	265	155		
	>50~100	250	145		

注:表中厚度系指计算点的钢材厚度,对轴心受拉和轴心受压构件系指截面中较厚板件的厚度。

表A.1.3-2 焊缝的强度设计值(N/mm²)

焊接方法和焊条型号	构件钢材		对接焊缝				角焊缝
	牌号	厚度或直径(mm)	抗压 f_c^w	焊缝质量为下列等级时,抗拉 f_t^w		抗剪 f_v^w	抗拉、抗压和抗剪 f_f^w
				一级、二级	三级		
自动焊、半自动焊和E₄₃型焊条的手工焊	Q235	≤16	215	215	185	125	160
		>16~40	205	205	175	120	
		>40~60	200	200	170	115	
		>60~100	190	190	160	110	

续表 A.1.3-2

焊接方法和焊条型号	构件钢材		对接焊缝				角焊缝
	牌号	厚度或直径（mm）	抗压 f_c^w	焊缝质量为下列等级时,抗拉 f_t^w		抗剪 f_v^w	抗拉、抗压和抗剪 f_f^w
				一级、二级	三级		
自动焊、半自动焊和 E_{50} 型焊条的手工焊	Q345	≤16	310	310	265	180	200
		>16～35	295	295	250	170	
		>35～50	265	265	225	155	
		>50～100	250	250	210	145	

注：1 自动焊和半自动焊所采用的焊丝和焊剂，应保证其熔敷金属的力学性能不低于现行国家标准《埋弧焊用碳钢焊丝和焊剂》GB/T 5293 和《低合金钢埋弧焊用焊剂》GB/T 12470 中相关的规定。
2 焊缝质量等级应符合现行国家标准《钢结构工程施工质量验收规范》GB 50205 的规定。其中厚度小于 8mm 钢材的对接焊缝，不应采用超声波探伤确定焊缝质量等级。
3 对接焊缝在受压区的搞弯强度设计值取 f_c^w，在受拉区的抗弯强度设计值取 f_t^w。
4 表中厚度系指计算点的钢材厚度，对轴心受拉和轴心受压构件系指截面中较厚板件的厚度。

表 A.1.3-3　冷弯薄壁型钢钢材的强度设计值与弹性模量（N/mm²）

钢号	抗拉、抗压和抗弯 (f)	抗剪 (f_v)	端面承压（磨平顶紧）(f_{ce})	弹性模量 (E)
Q235 钢	205	120	310	2.06×10⁵
Q345 钢	300	175	400	

表 A.1.3-4　冷弯薄壁型钢焊缝强度设计值（N/mm²）

钢号	对接焊缝			角焊缝
	抗压 f_c^w	抗拉 f_t^w	抗剪 f_v^w	抗压、抗拉、抗剪 f^w
Q235 钢	205	175	120	140
Q345 钢	300	255	175	195

注：1 Q235 钢与 Q345 钢对接焊接时，焊缝设计强度应按表中 Q235 钢栏的数值采用；
2 经 X 射线检查符合一、二级焊缝质量标准的对接焊缝的抗拉强度设计值采用抗压强度设计值。

表 A.1.3-5　螺栓连接的强度设计值（N/mm²）

螺栓的性能等级、锚栓和构件钢材的牌号		普通螺栓					锚栓	承压型连接高强度螺栓		
		C 级螺栓			A 级、B 级螺栓					
		抗拉 f_t^b	抗剪 f_v^b	承压 f_c^b	抗拉 f_t^b	抗剪 f_v^b	承压 f_c^b	抗拉 f_t^a	抗拉 f_t^b	承剪 f_v^b	承压 f_c^b
普通螺栓	4.6 级 4.8 级	170	140	—	—	—	—	—	—	—	—
	5.6 级	—	—	—	210	190	—	—	—	—	—
	8.8 级	—	—	—	400	320	—	—	—	—	—
锚栓	Q235 钢	—	—	—	—	—	—	140	—	—	—
	Q345 钢	—	—	—	—	—	—	180	—	—	—
承压型连接高强螺栓	8.8 级	—	—	—	—	—	—	—	400	250	—
	10.9 级	—	—	—	—	—	—	—	500	310	—
构件	Q235 钢	—	—	305	—	—	405	—	—	—	470
	Q345 钢	—	—	385	—	—	510	—	—	—	590

注：1 A 级螺栓用于 $d≤24mm$ 和 $l≤10d$ 或 $l≤150mm$（按较小值）的螺栓；B 级螺栓用于 $d>24mm$ 或 $l>10d$ 或 $l>150mm$（按较小值）的螺栓。d 为公称直径，l 为螺栓公称长度。
2 A、B 级螺栓的精度和孔壁表面粗糙度，C 级螺栓孔的允许偏差和孔壁表面粗糙度，均应符合现行国家标准《钢结构工程施工质量验收规范》GB 50205 的要求。

A.1.4 胶合板

1 木胶合板

木胶合板多以1.5mm厚的单板用酚醛树脂压制而成,其表面敷以三聚氰胺树脂薄膜,具有表面平整,重量轻,防水、耐磨、耐酸碱性能好,易脱模和可以两面使用等特点。目前被广泛用于现浇混凝土结构工程施工,其常用规格厚度有12、15、18mm三种。其剪切强度一般为1.2～1.8N/mm²,抗弯强度因材质及厚度的不同而变化,约为23～78N/mm²,含水率为5%～13%,密度为450～880kg/m³。其强度标准值和弹性模量可按表A.1.4-1的规定采用。

表A.1.4-1 胶合板的静曲强度标准值和弹性模量（N/mm²）

厚度(mm)	静曲强度标准值		弹性模量	
	平行向	垂直向	平行向	垂直向
12	≥25.0	≥16.0	≥8500	≥4500
15	≥23.0	≥15.0	≥7500	≥5000
18	≥20.0	≥15.0	≥6500	≥5200
21	≥19.0	≥15.0	≥6000	≥5400

注：1 胶合板的强度设计值取本表静曲强度除以1.55系数；弹性模量乘以0.9系数；
2 当按规定的取样试验方法确定的胶合板力学指标大于本表数值时,可按试验值取用；
3 本表采用《钢框胶合板模板技术规程》JGJ 96—95；
4 平行向指平行于胶合板表板的纤维方向；垂直向指垂直于胶合板表板的纤维方向；
5 当立杆或拉杆直接支在胶合板上时,胶合板的剪切强度标准值应大于1.2N/mm²。

2 竹胶合板

竹胶合板是将编好的竹席在水溶液中浸泡或蒸煮,使竹材中的木质素软化,其内应力消失,具有可塑性。然后在适当的温度和压力下,用粘结材料塑合成竹胶合板。其表面处理方法有：

（1）直接罩面法。即是在竹胶合板粘结、热压成型过程中,直接进行表面处理,在其表面热压一层氯乙烯薄膜或其他罩面材料。

（2）粘贴法。即是在竹胶合板表面用橡胶类胶粘剂粘贴氯乙烯或其他纤维薄膜。其薄膜的厚度可根据需要确定。

（3）热压法。即是将热压成型的竹胶合板在表层用胶液浸泡,然后再次热压,使表面形成保护膜。

竹胶合板的机械力学性能,见表A.1.4-2。

表A.1.4-2 竹胶合板的机械力学性能

项目	静曲强度 $\sigma(N/mm^2)$		冲击强度 $\alpha_k(J/cm^2)$		胶合强度 $z(N/mm^2)$		弹性模量 $E(N/mm^2)$		握钉力 $M(N/mm)$
	三层	五层	三层	五层	三层	五层	三层	五层	
平均值	113.30	105.50	8.30	7.95	3.52	5.03	10584	9898	241.10

A.2 计算模板及其支架时的荷载标准值

A.2.1 恒荷载标准值

1 模板及支架的自重标准值

包括模板面板、支撑结构和连接件的自重力，有的模板还应包括安全防护结构，如护身栏等的自重荷载。自重标准值应根据模板设计图纸确定。对肋形楼板及无梁楼板的自重标准值，可参照表 A.2.1 选用。

表 A.2.1　楼板模板自重标准值 （kN/m²）

项 次	模板构件名称	木 模 板	定型组合钢模板
1	平板的模板及小楞	0.30	0.50
2	楼板模板（其中包括梁的模板）	0.50	0.75
3	楼板模板及其支架（楼层高度 4m 以下）	0.75	1.10

2　新浇筑混凝土自重标准值

普通混凝土采用 24kN/m³，其他混凝土根据实际重力密度确定。

3　钢筋自重标准值

根据钢筋混凝土结构工程设计图纸计算确定，一般梁板结构每立方米钢筋混凝土的钢筋自重标准值，可采用下列数值：

楼板　1.1kN

梁　　1.5kN

4　新浇混凝土对模板侧面的压力标准值

采用内部振捣器时，新浇筑的混凝土作用于模板的最大侧压力，可按以下两式计算，并取两式中的较小值。

$$F = 0.22\gamma_c t_0 \beta_1 \beta_2 V^{\frac{1}{2}} \quad \text{(A.2.1-1)}$$

$$F = \gamma_c H \quad \text{(A.2.1-2)}$$

式中　F——新浇混凝土对模板的最大侧压力（kN/m²）；

　　　γ_c——混凝土的重力密度（kN/m³）；

　　　t_0——新浇混凝土的初凝时间（h），可按实测确定。当缺乏试验资料时，可采用 $t_0 = 200/(T+15)$ 计算（T 为混凝土的温度℃）；

　　　V——混凝土的浇筑速度（m/h）；

　　　H——混凝土侧压力计算位置处至新浇混凝土顶面的总高度（m）；

　　　β_1——外加剂影响修正系数，不掺外加剂时取 1.0，掺具有缓凝作用的外加剂时取 1.2；

　　　β_2——混凝土坍落度影响修正系数，当塌落度小于 30mm 时取 0.85；50～90mm 时取 1.0；110～150mm 取 1.15。

混凝土侧压力的计算分布图形如图 A.2.1 所示：

A.2.2　活荷载标准值

1　施工人员及施工设备荷载标准值

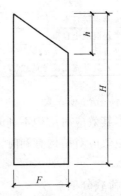

图 A.2.1　混凝土侧压力分布图

图中：h 为有效压头高度（m）；$h = F/\gamma_c$（m）。

（1）计算模板板面及直接支承模板板面的小楞时，均布荷载取 2.5kN/m²，另应以集中荷载 2.5kN 进行验算。比较两者所得的弯矩值，取其中大者采用；

（2）计算直接支承小楞结构的构件时，均布活荷载取 1.5kN/m²；

（3）计算支撑结构立柱及其他支承结构构件时，均布活荷载取 1.0kN/m²；

（4）大型浇筑设备如上料平台、混凝土输送泵等按实际情况计算；

（5）混凝土堆积料高度超过 100mm 以上者，按实际堆积高度计算；

（6）模板单块宽度小于 150mm 时，集中荷载可分布在相邻的两块板上。

2　振捣混凝土产生的荷载标准值

（1）对水平模板产生的垂直荷载为 2kN/m²；

（2）对垂直面模板，在新浇混凝土侧压力有效压头高度以内，取 4kN/m²；有效压头高度以外可不予考虑。

3　倾倒混凝土时产生的荷载标准值

倾倒混凝土时，对垂直面模板产生的水平荷载按表 A.2.2 采用。

表 A.2.2　倾倒混凝土时产生的水平荷载标准值（kN/m²）

项次	向模板内供料方法	水平荷载	项次	向模板内供料方法	水平荷载
1	溜槽、串筒或导管	2	3	容量为 0.2～0.8m³ 的运输器具	4
2	容量小于 0.2m³ 的运输器具	2	4	容量为大于 0.8m³ 的运输器具	6

注：本荷载作用范围在有效压头高度以内。

A.3　计算模板及其支架时的荷载分项系数与调整系数

根据《建筑结构荷载规范》GB 50009—2001 和《混凝土结构工程施工质量验收规范》GB 50204—2002 的有关规定，在进行一般模板结构构件计算时，各类荷载应乘以相应的分项系数与调整系数，其要求如下：

A.3.1　分项系数见表 A.3.1。

表 A.3.1　分项系数

项次	荷载类别	γ_i	项次	荷载类别	γ_i
1	模板及支架自重	1.2	5	振捣混凝土时产生的荷载	1.4
2	新浇筑混凝土自重		6	新浇筑混凝土对模板侧面的压力	1.2
3	钢筋自重				
4	施工人员及施工设备荷载	1.4	7	倾倒混凝土时产生的荷载	1.4

1　恒荷载分项系数

（1）当其效应对结构不利时，乘以分项系数 1.2；

（2）当效应对结构有利时，取分项系数为 1.0，但对抗倾覆有利的恒荷载，其分项系数可取 0.9。

2　活荷载分项系数

（1）一般情况下分项系数取 1.4；

（2）模板的操作平台结构，当活荷载标准值不小于 4kN/m² 时，分项系数取 1.3。

A.3.2 调整系数

1 对于一般钢模板结构，其荷载设计值可乘以 0.85 的调整系数；但对冷弯薄壁型钢模板结构，其设计荷载值的调整系数为 1.0。

2 对于木模板结构，当木材含水率小于 25% 时，其设计荷载值可乘以 0.9 的调整系数，但是考虑到一般混凝土工程施工时都要湿润模板和浇水养护，含水率难以控制，因此一般均不乘以调整系数，以保证结构安全。

3 为防止模板结构在风荷载作用下倾倒，应从构造上采取有效措施。当验算模板结构在自重力和风荷载作用下的抗倾倒稳定性时，风荷载按《建筑结构荷载规范》GB 50009—2001 的规定采用，其中基本风压值应乘以调整系数 0.8。

A.4 模板设计计算公式

A.4.1 模板结构构件的最大弯矩、剪力和挠度

模板结构构件中的面板（木、钢、胶合板）、大小楞（木、钢）等，均属于受弯构件，可按简支梁和连续梁计算。当模板构件的跨度超过三跨时，可按三跨连续梁计算。

表 A.4.1-1 和表 A.4.1-2 分别列出了常用的简支梁和连续梁在不同荷载条件下和支撑条件下的弯矩、剪力和挠度公式。应用时，按常例构件的惯性矩沿跨长作为恒定不变；支座是刚性的，不发生沉陷；受荷跨的荷载情况都相同，并同时产生作用。

表 A.4.1-1　悬臂梁与简支梁的最大弯矩、剪力与挠度

荷载图示	剪力 V	弯矩 M	挠度 ω
悬臂端集中荷载 P	P	Pl	$\dfrac{Pl^3}{3EI}$
简支梁跨中集中荷载 P	$\dfrac{P}{2}$	$\dfrac{Pl}{4}$	$\dfrac{Pl^3}{48EI}$
简支梁集中荷载 P (a, b)	$\dfrac{Pa}{l}$	$\dfrac{Pab}{l}$	$\dfrac{Pb}{EI}\left(\dfrac{l^3}{16}-\dfrac{b^2}{12}\right)$
简支梁两对称集中荷载 P	P	Pa	$\dfrac{Pa}{6EI}\left(\dfrac{3}{4}l^2-a^2\right)$
简支梁三集中荷载 P	$\dfrac{3P}{2}$	$P\left(\dfrac{l}{4}-a\right)$	$\dfrac{P}{48EI}(l^3+6al^2-8a^3)$
简支梁均布荷载 q	ql	$\dfrac{ql^2}{2}$	$\dfrac{ql^4}{8EI}$

续表 A.4.1-1

荷载图示	剪力 V	弯矩 M	挠度 ω
(均布荷载 q, 跨度 l)	$\dfrac{ql}{2}$	$\dfrac{ql^2}{8}$	$\dfrac{5ql^4}{384EI}$
(中部均布 q, a,c,a)	$\dfrac{qc}{2}$	$\dfrac{qc(2l-c)}{8}$	$\dfrac{qc}{384EI}(8l^3-4c^2l+c^3)$
(两端均布 q, a,c,a)	qa	$\dfrac{qa^2}{2}$	$\dfrac{qa^2}{48EI}(3l^2-2a^2)$
(悬挑 m,l,m, 均布 q)	$qm\,(l\leqslant 2m)$ $\dfrac{ql}{2}\,(l>2m)$	$\dfrac{qm^2}{2}\,(l<2\sqrt{2}m)$ $\dfrac{1}{8}ql^2-\dfrac{1}{2}qm^2$ $(l\geqslant 2\sqrt{2}m)$	取以下二式中较大者： $\dfrac{qm}{24EI}(-l^3+6m^2l+3m^3)$ （悬挑端） $\dfrac{ql^2(5l^2-24m^2)}{384EI}$（跨中）

表 A.4.1-2 连续梁的最大弯矩、剪力与挠度

荷载图示	剪力 V	弯矩 M	挠度 ω
两跨, 跨中各一集中力 P	$0.688P$	$0.188Pl$	$\dfrac{0.911\times Pl^3}{100EI}$
两跨, 每跨两集中力 P	$1.333P$	$0.333Pl$	$\dfrac{1.466\times Pl^3}{100EI}$
三跨, 跨中各一集中力 P	$0.650P$	$0.175Pl$	$\dfrac{1.146\times Pl^3}{100EI}$
三跨, 每跨两集中力 P	$1.267P$	$0.267Pl$	$\dfrac{1.883\times Pl^3}{100EI}$
两跨均布荷载 q	$0.625ql$	$0.125ql^2$	$\dfrac{0.521\times ql^4}{100EI}$
三跨均布荷载 q	$0.60ql$	$0.10ql^2$	$\dfrac{0.677\times ql^4}{100EI}$
带悬挑的连续梁 a,l,l,a $a=0.4l$ 挠度相等	$V=0.50ql$ $V_{B右}=\dfrac{3q}{8l}(l^2+2a^2),\ V_{D左}=-\dfrac{q}{8l}(5l^2-6a^2)$	$M=0.105ql^2,\ M_B=-\dfrac{1}{2}qa^2,$ $M_C=\dfrac{q}{16}(l^2-2a^2),\ M_D=-\dfrac{q}{8}(l^2-2a^2)$	$y=\dfrac{0.273\times ql^4}{100EI},$ $y_A=\dfrac{qa(6a^3+6a^2l-l^3)}{48EI},\ y_C=\dfrac{ql^2(l^2-3a^2)}{192EI}$

续表 A.4.1-2

荷载图示	剪力 V	弯矩 M	挠度 ω
(均布荷载 q，五跨连续梁示意图)	$V=0.50ql$, $V_{B右}=\dfrac{q}{5l}(2l^2+3a^2)$, $V_{D左}=-\dfrac{3q}{5l}(l^2-a^2)$, $V_{D右}=\dfrac{1}{2}ql$	$M=0.084ql^2$, $M_B=-\dfrac{1}{2}qa^2$, $M_C=\dfrac{q}{40}(3l^2-8a^2)$, $M_D=-\dfrac{q}{10}(l^2-a^2)$, $M_E=\dfrac{q}{40}(l^2+4a^2)$	$y=\dfrac{0.273\times ql^4}{100EI}$, $y_A=\dfrac{qa(15a^3+22a^2l-2l^3)}{120EI}$, $y_C=\dfrac{ql^2(13l^2-48a^2)}{1920EI}$, $y_E=\dfrac{ql^2(l^2+24a^2)}{1920EI}$

A.4.2 模板结构构件承载能力的验算

1 木模、组合钢模板的构件承载能力验算公式，参见《建筑施工手册》第四版"2 常用结构计算"中有关"木结构计算公式"和"钢结构计算公式"内容。

2 钢框胶合板模板中的支撑和柱箍，亦可按《钢框胶合板模板技术规程》JGJ 96—95 中的公式进行计算，即：

(1) 钢管支撑（图 A.4.2-1）

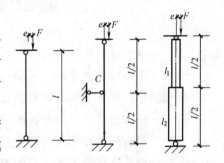

图 A.4.2-1 钢管支撑计算简图

$$F_{cr}=48\left(\frac{1}{2}-\frac{e}{b}\right)^3\frac{EI}{l^2} \qquad (A.4.2-1)$$

$$F_{cr}=192\left(\frac{1}{2}-\frac{e}{b}\right)^3\frac{EI}{l^2} \qquad (A.4.2-2)$$

$$F_{cr}=48\left(\frac{1}{2}-\frac{e}{b}\right)^3\frac{EI_1}{(\gamma l)^2} \qquad (A.4.2-3)$$

式中 $\gamma=0.76+0.24\left(\dfrac{I_2}{I_1}\right)^2$

F_{cr}——临界荷载（N）；

e——偏心距（mm）；

b——受力构件小边截面尺寸（mm）；

E——受力构件的弹性模量（MPa）；

I——受力构件截面尺寸以小边为高度的惯性矩（mm⁴）；

l——受力构件的计算长度（mm）；

$\overline{C}$——水平撑刚度，$\overline{C}>\dfrac{160EI}{l^3}$。

(2) 格构式柱支撑（图 A.4.2-2）

$$F_{cr}=\frac{\pi^2 EI}{2l^2}\cdot\frac{1}{1+\dfrac{\pi^2 I}{A_1 l^2}\left(\dfrac{A_1}{A_2\sin\alpha\cos^2\alpha}+\dfrac{1}{\tan\alpha}\right)} \qquad (A.4.2-4)$$

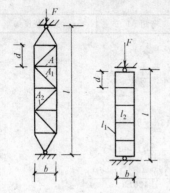
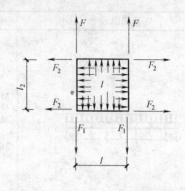

图 A.4.2-2　格构式柱支撑计算简图　　　　图 A.4.2-3　方柱箍计算简图

$$F_{cr}=\frac{\pi^2 EI}{2l^2}\cdot\frac{1}{1+\frac{\pi^2 I}{12l^2}\left(\frac{db}{I_b}+\frac{d^2}{2I_c}\right)} \qquad (A.4.2-5)$$

式中　E——格构柱的弹性模量（MPa）；

I——格构柱的惯性矩（mm^4）；

A_1——格构柱水平腹杆的截面积（mm^2）；

A_2——格构柱斜腹杆的截面积（mm^2）；

I_b——格构柱竖杆本身的惯性矩（mm^4）；

I_c——格构柱水平缀板本身的惯性矩（mm^4）。

(3) 柱箍

1) 方箍（图 A.4.2-3）

$$M=\frac{-qcl^2}{12}\psi_1(\mu) \qquad (A.4.2-6)$$

$$F=qcl(拉力) \qquad (A.4.2-7)$$

$$W=\frac{qcl^4}{384EI}\psi_2(\mu) \qquad (A.4.2-8)$$

式中　$\mu=\frac{1}{2}\sqrt{\frac{qcl}{2EI}}$

q——柱模板侧压力（MPa）；

c——柱箍间距（mm）；

l——柱箍长度（mm）（指柱箍支点之间距离）；

I——柱箍惯性矩（mm^4）；

E——柱箍弹性模量（MPa）；

ψ_1、ψ_2——根据 μ 值查表 A.4.2。

2) 圆形柱箍

$$F=crq \qquad (A.4.2-9)$$

式中　F——圆形柱箍内拉力（kN）；

c——圆形柱箍间距（mm）；

r——圆形柱箍内半径（mm）；

q——圆形柱箍内的混凝土侧压力（MPa）。

表 A.4.2　$\psi_1(\mu)$、$\psi_2(\mu)$ 数值表

μ	$\psi_1(\mu)$	$\psi_2(\mu)$	μ	$\psi_1(\mu)$	$\psi_2(\mu)$
0	1.0	1.0	3.5	0.614	0.453
0.5	0.984	0.976	4.0	0.563	0.388
1.0	0.939	0.909	4.5	0.519	0.335
1.5	0.876	0.817	5.0	0.480	0.291
2.0	0.806	0.715	5.5	0.446	0.254
2.5	0.736	0.617	6.0	0.417	0.223
3.0	0.672	0.529	6.5	0.391	0.197

A.5　组合钢模板成品质量

组合钢模板成品质量要求见表 A.5-1、A.5-2。

表 A.5-1　组合钢模板成品单件质量

项　目		要求尺寸(mm)	允许偏差(mm)
外形尺寸	长度	L	0　-1.00
	宽度	b	0　-0.80
	肋高	55	±0.50
U形卡孔	沿板长度的孔中心距	$n \times 150$	±0.60
	沿板宽度的孔中心距	—	±0.60
	孔中心与板面间距	22	±0.30
	沿板长度孔中心与板端间距	75	±0.30
	沿板宽度孔中心与边肋凸棱面的间距	—	±0.30
	孔直径	$\phi 13.8$	±0.25
凸棱尺寸	高度	0.3	+0.30　-0.05
	宽度	4.0	+2.00　-1.00
	边肋圆角	90°	$\phi 0.5$ 钢针通不过
面板端与两凸棱面的垂直度		90°	$d \leqslant 0.50$
板面平面度		—	$f_1 \leqslant 1.00$
凸棱直线度		—	$f_2 \leqslant 0.50$
横肋	横肋、中纵肋与边肋高度差	—	$\Delta \leqslant 1.20$
	两端横肋组装位移	0.3	$\Delta \leqslant 0.60$
焊缝	肋间焊缝长度	30.0	±5.00
	肋间焊脚高	2.5(2.0)	+1.00
	肋与面板焊缝长度	10.0(15.0)	+5.00
	肋与面板焊脚高度	2.5(2.0)	+1.00
凸鼓高度		1.0	+0.30　-0.20
防锈漆外观		油漆涂刷均匀不得漏涂、皱皮、脱皮、流淌	
角模的垂直度		90°	$\Delta \leqslant 1.00$

注：采用二氧化碳气体保护焊的焊脚高度与焊缝长度为括号内数据。

表 A.5-2　组合钢模板产品组装质量标准

项　目	允许偏差(mm)	项　目	允许偏差(mm)
两块模板之间的拼接缝隙	≤1.00	组装模板板面的长宽尺寸	±2.00
相邻模板面的高低差	≤2.00	组装模板两对角线长度差值	≤3.00
组装模板板面平面度	≤2.00		

注：组装模板面积为 2100mm×2000mm。

附录 B 钢筋的性能指标等要求

B.1 钢筋化学、物理性能指标

B.1.1 混凝土用热轧带肋钢筋 GB 1499—1998 的化学成分及力学性能见表 B.1.1-1～表 B.1.1-2。

表 B.1.1-1 热轧带肋钢筋化学成分（不大于）

牌 号	化学成分(%)					
	C	Si	Mn	P	S	Ceq
HRB335	0.25	0.80	1.60	0.045	0.045	0.52
HRB400	0.25	0.80	1.60	0.045	0.045	0.54
HRB500	0.25	0.80	1.60	0.045	0.045	0.55

注：Ceq——碳当量，Ceq=C+Mn/6+(Cr+V+Mo)/5+(Cu+Ni)/15；碳当量的允许偏差为+0.03%。

表 B.1.1-2 热轧带肋钢筋力学性能

牌 号	公称直径(mm)	σ_S（或$\sigma_{P0.2}$）(MPa)	σ_b(MPa)	δ_5(%)	弯曲试验弯心直径
		不小于			
HRB335	6～25 28～50	335	490	16	3a 4a
HRB400	6～25 28～50	400	570	14	4a 5a
HRB500	6～25 28～50	500	630	12	6a 7a

B.1.2 热轧光圆钢筋 GB 13013—91 化学成分及力学性能见表 B.1.2。

表 B.1.2 热轧光圆钢筋化学成分及力学性能

牌号	公称直径(mm)	化学成分(%)					σ_S(MPa)	σ_b(MPa)	伸长率δ_5(%)	冷弯
		C	Si	Mn	P	S	不小于			
					不大于					
HPB235 (Q235)	8～20	0.14～0.22	0.12～0.30	0.30～0.65	0.045	0.050	235	370	25	180° d=a

注：d—弯芯直径；a—钢筋公称直径。

B.1.3 余热处理钢筋 GB 13014—91 的力学性能及工艺性能要求符合表 B.1.3 的规定。

表 B.1.3 余热处理钢筋的化学及力学、工艺性能

强度代号	符号	公称直径 (mm)	化学成分(%)					σ_s (MPa)	σ_b (MPa)	伸长率 δ_s(%)	冷弯
			C	Si	Mn	P	S				
						不大于		不小于			
RRB400 (KL400)	⊕R	8～25	0.17～0.25	0.40～0.80	1.20～1.60	0.045	0.045	440	600	14	90°d=3a
		28～40									90°d=4a

注：d—弯芯直径；a—钢筋公称直径。

B.1.4 低碳热轧圆盘条 GB/T 701—1997 的化学成分及力学性能符合表 B.1.4 的规定。

表 B.1.4 低碳热轧圆盘条的化学成分力学性能

牌号	公称直径 (mm)	化 学 成 分					力 学 性 能			冷弯试验 180° d—弯心直径 a—钢筋公称直径
		C	Mn	Si	S	P	屈服点 σ_s (MPa)	抗拉强度 σ_b (MPa)	伸长率 δ_{10}(%)	
				不大于			不小于			
Q235A	6.5～10	0.14～0.22	0.30～0.65	0.30	0.050	0.045	235	410	23	不小于 d=0.5a
Q235B		0.12～0.20	0.30～0.70		0.045					
Q235C		0.13～0.18	0.30～0.60		0.040	0.040				

B.2 钢筋的抗拉强度设计值及抗压强度设计值

普通钢筋的抗拉强度设计值 f_y 及抗压强度设计值 f'_y 应按表 B.2-1 采用；预应力钢筋的抗拉强度设计值 f_{py} 及抗压强度设计值 f'_{py} 应按表 B.2-2 采用。

当构件中配有不同种类的钢筋时，每种钢筋应采用各自的强度设计值。

表 B.2-1 普通钢筋的强度设计值（N/mm²）

种 类		符 号	f_y	f'_y
热轧钢筋	HPB235(Q235)	⊕	210	210
	HRB335(20MnSi)	⊕	300	300
	HRB400(20MnSiV、20MnSiNb、20MnTi)	⊕	360	360
	RRB400(K20MnSi)	⊕R	360	360

注：在钢筋混凝土结构中，轴心受拉和小偏心受拉构件的钢筋抗拉强度设计值大于 300N/mm² 时，仍应按 300N/mm² 取用。

表 B.2-2 预应力钢筋强度设计值（N/mm²）

种 类		符 号	f_{ptk}	f_{py}	f'_{py}
钢绞线	1×3	ϕ^S	1860	1320	390
			1720	1220	
			1570	1110	
	1×7		1860	1320	390
			1720	1220	
消除应力钢丝	光面螺旋肋	ϕ^P ϕ^H	1770	1250	410
			1670	1180	
			1570	1110	
	刻痕	ϕ^I	1570	1110	410

续表 B.2-2

种 类		符 号	f_{ptk}	f_{py}	f'_{py}
热处理钢筋	40Si2Mn	ϕ^{HT}	1470	1040	400
	48Si2Mn				
	45Si2Cr				

B.3 钢筋弹性模量

钢筋弹性模量 E_s 应按表 B.3 采用

表 B.3 钢筋弹性模量（$\times 10^5 \text{N/mm}^2$）

种 类	E_s
HPB 235 级钢筋	2.1
HRB 335 级钢筋、HRB 400 级钢筋、RRB 400 级钢筋、热处理钢筋	2.0
消除应力钢丝（光面钢丝、螺旋肋钢丝、刻痕钢丝）	2.05
钢绞线	1.95
注：必要时钢绞线可采用实测的弹性模量。	

B.4 钢筋的公称截面面积、计算截面面积及理论重量

各种直径钢筋、钢绞线和钢丝的公称截面面积、计算截面面积及理论重量应按表 B.4-1～B.4-3 采用。

表 B.4-1 钢筋的计算截面面积及理论重量

公称直径 (mm)	不同根数钢筋的计算截面面积及理论重量(mm²)									单根钢筋理论重量 (kg/m)
	1	2	3	4	5	6	7	8	9	
6	28.3	57	85	113	142	170	198	226	255	0.222
6.5	33.2	66	100	133	166	199	232	265	299	0.260
8	50.3	101	151	201	252	302	352	402	453	0.395
8.2	52.8	106	158	211	264	317	370	423	475	0.432
10	78.5	157	236	314	393	471	550	628	707	0.617
12	113.1	226	339	452	565	678	791	904	1017	0.888
14	153.9	308	461	615	769	923	1077	1231	1385	1.21
16	201.1	402	603	804	1005	1206	1407	1608	1809	1.58
18	254.5	509	763	1017	1272	1527	1781	2036	2290	2.00
20	314.2	628	942	1256	1570	1884	2199	2513	2827	2.47
22	380.1	760	1140	1520	1900	2281	2661	3041	3421	2.98
25	490.9	982	1473	1964	2454	2945	3436	3927	4418	3.85
28	615.8	1232	1847	2463	3079	3695	4310	4926	5542	4.83
32	804.2	1609	2413	3217	4021	4826	5630	6434	7238	6.31
36	1017.9	2036	3054	4072	5089	6107	7125	8143	9161	7.99
40	1256.6	2513	3770	5027	6283	7540	8796	10053	11310	9.87
50	1964	3928	5892	7856	9820	11784	13748	15712	17676	15.42

注：表中直径 $d=8.2$mm 的计算截面面积及理论重量仅适用于有纵肋的热处理钢筋。

表 B.4-2 钢绞线公称直径、公称截面面积及理论重量

种类	公称直径(mm)	公称截面面积(mm²)	理论重量(kg/m)
1×3	6.20	19.8	0.155
	6.50	21.2	0.166
	8.60	37.7	0.296
	8.74	38.6	0.303
	10.80	58.9	0.462
	12.90	84.8	0.666
1×7标准型	9.50	54.8	0.430
	11.1	74.2	0.582
	12.7	98.7	0.775
	15.2	140	1.101

表 B.4-3 钢丝公称直径、公称截面面积及理论重量

公称直径(mm)	公称截面面积(mm²)	理论重量(kg/m)
3.0	7.07	0.056
4.0	12.57	0.099
5.0	19.63	0.154
6.0	28.27	0.222
7.0	38.48	0.302
8.0	50.26	0.394
9.0	63.62	0.499
10.0	78.54	0.616
12.0	113.1	0.888

B.5 钢筋下料长度计算要求

B.5.1 钢筋下料长度计算公式

直钢筋下料长度＝构件长度－保护层厚度＋弯钩增加长度

弯起钢筋下料长度＝直段长度＋斜段长度－弯曲调整值＋弯曲增加长度

箍筋下料长度＝箍筋周长＋箍筋调整值

B.5.2 弯曲调整值

钢筋弯曲处内皮收缩、外皮延伸、轴线长不变，弯曲处形成圆弧。钢筋的量度方法是沿直线量外包尺寸，见图 B.5.2。不同弯钩的弯曲调整值见表 B.5.2。

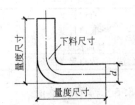

图 B.5.2 钢筋弯曲时的量度

表 B.5.2 钢筋弯曲值

弯曲角度	30°	45°	60°	90°	135°
弯曲调整值	0.35d	0.5d	0.85d	2d	2.5d

B.5.3 弯钩增加长度

弯钩形式有三种：半圆弯钩、直弯钩及斜弯钩，见图 B.5.3。钢筋弯钩增加长度，按图示的计算简图，其计算值：半圆弯钩为 $6.25d$（图 B.5.3a），直弯钩为 $3.0d$（图 B.5.3b），斜弯钩为 $4.9d$（图 B.5.3c）。

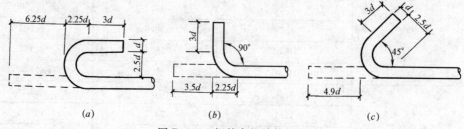

图 B.5.3 钢筋弯钩计算简图
(a) 半圆弯钩；(b) 直弯钩；(c) 斜弯钩

表 B.5.3 半圆弯钩增加长度参考值（用机械弯）(mm)

直 径	≤6	8～10	12～18	20～28	32～36
弯钩长度	4d	6d	5.5d	5d	4.5d

B.5.4 弯起钢筋斜长，见图 B.5.4。

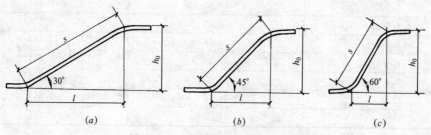

图 B.5.4 弯起钢筋斜长计算简图
(a) 弯起角度 30°；(b) 弯起角度 45°；(c) 弯起角度 60°

表 B.5.4 弯起钢筋斜度长系数表

弯起角度	$\alpha=30°$	$\alpha=45°$	$\alpha=60°$
斜边长度 s	$2h_0$	$1.41h_0$	$1.15h_0$
底边长度 l	$1.732h_0$	h_0	$0.575h_0$
增加长度 $s-l$	$0.268h_0$	$0.41h_0$	$0.575h_0$

注：h_0 为弯起高度

B.5.5 箍筋调整值

箍筋调整值即弯钩增加长度和弯曲调整值两项之差或和，根据箍筋量外包尺寸或内皮尺寸确定，见表 B.5.5。

表 B.5.5 箍筋调整值

箍筋量度方法	箍筋直径(mm)			
	4～5	6	8	10～12
量外包尺寸	40	50	60	20
量内皮尺寸	80	100	120	150～170

B.6 纵向受力钢筋的最小搭接长度

B.6.1 当纵向受拉钢筋的绑扎搭接接头面积百分率不大于25％时，其最小搭接长度应符合表 B.6.1 的规定。

表 B.6.1 纵向受拉钢筋的最小搭接长度

钢筋类型		混凝土强度等级			
		C15	C20～C25	C30～C35	≥C40
光圆钢筋	HPB235 级	$45d$	$35d$	$30d$	$25d$
带肋钢筋	HRB335 级	$55d$	$45d$	$35d$	$30d$
	HRB400 级、RRB400 级	—	$55d$	$40d$	$35d$
注：两根直径不同钢筋的搭接长度，以较细钢筋的直径计算。					

B.6.2 当纵向受拉钢筋搭接接头面积百分率大于25％，但不大于50％时，其最小搭接长度应按表 B.6.1 中的数值乘以系数 1.2 取用；当接头面积百分率大于50％时，应按表 B.6.1 中的数值乘以系数 1.35 取用。

B.6.3 当符合下列条件时，纵向受拉钢筋的最小搭接长度应根据第 B.6.1 条、第 B.6.2 条确定后，按下列规定进行修正：

1 当带肋钢筋的直径大于 25mm 时，其最小搭接长度应按相应数值乘以系数 1.1 取用；

2 对环氧树脂涂层的带肋钢筋，其最小搭接长度应按相应数值乘以系数 1.25 取用；

3 当在混凝土凝固过程中受力钢筋易受扰动时（如滑模施工），其最小搭接长度应按相应数值乘以系数 1.1 取用；

4 对末端采用机械锚固措施的带肋钢筋，其最小搭接长度可按相应数值乘以系数 0.7 取用；

5 当带肋钢筋的混凝土保护层厚度大于搭接钢筋直径的 3 倍且配有箍筋时，其最小搭接长度可按相应数值乘以系数 0.8 取用；

6 对有抗震设防要求的结构构件，其受力钢筋的最小搭接长度对一、二级抗震等级应按相应数值乘以系数 1.15 采用；对三级抗震等级应按相应数值乘以系数 1.05 采用。

在任何情况下，受拉钢筋的搭接长度不应小于 300mm。

B.6.4 纵向受压钢筋搭接时，其最小搭接长度应根据第 B.6.1～B.6.3 条的规定确定相应数值后，乘以系数 0.7 取用。在任何情况下，受压钢筋的搭接长度不应小于 200mm。

B.7 钢筋机械连接接头性能指标、形式及工艺检验要求

B.7.1 钢筋机械连接接头的设计应满足接头强度（屈服强度及抗拉强度）及变形性能的要求。

B.7.2 接头连接件的屈服承载力和抗拉承载力的标准值应不小于被连接钢筋的屈服承载力和抗拉承载力标准值的 1.10 倍。

B.7.3 根据抗拉强度以及高应力和大变形条件下反复拉压性能的差异，接头应分下列三个等级：

Ⅰ级：接头抗拉强度不小于被连接钢筋实际抗拉强度或 1.10 倍钢筋抗拉强度标准值，并具有高延性及反复拉压性能。

Ⅱ级：接头抗拉强度不小于被连接钢筋抗拉强度标准值，并具有高延性及反复拉压性能。

Ⅲ级：接头抗拉强度不小于被连接钢筋屈服强度标准值的 1.35 倍，并具有一定的延性及反复拉压性能。

B.7.4 Ⅰ级、Ⅱ级、Ⅲ级接头的抗拉强度应符合表 B.7.4 的规定。

表 B.7.4 接头的抗拉强度

接头等级	Ⅰ级	Ⅱ级	Ⅲ级
抗拉强度	$f_{mst}^0 \geq f_{st}^0$ 或 $\geq 1.10 f_{uk}$	$f_{mst}^0 \geq f_{uk}$	$f_{mst}^0 \geq 1.35 f_{yk}$

注：f_{mst}^0——接头试件实际抗拉强度；
f_{st}^0——接头试件中钢筋抗拉强度实测值；
f_{uk}——钢筋抗拉强度标准值；
f_{yk}——钢筋屈服强度标准值。

B.7.5 Ⅰ级、Ⅱ级、Ⅲ级接头应能经受规定的高应力和大变形反复拉压循环，且在经历拉压循环后，其抗拉强度仍应符合表 B.7.4 的规定。

B.7.6 Ⅰ级、Ⅱ级、Ⅲ级接头的变形性能应符合表 B.7.6 的规定

表 B.7.6 接头的变形性能

接头等级		Ⅰ级、Ⅱ级	Ⅲ级
单向拉伸	非弹性变形(mm)	$u \leq 0.10(d \leq 32)$ $u \leq 0.15(d > 32)$	$u \leq 0.10(d \leq 32)$ $u \leq 0.15(d > 32)$
	总伸长率(%)	$\delta_{sgt} \geq 4.0$	$\delta_{sgt} \geq 2.0$
高应力反复拉压	残余变形(mm)	$u_{20} \leq 0.3$	$u_{20} \leq 0.3$
大变形反复拉压	残余变形(mm)	$u_4 \leq 0.3$ $u_8 \leq 0.3$	$u_4 \leq 0.6$

注：u——接头的非弹性变形；
u_{20}——接头经高应力反复拉压 20 次后的残余变形；
u_4——接头经大变形反复拉压 4 次后的残余变形；
u_8——接头经大变形反复拉压 8 次后的残余变形；
δ_{sgt}——接头试件总伸长率。

B.7.7 对直接承受动力荷载的结构构件，接头应满足设计要求的抗疲劳性能。当无专门要求时，对连接 HRB335 级钢筋的接头，其疲劳性能应能经受应力幅为 $100N/mm^2$，最大应力为 $180N/mm^2$ 的 200 万次循环加载。对连接 HRB400 级钢筋的接头，其疲劳性能应能经受应力幅为 $100N/mm^2$，最大应力为 $190N/mm^2$ 的 200 万次循环加载。

B.7.8 挤压性能等级的选定应符合下列规定：

1 混凝土结构中要求充分发挥钢筋强度或对接头延性要求较高的部位，宜采用Ⅰ级或Ⅱ级接头；

2 混凝土结构中钢筋应力较高但对接头延性要求不高的部位，可采用Ⅲ级接头。

B.7.9 工程中应用钢筋机械连接时，应由该技术提供单位提交有效的形式检验报告。形式检验应由国家、省部级主管部门认可的检测机构进行，并出具试验报告和评定结论。

在下列情况下应进行型式检验：

（1）确定接头性能等级时；

（2）材料、工艺、规格进行改动时；

（3）质量监督部门提出专门要求时。

用于型式检验的钢筋应符合有关标准的规定，当钢筋抗拉强度实测值大于抗拉强度标准值的1.10倍时，Ⅰ级接头试件的抗拉强度尚不应小于钢筋抗拉强度实测值的0.95倍；Ⅱ级接头试件的抗拉强度尚不应小于钢筋抗拉强度实测值的0.90倍。

B.7.10 钢筋连接工程开始前及施工过程中，应对每批进场钢筋进行接头工艺检验。

形式检验和工艺检验应符合表B.7.10的要求。

表 B.7.10 机械连接接头形式检验和工艺检验要求

检验项目		标 准 要 求
形式检验	试件数量	对每种形式、级别、规格、材料、工艺的机械连接接头，形式检验试件不应少于9个；其中单向拉伸试件不应少于3个，高应力反复拉压试件不应少于3个，大变形反复拉压试件不应少于3个。同时应另取3根钢筋试件做抗拉强度试验。 全部试件均应在同一根钢筋上截取
	质量标准	1.强度检验：每个接头试件的强度实测值均应符合表B.7.4的规定； 2.变形检验：对非弹性变形、总伸长率和残余变形，3个试件的平均实测值应符合表B.7.6的规定
工艺检验	试件数量	1.每种规格钢筋接头试件不应少于3根； 2.钢筋母材抗拉强度试件不应少于3根，且应取自接头试件的同一根钢筋
	质量标准	1.3根接头试件的抗拉强度均应符合表B.7.4的规定； 2.对于Ⅰ级接头，试件抗拉强度尚应大于等于钢筋抗拉强度实测值的0.95倍；对Ⅱ接头，应大于0.90倍

注：计算实际抗拉强度时，应采用钢筋的实际横截面积。

B.8 纵向受力钢筋的混凝土保护层厚度

纵向受力的普通钢筋及预应力钢筋，其混凝土保护层厚度（钢筋外边缘至混凝土表面的距离）不应小于钢筋的公称直径，且应符合表B.8的规定：

表 B.8 纵向受力钢筋的混凝土保护层最小厚度（mm）

环境类型		板、墙、壳			梁			柱		
		≤C20	C25~C45	≥50	≤C20	C25~C45	≥C50	≤C20	C25~C45	≥C50
一		20	15	15	30	25	25	30	30	30
二	a	—	20	20	—	30	30	—	30	30
	b	—	25	20	—	35	30	—	35	30
三		—	30	25	—	40	35	—	40	35

注：1 环境类别：一类为室内正常环境；二类 a 为室内潮湿环境、非严寒和非寒冷地区的露天环境、与无侵蚀的水或土壤直接接触的环境，b 为严寒和寒冷地区的露天环境、与无侵蚀的水或土壤直接接触的环境；三类为使用除冰盐的环境、严寒和寒冷地区冬季水位变动的环境、滨海室外环境；

2 基础中纵向受力钢筋的混凝土保护层厚度不应小于40mm；当无垫层时不应小于70mm。

板、墙、壳中分布钢筋的保护层厚度不应小于上表中相应数值减10mm，且不应小于10mm；梁、柱中箍筋和构造钢筋的保护层厚度不应小于15mm。

当梁、柱中纵向受力钢筋的混凝土保护层厚度大于40mm时，应对保护层采取有效的防裂构造措施。

处于二三类环境中的悬臂板，其上表面应采取有效的保护措施。

B.9 纵向受力钢筋的受拉锚固长度

纵向受力钢筋的受拉锚固长度 l_a（及搭接长度 l_l）见表 B.9-1～表 B.9-3 规定。

表 B.9-1　非抗震设计普通钢筋的受拉锚固长度 l_a

混凝土强度等级		C20		C25		C30		C35		≥C40	
钢筋直径(mm)		≤25	>25	≤25	>25	≤25	>25	≤25	>25	≤25	>25
钢筋种类	HPB235	31d	—	27d	—	24d	—	22d	—	20d	—
	HRB335	39d	42d	33d	37d	30d	33d	27d	30d	25d	27d
	HRB400、RRB400	46d	51d	40d	44d	36d	39d	33d	36d	30d	33d

注：1　当 HRB335、HRB400 和 RRB400 级钢筋的直径大于 25mm 时，其锚固长度应乘以修正系数 1.1（表中钢筋直径大于 25 数值已作此项修正）；HRB335、HRB400 和 RRB400 级的环氧树脂涂层钢筋，其锚固长度应乘以修正系数 1.25；当钢筋在混凝土施工过程中易受扰动（如滑模施工）时，其锚固长度应乘以修正系数 1.1；当 HRB335、HRB400 和 RRB400 级钢筋在锚固区的混凝土保护层厚度大于钢筋直径的 3 倍且配有箍筋时，其锚固长度可乘以修正系数 0.8。

　　2　以上修正系数可连乘，但最小锚固长度不应小于表中钢筋直径≤25mm 时数值的 0.7 倍，且不应小于 250mm；

　　3　纵向受力钢筋的受压锚固长度取受拉锚固长度的 0.7 倍。

表 B.9-2　非抗震设计普通钢筋的受拉搭接长度 l_l

混凝土强度等级			C20		C25		C30		C35		≥C40	
纵向钢筋直径(mm)			≤25	>25	≤25	>25	≤25	>25	≤25	>25	≤25	>25
钢筋种类	接头百分率%		受拉搭接长度 l_l									
HPB235	≤25		38d	—	33d	—	29d	—	27d	—	24d	—
	50		44d	—	38d	—	34d	—	31d	—	28d	—
	100		50d	—	44d	—	39d	—	36d	—	32d	—
HRB335	≤25		47d	51d	40d	45d	36d	40d	33d	36d	30d	33d
	50		55d	59d	47d	52d	42d	47d	38d	42d	35d	38d
	100		63d	68d	53d	60d	48d	53d	44d	48d	40d	44d
HRB400 RRB400	≤25		56d	62d	48d	53d	44d	47d	40d	44d	36d	40d
	50		65d	72d	56d	62d	51d	55d	47d	51d	42d	47d
	100		74d	82d	64d	71d	58d	63d	53d	58d	48d	53d

注：1　两根直径不同钢筋的搭接长度，以较细钢筋的直径计算；

　　2　表中搭接长度尚应根据表 B.9-1 注 1 及注 2 进行相应修正，但最小搭接长度不应小于 300mm；

　　3　纵向受压钢筋搭接时，其最小搭接长度取受拉搭接长度的 0.7 倍，且在任何情况下，不应小于 200mm。

表 B.9-3 抗震设计普通钢筋的锚固长度 l_{aE} 和搭接长度 l_{lE}

抗震等级	钢筋锚固长度 l_{aE}	钢筋搭接长度 l_{lE}		
		钢筋接头面积百分率≤25%	钢筋接头面积百分率50%	钢筋接头面积百分率100%
一级、二级	$l_{aE}=1.15l_a$	$l_{lE}=1.38l_a$	$l_{lE}=1.61l_a$	$l_{lE}=1.84l_a$
三级	$l_{aE}=1.05l_a$	$l_{lE}=1.26l_a$	$l_{lE}=1.47l_a$	$l_{lE}=1.68l_a$
四级	$l_{aE}=l_a$	$l_{lE}=1.20l_a$	$l_{lE}=1.40l_a$	$l_{lE}=1.60l_a$

注:l_a 为非抗震设计时,普通钢筋的受拉锚固长度。

附录C 预应力混凝土材料性能指标等要求

C.1 预应力混凝土用钢丝的主要技术参数

C.1.1 预应力混凝土用钢丝的尺寸及允许偏差、公称横截面积应符合下列要求：

1 光圆钢丝的尺寸及允许偏差、公称横截面积应符合表C.1.1-1的规定。

表 C.1.1-1 光圆钢丝尺寸及允许偏差、每米参考重量

公称直径 d_n(mm)	直径允许偏差(mm)	公称横截面积 S_n(mm²)	每米参考重量(g/m)
3.00	±0.04	7.07	55.5
4.00	±0.04	12.57	98.6
5.00	±0.05	19.63	154
6.00	±0.05	28.27	222
6.25	±0.05	30.68	241
7.00	±0.05	38.48	302
8.00	±0.06	50.26	394
9.00	±0.06	63.62	499
10.00	±0.06	78.54	616
12.00	±0.06	113.1	888

2 螺旋肋钢丝的尺寸及允许偏差应符合表C.1.1-2的规定。钢丝的公称横截面积、每米参考质量与光圆钢丝相同。

表 C.1.1-2 螺旋肋钢丝的尺寸及允许偏差

公称直径 d_n(mm)	螺旋肋数量(条)	基圆尺寸 基圆直径 D_1(mm)	基圆尺寸 允许偏差(mm)	外轮廓尺寸 外轮廓直径 D(mm)	外轮廓尺寸 允许偏差(mm)	单肋尺寸 宽度 a(mm)	螺旋肋导程 C(mm)
4.00	4	3.85	±0.05	4.25	±0.05	0.90~1.30	24~30
4.80	4	4.60	±0.05	5.10	±0.05	1.30~1.70	28~36
5.00	4	4.80	±0.05	5.30	±0.05	1.30~1.70	28~36
6.00	4	5.80	±0.05	6.30	±0.05	1.60~2.00	30~38
6.25	4	6.00	±0.05	6.70	±0.05	1.60~2.00	30~40
7.00	4	6.73	±0.05	7.46	±0.10	1.80~2.20	35~45
8.00	4	7.75	±0.05	8.45	±0.10	2.00~2.40	40~50
9.00	4	8.75	±0.05	9.45	±0.10	2.10~2.70	42~52
10.00	4	9.75	±0.05	10.45	±0.10	2.50~3.00	45~58

3 三面刻痕钢丝的尺寸及允许偏差应符合表C.1.1-3的规定，钢丝的横截面积、每米参考质量与光圆钢丝相同。三条痕中的其中一条倾斜方向与其他两条相反。

表C.1.1-3 三面刻痕钢丝尺寸及允许偏差

公称直径 d_n(mm)	刻痕深度		刻痕长度		节距	
	公称深度 a(mm)	允许偏差(mm)	公称长度 b(mm)	允许偏差(mm)	公称节距 L(mm)	允许偏差(mm)
≤5.00	0.12	±0.05	3.5	±0.05	5.5	±0.05
>5.00	0.15		5.0		8.0	

注：公称直径指横截面积等同于光圆钢丝横截面积时所对应的直径。

4 光圆及螺旋肋钢丝的不圆度不得超出其直径公差的1/2。

5 冷拉钢丝的盘内径应不小于钢丝公称直径的100倍；消除应力钢丝的盘内径不小于1700mm。

C.1.2 预应力混凝土用钢丝的力学性能

1 冷拉钢丝的力学性能应符合《预应力混凝土用钢丝》GB/T 5223—2002（表C.1.2-1）的规定。规定非比例伸长应力 $\sigma_{p0.2}$ 值不小于公称抗拉强度的75%。除抗拉强度、规定非比例伸长应力外，对压力管道用钢丝还需进行断面收缩率、扭转次数、松弛率的检验；对其他用途钢丝还需进行断后伸长率、弯曲次数的检验。

表C.1.2-1 冷拉钢丝的尺寸及力学性能

公称直径(mm)	抗拉强度 σ_b(MPa) 不小于	规定非比例伸长应力 $\sigma_{p0.2}$(MPa) 不小于	最大力下总伸长率 (L_0=200mm) δ_{gt}(%) 不小于	弯曲次数 (次/180°) 不小于	弯曲半径 R(mm)	断面收缩率 ψ(%) 不小于	每210mm扭距的扭转次数 n 不小于	初始应力相当于70%公称抗拉强度,1000h应力松弛率 r(%) 不大于
3.00	1470	1100	1.5	4	7.5	—	—	8
	1570	1180						
4.00	1670	1250		4	10	35	8	
5.00	1770	1330		4	15		8	
6.00	1470	1100		5	15		7	
	1570	1180						
7.00	1670	1250		5	20	30	6	
8.00	1770	1330		5	20		5	

2 消除应力的光圆及螺旋肋钢丝的力学性能应符合《预应力混凝土用钢丝》GB/T 5223—2002（表C.1.2-2）的规定。规定非比例伸长应力 $\sigma_{p0.2}$ 值对低松弛钢丝应不小于公称抗拉强度的88%，对普通松弛公司应不小于公称抗拉强度的85%。

3 消除应力的刻痕钢丝的力学性能应符合《预应力混凝土用钢丝》GB/T 5223—2002（表C.1.2-3）规定。规定非比例伸长应力 $\sigma_{p0.2}$ 值对低松弛钢丝应不小于公称抗拉强度的88%，对普通松弛公司应不小于公称抗拉强度的85%。

C.1.3 预应力混凝土用钢丝的表面质量应符合下列要求

1 钢丝表面不得有裂纹和油污，也不允许有影响使用的拉痕、机械损伤等。

表 C.1.2-2 消除应力光圆及螺旋肋钢丝的力学性能

公称直径 d_n (mm)	抗拉强度 σ_b(MPa) 不小于	规定非比例伸长应力 $\sigma_{P0.2}$(MPa) 不小于		最大力下伸长率 (L_0=200mm) σ(%) 不小于	弯曲次数 (次/180°) 不小于	弯曲半径 R(mm)	松弛 初始应力相当于公称抗拉强度的百分数(%)	1000h后应力松弛率(%)不大于	
		WLR	WNR					WLR	WNR
							对所有规格		
4.00	1470	1290	1250		3	10			
	1570	1380	1330		4	15			
4.80	1670	1470	1410		4	15			
5.00	1770	1560	1500		4	15			
	1860	1640	1580						
6.00	1470	1290	1250		4	15	60	1.0	4.5
6.25	1570	1380	1330	3.5	4	20			
	1670	1470	1410		4	20	70	2.0	8
7.00	1770	1560	1500		4	20			
8.00	1470	1290	1250		4	20	80	4.5	12
9.00	1570	1380	1330		4	25			
10.0					4	25			
12.0	1470	1290	1250		4	30			

表 C.1.2-3 消除应力的刻痕钢丝的力学性能

公称直径 d_n (mm)	抗拉强度 σ_b(MPa) 不小于	规定非比例伸长应力 $\sigma_{P0.2}$(MPa) 不小于		最大力下总伸长率 (L_0=200mm) σ(%) 不小于	弯曲次数 (次/180°) 不小于	弯曲半径 R(mm)	松弛 初始应力相当于公称抗拉强度的百分数(%)	1000h后应力松弛率(%)不大于	
		WLR	WNR					WLR	WNR
							对所有规格		
≤5.00	1470	1290	1250						
	1570	1380	1330						
	1670	1470	1410			15	60	1.5	4.5
	1770	1560	1500						
	1860	1640	1580	3.5	3		70	2.5	8
>5.00	1470	1290	1250						
	1570	1380	1330			20	80	4.5	12
	1670	1470	1410						
	1770	1560	1500						

  2 除非供需双方另有协议,否则钢丝表面只要没有目视可见的锈蚀麻点,表面浮锈不应作为拒收的理由。

  3 消除应力的钢丝表面允许存在回火颜色。

C.2 预应力混凝土用钢绞线的主要技术参数

C.2.1 不同结构预应力钢绞线的公称直径、直径允许偏差、测量尺寸及测量尺寸允许偏差应分别符合表 C.2.1-1、表 C.2.1-2 和表 C.2.1-3。

表 C.2.1-1 1×2结构钢绞线尺寸及允许偏差、每米参考质量

钢绞线结构	公称直径(mm)		钢绞线直径允许偏差(mm)	钢绞线公称截面积(mm²)	每米的钢绞线理论重量(g/m)
	钢绞线	钢丝			
1×2	5.00	2.50	+0.15 −0.05	9.82	77.1
	5.80	2.90		13.2	104
	8.00	4.00		25.1	197
	10.00	5.00	+0.25 −0.10	39.3	309
	12.00	6.00		56.5	444

表 C.2.1-2 1×3结构钢绞线尺寸及允许偏差、每米参考质量

钢绞线结构	公称直径(mm)		钢绞线测量尺寸(mm)	钢绞线测量尺寸允许偏差(mm)	钢绞线公称截面积(mm²)	每米钢绞线理论重量(g/m)
	钢绞线	钢丝				
1×3	6.20	2.90	5.41	+0.15 −0.05	19.8	155
	6.50	3.00	5.60		21.2	166
	8.60	4.00	7.46	+0.20 −0.10	37.7	296
	8.74	4.05	7.56		38.6	303
	10.80	5.00	9.33		58.9	462
	12.90	6.00	11.20		84.8	666
1×3I	8.74	4.05	7.56		38.6	303

表 C.2.1-3 1×7结构钢绞线尺寸及允许偏差、每米参考质量

钢绞线结构	公称直径(mm)	直径允许偏差(mm)	钢绞线公称截面积(mm²)	每米钢绞线理论重量(g/m)	中心钢丝直径加大范围不小于(%)
1×7	9.50	+0.30 −0.15	54.8	430	2.5
	11.10		74.2	582	
	12.70	+0.40 −0.20	98.7	775	
	15.20		140	1101	
	15.71		150	1178	
	17.80		191	1500	
(1×7)C	12.70	+0.40 −0.20	112	890	
	15.20		165	1295	
	18.00		223	1750	

注：1　表中所列的每1000m长度的理论重量仅供参考，计算钢绞线理论重量时钢的密度为7.85g/cm³；
　　2　每盘钢绞线应由一整根组成。如无特殊要求，每盘钢绞线的长度不小于200m；
　　3　成卷交货的钢绞线尺寸为：内径800±60mm或950±60mm，卷宽750±50mm或600±50mm，成盘交货的钢绞线其盘的内径应不小于1000mm。

C.2.2　预应力钢绞线的力学性能应符合表C.2.2的规定（1×2结构未列入）。

C.2.3　预应力钢绞线的表面质量应符合下列要求：

1　成品钢绞线的表面不得带有润滑剂、油渍等降低钢绞线与混凝土粘结力的物质。钢绞线表面允许有轻微的浮锈，但不得锈蚀成目视可见的麻坑。

表 C.2.2　预应力混凝土用钢绞线力学性能

钢绞线结构	钢绞线公称直径 DN (mm)	抗拉强度 R_m (MPa) 不小于	整根钢绞线的最大力 F_m (kN) 不小于	规定非比例伸长力 $F_{p0.2}$ (kN) 不小于	最大力总伸长率 ($L_0 \geq 400mm$) A_{gt}(%) 不小于	应力松弛性能 初始负荷相当于公称最大力的百分数(%)	应力松弛性能 1000h后应力松弛率 r(%) 不大于
1×3	6.20	1570	31.1	28.0	对所有规格 3.5	对所有规格 60 70 80	对所有规格 1.0 2.5 4.5
	6.20	1720	34.1	30.7			
	6.20	1860	36.8	33.1			
	6.20	1960	38.8	34.9			
	6.50	1570	33.3	30.0			
	6.50	1720	36.5	32.9			
	6.50	1860	39.4	35.5			
	6.50	1960	41.6	37.4			
	8.60	1470	55.4	49.9			
	8.60	1570	59.2	53.3			
	8.60	1720	64.8	58.3			
	8.60	1860	70.1	63.1			
	8.60	1960	73.9	66.5			
	8.74	1570	60.6	54.5			
	8.74	1670	64.5	58.1			
	8.74	1860	71.8	64.6			
	10.80	1470	86.6	77.9			
	10.80	1570	92.5	83.3			
	10.80	1720	101	90.9			
	10.80	1860	110	99.0			
	10.80	1960	115	104			
	12.90	1470	125	113			
	12.90	1570	133	120			
	12.90	1720	146	131			
	12.90	1860	158	142			
	12.90	1960	166	149			
1×3I	8.74	1570	60.6	54.5			
	8.74	1670	64.5	58.1			
	8.74	1860	71.8	64.6			

续表 C.2.2

钢绞线结构	钢绞线公称直径 DN (mm)	抗拉强度 R_m (MPa) 不小于	整根钢绞线的最大力 F_m (kN) 不小于	规定非比例伸长力 $F_{p0.2}$ (kN) 不小于	最大力总伸长率 ($L_0 \geqslant 400mm$) A_{gt} (%) 不小于	应力松弛性能 初始负荷相当于公称最大力的百分数(%)	1000h后应力松弛率 r (%) 不大于
1×7	9.50	1720	94.3	84.9	对所有规格 3.5	对所有规格 60 70 80	对所有规格 1.0 2.5 4.5
		1860	102	91.8			
		1960	107	96.3			
	11.10	1720	128	115			
		1860	138	124			
		1960	145	131			
	12.70	1720	170	153			
		1860	184	166			
		1960	193	174			
	15.20	1470	206	185			
		1570	220	198			
		1670	234	211			
		1720	241	217			
		1860	260	234			
		1960	274	247			
	15.70	1770	266	239			
		1860	279	251			
	17.80	1720	327	294			
		1860	353	318			
1×7C	12.70	1860	208	187			
	15.20	1820	300	270			
	18.00	1720	384	346			

注：规定非比例延伸力 $F_{p0.2}$ 不小于整板钢绞线公称最大力 F_m 的90%。

2 Ⅱ级松弛钢绞线的伸直性：取弦长为1m的Ⅱ级松弛钢绞线，其弦与弧的最大自然矢高不大于25mm。

C.3 预应力混凝土用热处理钢筋的主要技术参数

C.3.1 热处理钢筋的外形、尺寸及允许偏差。

1 有纵肋的热处理钢筋的外形、尺寸及允许偏差应符合图 C.3.1（a）和表 C.3.1-1 的规定。

2 无纵肋的热处理钢筋的外形、尺寸及允许偏差应符合图 C.3.1（b）和表 C.3.1-2 的规定。

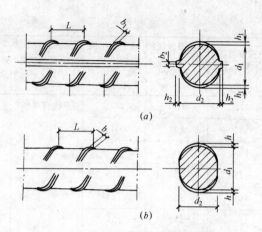

图 C.3.1 预应力混凝土用热处理钢筋
(a) 带纵肋; (b) 无纵肋

表 C.3.1-1 有纵肋的热处理钢筋的外形、尺寸级允许偏差

公称直径 d (mm)	尺寸及允许偏差(mm)							截面计算面积 $F(mm^2)$	理论重量 (kg/m)
	垂直内径 d_1	水平内径 d_2	肋距 l	横肋高 h_1	横肋宽 b_1	纵肋高 h_2	纵肋宽 b_2		
8.2	8.0±0.4	$8.3^{+0.6}_{-0.2}$	7.5±0.5	$0.7^{+0.5}_{-0.2}$	$0.7^{+0.5}_{-0.2}$	$0.7^{+0.5}_{-0.2}$	1.2±0.5	52.81	0.432
10	9.6±0.4	9.6±0.4	7.0±0.5	1.0±0.4	$1.0^{+0.7}_{-0.2}$	$1.0^{+0.5}_{-0.8}$	1.5±0.5	78.54	0.617

表 C.3.1-2 无纵肋的热处理钢筋的外形、尺寸及允许偏差

公称直径 d (mm)	尺寸及允许偏差(mm)					截面计算面积 $F(mm^2)$	理论重量 (kg/m)
	垂直内径 d_1	水平内径 d_2	肋距 l	横肋高 h	横肋宽 b		
6	$5.8^{+0.6}_{-0.2}$	$6.3^{+0.6}_{-0.2}$	7.5±0.5	$0.4^{+0.3}_{-0.2}$	$0.7^{+0.5}_{-0.2}$	28.27	0.230
8.2	$7.9^{+0.6}_{-0.2}$	$8.5^{+0.6}_{-0.2}$	7.0±0.5	$0.7^{+0.5}_{-0.2}$	$0.7^{+0.5}_{-0.2}$	52.73	0.424

3 钢筋热处理后应卷成盘。公称直径为6mm和8.2mm的热处理钢筋的盘的内径不小于1.7m。公称直径为10mm的热处理钢筋的盘的内径不小于2.0m。

C.3.2 热处理钢筋的牌号和化学成分

$40Si_2Mn$、$48Si_2Mn$ 钢中 Cr、Ni 残余含量各不得大于 0.20%，Cu 残余含量不得大于 0.30%。$45Si_2Cr$ 钢中 Ni、Cu 残余含量各不得大于 0.30%。

预应力混凝土用热处理钢筋 GB 4463—84 的化学成分及力学性能见表 C.3.2。

表 C.3.2 预应力混凝土用热处理钢筋化学成分及力学性能

牌号	公称直径 (mm)	化学成分(%)						$\sigma_{0.2}$ (MPa)	σ_b (MPa)	伸长率 δ_{10}(%)
		C	Si	Mn	Cr	P	S			
						不大于		不小于		
$40Si_2Mn$	6	0.36~0.45	1.40~1.90	0.80~1.20	—	0.045	0.045	1325	1470	6
$48Si_2Mn$	8.2	0.44~0.53	1.40~1.90	0.80~1.20	—	0.045	0.045			
$45Si_2Cr$	10	0.41~0.51	1.55~1.95	0.40~0.70	0.30~0.60	0.045	0.045			

注：1 $40Si_2Mn$、$48Si_2Mn$ 钢中铬、镍残余含量各不得大于 0.2%，铜残余含量不得大于 0.30%。$45Si_2Cr$ 钢中镍、铜残余含量各不得大于 0.30%；
2 1000h 松弛值(初始应力为抗拉强度的 70%)不大于 3.5%，供方在保证 1000h 松弛值前提下，可进行 10h 的松弛试验，其松弛值不得大于 1.5%；
3 弹性模量为 $(2.0\sim2.1)\times10^5 N/mm^2$。

C.3.3 热处理钢筋的表面质量应符合下列要求:
  1 钢筋表面不得有肉眼可见的裂纹、结疤、折叠。钢筋表面允许有凸块,但不得超过横肋的高度。钢筋表面允许有不影响使用的缺陷。
  2 钢筋表面不得沾有油污。
  3 钢筋端部应切割正直。
  4 钢筋除端部外,不应受到切割火花或其他方式造成的局部加热影响。

C.4 无粘结预应力筋的涂包质量要求

C.4.1 无粘结预应力筋外包层材料,应采用高密度聚乙烯,有可靠实践经验时,也可采用聚丙烯,严禁使用聚氯乙烯。其性能应符合下列要求:
  1 在规定温度范围内,低温不脆化,高温化学稳定性好;
  2 必须具有足够的韧性、抗磨及抗冲击性;
  3 对周围材料(如混凝土、钢材)无侵蚀作用;
  4 防水性好。

C.4.2 无粘结预应力筋涂料层应采用专用防腐油脂,其性能应符合下列要求:
  1 在规定温度范围内,高温不流淌,低温不裂缝变脆,并有一定韧性;
  2 使用期内,化学稳定性好;
  3 对周围材料(如混凝土、钢材和外包材料)无侵蚀作用;
  4 不透水,不吸湿,防水性好;
  5 防腐性能好;
  6 润滑性能好,摩阻力小。

C.5 预应力筋常用锚具的型号、规格及适用范围

C.5.1 镦头锚具

镦头锚具适用于锚固任意根数 $\phi^s 5$ 与 $\phi^s 7$ 钢丝束。镦头锚具的型式与规格,可根据需要自行设计。常用的镦头锚具分为 A 型与 B 型。A 型由锚杯与螺母组成,用于张拉端。B 型为锚板,用于固定端,见图 C.5.1-1,其型号与规格见表 C.5.1-1 与表 C.5.1-2。

表 C.5.1-1 $\phi 5$ 钢丝束镦头锚具尺寸(mm)

(一) A 型锚杯与螺母

型号	钢丝根数	螺纹 D	螺纹 D_0	H	H_0	n_1	n_2	n_3	d_1	d_2	d_3	H_1	D_1
DM5A-4	4	M36×2	M24×2	40	15	4			12			15	55
DM5A-7	7	M41×2	M27×2	45	20	6	1		16	0		20	65
DM5A-10	10	M49×2	M35×2	50	20	2	9		8	24		20	75
DM5A-12	12	M52×2	M37×2	60	25	3	9		10	26		22	80
DM5A-14	14	M56×2	M40×2	60	25	4	10		12	28		22	85
DM5A-16	16	M60×2	M42×2	70	30	5	11		14	30		25	90

续表 C.5.1-1

型 号	钢丝根数	螺纹 D	螺纹 D_0	H	H_0	n_1	n_2	n_3	d_1	d_2	d_3	H_1	D_1
DM5A-18	18	M64×3	M45×2	70	30	6	12		16	32		25	95
DM5A-20	20	M68×3	M48×2	70	30	7	13		19	35		25	95
DM5A-22	22	M68×3	M48×2	75	35	8	14		21	37		30	100
DM5A-24	24	M72×3	M52×3	75	35	9	15		24	40		30	100
DM5A-28	28	M76×3	M55×3	75	35	2	10	16	11	27	43	30	105
DM5A-32	32	M80×3	M57×3	80	40	4	11	17	13	29	45	35	110
DM5A-36	36	M84×3	M60×3	80	40	6	12	18	16	32	48	35	115
DM5A-39	39	M88×3	M63×3	85	42	7	13	19	10	35	61	35	120
DM5A-42	42	M91×3	M65×3	90	45	8	14	20	21	37	53	40	125
DM5A-45	45	M94×3	M68×3	90	45	9	15	21	24	40	56	40	130

(二) B 型锚板

型 号	钢丝根数	D_2	H_2	n_1	n_2	n_3	d_1	d_2	d_3
DM5B-4	4	—	15	4	—	—	12	—	—
DM5B-7	7	—	20	6	1	—	16	—	—
DM5B-10	10	—	20	2	9	—	8	24	—
DM5B-12	12	75	25	3	9	—	10	26	—
DM5B-14	14	80	25	4	10	—	12	28	—
DM5B-16	16	85	30	5	11	—	14	30	—
DM5B-18	18	85	30	6	12	—	16	33	—
DM5B-20	20	85	30	7	13	—	19	35	—
DM5B-22	22	90	35	8	14	—	21	37	—
DM5B-24	24	90	35	9	15	—	24	40	—
DM5B-28	28	95	35	2	10	16	11	27	43
DM5B-32	32	95	40	4	11	17	13	29	45
DM5B-36	36	100	40	6	12	18	16	32	48
DM5B-39	39	100	42	7	13	19	19	35	51
DM5B-42	42	105	45	8	14	20	21	37	53
DM5B-45	45	105	45	9	15	21	24	40	56

注：1 预留孔道直径≥外圈钢丝排列的直径+10mm；
2 张拉端扩大孔直径≥锚杯外径 D+5mm。

表 C.5.1-2 ϕ7 钢丝束镦头锚具尺寸 (mm)

(一) A 型锚杯与螺母

型 号	钢丝根数	螺纹 D	螺纹 D_0	H	H_0	n_1	n_2	d_1	d_2	H_1	D_1
DM7A-6	6	M52×2	M37×2	60	25	6	—	22	—	22	80
DM7A-8	8	M62×3	M44×2	60	25	8	—	30	—	25	90
DM7A-10	10	M68×3	M48×2	70	30	2	9	12	34	30	95
DM7A-12	12	M72×3	M52×3	75	35	3	9	14	36	30	100
DM7A-14	14	M76×3	M55×3	80	35	4	10	16	38	30	110
DM7A-16	16	M80×3	M57×3	85	40	5	11	19	41	35	115
DM7A-18	18	M84×3	M60×3	85	40	6	12	22	44	35	120
DM7A-20	20	M91×3	M63×3	95	45	7	13	26	48	35	125
DM7A-22	22	M96×3	M67×3	95	45	8	14	30	52	40	130
DM7A-24	24	M100×3	M70×3	100	50	9	15	33	55	42	135

续表 C.5.1-2

(二) B 型锚板

型号	钢丝根数	D_2	H_2	n_1	n_2	d_1	d_2
DM7B-6	6	75	25	6	—	22	—
DM7B-8	8	80	25	8	—	30	—
DM7B-10	10	85	30	2	9	12	34
DM7B-12	12	95	35	3	9	14	36
DM7B-14	14	95	35	4	10	16	38
DM7B-16	16	95	40	5	11	19	41
DM7B-18	18	100	40	6	12	22	44
DM7B-20	20	100	45	7	13	26	48
DM7B-22	22	110	45	8	14	30	52
DM7B-24	24	120	50	9	15	33	55

注：1 预留孔道直径≥外圈钢丝排列直径+12mm；
　　2 张拉端扩大孔直径≥锚杯外径 D+5mm。

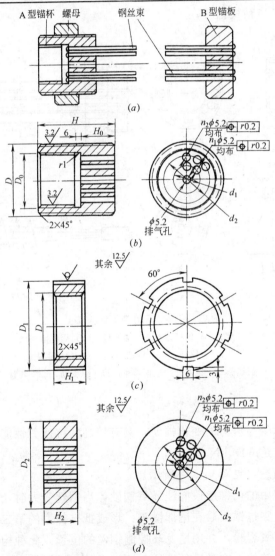

图 C.5.1-1　钢丝束镦头锚具
(a) 装配图；(b) A 型锚杯；(c) 螺母；(d) B 型锚板

1 锚具材料：锚杯与锚板采用45号钢，螺母采用30号钢或45号钢。具体的加工要求：制作锚杯与锚板时，应先将45号钢粗加工至接近设计尺寸，再调质热处理（硬度HB251~283），然后精加工至设计尺寸。

（1）锚杯、螺母和张拉用连接杆的配合精度为3级，且要求具有互换性。

（2）锚杯内螺纹的退刀槽，应严格按图中要求加工，不得超过齿根。

（3）锚杯与锚板中的孔洞间距应力求准确，尤其要保证锚杯内螺纹一面的孔距准确。

此外，镦头锚具还可设计成下列型式，见图C.5.1-2。锚环型锚具（图C.5.1-2a）由锚杯与螺母组成；锚孔布置在锚环上，且内螺纹串通，以便孔道灌浆。锚杆型锚具（图C.5.1-2b）由锚杆、螺母和半环形垫片组成，锚杆直径小，构件端部无需扩孔。锚板型锚具（图C.5.1-2c）由带外螺纹的锚板与垫片组成，但另端锚板应由锚板芯与锚板环用螺纹连接，以便锚芯穿孔过道。后二种锚具宜用于短束，以免垫片过多。图（C.5.1-2d）为固定镦头锚板，属于半粘式锚具。

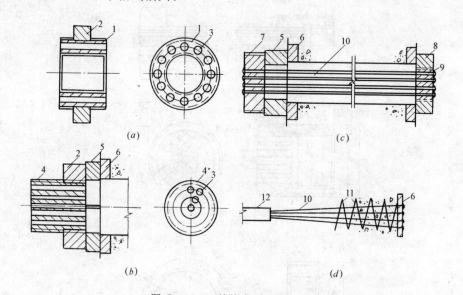

图C.5.1-2 其他类型镦头锚具

(a) 锚环型；(b) 锚杆型；(c) 锚板型；(d) 固定镦头锚板

1—锚环；2—螺母；3—锚孔；4—锚杆；5—半环形垫片；6—预埋钢板；7—带外螺纹的锚板；
8—锚板环；9—锚芯；10—钢丝束；11—螺旋筋；12—套管

C.5.2 冷铸镦头锚具

冷铸镦头锚具能承受高应力的变化幅度，具有较高的抗疲劳性能，适用于大垮度斜拉桥的拉索，其最大吨位达6000kN。

冷铸镦头锚具的构造，见图C.5.2所示。

冷铸镦头锚具筒体中的内锥形段灌注环氧铁砂，当钢丝受力时，借助于楔形原理，对钢丝产生夹紧力。钢丝穿过锚板后在尾部镦头，形成抵抗拉力的第二道防线。前端延长筒灌注弹性模量较低的环氧岩粉，并用尼龙环控制钢丝的位置。此种构造具有可靠的静载锚固能力和抗疲劳性能。筒体上有梯形外螺纹和圆螺母，便于调整索力和更换新索。张拉端锚具还有梯形内螺纹，以便与张拉杆连接。

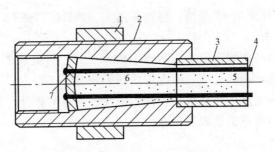

图 C.5.2 冷铸镦头锚具构造简图
1—螺母；2—筒体；3—延长线；4—钢丝；5—环氧岩粉；
6—环氧铁砂；7—镦头锚板

此外，还有一种热铸镦头锚具，用熔化的金属代替环氧铁砂，且没有延长筒，其尺寸较小，可用于房屋建筑、特种结构等 7～54ϕ^s5 钢丝束。

C.5.3 钢质锥形锚具

1 钢质锥形锚具（又称弗氏锚具），适用于锚固 6～30ϕ^s5 和 12～24ϕ^s7 钢丝束。它由锚环与锚塞组成，见图 C.5.3；其型号与规格见表 C.5.3。

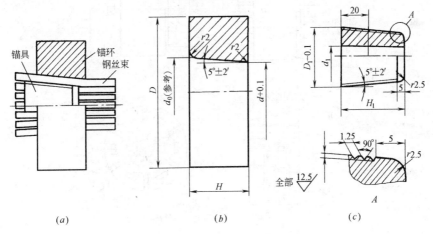

图 C.5.3 钢质锥形锚具
(a) 装配图；(b) 锚环；(c) 锚塞

表 C.5.3 钢质锥形锚具寸（mm）

型　号	碳素钢丝		D	H	d	d_0	D_1	H_1	d_1	留孔直径
	直径	根数								
GE5-12	5	12	65	45	27	34.9	27	50	M8×1	—
GE5-18	5	18	100	50	39	47.7	40	55	M16×15	50
GE5-24	5	24	110	55	49	58.6	51	60	M16×15	50
GE5-28	5	28	117	53	55	64.0	57	58	—	
GE5-30	5	30	126	53	59	68.3	61	58		
GE7-12	7	12	110	57	45	55.0	43	66		
GE7-24	7	24	130	57	64	74.0	62	66		
注：本表前三种型号为通用规格，后四种为柳州建筑机械总厂产品。										

2 锚具材料：锚环采用45号钢，锚塞采用45号钢或T7、T8碳素工具钢。
3 锚具的加工要求：
(1) 锚环经调质热处理后，硬度应达到HB235±15，再机加工。
(2) 锚塞机加工后，再热处理，硬度应达到HRC55～58。
(3) 锚环与锚塞的锥度应严格保证一致。锚环与锚塞配套时，其锚环锥形孔与锚塞的大小头，只允许同时出现正偏差或负偏差。

C.5.4 JM型锚具

JM型锚具适用于锚固3～6ϕ12钢筋束与4～6ϕ12～15钢绞线束。

JM型锚具由锚环与夹片组成（图C.5.4）。夹片的两个侧面具有带齿的半圆槽，每个夹片卡在两根钢绞线束（或钢筋束）之间，这些夹片与钢绞线束共同形成组合式锚塞，将钢绞线束楔紧。这种锚具的优点是钢绞线相互靠近，构件端部不扩孔，但一个夹片损坏会导致整束钢绞线失效。JM型锚具的型号与规格见表C.5.4。

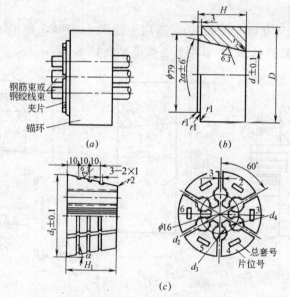

图 C.5.4 JM 锚具
(a) 装配图；(b) 锚环；(c) 夹片

表 C.5.4 JM型锚具尺寸（mm）

型号	预应力束	D	d	H	α	H_1	d_1	留孔直径
光JM12-3	3ϕ12	90	44	50	5°30′	45	55	50
光JM12-4	4ϕ12	90	44	50	7°30′	45	58.5	50
光JM12-5	5ϕ12	100	50	50	9°30′	45	68.5	50
光JM12-6	6ϕ12	100	50	50	11°30′	45	72	55
绞JM12-4	4ϕ12	95	42	55	8°30′	52	—	50
绞JM12-5	5ϕ12	106	49	55	9°30′	52	66	50
绞JM12-6	6ϕ12	106	49	55	9°30′	52	68.5	55
绞JM15-4	4ϕ15	106	49	55	9°30′	52	68.5	55

续表 C.5.4

型　号	预应力束	D	d	H	α	H_1	d_1	留孔直径
绞 JM15-5	5ϕ15	118	52	58	8°30′	55	—	60
绞 JM15-6	6ϕ15	128	62	65	9°00′	62	—	65

注：1　光 JM12-3～6 型锚具摘自预应力锚夹具定型图集(1980)；
　　2　绞 JM12-4～6 型、绞 JM15-4～6 型锚具摘自上海市纺织建筑公司产品资料；
　　3　JM 型锚具用于 1860MPa 的 ϕ12.7 和 ϕ15.2 时，应适当放大尺寸，提高齿面硬度，经试验确定。

JM 型锚具根据所锚固的预应力筋强度与外形不同，其尺寸、材料、齿形与硬度等有差异。光圆与螺纹 ϕ12 钢筋束用的锚具，仅夹筋孔不同；前者钻孔 ϕ11.8，攻丝 M12.7；后者钻孔 ϕ12.8，攻丝 M14。ϕ12 和 ϕ15 钢绞线束用的锚具，厚度有所增加，锥度和夹筋孔略有减小，夹片齿面要有较高的硬度。

1　锚具材料、齿形与热处理要求：
(1) 锚环采用 45 号钢，调质热处理硬度 HRC32～37。
(2) 夹片采用 45 号钢，热处理硬度 HRC40～45；对钢绞线束用的锚具，改用 20Cr 钢，绞孔为 ϕ11.3，斜向细齿，表面碳氮共渗，深度为 0.3～0.35mm，齿面硬度 HRC60～62。
(3) 夹片热处理时应分散系孔，不得成组捆扎，以防齿纹处硬度不足；锚杯与夹片均不允许产生淬火裂纹。

2　锚具的加工要求：
(1) 锚环的内孔和夹片的外锥面，两者的锥度应严格保证一致。
(2) 夹片在铣分前，齿纹孔的钻孔与攻丝是关键，应自制专用工装具，以保证加工精度；铣分时也宜在专用夹具上进行，以保证铣分匀称。
(3) 夹片的尺寸公差，在符合 7 级精度时，零件具有互换性，夹片不必打印编号。如达不到 7 级精度，但能达到 8 级，则应在夹片的大头端面，在铣分前用钢字模打出"总套号"和"片位号"，对号使用。达不到 8 级精度时，不宜使用。

各种 JM 型锚具均可作为工具锚重复使用，但如发现夹筋孔的齿纹有轻度损伤时，即应改为工作锚使用。上海纺织建筑工程公司设计了专用的工具锚。工具锚的直径与高度加大约 25%并应有较高的精度，锚环热处理硬度改为 HRC40～45，锚环锥孔与夹片外周应磨光，以便重复使用。

C.5.5　单孔夹片锚具

单孔夹片锚具是由锚环与夹片组成，见图 C.5.5-1。夹片的种类很多。按片数可分为三片或二片式。二片式夹片的背面上部锯有一条弹性槽，以提高锚固性能，但夹片易沿纵向开裂；也有通过优化夹片尺寸和改进热处理工艺，取消了弹性槽。按开缝形式可分为直开缝与斜开缝。直开缝夹片最为常用，斜开缝夹片主要为锚固 7Φ^s5 平行钢丝束，但对钢绞线的锚固也有益无损。斜开缝偏转角的方向应与钢绞线的扭角相反。

1　单孔夹片锚具的型号与规格见表 C.5.5。
2　锚具材料与加工要求：
(1) 锚环采用 45 号钢，调质热处理硬度 HRC32～35。
(2) 夹片采用合金钢 20CrMnTi，齿形宜为斜向细齿，齿距为 1mm，齿高不大于 0.5mm，齿形角较大；夹片应采取心软齿硬做法，表面热处理后的齿面硬度应为 HRC60～

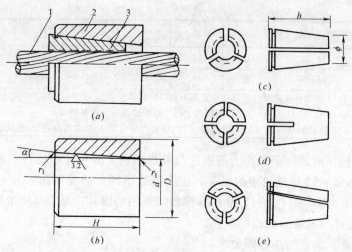

图 C.5.5-1 单孔夹片锚具
(a) 组装图；(b) 锚环；(c) 三片式夹片；(d) 二片式夹片；(e) 斜开缝夹片
1—钢绞线；2—锚环；3—夹片

表 C.5.5 单孔夹片锚具尺寸（mm）

锚具型号	锚环				夹片		
	D	H	d	α	φ	h	形式
XM15-1	44	50	—	—	—	—	三片斜开缝
QM13-1	40	42	16	5°40′	17	40	三片直开缝
QM15-1	46	48	18	5°40′	20	45	
OVM13-1	43	43	16	6°00′	17	38	二片直开缝（有弹性槽）
OVM15-1	46	48	18	6°00′	19	43	
HVM13-1	43	43	16	6°00′	17	38	三片直开缝（无弹性槽）
HVM15-1	46	48	18	6°00′	19	43	

62。夹片的质量必须严格控制，以保证钢绞线锚固可靠。

这种锚具的锚环，也可与承压板合一，采用铸钢制造，有二种形式，见图 C.5.5-2 与图 C.5.5-3。

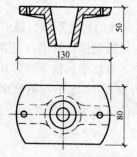

图 C.5.5-2 带承压板的锚环

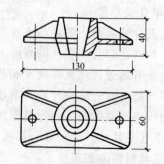

图 C.5.5-3 带承压板的锚环

C.5.6 多孔夹片锚固体系

多孔夹片锚固体系是由多孔夹片锚具、锚垫板（也称铸铁喇叭管、锚座）、螺旋筋等组成，见图 C.5.6。这种锚具是在一块多孔的锚板上，利用每个锥形孔装一副夹片，夹持一根钢绞线。这种锚具的优点是任何一根钢绞线锚固失效，都不会引起整体锚固失效。每束钢绞线的根数不受限制。对锚板与夹片的要求，与单孔夹片锚具相同。

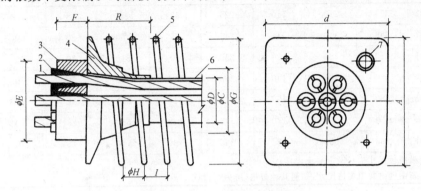

图 C.5.6 多孔夹片锚固体系

1—钢绞线；2—夹片；3—锚板；4—锚垫板（铸铁喇叭口）；
5—螺旋筋；6—金属波纹管；7—灌浆孔

多孔夹片锚固体系在后张法有粘结预应力混凝土结构中用途最广。国内生产厂家已有数十家，主要品牌有：QM、OVM、HVM、B&S、YM、YLM、TM 等。

1 QM 型锚固体系

QM 型多孔夹片锚固体系适用于锚固 $\phi^s 12.7$、$\phi^s 12.9$、$\phi^s 15.2$、$\phi^s 15.7$ 等强度为 1570～1860Mpa 的各类钢绞线。

近几年来，中国建筑科学研究院结构所在 QM 型锚固体系的基础上开发一种 QMV 型锚固体系，可锚固强度为 1960MPa 的钢绞线。该锚具的夹片改为两片式（带钢丝圈）、合理确定锚具尺寸、改进了齿形与热处理工艺、锚孔按多边形排列等。QMV 型锚具的锚孔尺寸仍与 QM 型锚具相同，可以互换。表 C.5.6-1 列出了 QMV15 型锚固体系尺寸，最大可锚固 $61\phi^s 15.2$ 钢绞线。

表 C.5.6-1 QMV15 型锚固体系尺寸

型号	锚垫板		波纹管 ϕD	锚板		螺旋筋			
	A	B		ϕE	F	ϕG	ϕH	I	圈数
QMV15-3	130	100	45	85	50	160	10	40	4
QMV15-4	155	110	50	95	50	190	10	45	4.5
QMV15-5	170	135	55	105	50	210	12	45	4.5
QMV15-6、7	200	155	65	125	55	220	14	50	5
QMV15-8	210	160	70	135	60	260	14	50	5.5
QMV15-9	220	180	75	145	60	260	14	50	5.5
QMV15-12	260	200	85	165	65	310	16	50	6.5
QMV15-14	280	220	90	185	70	350	16	55	7
QMV15-19	320	280	95	205	75	400	16	55	8

续表C.5.6-1

型号	锚垫板		波纹管 ϕD	锚板		螺旋筋			
	A	B		ϕE	F	ϕG	ϕH	I	圈数
QMV15-22	350	310	110	225	80	430	18	60	8
QMV15-27	380	340	115	245	85	460	20	60	9
QMV15-31	410	380	130	260	90	510	20	60	9
QMV15-37	450	400	140	290	105	550	20	60	10
QMV15-42	480	480	155	320	115	590	22	60	10
QMV15-55	550	520	170	345	140	660	25	70	10
QMV15-61	590	550	185	365	160	710	25	70	10

注：1 锚垫板尺寸按C40混凝土设计；
2 表中列出常用规格尺寸，如遇其他规格，可另行设计。

2 OVM型锚固体系

OVM型锚固体系适用于强度1860MPa、直径12.7～15.7mm、3～55根钢绞线。采用带弹性槽的二片式夹片。

OVM（A）型锚固体系是新研制的高性能锚固体系，可锚固强度为1960MPa的钢绞线，并具有优异的抗疲劳性能。OVM15A型锚固体系最大可锚固55ϕ^s15.2钢绞线，其尺寸见表C.5.6-2。

表C.5.6-2 OVM15A型锚固体系尺寸

型号	锚垫板			波纹管 ϕD	锚板		螺旋筋			
	A	B	ϕC		ϕE	F	ϕG	ϕH	I	圈数
OVM15A-3	135	110	90	50	85	50	130	10	50	4
OVM15A-4	165	120	100	55	100	50	150	12	50	5
OVM15A-5	180	130	100	55	115	50	170	12	50	5
OVM15A-6、7	210	160	120	70	128	50	210	14	50	5
OVM15A-8	240	180	130	80	143	55	240	14	50	6
OVM15A-9	240	180	130	80	152	55	240	14	50	6
OVM15A-12	270	210	140	90	168	60	270	16	60	6
OVM15A-13	270	210	140	90	168	65	270	16	60	6
OVM15A-14	285	260	150	90	178	70	285	20	60	7
OVM15A-17	300	340	150	90	200	80	300	20	60	7
OVM15A-19	310	360	160	100	205	80	310	20	60	7
OVM15A-22	320	360	180	120	224	110	320	20	60	7
OVM15A-27	350	400	190	120	248	120	350	20	60	7
OVM15A-31	390	470	200	130	260	130	390	20	60	8
OVM15A-37	465	510	210	140	296	140	465	22	60	9
OVM15A-43	500	600	240	160	324	150	500	22	70	9
OVM15A-55	540	700	245	160	344	180	540	22	70	10

3 HVM型锚固体系

HVM型锚固体系是柳州海威姆建筑机械有限公司在OVM型锚固体系的基础上新研制的高性能锚固体系,可锚固强度为1960MPa的钢绞线,并具有优异的抗疲劳性能。其尺寸见表C.5.6-3。

表C.5.6-3 HVM15型锚固体系尺寸

型号	锚垫板			波纹管 ϕD	锚板		螺旋筋			
	A	B	ϕC		ϕE	G	ϕG	ϕH	I	圈数
HVM15-3	135	100	80	50	90	50	130	10	40	4
HVM15-4	150	100	85	55	105	52	150	14	50	4
HVM15-5、6	170	100	93	60	117	52	170	14	50	4
HVM15-7	210	120	108	70	135	60	200	14	50	4
HVM15-8	230	140	120	80	150	60	230	16	60	5
HVM15-9	240	160	125	80	157	60	240	16	60	5
HVM15-12	270	210	138	90	175	70	270	20	60	6
HVM15-14	285	220	148	100	185	70	285	20	60	6
HVM15-17	300	240	160	100	210	85	300	20	60	6
HVM15-19	310	250	164	100	217	90	310	20	60	7
HVM15-22	340	260	180	120	235	100	340	20	60	7
HVM15-27	365	290	195	130	260	110	365	22	60	7
HVM15-31	400	330	205	130	275	120	400	22	60	8
HVM15-37	465	390	225	140	310	140	465	22	60	9
HVM15-44	500	450	248	160	340	150	500	22	60	9
HVM15-49	540	510	260	160	360	160	540	25	70	9
HVM15-55	540	510	260	160	360	170	540	25	70	9

4 B&S型锚固体系

B&S型锚固体系可锚固1860MPa的钢绞线。表C.5.6-4列出该体系Z15系列锚固体系尺寸。

表C.5.6-4 B&S型Z15系列锚固体系尺寸

型号	锚垫板		波纹管 ϕD	锚板		螺旋筋			
	A	B		ϕE	F	ϕG	ϕH	I	圈数
B&SZ15-3	130	100	50	90	45	130	10	50	3
B&SZ15-4	160	120	55	105	45	150	12	50	4
B&SZ15-5	180	130	60	115	50	170	12	55	4
B&SZ15-6、7	200	170	70	125	55	200	16	50	5
B&SZ15-8、9	240	180	80	145	60	240	16	45	6
B&SZ15-12	270	210	90	170	65	270	16	50	6
B&SZ15-15、19	320	305	95	200	70	400	18	50	7
B&SZ15-25、27、31	360	350	130	270	80	510	20	60	8
B&SZ15-37	440	450	140	290	90	570	22	60	9
B&SZ15-48、55	520	530	160	350	100	700	25	70	9

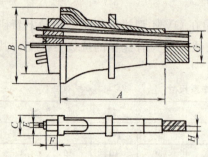

图 C.5.7 扁锚结构示意图

C.5.7 扁型锚固体系

BM型扁锚体系是由扁型夹片锚具、扁型锚垫板、扁型喇叭管及扁型管道组成,见图C.5.7。该锚固体系的尺寸见表C.5.7。

扁锚的优点:张拉槽口扁小,可减少混凝土板厚,钢绞线单根张拉,施工方便。主要适用于楼板、城市低高度箱梁,以及桥面横向预应力等。

C.5.8 挤压锚具

P型挤压锚具是在钢绞线端部安装异型钢丝衬套和挤压套,利用专用挤压机将挤压套挤过模孔后,使其产生塑性变形而握紧钢绞线,形成

表 C.5.7 BM型扁锚体系尺寸(mm)

锚具型号	扁型锚垫板			扁型锚板			扁型波纹管内径	
	A	B	C	D	E	F	G	H
BM15(13)-2	150	160	80	80	48	50	50	19
BM15(13)-3	190	200	90	115	48	50	60	19
BM15(13)-4	235	240	90	150	48	50	70	19
BM15(13)-5	270	270	90	180	48	50	90	19

可靠的锚固,见图C.5.8。从挤压头切开检查后看出:异型钢丝已全部脆断,一半嵌入挤压套,一半压入钢绞线,从而增加钢套筒与钢绞线之间的摩阻力;挤压套与钢绞线之间没有任何空隙,紧紧握住。挤压套采用45号钢,不调质,其尺寸为$\phi 35 \times 58$mm(对$\phi 15$钢绞线),挤压后其尺寸变为$\phi 30 \times 70$mm。

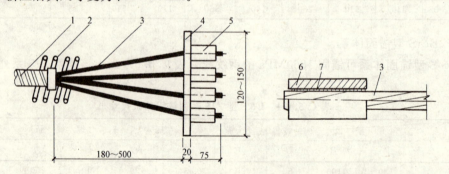

图 C.5.8 挤压锚具、钢垫板与螺旋筋
1—螺旋管;2—螺旋筋;3—钢绞线;4—钢垫板;5—挤压锚具;6—套筒;7—硬钢丝螺丝圈

挤压锚具下设钢垫板与螺旋筋,适用于制作单根无粘结钢绞线与多根有粘结钢绞线的固定端。用于多根有粘结钢绞线,当一束钢绞线根数较多,设置整块钢垫板有困难时,可将钢垫板分为若干块。钢垫板上的挤压锚具间距,对$\phi 15$钢筋宜为60mm,孔径宜为$\phi 20$。

C.5.9 压花锚具

H型压花锚具是利用专用压花机将钢绞线端头压成梨形散花头的一种握裹式锚具,见图C.5.9(a)。

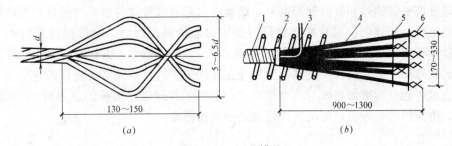

图 C.5.9 压花锚具
(a)、(b) 两种压花锚具
1—波纹管；2—螺旋筋；3—灌浆管；4—钢绞线；5—构造筋；6—压花锚具

梨形头的尺寸：对 $\phi 15$ 钢绞线不小于 $\phi 95 \times 150$ mm。多根钢绞线的梨形头应分排埋置在混凝土内，见图 C.5.9(b)。为提高压花锚四周混凝土及散花头根部混凝土抗裂强度，在散花头头部配置构造筋，在散花头根部配置螺旋筋。混凝土强度不低于C30，压花锚距构件截面边缘不小于30mm，第一排压花锚的锚固长度，对 $\phi 15$ 钢绞线不小于900mm，每排相隔至少为300mm。

C.5.10 精轧螺纹钢筋锚具

精轧螺纹钢筋锚具是利用与该钢筋螺纹匹配的特制螺母锚固的一种支承式锚具。

精轧螺纹钢筋锚具包括螺母与垫板，见图 C.5.10，其尺寸列于表 C.5.10。

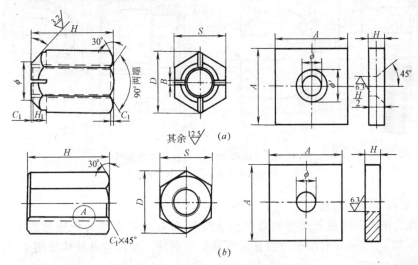

图 C.5.10 精轧螺纹钢筋的锚具
(a) 锥面螺与垫板；(b) 平面螺母与垫板

表 C.5.10 精轧螺纹钢筋的锚具尺寸 (mn)

钢筋直径 (m)	螺 母					垫 板			
	分类	D	S	H	H_1	A	H	ϕ	ϕ'
25	锥面	57.1	50	65	15	110	25	30	55
	平面				—				—
32	锥面	67	58	72	18	130	32	38	70
	平面				—				—

螺母分为平面螺母和锥面螺母两种。锥面螺母可通过锥体与锥孔的配合，保证预应力筋的正确对中；开缝的作用是增强螺母对预应力筋的夹持能力。螺母材料采用45号钢，调质热处理硬度 HB215±15，其抗拉强度为 $750\sim860N/mm^2$。螺母的内螺纹是按钢筋尺寸公差和螺母尺寸之和设计。凡是钢筋尺寸在允许范围内，都能实现较好的连接。

垫板相应地分为平面垫板与锥面垫板两种。由于螺母传给垫板的压力沿45°方向向四周传递，垫板的边长等于螺母最大外径加二倍垫板厚度。

C.6 先张法夹具

C.6.1 单根镦头夹具

单根镦头夹具适用于具有镦粗头（热镦）的Ⅱ、Ⅲ、Ⅳ级带肋钢筋，也可用于冷镦的钢丝。

带肋钢筋镦头夹具的外形见图 C.6.1。夹具材料采用45号钢，热处理硬度 HRC30～35。另外，需要一个可转动的抓钩式连接头（材料45号钢，HRC40～45），以置换千斤顶上原有的张拉头。

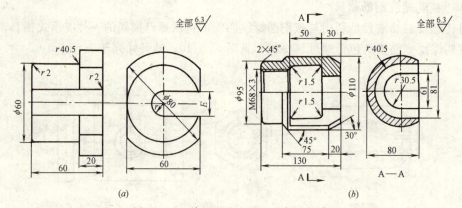

图 C.6.1 单根镦头夹具及张拉连接头
(a) 单根镦头夹具；(b) 抓钩式连接头

C.6.2 圆套筒三片式夹具

圆套筒三片式夹具由夹片与套筒组成（图 C.6.2），其型号与规格见表 C.6.2，用以夹持直径为12与14mm的单根冷拉Ⅱ、Ⅲ和Ⅳ级钢筋。套筒与夹片均采用45号钢。套筒热处理硬度为 HRC35～40，夹片为 HRC40～45。

表 C.6.2 圆套筒三片式夹具型号及规格表（mm）

夹具型号	适用钢筋	d	D	d_1	d_2	M
YJ12	ϕ12	19±0.1	38	26	12	M13×1.5
YJ14	ϕ14	23±0.1	42	30	14	M15×1.5

注：M13×1.5、M15×1.5为非标准螺纹，可自制丝锥攻丝或车削加工。

C.6.3 方套筒二片式夹具

方套筒二片式夹具由方套筒、夹片、方弹簧、插片及插片座等组成（图 C.6.3），用

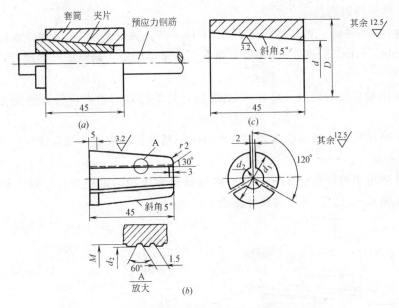

图 C.6.2 圆套筒三片式夹具
(a) 装配图;(b) 夹片;(c) 套筒

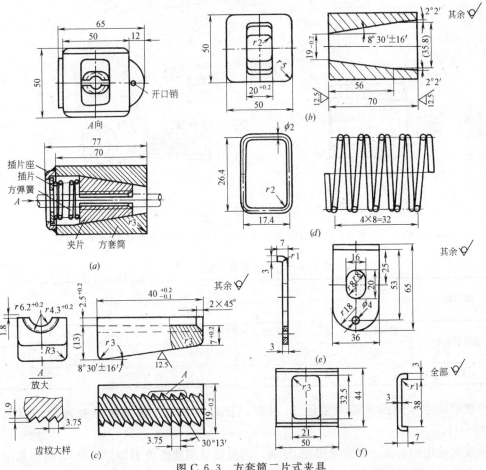

图 C.6.3 方套筒二片式夹具
(a) 装配图;(b) 方套筒;(c) 夹片;(d) 方弹簧;(e) 插片;(f) 插片座

以夹持 ϕ8.2 热处理钢筋。

方套筒采用 45 号钢，热处理硬度为 HRC40～45。夹片采用 20 铬钢，表面渗碳，深度 0.8～1.2mm，HRC58～62。夹片齿形根据钢筋外形确定，如钢筋外形改变，齿形也须作相应改变。

方套筒可用胎模锻造成型（热冲），然后进行热处理，内表面应保证锥度正确与平整光滑。

夹片可用热模锻工艺直接锻出齿纹，也可采用精度铸造成型，然后进行热处理。

C.6.4 锥销夹具

锥销夹具适用于夹持直径 3～5mm 的冷拔低碳钢丝和碳素钢丝。锥销夹具由套筒与锚塞组成，见图 C.6.4。其外形与尺寸见表 C.6.4。

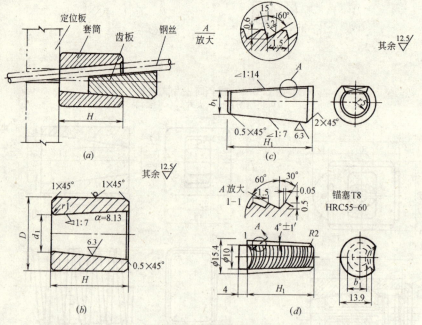

图 C.6.4 锥销夹具
(a) 装配图；(b) 套筒；(c) 冷拔低碳钢丝用齿板式锚塞；(d) 碳素钢丝用齿槽式锚塞

表 C.6.4 锥销夹具尺寸（mm）

预应力筋		套筒				锚塞	
		H	D	d_1	α	H_1	b_1
冷拔低碳钢丝	ϕ3～4	28	22	10	8.13°	30	8
	ϕ4～5	28	22	10	8.13°	30	7
ϕ5 碳素钢丝		30	25	13	4°	33	9.4

冷拔低碳钢丝用的夹具均采用 45 号钢，套筒不调质，锚塞经热处理后的硬度为 HRC40～45。

碳素钢丝用的夹具：套筒采用 45 号钢，调质热处理硬度为 HRC25～28，锚塞采用倒齿形，热处理硬度为 HRC55～58。

C.7 连 接 器

C.7.1 钢丝束连接器

采用镦头锚具时，钢丝束的连接器，可采用带内螺纹的套筒或带外螺纹的连杆，见图 C.7.1。

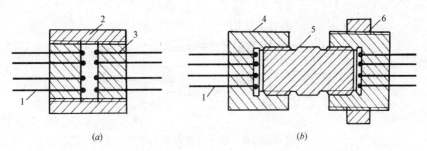

图 C.7.1 钢丝束连接器
(a) 带内螺纹的套筒；(b) 带外螺纹的连杆
1—钢丝；2—套筒；3—锚板；4—锚杯；5—连杆；6—螺母

C.7.2 单根钢绞线连接器

1 锚头连接器

锚头连接器设置在构件端部，用于锚固前段束，并连接后段束。后段束张拉时，连接器无位移，可减少连接器下局部应力和变形。

单根钢绞线锚头连接器是由带外螺纹的夹片锚具、挤压锚具与带内螺纹的套筒组成，见图 C.7.2-1。前段筋采用带外螺纹的夹片锚具锚固，后段筋的挤压锚具穿在带内螺纹的套筒内，利用该套筒的内螺纹拧在夹片锚具的外螺纹上，达到连接作用。

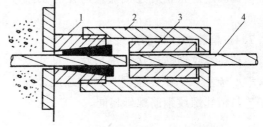

图 C.7.2-1 单根钢绞线锚头连接器
1—带外螺纹的锚环；2—带内螺纹的套筒；
3—挤压锚具；4—钢绞线

2 接长连接器

单根钢绞线接长连接器是由二个带内螺纹的夹片锚具和一个带外螺纹的连接头组成，见图 C.7.2-2。为了防止夹片松脱，在连接头与夹片之间装有弹簧。

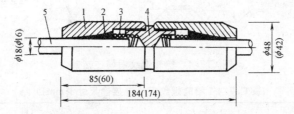

图 C.7.2-2 单根 ϕ15.2 钢绞线接长连接器
1—带内螺纹的加长锚环；2—带外螺纹的连接头；3—弹簧；4—夹片；5—钢绞线
注：括号内数用于 ϕ12.7 钢绞线

C.7.3 多根钢绞线连接器

1 锚头连接器

多根钢绞线锚头连接器的构造，见图C.7.3-1。其连接体是一块增大的锚板。锚板中部的锥形孔用于锚固前段束，锚板外周边的槽口用于挂后段束的挤压头。连接器外包喇叭形白铁护套，并沿连接体外圆绕上打包钢条一圈，用打包机打紧钢条固定挤压头。

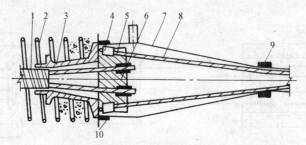

图C.7.3-1 锚头连接器的构造

1—螺旋管；2—螺旋筋；3—铸铁喇叭管；4—挤压锚具；5—连接体；
6—夹片；7—白铁护套；8—钢绞线；9—钢环；10—打包钢条

2 接长连接器

多根钢绞线接长连接器（图C.7.3-2）设置在孔道的直线区段，用于接长钢绞线。接长连接器与锚头连接器的不同点是锚板上的锥形孔改为直孔，两端钢绞线的端部均用挤压锚具固定。张拉时连接器应有足够的活动空间。

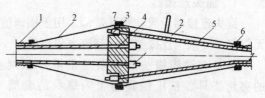

图C.7.3-2 接长连接器的构造

1—螺旋管；2—白铁护套；3—挤压锚具；4—锚板；
5—钢绞线；6—钢环；7—打包钢条

C.7.4 精轧螺纹钢筋连接器

精轧螺纹钢筋连接器的形状与尺寸见图C.7.4与表C.7.4 连接器材料、螺纹、加工工艺与精轧螺纹钢筋螺母相同。

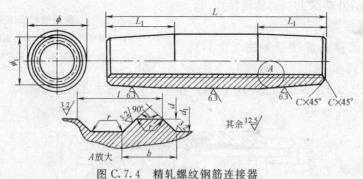

图C.7.4 精轧螺纹钢筋连接器

表C.7.4 精轧螺纹钢筋连接器尺寸（mm）

公称直径 d_0	ϕ	ϕ'	L	L_1	d	d_1	l	b	r	c
25	45	40	160	50	25.4	29.5	12	7.4	1.5	1.6
32	55	50	180	55	32.5	37.5	16	11.2	2.0	2.0

C.8 预应力锚具、夹具和连接器的性能要求

C.8.1 预应力筋用锚具、夹具和连接器的性能均应符合现行国家标准《预应力筋用锚具、夹具和连接器》GB/T 14370 的规定。

C.8.2 在预应力筋强度等级已确定的条件下，预应力筋－锚具组装件的静载锚固性能试验结果，应同时满足锚具效率系数（η_a）等于或大于 0.95 和预应力筋总应变（ε_{apu}）等于或大于 2.0% 两项要求。

C.8.3 锚具的静载锚固性能，应由预应力筋－锚具组装件静载试验测定的效率系数（η_a）和达到实测极限拉力时组装件受力长度总应变（ε_{apu}）确定。锚具效率系数（η_a）应按下式计算：

$$\eta_a = \frac{F_{apu}}{\eta_p \times F_{pm}} \tag{C.8.3}$$

式中 F_{apu}——预应力筋-锚具组装件的实测极限拉力；

F_{pm}——预应力筋的实际平均极限抗拉力。由预应力钢材试件实测破断荷载平均值计算得出；

η_p——预应力筋的效率系数。η_p 应按下列规定取用：预应力筋-锚具组装件中预应力钢材为 1～5 根时，$\eta_p=1$；6～12 根时，$\eta_p=0.99$；13～19 根时，$\eta_p=0.98$；20 根以上时，$\eta_p=0.97$。

当预应力筋-锚具（或连接器）组装件达到实测极限拉力（F_{apu}）时，应当是由预应力筋的断裂，而不应由锚具（或连接器）的破坏导致试验的终结。预应力拉应力未超过 $0.8f_{ptk}$ 时，锚具主要受力零件应在弹性阶段工作，脆性零件不得断裂。

C.8.4 用于承受静、动荷载的预应力混凝土结构，其预应力筋－锚具组装件，除应满足静载锚固性能要求外，尚应满足循环次数为 200 万次的疲劳性能试验要求。疲劳应力上限应为预应力钢丝或钢绞线抗拉强度标准值（f_{ptk}）的 65%（当为精轧螺纹钢筋时，疲劳应力上限为屈服强度的 80%），应力幅度不应小于 80MPa。对于主要承受较大动荷载的预应力混凝土结构，要求所选锚具能承受的应力幅度适当增加，具体数值可由工程设计单位根据需要确定。

C.8.5 在抗震结构中，预应力筋－锚具组装件还应满足循环次数为 50 次的周期荷载试验。组装件用钢丝或钢绞线时，试验应力上限应为 $0.8f_{ptk}$；用精轧螺纹钢筋时，应力上限应为其屈服强度的 90%，应力下限应为相应强度的 40%。

C.8.6 锚具尚应满足分级张拉、补张拉和放松拉力等张拉工艺的要求。锚固多根预应力筋的锚具，除应具有整束张拉的性能外，尚宜具有单根张拉的可能性。

C.8.7 夹具的静载性能，应由预应力筋－夹具组装件静载试验测定的夹具效率系数（η_g）确定。夹具效率系数（η_g）应按下式计算：

$$\eta_g = \frac{F_{gpu}}{F_{pm}} \tag{C.8.7}$$

式中 F_{gpu}——预应力筋－夹具组装件的实测极限拉力。

试验结果应满足夹具效率系数（η_g）等于或大于0.92的要求。

当预应力筋-夹具组装件达到实测极限拉力时，应由预应力筋的断裂，而不应由夹具的破坏导致试验终结。

C.8.8 夹具应具有良好的自锚性能、松锚性能和安全的重复使用性能。主要锚固零件宜采用镀膜防锈。

C.8.9 永久留在混凝土结构或构件中的预应力筋连接器，应符合锚具的性能要求；用于先张法施工且在张拉后还将放和拆卸的连接器，应符合夹具的性能要求。

（引用标准 JGJ 85—2002）

C.9 预应力筋张拉伸长值

C.9.1 计算公式

$$\Delta L = P \cdot L_T / A_p E_s \quad (C.9.1-1)$$

式中 P——预应力筋的平均张拉力，取张拉端拉力与计算截面处扣除孔道摩擦损失后的拉力平均值，即：

$$P = P_j[1-(K L_T + \mu\theta)/2] \quad (C.9.1-2)$$

L_T——预应力筋的实际长度；
A_p——预应力筋的截面面积；
E_s——预应力筋的弹性模量；
K、μ、θ——考虑孔道（每米）局部偏差对摩擦影响的系数。

C.9.2 公式运用

1 对多曲线段或直线段与曲线段组成的曲线预应力筋，张拉伸长值应分段计算，然后叠加，即：

$$\Delta L = \sum \frac{(\sigma_{i1} + \sigma_{i2}) L_i}{2 E_s} \quad (C.9.2-1)$$

式中 L_i——第 i 线段预应力筋长度；
σ_{i1}、σ_{i2}——分别为第 i 线段两端的预应力筋拉力。

2 对抛物线型曲线，θ 与 L_T 值可参考图 C.9.2，按下式计算：

$$L_T = (1 + 8 H^2 / 3 L^2) L \quad (C.9.2-2)$$

$$\theta/2 = 4 H / L (\text{rad}) \quad (C.9.2-3)$$

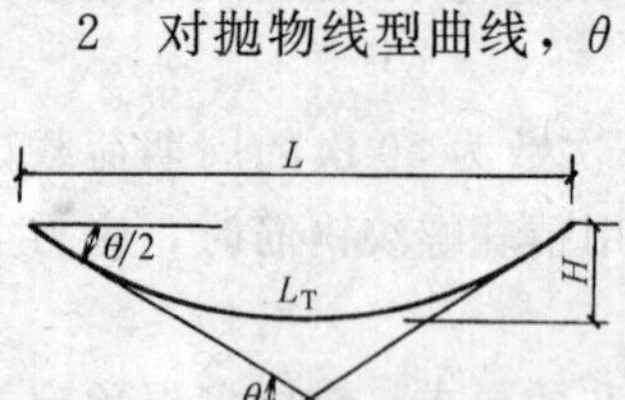

式中 L——抛物线的水平投影长度；
H——抛物线的矢高。

图 C.9.2 抛物线的几何尺寸

C.9.3 预应力筋的弹性模量取值，对张拉伸长值的影响较大。因此，对重要的预应力混凝土结构，预应力筋的弹性模量应事先测定。根据有关单位试验表明：钢丝束与钢绞线束的弹性模量比单根钢丝和钢绞线的弹性模量低2%～3%。因此，在弹性模量取值时应考虑这一因素。

C.9.4 K、μ 取值应套用设计计算资料。如在试张拉时实测张拉伸长值或实测孔道摩擦损失值与计算值有较大的差异，则应会同设计人员调整张拉力并修改 K 与 μ 值，重算张拉伸长值。

附录 D 常用水泥、混凝土外加剂技术指标

D.1 常用水泥技术指标

D.1.1 水泥技术要求，见表 D.1.1。

表 D.1.1 水泥技术要求

技术指标	硅酸盐水泥、普通硅酸盐水泥 (GB 175—1999)	矿渣(火山灰、粉煤灰)硅酸盐水泥(GB 1344—1999)	复合硅酸盐水泥 (GB 12958—1999)
1	2	3	4
不溶物	Ⅰ型硅酸盐水泥中不溶物不超过0.75%；Ⅱ型硅酸盐水泥中不溶物不超过1.50%		
烧失量	Ⅰ型硅酸盐水泥中烧失量不得大于3.0%；Ⅱ型硅酸盐水泥中烧失量不得大于3.5%；普通水泥中烧失量不得大于5.0%		
氧化镁	水泥中氧化镁的含量不宜超过5.0%，如果水泥经压蒸安定性试验合格，则水泥中氧化镁的含量允许放宽到6.0%	熟料中氧化镁的含量不宜超过5.0%，如果水泥经压蒸安定性试验合格，则熟料中氧化镁的含量允许放宽到6.0%	熟料中氧化镁的含量不宜超过5.0%，如果水泥经压蒸安定性试验合格，则熟料中氧化镁的含量允许放宽到6.0%
三氧化硫	水泥中三氧化硫含量不得超过3.5%	矿渣水泥中三氧化硫含量不得超过4.0%；火山灰水泥、粉煤灰水泥中三氧化硫含量不得超过3.5%	三氧化硫含量不得超过3.5%
细度	硅酸盐水泥比表面积大于300m²/kg，普通水泥80μm方孔筛筛余不得超过10.0%	80μm方孔筛筛余不得超过10.0%	80μm方孔筛筛余不得超过10.0%
凝结时间	硅酸盐水泥初凝不得早于45min，终凝不得迟于6.5h。普通水泥初凝不得早于45min，终凝不得迟于10h	初凝不得早于45min，终凝不得迟于10h	初凝不得早于45min，终凝不得迟于10h
安定性	用沸煮法检验必须合格	用沸煮法检验必须合格	用沸煮法检验必须合格
强度	水泥强度等级按规定龄期的抗压强度和抗折强度来划分，各等级水泥的龄期强度不得低于现行国家标准GB 175—1999的规定	水泥强度等级按规定龄期不得低于现行国家标准GB 1344—1999的规定	水泥强度等级按规定龄期不得低于现行国家标准GB 12958—1999的规定
碱	碱含量按 $Na_2O+0.658K_2O$ 计算值来表示。若使用活性骨料，用户要求提供低碱水泥时，水泥中的碱含量不得大于0.60%或由供需双方商定	碱含量按 $Na_2O+0.658K_2O$ 计算值来表示。若使用活性骨料需要限制水泥中的碱含量时，由供需双方商定	碱含量按 $Na_2O+0.658K_2O$ 计算值来表示。若使用活性骨料需要限制水泥中的碱含量时，由供需双方商定

续表 D.1.1

技术指标	硅酸盐水泥、普通硅酸盐水泥 (GB 175—1999)	矿渣(火山灰、粉煤灰)硅酸盐水泥(GB 1344—1999)	复合硅酸盐水泥 (GB 12958—1999)
1	2	3	4
废品	凡氧化镁、三氧化硫、初凝时间、安定性中的任一项不符合 GB 175—1999 标准规定时,均为废品	凡氧化镁、三氧化硫、初凝时间、安定性中的任一项不符合 GB 1344—1999 标准规定时,均为废品	凡氧化镁、三氧化硫、初凝时间、安定性中的任一项不符合 GB 12958—1999 标准规定时,均为废品
不合格	凡细度、终凝时间、不溶物和烧失量中的任一项不符合 GB 175—1999 标准规定或混合材料掺加量超过最大限量和强度低于商品强度等级的指标时为不合格品。水泥包装标志中水泥品种、强度等级、生产者名称和出厂编号不全的也属于不合格品	凡细度、终凝时间中的任一项不符合 GB 1344—1999 标准规定或混合材料掺加量超过最大限量和强度低于商品强度等级的指标时,为不合格品。水泥包装标志中水泥品种、强度等级、生产者名称和出厂编号不全的也属于不合格品	凡细度、终凝时间中的任一项不符合 GB 12958—1999 标准规定或混合材料掺加量超过最大限量和强度低于商品强度等级的指标时,为不合格品。水泥包装标志中水泥品种、强度等级、生产者名称和出厂编号不全的也属于不合格品

D.1.2 水泥强度等级指标,见表 D.1.2:

表 D.1.2 各强度等级、各龄期水泥强度指标 (MPa)

水 泥 品 种	强度等级	抗 压 强 度		抗 折 强 度	
		3d	28d	3d	28d
硅酸盐水泥 (GB 175—1999)	42.5	17.0	42.5	3.5	6.5
	42.5R	22.0		4.0	
	52.5	23.0	52.5	4.0	7.0
	52.5R	27.0		5.0	
	62.5	28.0	62.5	5.0	8.0
	62.5R	32.0		5.5	
普通与复合硅酸盐水泥 (GB 175—1999、 GB 12958—1999)	32.5	11.0	32.5	2.5	5.5
	32.5R	16.0		3.5	
	42.5	16.0	42.5	3.5	6.5
	42.5R	21.0		4.0	
	52.5	22.0	52.5	4.0	7.0
	52.5R	26.0		5.0	
矿渣、火山灰质与粉煤灰硅酸盐水泥 (GB 1344—1999)	32.5	10.0	32.5	2.5	5.5
	32.5R	15.0		3.5	
	42.5	15.0	42.5	3.5	6.5
	42.5R	19.0		4.0	
	52.5	21.0	52.5	4.0	7.0
	52.5R	23.0		4.5	

D.2 混凝土外加剂及掺外加剂混凝土性能指标

D.2.1 掺外加剂混凝土性能指标应符合现行国家标准《混凝土外加剂》GB 8076—1997 的规定,见表 D.2.1。

表 D.2.1 掺外加剂混凝土性能指标

试验项目		普通减水剂		高效减水剂		早强减水剂		缓凝高效减水剂		缓凝减水剂	
		一等品	合格品	一等品	合格品	一等品	合格品	一等品	合格品	一等品	合格品
减水率(%)≥		8	5	12	10	8	5	12	10	8	5
泌水率比(%)≤		95	100	90	95	95	100	100		100	
含气量(%)		≤3.0	≤4.0	≤3.0	≤4.0	≤3.0	≤4.0	<4.5		<5.5	
凝结时间之差(min)	初凝	−90～+120		−90～+120		−90～+120		>+90		>+90	
	终凝										
抗压强度比(%)≥	1d			140	130	140	130	—		—	
	3d	115	110	130	120	130	120	125	120	100	
	7d	115	110	125	115	125	115	125	115	110	
	28d	110	105	120	110	105	100	120	110	110	105
收缩率比(%)≤	28d	135		135		135		135		135	
钢筋锈蚀		应说明对钢筋有无锈蚀危害									

试验项目		引气减水剂		早强剂		缓凝剂		引气剂	
		一等品	合格品	一等品	合格品	一等品	合格品	一等品	合格品
减水率(%)≥		10	10					6	6
泌水率比(%)≤		70	80	100		100	110	70	80
含气量(%)		>3.0		—		—		>3.0	
凝结时间之差(min)	初凝	−90～+120		−90～+120		>+90		−90～+120	
	终凝								
抗压强度比(%)≥	1d	—		≥140	≥125	—			
	3d	115	110	130	120	100	90	95	80
	7d	110		110	105	100	90	95	80
	28d	100		100		100	95	90	80
收缩率比(%)≤	28d	135		135		135		135	
相对耐久性指标(%,200次)≥		80	60	—		—		80	60
钢筋锈蚀		应说明对钢筋有无锈蚀危害							

注:1 除含气量外,表中所列数据为掺外加剂混凝土与基准混凝土的差值或比值;
2 凝结时间指标"—"号表示提前,"+"号表示延缓;
3 相对耐久性指标一栏中,"200次≥80和60"表示将28d龄期的掺外加剂混凝土试件冻融循环200次后,动弹性模量保留值≥80%或≥60%;
4 对于可以用高频振捣排除的由外加剂所引入的气泡的产品,允许用高频振捣。达到某类型性能指标要求的外加剂,可按本表进行命名和分类,但须在产品说明书和包装上注明"用于高频振捣的××剂"。

D.2.2 外加剂匀质性指标应符合现行国家标准《混凝土外加剂》GB 8076—1997 的规定，见表 D.2.2。

表 D.2.2 匀质性指标

试 验 项 目	指　　标
含固量或含水量	1. 对液体外加剂，应在生产厂所控制值的相对量的 3%范围内 2. 对固体外加剂，应在生产厂所控制值的相对量的 5%范围内
密度	对液体外加剂，应在生产厂所控制值的±0.02g/cm³ 之内
氯离子含量	应在生产厂所控制值的相对量的 5%之内
水泥净浆流动度	应不小于生产控制值的 95%
细度	0.315mm 筛筛余应小于 15%
pH 值	应在生产厂控制值±1 之内
表面张力	应在生产厂控制值±1.5 之内
还原糖	应在生产厂控制值±3%之内
总碱量($Na_2O+0.658K_2O$)	应在生产厂所控制值的相对量的 5%之内
硫酸钠	应在生产厂所控制值的相对量的 5%之内
泡沫性能	应在生产厂所控制值的相对量的 5%之内
砂浆减水率	应在生产厂控制值±1.5%之内

D.2.3 混凝土泵送剂

1 泵送剂的匀质性及掺泵送剂混凝土的性能指标应符合国家现行行业标准《混凝土泵送剂》JC 473—2001 的规定，见表 D.2.3-1、表 D.2.3-2。

表 D.2.3-1 匀质性指标

试 验 项 目	指　　标
含固量	液体外加剂：应在生产厂控制相对量的 6%之内
含水量	固体外加剂：应在生产厂控制相对量的 10%范围内
密度	液体外加剂：应在生产厂控制值的±0.02g/cm³ 之内
氯离子含量	应在生产厂控制值相对量的 5%之内
细度	固体泵送剂：0.315mm 筛筛余应小于 15%
总碱量($Na_2O+0.658K_2O$)	应在生产厂控制值相对量的 5%之内
水泥净浆流动度	应不小于生产控制值的 95%

2 掺泵送剂混凝土性能，见表 D.2.3-2：

表 D.2.3-2 掺泵送剂受检混凝土性能

试验项目		一等品	合格品	试验项目		一等品	合格品
坍落度增加值(mm)≥		100	80	抗压强度比（%）≥	3d	90	85
常压泌水率比(%)≤		90	100		7d	90	85
压力泌水率比(%)≤		90	95		28d	90	85
坍落度保留值(mm)≥	30min	150	120	收缩率比（%）≤	28d	135	135
	60min	120	100				
含气量(%)≤		4.5	5.5	对钢筋的锈蚀作用		应说明对钢筋有无锈蚀作用	

D.2.4 混凝土防冻剂

掺防冻剂混凝土性能及防冻剂匀质性指标，应符合国家现行行业标准《混凝土防冻剂》JC 475—92 的规定，见表 D.2.4-1、表 D.2.4-2。

表 D.2.4-1 掺防冻剂混凝土性能

试验项目		性能指标					
		一等品			合格品		
减水率(%)不小于		8			—		
泌水率(%)不大于		100			100		
含气量(%)不小于		2.5			2.0		
凝结时间差(min)	初凝	−120～+120			−150～+150		
	终凝						
抗压强度比(%)不小于	规定温度(℃)	−5	−10	−15	−5	−10	−15
	R_{28}	95	90	90		90	85
	R_{-7}	20	12	10	20	12	10
	R_{-7+28}	95	90	85	90	85	80
	R_{-7+56}	100			100		
90d 收缩率比(%)不大于		120					
抗渗压力(或高度)比(%)		不小于 100(或不大于 100)					
50 次冻融强度损失率比(%)不大于		100					
对钢筋锈蚀作用		应说明对钢筋有无锈蚀作用					

注：由于防冻剂配方设计的规定温度是在恒定温度条件下试验所得结果，按表中规定温度下检测合格的防冻剂，可在比规定温度低 5℃ 的条件下使用。

表 D.2.4-2 防冻剂匀质性

试验项目	指标
含固量	液体防冻剂：应在生产厂控制值相对量的 3%之内
含水量	粉状防冻剂：应在生产厂控制值相对量的 5%之内
密度	液体防冻剂：应在生产厂控制值的 ±0.02 之内
氯离子含量	应在生产厂控制值相对量的 5%之内
水泥净浆流动度	应不小于生产厂控制值的 95%
细度	粉状防冻剂细度应在生产厂控制值的 ±2%之内

D.2.5 混凝土膨胀剂

混凝土膨胀剂的性能和掺混凝土膨胀剂的砂浆性能的规定应符合国家现行行业标准《混凝土膨胀剂》JC 476—2001 的规定。具体指标见表 D.2.5-1～表 D.2.5-3。

1 混凝土膨胀剂的性能和掺混凝土膨胀剂的砂浆性能的规定表 D.2.5-1。
2 膨胀剂检验中抗压强度和抗折强度材料用量，见表 D.2.5-2。
3 膨胀剂检验中限制膨胀率材料用量，见表 D.2.5-3。

表 D.2.5-1 混凝土膨胀剂性能指标

项目				指标值
化学成分		氧化镁(%)≤		5.0
		含水率(%)≤		3.0
		总碱量(%)≤		0.75
		氯离子(%)≤		0.05
物理性能	细度	比表面积(m^2/kg)≥		250
		0.08mm筛筛余(%)≤		12
		1.25mm筛筛余(%)≤		0.5
	凝结时间	初凝(min)≥		45
		终凝(h)≤		10
	限制膨胀率(%)	水中	7d≥	0.025
			28d≤	0.10
		空气中	21d≥	−0.020
	抗压强度(MPa)	A法	7d≥	25
			28d≥	45
		B法	7d≥	20
			28d≥	40
	抗折强度(MPa)	A法	7d≥	4.5
			28d≥	6.5
		B法	7d≥	3.5
			28d≥	5.5

注:1 细度用比表面积和1.25mm筛筛余或0.08mm筛筛余和1.25mm筛筛余表示,仲裁检验用比表面积和1.25mm筛筛余;
2 检验时A、B两法均可使用,仲裁检验采用A法;
3 A法采用GB 8076规定的基准水泥,B法采用符合GB 175、强度等级为42.5级的普通硅酸盐水泥,且熟料中C3A含量6%~8%,总碱量($Na_2O+0.658K_2O$)不大于1.0%。

表 D.2.5-2 抗压强度和抗折强度材料用量

材料	代号	用量
水泥(g)	C	396
膨胀剂(g)	E	51
标准砂(g)	S	1350
拌合水(g)	W	225

注:1 E/C+E=0.12 S/C+E=3.0 W/C+E=0.50;
2 混凝土膨胀剂检验时的最大掺量为12%,但允许小于12%。生产厂在产品说明书中,应对检验限制膨胀率、抗压强度和抗折强度规定统一的掺量。

表 D.2.5-3 限制膨胀率材料用量

材料	代号	用量
水泥(g)	C	457.6
膨胀剂(g)	E	62.4
标准砂(g)	S	1040
拌合水(g)	W	208

注:1 E/C+E=0.12 S/C+E=2.0 W/C+E=0.40;
2 混凝土膨胀剂检验时的最大掺量为12%,但允许小于12%。生产厂在产品说明书中,应对检验限制膨胀率、抗压强度和抗折强度规定统一的掺量。

D.2.6 喷射混凝土用速凝剂指标应符合国家现行行业标准《喷射混凝土用速凝剂》JC 477—99 的规定，速凝剂、掺速凝剂拌合物及其硬化砂浆的性能，见表 D.2.6。

表 D.2.6 速凝剂、掺其拌合物及其硬化砂浆的性能

试验项目 产品等级	净浆凝结时间不迟于(min)		1d 抗压强度不小于(MPa)	28d 抗压强度比不小于(MPa)	细度（筛余不大于）(%)	含水率小于(%)
	初凝	终凝				
一等品	3	10	8	75	15	2
合格品	5	10	7	70	15	2
注：28d 抗压强度比为掺速凝剂与不掺者的抗压强度比。						

D.2.7 砂浆、混凝土防水剂：

砂浆、混凝土防水剂性能指标应符合国家现行行业标准《砂浆、混凝土防水剂》JC 474—99 的规定，具体指标如下：

1 防水剂的匀质性，见表 D.2.7-1。
2 受检砂浆的性能，见表 D.2.7-2。
3 受检混凝土的性能指标，见表 D.2.7-3。

表 D.2.7-1 匀质性指标

试 验 项 目	指 标
含固量	液体防水剂：应在生产厂控制值相对量的 3% 之内
含水量	粉状防水剂：应在生产厂控制值相对量的 5% 之内
总碱量($Na_2O+0.658K_2O$)	应在生产厂控制值相对量的 5%
密度	液体防水剂：应在生产厂控制值的 ±0.02g/cm³ 之内
氯离子含量	应在生产厂控制值相对量的 5% 之内
细度（0.315mm 筛）	筛余小于 15%
注：含固量和密度可任选一项检验。	

表 D.2.7-2 受检砂浆的性能指标

试 验 项 目		性 能 指 标	
		一 等 品	合 格 品
净浆安定性		合格	合格
凝结时间	初凝(min)不小于	45	45
	终凝(h)不大于	10	10
抗压强度比(%)不小于	7d	100	85
	28d	90	80
透水压力比(%)不小于		300	200
48h 吸水量比(%)不大于		65	75
28d 收缩率比(%)不大于		125	135
对钢筋的锈蚀作用		应说明对钢筋有无锈蚀作用	
注：除凝结时间、安定性为受检净浆的试验结果外，表中所列数据均为受检砂浆与基准砂浆的比值。			

表 D.2.7-3 受检混凝土的性能指标

试验项目		性能指标	
		一等品	合格品
净浆安定性		合格	合格
泌水率比(%)不大于		50	70
凝结时间差(min)不小于	初凝	−90	
	终凝	—	
抗压强度比(%)不小于	3d	100	90
	7d	110	100
	28d	100	90
渗透高度比(%)不大于		30	40
48h 吸水量比(%)不大于		65	75
28d 收缩率比(%)不大于		125	135
对钢筋锈蚀作用		应说明对钢筋有无锈蚀作用	

注：1 除净浆安定性为净浆的试验结果外，表中所列数据均为受检混凝土与基准混凝土差值或比值；
2 "—"表示提前。

附录 E 建筑用砂和建筑用卵石、碎石技术要求及验收

E.1 分类与规格

E.1.1 分类

砂按产源分为天然砂（包括河砂、湖砂、山砂、淡化海砂）、人工砂（包括机制砂、混合砂）两类。

E.1.2 规格

1 砂按细度模数分为粗、中、细三种规格，其细度模数分别为：

粗：3.7～3.1

中：3.0～2.3

细：2.2～1.6

2 按卵石、碎石粒径尺寸分为单粒粒级和连续粒级。亦可以根据需要册用不同单位级卵石、碎石混合成特殊粒级的卵石、碎石。

E.1.3 类别

砂、石（含碎石、卵石）按技术要求分为Ⅰ类、Ⅱ类、Ⅲ类。

E.1.4 用途

Ⅰ类宜用于强度等级大于 C60 的混凝土；

Ⅱ类宜用于强度等级为 C30～C60 及有抗冻、抗渗或其他要求的混凝土；

Ⅲ类宜用于强度等级小于 C30 的混凝土和建筑砂浆。

E.2 《建筑用砂》GB/T 14684 技术要求及验收

E.2.1 技术要求

1 颗粒级配

砂的颗粒级配应符合表 E.2.1-1 的规定：

2 含泥量、石粉含量和泥块含量

（1）天然砂的含泥量和泥块含量应符合表 E.2.1-2 的规定。

（2）人工砂的石粉含量和泥块含量应符合表 E.2.1-3 的规定。

3 有害物质

表 E.2.1-1 颗粒级配

项目		级配区		
		1	2	3
		累计筛余(%)		
方筛孔	9.50mm	0	0	0
	4.75mm	10～0	10～0	10～0
	2.36mm	35～5	25～0	15～0
	1.18mm	65～35	50～10	25～0
	600μm	85～71	70～41	40～16
	300μm	95～80	92～70	85～55
	150μm	100～90	100～90	100～90

注：1 砂的实际颗粒级配与表中数字相比，除 4.75mm 和 600μm 筛档外，可以略有超出，但超出总量应小于 5%；
2 1 区人工砂中 150μm 筛孔的累计筛余可以放宽到 100～85，2 区人工砂中 150μm 筛孔的累计筛余可以放宽到 100～80，3 区人工砂中 150μm 筛孔的累计筛余可以放宽到 100～75。

表 E.2.1-2 含泥量和泥块含量

项目	指标		
	Ⅰ类	Ⅱ类	Ⅲ类
含泥量(按质量计)(%)	<1.0	<3.0	<5.0
泥块含量(按质量计)(%)	0	<1.0	<2.0

表 E.2.1-3 石粉含量

	项目		指标		
			Ⅰ类	Ⅱ类	Ⅲ类
1	亚甲蓝试验	MB 值<1.40 或合格	石粉含量(按质量计)(%)	<3.0	<5.0	<7.0注
2			泥块含量(按质量计)(%)	0	<1.0	<2.0
3		MB 值≥1.40 或不合格	石粉含量(按质量计)(%)	<1.0	<3.0	<5.0
4			泥块含量(按质量计)(%)	0	<1.0	<2.0

注：根据使用地区和用途，在试验验证的基础上，可由供需双方协商确定。

砂不应混有草根、树叶、数枝、塑料、煤块、炉渣等杂物。砂中如含有云母、轻物质、有机物、硫化物及硫酸盐、氯盐等，其含量应符合表 E.2.1-4 的规定。

表 E.2.1-4 有害物质含量

项目		指标		
		Ⅰ类	Ⅱ类	Ⅲ类
云母(按质量计)(%)	<	1.0	2.0	2.0
轻物质(按质量计)(%)	<	1.0	1.0	1.0
有机物(比色法)		合格	合格	合格
硫化物及硫酸盐(按 SO_3 质量计)(%)	<	0.5	0.5	0.5
氯化物(以氯离子质量计)(%)	<	0.01	0.02	0.06

4 坚固性

1）天然砂采用硫酸钠溶液法进行试验，砂样经 5 次循环后其质量损失应符合表 E.2.1-5 的规定。

表 E.2.1-5 坚固性指标

项 目		指 标		
		Ⅰ类	Ⅱ类	Ⅲ类
质量损失(%)	<	8	8	10

2）人工砂采用压碎指标法进行试验，压碎指标值应小于表 E.2.1-6 的规定。

表 E.2.1-6 压碎指标

项 目		指 标		
		Ⅰ类	Ⅱ类	Ⅲ类
单级最大压碎指标(%)	<	20	25	30

5 表观密度、堆积密度、空隙率

砂表观密度、堆积密度、空隙率应付合如下规定：表观密度大于 2500kg/m³；松散堆积密度大于 1350kg/m³；空隙率小于 47%。

6 碱集料反应

经碱集料反应试验后，由砂制备的试件无裂缝、酥裂、胶体外溢等现象，在规定的试验龄期膨胀率应小于 0.10%。

E.2.2 取样方法与数量

1 取样方法

（1）在料堆上取样时，取样部位应均匀分布。取样前先将取样部位表层铲除，然后从不同部位抽取大致等量的砂 8 份，组成一组样品。

（2）从皮带运输机上取样时，从不同部位和深度抽取大致等量的砂 8 份，组成一组样品。

（3）从火车、汽车、轮船上取样时，从不同部位和深度抽取大致等量的砂 8 份，组成一组样品。

2 试样数量

单项试验的最少取样数量应符合表 E.2.2 的规定。做几项试验时，如确能保证试样经一项试验后不致影响另一项试验的结果，可用同一试样进行几项不同的试验。

表 E.2.2 单项试验取样数量（kg）

序 号	试 验 项 目	最少取样数量
1	颗粒级配	4.4
2	含泥量	4.4
3	石粉含量	6.0
4	泥块含量	20.0
5	云母含量	0.6
6	轻物质含量	3.2

续表 E.2.2

序　号	试　验　项　目		最少取样数量
7	有机物含量		2.0
8	硫化物与硫酸盐含量		0.6
9	氯化物含量		4.4
10	坚固性	天然砂	8.0
		人工砂	20.0
11	表观密度		2.6
12	堆积密度与空隙率		5.0
13	碱集料反应		20.0

E.2.3 检验项目

1 天然砂的出厂检验项目为：颗粒级配、细度模数、松散堆积密度、含泥量、泥块含量、云母含量。

2 人工砂的出厂检验项目为：颗粒级配、细度模数、松散堆积密度、石粉含量（含亚甲蓝试验）、泥块含量、坚固性。

3 碱集料反应根据需要进行。

E.2.4 组批规则

按同分类、规格、适用等级及日产量，每600t为一批，不足600t亦为一批；日产量超过2000t，按1000t为一批，不足1000t亦为一批。

E.3 《建筑用卵石、碎石》GB/T 14685 技术要求及验收

E.3.1 技术要求

1 颗粒级配

卵石和碎石的颗粒级配应符合表 E.3.1-1 的规定。

表 E.3.1-1 碎石或卵石的颗粒级配范围

级配情况	公称粒级(mm)	累计筛余，按重量计(%)										
		筛孔尺寸(圆孔筛)(mm)										
		2.36	4.75	9.50	16.0	19.0	26.5	31.5	37.5	53.0	63.0	75.0	90
连续粒级	5～10	95～100	80～100	0～15	0	—	—	—	—	—	—	—	
	5～16	95～100	85～100	30～60	0～10	0	—	—	—	—	—	—	
	5～20	95～100	90～100	40～80	—	0～10	0	—	—	—	—	—	
	5～25	95～100	90～100	—	30～70	—	0～5	0	—	—	—	—	
	5～31.5	95～100	90～100	70～90	—	15～45	—	0～5	0	—	—	—	
	5～40	—	95～100	70～90	—	30～65	—	—	0～5	0	—	—	
单粒级	10～20	—	95～100	85～100	—	0～15	0	—	—	—	—	—	
	16～31.5	—	95～100	—	85～100	—	—	0～10	0	—	—	—	
	20～40	—	—	95～100	—	80～100	—	—	0～10	0	—	—	
	31.5～63	—	—	—	95～100	—	75～100	45～75	—	—	0～10	0	
	40～80	—	—	—	—	95～100	—	—	70～100	—	30～60	0～10	0

注：公称粒级的上限为该粒级的最大粒径。

2 含泥量和泥块含量

卵石、碎石的含泥量和泥块含量应符合表 E.3.1-2 的规定。

表 E.3.1-2 含泥量和泥块含量

项 目	指 标		
	Ⅰ类	Ⅱ类	Ⅲ类
含泥量(按质量计)(%)	<0.5	<1.0	<1.5
泥块含量(按质量计)(%)	0	<0.5	<0.7

3 针片状颗粒含量

卵石和碎石的针片状含量应符合表 E.3.1-3 的规定。

表 E.3.1-3 针片状含量

项 目	指 标		
	Ⅰ类	Ⅱ类	Ⅲ类
针片状颗粒(按质量计)(%) <	5	15	25

4 有害物质

卵石和碎石中不应混有草根、树叶、树枝、塑料、煤块和炉渣等杂物。其有害物质含量应符合表 E.3.1-4 的规定。

表 E.3.1-4 有害物质含量

项 目	指 标		
	Ⅰ类	Ⅱ类	Ⅲ类
有机物	合格	合格	合格
硫化物及硫酸盐(按 SO_3 质量计)(%) <	0.5	1.0	1.0

5 坚固性

采用硫酸钠溶液进行试验，卵石和碎石经 5 次循环后，其质量损失应符合表 E.3.1-5 的规定。

表 E.3.1-5 坚固性指标

项 目	指 标		
	Ⅰ类	Ⅱ类	Ⅲ类
质量损失(%) <	5	8	12

6 强度

（1）岩石抗压强度

在水饱和状态下，其抗压强度火成岩应不小于 80MPa，变质岩应不小于 60MPa，水成岩应不小于 30MPa。

（2）压碎指标

压碎指标应小于表 E.3.1-6 的规定。

7 表观密度、堆积密度、空隙率

表 E.3.1-6 压碎指标

项 目	指 标		
	Ⅰ类	Ⅱ类	Ⅲ类
碎石压碎指标，<	10	20	30
卵石压碎指标，<	12	16	16

表观密度、堆积密度、空隙率应符合如下规定：表观密度大于 $2500kg/m^3$；松散堆积密度大于 $1350kg/m^3$；空隙率小于 47%。

8 碱集料反应

经碱集料反应试验后，由卵石、碎石制备的试件无裂缝、酥裂、胶体外溢等现象，在规定试验龄期的膨胀率应小于 0.10%。

E.3.2 试样数量

单项试验的最少取样数量应符合表 E.3.2 的规定。做几项试验时，如确能保证试样经一项试验后不致影响另一项试验的结果，可用同一试样进行几项不同的试验。

表 E.3.2 单项试验取样数量

序号	试验项目	不同最大粒径(mm)下的最少取样量							
		9.5	16.0	19.0	26.5	31.5	37.5	63.0	75.0
1	颗粒级配	9.5	16.0	19.0	25.0	31.5	37.5	63.0	80.0
2	含泥量	8.0	8.0	24.0	24.0	40.0	40.0	80.0	80.0
3	泥块含量	8.0	8.0	24.0	24.0	40.0	40.0	80.0	80.0
4	针片状颗粒含量	1.2	4.0	8.0	12.0	20.0	40.0	40.0	40.0
5	有机物含量	按试验要求的粒级和数量取样							
6	硫酸盐和硫化物含量								
7	坚固性								
8	岩石抗压强度	随机选取完整石块锯切或钻取成试验用样品							
9	压碎指标值	按试验要求的粒级和数量取样							
10	表观密度	8.0	8.0	8.0	8.0	12.0	16.0	24.0	24.0
11	堆积密度与空隙率	40.0	40.0	40.0	40.0	80.0	80.0	120.0	120.0
12	碱集料反应	20.0	20.0	20.0	20.0	20.0	20.0	20.0	20.0

E.3.3 检验项目

卵石和碎石的出厂检验项目为：颗粒级配、含泥量、泥块含量、针片状含量。碱集料反应根据需要进行。

E.3.4 组批规则

按同品种、规格、适用等级及日产量，每 600t 为一批，不足 600t 亦为一批，日产量超过 2000t，按 1000t 为一批，不足 1000t 亦为一批。日产量超过 5000t，按 2000t 为一批，不足 2000t 亦为一批。

附录 F 混凝土裂缝处理方法

混凝土结构或构件出现裂缝，有的破坏结构整体性，降低构件刚度，影响结构承载力；有的虽对承载力无多大影响，但会引起钢筋锈蚀，降低耐久性，或发生渗漏，影响使用。因此，应根据裂缝发生的原因、性质、大小、部位、结构受力情况和使用要求，区别情况，认真进行处理。一般常用的处理方法有以下几种。

F.1 表面修补法

适用于对承载力无多大影响的表面及深进的裂缝以及大面积细裂缝防渗漏的处理。

F.1.1 表面涂抹砂浆法

适用于稳定的表面及深进的裂缝处理。处理时，将裂缝附近的混凝土表面凿毛，沿个别深进的裂缝凿成深15~20mm、宽150~200mm的凹槽，扫净并洒水湿润，先刷素水泥浆一度，然后用1:(1~2)的水泥砂浆分2~3层涂抹，总厚度为10~20mm，并压光。如地下室外墙表面裂缝，为防止渗水，应用水泥净浆（厚2mm）和1:2.5水泥砂浆（厚4~5mm）交替抹压4~5层，在砂浆中可掺入1%~3%的氯化铁防水剂，可起到促凝和提高防水性能的效果。涂抹后3~4h进行覆盖洒水湿润养护。

F.1.2 表面涂抹环氧胶泥（或粘贴环氧玻璃布）法

1 适用于稳定的、干燥的表面及深进裂缝的处理。涂抹环氧胶泥前，将裂缝附近表面灰尘、浮渣清除并洗净、干燥。油污应用二甲苯或丙酮擦洗干净。如表面潮湿，应用喷灯烘烤干燥并预热，以保证胶泥与基层良好粘结。基层干燥困难时，则用环氧煤焦油胶泥（涂料）涂抹。较宽的裂缝先用刮刀堵塞环氧胶泥，涂刷时用硬毛刷或刮板蘸取胶泥，并均匀涂刮在裂缝表面，宽80~100mm。

2 贴环氧玻璃布时，先将玻璃布在沸水中煮20~30min脱蜡、晾干。一般贴1~2层玻璃布，第二层布的周边应比下面一层宽10~15mm，以便压边。

环氧胶泥、环氧煤焦油胶泥配合比见表F.1.2。

表 F.1.2 环氧浆液、腻子、胶泥的配合比及技术性能

材料名称	重量配合比						技术性能		备 注
	环氧树脂(g)	煤焦油(g)	邻苯二甲酸二丁酯(mL)	二甲苯(mL)	乙二胺(mL)	粉料(g)	与混凝土粘结强度(MPa)	抗拉强度(MPa)	
环氧浆液	100		10	40~50	8~12		2.7~3.0	5	注浆用
环氧腻子	100		10		10~12	50~100	2.7~5.0	5	固定灌浆嘴、封闭裂缝用

续表 F.1.2

材料名称	重量配合比						技术性能		备注
	环氧树脂(g)	煤焦油(g)	邻苯二甲酸二丁酯(mL)	二甲苯(mL)	乙二胺(mL)	粉料(g)	与混凝土粘结强度(MPa)	抗拉强度(MPa)	
环氧胶泥	100		10	30~40	8~12	25~45			涂面和粘贴玻璃布
环氧煤焦油胶泥	100/100	100/50	5/5	50/25	12/12	100/100			潮湿基层涂面和粘贴玻璃布

注：1 二甲苯、乙二胺、粉料的掺量，可视气温和施工操作具体情况适当调整；
　　2 环氧煤焦油胶泥配合比，分子用于底层，分母用于面层。

F.1.3 表面凿槽嵌补法

适用于独立裂缝宽度较大的死裂缝和活裂缝的处理。沿混凝土裂缝凿一条宽5~6mmV形、倒八字形或凹形槽，槽内嵌入刚性材料如水泥砂浆、环氧胶泥；填灌柔性材料如聚氯乙烯胶泥、沥青油膏、聚胺酯以及合成橡胶等密封。表面作砂浆保护层或不作保护层，构造见图F.1.3。

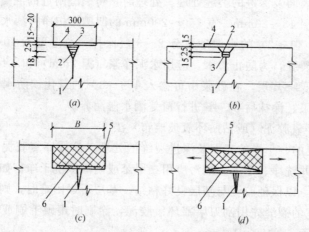

图 F.1.3 表面凿槽嵌补裂缝的构造处理
（a）一般裂缝处理；（b）渗水裂缝处理；（c）活动裂缝处理；（d）活动裂缝扩展后情形
1—裂缝；2—水泥砂浆或环氧胶泥；3—聚氯乙烯胶泥；4—1:2.5水泥砂浆或刚性防水五层做法；5—密封材料；6—隔离缓冲层；B—槽宽

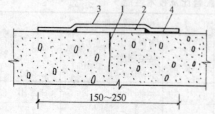

图 F.1.4 柔性密封带表面粘贴
1—裂缝；2—油毡或塑料薄膜隔离层；3—氯丁橡胶密封条；4—胶粘剂

槽内混凝土面应修理平整并清洗干净，不平处用水泥砂浆填补。嵌填时，槽内保持干燥，否则应先导渗、烘干。嵌补前，槽内表面应涂刷与嵌填材料同性质的稀释涂料。对修补活裂缝仅在两侧涂刷，槽底铺一层塑料薄膜缓冲层，以防填料与槽底混凝土粘合，在裂缝上造成应力集中，将填料撕裂。然后用抹子或刮刀将砂浆（或环氧胶泥柔性填料）嵌入槽内压实，最后用1:2.5水泥砂浆抹平压光（对活裂缝不作砂浆保护层）。在侧面或顶面嵌填时，应使用托板逐段嵌托并压紧，待凝固后再将托板去掉。

F.1.4 表面贴条法

适于裂缝移动范围不限于一个平面并有防水要求不便凿槽修补的活裂缝处理。处理方法是将一条具有柔性的氯丁橡胶密封条置于裂缝上面，用氯丁橡胶胶粘剂将周边粘贴于混凝土上（图F.1.4），使密封条中部能随裂缝活动而自由活动，长的裂缝可分段粘贴，分段密封条间连接采用氯丁橡胶胶粘剂粘贴搭接，搭接处下压槎应切成斜面搭接，长度为100mm。

F.2 内部修补法

适用于对结构整体性有影响，或有防水、防渗要求的裂缝修补。

F.2.1 水泥灌浆法

一般用于大体积构筑物较宽、较长裂缝的修补，主要程序包括以下各项：

1 钻孔：采用风钻或打眼机钻孔，孔距1~1.5m，除浅孔采用骑缝孔外，一般钻孔轴线与裂缝成30°~45°斜角（见图F.2.1）。孔深应穿过裂缝50mm以上，当有两排或两排以上的孔时，宜交错或呈梅花形布置，但应注意防止沿裂缝钻孔。

2 冲洗：每条裂缝钻孔完毕后，应进行冲洗，其顺序按竖向排列自上而下逐孔进行。

3 封缝：缝面冲洗干净后，在裂缝表面用1:(1~2)水泥砂浆或环氧胶泥涂抹封闭。

4 埋灌浆管：灌浆管用钢管，其规格和长度应根据裂缝的宽度和深度确定，钢管上部加工丝扣。安装用快硬水泥浆或环氧树脂与孔壁窝牢，以防冒浆或灌浆管从孔口脱出。

5 试水：用0.1~0.2MPa压力水作渗水试验。采取灌浆孔压、排气孔排水的方法，检查裂缝和管路畅通情况。然后关闭排气孔，检查裂缝表面封闭效果。

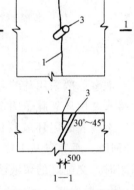

图F.2.1 钻孔示意图
1—裂缝；2—骑缝孔；3—斜孔

6 灌浆：应采用32.5级以上普通水泥，细度要求经6400孔/cm^2筛孔，筛余在2%以下。可使用2:1、1:1或0.5:1等几种水灰比的水泥净浆或1:0.54:0.3（水泥:粉煤灰:水）水泥粉煤灰浆。灌浆压力一般为0.3~0.5MPa。压完浆孔内应充满灰浆，并填入湿净砂用棒捣实。每条裂缝应按压浆顺序依次进行。

F.2.2 化学灌浆法

化学灌浆与水泥灌浆相比，具有黏度低、可灌性好、收缩小以及有较高的粘结强度和一定的弹性等优点，恢复结构整体性的效果好，适用于各种情况下的裂缝修补及堵漏、防渗处理。

灌浆材料应根据裂缝的性质、缝宽和干燥情况选用。常用的灌浆材料有环氧树脂浆液（以修补缝宽0.05~0.15mm以下的干燥裂缝）、甲凝（能灌0.03~0.1mm的干燥细微裂缝）、丙凝（用于渗水裂缝的修补、堵水和止漏，以灌 0.1mm 以下的湿裂缝）等。其中环氧树脂浆液因具有化学材料单一、来源广、施工操作方便、粘结强度高、成本低等优点，应用最广。

环氧树脂浆液系由环氧树脂（胶粘剂）、邻苯二甲酸二丁酯（增塑剂）、二甲苯（稀释剂）、乙二胺（固化剂）及粉料（填充料）等配制而成。其浆液配合比见表 F.1.2。环氧浆液灌浆工艺流程及设备如图 F.2.2 所示。

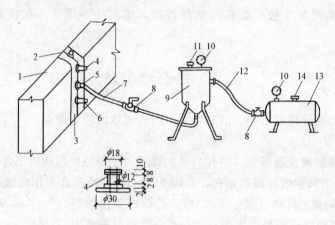

图 F.2.2　灌浆工艺流程及设备

1—混凝土结构；2—裂缝；3—环氧封闭带；4—灌浆嘴；5—活接头；6—木塞；
7—高压塑料透明胶管；8—阀门；9—压浆罐；10—压力表；11—进料口；
12—高压胶管；13—空压机或手压泵；14—调压阀

灌浆一般采用骑缝直接施灌。表面处理同环氧胶泥表面涂抹。灌浆嘴为带有细丝扣的活接头，用环氧腻子固定在裂缝上，间距 400～500mm，贯通缝应在两面交错设置。

裂缝表面用环氧胶泥（或腻子）封闭。硬化后，先试气观察通顺情况，气压 0.2～0.3MPa，垂直缝从下往上，水平缝从一端向另一端，如漏气，可用石膏快硬腻子封闭。灌浆时，交配好的浆液注入压浆罐内，先将活接头接在第一个灌浆嘴上，开动空压机送气（气压一般为 0.3～0.5MPa），即将环氧浆液压入裂缝中，待浆液从邻近灌浆嘴喷出后，即用小木塞将第一个灌浆孔封闭，以便保持孔内压力，然后同法依次灌注其他灌浆孔，直至全部完毕。环氧浆液一般在 20～25℃下经 16～24h 即可硬化，可将灌浆嘴取下重复使用。在缺乏灌浆设备时，较宽的平、立面裂缝也可用手压泵或医用注射器进行。对大量不规则宽度在 0.1mm 以上的表面裂缝，也可采用真空灌缝，方法是将裂缝部位封闭，用真空泵将裂缝抽成真空，利用真空将浆液吸入裂缝。

附录G 预制构件结构性能检验方法

G.0.1 预制构件结构性能试验条件应满足下列要求：
1 构件应在0℃以上的温度中进行试验；
2 蒸汽养护后的构件应在冷却至常温后进行试验；
3 构件在试验前应量测其实际尺寸，并检查构件表面，所有的缺陷和裂缝应在构件上标出；
4 试验用的加荷设备及量测仪表应预先进行标定或校准。

G.0.2 试验构件的支承方式应符合下列规定：
1 板、梁和桁架等简支构件，试验时应一端采用铰支承，另一端采用滚动支承。铰支承可采用角钢、半圆型钢或焊于钢板上的圆钢，滚动支承可采用圆钢；
2 四边简支或四角简支的双向板，其支承方式应保证支承处构件能自由转动，支承面可以相对水平移动；
3 当试验的构件承受较大集中力或支座反力时，应对支承部分进行局部受压承载力验算；
4 构件与支承面应紧密接触；钢垫板与构件、钢垫板与支墩间，宜铺砂浆垫平；
5 构件支承的中心线位置应符合标准图或设计的要求。

G.0.3 试验构件的荷载布置应符合下列规定：
1 构件的试验荷载布置应符合标准图或设计的要求；
2 当试验荷载布置不能完全与标准图或设计的要求相符时，应按荷载效应等效的原则换算，即使构件试验的内力图形与设计的内力图形相似，并使控制截面上的内力值相等，但应考虑荷载布置改变后对构件其他部位的不利影响。

G.0.4 加载方法应根据标准图或设计的加载要求、构件类型及设备条件等进行选择。当按不同形式荷载组合进行加载试验（包括均布荷载、集中荷载、水平荷载和竖向荷载等）时，各种荷载应按比例增加。

1 荷重块加载

荷重块加载适用于均布加载试验。荷重块应按区格成垛堆放，垛与垛之间间隙不宜小于50mm。

2 千斤顶加载

千斤顶加载适用于集中加载试验。千斤顶加载时，可采用分配梁系统实现多点集中加载。千斤顶的加载值宜采用荷载传感器量测，也可采用油压表量测。

3 梁或桁架可采用水平对顶加载方法，此时构件应垫平且不应妨碍构件在水平方向的位移。梁也可采用竖直对顶的加载方法。

4 当屋架仅作挠度、抗裂或裂缝宽度检验时，可将两榀屋架并列，安放屋面板后进行加载试验。

G.0.5 构件应分级加载。当荷载小于荷载标准值时，每级增加荷载不应大于荷载标准值的 20%；当荷载大于荷载标准值时，每级增加荷载不应大于荷载标准值的 10%；当荷载接近抗裂检验荷载值时，每级增加荷载不应大于荷载标准值的 5%；当荷载接近承载力检验荷载值时，每级荷载不应大于承载力检验荷载设计值的 5%。

对仅作挠度、抗裂或裂缝宽度检验的构件应分级卸载。

作用在构件上的试验设备重量及构件自重应作为第一次加载的一部分。

注：构件在试验前，宜进行预压，以检查试验装置的工作是否正常，同时应防止构件因预压而产生裂缝。

G.0.6 每级加载完成后，应持续 10～15min；在荷载标准值作用下，应持续 30min。在持续时间内，应观察裂缝的出现和开展，以及钢筋有无滑移等；在持续时间结束时，应观察并记录各项读数。

G.0.7 对构件进行承载力检验时，应加载至构件出现本标准表 9.3.2 所列承载能力极限状态的检验标志。当在规定的荷载持续时间内出现上述检验标志之一时，应取本级荷载值与前一级荷载值的平均值作为其承载力检验荷载实测值；当在规定的荷载持续时间结束后出现上述检验标志之一时，应取本级荷载值作为其承载力检验荷载实测值。

注：当受压构件采用试验机或千斤顶加载时，承载力检验荷载实测值应取构件直至破坏的整个试验过程中所达到的最大荷载值。

G.0.8 构件挠度可用百分表、位移传感器、水平仪等进行观测。接近破坏阶段的挠度，可用水平仪或拉线、钢尺等测量。

试验时，应量测构件跨中位移和支座沉陷。对宽度较大的构件，应在每一量测截面的两边或两肋布置测点，并取其量测结果的平均值作为该处的位移。

当试验荷载竖直向下作用时，对水平放置的试件，在各级荷载下的跨中挠度实测值应按下列公式计算：

$$a_t^0 = a_q^0 + a_g^0 \tag{G.0.8-1}$$

$$a_q^0 = \gamma_m^0 - \frac{1}{2}(\gamma_l^0 + \gamma_r^0) \tag{G.0.8-2}$$

$$a_g^0 = \frac{M_g}{M_b} a_b^0 \tag{G.0.8-3}$$

式中 a_t^0——全部荷载作用下构件跨中的挠度实测值（mm）；

a_q^0——外加试验荷载作用下构件跨中的挠度实测值（mm）；

a_g^0——构件自重及加荷设备自重产生的跨中挠度值（mm）；

γ_m^0——外加试验荷载作用下构件跨中的位移实测值（mm）；

γ_l^0、γ_r^0——外加试验荷载作用下构件左、右端支座沉陷位移的实测值（mm）；

M_g——构件自重和加荷设备自重产生的跨中弯矩值（kN·m）；

M_b——从外加试验荷载开始至构件出现裂缝的前一级荷载为止的外加荷载产生的跨中弯矩值（kN·m）；

a_b^0——从外加试验荷载开始至构件出现裂缝的前一级荷载为止的外加荷载产生的跨中挠度实测值（mm）。

G.0.9 当采用等效集中力加载模拟均布荷载进行试验时,挠度实测值应乘以修正系数ϕ。当采用三分点加载时ϕ可取为0.98;当采用其他形式集中力加载时,ϕ应经计算确定。

G.0.10 试验中裂缝的观测应符合下列规定:

  1 观察裂缝出现可采用放大镜。若试验中未能及时观察到正截面裂缝的出现,可取荷载—挠度曲线上的转折点(曲线第一弯转段两端点切线的交点)的荷载值作为构件的开裂荷载实测值;

  2 构件抗裂检验中,当在规定的荷载持续时间内出现裂缝时,应取本级荷载值与前一级荷载值的平均值作为其开裂荷载实测值;当在规定的荷载持续时间结束后出现裂缝时,应取本级荷载值作为其开裂荷载实测值;

  3 裂缝宽度可采用精度为0.05mm的刻度放大镜等仪器进行观测;

  4 对正截面裂缝,应量测受拉主筋处的最大裂缝宽度;对斜截面裂缝,应量测腹部斜裂缝的最大裂缝宽度。确定受弯构件受拉主筋处的裂缝宽度时,应在构件侧面量测。

G.0.11 试验时必须注意下列安全事项:

  1 试验的加荷设备、支架、支墩等,应有足够的承载力安全储备;

  2 对屋架等大型构件进行加载试验时,必须根据设计要求设置侧向支承,以防止构件受力后产生侧向弯曲和倾倒;侧向支承应不妨碍构件在其平面内的位移;

  3 试验过程中应注意人身和仪表安全;为了防止构件破坏时试验设备及构件塌落,应采取安全措施(如在试验构件下面设置防护支承等)。

G.0.12 构件试验报告应符合下列要求:

  1 试验报告应包括试验背景、试验方案、试验记录、检验结论等内容,不得漏项缺检;

  2 试验报告中的原始数据和观察记录必须真实、准确,不得任意涂抹篡改;

  3 试验报告宜在试验现场完成,及时审核、签字、盖章,并登记归档。

附录 H 结构实体检验用同条件养护试件强度及钢筋保护层厚度检验

H.1 结构实体检验用同条件养护试件强度检验

H.1.1 同条件养护试件的留置方式和取样数量，应符合下列要求：

1 同条件养护试件所对应的结构构件或结构部位，应由监理（建设）、施工等各方共同选定；

2 对混凝土结构工程中的各混凝土强度等级，均应留置同条件养护试件；

3 同一强度等级的同条件养护试件，其留置的数量应根据混凝土工程量和重要性确定，不宜少于10组，且不应少于3组；

4 同条件养护试件拆模后，应放置在靠近相应结构构件或结构部位的适当位置，并应采取相同的养护方法。

H.1.2 同条件养护试件应在达到等效养护龄期时进行强度试验。

等效养护龄期应根据同条件养护试件强度与在标准养护条件下28d龄期试件强度相等的原则确定。

H.1.3 同条件自然养护试件的等效养护龄期及相应的试件强度代表值，宜根据当地的气温和养护条件，按下列规定确定：

1 等效养护龄期可取按日平均温度逐日累计达到600℃·d时所对应的龄期，0℃及以下的龄期不计入；等效养护龄期不应小于14d，也不宜大于60d；

2 同条件养护试件的强度代表值应根据强度试验结果按现行国家标准《混凝土强度检验评定标准》GBJ 107的规定确定后，乘折算系数取用；折算系数宜取为1.10，也可根据当地的试验统计结果作适当调整。

H.1.4 冬期施工、人工加热养护的结构构件，其同条件养护试件的等效养护龄期可按结构构件的实际养护条件，由监理（建设）、施工等各方根据本标准H.1.2条的规定共同确定。

H.2 结构实体钢筋保护层厚度检验

H.2.1 钢筋保护层厚度检验的结构部位和构件数量，应符合下列要求：

1 钢筋保护层厚度检验的结构部位，应由监理（建设）、施工等各方根据结构构件的重要性共同选定；

2 对梁类、板类构件，应各抽取构件数量的2%且不少于5个构件进行检验；当有悬挑构件时，抽取的构件中悬挑梁类、板类构件所占比例均不宜小于50%。

H.2.2 对选定的梁类构件,应对全部纵向受力钢筋的保护层厚度进行检验;对选定的板类构件,应抽取不少于6根纵向受力钢筋的保护层厚度进行检验。对每根钢筋,应在有代表性的部位测量1点。

H.2.3 钢筋保护层厚度的检验,可采用非破损或局部破损的方法,也可采用非破损方法并用局部破损方法进行校准。当采用非破损方法检验时,所使用的检测仪器应经过计量检验,检测操作应符合相应规程的规定。

钢筋保护层厚度检验的检测误差不应大于1mm。

H.2.4 钢筋保护层厚度检验时,纵向受力钢筋保护层厚度的允许偏差,对梁类构件为+10mm,-7mm;对板类构件为+8mm,-5mm。

H.2.5 对梁类、板类构件纵向受力钢筋的保护层厚度应分别进行验收。

结构实体钢筋保护层厚度验收合格应符合下列规定:

1 当全部钢筋保护层厚度检验的合格点率为90%及以上时,钢筋保护层厚度的检验结果应判为合格;

2 当全部钢筋保护层厚度检验的合格点率小于90%但不小于80%,可再抽取相同数量的构件进行检验;当按两次抽样总和计算的合格点率为90%及以上时,钢筋保护层厚度的检验结果仍应判为合格;

3 每次抽样检验结果中不合格点的最大偏差均不应大于本附录H.2.4条规定允许偏差的1.5倍。

附录 J 混凝土热工计算

J.1 混凝土拌合物的搅拌、运输、浇筑温度计算

J.1.1 一般混凝土拌合物的温度应通过热工计算予以确定。混凝土的拌合物温度计算包括两类：一是利用热量公式计算；二是利用有关数据，事先编制现成的图表来计算。

1 计算法

由于混凝土拌合物的热量系由各种材料提供，各种材料的热量则可按材料的重量、比热容及温度的乘积相加求得，因而混凝土拌合物的温度计算公式如下：

$$T_0 = \frac{0.92(m_{ce}T_{ce} + m_{sa}T_{sa} + m_g T_g) + 4.2T(m - W_{sa}m_{sa} - W_g m_g)}{4.2m_w + 0.9(m_{ce} + m_{sa} + m_g)}$$

$$+ \frac{c_1(\omega_{sa}m_{sa}T_{sa} + \omega_g m_g T_g) - c_2(\omega_{sa}m_{sa} + \omega_g m_g)}{4.2m_w + 0.9(m_{cc} + m_{sa} + m_g)} \qquad (J.1.1\text{-}1)$$

式中 T_0——混凝土拌合物的温度（℃）；

m、m_{ce}、m_{sa}、m_g——水、水泥、砂、石用量（kg）；

T、T_{ce}、T_{sa}、T_g——水、水泥、砂、石的温度（℃）；

ω_{sa}、ω_g——砂、石的含水率（%）；

c_1、c_2——水的比热容（kJ/kg·K）及冰的溶解热（kJ/kg）。

当骨料的温度低于0℃时，所含的水处于冻结状态，考虑到将冰的温度提高到0℃并变成水所需的热量：

当骨料温度大于0℃时，$c_1 = 4.2$，$c_2 = 0$；

当骨料温度小于等于0℃时，$c_1 = 2.1$，$c_2 = 335$。

2 图表法

为简化计算工作，根据一般混凝土配合比（0.6:1:2:4）编制表 J.1.1-1、表 J.1.1-2，可以按表直接查出混凝土拌合物的温度。

表 J.1.1-1 混凝土温度计算表

水或水泥温度（℃）	水泥	混凝土温度（因水泥和水产生）（℃）								
		砂含水率（%）						石含水率（%）		
		0	1	2	3	4	5	1	2	3
1	0.10	0.30	0.29	0.28	0.27	0.26	0.25	−0.02	−0.04	−0.06
5	0.50	1.50	1.45	1.40	1.35	1.30	1.25	−0.10	−0.20	−0.30
10	1.00	3.00	2.90	2.80	2.70	2.60	2.50	−0.20	−0.40	−0.60

续表 J.1.1-1

水或水泥温度(℃)	水泥	混凝土温度(因水泥和水产生)(℃)								
		砂含水率(%)						石含水率(%)		
		0	1	2	3	4	5	1	2	3
15	1.50	4.50	4.35	4.20	4.05	3.90	3.75	−0.30	−0.60	−0.90
20	2.00	6.00	5.80	5.60	5.40	5.20	5.00	−0.40	−0.80	−1.20
25		7.50	7.25	7.00	6.75	6.50	6.25	−0.50	−1.00	−1.50
30		9.00	8.70	8.40	8.10	7.80	7.50	−0.60	−1.20	−1.80
35		10.50	10.15	9.80	9.45	9.10	8.75	−0.70	−1.40	−2.10
40		12.00	11.60	11.20	10.80	10.40	10.00	−0.80	−1.60	−2.40
45		13.50	13.05	12.60	12.15	11.70	11.25	−0.90	−1.80	−2.70
50		15.00	14.50	14.00	13.50	13.00	12.50	−1.00	−2.00	−3.00
55		16.50	15.95	15.40	14.85	14.30	13.75	−1.10	−2.20	−3.30
60		18.00	17.40	16.80	16.20	15.60	15.00	−1.20	−2.40	−3.60
65		19.50	18.85	18.20	17.55	16.90	16.25	−1.30	−2.60	−3.90
70		21.00	20.30	19.60	18.90	18.20	17.50	−1.40	−2.80	−4.20
75		22.50	21.75	21.00	20.25	19.50	18.75	−1.50	−3.00	−4.50
80		24.00	23.20	22.40	21.60	20.80	20.00	−1.60	−3.20	−4.80

表 J.1.1-2 混凝土温度计算表

砂或石温度(℃)	混凝土温度(因砂和石产生)(℃)									
	砂(含水率为下列%)						石(含水率为下列%)			
	0	1	2	3	4	5	0	1	2	3
−10	−2.00	−2.85	−3.70	−4.55	−5.40	−6.25	−4.00	−5.70	−7.40	−9.10
−5	−1.00	−1.83	−2.65	−3.48	−4.30	−5.13	−2.00	−3.65	−5.30	−6.95
−1	−0.20	−1.00	−1.81	−2.62	−3.42	−4.23	−0.40	−2.01	−3.62	−5.23
0	0	−0.80	−1.60	−2.40	−3.20	−4.00	0	−1.60	−3.20	−4.80
1	0.20	0.21	0.22	0.23	0.24	0.25	0.40	0.42	0.44	0.46
5	1.00	1.05	1.10	1.15	1.20	1.25	2.00	2.10	2.20	2.30
10	2.00	2.10	2.20	2.30	2.40	2.50	4.00	4.20	4.40	4.60
15	3.00	3.15	3.30	3.45	3.50	3.75	6.00	6.30	6.60	6.90
20	4.00	4.20	4.40	4.60	4.80	5.00	8.00	8.40	8.80	9.20
25	5.00	5.25	5.50	5.75	6.00	6.25	10.00	10.50	11.00	11.50
30	6.00	6.30	6.60	6.90	7.20	7.50	12.00	12.60	13.20	13.80
35	7.00	7.35	7.70	8.05	8.40	8.75	14.00	14.70	15.40	16.10
40	8.00	8.40	8.80	9.20	9.60	10.00	16.00	16.80	17.60	18.40
45	9.00	9.45	9.90	10.35	10.80	11.25	18.00	18.90	19.80	20.70
50	10.00	10.50	11.00	11.50	12.00	12.50	20.00	21.00	22.00	23.00
55	11.00	11.55	12.10	12.65	13.20	13.75	22.00	23.10	24.20	25.30
60	12.00	12.60	13.20	13.80	14.40	15.00	24.00	25.20	26.40	27.60

注：当材料温度为表中间值时，混凝土温度按直线插值法取值(为便于插值计算，正温时取1℃栏为每1℃增值；负温时取1℃与0℃栏的差值为每1℃的增值)。

J.1.2 混凝土拌合物出机温度宜按下列公式计算：

$$T_1 = T_0 - 0.16(T_0 - T_i) \tag{J.1.2}$$

式中 T_1 ——混凝土拌合物出机温度（℃）；
　　 T_i ——拌和机棚内温度（℃）。

J.1.3 混凝土运输至浇筑时的温度降低值

混凝土由出机到浇筑的过程中温度降低值，因运输、倒运次数、运输时间、出机温度和自然气温的变化而异。运输过程中的温度可由下列公式计算，如不符合时，应采取措施进行调整。

$$T_2 = T_1 - (\alpha t_1 + 0.032n)(T_1 - T_a) \tag{J.1.3-1}$$

式中 T_2 ——混凝土运输至浇筑的温度（℃）；
　　 t_1 ——混凝土运输至浇筑的时间（h）；
　　 n ——混凝土运转次数；
　　 T_a ——混凝土拌合物运输时环境温度（℃）；
　　 α ——温度损失系数（h^{-1}）。

温度损失系数与运输工具和保温情况有关。一般认为：

$$\alpha = (\lambda M)/K \tag{J.1.3-2}$$

式中 λ ——混凝土导热系数（W/m·K）；
　　 M ——冷却表面系数（m^{-1}）；
　　 K ——冷却传热系数（W/m²·K）。

当用流动式搅拌车，$\alpha = 0.25$；
当用开敞式自卸汽车，$\alpha = 0.20$；
当用封闭式自卸汽车，$\alpha = 0.10$；
当用人力手推车，$\alpha = 0.50$。

J.1.4 考虑模板和钢筋的吸热影响，混凝土浇筑成型完成时的温度宜按下式计算：

$$T_3 = \frac{c_c m_c T_2 + c_f m_f T_f + c_s m_s T_s}{c_c m_c + c_f m_f + c_s m_s} \tag{J.1.4}$$

式中 T_3 ——考虑模板和钢筋吸热影响，混凝土成型时的温度（℃）；
　　 c_c ——混凝土的比热容（kJ/kg·K）；
　　 c_f ——模板的比热容（kJ/kg·K）；
　　 c_s ——钢筋的比热容（kJ/kg·K）；
　　 m_c ——每1m³混凝土的重量（kg）；
　　 m_f ——每1m³混凝土相接触的模板重量（kg）；
　　 m_s ——每1m³混凝土相接触的钢筋重量（kg）；
　　 T_f ——模板的温度，未预热时可采用当时的环境温度（℃）；
　　 T_s ——钢筋的温度，未预热时可采用当时的环境温度（℃）。

J.2 混凝土蓄热养护过程中的温度计算

J.2.1 混凝土蓄热养护开始到任一时刻的温度：

$$T = \eta e^{-\theta \cdot v_{ce} \cdot t} - \varphi e^{-v_{ce} \cdot t} + T_{m,a} \tag{J.2.1}$$

J.2.2 混凝土蓄热养护开始到任一时刻 t 的平均温度：

$$T_m = \frac{1}{v_{ce} t} \left(\varphi e^{-v_{ce} \cdot t} - \frac{\eta}{\theta} e^{-\theta \cdot v_{ce} \cdot t} + \frac{\eta}{\theta} - \varphi \right) + T_{m,a} \tag{J.2.2-1}$$

其中，θ、φ、η 为综合参数，按下式计算：

$$\theta = \omega \cdot K \cdot M / (V_{ce} \cdot C_c \cdot \rho_c) \tag{J.2.2-2}$$

$$\varphi = V_{ce} \cdot Q_{ce} \cdot m_{ce} / (V_{ce} \cdot C_c \cdot \rho_{c-\omega} \cdot K \cdot M) \tag{J.2.2-3}$$

$$\eta = T_3 - T_{m,a} + \varphi \tag{J.2.2-4}$$

式中 T ——混凝土蓄热养护开始到任一时刻 t 的温度（℃）；

T_m——混凝土蓄热养护开始到任一时刻 t 的平均温度（℃）；

t——混凝土蓄热养护开始到任一时刻的时间（h）；

$T_{m,a}$——混凝土蓄热养护开始到任一时刻 t 的平均气温（℃）；

ρ_c——混凝土的质量密度（kg/m³）；

m_{ce}——每立方米混凝土水泥用量（kg/m³）；

C_c——混凝土的比热容（kJ/kg）；

Q_{ce}——水泥水化积累最终放热量；

V_{ce}——水泥水化速度系数（h⁻¹）；

ω——透风系数；

M——结构表面系数（m⁻¹）；

K——结构维护层的总传热系数（kJ/m²·h·K）；

e——自然对数底，可取 e=2.72。

注：1 结构表面系数 M 值按下式计算：$M = A/V$

式中 A——混凝土结构表面面积（m²）；

V——混凝土结构体积（m³）。

2 结构围护层总传热系数按下式计算：$K = \dfrac{3.6}{0.04 + \sum_{i=1}^{n} \dfrac{d_i}{K_i}}$

式中 d_i——第 i 层围护层厚度（m）；

k_i——第 i 层围护结构的导热系数（W/m·K）。

3 平均气温 $T_{m,a}$ 取法，可采用蓄热养护开始至 t 时气象预报的平均温度，亦可按每时或每日气温计算。

J.2.3 水泥水化积累最终放热量 Q_{ce}，水泥水化速度系数 V_{ce} 取值按表 J.2.3-1 及透风系数 ω 取值按表 J.2.3-2 规定。

表 J.2.3-1 水泥水化热积累最终放热量 Q_{ce} 和水泥水化速度系数 V_{ce}

水 泥 品 种	Q_{ce}(kJ/kg)	V_{ce}(h^{-1})
52.5级硅酸盐水泥	400	0.013
52.5级普通硅酸盐水泥	360	
42.5级普通硅酸盐水泥	330	
42.5级矿渣、火山灰、粉煤灰硅酸盐水泥	240	

表 J.2.3-2 透风系数

围 护 层 种 类	透 风 系 数		
	小风	中风	大风
围护由易透风材料组成	2.0	2.5	3.0
易透风保温材料外包不易透风材料	1.5	1.8	2.0
围护层由不易透风材料组成	1.3	1.45	1.6

注：小风风速 $V_w<3m/s$；中风风速 $3 \leqslant V_w \leqslant 5m/s$；大风风速 $V_w \geqslant 5m/s$。

J.2.4 当需要计算混凝土蓄热养护冷却至0℃的时间时，可根据本附录公式（J.2.1）采用逐次逼近的方法进行计算。当蓄热养护条件满足 $\varphi/T_{ma} \geqslant 1.5$ 时，也可按下式直接计算：

$$t_0 = \frac{1}{V_{ce}} \ln \frac{\varphi}{T_{m,a}} \tag{J.2.4}$$

式中　t_0——混凝土蓄热养护冷却至0℃的时间（h）。

混凝土冷却至0℃的时间内，其平均温度可根据本附录式 J.2.2-1 取 $t=t_0$ 进行计算。

J.3 大体积混凝土温度及应力计算

J.3.1 混凝土内部中心温度计算

混凝土内部中心温度包括混凝土浇筑温度及不同龄期时混凝土的绝热温升。一般浇筑温度控制在15～20℃为适宜。

1　混凝土绝热温升计算：

$$T = \frac{WQ}{C\rho}(1-e^{-mt}) \tag{J.3.1-1}$$

式中　T——混凝土的绝热温升（℃）；
　　　W——每 m³ 混凝土的水泥用量（kg/m³）；
　　　Q——每千克水泥水化热量 kJ/kg；取值见表 J.3.1-1；
　　　ρ——混凝土密度取 2400kg/m³；
　　　t——混凝土的龄期（d）；
　　　m——常数，与水泥品种、浇筑时温度有关。

求混凝土最高绝热温度 T 时，令 $e^{-mt}=0$：

$$T = \frac{WQ}{C\rho} \tag{J.3.1-2}$$

表 J.3.1-1　每千克水泥发热量

品　　种	发热量(kg/m³)			
	32.5级	42.5级	52.5级	62.5级
普通水泥	289	377	461	—
矿渣水泥	—	335	—	—

当结构厚度在1.8m以上时，可只考虑水泥用量及浇筑温度影响，按以下式计算：

$$T_{max} = T_0 + Q/10 \tag{J.3.1-3}$$

$$T_{max} = T_0 + Q/10 + F/50 \tag{J.3.1-4}$$

式中　T_{max}——混凝土内部最高温度升值（℃）；

T_0——混凝土浇筑温度（℃），可取计划浇筑日期及当地旬平均气温；

Q——每m³混凝土中水泥用量（kg/m³）（矿渣水泥42.5级），如用52.5级水泥乘以1.1～1.2的系数，32.5级水泥乘以0.9～0.95的系数；

F——每m³混凝土中粉煤灰用量（kg/m³）。

2　混凝土内部中心温度计算：

$$T_{max} = T_j + T_{(\tau)} \cdot \xi \tag{J.3.1-5}$$

式中　T_j——混凝土浇筑温度（℃）；

$T_{(\tau)}$——在τ龄期时混凝土的绝热温升（℃）；

ξ——不同浇筑块厚度的温降系数，见表J.3.1-2。

表 J.3.1-2　不同龄期水化热温升与浇筑块厚度的关系

浇筑层的厚度(m)	不同龄期(d)时的ξ值									
	3	6	9	12	15	18	21	24	27	30
1.0	0.36	0.29	0.17	0.09	0.05	0.03	0.01			
1.25	0.42	0.31	0.19	0.11	0.07	0.04	0.03			
1.50	0.49	0.46	0.38	0.29	0.21	0.15	0.12	0.08	0.05	0.04
2.50	0.65	0.62	0.59	0.48	0.38	0.29	0.23	0.19	0.16	0.15
3.00	0.68	0.67	0.63	0.57	0.45	0.36	0.30	0.25	0.21	0.19
4.00	0.74	0.73	0.72	0.65	0.55	0.46	0.37	0.30	0.25	0.24

J.3.2　表面温度计算

$$T_{b(\tau)} = T_q + h'(H-h')\Delta T_{(\tau)}\frac{4}{H^2} \tag{J.3.2-1}$$

式中　$T_{b(\tau)}$——龄期τ时，混凝土的表面积（℃）；

T_q——龄期τ时，大气的平均温度（℃）；

H——混凝土的计算厚度（m），$H = h + 2h'$；

h——混凝土实际厚度（m）；

h'——混凝土虚铺厚度（m），$h' = K \cdot \lambda / U$；

λ ——混凝土的导热系数取 2.33W/(m·K);

K——计算折减系数,可取 0.666;

U——模板及保温层厚度的传热系数（W/m²·K）;

$$U = \frac{1}{\sum \frac{\delta_i}{\lambda_i} + R_w} \quad \text{(J.3.2-2)}$$

δ_i——各种保温材料的厚度（m）;

λ_i——各种保温材料的导热系数（W/m·K）;

R_w——外表面散热阻,可取 0.043m²K/W;

$\Delta T_{(\tau)}$——龄期 τ 时混凝土内最高温度与外界气温之差（℃）, $\Delta T_{(\tau)} = T_{max} - T_q$。

J.3.3 外约束为二维时温度应力（包括收缩）计算

$$\sigma = \frac{E_{(\tau)} \cdot \alpha \Delta T}{1-\mu} S_{h(\tau)} \cdot R_k \quad \text{(J.3.3-1)}$$

式中 σ——混凝土的温度应力（N/mm²）;

$E_{(\tau)}$——混凝土龄期 τ 时的弹性模量;

α——混凝土线性膨胀系数,取 10×10^{-6}/℃;

ΔT——混凝土的最大综合温度差（℃）;（降温时为负值）;

$S_{h(\tau)}$——混凝土徐变影响的松弛系数,取值见表 J.3.3-1;

R_k——混凝土的外约束系数;取值见表 J.3.3-2;

μ——混凝土的泊松比,取 0.15。

表 J.3.3-1 混凝土的松弛系数 $S_{h(\tau)}$

龄期	0	0.5	1	2	3	7	10	15	28	60	90
$S_{h(\tau)}$	1	0.626	0.617	0.59	0.57	0.502	0.462	0.411	0.336	0.288	0.284

表 J.3.3-2 混凝土外约束系数 R_k

外约束条件	外约束系数
岩石地基	1
可滑动垫层	0
一般地基	0.25~0.50

ΔT 可按下式计算：

$$\Delta T = T_j + \frac{2}{3} T_{(\tau)} + T_{y(\tau)} \quad \text{(J.3.3-2)}$$

式中 T_j——混凝土的浇筑温度（℃）;

$T_{(\tau)}$——混凝土在龄期（τ）时的水化热绝热温升（℃）;

$T_{y(\tau)}$——混凝土收缩当量温差（℃）;

T_q——混凝土浇筑后达到稳定时的室外温度,一般根据历年气象资料取当地年平均温度（℃）。

$T_{y(\tau)}$ 按下式计算：

$$T_{y(\tau)}=\frac{\varepsilon_{y(\tau)}}{\alpha} \tag{J.3.3-3}$$

式中 $\varepsilon_{y(\tau)}$ ——不同龄期时混凝土的收缩相对变形值；

α ——混凝土线胀系数，取 $10\times10^{-6}/℃$。

各龄期混凝土的收缩相对变形值 $\varepsilon_{y(\tau)}$ 随各种具体条件和因素的差异而变化，可用下列指数函数表达式进行计算：

$$\varepsilon_{y(\tau)}=\varepsilon_y^0(1-e^{-0.01\tau})\times M_1\times M_2\times M_3\times\Lambda\times M_n \tag{J.3.3-4}$$

式中 τ ——从混凝土浇筑后至计算时的天数（d）；

ε_y^0 ——混凝土在标准条件下的极限收缩值，取 $3.24\times10^{-4}/℃$；

$M_1、M_2、\cdots、M_n$ ——各种不同条件下的修正系数，取值见表 J.3.3-3、表 J.3.3-4。

表 J.3.3-3 混凝土收缩变形不同条件影响修正系数

水泥品种	M_1	水泥细度	M_2	骨料品种	M_3	W/C	M_4	水泥浆量（%）	M_5
普通水泥	1.00	1500	0.90	花岗岩	1.00	0.2	0.65	15	0.90
矿渣水泥	1.25	2000	0.93	玄武岩	1.00	0.3	0.85	20	1.00
快硬水泥	1.12	3000	1.00	石灰岩	1.00	0.4	1.00	25	1.20
低热水泥	1.10	4000	1.13	砾砂	1.00	0.5	1.21	30	1.45
石灰矿渣水泥	1.00	5000	1.35	无粗骨料	1.00	0.6	1.42	35	1.75
火山灰水泥	1.00	6000	1.68	石英岩	0.80	0.7	1.62	40	2.10
抗硫酸盐水泥	0.78	7000	2.05	白云岩	0.95	0.8	1.80	45	2.55
矾土水泥	0.52	8000	2.42	砂岩	0.90	—		50	3.03

表 J.3.3-4 混凝土收缩变形不同条件影响修正系数

$t(d)$	M_6	$W(\%)$	M_7	$\bar{\gamma}$	M_8	操作方法	M_9	$E_sF_s/(E_cF_c)$	M_{10}
1～2	1.11	25	1.25	0	0.54	机械振捣	1.00	0.00	1.00
3	1.09	30	1.18	0.1	0.76	人工振捣	1.10	0.05	0.86
4	1.07	40	1.10	0.2	1.00	蒸汽养护	0.85	0.10	0.76
5	1.04	50	1.00	0.3	1.03	高压釜处理	0.54	0.15	0.68
7	1.00	60	0.88	0.4	1.20			0.20	0.61
10	0.96	70	0.77	0.5	1.31			0.25	0.55
14～28	0.93	80	0.70	0.6	1.40				
40～90	0.93	90	0.54	0.7	1.43				
≥180	0.93			0.8	1.44				

注：t——混凝土浇灌后初期养护时间（d）；

W——环境相对湿度（%）；

$\bar{\gamma}$——水力半径的倒数（mm^{-1}），$\bar{\gamma}=L/F$（L——构件截面周长，F——构件截面面积）；

$E_d、F_s$——钢筋弹性模量，截面积；（N/mm^2，mm^2）；

$E_c、F_c$——混凝土弹性模量，截面积；（N/mm^2，mm^2）；

$E_sF_s/(E_cF_c)$——配筋率。

本标准用词说明

1 为便于在执行本标准条文时区别对待,对要求严格程度不同的用词,说明如下:

1)表示很严格,非这样做不可的用词:

正面词采用"必须",反面词采用"严禁"。

2)表示严格,在正常情况下均应这样做的用词:

正面词采用"应",反面词采用"不应"或"不得"。

3)表示允许稍有选择,在条件许可时,首先应这样做的用词:

正面词采用"宜",反面词采用"不宜"。

表示有选择,在一定条件下可以这样做的用词,采用"可"。

2 本标准中指明应按其他有关标准、规范执行的写法为"应符合……要求或规定"或"应按……执行"。

地下防水工程施工技术标准

Technical standard for underground waterproof engineering

ZJQ08—SGJB 208—2005

编 制 说 明

本标准是根据中建八局《关于〈施工技术标准〉编制工作安排的通知》（局科字〔2002〕348号）文件的要求，由中建八局会同中建八局广州公司共同编制。

在编写过程中，编写组认真学习和研究了国家《建筑工程施工质量验收统一标准》GB 50300—2001、《地下工程防水技术规范》GB 50108—2002、《地下防水工程质量验收规范》GB 50208—2002，并参照《地下铁道工程施工及验收规范》GB 50299—1999、中华人民共和国行业标准《公路隧道设计规范》JTJ 026—90、《公路隧道施工技术规范》JTJ 042—94等十余个技术规范和文献资料，结合本企业地下防水工程的施工经验进行编制，并组织本企业内、外专家经专项审查后定稿。

为方便配套使用，本标准在章节编排上与《地下防水工程质量验收规范》GB 50208—2002保持对应关系。主要是：总则、术语、基本规定、地下建筑防水、特殊施工法防水、排水、注浆和子分部工程验收等共八章，其主要内容包括技术和质量管理、施工工艺和操作要点、质量标准和验收三大部分。

本标准中有关国家规范中的强制性条文以黑体字列出，必须严格执行。

为了持续提高本标准的水平，请各单位在执行本标准过程中，注意总结经验，积累资料，随时将有关意见和建议反馈给中建八局技术质量部（通讯地址：上海市浦东新区源深路269号，邮政编码：200135），以供修订时参考。

本标准主要编写和审核人员：

主　　编：王玉岭

副 主 编：万利民　付　梓

主要参编人：郭青松　郭春华　靖腊梅

审 核 专 家：肖绪文　卜一德

1 总　则

1.0.1 为使地下防水工程的施工符合确保质量、技术先进、经济合理、安全适用的要求，制定本标准。

1.0.2 本标准适用于工业与民用建筑地下工程、市政隧道、防护工程、地下铁道等防水工程的施工及验收。

1.0.3 地下防水工程中所采用的工程技术文件以及承包合同文件，对施工质量的要求不得低于本质量标准的规定。

1.0.4 地下工程防水的施工应遵循"防、排、截、堵相结合，刚柔相济，因地制宜，综合治理"的原则。

1.0.5 地下工程防水的施工必须符合环境保护的要求，并采取相应措施。

1.0.6 地下工程的防水，应采用经过试验、检测和鉴定并经实践检验质量可靠的新材料，行之有效的新技术、新工艺。

1.0.7 本技术标准依据国家标准《地下工程防水质量验收规范》GB 50208—2002、《地下工程防水技术规范》GB 50108—2001 等文件所编写。地下工程防水施工除应符合本技术标准外，尚应符合国家现行的有关强制性标准的规定。

1.0.8 地下工程防水的施工应根据设计图纸的要求进行，所用的材料，应按照设计要求选用，并应符合现行材料标准的规定。凡本标准无规定的新材料，应根据产品说明书的有关技术要求（必要时通过试验），制定操作工艺标准，并报法人层次总工程师审批。

2 术 语

2.0.1 地下防水工程 underground waterproof engineering

指对工业与民用建筑地下工程、防护工程、隧道及地下铁道等建（构）筑物，进行防水设计、防水施工和维护管理等各项技术工作的工程实体。

2.0.2 防水等级 grade of waterproof

根据地下工程的重要性和使用中对防水的要求，所确定结构允许渗漏水量的等级标准。

2.0.3 刚性防水层 rigid waterproof layer

采用较高强度和无延伸能力的防水材料，如防水砂浆、防水混凝土所构成的防水层。

2.0.4 柔性防水层 flexible waterproof layer

采用具有一定柔韧性和较大延伸率的防水材料，如防水卷材、有机防水涂料构成的防水层。

2.0.5 初期支护 primary linning

用矿山法进行暗挖法施工后，在岩体上喷射或浇筑防水混凝土所构成的第一次衬砌。

2.0.6 盾构法隧道 shield tunneling method

采用盾构掘进机进行开挖，钢筋混凝土管片作为衬砌支护的隧道暗挖施工法。

2.0.7 土工合成材料 geosynthetics

指工程建设中应用的土工织物、土工膜、土工复合材料、土工特种材料的总称。

2.0.8 遇水膨胀止水条 water swelling strip

具有遇水膨胀性能的遇水膨胀腻子条和遇水膨胀橡胶条的统称。

2.0.9 可操作时间 operational time

单组分材料自容器打开或多组分材料自混合起，至不适宜施工的时间。

2.0.10 涂膜抗渗性 impermeability of film coating

涂膜抵抗地下水渗入地下工程内部的性能。

2.0.11 涂膜耐水性 water resistance of film coating

涂膜在水长期浸泡下保持各种性能指标的能力。

2.0.12 聚合物水泥防水涂料 polymer cement water proof coating

以聚合物乳液和水泥为主要原料，加入其他添加剂制成的双组分水性防水涂料。

2.0.13 塑料防水板防水层 water-proofing course of water-tight plastic

采用由工厂生产的具有一定厚度的抗渗能力的高分子薄板或土工膜，铺设在初期支护与内衬砌间的防水层。

2.0.14 暗钉圈 concealed nail washer

设置于塑料防水板内侧，并由与防水板相热焊的材料组成，用于固定防水板的垫圈。

2.0.15 无钉铺设 non-nails layouts

将塑料防水板通过热焊固定于暗钉圈上的一种铺设方法。

2.0.16 背衬材料　backing material

嵌缝作业时填塞在嵌缝材料底部并与嵌缝材料无粘结力的材料，其作用在于缝隙变形时使嵌缝材料不产生三向受力。

2.0.17 加强带　strengthening band

在原留设伸缩缝或后浇带的部位，留出一定宽度，采用膨胀率大的混凝土与相邻混凝土同时浇筑的部位。

2.0.18 诱导缝　inducing joint

通过适当减少钢筋对混凝土的约束等方法在混凝土结构中设置的易开裂的部位。

2.0.19 锚喷支护　anchor-plate retaining

由锚杆和喷射混凝土面板组成的支护。

2.0.20 喷射混凝土　shotcrete

利用压缩空气或其他动力，将按一定配比拌制的混凝土混合物沿管路输送至喷头处，以较高速度垂直喷射与受喷面，依赖喷射过程中水泥于骨料的连续撞击，压密而形成一种混凝土。

2.0.21 地下连续墙　diaphragm

用机械施工方法成槽浇灌钢筋混凝土形成的地下连续墙。

3 基本规定

3.0.1 地下防水工程施工前，施工单位应进行图纸会审，掌握工程主体及细部构造的防水技术要求，并编制防水工程的施工方案。

3.0.2 地下防水工程是一个子分部工程，其分项工程的划分应符合表3.0.2的要求。

表3.0.2 地下防水工程的分项工程

子分部工程	分项工程
地下防水工程	地下建筑防水工程：防水混凝土，水泥砂浆防水层，卷材防水层，涂料防水层，塑料板防水层，金属板防水层，细部构造
	特殊施工法防水工程：锚喷支护，地下连续墙，复合式衬砌，盾构法隧道
	排水工程：渗排水、盲沟排水，隧道、坑道排水
	注浆工程：预注浆、后注浆，衬砌裂缝注浆

3.0.3 地下工程的防水等级分为4级，各级标准应符合表3.0.3的规定。

表3.0.3 地下工程防水等级标准

防水等级	标 准
1级	不允许渗水，结构表面无湿渍
2级	不允许漏水，结构表面可有少量湿渍 工业与民用建筑：湿渍总面积不大于总防水面积的0.1%，单个湿渍面积不大于0.1m²，任意100m²防水面积不超过1处 其他地下工程：湿渍总面积不大于总防水面积的0.6%，单个湿渍面积不大于0.2m²，任意100m²防水面积不超过4处
3级	有少量漏水点，不得有线流和漏泥砂 单个湿渍面积不大于0.3m²，单个漏水点的漏水量不大于2.5L/d，任意100 m²防水面积不超过7处
4级	有漏水点，不得有线流和漏泥砂 整个工程平均漏水量不大于2L/m²·d，任意100m²防水面积的平均漏水量不大于4 L/m²·d

3.0.4 地下工程的防水设防要求，应按表3.0.4-1和表3.0.4-2选用。

3.0.5 地下防水工程的施工，应建立各道工序的自检、交接检和专职人员检查的"三检"制度，并有完整的检查记录。未经监理（建设）单位对上道工序的检查确认，不得进行下道工序的施工。

3.0.6 地下防水工程必须由相应资质的专业防水队伍进行施工，主要施工人员应持有建设行政部门或指定单位颁发的执业资格证书。

3.0.7 地下防水工程所用的防水材料，应有产品的合格证书和性能检测报告，材料的品种、规格、性能等应符合现行国家产品标准和设计要求。

表 3.0.4-1 明挖法地下工程防水设防

工程部位	主体						施工缝					后浇带				变形缝、诱导缝						
防水措施\防水等级	防水混凝土	防水砂浆	防水卷材	防水涂料	塑料防水板	金属板	遇水膨胀止水条	中埋式止水带	外贴式止水带	外抹防水砂浆	外涂防水涂料	膨胀混凝土	遇水膨胀止水条	外贴式止水带	防水嵌缝材料	中埋式止水带	外贴式止水带	可卸式止水带	防水嵌缝材料	外贴防水卷材	外涂防水涂料	遇水膨胀止水条
1级	应选	应选一至二种					应选	应选二种				应选	应选二种			应选	应选二种					
2级	应选	应选一种					应选	应选一至二种				应选	应选一至二种			应选	应选一至二种					
3级	应选	宜选一种					宜选	宜选一至二种				宜选	宜选一至二种			应选	宜选一至二种					
4级	宜选						宜选	宜选一种								应选	宜选一种					

表 3.0.4-2 暗挖法地下工程防水设防

工程部位	主体				内衬砌施工缝					内衬砌变形缝、诱导缝				
防水措施\防水等级	复合式衬砌	离壁式衬砌、衬套	贴壁式衬砌	喷射混凝土	外贴式止水带	遇水膨胀止水条	防水嵌缝材料	中埋式止水带	外涂防水涂料	中埋式止水带	外贴式止水带	可卸式止水带	防水嵌缝材料	遇水膨胀止水条
1级	应选一种			—	应选二种					应选	应选二种			
2级	应选一种				应选一至二种					应选	应选一至二种			
3级	—	应选一种			宜选一至二种					应选	宜选一至二种			
4级		应选一种			宜选一种					应选	宜选一种			

对进场的防水材料应按本标准附录 A 的规定抽样复验,并提出试验报告;**不合格的材料不得在工程中使用。**

3.0.8 地下防水工程施工期间,明挖法的基坑以及暗挖法的竖井、洞口,必须保持地下水位稳定在基底 0.5m 以下,必要时应采取降水措施。

3.0.9 地下防水工程的防水层,严禁在雨天、雪天和五级风及其以上时施工,其施工环境气温条件宜符合表 3.0.9 的规定。

表 3.0.9 防水层施工环境气温条件

防水层材料	施工环境气温
高聚物改性沥青防水卷材	冷粘法不低于 5℃,热熔法不低于 -10℃
合成高分子防水材料	冷粘法不低于 5℃,热风焊接法不低于 -10℃
有机防水涂料	溶剂型 -5~35℃,水溶性 5~35℃
无机防水涂料	5~35℃
防水混凝土、水泥砂浆	5~35℃

3.0.10 地下防水工程应按工程设计的防水等级标准进行验收。地下防水工程渗漏水调查与量测方法应按本标准附录B执行。

3.0.11 地下防水工程的分项工程施工质量检验的主控项目，必须达到本标准规定的质量标准，方可认定为合格；一般项目80%以上的检查点（处）符合规范规定的质量要求，其他检查点（处）不得有明显影响使用，并不得大于允许偏差值的50%为合格。

3.0.12 地下防水工程完工后，承包（或总承包）单位应组织自检，在自检合格的基础上，由施工项目专业质量检查员填写检验批的质量验收记录，监理工程师（建设单位项目专业技术负责人）组织项目专业质量检查员等进行验收；分项工程质量应由监理工程师（建设单位项目专业技术负责人）组织项目专业技术负责人等进行验收；分部（子分部）工程质量由总监理工程师（建设单位项目专业负责人）组织施工项目经理和有关勘察、设计单位项目负责人进行验收。

4 地下建筑防水工程

4.1 防水混凝土

4.1.1 一般规定

4.1.1.1 本节适用于防水等级为1~4级的地下整体式混凝土结构。不适用环境温度高于80℃或处于耐侵蚀系数小于0.8的侵蚀性介质中使用的地下工程。

注：耐侵蚀系数是指在侵蚀性水中养护6个月的混凝土试块的抗折强度与在饮用水中养护6个月的混凝土试块的抗折强度之比。

4.1.1.2 防水混凝土的配合比应符合下列规定：

1 试配要求的抗渗水压值应比设计值提高0.2MPa；
2 水泥用量不得少于300kg/m³；掺有活性掺合料时，水泥用量不得少于280kg/m³；
3 砂率宜为35%~45%，灰砂比宜为1:2~1:2.5；
4 水灰比不得大于0.55；
5 普通防水混凝土坍落度不宜大于50mm，泵送时，入泵坍落度宜为100~140mm。

4.1.1.3 混凝土拌制和浇筑过程控制应符合下列规定：

1 拌制混凝土所用材料的品种、规格和用量，每工作班检查不应少于两次。每盘混凝土各组成材料计量结果的偏差应符合表4.1.1.3-1的规定。

表 4.1.1.3-1 混凝土组成材料计量结果的允许偏差（%）

混凝土组成材料	每盘计量	累计计量	混凝土组成材料	每盘计量	累计计量
水泥、掺合料	±2	±1	水、外加剂	±2	±1
粗、细骨料	±3	±2			

注：累计计量仅适用于微机控制计量的搅拌站。

2 混凝土在浇筑地点的坍落度，每工作班至少检查两次。混凝土的坍落度试验应符合现行《普通混凝土拌合物性能试验方法》GBJ 80的有关规定。

混凝土实测的坍落度与要求坍落度之间的偏差应符合表4.1.1.3-2的规定。

表 4.1.1.3-2 混凝土坍落度允许偏差

要求坍落度(mm)	允许偏差(mm)	要求坍落度(mm)	允许偏差(mm)
≤40	±10	≥100	±20
50~90	±15		

4.1.1.4 防水混凝土抗渗性能，应采用标准条件下养护混凝土抗渗试件的试验结果评定。试件应在浇筑地点制作。

连续浇筑混凝土每500m³应留置一组抗渗试件（一组为6个抗渗试件），且每项工程不得少于两组。采用预拌混凝土的抗渗试件，留置组数应视结构的规模和要求而定。

抗渗性能试验应符合现行《普通混凝土长期性能和耐久性能试验方法》GBJ 82 的有关规定。

4.1.1.5 防水混凝土的施工质量检验数量，应按混凝土外露面积每100m²抽查1处，每处10m²，且不得少于3处；细部构造应按全数检查。

4.1.2 施工准备

4.1.2.1 技术准备

1 图纸会审

在学习领会设计意图的基础上组织图纸会审，认真解决设计图和施工中可能出现的问题，使防水设计更加完善、更加切实可行。未经会审的图纸不得施工。

2 技术交底

防水工程施工前，施工负责人应向班组进行技术交底，内容应包括：施工部位、施工顺序、施工工艺、构造层次、节点设防方法、增强部位及做法，工程质量标准，保证质量的技术措施，成品保护措施和安全注意事项等。

3 防水混凝土配合比设计要求见本标准第4.1.1.2条。

4.1.2.2 材料准备

1 水泥

水泥品种应按设计要求备用，其数量应满足施工进度要求。

2 砂、石

石子应符合防水混凝土配合比设计要求，数量应满足施工进度要求。

3 水

水质应满足防水混凝土配合比设计要求，现场用水应满足施工使用。

4 外加剂

防水混凝土可根据工程需要掺入减水剂、膨胀剂、防水剂、密实剂、引气剂、复合型外加剂等外加剂，其品种和掺量应符合设计要求。

5 掺合料

掺合料应满足设计要求。

4.1.2.3 机具设备

1 机械设备

混凝土搅拌机、皮带运输机、装载机、散装水泥罐车、搅拌运输车、混凝土输送泵、插入式振动器、平板式振动器等。

2 主要工具

大、小平锹，铁板、水桶、胶皮管、串筒、溜槽、铁钎、抹子、试模等。

4.1.2.4 作业条件

1 编制施工方案，确定施工工艺程序、浇筑方法，并做好技术交底工作。

2 完成钢筋绑扎、模板支设，办理隐检预检手续，并在模板上弹好混凝土浇筑标高线。

3 模板内的垃圾、木屑、泥土、积水和钢筋上的油污等清除干净。木模板在浇筑前1h浇水湿润，但不得留有积水；模板内侧应刷好隔离剂。

4 准备足够数量、质量符合要求的砂、石、水泥、掺合料及外加剂等材料,以满足混凝土连续浇筑的要求。

5 施工机具设备经维修、试运转,处于良好状态;电力供应正常,可满足施工需要。

6 浇筑混凝土用脚手架、走道已搭设完毕,运输混凝土道路修筑好,经检查符合施工和安全要求。

7 试验室根据实际原材料材质情况,通过试配提出防水混凝土配合比,试配的抗渗等级按设计要求提高 0.2MPa,材料符合要求。

8 防水混凝土抗压、抗渗试模已备齐。

4.1.3 材料质量控制

4.1.3.1 水泥

1 水泥品种应按设计要求选用,其强度等级不应低于 32.5MPa;

2 在不受侵蚀性介质和冻融作用时,宜采用普通硅酸盐水泥、硅酸盐水泥、火山灰质硅酸盐水泥、粉煤灰硅酸盐水泥、矿渣硅酸盐水泥,使用矿渣硅酸盐水泥必须掺用高效减水剂;

3 在受侵蚀性介质作用时,应按介质的性质选用相应的水泥;

4 在受冻融作用时,应优先选用普通硅酸盐水泥,不宜采用火山灰质硅酸盐水泥和粉煤灰硅酸盐水泥;

5 不得使用过期或受潮结块的水泥,并不得将不同品种或强度等级的水泥混合使用。

4.1.3.2 砂、石

1 石子最大粒径不宜大于 40mm,泵送时其最大粒径应为输送管径的 1/4;吸水率不应大于 1.5%;不得使用碱活性骨料,含泥量不得大于 1.0%,泥块含量不得大于 0.5%。其他要求应符合《普通混凝土用碎石或卵石质量标准及检验方法》JGJ 53—92 的规定;

2 砂宜采用中砂,含泥量不得大于 3.0%,泥块含量不得大于 1.0%,其要求应符合《普通混凝土用砂质量标准及检验方法》JGJ 52—92 的规定。

4.1.3.3 水

拌制混凝土所用的水,应采用不含有害物质的洁净水,应符合《混凝土拌合用水标准》JGJ 63—89 的规定。

4.1.3.4 外加剂

防水混凝土可根据工程需要掺入减水剂、膨胀剂、防水剂、密实剂、引气剂、复合型外加剂等外加剂,其品种和掺量应经试验确定。所有外加剂应符合国家或行业标准一等品及以上的质量要求。

4.1.3.5 掺合料

1 防水混凝土可掺入一定数量的粉煤灰、磨细矿渣粉、硅粉等。粉煤灰的级别不应低于二级,掺量不宜大于 20%;硅粉掺量不应大于 3%;其他掺合料的掺量应经过试验确定。

2 防水混凝土可根据工程抗裂需要掺入钢纤维或合成纤维。

3 每立方米防水混凝土中各类材料的总碱量(Na_2O 当量)不得大于 3kg。

4.1.4 施工工艺

4.1.4.1 工艺流程

配合比设计→施工技术交底→施工现场准备→防水混凝土拌制→防水混凝土运输→防水混凝土浇捣→防水混凝土养护

4.1.4.2 施工要点

1 防水混凝土配料必须按质量配合比准确称量,计量允许偏差为:水泥、水、外加剂、掺合料为±1%;膨胀剂为±0.5%;砂、石为±2%。

2 防水混凝土拌合物应用机械搅拌,搅拌时间不应少于2min,掺加外加剂时,应根据外加剂的品种还应适当延长1~2min。

3 防水混凝土拌合物在运输后如出现离析,必须进行二次搅拌。当坍落度损失后不能满足施工要求时,应加入原水灰比的水泥浆或二次掺加减水剂进行搅拌,严禁直接加水。

4 混凝土浇灌要控制自由落差小于2.0m,如自由落差大于2.0m时,可采用溜槽或串筒浇灌,以防止混凝土产生分层离析。若钢筋较密、模板较高不易浇灌时,可在模板上开设门子洞下料。

5 混凝土应分段、分层、均匀、连续浇筑,一般每层厚度为200~400mm。采用平板式振捣器时,每层厚度不超过200mm;采用插入式振捣器时,每层厚度宜为300~400mm;大体积混凝土底板浇筑宜采用踏步式分层推进,推进长度一般为1.0~1.5m。浇筑时,要在下一层混凝土初凝之前浇捣上一层混凝土,并将表面泌水及时排出。

6 防水混凝土必须采用机械振捣密实,振捣时间宜为10~30s,以混凝土开始注浆和不冒气泡为准,并应避免漏振、欠振和超振。

7 当混凝土留设施工缝时,在继续浇筑混凝土时,应将施工缝处表面混凝土凿毛、清除松动石子和浮浆,用水冲洗干净并保持湿润,但不得有积水,然后铺一层20~25mm厚与原混凝土配合比相同的水泥砂浆或减半石混凝土或涂刷混凝土界面处理剂,再及时继续浇筑混凝土。

8 防水混凝土浇筑后4~6h应立即进行覆盖浇水养护,3d内每天浇水4~6次,3d后每天浇水2~3次,浇水湿润养护时间不少于14d。结束养护后仍应注意防止干缩裂缝,最好喷涂养护剂或喷涂乙烯薄膜继续养护,直至混凝土投入使用与水接触为止。

9 大体积防水混凝土的施工应采取以下措施。

(1) 在设计许可的情况下,采用混凝土60d强度作为设计强度;

(2) 采用低热或中热水泥或掺加粉煤灰、磨细矿渣粉等掺合料;

(3) 掺入减水剂、缓凝剂、膨胀剂等外加剂;

(4) 在炎热季节施工时,采取降低原材料温度、减少混凝土运输时吸收外界热量等降温措施;

(5) 混凝土内部埋设管道,进行水冷散热;

(6) 采取保温、保湿养护,混凝土中心温度与表面温度的差值不应大于25℃,混凝土表面温度与大气温度的差值不应大于25℃,养护时间不应少于14d。

10 防水混凝土的冬期施工应符合下列规定。

(1) 混凝土入模温度不应低于5℃;

(2) 宜采用综合蓄热法、蓄热法、暖棚法等养护方法,并应保护混凝土表面湿润,防止混凝土早期脱水;

(3) 采用化学外加剂方法施工时,应采取保温保湿措施。

11 防水混凝土不宜过早拆模,拆模时混凝土表面温度与周围气温之差不应超过15~20℃,以防止混凝土表面出现裂缝。对于地下结构部分,拆模后应及时回填土,以利于混凝土后期强度的增升和获得预期的抗渗性能。

12 防水混凝土的抗渗性能,应采用标准条件下养护混凝土抗渗试件试验结果评定。试件应在浇筑地点制作。

连续浇筑混凝土,每500m³应留置一组抗渗试件(一组为6个抗渗试件),且每项工程不得少于两组。采用预拌混凝土的抗渗试件,留置组数应视结构的规模和要求而定。

抗渗性能试验应符合现行《普通混凝土长期性能和耐久性能试验方法》GBJ 82 的有关规定。

13 模板支设

模板要求表面平整,拼缝严密,吸湿性小,支撑牢固;防水混凝土结构内部设置的各种钢筋或绑扎钢丝,不得接触模板。固定模板用的螺栓必须穿过混凝土结构时,可采用工具螺栓或螺栓加堵头,螺杆上应加焊方形止水环。拆模后应采取加强防水措施将留下的凹槽封堵密实,并宜在迎水面涂刷防水涂料,见图4.1.4.2。

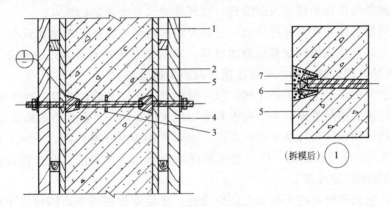

图 4.1.4.2 固定模板用螺栓的防水做法
1—模板;2—结构混凝土;3—止水环;4—工具式螺栓;
5—固定模板用螺栓;6—嵌缝材料;7—聚合物水泥砂浆

4.1.4.3 混凝土制作、运输、浇筑

防水混凝土制作、运输、浇筑施工工艺要求应符合企业技术标准《混凝土结构工程施工技术标准》ZJQ08 SGJB 204—2005。

4.1.4.4 施工缝的位置及接缝形式

见本标准第4.7节相关内容。

4.1.4.5 施工缝的处理

见本标准第4.7节相关内容。

4.1.4.6 养护

防水混凝土终凝后应立即进行养护,3d内每天浇水4~6次,以后每天浇水2~3次,养护时间不得少于14d。

4.1.5 成品保护

1 保证钢筋、模板的位置正确,防止踩踏钢筋和碰坏模板支撑。

2 保护好预埋穿墙管、电线管、电线盒、预埋铁件及止水片（带）的位置正确，并固定牢靠，防止振捣混凝土时碰动，造成位移、挤偏和表面铁件陷进混凝土内。

3 在拆模和吊运其他物件时，应避免碰坏施工缝企口和损坏止水片（带）。

4 地下室外墙拆模后应及时回填土，防止地基被水浸泡，造成不均匀沉陷，或长时间曝晒，导致出现温度收缩裂缝。

4.1.6 安全、环保措施
4.1.6.1 安全措施

1 混凝土搅拌机及配套机械作业前，应进行无负荷试运转，运转正常后再开机工作。

2 搅拌机、皮带机、卷扬机等应有专用开关箱，并装有漏电保护器，严格执行一机一闸一漏电保护的用电规定；停机时应拉断电闸，下班时应上锁。

3 混凝土振动器操作人员应穿胶鞋、戴绝缘手套，振动器应有防漏电装置，不得挂在钢筋上操作。

4 使用钢模板，应有导电措施，并设接地线，防止机电设备漏电，造成触电事故。

4.1.6.2 环保措施

1 施工现场的废物垃圾要及时清理，按环保要求运至指定的地点；

2 施工现场的作业面要保持清洁，道路要稳固通畅，保证无污物和积水；

3 水泥和其他易飞扬的细颗粒散体材料，应安排在库内存放或严密遮盖，运输时要防止遗洒、飞扬，卸运时应采取有效措施，以减少扬尘；

4 对无法使用商品混凝土的工地，应在搅拌设备上安装除尘装置，减少搅拌扬尘；

5 工地污水的排放要做到生活用水和施工用水的分离，严格按市政和市容规定处理；

6 凡在居民稠密区进行强噪声作业的，必须严格控制作业时间，一般不得超过夜间22时，特殊情况需连续作业的，应尽量采取降噪措施，作好周围群众工作，并报工地所在地环保部门备案后方可施工；

7 对于影响周围环境的工程安全防护设施，要经常检查维护，防止由于施工条件的改变或气候的变化影响其安全性；

8 在工程施工过程中，重视附近已有文物及地下文物（未挖掘）的保护工作。

4.1.7 质量标准

Ⅰ 主控项目

1 防水混凝土的原材料、配合比及坍落度必须符合设计要求。

检验方法：检查出厂合格证、质量检验报告、计量措施和现场抽样试验报告。

2 防水混凝土的抗压强度和抗渗压力必须符合设计要求。

检验方法：检查混凝土抗压、抗渗试验报告。

3 防水混凝土的变形缝、施工缝、后浇带、穿墙管道、埋设件等设置和构造，均须符合设计要求，严禁有渗漏。

检验方法：观察检查和检查隐蔽工程验收记录。

Ⅱ 一般项目

1 防水混凝土结构表面应坚实、平整，不得有露筋、蜂窝等缺陷；埋设件位置应正确。

检验方法：观察和尺量检查。

2 防水混凝土结构表面的裂缝宽度不应大于0.2mm,并不得贯通。

检验方法:用刻度放大镜检查。

3 防水混凝土结构厚度不应小于250mm,其允许偏差为+15mm、-10mm;迎水面钢筋保护层厚度不应小于50mm,其允许偏差为±10mm。

检验方法:尺量检查和检查隐蔽工程验收记录。

4.1.8 质量验收

1 检验批的验收由监理工程师或建设单位项目技术负责人组织项目专业质量检查员等进行验收。

2 每检验批按混凝土外露面积每100m²抽查1处,每处10m²,且不少于3处,细部构造应按全数检查。

3 验收时检验各种原材料的试验报告。

4 检验批质量验收记录,当地政府主管部门无统一规定时,宜采用表4.1.8"防水混凝土检验批质量验收记录表"。

表 4.1.8 防水混凝土检验批质量验收记录表
GB 50208—2002

单位(子单位)工程名称									
分部(子分部)工程名称					验收部位				
施工单位					项目经理				
施工执行标准名称及编号									
施工质量验收规范的规定			施工单位检查评定记录						监理(建设)单位验收记录
主控项目	1	原材料、配合比、坍落度							
	2	抗压强度、抗渗压力							
	3	细部做法							
一般项目	1	表面质量							
	2	裂缝宽度	≤0.2mm,并不得贯通						
	3	防水混凝土结构厚度≥250mm,迎水面保护层50mm	+15mm,-10mm ±10mm						
施工单位检查评定结果		专业工长(施工员)			施工班组长				
		项目专业质量检查员:					年 月 日		
监理(建设)单位验收结论									
		专业监理工程师(建设单位项目专业技术负责人):						年 月 日	

4.2 水泥砂浆防水层

4.2.1 一般规定

4.2.1.1 本节适用于混凝土或砌体结构的基层上采用多层抹面的水泥砂浆防水层。不适用环境有腐蚀性、持续振动或温度高于80℃的地下工程。

4.2.1.2 水泥砂浆防水层包括普通水泥砂浆、聚合物水泥防水砂浆、掺外加剂或掺合料防水砂浆等，宜采用多层抹压法施工。

4.2.1.3 水泥砂浆防水层可用于结构主体的迎水面或背水面。

4.2.1.4 水泥砂浆防水层应在基础垫层、初期支护、围护结构及内衬结构验收合格后方可施工。

4.2.1.5 水泥砂浆品种和配合比设计应根据防水工程要求确定。

4.2.1.6 聚合物水泥砂浆防水层厚度单层施工宜为6～8mm，双层施工宜为10～12mm，掺外加剂、掺合料等的水泥砂浆防水层厚度宜为18～20mm。

4.2.1.7 水泥砂浆防水层基层，其混凝土强度等级不应小于C15；砌体结构砌筑用的砂浆强度等级不应低于M7.5。

4.2.1.8 水泥砂浆刚性防水层分类及适用范围见表4.2.1.8。

表4.2.1.8 水泥砂浆刚性防水层分类及适用范围

项次	防水层分类	特　点	适用范围
1	普通水泥砂浆防水层	又称"刚性多层抹面防水"，是利用不同配合比的水泥砂浆和素灰胶浆，相互交替抹压均匀密实，构成一个多层整体的防水层。一般迎水面采用"五层抹面法"，背水面采用"四层抹面法"。 防水层具有较高的抗渗能力，抗渗压力达2.5～3.0MPa，同时检修方便，发现渗漏容易堵修，但操作要求认真仔细	适于作地下防水层或用于屋面，地下工程补漏。 由于砂浆抗变形能力差，故不适用于因振动、沉陷或温度、湿度变化易产生裂缝的结构防水，也不适用于有腐蚀及高温（>80℃）的工程防水
2	外加剂防水砂浆防水层	在普通水泥砂浆中掺入一定量的无机盐或金属皂类等防水剂，提高砂浆的抗渗能力。 具有一定的抗渗能力，一般可承受抗渗压力达0.4MPa，如在水泥砂浆中掺入占水泥重量10%的抗裂防水剂（UWA），其抗渗压力最高可达3MPa以上，同时，砂浆配制操作方便	适于作深度不大、干燥程度要求不高的地下工程防水层或墙体防潮层，亦可用于简易屋面防水。 由于砂浆抗变形能力差，故不宜用于因振动、沉陷或温度、湿度变化易产生裂缝的结构防水，也不适用于有腐蚀及高温（>80℃）的工程防水
3	聚合物防水砂浆	在普通水泥砂浆中掺入一定量的聚合物（如有机硅、氯丁胶乳、丙烯酸酯乳液等），使砂浆具有良好的抗渗、抗裂与防水性能。 因其价格较高，聚合物掺量比例要求较严	可单独用于防水工程或作防渗漏水工程的修补

4.2.2 施工准备

4.2.2.1 技术准备

1 图纸会审

在学习领会设计意图的基础上组织图纸会审，认真解决设计图和施工中可能出现的问题，使防水设计更加完善、更加切实可行。未经会审的图纸不得施工。

2 技术交底

防水工程施工前，施工负责人应向班组进行技术交底，内容应包括：施工部位、施工顺序、施工工艺、构造层次、节点设防方法、增强部位及做法，工程质量标准，保证质量的技术措施，成品保护措施和安全注意事项等。

3 普通水泥砂浆防水层的配合比见表 4.2.2.1，掺外加剂、掺合料、聚合物等防水砂浆的配合比和施工方法应符合所掺材料的规定，其中聚合物砂浆的用水量应包括乳液中的含水量。

表 4.2.2.1 普通水泥砂浆防水层的配合比

名 称	配合比（质量比）		水灰比	适用范围
	水泥	砂		
水泥浆	1		0.55～0.60	水泥砂浆防水层的第一层
水泥浆	1		0.37～0.40	水泥砂浆防水层的第三、五层
水泥砂浆	1	1.5～2.0	0.40～0.50	水泥砂浆防水层的第二、四层

4.2.2.2 材料准备

1 水泥

水泥品种应按设计要求选用，备用数量满足工程要求。

2 砂

砂的产地、粒径符合配合比设计要求，备用数量满足工程要求。

3 水

水源供应满足工程需要。

4 聚合物乳液

聚合物乳液的品种选用符合配合比设计要求，备用数量满足工程需要。

5 外加剂

外加剂的品种选用符合配合比设计要求，备用数量满足工程需要。

4.2.2.3 主要机具设备

1 机械设备

砂浆搅拌机、水泵。

2 主要工具

手推车、木刮尺、木抹子、铁抹子、钢皮抹子、喷壶、小水桶、钢丝刷、毛刷、排笔、铁锤、小笤帚等。

4.2.2.4 作业条件

1 地下结构施工完成，检查合格并办理交接验收手续。

2 基层表面应平整、坚实、粗糙、清洁，并充分湿润、无积水。

3 预留孔洞及穿墙管道已施工完毕，按设计要求已作好防水处理，并办好隐检手续。

4 混凝土墙面、地面，如有蜂窝和松散混凝土要凿掉，后浇缝带、施工缝要凿毛，用压力水冲洗干净。表面如有油污，应用 10% 浓度的氢氧化钠溶液刷洗干净，再用水洗净，然后在表面薄涂素水泥浆（1:1 水泥浆，掺 10% 108 胶）一度，再用 1:3 水泥砂浆找平，或用 1:2 干硬性水泥砂浆填压实，较大的蜂窝应支模用比结构高一强度等级的半干硬性细石混凝土强力捣实。

5 用混合砂浆砌筑的砖墙，必须在砌砖时划缝，深度为8～10mm，如漏划，应凿出。

6 预埋件、预埋管道露出基层，应在其周围凿出宽20～30mm、深50～60mm的沟槽，湿润后用1:2干硬性水泥砂浆填压实。

7 防水层材料备齐，运到现场，经复查质量符合设计要求。

8 施工机具设备准备就绪，经维修试用，处于完好状态；水、电线路已敷设，可满足施工需要。

9 当地下水位较高，应将水位降至地下结构底板以下0.5m，直至防水层全部施工完成为止。

10 施工操作人员经培训、考核，方可上岗操作，并进行技术交底。

4.2.3 材料质量控制

4.2.3.1 水泥砂浆防水层所用的材料，应符合下列规定：

1 应采用强度等级不低于32.5MPa的普通硅酸盐水泥、硅酸盐水泥、特种水泥，严禁使用过期或受潮结块水泥；

2 砂宜采用中砂，含泥量不大于1%，硫化物和硫酸盐含量不大于1%；

3 拌制水泥砂浆所用的水，应符合《混凝土拌合用水标准》JGJ 63—89的规定；

4 聚合物乳液：外观应无颗粒、异物和凝固物，固体含量应大于35%。宜选用专用产品；

5 外加剂的技术性能应符合国家或行业标准一等品以上的质量要求。

4.2.3.2 水泥砂浆防水层宜掺入外加剂、掺合料、聚合物等进行改性，改性后防水砂浆的性能应符合表4.2.3.2的规定。

表4.2.3.2 改性后防水砂浆的主要性能

改性剂种类	粘结强度(MPa)	抗渗性(MPa)	抗折强度(MPa)	干缩率(%)	吸水率(%)	冻融循环(次)	耐碱性	耐水性(%)
外加剂、掺合料	>0.5	≥0.6	同一般砂浆	同一般砂浆	≤3	>D50	10%NaOH溶液浸泡14d无变化	—
聚合物	>1.0	≥1.2	≥7.0		≤4	>D50		≥80

注：耐水性指标是在浸水168h后材料的粘结强度及抗渗性的保持率。

4.2.4 施工工艺

4.2.4.1 工艺流程

结构层→涂刷第一道防水净浆→铺抹底层防水砂浆→搓毛→涂刷第二道防水净浆→铺抹面层防水砂浆→二道收压→养护

4.2.4.2 水泥砂浆刚性防水层基层处理

基层处理一般包括清理（将基层油污、残渣清除干净，光滑表面凿毛）、浇水（基层浇水湿润）和补平（将基层凹处补平）等工序，使基层表面达到清洁、平整、潮湿和坚实粗糙，以保证砂浆防水层与基层粘结牢固，不产生空鼓和透水现象。

1 混凝土基层处理

（1）混凝土表面用钢丝刷打毛，表面光滑时，用剁斧凿毛，每10mm剁三道，有油污严重时要剥皮凿毛,然后充分浇水湿润。

(2) 混凝土表面有蜂窝、麻面、孔洞时,先用凿子将松散不牢的石子剔除,若深度小于10mm时,用凿子打平或剔成斜坡,表面凿毛;若深度大于10mm时,先剔成斜坡,用钢丝刷清扫干净,浇水湿润,再抹素灰2mm,水泥砂浆10mm,抹完后将砂浆表面横向扫毛;若深度较深时,等水泥砂浆凝固后,再抹素灰和水泥砂浆各一道,直至与基层表面平直,最后将水泥砂浆表面横向扫毛。

(3) 当混凝土表面有凹凸不平时,应将凸出的混凝土块凿平,凹坑先剔成斜坡并将表面打毛后,浇水湿润,再用素灰与水泥砂浆交替抹压,直至与基层表面平直,最后将水泥砂浆横向扫毛。

(4) 混凝土结构的施工缝,要沿缝剔成八字形凹槽,用水冲洗干净后,用素灰打底,水泥砂浆嵌实抹平。

2 砖砌体基层处理

(1) 将砖墙面残留的灰浆、污物清除干净,充分浇水湿润。

(2) 对于用石灰砂浆和混合砂浆砌筑的新砌体,需将砌体灰缝剔进10mm深,缝内呈直角(图4.2.4.2)以增强防水层与砌体的粘结力;对水泥砂浆砌筑的砌体,灰缝可不剔除,但已勾缝的需将勾缝砂浆剔除。

(3) 对于旧砌体,需用钢丝刷或剁斧将松酥表面和残渣清除干净,直至露出坚硬砖面,并浇水冲洗干净。

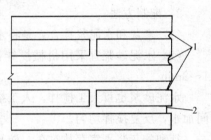

图4.2.4.2 砖砌体的剔缝
1—剔缝不合格;2—剔缝合格

3 料石或毛石砌体基层处理

这种砌体基层处理与混凝土和砖砌体基层处理基本相同。对于石灰砂浆或混合砂浆砌筑的石砌体,其灰缝应剔进10mm,缝内呈直角;对于表面凹凸的石砌体,清理完毕后,在基层表面要做找平层。找平层做法是:先在砌体表面刷水灰比0.5左右的水泥浆一道,厚约1mm,再抹10~15mm厚的1:2.5水泥砂浆,并将表面扫成毛面,一次找不平时,隔2d再分次找平。

4.2.4.3 普通水泥砂浆防水层施工要点

1 水泥砂浆铺抹前,基层的混凝土和砌筑砂浆强度应不低于设计值的80%。

2 基层表面应坚实、平整、粗糙、洁净,并充分湿润,无积水。

3 基层表面的孔洞、缝隙应用与防水层相同的砂浆填塞抹平。

4 施工前应将预埋件、穿墙管预留凹槽内嵌填密封材料后,再施工防水砂浆层。

5 水泥砂浆防水层施工应分层铺抹或喷射,铺抹时应压实、抹平,最后一层表面应提浆压光。

6 聚合物水泥砂浆拌合后应在1h内用完,且施工中不得任意加水。

7 水泥砂浆防水层各层应紧密贴合,每层宜连续施工;如必须留茬时,采用阶梯坡形茬,但离阴阳角处不得小于200mm;接茬应依层次顺序操作,层层搭接紧密。

8 防水层的阴阳角处应做成圆弧形。

9 水泥砂浆防水层不宜在雨天及五级以上大风中施工。冬期施工时,气温不应低于

5℃，且基层表面温度应保持0℃以上。夏季施工时，不应在35℃以上或烈日照射下施工。

10 普通水泥砂浆防水层终凝后，应及时进行养护，养护温度不宜低于5℃，养护时间不得少于14d，养护期间应保持湿润。

11 聚合物水泥砂浆防水层未达到硬化状态时，不得浇水养护或直接受雨水冲刷，硬化后应采用干湿交替的养护方法。在潮湿环境中，可在自然条件下养护。

12 使用特种水泥、外加剂、掺合料的防水砂浆，养护应按产品有关规定执行。

4.2.4.4 多层抹面水泥砂浆防水层施工要点

1 配合比

（1）素灰：用水泥和水拌制而成，水灰比0.37～0.50，标准圆锥体沉入度为70mm。

（2）水泥浆：用水泥和水拌合而成，其稠度（流动度）比素灰大，水灰比0.55～0.60。

（3）水泥砂浆：灰砂比为1∶2～1∶2.5，水灰比为0.4～0.45，标准圆锥体沉入度为85mm。

2 配制方法

（1）素灰和水泥浆拌合，是将水泥放入桶中，然后按设计水灰比要求加水搅拌均匀。

（2）水泥砂浆宜采用机械搅拌，先将水泥和砂倒入搅拌机，干拌均匀，再加水搅拌1～2min。

水泥砂浆也可人工搅拌。人工搅拌时，先将水泥和砂放在铁板上干拌均匀，然后再中间加水，反复搅拌均匀。

拌和的灰浆不宜存放过久，防止离析和产生初凝，以保证灰浆的和易性和质量。当采用普通硅酸盐水泥拌制灰浆时，气温为5～20℃时，存放时间应小于60min；气温为20～35℃时，存放时间应小于45min。当采用矿渣硅酸盐水泥或火山灰质硅酸盐水泥拌制灰浆时，气温为5～20℃时，存放时间应小于90min；气温为20～35℃时，存放时间应小于50min。

3 技术要求

（1）为保证防水层和基层结合牢固，对防水层直接接触的基层要求具有足够的强度。如为混凝土结构，其混凝土强度等级不低于C10；如为砖石结构，砌筑用的砂浆强度等级不应低于M5。

（2）结构的外形轮廓，在满足生产工艺和使用功能要求的情况下，力求简单，尽量减少阴阳角及曲折狭小不便操作的结构形状。

（3）为保证结构的整体性和刚度要求，结构设计的裂缝开展宽度不应大于0.1mm。

（4）遇有预制装配式结构时，应考虑采用刚柔结合的做法，即预制构件表面采用水泥砂浆刚性防水层，构件连接处采用柔性材料密封处理。

（5）刚性防水层宜在房屋沉陷或结构变形基本稳定后施工，以免产生裂缝引起渗漏，为增加抵抗裂缝的能力，可在防水层内增加金属网加固。

（6）在严寒、干旱、气候变化较大地区，不宜采用大面积刚性防水层防水，因较难保证施工质量。

（7）防水层分为内抹面防水和外抹面防水。地下结构物除考虑地下水渗透外，还应考虑地表水的渗透，为此，防水层的设置高度应高出室外地坪150mm以上（图4.2.4.4-1）。

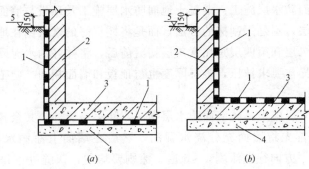

图 4.2.4.4-1 防水层的设置
(a) 外抹面防水；(b) 内抹面防水
1—水泥砂浆刚性防水层；2—立墙；3—钢筋混凝土底板；
4—混凝土垫层；5—室外地坪面

（8）旧工程维修防水层，应先将渗漏水堵好或堵漏、抹面同时交叉施工，以保证防水层施工顺利进行。

4 操作要点

防水层的施工顺序，一般是先顶板、再墙面、后地面。当工程量较大需分段施工时，应由里向外按上述顺序进行。

（1）混凝土顶板与墙面防水层施工：混凝土顶板与墙面的防水层施工，一般迎水面采用"五层抹面法"，背水面采用"四层抹面法"。具体操作方法见表 4.2.4.4。四层抹面做法与五层抹面做法相同，去掉第五层水泥浆层即可。

表 4.2.4.4 五层抹面法

层次	水灰比	厚度(mm)	操作要点	作用
第一层素灰层	0.4~0.5	2	1. 分二次抹压。基层浇水湿润后，先抹1mm厚结合层，用铁抹子往返抹压5~6遍，使素灰填实基层表面空隙，其上再抹1mm厚素灰找平 2. 抹完后用湿毛刷按横向轻轻刷一遍，以便打乱毛细孔通路，增强与第二层的结合	防水层第一道防线
第二层水泥砂浆层	0.4~0.45	4~5	1. 待第一层素灰稍加干燥，用手指按能进入素灰层1/4~1/2深时，再抹水泥砂浆层，抹时用力要适当，既避免破坏素灰层，又要使砂浆层压入素灰层内1/4左右，以使一二层紧密结合 2 在水泥砂浆初凝前后，用扫帚将砂浆层表面扫成横向条纹	起骨架和保护素灰作用
第三层素灰层	0.37~0.4	2	1. 待第二层水泥砂浆凝固并有一定强度后（一般需24h），适当浇水湿润，即可进行第三层，操作方法同第一层 2. 若第二层水泥砂浆层在硬化过程中析出游离的氢氧化钙形成白色薄膜时，应刷洗干净	防水作用
第四层水泥砂浆层	0.4~0.45	4~5	1. 操作方法同第二层，但抹后不扫条纹，在砂浆凝固前，分次用铁抹子抹压5~6遍，以增加密实性，最后压光 2. 每次抹压间隔时间应视现场湿度大小，气温高低及通风条件而定，一般抹压前三遍的间隔时间为1~2h，最后从抹压到压光，夏季10~12h内完成，冬期14h内完成，以免因砂浆凝固后反复抹压而破坏表面的水泥结晶，使强度降低，产生起砂现象	保护第三层素灰层和防水作用
第五层水泥浆层	0.55~0.6	1	在第四层水泥砂浆抹压两遍后，用毛刷均匀涂刷水泥浆一道，随第四层压光	防水作用

(2) 混凝土地面防水层施工：混凝土地面防水层施工及顶板与墙面施工的不同，主要是素灰层（一、三层）不是用刮抹的方法，而是将搅拌好的素灰倒在地面上，用刷子往返用力涂刷均匀。第二层和第四层是在素灰层初凝前后，将拌好的水泥砂浆均匀铺在素灰层上，按顶板和墙面操作要求抹压，各层厚度也与顶板和墙面相同。施工时由里向外，避免施工时踩踏防水层。

(3) 砖墙面防水层施工：砖墙面防水层做法，除第一层外，其余各层操作方法与混凝土墙面操作相同。首先将墙面充分浇水湿润，然后在墙面上涂刷水泥浆一道，厚度约1mm，涂刷时沿水平方向往返涂刷5～6遍，涂刷要均匀，灰缝处不得遗漏。涂刷后，趁水泥浆呈浆糊状时即抹第二层防水层。

(4) 石墙面和拱顶防水层施工：先做找平层（一层素灰、一层砂浆），找平层充分干燥后，在其表面浇水湿润，即可进行防水层施工，防水层操作方法与混凝土基层防水层相同。

5 操作注意事项

(1) 素灰抹面要薄而均匀，不宜太厚，太厚易形成堆积，反而粘结不牢，且容易起壳、脱落。素灰在桶中应经常搅拌，以免产生分层离析和初凝。抹面不要干撒水泥，否则造成厚薄不匀，影响粘结。

(2) 抹水泥砂浆时要注意揉浆。揉浆的作用主要是使水泥砂浆和素灰紧密结合。揉浆时首先薄抹一层水泥砂浆，然后用铁抹子用力揉压，使水泥砂浆渗入素灰层（但注意不能压透素灰层）。揉压不够，会影响两层的粘结，揉压时严禁加水，加水不一容易开裂。

(3) 水泥砂浆初凝前，待收水70%（用手指按上去，砂浆不粘手，有少许水印）时，要进行收压工作。收压是用铁抹子平光压实，一般做两遍。第一遍收压表面要粗毛，第二遍收压表面要细毛，使砂浆密实、强度高、不易起砂。收压一定要在砂浆初凝前完成，避免在砂浆凝固后再反复抹压，否则容易破坏表面水泥结晶和扰动底层而起壳。

(4) 水泥砂浆防水层各层应紧密结合，连续施工不留施工缝，如确因施工困难需留施工缝时，留槎应采用阶梯坡形槎，接槎要依层次顺序操作，层层搭接紧密。留槎位置一般应留在地面上，亦可留在墙面上，但需离开阴阳角处200mm以上（见图4.2.4.4-2）。在接槎部位继续施工时，需在阶梯形槎面上涂刷水泥浆或抹素灰一道，使接头密实不漏水。

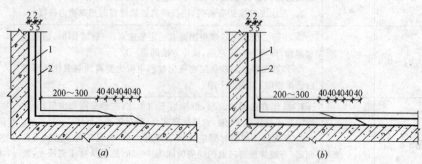

图 4.2.4.4-2 防水层接槎处理
(a) 留槎方法；(b) 接槎方法
1—素灰层；2—水泥砂浆层

(5) 结构阴阳角处的防水层均需抹成圆角,阴角直径 50mm,阳角直径 10mm。遇有穿墙管、预埋螺栓等部位,应在周围嵌实素灰后再作防水层,如图 4.2.4.4-3 所示。

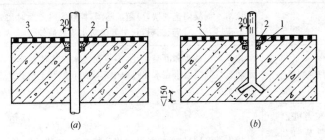

图 4.2.4.4-3 预埋件、管等的处理
(a) 预埋管道的处理;(b) 预埋螺栓的处理
1—素灰嵌槽捻实;2—砂浆层;3—防水层

(6) 防水层施工完,砂浆终凝后,表面呈灰白色时,就可覆盖浇水养护,养护时先用喷壶慢慢喷水,养护一段时间后再用水管浇水。养护温度不宜低于 5℃,养护时间不少于 14d。夏天应增加浇水次数,但避免在中午最热时浇水养护。养护期间要防止踩踏,其他工程施工应在防水层养护完毕后进行,以免破坏防水层。

4.2.4.5 外加剂防水砂浆防水层施工要点

外加剂防水砂浆是在水泥砂浆中掺入各种防水剂配制而成。防水剂是一种由各种无机或有机化学原料组成的外加剂,掺入砂浆中可提高砂浆不透水性。

1 原材料要求

(1) 水泥:采用强度等级不低于 32.5 级的普通硅酸盐水泥,42.5 级矿渣硅酸盐水泥、石膏矾土膨胀水泥。水泥不允许有受潮、结块现象,不同品种,不同强度等级的水泥不能混用。

(2) 砂:宜采用中砂或粗砂,其粒径不得大于 3mm,含泥量不得大于 1%,硫化物和硫酸盐含量不得大于 1%。

(3) 水:采用不含有害物质的洁净水。

(4) 防水剂:系由化学原料配制而成。它是一种能速凝和提高砂浆、混凝土在静水压力作用下不透水的外加剂。防水剂一般有金属盐类防水剂、金属皂类防水剂和硅酸钠防水剂等,其品种及性能见表 4.2.4.5-1。

表 4.2.4.5-1 常用防水剂的品种与性能

名 称	主要成分	性 能	适用范围
氯化物金属盐类防水剂	氯化钙、氯化铝	加入水泥浆后,与水泥和水起作用生成含水氯硅酸钙,氯铝酸钙等化合物,能填补砂浆中空隙,增强防水性能	防水砂浆、防水混凝土
金属皂类防水剂	硬脂酸、氢氧化钾、碳酸钠	该防水剂有塑化作用,可降低水灰比,同时在水泥浆中生成不溶性物质,堵塞毛细孔道,提高抗渗性	防水砂浆
氯化铁防水剂	三氯化铁和氯化亚铁	掺入水泥浆中,三氯化铁等氯化物能与水泥水化生成的氢氧化钙作用,生成不溶于水的氢氧化铁等胶体,堵塞砂浆中的微孔及毛细管道,提高抗渗性	防水砂浆、防水混凝土

续表 4.2.4.5-1

名 称	主要成分	性 能	适用范围
水玻璃矾类防水促凝剂	硅酸钾	该防水剂凝固速度快,应随配随用,拌好的料要及时用完,常用的有五矾、四矾、三矾、二矾,其中五矾防水效果最佳	防水砂浆、堵漏
无机铝盐防水剂	铝和碳酸钙	掺入水泥砂浆和混凝土中,产生促进水泥构件密实的复盐,填充水泥砂浆和混凝土在水化过程中形成的孔隙及毛细孔通道,形成刚性防水层	防水砂浆、防水混凝土
WJ_1防水剂	系在无机铝盐的质量基础上进一步研制成功的,以无机盐为主体的多种无机盐类混合而成的淡黄色液体	掺入水泥砂浆中,与水泥中的硅酸二钙、硅酸三钙水化过程中生成的氢氧化钙发生化学反应,生成氢氧化铝、氢氧化铁等不溶于水的胶体物质,同时与水泥中水化铝酸钙作用,生成具有一定膨胀性的复盐硫铝酸钙晶体	防水砂浆、防水混凝土

2 配合比及配制方法

(1) 氯化物金属盐类防水剂、防水砂浆配制

1) 防水剂:防水剂是采用氯化钙、氯化铝等金属盐和水按一定比例混合配制而成的一种液态防水剂,其配合比及配制方法见表 4.2.4.5-2。

表 4.2.4.5-2 氯化物金属盐类防水剂配合比及配制方法

材 料	质量配合比 (1)	质量配合比 (2)	配制方法	备 注
氯化铝			1. 先将水放在木制或陶制容器中静停 30～60min,使水中氯气放尽 2. 再将预先打成直径约 30mm 的氯化钙碎块放入水中,用木棒搅拌到完全溶解 3. 待液体冷却到 50～52℃时,将氯化铝加入,继续搅拌至完全溶解	固体、工业用
氯化钙(结晶)	23	—		工业用,其中 $CaCl_2$ 含量≤70%,结晶体可完全用固体代替
氯化钙(固体)	23	46		
水	50	50		自来水或饮用水

2) 防水砂浆:质量配合比见表 4.2.4.5-3。

表 4.2.4.5-3 氯化物金属盐类防水砂浆质量配合比

材料名称	水泥	砂	水	防水剂	备 注
防水净浆	1		0.6	0.03	
防水砂浆	1	2	0.5	0.03	底层用
防水砂浆	1	2.5	0.5	0.03	面层用

(2) 金属皂类防水剂、防水砂浆配制

1) 防水剂:金属皂类防水剂又名"避水剂",系碳酸钠或氢氧化钾等碱金属化合物、氨水、硬脂酸和水等按一定比例混合加热皂化配制而成的一种乳白色浆状液体。其配合比及配制方法见表 4.2.4.5-4。

a 砂浆、混凝土防水剂匀质性指标应符合表 4.2.4.5-5 的规定。

表 4.2.4.5-4　金属皂类防水剂配合比及配制方法

材　料	质量配合比(%)		配　制　方　法	备　注
	(1)	(2)		
硬脂酸	4.13	2.63	1. 将锅内放入加入量一半的水,加热至50～60℃,将碳酸钠、氢氧化钾和氯化钠溶于水中,并保持温度 2. 另一个锅将硬脂酸放入加热熔化,然后将熔化后的硬脂酸徐徐加入碳酸钠混合溶液中,并搅拌均匀,全部硬脂酸加完,将另一半水徐徐加入,拌匀成皂液 3. 待皂液冷却到30℃以下,加入定量氨水搅拌均匀,随即用0.6mm筛孔过滤,放入非金属容器中备用	工业用,凝固点54～58℃,皂化值200～220
碳酸钠	0.21	0.16		工业用,纯度约99%,含碱量约82%
氨水	3.1	2.63		工业用,相对密度0.91,含NH_3约25%
氯化钠	0.005	—		工业用
氢氧化钾	0.82	—		工业用
水	91.735	94.58		自来水或饮用水

表 4.2.4.5-5　防水剂匀质性指标

试 验 项 目	指　　标
含固量	液体防水剂:应在生产厂控制值相对量的3%以内
含水量	粉状防水剂:应在生产厂控制值相对量的5%以内
总碱量($Na_2O+0.658K_2O$)	应在生产厂控制值相对量的5%以内
密度	液体防水剂:应在生产厂控制值相对量的$\pm 0.02g/cm^2$之内
氯离子含量	应在生产厂控制值相对量的5%以内
细度(0.315mm筛)	筛余小于15%
注:含固量和密度可任选一项检验。	

b　受检砂浆的性能指标应符合表 4.2.4.5-6 的规定。

表 4.2.4.5-6　受检砂浆的性能指标

试 验 项 目		性 能 指 标	
		一等品	合格品
净浆安定性		合格	合格
凝结时间	初凝(min):不小于	45	45
	终凝(h):不大于	10	10
抗压强度比(%)不小于	7d	100	85
	28d	90	80
透水压力比(%)	不小于	300	200
48h 吸水量比(%)	不大于	65	75
28d 收缩率比(%)	不大于	125	135
对钢筋的锈蚀作用		应说明对钢筋有无锈蚀作用	
注:除凝结时间、安定性为受检净浆的试验结果外,表中所列数据均为受检砂浆与基准砂浆的比值。			

c　受检混凝土的性能应符合表 4.2.4.5-7 的规定。

表 4.2.4.5-7 受检混凝土的性能指标

试验项目		性能指标	
		一等品	合格品
净浆安定性		合格	合格
泌水率比(%) 不大于		50	70
凝结时间差(min) 不小于	初凝	—90	
	终凝	—	
抗压强度比(%)不小于	3d	100	90
	7d	110	100
	28d	100	90
渗透高度比(%) 不大于		30	40
48h 吸水量比(%) 不大于		65	75
28d 收缩率比(%) 不大于		125	135
对钢筋的锈蚀作用		应说明对钢筋有无锈蚀作用	

注:1 净浆安定性为净浆的试验结果外,表中所列数据均为受检混凝土与基准混凝土差值或比值;
   2 "—"表示提前。

2）防水砂浆：配合比见表 4.2.4.5-8。

表 4.2.4.5-8 金属皂类防水砂浆配合比

材料名称	水泥	砂	水	防水剂	备注
防水净浆	1		0.4	0.04	体积比
防水砂浆	1	2～3	0.4～0.5	0.04～0.05	体积比

（3）无机铝盐防水剂、防水砂浆配制

1）防水剂：无机铝盐防水剂系以无机铝为主体，掺入多种无机金属盐类，混合组成的淡黄色或褐黄色油状液体。防水剂掺量一般为水泥用量的 5%～9%。

2）防水砂浆：无机铝盐防水砂浆配合比见表 4.2.4.5-9。

表 4.2.4.5-9 无机铝盐防水砂浆质量配合比

材料	水泥	中粗砂	水	防水剂	厚度(mm)	备注
防水净浆	1		2.0～2.5	0.03～0.05	1～2	
防水砂浆	1	2.5～3.5	0.4～0.5	0.05～0.08	20～25	底层用
防水砂浆	1	2.5～3.0	0.4～0.5	0.05～0.10	20～25	面层用

（4）氯化铁防水剂、防水砂浆配制

1）防水剂：氯化铁防水剂的掺量以水泥重量的 3% 为宜，掺量过多对钢筋锈蚀及混凝土干缩有不良影响，如果采用氯化铁砂浆抹面，掺量可增至 3%～5%。

2）防水砂浆：氯化铁防水砂浆配合比见表 4.2.4.5-10。

表 4.2.4.5-10　氯化铁防水砂浆质量配合比

材料名称	水泥	中砂	水	防水剂	备　注
防水净浆	1	—	0.35～0.39	0.03	
防水砂浆	1	0.52	0.45	0.03	底层用，以稠度控制用水量
防水砂浆	1	2.5	0.50～0.55	0.03	面层用，以稠度控制用水量

(5) 水玻璃五矾防水促凝剂及促凝防水砂浆配制

1) 五矾水玻璃防水促凝剂：五矾水玻璃防水促凝剂的配合比及配制方法见表 4.2.4.5-11。

表 4.2.4.5-11　五矾水玻璃防水促凝剂质量配合比及配制方法

材　　料	配合比	配　制　方　法	备　注
硅酸钠（水玻璃）	400	1. 按配合比将各种矾剂材料称好，放入烧开的100℃的水中，边加热边搅拌至完全溶解 2. 待溶解温度冷却至50℃左右时，将水玻璃倒入容器中，搅拌均匀，然后放置 0.5h 即可使用	现配现用，暂不用时应以密闭容器封存，放于阴凉处
硫酸铝钾（白矾）	1		
硫酸铜（蓝矾）	1		
硫酸亚铁（绿矾）	1		
重铬酸钾（红矾钾）	1		
硫酸铬钾（紫矾）	1		
水	60		

2) 五矾促凝防水砂浆：五矾促凝防水砂浆配合比见表 4.2.4.5-12。

表 4.2.4.5-12　五矾促凝防水砂浆配合比

材料	水泥	砂	水	防水剂
防水净浆	1	—	0.30～0.35	0.01
防水砂浆	1	2.0～2.5	0.40～0.50	0.01

3　防水砂浆防水层施工要点

(1) 一般防水砂浆施工操作方法

1) 抹压法

a 在处理好的基层上先涂刷一道防水净浆，防水净浆配合比为水泥∶水=1∶0.4（质量比）；

b 涂刷水泥浆后随即分层铺抹防水砂浆 3～4 层，每层厚度控制在 5～10mm，各层叠加总厚度不宜小于 20mm；

c 每层均应抹压密实，下层养护凝固后再铺抹上一层防水砂浆。

2) 扫浆法

a 在处理好的基层上，先薄涂一层防水砂浆，随即用棕刷等往复涂擦；

b 按上述方法分层铺刷防水砂浆，第一层防水砂浆经养护凝固后，再铺刷第二层，每层厚度约 10mm，两层铺刷方向应相互垂直；

c 最后将防水砂浆表面扫出条纹。

(2) 无机铝盐防水砂浆施工操作方法

1) 在处理好的基层上由上而下先刷一道水泥净浆；

2) 抹防水砂浆层，厚度 10～15mm，反复压实用木抹子搓出麻面，若防水层厚度大于 20mm 时应分层铺抹，铺抹时应避免留施工缝；

3) 刷防水净浆；

4) 每层接槎处应错开，距离不少于 100mm；

5) 防水层施工后应及时覆盖养护，每隔 4h 浇水 1 次，养护期为 14d，墙面防水层应在 12h 后再喷水养护。

(3) 氯化铁防水砂浆施工操作方法

1) 在处理好的基层上刷防水水泥净浆一道，随即抹底层防水砂浆，厚 12mm，分两次抹压，第一次要用力抹压使与基层结成一体。底层第一遍砂浆凝固前用木抹子均匀搓成麻面，待阴干后再抹压第二遍底层砂浆；

2) 底层砂浆抹完约 12h 后，再刷防水净浆一道，随刷随抹第一遍面层防水砂浆，厚度不超过 7mm，阴干后再抹第二遍面层防水砂浆，二遍面层总厚度为 13mm，并在凝固前应反复抹压密实；

3) 防水层施工后 8～12h 即应覆盖湿草袋养护，夏季要提前。24h 后应定期浇水养护至少 14d。不宜采用蒸汽养护，如需使用，升温应控制在 6～8℃/h，且最高温度不超过 50℃。自然养护温度不低于 5℃。

(4) 硅酸钠防水砂浆施工操作方法

1) 在处理好的基层上分两次铺抹 1∶2∶0.5（水泥∶砂∶水）水泥砂浆垫层，每次抹厚 4mm，二次共 8mm。抹第二次须待第一次砂浆初凝后进行，第二次抹完砂浆初凝后用木抹子揉擦一次即成。

2) 涂抹第二层防水胶浆：按水泥∶水∶防水剂＝5∶1.5∶1 配制防水胶浆。防水胶浆搅匀后迅速用铁抹子刮涂在湿润垫层表面，厚 2mm，务必使胶浆与垫层紧密结合。

3) 铺抹第三层水泥砂浆：防水胶浆刮抹 1m² 左右时，应立即开始在其上刮抹 1∶2 水泥砂浆层（方法同第一层垫层砂浆）。

4) 涂抹第四层防水胶浆：同第二层施工方法。

5) 刮抹保护层砂浆：待第四层防水胶浆抹过 1m² 左右，应立即在其上用铁抹子刮抹 1∶2.5∶0.6（水泥∶砂∶水）的水泥砂浆（操作方法同第一层垫层砂浆），最后用铁抹子把表面压光。

(5) 防水砂浆防水层施工注意事项

1) 防水砂浆防水层施工前必须对基层进行处理。处理方法按第 4.2.4.2 条水泥砂浆刚性防水层基层处理的要求进行。基层表面应平整、坚实、粗糙、清洁并充分湿润，无积水现象。

2) 为在施工操作中，保证防水层和结构之间的牢固结合。因此，必须满足对基层结构强度、刚度、整体性、外形轮廓以及防水层的设置高度、使用环境等技术要求，参见第 4.2.4.4 条刚性多层抹面防水层施工。

3) 防水层本身必须是一个连续封闭的整体，不得有任何空鼓、裂缝等导致渗漏水的缺陷，否则即使刚性防水材料本身的抗渗能力很高，也难以取得预期的防水效果。

对于可能破坏防水层封闭整体性的一些细部构造，如埋设件、穿通防水层的管道以及地下工程中的门窗等薄弱部位，都必须采取有效的防水措施，提高其严密性，以保证防水层的连续、封闭的整体。

4) 施工水泥砂浆防水层时，气温不应低于5℃，且基层表面温度应保持在0℃以上，掺氯化物金属盐类防水剂及膨胀剂的防水砂浆，不应在35℃以上和烈日照射下施工。低温施工时应采取保温防冻措施。

5) 防水砂浆干缩性大，夏天施工时最好在傍晚天气较凉时施工，以免水分蒸发过快，表面出现裂纹。

6) 防水砂浆防水层凝结后，应及时养护，特别是早期养护。一般施工完后8～12h，墙面防水层用喷雾器少量喷水养护；地面防水层应用湿草袋覆盖养护，夏季养护时间可适当提前。养护温度不宜低于5℃，养护时间不得少于14d，养护期间应保持湿润，同时不得上人踩踏。

4.2.4.6 聚合物水泥砂浆防水层施工要点

1 聚合物的种类、质量要求及配制原则

(1) 种类

与水泥掺合使用的聚合物品种很多，有天然和合成橡胶胶乳、热塑性及热固性树脂乳液、沥青质乳液、水乳性聚合物等其具体种类如图4.2.4.6所示。

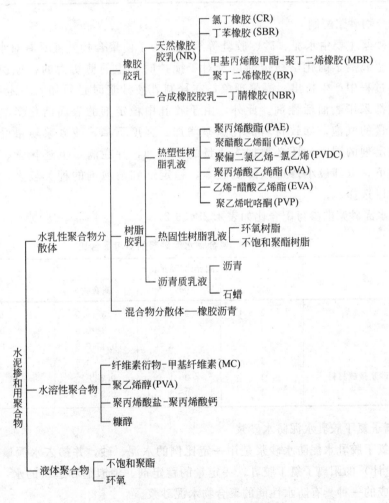

图4.2.4.6 水泥掺合用聚合物种类

(2) 质量要求

聚合物水泥砂浆的各项性能在很大程度上取决于聚合物本身的特性及其在砂浆中的掺入量。掺入量低，砂浆性能达不到要求；掺量高，则不仅造价高，且粘结性及干缩均向劣化方向发展。因此，从实用、价廉、防水效果好的角度出发，聚合物及其砂浆的质量需符合表 4.2.4.6-1 的要求。

表 4.2.4.6-1 水泥掺合用聚合物的质量要求

试验种类	试验项目	规 定 值
分散体试验	外观 总固体成分	应无粗颗粒、异物和凝固物 35%以上，误差在 0±1.0 以内
聚合物水泥砂浆试验	抗弯强度 抗压强度 粘结强度 吸水率 透水量 长度变化率	≥4N/mm² ≥10N/mm² ≥1.0N/mm² <15% <30% 0%～0.15%，<0.15%

(3) 聚合物砂浆配制

聚合物砂浆主要由水泥、砂、胶乳等组成。为了使聚合物乳液具有对水泥水化产物中大量多价金属离子的化学稳定性以及对于搅拌时产生的剪切力的机械稳定性，避免胶乳在搅拌过程中产生析出、凝聚现象，在拌制乳液砂浆时必须加入一定量的稳定剂。稳定剂一般都采用表面活性剂。此外，由于胶乳中稳定剂的表面活化影响，在搅拌时还会产生大量的气泡，导致材料的孔隙率增加，强度下降，使砂浆质量受到影响。因而在加入稳定剂的同时，还必须加入适量的消泡剂，并在满足上述化学、机械稳定性要求的前提下，取其最小掺量以降低成本。稳定剂和消泡剂的种类较多，可视乳液品种的不同加以选择。

聚合物水泥砂浆的参考配合比如表 4.2.4.6-2。

表 4.2.4.6-2 聚合物水泥砂浆的参考配合比

用 途	配合比(质量比)			涂层厚度(mm)
	水泥	砂	聚合物	
防水材料	1	2～3	0.3～0.5	5～20
地板材料	1	3	0.3～0.5	10～15
防腐材料	1	2～3	0.4～0.6	10～15
粘结材料	1	0～3	0.2～0.5	—
新旧混凝土或砂浆接缝材料	1	0～1	0.2 以上	—
修补裂缝材料	1	0～3	0.2 以上	—

2 阳离子氯丁胶乳水泥防水砂浆

阳离子氯丁胶乳水泥防水砂浆是用一定比例的水泥、砂，并掺入水泥量 10%～20%（以固体含量计）的阳离子氯丁胶乳，一定量的稳定剂、消泡剂和适量的水，经搅拌混合均匀配制而成的一种具有防水性能的聚合物水泥砂浆。

(1) 原材料要求

1) 水泥：42.5 级普通硅酸盐水泥或其他各种硅酸盐水泥。

2) 砂：洁净中砂，粒径 3mm 以下，并过筛。

3) 胶乳混合液：阳离子氯丁胶乳，其主要技术性能见表 4.2.4.6-3。

表 4.2.4.6-3　阳离子氯丁胶乳的主要性能

项　目	性　能	项　目	性　能
外观	白色乳状液	薄球黏度计	0.00648Pa·s
pH 值	3～5 用醋酸调节	硫化胶抗张强度	>150N/mm^2
含固量	>50%	硫化胶延伸率	>750%
相对密度	>1.085	含氯量	35%
转子黏度计	0.0124Pa·s		

阳离子氯丁胶乳是水溶性物质，掺入砂浆中能逐步完成交联过程，使橡胶、砂粒、水泥三者之间相互形成一个完整的橡胶集料网络，封闭砂浆孔隙，阻止水分侵入。

4) 复合助剂：主要为稳定剂及消泡剂。稳定剂用于减少或避免胶乳在搅拌过程中产生析出及凝聚现象。稳定剂的选择应根据乳液的 pH 值确定，一般来说，中性或弱碱性溶液应采用阳离子型，常用的有 OP 型乳化剂、均染剂 102、农乳 600 等。

消泡剂可减少或消除由于胶乳中的稳定剂和乳化剂的表面活化影响产生的大量气泡。要求消泡剂有较好的分散性、破泡性、抑泡性及耐碱性。同时，消泡剂的针对性很强，要慎重选用，往往在一种体系中能消泡，而在另一种体系中反而有助泡作用，最好几种消泡剂复合使用会取得较好效果。常用的消泡剂有：长链醇类（包括异丁烯酸、3-辛醇等）、脂肪酸酯类（如硬酯酸异戊醛等）、磷酸三丁酯及有机硅类等。

5) 水：采用不含有害物质的洁净水。

(2) 配合比及配制方法

1) 阳离子氯丁胶乳水泥防水砂浆配合比：参考表 4.2.4.6-4。

表 4.2.4.6-4　阳离子氯丁胶乳水泥防水砂浆配合比（质量比）

材　料	净浆配方	砂浆配方(Ⅰ)	砂浆配方(Ⅱ)
普通硅酸盐水泥	1	1	1
中砂（粒径 3mm 以下）	—	2～2.5	1～3
阳离子氯丁胶乳	0.3～0.4	0.20～0.50	0.25～0.50
复合助剂	适量	0.13～0.14	适量
水	适量	适量	适量

2) 配制方法：根据配方先将阳离子氯丁胶乳装入桶内，然后加入稳定剂、消泡剂及适量的水，混合搅拌均匀，即成混合乳液。另外，按配方将水泥和砂干拌均匀后，再将上述混合乳液加入，用人工或机械搅拌均匀，即可使用。

胶乳水泥砂浆如用人工拌合时，必须在灰槽或铁板上进行拌合，切不可在水泥地面上进行，以免胶乳失水，成膜过快而失去稳定性。

3) 技术性能

阳离子氯丁胶乳水泥防水砂浆的主要技术性能见表 4.2.4.6-5。

表 4.2.4.6-5 阳离子氯丁胶乳水泥防水砂浆的主要技术性能

项次	净浆配方	砂浆配方（Ⅰ）
1	抗拉强度（28d）	5.3～6.7MPa
2	抗弯强度（28d）	8.2～12.5MPa
3	抗压强度（28d）	34.8～40.5MPa
4	粘结强度（28d）	粗糙面 3.6～5.8MPa 光滑面 2.5～3.8MPa
5	干缩值（28d）	7.0～7.3×10^{-4}
6	吸水率	2.6%～2.9%
7	抗渗强度	>1.5MPa
8	抗冻性（冻融50次，冻-15～-20℃，4h，融15～20℃，4h为一循环） 抗压强度 抗弯强度 抗拉强度	 33.3～40.0MPa 8.3～10.4MPa 4.4～5.6MPa

影响氯丁胶乳水泥防水砂浆性能的因素：

1) 养护制度对水泥砂浆性能的影响：为保证水泥水化的正常进行，避免早期失水而导致砂浆出现干缩裂缝，须在水泥硬化期间浇水养护。但阳离子氯丁胶乳系水溶性物质，只有在干燥的条件下才可固化。氯丁胶乳所生成的胶网膜是在水泥砂浆脱水后并借助于空气中的氧逐渐完成交链而成的。施工后由于胶乳水泥砂浆的面层直接接触空气，因而形成的胶膜较多，而里层砂浆中的胶乳仍处在逐渐的脱水与交链阶段，因此，这时不应浇水养护，否则养护水分易带走砂浆内的胶乳，从而破坏橡胶网膜的形成。由于两种材料的不同特性，造成氯丁胶乳防水砂浆在养护问题上干与湿的矛盾。根据试验结果表明，采用干、湿结合的方法进行养护的抗折、抗压强度及析出比都比全干或全湿养护时的值高。即在防水砂浆养护的初期采用湿养护，以促进和保证水泥的充分水化，然后再进行干燥养护，使聚合物尽快成膜，即施工后2d前不洒水，2d后再进行7d左右的洒水养护，以后再进行自然干燥养护。

2) 氯丁胶乳掺量对砂浆性能影响：①掺量适宜可使聚合物获得理想的抗折和抗压强度，但掺量超过15%时，其抗折强度却呈下降趋势；②掺入氯丁胶乳后，使橡胶、集料、水泥三者形成一个完整的橡胶集料网络膜，封闭了材料空隙的通道，从而阻止了介质的侵入，吸水率大大减小（约比不掺者减少27.8%），抗渗能力也相应提高；③掺入氯丁胶乳并不能改善普通水泥砂浆的干缩性能，特别是掺量超过10%以后，其收缩明显增加；④氯丁胶乳偏酸性，在掺有稳定剂的情况下，由于聚合物膜有效地阻止潮湿介质的渗入，使钢筋基本上处于密闭状态而不会发生锈蚀，但当暴露在空气中或存在水、臭氧等介质时，锈蚀仍很明显。

(3) 施工要点

1) 基层混凝土或砂浆必须坚固并具有一定强度，一般不低于设计强度的70%；基层表面应洁净、无灰尘、油污等杂物，表面如有孔洞、麻面、裂缝应用阳离子氯丁胶乳砂浆堵塞抹平。

如有渗漏水，先用速凝剂水泥浆进行堵漏处理，再用胶乳水泥砂浆罩面封堵。

2）阳离子氯丁胶乳砂浆大面积抹面需进行适当分格，分格间距一般为20～30m。

3）阳离子氯丁胶乳砂浆必须严格按配方和配制工艺进行配制，并且宜随用随拌，用多少拌多少，拌制好的砂浆应在1h内用完。

4）在处理好的基层表面上，由上而下均匀涂刷一遍胶乳水泥浆，并仔细封堵孔洞和缝隙。

5）待15min后，沿一个方向抹压第一遍胶乳水泥砂浆，一般垂直抹压5～8mm厚，水平抹压10～15mm厚。施工顺序为先立墙后地面，阴阳角处防水层必须做成圆角。因胶乳成膜较好，抹压砂浆时切勿反复搓动，以防砂浆起壳或表面龟裂。

6）第一遍防水砂浆初凝后，再抹下一层防水砂浆。

7）砂浆防水层施工结束后，须进行检查，如表面有明显孔洞或裂缝，则须用胶乳水泥浆涂刷一遍，以增加防水层表面密实性。

8）防水砂浆4h后，抹一道水泥砂浆作保护层。

9）施工温度冬期以5℃以上为宜，夏季以35℃以下为宜。

10）养护以干湿交替的养护方法为宜。砂浆未硬化以前不要浇水，硬化以后浇水养护7d左右，再以后在自然条件下养护。在潮湿的地下室施工时，则不需采用其他措施，在自然状态下养护即可。

3 丙烯酸酯共聚乳液水泥防水砂浆

（1）原材料要求

1）水：采用42.5级普通硅酸盐水泥；

2）砂：采用普通建筑用细砂，严禁混入大于8mm的颗粒；

3）水：采用不含有害物质的洁净水；

4）混合乳液：丙烯酸酯乳液（简称乳液）加适量的稳定剂和消泡剂。

（2）配合比及配制方法

1）配合比：水泥∶砂∶混合乳液＝1∶（2～3）∶（0.3～0.5）。

混合乳液掺量为0.3～0.5时，若丙烯酸固体含量为50%，则实际混合乳液掺量为水泥用量的15%～25%。

2）配制方法：将混合乳液按需要的聚灰比（即聚合物与水泥之比约12%）加入已干拌均匀的1∶1水泥砂内拌合，使砂浆的稠度达到180～200mm左右。如果砂浆太干，可适当增加少量的水使之达到施工要求。

（3）丙烯酸酯共聚乳液水泥砂浆性能

1）丙烯酸酯乳液具有良好的减水性能，掺入水泥砂浆中可以大大改善砂浆的和易性，在相同流动度下，掺乳液的水泥砂浆比不掺的可减水35%～43%。

2）丙烯酸酯共聚乳液水泥砂浆有很高抗裂性。如在砂浆中掺入12%（聚灰比）乳胶，收缩变形减小，极限延伸率增加1倍以上，抗裂系数可增加50倍以上，与此同时还可提高砂浆黏结强度1倍以上。

3）丙烯酸酯共聚乳液水泥砂浆的抗渗性比普通水泥砂浆有显著提高，如聚合物掺量为12%时，灰砂比为1∶1时，其抗渗能力可提高1.5倍。

(4) 操作要点

丙烯酸酯共聚乳液水泥砂浆操作要点同普通水泥砂浆多层抹面防水层施工。养护制度同阳离子氯丁胶乳砂浆。

4 有机硅水泥防水砂浆

(1) 有机硅防水剂及防水砂浆配制

1) 有机硅防水剂 有机硅防水剂主要成分是甲基硅酸钠（钾）、高沸硅醇钠（钾）为基材，在水和二氧化碳作用下，生成网状甲基硅树脂防水膜，具有憎水性，掺入基层后可堵塞砂浆内部毛细孔，增强密实性，提高抗渗性，从而起到防水作用。该防水剂市场有产品出售。其技术性能见表4.2.4.6-6。

表4.2.4.6-6 有机硅防水剂技术性能

项次	项 目	甲基硅醇钠	高沸硅醇钠
1	外观	淡黄色至无色透明	淡黄色至无色透明
2	固体含量(%)	30~32.5	31~35
3	pH值	14	14
4	相对密度(25℃)	1.23~1.25	1.25~1.26
5	氯化钠含量(%)	<2	<2
6	硅含量(%)		1~3
7	甲基硅倍伴氧含量(%)	18~20	
8	总碱量(%)	<18	<20

将有机防水剂和水按表4.2.4.6-7的比例混合均匀，制成溶液，即称为硅水。

表4.2.4.6-7 硅水质量配合比

碱性硅水配合比		中性硅水配合比		
防水剂	水	防水剂	水	硫酸铝或硝酸铝
1	7~9	1	5~6	0.4~0.5

2) 有机硅水泥砂浆

砂浆配制时，先将有机硅防水剂与水混合均匀成为硅水，然后再与灰砂搅拌均匀。其配合比及配制方法见表4.2.4.6-8。

表4.2.4.6-8 有机硅水泥砂浆配合比和配制方法

名 称	硅水配合比 防水剂:水	砂浆配合比 水泥:硅:硅水	配 制 方 法
结合层水泥净浆	1:7	1:2:0.6	水泥放于容器中再加硅水搅拌
底层水泥砂浆	1:8	1:2:0.5~0.6	宜用机械搅拌，将水泥与砂干拌到色泽一致，再加硅水搅拌1~2min
面层水泥砂浆	1:8~9	1:2.5:0.5~0.6	

(2) 施工要点

1) 基层必须干燥后才能施工。

2) 在处理好的干燥基层上刷（或喷）1~2遍硅水（防水剂:水=1:7），不等干燥随即抹2～3mm厚结合层净浆，使基层与净浆牢固结合，净浆必须边拌边刮抹。

3）待水泥净浆初凝后，抹压第一层底层防水砂浆，厚5～6mm，待初凝时压实，并用木抹搓成麻面。

4）待第一层底层防水砂浆初凝后，再抹第二层面层砂浆厚10～15mm。

5）面层砂浆抹后仔细检查，符合质量要求后再抹不掺防水剂的水泥砂浆保护层2～3mm厚。

6）待防水层全部施工完后，及时进行湿润养护，以免防水砂浆中水分过早蒸发而出现干缩裂缝，一般养护14d。

7）施工时，操作者要注意保护皮肤和眼睛。

4.2.5 成品保护

1 抹灰脚手架应离开墙面200mm；拆架子时，不得碰坏墙面及棱角。

2 落地灰应及时清理，不得沾污地面基层或防水层。

3 地面防水层抹完后，在24h内防止上人踩踏。

4.2.6 安全、环保措施

1 配制砂浆掺加外加剂，操作人员应戴防护用品。

2 墙面抹防水层应在可靠的架子上操作。

3 环保措施参见第4.1.6.2条。

4.2.7 质量标准

Ⅰ 主控项目

1 水泥砂浆防水层的原材料及配合比必须符合设计要求。

检验方法：检查出厂合格证、质量检验报告、计量措施和现场抽样试验报告。

2 水泥砂浆防水层各层之间必须结合牢固，无空鼓现象。

检验方法：观察和用小锤轻击检查。

Ⅱ 一般项目

1 水泥砂浆防水层表面应密实、平整，不得有裂纹、起砂、麻面等缺陷；阴阳角处应做成圆弧形。

检验方法：观察检查。

2 水泥砂浆防水层施工缝留槎位置应正确，接槎应按层次顺序操作，层层搭接紧密。

检验方法：观察检查和检查隐蔽工程验收记录。

3 水泥砂浆防水层的平均厚度应符合设计要求，最小厚度不得小于设计值的85%。

检验方法：观察和尺量检查。

4.2.8 质量验收

1 检验批的验收由监理工程师或建设单位项目技术负责人组织项目专业质量检查员等进行验收。

2 每检验批按施工面积每100m²作为一处抽查，每处10m²，且不少于3处，在施工组织设计（或方案）中事先确定。

3 验收时检验各种原材料的试验报告。

4 检验批质量验收记录当地政府主管部门无统一规定时，宜采用表4.2.8"水泥砂浆防水层检验批质量验收记录表"。

表 4.2.8 水泥砂浆防水层检验批质量验收记录表
GB 50208—2002

单位(子单位)工程名称					
分部(子分部)工程名称				验收部位	
施工单位				项目经理	
施工执行标准名称及编号					
		施工质量验收规范的规定	施工单位检查评定记录		监理(建设)单位验收记录
主控项目	1	原材料及配合比			
	2	结合牢固			
一般项目	1	表面质量			
	2	留槎、接槎			
	3	防水层厚度(设计) ≥85%			
施工单位检查评定结果	专业工长(施工员)　　　　　　施工班组长 项目专业质量检查员：　　　　　年　月　日				
监理(建设)单位验收结论	专业监理工程师(建设单位项目专业技术负责人)：　　　　　年　月　日				

4.3 卷材防水层

4.3.1 一般规定

4.3.1.1 本节适用于受侵蚀性介质或受振动作用的地下工程主体迎水面铺贴的卷材防水层。

4.3.1.2 卷材防水层应采用高聚物改性沥青防水卷材和合成高分子防水卷材。所选用的基层处理剂、胶粘剂、密封材料等配套材料，均应与铺贴的卷材材性相容。

4.3.1.3 铺贴防水卷材前，应将找平层清扫干净，在基面上涂刷基层处理剂；当基面较潮湿时，应涂刷湿固化型胶粘剂或潮湿界面隔离剂。基层处理剂配制与施工应符合下列规定：

　　1 基层处理剂应与卷材及胶粘剂的材性相容；

　　2 基层处理剂可采取喷涂法或涂刷法施工，喷、涂应均匀一致不露底，待表面干燥后方可铺贴卷材。

4.3.1.4 防水卷材厚度选用应符合表 4.3.1.4 的规定。

表 4.3.1.4 防水卷材厚度

防水等级	设防道数	合成高分子防水卷材	高聚物改性沥青防水卷防
1级	三道或三道以上设防	单层：不应小于 1.5mm；双层：每层不应小于 1.2mm	单层：不应小于 4mm；双层：每层不应小于 3mm
2级	二道设防		
3级	一道设防	不应小于 1.5mm	不应小于 4mm
	复合设防	不应小于 1.2mm	不应小于 3mm

4.3.1.5 两幅卷材短边和长边的搭接宽度均不应小于100mm。采用多层卷材时，上下两层和相邻两幅卷材的接缝应错开 1/3 幅宽，且两层卷材不得相互垂直铺贴。

4.3.1.6 冷粘法铺贴卷材应符合下列规定：

1 胶粘剂涂刷应均匀，不露底，不堆积；

2 铺贴卷材时应控制胶粘剂涂刷与卷材铺贴的间隔时间，排除卷材下面的空气，并滚压粘结牢固，不得有空鼓；

3 铺贴卷材应平整、顺直，搭接尺寸正确，不得有扭曲、皱折；

4 接缝口应用密封材料封严，其宽度不应小于 10mm。

4.3.1.7 热熔法铺贴卷材应符合下列规定：

1 火焰加热器加热卷材应均匀，不得过分加热或烧穿卷材；厚度小于 3mm 的高聚物改性沥青防水卷材，严禁采用热熔法施工；

2 卷材表面热熔后，应立即滚铺卷材，排除卷材下面的空气，并滚压粘结牢固，不得有空鼓、皱折；

3 滚铺卷材时，接缝部位必须溢出沥青热熔胶，并应随即刮封接口使接缝粘结严密；

4 铺贴后的卷材应平整、顺直，搭接尺寸正确，不得有扭曲。

4.3.1.8 卷材防水层完工并经验收合格后应及时做保护层。保护层应符合下列规定：

1 顶板的细石混凝土保护层与防水层之间宜设置隔离层；

2 底板的细石混凝土保护层厚度应大于 50mm；

3 侧墙宜采用聚苯乙烯泡沫塑料保护层，或砌砖保护墙（边砌边填实）和铺抹 30mm 厚水泥砂浆。

4.3.1.9 卷材防水层宜铺设在混凝土结构主体的迎水面上。

4.3.1.10 卷材防水层用于建筑物地下室应铺设在结构主体底板垫层至墙体顶端的基面上，在外围形成封闭的防水层。

4.3.1.11 阴阳角处应做成圆弧或 45°（135°）折角，其尺寸视卷材品质确定。在转角处、阴阳角等特殊部位，应增贴 1~2 层相同的卷材，宽度不宜小于 500mm。

4.3.1.12 地下防水卷材铺贴方式有外防外贴法、外防内贴法及混合贴法三种。由于外防外贴法的防水效果优于外防内贴法，所以在施工场地和条件不受限制时一般均采用外防外贴法。

4.3.2 施工准备

4.3.2.1 技术准备

1 图纸会审

在学习领会设计意图的基础上组织图纸会审,认真解决设计图和施工中可能出现的问题,使防水设计更加完善、更加切实可行。未经会审的图纸不得施工。

2 技术交底

防水工程施工前,施工负责人应向班组进行技术交底,内容应包括:施工部位、施工顺序、施工工艺、构造层次、节点设防方法、增强部位及做法,工程质量标准,保证质量的技术措施,成品保护措施和安全注意事项等。

4.3.2.2 材料准备

1 常用卷材种类、档次、相应施工工艺见4.3.2.2表。具体可按工程的功能等级、设计要求,结合材料性能、来源以及施工条件进行选用。备用材料数量满足工程要求。

表4.3.2.2 常用卷材种类、档次、施工工艺

类别	卷 材 名 称	档次	相应施工工艺
合成高分子防水卷材	三元乙丙橡胶防水卷材	高	冷粘法
	氯化聚乙烯-橡胶共混防水卷材	高	冷粘结
	氯磺化聚乙烯防水卷材	高	冷粘法、热熔法
	聚氯乙烯防水卷材	中	冷粘法、热熔法
	氯化聚乙烯防水卷材	中	冷粘法
	LYX-603防水卷材	中	冷粘法
	高密度聚乙烯(HDPE)防水卷材	高	焊接法
	再生橡胶防水卷材	低	冷粘法
高聚物改性沥青防水卷材	SBS改性沥青防水卷材(玻纤胎)	中低	热粘法、冷粘法、热熔法
	SBS改性沥青防水卷材(聚酯胎)	高	冷粘法、热熔法
	APP改性沥青防水卷材(聚酯胎)	高	冷粘法、热熔法、热粘法
	化纤胎改性沥青油毡	低	冷粘法、自粘法
	废胶粉改性沥青耐低温油毡	低	冷粘法
	自粘型改性沥青防水卷材(聚酯胎、玻纤胎)	中低	自粘法
石油沥青防水卷材	石油沥青玻璃布油毡	低	冷粘法、热粘法
	石油沥青玻纤胎油毡	低	冷粘法、热粘法

2 胶结材料

根据所用的防水卷材的品种,选用与之材性相容的基层处理剂、胶粘剂、密封材料等配套材料。备用材料数量满足工程要求。

4.3.2.3 主要机具设备

1 机械设备

高压吹风机、水泵。

2 主要工具

小平铲、扫帚、钢丝刷、铁桶、木棒、长把滚刷、油漆刷、裁剪刀、壁纸刀、盒尺、卷尺、单双筒热熔喷枪、移动式热熔焊枪、喷枪、喷灯、铁抹子、干粉灭火器、手推车、电动搅拌器、橡皮刮板、木刮板、手持压辊、铁压辊、嵌缝枪、热风焊接机、热风焊接枪。

4.3.2.4 作业条件

1 当地下水位较高时,应先做好排降水工作,将地下水位降低到防水结构底板以下500mm,并保持到防水层施工完成周围回填土完毕为止。

2 地下结构基层表面应平整、牢固,不得有起砂、空鼓等缺陷;阴阳角处,应做成圆弧形或钝角,同时表面应洁净干燥,含水率不应大于9%(空铺法不受此限制),经隐蔽验收合格才能进行防水层施工。

3 穿过墙面、地面或顶板的预埋管道和变形缝等,应按设计要求进行处理,并符合验收规范的规定,在卷材铺贴前应办理隐检手续。

4 卷材防水层材料已备齐,运到现场,并经复验,质量符合设计要求。

5 机具设备已准备就绪,可满足施工需要。

6 施工操作人需经培训、考核,方可上岗操作,并进行详细的技术交底和安全教育。

7 卷材防水层施工应在天气良好的条件下铺设,雨天、大风、雪天、冬期环境温度低于5℃,不宜施工。

4.3.3 材料质量控制

4.3.3.1 卷材

卷材防水层应选用高聚物改性沥青类或合成高分子类防水卷材,并符合下列规定:

1 卷材外观质量、品种规格应符合现行国家标准或行业标准;

2 卷材及其胶粘剂应具有良好的耐水性、耐久性、耐刺穿性、耐腐蚀性和耐菌性;

3 高聚物改性沥青防水卷材的主要物理性能应符合表4.3.3.1-1的要求。

表4.3.3.1-1 高聚物改性沥青防水卷材的主要物理性能

项 目		性 能 要 求		
		聚酯毡胎体卷材	玻纤毡胎体卷材	聚乙烯膜胎体卷材
拉伸性能	拉力(N/50mm)	≥800(纵横向)	≥500(纵向)	≥140(纵向)
			≥300(横向)	≥120(横向)
	最大拉力时延伸率(%)	≥40(纵横向)	—	≥250(纵横向)
低温柔度(℃)		≤−15		
		3mm厚,$r=15mm$;4mm厚,$r=25mm$;3s,弯180°,无裂纹		
不透水性		压力0.3MPa,保持时间30min,不透水		

4 合成高分子防水卷材的主要物理性能应符合表4.3.3.1-2的要求。

表4.3.3.1-2 合成高分子防水卷材的主要物理性能

项 目	性 能 要 求				
	硫化橡胶类		非硫化橡胶类	合成树脂类	纤维胎增强类
	JL_1	JL_2	JF_3	JS_2	
拉伸强度(MPa)	≥8	≥7	≥5	≥8	≥8
断裂伸长率(%)	≥450	≥400	≥200	≥200	≥10
低温弯折性(℃)	−45	−40	−20	−20	−20
不透水性	压力0.3MPa,保持时间30min,不透水				

注:卷材类别见表4.3.2.2。

4.3.3.2 胶结材料

粘贴各类卷材必须采用与卷材材性相容的胶粘剂,胶粘剂的质量应符合下列要求:

1 高聚物改性沥青卷材间的粘结剥离强度不应小于8N/10mm；

2 合成高分子卷材胶粘剂的粘结剥离强度不应小于15N/10mm，浸水168h后的粘结剥离强度保持率不应小于70％。

4.3.4 施工工艺
4.3.4.1 工艺流程

1 冷粘法铺贴工艺：

基层清理→底胶涂布→复杂部位增强处理→卷材表面涂胶→基层表面涂胶→卷材铺贴→排气→压实→卷材接头粘贴→压实→卷材末端收头及封边处理→保护层施工

2 热熔法铺贴工艺：

基层清理→底胶涂布→复杂部位增强处理→加热器加热卷材表面→卷材铺贴→排气→压实→刮封接口→保护层施工

4.3.4.2 施工要点

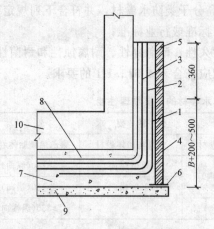

图4.3.4.2-1 外防外贴防水层做法
1—附加防水层；2—卷材防水层；3—沥青卷材防水层；4—永久性保护墙；5—临时性保护墙；6—干铺沥青卷材一层；7—1：2.5水泥砂浆找平层；8—细石混凝土C20，50厚；9—混凝土垫层；10—需防水结构

1 防水层的基面应平整牢固、清洁干燥。

2 铺贴卷材严禁在雨天、雪天施工；五级风及其以上不得施工；冷粘法施工气温不宜低于5℃，热熔法施工气温不宜低于－10℃。

3 铺贴高聚物改性沥青卷材应采用热熔法施工；铺贴合成高分子卷材采用冷粘法施工。

4 外防外贴冷粘法铺贴施工要点：

外防外贴冷粘法构造如图4.3.4.2-1所示。

（1）砌筑永久性保护墙

在防水结构的四周，同一垫层上用M5水泥砂浆砌筑半砖厚的永久性保护墙，墙体应比结构底板面高出200～500mm左右。

（2）抹水泥砂浆找平层

在垫层和永久性保护墙表面抹1：（2.5～3）的水泥砂浆找平层。找平层厚度，阴阳角的圆弧和平整度应符合设计要求或规范规定。

（3）涂布基层处理剂

找平层干燥并清扫干净后，按照所用的不同卷材种类，涂布相应的基层处理剂，如系用空铺法，可不涂布基层处理剂。基层处理剂可用喷涂或刷涂法施工，喷涂应均匀一致，不露底。如基面较潮湿时，应涂刷湿固化型胶粘剂或潮湿界面隔离剂。

（4）复杂部位增强处理

阴阳角、转角等部位在铺贴防水层前，应用与墙体同种防水卷材作附加增强处理。

（5）铺贴卷材

卷材应先铺平面后铺立面。第一块卷材应铺贴在平面与立面相交的阴角处，平面和立面各占半幅卷材。待第一块卷材铺贴完后，根据卷材搭接宽度（长、短边均为100mm）

在第一块卷材上弹出基准线，以后卷材就按此基准线铺贴。

根据所用的高聚物改性沥青卷材或合成高分子卷材将相应的胶粘剂均匀地满涂在基层上（空铺法部分可不涂胶粘剂）和附加增强层和卷材上。其搭接边部分应预留出空白边，如直接采用卷材胶粘剂进行卷材与卷材、卷材与基层之间的粘结时，则不必留出空白搭接边。

待胶粘剂基本干燥后，即可铺贴卷材。在平面与立面交界部位，应先铺贴平面部位的半幅卷材，然后沿阴角根部由下向上铺贴立面部位的另一半卷材。立面部分卷材甩槎在永久性保护墙上。

卷材铺贴完后，用接缝胶粘剂将预留出的空白边搭接粘结。

热塑性合成高分子防水卷材的搭接边，可用热风焊法进行粘结。

（6）粘贴封口条

卷材铺贴完毕后，对卷材长边和短边的搭接缝应用建筑密封材料进行嵌缝处理，然后再用封口条作进一步封口密封处理，封口条的宽度为120mm，如图4.3.4.2-2所示。

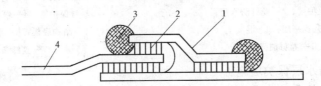

图 4.3.4.2-2　封口条密封处理

1—封口条；2—卷材胶粘剂；3—密封材料；4—卷材防水层

（7）铺设保护隔离层

平面和立面部位防水层施工完毕并经验收合格后，宜在防水层上虚铺一层沥青卷材作保护隔离层，铺设时宜用少许胶粘剂花粘固定，以防在浇筑细石混凝土刚性保护层时发生位移。

（8）砌筑临时性保护墙

对立面部位在永久性保护墙上，用石灰砂浆砌筑4皮高半砖的临时性保护墙，压住立面甩槎的防水层和保护隔离卷材。

（9）浇筑平面保护层和抹立面保护层

卷材防水层铺设完，经检查验收合格后，底板部位即可浇筑不小于50mm厚的C20细石混凝土，浇筑时切勿损伤保护隔离层和防水层，如有损伤须及时修补，以免留下隐患。侧墙部位（永久性保护墙体）防水层表面抹20厚1：3水泥砂浆找平层加以保护。细石混凝土和砂浆保护层须压实、抹平、抹光。

细石混凝土和水泥砂浆保护层养护固化后，即可按设计要求绑扎钢筋、支设立面模板进行浇筑底板和墙体混凝土。

（10）结构外墙面抹水泥砂浆找平层

先拆除临时性保护墙体，然后在结构外墙面清理后抹1：3水泥砂浆找平层。

（11）铺贴外墙立面卷材防水层

将甩槎防水卷材上部的保护隔离卷材撕掉，露出卷材防水层，沿结构外墙进行接槎铺贴。铺贴时，上层卷材盖过下层卷材不应小于150mm，短边搭接宽度不应小于100mm。遇有预埋管（盒）等部位，必须先用附加卷材（或加筋防水涂膜）增强处理后再铺贴卷材防水层。铺贴完毕后，凡用胶粘剂粘贴的卷材防水层，应用密封材料对搭接缝进行嵌缝处理，并用封口条盖缝，用密封材料封边。卷材的甩槎、接槎做法见图4.3.4.2-3、图4.3.4.2-4。

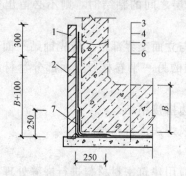

图4.3.4.2-3 卷材防水层甩槎做法
1—临时保护墙；2—永久保护墙；3—
细石混凝土保护层；4—卷材防水层；
5—水泥砂浆找平层；6—混凝土
垫层；7—卷材加强层

图4.3.4.2-4 卷材防水层接槎做法
1—结构墙体；2—卷材防水层；3—
卷材保护层；4—卷材加强层；
5—结构底板；6—密封材料；
7—盖缝条

（12）外墙防水层保护层施工

外墙防水层经检查验收合格，确认无渗漏隐患后，可在立面卷材防水层外侧点粘5～6mm厚聚乙烯泡沫塑料片材或40mm厚聚苯乙烯泡沫塑料或砌筑半砖墙保护层。如用砖砌保护墙时，应每隔5～6m及转角处应留缝，缝宽不小于20mm，缝内用油毡条或沥青麻丝填塞，保护墙与卷材防水层之间缝隙，随砌砖随用石灰砂浆填满，以防回填土侧压力将保护墙折断损坏。

（13）顶板防水层与保护层施工

顶板防水卷材铺贴同底板垫层上铺贴。铺贴完后应按设计要求作保护层，其厚度不应小于70mm，防水层为单层时在保护层与防水层之间应设虚铺卷材作隔离层。

回填土必须认真施工，要求分层夯实，土中不得含有石块、碎砖、灰渣等杂物，距墙面500mm范围内宜用黏土或2：8灰土回填。

5 外防外贴热熔法铺贴施工要点

外防外贴热熔法铺贴法构造如图4.3.4.2-5所示。

（1）做混凝土垫层，如保护墙较高，可采用加大永久性保护墙下垫层厚度的做法，必要时可配置加强钢筋。

（2）在垫层上砌永久性保护墙，厚度为1砖厚，其下干铺一层卷材，回填土随保护墙体砌筑进行。

（3）在垫层保护墙表面抹1：（2.5～3）

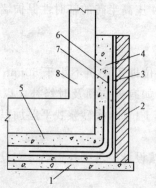

图4.3.4.2-5 外防外贴热熔法铺贴法构造做法
1—混凝土垫层；2—永久性保护墙；3—找平层；
4—卷材防水层；5—细石混凝土保护层；6—
水泥砂浆或5mm厚聚乙烯泡沫塑料片材
保护层；7—卷材附加增强层；
8—防水结构

水泥砂浆找平层，要求抹平、抹光，阴阳角处应抹成圆弧形。

(4) 待找平层干燥后即可涂布基层处理剂。

(5) 复杂部位增强处理同外防外贴法。

(6) 卷材宜先铺立面后铺平面。立面部位的卷材防水层，应从阴阳角部位逐渐向上铺贴，阴阳角部位的第一块卷材，平面与立面各贴半幅，然后在已铺卷材的搭接边上弹出基准线，再按线铺贴卷材。卷材的铺贴方法、卷材的搭接粘接、嵌缝和封口密封处理方法与外防外贴相同。

(7) 施工质量检查验收，确认无渗漏隐患后，先在平面防水层上点粘石油沥青纸胎卷材保护隔离层，立面墙体防水层上粘贴5～6mm厚聚乙烯泡沫塑料片材保护层。施工方法与外防外贴法相同。然后在平面卷材保护隔离层上浇筑厚50mm以上C20细石混凝土保护层。

(8) 按设计要求绑扎钢筋和浇筑主体结构混凝土。利用永久性保护墙体替代模板。

4.3.5 成品保护

1 卷材在运输及保管时立放不高于四层，不得横放、斜放，应避免雨淋、日晒、受潮，以防粘结变质。

2 已铺贴好的卷材防水层，应及时采取保护措施。操作人员不得穿带钉鞋在底板上作业。

3 穿墙和地面管道根部、地漏等，不得碰坏或造成变位。

4 卷材铺贴完成后，要及时做好保护层。外防外贴法墙角留槎的卷材要妥加保护，防止断裂和损伤并及时砌好保护墙；各层卷材铺完后，其顶端应给予临时固定，并加以保护，或砌筑保护墙和进行回填土，保护层应符合以下规定：

(1) 顶板卷材防水层上的细石混凝土保护层厚度应符合设计要求，防水层为单层卷材时，在防水层与保护层之间应设置隔离层；

(2) 底板卷材防水层上的细石混凝土保护层厚度不应小于50mm；

(3) 侧墙卷材防水层宜采用软保护或铺抹20mm厚的1:3水泥砂浆。

5 排水口、地漏、变形缝等处应采取措施保护，保持口内、管内畅通。防止基层积水或污染而影响卷材铺贴质量。

4.3.6 安全、环保措施

1 掺加沥青操作人员应穿工作服，戴安全帽、口罩、手套、帆布脚盖等劳保用品；工作前，手脸及外露皮肤应涂擦防护油膏等。

2 熬制沥青应远离火源，离建筑物10m以上。沥青锅附近严禁堆放易燃易爆品，临时堆放沥青，离沥青锅不应小于5m，装入锅内沥青不应超过锅容量的2/3，锅灶附近应备有消防灭火器材。

3 熬制沥青调制冷底子油，应缓慢升温，严格控制温度，防止着火。

4 地下室通风不良时，铺贴卷材应采取通风措施，防止有机溶剂挥发，使操作人员中毒。

4.3.7 质量标准

Ⅰ 主控项目

1 卷材防水层所用卷材及主要配套材料必须符合设计要求。

检验方法：检查出厂合格证、质量检验报告和现场抽样试验报告。

2 卷材防水层及其转角处、变形缝、穿墙管道等细部做法均须符合设计要求。

检验方法：观察检查和检查隐蔽工程验收记录。

Ⅱ 一般项目

1 卷材防水层的基层应牢固,基面应洁净、平整,不得有空鼓、松动、起砂和脱皮现象;基层阴阳角处应做成圆弧形。

检验方法:观察检查和检查隐蔽工程验收记录。

2 卷材防水层的搭接缝应粘(焊)结牢固,密封严密,不得有皱折、翘边和鼓泡等缺陷。

检验方法:观察检查。

3 侧墙卷材防水层的保护层与防水层应粘结牢固,结合紧密、厚度均匀一致。

检验方法:观察检查。

4 卷材搭接宽度的允许偏差为-10mm。

检验方法:观察和尺量检查。

4.3.8 质量验收

1 检验批的验收由监理工程师或建设单位项目技术负责人组织项目专业质量检查员等进行验收。

2 每检验批按铺贴面积每100m² 抽查1处,每处10m²,且不得少于3处,在施工组织设计(或方案)中事先确定。

3 验收时检验各种原材料的试验报告。

4 检验批质量验收记录,当地政府主管部门无统一规定时,宜采用表4.3.8"卷材防水层检验批质量验收记录表"。

表4.3.8 卷材防水层检验批质量验收记录表
GB 50208—2002

单位(子单位)工程名称					
分部(子分部)工程名称				验收部位	
施工单位				项目经理	
施工执行标准名称及编号					
	施工质量验收规范的规定			施工单位检查评定记录	监理(建设)单位验收记录
主控项目	1	卷材及配套材料质量			
	2	细部做法			
一般项目	1	表面质量			
	2	卷材搭接缝			
	3	保护层			
	4	卷材搭接宽度允许偏差(mm)	-10		
施工单位检查评定结果	专业工长(施工员)			施工班组长	
	项目专业质量检查员: 年 月 日				
监理(建设)单位验收结论	专业监理工程师(建设单位项目专业技术负责人): 年 月 日				

4.4 涂料防水层

4.4.1 一般规定

4.4.1.1 本节适用于受侵蚀性介质或受振动作用的地下工程主体迎水面或背水面涂刷的涂料防水层。

4.4.1.2 涂料防水层应采用反应型、水乳型、聚合物水泥防水涂料或水泥基、水泥基渗透结晶型防水涂料。无机防水涂料宜用于结构主体的背水面，有机防水涂料宜用于结构主体的迎水面，用于背水面的有机防水涂料应具有较高的抗渗性，且与基层有较强的粘结性。

4.4.1.3 防水涂料厚度选用应符合表4.4.1.3的规定：

表 4.4.1.3 防水涂料厚度 (mm)

防水等级	设防道数	有机涂料			无机涂料	
		反应型	水乳型	聚合物水泥	水泥基	水泥基渗透结晶型
1级	三道或三道以上设防	1.2～2.0	1.2～1.5	1.5～2.0	1.5～2.0	≥0.8
2级	二道设防	1.2～2.0	1.2～1.5	1.5～2.0	1.5～2.0	≥0.8
3级	一道设防	—	—	≥2.0	≥2.0	—
	复合设防	—	—	≥1.5	≥1.5	—

4.4.1.4 涂料防水层的施工应符合下列规定：

1 涂料涂刷前应先在基面上涂一层与涂料相容的基层处理剂；

2 涂膜应多遍完成，涂刷应待前遍涂层干燥成膜后进行；

3 每遍涂刷时应交替改变涂层的涂刷方向，同层涂膜的先后搭接茬宽度宜为30～50mm；

4 涂料防水层的施工缝（甩槎）应注意保护，搭接缝宽度应大于100mm，接涂前应将其甩茬表面处理干净；

5 涂刷程序应先做转角处、穿墙管道、变形缝等部位的涂料加强层，后进行大面积涂刷；

6 涂料防水层中铺贴的胎体增强材料，同层相邻的搭接宽度应大于100mm，上下层接缝应错开1/3幅宽。

4.4.1.5 有机防水涂料施工完后应及时做好保护层，保护层应符合下列规定：

1 顶板的细石混凝土保护层与防水层之间宜设置隔离层；

2 底板的细石混凝土保护层厚度应大于50mm；

3 侧墙宜采用聚苯乙烯泡沫塑料保护层，或砌砖保护墙（边砌边填实）和铺抹30mm厚水泥砂浆。

4.4.2 施工准备

4.4.2.1 技术准备

1 图纸会审

在学习领会设计意图的基础上组织图纸会审，认真解决设计图和施工中可能出现的问题，使防水设计更加完善、更加切实可行。未经会审的图纸不得施工。

2 技术交底

涂料防水层工程施工前，施工负责人应向班组进行技术交底，内容应包括：施工部位、施工顺序、施工工艺、构造层次、节点设防方法、增强部位及做法、工程质量标准、保证质量的技术措施、成品保护措施和安全注意事项等。

4.4.2.2 材料准备

1 聚氨酯涂膜防水层

用料满足设计要求及工程需要。

2 硅橡胶涂膜防水层

用料满足设计要求及工程需要。

3 复合防水涂料

用料满足设计要求及工程需要。

4.4.2.3 施工机具准备

应备有电动搅拌器、塑料圆底拌料桶、台秤、吹风机（或吸尘器）、扫帚、油漆刷、滚动刷、橡皮刮板及消防器材等。

4.4.2.4 作业条件

1 基层表面的气孔、凹凸不平、蜂窝、缝隙、起砂等，应用水泥砂浆找平或用聚合物水泥腻子填补刮平，基层必须干净、无浮浆、无水珠、不渗水。

2 涂料施工前，基层阴阳角应做成圆弧形，阴角直径宜大于50mm，阳角直径宜大于10mm。

3 涂料施工前应先对阴阳角、预埋件、穿墙等部位进行密封或加强处理。

4 涂料的配制及施工，必须严格按涂料的技术要求进行。

5 基层应干燥，含水率不得大于9%，当含水率较高或环境湿度大于85%时，应在基面涂刷一层潮湿隔离剂。基层含水率测定，可用高频水分测定计测定，也可用厚为1.5~2.0mm的1m²橡胶板材覆盖基层表面，放置2~3h，若覆盖的基层表面无水印，且紧贴基层的橡胶板一侧也无凝结水印，则基层的含水率即不大于9%。

4.4.3 材料质量控制

4.4.3.1 涂料防水层所选用的涂料应符合下列规定：

1 具有良好的耐水性、耐久性、耐腐蚀性及耐菌性；

2 无毒、难燃、低污染；

3 无机防水涂料应具有良好的湿干粘结性、耐磨性和抗刺穿性；有机防水涂料应具有较好的延伸性及较大适应基层变形能力。

4.4.3.2 无机防水涂料、有机防水涂料的性能指标应符合表4.4.3.2-1、表4.4.3.2-2的规定。

表4.4.3.2-1 无机防水涂料的性能指标

涂料种类	抗折强度(MPa)	粘结强度(MPa)	抗渗性(MPa)	冻融循环
水泥基防水涂料	≥4	≥1.0	≥0.8	＞F50
水泥基渗透结晶型防水涂料	≥3	≥1.0	＞0.8	＞F50

表 4.4.3.2-2 有机防水涂料的性能指标

涂料种类	可操作时间(min)	潮湿基面粘结强度(MPa)	抗渗性(MPa)			浸水168h后拉伸强度	浸水168h后断裂伸长率(%)	耐水性(%)	表干(h)	实干(h)
			涂膜(30min)	砂浆迎水面	砂浆背水面					
反应型	≥20	≥0.3	≥0.3	≥0.6	≥0.2	≥1.65	≥300	≥80	≤8	≤24
水乳型	≥50	≥0.2	≥0.3	≥0.6	≥0.2	≥0.5	≥350	≥80	≤8	≤12
聚合物水泥	≥30	≥0.6	≥0.3	≥0.8	≥0.2	≥1.5	≥80	≥80	≤8	≤12

注：1 浸水18h后的拉伸强度和断裂延伸是在浸水取出后只经擦干即进行试验所得的值。
　　2 耐水性指标是指材料浸水168h后取出擦干即进行试验，其粘结强度及抗渗性的保持率。

4.4.3.3 胎体增强材料的质量应符合表4.4.3.3的规定。

表 4.4.3.3 胎体增强材料质量要求

项　目		聚酯无纺布	化纤无纺布	玻纤网布
外　观		均匀、无团状、平整、无折皱		
拉力(宽50mm)	纵向	≥150N	≥45N	≥90N
	横向	≥100N	≥35N	50N
延伸率	纵向	≥10%	≥10%	≥3%
	横向	≥20%	≥20%	≥3%

4.4.4 施工工艺
4.4.4.1 工艺流程
　　基层处理→涂刷底层涂料→（增强涂布或增补涂布）→涂布第一道涂膜防水层→（增强涂布或增补涂布）→涂布第二道（或面层）涂膜防水层→稀撒石渣→铺抹水泥砂浆→粘贴保护层

4.4.4.2 施工要点
1 聚氨酯涂膜防水层施工
（1）基层要求及处理
1）基层要求坚固、平整光滑，表面无起砂、疏松、蜂窝麻面等现象，如有上述现象存在时，应用水泥砂浆找平或用聚合物水泥腻子填补刮平。
2）遇有穿墙管或预埋件时，穿墙管或预埋件应按规定安装牢固、收头圆滑。
3）基层表面的泥土、浮尘、油污、砂粒疙瘩等必须清除干净。
4）基层应符合本标准第4.4.2.4条的规定。
（2）涂刷基层处理剂
　　将聚氨酯甲、乙组分和二甲苯按1：1.5：2的比例（质量比）配置，搅拌均匀，再用长柄滚刷蘸满混合料均匀地涂刷在基层表面上，涂刷时不得堆积或露白见底，涂刷量以0.3kg/m²左右为宜，涂后应干燥5h以上，方可进行下一工序施工。
（3）涂布操作要点
1）涂布顺序应先垂直面、后水平面，先阴阳角及细部节点、后大面。每层涂抹方向应相互垂直。

增强涂布或增补涂布可在涂刷基层处理剂后进行，也可以在涂布第一遍涂膜防水层以后进行。也有将增强涂布夹在每相邻两层涂膜之间的作法。

2）在阴阳角、穿墙管周围、预埋件及设备根部、施工缝或开裂处等需要增强防水层抗渗性的部位，应做增强或增补涂布。

增强涂布是在涂布增强涂膜中铺设聚酯纤维无纺布，做成"一布二涂"或"二布三涂"，用板刷涂刮驱除气泡，将聚酯纤维无纺布紧密地粘贴在已涂刷基层处理剂的基层上，不得出现空鼓或折皱。这种做法一般为条形。增补涂布为块状，做法同增强涂布，但可做多次涂抹。增强、增补涂布与基层处理剂是组成涂膜防水层的最初涂层，对防水层的抗渗性能具有重要作用，因此涂布操作时要认真仔细，保证质量，不得有气孔、鼓泡、折皱、翘边、露白等缺陷，聚酯纤维无纺布应按设计规定搭接。

3）防水涂膜涂布时，用长柄滚刷蘸取配制好的混合料，顺序均匀地涂刷在基层处理剂已干燥的基层表面上，涂刷时要求厚薄均匀一致，对平面基层以3～4遍为宜，每遍涂刷量为$0.6～0.8kg/m^2$；对立面基层以涂刷4～5遍为宜，每遍涂刷量为$0.5～0.6kg/m^2$。防水涂膜总厚度以不小于2mm为合格。

4）涂完第一遍涂膜后，一般需固化5h以上，以指触基本不粘时，再按上述方法涂刷第二、三、四、五遍涂层。对平面基层，应将搅拌均匀的混合料分开倒于基面上，用刮板将涂料均匀地刮开摊平；对立面基层，一般采用塑料畚箕刮涂，畚箕口倾斜与墙面成60°夹角，自下而上用橡皮刮板刮涂。

5）每遍涂层涂刷时，应交替改变涂层的涂刷方向，同层涂膜的先后搭茬宽度宜为30～50mm。

6）每遍涂层宜一次连续涂刷完毕，如需留设施工缝时，对施工缝应注意保护，搭接缝宽度应大于100mm，接涂前应将施工缝处表面处理干净。

7）待每遍涂层固化干燥后，应进行检查，如有空鼓、气孔、露底、堆积、固化不良、裂纹等缺陷，应进行修补，修补后方可涂布下一层。

8）当防水层中需铺设胎体增强材料时，一般应在第二遍涂层刮涂后，立即铺贴聚酯纤维无纺布，并使无纺布平坦地粘贴在涂膜上，长短边搭接宽度均应大于100mm，在无纺布上再滚涂混合料，滚压密实，不允许有皱折或空鼓、翘边现象，经5h以上固化后，方可涂刷第三遍涂层。如有二层或二层以上胎体增强材料时，上下层接缝应错开1/3幅宽。

(4) 保护层施工

1）平面部位，当最后一遍涂膜完全固化，经检查合格后，即可铺一层沥青卷材作隔离层，铺设时可用少许聚氨酯涂料或氯丁橡胶类胶粘剂花粘固定，然后在隔离层上浇筑40～50mm厚细石混凝土作刚性保护层，施工时必须注意避免机具或材料损伤卷材隔离层和涂膜防水层，如有损伤应及时修复，避免留下隐患。完成刚性保护层后，即可根据设计要求绑扎钢筋浇筑主体结构混凝土。

2）立面部位，当最后一遍涂料刮涂后，在固化前立即粘贴5～6mm厚聚乙烯泡沫塑料片作软保护层，粘贴时要求泡沫塑料片拼缝严密，以防回填土时损伤防水涂膜，或在最后一遍涂料时，边刷涂料边撒中粗砂，待粘结牢固后抹水泥砂浆或砌砖保护层。保护层施工后，即可按设计要求分层夯实回填土。

2 硅橡胶涂膜防水层施工

(1) 基层要求及处理

1) 基层应坚实、平整光滑，表面不得有起砂、疏松、剥落和凹凸不平现象。

2) 基层上的灰尘、油污、碎屑及尖锐棱角应清除干净，凹凸和裂缝等应用水泥砂浆或涂料腻子填补找平，并要达到一定强度。

(2) 涂布操作要点

1) 防水层可采用喷涂、滚涂或刷涂均可。一般采用刷涂法，用长板刷、排笔等软毛刷进行。涂料使用前应先搅拌均匀，并不得任意加水。

2) 防水层的刷涂层次，一般分四遍，第一四遍为1号涂料，第二三遍为2号涂料。

3) 涂刷程序应先做转角，穿墙管道、变形缝等节点附加增强层，然后再做大面积涂布。

4) 首先在处理好的基层上均匀地涂刷一遍1号防水涂料，不得漏涂，同时涂刷不宜太快，以免在涂层中产生针眼、气泡等质量通病，待第一遍涂料固化干燥后再涂刷第二遍。

5) 第二三遍均涂刷2号防水涂料，每遍涂料均应在前遍涂料固化干燥后涂刷。凡遇底板与立墙根连接的阴角，均应铺设聚酯纤维无纺布进行附加增强处理，作法与聚氨酯涂料处理相同。

(3) 保护层施工

1) 当第四遍涂料涂刷后，表面尚未固化而仍发黏时，在其上抹一层1∶2.5水泥砂浆保护层。由于该防水涂料具有憎水性，因此抹砂浆保护层时，其砂浆的稠度应小于一般砂浆，并注意压实抹光，以保证砂浆与防水层有良好的粘结，同时，水泥砂浆中要清除小石子及尖锐颗粒，以免在抹压时损伤防水涂膜。

2) 当采用外防内涂法施工时，则可在第四遍涂膜防水层上花贴一层沥青卷材作隔离层，这一隔离层就可作为立墙的内模板，但在绑扎钢筋、浇筑主体结构混凝土时，应注意防止损坏卷材隔离层和涂膜防水层。

3) 当采用内防水法施工时，则应在最后一遍涂料涂刷时，采取边刷涂料，边撒中粗砂（最好粗砂），并将砂子与涂料粘牢或铺贴一层结合界面材料，如带孔的黄麻织布、玻纤网格布等，然后抹水泥砂浆或粘贴面砖饰面层。

3 复合防水涂料施工

复合防水涂料由有机液料和无机粉料复合而成的双组分防水涂料，是一种既具有有机材料弹性高又有无机材料耐久性好的优点。

(1) 基层要求与处理

1) 基层必须坚固无松动，表面应平整、无明水、无渗漏，如有凹凸不平及裂缝等缺陷，应用水泥砂浆或聚合物水泥腻子找平嵌实；遇有穿墙管、预埋件时，应将穿墙管、预埋件按规定安装牢固，收头圆滑；阴阳角应做成圆弧角。

2) 基层上泥土、灰尘、油污和砂粒疙瘩等应用钢丝刷、吹风机等消除干净。

(2) 涂布操作要点

1) 施工顺序为：底涂料→下层涂料→中层涂料、铺无纺布→面层涂料→保护层

2) 配料：底涂料的质量配合比为液料∶粉料∶水＝10∶7∶14；下层、中层和

面层的质量配合比为：液料：粉料：水＝10：7：(0～2)；面层涂料根据需要可加颜色以形成彩色层。彩色涂料的质量配合比为：液料：粉料：颜料：水＝10：7：(0.5～1.0)：(0～2)。颜料应选用中性氧化铁系无机颜料（如选用其他颜料需经试验确定）。在规定的用水范围内，斜面、顶面、立面施工应不加水或少加水，平面施工时宜多加些水。

在进行配料时，应先将水加入到液料中用电动搅拌器搅拌均匀后，再边搅拌边徐徐加入粉料，充分搅拌均匀直至料中不含粉团，搅拌时间约3min左右。

3) 用滚子或刷子将涂料均匀地涂覆于基层上，按照先细部后大面、先立墙后平面的原则按顺序逐层涂覆，各层之间的时间间隔以上一层涂膜固化干燥不粘为准（在温度为20℃的露天条件下，不上人施工的约需3h，上人施工约需5h），现场环境温度低、湿度大、通风差，固化干燥时间长些，反之则短些。

4) 需铺胎体增强材料时，应选用下层、铺无纺布、中层三道工序连续施工的工法，即在涂刷下层涂料后，立即铺设无纺布，要求铺平铺直，然后在其上涂刷中层涂料，要求不得有气孔、针眼、鼓泡、折皱、露白、堆积、翘边等缺陷，无纺布长短边搭接宽度应为100mm。

5) 涂覆过程中，涂料应经常搅拌，防止沉淀，涂刷要求多次滚刷，使涂料与基层之间不留气泡，粘结严实；每层涂覆必须按规定用量取料；底涂料为0.3kg/m²，下层、中层和面层每层为0.9kg/m²。尽量厚薄均匀，不能过厚或过薄，若最后防水层厚度不够，可加涂一层或数层。

6) 防水层涂膜厚度应按设计要求或根据工程防水等级决定。

7) 搅拌好的涂料（当配比为液料：粉料：水＝10：7：2）在环境温度为20℃条件下，必须在3h内用完，现场环境温度低，可用时间长些，反之则短些，如料过久变得稠硬时，应废弃不得加水再用。

(3) 保护层施工

保护层或装饰型保护层应在防水层完工2d后进行。如抹水泥砂浆保护层时，应在面层涂料涂刷后立即撒干净中粗砂，并使其粘结牢固，养护2d后抹1：2.5水泥砂浆。如贴面砖、地砖等装饰块材时，可将复合防水涂料：粉料＝10：(15～20)调成腻子状，即可用作粘结剂。

4 氯丁橡胶沥青防水涂料施工

(1) 溶剂型氯丁橡胶

1) 基层处理：基层须平整、坚实、清洁、干燥。基层不平处，应用高强度等级砂浆填平补齐，阴阳角处应做成圆弧角。涂布前应进行表面处理，用钢丝刷或其他机具清刷表面，除去浮灰杂物及不稳固的表层，并用扫帚清理干净。

2) 先在按要求处理好的基层上用较稀的涂料用力涂刷一层底涂层。

3) 待底涂层干燥后（约一昼夜），即可边刷涂料边粘玻璃纤维布。玻璃纤维布铺贴后用排刷刷平，使玻璃纤维布被涂料充分浸透。当第一层玻璃纤维布涂层干燥后，可另刷一遍涂料，再铺贴第二层玻璃纤维布，在其上再刷涂料。玻璃纤维布相互搭接长度应不少于100mm，上下两层玻璃纤维布接缝应上下错开。粘贴玻璃纤维布后，应检查有无气泡和皱折，如有气泡，则应将玻璃纤维布剪破排除气泡，并用涂料重新粘贴好。

4）施工注意事项

a 由于涂料是以甲苯或二甲苯作溶剂，易挥发，因此应密闭贮存。

b 施工现场要注意通风，避免工作人员因吸入过量溶剂挥发气体而中毒。

（2）水乳型氯丁橡胶

1）基层处理：水泥砂浆找平层应坚实、平整，用2m直尺检查，凹处不超过5mm，并平缓变化，每平方米内不多于一处。若不符合上述要求，应用1:3水泥砂浆找平。基层裂缝要修补，裂缝小于0.5mm的，先以稀释防水涂料做二次底涂，干后再用防水涂料反复涂几次。0.5mm以上裂缝，应将裂缝加以适当剔宽，涂上稀释防水涂料，干后用防水涂料或嵌缝材料灌缝，在其表面粘贴30～40mm宽的玻璃纤维网格布条，上涂防水涂料。

2）将稀释防水涂料均匀涂布于基层找平层上。涂刷时选择在无阳光的早晚进行，使涂料有充分的时间向基层毛细孔内渗透，增强涂层对底层的粘结力。干后再涂刷防水涂料2～3遍，涂刷涂料时应做到厚度适宜，涂布均匀，不得有流淌、堆积现象，以利于水分蒸发，避免起泡。

3）铺贴玻璃纤维网格布，施工时可采用干贴法或湿铺法。前者是在已干的底涂层上平铺玻璃纤维网格布，展平后加以点粘固定；后者是在已干的底涂层上，边涂防水涂料边铺贴玻璃纤维布。

4）施工注意事项

a 涂料使用前必须搅拌均匀。

b 不得在气温5℃以下施工；雨天、风沙天不得施工；夏季太阳暴晒下和后半夜潮露时不宜施工。

c 施工中严禁踩踏未干防水层，不准穿带钉鞋操作。

5 再生橡胶沥青防水涂料施工

（1）溶剂型再生橡胶

1）基层要求平整、密实、干燥、含水率低于9%，不得有起砂疏松、剥落和凹凸不平现象，各种坡度应符合排水要求。基层不平处，应用高强度等级砂浆填平补齐，阴阳角处应做成圆弧角。涂布前应进行表面清理，用钢丝刷或其他机具清刷表面，除去浮灰杂物及不稳固的表层，并用扫帚或吹尘机清理干净。

2）基层裂缝宽度在0.5mm以下时，可先刷涂料一度，然后用腻子（涂料：滑石粉或水泥=100:（100～120）或（120～180）刮填。对于较大的裂缝，可先凿宽，再嵌填弹塑性较大的聚氯乙烯塑料油膏或橡胶沥青油膏等嵌缝材料。然后用涂料粘贴一条（宽约50mm）玻璃纤维布或化纤无纺布增强。

3）处理基层后，用棕刷将较稀的涂料（用涂料加50%汽油稀释）用力薄涂一遍，使涂料尽量向基层微孔及发丝裂纹里渗透，以增加涂层与基层的粘结力。不得漏刷，不得有气泡，一般厚为0.2mm。

4）按玻璃纤维布或化纤无纺布宽度和铺贴顺序在基层上弹线，以掌握涂刷宽度。中层涂层施工时，应尽量避免上人反复踩踏已贴部位，以防因粘脚而把布带起，影响与基层粘结。

5) 施工注意事项：

a 底层涂层施工未干时，不准上人踩踏。

b 玻璃纤维布与基层必须粘牢，不得有皱折、气泡、空鼓、脱层、翘边和封口不严现象。

c 基层应坚实、平整、清洁，混合砂浆及石灰砂浆表面不宜施工。施工温度为-10～40℃，下雨、大风天气停止施工。

d 本涂料以汽油为溶剂，在贮运及使用过程中均须充分注意防火。随用随倒随封，以防挥发。存放期不宜超过半年。

e 涂料使用前须搅拌均匀，以免桶内上下浓稀不均。刷底层涂层及配有色面层涂料时，可适当添加少许汽油，降低黏度以利涂刷。

f 配腻子及有色涂料所用粉料均应干燥，表面保护层材料应洁净、干燥。

g 使用细砂作罩面层时，需用水洗并晒干后方能使用。

h 工具用完用汽油洗净，以便再用。

(2) 水乳型再生橡胶

1) 基层要求有一定干燥程度，含水率10%以下。若经水洗，要待自然干燥，一般要求晴天间隔1d，阴天酌情适当延长。若基层找平材料为现浇乳化沥青珍珠岩，其水湿率应低于5%。

2) 对基层裂缝要预先修补处理。宽度在0.5mm以下的裂缝，先刷涂料一遍，然后以自配填缝料（涂料掺加适量滑石粉）刮填，干后于其上用涂料粘贴宽约50mm的玻璃纤维布或化纤无纺布；大于0.5mm的裂缝则需凿宽，嵌填塑料油膏或其他适用的嵌缝材料，然后粘贴玻璃纤维布或化纤无纺布增强。

3) 在按规定要求进行处理基层后，均匀用力涂刷涂料一遍，以改善防水层与基层的粘结力。干燥固化后，再在其上涂刷涂料1～2遍。

4) 将防水涂料用小桶适当地倒在已干燥的底涂层上，随即用长柄大毛刷推刷，一般刷涂厚度为0.3～0.5mm。涂刷要均匀，不可过厚，也不得漏刷。然后将预先用圆轴卷好的玻璃纤维布（或化纤无纺布）的一端贴牢，两手紧握布卷的轴端，用力向前滚压玻璃纤维布，随刷涂料随粘贴，并用长柄刷赶走布下的气泡，将布压贴密实。贴好的玻璃纤维布不得有皱纹、翘边、白茬、鼓泡等现象。然后依次逐条铺贴，切不可铺一条空一条。铺贴时操作人员应退步进行。涂膜未干前不得上人踩踏。若须加铺玻璃纤维布，可依第一层玻璃纤维布铺贴方法施工。布的长、短边搭接宽度均应大于100mm。

5) 施工注意事项

a 施工基层应坚实，宜等混凝土或水泥砂浆干缩至体积较稳定后再进行涂料施工，以确保施工质量。

b 涂料开桶前应在地上适当滚动，开桶后再用木棒搅拌，以使稠度均匀，然后倒入小桶内使用。

c 如需调节涂料浓度，可加入少量工业软水或冷开水，切忌往涂料里加入常见的硬水，否则将会造成涂料破乳而报废。

d 施工环境气温宜在10～30℃，并以选择晴朗天气为佳，雨天应暂停施工。

e 涂料每遍涂刷量不宜超过 0.5kg/m²，以免一次堆积过厚而产生局部干缩龟裂。

f 若涂料粘污身体、衣物，短期内可用肥皂水洗净；时间过长涂料干固，无法水洗时，可用松节油或汽油擦洗，然后再用肥皂水清洗。施工工具上粘附的涂料应在收工后立即擦净，以便下次再用。切勿用一般水清洗，否则涂料将速变凝胶，使毛刷等工具不能再用。

g 防水层完工后，如发现有皱折，应将皱折部分用刀划开，用防水涂料粘贴牢固，干后在上面再粘一条玻璃纤维布增强；若有脱空起泡现象，则应将其割开放气，再用涂料贴玻璃纤维布补强；倒坡和低洼处应揭开该处防水层修补基层，再按规定做法恢复防水层。

h 水乳型再生胶沥青防水涂料无毒、不燃、贮运安全。但贮运环境温度应大于 0℃。注意密封，贮存期一般为 6 个月。

6 水泥基渗透结晶型防水涂料

这种结晶体不溶于水，能充塞混凝土的微孔及毛细管道。由于它的活性物质和水有良好的亲和性，在施工后很长一段时间里，沿着需要维修的混凝土基层中的细小裂缝和毛细管道中的渗漏水源向内层发展延伸，伸入混凝土内部再产生结晶，和混凝土合成一个整体，起到密实混凝土，提高其强度、防腐、抗渗作用。

这种防水材料，也是堵漏材料，在无水条件下，材料的活性成分会保持静止状态，一旦遇水就起化学反应，封闭过程往往重复发生，混凝土的裂缝会修复。因属无机材料，可做永久性防水材料。

(1) 气候及混凝土基面条件

1) 该涂料不能在雨中或环境温度低于 4℃时施工。

2) 由于该涂料在混凝土中结晶形成过程的前提条件需要湿润，所以无论新浇筑的，还是旧有的混凝土，都要用水浸透，以便加强表面的虹吸作用，但不能有明水。

3) 新浇的混凝土表面在浇筑 20h 后方可使用该涂料。

4) 混凝土浇筑后的 24~72h 为使用该涂料的最佳时段，因为新浇的混凝土仍然潮湿，所以基面仅需少量的预喷水。

5) 混凝土基面应当粗糙、干净，以提供充分开放的毛细管系统以利于渗透。所以对于使用钢模或表面有反碱、尘土、各种涂料、薄膜、油漆及油污或者其他外来物都必须进行处理，要用凿击、喷砂、酸洗（盐酸）、钢丝刷刷洗、高压水冲等。（如使用盐酸腐蚀法，必须先用水打湿，酸处理后表面应用水彻底冲净）。结构表面如有缺陷、裂缝、蜂窝、麻面均应修凿、清理。

(2) 浓缩剂灰浆调制

1) 将该涂料与干净的水调和（水内要求无盐和无有害成分）。混合时可用手电钻装上有叶片的搅拌棒或戴上胶皮手套用手及抹子来搅和。

2) 混料时要掌握好料、水的比例，一次不宜调多，要在 20min 内用完，混合物变稠时要频繁搅动，中间不能加水。

刷涂时，按体积用 5 份料、2 份水调和，一般刷一层是 0.65~0.8kg/m²。

喷涂时，按体积用 5 份料、3 份水调和，一般喷一层是 0.8~1kg/m²。

防水等级要求高的工程则需涂两层，最好是一层浓缩剂、一层增效剂。增效剂的调制同浓缩剂（若外层贴瓷砖或抹砂浆时，可不用增效剂）。

（3）施工

1）该涂料刷、喷涂时需用半硬的尼龙刷或专用喷枪，不宜用抹子、滚筒、油漆刷或油漆喷枪。涂层要求均匀，各处都要涂到，一层的厚度应小于1.2mm，太厚养护困难。涂刷时应注意用力，来回纵横地刷，以保证凹凸处都能涂上并达到均匀。喷涂时喷嘴距涂层要近些，以保证灰浆能喷进表面微孔或微裂纹中。

2）当需涂第二层（该涂料浓缩剂或增效剂）时，一定要等第一层初凝后仍呈潮湿状态时（即48h内）进行，如太干则应先喷洒些水。

3）在热天露天施工时，建议在早、晚或夜间进行，防止涂层过快干燥，造成表面起皮影响渗透。

4）对水平地面或台阶阴阳角必须注意涂匀，阳角要刷到，阴角及凹陷处不能有过厚的沉积，否则在堆积处可能开裂。

5）对于水泥类材料的后涂层，在涂层初凝后（8~48h）即可使用。对于油漆、环氧树脂和其他有机涂料在涂层上的施工需要21d的养护和结晶过程才能进行，建议施工前先用3%~5%的盐酸溶液清洗涂层表面，之后应将所有酸液从表面上洗去。

（4）养护

1）在养护过程中必须用净水，必须在初凝后使用喷雾式，一定要避免涂层被破坏。一般每天需喷水3次，连续2~3d，在热天或干燥天气要多喷几次，防止涂层过早干燥。

2）在养护过程中，必须在施工后48h防避雨淋、霜冻、烈日、暴晒、污水及2℃以下的低温。在空气流通很差的情况下，需用风扇或鼓风机帮助养护（如封闭的水池或湿井）。露天施工用湿草袋覆盖较好，如果使用塑料膜作为保护层，必须注意架开，以保证涂层的"呼吸"及通风。

3）对盛装液体的混凝土结构（如游泳场、水库、蓄水槽等）必须3d的养护之后，再施置12d才能灌进液体。对盛装特别热或腐蚀性液体的混凝土结构，需放18d才能灌盛。

4）为适应特定使用条件时，可用伽玛养护液代替水养护。

（5）回填土

在该涂料施工36h后可回填湿土，7d内均不可回填干土，以防止其向涂层吸水。

4.4.4.3 施工注意事项

1 防水层施工不得在雨天、大风天进行，冬期施工的环境温度应不低于5℃。

2 施工时如发现涂膜层空鼓，产生原因主要是基层潮湿，找平层未干，含水率过大，使涂膜空鼓，形成鼓泡；施工时注意控制好基层含水率，接缝处应认真操作，使其粘结牢固。

3 施工时如在穿过地面、墙面的管根、地漏和伸缩缝等处出现渗漏水，主要原因是由于管根松动或粘结不牢，接触面清理不干净，产生空隙；接搓、封口处搭接长度不够，粘贴不紧密，或伸缩缝处由于建筑物不均匀下沉，撕裂防水层等原因造成的，施工过程中应精心仔细的操作，加强责任心和检查。

4.4.5 成品保护

1 操作人员应按作业顺序作业，避免过多在已施工的涂膜层上走动，同时，工人不得穿带钉子鞋操作。

2 穿过地面、墙面等处的管根、地漏，应防止碰损、变位。地漏、排水口等处应保持畅通，施工时应采取保护措施。

3 涂膜防水层未固化前不允许上人作业；干燥固化后应及时做保护层，以防破坏涂膜防水层，造成渗漏。

4 涂膜防水层施工时，应注意保护门窗、墙壁等成品，防止污染。

5 严禁在已做好的防水层上堆放物品，尤其是金属物品。

4.4.6 安全、环保措施

1 聚氨酯甲、乙料、固化剂和稀释剂等均为易燃品，应贮存在阴凉、远离火源的地方，贮仓及施工现场应严禁烟火。

2 施工现场应通风良好，在通风差的地下室作业，应采取通风措施。操作人员每隔1～2h应到室外休息10～15min。

3 现场操作人员应戴防护手套，避免聚氨酯污染皮肤。

4 其他安全措施同"4.3.6 卷材防水层"。

4.4.7 质量标准

Ⅰ 主控项目

1 涂料防水层所用材料及配合比必须符合设计要求。

检验方法：检查出厂合格证、质量检验报告、计量措施和现场抽样试验报告。

2 涂料防水层及其转角处、变形缝、穿墙管道等细部做法均须符合设计要求。

检验方法：观察检查和检查隐蔽工程验收记录。

Ⅱ 一般项目

1 涂料防水层的基层应牢固，基面应洁净、平整，不得有空鼓、松动、起砂和脱皮现象；基层阴阳角处应做成圆弧形。

检验方法：观察检查和检查隐蔽工程验收记录。

2 涂料防水层应与基层粘结牢固，表面平整、涂刷均匀，不得有流淌、皱折、鼓泡、露胎体和翘边等缺陷。

检验方法：观察检查。

3 涂料防水层的平均厚度应符合设计要求，最小厚度不得小于设计厚度的80%。

检验方法：针测法或割取20mm×20mm实样用卡尺测量。

4 侧墙涂料防水层的保护层与防水层粘结牢固，结合紧密，厚度均匀一致。

检验方法：观察检查。

4.4.8 质量验收

1 检验批的验收由监理工程师或建设单位项目技术负责人组织项目专业质量检查员等进行验收。

2 每检验批按涂层面积每100m²抽查1处，每处10m²，且不得少于3处。在施工组织设计（或方案）中事先确定。

3 验收时检验各种原材料的试验报告。

4 检验批质量验收记录当地政府主管部门无统一规定时，宜采用表4.4.8"涂料防水层检验批质量验收记录表"。

表 4.4.8 涂料防水层检验批质量验收记录表
GB 50208—2002

单位(子单位)工程名称					
分部(子分部)工程名称				验收部位	
施工单位				项目经理	
施工执行标准名称及编号					
		施工质量验收规范的规定		施工单位检查评定记录	监理(建设)单位验收记录
主控项目	1	涂料质量及配合比			
	2	细部做法			
一般项目	1	基层质量			
	2	表面质量			
	3	涂料层厚度(设计厚度)	80%		
	4	保护层与防水层粘结			
施工单位检查评定结果	专业工长(施工员)　　　　　　施工班组长 项目专业质量检查员：　　　　　　年　月　日				
监理(建设)单位验收结论	专业监理工程师(建设单位项目专业技术负责人)：　　　　　　年　月　日				

4.5 塑料板防水层

4.5.1 一般规定

4.5.1.1 本节适用于铺设在初期支护与二次衬砌间的塑料防水板(简称"塑料板")防水层。

4.5.1.2 塑料板防水层的铺设应符合下列规定：

1 塑料板的缓冲衬垫应用暗钉圈固定在基层上，塑料板边铺边将其与暗钉圈焊接牢固；

2 两幅塑料板的搭接宽度应为100mm，下部塑料板应压住上部塑料板；

3 搭接缝宜采用双条焊缝焊接，单条焊缝的有效焊接宽度不应小于10mm；

4 复合式衬砌的塑料板铺设与内衬混凝土的施工距离不应小于5m。

4.5.1.3 塑料板防水层的施工质量检验数量,应按铺设面积每100m² 抽查1处,每处10m²,但不少于3处。焊缝的检验应按焊缝数量抽查5%,每条焊缝为1处,但不少于3处。

4.5.2 施工准备

4.5.2.1 技术准备

1 图纸会审

在学习领会设计意图的基础上组织图纸会审,认真解决设计图和施工中可能出现的问题,使防水设计更加完善、更加切实可行。未经会审的图纸不得施工。

2 技术交底

防水工程施工前,施工负责人应向班组进行技术交底,内容应包括:施工部位、施工顺序、施工工艺、构造层次、节点设防方法、增强部位及做法、工程质量标准、保证质量的技术措施、成品保护措施和安全注意事项等。

4.5.2.2 材料准备

塑料防水板可用的材料为二乙烯—醋酸乙烯共聚物(EVA)、乙烯—共聚物沥青(ECB)、聚氯乙烯(PVC)、高密度聚乙烯(HDPE)、低密度聚乙烯(LDPE)类或其他性能相近的材料。具体应按设计要求选用。

4.5.2.3 主要机具

1 机械设备

手动或自动式热风焊接机、除尘机、充气检测仪、冲击钻(JIEC-20型)、压焊器(220V/150W)。

2 主要工具

放大镜(放大10倍)、电烙铁、螺刀、扫帚、剪刀、木锤、铁铲、皮尺、木棒、铁桶等。

4.5.2.4 作业条件

1 防水板应在初期支护基本稳定并经验收合格后进行铺设。铺设防水板的基层宜平整、无尖锐物。基层平整度应符合 $D/L=1/6\sim1/10$ 的要求。其中,D 是初期支护基层相邻两凸面凹进去的深度;L 是初期支护基层相邻两凸面间的距离。

2 喷射混凝土的开挖面轮廓,严格控制超、欠挖,欠挖必须凿除,有不平处应加喷混凝土或用砂浆抹平、做到喷层表面基本圆顺,个别锚杆或钢筋头应切断,并用砂浆覆盖。

3 隧道开挖中因塌方掉边造成的坑洼或岩溶洞穴,必须回填处理,并待稳定后再行铺设塑料防水层。

4.5.3 材料质量控制

塑料防水板应符合下列规定:

1 幅宽宜为2~4m;

2 厚度宜为1~2mm;

3 耐刺穿性好;

4 耐久性、耐水性、耐腐蚀性、耐菌性好;

5 塑料防水板物理力学性能应符合表4.5.3的规定。

表 4.5.3 塑料防水板物理力学性能

项 目	性能要求			
	EVA	ECB	PVC	PE
拉伸强度(MPa)≥	15	10	10	10
断裂延伸率(%)≥	500	450	200	400
不透水性 24h(MPa)≥	0.2	0.2	0.2	0.2
低温弯折性(℃)≤	−35	−35	−20	−35
热处理尺寸变化率(%)≤	2.0	2.5	2.0	2.0

4.5.4 施工工艺
4.5.4.1 工艺流程
见图 4.5.4.1。

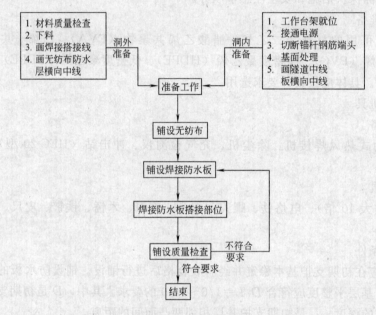

图 4.5.4.1 塑料板防水层施工流程图

4.5.4.2 施工要点
1 塑料防水层铺设前准备工作

（1）测量隧道、坑道开挖断面，对欠挖部位应加以凿除，对喷射混凝土表面凹凸显著部位应分层喷射找平；外露的锚杆头及钢筋网应齐根切除，并用水泥砂浆找平。喷射混凝土表面凹凸显著部位，是指矢高与弦长之比超过 1/6 的部位应修凿、喷补，使混凝土表面平顺。

（2）应检查塑料板有无断裂、变形、穿孔等缺陷，保证材料符合设计、质量要求。

（3）应检查施工机械设备、工具是否完好无缺，并检查施工组织计划是否科学、合理等。

2 塑料板防水层铺设主要技术要求

（1）塑料板防水层施作，应在初期支护变形基本稳定和在二次衬砌灌筑前进行。开挖和衬砌作业不得损坏已铺设的防水层。因此，防水层铺设施作点距爆破面应大于 150m，距灌筑二次衬砌处应大于20m；当发现层面有损坏时，应及时修补；当喷射表面漏水时，应及时引排。

（2）防水层可在拱部和边墙按环状铺设，并视材质采取相应接合办法。塑料板宜用搭接宽度为100mm，两侧焊缝宽应不小于25mm（橡胶防水板粘接时，其搭接宽度为100mm，粘缝宽不小于50mm）。

（3）防水层接头处应擦干净，塑料防水板应用与材质相同的焊条焊接，两块塑料板之间接缝宜采用热楔焊接法，其最佳焊接温度和速度应根据材质试验确定。聚氯乙烯PVC板和聚乙烯PE板焊接温度和速度，可参考表4.5.4.2。防水层接头处不得有气泡、折皱及空隙；接头处应牢固，强度应不小于同一种材料（橡胶防水板应用粘合剂连接、涂刷胶浆应均匀，用量应充足才能确保粘合牢固）。

表4.5.4.2　PVC板、PE板最佳焊接温度和速度

项目＼材质	PVC板	PE板
焊接温度（℃）	130～180	230～265
焊接速度（m/min）	0.15	0.13～0.2

（4）防水层用垫圈和绳扣吊挂在固定点上，其固定点的间距：拱部应为0.5～0.7m，侧墙为1.0～1.2m，在凹凸处应适当增加固定点；固定点之间防水层不得绷紧，以保证灌筑混凝土时板面与混凝土面能密贴。

（5）采用无纺布做滤层时，防水板与无纺布应密切叠合，整体铺挂。

（6）防水层纵横向一次铺设长度，应根据开挖方法和设计断面确定。铺设前宜先行试铺，并加以调整。防水层的连接部分，在下一阶段施工前应保护好，不得弄脏和损破。

（7）防水层属隐蔽工程，灌筑混凝土前应检查防水层的质量，做好接头记录和质量检查记录。

3　塑料板防水层类型

（1）全封闭式，见图4.5.4.2-1。

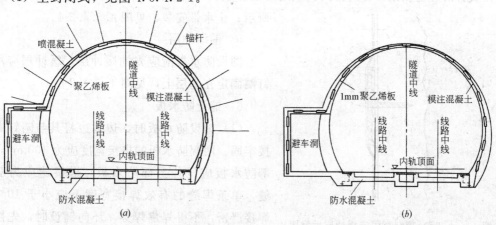

图4.5.4.2-1　全封闭式拱墙部衬砌塑料板防水层
(a) 拱墙部衬砌在第一层喷射混凝土后设置防水层；(b) 模注混凝土

在拱部、墙部衬砌及避车洞衬均设置塑料板防水层，隧底为防水混凝土。

(2) 半封闭式，见图4.5.4.2-2。

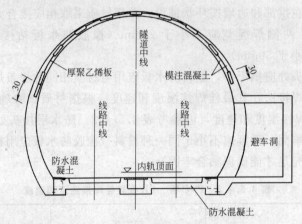

图4.5.4.2-2 半封闭式拱部聚乙烯塑料防水层

4 塑料板防水层搭接方法

(1) 环向搭接

即每卷塑料板材沿衬砌横断面环向进行设置。

(2) 纵向搭接

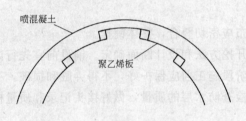

图4.5.4.2-3 聚乙烯板纵向搭接

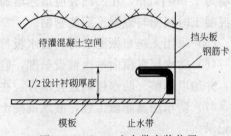

图4.5.4.2-4 止水带安装位置

板材沿隧道纵断面方向排列。纵向搭接要求成鱼鳞状，以利于排水，见图4.5.4.2-3所示；止水带安装，见图4.5.4.2-4。

5 铺缓冲层

铺设防水板前应先铺缓冲层。缓冲层应用暗钉圈固定在基层上，见图4.5.4.2-5。

6 铺设防水板

(1) 铺设防水板时，边铺边将其与暗钉圈焊接牢固。两幅防水板的搭接宽度应为100mm，下部防水板应压住上部防水板，搭接缝应为双焊缝，单条焊缝的有效焊接宽度不应小于10mm，焊接严密，不得焊焦焊穿，环向铺设时，先拱后墙，下部防水板应压住上部防水板。

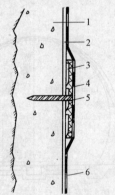

图4.5.4.2-5 暗钉圈固定缓冲层示意图
1—初期支护；2—缓冲层；3—热塑性圆垫层；
4—金属垫圈；5—射钉；6—防水板

(2) 防水板的铺设应超前内衬混凝土的施

工，其距离宜为5～20m，并设临时挡板防止机械损伤和电火花灼伤防水板。

(3) 塑料板的搭接处必须采用双焊缝焊接，不得有渗漏。检验方法为：双焊缝间空腔内充气检查，以0.25MPa充气压力保持15min后，下降值不小于10%为合格。

7 内衬混凝土施工时应符合下列规定：

(1) 振捣棒不得直接接触防水板；

(2) 浇筑拱顶时应防止防水板绷紧。

8 局部设置防水板防水层时，其两侧应采到封闭措施。

4.5.5 成品保护

1 在二次衬砌前，严禁在铺设塑料板防水层的地段进行爆破作业；

2 防水板的铺设应超前内衬混凝土的施工，其距离宜为5～20m，并设临时挡板防止机械损伤和电火花灼伤防水板。

3 模筑混凝土时，严禁模板、堵头等损坏塑料板防水层。

4.5.6 安全、环保措施

1 施工现场机电设备用电，必须遵守现场用电安全操作规程。

2 施工现场所用手动工具应放置整齐、有序和稳当，防止高温和高空坠落伤人。

3 施工现场，应保持通风良好，防止塑料板焊接时散发的有害气体伤人。

4.5.7 质量标准

Ⅰ 主控项目

1 防水层所用塑料板及配套材料必须符合设计要求。

检验方法：检查出厂合格证、质量检验报告和现场抽样试验报告。

2 塑料板的搭接缝必须采用热风焊接，不得有渗漏。

检验方法：双焊缝间空腔内充气检查。

Ⅱ 一般项目

1 塑料板防水层的基面应坚实、平整、圆顺，无漏水现象；阴阳角处应做成圆弧形。

检验方法：观察和尺量检查。

2 塑料板的铺设应平顺并与基层固定牢固，不得有下垂、绷紧和破损现象。

检验方法：观察检查。

3 塑料板搭接宽度的允许偏差为－10mm。

检验方法：尺量检查。

4.5.8 质量验收

1 检验批的验收由监理工程师或建设单位项目技术负责人组织项目专业质量检查员等进行验收。

2 塑料板防水层工程的施工质量检验数量，应按铺设面积每100m²抽查1处，每处10m²，但不小于3处。焊缝的检验应按焊缝数量抽查5%，每条焊缝为1处，但不小于3处。

3 检验批质量验收记录，当地政府主管部门无统一规定时，宜采用表4.5.8"塑料板防水层检验批质量验收记录表"。

表 4.5.8 塑料板防水层检验批质量验收记录表
GB 50208—2002

单位(子单位)工程名称					验收部位	
分部(子分部)工程名称					项目经理	
施工单位						
施工执行标准名称及编号						
施工质量验收规范的规定			施工单位检查评定记录			监理(建设)单位验收记录
主控项目	1	塑料板及配套材料质量				
	2	搭接缝焊接				
一般项目	1	基层质量				
	2	塑料板铺设				
	3	搭接宽度允许偏差	—10mm			
施工单位检查评定结果	专业工长(施工员)			施工班组长		
	项目专业质量检查员: 　　　　　　年　月　日					
监理(建设)单位验收结论	专业监理工程师(建设单位项目专业技术负责人): 　　　　　　年　月　日					

4.6 金属板防水层

4.6.1 一般规定

4.6.1.1 本节适用于抗渗性能要求较高的地下工程中以金属板材焊接而成的防水层。

4.6.1.2 金属板防水层所采用的金属材料和保护材料应符合设计要求。金属材料及焊条（剂）的规格、外观质量和主要物理性能，应符合国家现行标准的规定。

4.6.1.3 金属板的拼接及金属板与建筑结构的锚固件连接应采用焊接。金属板的拼接焊缝应进行外观检查和无损检验。

4.6.1.4 当金属板表面有锈蚀、麻点或划痕等缺陷时，其深度不得大于该板材厚度的负偏差值。

4.6.1.5 承受外部水压的金属防水层的金属板厚度及固定金属板的锚固件的个数和截面，

应符合设计要求，当设计无特殊要求，施工时可根据静水压力，按下式计算确定：

$$n=\frac{4KP}{\pi d^2 f_{st}}$$

式中　n——固定防水钢板锚固件的个数（个/m²）；
　　　K——超载系数；对于水压取 $K=1.1$；
　　　P——钢板防水层所承受的静水压力（kN/m²）；
　　　d——锚固钢筋的直径（m）；
　　　f_{st}——锚固钢筋的强度设计值（kN/m²）。

承受外部水压的防水层钢板厚度，根据等强原则按下式计算：

$$t_n=\frac{0.25d f_{st}}{f_v}$$

式中　t_n——防水层钢板厚度（m）；
　　　f_v——防水钢板受剪力时的强度，用 Q235 钢时，取 100N/mm²。
其他符号意义同上。

4.6.2　施工准备

4.6.2.1　技术准备

1　图纸会审

在学习领会设计意图的基础上组织图纸会审，认真解决设计图和施工中可能出现的问题，使防水设计更加完善、更加切实可行。未经会审的图纸不得施工。

2　技术交底

防水工程施工前，施工负责人应向班组进行技术交底，内容应包括：施工部位、施工顺序、施工工艺、构造层次、节点设防方法、增强部位及做法、工程质量标准、保证质量的技术措施、成品保护措施和安全注意事项等。

4.6.2.2　材料准备

1　金属防水层应按设计规定备用材料，其数量应满足工程需要。

2　金属防水层所用的连接材料，如焊条、焊剂、螺栓、型钢、铁件等，应按设计规定备用，其数量应满足工程需要。

4.6.2.3　机具准备

1　机械设备

砂轮切割机、刨边机、履带机或轮胎式起重机、电焊、气焊设备等。

2　主要工具

卡具、夹具、楔铁、倒链、钢丝绳、棕绳、卡环、绳夹、钢卷尺、电弧气刨、线坠以及水平仪、塔尺等。

4.6.2.4　作业条件

1　当地下水位较高时，应采取排降水措施，将地下水位降至防水层底标高 500mm 以下；

2　地下结构基坑开挖、垫层浇筑完毕，并办理了隐检手续；

3　根据设计单位提出的施工图和质量要求以及材料供应情况，绘制钢板防水构造图和排版图，编制施工方案，进行详细的技术交底并认真实施；

　　4　防水层所用钢材、焊条等已备齐，经复查规格齐全，质量符合要求，按型号、规格整齐放在加工场或现场备用；

　　5　施工机具设备经维修试运转，处于良好状态，电源可满足施工需要。

4.6.3　材料质量控制

　　1　金属防水层所用的金属板和焊条的规格及材料性能，应符合国家相关技术标准及设计要求。

　　2　对于有严重锈蚀、麻点或划痕等缺陷、不符合本标准第4.6.1.4条规定的金属板均不应用做金属防水层。

4.6.4　施工工艺

4.6.4.1　结构内侧设置金属板防水层

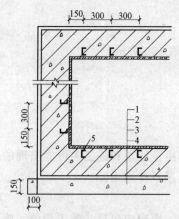

图4.6.4.1　金属板防水层
1—金属防水层；2—结构；3—砂浆防水层；4—垫层；5—锚固筋

钢板防水层有内防和外防两种。内防设在需防水地下结构的内表，其构造简单，维修容易，省材料，工程上使用最多，见图4.6.4.1。内防防水层按构造和施工方法的不同，又分先装和后装两种构造和施工方法。

　　1　先装法施工

　　（1）先焊成整体箱套，厚4mm以下钢板接缝可用搭接焊；4mm及4mm以上钢板对接焊，6mm以上钢板对接应开V形坡口，垂直缝应互相错开，箱套内侧用临时支撑加固，以防吊装及浇筑混凝土时变形。

　　（2）在结构钢筋及四壁模板安装完毕后，用起重机或吊车将箱套整体吊入基坑内预设的混凝土墩或钢支架上，准确就位，箱套作为结构内模使用。

　　（3）钢板锚筋与结构内钢筋焊牢，或在钢板套上焊以一定数量的锚固体，以便与混凝土连接牢固。

　　（4）箱套在安装前，应用超声波、气泡法、真空法或煤油渗法检查焊缝的严密性，如发现渗漏，应予修整或补焊。

　　（5）为便于浇筑混凝土，在底板上可开适当孔洞，待混凝土强度达到70%设计强度后，用比孔稍大的钢板将孔洞补焊严密。

　　2　后装法施工

　　（1）根据钢板拼装尺寸及结构造型，在防水结构内壁和底板上预埋带锚爪的钢板或预埋铁件，并与钢筋或固定架焊牢，以确保位置正确。

　　（2）待结构混凝土浇筑完毕并达到设计强度后，紧贴内壁在埋设件上焊钢板防水层，先装焊底板，后装焊立壁，要求焊缝饱满、无气孔、夹渣、咬肉、变形等缺陷。

　　（3）焊缝经检查合格后，钢板防水层与结构间的空隙用水泥砂浆或化学浆液灌填严实，外表面涂刷防腐底漆及面漆保护，或铺设预制罩面板。炉坑多砌耐火砖内衬。

4.6.4.2　结构外侧设置金属板防水层

　　在结构外侧设置金属板防水层时，金属板应焊在混凝土或砌体的预埋件上。金属板防水层经焊缝检查合格后，应将其与结构间的空隙用水泥砂浆灌实，如图4.6.4.2。

4.6.4.3 施工注意事项

1 金属防水板施工时,应用临时支撑加固;
2 金属板防水层底板上应预留浇捣孔,并应保证混凝土浇筑密实,待底板混凝土浇筑完成后再补焊严密;
3 金属板防水层如先焊成箱体,再整体吊装就位,应在其内部加设临时支撑,防止箱体变形;
4 金属板防水层应采取防锈措施。

4.6.5 成品保护

1 先装法整体防水箱套运输、堆放、吊装,必须加固,防止变形;
2 钢板防水层表面应及时涂刷底漆和面漆,其与混凝土结构间的空隙应及时灌填密实,防止锈蚀。

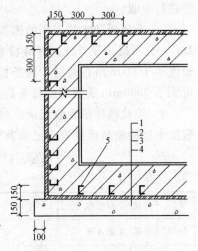

图 4.6.4.2 金属板防水层
1—砂浆防水层;2—结构;3—金属防水层;4—垫层;5—锚固筋

4.6.6 安全、环保措施

1 制作和安装钢板防水层用电,应由专人负责安装、维修和管理用电设备和线路。用电设备应良好的接地和接零,手持电动工具必须装设漏电保护器。
2 在地下结构内加工和焊接防水层,操作人员应戴绝缘手套和穿绝缘胶鞋,以防操作时漏电伤人。
3 现场气割和电焊要有专人看火管理,焊接场地周围5m以内严禁堆放易燃品;用火场所要备消防器材、器具和消火栓。
4 整体安装防水箱套,绑扎必须牢固,起吊点应通过构件的重心位置,吊升时应平稳,避免振动或摆动。在箱套就位并临时固定前,不得解开索具或拆除临时固定工具,以防脱落伤人。

4.6.7 质量标准

Ⅰ 主控项目

1 金属防水层所采用的金属板材和焊条(剂)必须符合设计要求。
检验方法:检查出厂合格证或质量检验报告和现场抽样试验告。
2 焊工必须经考试合格并取得相应的执业资格证书。
检验方法:检查焊工执业资格证书和考核日期。

Ⅱ 一般项目

1 金属板表面不得有明显凹面和损伤。
检验方法:观察检查。
2 焊缝不得有裂纹、未熔合、夹渣、焊瘤、咬边、烧穿、弧坑、针状气孔等缺陷。
检验方法:观察检查和无损检验。
3 焊缝的焊波应均匀,焊渣和飞溅物应清除干净;保护涂层不得有漏涂、脱皮和反锈现象。
检验方法:观察检查。

4.6.8 质量验收

1 检验批的验收由监理工程师或建设单位项目技术负责人组织项目专业质量检查员

等进行验收。

2 金属板防水层工程的施工质量检验数量,应按铺设面积每 10m^2 抽查 1 处,每处 1m^2,且不得小于 3 处。焊缝检验应按不同长度的焊缝各抽查 5%,但均不得少于 1 条。长度小于 500mm 的焊缝,每条检查 1 处;长度 500~2000mm 的焊缝,每条检查 2 处;长度大于 2000mm 的焊缝,每条检查 3 处。

3 检验批质量验收记录,当地政府主管部门无统一规定时,宜采用表 4.6.8 "金属板防水层检验批质量验收记录表"。

表 4.6.8 金属板防水层检验批质量验收记录表

GB 50208—2002

单位(子单位)工程名称				
分部(子分部)工程名称			验收部位	
施工单位			项目经理	
施工执行标准名称及编号				
	施工质量验收规范的规定		施工单位检查评定记录	监理(建设)单位验收记录
主控项目	1	金属板及焊条质量		
	2	焊工合格证		
一般项目	1	表面质量		
	2	焊缝质量		
	3	焊缝外观及保护涂层		
施工单位检查评定结果	专业工长(施工员) 施工班组长 项目专业质量检查员: 年 月 日			
监理(建设)单位验收结论	 专业监理工程师(建设单位项目专业技术负责人): 年 月 日			

4.7 细部构造

4.7.1 一般规定

4.7.1.1 本节适用于防水混凝土结构的变形缝、施工缝、后浇带、穿墙管道、埋设件等细部构造。

4.7.1.2 防水混凝土结构的变形缝、施工缝、后浇带等细部构造，应采用止水带、遇水膨胀橡胶腻子止水条等高分子防水材料和接缝密封材料。

4.7.1.3 变形缝应满足密封防水、适应变形、施工方便、检修容易等要求。

4.7.1.4 用于伸缩的变形缝宜不设或少设，可根据不同的工程结构类别及工程地质情况采用诱导缝、加强带、后浇带等替代措施。

4.7.1.5 防水混凝土结构应连续浇筑，尽量不留或少留施工缝。必须留设时，其防水构造形式见图 4.7.1.1。

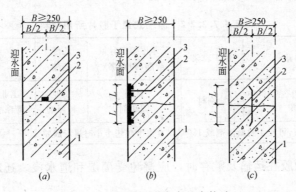

图 4.7.1.1 施工缝防水基本构造

(a) 防水基本构造（一）　　(b) 防水基本构造（二）　　(c) 防水基本构造（三）

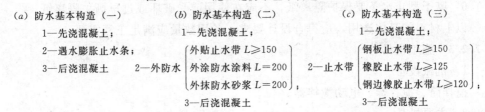

4.7.2 施工准备

4.7.2.1 技术准备

1　图纸会审

在学习领会设计意图的基础上组织图纸会审，认真解决设计图和施工中可能出现的问题，使防水设计更加完善、更加切实可行。未经会审的图纸不得施工。

2　技术交底

防水工程施工前，施工负责人应向班组进行技术交底，内容应包括：施工部位、施工顺序、施工工艺、构造层次、节点设防方法、增强部位及做法、工程质量标准、保证质量的技术措施、成品保护措施和安全注意事项等。

4.7.2.2 材料准备

1　止水带分为柔性止水带和氯丁胶片止水带等。

2 柔性止水带包括橡胶止水带和塑料水止带。

3 氯丁胶片止水带分为粘贴式和涂刷式两种。粘贴式氯丁胶片止水带为布纹氯丁耐胶片，用胶结材粘贴。粘贴式氯丁胶片的粘结材料见表4.7.2.2-1。

表4.7.2.2-1 粘贴式氯丁胶片的粘结材料表

名　称	氯丁橡胶胶粘剂	三苯烷三异氰酸酯（列克那）	乙酸乙酯	水泥
规格	2号胶浆	试剂	工业	普通水泥32.5级
用途	胶粘剂	固化剂	稀释剂	填充料
一般性能	耐老化、耐油、耐水耐腐蚀	本身抗水性差，加入胶粘剂内稳定性提高	为便于操作，调整胶粘剂的稠度，易挥发	提高粘结层的粘结强度

4 涂刷式氯丁胶片止水带是以玻璃布为衬托层，涂布氯丁胶浆而成的，胶浆中要掺入定量的固化剂、稀释剂及填充料等，见表4.7.2.2-2。

表4.7.2.2-2 涂刷式氯丁胶片所用材料

名称	无蜡玻璃布①	氯丁胶浆	三苯甲烷三异氰酸酯（列克那）	乙酸乙酯	汽油	水泥
规格	453mm×453mm×0.15mm		试剂	工业	工业	32.5级及填充料
用途	衬托层	涂刷材	固化剂	稀释剂	稀释剂	

① 如采用有蜡玻璃布，可浸于脱蜡溶剂或180℃以上温度烘烤半小时进行脱蜡。

5 遇水膨胀橡胶在运输及贮存时，应避免受潮湿和遭水浸。还应注意防止污染、沾上尘土或污物。

6 腻子型止水条要保护隔离纸，不应在使用前受破坏或过早撕去隔离纸。

以上材料的具体选用，应符合设计要求，备用数量应满足工程需要。

4.7.2.3 施工机具

1 机械设备

搅拌筒、搅拌棒、电动搅拌器。

2 主要机具

钢丝刷、平铲、凿子、锤子、砂布、砂纸、扫帚、小毛刷、皮老虎、吹风机、溶剂桶、刷子、棉纱、铁锅、铁桶或塑化炉、刮刀、腻子刀、嵌缝手动挤料枪、嵌缝电动挤料枪、灌缝车、鸭嘴壶、防污条、磅秤、安全防护用品。

4.7.2.4 作业条件

1 基面修补完毕；

2 整体沉降量达到80%；

3 在潮湿及有积水的部位，应在遇水膨胀橡胶止水条上涂刷缓凝剂。

4.7.3 材料质量控制

1 橡胶止水带的外观质量、尺寸偏差、物理性能应符合HG 2288—92的规定。

钢边橡胶止水带的物理力学性能应符合表4.7.3-1的规定。

表 4.7.3-1　钢边橡胶止水带的物理力学性能

项目	硬度（邵氏 A,度）	拉伸强度（MPa）	扯断伸长率（%）	压缩永久变形（70℃×24h）（%）	扯裂强度（N/mm）	热老化性能(70℃×168h)			拉伸永久变形（70℃×24h拉伸100%）	橡胶与钢带粘合试验	
						硬度变化（邵氏 A）	拉伸强度（MPa）	扯断伸长率（%）		破坏类型	粘合强度（MPa）
性能指标	62±5	≥18.0	≥400	≤35	≥35	≤+8	≥16.2	≥320	≤20	橡胶破坏(R)	≥6

2　遇水膨胀橡胶条的性能指标应符合表 4.7.3-2 的规定。

表 4.7.3-2　遇水膨胀橡胶密封垫胶料物理性能

序号	项目		指标			
			PZ-150	PZ-250	PZ-400	PZ-600
1	硬度（邵氏 A,度）*	≥	42±7	42±7	45±7	48±7
2	拉伸强度（MPa）	≥	3.5	3.5	3	3
3	扯断伸长率（%）	≥	450	450	350	350
4	体积膨胀倍率（%）	≥	150	250	400	600
5	反复浸水试验	拉伸强度（MPa）≥	3	3	2	2
		扯断伸长率（%）≥	350	350	250	250
		体积膨胀倍率（%）≥	150	250	500	500
6	低温弯折-20℃×2h		无裂纹	无裂纹	无裂纹	无裂纹
7	防霉等级		达到与优于 2 级			

注：* 硬度为推荐项目。
　1　成品切片测试应达到标准的 80%；
　2　接头部部位的拉伸强度不得低于上表标准性能的 50%；
　3　体积膨胀率＝$\frac{\text{膨胀后的体积}}{\text{膨胀前的体积}} \times 100\%$。

3　嵌缝材料最大拉伸强度不应小于 0.2MPa，最大伸长率应大于 300%，拉伸—压缩循环性能的级别不应小于 8020。

4　高分子材料止水带质量应符合以下规定：
（1）止水带的尺寸公差应符合表 4.7.3-3 的要求。

表 4.7.3-3　止水带尺寸

	止水带公称尺寸	极限偏差（mm）
厚度 B	4～6mm	+1,0
	7～10mm	+1.3,0
	11～20mm	+2.0,0
宽度 L（%）		±3

（2）止水带表面不允许有开裂、缺胶、海绵状等影响使用的缺陷，中心孔偏心不允许超过管状断面厚度的 1/3；止水带表面允许有深度不大于 2mm、面积不大于 16mm² 的凹

痕、气泡、杂质、明疤等缺陷不超过4处。

(3) 止水带的物理性能应符合表4.7.3-4的要求。

表 4.7.3-4 止水带物理性能

项　目			性　能　要　求		
			B 型	S 型	J 型
硬度(邵尔 A,度)			60±5	60±5	60±5
拉伸强度(MPa)		≥	15	12	10
扯断伸长率(%)		≥	380	380	300
压缩永久变形	70℃×24h(%)	≤	35	35	35
	23℃×168h(%)	≤	20	20	20
撕裂强度(kN/m)		≥	30	25	25
脆性温度(℃)		≤	−45	−40	−40
热空气老化	遇水膨胀橡胶腻子止水条的物理性能	硬度变化(邵尔 A,度)	+8	+8	—
		拉伸强度(MPa) ≥	12	10	—
		扯断伸长率(%) ≥	300	300	—
	100℃×168h	硬度变化(邵尔 A,度)	—	—	+8
		拉伸强度(MPa) ≥	—	—	9
		扯断伸长率(%) ≥	—	—	250
臭氧老化 50PPhm;20%,48h			2级	2级	0级
橡胶与金属粘合			断面在弹性体内		

注：1 B型适用于变形缝止水带；S型适用于施工缝止水带；J型适用于有特殊老化要求的接缝止水带；
2 橡胶与金属粘合项仅适用于具有钢边的止水带。

5 遇水膨胀橡胶腻子止水条的质量应符合以下规定：

(1) 遇水膨胀橡胶腻子止水条的物理性能应符合表4.7.3-5的要求。

表 4.7.3-5 遇水膨胀橡胶腻子止水条的物理性能

项　目	性　能　要　求		
	PN-150	PN-220	PN-300
体积膨胀倍率(%)	≥150	≥220	≥300
高温流淌性(80℃×5h)	无流淌	无流淌	无流淌
低温试验(−20℃×2h)	无脆裂	无脆裂	无脆裂

注：体积膨胀率＝膨胀后的体积/膨胀前的体积×100%。

(2) 选用的遇水膨胀橡胶腻子止水条应具有缓胀性能，其7d的膨胀率应不大于最终膨胀率的60%。当不符合时，应采取表面涂缓膨胀剂措施。

6 接缝密封材料的质量应符合以下规定：

(1) 改性石油沥青密封材料的物理性能应符合表4.7.3-6的要求。

表 4.7.3-6　改性石油沥青密封材料的物理性能

项　目		性　能　要　求	
		Ⅰ类	Ⅱ类
耐热度	温度(℃)	70	80
	下垂值(mm)	≤4.0	
低温柔性	温度(℃)	-20	-10
	粘结状态	无裂纹和剥离现象	
拉伸粘结性(%)		≥125	
浸水后拉伸粘结性(%)		≥125	
挥发性(%)		≤2.8	
施工度(mm)		≥22.0	≥20.0

注：改性石油沥青密封材料按耐热度和低温柔性分为Ⅰ类和Ⅱ类。

（2）合成高分子密封材料的物理性能应符合表 4.7.3-7 的要求。

表 4.7.3-7　合成高分子密封材料的物理性能

项　目		性　能　要　求	
		弹性体密封材料	塑性体密封材料
拉伸粘结性	拉伸强度(MPa)	≥0.2	≥0.02
	延伸率(%)	≥200	≥250
柔性(℃)		-30,无裂纹	-20,无裂纹
拉伸-压缩循环性能	拉伸-压缩率(%)	≥±20	≥±10
	粘结和内聚破坏面积(%)	≤25	

4.7.4 施工工艺
4.7.4.1 变形缝

1 变形缝的防水施工应符合下列规定：

（1）止水带宽度和材质的物理性能均应符合设计要求，且无裂缝和气泡；接头应采用热接，不得叠接，接缝平整、牢固，不得有裂口和脱胶现象；

（2）中埋式止水带中心线应和变形缝中心线重合，止水带不得穿孔或用铁钉固定；

（3）变形缝设置中埋式止水带时，混凝土浇筑前应校正止水带位置，表面清理干净，止水带损坏处应修补；顶、底板止水带的下侧混凝土应振捣密实，边墙止水带内外侧混凝土应均匀，保持止水带位置正确、平直，无卷曲现象；

（4）变形缝处增设的卷材或涂料防水层，应按设计要求施工。

2 变形缝处混凝土结构的厚度不应小于300mm。

3 用于沉降的变形缝，其最大允许沉降值不应大于30mm。当计算沉降差值大于30mm时，应在设计时采取措施。

4 用于沉降的变形缝的宽度宜为 20~30mm，用于伸缩的变形缝的宽度宜小于此值。

5 变形缝的几种复合防水构造形式见图 4.7.4.1-1、图 4.7.4.1-2、图 4.7.4.1-3。

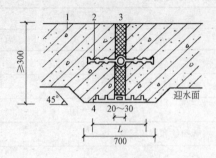
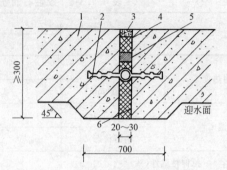

图 4.7.4.1-1 中埋式止水带与外贴
防水层复合使用
（外贴式止水带 $L \geqslant 300$；外贴防水卷材
$L \geqslant 400$；外涂防水涂层 $L \geqslant 400$）
1—混凝土结构；2—中埋式止水带；
3—填缝材料；4—外贴防水层

图 4.7.4.1-2 中埋式止水带与遇水膨胀橡胶条、
嵌缝材料复合使用
1—混凝土结构；2—中埋式止水带；3—嵌缝材料；
4—背衬材料；5—遇水膨胀橡胶条；6—填缝材料

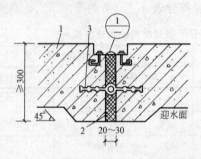
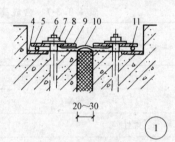

图 4.7.4.1-3 中埋式止水带与可卸式止水带复合使用
1—混凝土结构；2—填缝材料；3—中埋式止水带；
4—预埋钢板；5—紧固件压板；6—预埋螺栓；
7—螺母；8—垫圈；9—紧固件压块；
10—Ω 型止水带；11—紧固件圆钢

6 对环境温度高于 50℃ 处的变形缝，可采用 2mm 厚的紫铜片或 3mm 厚不锈钢片等金属止水带，其中间呈圆弧形，见图 4.7.4.1-4。

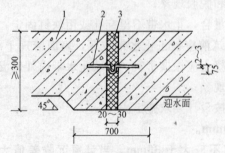
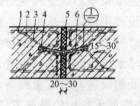

图 4.7.4.1-4 中埋式金属止水带
1—混凝土结构；2—金属止水带；3—填缝材料

图 4.7.4.1-5 顶（底）板中埋式止水带的固定
1—结构主筋；2—混凝土结构；3—固定钢筋；
4—固定止水带用扁钢；5—填缝材料；
6—中埋式止水带；7—螺母；8—双头螺杆

1-4-72

7 中埋式止水带施工应符合下列规定：
（1）止水带埋设位置应准确，其中间空心圆环应与变形缝的中心线重合；
（2）止水带应妥善固定，顶、底板内止水带应成盆状安设。止水带宜采用专用钢筋套或扁钢固定。采用扁钢固定时，止水带端部应先用扁钢夹紧，并将扁钢与结构内钢筋焊牢。固定扁钢用的螺栓间距宜为500mm，见图4.7.4.1-5；
（3）中埋式止水带先施工一侧混凝土时，其端模应支撑牢固，严防漏浆；
（4）止水带的接缝宜为一处，应设在边墙较高位置上，不得设在结构转角处，接头宜采用热压焊；
（5）中埋式止水带在转弯处宜采用直角专用配件，并应做成圆弧形，橡胶止水带的转角半径应不小于200mm，钢边橡胶止水带应不小于300mm，且转角半径应随止水带的宽度增大而相应加大。

8 安设于结构内侧的可卸式止水带施工时应符合下列要求：
（1）所需配件应一次配齐；
（2）转角处应做成45°折角；
（3）转角处应增加紧固件的数量。

9 当变形缝与施工缝均用外贴式止水带时，其相交部位宜采用图4.7.4.1-6所示的专用配件。外贴式止水带的转角部位宜使用图4.7.4.1-7所示的专用配件。

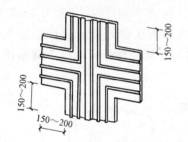 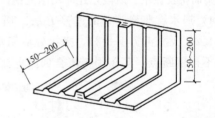

图4.7.4.1-6 外贴式止水带在施工缝　　　图4.7.4.1-7 外贴式止水带在转角处的专用配件与变形缝相交处的专用配件

10 宜采用遇水膨胀橡胶与普通橡胶复合的复合型橡胶条或中间夹有钢丝或纤维织物的遇水膨胀橡胶条或中空圆环型遇水膨胀橡胶条。当采用遇水膨胀橡胶条时，应采取有效的固定措施，防止止水条胀出缝外。

11 嵌缝材料嵌填施工时，应符合下列要求：
（1）缝内两侧应平整、清洁、无渗水，并涂刷与嵌缝材料相容的基层处理剂；
（2）嵌缝时，应先设置与嵌缝材料隔离的背衬材料；
（3）嵌填应密实，与两侧粘结牢固。

12 在缝上粘贴卷材或涂刷涂料前，应在缝上设置隔离层，而后再行施工。卷材防水层、涂料防水层的施工应符合第4.3节、第4.4节的有关规定。

4.7.4.2 施工缝

1 施工缝的设置：
（1）墙体水平施工缝不应留在剪力与弯矩最大处或底板与侧墙的交接处，应留在高出底板表面不小于300mm的墙体上；拱（板）墙结合的水平施工缝，宜留在拱（板）墙接缝线以下150~300mm外；墙体有预留孔洞时，施工缝距孔洞边缘不应小于300mm；与板边成整体的大断面梁，设置在梁底面以下20~30mm处。

（2）垂直施工缝应避开地下水和裂隙水较多的地段，并宜与变形缝相结合，除满足防水要求外，还应能适应接缝两端结构产生的差异沉降及纵向伸缩。

2　施工缝的防水施工应符合下列规定：

（1）水平施工缝浇灌混凝土前，应将其表面浮浆和杂物清除，先铺净浆，再铺30~50mm厚的1∶1水泥砂浆或涂刷混凝土界面处理剂，并及时浇筑混凝土；

（2）垂直施工缝浇筑混凝土前，应将其表面清理干净，并涂刷水泥净浆或混凝土界面处理剂，并及时浇筑混凝土；

（3）采用中埋式止水带时，应确保位置准确、固定牢靠；

（4）选用的遇水膨胀止水条应具有缓胀性能，其7d膨胀率不应大于最终膨胀率的60%；遇水膨胀止水条应牢固地安装在缝表面或预留槽内。具体施工方法如下：

1）清理混凝土施工缝基层。混凝土浇筑完并脱模后，用钢丝刷、凿子、扫帚等工具将基层不平整的部分凿平，扫去浮灰等杂物。

2）涂刷胶粘剂。将黏结膨胀橡胶的胶粘剂均匀地涂刷在清理干净的待粘结基层部位。

3）固定遇水膨胀橡胶条。遇水膨胀橡胶条粘结安装后，如不进一步加以固定，很有可能会脱落，特别是位于垂直施工缝和侧立面施工缝的胶条（图4.7.4.2-1），在浇筑混凝土时，由于振捣而将其振落。所以，还需用水泥钢钉将其钉压固定，水泥钢钉的间隔宜为1m左右。

4）遇水膨胀橡胶条的连接方法。遇水膨胀橡胶条用重叠的方法进行搭接连接（图4.7.4.2-1、图4.7.4.2-2），搭接处应用水泥钢钉固定。安装路径应沿施工缝形成闭合环路，不得留断点。其作用与闭合回路电流相类似。

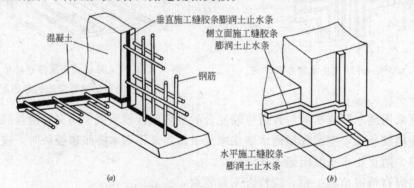

图4.7.4.2-1　遇水膨胀橡胶止水条安装在施工缝中的示意图
(a) 不同部位安装示意图；(b) 搭接方法示意图

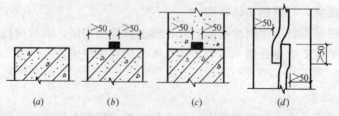

图4.7.4.2-2　遇水膨胀橡胶止水条安装示意图
(a) 基层；(b) 粘贴止水条；(c) 混凝土覆盖宽度；(d) 拼接方法

5）用遇水膨胀橡胶止水条对施工缝进行防水处理，应在晴天无雨、无雪的天气施工。如在粘贴完至浇筑混凝土前的一段时间内估计会下雨、下雪时，应停止粘贴。混凝土的浇筑应在止水条未受雨水、地下水浸泡的条件下进行。如在浇筑前，止水条已遭受雨水、地下水或其他水源的浸泡，则应揭起，重新粘贴新的止水条。

4.7.4.3 后浇带

1 后浇带的设置

（1）后浇带应设在受力和变形较小的部位，间距宜为30～60m，宽度宜为700～1000mm。

（2）后浇带可做成平直缝，结构主筋不宜在缝中断开，如必须断开，则主筋搭接长度应大于45倍主筋直径，并应按设计要求加设附加钢筋。后浇带的防水构造见图4.7.4.3-1、图4.7.4.3-2、图4.7.4.3-3、图4.7.4.3-4。

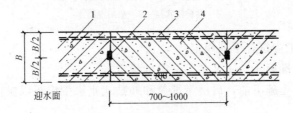

图4.7.4.3-1 后浇带防水构造（一）

1—先浇混凝土；2—遇水膨胀止水条；

3—结构主筋；4—后浇补偿收缩混凝土

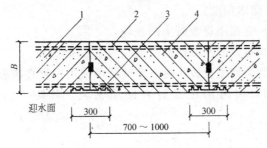

图4.7.4.3-2 后浇带防水构造（二）

1—先浇混凝土；2—结构主筋；3—外贴

式止水带；4—后浇补偿收缩混凝土

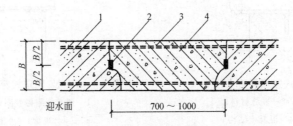

图4.7.4.3-3 后浇带防水构造（三）

1—先浇混凝土；2—遇水膨胀止水条；

3—结构主筋；4—后浇补偿收缩混凝土

(3) 后浇带需超前止水时，后浇带部位混凝土应局部加厚，并增设外贴式或中埋式止水带，见图4.7.4.3-4。

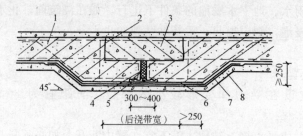

图4.7.4.3-4 后浇带超前止水构造
1—混凝土结构；2—钢丝网片；3—后浇带；4—填缝材料；
5—外贴式止水带；6—细石混凝土保护层；
7—卷材防水层；8—垫层混凝土

2 后浇带的施工应符合下列规定：
(1) 应符合本标准第4.7.4.2条第2款的规定；
(2) 后浇带混凝土施工前，后浇带部位和外贴式止水带应予以保护，严防落入杂物和损伤外贴式止水带；
(3) 后浇带应采用补偿收缩混凝土浇筑，其强度等级不应低于两侧混凝土；
(4) 后浇带混凝土养护时间不得少于28d。

4.7.4.4 穿墙管（盒）

1 穿墙管（盒）防水构造：
(1) 穿墙管（盒）应在浇筑混凝土前预埋；
(2) 穿墙管与内墙角、凹凸部位的距离应大于250mm；
(3) 结构变形或管道伸缩量较小时，穿墙管可采用主管直接埋入混凝土内的固定式防水法，并应预留凹槽，槽内用嵌缝材料嵌填密实。其防水构造见图4.7.4.4-1、图4.7.4.4-2。

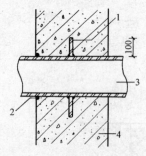 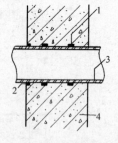

图4.7.4.4-1 固定式穿墙管防水构造（一）　　图4.7.4.4-2 固定式穿墙管防水构造（二）
1—止水环；2—嵌缝材料；　　　　　　　　　1—遇水膨胀橡胶圈；2—嵌缝材料；
3—主管；4—混凝土结构　　　　　　　　　　3—主管；4—混凝土结构

(4) 结构变形或管道伸缩量较大或有更换要求时，应采用套管式防水法，套管应加焊止水环，见图4.7.4.4-3。

2 穿墙管道的防水施工应符合下列规定：

（1）穿墙管止水环与主管或翼环与套管应连续满焊，并做好防腐处理；

（2）穿墙管处防水层施工前，应将套管内表面清理干净；

（3）套管内的管道安装完毕后，应在两管间嵌入内衬填料，端部用密封材料填缝。柔性穿墙时，穿墙内侧应用法兰压紧；

（4）穿墙管外侧防水层应铺设严密，不留接茬；增铺附加层时，应按设计要求施工；

（5）管与管的间距应大于300mm；

（6）采用遇水膨胀止水圈的穿墙管，管径宜小于50mm，止水圈应用胶粘剂满粘固定于管上，并应涂缓胀剂。

图4.7.4.4-3 套管式穿墙管防水构造
1—翼环；2—嵌缝材料；3—背衬材料；4—填缝材料；5—挡圈；6—套管；7—止水环；8—橡胶圈；9—翼盘；10—螺母；11—双头螺栓；12—短管；13—主管；14—法兰盘

3 穿墙管线较多时，宜相对集中，采用穿墙盒方法。穿墙盒的封口钢板应与墙上的预埋角钢焊严，并从钢板上的预留浇注孔注入改性沥青柔性密封材料或细石混凝土处理，见图4.7.4.4-4。

4 当工程有防护要求时，穿墙管除应采取有效防水措施外，尚应采取措施满足防护要求。

5 穿墙管伸出外墙的部位，应采取有效措施防止回填时将管损坏。

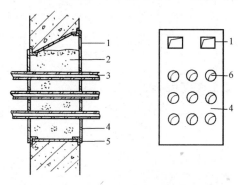

图4.7.4.4-4 穿墙群管防水构造
1—浇注孔；2—柔性材料或细石混凝土；3—穿墙管；4—封口钢板；5—固定角钢；6—预留孔

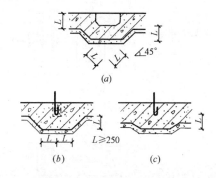

图4.7.4.5 预埋件或预留孔（槽）处理示意图
(a)预留槽；(b)预留孔；(c)预埋件

4.7.4.5 埋设件

1 结构上的埋设件宜预埋。

2 埋设件端部或预留孔（槽）底部的混凝土厚度不得小于250mm；当厚度小于250mm时，必须局部加厚或采取其他防水措施，见图4.7.4.5。

3 预留地坑、孔洞、沟槽内的防水层，应与孔（槽）外的结构防水层保持连续。

4 固定模板用的螺栓必须穿过混凝土结构时，螺栓或套管应满焊止水环或翼环；采用工具式螺栓或螺栓加堵头做法，拆模后应采取加强防水措施将留下的凹槽封堵密实。

4.7.4.6 预留通道接头

1 预留通道接缝处的最大沉降差值不得大于30mm。

2 预留通道接头应采取复合防水构造形式，见图4.7.4.6-1、图4.7.4.6-2、图4.7.4.6-3。

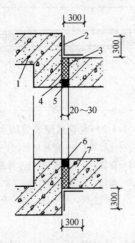 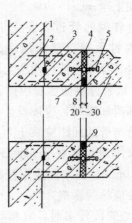

图4.7.4.6-1 预留通道接头防水构造（一）
1—先浇混凝土结构；2—防水涂料；3—填缝材料；
4—遇水膨胀止水条；5—嵌缝材料；6—背衬材料；
7—后浇混凝土结构

图4.7.4.6-2 预留通道接头防水构造（二）
1—先浇混凝土结构；2—连接钢筋；3—遇水膨胀止水条；
4—填缝材料；5—中埋式止水带；6—后浇混凝土结构；
7—遇水膨胀橡胶条；8—嵌缝材料；9—背衬材料

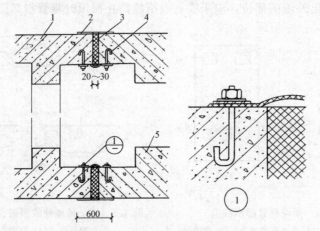

图4.7.4.6-3 预留通道接头防水构造（三）
1—先浇混凝土结构；2—防水涂料；3—填缝材料；
4—可卸式止水带；5—后浇混凝土结构

3 预留通道接头的防水施工应符合下列规定：

（1）中埋式止水带、遇水膨胀橡胶条、嵌缝材料、可卸式止水带应符合本标准4.7.3中的有关规定；

（2）预留通道先施工部位的混凝土、中埋式止水带、与防水相关的预埋件等应及时保护，确保端部表面混凝土和中埋式止水带清洁，埋件不锈蚀；

(3) 采用图 4.7.4.6-2 的防水构造时，在接头混凝土施工前应将先浇混凝土端部表面凿毛，露出钢筋或预埋的钢筋接驳器钢板，与待浇混凝土部位的钢筋焊接或连接好后再行浇筑；

(4) 当先浇混凝土中未预埋可卸式止水带的预埋螺栓时，可选用金属或尼龙膨胀螺栓固定可卸式止水带。采用金属膨胀螺栓时，可用不锈钢材料或用金属涂膜、环氧涂料进行防锈处理。

4.7.4.7 桩头

1 桩头防水构造形式见图 4.7.4.7-1、图 4.7.4.7-2。

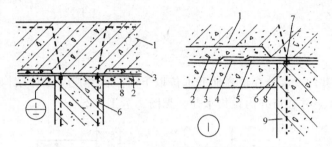

图 4.7.4.7-1 桩头防水构造（一）
1—结构底板；2—底板防水层；3—细石混凝土保护层；4—聚合物水泥防水砂浆；5—水泥基渗透结晶型防水涂料；6—桩基受力筋；7—遇水膨胀止水条；8—混凝土垫层；9—桩基混凝土

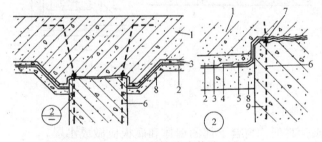

图 4.7.4.7-2 桩头防水构造（二）
1—结构底板；2—底板防水层；3—细石混凝土保护层；4—聚合物水泥防水砂浆；5—水泥基渗透结晶型防水涂料；6—桩基受力筋；7—遇水膨胀止水条；8—混凝土垫层；9—桩基混凝土

2 桩头防水施工应符合下列要求：
(1) 破桩后如发现渗漏水，应先采取措施将渗漏水止住；
(2) 采用其他防水材料进行防水时，基面应符合防水层施工的要求；
(3) 应对遇水膨胀止水条进行保护。

4.7.4.8 孔口

1 地下工程通向地面的各种孔口应设置防地面水倒灌措施。人员出入口应高出地面不小于500mm，汽车出入口设明沟排水时，其高度宜为150mm，并应有防雨措施。

2 窗井的底部在最高地下水位以上时，窗井的底板和墙应做防水处理并宜与主体结构断开，见图 4.7.4.8-1。

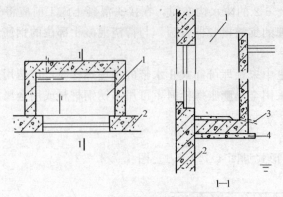

图 4.7.4.8-1 窗井防水示意图
1—窗井；2—主体结构；3—排水管；4—垫层

3 窗井或窗井的一部分在最高地下水位以下时，窗井应与主体结构连成整体，其防水层也应连成整体，并在窗井内设集水井，见图 4.7.4.8-2。

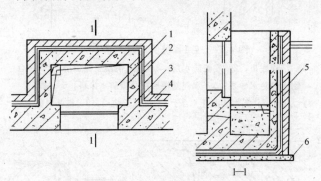

图 4.7.4.8-2 窗井防水示意图
1—窗井；2—防水层；3—主体结构；4—防水层保护层；
5—集水井；6—垫层

4 无论地下水位高低，窗台下部的墙体和底板应做成水层。

5 窗井内的底板，应比窗下缘低 300mm。窗井墙高出地面不得小于 500mm。窗井外地面应作散水，散水与墙面间应采用密封材料嵌填。

6 通风口应与窗井同样处理，竖井窗下缘离室外地面高度不得小于 500mm。

4.7.4.9 坑、池

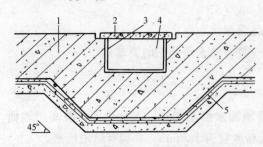

图 4.7.4.9 底板下坑、池的防水构造
1—底板；2—盖板；3—坑、池防水层；
4—坑、池；5—主体结构防水层

1 坑、池、储水库宜用防水混凝土整体浇筑，内设其他防水层。受振动作用时，应设柔性防水层。

2 底板以下的坑、池，其局部底板必须相应降低，并应使防水层保持连续，见图 4.7.4.9。

4.7.4.10 密封材料的防水施工

1 密封材料的选择：
（1）密封材料的选择应考虑下述因素：

变形缝的相对变形量、承受水压力的大小、与密封料接触的介质、使用的环境条件、构筑物表面装修的要求及造价。

（2）密封材料可选用聚硫橡胶、聚氨酯、硅酮胶等有足够的变形能力与混凝土具有良好粘结的柔性材料，并具有在环境介质中不老化、不变质的性能。

（3）以聚硫橡胶为基料的聚硫密封膏的物理力学性能应满足表 4.7.4.10-1 的规定。

（4）当有卫生要求时，选择密封料要满足其无毒性能。

（5）密封料的嵌入深度 d 与其宽度 a（变形缝的宽度）之比（深宽比），以 2∶3 为宜，其选用值可参见图 4.7.4.10-1、表 4.7.4.10-2。

表 4.7.4.10-1 聚硫密封膏的物理力学性能

项目	指标	项目	指标
密度（g/cm³）	1.6	低温柔性（℃）	−30
适用期（h）	2～6	拉伸粘结性、最大伸长率（%）不大于	300
表干时间（h）不大于	24	恢复率（%）不小于	80
渗出性指数不大于	4	拉伸—压缩循环性能、黏结破坏面积（%）不大于	25
流变性、下垂度（mm）不大于	3	加热失重（%）不大于	10

表 4.7.4.10-2 密封料的嵌入深度

密封料宽度 a(mm)	20	30	40	50
密封料深度 d(mm)	15	20	25	30

（6）密封料与混凝土表面应留有一定的距离 c（图 4.7.4.10-1、图 4.7.4.10-2），此值在低温嵌缝时宜为 5mm，高温嵌缝时宜为 10mm。

1）混凝土施工时有误差，做成凹缝可起到修饰作用。

2）防止在混凝土膨胀时，密封料被挤出混凝土表面。

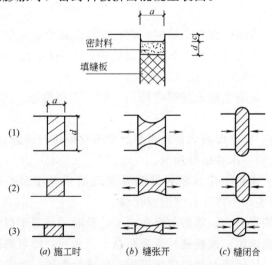

图 4.7.4.10-1 密封料的嵌入深度和变形

(1) 形状系数 $d/a=2$，设密封料体积为 4；(2) 形状系数 $d/a=1$，密封料体积为 2；(3) 形状系数 $d/a=0.5$，密封料体积为 1

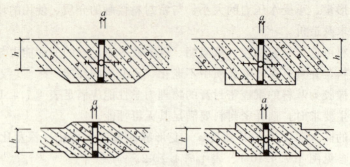

图 4.7.4.10-2 混凝土断面尺寸局部加大

2 密封材料的防水施工应符合下列规定：

（1）检查粘结基层的干燥程度以及接缝的尺寸，接缝内部的杂物应清除干净；

（2）热灌法施工应自下向上进行并尽量减少接头，接头应采用斜搓；密封材料熬制及浇灌温度，应按有关材料要求严格控制；

（3）冷嵌法施工应分次将密封材料嵌填在缝内，压嵌密实并与缝壁粘结牢固，防止裹入空气。接头应采用斜搓；

（4）接缝处的密封材料底部应嵌填背衬材料，外露密封材料上应设置保护层，其宽度不得小于 100mm。

3 聚氨酯建筑密封膏的施工要点

（1）工艺流程：

施工准备→基层修整、清扫→填置背衬材料→贴设防污条带→涂基层处理剂→填装嵌缝枪→嵌填密封材料→修平压光→除防污条、清理缝边→养护密封材料→检查合格、做保护层

（2）施工要点：

1）基层清理、清扫。对被嵌接缝应清除杂物、清扫干净。修补缺陷，去掉浮浆、脱模剂等。

2）填置背衬材料。为防止破坏底涂层，背衬材料应在涂刷基层处理剂之前填置。

3）贴设防污条带。防污条带应在涂刷基层处理剂之前粘贴。防污条带可视接缝及外部情况，选用牛皮纸、玻璃胶带、压敏胶带等。

4）涂基层处理剂。涂刷基层处理剂应均匀一致，不得漏涂。若发现漏涂，应重新涂刷一次。

基层处理剂干燥后，应立即嵌填密封材料。如未立即进行嵌缝且停置时间达 24h 以上者，则应全部重新再涂刷一次基层处理剂。

5）嵌填密封材料。聚氨酯建筑密封膏为常温反应固化型弹性体，用其嵌缝系采用"冷嵌法"，要求嵌填密实，不得存有气泡或孔洞。

6）修平压光。接缝嵌满后，趁密封膏尚未干，及时用刮刀予以修平压光。

7）除防污条、清理缝边。接缝密封膏表面修平压光后，即可揭除防污条。

8）养护密封材料。接缝密封膏嵌填施工后，应进行养护，通常需 2~3d。

9）检查合格，做保护层。在质量验收合格后，宜及时做保护层，保护层应按设计要求去做；当设计未做规定时，可用聚氨酯涂膜防水材料加衬胎体增强材料，作 200~

300mm 宽的一布二涂涂膜保护层；也可根据需要做成块体或水泥砂浆保护层。

4　橡胶沥青嵌缝油膏的施工要点

（1）基层处理：

1）先将接缝内杂物、浮尘清除干净；

2）缝内填塞背衬材料，或填灌细石混凝土、水泥砂浆至所需深度；

3）细石混凝土或水泥砂浆硬化干燥后，应将缝内再清理一次，清除浮粒和灰尘。

（2）嵌填油膏：

1）底涂料干燥后，即可进行嵌填施工。先用刮刀将少量油膏刮抹于两侧缝壁，再分两次将油膏嵌满嵌实于缝中，第一次先沿一侧缝壁刮填油膏，然后勾成斜面与缝壁呈倾角，第二次沿另一侧缝壁刮填至填平，再沿整个缝勾平。

2）嵌填时应刮填密实，防止裹入空气形成气泡。油膏嵌满缝内并高出缝壁 3～5mm，呈弧形盖过接缝。

（3）嵌缝后的表面处理：

1）涂刷稀释的青浆（油膏：汽油＝7：3），涂刷宽度应超出嵌缝油膏两侧各 20～30mm，盖过嵌缝油膏，密实封严。

2）铺贴油毡或做加胎体增强层的涂膜防水层。

3）抹水泥砂浆。这种做法要求密封膏嵌填应低于接缝缝口，以便水泥砂浆封抹。

（4）操作注意事项：

1）油膏宜于常温下施工，如遇温度低、稠度大，则可间接加热增加膏体塑性，再行施工。

2）不戴粘有滑石粉或浸润机油的手套进行施工，以免影响粘结。

4.7.4.11　施工注意事项

1　施工前应将细部清洁干净。预埋件或管道、管线上的污迹和锈痕应彻底清除掉，以利防水层粘结；预埋铁件、管道、门窗框边的木砖，均应做好防水处理。

2　细部处理要得当，管道要分清种类用途，再选择防水处理方案；地下工程电路最好用明线，便于检修；若需暗埋，则应采用无缝金属管，端头按穿墙管处理；对于电缆穿过部位，应以刚柔结合作法予以处理。

4.7.5　成品保护

1　保护好预埋穿墙管、电线管、电线盒、预埋铁件及止水片（带）的位置正确，并固定牢靠，防止振捣混凝土时碰动，造成位移、挤偏和表面铁件陷进混凝土内。

2　在拆模和吊运其他物件时，应避免碰坏施工缝企口和损坏止水片（带）。

3　后浇带混凝土施工前，后浇带部位和外贴式止水带应予以保护，严防落入杂物和损伤外贴式止水带。

4　施工后应保护防水层不受振动和损坏。

4.7.6　安全、环保措施

安全、环保措施参见第 4.1.6 条。

4.7.7　质量标准

Ⅰ　主控项目

1　细部构造所用止水带、遇水膨胀橡胶腻子止水条和接缝密封材料必须符合设计要求。

检验方法：检查出厂合格证、质量检验报告和进场抽样试验报告。

2 变形缝、施工缝、后浇带、穿墙管道、埋设件等细部构造做法，均须符合设计要求，严禁有渗漏。

检验方法：观察检查和检查隐蔽工程验收记录。

Ⅱ 一般项目

1 中埋式止水带中心线应与变形缝中心线重合，止水带应固定牢靠、平直，不得有扭曲现象。

检验方法：观察检查和检查隐蔽工程验收记录。

2 穿墙管止水环与主管或翼环与套管应连续满焊，并做防腐处理。

检验方法：观察检查和检查隐蔽工程验收记录。

3 接缝处混凝土表面应密实、洁净、干燥；密封材料应嵌填严密、粘结牢固，不得有开裂、鼓泡和下塌现象。

检验方法：观察检查。

4.7.8 质量验收

1 检验批的验收由监理工程师或建设单位项目技术负责人组织项目专业质量检查员等进行验收。

2 防水混凝土结构细部构造的施工质量检验应按全数检查。

3 检验批质量验收记录，当地政府主管部门无统一规定时，宜采用表 4.7.8 "细部构造检验批质量验收记录表"。

表 4.7.8 细部构造检验批质量验收记录表

GB 50208—2002

单位(子单位)工程名称					
分部(子分部)工程名称				验收部位	
施工单位				项目经理	
施工执行标准名称及编号					
		施工质量验收规范的规定	施工单位检查评定记录	监理(建设)单位验收记录	
主控项目	1	细部所用材料质量			
	2	细部构造做法			
一般项目	1	止水带埋设			
	2	穿墙管止水环加工			
	3	接缝基层及嵌缝			
施工单位检查评定结果		专业工长(施工员) 施工班组长 项目专业质量检查员： 年 月 日			
监理(建设)单位验收结论		专业监理工程师(建设单位项目专业技术负责人)： 年 月 日			

5 特殊施工法防水工程

5.1 锚喷支护

5.1.1 一般规定

5.1.1.1 本节适用于地下工程的支护结构以及复合式衬砌的初期支护。

5.1.1.2 下列情况可采用锚喷衬砌：

1 围岩良好、完整、稳定地段，可采用喷射混凝土衬砌。

2 在层状围岩中，如遇硬软岩互层、薄层、各层间结合差，或其层状对稳定不利以及块状围岩结构面组合对稳定不利且可能掉块时，可采用锚杆喷射混凝土衬砌。

3 当围岩呈块（石）碎（石）状镶嵌结构，稳定性较差时，可采用有钢筋网的锚杆喷射混凝土衬砌。

5.1.1.3 下列情况不宜采用锚喷衬砌：

1 大面积淋水地段。

2 膨胀性地段、不良地质围岩以及能造成衬砌腐蚀的地段。

3 严寒和寒冷地区有冻害的地段。

4 对衬砌有特殊要求的隧道或地段。

5.1.1.4 复合式衬砌应符合下列规定：

1 复合式衬砌设计应综合考虑包括围岩在内的支护结构，断面形状、开挖方法、施工顺序和断面的闭合时间等因素，力求充分发挥围岩所具有自承能力。

2 复合式衬砌由外层和内层复合而成，其外层为初期柔性支护，可采用喷射混凝土、锚杆、钢筋网、钢支撑等支护形式，单一或合理组合而成；内层为二次衬砌，一般采用现浇混凝土衬砌。两衬砌层间宜用防水夹层措施。

3 确定开挖尺寸时，应预留必要的初期支护变形量，其量值据围岩条件、支护刚度、施工方法等确定，并应量测校正。

5.1.1.5 锚喷衬砌及复合式衬砌初期支护的设计参数可按表 5.1.1.5-1 和表 5.1.1.5-2 采用。

5.1.1.6 施工支护的一般规定：

1 施工支护应配合开挖及时施作，确保施工安全。

2 选择支护方式时，应优先采用锚杆、喷射混凝土或锚喷联合作为临时支护。在软弱围岩中采用锚喷支护时，应根据地质条件结合辅助施工方法综合考虑。

3 对不同类别的围岩，应采用不同结构型式的施工支护：

（1）Ⅵ类围岩可不支护，Ⅴ类围岩支护时，宜采用局部混凝土喷射或局部锚杆。为防止岩爆和局部落石，可局部加配钢筋网；

（2）Ⅳ类围岩可采用锚杆、锚杆挂网、喷混凝土或锚喷联合支护。Ⅲ类围岩必要时可

表 5.1.1.5-1　锚喷衬砌的设计参数

围岩类别	单车道	双车道
Ⅵ	喷射混凝土厚度 60mm	喷射混凝土厚度 60～100mm；必要时设置锚杆，锚杆长 1.5～2m，间距 1.2～1.5m
Ⅴ	喷射混凝土厚度 60～100mm；必须设置锚杆，锚杆长度长 1.5～2m，间距 1.2～1.5m	喷射混凝土厚度 80～120mm；设置锚杆，锚杆长 2～2.5m，间距 1.2m，必要时配置局部钢筋网
Ⅳ	喷射混凝土厚度 80～120mm；设置锚杆，设置锚杆长度 2.0～2.5m，间距 1～1.2m，必要时配置局部钢筋网	喷射混凝土厚度 100～150mm；设置锚杆，锚杆长度 2.5～3.0m，间距 1m，配置钢筋网

注：1　Ⅲ类及以下围岩采用锚喷衬砌时，设计参数应通过试验确定；
　　2　边墙喷射混凝土的厚度可取表列参数的下限值，如边墙围岩稳定，可不设置锚杆和钢筋网；
　　3　配置钢筋网的网格间距一般为 150～300mm，钢筋网保护层不小于 20mm。

表 5.1.1.5-2　复合式衬砌初期支护的设计参数

围岩类别	单车道	双车道
Ⅳ	喷射混凝土厚度 50～100mm；设置锚杆，锚杆长 2m，间距 1～1.2m，必要时局部设置钢筋网	喷射混凝土厚度 100～150mm；锚杆长度 2.5m，间距 1.0～1.2m；必要时配置钢筋网
Ⅲ	喷射混凝土厚度 100～1050mm；锚杆长 2～2.5m，间距 1m，必要时配置钢筋网	喷射混凝土厚度 150mm；锚杆长度 2.5～3m，间距 1m，设置钢筋网
Ⅱ	喷射混凝土厚度 150mm；锚杆长度 2.5m，间距 0.8～1.0m，设置局部钢筋网，应施作仰拱	喷射混凝土厚度 200mm；锚杆长度 3.0～3.5m，间距 0.8～1.0m，设置钢筋网，必要时设置钢架，应施作仰拱
Ⅰ	喷射混凝土厚度 200mm；锚杆长度 3.0m，间距 0.6～0.8m，设置钢筋网，必要时设置钢架，应施作仰拱	通过试验确定

加设钢架；

（3）Ⅲ类围岩宜采用锚喷挂网的联合支护形式，并可结合辅助施工方法进行施工支护；

（4）当地质条件差，围岩不稳定时，可采用构件支撑。

4　施作锚杆、喷射混凝土和构件支撑时，应做好记录。

5.1.2　施工准备

5.1.2.1　技术准备

1　检查锚杆材料、类型、规格、质量以及性能是否与设计相符；

2　根据锚杆类型、规格及围岩情况选择钻孔机具；

3　采用砂浆锚杆时，应按设计要求截取杆体，并整直、除锈和除油；

4　采用楔缝式锚杆时，应检查杆体长度、楔缝、楔块、螺母与螺栓的尺寸和配合情况；

5　应根据对喷射混凝土的质量要求和作业条件的要求，以及现场的维修养护能力等选定喷射方式，同时尚应考虑对粉尘和回弹量的限制程度。

5.1.2.2　材料准备

1　锚杆材料

锚杆材料的选用应符合工程设计及施工组织设计要求，备用数量应满足工程需要。

2　喷射混凝土材料

(1) 水泥

应满足工程设计及施工配合比设计要求，备用数量应满足工程需要。

(2) 砂

应满足工程设计及施工配合比设计要求，备用数量应满足工程需要。

(3) 石子

应满足工程设计及施工配合比设计要求，备用数量应满足工程需要。

(4) 水

水质满足施工配合比要求，水源供应满足工程需要。

(5) 外加剂

品种、型号满足施工配合比要求，备用数量应满足工程需要。

(6) 钢筋网

符合工程设计要求，备用数量应满足工程需要。

(7) 钢纤维

符合工程设计要求，备用数量应满足工程需要。

5.1.2.3 主要机具设备

1 锚杆施工机具

机械有凿岩机械、锚杆钻孔机、锚杆加工机械、搅拌机、压浆泵等。

2 喷射混凝土施工机具

搅拌机、混凝土喷射机、空压机和压力水泵等。

5.1.2.4 作业条件

1 编制施工方案，制定技术操作规程，对施工人员进行技术培训、交底和安全教育。

2 喷射作业现场，应做好下列准备工作：

(1) 拆除作业面障碍物，清除开挖面的浮石和墙脚的岩渣、堆积物；

(2) 用高压风、水冲洗受喷面；对遇水易潮、泥化的岩层，则应用压风清扫岩面；

(3) 埋设控制喷射混凝土厚度的标志，如贴灰饼、做冲筋、钉标准杆、拉基线等；

(4) 喷射机司机与喷射手不能直接联系时，应配备联络装置；

(5) 作业区应有良好的通风和足够的照明装置。

3 喷射作业前，应对机械设备、风、水管路、输料管路和电缆线路等进行全面检查及试运转，进行试喷，至达到要求为止。

4 受喷面有滴水、淋水时，喷射前应按下列方法做好治水工作：

(1) 有明显出水点时，可埋设导管排水；

(2) 导水效果不好的含水岩层，可设盲沟排水；

(3) 竖井淋帮水，可设截水圈排水。

5 采用湿法喷射时，宜备有液态速凝剂，并应检查速凝剂的泵送及计量装置的性能。

(1) 准备好锚杆、水泥、砂、石子、外加剂等原材料，质量应符合要求。在试验室根据实际材质情况选定喷射混凝土的配合比。

(2) 喷射作业范围内的所有设备及配件，用苇席或塑料布加以覆盖，以防止被喷射弹回物溅污。

6 有钢筋网的锚喷支护，钢筋网已按设计要求制备，并已安装在喷射作业的工作面上。

5.1.3 材料质量控制

1 锚杆材料

（1）锚杆宜采用 HRB335 钢筋制作。灌浆锚杆宜采用螺纹钢筋，杆体直径以 16～22mm 为宜。楔缝锚杆的杆体直径以 16～25mm 为宜。

（2）全长粘结锚杆宜采用 20MnSi（锰硅）钢筋，也可以采用 Q235 号钢筋，直径宜为 14～22mm，长度 2～3.5m，为增加锚固力，杆体内端可劈口叉开。

（3）端头锚固型锚杆宜采用 20MnSi（锰硅）钢筋或 Q235 号钢筋。杆体直径可按表 5.1.3 选用。

表 5.1.3 端头锚固型锚杆的杆体直径

锚固形式	机械式锚固			粘结式锚固	
	楔缝式	胀壳式	倒楔式	树脂卷式	快硬水泥卷式
杆体直径(mm)	20～25	14～22	14～22	16～22	16～22

（4）摩擦型锚杆中缝管锚杆管体材料宜用 20 锰硅钢，管壁厚为 2.0～2.5mm。采用 Q235 号钢制作缝管锚杆，管壁应增加为 2.75～3.25mm。

2 喷射混凝土材料

（1）水泥

喷射混凝土应优先选用普通硅酸盐水泥，新鲜无结块，且水泥强度等级不应低于 32.5MPa。

（2）砂

应采用坚硬耐久的中砂或粗砂，细度模数宜大于 2.5。干法喷射时，砂的含水率宜控制在 5%～7%；当采用防粘料喷射机时，砂含水率可为 7%～10%。

（3）石子

应采用坚硬耐久的卵石或碎石，粒径不宜大于 15mm；当使用碱性速凝剂时，不得使用含有活性二氧化硅的石材。

（4）水

采用不含有害物质的洁净水，不得使用污水及 pH 值小于 4 的酸性水和含硫酸盐量超过水量 1% 的水。

（5）外加剂

速凝剂：应采用质量合格对人体危害小的外加剂。使用前应做与水泥相溶性试验及水泥净浆凝结效果试验，初凝时间不应超过 5min，终凝时间不应超过 10min。一般速凝剂的掺量约为水泥重量的 2%～4%。

（6）钢筋网

其钢筋规格、型号、品种，以及各项技术性能应符合设计要求。一般为 $\phi 4 \sim \phi 12$ 的 HPB235（Q235）钢筋制成，网孔为 150mm×150mm～300mm×300mm。

（7）钢纤维：可用普通碳素钢，其抗拉强度不得低于 380MPa，且不得有油渍及明显的锈蚀。钢纤维直径宜为 0.3～0.5mm，长度宜为 20～25mm，抗拉强度不低于 380MPa。钢纤维的含量宜为混合料的 3%～6%。

以上材料均应有出厂合格证，进场时均应按规定取样复验，其结果均应符合国家现行相关技术标准的规定。

5.1.4 施工工艺

5.1.4.1 工艺流程：

1 锚杆施工

施工准备→土方开挖→测量、放线定位→钻机就位→接钻杆→校正孔位→调整角度→反复插内钻杆→提出内钻杆→冲洗→钻至设计深度→(打开水源)钻孔→插钢筋或钢绞线→压力灌浆→养护→裸露主筋防锈→上横梁（或预应力锚件）→焊锚具→张拉（仅用于预应力锚杆）

2 喷射混凝土施工

(1) 干喷工艺流程：

干拌机拌合干骨料→筛选→空压机送至喷射机→开喷嘴→喷射至喷射面

(2) 湿喷工艺流程：

拌合湿骨料→筛选→空压机送至喷射机→开喷嘴→喷射至喷射面

(3) 水泥裹砂法喷射法流程：

裹砂砂浆和干水泥混合物分别拌制→混合料进入混合管→打开喷头→喷射至受喷面

(4) 模喷一次衬砌法喷射工艺：

安装系统锚杆→清理浮石→测量定位→架设格栅拱→固定模板→喷射混凝土→下一循环凿岩爆破清渣→拆模

5.1.4.2 施工要点

1 锚杆施工

(1) 锚杆安设作业应在初喷混凝土后及时进行。

(2) 钻孔应符合以下要求：

1) 钻孔应圆而直，钻孔方向宜尽量与岩层主要结构面垂直；

2) 水泥砂浆锚杆孔径应大于杆体直径15mm，其他形式锚杆孔径应符合设计要求；

3) 钻孔深度应满足下列要求：水泥砂浆锚杆孔深允许偏差±50mm；楔缝式锚杆孔深不应小于杆体有效长度，且不应大于杆体有效长度30mm；树脂锚杆和早强药包锚杆孔深应与杆体长度配合恰当。

(3) 普通水泥砂浆锚杆的施工要求如下：

1) 砂浆配合比（质量比）：水泥∶砂∶水宜为1∶1～1.5∶（0.45～0.5），砂的粒径不宜大于3mm；

2) 砂浆应拌合均匀，随拌随用，一次拌合的砂浆应在初凝前用完；

3) 灌浆作业应遵守以下规定：注浆开始或中途暂停超过30min时，应用水润滑灌浆罐及其管路；注浆孔口压力不得大于0.4MPa；注浆管应插至距孔底50～100mm处，随水泥砂浆的注入缓慢拔出，随即迅速将杆体插入，锚杆杆体插入孔内的长度不得短于设计长度的95%。若孔口无砂浆流出，应将杆体拔出重新注入。

(4) 早强水泥砂浆锚杆的施工要求如下：

1) 早强水泥砂浆锚杆施工应遵守本款第（1）项的规定；

2) 早强水泥砂浆锚杆采用硫酸盐早强水泥并掺早强剂；

3) 注浆作业开始或中途停止超过30min时，应测定砂浆坍落度，其值小于10mm时，不得注入罐内使用。

(5) 楔缝锚杆的施工要求如下：

1) 楔缝式锚杆安装前，应将杆体与部件组装好；锚杆插入钻孔时楔子不得偏斜或脱落，锚头必须楔紧，保证锚固可靠；安设杆体后应立即上好托板，拧紧螺帽。锚杆施加预张拉力时，其拧紧力矩不应小于100N·m；

2) 打紧楔块时不得损坏丝扣；

3) 楔缝锚杆一昼夜后应再次紧固，以后还要定期检查，如发现有松弛情况，应再行紧固；

4) 楔缝式锚杆只能作为临时支护，如作为永久支护应补注水泥浆或水泥砂浆。

(6) 树脂锚杆的施工要求如下：

1) 安装前应检查树脂卷质量，变质者不得使用；

2) 安装时用杆体将树脂卷送入孔底，用搅拌器搅拌树脂时应缓缓推进杆体，搅拌时间一般为30s。搅拌完毕后将孔口处杆件临时固定，15min后可安装托板。

(7) 早强药包锚杆的施工应遵守以下要求：

早强药包推入孔内要配备专门工具，中途药包不得破裂。锚杆杆体插入时应注意旋转，使药包充分搅拌。

(8) 在有水地段，采用水泥砂浆锚杆时，如遇孔内流水，应在附近另行钻孔后再安设锚杆，也可采用速凝剂早强药包锚杆或采用锚管锚杆向围岩压浆止水。

2 喷射混凝土施工

(1) 喷射混凝土配合比应通过试验选定，满足设计强度和喷射工艺的要求。也可按照下列数据选择：灰骨比1:4～1:5；骨料含砂率45%～60%；水灰比0.4～0.5；应增大混凝土与岩石的粘结力和减少回弹，初喷时，水泥：砂：石应取1:2:(1.5～2)。软弱围岩条件下考虑提高喷射混凝土强度等级。

(2) 混合料应拌合均匀，随拌随用，并采用强制搅拌机在短时间内完成，严禁受潮。

(3) 喷射混凝土的配合比及拌合均匀性每班检查不得少于两次。喷射混凝土材料计量，一般应以质量计算，其允许误差为：水泥与速凝剂各为2%，砂与石料各为5%。

(4) 喷射混凝土作业应符合以下规定：

1) 在喷射前，应用水或高压风管将岩面的粉尘和杂物冲洗干净；

2) 喷射中发现松动石块或遮挡喷射混凝土的物体时，应及时清除；

3) 喷射作业应分段，分片由下而上顺序进行，每段长度不宜超过6m；

4) 一次喷射厚度应根据设计厚度和喷射部位确定，初喷厚度不得小于40～60mm；

5) 喷射作业应以适当厚度分层进行，后一层喷射应在前一层混凝土终凝后进行。若终凝后间隔1h以上且初喷表面已蒙上粉尘时，受喷面应用高压气体、水清洗干净。岩面有较大凹洼时，应结合初喷予以找平；

6) 回弹率应予以控制，拱部不超过40%，边墙不超过30%，挂钢筋网后，回弹率限制可放宽5%。应尽量采用经过验证的新技术，减少回弹率，回弹物不得重新用作喷射混凝土材料；

7) 喷射混凝土终凝2h后，应喷水养护，养护时间一般不少于7d。

(5) 喷射混凝土作业需紧跟开挖面时，下次爆破距喷射混凝土作业完成时间的间隔，不得小于4h。

(6) 冬期施工时，喷射作业区的温度不得低于5℃。在结冰的层面上不得喷射混凝土。混凝土强度未达到6MPa前，不得受冻。

(7) 采用钢筋网喷射混凝土时，可在岩面喷射一层混凝土后再进行钢筋网的铺设，并在锚杆安设后进行。钢筋网的铺设应符合下列要求：

1) 钢筋使用前应清除锈迹；

2) 钢筋网应随受喷面的起伏铺设，与受喷面的间隙一般不大于30mm；

3) 钢筋网应与锚杆或其他固定装置连接牢固，在喷射混凝土时不得晃动。

(8) 采用钢架喷射混凝土时，钢架的型式、制作和架设应符合下列要求：

1) 钢架支撑可选用H型钢、工字钢、U形钢、钢轨、钢管或钢筋格栅等制作。钢架加工尺寸等应符合设计要求；

2) 钢架支撑必须具有必要的强度和刚度，钢架的设计强度，应保证能单独承受2～4m高的松动岩柱重量，其形状应与开挖断面相适应；

3) 支撑接头由螺栓连接牢靠，当作为衬砌骨架时，接头应焊接；

4) 格栅钢架的主筋材料应采用HRB335级钢筋或HPB235级钢筋，直径不小于22mm，联系钢筋可根据具体情况选用；

5) 钢管钢架应在钢管上设置注浆孔，架设后应注满水泥砂浆；

6) 钢架应按设计位置架设，钢架之间必须用纵向钢筋联接，拱脚必须放在牢固的基础上。钢架与围岩应尽量靠近，但应留20～30mm间隙作混凝土保护层。当钢架和围岩之间的间隙过大时应设垫块。如钢架支撑作为混凝土骨架时，应用预制混凝土背板或填块固定牢靠；

7) 钢架应垂直于隧道中线，上下、左右允许偏差±50mm，钢架倾斜度不得大于2°。拱脚标高不足时，不得用土、石回填，而应设置钢板进行调整，必要时可用混凝土加固基底。拱脚高度应低于半断面底线150～200mm，当拱脚处围岩承载力不够时，应向围岩方向加大拱脚接触面积；

8) 当钢架喷射混凝土作为永久性支护结构时，钢架与围岩之间的间隙必须用喷射混凝土充填密实。间隙过大时，可用钢楔或混凝土楔块顶紧，其点数单侧不得少于8个。喷射混凝土应由两侧向上对称喷射，并将钢架覆盖。

(9) 有水地段喷射混凝土时应采取以下措施：

1) 当涌水点不多时，用开缝摩擦锚杆进行导水处理后再喷射；当涌水范围大时，设树枝状排水导管后再喷射；当涌水严重时，可设置泄水孔，边泄水边喷射；

2) 改变配合比，增加水泥用量。先喷干混合料，待其与涌水融合后，再逐渐加水喷射。喷射时由远而近，逐渐向涌水点逼近，然后在涌水点安设导管，将水引出，再在导管附近喷射。

(10) 砂层地段喷射混凝土时应采取以下措施：

1) 紧贴砂层铺挂细钢筋网并用φ22mm环向钢筋压紧；

2) 在正式喷射前应适当减少喷射机的工作气压，先喷射一层加大速凝剂掺量的水泥砂浆，然后再喷射混凝土。

(11) 喷射混凝土试件制作组数应符合下列规定：

1) 抗压强度试件：区间或小于区间断面的结构，每20延米拱和墙各取一组；车站各取两组。

2）抗渗试件：区间结构每40延米取一组；车站每20延米取一组。混凝土的抗渗等级应满足设计要求。

5.1.5 成品保护

1 锚杆体在安装前，要防止腐蚀和机械损伤。

2 在锚喷施工期间，挖土时应注意保护已经作业好的锚喷面。

3 锚喷完工后，应注意及时养护。在喷射混凝土终凝2h后，应即进行喷水养护，并保持较长时间的养护，一般不得少于14d，气温低于5℃时，不得喷水养护。

4 严禁在锚喷面上方堆积重载，以免影响锚喷面的稳定性。

5 在锚喷面支护的边坡上方，应做排水沟，严禁积水浸湿和流水冲涮锚喷表面。

6 封孔水泥砂浆未达到设计强度的70%时，不得在锚杆端部悬挂重物或碰撞外锚具。

5.1.6 安全措施和环保措施

5.1.6.1 安全措施

1 施工前，应认真检查和处理锚喷支护作业区的危石，施工机具应布置在安全地带。

2 Ⅳ、Ⅴ级围岩中进行锚喷支护施工时，应遵守下列规定：

(1) 锚喷支护必须紧跟开挖工作面。

(2) 先喷后锚，喷射混凝土厚度不应小于80mm；喷射作业中，应有人随时观察围岩变化情况。

(3) 锚杆施工宜在喷射混凝土终凝3h后进行。

(4) 施工中，应定期检查电源线路和设备的电器部件，确保用电安全。

(5) 喷射机、水箱、风包、注浆罐等应进行密封性能和耐压试验，合格后方可使用。

(6) 喷射混凝土施工作业中，要经常检查出料弯头、输料管和管路接头等有无磨薄、击穿或松脱现象，发现问题，应及时处理。

(7) 处理机械故障时，必需使设备断电、停风。向施工设备送电、送风前，应通知有关人员。

(8) 喷射作业中处理堵管时，应将输料管顺直，必须紧按喷头，疏通管路的工作风压不得超过0.4MPa。

(9) 喷射混凝土施工用的工作台架应牢固可靠，并应设置安全栏杆。

(10) 向锚杆孔注浆时，注浆罐内应保持一定数量的砂浆，以防罐体放空，砂浆喷出伤人。处理管路堵塞前，应消除罐内压力。

(11) 非操作人员不得进入正进行施工的作业区。施工中，喷头和注浆正前方严禁站人。

(12) 施工操作人员的皮肤应避免与速凝剂、树脂胶泥直接接触，严禁树脂卷接触明火。

(13) 钢纤维喷射混凝土施工中，应采用措施，防止钢纤维扎伤操作人员。

3 检验锚杆锚固力应遵守下列规定：

(1) 拉力计必须固定牢固；

(2) 拉拔锚杆时，拉力计前方或下方严禁站人；

(3) 锚杆杆端一旦出现颈缩时，应及时卸荷。

4 水胀锚杆的安装应遵守下列规定：

(1) 高压泵应设置防护罩。锚杆安装完毕，应将其搬到安全无淋水处，防止放炮时被砸坏；

(2) 搬运高压泵时，必须断电，严禁带电作业；

(3) 在高压进水阀未关闭、回水阀未打开之前，不得撤离安装棒；

(4) 安装锚杆时，操作人员手持安装棒应与锚杆孔轴线偏离一个角度。

5 预应力锚杆的施工安全应遵守下列规定：

(1) 张拉预应力锚杆前，应对设备全面检查，并固定牢固，张拉时孔口前方严禁站人；

(2) 拱部或边墙进行预应力锚杆施工时，其下方严禁进行其他作业；

(3) 对穿预应力锚杆施工时，应有联络装置，作业中应密切联系；

(4) 封孔水泥砂浆未达到设计强度的70%时，不得在锚杆端部悬挂重物或碰撞外锚具。

5.1.6.2 环保措施

锚喷施工对环境的影响主要是噪声和粉尘。噪声控制主要是选择性能好、噪声较小的机械设备或采取降噪措施，尽可能减少、降低噪声影响。在施工中，主要控制水泥粉尘污染。

1 喷射混凝土施工宜采用湿喷或水泥裹砂喷射工艺。

2 采用干法喷射混凝土施工时，宜采用下列综合防尘措施：

(1) 在保证顺利喷射的条件下，增加骨料含水率；

(2) 在距喷头3～4m处增加一个水环，用双水环加水；

(3) 在喷射机或混合料搅拌处，设置集尘器或除尘器；

(4) 在粉尘浓度较高地段，设置除尘水幕；

(5) 加强作业区的局部通风；

(6) 采用增粘剂等外加剂。

3 锚喷作业区的粉尘浓度不应大于$10mg/m^3$。施工中，粉尘测定次数，每半个月至少一次。测定粉尘应采用滤膜称量法。测定粉尘时，其测点位置、取样数量可按表5.1.6.2进行。

表5.1.6.2 喷射混凝土粉尘测点位置取样数量

测尘地点	测 点 位 置	取样数(个)
喷头附近	距喷头5.0m，离底板1.5m，下风向设点	3
喷射机附近	距喷射机1.0m，离底板1.5m，下风向设点	3
洞内拌料处	距拌料处2.0m，离底板1.5m，下风向设点	3
喷射作业区	邃洞跨中，离底板1.5m，作业区下风向设点	3

粉尘采样应在喷射混凝土作业正常、粉尘浓度稳定后进行。每一个试样的取样时间不得少于3min。占总数80%及以上的测点试样的粉尘浓度，应达到不大于$10mg/m^3$，其他试样不得超过$20mg/m^3$。

4 喷射混凝土作业人员，应采用个体防尘用具，以保证操作人员的身体健康。

5.1.7 质量标准

Ⅰ 主控项目

1 喷射混凝土所用原材料及钢筋网、锚杆必须符合设计要求。

检查方法：检查出厂合格证、质量检验报告和现场抽样试验报告。

2 喷射混凝土抗压强度、抗渗压力及锚杆抗拔力必须符合设计要求。

检验方法：检查混凝土抗压、抗渗试验报告和锚杆抗拔力试验报告。

Ⅱ 一般项目

1 喷层与围岩及喷层之间粘结紧密，不得有空鼓现象。

检验方法：用锤击法检查。

2 喷层厚度有60%不小于设计厚度，平均厚度不得小于设计厚度，最小厚度不得小于设计厚度的50%。

检验方法：用针探或钻孔检查。

3 喷射混凝土应密实、平整，无裂缝、脱落、漏喷、露筋、空鼓和渗漏水。

检验方法：观察检查。

4 喷射混凝土表面平整度的允许偏差为30mm，且矢弦比不得大于1/6。

检验方法：尺量检查。

5.1.8 质量验收

1 检验批的验收由监理工程师或建设单位项目技术负责人组织项目专业质量检查员等进行验收。

2 锚喷支护的施工质量检验数量，应按区间或小于区间断面的结构，每20延米检查1处，车站每10延米检查1处，每处10m²，且不得小于3处。

3 质量验收记录表地方主管部门无统一规定时，宜用表5.1.8"锚喷支护检验批质量验收记录表"。

表5.1.8 锚喷支护检验批质量验收记录表

GB 50208—2002

单位(子单位)工程名称					
分部(子分部)工程名称				验收部位	
施工单位				项目经理	
分包单位				分包项目经理	
施工执行标准名称及编号					
		施工质量验收规范的规定		施工单位检查评定记录	监理(建设)单位验收记录
主控项目	1	混凝土、钢筋网、锚杆质量			
	2	混凝土抗压、抗渗、抗拔			
一般项目	1	喷层与围岩粘结			
	2	喷层厚度			
	3	表面质量			
	4	表面平整度允许偏差 且矢弦比	30mm ≤1/6		
施工单位 检查评定结果	专业工长(施工员) 项目专业质量检查员： 年 月 日			施工班组长	
监理(建设)单位 验收结论	专业监理工程师(建设单位项目专业技术负责人)： 年 月 日				

5.2 地下连续墙

5.2.1 一般规定

1 本节适用于地下工程的主体结构、支护结构以及隧道工程复合式衬砌的初期支护。

2 地下连续墙施工应具备下列资料：

（1）地质勘察报告；

（2）隧道结构平、纵断面图；

（3）基坑范围内地下管线、构筑物及临近建筑物的资料。

3 地下连续墙施工前，应平整场地，清除成槽范围内的地面、地下障碍物，对需要保留的地下管线应挖露出来，封堵地下空洞并测放出导墙位置。

4 地下连续墙支护的基坑，在土方开挖和隧道结构施工期间，应对基坑围岩和墙体及其支护系统进行监控量测，并及时反馈信息。

5 地下连续墙作为主体结构或其一部分时，在施工二次结构前，墙体应凿毛、清理干净、调直预留钢筋，经检查合格后，方可施工二次结构。

6 地下连续墙支护的基坑为软弱土层时，其基底加固措施应符合设计要求，并在加固浆体达到设计强度后方可进行土方开挖。

5.2.2 施工准备

5.2.2.1 技术准备

1 设计交底，会审图纸。

2 编制施工技术方案。

3 施工技术交底。

5.2.2.2 材料准备

1 水泥

水泥的品种、强度等级的选用应符合设计要求，备用数量满足工程需要。

2 砂

砂子的品种、粒径符合配合比设计要求，备用数量满足工程需要。

3 石子

石子的品种、粒径符合配合比设计要求，备用数量满足工程需要。

4 外加剂

外加剂的品种选用、备用数量应符合施工组织设计和工程实际要求。

5 钢筋

钢筋的品种、强度级别符合设计要求，备用数量满足工程需要。

6 泥浆材料

泥浆系由土料、水和掺合物组成。泥浆用水一般使用自来水；拌制泥浆使用膨润土掺量一般为 6%～9%；增黏剂 CMC 掺量一般为 0.05%～0.08%；分散剂的掺量一般为 0%～0.5%；防漏剂的掺量一般为 0.5%～1%。具体选用及备用数量应符合施工组织设计及工程实际要求。

5.2.2.3 主要机具设备

有多头钻成槽机、钻抓成槽机、冲击成槽机、泥浆制备及处理设备、吸泥渣设备、混凝土浇筑机具设备、接头管及其顶升提拔设备。

5.2.2.4 作业条件

施工准备工作全部就序。

5.2.3 材料质量控制

见本标准"4.1.3 防水混凝土材料质量控制"。

5.2.4 施工工艺

5.2.4.1 地下连续墙施工流程：

定位、挖导墙→浇筑导墙→铺轨、钻机就位→挖槽→清槽刷接头→吊放接头管→吊放钢筋笼→浇灌架就位、吊放混凝土导管→浇筑水下混凝土→拔接头管

5.2.4.2 施工要点

1 导墙施工时，导墙净距应比地下连续墙设计厚度等于或略大于40～60mm。

2 导墙深度一般为1.5～2.0m，底部宜落在原土层上，顶面应高出施工场地100mm。

3 膨润土泥浆在贮浆池内一般静止24h以上，最低不少于3h方可使用，一般新浆相对密度控制在1.04～1.05；循环过程中的泥浆控制在1.25～1.30以下，遇松散地层，可适当加大。灌注混凝土前，槽内泥浆密度控制在1.15～1.20以下。

4 混凝土浇筑时，导管距端部距离不宜大于1.5m，导管埋入混凝土深度宜为1.5～6m。混凝土浇筑不得中断，间歇时间不得超过20min。

5 搅拌好的混凝土宜在1h内浇筑完，否则应加入缓凝剂。

6 槽孔内混凝土面上升速度最少不得小于2m。

7 必须保证混凝土和泥浆的密度差在1.1倍以上，即槽孔内泥浆的密度小于1.2。

8 浇灌混凝土过程中，要经常在或至少3处以上地方量测混凝土浇筑量和上升高度。

9 地下连续墙施工时，混凝土应按每一个单元槽留置一组抗压强度试件，每五个单元槽留置一组抗渗试件。

10 地下连续墙墙体内侧采用水泥砂浆防水层、卷材防水层、涂料防水层或塑料板防水层时，应按本标准防水混凝土有关章节规定执行。

11 单元槽段接头不宜设在拐角处，采用复合式衬砌时，内外墙接头宜相互错开。

12 地下连续墙与内衬结构连接处，应凿毛并清理干净，必要时应做特殊防水处理。

13 地下连续墙槽段接头施工是保证防水质量的重点，必须使接头缝具有承受地压和防水抗渗能力。一般接头方式如图5.2.4.2所示。

(1) 直接钻凿法施工要点：

1) 钻凿接头孔的位置应自混凝土端部向内移200mm左右；

2) 钻接头孔时应连续作业，不宜间断；

3) 当钻孔偏斜超过允许值时应及时回填片石、卵石，重新钻进；

4) 在灌注相邻槽孔混凝土前，须用圆形钢丝刷将接头孔孔壁上的泥皮刷除干净。

(2) 预留法施工要点：

1) 接头管的起吊提升速度应与混凝土上升速度一致，并应及时测量灌筑速度，提拔接头管时，开始时约每20～30min提拔一次，每次上拔300～1000mm，上拔速度一般为

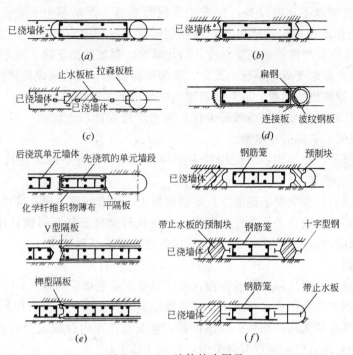

图 5.2.4.2 墙体接头图示
(a) 全圆接头管；(b) 缺圆接头管；(c) 与止水板桩结合的接头管；
(d) 波形接头管；(e) 隔板接头；(f) 预制构件接头

2~4m/h，应在混凝土浇筑结束后 8h 以内将接头管全部拔出。

2) 接头管拔出后，必须除去已浇好的混凝土半圆形表面上附着的泥浆和水泥浆的胶凝物，保证止水性能。

3) 拔接头管时间一般应为混凝土浇筑后 2~3h。

（3）直线形直接接头：一般较少用。

（4）隔板接头：适用于深度在 30m 以内地下连续墙。隔板要有一定的刚度，灌筑混凝土前，将隔板预先安装在槽孔的两侧端部，安装时要防止隔板扭转。

5.2.5 成品保护

1 钢筋笼制作、运输和吊放过程中，应采取技术措施，防止变形。吊放入槽，不得碰伤槽壁。

2 挖槽完毕，应尽快清槽、换浆、下钢筋笼，并在 4h 内浇筑混凝土。在灌注过程中，应固定钢筋笼和导管位置，并采取措施防止泥浆污染。

3 注意保护外露的主筋和预埋件不受损坏。

4 施工过程中，应注意保护现场的轴线桩和水准基点桩，不变形、不位移。

5.2.6 安全措施和环保措施

5.2.6.1 安全措施

1 施工前，做好地质勘察和调查研究，掌握地质和地下埋设物情况，清除 3.0m 以内的地下障碍物、电缆、管线等，以保证安全操作。

2 操作人员应熟悉成槽机械设备性能和工艺要求，严格执行各专用设备使用规定和操作规程。

3 潜水钻机等水下用电设备，应有安全保险装置，严防漏电；电缆收放要与钻进同步进行，防止拉断电缆，造成事故；应控制钻进速度和电流大小，严禁超负荷钻进。

4 成槽施工中要严格控制泥浆密度，防止漏浆、泥浆液面下降、地下水位上升过快、地面水流入槽内、泥浆变质等情况的发生，使槽壁面坍塌，而造成成槽钻机埋在槽内，或造成地面下陷，导致机架倾覆，或对邻近建筑物或地下埋设物造成损坏。

5 钻机成孔时，如被塌方或孤石卡住，应边缓慢旋转，边提钻，不可强行拔出，以免损坏钻机和机架，造成安全事故。

6 钢筋笼吊放，要加固，并使用铁扁担均匀起吊，缓慢下放，使其在空中不晃动，以避免钢筋变形、脱落。

7 槽孔完成后，应立即下钢筋笼，灌注混凝土，如有间歇，槽孔应用跳板覆盖。

8 所有成孔机械设备必须有专人专机，严格执行交接班制度和机具保养制度，发现故障和异常现象时，应及时排除，并通知有关专业人员维修和处理。

5.2.6.2 环保措施

1 施工现场的废物垃圾要及时清理，按环保要求运至指定的地点；

2 施工现场的作业面要保持清洁，道路要稳固通畅，保证无污物和积水；

3 水泥和其他易飞扬的细颗粒散体材料，应安排在库内存放或严密遮盖，运输时要防止遗洒、飞扬，卸运时应采取有效措施，以减少扬尘；

4 对无法使用商品混凝土的工地，应在搅拌设备上安装除尘装置，减少搅拌扬尘；

5 工地污水的排放要做到生活用水和施工用水的分离，严格按市政和市容规定处理；

6 凡在居民稠密区进行强噪声作业的，必须严格控制作业时间，一般不得超过晚22：00时，特殊情况需连续作业的，应尽量采取降噪措施，作好周围群众工作，并报工地所在区、县环保局备案后，方可施工；

7 对于影响周围环境的工程安全防护设施，要经常检查维护，防止由于施工条件的改变或气候的变化影响其安全性；

8 在工程施工过程中，重视附近已有文物及地下文物（未挖掘）的保护工作。

5.2.7 质量标准

Ⅰ 主控项目

1 防水混凝土所用原材料、配合比以及其他防水材料必须符合设计要求。

检验方法：检查出厂合格证、质量检验报告、计量措施和现场抽查试验报告。

2 地下连续墙混凝土抗压强度和抗渗压力必须符合设计要求。

检验方法：检查混凝土抗压、抗渗试验报告。

Ⅱ 一般项目

1 地下连续墙的槽段接缝以及墙体与内衬结构接缝应符合应设计要求。

检验方法：观察检查和检查隐蔽工程验收记录。

2 地下连续墙墙面的露筋部分应小于1％墙面面积，且不得有露石和夹泥现象。

检验方法：观察检查。

3 地下连续墙墙体表面平整度的允许偏差：

临时支护墙体为50mm，单一或复合墙体为30mm。

检验方法：尺量检查。

5.2.8 质量验收

1 检验批的验收由监理工程师或建设单位项目技术负责人组织项目专业质量检查员等进行验收。

2 地下连续墙的施工质量检验数量,应按连续墙每10个槽段抽查一处,每处为1个槽段,且不得少于3处。

3 质量验收记录,地方主管部门无特殊要求时,宜采用表5.2.8"地下连续墙检验批质量验收记录表"。

表 5.2.8 地下连续墙检验批质量验收记录表
GB 50208—2002

单位(子单位)工程名称					验收部位	
分部(子分部)工程名称						
施工单位					项目经理	
分包单位					分包项目经理	
施工执行标准名称及编号						
施工质量验收规范的规定				施工单位检查评定记录		监理(建设)单位验收记录
主控项目	1	混凝土配合比、防水材料质量				
	2	混凝土抗压、抗渗试件				
一般项目	1	接缝处理				
	2	墙面露筋				
	3	表面平整度允许偏差临时支护墙体单一或复合墙体	50mm			
			30mm			
施工单位检查评定结果	专业工长(施工员) 施工班组长 项目专业质量检查员: 年 月 日					
监理(建设)单位验收结论	专业监理工程师(建设单位项目专业技术负责人): 年 月 日					

5.3 复合式衬砌

5.3.1 一般规定

1 本节适用于混凝土初期支护与二次衬砌中间设置防水层和缓冲排水层的隧道工程

复合式衬砌。

    2 复合式衬砌由外层和内层复合而成，其外层为初期柔性支护，可采用喷射混凝土、锚杆、钢筋网、钢支撑等支护形式，单一或合理组合而成；内层为二次衬砌，一般采用现浇混凝土衬砌。两衬砌间宜采用防水夹层措施。

    3 复合式衬砌的排水系统，纵向集水盲管应设置在防水板外侧并与缓冲排水层连接畅通。

    4 初期支护的线流漏水或大面积渗水，应在防水层和缓冲排水层铺设之前进行封堵或引排。

    5 防水层和缓冲排水层铺设与内衬混凝土的施工距离均不小于5m。

5.3.2 施工准备

5.3.2.1 技术准备

    1 组织图纸会审、编制施工方案、进行技术交底。

    2 初期支护。见喷锚支护技术准备。

    3 防水层施工：

（1）无纺布、防水板均分拱部、边墙、底板四段铺设，按照施工断面尺寸下料。

（2）采用特种铅笔在防水板边缘离板边100mm处画接缝搭接线，并画出无纺布、防水板横向中线以及隧道中线。

（3）测量隧道坑道开挖断面，对欠挖部位应加以凿除，对喷射混凝土表面凹凸显著部位应分层喷射找平；外露的锚杆头及钢筋网应齐根切除，并用水泥砂浆抹平。喷射混凝土表面凹凸显著部位，是指矢高与弦长之比超过1/6的部位应修凿、喷补、使混凝土表面平顺。

（4）应检查塑料板有无断裂、变形、穿孔等缺陷，保证材料符合设计和质量要求。

（5）应检查施工机械设备运转是否良好、主要工具是否齐全，并检查施工组织计划是否科学、合理等。

    4 二次衬砌：

（1）衬砌所用原材料的质量及其贮运方式应符合有关规定；

（2）应做好地下水引排工作，仰拱及基础部位的虚渣及积水必须清理干净；

（3）防水层或喷层表面粉尘应清除并洒水湿润；

（4）施工用机具、拱架、模板台车等必须经过检查，并进行机械试运转。

5.3.2.2 材料准备

    1 土工合成材料

土工合成材料选用的品种、规格应符合工程设计和施工组织设计要求，备用材料数量满足工程数量。

    2 塑料板

塑料板选用的品种、规格应符合工程设计和施工组织设计要求，备用材料数量满足工程数量。

    3 防水混凝土

见本标准第4.1.1.2条有关内容。

5.3.2.3 主要机具

1 主要机械

混凝土搅拌机、混凝土浇筑机、模板台车、混凝土输送泵、插入式振动器、平板式振动器、高压吹风机、水泵、手动式热风焊接机、除尘机等。

2 主要工具

大、小平锹、铁板、磅秤、水桶、胶皮管、串筒、溜槽、铁钎、抹子、试模、长把滚刷、油漆刷、裁剪刀、壁纸刀、单双筒热熔喷枪、移动式热熔焊枪、喷枪、喷灯、铁抹子、干粉灭火器、电动搅拌器、橡皮刮板、木刮板、手持压辊、铁压辊、嵌缝枪、热风焊接机、热风焊接枪等。

5.3.2.4 作业条件

1 初期支护

见"锚喷支护作业条件"。

2 防水层（排水层）施工

（1）初期支护基本稳定并经验收合格；

（2）清扫、冲刷第一层衬砌内壁，铺设防水板的基层宜平整、无尖锐物，基层平整度应符合 $D/L=1/6\sim1/10$；

（3）初期支护的线流漏水或大面积渗水，应在防水层和缓冲排水层铺设之前进行封堵或引流。

（4）防水层和缓冲层排水层铺设与内衬混凝土的施工距离均不应小于5m。

（5）准备防水层（或排水层）材料、缓冲材料，包括射钉枪、水泥钉、热风焊枪、焊缝真空检测器、焊条、疏水管及其连接件、常用机修工具等的准备。

3 二次衬砌

二次衬砌应在围岩和初期支护变形稳定、防水层验收合格后方可施工，并应具备下述条件：

（1）隧道周边位移速率有明显减缓趋势。

（2）在拱脚以上1m和边墙中部附近的位移速度小于0.1~0.2mm/d，或拱顶下沉速度小于0.07~0.15mm/d。

（3）二次衬砌前的位移值，应达到总位移值的80%~90%。

（4）初期支护表面裂缝不再继续发展。

（5）采取一定措施仍难以符合上列条件时，可提前施作二次衬砌，且应予以加强。

5.3.3 材料质量控制

5.3.3.1 初期支护

初期支护材料质量控制见本标准第5.1.3条。

5.3.3.2 土工合成材料

1 土工合成材料的划分，宜符合图5.3.3.2要求；

2 土工合成材料的性能指标应包括下列内容，具体应按工程设计需要确定实验项目：

（1）物理性能：单位面积质量、厚度（及其与法向压力的关系）、材料密度、孔径等。

（2）力学性能：条带拉伸、握执拉伸、撕裂、顶破、CBR顶破、刺破、直剪摩擦、拉拔摩擦、蠕变等。

(3) 力学性能：垂直渗透系数、平面渗透系数、淤堵、防水性等。

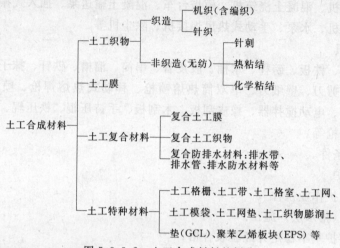

图 5.3.3.2　土工合成材料的划分

(4) 持久性能：抗紫外线能力、化学稳定性和生物稳定性等。
(5) 常用土工材料主要物理性能见表 5.3.3.2。

表 5.3.3.2　常用土工合成材料主要物理性能

项目	性能要求	
	聚丙烯无纺布	聚酯无纺布
单位面积质量(g/m²)	≥280	≥280
纵向拉伸强度(N/50mm)	≥900	≥700
横向拉伸强度(N/50mm)	≥950	≥840
纵向伸长率(%)	≥110	≥100
横向伸长率(%)	≥120	≥105
顶破强度(kN)	≥1.11	≥0.95
渗透系数(cm/s)	$\geq 5.5 \times 10^{-2}$	$\geq 4.2 \times 10^{-2}$

3　用于缓冲排水层的土工合成材料应符合下列要求：
(1) 具有一定的厚度，其单位面积质量不宜小于 280g/m²；
(2) 具有良好的导水性；
(3) 具有适应初期支护由于荷载或温度变化引起变形的能力；
(4) 具有良好的化学稳定性和耐久性，能抵抗地下水或混凝土、砂浆析出水的侵蚀。

5.3.3.3　塑料板

塑料防水板材料质量控制见本标准 4.5.3 条有关规定。

5.3.3.4　二次衬砌材料质量控制

二次衬砌材料质量控制见"普通混凝土或防水混凝土材料质量控制"。

5.3.4　施工工艺

5.3.4.1　工艺流程

1 初期支护（喷锚支护）工艺流程

见本标准第 5.1.4.1 条。

2 防水层工艺流程

准备工作→铺设无纺布→铺设焊接防水板→焊接防水板搭接部位→铺设质量检查→结束

3 二次衬砌工艺流程

防水层或初期支护检验→定位防线→二次衬砌钢筋绑扎→止水带安装→隐蔽验收→模板安装、验收→混凝土浇筑→拆模→混凝土养护→修补有害裂缝→检验批（分项工程）验收

5.3.4.2 施工要点

1 初期支护施工要点

见本标准第 5.1.4.2 条。

2 防水层施工要点

（1）先将无纺布横向中线同隧道中线对齐重合定位，再由拱顶向两侧墙进行铺设，最后铺设底板。

（2）铺设时接缝搭接宽度为 50mm，采用 ϕ80 专用塑料垫圈压在无纺布上，使用冲击钻钻孔，下塑料胀管，用木螺钉锚固。木螺钉应用螺丝刀上紧，不得用铁锤敲打，并不得超出圆垫片平面，以防止破坏防水板。

（3）锚固点应垂直于基面，锚固点呈梅花状布置，其间距：拱部应为 0.5～0.7m、边墙为 1.0～1.2m，在凹凸处适当增加锚固点。

3 二次衬砌施工要点

（1）二次衬砌施作时间确定：

1) 二次衬砌的施作时间，根据国家标准《喷射混凝土支护技术规范》GB 50086—2001 规定，应在围岩和锚喷支护变形基本稳定后进行。

2) 自稳性很差的围岩，可能在较长的时间内达不到基本稳定的条件，喷射混凝土将会出现大量明显裂缝，而支护能力难以加强，此时则应及早施作仰拱，以改变围岩变形条件。若围岩仍不能稳定，应提前施作二次衬砌，以提供支护抗力，避免初期支护塌跨。

3) 如二次衬砌仅作为保护防水层的不承重结构，其厚度小、自重轻，当混凝土强度达到 2.5MPa 时即可脱模。

（2）二次衬砌混凝土施工主要技术要点：

1) 混凝土混合料必须同时输入搅拌机；

2) 采用预拌混凝土时，运输过程中不得停拌，运输时间不得超过混凝土初凝时间的一半；

3) 初期支护基本稳定后，应及时修筑二次衬砌，当混凝土强度达到 2.5MPa 时即可脱模。

（3）二次衬砌模板施工要点：

1) 拱部模板应预留沉落量 10～30mm，其高程允许偏差为设计高程加预留沉落量 0～10mm；

2) 变形缝端头模板处的填缝板中心应与初期支护结构变形缝重合；

3）变形缝及垂直施工缝端头模板应与初期支护结构间的缝隙嵌堵严密，支立必须垂直、牢固；

4）边墙与拱部模板应预留混凝土灌注及振捣孔口。

(4) 衬砌混凝土灌注施工要点：

1) 浇筑混凝土前的准备工作：

  a 复测隧道中线、高程、断面尺寸和净空尺寸；

  b 清除浮渣、积水、修平墙面和顶部，检查防水板安装质量；

  c 检查和检修模板台车质量；

  d 台车就位后，对其安装位置、模板及其相关空间尺寸进行详细检查；

  e 检查混凝土配合料数量、质量、配合比设计等；

  f 检修好混凝土制配、运输等各种机械设备，如拌和机、混凝土输送泵等，必要时应进行试运转；

  g 检修好防排水、通风、照明等的预埋件和预留空洞等。

2) 混凝土宜采用输送泵输送，坍落度应为：墙体100～150mm，拱部160～210mm；振捣不得触及防水层、钢筋、预埋件和模板；

3) 混凝土灌注至墙拱交界处，应间歇1～1.5h后方可继续灌注；

4) 混凝土强度达到2.5MPa时方可拆模。

(5) 防水混凝土施工缝处理：

防水混凝土须作防排水处理，一般可采用塑料止水带或橡胶止水带，基本无水地段可采用企口式或台阶式施工缝。

1) 沿设计衬砌轴线，每隔不大于0.5m处钻一直径为φ12mm的钢筋孔；

2) 将制成的钢筋卡，由待灌混凝土侧向另侧穿入，内侧卡紧止水带之半，另一半止水带平靠在挡头板上。止水带安装位置见图5.3.4.2-1；

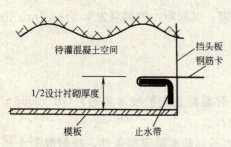

图5.3.4.2-1 止水带安装位置

3) 待混凝土凝固后拆除挡头板，将止水带靠钢筋拉直、拉平，然后弯钢筋卡套上止水带。下一环止水带安装方法见图5.3.4.2-2。

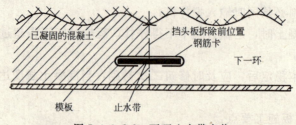

图5.4.3.2-2 下环止水带定位

(6) 初期支护与二次衬砌间空隙处理。由于超挖或坍塌等原因造成两者之间可能有空隙时，可采用以下几种办法处理：

1) 采用同级混凝土回填密实。当空隙不超过允许超挖量时，或由于初期支护施工后洞体净空收敛未达到设计预留变形量时，应根据实际轮廓选择增大加宽值，或以同级混凝土回填密实。

2) 采用贫混凝土回填。当超挖较大，用上述方法不能满足初期支护与二次衬砌间密贴的要求时，拱脚及墙基以上1m范围内采用同级混凝土回填密实，其余部分可根据空隙大小分别选用同级混凝土、浆砌片石或贫混凝土回填。

3) 采用背板、刚支架、刚支撑等。当为较大空隙或坍塌处，应加强初期支护，使其充分稳定后方可进行二次衬砌。此时，较大的空隙或坍塌处不宜采用一般填料，以避免二次衬砌的局部承载过大，而应增设锚杆钢筋网喷混凝土等措施，以加强初期支护和二次衬砌间的支撑接触。

(7) 防止和减少二次衬砌开裂主要措施：

1) 在混凝土中加入适量的减水剂、膨胀剂，可以减少单位水泥和水的用量。因膨胀剂使混凝土挤压密实，从而减少混凝土的收缩应变等。

2) 初期支护与二次衬砌间，设置隔离层或低强度等级砂浆，减少对二次衬砌的约束。设置防水隔离层，可以使初期支护与二次衬砌之间不传递切向力，因此对防止二次衬砌开裂有很大作用。但在铺设防水隔离层之前，应用喷射混凝土或水泥砂浆将初期支护表面大致平整，以改善二次衬砌的受力条件。

3) 对大裂缝（缝宽大于5mm），宜用环氧树脂砂浆，或采用压浆、钢筋网喷混凝土缝进行补强。

5.3.5 成品保护

1 钢筋网片不得践踏、碰撞，注意保护层的厚度。

2 施工缝的企口加强保护，不得损坏。

3 混凝土浇筑完后，所有预埋件、穿墙套管严禁碰撞，防止预埋件、穿墙套管松动。

4 施工时防止小刀、剪刀划伤塑料板。

5 防水板的铺设应超前内衬混凝土的施工，其距离宜为5～20m，并设临时挡板防止机械损伤和电火花灼伤防水板。

6 保护好预埋穿墙管、电线管、电线盒、预埋钢件及止水片（带）的位置正确，并固定牢靠，防止振捣混凝土时碰动，造成位移、挤偏和表面钢件陷进混凝土内。

7 在拆模和吊运其他物件时，应避免碰坏施工缝企口和损坏止水片（带）。

5.3.6 安全、环保措施

5.3.6.1 安全措施

1 应根据通过模板台车内部车辆的界限，加适当的安全富余量，以确定模板台车内部的净空尺寸。大型车辆应在调车人员指挥下通过模板台车。此时，在台车内部作业的人员应暂时离开，不得站在模板台车内部，避免不安全。

2 模板台车上应有足够的照明设施，新式模板台车为全液压及具有纵向移动的功能。

3 灌筑二次衬砌混凝土的作业人员应站在稳定的脚手架上，并应配戴安全带。

4 应重视防止异物混入混凝土料斗中。当有异物进入料斗中时，首先应使拌和机停机运转，然后方可取出异物，以免损坏机械设备等隐患。

5 当压送混凝土的管路或接头发生堵塞时，首先应消除管道中的压力，然后方可拆卸接头，进行疏通作业。此时，在接头前方（依照混凝土压送方向确定）不得站有其他作业人员，以免压送混凝土伤人事故。

5.3.6.2 环保措施

1 隧道防排水设计

"防"是指防止水资源由隧道漏失，"排"是指隧道内排出地层内有害水的净化处理系统，以及避免对下游居民、农田等造成水害的洞外排水系统。

2 隧道通风排放口设计

隧道通风是为将洞内超过允许浓度的有害气体排出洞身而采取的措施，由隧道通风排放口排出的有害气体扩散后的落地浓度应符合排放标准，否则应作处理设计。

3 隧道减噪设施设计

位于居民点、厂矿的隧道，经过对运营噪声衰减计算后，若仍超过国家标准应采取减噪措施，常采用的措施有修建隔音墙或栽种树木。

4 保护自然环境措施

修建隧道应与当地自然景色相协调，有必要结合现场条件予以美化设计。为防止水土流失而应设置污工构造物、坡面防护；合理选定弃渣场地并设计必要的排水、支挡构造及改土还田；设计的桥台锥坡和导流堤应能顺畅水流，不致引起对岸发生水毁；用于绿化环境、恢复地貌植被的树木、草地的品种应能适应当地条件。

5.3.7 质量标准

Ⅰ 主控项目

1 塑料防水板、土工复合材料和内衬混凝土原材料必须符合设计要求。

检验方法：检查出厂合格证、质量检验报告和现场抽样试验报告。

2 防水混凝土的抗压强度和抗渗压力必须符合设计要求。

检验方法：检查混凝土抗压、抗渗试验报告。

3 施工缝、变形缝、穿墙管道、埋设件等细部构造做法，均须符合设计要求，严禁有渗漏。

检验方法：观察检查和检查隐蔽工程验收记录。

Ⅱ 一般项目

1 二次衬砌混凝土渗漏水量应控制在设计防水等级要求范围内。

检验方法：观察检查和渗漏水量测。

2 二次衬砌混凝土表面应坚实、平整，不得有露筋、蜂窝等缺陷。

检验方法：观察检查。

5.3.8 质量验收

1 检验批的验收由监理工程师或建设单位项目技术负责人组织项目专业质量检查员等进行验收。

2 复合式衬砌的施工质量检验数量，应按区间或小于区间断面结构，每20延米检查1处，车站每10延米检查1处，每处10m²，且不得少于3处。

3 质量验收记录表，地方主管部门无规定时，宜采用表5.3.8"复合式衬砌检验批质量验收记录表"。

表5.3.8 复合式衬砌检验批质量验收记录表

GB 50208—2002

单位(子单位)工程名称					
分部(子分部)工程名称				验收部位	
施工单位				项目经理	
分包单位				分包项目经理	
施工执行标准名称及编号					
施工质量验收规范的规定			施工单位检查评定记录	监理(建设)单位验收记录	
主控项目	1	材料质量			
	2	混凝土抗压、抗渗试件			
	3	细部构造做法			
一般项目	1	二次衬砌渗漏水量			
	2	二次衬砌质量			
施工单位检查评定结果		专业工长(施工员)		施工班组长	
		项目专业质量检查员： 年 月 日			
监理(建设)单位验收结论		专业监理工程师(建设单位项目专业技术负责人)： 年 月 日			

5.4 盾构法隧道

5.4.1 一般规定

5.4.1.1 本节适用于在软土及软岩中采用盾构掘进和拼装钢筋混凝土管片方法修建的区间隧道结构的施工及验收。

5.4.1.2 不同防水等级盾构隧道衬砌防水措施。

不同防水等级盾构隧道衬砌防水措施应按表5.4.1.2选用。

表5.4.1.2 盾构隧道衬砌防水措施

防水措施		高精度管片	接缝防水				混凝土或其他内衬	外防水涂层
			弹性密封垫	嵌缝	注入密封胶	螺孔密封圈		
防水等级	1级	必选	必选	应选	宜选	必选	宜选	宜选
	2级	必选	必选	宜选	宜选	应选	局部宜选	部分区段宜选
	3级	应选	应选	宜选	—	宜选	—	部分区段宜选
	4级	宜选	宜选	宜选	—	—	—	—

5.4.1.3 管片、砌块的抗渗等级应等于隧道埋深水压力的3倍，且不得小于P8。管片、砌块必须按设计要求经检验合格后方可使用。

5.4.2 施工准备

5.4.2.1 技术准备

1 施工单位应全面熟悉设计文件，会同设计单位进行现场核对，做好以下工作：

（1）掌握工程的重点和难点，了解隧道方案的选定及设计经过；

（2）重点复查对隧道施工和环境保护影响较大的地形、地貌、工程地质及水文地质条件是否符合实际，保护措施是否恰当；

（3）核对隧道平面、纵断面设计，了解隧道与所在区段的总平面、纵断面设计的关系；

（4）核对洞口位置、式样、衬砌类型是否与洞口周围环境相适应；

（5）核对设计文件重确定的施工方法、技术措施与施工实际条件是否相符合；

（6）核对洞外排水系统和设施的布置是否与地形、地貌、水文、气象等条件相适应；

（7）会同设计单位现场交接和复查测量控制点、施工测量用的基准点及水准点，并定期进行复核。

2 编制施工组织设计。施工组织设计应包括施工方法、工区划分、场地布置、进度计划、工程数量、人员配备、主要材料、机械设备、电力和运输以及安全、质量、环保、技术、节约等主要措施内容。

3 施工前应结合工程特点和新材料、新技术、新工艺的推广应用等情况，对职工进行安全教育、技术交底和培训。

5.4.2.2 材料准备

1 防水混凝土。水泥、砂、石、外加剂，见本标准第4.1.2.2条相关规定。

2 接缝密封垫：

（1）材料预检：弹性密封条和橡胶软木衬垫的检验分两个方面。材质，宜按期去生产厂抽取生胶料，制成试件委托检测单位进行技术指标测试；规格尺寸，宜每20环抽取"封顶"、"邻接"、"标准"各1条进行尺寸检测。

（2）材料存放：框形密封条出厂产品应标明"标"、"邻"、"缝"三种形式。在工地贮存期间亦应有规则地分类堆放，不得乱放（包括楔形密封条、变形密封条及加厚橡胶带）。

（3）为避免密封垫挠曲、变形，粘贴前需将其置于40℃烘房烘热整形36h后再试用（烘房大小以能放置15环密封橡胶垫为宜）。

（4）橡胶软木衬垫（包括纠偏用楔子料）要分类存放。胶粘剂除应密封、干燥储存外，每批提货时应注意出厂期不超过半年。

3 螺孔密封垫。

4 管片外防水涂料：

（1）衬砌外防水涂料按设计规定选定后，经过对质量保证书和合格证的检查、涂料实物验收后贮存于专用料库中；

（2）材料包装应可靠，易燃及有毒类涂料贮存时应密封，并存放在阴凉、干燥处。

5.4.2.3 主要机具

1 机械设备

搅拌筒、搅拌棒、电动搅拌器。

2 主要机具

钢丝刷、平铲、凿子、锤子、砂布、砂纸、扫帚、小毛刷、皮老虎、吹风机、溶剂桶、刷子、棉纱、铁锅、铁桶或塑化炉、刮刀、腻子刀、嵌缝手动挤料枪、嵌缝电动挤料枪、灌缝车、鸭嘴壶、防污条、磅秤、安全防护用品。

5.4.2.4 作业条件

1 管片作业条件同防水混凝土作业条件。

2 防水层施工作业条件：

（1）管片拱形（背部朝上）放置或竖式放置，以方便作业。

（2）管片结束水池养护或蒸气养护后晾干，使其表面湿度≤9％，宜通过混凝土表面测湿仪测定，也可采用简单方法测定。即是：将面积约 $1m^2$，厚度为 1.5～2mm 的橡胶板覆盖在基层面上，放置 2～3h，如覆盖的基层表面无水印，紧贴基层一侧橡胶板又无凝结水印，则说明含水率已小于 9％，可以满足施工要求。

（3）露天作业时，应与气象部门联系，并作好必要的防雨准备。

5.4.3 材料质量控制

1 衬砌混凝土原料的要求

（1）水泥

配制防水混凝土的水泥应采用强度不低于 32.5MPa 的普通硅酸盐水泥，且必须是国家规定的水泥厂生产的水泥，每批水泥进货应配有质量保证书，经检验合格后方可使用。不同的厂家生产的水泥不准混存、混用；水泥进库应按批、按类分别堆放整齐，每堆放高度不得超过 10 包，过期水泥不准使用。

（2）砂

应采用中砂，每批砂子进场时必须做材料分析，含泥量不大于 3％（重量比）。

（3）石子

粒径 15～25mm，每批石子进场前必须做材料分析，含泥量不大于 1％（重量比）。

（4）钢筋

钢筋表面应洁净，不得有油漆、油渍、污垢。钢筋出现颗粒或片状锈蚀时不准使用。每批钢筋进场应配有质量保证书，经检验合格后方可使用。

（5）掺入磨细粉煤灰或外掺剂时，必须有试验依据，以保证质量合格，掺量准确。

2 衬砌混凝土材料配合比

钢筋混凝土管片的标准配合比可参见表 5.4.3-1。具体应经试验确定。

3 衬砌接缝—弹性密封垫、传力衬垫和螺孔密封圈材料要求

表 5.4.3-1 管片混凝土配比

设计强度等级 $\sigma_{cK}(N/mm^2)$	水泥用量 (kg/cm³)	用水量 (kg/m³)	水灰比 (％)	坍落度 (mm)	空气量 (％)	粗骨料最大尺寸(mm)	细骨料率 (％)
C45	380	152	40	30～60	3～4	20	40
C45	380	148	39	30～60	3～4	20	40
C45	380	148	39	30～60	3～4	20	40
C45	380	148	39	30 以下	3～4	25	40
C55	480	158	33	20～30	—	20	32

（1）管片至少应设置一道密封垫沟槽。接缝密封垫宜选择具有合理构造形式、良好回弹性或遇水膨胀性、耐久性的橡类材料，其外形应与沟槽相匹配。弹性密封橡胶垫与遇水膨胀橡胶密封垫的性能应符合表 5.4.3-2、表 5.4.3-3 的规定。

表 5.4.3-2　弹性橡胶密封垫材料的物理性能

项　目		性　能　要　求	
		氯丁橡胶	三元乙丙胶
硬度(邵尔 A,度)		45±5～60±5	55±5～70±5
伸长度(%)		≥350	≥330
拉伸强度(MPa)		≥10.5	≥9.5
热空气老化 (70℃×96h)	硬度变化值(邵尔 A,度)	≤+8	≤+6
	拉伸强度变化率(%)	≥-20	≥-15
	扯断强度变化率(%)	≥-30	≥-30
压缩永久变形(70℃×24h)(%)		≤35	≤28
防霉等级		达到与优于 2 级	达到与优于 2 级

注：以上指标均为成品切片测试的数据，若只能以胶料制成试样测试，则其力学性能数据应达到本标准的 120%。

表 5.4.3-3　遇水膨胀密封垫胶料的物理性能

项　目		性　能　要　求			
		PZ-150	PZ-250	PZ-400	PZ-600
硬度(邵尔 A,度)		42±7	42±7	45±7	48±7
拉伸强度(MPa)≥		3.5	3.5	3.0	3.0
扯断伸长率(%)≥		450	450	350	350
体积膨胀率(%)≥		150	250	400	600
反复浸水试验	拉伸强度(MPa)≥	3	3	2	2
	扯断伸长率(%)≥	350	350	250	250
	体积膨胀率(%)≥	150	250	300	500
低温弯折(-20℃×2h)		无裂纹	无裂纹	无裂纹	无裂纹
防霉等级		达到与优于 2 级			

注：1　成品切片测试应达到本标准的 80%；
　　2　接头部位的拉伸强度指标不得低于本标准的 50%；
　　3　体积膨胀率＝膨胀后的体积/膨胀前的体积×100%。

（2）螺孔防水应符合下列规定：
1）片肋腔的螺孔口应设置锥形倒角的螺孔密封圈沟槽。
2）螺孔密封圈的外形应与沟槽相匹配，并有利于压密止水或膨胀止水。在满足止水的要求下，其端面宜小。
（3）螺孔密封圈应是合成橡胶、遇水膨胀橡胶制品。其技术指标要求应符合表 5.4.3-2、表 5.4.3-3 的规定。
（4）管片外防水涂层应符合下列规定：
1）耐化学腐蚀性、抗微生物侵蚀性、耐水性、耐磨性良好，且无毒或低毒；
2）在管片外弧面混凝土裂缝宽度达到 0.3mm 时，仍能抗最大埋深处水压，不渗漏；

3）具有防杂散电流的功能，体积电阻率高；

4）施工简便，且能在冬期操作。

(5) 衬砌接缝—弹性密封垫、传力衬垫和螺孔密封圈材料要求：

1）材料预检：弹性密封条和橡胶软木衬垫的检验分两个方面。材质，宜按期去生产厂抽取生胶料，制成试件委托检测单位进行技术指标测试；规格尺寸，宜每20环抽取"封顶"、"邻接"、"标准"各1条进行尺寸检测。

2）材料存放：框形密封条出厂产品应标明"标"、"邻"、"缝"三种形式。在工地贮存期间亦应有规则地分类堆放，不得乱放（包括楔形密封条、变形密封条及加厚橡胶带）。

3）为避免密封垫挠曲、变形，粘贴前需将其置于40℃烘房烘热整形36h后再试用（烘房大小以能放置15环密封橡胶垫为宜）。

4）橡胶软木衬垫（包括纠偏用楔子料）要分类存放。胶粘剂除应密封、干燥储存外，每批提货时应注意出厂期不超过半年。

5.4.4 施工工艺

5.4.4.1 工艺流程

1 管片制作工艺流程

(1) 管片制作工艺流程：

配合比设计→原材料进场→计量搅拌→出机吊运→浇筑捣实→抹面→养护→脱模转运→湿润养护→制品检查→制品存放→整环拼装→整环检查→出厂

2）钢筋混凝土管片拼装工艺流程：

管片验收→运到拼装工地→编号、进行防水处理→底部管片就位→安装相邻管片→插入封顶管片→调整成环→拧紧螺栓

3）弹性密封垫、传力衬垫和螺孔密封圈施工工艺流程：

检验合格管片→管片翻身早强水泥修补缺陷→除泥灰（必要时刷外防水涂料于背面）→涂胶→密封垫沟槽（用膨胀橡胶时应涂缓膨胀剂）→橡胶软木板→表面去灰涂胶→粘贴纵缝→合格的框形密封垫整形→套入管片→翻转→涂胶→粘贴→木槌敲实→角部加贴自粘性丁基薄片→送井下→涂减磨剂→螺孔密封圈穿入螺栓→拼装

4）不定型密封材料嵌缝施工流程：

修补嵌缝槽→消除泥灰→调整工子条中腻子宽度→密封膏设置→工子条安设→配界面剂配乳胶水泥→十字接头加强处理→涂刷界面剂于作业位置→嵌填乳胶水泥→刮抹成型→检查→端口封口→再修补

2 衬砌外防水涂层的施工工艺流程

清除杂物→对衬砌空隙、裂纹、破损部位修补→按配比将涂料混合均匀刷冷底子油或直接刷底涂料→在第一度涂层后24h刷刮涂第二度涂层

3 钢筋混凝土管片拼装工艺流程

管片验收→运到拼装工地→编号、进行防水处理→底部管片就位→安装相邻管片→插入封顶管片→调整成环→拧紧螺栓

5.4.4.2 施工要点

1 钢筋混凝土管片制作施工

(1) 钢筋混凝土管片制作应符合下列规定：

1) 混凝土抗压强度和抗渗压力应符合设计要求；
2) 表面应平整，无缺棱、掉角、麻面和露筋；
3) 单块管片制作尺寸允许偏差应符合表5.4.4.2的规定。

表5.4.4.2 单块管片制作尺寸允许偏差

项　　目	允许偏差(mm)
宽度	±1.0
弧长、弦长	±1.0
厚度	+3,-1

(2) 钢筋混凝土管片同一配合比每生产5环应制作抗压强度试件一组，每10环制作抗渗试件一组；管片每生产两环应抽查一块做检漏测试，检验方法按设计抗渗压力保持时间不小于2h，渗水深度不超过管片厚度的1/5为合格。若检验管片中有25%不合格时，应按当天生产管片逐块检漏。

2　钢筋混凝土管片拼装施工

(1) 管片验收合格后方可运至工地，拼装前应编号并进行防水处理；

(2) 管片拼装顺序应先就位底部管片，然后自下而上左右交叉安装，每环相邻管片应均匀摆匀并控制环面平整度和封口尺寸，最后插入封顶管片成环；

(3) 管片拼装后螺栓应拧紧，环向及纵向螺栓应全部穿进。

3　管片接缝防水施工

(1) 管片至少设置一道密封垫沟槽，粘贴密封垫前应将槽内清理干净。

(2) 密封垫应粘贴牢固，平整、严密，位置正确，不得有起鼓、超长和缺口现象。

(3) 管片拼装前应逐块对粘贴的密封垫进行检查，拼装时不得损坏密封垫。有嵌缝防水要求的，应在隧道基本稳定后进行。

(4) 管片拼装接缝连接螺栓孔之间应按设计加设螺孔密封圈。必要时，螺栓孔与螺栓间应采取封堵措施。

(5) 管片外防水涂层施工：

1) 铲除浮浆杂物，清洗油污、沥青、油性涂料；对空隙、裂缝、破损部位应采用同标号水泥砂浆、混凝土进行修复；

2) 按规定的配比要求，将涂料混合搅拌均匀；

3) 按规定的要求涂刷（或喷涂、滚刷）冷底子油或直接涂刷底涂料；

4) 涂刷时要均匀一致，不得过厚或过薄。为确保涂膜厚度，用单位面积用量和厚度仪两种手段控制；

5) 常在第一度涂层后24h刮涂第二度涂层，涂刷的方向必须和第一度的涂刮方向垂直。重涂时间的间隔与涂料品种有很大关系。如果面层与底层分别采用两类涂料，则按各自不同的工艺条件实施，同时必须注意两层之间的结合。

(6) 弹性密封垫、传力衬垫和螺孔密封圈施工操作要点：

1) 冬期框形密封条整形时，密封垫会因堆放时的绕曲而走形，需先经烘房恒温，使其套入管片时服贴。

2) 管片混凝土面与橡胶面分别涂胶。

3) 涂胶时密封垫要涂满，软木橡胶用"四边加斜十字涂"，相应混凝土亦同。涂胶量约 200g/m²，涂刷工具可用由油漆刀改制的刀头（呈锯齿状）。

4）若胶粘剂开封后溶剂挥发变稠，可边加入溶剂边搅拌稀释。采用单面涂胶的直接粘结法：即混凝土面单面涂胶，晾置一段时间（一般 10～15min，随气温、湿度而异，以接触不粘为宜）。

5）粘合前再次检查是否所有粘结面已均匀涂胶，如漏涂则要补涂，粘贴时注意四个角部密封垫位置不可"耸肩"或"塌肩"，整个密封垫表面应在同一平面上，谨防歪斜或扭曲。

6）套框和混凝土粘结时，一旦粘合就不可重行揭开，以免粘结强度受影响，故检查平整后应一次到位。由于实际加工的密封垫纵向、环向长度比管片上设置的密封垫沟槽短，为粘贴就位时恰到好处，应先正确定位，粘合四个角部后再粘合中间。

7）粘合后，用小木锤扣击，凡"露肩"或稍有隆起处要叩击密贴。

8）粘合后，应养护 24h 后方可运往井下拼装。如为遇水膨胀橡胶，还应加涂缓膨胀剂于橡胶密封垫表面（尤其是拱底块）。

9）传力衬垫粘结在管片上后不得脱胶、翘边、歪斜现象。传力衬垫粘合在管片纵肋面时，应注意螺孔的位置，为此需事先在螺孔位置的衬垫板上开设大于螺孔的孔洞，并正确就位。

10）为加强 T 字缝和十字缝接头的防水，宜在管片密封垫的角部位置，加贴自粘性丁基胶腻子薄片。加贴时应注意正确排布，以满足角部每条缝中有一层薄片，从而起到填平密封作用。

11）下井前应再次检查几种防水材料粘结是否良好，有无脱、翘处，若有再补粘。

(7) 不定型密封材料嵌缝施工操作要点：

1）如嵌填水膨胀腻子、密封胶类密封材料、外封聚合物水泥、合成纤维水泥类加固材料，应先嵌填密封材料，不得外溢或翘露。若用有控制膨胀材料，也应同样填塞密实。若单用密封胶，则应两面粘结。

2）外封加固材料可以直接填塞于嵌缝槽面层，也可加封于嵌缝槽两侧。为提高它与管片混凝土基层的粘结力，宜于结合面先涂刷混凝土界面处理剂处理。

3）YJ-302 型界面处理剂涂刷 2～4h 内，即应做外封加固材料。若已超过时间，则应重新涂刷。

4）外封加固材料应严格按设计要求的外形和尺寸施工，以利于密封和防裂。拱顶部的外封加固材料应能速凝，以免坠落。

5）直接用外封加固材料作嵌缝密封材料时，亦可参考上述作业方式。

6）应保证十字接头处密封材料的紧密结合，保持防水的连续性和整体性。

5.4.5 成品保护

1 保证钢筋、模板的位置正确，防止踩踏钢筋和碰坏模板支撑。

2 保护好预埋穿墙管、电线管、电线盒、预埋铁件及止水片（带）的位置正确，并固定牢靠，防止振捣混凝土时碰动，造成位移、挤压和表面铁件陷进混凝土内。

3 在拆模和吊运其他物件时，应避免碰坏施工缝企口和损坏止水片（带）。

4 按要求进行混凝土养护。

5 操作人员应按作业顺序作业，避免过多在已施工的涂膜层上走动。同时，工人不得穿带钉子鞋操作。

6 穿过地面、墙面等处的管根、地漏，应防止碰损、变位。地漏、排水口等处应保持畅通，施工时应采取保护措施。

7 涂膜防水层未固化前不允许上人作业；干燥固化后应及时做保护层，以防破坏涂膜防水层，造成渗漏。

8 涂膜防水层施工时，应注意保护门窗、墙壁等成品，防止污染。

9 严禁在已做好的防水层上堆放物品，尤其是金属物品。

5.4.6 安全、环保措施

5.4.6.1 安全措施

1 混凝土搅拌机及配套机械作业前，应进行无负荷试运转，运转正常后再开机工作。

2 搅拌机、皮带机、卷扬机等应有专用开关箱，并装有漏电保护器；停机时应拉断电闸，下班时应上锁。

3 混凝土振动器操作人员应穿胶鞋、戴绝缘手套，振动器应有防漏电装置，不得挂在钢筋上操作。

4 使用钢模板，应有导电措施，并设接地线，防止机电设备漏电，造成触电事故。

5 工作人员应穿工作服，戴安全帽、手套、口罩等劳保用品。

6 管片应支设稳固，防止倾覆。

7 施工场所应通风良好。

8 材料应贮存在阴凉、远离火源的地方。

9 工作场所严禁吸烟和进食，施工场地应备卫生箱。

10 由于防水材料为有机物，整个场地应备有消防器材。有关烘箱设备使用和行车吊运安全条例，应执行有关规定。

5.4.6.2 环保措施

1 施工现场的废物垃圾要及时清理，按环保要求运至指定的地点；

2 施工现场的作业面要保持清洁，道路要稳固通畅，保证无污物和积水；

3 水泥和其他易飞扬的细颗粒散体材料，应安排在库内存放或严密遮盖，运输时要防止遗洒、飞扬，卸运时应采取有效措施，以减少扬尘；

4 对无法使用商品混凝土的工地，应在搅拌设备上安装除尘装置，减少搅拌扬尘；

5 工地污水的排放要做到生活用水和施工用水的分离，严格按市政和市容处理；

6 凡在居民稠密区进行强噪声作业的，必须严格控制作业时间，一般不得超过晚22∶00，特殊情况需连续作业的，应尽量采取降噪措施，作好周围群众工作，并报工地所在区、县环保局备案后方可施工；

7 对于影响周围环境的工程安全防护设施，要经常检查维护，防止由于施工条件的改变或气候的变化影响其安全性；

8 在工程施工过程中，重视附近已有文物及地下文物（未挖掘）的保护工作。

5.4.7 质量标准

Ⅰ 主控项目

1 盾构法隧道采用防水材料的品种、规格、性能必须符合设计要求。

检验方法：检查出厂合格证、质量检验报告和现场抽样试验报告。

2 钢筋混凝土管片的抗压强度和抗渗压力必须符合设计要求。

检验方法：检查混凝土抗压、抗渗试验报告和单块管片检漏测试报告。

Ⅱ 一般项目

1 隧道的渗漏水量应控制在设计的防水等级要求范围内。衬砌接缝不得有线流和漏泥砂现象。

检验方法：观察检查和渗漏水量测。

2 管片拼装接缝防水应符合设计要求。

检验方法：检查隐蔽工程验收记录。

3 环向及纵向螺栓应全部穿进并拧紧，衬砌内表面的外露铁件防腐处理应符合设计要求。

检验方法：观察检查。

5.4.8 质量验收

1 检验批的验收由监理工程师或建设单位项目技术负责人组织项目专业质量检查员等进行验收。

2 盾构法遂道的施工质量检验数量，应按每连续环抽查1处，每处为一环，且不得少于3处。

3 质量验收记录，地方主管部门无特殊规定时，宜采用表5.4.8"盾构法质量检验批验收记录表"。

表5.4.8 盾构法隧道检验批质量验收记录表

GB 50208—2002

单位(子单位)工程名称					
分部(子分部)工程名称				验收部位	
施工单位				项目经理	
分包单位				分包项目经理	
施工执行标准名称及编号					
施工质量验收规范的规定			施工单位检查评定记录	监理(建设)单位验收记录	
主控项目	1	防水材料质量			
	2	管片抗压、抗渗			
一般项目	1	隧道渗漏水量			
	2	管片拼装接缝			
	3	螺栓安装及防腐			
	专业工长(施工员)			施工班组长	
施工单位检查评定结果	项目专业质量检查员： 年 月 日				
监理(建设)单位验收结论	专业监理工程师(建设单位项目专业技术负责人)： 年 月 日				

6 排水工程

6.1 渗排水、盲沟排水

6.1.1 一般规定

1 渗排水、盲沟排水适用于无自流排水条件、防水要求较高且有抗浮要求的地下工程。

2 采用渗排水、盲沟排水的，应防止由于排水危及地面建筑物及农田水利设施。通向江、河、湖、海的排水口高程，低于洪（潮）水位时，应采取防倒灌措施。

3 遂道、坑道宜采用贴壁式衬砌，对防水防潮要求较高的应优先采用复合式衬砌，也可采用离壁式衬砌或衬套。

6.1.2 施工准备

6.1.2.1 技术准备

1 图纸会审。

2 编制施工方案。

3 技术交底。

6.1.2.2 材料准备

1 砂、石子

砂、石品种、粒径选用应符合设计要求，备用数量应满足工程需要。

2 无砂混凝土管、普通塑料管、加筋软管的选用应符合设计要求，备用数量应满足工程需要。

6.1.2.3 主要机具

主要有木夯、蛙式或柴油打夯机、手推车、平头铁锹、2m靠尺、钢尺或木折尺等。

6.1.2.4 作业条件

1 地基工程已经验收合格，并办理好隐蔽手续；

2 设置各层铺筑的标志，如水平标准木桩或标高桩，或在固定的建筑物墙上、槽和沟的边坡上弹上水平标高线或钉上水平标高木橛；

3 当施工面有水时，应采取排水或降低地下水的措施，使基坑保持无水状态；检查施工面轴线、标高，并清理干净基底。

6.1.3 材料质量控制

6.1.3.1 埋管盲沟所用材料要求

1 滤水层选用 10~30mm 的洗净碎石或卵石，含泥量不应大于 2%。

2 分隔层选用玻璃丝布，规格12～14目，幅宽980mm。

3 盲沟管选用内径为100mm的硬质PVC管，壁厚6mm，沿管周六等分，间隔150mm，钻$\phi 12$孔眼，隔行交错制成透水管，但要控制无砂混凝土的配合比和构造尺寸；排水管选用内径100mm的硬质PVC管，壁厚6mm；跌落井用无孔管，内径为$\phi 100 \times 6$mm硬质PVC管。

4 管材零件有弯头、三通、四通等。

6.1.3.2 无管盲沟所用材料要求

1 石子渗水层选用60～100mm洁净的砾石或碎石。

2 小石子滤水层：当天然土塑性指数$I_P \leqslant 3$（砂性土）时，采用1～7mm粒径卵石；$I_P > 3$（黏性土）时，采用5～10mm粒径卵石。

3 砂子滤水层（贴天然土）：当天然土塑性指数$I_P \leqslant 3$（砂性土）时，采用0.1～2mm粒径砂子；$I_P > 3$（黏性土）时，采用2～5mm粒径砂子。

4 砂石含泥量不得大于2%。

6.1.3.3 渗排水层所用材料要求

1 渗水层选用粒径5～20mm或20～40mm的卵石，要求洁净、坚硬、不易风化，含泥量不得大于2%。

2 小石子滤水层选用粒径5～10mm的卵石要求洁净，含泥量不得大于2%。

3 砂滤水层宜选用中粗砂，要求洁净，无杂质，含泥量不得大于2%。

4 集水管可采用150～200mm直径带孔的铸铁管、钢筋混凝土管、硬质PVC管、加筋软管式透水盲管或不带孔的长度为500～700mm混凝土管、陶土管等。

6.1.4 施工工艺

6.1.4.1 工艺流程

1 埋管盲沟施工工艺

盲沟定位放线→回填土盲沟成形→沿盲沟壁底铺设玻璃丝布→回填部分石子→铺设排水管→铺设另一部分石子→覆盖玻璃丝布→回填土

2 无管盲沟施工工艺

（1）按盲沟位置、尺寸放线，挖土，沟底应按坡度找坡，严禁倒坡。

（2）沟底审底，两壁拍平，铺设滤水层。

（3）盲沟出水口应设置滤水箅子。

3 内排法排水施工工艺

（1）把室外的地下水通过外墙上的预直管流入室内的排水沟中，再汇集到集水井内用水泵抽走。

（2）在地下室的地面上，用钢筋混凝土预制板铺在地垅墙上做成架空地面，房心土上铺设粗砂和卵石，地下水从外墙预埋管中流入室内后，流入集水井，再用水泵抽走。

4 渗排水层排水施工工艺

渗排水有两种作法：一种是渗水层作成1%坡度，在渗水层与土体之间设混凝土垫层及渗滤水墙和排水沟，内部不设集水管，水通过排水沟流向集水井，再用水泵抽走；一种是在渗水层与土体之间不设混凝土垫层，内部设集水井，地下水依靠渗水层本身坡度和集水管流入附近较深的下水井内或构筑物内部的水泵坑内，再抽走。

6.1.4.2 施工要点

1 埋管盲沟

（1）在基底上按盲沟位置、尺寸放线，然后回填土，沟底回填灰土并找坡，沟侧填素土至沟顶。

（2）按盲沟宽度再修整沟壁成型，并沿盲沟底及壁铺玻璃丝布，同时留出玻璃丝布搭盖的长度（一般搭盖＞100mm）。玻璃丝布预留部分应临时固定在沟上口两侧，并注意保护，不得损坏。

（3）在铺好玻璃丝布的盲沟内铺填170～200mm厚石子，并找好坡度，严防倒流，必要时应以仪器施测每段管底标高。

（4）在铺设的石子中央铺设盲沟花管，管子接头用0.2mm钢板包裹，以钢丝绑扎，并用沥青胶结材料与玻璃丝布涂裹两层，如图6.1.4.2-1所示。拐弯用弯头连接（如图6.1.4.2-2所示），然后测设管道标高，符合设计坡度要求后，继续铺设石子至沟顶。石子铺设应使厚度、密实度均匀一致。

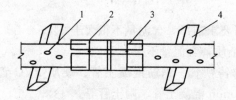 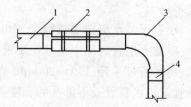

图6.1.4.2-1 PVC花管接头做法 　　　　图6.1.4.2-2 PVC弯头做法
1—PVC花管；2—0.2mm铁皮包裹，外再用沥青　　1—盲沟花管；2—沥青胶粘剂玻璃丝布包裹；
胶粘剂玻璃丝布包裹；3—铁丝扎紧；4—砖墩　　　　3—铸铁弯头；4—麻丝油膏塞严

（5）石子铺至沟顶后，将预留的玻璃丝布沿石子表面覆盖搭接，搭接宽度不小于100mm，最后进行回填土，回填时注意不得损坏玻璃丝布。

2 无管盲沟

（1）按盲沟位置、尺寸放线，挖土，沟底应按设计坡度找坡，严禁倒坡。

（2）沟底清理，两壁拍平，铺设滤水层。沟底先铺粗砂滤水层100mm厚，再铺小石子滤水层100mm厚，然后中间、四周同时分层铺设大石子透水层和小石子、粗砂滤水层，要求各层厚度、密实度均匀一致，注意勿使污物、泥土等杂物混入滤水层。铺设应按构造层次分明，靠近土的四周为粗砂滤水层，向内四周为小石子滤水层，再向内为大石子滤水层。

（3）盲沟出水口应设置滤水箅子。为了在使用过程中清除淤塞物，可在盲沟的转角处设置窨井，供清淤使用。

3 渗排水层

（1）施工顺序：对有钢筋混凝土底板的结构，应先作底部渗水层，再施工主体结构和立壁渗排水层；无底板，则在主体结构施工完毕后，再施工底部和立壁渗排水层。

(2) 渗排水层应分层铺填，每层厚度不大于300mm，用平板振动器仔细捣实，不得用碾压的方法，以免将石子压碎，阻塞渗水层。渗水层厚度偏差不得超过±50mm。

(3) 集水管在铺填时放入，其周围填比渗水孔略大的石子，当铺设500～700mm长不带孔眼的混凝土管或陶土管时，管子端部之间留出10～15mm间隙，以便向管内渗水。集水管和排水沟应有不小于1‰的坡度，不得有倒坡或积水现象。

(4) 回填土应用打夯机仔细分层夯实，并避免泥土渗入砂、石层内。采用砖墙作外部保护层时，砖墙应与两侧填土、填砂石配合进行，每砌1m高，即在两侧同时填土和卵石，使压力平衡，避免一侧回填，将墙挤倒。

(5) 施工时应将水位降低至滤水层下，不得在泥水中作滤水层，施工完的渗排水系统应保持畅通。

6.1.5 成品保护

设滤水层时应周边同时进行，压实应均匀一致，以免破坏集水管。

6.1.6 安全、环保措施

1 施工中戴好安全帽，各种材料搬运做到拿稳轻放；
2 用电机具严格按机具操作规程操作；
3 夜间施工必须有足够的照明设施；
4 施工中的砂石料尽量避免扬尘，六级以上大风禁止作业。

6.1.7 质量标准

Ⅰ 主控项目

1 反滤层的砂、石粒径和含泥量必须符合设计要求。

检验方法：检查砂、石试验报告。

2 集水管的埋设深度及坡度必须符合设计要求。

检验方法：观察和尺量检查。

Ⅱ 一般项目

1 渗排水层的构造应符合设计要求。

检验方法：检查隐蔽工程验收记录。

2 渗排水层的铺设应分层、铺平、拍实。

检验方法：检查隐蔽工程验收记录。

3 盲沟的构造应符合设计要求。

检验方法：检查隐蔽工程验收记录。

6.1.8 质量验收

1 检验批的验收由监理工程师或建设单位项目技术负责人组织项目专业质量检查员等进行验收。

2 渗排水、盲沟排水的施工质量检验数量应按10%抽查，其中按两轴线间或10延米为1处，且不得少于3处。

3 质量验收记录，地方无特殊要求时，采用表6.1.8"渗排水、盲沟排水检验批质量验收记录表"。

表 6.1.8　渗排水、盲沟排水检验批质量验收记录表
GB 50208—2002

单位(子单位)工程名称				
分部(子分部)工程名称			验收部位	
施工单位			项目经理	
分包单位			分包项目经理	
施工执行标准名称及编号				
施工质量验收规范的规定			施工单位检查评定记录	监理(建设)单位验收记录
主控项目	1	反滤层质量		
	2	集水管埋深及坡度		
一般项目	1	渗排水层构造		
	2	渗排水层辅设		
	3	盲沟构造		
施工单位检查评定结果	专业工长(施工员)　　　　施工班组长 项目专业质量检查员：　　　　　年　月　日			
监理(建设)单位验收结论	专业监理工程师(建设单位项目专业技术负责人)：　　　　　年　月　日			

6.2　隧道、坑道排水

6.2.1　一般规定

6.2.1.1　本节适用于贴壁式、复合式、离壁式衬砌构造的隧道或坑道排水。

6.2.1.2　隧道或坑道内的排水泵站（房）设置，主排水泵站和辅助排水泵站、集水池的有效容积应符合设计规定。

6.2.1.3　主排水泵站、辅助排水泵站和污水泵站房的废水及污水，应分别排入城市雨水和污水管道系统。污水的排放尚应符合国家现行有关标准的规定。

6.2.1.4　贴壁式衬砌排水系统的构造形式如图 6.2.1.4 所示。

6.2.1.5　排水暗沟的设置

排水暗沟可设置在衬砌内，通常采用塑料管或塑料排水带等。

6.2.2　施工准备

6.2.2.1　技术准备

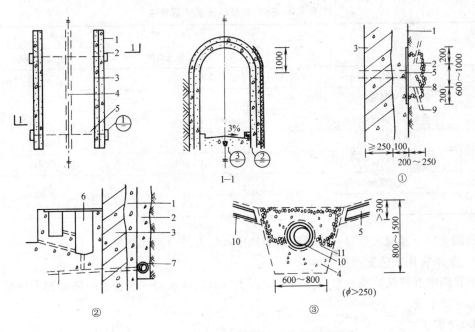

图 6.2.1.4　贴壁式衬砌排水系统的构造形式

1—初期支护；2—盲沟；3—主体结构；4—中心排水盲管；5—横向排水沟；6—排水明沟；7—纵向集水盲管；8—隔浆层；9—引流孔；10—无纺布；11—无砂混凝土；12—管座混凝土

图纸会审，编制施工技术方案，技术交底。

6.2.2.2　材料准备

排水盲管用无砂混凝土集水管，导水盲管用外包土工布与螺旋钢丝构成的软式透水管，应按设计要求和工程需要选用。

6.2.2.3　机具设备

1　机械设备：蛙式或柴油打夯机、手动式热风焊接机、除尘机。

2　主要工具：木夯、手推车、平头铁锹、2m 靠尺、钢尺或木折尺、扫帚、剪刀、木锤、铁铲、皮尺、木棒、铁桶等。

6.2.2.4　作业条件

1　地基工程已经验收合格，并办理好隐蔽手续；

2　设置各层铺筑的标志，如水平标准木桩或标高桩，或在固定的建筑物墙上、槽和沟的边坡上弹上水平标高线或钉上水平标高木橛；

3　当施工面有水时，应采取排水或降低地下水的措施，使基坑保持无水状态；

4　检查施工面轴线、标高，并清理干净基底。

6.2.3　材料质量控制

无砂混凝土管、土工布（表 6.2.3）、螺钉、钢丝管的规格、质量应符合设计及国家现行技术标准的规定。

6.2.4　施工工艺

6.2.4.1　工艺流程

1　排水暗沟工艺流程

表 6.2.3 排水层材料主要物理性能

项 目	性 能 要 求	
	聚丙烯无纺布	聚酯无纺布
单位面积质量(g/m²)	≥280	≥280
纵向拉伸强度(N/50mm)	≥900	≥700
横向拉伸强度(N/50mm)	≥950	≥840
纵向伸长率(%)	≥110	≥100
横向伸长率(%)	≥120	≥105
顶破强度(kN)	≥1.11	≥0.95
渗透系数(cm/s)	≥5.5×10^{-2}	≥4.2×10^{-2}

初期支护→渗漏水引导→塑料管或塑料排水带敷设→衬砌浇筑

2 集水盲沟工艺流程

沿盲沟壁底铺设玻璃丝布→回填部分石子→铺设导水管→铺设另一部分石子→覆盖玻璃丝布→回填土

6.2.4.2 施工要点

1 塑料管的敷设要求

（1）敷设前，应根据设计要求及排水坡度在初期支护上定出标高；

（2）导水管与混凝土衬砌接触部位应外包无纺布作隔浆层。

2 集水盲管的施工

（1）按盲管沟宽度对回填土切槎，按盲沟尺寸成型，并沿盲沟壁底铺设玻璃丝布。玻璃丝布在两侧沟壁上口留置长度，应根据盲沟宽度尺寸并考虑相互搭接不小于100mm确定。玻璃丝布的预留部分应临时固定在沟上口两侧，并注意保护，不要损坏；

（2）在铺好玻璃丝布的盲沟内铺170～200mm厚石子，这层石子铺设时必须按照导水管的坡度进行找坡，严防倒流；必要时，应以仪器施测每段管底标高；

（3）安设盲管，接头处先用砖垫起，再用0.2mm厚钢板包裹，用钢丝绑牢，并用沥青胶和玻璃丝布涂裹两层，撤去砖，安好管；

（4）盲管安好后，经测量管道标高符合设计坡度，即可继续铺设石子滤水层至盲沟顶。石子铺设应使厚度、密度均匀一致，施工时不得损坏排水管；

（5）石子铺至沟顶即可覆盖玻璃丝布，将预先留置的玻璃丝布沿石子表面覆盖搭接，搭接宽度不应小于100mm，并顺水流方向搭接；

（6）验收合格后，方可进行回填土。施工时，注意不要破坏玻璃丝布。

3 排水明沟的施工

（1）排水明沟的纵向坡度不得小于0.5%。铁路公路隧道长度大于200m时，宜设双侧排水沟，纵向坡度应与线路坡度一致，但不得小于0.1%。

（2）排水明沟的断面尺寸视排水量而定，可按表6.2.4.2选用。

（3）设置排水沟盖板。排污时应进行封闭。

（4）在直线段每50～200m及交叉、转弯、变坡处，应设置检查井，井口须设活动盖板。

（5）在寒冷及严冬地区应采用防冻措施。

表 6.2.4.2　排水明沟断面

通过排水明沟的排水量(m³/h)	排水明沟净断面(mm)	
	沟宽	沟深
50 以下	300	250
50～100	350	350
100～150	350	400
150～200	400	400
200～250	400	450
250～300	400	500

4　复合式衬砌缓冲排水层施工要点

（1）复合式衬砌缓冲排水层施工工艺见"5.3.5　复合式衬砌防水（排水层）施工"；

（2）复合式衬砌的缓冲排水层的铺设应符合下列规定：

1）土工织物的搭接应在水平铺设的场合采用缝合法或胶结法，搭接宽度不应小于 300mm。

2）初期支护基面清理后即用暗钉圈将土工织物固定在初期支护上。

3）采用土工复合材料时，土工织物面应为迎水面，涂膜面应与后浇混凝土相接触。

5　离壁式衬砌排水系统

围岩稳定和防潮要求高的工程可设置离壁式衬砌，衬砌与岩壁的距离应符合下列规定：

（1）拱顶上部宜为 600～800mm；

（2）侧墙处不应小于 500mm。

衬砌拱部宜作卷材、塑料防水板、水泥砂浆等防水层。拱肩设置排水沟，沟底预埋排水管或设排水孔，直径宜为 50～100mm，间距不大于 6m。在侧墙和拱肩处设检查孔，见图 6.2.4.2。侧墙外排水沟应做明沟，其纵向坡度不应小于 0.5%。

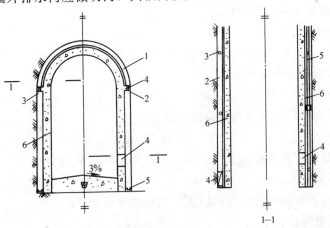

图 6.2.4.2　离壁式衬砌排水示意图

1—防水层；2—拱肩排水沟；3—排水孔；4—检查孔；
5—外排水沟；6—内衬混凝土

6.2.5 成品保护

1 铺设滤水层时，应周边同时进行，压实应均匀一致，以免破坏集水管；
2 在铺防水结构底板及侧壁时，应注意不要破坏隔浆层。

6.2.6 安全和环境保护措施

6.2.6.1 安全措施

1 排水暗沟、集水盲沟施工，应严格遵守渗沟（坑）施工安全操作规程，确保操作人员人身安全。
2 无砂混凝土盲管吊运时，必须在专人指挥下进行，防止击伤操作人员和损坏盲管。
3 水平和垂直运输机械，必须有专人操作，停放位置应与沟（坑）边保持一定安全距离，防止机械倾覆，以防发生设备和人身安全事故。
4 使用钢模板，应有导电措施，并设接地线，防止机电设备漏电，造成触电事故。
5 施工附近应备有消防灭火器材。
6 地下室通风不良时，铺贴卷材应采取通风措施，防止有机溶剂挥发，使操作人员中毒。

6.2.6.2 环境保护措施

1 施工现场材料的堆放应按施工平面布置图规定位置堆放，确保现场作业面整齐清洁、道路畅通；
2 凡在居民稠密区进行强噪声作业的，必须严格控制作业时间，一般不得超过晚22：00，特殊情况需连续作业的，应尽量采取降噪措施；
3 水泥和其他易飞扬的细颗粒散体材料，应安排在库内存放或严密遮盖，运输时要防止遗洒、飞扬，卸运时应采取有效措施，以减少扬尘；
4 对无法使用商品混凝土的工地，应在搅拌设备上安装除尘装置，减少搅拌扬尘；
5 工地污水的排放要做到生活用水和施工用水的分离，严格按市政和市容处理。

6.2.7 质量标准

I 主控项目

1 隧道、坑道排水系统必须畅通。
检验方法：观察检查。
2 反滤层的砂、石粒径和含泥量必须符合设计要求。
检验方法：检查砂、石试验报告。
3 土工复合材料必须符合设计要求。
检验方法：检查出厂合格证和质量检验报告。

II 一般项目

1 隧道纵向集水盲管和排水明沟的坡度应符合设计要求。
检验方法：尺量检查。
2 隧道导水盲管和横向排水管的设置间距应符合设计要求。
检验方法：尺量检查。
3 中心排水管盲沟的断面尺寸、集水管埋设及检查井设置应符合设计要求。
4 复合式衬砌的缓冲排水层应铺贴平整、均匀、连续，不得有扭曲、折皱和重叠现象。

6.2.8 质量验收

1 检验批的验收由监理工程师或建设单位项目技术负责人组织项目专业质量检查员等进行验收。

2 遂道、坑道排水的施工质量验收数量应按10%抽查,其中按两轴线间或10延米为1处,且不得少于3处。

3 质量验收记录,地方主管部门无特殊规定时,宜采用表6.2.8"隧道、坑道排水检验批质量验收记录表"。

表6.2.8 隧道、坑道排水检验批质量验收记录表
GB 50208—2002

单位(子单位)工程名称					
分部(子分部)工程名称				验收部位	
施工单位				项目经理	
施工执行标准名称及编号					
施工质量验收规范的规定			施工单位检查评定记录		监理(建设)单位验收记录
主控项目	1	排水系统			
	2	反滤层材料质量			
	3	土工复合材料			
一般项目	1	集水盲管、明沟坡度			
	2	导水盲管、排水管间距			
	3	盲沟断面、辅设集水管、检查井			
	4	缓冲排水层			
施工单位检查评定结果	专业工长(施工员) 施工班组长 项目专业质量检查员: 年 月 日				
监理(建设)单位验收结论	 专业监理工程师(建设单位项目专业技术负责人): 年 月 日				

7 注浆工程

7.1 预注浆、后注浆

7.1.1 一般规定

1 本节适用于工程开挖前预计涌水量较大的地段或软弱地层采用的预注浆，以及工程开挖后处理围岩渗漏、回填衬砌壁后空隙采用的后注浆。

2 在砂卵石层中宜采用渗透注浆法；在砂层中宜采用劈裂注浆法；在黏土层中宜采用劈裂或电动硅化注浆法；在淤泥质软土中宜采用高压喷射注浆法。

3 注浆材料应符合下列要求：

(1) 具有较好的可注性；

(2) 具有固结收缩小，良好的粘结性、抗渗性、耐久性和化学稳定性；

(3) 无毒并对环境污染小。

7.1.2 施工准备

7.1.2.1 技术准备

1 会审图纸，了解设计意图。

2 编制施工技术方案。

3 技术交底。

7.1.2.2 材料准备

注浆材料品种、规格的选用，应符合设计和施工方案的要求，备用数量满足工程需要。

7.1.2.3 主要机具

1 主要机具：空气压缩机、贮气罐、料罐、钢嘴和插头、皮管、双液齿轮计量泵、注浆泵、混合器、止浆塞、注浆专用钻机、注浆搅拌机。

2 其他工具：拌合锅、铁板、电炉、天平、铲刀、毛刷、止水夹、量杯、量筒等。

7.1.2.4 作业条件

1 预注浆前应先做止浆墙（垫），其在注浆时应达到设计强度。

2 回填注浆，应在衬砌混凝土达到设计强度的70%后进行。

3 衬砌后围岩注浆，应在回填注浆固结体强度达到70%后进行。

7.1.3 材料质量控制

1 注浆材料应符合下列要求：具有较好的可注性；具有固结收缩小，良好的粘结性、抗渗性、耐久性和化学稳定性；无毒并对环境污染小，注浆工艺简单、施工操作方便，安全可靠。

2 注浆浆液应符合下列规定：

(1) 预注浆和高压喷射注浆宜采用水泥浆液、黏土水泥浆液或化学浆液；

(2) 壁后回填注浆宜采用水泥浆液、水泥砂浆或掺有石灰、黏土、粉煤灰等水泥浆液；

(3) 注浆浆液配合比应经现场试验确定。

3 单液水泥注浆材料：

水泥：水泥强度一般不低于32.5MPa，当有侵蚀性水时，宜用耐蚀性高的水泥，还可采用膨胀水泥。水泥浆的水灰比应控制在0.5～2.0之间。

砂子：采用通过3mm筛孔的山砂和河砂，细度模数1.2～2.0，其余同混凝土用砂要求。

水泥浆的速凝剂：常用氯化剂或水玻璃及一些有机化合物。

水泥浆的速凝早强剂：常用三乙醇胺和食盐，三异丙醇胺和食盐，三异丙醇胺和硫酸亚铁，三乙醇胺和石膏，石膏和氯化钙等。

悬浮剂：悬浮剂常用膨润土和高塑黏土等。塑化剂：常用食糖、硫化钠和亚硫酸盐纸浆废液。

4 超细水泥注浆材料：

超细水泥的粒径一般小于$2\mu m$。

5 黏土水泥注浆材料：

黏土要求没有太多的粉细砂，水泥强度等级为32.5MPa的普通硅酸盐水泥，添加剂为无机盐溶液。

6 水玻璃注浆材料：

水玻璃和水泥。

7 丙烯酰胺类注浆材料：

丙烯酰胺：交联剂=95：5（重量比）。

8 铬木素类注材料：

一般配成浓度为30%～50%的溶液，其密度变化为1.17～1.27。

9 聚氨酯注浆材料。

10 环氧树脂注浆材料。

11 脲醛树脂类注浆材料：

甲液为甲醛：尿素=2：1（重量比），乙液为硫酸（浓度为1%～8%）。甲液：乙液=6：1或7：1（体积比）。

12 甲凝注浆材料。

甲凝浆液的配方如表7.1.3-1：

表7.1.3-1 甲凝浆液的配方

性　能	1	2	3	备注
甲基丙烯酸甲酯	100	100	100	
甲基丙烯酸丁酯	25			
醋酸乙烯酯		15		
丙烯腈			15	
过氧化苯甲酰	1.25	1.0	1.5	

续表 7.1.3-1

性　　能	1	2	3	备注
二甲基苯胺	1.25	0.5	1.5	
对甲苯亚磺酸	0.15	0.5	0.5	
甲基丙烯酸		3.0	0.5	
水杨酸		1.0		
铁氰化钾		0.03	0.03	抑制剂

注：配方中材料固体以重量计（g），液体以体积计（mL）。

13 丙凝注浆材料。

丙凝浆液的组成和配方见表 7.1.3-2。

表 7.1.3-2　丙凝浆液的组成和配方

作用	材料名称	代号	状态	水溶性作用量（%）
主剂	丙烯酰胺	A	固体	易溶于水 9～9.5
交联剂	NN次甲基双丙烯酰胺	M	固体	能溶于水 0.5
	甲醛水溶液	F	水溶液	易溶于水 1
引发剂	过核酸铵	AP—	固体	易溶于水 0.5
促进剂	β二甲胺基丙腈功三乙醇胺	DMAPN	液体	易溶于水 0.4
缓凝剂	铁氰化钾	KFe	固体	能溶于水 0～0.01a
速凝剂	硫酸亚铁	Fe²⁺	固体	易溶于水 0～0.01h
pH调节剂	氢氧化钠或氨水	OH—	固体或水溶液	
溶剂	水	W		易溶于水 ～89

7.1.4 施工工艺

7.1.4.1 工艺流程

钻孔→设置注浆管→注水试验→注浆→钻孔检查→测定渗漏水量→追加注浆钻孔→注浆结束

7.1.4.2 施工要点

1 预注浆施工

（1）预注浆钻孔，应根据岩层裂隙状态、地下水情况、设备能力、浆液有效扩散半径、钻孔偏斜率和对注浆效果的要求等，综合分析后确定注浆孔数、布孔方式及钻孔角度；

（2）预注浆的段长，应根据工地地质、水文地质条件、钻孔设备及工期要求确定，宜为 10～50m，但掘进时必须保留止水岩垫（墙）的厚度。注浆孔底距开挖轮廓的边缘，宜为毛洞高度（直径）的 0.5～1 倍，特殊工程可按计算和试验确定；

（3）高压喷射注浆孔间距应根据地质情况及施工工艺确定，宜为 0.4～2.0m；

（4）钻孔应严格按照设计的钻孔方向、角度和孔径进行钻进。钻孔过程中应做好详细的记录。其误差应符合以下要求：

1）注浆孔深 10m 时，孔位最大允许偏差为 100mm，钻孔偏斜率最大允许偏差为 1%；

2）注浆孔深大于 10m 时，孔位最大允许偏差为 50mm，钻孔偏斜率最大允许偏差为 0.5%；

（5）在钻孔过程中遇到涌水时，应停机，测定涌水量，决定注浆方法；

（6）设置注浆管。应根据出水位置和岩石的好坏，确定注浆管的止浆塞在钻孔内的位置；

（7）注水试验时的注水量及注入压力应从小到大；

（8）注浆前必须对注浆泵进行试验，保证注浆泵正常运转；

（9）注浆应在注浆前通过试验和计算初选，在压浆过程中再根据现场具体情况进行调整；

（10）注浆时要先开水泥浆泵，再开水玻璃泵。注浆时，要严格控制两种浆液的进浆比例，一般水泥与水玻璃的配合比为 1：1～1：0.6；

（11）注浆结束后，将注浆孔及检查孔封堵填实。

2 后注浆法施工

（1）固结注浆施工与其他类型的注浆施工相同，但在注浆前应根据不同的结构形式进行注浆压力计算。

（2）回填注浆施工时应加密布孔，回填注浆孔的孔径不宜小于 40mm，间距宜为 2～5m。同时，压力不超过 0.5MPa，压缩空气压力不超过 0.60MPa，竖井注浆压力控制在 0.3～0.5MPa，地道注浆控制在 0.2～0.3MPa。回填注浆时，对岩石破碎、渗漏水量较大的地段，宜在衬砌与围岩间采用定量、重复注浆法分段设置隔水墙。

1）注浆之前，清理注浆孔，保证其顺畅；

2）注浆是一项连续作业，不得任意停泵；

3）注浆顺序是由低处向高处，由无水处向有水处依次压注。注浆时，必须严格控制注浆压力，防止大量跑浆和结构裂隙。在注浆中如发现大量跑浆、漏浆，应关泵停压，待 2～3d 后进行第二次注浆。在某一注浆管工作时，邻近的注浆管应开口，让壁外的地下水从邻近管内流出，当发现管内有浆液流出时，应立即关闭。注浆结束停泵后，立即关闭孔口阀门进行封孔，然后拆除和清洗管路，待砂浆初凝后，再拆卸注浆管，并用高强度等级的水泥砂浆将注浆孔填满捣实。

3 壁后注浆施工

（1）注浆的压力一般为 $2 \times 10^5 \sim 4 \times 10^5 Pa$。

（2）转弯处施工时，盾构机推进的反力要平稳，并尽快传递到地层，尽早注浆。

（3）衬砌后围岩注浆钻孔深入围岩不应小于 1m，孔径不宜小于 40mm，孔距可根据渗漏水的情况确定。

（4）岩石地层预注浆或衬砌后围岩注浆的压力，应比静水压力大 0.5～1.5MPa，回填注浆及衬砌内注浆的压力应小于 0.5MPa。

（5）衬砌内注浆钻孔应根据衬砌渗漏水情况布置，孔深宜为衬砌厚度的 1/3～2/3。

4 软弱地层注浆施工

（1）高压注浆。

1）高压喷射注浆孔间距应根据地质情况及施工工艺确定，宜为 0.4～2.0m。

2) 高压喷射注浆帷幕宜插入不透水层,其深度应按下式计算:

$$d=\frac{h-b\alpha}{2\alpha}$$

式中 d——帷幕插入深度(m);

h——作用水头(m);

α——接触面允许坡度,取 5~6;

b——帷幕厚度(m)。

3) 高压喷射注浆的工艺参数应根据试验确定,也可按表 7.1.4 选用,并在施工中进行修正。

表 7.1.4 高压喷射注浆工艺参数

项目	压力(MPa)						输浆量 (L/min)	喷嘴直径 (mm)	提升速度 (mm/min)
	单管法	双重管法		三重管法					
	浆液	浆液	空气	水	空气	浆液			
指标	20~30	20~30	0.7	20~30	0.7	2~3	40~150	2.0~3.0	50~200

(2) 压密注浆。

(3) 流砂层注浆技术。有二种注浆法:

1) 一是化学注浆法,应选择合适的浆液类型、凝胶时间、注浆泵的排量;

2) 二是排管注浆法。

(4) 置换注浆法,其施工要点如下:

1) 在距流砂层顶板 1.5~2.0m 厚黏土隔水层上构筑止浆垫;

2) 以同心圆锥面状布孔,终孔距径外 1.5~2.0m。中心有一个检查孔;

3) 置换注浆的每次置换量以 1.5~2.0m³ 为宜;

4) 断层破碎带的注浆技术。

(5) 应提高断层破碎带的可注性:

1) 压裂法:注浆浆液以稀水水泥浆为主,注浆时连续作业,不得中途停泵;

2) 预处理法;

3) 同层钻进交替注浆法。

(6) 应限制断层的浆液扩散性:

1) 控量注浆。每次注浆段高度为5m,注入量控制在6~12m³;

2) 先注稀浆再注浓浆;

3) 延伸套管加强掘进时穿过断层部位的加固强度;

4) 提高注浆压力。

7.1.5 成品保护

1 注浆结束后,将注浆孔及检查孔封堵填实。

2 水泥浆液注浆后应保持潮湿环境,气温在5℃以上条件养护。

3 化学注浆后,应保持干燥环境,气温在5℃以上条件养护。

7.1.6 安全、环保措施

7.1.6.1 安全措施

1 加强现场安全用电管理，防止漏电；
2 机械设备转移时，统一指挥，防止伤人；
3 注意泵压变化，当出现不明压力时，立即停泵，查清原因，排除故障后，方可继续施工；
4 注浆过程中应加强监测，当发生围岩或衬砌变形、堵塞排水系统、串浆、危及地面建筑物等异常情况时，可采取下列措施：
（1）降低注浆压力或采用间歇注浆，直到停止注浆；
（2）改变注浆材料或缩短浆液凝胶时间；
（3）调整注浆实施方案。

7.1.6.2 环保措施

1 水泥宜采用散装水泥；
2 袋装材料的包装材料应回收或集中处理；
3 宜选择最优施工参数，减少资源消耗；
4 废弃的有毒材料处理应符合相关规定；
5 在注浆施工期间及施工结束后，应对水源取样检查，如有污染，应及时采取相应措施。

7.1.7 质量标准

Ⅰ 主控项目

1 配制浆液的原材料及配合比必须符合设计要求。
检验方法：检查出厂合格证、质量检验报告、计量措施和试验报告。
2 注浆效果必须符合设计要求。
检验方法：采用钻孔取芯、压水（或空气）等方法检查。

Ⅱ 一般项目

1 注浆孔的数量、布置间距、钻孔深度及角度应符合设计要求；注浆各阶段的控制压力和进浆量应符合设计要求。
检验方法：检查隐蔽工程验收记录。
2 注浆各阶段的控制压力和进浆量应符合设计要求。
检验方法：检查隐蔽工程验收记录。
3 注浆时浆液不得溢出地面和超出有效注浆范围。
检验方法：观察检查。
4 料浆对地面产生的沉降量不得超过30mm，地面的隆起不得超过20mm。
检验方法：用水准仪测量。

7.1.8 施工质量验收

1 检验批的验收由监理工程师或建设单位项目技术负责人组织项目专业质量检查员等进行验收。
2 注浆的施工质量检验数量，应按注浆加固或堵漏面积每100m^2抽查一处，每处10m^2，且不得少于3处。
3 施工质量检验批记录，如地方主管部门无特殊要求时，宜采用表7.1.8"预注浆、后注浆检验批质量验收记录表"。

表 7.1.8 预注浆、后注浆检验批质量验收记录表

GB 50208—2002

单位(子单位)工程名称				
分部(子分部)工程名称			验收部位	
施工单位			项目经理	
分包单位			分包项目经理	
施工执行标准名称及编号				
施工质量验收规范的规定			施工单位检查评定记录	监理(建设)单位验收记录
主控项目	1	原材料及配合比		
	2	注浆效果		
一般项目	1	注浆孔数量、间距、孔深、角度		
	2	压力和进浆量控制		
	3	注浆范围		
	4	注浆沉降不得超过30mm		
施工单位检查评定结果	专业工长(施工员)		施工班组长	
	项目专业质量检查员： 年 月 日			
监理(建设)单位验收结论				
	专业监理工程师(建设单位项目专业技术负责人)： 年 月 日			

7.2 衬砌裂缝注浆

7.2.1 一般规定

1 本节适用于衬砌裂缝渗漏水采用的堵水注浆处理。裂缝注浆应待衬砌结构基本稳定和混凝土达到设计强度后进行。

2 防水混凝土结构出现宽度小于 2mm 的裂缝应选用化学注浆，注浆材料宜采用环氧树脂、聚氨酯、甲基丙烯酸甲酯等浆液；宽度大于 2mm 的混凝土裂缝要考虑注浆的补强效果，注浆材料宜采用超细水泥、改性水泥浆或特殊化学浆液。

7.2.2 施工准备

7.2.2.1 技术准备

1 会审图纸，了解设计意图。

2 编制施工技术方案。
3 技术交底。

7.2.2.2 材料准备

裂缝注浆材料品种、规格的选用，应符合设计和施工方案的要求，备用数量应满足工程需要。

7.2.2.3 施工机具

1 灌浆机具的电动泵、输浆管、混合室、注浆嘴、料桶，压缩机，贮气罐，料罐，皮管，双液齿轮计量泵、注浆泵，混合器，止浆塞，注浆专用钻机，注浆搅拌机。

2 其他工具。裂缝清理、配料、涂刷等项工作尚需使用拌合锅、铁板、电炉、天平、铲刀、毛刷、泥刀、止水夹、量杯、量筒等工具。

7.2.2.4 作业条件

准备工作就序。

7.2.3 材料质量控制

1 丙凝浆液

丙凝灌浆堵漏材料由六种不同的化合物组成，见表7.2.3-1。

表7.2.3-1 丙凝灌浆堵漏材料组成表

组分序号		名称与简称	作用	相对密度	状态	性质	配方用量范围(%)	备注
A液	1	丙烯酰胺（AAM）	单体	0.6	水溶性白色晶体	易吸湿、易聚合	5～20	在干燥冷暗处贮存
	2	N-N'-甲撑双丙烯酰胺（MBAM）	高联剂	0.6	水溶性白色粉末	与单体交联	0.25～1	在干燥冷暗处贮存
	3	β-二甲胺基丙腈（DMAPN）	还原剂	0.87	无色透明或淡黄色液体	稍有腐蚀性	0.1～1	在冷暗处贮存
	4	氯化亚铁 $FeCl_2$	强还原剂	1.93	水溶性淡绿色结晶	易吸湿，受空气氧化成为高铁盐	0～0.05	少量即有促凝作用，需准确称量
	5	铁氯化钾（KFe）	阻聚剂	1.89	水溶性赤褐色粉末	其水溶液徐徐分解	0～0.05	少量即有阻聚作用，需准确称量
B液	6	过硫酸铵（AP）	氧化剂	1.98	水溶性白色粉末	易吸湿、易分解	0.1～1	在干燥冷暗处贮存

(1) 在一般应用中，通常虽以AAM、MBAM的10%作为标准溶液浓度。使用时视具体情况亦可大于或小于此浓度，其变化范围一般为7%～15%。标准溶液成分的百分比如下：

丙烯酰胺（AAM）　　　　　　　　9.5%
N-N'-甲撑双丙烯酰胺（MBAM）　　0.5%
水（H_2O）　　　　　　　　　　90%
β-二甲胺基丙腈（DMAPM）　　0.4%

| | 过硫酸铵（AP） | 0.5％ |

（2）灌浆堵水浆液应配制成A液和B液两种液体，当灌浆设备不是采用比例泵时，A液和B液应配成体积相等的两种浆液，即：A液体积加B液体积等于溶液总体积。配制10％标准水溶液100kg，配方见表7.2.3-2。

表7.2.3-2 10％浓度的丙凝水溶液配方

组分	材料名称	用量计算公式	100kg水溶液用量
A液	AAM	V×9.5％	0.95kg
	MBAM	V×0.5％	0.5kg
	H_2O	V×50％－V(9.5％＋0.5％)	40kg
	DMAPN	V×0.4％	0.4kg
B液	H_2O	V×50％	50kg
	AP	V×0.5％	0.5kg

（3）配制A液时，由于AAM、MBAM溶解于水是吸热反应，使配制成的A液温度降低，延长凝固时间，因此要等A液温度回升至室温后或用温水配制A液，再测定和调整凝固时间。

2 氰凝浆液

（1）主剂（预聚体）性能见表7.2.3-3。

表7.2.3-3 氰凝主剂性能表

产地	名称	外观	相对密度	黏度(Pa·s)	混凝土堵漏性能 (N/mm²)
上海	TD₋₃₃₀（聚醚型）	褐色液体	1.1	0.282	0.8
	T₋₈₃₀（聚硫型）	棕黄色液体	1.125	0.024	0.4
天津	TT₁	浅黄色透明液体	1.057～1.125	0.006～0.05	＞0.9
	TT₂	浅棕色透明液体	1.036～1.086	0.012～0.07	＞0.1
	TM₁	棕黑色半透明液体	1.008～1.125	0.1～0.8	＞0.9

（2）添加剂的名称及作用见表7.2.3-4。

表7.2.3-4 氰凝添加剂名称及作用

种类	名称	作用	备注
催化剂	二乙胺、二甲胺、基乙醇胺、二甲基环乙胺、三乙烯二胺、二月桂酸二丁基锡	调整浆液凝胶时间	用量可视对浆液凝胶速度的要求而定
溶剂	丙酮、二甲苯	调整浆液黏度	不应含有与预聚体中的异氢酸基作用的基团
增塑剂	邻苯二甲酸二丁酯	提高固结物的韧性和弹性，同时亦可降低浆液黏度	
乳化剂	吐温-80号（聚氧化乙烯小型糖醇酐油树脂）	提高催化剂在浆液的分散性及浆液在水中的分散性	
表面活性剂	硅油	提高泡沫的稳定性和改善泡沫结构	

(3) 浆液的配制

1) 氰凝浆液的配制可在现场随配随用。在定量的主剂内按顺序掺入定量的添加剂，在干燥容器中搅拌均匀后倒入灌浆机具内进行灌浆施工，其配方用量及顺序见表7.2.3-5。

表 7.2.3-5 氰凝浆液配方及加料顺序（重量比）

类别	主剂	添 加 剂						
名称	预聚体	硅油	吐温	领苯二甲酸二丁酯	丙酮	二甲苯	三乙胺	有机锡
加料顺序	1	2	3	4	5	6	7	8
天津产品	100	1	1	10	5~20	—	1~3	—
上海产品	100	—	—	1~5	—	1~5	0.3~1	0.15~0.5

注：有机锡常用的为二月桂酸二丁基锡。

2) 水泥灌浆材料常用的有以下两种：

净水泥浆液：净水泥浆液的稠度应根据结构物漏水的情况、漏水处缝隙大小等来决定，一般采用的有 1.5∶1、1∶1、0.8∶1、0.75∶1、0.6∶1 及 0.5∶1 等；浆液所用水泥强度等级应在 32.5 级以上，出厂日期不超过三个月，无受潮结块现象。对于泌水性较强的矿渣水泥可适量掺入三乙醇胺，以降低其泌水性。浆液的配制可用机械搅拌或人工搅拌，加料力求准确。加料时要先加水，在不断的搅拌情况下逐渐加入水泥至搅拌均匀。搅拌好的水泥浆液不得有沉淀物或大颗粒，必要时应用筛孔为 0.5mm 以下的筛子过筛后使用；由于净水泥浆初凝时间较长，灌注后要待水泥浆充分凝固后，方可拆除注浆嘴。对于灌浆一次未能完全止水的部位，可根据具体情况进行二次灌浆或用其他化学浆液补灌。当出现宽度小于 2mm 的裂缝应选用化学浆液注浆，注浆材料宜选用环氧树脂、聚氨酯、甲基丙烯酸甲酯等浆液；宽度大于 2mm 的混凝土裂缝要考虑注浆的补强效果，注浆的材料宜选用超细水泥、改性水泥或特殊化学浆液，应符合表 7.2.3-6 规定。

表 7.2.3-6 裂缝注浆水泥细度

项 目	普通硅酸盐水泥	磨细水泥	湿磨细水泥
平均粒径(D_{50}, μm)	20~25	8	6
比面积(cm^2/g)	3250	6300	8200

3) 水泥水玻璃浆液：在灌浆量不大、灌注距离短的情况下，可在水泥浆液中掺入定量的水玻璃溶液作为促凝剂，成为水泥水玻璃浆液，其配合比可按水泥浆液水灰比不同加入按水泥重量的 1%~3% 水玻璃溶液（水玻璃溶液的波美度为 30~45）。配制时，应将水玻璃溶液徐徐加入配制好的水泥浆液中，搅拌均匀即可。

以上材料均应有出厂合格证和质量检验报告，且符合设计及国家现行技术标准的规定。

7.2.4 施工工艺

7.2.4.1 施工工艺

注浆工艺包括裂缝清理、粘贴嘴子（或开缝钻眼下嘴）、裂缝和表面局部封闭、试气和施注 6 道工序。不同种类浆液的注浆工艺大同小异。

表面清理→粘贴嘴子封闭裂缝→沿裂缝进行表面封闭→试气检查密封情况→配制浆液→注浆→恒压→排浆处冒出浆为止→排出多余浆液清洗工具。

7.2.4.2 施工要点

1 衬砌裂缝注浆应符合下列规定：

（1）浅裂缝应骑槽钻埋注浆嘴，必要时，沿缝开凿"V"槽并用水泥砂浆封缝；

（2）深裂缝应骑缝钻孔或斜向钻孔至裂缝深部，在孔内埋设注浆管，间距应根据裂缝宽度而定，但每条裂缝至少有一个进浆孔和一个排气孔；

（3）注浆嘴及注浆管应设于裂缝的交叉处、较宽处及贯穿处等部位。对封缝的密封效果应进行检查；

（4）采用低压低速注浆，化学注浆压力宜为0.2～0.4MPa，水泥浆灌浆压力宜为0.4～0.8MPa；

（5）注浆后待缝内浆液初凝而不外流时，方可拆下注浆嘴并进行封口抹平。

2 注浆必须待衬砌结构混凝土强度达到设计强度等级及基本稳定后，方可进行。

3 裂缝附近混凝土表面必须处理干净，确保封闭材料与混凝土有效粘结。裂缝处宜用丙酮或二甲苯的棉丝擦洗，不宜用水冲洗。

4 裂缝必须封闭严密，不得漏气。

5 严格执行操作顺序及注浆顺序，应遵照自上而下或自一端向另一端循序渐进的原则，保证注浆质量，严禁倒行逆施。

6 注浆结束后，及时清洗灌浆嘴及设备。

7 严格控制注浆压力，防止损害衬砌结构。较粗的缝（0.5mm以上）宜用0.2～0.3MPa的压力，较细的缝宜用0.2～0.3MPa。

7.2.5 成品保护

1 注浆结束后，将注浆孔及检查孔封堵填实。

2 水泥浆液注浆后应保持潮湿环境，气温在5℃以上条件养护。

3 化学注浆后，应保持干燥环境，气温在5℃以上条件养护。

7.2.6 安全、环保措施

1 丙凝、氰凝等材料有毒，材料进场后必须严格保管，防止中毒污染事件发生；

2 注浆工作面应具有良好的通风条件，同时操作人员必须配备手套、口罩等劳保用品；

3 废弃材料应严格按照废弃物的处理办法处理，严禁随意丢弃；

4 操作现场严禁烟火。

7.2.7 质量标准

Ⅰ 主控项目

1 注浆材料及其配合比必须符合设计要求。

检验方法：检查出厂合格证、质量检验报告、计量措施和试验报告。

2 注浆效果必须符合设计要求。

检验方法：渗漏水量测，必要时采用钻孔取芯、压水（或空气）等方法检查。

Ⅱ 一般项目

1 钻孔埋管的孔径和孔距应符合设计要求。

检验方法：检查隐蔽工程验收记录。
2 注浆的控制压力和进浆量应符合设计要求。
检验方法：检查隐蔽工程验收记录。

7.2.8 质量验收

1 检验批的验收由监理工程师或建设单位项目技术负责人组织项目专业质量检查员等进行验收。
2 衬砌裂缝注浆的施工质量检验数量，应按裂缝条数的10%抽查，每条裂缝为1处，且不得少于3处。
3 检验批验收记录地方无特殊要求时，宜采用表7.2.8"衬砌裂缝注浆检验批质量验收记录表"。

表 7.2.8 衬砌裂缝注浆检验批质量验收记录表
GB 50208—2002

单位(子单位)工程名称					
分部(子分部)工程名称				验收部位	
施工单位				项目经理	
分包单位				分包项目经理	
施工执行标准名称及编号					
施工质量验收规范的规定			施工单位检查评定记录		监理(建设)单位验收记录
主控项目	1	材料及配合比			
	2	注浆效果			
一般项目	1	钻孔埋管孔径和孔距			
	2	注浆压力和进浆量			
施工单位检查评定结果	专业工长(施工员) 施工班组长 项目专业质量检查员： 年 月 日				
监理(建设)单位验收结论	 专业监理工程师(建设单位项目专业技术负责人)： 年 月 日				

8 子分部工程验收

8.0.1 地下防水工程施工应按工序或分项进行验收，构成分项工程的各检验批应符合本标准相应质量标准的规定。

8.0.2 地下防水工程验收文件和记录应按表8.0.2进行。

表8.0.2 地下防水工程验收文件和记录

序号	项目	文件和记录
1	防水设计	设计图及会审记录、设计变更通知单和材料代用核定单
2	施工方案	施工方法、技术措施、质量保证措施
3	技术交底	施工操作要求及注意事项
4	材料质量证明文件	出厂合格证、产品质量检验报告、试验报告
5	中间检查记录	分项工程质量验收记录、隐蔽工程检查验收记录、施工检验记录
6	施工日志	逐日施工情况
7	混凝土、砂浆	试配及施工配合比，混凝土抗压、抗渗试验报告
8	施工单位资质证明	资质复印证件
9	工程检验记录	抽样质量检验、观察检查
10	其他技术资料	事故处理报告、技术总结

8.0.3 地下防水工程隐蔽验收验收记录应包括以下主要内容：

1 卷材、涂料防水层的基层；
2 防水混凝土结构和防水层被掩盖的部位；
3 变形缝、施工缝等防水构造的做法；
4 管道设备穿过防水层的封固部位；
5 渗排水层、盲沟和坑槽；
6 衬砌前围岩渗漏水处理；
7 基坑的超挖和回填。

8.0.4 地下建筑防水工程质量要求：

1 防水混凝土的抗压强度和抗渗压力必须符合设计要求；
2 防水混凝土应密实，表面应平整，不得有漏筋、蜂窝等缺陷，裂缝宽度应符合设计要求；
3 水泥砂浆防水层应密实、平整、粘结牢固，不得有空鼓、裂纹、起砂、麻面等缺陷，防水层厚度应符合设计要求；
4 卷材接缝应粘结牢固，封闭严密，防水层不得有损伤、空鼓、皱折等缺陷；
5 涂层应粘结牢固，不得有脱皮、流淌、鼓泡、露胎、皱折等缺陷；涂层厚度应符合设计要求；

  6 塑料板防水层应铺设牢固、平整，搭接焊缝严密，不得有焊穿、下垂、绷紧现象；

  7 金属板防水层焊缝不得有裂纹、未熔合、夹渣、焊瘤、咬边、烧穿、弧坑、针状气孔等缺陷；保护涂层应符合设计要求；变形缝、施工缝、后浇带、穿墙管道等防水构造应符合设计要求。

8.0.5 特殊施工法防水工程的质量要求：

  1 内衬混凝土表面应平整，不得有孔洞、露筋、蜂窝等缺陷；

  2 盾构法隧道衬砌自防水、衬砌外防水涂层、衬砌接缝防水和内衬结构防水应符合设计要求；

  3 锚喷支护、地下连续墙、复合式衬砌等防水构造应符合设计要求。

8.0.6 排水工程的质量要求：

  1 排水系统不淤积、不堵塞，确保排水畅通；

  2 反滤层的砂、石粒径、含泥量和层次排列应符合设计要求；

  3 排水沟断面及坡度应符合设计要求。

8.0.7 注浆工程的质量要求：

  1 注浆孔的间距、深度及数量应符合设计要求；

  2 注浆效果应符合设计要求；

  3 地表沉降控制应符合设计要求。

8.0.8 检查地下防水工程渗漏水量，应符合本标准第 3.0.3 条地下工程防水等级标准的规定。

8.0.9 地下防水工程验收后，应填写子分部工程质量验收记录，随同工程验收的文件和记录交建设单位和施工单位存档。

附录 A 现行建筑防水工程材料标准和现场抽样复验

A.0.1 现行建筑防水工程材料标准应按表 A.0.1 的规定选用。

表 A.0.1 现行建筑防水工程材料标准

类别	标 准 名 称	标 准 号
防水卷材	聚氯乙烯防水卷材	GB 12952—91
	氯化聚乙烯防水卷材	GB 12953—91
	改性沥青聚乙烯胎防水材料	JC/T 633—1996
	氯化聚乙烯-橡胶共混防水材料	JC/T 684—1997
	高分子防水卷材（第一部分 片材）	GB 18173.1—2000
	弹性体改性沥青防水卷材	GB 18242—2000
	塑性体改性沥青防水卷材	GB 18243—2000
防水涂料	聚氨酯防水涂料	JC/T 500—1992(1996)
	溶剂型橡胶沥青防水涂料	JC/T 852—1999
	聚合物乳液建筑防水涂料	JC/T 864—2000
	聚合物水泥防水涂料	JC/T 894—2001
密封材料	聚氨酯密封膏	JC/T 482—1992(1996)
	聚硫建筑膏	JC/T 483—1992(1996)
	丙烯酸建筑密封膏	JC/T 484—1992(1996)
	建筑防水沥青嵌缝油膏	JC 207—1996
	聚氯乙烯建筑防水接缝材料	JC/T 798—1997
	建筑用硅酮结构密封胶	GB 16776—1997
其他防水材料	高分子防水材料（第二部分 止水带）	GB 18173.2—2000
	高分子防水材料（第三部分 遇水膨胀橡胶）	GB 18173.3—2002
刚性防水材料	砂浆、混凝土防水剂	JC 474—92(1999)
	混凝土膨胀剂	JC 476—92(1998)
	水泥基渗透结晶型防水材料	GB 18445—2001
防水材料试验方法	沥青防水卷材试验方法	GB 328—89
	建筑胶粘剂通用试验方法	GB/T 12954—91
	建筑密封材料试验方法	GB/T 13477—92
	建筑防水涂料试验方法	GB/T 16777—1997
	建筑防水材料老化试验方法	GB 18244—2000

A.0.2 建筑防水工程材料的现场抽样复验应符合表 A.0.2 的规定。

表 A.0.2 建筑防水工程材料的现场抽样复验

序	材料名称	现场抽样数量	外观质量检验	物理性能检验
1	高聚物改性沥青防水卷材	大于 1000 卷抽 5 卷，每 500～1000 卷抽 4 卷，100～499 卷抽 3 卷，100 卷以下抽 2 卷，进行规格尺寸和外观质量检查。在外观质量检验合格的卷材中，任取一卷作物理性能检验	断裂、皱折、孔洞、剥离、边缘不整齐、胎体露白、未浸透、撒布材料粒度、颜色、每卷卷材的接头	拉力，最大拉力时延伸率，低温柔度，不透水性

续表 A.0.2

序	材料名称	现场抽样数量	外观质量检验	物理性能检验
2	合成高分子防水卷材	同1	折痕、杂质、胶块、凹痕,每卷卷材的接头	断裂拉伸强度,扯断伸长率,低温弯折,不透水性
3	沥青基层防水材料	每工作班生产量为一批抽样	搅匀和分散在水溶液中,无明显沥青丝团	固体含量,耐热度,柔性,不透水性,延伸率
4	无机防水涂料	每10t为一批,不足10t按一批抽样	包装完好无损,且表明涂料名称,生产日期,生产厂家,产品有效期	抗折强度,粘结强度,抗渗性
5	有机防水涂料	每5t为一批,不足5t按一批抽样	包装完好无损,且表明涂料名称,生产日期,生产厂家,产品有效期	固体含量,拉伸强度,断裂延伸率,柔性,不透水性
6	胎体增强材料	每3000m^2为一批,不足3000m^2按一批抽样	均匀,无团状,平整,无折皱	拉力,延伸率
7	改性石油沥青密封材料	每2t为一批,不足2t按一批抽样	黑色均匀膏状,无结块和未浸透的填料	低温柔性,拉伸粘结性,施工度
8	合成高分子密封材料	每2t为一批,不足2t按一批抽样	均匀膏状物,无结皮、凝结或不易分散的固体团块	拉伸粘结性,柔性
9	高分子防水材料止水带	每月同标记的止水带产量为一批抽样	尺寸公差;开裂、缺胶、海绵状、中心孔偏心;凹痕,气泡,杂质,明疤	拉伸强度,扯断伸长率,撕裂强度
10	高分子防水材料遇水膨胀橡胶	每月同标记的膨胀橡胶产量为一批抽样	尺寸公差;开裂、缺胶、海绵状;凹痕,气泡,杂质,明疤	拉伸强度,扯断伸长率,体积膨胀倍率

附录B 地下防水工程渗漏水调查与量测方法

B.0.1 渗漏水调查

1 地下防水工程质量验收时，施工单位必须提供地下工程"背水内表面的结构工程展开图"。

2 房屋建筑地下室只调查围护结构内墙和底板。

3 全埋设于地下的结构（地下商场、地铁车站、军事地下库等），除调查围护结构内墙和底板外，背水的顶板（拱顶）系重点调查目标。

4 钢筋混凝土衬砌的隧道以及钢筋混凝土管片衬砌的隧道渗漏水调查的重点为上半环。

5 施工单位必须在"背水内表面的结构工程展开图"上详细标示：

(1) 在工程自检时发现的裂缝，并标明位置、长度和渗漏水现象；

(2) 经修补、堵漏的渗漏水部位；

(3) 防水等级标准容许的渗漏水现象位置。

6 地下防水工程验收时，经检查、核对标示好的"背水内表面的结构工程展开图"必须纳入竣工验收资料。

B.0.2 渗漏水现象描述使用的术语、定义和标识符号，可按表B.0.2选用。

表B.0.2 渗漏水现象描述使用的术语、定义和标识符号

术语	定 义	标识符号
湿渍	地下混凝土结构背水面，呈现明显色泽变化的潮湿斑	♯
渗水	水从地下混凝土机构衬砌内表面渗出，在背水的墙壁上可观察到明显的流挂水膜范围	○
水珠	悬垂在地下混凝土结构衬砌背水顶板（拱顶）的水珠，其滴落间隔时间超过1min称水珠现象	◇
滴漏	地下混凝土结构衬砌背水顶板（拱顶）渗漏水的滴漏速度，每分钟至少1滴，称为滴漏现象	▽
线漏	指渗漏成线或喷水状态	↓

B.0.3 当被验收的地下工程有结露现象时，不宜进行渗漏水检测。

B.0.4 房屋建筑地下室渗漏水现象检测

1 地下工程防水等级对"湿渍面积"与"总防水面积"（包括顶板、墙面地面）的比例作了规定。按防水等级2级设防的房屋建筑地下室，单个湿渍的最大面积不大于 $0.1m^2$，任意 $100m^2$ 防水面积上的湿渍不超过1处。

2 湿渍的现象：湿渍主要是由混凝土密实度差异造成毛细现象或由混凝土容许裂缝（宽度小于0.2mm）产生，在混凝土表面肉眼可见的"明显色泽变化的潮湿斑"。一般在

人工通风条件下可消失，即蒸发量大于渗入量的状态。

3 湿渍的检测方法：检查人员用干手触摸湿斑，无水分浸润感觉。用吸墨纸或报纸贴附，纸不变颜色。检查时，要用粉笔勾划出湿渍范围，然后用钢尺测量高度和宽度，计算面积，标示在"展开图"上。

4 渗水现象：渗水是由于混凝土密实度差异或由混凝土容许裂缝（宽度小于0.2mm）而产生的地下水连续渗入混凝土结构，在背水面的混凝土墙壁表面肉眼可观察到明显的流挂水膜范围，在加强人工通风的条件下也不会消失，即渗入量大于蒸发量的状态。

5 渗水的检测方法：检查人员用手触摸可感觉到水分浸润，手上会沾有水分。用吸墨纸或报纸贴附，纸会浸润变颜色。检查时，要用粉笔勾划出渗水范围，然后用钢尺测量高度和宽度，计算面积，标示在"展开图"。

6 对房屋建筑地下室检测出来的"渗水点"，一般应准予修补堵漏，然后重新验收。

7 对防水混凝土结构的细部构造渗漏水检测，尚应按本条内容执行。若发现严重渗水必须分析、查明原因，应准予修补堵漏，重新验收。

B.0.5 钢筋混凝土隧道衬砌内表面渗漏水现象检测

1 隧道防水工程，若要求对湿渍和渗水检测时，应按房屋建筑地下室渗漏水现象检测方法操作。

2 隧道上半部的明显滴漏和连续渗流，可直接用有刻度的容器收集量测，计算单位时间的渗漏量（如 L/min，或 L/h 等）。还可用带有密封缘口的规定尺寸方框，安装在要求测量的隧道内表面，将渗漏水导入量测容器内。同时，将每个渗漏点位置、单位时间渗漏水量，标示在"隧道渗漏水平面展开图"上。

3 若检测器具或登高有困难时，允许通过目测计取每分钟或数分钟内的滴落数目，计算出该点的渗漏量。经验告诉我们，当每分钟滴落速度 3~4 滴的漏水点，24h 的渗水量就是 1L。如果滴落速度每分钟大于 300 滴，则形成连续细流。

4 为使不同施工方法、不同长度和断面尺寸隧道的渗漏水状况能够相互加以比较，必须确定一个具有代表性的标准单位。国际上通用 $L/m^2 \cdot d$，即渗漏水量的定义为隧道的内表面，每平方米在一昼夜（24h）时间内的渗漏水立升值。

5 隧道内表面积的计算应按下列方法求得：

（1）竣工的区间隧道验收（未实施机电设备安装）。

通过计算求出横断面的内径周长，再乘以隧道长度，得出内表面积数值。对盾构法隧道不计取管片嵌缝槽、螺栓孔盒子凹进部位等实际面积。

（2）即将投入运营的城市隧道系统验收（完成了机电设备安装）。

通过计算求出横断面的内径周长，再乘以隧道长度，得出内表面积数值。不计取凹槽、道床、排水沟等实际面积。

B.0.6 隧道总渗漏水量的量测

隧道总渗漏水量可采用以下 4 种方法，然后通过计算换算成规定单位：$L/m^2 \cdot d$。

1 集水井积水量测

量测在设定时间内的水位上升数值，通过计算得出渗漏水量。

2 隧道最低处积水量测

量测在设定时间内的水位上升数值，通过计算得出渗漏水量。

3 有流动水的隧道内设量水堰

靠量水堰上开设的V形槽口量测水流量，然后计算得出渗漏水量。

4 通过专用排水泵的运转计算隧道专用排水泵的工作时间，计算排水量，换算成渗漏水量。

本标准用词说明

1 为便于在执行本标准条文时区别对待，对要求严格程度不同的用词，说明如下：

1）表示很严格，非这样做不可的用词：

正面词采用"必须"，反面词采用"严禁"。

2）表示严格，在正常情况下均应这样做的用词：

正面词采用"应"，反面词采用"不应"或"不得"。

3）表示允许稍有选择，在条人年许可时，首先应这样做的用词：

正面词采用"宜"，反面词采用"不宜"。

表示有选择，在一定条件下可以这样做的用词，采用"可"。

2 本标准中指明应按其他有关标准、规范执行的写法为"应符合……要求或规定"或"应按……执行"。

责任编辑 / 雷 洲
封面设计 / 熊雄志

ISBN 7-80153-318-6/Z·00
定价：598.00元（上下卷）